Citroën ZX Diesel Manuel d'entretien et réparation auto

Mark Coombs
et Steve Rendle

Modèles couverts par ce manuel

Tous les modèles Citroën ZX Diesel et Turbo Diesel, y compris les éditions limitées et spéciales

Moteurs Diesel de 1769 cm^3 et 1905 cm^3

Ne couvre pas les modèles à moteur à essence, ni les particularités Break

(1926–7X1)

ABCDE
FGHIJ
KLMNO
PQR

Editions Haynes S. A.
147/149, rue Saint Honoré
75001 PARIS
France

Haynes Publishing
Sparkford Nr Yeovil
Somerset BA22 7JJ England

Haynes Publications, Inc
861 Lawrence Drive
Newbury Park
California 91320 USA

Remerciements

Nous tenons à remercier la société Holt Lloyd Limited pour les illustrations montrant les réparations de la carrosserie. D'autres illustrations sont la propriété de la société des Automobiles Citroën et nous les utilisons avec leur permission. Nous remercions également les équipes de Sparkford et de Newbury Park qui ont contribué à la réalisation de ce manuel.

Traduction: ITR International Translation Resources Ltd., Londres

Un ouvrage de la **Série Haynes de Manuels d'entretien et réparation auto**

Imprimé par J.H.Haynes & Co. Ltd., Sparkford, Nr. Yeovil, Somerset BA22 7JJ, England

ISBN 1 85010 926 5

Note importante

L'auteur et l'éditeur s'attachent à ce que les informations figurant dans cet ouvrage soient parfaitement exactes.

Il arrive cependant, au cours de la production d'une gamme particulière de véhicules, que le constructeur apporte des modifications dont l'auteur et l'éditeur ne sont pas tenus informés.

L'auteur et l'éditeur déclinent toutes responsabilités pouvant résulter d'un dommage physique, matériel ou moral, consécutif à l'usage d'informations erronées ou incomplètes pouvant éventuellement figurer dans cet ouvrage.

94-344

Table des matières

Citroën ZX Reflex Diesel

Citroën ZX Volcane Turbo Diesel

A propos de ce manuel

Son objectif

Le but de ce manuel est d'aider l'utilisateur à profiter au mieux de son véhicule. Il peut l'aider de différentes façons. Il peut suggérer des opérations qui sont à faire (même si l'utilisateur décide de confier la tâche à un garagiste), il donne des informations sur le contrôle et l'entretien de routine et expose les démarches à entreprendre en cas de pannes exceptionnelles. Cependant, nous espérons que ce manuel servira à l'utilisateur qui veut passer lui-même à l'action. Pour des opérations simples, cela peut être plus rapide que de prendre rendez-vous chez le garagiste et d'y aller deux fois pour y laisser le véhicule et le rechercher. Et peut-être l'aspect le plus important: il permet d'économiser beaucoup d'argent en évitant les coûts de main-d'oeuvre et de frais généraux qu'est obligé de facturer le garagiste.

Ce manuel comporte des dessins et descriptions qui illustrent la fonction des différents organes rendant ainsi leur disposition compréhensible. Puis, les opérations sont photographiées, séquence par séquence, de sorte que même un novice peut les utiliser.

Son organisation

Ce manuel est divisé en un certain nombre de Chapitres, couvrant chacun un sous-ensemble logique du véhicule. Chaque Chapitre est subdivisé en Sections, numérotées avec des chiffres entiers, par exemple 5 ; les Sections comportent des paragraphes (ou sous-sections numérotées).

Ce manuel est abondamment illustré, surtout les parties qui décrivent une série détaillée d'opérations à effectuer. Au début d'une Section, vous trouverez des références aux illustrations qui s'appliquent aux procédures que présente cette Section. Les numéros de référence des repères des illustrations identifient la Section afférente et le paragraphe de cette Section. Par exemple, la figure 3.2 est une illustration qui se réfère à la Section 3 et au paragraphe 2 de cette Section.

Il y a un index alphabétique à la fin du manuel ainsi qu'une table des matières au début. Chaque Chapitre est également précédé de sa propre table des matières.

Les termes "gauche" et "droite" du véhicule sont utilisés du point de vue d'une personne assise sur le siège du conducteur, regardant devant soi.

Sauf indication contraire, les écrous et boulons se desserrent dans le sens inverse des aiguilles d'une montre et se serrent dans l'autre sens.

Les constructeurs automobiles modifient continuellement leurs spécifications et leurs recommandations. Ces changements, lorsque nous en prenons connaissance, sont intégrés le plus rapidement possible à nos manuels.

Note importante

L'auteur et l'éditeur s'attachent à ce que les informations figurant dans cet ouvrage soient parfaitement exactes.

Il arrive cependant, au cours de la production d'une gamme particulière de véhicules, que le constructeur apporte des modifications dont l'auteur et l'éditeur ne sont pas tenus informés.

L'auteur et l'éditeur déclinent toutes responsabilités pouvant résulter d'un dommage physique, matériel ou moral, consécutif à l'usage d'informations erronées ou incomplètes pouvant éventuellement figurer dans cet ouvrage.

Véhicules test

Les véhicules test utilisés pour la rédaction de ce manuel et qui apparaissent dans la plupart des séries de photographies sont une Citroën ZX Volcane 5 portes Turbo Diesel 1993, une Citroën ZX Volcane 3 portes Turbo Diesel 1993 et une Citroën ZX Reflex 5 portes Diesel 1993.

Présentation de la Citroën ZX Diesel

La Citroën ZX Diesel est apparue sur le marché en 1991, quelques mois après le lancement des modèles ZX à essence. Citroën est l'un des rares constructeurs à offrir une gamme complète de modèles Diesel. Un moteur Diesel est en fait proposé sur toute la gamme ZX, du modèle le plus simple Reflex au modèle sportif Volcane.

Les modèles à 3 et 5 portes avec hayon sont commercialisés avec une boîte mécanique à 5 vitesses ou une boîte automatique à 4 vitesses.

Les premiers modèles vendus ont été des modèles 5 portes à hayon à moteur de 1,9 litre à aspiration normale. Depuis 1992, un moteur de 1,9 litre à turbocompresseur est commercialisé. Il offre des performances remarquables par rapport aux modèles Diesel précédents. Enfin des modèles 3 portes ont été lancés et la version sportive Volcane Turbo Diesel est venue compléter cette gamme.

Trois moteurs diesel sont proposés, bien qu'ils ne soient pas tous commercialisés dans tous les pays. Il y a un moteur de 1,7 litre et un autre de 1,9 litre à aspiration normale. Le troisième est un moteur de 1,9 litre à turbocompresseur. Tous ces moteurs sont basés sur la série XUD qui a largement fait ses preuves et qui équipe de nombreux véhicules Citroën, Peugeot et Talbot. Il s'agit d'un moteur quatre cylindres à arbre à cames en tête monté en travers et incliné de 30° par rapport à l'arrière. La transmission se trouve sur le côté gauche.

La suspension est entièrement indépendante et ses composants sont rattachés à un ensemble au niveau de la caisse. La suspension arrière est semi-indépendante et comporte des barres de torsion et des bras tirés.

Tous les modèles de cette gamme bénéficient d'un équipement très complet. Sur certains modèles, un système antiblocage des roues (ABR) et la climatisation sont même proposés en option.

A condition de procéder aux révisions périodiques recommandées par le constructeur, la ZX Diesel devrait être d'une grande fiabilité et très économique. Le compartiment moteur est bien conçu et la plupart des composants dont il faut fréquemment s'occuper sont aisément accessibles.

Dimensions et poids générales

Dimensions

Longueur hors-tout:
- Tous modèles sauf Volcane .... 4070 mm
- Volcane .... 4090 mm

Largeur hors-tout (à l'exclusion des rétroviseurs):
- Tous modèles sauf Volcane .... 1700 mm
- Volcane .... 1710 mm

Hauteur hors-tout:
- Tous modèles sauf Volcane .... 1400 mm
- Volcane .... 1390 mm

Empattement .... 2540 mm

Voies avant et arrière:
- Tous modèles sauf Aura et Volcane .... 1410 mm
- Aura et Volcane .... 1420 mm

Diamètre de braquage:
- Tous modèles sauf Aura et Volcane .... 10,5 m
- Aura et Volcane .... 10,7 m

Poids

Poids à vide:
- Modèles 3 portes:
  - Modèles non-turbo .... 1024 kg
  - Modèles Turbo .... 1087 kg
- Modèles 5 portes:
  - Modèles non-turbo:
    - Transmission mécanique .... 1035 kg
    - Transmission automatique .... 1068 kg
  - Modèles Turbo .... 1102 kg

Poids maximum en ordre de marche:
- Modèles non-turbo .... 1560 kg
- Modèles Turbo:
  - Modèles 3 portes .... 1580 kg
  - Modèles 5 portes .... 1590 kg

Charge maximum autorisée sur galerie .... 75 kg

Poids maximum de la barre d'attelage .... 70 kg

Poids maximum de remorquage:
- Remorque à frein:
  - Modèles non-turbo .... 1000 kg
  - Modèles Turbo .... 1100 kg
- Remorque sans frein:
  - Modèles non-turbo:
    - Modèles 3 portes .... 510 kg
    - Modèles 5 portes .... 515 kg
  - Modèles Turbo:
    - Modèles 3 portes .... 540 kg
    - Modèles 5 portes .... 550 kg

Levage, remorquage et changement de roue

Levage sur cric

Le cric fourni avec la trousse d'outillage du véhicule est destiné uniquement au remplacement des roues - voir les alinéas intitulés *"Changement de roue"* de cette Section. Pour effectuer d'autres opérations, il faut soulever le véhicule à l'aide d'un cric hydraulique et toujours soutenir l'ensemble en plaçant des chandelles sous les points de levage au cric du véhicule.

Lors de l'utilisation d'un cric hydraulique ou de chandelles, il faut toujours placer la tête du cric ou de la chandelle sous l'un des points appropriés de levage au cric (il convient de noter que les points de levage à utiliser avec un cric hydraulique et des chandelles ne sont pas les mêmes que ceux employés avec le cric du véhicule) **(voir illustration)**. **Ne pas** soulever le véhicule au niveau du carter d'huile ou de composants de la direction ou de la suspension. **Il ne faut jamais** *travailler sous un véhicule relevé, ou à proximité ou autour de ce véhicule, tant qu'il n'est pas soutenu de façon adéquate en au moins deux points.*

Lors de l'utilisation d'un cric hydraulique, il convient de tenir compte des remarques suivantes:

(a) *Pour soulever le véhicule par le côté, s'assurer que la charge vient porter sur les plaques relevées de levage au cric des panneaux de seuil (voir illustration ci-jointe) - ne pas procéder à un levage sous le panneau de carrosserie qui se trouve derrière les panneaux de seuil.*

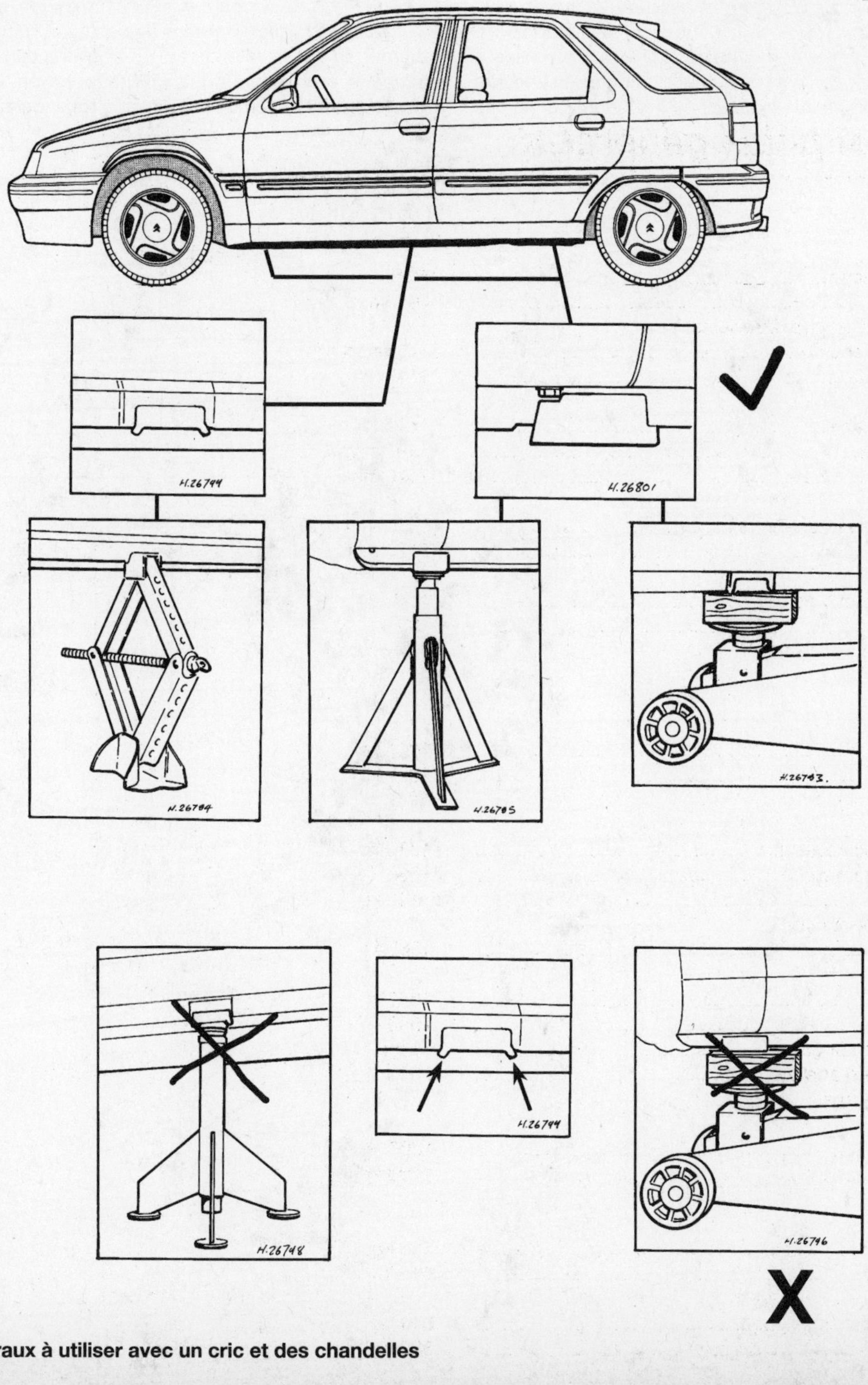

Points de levage latéraux à utiliser avec un cric et des chandelles

(b) Pour soulever l'avant du véhicule, placer une barre en métal ou en bois de grande robustesse ainsi que des cales en bois au-dessous du sous-châssis de la suspension avant (voir illustration ci-jointe).

(c) Pour soulever l'arrière du véhicule, placer le cric ou les chandelles sous la traverse tubulaire de la suspension arrière (voir illustration ci-jointe).

Remorquage

Il y a des oeillets de remorquage à l'avant et à l'arrière du véhicule. On peut y fixer un câble de remorquage. Il convient de noter que sur certains modèles, il faut détacher des couvercles en matière plastique, au niveau des pare-chocs, pour accéder à ces oeillets **(voir illustrations)**. Il faut toujours amener la clé de contact sur la position "A" pendant le remorquage d'un véhicule afin de maintenir le volant en position débloquée et de pouvoir utiliser les clignotants et les stops.

Avant d'effectuer un remorquage, il faut desserrer le frein à main et amener le levier de vitesses au point mort sur les modèles à transmission mécanique ou sur la position "N" sur les modèles à transmission automatique. Il convient également de noter qu'il faudra exercer un effort plus important sur la pédale de frein étant donné que le servofrein à dépression n'est opérationnel que lorsque le moteur tourne. De même, sur les modèles équipés de la direction assistée, il faudra exercer des efforts plus importants pour tourner le volant.

Dans la mesure du possible, il vaut mieux remorquer des véhicules à transmission automatique en soulevant les roues avant, en particulier si l'on pense que la transmission présente une anomalie. Pour remorquer le véhicule sans soulever les roues avant, il faut toujours faire rouler le véhicule en marche avant à une vitesse ne dépassant pas 50 km/h et il ne faut pas parcourir plus de 50 km. Signalons également que pour éviter d'abîmer la transmission automatique, il faut compléter le niveau de liquide jusqu'au repère maximum de la jauge, comme indiqué au Chapitre 1, avant d'ajouter 1,5 litre supplémentaire de liquide. Ne pas oublier d'enlever cet excédent de liquide avant de faire de nouveau rouler ce véhicule.

Changement de roue

La roue de secours et le cric sont logés dans un berceau qui se trouve sous la partie arrière du véhicule. Pour abaisser ce berceau, tourner sa vis de retenue qui se trouve sous la moquette du coffre à bagages, à proximité de la serrure du hayon. Pour faire tourner cette vis, engager l'extrémité du démonte roue (qui se trouve immobilisé sur

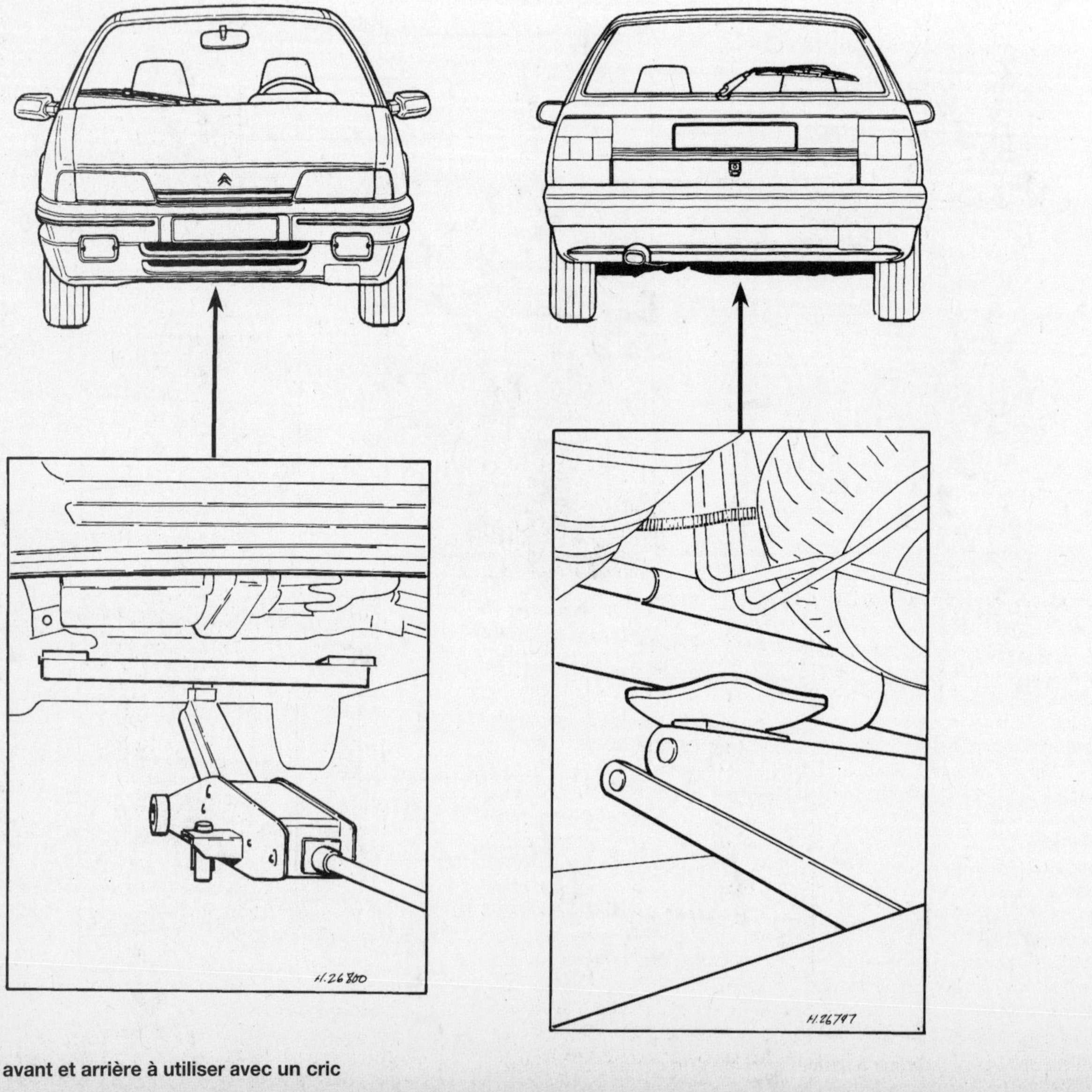

Points de levage avant et arrière à utiliser avec un cric

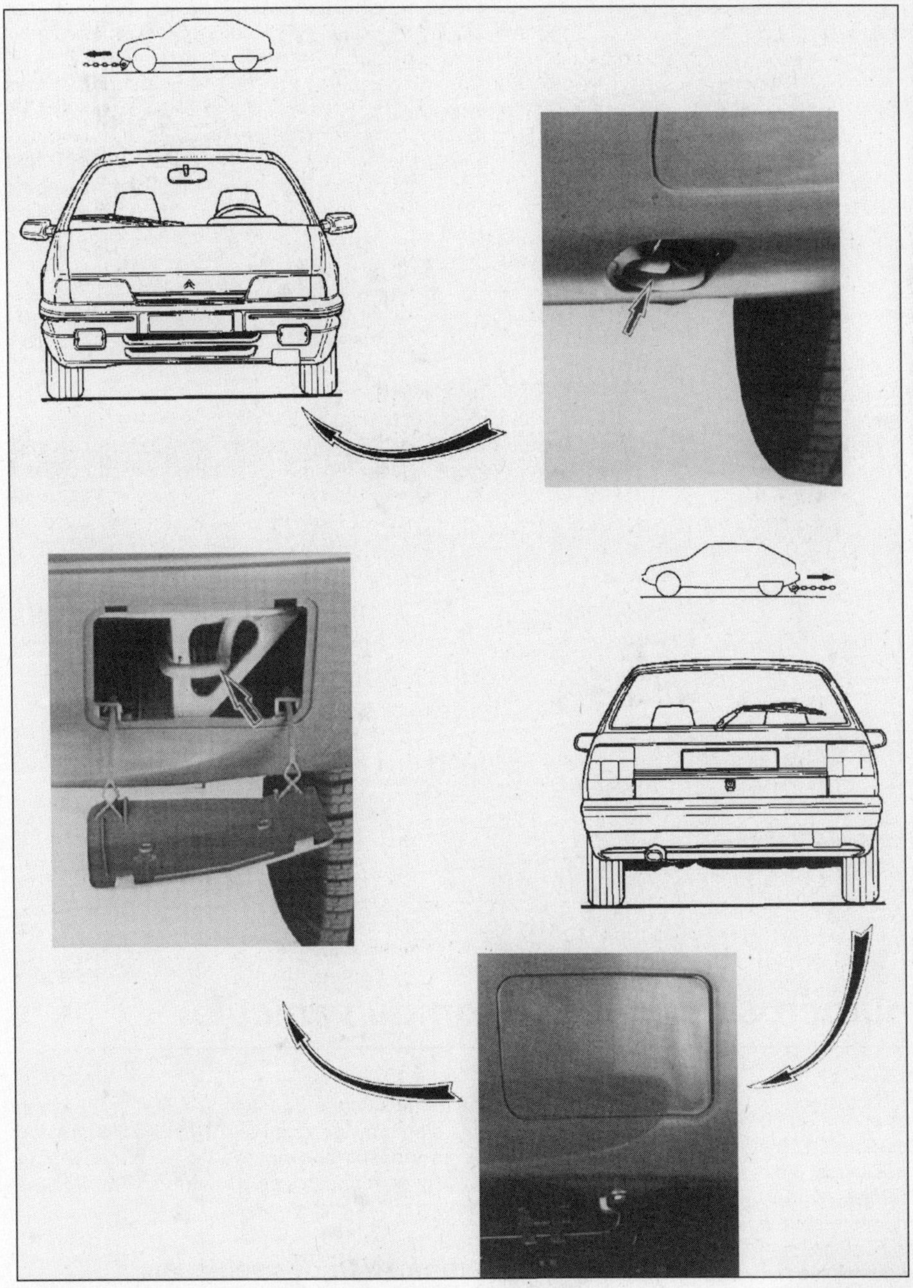

Emplacements des oeillets de remorquage avant et arrière

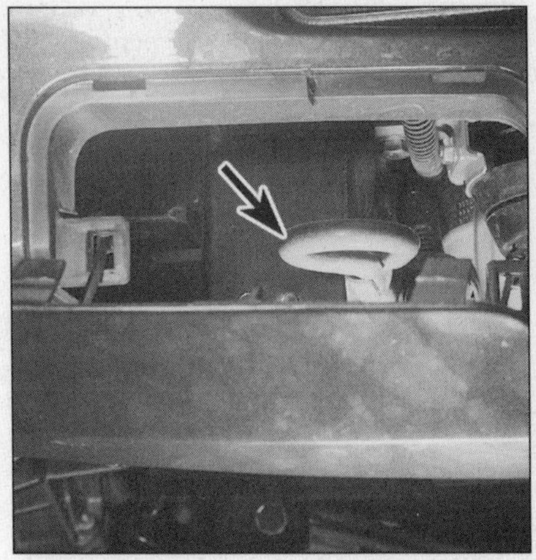

Enlèvement du couvercle pour présenter l'oeillet de remorquage avant (flèche) - modèles Volcane

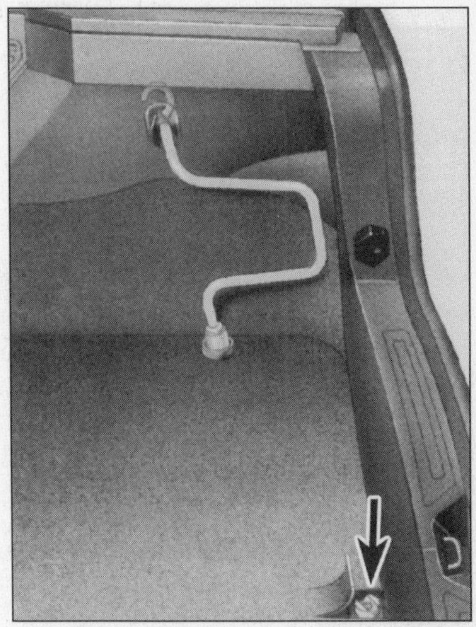

Emplacement (flèche) de la vis de retenue du berceau contenant la manivelle et la roue de secours, dans le coffre à bagages

le côté droit du coffre à bagages), sur la fente de la vis. Soulever le berceau pour libérer le cran de retenue puis abaisser ce berceau pour accéder à la roue de secours. Il convient de noter que le cric se trouve à l'intérieur d'un boîtier en matière plastique qui a pour but de le protéger contre les gravillons et la saleté **(voir illustrations)**.

Pour changer une roue, il faut tout d'abord sortir la roue de secours et le démonte-roue (comme indiqué précédemment), serrer le frein à main puis placer des cales à l'avant et à l'arrière de la roue diamétralement opposée à celle qui doit être changée. La trousse à outils contient une cale. Cette trousse est rangée avec la roue de secours. Garer le véhicule sur un sol ferme et horizontal. Sur les modèles à transmission automatique, amener le levier du sélecteur sur la position "P". Desserrer alors légèrement les boulons de la roue à l'aide du démonte-pneu fourni (le cas échéant, retirer en premier lieu l'enjoliveur). Placer la tête du cric dans le point de levage, sur le côté du véhicule qu'il faut soulever. Faire monter ce cric en tournant sa vis à l'aide du démonte-pneu. Dès que la roue a décollé, en retirer les boulons puis déposer cette roue. Mettre en place la roue de secours. Serrer légèrement les boulons. Ramener le véhicule au niveau du sol

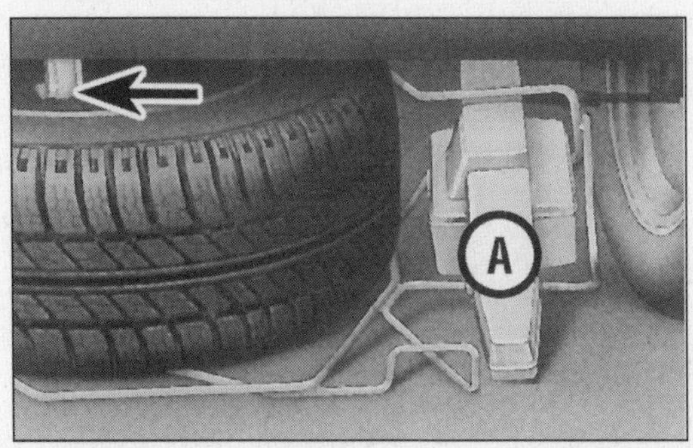

Cran de retenue (flèche) du berceau de la roue de secours et du boîtier de rangement du cric (A)

puis resserrer à fond ces boulons. Le cas échéant, remettre en place l'enjoliveur. Dans la mesure du possible, vérifier la pression du pneu de la roue de secours. Retirer les cales puis ranger le cric, les outils et la roue endommagée. Faire réparer ou remplacer le plus tôt possible la roue ou le pneu endommagé.

Pièces de rechange et numéros d'identification du véhicule

Pièces de rechange

Les pièces de rechange sont disponibles chez bon nombre de fournisseurs, comme, par exemple: les garages Citroën, d'autres garages, les magasins d'accessoires et les dépositaires. Voici nos conseils quant aux fournisseurs de pièces de rechange:

Garages Citroën agréés - ils constituent la meilleure source pour les pièces qui sont spécifiques à votre modèle et ne sont pas généralement disponibles (par exemple: culasses complètes, organes de la boîte de vitesses, badges, garnissages intérieurs, etc.). C'est aussi le seul point où on doit acheter des pièces pendant que la voiture est encore sous garantie. Pour être certain d'obtenir les pièces correctes, il est impératif de donner au magasinier le numéro d'identification du véhicule et, dans la mesure du possible, apporter l'ancienne pièce pour faciliter l'identification. Se rappeler que de nombreuses pièces sont disponibles dans le cadre d'un programme d'échange standard avec l'usine. Les pièces retournées doivent toujours être propres. Il semble logique de s'adresser directement à un spécialiste Citroën pour ce type de pièces, car il sera mieux placé pour fournir les composants dont vous avez besoin.

Autres garages et magasins d'accessoires automobiles - ce sont souvent de très bonnes adresses pour acheter du matériel ou les pièces nécessaires à l'entretien du véhicule (par exemple: filtres à huile, bougies, ampoules, courroies de transmission, lubrifiants, peintures de retouche, mastic, etc.). Ils vendent également divers accessoires. Leurs heures d'ouverture sont généralement pratiques, leurs prix sont plus raisonnables et ils se trouvent souvent à proximité du lieu d'habitation.

Dépositaires automobiles - les bons dépositaires ont en stock tous les plus importants organes qui s'usent relativement vite (par exemple: échappements, plaquettes de freins, joints et composants hydrauliques, éléments d'embrayage, coquilles de coussinets, pistons, soupapes, etc.). Ils proposent souvent des pièces neuves ou reconditionnées, en échange standard, ce qui permet d'économiser des sommes considérables.

Numéros d'identification des véhicules

Les modifications sont courantes dans la construction automobile et elles ne sont pas publiées. Les manuels et listes de pièces de rechange sont préparés par ordre numérique et il est indispensable de fournir le numéro d'identification du véhicule pour obtenir la pièce demandée.

Lors de la commande de pièces de rechange, il faut toujours communiquer un maximum d'informations. Suivant les cas, il convient d'indiquer le modèle, l'année de fabrication, le numéro de carrosserie et le numéro du moteur **(voir illustration)**.

La plaquette où est gravée le *numéro d'identification du véhicule* se trouve sous le capot, auprès du passage de roue avant droit **(voir illustration)**.

Le *numéro de châssis* est gravé sur le panneau de carrosserie qui se trouve sous le capot, du côté droit de la traversée de cloison des modèles avant l'année 1993 et au niveau du passage de roue avant droit des modèles à partir de l'année 1993 **(voir illustration)**.

Le *numéro de code de la peinture* figure sur le panneau de la carrosserie qui se trouve sous le capot, sur le passage de roue avant gauche.

Le *numéro du moteur* est gravé sur une plaque rivée à l'avant du bloc-cylindres.

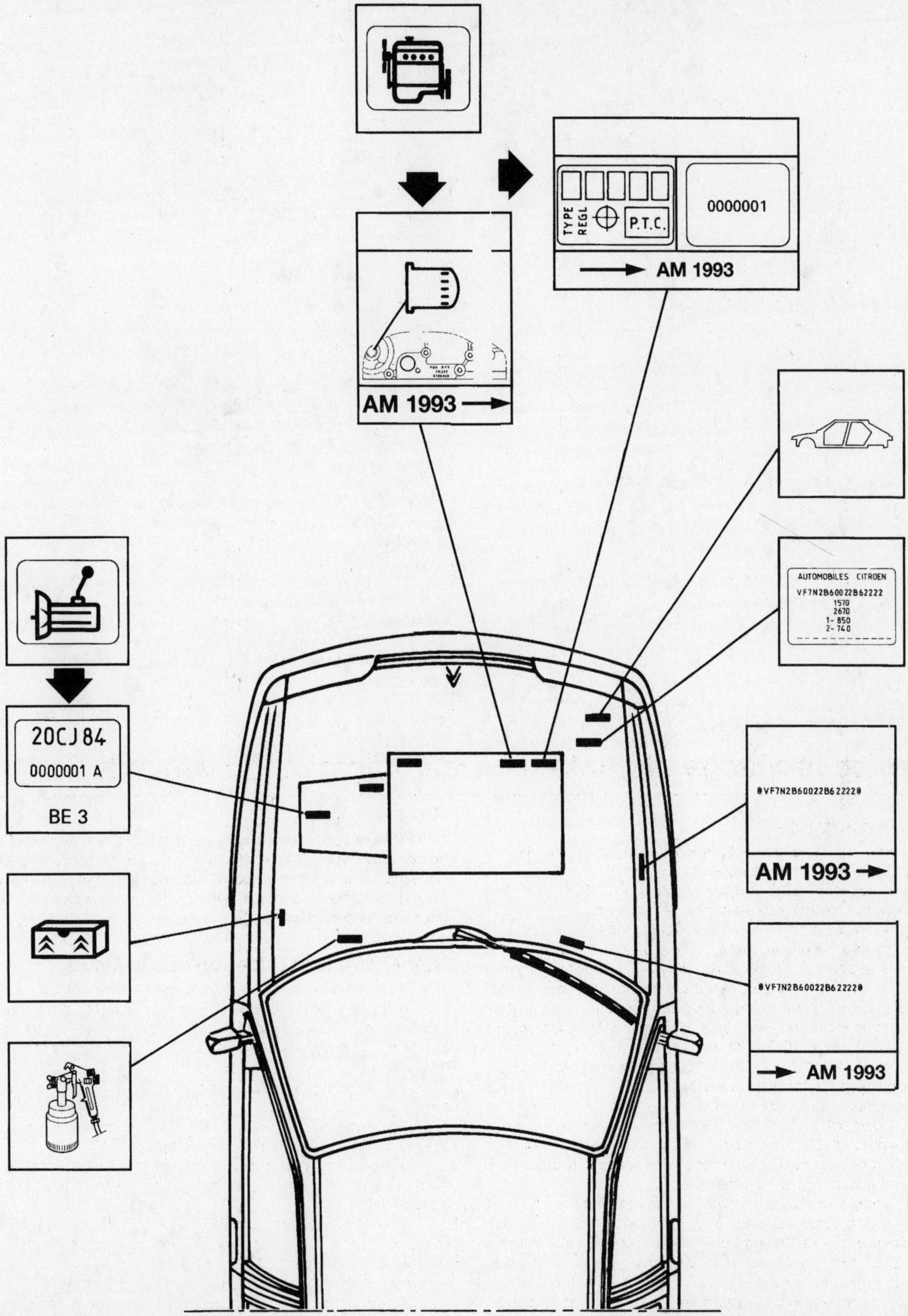

Emplacements des plaques d'identification du véhicule

Impératifs de sécurité

La formation des mécaniciens professionnels leur enseigne des méthodes de travail sûres. Quel que soit l'enthousiasme de l'amateur à entreprendre le travail, il lui faut prendre le temps de s'assurer que sa sécurité ne sera pas compromise. Un instant d'inattention peut causer un accident, tout comme la négligence de certaines précautions élémentaires.

Il pourra toujours y avoir de nouvelles causes d'accidents, et la liste suivante des dangers possibles ne prétend pas être exhaustive; elle a seulement pour objet de susciter la prise de conscience des risques et d'encourager une attitude axée sur la sécurité.

Les principales choses à faire et à ne pas faire

NE PAS se fier à un seul cric pour travailler sous le véhicule. Toujours utiliser des moyens de support supplémentaires fiables, comme des chandelles, disposés sous une partie du véhicule que l'on sait capable de supporter la charge.

NE PAS essayer de desserrer ou de serrer des écrous à un couple élevé (par ex. les écrous de roue) alors que le véhicule est sur un cric; il risque d'être déséquilibré et de basculer.

NE PAS mettre le moteur en marche sans s'être assuré que la boîte de vitesses est au point mort (ou sur 'P', le cas échéant), et le frein à main serré.

NE PAS retirer brusquement le bouchon du circuit de refroidissement quand il est chaud. Le couvrir d'abord d'un chiffon et commencer par libérer la pression progressivement, sinon on risque d'être brûlé par un jet de liquide chaud.

NE PAS vidanger l'huile avant d'être certain qu'elle a suffisamment refroidi pour ne pas causer de brûlures.

NE PAS saisir de partie du moteur, de l'échappement ou du convertisseur catalytique sans s'être d'abord assuré qu'il est suffisamment refroidi pour ne pas causer de brûlure.

NE PAS laisser entrer de liquide de freins ou d'antigel en contact avec la peinture du véhicule.

NE PAS siphonner de liquides toxiques comme du carburant, du liquide de freins ou de l'antigel avec la bouche, ni les laisser en contact avec la peau.

NE PAS respirer de poussière - elle peut présenter un risque pour la santé (voir *Amiante* ci-dessous).

NE PAS laisser d'huile ou de graisse répandue sur le sol - l'essuyer immédiatement avant que quelqu'un ne glisse dessus.

NE PAS utiliser de clés ou autres outils de taille incorrecte: ils risquent de riper et de causer des blessures.

NE PAS tenter de lever un fardeau trop lourd pour une seule personne - demander de l'aide.

NE PAS se précipiter pour terminer un travail, ou prendre des raccourcis aux conséquences inconnues.

NE PAS laisser des enfants ou des animaux pénétrer dans un véhicule sans surveillance ni s'en approcher.

PORTER des lunettes ou un masque de protection pour utiliser des outils électriques (perceuse, ponceuse, meule d'établi, etc.) et pour travailler sous le véhicule.

PORTER une crème de protection sur les mains avant d'entreprendre des travaux salissants - elle protègera la peau contre l'infection et facilitera le nettoyage par la suite; s'assurer cependant qu'elle ne rend pas les mains glissantes. Noter que le contact prolongé avec de l'huile moteur usagée peut être dangereux pour la santé.

TENIR les vêtements flottants (manchettes, cravates, etc.) et les cheveux longs éloignés des pièces mécaniques en mouvement.

ENLEVER les bagues, montres-bracelets, etc. avant de travailler sur le véhicule, surtout sur les circuits électriques.

S'ASSURER que l'appareil de levage utilisé est d'une capacité suffisante pour le travail.

MAINTENIR en ordre la zone de travail - il n'est que trop facile de trébucher et de tomber sur des articles laissés sur le sol.

DEMANDER à quelqu'un de vérifier périodiquement que tout va bien lorsqu'on travaille seul sur le véhicule.

EFFECTUER les travaux dans un ordre logique et vérifier ensuite que tout est correctement assemblé et serré.

SE RAPPELER que la sécurité du véhicule affecte celle de l'utilisateur et des autres usagers de la route. En cas de doute, demander conseil à un spécialiste.

SI PAR MALHEUR, en dépit de toutes ces précautions, on subit une blessure, consulter un médecin aussitôt que possible.

Amiante

Certains matériaux de friction, d'isolement, d'étanchéité et autres - comme les garnitures de freins et d'embrayage, les bandes de freins de boîte automatique, les convertisseurs de couple, les joints, etc. - contiennent de l'amiante. *Prendre toutes les précautions nécessaires pour ne pas respirer la poussière de ces produits, car elle est dangereuse pour la santé*. En cas de doute, présumer qu'ils *contiennent* de l'amiante.

Feu

Toujours se rappeler que l'essence est extrêmement inflammable. Ne jamais fumer, ni utiliser aucune flamme nue quelle qu'elle soit, en travaillant sur le véhicule. Mais le risque ne se limite pas aux flammes nues: une étincelle causée par un court-circuit, par deux surfaces métalliques entrant en contact, par une utilisation d'outils sans précautions, voire par l'électricité statique accumulée dans le corps dans certaines conditions, peut allumer la vapeur d'essence qui, dans un espace fermé, est très explosive.

Toujours débrancher la borne de masse (-) de la batterie avant de travailler sur une partie du circuit d'alimentation ou de l'équipement électrique, et ne jamais courir le risque de répandre de l'essence sur un moteur ou un échappement chaud.

Il est conseillé de garder en permanence au garage ou sur le lieu de travail un extincteur d'un type prévu pour les feux de carburant ou électriques. Ne jamais essayer d'éteindre avec de l'eau un feu causé par du carburant ou d'origine électrique.

Note: *Toute mention d'une 'torche' figurant dans ce manuel désigne une lampe ou torche électrique à piles, et NON un type de torche ou de lampe employant une flamme nue.*

Acide hydrofluorique

Cet acide très corrosif est produit si certains types de caoutchouc synthétique (tel que celui utilisé pour des joints à lèvres, des flexibles de frein ou de carburant, etc.) sont chauffés à une température de 400°C ou plus. En cas d'incendie, le caoutchouc ne brûle pas, mais est converti en une gomme qui contient l'acide. *Cet acide reste dangereux pendant des années. S'il entre en contact avec le peau, il peut causer des blessures graves.*

Vu ces faits, il convient de prendre des précautions s'il faut travailler sur un véhicule ayant subi une incendie (par ex., en obtenant des pièces d'occasion chez un casseur de véhicules). Porter des gants en plastique et les jeter après usage.

Fumées, vapeurs et gaz

Certains gaz et vapeurs sont extrêmement toxiques et peuvent causer rapidement une perte de conscience, voire la mort s'ils sont inhalés en quantité suffisante. Les vapeurs d'essence en font partie, de même que celles de certains solvants comme le trichloréthylène. Ces liquides volatiles ne doivent être vidangés ou versés que dans un endroit bien aéré.

Avant d'utiliser des liquides de nettoyage et des solvants, lire soigneusement les instructions. Ne jamais utiliser de produits provenant de récipients non marqués: ils peuvent dégager des vapeurs toxiques.

Ne jamais faire tourner le moteur d'un véhicule automobile dans un espace fermé, comme un garage. Les gaz d'échappement contiennent de l'oxyde de carbone qui est extrêmement toxique; s'il est nécessaire de faire tourner le moteur, toujours le faire à l'air libre, ou au moins avec l'arrière du véhicule à l'extérieur du lieu de travail.

Pour ceux qui ont la chance de disposer d'une fosse d'inspection, ne jamais vidanger ni verser d'essence, et ne jamais faire tourner le moteur pendant que le véhicule est au-dessus de la fosse; les vapeurs, qui sont plus lourdes que l'air, se concentreraient dans la fosse, avec des conséquences qui pourraient être mortelles.

La batterie

Ne jamais produire d'étincelle à proximité de la batterie du véhicule, ni en approcher de flamme nue. Elle émet normalement une certaine quantité d'hydrogène, qui est un gaz très explosif.

Toujours débrancher la borne de masse (-) de la batterie avant de travailler sur le circuit d'alimentation ou un équipement électrique.

Si possible, dégager les bouchons ou couvercles des éléments avant de charger la batterie à partir d'une source extérieure. Ne pas charger à un taux excessif, sinon la batterie risque d'exploser.

En faisant l'appoint et en transportant la batterie, prendre soin de ne pas répandre d'électrolyte. Même dilué, c'est un acide très corrosif dont le contact avec les yeux ou la peau est dangereux.

Si l'on doit préparer soi-même l'électrolyte, toujours ajouter lentement l'acide à l'eau et jamais l'eau à l'acide. Se protéger contre les projections en portant des gants de caoutchouc et des lunettes de sécurité.

Pour faire démarrer une voiture à l'aide d'une batterie d'appoint, pour les véhicules à masse négative, brancher les fils volants dans l'ordre suivant:

Brancher d'abord un fil entre les bornes positives (+) des deux batteries. Brancher ensuite l'autre fil volant tout d'abord à la borne négative (-) de la batterie d'appoint, puis à un bon point de masse sur le véhicule à mettre en marche, si possible à au moins 45 cm de la batterie. Ne pas approcher les mains ni les fils volants des pièces mobiles, et ne pas faire toucher les deux véhicules. Débrancher les fils volants dans l'ordre inverse.

Circuit électrique du véhicule

Procéder avec précaution pour modifier ou réparer le câblage du véhicule. Les pannes électriques sont à l'origine de la plupart des incendies de véhicules. S'assurer que tous les accessoires sont correctement câblés et sont protégés par un fusible de puissance appropriée et que le câblage employé a une capacité suffisante pour acheminer le courant de fonctionnement. Dans la mesure du possible, éviter d'utiliser des connecteurs du type à épissure ou à "queue de cochon" pour alimenter des équipements supplémentaires à partir d'alimentations déjà en place. Il vaut mieux réaliser une nouvelle alimentation protégée par un fusible.

Lorsqu'on détermine le courant que doit recevoir un nouveau circuit, il ne faut pas oublier l'interrupteur, en particulier lorsqu'on envisage d'utiliser un interrupteur déjà existant pour contrôler des composants supplémentaires - exemple: des interrupteurs qui doivent être alimentés par l'intermédiaire de l'interrupteur d'éclairage principal. Pour acheminer des courants importants, il vaut mieux faire appel à un relais. En cas de doute, consulter un électricien automobile.

Tous les câbles qui traversent un panneau de carrosserie ou une cloison doivent être protégés contre l'usure par frottement par un passe-fil ou un dispositif semblable. En effet, si un fil n'est pas protégé et frotte contre la carrosserie, cela finit par provoquer un court-circuit et peut même déclencher un feu.

Secteur et équipements électriques

Avant d'utiliser un outil électrique, une baladeuse, etc., toujours s'assurer que l'appareil est correctement connecté à sa prise et, le cas échéant, correctement relié à la terre. Ne pas utiliser ce type d'appareil dans des conditions humides et, ici encore, éviter de provoquer des étincelles ou d'appliquer une chaleur excessive à proximité du carburant ou des vapeurs de carburant. S'assurer également que les appareils répondent aux normes de sécurité nationales en vigueur.

Gazole

Les pompes à injection Diesel fournissent du gazole à très haute pression. Lors de toute intervention sur les injecteurs et les canalisations de carburant, il faut procéder avec le plus grand soin. Il est recommandé d'entourer le raccord d'un chiffon absorbant avant de desserrer les canalisations de carburant. *Le jet en provenance des injecteurs ne doit jamais toucher les mains, le visage ou toute autre partie du corps car sa pression est extrêmement élevée et peut faire pénétrer le carburant sous la peau, ce qui risque d'avoir des effets mortels.* Les bâtis d'essai d'injecteurs produisent également des pressions très élevées et doivent être traités de la même manière.

Le gazole irrite plus la peau que l'essence. Il est également dangereux pour les yeux. Outre l'utilisation d'une crème de protection des mains, il faut envisager de porter des gants légers et jetables chaque fois que des épanchements de gazole sont inévitables. Il faut également retirer le plus tôt possible les vêtements trempés par du gazole.

Le gazole ne s'évapore pas comme l'essence. Il faut nettoyer immédiatement les épanchements pour éviter les accidents provoqués par des flaques glissantes sur le plancher de l'atelier. Il convient également de noter que le gazole attaque les surfaces en goudron. En cas d'intervention au bord de la route ou dans une allée de garage, il faut placer sur le sol une feuille de journal ou en matière plastique aux emplacements où des épanchements de gazole sont prévus.

Levage et soutien du véhicule

Le cric fourni avec le véhicule est destiné essentiellement au remplacement d'une roue en cas d'urgence et il vaut mieux ne pas l'utiliser au cours de l'entretien ou de la révision du véhicule. Utiliser de préférence un cric d'atelier (rouleur ou autre). Quel que soit le type utilisé il est indispensable de prévoir des supports supplémentaires en utilisant des chandelles concues à cet effet. Ne jamais utiliser de moyens de fortune tels que des blocs de bois ou un tas de briques car ils pourrait basculer ou se désintégrer sous le poids du véhicule. Les positions correctes du cric et des chandelles sont indiquées à la section *'Levage, remorquage et changement de roue'*.

Lorsqu'il n'est pas nécessaire d'enlever les roues, il est conseillé de se servir des rampes. Prendre soin de les aligner correctement avec les roues et de ne pas avancer le véhicule au point que les roues dépassent l'extrémité des rampes.

Conseils pratiques de réparation

Pour toutes les opérations d'entretien, de réparation ou de remise en état de la voiture ou de ses organes, il faut observer les méthodes de travail et les instructions suivantes afin d'effectuer les travaux de manière efficace et professionnelle.

Joints et plans de joint

Lorsque la séparation des pièces dont les surfaces sont en contact, n'insérer jamais un tournevis ou un outil de ce type entre les faces pour les écarter. On risque ainsi de les endommager et de provoquer des fuites d'huile ou de liquide de refroidissement, etc., lors du remontage. La séparation se fera plus facilement en frappant le long du raccord avec un marteau à tête plastique. Noter toutefois que cette méthode pourrait ne pas convenir lorsque des chevilles sont utilisées pour le positionnement des pièces.

Lorsqu'un joint d'étanchéité est utilisé entre les plans de joint de deux organes, toujours le remplacer lors du remontage et le monter à sec sauf indication contraire dans la méthode de réparation. S'assurer que les plans de joint sont propres et secs et exempts de toutes traces de l'ancien joint. Pour nettoyer un plan de joint, utiliser un outil qui ne soit pas susceptible de rayer ou d'endommager le plan de joint, et éliminer les bavures ou autres marques avec une pierre à huile ou une lime fine.

Bien dégager les trous taraudés à l'aide d'un écouvillon et ne pas y laisser pénétrer de mastic d'étanchéité, le cas échéant, sauf instructions contraires spécifiques.

S'assurer que tous les orifices, conduits ou tubes sont dégagés en y soufflant de l'air comprimé.

Joints d'étanchéité

Les joints d'étanchéité peuvent être déposés en les délogeant à l'aide d'un tournevis à large lame plate ou d'un outil de ce genre. Sinon, plusieurs vis auto-taraudeuses peuvent être vissées dans le joint et ensuite utilisées comme prise pour libérer le joint avec des tenailles ou des pinces.

Chaque fois qu'un joint à lèvres est déposé de son emplacement de travail, soit individuellement soit avec un ensemble, il faut le remplacer.

Il est facile d'endommager les lèvres très fines de ces joints et l'étanchéité ne sera pas assurée si la surface de contact n'est pas parfaitement propre et exempte d'éraillures, d'encoches ou de rainures. S'il n'est pas possible de restaurer la surface d'étanchéité de la pièce, celle-ci doit être remplacée.

Protéger les lèvres du joint de toute surface susceptible de les endommager au cours du montage. Utiliser du ruban adhésif ou un manchon conique si possible. Lubrifier à l'huile les lèvres du joint avant de le mettre en place et, sur les joints à deux lèvres, garnir de graisse l'espace entre les lèvres.

Sauf indication contraire, les joints à lèvres doivent être montés avec leurs lèvres d'étanchéité du côté lubrifiant à arrêter.

Utiliser une broche tubulaire ou un bloc de bois de dimension appropriée pour mettre le joint en place et, si le logement du joint comporte un épaulement, enfoncer le joint jusqu'à l'épaulement. Si le logement du joint ne comporte pas d'épaulement, le joint doit être monté avec sa face affleurant la face supérieure du logement.

Filetages et fixations

Il est courant que les écrous, boulons et vis soient grippés là où la corrosion s'est installée. Une huile ou un fluide de dégrippage permettra généralement de résoudre ce problème en imbibant l'élément rebelle pendant quelque temps avant d'essayer de le déposer. Une clé à chocs utilisée avec la douille appropriée peut également desserrer des fixations grippées. Si aucune de ces méthodes ne réussit, tenter une application prudente de chaleur ou l'utilisation d'une scie à métaux ou d'un casse-écrous.

Un goujon est généralement déposé en vissant ensemble deux écrous sur la partie filetée et en dévissant ensuite le goujon à l'aide d'une clé placée sur l'écrou inférieur. Les goujons et les boulons qui se sont brisés sous la surface de l'organe dans lequel ils sont montés peuvent parfois être déposés en utilisant un extracteur approprié.

Toujours s'assurer qu'un trou taraudé est complètement exempt d'huile, de graisse, d'eau ou d'autre liquide avant d'y introduire le boulon ou le goujon; sinon le carter risque de se fissurer par effet hydraulique lors du vissage du boulon ou du goujon.

Lors du serrage d'un écrou crénelé freiné par une goupille, le serrer au couple spécifié, le cas échéant, puis le serrer encore si nécessaire pour l'aligner avec le trou de goupillage. Ne jamais desserrer l'écrou pour l'aligner avec le trou de goupillage sauf indication dans ce sens dans la méthode de réparation.

Lors du contrôle ou du resserrage d'un écrou ou d'un boulon à un couple spécifié, desserrer l'écrou ou le boulon d'un quart de tour, puis le resserrer au couple spécifié. Cette méthode ne devrait toutefois pas être tentée en cas de serrage angulaire.

Pour certaines fixations, en particulier les boulons ou écrous de culasse, les couples de serrage ne peuvent plus être spécifiés pour les dernières étapes de serrage, le 'serrage angulaire' le remplaçant. En règle générale, un couple de serrage assez réduit sera appliqué aux boulons/écrous dans la séquence elle-même et sera suivi d'une ou plusieurs étapes de serrage par angles spécifiés (tels qu'un quart de tour, etc.).

Ecrous autobloquants, tôles-freins et rondelles

Toute fixation tournant contre un organe ou un logement au cours du serrage doit toujours être munie d'une rondelle placée entre elle et l'organe ou le logement en question.

Les rondelles élastiques ou fendues doivent toujours être remplacées lorsqu'elles sont utilisées pour bloquer un organe critique tel qu'un écrou ou un boulon de retenue de coussinet de bielle. Toujours remplacer les tôles-freins qui sont repliées pour freiner un écrou ou un boulon.

Les écrous autobloquants peuvent être réutilisés dans des zones non critiques, pour autant qu'une résistance puisse être perçue lorsque l'élément de blocage passe au-dessus du filet du boulon ou du goujon. Les écrous autobloquants perdent leur efficacité après une longue période d'utilisation et doivent alors être remplacés.

Les goupilles fendues doivent toujours être remplacées par des goupilles neuves, dont la taille correspond à l'orifice.

Lorsqu'un produit de blocage est décelé sur les filets d'une fixation destinée à être réutilisée, nettoyer cette dernière à l'aide d'une brosse métallique et d'un solvant; du produit devra être réappliqué lors du réassemblage.

Outils spéciaux

Certaines méthodes de réparation décrites dans ce manuel nécessitent l'utilisation d'outils spéciaux, comme une presse, des extracteurs à griffes, des compresseurs de ressorts, etc.. Dans la mesure du possible, des équipements appropriés facilement disponibles pouvant remplacer les outils spéciaux du constructeur sont décrits et représentés en cours d'utilisation. Dans certains cas, cependant, il n'existe aucune solution de remplacement et il a fallu avoir recours à un outil du constructeur, tant pour des raisons de sécurité que pour la bonne exécution des opérations de réparation. A moins d'être qualifié et de comprendre parfaitement les opérations décrites, ne jamais tenter de se dispenser d'un outil spécial lorsque la procédure décrite en spécifie l'utilisation. Cela risquerait d'entraîner non seulement de graves blessures, mais aussi des dommages coûteux aux pièces concernées.

Système d'injection

La sécurité d'utilisation, les performances, l'économie et la longévité des organes du système d'injection dépendront de la fréquence d'entretien. Toujours nettoyer les alentours des raccords du circuit d'alimentation avant de les débrancher et obturer les raccords pour éviter toute introduction de saletés et d'humidité. (Les doigts coupés dans des gants en caoutchouc ou en plastique usagés et maintenus par des élastiques ou des sangles sont particulièrement utiles.) Eviter d'utiliser de l'air comprimé pour le nettoyage à proximité des raccords débranchés du circuit d'alimentation car on risque d'y introduire des saletés.

Protection de l'environnement

Avant de jeter de l'huile moteur usagée, du liquide de frein, de l'antigel, etc., penser aux éventuelles conséquences négatives pour l'environnement. Par exemple, ne verser l'un de ces liquides ni à l'égout ni dans le sol où il s'infiltrerait. De nombreuses décharges locales ainsi que certains garages offrent la possibilité de jeter les huiles usées.

En raison de la législation toujours plus sévère concernant l'émission des gaz des véhicules à moteur nuisibles à l'environnement, la plupart des véhicules actuels sont équipés de dispositifs inviolables placés aux points critiques du circuit d'alimentation. Ces appareils sont essentiellement destinés à empêcher les personnes non qualifiées de régler le mélange air/carburant et d'augmenter ainsi les émissions toxiques. Si, lors de l'entretien ou de la révision, ces dispositifs se révélaient défectueux, ils devraient être remplacés ou réparés conformément aux normes du constructeur du véhicule ou à la législation en vigueur.

Outillage et équipements

Introduction

Un jeu de bons outils est une nécessité absolue pour quiconque envisage l'entretien et la réparation d'un véhicule automobile. Pour l'automobiliste qui n'en possède pas, leur achat s'avèrera une dépense considérable qui annulera une partie des économies réalisées en effectuant lui-même les travaux. Toutefois, pourvu que les outils achetés répondent aux normes de sécurité nationales en vigueur et soient de bonne qualité, ils dureront de nombreuses années et constitueront un investissement très rentable.

Pour aider l'automobiliste moyen à faire le choix des outils nécessaires pour réaliser les diverses tâches décrites dans ce manuel, nous avons rédigé trois listes d'outils sous les rubriques suivantes: *Entretien et petites réparations, Réparation et remise en état*, et *Outils spéciaux*. Le mécanicien novice devra démarrer avec l'outillage d'*Entretien et petites réparations* et s'en tenir aux opérations les plus simples sur le véhicule. Par la suite, à mesure qu'il acquerra de l'expérience et de la confiance en lui, il pourra s'attaquer à des tâches plus difficiles, en achetant de nouveaux outils au fur et à mesure qu'il en aura besoin. Il pourra ainsi transformer un outillage d'*Entretien et petites réparations* en outillage de *Réparation et remise en état* au cours d'une période assez longue sans grosses dépenses. Le mécanicien expérimenté disposera déjà d'un outillage suffisant pour la plupart des opérations de réparation et de remise en état. Il y ajoutera des outils de la catégorie *Spéciale* lorsqu'il estimera la dépense justifiée par l'usage qu'il pourra en faire.

Outils d'entretien et de petites réparations

Les outils figurant dans cette liste doivent être considérés comme le minimum nécessaire pour quiconque envisage d'entreprendre des opérations d'entretien courant et de petites réparations. Nous conseillons d'acheter des clés mixtes (polygonales à une extrémité et fourche à l'autre); bien que plus chères que les clés à fourche, elles offrent les avantages des deux types de clé.

Clés mixtes - 8, 9, 10, 11, 12, 13, 14, 15, 16, 17, 19, 21, 22, 24 et 26 mm
Clé à molettes - mâchoires de 35 mm (environ)
Clé pour bouchon de vidange du carter d'huile
Jeu de cales d'épaisseur
Clé pour vis de purge de freins
Tournevis:
- *Lame plate - environ 100 mm de longueur x 6 mm de diamètre*
- *Tête cruciforme - environ 100 mm de longueur x 6 mm de diamètre*

Pinces multiprises
Petite scie à métaux
Pompe à pied
Jauge de pression de gonflage
Burette d'huile
Outil de dépose du filtre à huile
Toile émeri fine
Brosse métallique (petite)
Entonnoir (moyen)

Outils de réparation et de remise en état

Ces outils sont pratiquement indispensables pour quiconque veut entreprendre des opérations importantes sur un véhicule automobile et s'ajoutent à ceux de la liste *Entretien et petites réparations*. Cette liste comprend un jeu complet de clés à douilles. Bien que cet outillage soit cher, il s'avèrera très précieux en raison de sa polyvalence - surtout si le jeu comporte plusieurs manches d'entraînement. Nous recommandons le carré d'entraînement de 12,5 mm, car il peut être utilisé avec la plupart des clés dynamométriques spéciales. Pour ceux qui n'ont pas les moyens d'acheter des jeux de douilles, même petit à petit, des clés à tube ou à pipe s'avéreront une solution de remplacement utile et moins onéreuse.

A l'occasion, les outils de cette liste devront être complétés par des outils de la liste d'*Outils spéciaux*.

Douilles (ou clés à pipe) couvrant les tailles de la liste précédente
Douille de 27 mm, type profond, pour injecteurs
Cliquet réversible (pour les douilles) **(voir illustration)**
Rallonge de 250 mm (pour les douilles)

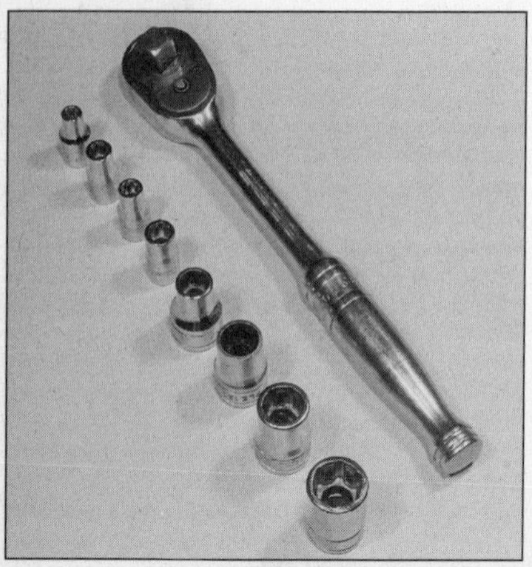

Douilles et clé à cliquets réversibles

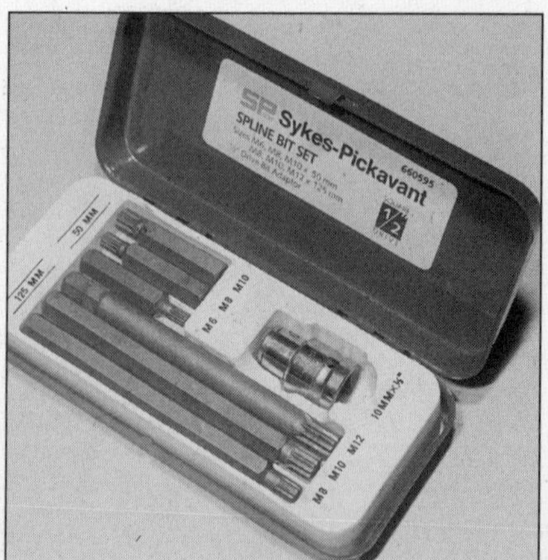

Jeu de douilles cannelées

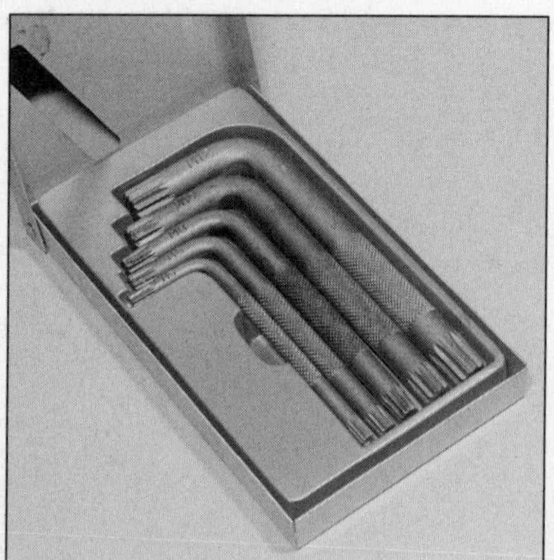

Jeu de clavettes cannelées

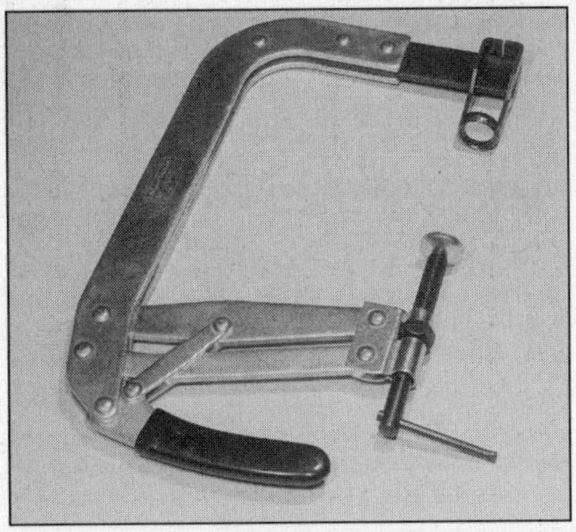

Compresseur de ressort de soupape

Compresseur de segment de piston

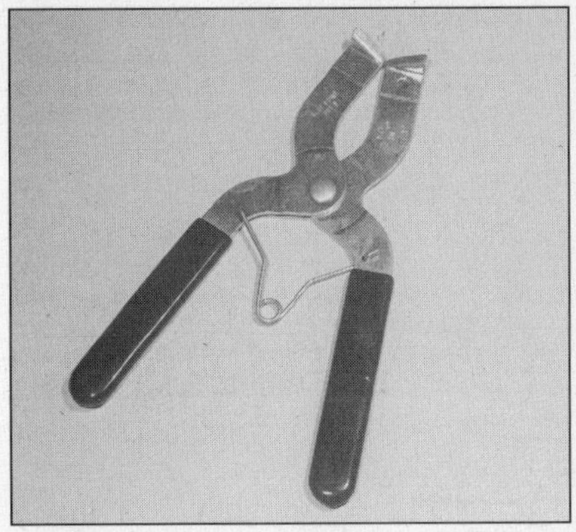

Outil de dépose et pose de segment de piston

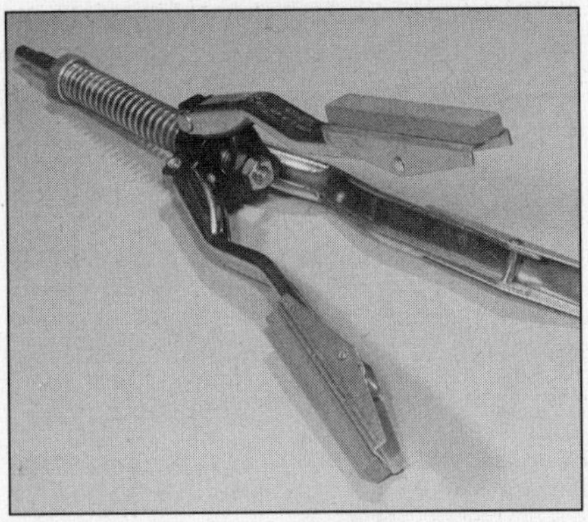

Outil de rodage d'alésage de cylindre

Extracteur à trois montants de moyeu et de roulement

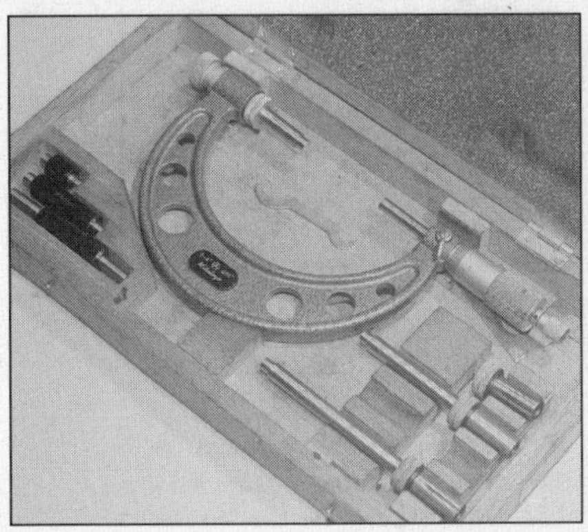

Jeu de micromètre

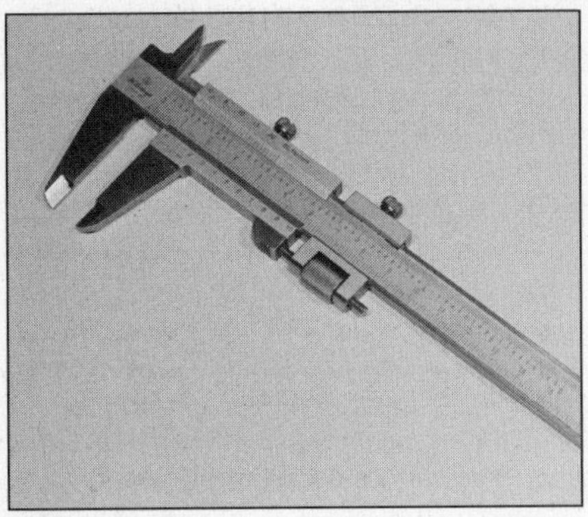

Vernier

Comparateur à cadran et support magnétique

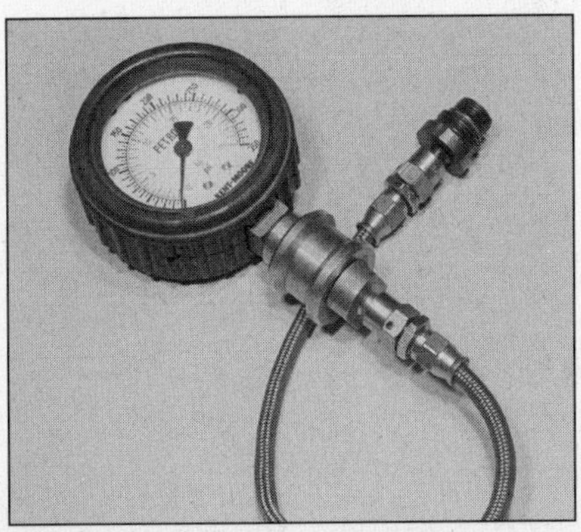

Indicateur de compression à cadran

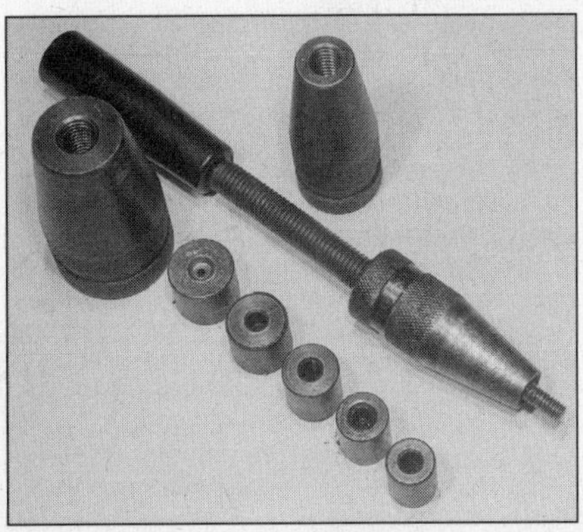

Trousse d'alignement de plateau d'embrayage

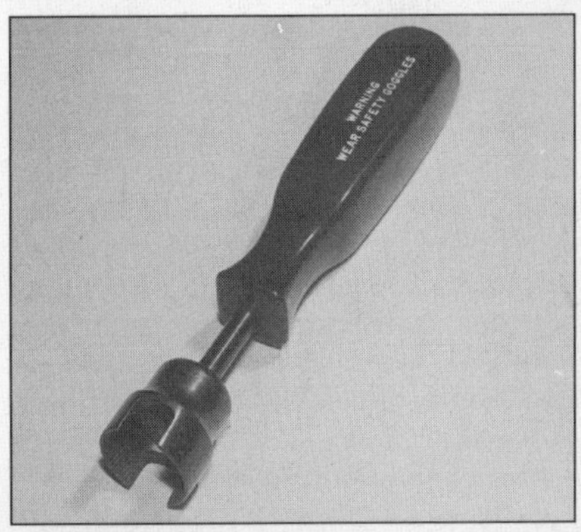

Outil de dépose de coupelle à ressort de stabilisation de sabot de frein

Cardan (pour les douilles)
Clé dynamométrique (pour les douilles)
Pince étau
Marteau à panne ronde;
Maillet à panne souple (plastique/aluminium ou caoutchouc)
Tournevis:
Lame plate - longue et robuste, courte (ronde) et étroite (d'électricien)
Tête cruciforme - longue et robuste, et courte (ronde)
Pinces:
A long bec
A cisailles latérales (d'électricien)
A joncs d'arrêt (internes et externes)
Burin - 12 mm
Trusquin
Grattoir
Poinçon
Chasse-goupilles
Scie à métaux
Sélection de forets hélicoïdaux
Règle en acier
Clés à six pans (y compris à cannelures et de type Torx) **(voir illustrations)**
Jeu de limes
Brosse métallique (grande)
Chandelles
Cric (pantographe robuste ou hydraulique)
Baladeuse

Outils spéciaux

Les outils compris dans cette liste sont ceux qui ne sont pas utilisés régulièrement, coûtent cher à l'achat, ou qui doivent être utilisés conformément aux instructions du fabricant. A moins que l'on n'entreprenne fréquemment des travaux mécaniques relativement difficiles, il ne sera pas économique d'acheter beaucoup de ces outils. Si l'on prévoit ce type d'usage, on peut s'associer avec des amis (ou s'inscrire à un club d'automobilistes) pour faire l'achat en commun, ou bien emprunter ou louer les outils à un garage local ou à un spécialiste de location d'outils.

La liste suivante ne comprend que les outils et instruments disponibles dans le commerce, et non pas les outils spécialisés produits par le constructeur du véhicule spécifiquement pour son réseau de concessionnaires. Ces outils spéciaux du constructeur seront mentionnés à l'occasion dans ce manuel. En général, une autre méthode d'exécution du travail sans l'outil spécial est aussi donnée. Toutefois, il n'y a parfois aucune solution de remplacement. Dans ce dernier cas, s'il n'est pas possible d'acheter ou d'emprunter l'outil en question, on est forcé de confier le travail à un garage de la marque.

Outil de compresseur de ressort de soupape **(voir illustration)**
Outil de rodage de soupape
Outil de compression de segment de piston **(voir illustration)**
Outil de dépose/pose de segment de piston **(voir illustration)**
Outil de rectification d'alésage de cylindre **(voir illustration)**
Séparateur de rotule
Extracteur à deux/trois montants de moyeu et de roulement **(voir illustration)**
Tournevis à percussion
Micromètre et/ou vernier **(voir illustration)**
Comparateur à cadran **(voir illustration)**
Multimètre électrique universel
Jauge de mesure de compression de cylindre (pour moteurs diesel) **(voir illustration)**
Dispositif d'alignement de plateau d'embrayage **(voir illustration)**
Outil de dépose de coupelle de ressort de segment de frein **(voir illustration)**
Trousse de nettoyage d'injecteur carburant
Equipement d'essai et d'étalonnage d'injecteur carburant
Pompe manuelle de dépression et jauge
Dispositif de dépose/pose de coussinet et de roulement **(voir illustration)**
Extracteurs d'ergots **(voir illustration)**
Jeu de tarauds et filières **(voir illustration)**
Appareil de levage
Cric rouleur

Achat d'outils

Pour pratiquement tous les outils, un dépositaire d'outils est la meilleure source, car il disposera d'une gamme très étendue, comparée à celle d'un garage ou magasin d'accessoires moyen. Cela dit, les magasins d'accessoires offrent souvent des outils d'excellente qualité à prix réduit. Il peut donc valoir la peine de se renseigner avant d'acheter.

Les bons outils à prix raisonnable ne manquent pas, mais il faut toujours chercher à acheter des articles qui répondent aux normes de sécurité nationales en vigueur. En cas de doute, demander conseil au propriétaire ou au gérant du magasin avant d'acheter.

Entretien des outils

Lorsqu'on a acheté un outillage de bonne qualité, il faut le maintenir propre et en bon état de service. Après usage, toujours essuyer les outils avec un chiffon propre et sec pour en enlever la saleté, la graisse et les particules métalliques avant de les ranger. Ne jamais les laisser traîner après usage. Un simple râtelier sur le mur du garage ou de l'atelier, pour les petits outils comme les pinces et les tournevis, est une bonne idée. Ranger toutes les clés et douilles normales dans une caisse métallique. Tous les instruments de mesure, jauges, appareils, etc., doivent être soigneusement rangés de manière à être protégés des dommages et de la rouille.

Procéder avec quelques précautions en utilisant les outils. Les têtes de marteaux finissent inévitablement par être marquées et les tournevis par s'émousser de temps à autre; une petite intervention en temps voulu avec de la toile émeri ou une lime a tôt fait de leur redonner un aspect neuf.

Trousse de dépose et de pose de coussinets et de roulements

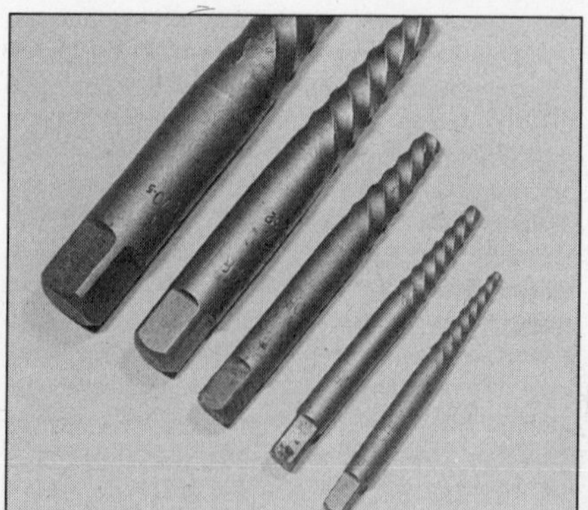

Trousse d'extracteur d'ergots

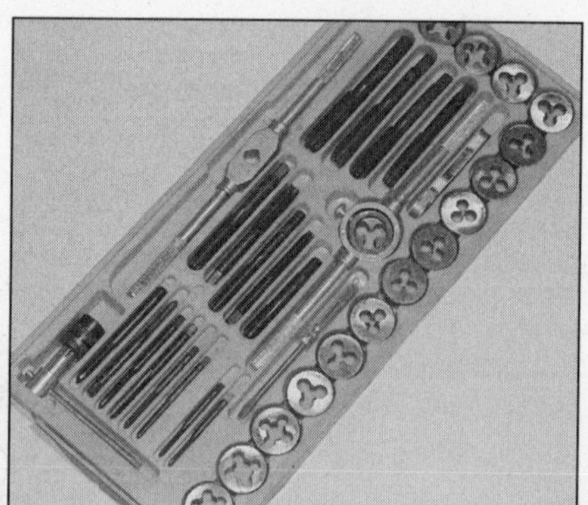

Jeu de tarauds et filières

Locaux

En parlant des outils, il ne faut pas oublier l'atelier proprement dit. Pour tout autre travail que le simple entretien courant, un espace de travail approprié devient indispensable.

Il est évident que plus d'un mécanicien-automobiliste peut être forcé par les circonstances de déposer un moteur ou organe similaire sans disposer d'un garage ou d'un atelier. Cependant, après la dépose, toutes les réparations devront être effectuées à l'abri d'un toit.

Dans la mesure du possible, tout démontage doit être effectué sur un établi ou table propre et plat, à une hauteur convenant au travail.

Tout établi nécessite un étau. Une ouverture des mâchoires de 100 mm suffit pour la plupart des travaux. Comme mentionné plus haut, un espace de rangement propre et sec est aussi nécessaire pour les outils, ainsi que pour les lubrifiants, les liquides de nettoyage, les peintures de retouche etc., qui s'avéreront nécessaires.

Un autre équipement, qui se prête à un usage beaucoup plus général, pourra être nécessaire: une perceuse électrique ayant un mandrin d'au moins 8 mm de capacité.

Enfin, n'oublions surtout pas de garder constamment un stock de vieux journaux et de chiffons propres non pelucheux, et de maintenir toute surface de travail aussi propre que possible.

Démarrage par batterie d'appoint (pontage)

Lorsque le démarrage d'une voiture à l'aide d'une batterie d'appoint, prendre les précautions suivantes:

(a) *Avant de brancher la batterie d'appoint, s'assurer que l'allumage est coupé.*

(b) *Vérifier que tout l'équipement électrique (projecteurs, chauffage, essuie-glaces, etc.) est hors fonction.*

(c) *S'assurer que la tension de la batterie d'appoint est identique à celle de la batterie déchargée du véhicule.*

(d) *Si la batterie est lancée par pontage au départ de la batterie d'un autre véhicule, les deux voitures NE DOIVENT PAS se toucher.*

(e) *Vérifier que la transmission est au point mort (boîte manuelle) ou en position 'P' (transmission automatique).*

Brancher un fil de pontage entre les bornes positives (+) des deux batteries. Brancher l'autre fil de pontage d'abord à la borne négative (-) de la batterie d'appoint. Ensuite, brancher ce fil à une bonne masse sur le véhicule à démarrer, tel qu'un boulon ou un support du bloc-moteur, à 45 cm au moins de la batterie, si possible. S'assurer que les fils de pontage n'entreront pas en contact avec le ventilateur, les courroies ou une pièce en mouvement du moteur.

Démarrer le moteur en utilisant la batterie d'appoint et, le moteur tournant au ralenti, débrancher les fils de pontage dans l'ordre inverse de branchement.

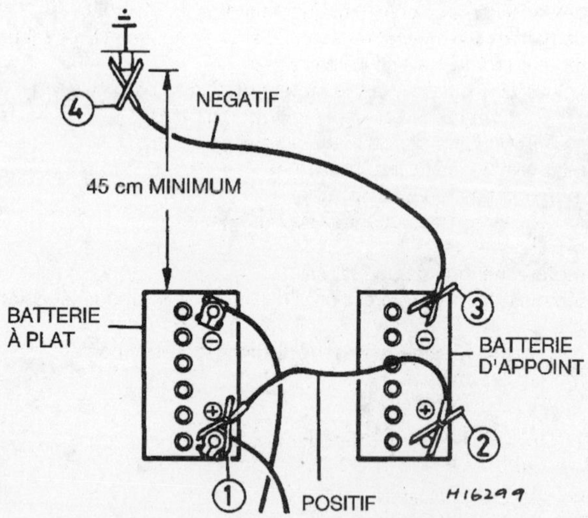

Branchements des fils volants de démarrage d'automobile à mise à la masse du négatif - brancher ces fils dans l'ordre indiqué

Système antivol du radiocassette - précautions

Citroën fournit d'origine un radiocassette équipé d'un code de sécurité interne qui a pour but de décourager les voleurs. Si le radiocassette n'est plus alimenté en courant, le système antivol se déclenche. Même si la source d'alimentation en électricité est immédiatement rétablie, le radiocassette refuse de fonctionner tant que le conducteur n'a pas entré le code de sécurité correct. Par conséquent, si vous ne connaissez pas ce code de sécurité, nous vous recommandons **de ne pas** débrancher les cosses de la batterie ou de déposer le radiocassette du véhicule.

Pour entrer le code de sécurité, il faut tout d'abord mettre le radiocassette sous tension. Le mot "Cod" apparaît à l'écran. Il suffit alors de taper le code de sécurité en utilisant les boutons 1 à 4 du radiocassette. Chaque bouton affecte le chiffre correspondant du code. **Note:** *L'écran de la radio ne peut pas afficher le chiffre 0 comme premier chiffre du code de sécurité. Pour ce premier chiffre, le 0 se présente sous la forme d'un espace vide.* Dès que le code correct est affiché, il suffit d'appuyer sur la partie "haute" du bouton de réglage 4 voies pour entrer ce code.

Si le code saisi est incorrect, trois tirets apparaissent à l'écran et la radio se bloque pendant 10 secondes. Lors des deux premières tentatives, après un blocage de 10 secondes, le message "Cod" réapparaît sur l'écran de la radio pour vous permettre d'entrer de nouveau le code de sécurité. Cependant, si lors de la troisième tentative de saisie du code de sécurité, ce numéro est toujours incorrect, le radiocassette se bloque pendant une heure. Pour effectuer de nouvelles tentatives, il faut mettre le radiocassette sous tension et ne pas y toucher pendant environ 1 heure. Au bout de cette durée, le message "Cod" réapparaît à l'écran pour vous permettre de saisir une nouvelle fois le code de sécurité. Il convient de noter qu'au bout de 20 tentatives, le radiocassette se bloque de façon permanente.

Si cela se produit ou si vous perdez ou oubliez le code de sécurité, nous vous recommandons de demander conseil à votre concessionnaire Citroën. Sur simple présentation d'un document prouvant que vous êtes bien le propriétaire du véhicule, un concessionnaire Citroën est en mesure de débloquer le radiocassette et de vous remettre un nouveau code de sécurité.

Diagnostic des défauts

Sommaire

Introduction

Le propriétaire de véhicule qui assure lui-même son entretien suivant les programmes recommandés ne devrait pas avoir à utiliser très souvent cette section du manuel. La fiabilité des pièces modernes est telle que, pourvu que les organes sujets à usure ou détérioration soient inspectés ou remplacés aux intervalles spécifiés, la défaillance soudaine est relativement rare. Les défauts ne se produisent pas habituellement par suite d'une défaillance subite, mais se développent au cours d'une certaine période. Les grosses pannes mécaniques, notamment, sont habituellement précédées de symptômes caractéristiques sur des centaines ou même des milliers de kilomètres. Les organes qui subissent parfois une défaillance subite sont souvent petits et facilement transportables dans le véhicule.

Dans toute opération de dépistage, la première phase consiste à décider où commencer les recherches. Cela est parfois évident, mais il arrive aussi qu'un certain travail de détection soit nécessaire. L'automobiliste qui effectue une demi-douzaine de réglages ou remplacements au hasard parviendra peut-être à corriger un défaut (ou ses symptômes), mais il ne sera pas plus avancé si le défaut se reproduit, et il aura probablement passé plus de temps et dépensé plus d'argent que nécessaire. Une approche calme et logique s'avèrera plus satisfaisante à long terme. Toujours tenir compte de tous les signes avant-coureurs ou anomalies éventuellement constatés au cours de la période précédant le défaut - perte de puissance, indications trop hautes ou trop basses des instruments, bruits ou odeurs anormaux, etc. - et se rappeler que la défaillance d'organes comme les fusibles risque de n'être que la manifestation d'un défaut sous-jacent.

Les pages qui suivent sont destinées à aider l'automobiliste en cas de panne au démarrage ou en cours de route. Ces problèmes et leurs causes possibles sont regroupés sous plusieurs en-têtes qui identifient des composants ou systèmes spécifiques comme, par exemple, moteur, refroidissement, etc. Le Chapitre et/ou la Section consacrés à ce problème sont également indiqués entre parenthèses. Quel que soit le défaut, il convient d'appliquer les principes de base suivants:

Vérifier le défaut. En d'autres termes, il faut savoir exactement quels sont les symptômes avant de commencer le travail. Cela est particulièrement important si on effectue un dépannage pour une personne qui n'a peut-être pas décrit le défaut avec précision.

Ne pas négliger les causes évidentes. Par exemple, si le moteur refuse de démarrer, y-a-t-il du gazole dans le réservoir? (Ne se fier ni à une autre personne ni à la jauge sur ce point!). Si un défaut électrique est détecté, vérifier qu'il n'y a pas de fil débranché ou cassé avant de déployer le matériel de contrôle.

Guérir la maladie, et non le symptôme. Le remplacement d'une batterie à plat par une batterie chargée permet de reprendre la route, mais si la cause première n'est pas éliminée, la nouvelle batterie se déchargera comme la première.

Ne rien accepter sans l'avoir vérifié. En particulier, ne pas oublier qu'une pièce "neuve" peut être elle-même défectueuse (surtout si elle traîne au fond du coffre depuis des mois), et ne pas exclure des organes d'une séquence de diagnostics sous prétexte qu'ils sont neufs ou ont été montés récemment. Lorsqu'on finit pas identifier la cause d'un défaut difficile, il n'est pas rare de constater qu'on avait tous les indices sous les yeux depuis le début.

1 Moteur

Le moteur ne tourne pas quand le démarreur est actionné

- Cosses de batterie mal serrées ou corrodées (Chapitre 1).
- Batterie déchargée ou défectueuse (Chapitre 5).
- Câblage du circuit de démarrage cassé, desserré ou mal branché (Chapitre 5).
- Solénoïde ou interrupteur de démarreur défectueux (Chapitre 5).
- Démarreur défectueux (Chapitre 5).
- Pignon du démarreur ou denture de la couronne dentée du volant desserré ou cassé (Chapitre 5 et Chapitre 2, Partie A).
- Tresse de masse du moteur mal fixée ou cassée (Chapitre 5).
- Transmission automatique pas sur la position stationnement (P) ou au point mort (N) ou inhibiteur de démarrage défectueux (Chapitre 7, Partie B).

Le démarreur entraîne lentement le moteur

- Batterie partiellement déchargée (pour la recharger, utiliser une batterie de secours ou pousser) (Chapitre 5).
- Cosses de batteries mal serrées ou corrodées (Chapitre 1).
- Mauvaise masse entre batterie et carrosserie (Chapitre 5).
- Tresse de masse du moteur mal fixée (Chapitre 5).
- Câblage de démarreur (ou solénoïde) mal fixé (Chapitre 5).
- Défaut interne du démarreur (Chapitre 5).

Le démarreur tourne sans entraîner le moteur

- Pignons démultiplicateurs du moteur endommagés (Chapitre 5).
- Boulons de montage du démarreur desserrés (Chapitre 5).

Le démarreur est bruyant ou son enclenchement se fait difficilement

- Pignon du démarreur ou denture de la couronne dentée du volant desserré ou cassé (Chapitre 2, Partie A).
- Boulons de montage du démarreur desserrés ou tombés (Chapitre 5).
- Composants internes du démarreur usés ou endommagés (Chapitre 5).

Le moteur tourne mais ne démarre pas

- Réservoir de gazole vide.
- Batterie déchargée (le moteur tourne lentement) (Chapitre 5).
- Cosses de la batterie mal serrées ou corrodées (Chapitre 1).
- Présence d'air dans le gazole (Chapitre 4).
- Formation de cire dans le gazole (par temps très froid).
- Solénoïde d'arrêt défectueux (Chapitre 4).
- Faibles compressions des cylindres (Chapitre 2, Partie A).
- Anomalie de l'alimentation ou du réchauffage (Chapitres 4 et 5).
- Défaillance mécanique importante (exemple: entraînement de l'arbre à cames) (Chapitre 2, Partie A).

L'explosion se produit mais le moteur ne tourne pas

- Anomalie du réchauffage (Chapitre 5).
- Présence d'air dans le gazole (Chapitre 4).
- Formation de cire dans le gazole (par temps très froid).
- Autre défaillance de l'alimentation (Chapitre 4).

Le moteur démarre difficilement lorsqu'il est froid

- Batterie déchargée (Chapitre 5).
- Cosses de batterie mal serrées ou corrodées (Chapitre 1).
- Présence d'air dans le gazole (Chapitre 4).
- Filtre à air encrassé ou obturé (Chapitre 1).
- Formation de cire dans le gazole (par temps très froid).
- Anomalie du réchauffage (Chapitre 5).
- Autre défaillance de l'alimentation (Chapitre 4).
- Faible compression des cylindres (Chapitre 2, Partie A).

Le moteur démarre difficilement lorsqu'il est chaud

- Batterie déchargée (Chapitre 5).
- Cosses de batterie mal serrées ou corrodées (Chapitre 1).
- Filtre à air encrassé ou obturé (Chapitre 1).
- Présence d'air dans le gazole (Chapitre 4).
- Faible compression des cylindres (Chapitre 2, Partie A).

Le moteur a un ralenti irrégulier

- Réglage incorrect du ralenti (Chapitre 1).

- Filtre à air encrassé (Chapitre 1).
- Réglage incorrect du jeu des soupapes (Chapitre 2, Partie A).
- Compressions irrégulières ou faibles des cylindres (Chapitre 2, Partie A).
- Usure des lobes de l'arbre à cames (Chapitre 2, Partie A).
- Tension incorrecte de la courroie de distribution (Chapitre 2, Partie A).
- Calage incorrect de la pompe à injection de gazole (Chapitre 4).

Le moteur a des ratés au ralenti

- Présence d'air dans le gazole (Chapitre 4).
- Formation de cire dans le gazole (par temps très froid).
- Autre défaillance de l'alimentation (Chapitre 4).
- Réglage incorrect du jeu des soupapes (Chapitre 2, Partie A).
- Compressions irrégulières ou faibles des cylindres (Chapitre 2, Partie A).
- Débranchement, fuite ou détérioration des flexibles de ventilation du carter moteur (Chapitres 1 et 4).
- Calage incorrect de la pompe à injection de gazole (Chapitre 4).

Le moteur a des ratés quel que soit le régime

- Filtre gazole encrassé (Chapitre 1).
- Obturation de l'évent du réservoir de gazole ou colmatage des durites de gazole (Chapitre 4).
- Compressions irrégulières ou faibles des cylindres (Chapitre 2, Partie A).
- Calage incorrect de la pompe à injection de gazole (Chapitre 4).

Le moteur cale

- Réglage incorrect du ralenti (Chapitre 1).
- Filtre de gazole encrassé (Chapitre 1).
- Obturation de l'évent du réservoir de gazole ou colmatage des durites de gazole (Chapitre 4).

Le moteur manque de puissance

- Présence d'air dans le gazole (Chapitre 4).
- Calage incorrect de la pompe à injection de gazole (Chapitre 4).
- Montage ou tension incorrect de la courroie de distribution (Chapitre 2, Partie A).
- Filtre à gazole encrassé (Chapitre 1).
- Compressions irrégulières ou faibles des cylindres (Chapitre 2, Partie A).
- Serrage des freins (Chapitres 1 et 9).
- Patinage de l'embrayage (Chapitre 6).
- Niveau incorrect de fluide dans la transmission automatique (Chapitre 1).

Le témoin lumineux de pression d'huile s'allume lorsque le moteur tourne

- Niveau d'huile trop bas ou type d'huile incorrect (Chapitre 1).
- Manomètre d'huile défectueux (Chapitre 5).
- Usure des roulements du moteur et/ou de la pompe à huile (Chapitre 2, Partie B).
- Température de fonctionnement du moteur excessive (Chapitre 3).
- Anomalie du clapet de décharge de la pression d'huile (Chapitre 2, Partie B).
- Encrassement de la crépine d'huile (Chapitre 2, Partie B).

Note: *Une pression d'huile basse au ralenti sur un moteur à kilométrage élevé n'est pas forcément anormale. Une fuite de pression subite à haut régime est beaucoup plus inquiétante. Dans tous les cas, vérifier le manomètre ou la sonde du voyant avant d'incriminer le moteur.*

Le moteur continue de tourner après avoir coupé le contact

- Anomalie du solénoïde d'arrêt (Chapitre 4).

Le moteur est bruyant

Note: *Pour les oreilles d'un profane, le moteur Diesel peut sembler faire un bruit alarmant, même lorsqu'il est en parfait état de marche. Par conséquent, il est recommandé de demander à un expert de diagnostiquer l'existence réelle d'un bruit inhabituel avant de procéder à des remplacements ou des réparations.*

Sifflements ou souffles

- Fuite d'un joint du collecteur (Chapitre 4).
- Fuite d'un flexible de dépression (Chapitres 1 et 4).
- Fuite au niveau du joint de culasse (Chapitre 2, Partie A).

Petits claquements ou cliquetis

- Jeu incorrect des soupapes (Chapitre 2, Partie A).
- Usure d'organes de distribution ou de l'arbre à cames (Chapitre 2, Partie A).
- Usure de la chaîne de la pompe à huile (Chapitre 2, Partie A).
- Segment cassé (cliquettement) (Chapitre 2, Partie B).
- Anomalie de composants auxiliaires (pompe à eau, alternateur, etc.) (Chapitres 3 et 5).

Cognements ou bruits sourds

- Présence d'air dans le gazole (Chapitre 4).
- Usure de la courroie de distribution (Chapitre 1 et Chapitre 2, Partie A).
- Fuite ou blocage d'un ou plusieurs injecteurs de gazole (Chapitre 4).
- Usure des coussinets de têtes de bielles (cognements sourds réguliers, parfois moins importants en charge) (Chapitre 2, Partie B).
- Usure des coussinets de vilebrequin (grognements et cognements pouvant empirer en charge) (Chapitre 2, Partie B).
- Claquement de piston (surtout à froid) (Chapitre 2, Partie B).
- Anomalie de composants auxiliaires (pompe à eau, alternateur, etc.) (Chapitres 3 et 5).

2 Circuit de refroidissement

Surchauffe

- Volume insuffisant de réfrigérant dans le circuit (Chapitre 1).
- Anomalie du thermostat (Chapitre 3).
- Radiateur obturé à l'intérieur ou calandre bouchée (Chapitre 3).
- Anomalie du ventilateur électrique de refroidissement ou du thermocontact (Chapitre 3).
- Anomalie du bouchon de remplissage (Chapitre 3).
- Usure ou réglage incorrect de la courroie de distribution (Chapitre 2, Partie A).
- Fonctionnement incorrect de la sonde de la jauge de température (Chapitre 3).
- Présence d'une bulle d'air dans le circuit de refroidissement (Chapitre 1).

Refroidissement excessif

- Anomalie du thermostat (Chapitre 3).
- Fonctionnement incorrect de la sonde de la jauge de température (Chapitre 3).

Fuite externe de réfrigérant

- Durites détériorées ou endommagées ou colliers desserrés (Chapitre 1).
- Fuite du radiateur ou de la matrice du groupe de chauffage (Chapitre 3).
- Anomalie du bouchon de remplissage (Chapitre 3).
- Fuite de joint de la pompe à huile (Chapitre 3).
- Ebullition provoquée par une surchauffe (Chapitre 3).
- Fuite de l'obturateur interne (Chapitre 2, Partie B).

Fuite interne de réfrigérant

- Fuite de joint de culasse (Chapitre 2, Partie A).
- Fissure de culasse ou d'alésage de cylindre (Chapitres 2, Parties A et B).

Corrosion
- Vidanges et rinçages à intervalles trop longs (Chapitre 1).
- Mélange antigel incorrect ou de type inapproprié (Chapitre 1).

3 Alimentation et échappement

Consommation excessive de gazole
- Filtre à air encrassé ou obturé (Chapitre 1).
- Anomalie du système de préchauffage (Chapitre 5).
- Ralenti incorrect (Chapitre 1).
- Calage incorrect de la pompe à injection de gazole (Chapitre 4).
- Serrage des freins (Chapitre 9).
- Gonflage des pneus insuffisant (Chapitre 1).

Fuite et/ou odeur de gazole
- Endommagement ou corrosion du réservoir de gazole, des durites ou des raccords (Chapitres 1 et 4).

Bruit excessif ou présence de fumée au niveau de l'échappement
- Fuite au niveau des joints de l'échappement ou du collecteur (Chapitre 4).
- Fuite, corrosion ou endommagement des silencieux ou du pot d'échappement (Chapitre 4).
- Rupture des fixations ce qui provoque des contacts avec la carrosserie ou la suspension (Chapitre 4).

4 Embrayage

La pédale va jusqu'au plancher - peu de pression ou résistance très limitée
- Rupture du câble de l'embrayage (Chapitre 6).
- Réglage incorrect de l'embrayage (Chapitre 6).
- Rupture du coussinet ou de la fourchette de débrayage (Chapitre 6).
- Rupture du ressort à membrane de la couronne de l'embrayage (Chapitre 6).

Pas de débrayage (impossibilité de changer de rapport)
- Réglage incorrect de l'embrayage (Chapitre 6).
- Le disque de l'embrayage reste collé sur les cannelures de l'arbre d'entrée de la transmission (Chapitre 6).
- Le disque de l'embrayage reste collé sur le volant ou la couronne de l'embrayage (Chapitre 6).
- Anomalie de la couronne de l'embrayage (Chapitre 6).
- Grippage de l'arbre d'entrée de la transmission dans le palier de centrage du vilebrequin (Chapitre 2, Partie A).
- Usure ou montage incorrect du mécanisme de débrayage (Chapitre 6).

L'embrayage patine (le régime du moteur augmente alors que le véhicule ne roule pas plus vite)
- Réglage incorrect de l'embrayage (Chapitre 6).
- Usure excessive des garnitures du disque de l'embrayage (Chapitre 6).
- Contamination par de l'huile ou de la graisse des garnitures du disque de l'embrayage (Chapitre 6).
- Anomalie de la couronne de l'embrayage ou affaiblissement du ressort à membrane (Chapitre 6).

L'embrayage broute au moment de débrayer
- Contamination par de l'huile ou de la graisse des garnitures du disque de l'embrayage (Chapitre 6).
- Usure excessive des garnitures du disque de l'embrayage (Chapitre 6).
- Le câble de l'embrayage se bloque ou s'effiloche (Chapitre 6).
- Anomalie ou déformation de la couronne de l'embrayage ou du ressort à membrane (Chapitre 6).
- Usure ou desserrage des supports de montage du moteur ou de la transmission (Chapitre 2, Partie A).
- Usure du moyeu du disque de l'embrayage ou des cannelures de l'arbre d'entrée sur la boîte de vitesses (Chapitre 6).

Bruit lorsqu'on relâche la pédale d'embrayage ou lorsqu'on y appuie
- Usure de palier de débrayage (Chapitre 6).
- Usure ou dessèchement des coussinets de la pédale d'embrayage (Chapitre 6).
- Anomalie de la couronne d'embrayage (Chapitre 6).
- Rupture de ressort à membrane de la couronne de l'embrayage (Chapitre 6).
- Cassure des ressorts d'amortissement du disque de l'embrayage (Chapitre 6).

5 Transmission mécanique

Présence de bruit au point mort lorsque le moteur tourne
- Usure des paliers de l'arbre d'entrée (bruit présent lorsqu'on n'appuie pas sur la pédale d'embrayage mais qui disparaît dès qu'on appuie sur cette pédale) (Chapitre 7, Partie A).*
- Usure de palier de débrayage (bruit qui est présent lorsqu'on appuie pas sur la pédale d'embrayage, et qui peut diminuer lorsqu'on la relâche) (Chapitre 6).

Présence de bruit sur un rapport particulier
- Usure, endommagement ou cassure de dents d'engrenages (Chapitre 7, Partie A).*

Changements de rapports difficiles
- Anomalie de l'embrayage (Chapitre 6).
- Usure ou endommagement d'organes de pignons (Chapitre 7, Partie A).
- Réglage incorrect de la tringlerie des engrenages (Chapitre 7, Partie A).
- Usure des synchronisateurs (Chapitre 7, Partie A).*

Les rapports sautent
- Usure ou endommagement d'organes de pignons (Chapitre 7, Partie A).
- Réglage incorrect de la tringlerie des engrenages (Chapitre 7, Partie A).
- Usure des synchronisateurs (Chapitre 7, Part A).*
- Usure des chapes des sélecteurs (Chapitre 7, Partie A).*

Vibrations
- Manque d'huile (Chapitre 1).
- Usure des paliers (Chapitre 7, Partie A).*

Fuites de lubrifiant
- Fuites de joint d'huile (Chapitre 7, Partie A).
- Fuite de joint de carter (Chapitre 7, Partie A).*

**Bien que les interventions à réaliser pour corriger les symptômes décrits ci-dessus ne peuvent en général pas être réalisés par un bricoleur, ces informations devraient permettre d'identifier la cause de l'anomalie détectée afin que le propriétaire de la voiture puisse communiquer clairement avec un mécanicien professionnel.*

6 Transmission automatique

Note: *La transmission automatique est très complexe et, de ce fait, le bricoleur n'est pas vraiment en mesure d'assurer des diagnostics et l'entretien de cet ensemble. En dehors des problèmes énumérés ci-dessous, il faut amener le véhicule au service après-vente du concessionnaire ou à un spécialiste des transmissions automatiques.*

Fuite de liquide

- En général, le liquide de transmission automatique a une couleur sombre. Il ne faut pas confondre les fuites de ce liquide avec les fuites d'huile moteur qui peuvent facilement être envoyées sur la transmission par un jet d'air.
- Pour déterminer la source d'une fuite, il faut tout d'abord enlever la poussière et les saletés qui se sont accumulées sur le carter de la transmission et dans les zones avoisinantes en utilisant un produit de dégraissage ou en procédant à un nettoyage à la vapeur. Faire rouler lentement le véhicule afin que le jet d'air n'envoie pas le liquide en provenance de la fuite loin de l'origine de cette fuite. Soulever le véhicule et le soutenir à l'aide de chandelles avant de déterminer l'origine de la fuite. Dans la plupart des cas, cette fuite se trouve dans l'une des zones suivantes:
  - *(a) carter d'huile (Chapitre 1 et Chapitre 7, Partie B).*
  - *(b) tube de jauge de niveau (Chapitre 1 et Chapitre 7, Partie B).*
  - *(c) conduites et raccords de liquide entre la transmission et le refroidisseur d'huile (Chapitre 7, Partie B).*

Liquide de transmission marron ou présentant une odeur de brûlé

- Le niveau de liquide de transmission est insuffisant ou il faut changer ce liquide (Chapitre 1).

Problèmes généraux de sélection de rapports

- La Partie B du Chapitre 7 décrit les procédures de vérification et de réglage du câble de sélecteur de la transmission automatique. Dans la plupart des cas, les problèmes suivants peuvent être dus à un réglage incorrect de ce câble:
  - *(a) Le moteur démarre alors que le sélecteur n'est pas sur la position P (stationnement) ou N (point mort).*
  - *(b) Le panneau indicateur signale un rapport qui n'est pas celui qui est effectivement enclenché.*
  - *(c) Le véhicule se déplace alors que le sélecteur est sur la position P (stationnement) ou N (point mort).*
  - *(d) Le changement de rapports est de qualité médiocre, voire même irrégulier.*
- Consulter la Partie B du Chapitre 7 qui décrit la procédure de réglage du câble du sélecteur.

La transmission refuse de rétrograder (pas de "kickdown") lorsqu'on appuie à fond sur l'accélérateur

- Niveau insuffisant de liquide de transmission (Chapitre 1).
- Réglage incorrect du câble du sélecteur (Chapitre 7, Partie B).

Le moteur refuse de démarrer sur un rapport ou démarre alors qu'un rapport autre que stationnement (P) ou point mort (N) est enclenché

- Réglage incorrect du contacteur d'interdiction de démarrage (Chapitre 7, Partie B).
- Réglage incorrect du câble du sélecteur (Chapitre 7, Partie B).

La transmission patine, broute, est bruyante ou ne permet pas de rouler en marche avant ou en marche arrière

- Les problèmes susmentionnés peuvent avoir de nombreuses causes probables. Le bricoleur ne doit s'intéresser qu'à une seule possibilité: le niveau de liquide de transmission. Avant d'amener le véhicule chez un concessionnaire ou chez un spécialiste en transmission, il doit vérifier le niveau et la qualité du liquide en procédant comme indiqué au Chapitre 1. Compléter le plein de liquide, suivant besoin, ou changer ce liquide et son filtre, le cas échéant. Si ce problème persiste, il faut demander l'aide d'un professionnel.

7 Arbres de roue

Cliquetis ou cognements dans les virages (à vitesse lente, en braquage à fond)

- Niveau insuffisant de lubrifiant sur le joint homocinétique (Chapitre 8).
- Usure du joint homocinétique externe (Chapitre 8).

Vibrations à l'accélération ou au ralentissement

- Usure du joint homocinétique interne (Chapitre 8).
- Torsion ou déformation de l'arbre de roue (Chapitre 8).

8 Système de freinage

Note: *Avant de supposer l'existence d'un problème au niveau des freins, il faut s'assurer que les pneus sont en bon état et bien gonflés, que le parallélisme des roues avant est correct et que le véhicule n'a pas une charge déséquilibrée. En dehors de la vérification de l'état de tous les raccords de canalisations et de flexible, le propriétaire du véhicule doit confier à un concessionnaire Citroën toutes les activités d'identification des anomalies présentes dans le système ABR.*

Les freins tirent d'un côté

- Usure, anomalie, endommagement ou contamination des plaquettes ou sabots des freins avant ou arrière, sur un côté (Chapitre 9).
- Grippage total ou partiel du piston d'étrier de frein de cylindre de roue avant ou arrière (Chapitre 9).
- Les deux côtés du véhicule n'ont pas des garnitures de plaquettes de même composition (Chapitre 9).
- Desserrage des boulons de fixation des étriers de freins (Chapitre 9).
- Desserrage des boulons de fixation des contre-plaques des freins arrière (Chapitre 9).
- Usure ou endommagement de composants de la direction ou de la suspension (Chapitre 10).

Présence de bruit (grincements ou crissements)

- La garniture des plaquettes ou sabots de freins est usée jusqu'au métal (Chapitre 9).
- Corrosion excessive de disque ou tambour de frein (ce défaut peut survenir lorsque le véhicule est resté à l'arrêt pendant un certain temps (Chapitre 9).

Course excessive de la pédale

- Mauvais fonctionnement du mécanisme d'autoréglage des freins arrière (Chapitre 9).
- Anomalie du maître-cylindre (Chapitre 9).
- Présence d'air dans le circuit hydraulique (Chapitre 9).
- Anomalie du servofrein à dépression ou sa pompe (Chapitre 9).
- Endommagement, débranchement ou mauvaise fixation du flexible de dépression du servofrein (Chapitre 9).

Pédale spongieuse

- Présence d'air dans le circuit hydraulique (Chapitre 9).
- Détérioration des flexibles en caoutchouc des freins (Chapitre 9).
- Desserrage des écrous de fixation du maître-cylindre (Chapitre 9).
- Anomalie du maître-cylindre (Chapitre 9).

Effort excessif sur la pédale pour arrêter le véhicule

- Anomalie du servofrein à dépression (Chapitre 9).
- Débranchement, endommagement ou desserrage du flexible de servofrein (Chapitres 1 et 9).
- Anomalie de la pompe du servofrein (Chapitre 9).
- Défaillance du circuit hydraulique primaire ou secondaire (Chapitre 9).
- Grippage d'un ou plusieurs pistons d'étriers de freins ou de cylindres de roues(Chapitre 9).
- Montage incorrect des plaquettes ou sabots de freins (Chapitre 9).
- Montage de plaquettes ou sabots de freins de type incorrect (Chapitre 9).
- Contamination des garnitures des plaquettes ou sabots de freins (Chapitre 9).

Vibrations de la pédale ou du volant lors d'un freinage

- Faux-rond excessif ou déformation des disques avant ou des tambours arrière (Chapitre 9).
- Usure des garnitures des plaquettes et sabots de freins (Chapitre 9).
- Desserrage des boulons de fixation des étriers de freins ou des contre-plaques des freins arrière. (Chapitre 9).
- Usure de composants ou fixations de la suspension ou de la direction (Chapitre 10).

Les freins se bloquent

- Grippage d'un ou plusieurs pistons d'étriers de freins ou de cylindres de roues (Chapitre 9).
- Réglage incorrect du mécanisme ou de la tringlerie du frein à main (Chapitre 9).
- Anomalie du maître-cylindre (Chapitre 9).

Les roues arrière se bloquent lors d'un freinage normal

- Contamination des garnitures des sabots de freins arrière (Chapitre 9).
- Défaillance du régulateur de pression de freinage (Chapitre 9).

9 Suspension et direction

Note: *Avant de chercher à identifier l'origine d'anomalies au niveau de la suspension ou de la direction, il faut s'assurer que le problème n'est pas provoqué par une pression de gonflage incorrecte des pneus, l'utilisation de pneus de types différents ou un blocage des freins.*

La voiture tire d'un côté

- Pneu défectueux (Chapitre 1).
- Usure excessive de composants de la suspension ou de la direction (Chapitre 10).
- Parallélisme incorrect des roues avant (Chapitre 10).
- Endommagement de composants de la direction ou de la suspension à la suite d'un accident (Chapitre 10).

Vibration et shimmy des roues

- Déséquilibrage des roues avant (les vibrations se font essentiellement sentir au niveau du volant) (Chapitre 10).
- Déséquilibrage des roues arrière (les vibrations se font sentir dans tout le véhicule (Chapitre 10).
- Endommagement ou déformation des roues (Chapitre 1).
- Endommagement ou défectuosité de pneu (Chapitre 1).
- Usure de joints, coussinets ou composants de la direction ou de la suspension (Chapitre 10).
- Desserrage de boulons de roues (Chapitre 10).

Roulis et/ou tangage excessifs dans les virages ou lors d'un freinage

- Amortisseurs défectueux (Chapitre 10).
- Rupture ou affaiblissement de ressorts hélicoïdaux et/ou de composants de la suspension (Chapitre 10).
- Usure ou endommagement de la barre antiroulis ou des fixations (Chapitre 10).

Flottement ou instabilité générale

- Parallélisme incorrect des roues avant (Chapitre 10).
- Usure des joints, coussinets ou composants de la direction ou de la suspension (Chapitre 10).
- Déséquilibrage des roues (Chapitre 10).
- Endommagement ou défectuosité de pneu (Chapitre 1).
- Desserrage de boulons de roues (Chapitre 10).
- Défectuosité des amortisseurs (Chapitre 10).

Direction trop dure

- Niveau insuffisant de lubrifiant d'engrenage de la direction (Chapitre 10).
- Grippage des rotules de biellettes ou de suspension (Chapitre 10).
- Rupture ou réglage incorrect de la courroie de distribution de la pompe de la direction assistée (Chapitre 1).
- Parallélisme incorrect des roues avant (Chapitre 10).
- Torsion ou endommagement de la crémaillère ou de la colonne de direction (Chapitre 10).

Jeu excessif au niveau du volant

- Usure d'un ou plusieurs raccords cardan de la colonne de direction ou de 'accouplement intermédiaire (Chapitre 10).
- Usure de rotules de biellettes (Chapitre 10).
- Usure de composants de crémaillère et de pignon de direction (Chapitre 10).
- Usure de joints, coussinets ou composants de la direction ou de la suspension (Chapitre 10).

Pas de direction assistée

- Rupture ou réglage incorrect de la courroie de distribution de la pompe de la direction assistée (Chapitre 1).
- Niveau incorrect de liquide de la direction assistée (Chapitre 1).
- Colmatage des flexibles du liquide de la direction assistée (Chapitre 1).
- Anomalie de la pompe de la direction assistée (Chapitre 10).
- Anomalie de composants de crémaillère et de pignon de direction (Chapitre 10).

Usure excessive des pneus

Usure sur les flancs internes ou externes des pneus

- Gonflage des pneus insuffisant (usure sur les deux côtés) (Chapitre 1).
- Angles de chasse ou de carrossage incorrects (usure sur un côté uniquement) (Chapitre 10).
- Usure de joints, coussinets ou composants de la direction ou de la suspension (Chapitre 10).
- Vitesse excessive dans les virages.
- Dégâts à la suite d'un accident

Indices de bavures sur les rebords de la bande de roulement

- Réglage incorrect du pincement (Chapitre 10).

Usure de la partie centrale de la bande de roulement

- Gonflage excessif des pneus (Chapitre 1).

Usure des flancs internes et externes des pneus

- Gonflage insuffisant des pneus (Chapitre 1).

Usure des pneus irrégulière

- Déséquilibrage des pneus (Chapitre 1).
- Faux-rond excessif de roues ou pneus (Chapitre 1).
- Usure des amortisseurs (Chapitre 10).
- Anomalie de pneu (Chapitre 1).

10 Equipement électrique

Note: *En ce qui concerne les problèmes affectant le système de démarrage, consulter les anomalies de la section "Moteur" qui se trouve vers le début de cette Section.*

La batterie se décharge en quelques jours

- Défaut interne de la batterie (Chapitre 5).
- Niveau d'électrolyte trop bas - le cas échéant (Chapitre 1).
- Desserrage ou corrosion des cosses de la batterie (Chapitre 1).
- Usure ou réglage incorrect de la courroie de distribution de l'alternateur (Chapitre 1).
- L'alternateur ne charge pas correctement (Chapitre 5).
- Défaillance de l'alternateur ou du régulateur de tension (Chapitre 5).
- Court-circuit provoquant un déchargement continu de la batterie (Chapitre 5).

Le témoin d'allumage reste allumé lorsque le moteur tourne

- Cassure, usure ou réglage incorrect de la courroie de distribution de l'alternateur (Chapitre 1).
- Usure, blocage ou encrassage des balais de l'alternateur (Chapitre 5).
- Affaiblissement ou rupture des ressorts des balais de l'alternateur (Chapitre 5).
- Défaut interne de l'alternateur ou du régulateur de tension (Chapitre 5).
- Rupture, débranchement ou desserrage du circuit de recharge (Chapitre 5).

Le témoin d'allumage ne s'allume pas

- Ampoule grillée (Chapitre 12)
- Cassure, débranchement ou desserrage du câblage du circuit du témoin (Chapitre 12).
- Anomalie de l'alternateur (Chapitre 5).

Les phares ne s'allument pas

- Ampoule grillée (Chapitre 12).
- Corrosion de l'ampoule ou des contacts de son culot (Chapitre 12).
- Fusible grillé (Chapitre 12).
- Anomalie de relais (Chapitre 12).
- Rupture, desserrage du débranchement de câblage (Chapitre 12).
- Anomalie de contacteur (Chapitre 12).

Fonctionnement incorrect ou irrégulier des témoins d'instruments

Plus le régime du moteur augmente et plus les valeurs indiquées par les instruments augmentent

- Anomalie du régulateur de tension (Chapitre 12).

La jauge de gazole ou de température n'affiche aucune valeur

- Défaillance de la sonde de la jauge (Chapitres 3 ou 4).
- Câblage en court-circuit (Chapitre 5).
- Défaillance de jauge (Chapitre 12).

La jauge de gazole ou de température indique toujours une valeur maximale

- Défaillance de la sonde de la jauge (Chapitres 3 ou 4).
- Câblage en circuit ouvert (Chapitre 5).
- Défaillance de jauge (Chapitre 12).

Fonctionnement intermittent ou incorrect de l'avertisseur

L'avertisseur fonctionne sans arrêt

- Bouton-poussoir d'avertisseur à la masse ou coincé (Chapitre 12).
- Mise à la masse entre le câble et le bouton-poussoir de l'avertisseur (Chapitre 12).

L'avertisseur ne fonctionne pas

- Fusible grillé (Chapitre 12).
- Desserrage, rupture ou débranchement de câble ou connexions (Chapitre 12).
- Anomalie de l'avertisseur (Chapitre 12).

L'avertisseur émet un son intermittent ou incorrect

- Desserrage des connexions de câblage (Chapitre 12).
- Desserrage des fixations de l'amortisseur (Chapitre 12).
- Anomalie de l'avertisseur (Chapitre 12).

Fonctionnement intermittent ou incorrect des essuie-glaces du pare-brise et de la lunette arrière

Les essuie-glaces refusent de fonctionner ou fonctionnent très lentement

- Collage des balais d'essuie-glaces sur la vitre ou grippage ou collage de la tringlerie (Chapitres 1 et 12).
- Fusible grillé (Chapitre 12).
- Desserrage, rupture ou débranchement de câbles ou de connexions (Chapitre 12).
- Anomalie de relais (Chapitre 12).
- Anomalie de moteur d'essuie-glace (Chapitre 12).

Les balais d'essuie-glaces couvrent une surface trop importante ou insuffisante de la vitre

- Positionnement incorrect des balais d'essuie-glaces sur leurs broches (Chapitre 12).
- Usure excessive de la tringlerie des essuie-glaces (Chapitre 12).
- Desserrage ou instabilité des fixations du moteur ou de la tringlerie des essuie-glaces (Chapitre 12).

Les balais d'essuie glaces ne nettoient pas très bien la vitre

- Usure ou détérioration des balais en caoutchouc d'essuie-glaces (Chapitre 1).
- Rupture des ressorts de tension des supports d'essuie-glaces ou grippage des pivots de ces supports (Chapitre 12).
- Teneur insuffisante en produit de nettoyage de lave-glace pour pouvoir éliminer les saletés (Chapitre 1).

Fonctionnement intermittent ou incorrect des lave-glaces du pare-brise et de la lunette arrière

Au moins un jet de lave-glace ne fonctionne pas

- Colmatage de jet de lave-glace (Chapitre 12).
- Débranchement, pliage ou écrasement de flexible de liquide (Chapitre 12).
- Niveau insuffisant de liquide dans le réservoir de lave-glaces (Chapitre 1).

La pompe de lave-glaces ne fonctionne pas

- Rupture ou débranchement de câblage ou de connexions (Chapitre 12).
- Fusible grillé (Chapitre 12).
- Anomalie de contacteur de lave-glaces (Chapitre 12).
- Anomalie de pompe de lave-glaces (Chapitre 12).

La pompe de lave-glaces fonctionne un certain temps avant que du liquide ne sorte

- Anomalie du clapet anti-retour du flexible d'alimentation en liquide (Chapitre 12).

Fonctionnement intermittent ou incorrect des vitres électriques

La vitre ne se déplace que dans un seul sens

- Anomalie de contacteur (Chapitre 11).

La vitre se déplace lentement

- Grippage ou endommagement du lève-vitre ou lubrification insuffisante (Chapitre 11).

- Des composants internes de la porte ou la garniture gênent le lève-vitre (Chapitre 11).
- Anomalie du moteur (Chapitre 11).

La vitre ne se déplace pas

- Fusible grillé (Chapitre 12).
- Anomalie de relais (Chapitre 12).
- Rupture ou débranchement de câblage ou de connexions (Chapitre 12).
- Anomalie du moteur (Chapitre 11).

Fonctionnement intermittent ou incorrect du système de condamnation centrale des portes

Défaillance totale du système

- Fusible grillé (Chapitre 12).
- Anomalie de relais (Chapitre 12).
- Rupture ou débranchement de câblage ou de connexions (Chapitre 12).

La serrure se verrouille mais ne se déverrouille pas ou vice-versa

- Anomalie du contacteur général (Chapitre 11).
- Rupture ou débranchement de tringles ou leviers de commande de serrures (Chapitre 11).
- Anomalie de relais (Chapitre 12).

Panne d'un solénoïde ou d'un moteur

- Rupture ou débranchement de câblage ou de connexions (Chapitre 12).
- Anomalie de solénoïde ou de moteur (Chapitre 11).
- Rupture, collage ou débranchement de tringles ou leviers de commande de serrures (Chapitre 11).
- Anomalie de serrure de porte (Chapitre 11).

Chapitre 1 Entretien courant

Table des matières

Spécifications

Circuit de carburation

Ralenti:	
Modèles à transmission mécanique:	
Modèles sans climatisation	800 + 50 tr/min
Modèles à climatisation	850 + 50 tr/min
Modèles à transmission automatique:	
Modèles sans climatisation	850 + 50 tr/min
Modèles à climatisation	900 + 50 tr/min
Ralenti rapide:	
Moteur de 1,8 litre	1050 ± 50 tr/min
Moteurs de 1,9 litre	950 ± 50 tr/min
Régime anticalage:	
Pompe Lucas d'injection de carburant:	
Moteurs XUD7 (A9A) et XUD9A (D9B) (avec cale de 4 mm d'épaisseur - voir texte)	1500 ± 100 tr/min
Moteur XUD9A/L (D9B) (avec cale de 3 mm d'épaisseur - voir texte)	900 ± 100 tr/min
Pompe Bosch d'injection de carburant:	
Moteurs XUD7 (A9A), XUD9A (D9B), XUD9Y (DJZ), XUD9TE/L (D8A) et XUD9TE/Y (DHZ et DHY) (avec cale de 1 mm d'épaisseur - voir texte)	800 + 20 à 50 tr/min
Moteur XUD9A/L (D9B) (avec cale de 3 mm d'épaisseur - voir texte)	1250 ± 100 tr/min

Freins

Epaisseur minimale de plaquette de frein (avant et arrière)	2,0 mm
Epaisseur minimale de sabot de frein	1,5 mm

Pneumatiques

Taille	165/70 R 13, 175/65 R 14 ou 185/60 R 14 (en fonction du modèle)	
Pressions de gonflage - (pneus froids)	**Avant**	**Arrière**
Pneus 165/70 R 13:		
Modèles à transmission mécanique	2,3 bars	2,1 bars
Modèles à transmission automatique	2,4 bars	2,2 bars
Pneus 175/65 R 14*:		
Modèles Turbo	2,4 bars	2,2 bars
Autres modèles	2,2 bars	2,1 bars
Pneus 185/60 R 14*	2,4 bars	2,2 bars

** Les modèles chaussés de ces pneus sont équipés d'une roue de secours de taille réduite qui se monte comme un pneu 165/65 R 14. Ce pneu de rechange a une pression de fonctionnement de 2,4 bars. Il ne faut pas rouler à plus de 160 km/h tant que cette roue de secours est en place.*
Note: *les pressions de gonflage sont valables uniquement pour des pneus montés d'origine. Si des pneus de types ou marques différentes sont montés, ces pressions ne sont pas forcément les mêmes. Le cas échéant, demander au fabricant de pneus ou à son fournisseur les pressions correctes de gonflage.*

Couples de serrage

	da N.m
Transmission mécanique:	
Bouchon de remplissage/vérification de niveau	2,2
Bouchon de vidange	3,5

Lubrifiants et fluides préconisés

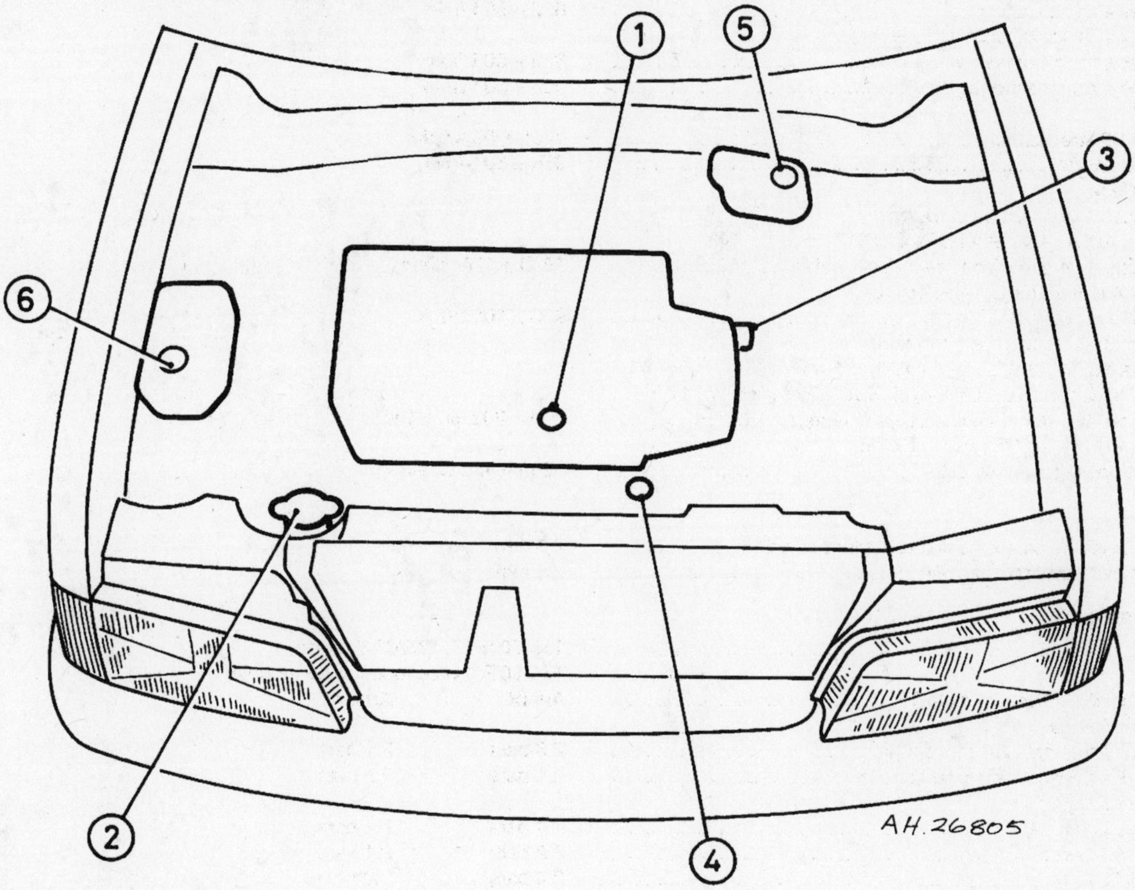

Lubrifiants et fluides préconisés

Composant ou système	Type ou spécification de lubrifiant
1 Moteur	Huile moteur multigrade,viscosité SAE 10W/40 ou 15W/50 conforme aux normes SG/CD de l'API
2 Réfrigérant	Antigel à base d'éthylène glycol
3 Boîte mécanique	Huile de transmission Total BV 75/80W
4 Transmission automatique	Dexron type II ATF
5 Circuit de freins	Liquide universel de freins et d'embrayage Total
6 Direction assistée	Dexron type II ATF

Contenances

Huile moteur

A l'exclusion du filtre:	
Moteurs non-turbo	4,5 litres
Moteurs Turbo	4,8 litres
Filtre compris:	
Moteurs non-turbo	5,0 litres
Moteurs Turbo	5,0 litres
Différence entre repère MAX et repère MIN de la jauge:	
Modèles sans climatisation	1,5 litre
Modèles à climatisation	1,3 litre

Circuit de refroidissement

Modèles non-turbo à transmission mécanique	8,5 litres
Modèles non-turbo à transmission automatique, et tous les modèles Turbo	9,0 litres
Mélange antigel:	
33% d'antigel	Protection jusqu'à -15°C
50% d'antigel	Protection jusqu'à -30°C

Note: *consulter les recommandations les plus récentes du fabricant d'antigel*

Transmission

Mécanique	2,0 litres
Automatique:	
Plein complet	6,2 litres
Vidange et complément de plein	2,4 litres

Direction assistée	1,7 litre
Réservoir carburant	56 litres

1 Programme d'entretien de la Citroën ZX Diesel

Les intervalles d'entretien mentionnés dans de manuel sont indiqués en fonction de l'hypothèse suivante: vous vous chargerez vous-même de ces travaux et ne les confierez pas au concessionnaire. Il s'agit des intervalles minimaux recommandés par le constructeur, pour des véhicules roulant tous les jours. Si vous voulez que votre voiture reste en parfait état de marche, vous souhaiterez probablement réaliser certaines de ces procédures à des intervalles plus rapprochés. Nous conseillons un entretien fréquent car cela permet de maximiser l'efficacité et les performances du véhicule et d'augmenter la valeur de votre voiture lorsque vous la revendrez. Si vous roulez dans des régions poussiéreuses, tirez souvent une remorque ou conduisez fréquemment à faible vitesse (moteur tournant au ralenti sur des routes encombrées) ou effectuez des parcours de faible longueur, nous vous recommandons d'effectuer cet entretien courant à des intervalles plus rapprochés.

Lorsque le véhicule est neuf, il faut en confier la révision au service après-vente d'un concessionnaire agréé par l'usine, afin de préserver tous vos droits en matière de garantie.

Tous les 400 km ou toutes les semaines

Vérifier le niveau d'huile moteur (Section 3)
Vérifier le niveau du réfrigérant moteur (Section 3)
Vérifier le niveau du liquide de freins (Section 3)
Vérifier le niveau du liquide de la direction assistée (Section 3)
Vérifier le niveau de liquide dans le réservoir de lave-glaces (Section 3)
Examiner la profondeur des sculptures des pneus et surveiller l'usure ou les dommages au niveau des pneus (Section 4)
Vérifier la pression de gonflage des pneus, et le cas échéant, l'ajuster (Section 4)
Vérifier le bon état de la batterie (Section 6)
Vérifier le fonctionnement de l'avertisseur, de tous les feux et éclairages et également des essuie-glaces et lave-glaces (Sections 5 et 7)

Tous les 10 000 km ou tous les 6 mois - selon le cas

Outre les activités énumérées ci-dessus, il convient d'effectuer les opérations suivantes:
Remplacer l'huile moteur et le filtre (Section 8)
Vidanger l'eau qui peut se trouver dans le filtre carburant (Section 9)
Vérifier tous les composants et flexibles sous le capot pour s'assurer qu'il n'y a pas de fuites de liquides (Section 10)
Contrôler le niveau de liquide de la transmission automatique (Section 11)
Vérifier le bon état et la fixation des composants de la direction et de la suspension (Section 12)
Vérifier le bon état des gaines en caoutchouc des arbres de roue (Section 13)
Vérifier le bon état des plaquettes des freins avant. Le cas échéant, les remplacer (Section 14)

Tous les 20 000 km ou tous les 12 mois - selon le cas

Outre les activités énumérées ci-dessus, il convient d'effectuer les opérations suivantes:
Vérifier la qualité du réfrigérant de la climatisation - le cas échéant (voir Section 15)
Vérifier, et le cas échéant, régler le ralenti (Section 16)
Vérifier le bon état des flexibles et composants du système de contrôle des émissions - le cas échéant (Section 17)
Vérifier le bon état de la courroie d'entraînement auxiliaire. Le cas échéant, la remplacer (Section 18)
Vérifier le bon état de la courroie d'entraînement de la pompe à vide des freins - le cas échéant (Section 19)
Vérifier le réglage du mécanisme de l'embrayage (Section 20)
Lubrifier le mécanisme de commande de l'embrayage (Section 20)
Vérifier le bon état des sabots des freins arrière. Le cas échéant, les remplacer - modèles à freins arrière à tambours (Section 21)
Vérifier le bon état des plaquettes des freins à disque arrière. Le cas échéant, les remplacer - modèles à freins arrière à disques (Section 22)
Effectuer un essai sur route (Section 23)

Tous les 30 000 km ou tous les 18 mois - selon le cas

Outre les activités énumérées ci-dessus, il convient d'effectuer les opérations suivantes:
Remplacer le filtre à air (Section 24)
Remplacer le filtre carburant (Section 25)
Lubrifier toutes les charnières et serrures (Section 26)

Tous les 40 000 km ou tous les 2 ans - selon le cas

Outre les activités énumérées ci-dessus, il convient d'effectuer les opérations suivantes:
Contrôler le niveau d'huile de la transmission mécanique. Le cas échéant, compléter le plein (Section 27)
Remplacer le liquide de la transmission automatique (Section 28)
Remplacer le liquide de freins (Section 29)

Tous les 60 000 km ou tous les 2 ans - selon le cas

Remplacer le réfrigérant moteur (Section 30)

Tous les 80 000 km

Outre les activités énumérées ci-dessus, il convient d'effectuer les opérations suivantes:
Remplacer la courroie de distribution (Section 31)

Tous les 116 000 km

Outre les activités énumérées ci-dessus, il convient d'effectuer les opérations suivantes:
Remplacer l'huile de la transmission mécanique (Section 32)

Emplacement des composants du compartiment moteur - modèle non-turbo

1 *Bouchon de remplissage du réservoir de liquide de lave-glaces*
2 *Fixation supérieure de la jambe de force de suspension*
3 *Ampoule d'amorçage du circuit de carburation*
4 *Réservoir de liquide de freins*
5 *Cosse négative de la batterie*
6 *Boîtier de raccordement*
7 *Flexible supérieur du radiateur*
8 *Boîtier du filtre carburant*
9 *Boîtier du thermostat*
10 *Flexible de vidange d'eau du circuit de carburation*
11 *Câble de l'accélérateur*
12 *Jauge de niveau d'huile et bouchon de remplissage d'huile*
13 *Filtre à huile*
14 *Pompe à injection de carburant*
15 *Alternateur*
16 *Bouchon de remplissage du circuit de refroidissement (vase d'expansion)*
17 *Plaque d'identification du véhicule*
18 *Silentbloc droit*

Emplacement des composants du compartiment moteur - modèle Turbo

1 *Bouchon de remplissage du réservoir de liquide de lave-glaces*
2 *Fixation supérieure de la jambe de force de suspension*
3 *Ampoule d'amorçage du circuit de carburation*
4 *Réservoir de liquide de freins**
5 *Refroidisseur intermédiaire*
6 *Cosse négative de la batterie*
7 *Boîtier de raccordement*
8 *Flexible supérieur du radiateur*
9 *Boîtier du filtre carburant*
10 *Boîtier du thermostat*
11 *Flexible de vidange d'eau du circuit de carburation*
12 *Câble de l'accélérateur*
13 *Jauge de niveau d'huile et bouchon de remplissage d'huile*
14 *Filtre à huile*
15 *Pompe à injection de carburant*
16 *Alternateur*
17 *Bouchon de remplissage du circuit de refroidissement (vase d'expansion)*
18 *Plaque d'identification du véhicule*
19 *Réservoir de liquide de la direction assistée*
20 *Silentbloc droit*

** De l'autre côté sur les modèles conduite à gauche*

Vue avant sous la caisse - modèle Turbo à transmission mécanique

1 *Faisceau de câblage*
2 *Pompe de la direction assistée*
3 *Bouchon de vidange du carter moteur*
4 *Filtre à huile*
5 *Flexible de liquide de la direction assistée*
6 *Boîtier du filtre à air*
7 *Oeillet de remorquage*
8 *Avertisseur*
9 *Compresseur de l'avertisseur*
10 *Etrier de frein*
11 *Bras inférieur de suspension*
12 *Rotule de barre d'accouplement*
13 *Barre antiroulis*
14 *Bouchon de vidange d'huile de la transmission*
15 *Ensemble mécanisme de direction*
16 *Faux-châssis de suspension avant*
17 *Arbre de roue*
18 *Silentbloc inférieur de moteur/transmission*

Vue arrière sous la caisse

1 *Réservoir carburant*
2 *Support du réservoir carburant*
3 *Câbles du frein à main*
4 *Barres de torsion de la suspension arrière*
5 *Traverse tubulaire de la suspension arrière*
6 *Ecran thermique de l'échappement*
7 *Amortisseur arrière*
8 *Biellette pendante de la suspension arrière*
9 *Etrier de frein*
10 *Pot d'échappement arrière*
11 *Cran de retenue du berceau de la roue de secours*
12 *Boîtier de rangement du cric*
13 *Clapets régulateurs de pression des freins arrière*

1 Procédures d'entretien

2 Introduction

Informations générales

Ce Chapitre a pour but d'aider le bricoleur à assurer l'entretien de son véhicule afin d'en optimiser la sécurité, le fonctionnement économique, la durée de vie et les performances.

Ce Chapitre contient un programme général d'entretien suivi de Sections consacrées à chaque tâche spécifique figurant sur ce programme. Il y a des contrôles visuels, des réglages, des remplacements de composants et d'autres indications utiles. Pour identifier l'emplacement des différents composants, se référer aux illustrations ci-jointes du compartiment moteur et du dessous de la voiture.

L'entretien de votre véhicule, en fonction du programme prévu, est basé sur le kilométrage parcouru ou sur le temps. Il est décrit aux Sections suivantes et vous permettra de planifier les activités envisagées afin que votre voiture ait un fonctionnement fiable, pendant longtemps. Il s'agit d'un plan complet, par conséquent, l'entretien de certains composants au détriment d'autres, aux intervalles spécifiés, ne donnera pas les mêmes résultats.

Lorsque vous assurerez l'entretien de votre véhicule, vous vous rendrez compte que de nombreuses procédures peuvent être regroupées, en fait devraient l'être, du fait de l'intervention spécifique à réaliser ou du fait de la proximité de deux composants qui n'ont aucun rapport l'un avec l'autre. Par exemple, si vous soulevez votre voiture, quelle qu'en soit la raison, vous pouvez en profiter pour examiner l'échappement ainsi que les composants de la suspension et de la direction.

La première phase de ce programme d'entretien consiste à vous préparer avant d'effectuer le travail proprement dit. Nous vous demandons de soigneusement lire toutes les Sections concernant les activités à réaliser puis de préparer une liste et de regrouper tous les composants et outils dont vous aurez besoin. En cas de problème, demander conseil à un spécialiste des pièces de rechange ou au service après-vente du concessionnaire.

Entretien intensif

Si, dès que la voiture est neuve, vous respectez à la lettre le programme d'entretien courant prévu et vérifiez fréquemment les niveaux de liquides et les composants sujets à usure, en suivant les suggestions de ce manuel, le moteur devrait rester en parfait état de marche ou presque et cela minimisera les activités supplémentaires à réaliser.

Avec le temps, il est possible que le fonctionnement du moteur se détériore à la suite de l'abandon d'un programme d'entretien périodique. Cette éventualité risque d'augmenter à la suite de l'achat d'un véhicule d'occasion qui n'a pas bénéficié de vérifications fréquentes et périodiques dans le cadre d'un programme d'entretien. Dans ces cas-là il faudra probablement effectuer des interventions supplémentaires en dehors des intervalles prévus pour l'entretien périodique.

Si vous soupçonnez une usure importante du moteur, il est recommandé d'effectuer un essai de compression ou d'étanchéité (voir Chapitre 2, Partie A) qui fournira des indications de valeur sur les performances globales des principaux composants internes. Cet essai peut permettre de déterminer l'étendue des travaux à réaliser. Par exemple, si un essai de compression ou d'étanchéité révèle une usure importante des composants internes du moteur, l'entretien traditionnel décrit dans ce Chapitre ne permettra pas de sensiblement améliorer les performances du moteur et pourrait même être un gaspillage de temps et d'argent, à moins de réaliser en premier lieu une révision complète (voir Chapitre 2, Partie B).

Les séries d'opérations énumérées ci-dessous sont nécessaires, dans la plupart des cas, pour améliorer les performances d'un moteur dont le fonctionnement, en général, est des plus médiocres.

Nettoyer, examiner et tester la batterie (Section 6)
Contrôler les niveaux de tous les liquides concernant le moteur (Section 3)
Vérifier le bon état et la tension de la courroie d'entraînement auxiliaire (Section 18)
Vérifier le filtre carburant. Vidanger l'eau qu'il peut contenir. Remplacer ce filtre, le cas échéant (Sections 9 et 25)
Vérifier le bon état du filtre à air. Le cas échéant, le remplacer (Section 24)
Vérifier le bon état de tous les flexibles et vérifier l'absence de fuites de liquides (Section 10)
Vérifier et, le cas échéant, régler le ralenti (Section 16)

3 Vérifications des niveaux de liquides (tous les 400 km ou toutes les semaines)

Huile moteur

1 Pour vérifier le niveau d'huile moteur, utiliser la jauge qui plonge dans le tube de remplissage d'huile et pénètre dans le carter, au pied du moteur. Cette jauge se trouve à l'avant du moteur, au centre du bouchon de remplissage d'huile.

2 Vérifier ce niveau après avoir garé le véhicule sur un terrain horizontal et avant de mettre le moteur en route ou au moins 5 minutes après l'avoir arrêté. En effet, si ce niveau est vérifié immédiatement après avoir arrêté le véhicule, une partie de l'huile reste dans les

3.3a Retrait de la jauge de niveau d'huile du moteur

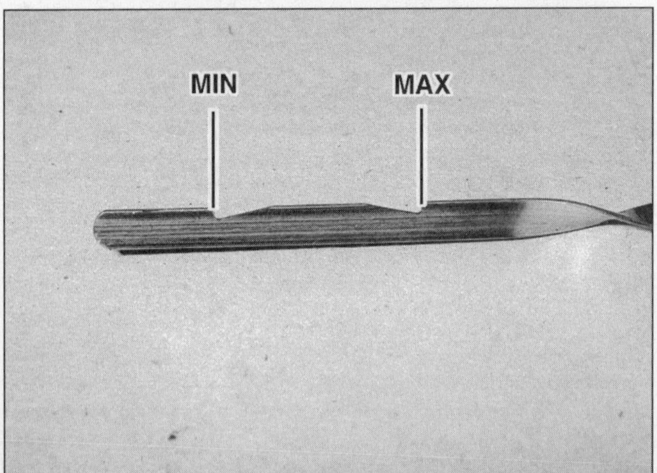

3.3b Repères de la jauge de niveau d'huile du moteur

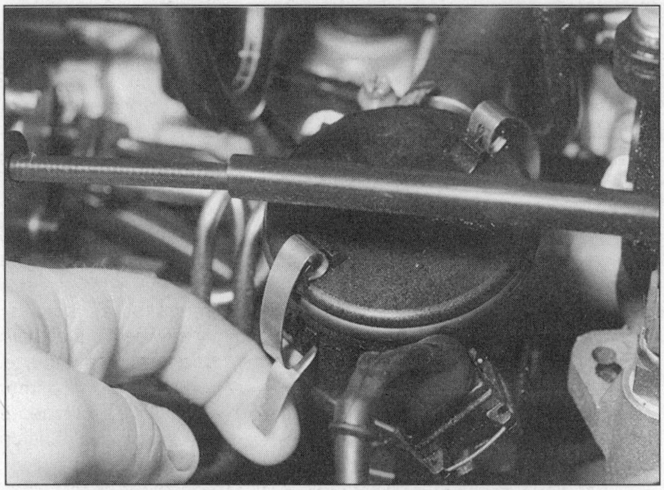

3.5a **Desserrage d'une bride de fixation du bouchon de remplissage d'huile**

3.5b **Complément de plein d'huile moteur**

composants supérieurs du moteur et les galeries d'huile ce qui donnerait un résultat inexact sur la jauge.

3 Retirer la jauge du tube. En essuyer l'extrémité avec un chiffon propre ou une serviette en papier. Replonger cette jauge dans le tube, le plus possible. La retirer. Noter le niveau d'huile à son extrémité. Compléter le plein, suivant besoin, jusqu'à ce que le niveau vienne se situer entre le repère supérieur (MAX) et le repère inférieur (MIN) de la jauge **(voir illustrations)**. Il convient de noter qu'il faut 1,5 litre d'huile pour passer du repère inférieur au repère supérieur sur les modèles sans climatisation ou 1,3 litre sur les modèles à climatisation.

4 Ce niveau doit toujours se maintenir entre les deux repères de la jauge. En effet, si le niveau tombe au-dessous du repère inférieur, cela peut provoquer une insuffisance en huile risquant de gravement endommager le moteur. Au contraire, si le niveau est excessif, à la suite d'un complément de plein trop important, cela peut provoquer des fuites d'huile ou des défaillances au niveau des joints d'huile.

5 Pour compléter le plein d'huile du moteur, retirer la jauge et le bouchon du tube de remplissage. Dégager les deux pinces de fixation pour enlever ce bouchon. Il est recommandé d'employer une burette ou un entonnoir pour réduire les épanchements. Toujours utiliser une huile dont le type et le grade respectent les caractéristiques techniques qui se trouvent au début de ce Chapitre **(voir illustrations)**.

Réfrigérant

Avertissement: *NE cherchez PAS à retirer le bouchon de remplissage du vase d'expansion lorsque le moteur est chaud, car vous risquez de vous ébouillanter.*

6 Tous les véhicules que couvre ce manuel sont équipés d'un circuit de refroidissement sous pression. Il y a un vase d'expansion situé à droite du radiateur. Au fur et à mesure que la température du moteur augmente, le réfrigérant se dilate et le niveau dans le vase d'expansion s'élève. Au contraire, au fur et à mesure que la température du moteur refroidit, le réfrigérant est renvoyé automatiquement au circuit afin d'y maintenir un niveau correct.

7 Vérifier périodiquement le niveau de réfrigérant dans le vase d'expansion. Ce niveau varie en fonction de la température du moteur. Lorsque le moteur est froid, ce niveau doit se situer entre les repères "MIN" et "MAX" qui se trouvent sur la paroi de ce vase d'extension. Lorsque le moteur est chaud, ce niveau peut s'élever légèrement au-dessus du repère "MAX" **(voir illustration)**.

8 Avant d'effectuer un complément de plein, attendre que le moteur ait refroidi puis tourner le bouchon de remplissage du vase d'expansion dans le sens inverse des aiguilles d'une montre pour l'amener contre son premier cran d'arrêt. Attendre que la pression résiduelle du circuit s'évacue avant d'appuyer sur ce bouchon pour le faire tourner, toujours dans le sens inverse des aiguilles d'une montre, jusqu'à son deuxième cran d'arrêt. A ce moment-là, soulever ce bouchon pour le retirer.

9 Ajouter un mélange d'eau et d'antigel (voir Section 30) dans le goulot de remplissage du vase d'expansion jusqu'à ce que le niveau de réfrigérant se situe à peu près à mi-distance entre les deux repères **(voir illustration)**. Remettre en place le bouchon. Le tourner au maximum dans le sens des aiguilles d'une montre pour le bloquer.

1

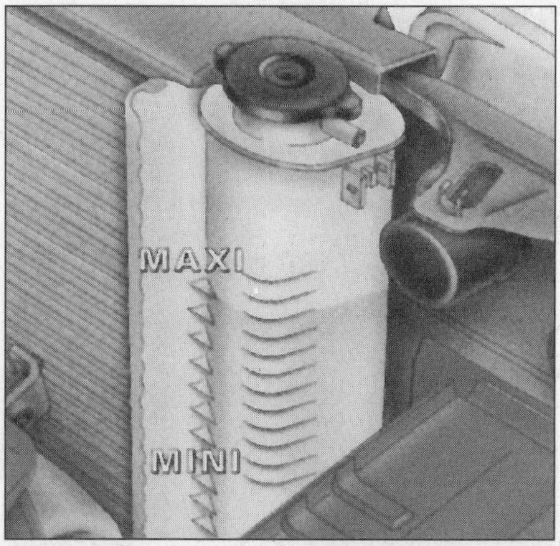

3.7 **Repères de niveau du vase d'expansion de réfrigérant**

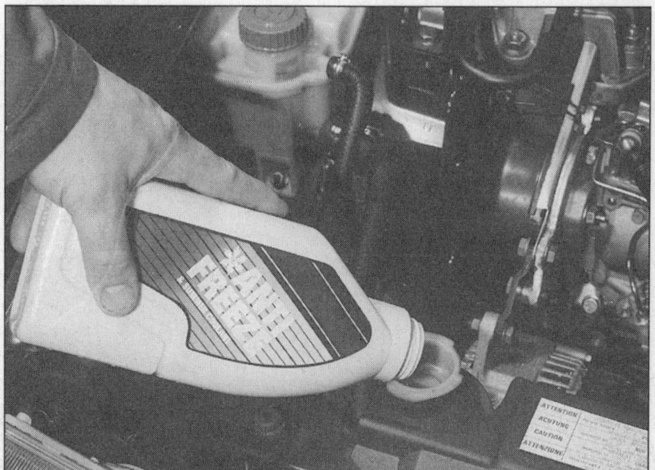

3.9 **Complément de plein de réfrigérant**

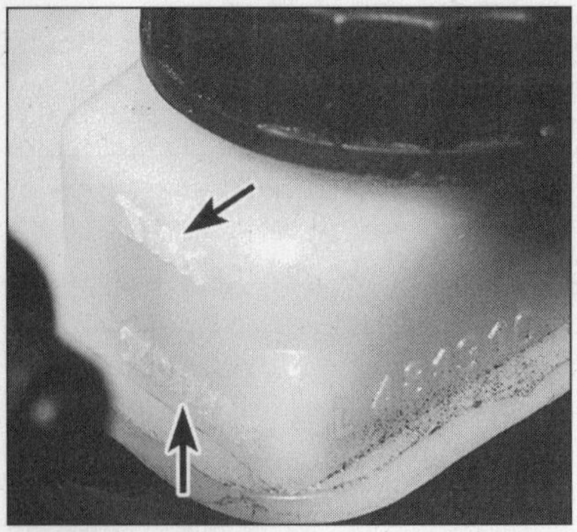

3.11 Repères de niveau du réservoir de liquide de freins

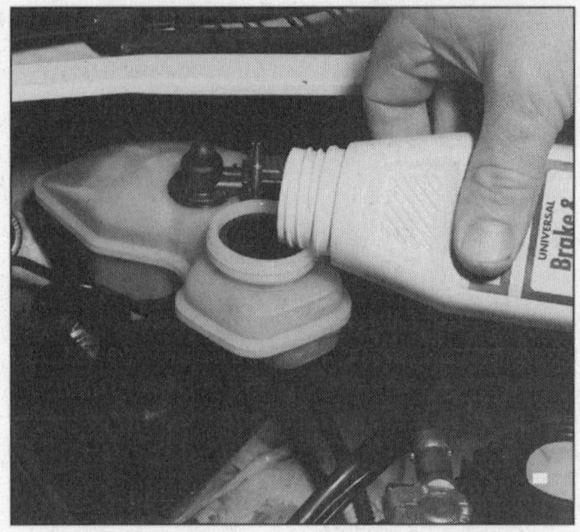

3.12 Complément de plein du liquide de freins

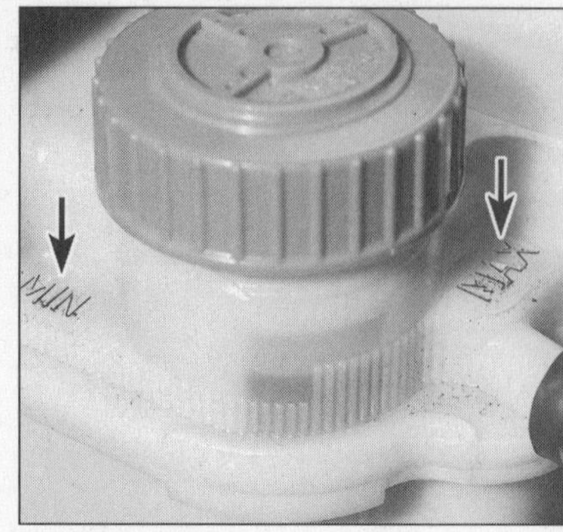

3.18 Repères du réservoir de liquide de la direction assistée

10 Dans un circuit de refroidissement hermétiquement scellé, le complément de plein de réfrigérant ne devrait s'avérer nécessaire que très rarement. S'il faut fréquemment compléter le plein, il est probable que le circuit fuit. Vérifier le radiateur, tous les flexibles et les joints pour identifier la présence de taches ou d'une humidité puis procéder aux corrections nécessaires. Si aucune fuite n'est décelée, il est recommandé de demander à un concessionnaire ou un garagiste bien équipé de tester sous pression le bouchon de remplissage pressurisé et la totalité du circuit car cela permet fréquemment d'identifier une petite fuite indétectable auparavant.

Liquide de freins

11 Le maître-cylindre des freins ainsi que le réservoir de liquide des freins se trouvent à l'avant du servofrein sous vide du compartiment moteur. Les repères maximum et minimum figurent sur la paroi du réservoir. Le niveau de fluide doit toujours être maintenu entre ces deux repères **(voir illustration)**.

12 Avant d'effectuer un complément de plein, essuyer le bouchon de remplissage et la zone avoisinante avec un chiffon propre. Retirer ensuite ce bouchon. Pour compléter le plein, verser avec précaution ce liquide dans le réservoir pour éviter les projections sur les surfaces peintes proches. Utiliser exclusivement le liquide hydraulique spécifié pour les freins étant donné que des mélanges de types différents risquent d'endommager le circuit **(voir illustration)**. Consulter à ce titre les spécifications qui se trouvent au début de ce Chapitre et qui fournissent des détails sur le type de liquide.

Avertissement: *Le liquide hydraulique de freins est dangereux pour les yeux et attaque également la peinture. Par conséquent, il faut le manipuler et le verser en prenant toutes les précautions nécessaires. Ne pas employer un liquide qui est resté pendant un certain temps dans un récipient ouvert car il absorbe l'humidité de l'air. La présence d'une humidité excessive peut provoquer une diminution dangereuse de l'efficacité du freinage.*

13 Avant d'effectuer un complément de plein, il est recommandé d'examiner le réservoir pour s'assurer qu'il n'est pas contaminé. Si des dépôts, des particules de poussière ou une contamination sont visibles dans ce liquide, il convient de vidanger le circuit et d'en refaire le plein.

14 Dès que le niveau dans le réservoir est correct, bien remettre en place le bouchon pour éviter les fuites et l'entrée de corps étrangers.

15 Le niveau de liquide dans le réservoir du maître-cylindre baisse légèrement au fur et à mesure de l'usure des plaquettes de freins (ou, le cas échéant, des sabots de freins) dans le cadre d'un fonctionnement normal. S'il faut procéder à plusieurs compléments de plein pour maintenir un niveau correct, cela indique que le circuit hydraulique fuit. Il faut immédiatement en rechercher la cause.

Liquide de la direction assistée

16 Le réservoir de liquide de la direction assistée se trouve à droite du compartiment moteur.

17 Avant d'effectuer une vérification, garer le véhicule sur un terrain horizontal. Pointer les roues droit devant puis arrêter le moteur. Il convient de noter que pour que cette vérification soit précise, il ne **faut** plus toucher à la direction après avoir arrêté le moteur.

18 Le niveau de liquide est visible car le réservoir et translucide. Il doit se situer entre les lignes de repérage MAX et MIN moulées sur le côté de ce réservoir **(voir illustration)**.

19 Le cas échéant, nettoyer à l'aide d'un chiffon le bouchon du réservoir et la zone avoisinante. Ensuite, dévisser le bouchon et compléter le plein jusqu'au repère MAX en employant un liquide de type spécifié **(voir illustration)**. Procéder avec soin pour éviter que de

3.19 Complément de plein de liquide de la direction assistée

3.20 Complément de plein de liquide de lave-glaces

4.1 Vérification de la profondeur des sculptures d'un pneu à l'aide du calibre de profondeur

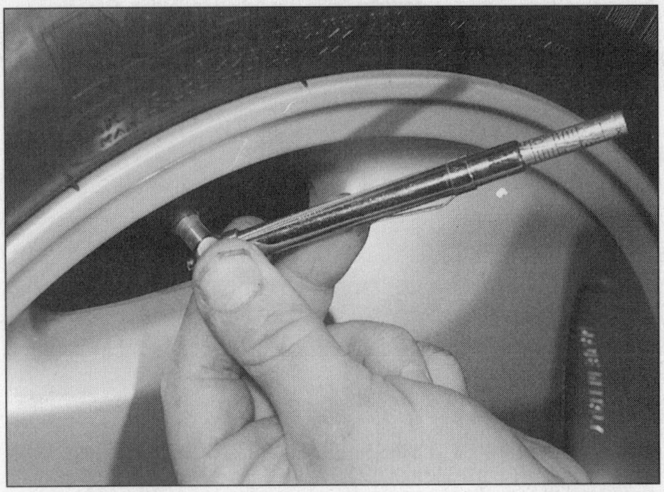

4.3 Vérification de la pression de gonflage d'un pneu à l'aide d'un manomètre pour pneumatiques

la poussière ou des corps étrangers ne pénètrent dans le circuit hydraulique. Ne pas trop remplir le réservoir. Dès que le niveau est correct, remettre en place le bouchon. Il convient de noter que s'il faut fréquemment compléter le plein du circuit, cela indique la présence d'une fuite dont il faut immédiatement rechercher la cause.

Liquide de lave-glaces

20 Le bouchon de remplissage du réservoir de liquide de lave-glaces du pare-brise et de la lunette arrière se trouve dans le coin arrière droit du compartiment moteur, derrière la jambe de force de la suspension **(voir illustration)**.

21 Sur les modèles équipés d'un circuit de lave-glaces de phares, il y a un réservoir supplémentaire, sous l'aile avant droite. Pour compléter le plein de ce réservoir, tourner et sortir le goulot de remplissage qui fait saillie dans le compartiment moteur.

22 Pour compléter le plein du ou des réservoirs, il faut ajouter le pourcentage recommandé d'un produit de lavage de pare-brise.

4 Vérifications des pneus (tous les 400 km ou toutes les semaines)

1 Les pneus d'origine de cette voiture sont équipés de bandes de sécurité d'usure qui apparaissent lorsque la profondeur des sculptures sur la bande de roulement ne mesure plus qu'environ 1,6 mm. L'usure de la bande peut se vérifier grâce à un dispositif à la fois simple et bon marché: une jauge de profondeur de sculptures **(voir illustration)**.

2 Les roues et pneus ne devraient pas provoquer de véritable problème à condition de les surveiller étroitement pour s'assurer qu'ils ne présentent pas une usure excessive ou des endommagements. A ce titre, il convient de tenir compte des points suivants.

3 Vérifier régulièrement la pression de gonflage des pneus. Cette vérification doit s'effectuer sur des pneus froids et non pas immédiatement après avoir arrêté le véhicule **(voir illustration)**. Les vérifications de pneus chauds donnent des pressions de gonflage qui semblent excessives du fait de la dilatation thermique. Il ne faut en aucun cas réduire ces pressions pour les amener aux valeurs indiquées pour des pneus froids car cela provoquerait un gonflage insuffisant.

4 Noter toute usure anormale des sculptures **(voir illustration)**. Les irrégularités au niveau de la bande de roulement comme, par exemple, l'apparition de bavures, de points plats et une usure plus importante sur un côté que de l'autre indiquent l'existence de problèmes au niveau du parallélisme des roues avant/ou de l'équilibrage des pneus. Si l'un de ces défauts est décelé, il faut le corriger le plus tôt possible.

5 Une pression de gonflage insuffisante provoque la surchauffe des pneus concernés du fait de la flexion excessive de la carcasse. En outre, la bande de roulement n'offre pas un contact correct avec le revêtement routier. Cela finit par provoquer une perte d'adhérence et une usure excessive, sans oublier le risque d'une défaillance soudaine du pneu en raison de l'accumulation de chaleur.

6 Une pression excessive entraîne une usure rapide de la partie centrale de la bande de roulement doublée d'une diminution de l'adhérence, sans oublier une conduite plus dure et le risque d'endommagement dangereux de l'enveloppe du pneu concerné à la suite de chocs.

7 Vérifier périodiquement les pneus pour s'assurer qu'ils n'ont pas de coupures ou de renflements, en particulier sur les flancs. Enlever

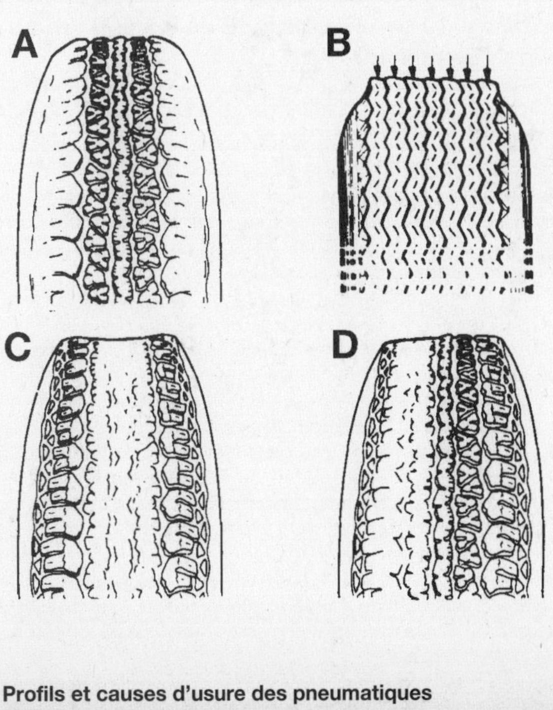

Fig. 1.36 Schémas et causes d'usure des pneus (Sec 9)

Symptôme	**Raison**	**Marche à suivre**
A - Usure des épaulements	*Sous-gonflage (usure des deux côtés)*	*Vérifier la pression de gonflage*
	Carrossage incorrect (usure d'un côté)	*Réparer ou renouveler les éléments de la suspension*
	Vitesse en virages excessive	*Conduire plus doucement*
B - Usure en biseaux (voir flèches)	*Pincement ou écartement incorrect*	*Régler le parallélisme*
C - Usure au centre	*Surgonflage*	*Vérifier la pression de gonflage*
D - Usure irrégulière	*Carrossage ou chasse incorrect*	*Réparer ou renouveler les éléments de la suspension*
	Défaut de la suspension	*Réparer ou renouveler les éléments de la suspension*
	Roue mal équilibrée	*Faire équilibrer la roue*
	Faux-rond du disque ou tambour de frein	*Usiner ou renouveler disque ou tambour*

4.4 Profils et causes d'usure des pneumatiques

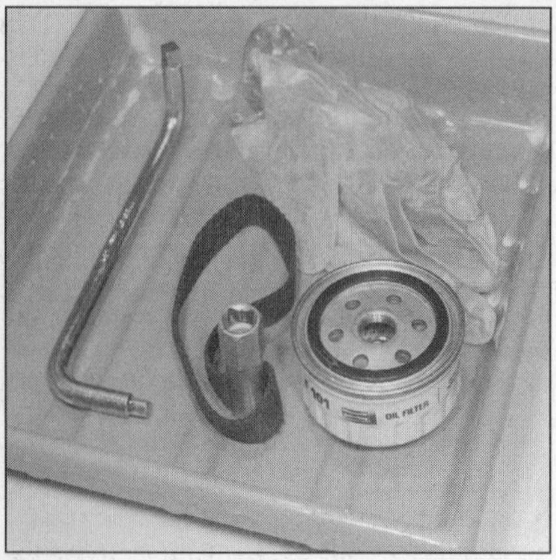

8.2 Outils et matériaux nécessaires pour le remplacement de l'huile du moteur et du filtre à huile

8.3 Desserrage du bouchon de vidange du carter

8.7 Utilisation d'un outil de dépose de filtre à huile pour desserrer ce filtre

tous les clous ou pierres incrustés dans les sculptures de la bande de roulement avant qu'ils ne pénètrent dans le pneu et ne le dégonflent. Si le retrait d'un clou révèle que le pneu a été percé, remettre ce clou en place pour repérer le point de crevaison. Changer immédiatement la roue et faire réparer le pneu par un professionnel. Ne pas rouler avec un pneu crevé. En cas de doute quant aux conséquences possibles de tout dommage constaté, demander conseil à un professionnel.

8 Déposer périodiquement les roues pour enlever toute trace de saletés ou de boue sur les flancs intérieurs et extérieurs. Examiner les jantes des roues pour s'assurer qu'il n'y a pas de traces de rouille, de corrosion ou d'autres dommages. Les roues en alliage léger sont facilement endommagées par un choc sur le bord du trottoir lorsqu'on cherche à se garer. Même les roues en acier peuvent se bosseler ou se voiler. Dans ce cas-là, la seule solution consiste à remplacer la roue ainsi affectée.

9 Il faut maintenir l'équilibrage de chaque ensemble roue et pneu afin d'éviter une usure excessive, non seulement des pneus, mais aussi des éléments de la direction et de la suspension. Un mauvais équilibrage des pneus se traduit normalement par des vibrations qui sont ressenties au niveau de la carrosserie, bien que dans de nombreux cas, elles soient particulièrement perceptibles au niveau du volant. Inversement, il ne faut pas oublier que l'usure ou l'endommagement d'éléments de la suspension ou de la direction peut provoquer une usure excessive des pneus. Une ovalisation ou une déformation des pneus, l'endommagement des roues et une usure ou un mauvais réglage des roulements de roues se rangent également dans cette catégorie. En général, l'équilibrage ne fait pas disparaître les vibrations dues à une usure de ce type.

10 L'équilibrage peut se faire sur une roue en place ou déposée. Si la roue reste en place, s'assurer que le rapport entre la roue et son moyeu est bien identifié par un trait de repérage avant de procéder à la dépose de la roue, afin de la remonter à sa position d'origine.

11 L'usure générale des pneus est fortement influencée par le style de conduite adopté. Des freinages brutaux, des accélérations exagérées ou une vitesse excessive dans les virages provoqueront une usure prématurée des pneumatiques. La permutation des roues peut en équilibrer l'usure mais elle n'est possible que si tous les pneus sont du même type. Il faut néanmoins se souvenir que cette pratique entraîne des dépenses supplémentaires car il faut remplacer simultanément tous les pneus, ce qui peut représenter un obstacle financier pour de nombreux propriétaires.

12 Les pneus avant risquent de s'user de façon inégale suite à un mauvais parallélisme des roues. Les roues avant doivent toujours être correctement alignées, et respecter les réglages préconisés par le constructeur.

13 Des obligations légales concernent de nombreux aspects du montage et de l'emploi des pneus. En cas de doute quant aux obligations légales en vigueur concernant le type et l'état des pneus, la profondeur minimale des sculptures et d'autres paramètres, il est suggéré de se procurer une copie de ces réglementations en vigueur.

5 Vérification de l'équipement électrique (tous les 400 km ou toutes les semaines)

1 Vérifier le fonctionnement de tous les composants électriques: éclairage, phares, clignotants, avertisseur, etc. Si des circuits sont en panne, consulter les Sections afférentes du Chapitre 12 pour obtenir des détails complets.

2 Noter que le réglage du contacteur des stops est décrit au Chapitre 9.

3 Procéder à un examen visuel de tous les connecteurs et faisceaux de câblage et des colliers de retenue qui sont accessibles pour s'assurer qu'ils sont bien fixés et ne présentent pas de traces d'usure par frottement ou de dégâts. Réparer tous les défauts identifiés.

6 Vérification de la batterie (tous les 400 km ou toutes les semaines)

Attention: *Avant d'effectuer une intervention sur la batterie de la voiture, nous vous recommandons de lire les précautions de la section "Impératifs de sécurité" qui se trouve au début de ce manuel.*

1 La batterie se trouve dans le coin avant gauche du compartiment moteur. Il faut périodiquement vérifier son aspect extérieur pour s'assurer qu'il n'y a pas de dégâts comme, par exemple, l'apparition de fissures sur le couvercle ou le boîtier.

2 Vérifier que les colliers de serrage des câbles de la batterie sont bien fixés et offrent de bons contacts électriques. Examiner chaque câble sur toute sa longueur pour s'assurer qu'il n'y a pas fissures ou de conducteurs effilochés.

3 En cas de corrosion visible (se présentant sous la forme de dépôts pelucheux blancs), débrancher les câbles des cosses puis les nettoyer avec une petite brosse en métal avant de les remettre en place. L'application d'une couche de vaseline sur les colliers de serrage et les cosses, après rebranchement, minimise cette corrosion.

4 S'assurer que le support de la batterie est en bon état et que le collier de retenue est bien serré.

5 Pour enlever toute trace de corrosion sur ce support, sur le collier de retenue et sur la batterie proprement dite, utiliser une solution d'eau et de carbonate de soude. Ensuite, bien rincer à l'eau douce toutes les zones ainsi nettoyées.

6 Si des composants métalliques de la voiture sont endommagés par la corrosion, il faut y passer une couche de primaire à base de zinc

8.9 Lubrifier la bague d'étanchéité du filtre à huile avant de la mettre en place

avant de les peindre.

7 Vérifier périodiquement (une fois par trimestre environ) la charge de la batterie, comme indiqué à la Section 3 du Chapitre 5.

8 Le Chapitre 5 et les sections préliminaires de ce manuel fournissent des informations supplémentaires sur la batterie, sa recharge et le démarrage à l'aide de fils volants.

7 Vérification des balais d'essuie-glaces (tous les 400 km ou toutes les semaines)

1 Vérifier le bon état des balais d'essuie-glaces. S'ils sont fissurés ou présentent des traces de détériorations ou s'ils laissent des traînées sur surface vitrée qu'ils balayent, remplacer ces composants. Pour maximiser la visibilité, il convient de remplacer tous les ans les balais d'essuie-glaces, quel que soit leur état.

2 Pour déposer un balai, en décoller le bras de la vitre pour l'amener à sa position de verrouillage. Faire pivoter le balai sur 90°. Appuyer avec les doigts sur la ou les languettes de blocage puis faire coulisser le balai pour le retirer du crochet du bras. Lors de la repose, s'assurer que le balai vient bien se bloquer dans le bras.

8 Remplacement de l'huile moteur et du filtre à huile (tous les 10 000 km ou tous les 6 mois)

1 Le changement fréquent de l'huile et du filtre à huile représente la procédure d'entretien préventif la plus importante dont peut se charger un bricoleur. En effet, plus l'huile vieillit et plus elle se contamine, ce qui peut provoquer une usure prématurée du moteur.

2 Avant de commencer cette procédure, il convient de se procurer tous les outils et produits nécessaires **(voir illustration)**. Il faut également s'assurer qu'il y a suffisamment de feuilles de journaux et de chiffons propres à portée de main pour éponger et absorber tous les épanchements possibles. Il vaut mieux que l'huile du moteur soit encore chaude car elle s'écoule plus facilement et permet d'éliminer un volume plus important d'accumulations boueuses. Cependant, il ne faut pas toucher à l'échappement ou à d'autres composants brûlants du moteur lors des interventions pratiquées sous le véhicule. Pour ne pas risquer de se brûler et pour se protéger contre tous les produits qui peuvent irriter la peau et contre d'autres produits contaminateurs dangereux que l'on trouve dans les huiles usagées, il est recommandé de porter des gants pendant toute la durée de cette intervention. L'accès au dessous du véhicule est très largement amélioré en soulevant le véhicule à l'aide d'un pont élévateur, en l'amenant sur des rampes ou en le soulevant au cric avant de mettre en place des chandelles (voir section intitulée *"Levage, remorquage et changement de roue"*). Quelle que soit la méthode retenue, le véhicule doit rester à l'horizontale. Si ce n'est pas possible, il faut s'assurer que le bouchon de vidange (au coin arrière droit du carter) occupe le point le plus bas.

3 A l'aide d'une clé à quatre pans de taille appropriée, desserrer d'un demi-tour environ le bouchon de vidange **(voir illustration)**. Placer un récipient sous ce bouchon avant de retirer ce dernier. Dans la mesure du possible, s'efforcer de maintenir ce bouchon enfoncé dans le carter lors du desserrage aux doigts des deux derniers tours. Lorsque le bouchon quitte totalement son filetage, l'écarter rapidement afin que l'huile en provenance du carter tombe dans le récipient et pas sur votre manche! Récupérer la bague d'étanchéité de ce bouchon.

4 Attendre que toute l'huile se soit bien écoulée. Lorsqu'il n'y aura plus qu'un mince filet d'huile, il faudra probablement modifier la position du récipient.

5 Dès que la vidange d'huile est terminée, essuyer à l'aide d'un chiffon propre le bouchon et, le cas échéant, remplacer la rondelle d'étanchéité. Procéder à un nettoyage tout autour de l'ouverture du bouchon de vidange et remettre en place ce dernier. Le serrer à fond.

6 Amener ensuite le récipient sous le filtre à huile qui se trouve devant le bloc-cylindres, sur le côté droit, à côté de l'alternateur.

7 A l'aide de l'outil spécial de dépose du filtre à huile, commencer à desserrer ce filtre puis finir de le dévisser aux doigts **(voir illustration)**. Vider l'huile qu'il contient dans le récipient.

8 A l'aide d'un chiffon propre, enlever toutes les traces d'huile, de saletés et de boue au niveau de la zone de contact entre le filtre et le moteur. Vérifier le filtre usagé pour s'assurer que la bague d'étanchéité en caoutchouc n'est pas restée collée au moteur. Si c'est le cas, la décoller en procédant avec soin.

9 Enduire la bague d'étanchéité du filtre neuf d'un mince film d'huile moteur propre puis visser ce filtre en position sur le moteur **(voir illustration)**. Resserrer fermement aux doigts ce filtre, sans utiliser d'outil.

10 Retirer tous les outils et le récipient contenant l'huile usagée de sous la voiture. Ensuite, le cas échéant, rabaisser le véhicule.

11 Enlever la jauge puis écarter les pinces de retenue avant de déposer le bouchon de remplissage d'huile qui se trouve sur le tube de remplissage, à l'avant du moteur. Faire le plein d'huile moteur en utilisant un produit de type et de grade corrects (consulter les Spécifications qui se trouvent au début de ce Chapitre). L'utilisation d'une burette ou d'un entonnoir minimise les épanchements. Commencer par verser la moitié du volume d'huile requis. Attendre ensuite quelques minutes pour permettre à l'huile d'aboutir au carter. Poursuivre le plein d'huile en versant un volume très réduit, autant de fois qu'il le faut, jusqu'à ce que le niveau atteigne le repère inférieur de la jauge. Sur les modèles sans climatisation, il suffit alors d'ajouter 1,5 litre supplémentaire, contre 1,3 litre sur les modèles équipés de la climatisation. Le niveau doit atteindre le repère supérieur de la jauge.

12 Mettre le moteur en route. Le laisser tourner pendant plusieurs minutes pour vérifier l'absence de fuites au niveau du joint du filtre à huile et du bouchon de vidange du carter. Plusieurs secondes peuvent s'écouler avant que le témoin de pression d'huile ne s'éteigne après le premier démarrage du moteur, étant donné que l'huile doit traverser le filtre neuf et les galeries d'huile du moteur avant que la pression n'augmente.

13 Arrêter le moteur. Attendre quelques minutes pour permettre à l'huile de revenir dans le carter. L'huile neuve a ainsi circulé et le filtre est plein. C'est le moment de revérifier le niveau à l'aide de la jauge et de compléter, le cas échéant, le plein.

14 Se débarrasser de l'huile usagée en procédant avec soin et en consultant les *"Procédures générales de réparation"* qui se trouvent dans les sections préliminaires de ce manuel.

9 Evacuation de l'eau du filtre carburant (tous les 10 000 km ou tous les 6 mois)

1 Au pied du logement du filtre carburant se trouvent un bouchon et un tube qui permettent d'en évacuer l'eau.

2 Placer un récipient de taille appropriée sous le tube de vidange. Recouvrir le carter en forme de cloche de l'embrayage.

1

9.3 Ouverture du bouchon de vidange d'eau du filtre carburant

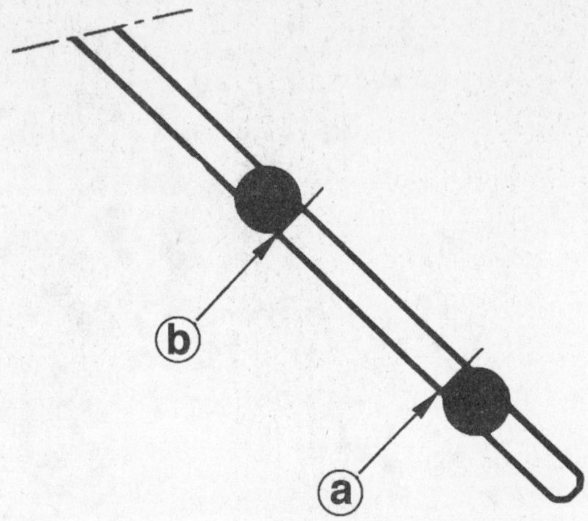

11.2 Repères inférieur (a) et supérieur (b) de niveau de liquide de transmission automatique sur la jauge

3 Ouvrir le bouchon de vidange en le faisant tourner dans le sens inverse des aiguilles d'une montre. Laisser le mélange d'eau et de gazole s'écouler jusqu'à ce que le carburant qui tombe du tube ne contienne plus d'eau **(voir illustration)**. Refermer alors le bouchon de vidange.
4 Se débarrasser du carburant ainsi vidangé, en respectant les consignes de sécurité.
5 Mettre le moteur en route. En cas de difficulté, purger le circuit d'alimentation en procédant comme indiqué au Chapitre 4.

10 Vérification des flexibles et contrôle de l'étanchéité (tous les 10 000 km ou tous les 6 mois)

1 Procéder à un examen visuel des surfaces de contact du moteur, des joints plats et des joints d'étanchéité pour s'assurer qu'il n'y a pas d'indices de fuites d'huile ou d'eau. Prêter une attention toute particulière aux zones voisines du couvercle de l'arbre à cames, de la culasse, du filtre à huile et du carter moteur. Ne pas oublier qu'après un certain temps, il faut s'attendre à trouver de légers suintements dans ces zones. Ce que vous cherchez vraiment à identifier, c'est la présence d'une fuite importante. Lorsqu'une fuite est ainsi décelée, il faut remplacer le joint plat ou le joint d'étanchéité qui en est à l'origine, en consultant les chapitres appropriés de ce manuel.
2 Vérifier également que tous les flexibles et tuyaux reliés au moteur sont bien fixés et en bon état. S'assurer que tous les serre-câbles ou brides de fixation sont bien fixés et en bon état. Lorsque des brides de fixation sont cassées ou tombées, cela peut provoquer une usure par frottement des flexibles, tuyaux ou câblages dont ils sont sensés assurer l'immobilisation, risquant ainsi de provoquer des problèmes encore plus graves dans les semaines à venir.
3 Vérifier sur toute leur longueur, et avec soin, les flexibles du radiateur et du groupe de chauffage. Remplacer tous ceux qui sont fissurés, boursouflés ou détériorés. Pour mieux repérer les fissures ou criques éventuelles, il suffit de pincer ces flexibles. Prêter une attention toute particulière aux brides de fixation qui immobilisent des flexibles sur des composants du circuit de refroidissement. En effet, ces brides risquent d'étrangler ou de perforer les flexibles, provoquant de la sorte des fuites au niveau du circuit de refroidissement. Si ces brides sont composées d'un fil de serrage, il vaut probablement mieux les remplacer par des brides comportant une vis.
4 Examiner tous les composants du circuit de refroidissement (flexibles, surfaces de contact, etc.) pour s'assurer qu'il n'y a pas de fuite. En général, une fuite dans le circuit de refroidissement se présente sous la forme de dépôts blancs et de couleur rouille à proximité de la zone affectée. Lorsque des problèmes de cette nature sont décelés sur des composants de ce circuit, il convient de remplacer les composants ou joints plats affectés, en se référant au Chapitre 3.
5 Le cas échéant, examiner les flexibles du radiateur de liquide réfrigérant de la transmission automatique pour s'assurer qu'ils ne présentent pas de fuite ou de détérioration.
6 Si le véhicule est soulevé, en profiter pour examiner le réservoir carburant et le goulot de remplissage pour s'assurer qu'ils ne présentent pas de fissures, perforations et autres dégâts. Le raccord entre le goulot de remplissage et le réservoir constitue un point absolument critique. Parfois, si le goulot de remplissage en caoutchouc ou le flexible de raccordement fuit, cela est dû au desserrage des colliers de retenue ou à une détérioration du caoutchouc.
7 Vérifier avec soin tous les flexibles en caoutchouc et les durites métalliques de gazole qui sortent du réservoir carburant. Vérifier qu'il n'y a pas de branchements desserrés, de flexibles endommagés, de canalisations écrasées et d'autres dégâts. Prêter une attention toute particulière aux tuyaux et flexibles de mise à l'air libre qui, bien souvent, s'enroulent autour du goulot de remplissage et finissent par se boucher ou complètement s'aplatir. Examiner avec soin et sur toute leur longueur les canalisations qui aboutissent à l'avant du véhicule. Remplacer les segments endommagés.
8 Depuis l'intérieur du compartiment moteur, vérifier que les fixations des flexibles de gazole ainsi que les raccords des durites sont bien immobilisés. Examiner les flexibles de gazole et de vide pour s'assurer qu'ils ne sont pas aplatis, détériorés ou usés par frottement.
9 Le cas échéant, vérifier les flexibles et durites de liquide de la direction assistée.

11 Vérification du niveau de liquide de la transmission automatique (tous les 10 000 km ou tous les 6 mois)

1 Faire rouler le véhicule sur quelques kilomètres pour amener la transmission à sa température normale de fonctionnement. Ensuite se garer sur un terrain horizontal. Vérifier le niveau de liquide à l'aide de la jauge qui se trouve à l'avant du compartiment moteur, juste devant l'ensemble moteur/transmission.
2 Le moteur tournant au ralenti, le levier du sélecteur étant sur la position "P" (stationnement), retirer la jauge du tube. Essuyer l'extrémité de cette jauge à l'aide d'un chiffon propre ou d'une serviette en papier. Replonger la jauge propre dans le tube, le plus loin possible, avant de la retirer une deuxième fois. Noter le niveau d'huile à l'extrémité de cette jauge. Compléter le plein, suivant besoin, pour amener le niveau entre les repères maximum et minimum de la jauge **(voir illustration)**. **Note:** *la transmission ne doit jamais être trop pleine, c'est-à-dire que le niveau de liquide ne doit pas dépasser le repère maximum.*
3 Pour compléter éventuellement le plein, ajouter le volume requis de liquide, de type spécifique, dans la transmission en le versant dans

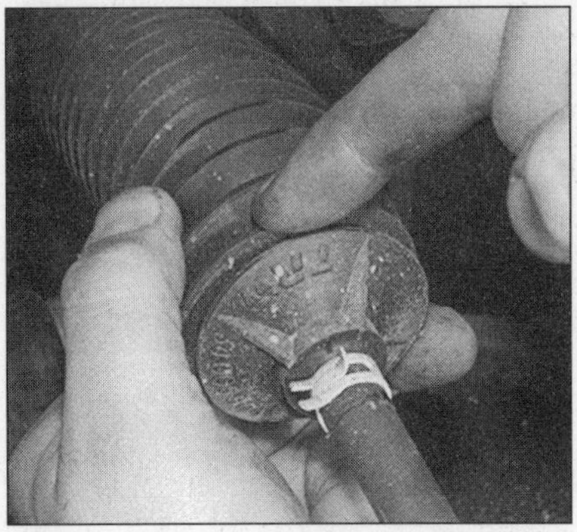

12.2 Vérification d'une gaine de la direction

12.4 Secouer la roue pour vérifier les composants de la direction et de la suspension

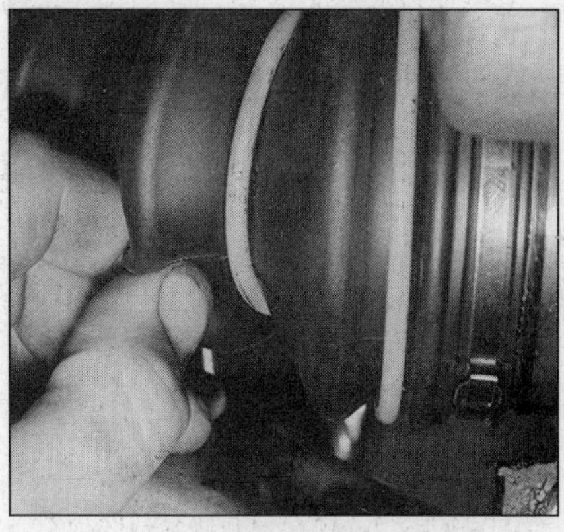

13.1 Vérification de la gaine du joint homocinétique externe de l'arbre de transmission

le tube de la jauge. Utiliser pour cela un entonnoir muni d'un filtre à mailles métalliques serrées pour éviter les épanchements et pour empêcher toute entrée de corps étrangers dans la transmission.

4 Après avoir effectué ce complément de plein, faire rouler le véhicule sur quelques kilomètres pour bien distribuer le liquide frais qui a été ajouté. Ensuite, revérifier le niveau d'huile et, le cas échéant, compléter le plein.

5 Le niveau doit toujours se maintenir entre les deux repères de la jauge. En effet, si ce niveau tombe au-dessous du repère minimum, le manque d'huile qui s'en suit peut provoquer d'importants dégâts dans la transmission.

12 Vérification de la direction et de la suspension (tous les 10 000 km ou tous les 6 mois)

Vérification de la suspension avant et de la direction

1 Soulever l'avant du véhicule puis bien le soutenir à l'aide de chandelles.

2 Procéder à un examen visuel des couvercles antipoussière des rotules et des gaines de la crémaillère et du pignon de direction pour s'assurer qu'il n'y a pas de déchirure, d'usure par frottement ou de détérioration **(voir illustration)**. L'usure de ces composants provoque une perte de lubrifiant ainsi que l'entrée de poussières et d'eau, ce qui entraîne une détérioration rapide des rotules ou de la direction.

3 Sur les véhicules équipés de la direction assistée, vérifier les flexibles pour s'assurer qu'ils ne sont pas usés par frottement ou détériorés. Examiner également les raccords des tuyaux et flexibles pour confirmer qu'il n'y a pas de fuites de liquide. Vérifier également l'absence d'indices de fuite de liquide sous pression au niveau des gaines en caoutchouc de la direction car cela confirmerait la présence de ruptures de joints d'étanchéité à l'intérieur de la direction.

4 Saisir la roue par le haut et par le bas pour la secouer **(voir illustration)**. Un très léger jeu axial est autorisé. Cependant, si ce mouvement est notable, il faut procéder à des recherches supplémentaires pour en déterminer l'origine. Continuer de secouer cette roue en demandant à un assistant d'appuyer sur la pédale de freins. Si ce jeu a totalement disparu ou est sensiblement réduit, il est probable que les paliers du moyeu sont défectueux. Si un jeu axial est toujours présent lorsqu'on appuie sur la pédale de freins, cela indique que les joints ou supports de la suspension sont usés.

5 Saisir maintenant la roue à 90° et à 270° et la secouer comme indiqué à l'opération précédente. Si un mouvement se fait sentir, il est probablement provoqué par une usure des paliers du moyeu ou des rotules des bras de suspension. Si la rotule externe est usée, ce mouvement est visible. Si la rotule interne est douteuse, on peut confirmer ce défaut en plaçant la main sur la gaine en caoutchouc de la crémaillère et du pignon et en saisissant le bras de suspension. Lorsqu'on secoue alors la roue, on peut sentir un mouvement au niveau de la rotule interne si cette dernière est usée.

6 Utiliser un gros tournevis ou une barre plate pour vérifier l'absence d'usure dans les coussinets de montage de la suspension. Insérer cet outil entre le composant approprié de la suspension et son point d'attache. Il faut s'attendre à un certain mouvement étant donné que les supports sont en caoutchouc mais la présence d'une usure excessive devrait être immédiatement décelable. Vérifier également l'état de tous les coussinets visibles en caoutchouc. Vérifier l'absence de déchirure, fissure ou contamination du caoutchouc.

7 Après avoir ramené le véhicule au sol, demander à un assistant de tourner le volant dans un sens puis dans l'autre sur environ 45°. La perte de mouvement entre le volant et les roues devrait être très faible, voire même totalement inexistante. Si ce n'est pas le cas, observer soigneusement les rotules et les supports décrits précédemment. Vérifier également les joints cardan de la colonne de direction pour identifier la présence éventuelle d'une usure. Vérifier en outre la direction à crémaillère et pignon proprement dite.

1

Vérification des jambes de force de la suspension et des amortisseurs

8 Vérifier qu'il n'y a pas de trace de fuite de liquide autour de la jambe de force de la suspension et du corps des amortisseurs. S'assurer également qu'il n'y a pas de fuite autour de la tige du piston, en provenance de la gaine en caoutchouc. Si la présence de liquide est décelée, cela indique que l'ensemble jambe de force de suspension et amortisseur présente une défectuosité interne. Il faut remplacer ces composants. **Note:** *Il faut toujours remplacer simultanément les deux jambes de force et amortisseurs d'un même essieu.*

9 Pour vérifier l'efficacité de chaque ensemble jambe de force et amortisseur, appuyer sur un coin du véhicule puis le relâcher. Procéder de même aux quatre coins. En général, dès qu'on relâche la pression, la carrosserie revient à sa position d'origine et s'arrête de bouger. Si elle remonte et ne prend sa position qu'après un rebond, cela indique que la jambe de force et l'amortisseur présentent probablement un défaut. Examiner également les supports supérieur et inférieur de chaque ensemble jambe de force et amortisseur pour s'assurer qu'il n'y a pas de trace d'usure.

13 Vérifications des arbres de roue (tous les 10 000 km ou tous les 6 mois)

Vérification de la gaine des arbres de roue et du joint homocinétique

1 Soulever le véhicule et bien le soutenir à l'aide de chandelles. Braquer le volant à fond puis faire tourner une roue lentement. Vérifier l'état des gaines en caoutchouc des joints homocinétiques externes en saisissant ces gaines pour les déplier **(voir illustration)**. Vérifier qu'il

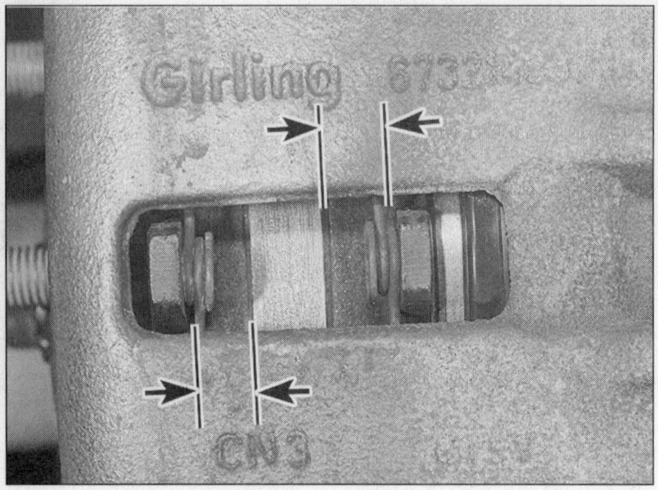

14.2 Vérification de l'épaisseur du matériau de frottement de frein avant par la fente du corps de l'étrier - l'étrier CJN 48 est illustré

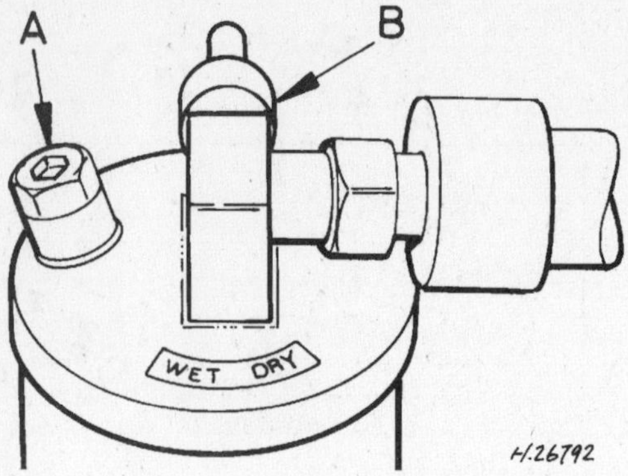

15.2 Indicateur d'humidité de réfrigérant (A) et regard vitré (B) du circuit de climatisation

n'y a pas d'indices de fissures, criques ou détérioration du caoutchouc qui risquent de laisser s'échapper de la graisse et de faire pénétrer de l'eau et des gravillons à l'intérieur du joint. Vérifier également que les pinces de retenue sont bien fixées et en bon état. Recommencer ces vérifications sur les joints homocinétiques internes. Il conviendra de remplacer toutes les gaines endommagées ou détériorées, en procédant comme indiqué au Chapitre 8.

2 Simultanément, vérifier l'état général des joints homocinétiques proprement dits en saisissant tout d'abord l'arbre de roue et en cherchant à faire tourner la roue. Recommencer cette vérification en saisissant le joint interne et en cherchant à faire tourner l'arbre de roue. S'il y a un mouvement appréciable, cela indique la présence d'une usure dans les joints ou dans le cannelures de l'arbre de roue ou un desserrage de l'écrou de retenue de cet arbre.

14 Vérification de l'état des plaquettes des freins avant (tous les 10 000 km ou tous les 6 mois)

1 Serrer à fond le frein à main puis soulever au cric l'avant de la voiture et le laisser reposer sur des chandelles. Déposer les roues avant.

2 Pour effectuer une vérification rapide, mesurer l'épaisseur du produit de frottement qui reste sur chaque plaquette de frein au niveau de la fente du corps de l'étrier **(voir illustration)**. Si cette épaisseur est tombée au minimum spécifié, voire même au-dessous, il faut remplacer simultanément les quatre plaquettes.

3 Pour effectuer une vérification plus complète, déposer et nettoyer les plaquettes des freins. Cela permet de vérifier le fonctionnement de l'étrier et d'examiner sur les deux faces l'état du disque de frein proprement dit. Pour de plus amples informations, consulter le Chapitre 9.

15 Vérification du réfrigérant du circuit de climatisation (tous les 20 000 km ou tous les 12 mois)

Avertissement: *Ne pas chercher à ouvrir le circuit de réfrigérant. Consulter les précautions de la Section 12 du Chapitre 3.*

1 Pour vérifier l'état du réfrigérant, il y a un indicateur d'humidité ainsi qu'un regard vitré en haut du flacon sécheur, dans le coin avant droit du compartiment moteur.

Vérification de l'humidité du réfrigérant

2 Vérifier la couleur de l'indicateur d'humidité **(voir illustration)**. S'il est bleu cela indique que le réfrigérant est satisfaisant. S'il est rouge, cela indique qu'il est saturé d'humidité. Par conséquent, s'il est rouge, il faut vidanger le circuit puis en refaire le plein et mettre en place un flacon sécheur neuf. **Note:** *Confier la vidange et le plein de ce circuit à un concessionnaire Citroën ou à un spécialiste de la climatisation.* **Vous ne devez pas** *tenter d'effectuer ce travail vous-même.*

Vérification du débit de réfrigérant

3 Mettre le moteur en route. Mettre en marche la climatisation.

4 Au bout de plusieurs minutes, examiner le regard vitré pour vérifier le débit de réfrigérant. Le liquide doit être transparent. Si ce n'est pas le cas, les opérations suivantes devraient permettre de diagnostiquer le problème:

(a) Circulation de liquide transparent - le circuit fonctionne correctement
(b) Absence de liquide - faire vérifier l'étanchéité du circuit par un concessionnaire Citroën ou un spécialiste de la climatisation.
(c) Présence continue de bulles d'air dans un liquide transparent - le niveau de réfrigérant est insuffisant. Demander à un concessionnaire Citroën ou à un spécialiste de la climatisation de compléter le plein du circuit.
(d) Présence de bulles d'air d'aspect laiteux - l'humidité est importante (voir paragraphe 2).

16 Vérification et réglage du ralenti et du régime anticalage (tous les 20 000 km ou tous les 12 mois)

1 Sur les moteurs diesel, il n'est pas possible d'utiliser un tachymètre (compteur de tours) de type habituel, car il fonctionne à partir des impulsions de l'allumage. Il y a une prise de diagnostic sur laquelle peut venir se brancher l'équipement d'essai Citroën. Cependant, le bricoleur ne dispose, pas en général, de ce type de matériel. Si le réglage du ralenti "à l'oreille" ne semble pas satisfaisant, il convient de retenir l'une des possibilités suivantes:

(a) Acheter ou louer un tachymètre de type approprié.
(b) Confier ce travail à un concessionnaire Citroën ou à un spécialiste.
(c) Utiliser un stroboscope fonctionnant sur un moteur à essence tournant au régime souhaité. Pointer ce stroboscope sur un repère de la poulie de la pompe de l'arbre à cames. Lorsque les deux moteurs tournent au même régime (ou à des multiples de ce régime), ce repère est stationnaire. La poulie tourne à un régime deux fois moins important que celui du vilebrequin, mais cela n'affecte pas ce réglage (en pratique, il n'est pas possible d'utiliser cette méthode au niveau de la poulie du vilebrequin étant donné que l'angle de visualisation est très réduit).

2 Avant de procéder à des réglages, faire chauffer le moteur pour

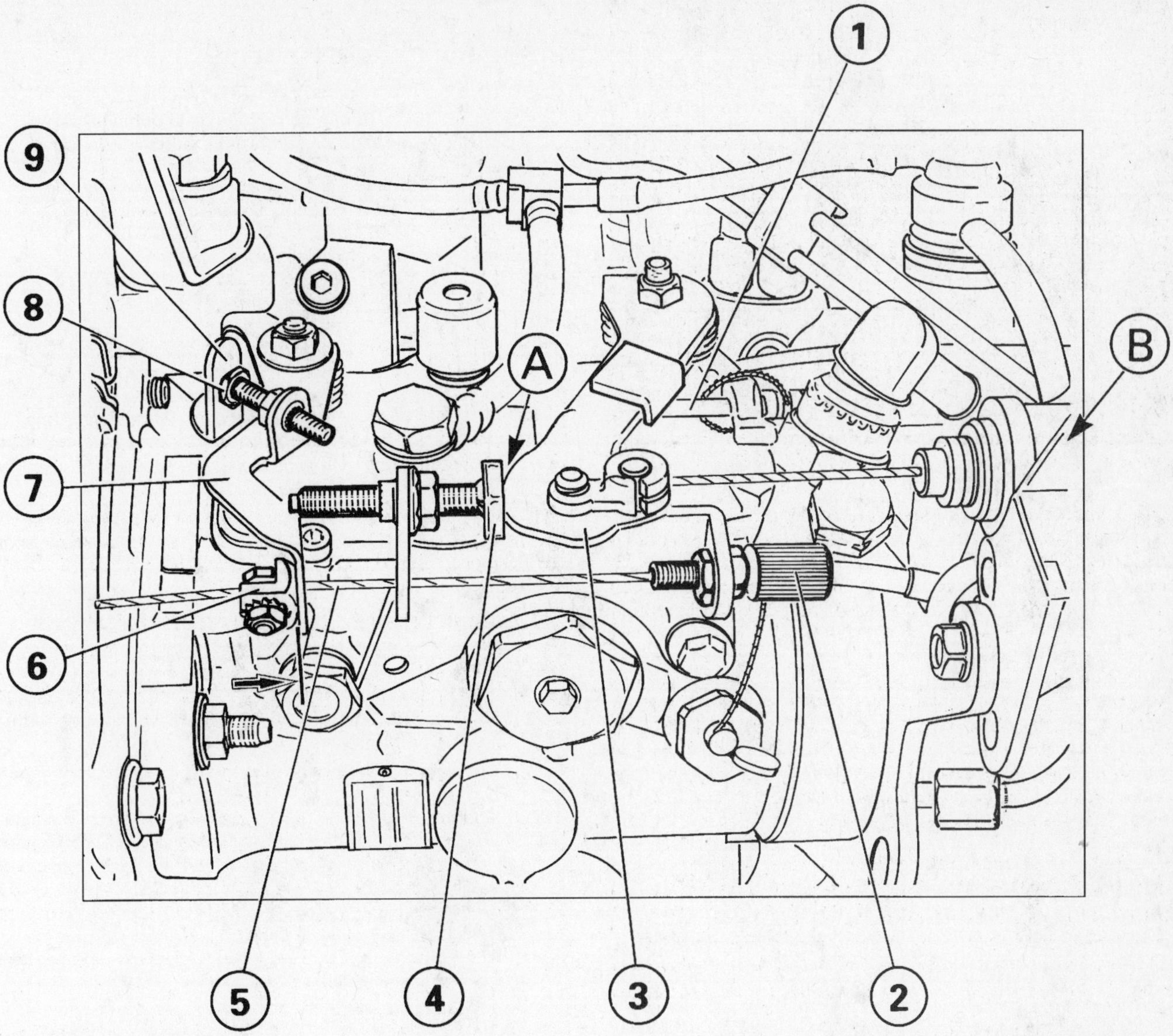

16.4a Points de réglage de la pompe Lucas d'injection de carburant

1 *Vis de réglage du régime maximum*
2 *Virole de réglage du câble de ralenti rapide*
3 *Levier de commande de pompe*
4 *Vis de réglage du régime anticalage*
5 *Câble de ralenti rapide*
6 *Embout de câble de ralenti rapide*
7 *Levier de ralenti rapide*
8 *Vis de réglage du ralenti*
9 *Levier d'arrêt manuel*
A *Emplacement de cales de réglage du régime anticalage*
B *Virole de réglage du câble de l'accélérateur*

l'amener à sa température normale de fonctionnement. Vérifier que le câble de l'accélérateur est bien réglé (voir Chapitre 4).

Vérification et réglage du ralenti

3 Vérifier que le moteur tourne au ralenti spécifié. Le cas échéant, régler ce régime en procédant comme suit:

Pompe Lucas d'injection de carburant

4 Desserrer le contre-écrou de la vis de réglage du ralenti. Tourner cette vis dans le sens approprié, puis retirer le contre-écrou **(voir illustrations)**.

16.4b Vis de réglage du ralenti (flèche) - pompe Lucas

1

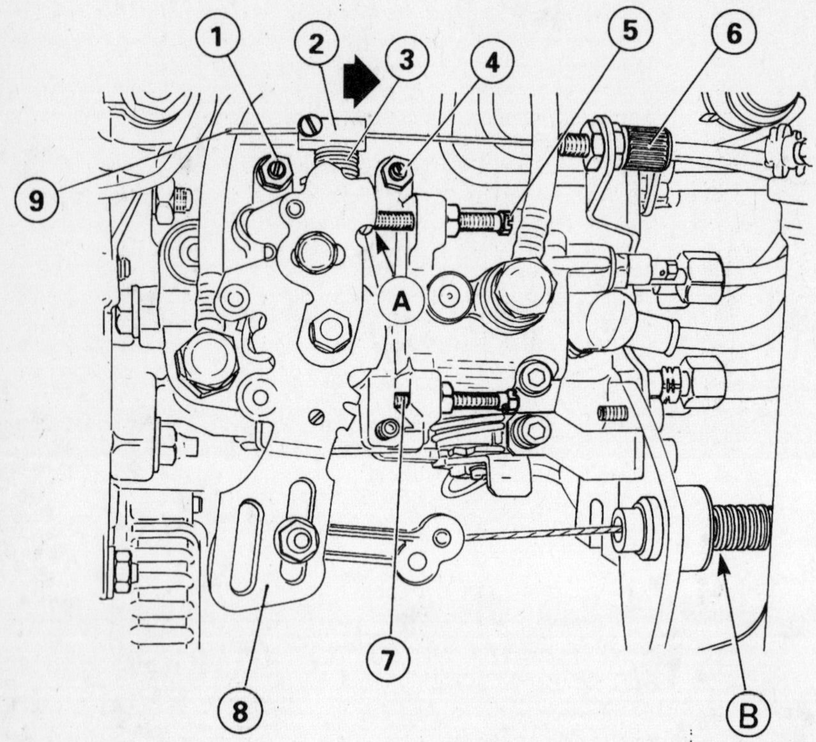

16.7a Points de réglage de la pompe Bosch d'injection de carburant - moteurs non-turbo

1 Vis d'arrêt du levier de ralenti rapide
2 Embout de câble de ralenti rapide
3 Levier de ralenti rapide
4 Vis de réglage du ralenti
5 Vis de réglage du ralenti anticalage
6 Virole de réglage du câble de ralenti rapide
7 Vis de réglage du régime maximum
8 Levier de commande de la pompe
9 Câble de ralenti rapide
A Emplacement de cales de réglage du régime anticalage
B Virole de réglage du câble de l'accélérateur

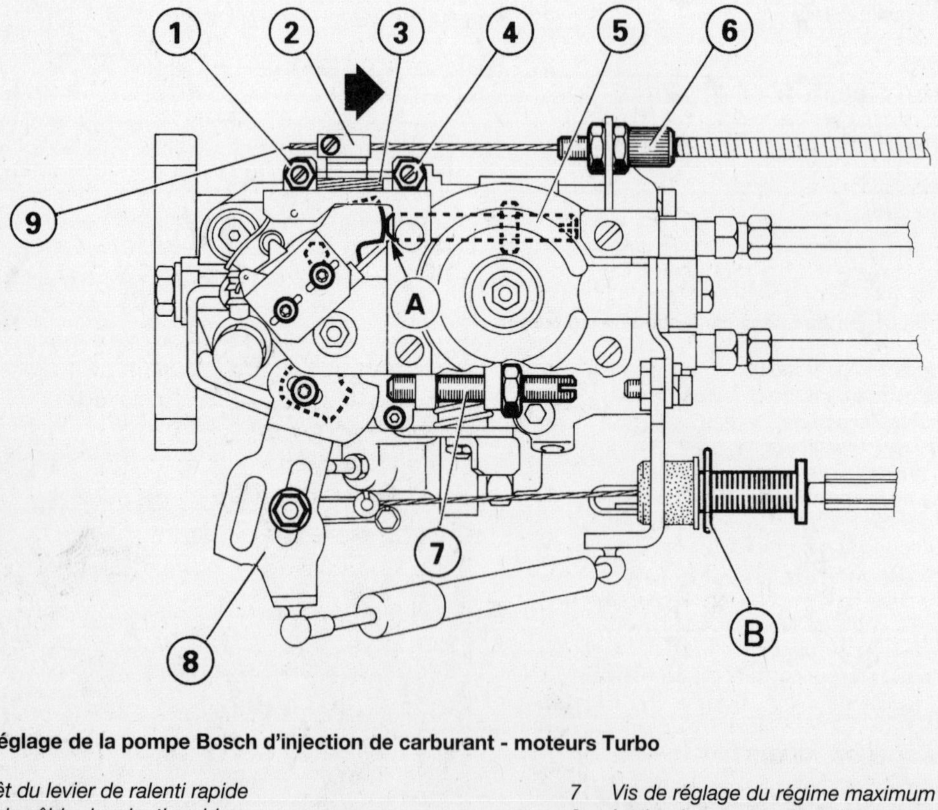

16.7b Points de réglage de la pompe Bosch d'injection de carburant - moteurs Turbo

1 Vis d'arrêt du levier de ralenti rapide
2 Embout de câble de ralenti rapide
3 Levier de ralenti rapide
4 Vis de réglage du ralenti
5 Vis de réglage du ralenti anticalage
6 Virole de réglage du câble de ralenti rapide
7 Vis de réglage du régime maximum
8 Levier de commande de la pompe
9 Câble de ralenti rapide
A Emplacement de cales de réglage du régime anticalage
B Virole de réglage du câble de l'accélérateur

16.14 Vis de réglage de ralenti anticalage (flèche) - pompe Lucas

5 Vérifier le réglage du régime anticalage en procédant comme indiqué ultérieurement dans cette Section.
6 Arrêter le moteur et, le cas échéant, débrancher le tachymètre.

Pompe Bosch d'injection de carburant

7 Desserrer le contre-écrou puis dévisser la vis de réglage anticalage pour l'écarter du levier de commande de la pompe **(voir illustrations)**.
8 Desserrer le contre-écrou pour tourner la vis de réglage du ralenti dans le sens requis. Resserrer le contre-écrou.
9 Vérifier le réglage du régime anticalage en procédant comme indiqué ultérieurement dans cette Section.
10 Arrêter le moteur et, le cas échéant, débrancher le tachymètre.

Vérification et réglage du régime anticalage

11 S'assurer que le moteur a atteint sa température normale de fonctionnement. Noter le ralenti puis arrêter le moteur.

Pompe Lucas d'injection de carburant

12 Introduire une cale d'épaisseur ou la lame d'un calibre d'épaisseur, de taille correcte (voir Spécifications), entre le levier de commande de la pompe et la vis de réglage anticalage.
13 Mettre le moteur en route. Le laisser tourner au ralenti. Le régime doit être identique à celui qui est spécifié pour le régime anticalage (voir Spécifications).
14 Si un réglage s'avère nécessaire, desserrer le contre-écrou, tourner la vis de réglage anticalage dans le sens requis puis resserrer le contre-écrou **(voir illustration)**.
15 Retirer la cale d'épaisseur ou la lame à calibre d'épaisseur. Vérifier le ralenti comme indiqué précédemment.
16 Déplacer le levier de commande de la pompe pour porter le régime du moteur à environ 3000 tr/min. Relâcher rapidement ce levier. La période de décélération doit durer de 2,5 à 3,5 secondes et le moteur doit tourner à environ 50 tr/min au-dessous du ralenti.
17 Si la décélération est trop rapide et que le moteur cale, desserrer d'un quart de tour, en direction du levier de commande, la vis de réglage anticalage. Si la décélération est trop lente, ce qui donne un frein moteur de mauvaise qualité, tourner d'un quart de tour cette vis pour l'écarter du levier.
18 Resserrer le contre-écrou après avoir effectué un réglage. Revérifier le ralenti et procéder aux ajustements éventuellement nécessaires, comme indiqué précédemment.
19 Tout en faisant tourner le moteur au ralenti, vérifier le fonctionnement de la commande d'arrêt manuel en tournant le levier d'arrêt dans le sens des aiguilles d'une montre (voir Section 1 du Chapitre 4). Le moteur doit s'arrêter instantanément.
20 Le cas échéant, débrancher le tachymètre une fois cette procédure terminée.

Pompe Bosch d'injection de carburant

21 Introduire une cale d'épaisseur ou la lame d'un calibre d'épaisseur, de taille correcte (voir Spécifications), entre le levier de commande de la pompe et la vis de réglage anticalage.
22 Mettre le moteur en route. Le laisser tourner au ralenti. Le régime doit être identique à celui qui est spécifié pour le régime anticalage (voir Spécifications).
23 Si un réglage s'avère nécessaire, desserrer le contre-écrou, tourner la vis de réglage anticalage dans le sens requis puis resserrer le contre-écrou.
24 Retirer la cale d'épaisseur ou la lame du calibre d'épaisseur et laisser tourner le moteur au ralenti.
25 Déplacer le levier de ralenti rapide en direction de l'extrémité volant du moteur. Vérifier que le régime augmente et atteint la valeur spécifiée pour le ralenti rapide. Le cas échéant, desserrer le contre-écrou puis tourner la vis de réglage du ralenti rapide dans le sens requis puis resserrer ce contre-écrou.
26 Tout en faisant tourner le moteur au ralenti, vérifier le fonctionnement de la commande d'arrêt manuel en tournant le levier d'arrêt (voir Section 1 du Chapitre 4). Le moteur doit s'arrêter instantanément.
27 Le cas échéant, débrancher le tachymètre une fois cette procédure terminée.

17 Vérification du système de contrôle des émissions [antipollution] (tous les 20 000 km ou tous les 12 mois)

1 Le Chapitre 4 décrit en détail les composants de ce système.
2 Cette vérification est un simple contrôle visuel qui a pour but d'identifier les indices évidents d'endommagement ou de fuite au niveau des flexibles et des joints.
3 Les flexibles du système antipollution du carter moteur peuvent être déposés et vérifiés, comme indiqué à la Section 24 du Chapitre 4.
4 Sur les modèles équipés d'un système de contrôle des émissions, il convient d'examiner le convertisseur catalytique pour s'assurer qu'il n'est ni endommagé ni corrodé. Le cas échéant, le remplacer en consultant la Section 22 du Chapitre 4.
5 Dans la mesure du possible, il vaut mieux confier à un concessionnaire Citroën tous les contrôles et essais détaillés du système de recirculation des gaz d'échappement et/ou du système de correction de la pression atmosphérique.

18 Vérification et remplacement de la courroie d'entraînement auxiliaire (tous les 20 000 km ou tous les 12 mois)

Vérification de l'état de la courroie d'entraînement auxiliaire

1 Sur les modèles à transmission mécanique, enclencher la 4ème ou la 5ème pour pouvoir faire tourner le vilebrequin pendant cette procédure. Sur les modèles à transmission automatique, placer une clé sur le boulon de la poulie du vilebrequin pour faire tourner ce dernier.
2 Pour avoir un meilleur accès à cette courroie, procéder comme suit.
3 Serrer le frein à main. Soulever au cric la partie avant droite du véhicule. La laisser reposer sur une chandelle (consulter la section intitulée *"Levage, remorquage et changement de roue"*).
4 Déposer la roue.
5 Déposer la doublure inférieure du passage de roue (voir Chapitre 11) puis décrocher les flexibles de réfrigérant au niveau de l'aile **(voir illustrations)**. Abaisser ces flexibles pour les écarter des poulies.
6 Examiner la courroie sur toute sa longueur. Si elle est usée,

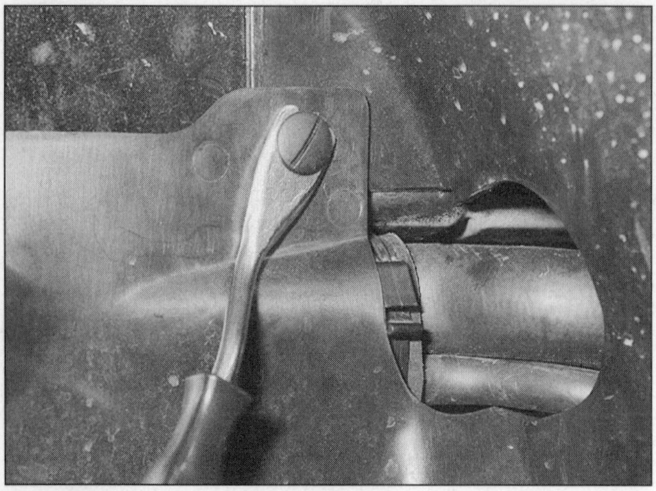

18.5a Desserrer les brides de fixation . . .

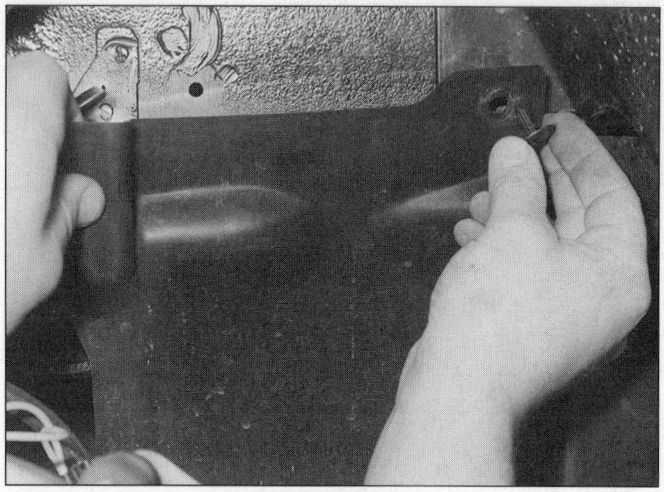

18.5b . . . puis déposer le couvercle inférieur du passage de roue . . .

18.5c . . . avant de décrocher les flexibles de réfrigérant

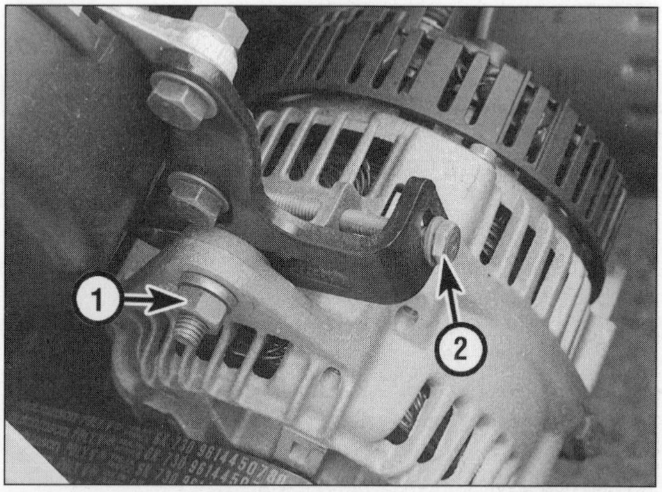

18.11 Ecrou de fixation supérieur (1) et boulon de réglage (2) de l'alternateur

effilochée ou fissurée, il convient de la remplacer à titre préventif, afin d'éviter toute rupture en cours d'utilisation du véhicule. Il est recommandé de toujours conserver à bord du véhicule une courroie d'entraînement de rechange d'un type correct.

7 Pour voir la courroie sur toute sa longueur, il faut faire tourner le vilebrequin. Pour cela, agir au niveau du disque de frein (modèles à transmission mécanique) ou utiliser une clé placée sur le boulon de la poulie du vilebrequin (modèles à transmission automatique).

8 Si cette courroie est en bon état, immobiliser de nouveau en position les flexibles de réfrigérant puis remettre en place la doublure inférieure du passage de roue ainsi que la roue. Ramener le véhicule au niveau du sol.

Courroie d'entraînement auxiliaire (modèles sans direction assistée ou sans climatisation) - dépose, repose et tension

Dépose

9 Si vous ne l'avez pas déjà fait, procéder comme indiqué aux paragraphes 2 à 5.

10 Débrancher la cosse négative de la batterie.

11 Depuis l'extrémité supérieure de l'alternateur, desserrer l'écrou de fixation supérieur de l'alternateur **(voir illustration)**.

12 Repousser le boulon du dispositif de réglage pour réduire la tension de la courroie d'entraînement. Ensuite, faire glisser cette courroie pour la retirer des poulies.

Repose

13 Faire passer la courroie autour des poulies. En cas de remplacement de cette courroie, s'assurer qu'elle est d'un type correct. Supprimer le mou sur cette courroie en resserrant le bouton du dispositif de réglage.

14 Tendre la courroie d'entraînement en procédant comme indiqué aux paragraphes suivants.

Tension

15 Si vous ne l'avez pas déjà fait, procéder comme indiqué aux paragraphes 2 à 5.

16 La courroie d'entraînement durera longtemps à condition d'être bien tendue. Cependant, il ne faut pas trop la tendre car cela provoquerait une usure excessive de l'alternateur.

17 Lorsqu'elle est bien tendue, la courroie doit avoir une flèche d'environ 5 mm lorsqu'on appuie fermement sur cette courroie, à mi-distance entre les poulies.

18 Après avoir serré suffisamment l'écrou de fixation supérieur pour immobiliser en position l'alternateur et après avoir desserré le boulon du dispositif de réglage, tourner ce boulon jusqu'à obtention d'une tension correcte puis resserrer à fond l'écrou de fixation supérieur.

19 Rebrancher la cosse négative de la batterie.

20 Immobiliser de nouveau en position les flexibles de réfrigérant puis remettre en place la doublure inférieure du passage de roue ainsi que la roue. Ramener le véhicule au niveau du sol.

18.23 Desserrer les deux vis de freinage du galet tendeur (flèche)

18.24a Faire tourner le boulon de réglage du galet tendeur . . .

18.24b . . . jusqu'à ce qu'il soit possible de retirer la courroie des poulies

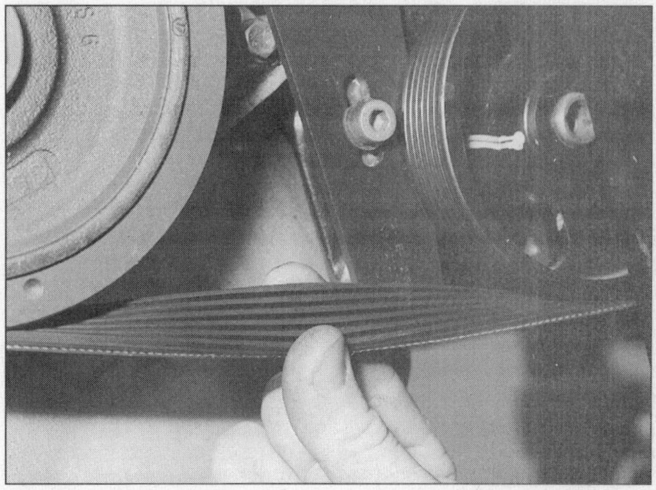

18.27 Une torsion de la courroie sur 90° devrait être possible

Courroie d'entraînement auxiliaire (modèles avec direction assistée ou climatisation) - dépose, repose et tension

Dépose

21 Si vous ne l'avez pas déjà fait, procéder comme indiqué aux paragraphes 2 à 5.

22 Débrancher la cosse négative de la batterie.

23 Desserrer les deux vis de freinage qui immobilisent l'ensemble galet tendeur **(voir illustration)**.

24 Faire tourner le boulon du dispositif de réglage du galet tendeur pour déplacer cet ensemble afin de pouvoir écarter la courroie d'entraînement des poulies **(voir illustrations)**.

Repose et tension

25 Faire passer la courroie d'entraînement autour des poulies, dans l'ordre suivant:

- *(a) Pompe de la direction assistée/compresseur de la climatisation.*
- *(b) Vilebrequin.*
- *(c) Alternateur.*
- *(d) Galet tendeur.*

26 S'assurer que les nervures de la courroie pénètrent correctement dans les gorges des poulies.

27 Bien tendre la courroie d'entraînement en tournant la vis du dispositif de réglage du galet tendeur jusqu'à ce qu'il soit possible de tordre la courroie sur environ 90° en exerçant une pression ferme du pouce ou des doigts sur la courroie, à mi-distance entre les poulies de la pompe de la direction assistée/du compresseur de la climatisation et du vilebrequin **(voir illustration)**.

28 Resserrer les deux vis de freinage qui immobilisent le galet tendeur.

29 Rebrancher la cosse négative de la batterie.

30 Immobiliser de nouveau en position les flexibles de réfrigérant puis remettre en place la doublure inférieure du passage de roue ainsi que la roue. Ramener le véhicule au niveau du sol.

Courroie d'entraînement auxiliaire (modèles à direction assistée et climatisation) - dépose, repose et tension

Note: *Pour remplacer une courroie d'entraînement cassée, consulter les paragraphes 47 et 48.*

Dépose

31 Si vous ne l'avez pas déjà fait, procéder comme indiqué aux paragraphes 2 à 5

32 Débrancher la cosse négative de la batterie.

33 Retirer la vis supérieure de fixation de l'écran de protection de la poulie de la pompe de la direction assistée. Repousser cet écran sur le côté pour accéder à la courroie.

34 Desserrer les deux vis de freinage qui immobilisent le galet tendeur manuel **(voir illustration)**.

1

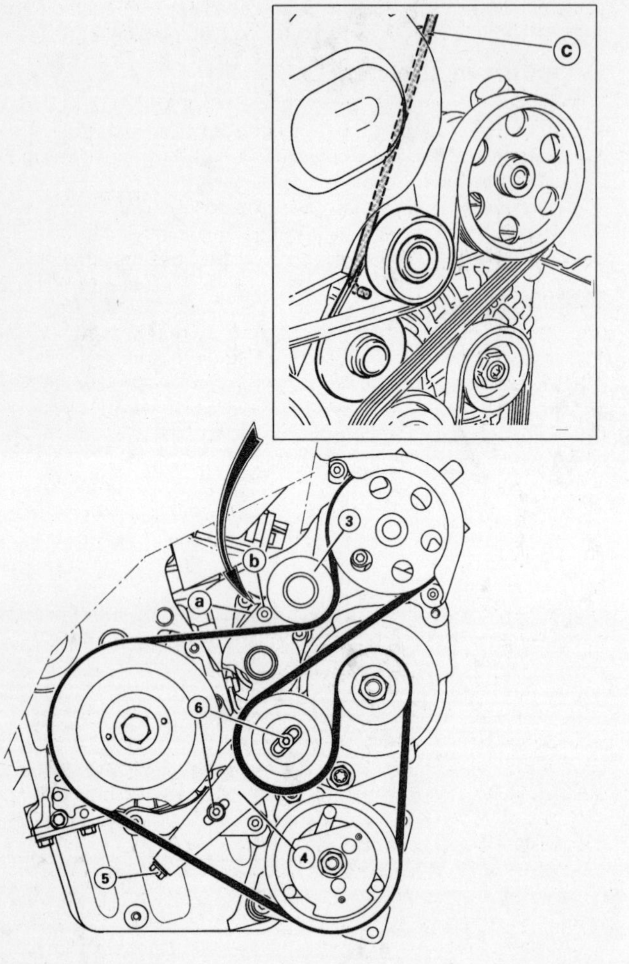

18.34 Agencement de la courroie d'entraînement auxiliaire sur les modèles à direction assistée et à climatisation

- 3 *Galet tendeur automatique*
- 4 *Galet tendeur manuel*
- 5 *Vis de réglage*
- 6 *Vis de freinage*
- a et b *Orifices du bras du galet tendeur et du support*
- c *Tige de blocage du galet tendeur*

35 Serrer la vis du dispositif de réglage du galet tendeur manuel pour aligner les orifices du support du galet tendeur automatique et du support de la pompe de la direction assistée.

36 Immobiliser en position le galet tendeur automatique en y introduisant une tige de métal de diamètre approprié (comme par exemple un foret) dans les trous du bras du galet tendeur automatique et du support.

37 Desserrer la vis du dispositif de réglage du galet tendeur manuel jusqu'à ce qu'il soit possible de retirer des poulies la courroie d'entraînement.

Repose et tension

38 Faire passer la courroie d'entraînement autour des poulies, dans l'ordre suivant:

- (a) *Pompe de la direction assistée.*
- (b) *Galet tendeur automatique.*
- (c) *Vilebrequin.*
- (d) *Compresseur de la climatisation.*
- (e) *Alternateur.*
- (f) *Galet tendeur manuel.*

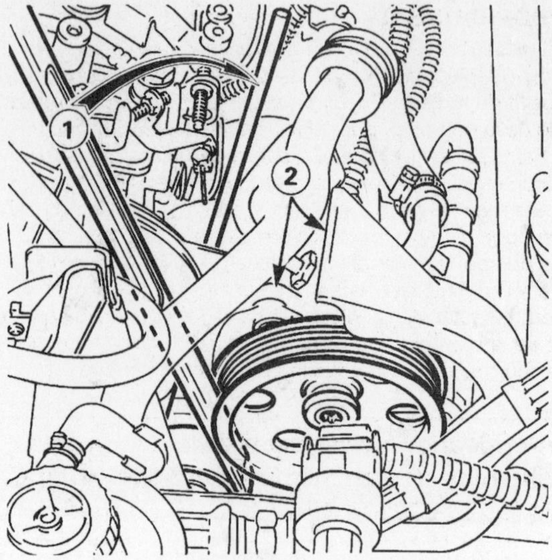

18.47 Après avoir repoussé sur le côté le couvercle (2) de la poulie de la pompe de la direction assistée écarter, à l'aide du levier, le galet tendeur de cette poulie (1)

39 S'assurer que les nervures de la courroie pénètrent correctement dans les gorges des poulies.

40 Bien tendre la courroie d'entraînement en tournant la vis du dispositif de réglage du galet tendeur manuel, jusqu'à ce que la tige introduite au paragraphe 36 commence à glisser.

41 Déposer cette tige des orifices du bras du galet tendeur automatique et du support.

42 Resserrer les deux vis de freinage qui immobilisent le galet tendeur manuel.

43 Remettre en position l'écran de protection de la poulie de la pompe de la direction assistée. Resserrer la vis supérieure de fixation.

44 Rebrancher la cosse négative de la batterie.

45 Immobiliser de nouveau en position les flexibles de réfrigérant puis remettre en place la doublure inférieure du passage de roue ainsi que la roue. Ramener le véhicule au niveau du sol.

Remplacement d'une courroie cassée

46 Procéder comme indiqué aux paragraphes 31 à 34.

47 Introduire un levier entre la poulie de la pompe de la direction assistée et le galet tendeur automatique, comme illustré ci-contre **(voir illustration)**.

48 En procédant avec précaution, utiliser ce levier pour écarter le galet tendeur de la poulie de la pompe de la direction assistée jusqu'à ce qu'une tige de diamètre approprié puisse être introduite dans les trous du bras du galet tendeur automatique et le support, comme indiqué au paragraphe 36.

49 Procéder comme indiqué aux paragraphes 38 à 45 inclus.

19 Vérification et remplacement de la courroie d'entraînement de la pompe à vide du système de freinage (tous les 20 000 km ou tous les 12 mois)

Vérification

1 Sur les modèles dont le système de freinage est équipé d'une pompe à vide à courroie, examiner cette dernière sur toute sa longueur pour s'assurer qu'elle ne présente pas de traces d'usure ou de dégâts. Si cette courroie est usée, effilochée ou fissurée, il convient de la remplacer à titre de précaution pour minimiser les risques de rupture de cette courroie lorsque la voiture roule. **Avertissement:** *La rupture de cette courroie lorsque le véhicule roule entraîne la perte du servofrein, ce qui diminue fortement l'efficacité du système de freinage et peut même provoquer un accident.*

Remplacement

2 Desserrer le boulon du dispositif de réglage de la pompe, le boulon du pivot et l'écrou de fixation inférieur sur la sangle du dispositif de réglage. Ensuite, écarter la courroie d'entraînement de la poulie de la pompe puis la retirer complètement du moteur.
3 Faire passer la nouvelle courroie d'entraînement sur la poulie d'entraînement de l'arbre à cames et sur la poulie de la pompe.
4 Bien tendre cette courroie en faisant pivoter la pompe autour de son support jusqu'à ce qu'une pression ferme du pouce ou des doigts sur la pompe, à mi-distance entre les poulies, donne une flèche de 3 mm environ. Maintenir la pompe sur cette position puis serrer à fond l'écrou de la sangle du dispositif de réglage ainsi que les boulons du pivot de la pompe et du dispositif de réglage. Revérifier la tension de cette courroie et, le cas échéant, l'ajuster.

20 Vérification du réglage de l'embrayage et lubrification de son mécanisme de commande (tous les 20 000 km ou tous les 12 mois)

Vérifier que la pédale d'embrayage se déplace sans à-coups et très facilement sur toute sa course et que l'embrayage proprement dit fonctionne correctement, sans patiner et sans brouter. Ensuite, régler le câble de l'embrayage comme indiqué au Chapitre 6. S'il faut exercer un effort excessif pour actionner l'embrayage, il convient tout d'abord de vérifier que son câble suit un trajet correct et n'est pas endommagé. Ensuite, il convient de déposer la pédale pour s'assurer que son pivot est bien graissé. Pour de plus amples informations, consulter le Chapitre 6.

21 Vérification de l'état des sabots des freins arrière - modèles à freins arrière à tambours (tous les 20 000 km ou tous les 12 mois)

Déposer les tambours des freins arrière. Vérifier que les sabots ne présentent pas de traces d'usure ou de contamination. Simultanément, examiner également les cylindres de roues pour s'assurer qu'ils ne fuient pas, et le tambour de chaque frein pour confirmer qu'il ne présente pas de traces d'usure. Pour de plus amples informations, consulter les sections appropriées du Chapitre 9.

22 Vérification de l'état des sabots des freins arrière - modèles à freins arrière à disques (tous les 20 000 km ou tous les 12 mois)

1 Bloquer les roues avant avec des cales. Ensuite, soulever au cric l'arrière du véhicule et le laisser reposer sur des chandelles. Déposer les roues arrière.
2 Pour effectuer une vérification rapide, mesurer l'épaisseur de matériau de frottement résiduel sur chaque plaquette de frein, par le haut du corps de l'étrier. Si ce matériau, sur une plaquette, tombe à la valeur minimale spécifiée ou au-dessous de cette valeur, il convient de remplacer simultanément les quatre plaquettes.
3 Pour effectuer une vérification complète, il faut déposer et nettoyer les plaquettes des freins. Cela permet de vérifier le fonctionnement de l'étrier et d'examiner soigneusement l'état des deux faces du disque de frein proprement dit. Pour de plus amples informations, consulter le Chapitre 9.

23 Essai sur route (tous les 20 000 km ou tous les 12 mois)

Instruments et équipements électriques

1 Vérifier le bon fonctionnement de tous les instruments et de tous les équipements électriques.
2 S'assurer que tous les instruments affichent des valeurs correctes. Mettre sous tension, l'un après l'autre, chaque composant électrique pour s'assurer qu'il fonctionne correctement.

Direction et suspension

3 Vérifier l'absence d'anomalies au niveau de la direction, de la suspension, de la tenue du route ou du confort de roulement.
4 Faire rouler le véhicule pour s'assurer qu'il n'y a pas de vibrations ou bruits inhabituels.
5 Vérifier que le volant réagit de façon positive, sans "mou" excessif et sans point dur. Vérifier que, dans les virages ou lors du passage de dos d'ânes ou de bosses, la suspension n'est pas bruyante.

Transmission

6 Vérifier les performances du moteur, de l'embrayage (le cas échéant), de la transmission et des arbres de transmission.
7 Vérifier qu'il n'y a pas de bruits inhabituels en provenance du moteur, de l'embrayage et de la transmission.
8 S'assurer que le moteur tourne régulièrement au ralenti et qu'il n'hésite pas lors des accélérations.
9 Vérifier, le cas échéant, que la pédale d'embrayage a un fonctionnement régulier et progressif, que les changements de rapport se font sans à-coups et que la pédale n'a pas une course trop longue. S'assurer également qu'il n'y a pas de bruit lorsqu'on appuie sur la pédale d'embrayage.
10 Sur les modèles à transmission mécanique, vérifier qu'il est possible d'enclencher chaque rapport sans produire de bruit et que le levier de vitesse ne présente pas de mou anormal ou n'a pas une course "crantée".
11 Sur les modèles à transmission automatique, s'assurer que tous les changements de rapports se font sans secousses et sans soubresauts et qu'il n'y a pas d'augmentation du régime moteur entre deux changements. Vérifier également que chaque rapport peut être sélectionné lorsque le véhicule est à l'arrêt. En cas de problème, s'adresser à un concessionnaire Citroën.
12 Vérifier qu'il n'y a pas de cliquetis métallique en provenance de l'avant de l'automobile lorsque cette dernière effectue un cercle à vitesse lente, après avoir braqué à fond le volant. Effectuer cette vérification dans les deux sens. Si des cliquetis de ce type sont présent, cela indique que le joint de l'arbre de transmission présente une usure. Dans ce cas-là, il convient de remplacer ce joint.

Vérifier le fonctionnement et les performances du système de freinage

13 Lors d'un freinage, s'assurer que la voiture ne tire pas d'un côté et que les roues ne se bloquent pas de façon prématurée lors d'un freinage appuyé.
14 S'assurer qu'il n'y a pas de vibrations au niveau de la direction lors d'un freinage.
15 Vérifier que le frein à main fonctionne correctement sans déplacement excessif du levier. S'assurer que le frein à main permet d'immobiliser le véhicule sur une pente.
16 Vérifier le fonctionnement du servofrein en procédant comme suit. Appuyer à quatre ou cinq reprises sur la pédale de freins pour en chasser le vide. Mettre le moteur en route. Lors du démarrage, la pédale devrait présenter un "mou" notable pendant le rétablissement du vide. Laisser tourner le moteur pendant au moins deux minutes avant de l'arrêter. Lorsqu'on appuie de nouveau sur la pédale du freins, on devrait entendre un léger sifflement en provenance du servofrein. Après avoir appuyé de nouveau à 4 ou 5 reprises sur la pédale, ce sifflement devrait disparaître et la pédale devrait être considérablement plus dure.

24 Remplacement du filtre à air (tous les 30 000 km ou tous les 18 mois)

Modèles non-turbo

1 Depuis l'intérieur du compartiment moteur, desserrer les fixations qui immobilisent le couvercle sur le boîtier de l'épurateur d'air **(voir**

24.1 Desserrer les brides de fixation du couvercle de l'épurateur d'air . . .

24.2a . . . puis soulever le couvercle pour le déposer . . .

24.2b . . . avant de retirer le filtre à air

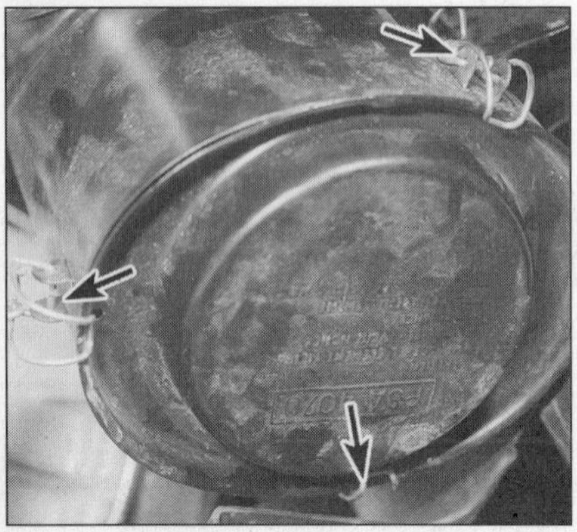

24.5 Brides de fixation (flèches) du couvercle de l'épurateur d'air - modèles Turbo

24.6 Retrait du filtre à air - modèles Turbo

25.4 Soulever le couvercle du filtre carburant pour le retirer. . .

illustration).

2 Soulever le couvercle puis en retirer le filtre à air **(voir illustrations)**.

3 La repose se fait dans l'ordre inverse des opérations de dépose.

Modèles Turbo

4 L'accès au filtre à air se fait par le dessous du véhicule, à l'avant.

5 Desserrer les trois brides de fixation puis déposer le couvercle du socle du boîtier de l'épurateur d'air **(voir illustration)**.

6 Retirer le filtre de ce boîtier **(voir illustration)**.

7 La repose se fait dans l'ordre inverse des opérations de dépose.

25 Remplacement du filtre carburant (tous les 30 000 km ou tous les 18 mois)

1 Ce filtre se trouve dans un boîtier en matière plastique, à l'avant du moteur.

2 Le cas échéant, placer une feuille en matière plastique sur le carter en forme de cloche de l'embrayage, pour le protéger des projections de carburant.

3 Placer un récipient de taille appropriée sous l'extrémité du flexible de vidange du filtre carburant. Ouvrir la vis de vidange qui se trouve à l'avant du boîtier du filtre. Laisser le gazole s'écouler.

4 A l'aide d'une clé six-pans de taille appropriée, retirer les quatre vis de fixation du couvercle du boîtier du filtre. Ensuite, soulever ce couvercle pour le retirer **(voir illustration)**.

5 Soulever le filtre pour le retirer de ce boîtier **(voir illustration)**.

6 Introduire un filtre neuf dans ce boîtier.

7 Enduire d'un produit de freinage le filetage des boulons de fixation du couvercle du filtre. Remettre en place ce couvercle puis l'immobiliser à l'aide des boulons.

8 Revisser la vis de vidange du filtre carburant.

9 Amorcer le circuit de carburation, comme indiqué au Chapitre 4.

10 Desserrer la vis de vidange jusqu'à ce que le gazole qui s'écoule du flexible soit parfaitement propre. Revisser cette vis puis retirer le récipient sous le flexible.

25.5 . . . puis enlever le filtre de son boîtier

26.2 Lubrification du mécanisme d'ouverture du capot

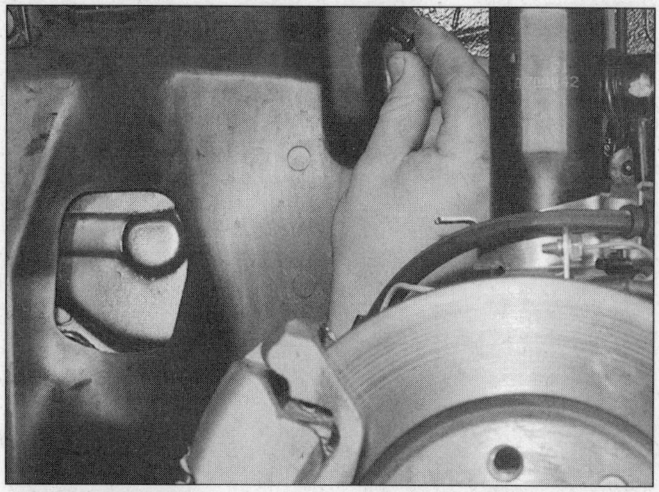

27.2 Retrait du couvercle de visite au niveau de la doublure du passage de roue gauche

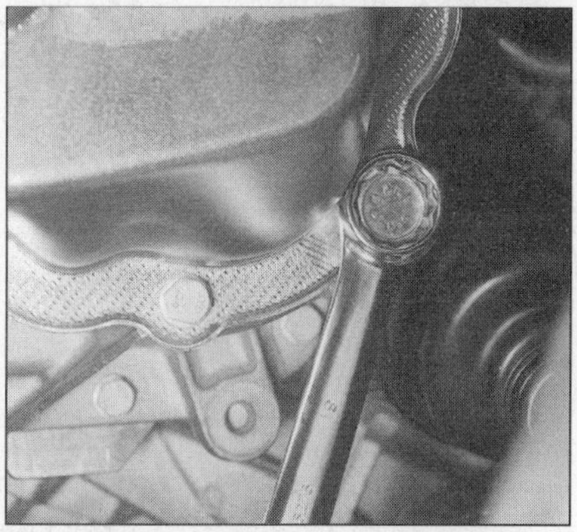

27.3 Retrait du bouchon de remplissage et de vérification de niveau de la transmission mécanique

27.5a Complément de plein d'huile de la transmission mécanique

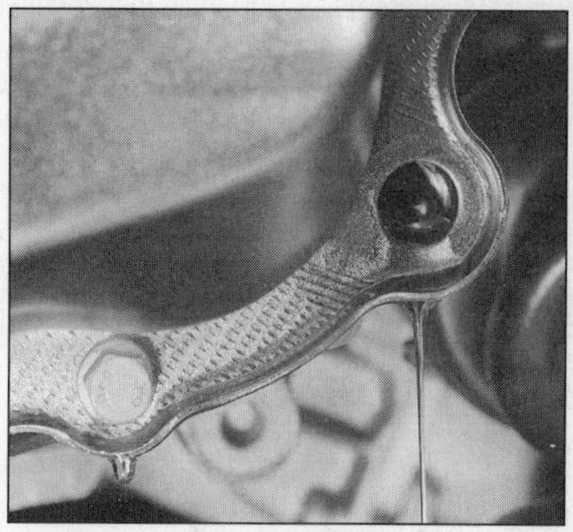

27.5b Le niveau est correct dès que le filet d'huile s'arrête au niveau de l'orifice de remplissage et de vérification de niveau

26 Lubrification des charnières et serrures (tous les 30 000 km ou tous les 18 mois)

1 Travailler tout autour de la voiture pour lubrifier les charnières du capot, des portières et du hayon avec une huile machine légère.

2 Légèrement enduire de graisse le mécanisme d'ouverture du capot et la partie visible du câble interne **(voir illustration)**.

3 Vérifier avec soin que tous les verrous, charnières et serrures sont bien fixés et fonctionnent correctement. Procéder aux ajustements nécessaires. Vérifier le bon fonctionnement du dispositif de condamnation centrale des portes (le cas échéant).

4 Vérifier l'état et le fonctionnement des béquilles du hayon. Les remplacer si elles fuient ou si elles n'arrivent plus à soutenir le hayon en position ouverte.

27 Vérification du niveau d'huile de la transmission mécanique (tous les 40 000 km ou tous les deux ans)

1 Garer le véhicule sur un terrain horizontal. Vérifier le niveau d'huile avant de faire rouler le véhicule ou au moins 5 minutes après avoir arrêté le moteur. En effet, si on vérifie l'huile immédiatement après avoir fait roulé le véhicule, une partie de l'huile reste répartie dans les différents composants de la transmission, ce qui ne permet pas de déterminer le niveau exact d'huile.

2 Extraire les trois brides de retenue puis déposer le petit couvercle de visite qui se trouve au niveau de la doublure du passage de roue gauche **(voir illustration)**.

3 Nettoyer, à l'aide d'un chiffon propre, le bouchon de remplissage et de vérification de niveau et la zone avoisinante. Il s'agit du plus gros boulon de fixation du couvercle d'extrémité sur la transmission. Dévisser ce bouchon puis le nettoyer. Mettre au rebut la rondelle d'étanchéité **(voir illustration)**.

4 L'huile doit atteindre le bord inférieur de l'orifice de remplissage et de vérification de niveau. Un faible volume d'huile reste coincé derrière le bouchon de remplissage et de vérification de niveau. Cette huile s'égoutte lors du retrait de ce bouchon. Cela **n**'indique **pas** forcément que le niveau est correct. Pour déterminer avec certitude le vrai niveau, attendre que l'écoulement initial d'huile s'arrête. Ensuite, ajouter de l'huile jusqu'à ce qu'un filet d'huile fraîche apparaisse. Le niveau est correct dès que ce filet s'arrête. Utiliser uniquement une huile de bonne qualité et de grade spécifié.

5 Le plein de la transmission est une opération des plus difficiles. Par dessus tout, il faut prévoir beaucoup de temps pour que le niveau d'huile se stabilise correctement, avant de le vérifier. S'il faut ajouter un volume important dans la transmission et si un volume important s'écoule lors de la vérification du niveau, il convient de remettre en place le bouchon de remplissage et de vérification de niveau puis de faire parcourir quelques kilomètres au véhicule afin que l'huile fraîche se répartisse tout autour des différents composants de la transmission. Ensuite, revérifier ce niveau après avoir attendu qu'il se soit stabilisé **(voir illustrations)**.

6 Si la transmission est trop pleine et si de l'huile s'écoule dès le retrait du bouchon de remplissage et de vérification du niveau, il faut

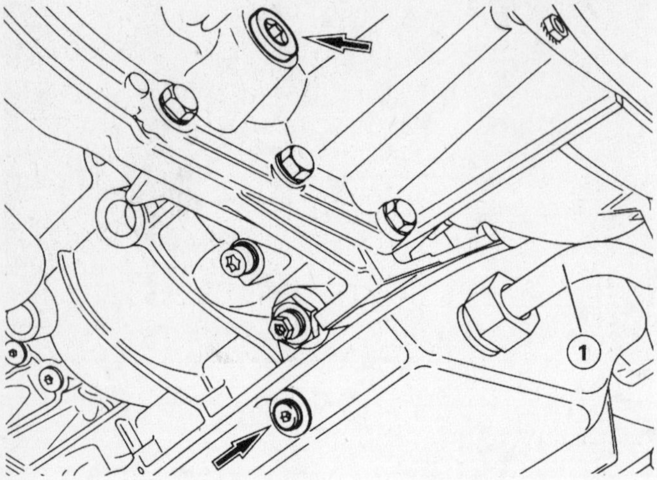

28.3 Bouchons (flèches) de vidange de liquide de la transmission automatique. Le plein de la transmission s'effectue par l'intermédiaire du tube de la jauge de niveau (1)

s'assurer que la voiture est bien à l'horizontale (de l'avant à l'arrière, et d'un côté à l'autre) et laisser s'écouler l'excédent d'huile dans un récipient de taille appropriée.

7 Dès que le niveau est correct, mettre en place une rondelle d'étanchéité neuve puis reposer le bouchon de remplissage et de vérification du niveau. Serrer ce bouchon au couple requis à l'aide d'une clé dynamométrique. Essuyer tout épanchement d'huile. Remettre en place le couvercle de visite sur la doublure du passage de roue et l'immobiliser en position à l'aide des brides de retenue.

28 Remplacement du liquide de la transmission automatique (tous les 40 000 km ou tous les deux ans)

1 Faire parcourir quelques kilomètres à l'automobile pour réchauffer la transmission et l'amener à sa température normale de fonctionnement.

2 Garer le véhicule sur un terrain horizontal. Couper le contact puis serrer à fond le frein à main. Pour améliorer l'accès, soulever au cric l'avant du véhicule et le laisser reposer sur des chandelles. Lors du remplissage et de la vérification du niveau de liquide, il ne faut pas oublier de ramener le véhicule au niveau du sol et il ne faut pas non plus également oublier que ce sol doit être parfaitement horizontal.

3 Retirer la jauge. Placer un récipient de taille appropriée sous la transmission. La transmission a deux bouchons de vidange. Le premier se trouve sur le carter et le deuxième au pied du différentiel **(voir illustration)**.

4 Dévisser les deux bouchons de vidange. Laisser le liquide s'écouler dans le récipient. Si le liquide est brûlant, prendre les précautions nécessaires pour ne pas se brûler. Nettoyer les bouchons de vidange en prêtant une attention toute particulière à l'enlèvement des particules métalliques sur l'aimant magnétique intégré. Mettre au rebut les rondelles d'étanchéité. En effet, il faut les remplacer chaque fois qu'on y touche.

5 Dès que l'écoulement de liquide est terminé, nettoyer le filetage des orifices où viennent se visser les bouchons de vidange ainsi que les filets du carter de la transmission. Mettre en place une rondelle d'étanchéité neuve sur chaque bouchon de vidange. Remettre en position ces bouchons sur la transmission. Les serrer à fond. Si le véhicule a été relevé avant de procéder à cette vidange, il faut maintenant le ramener au sol.

6 Le plein de liquide de transmission est une opération des plus difficiles. Il faut ajouter un fluide de transmission de type spécifié, par petites doses, dans le tube de la jauge de niveau. Utiliser un entonnoir muni d'un filtre à mailles serrées pour éviter les éclaboussures et pour

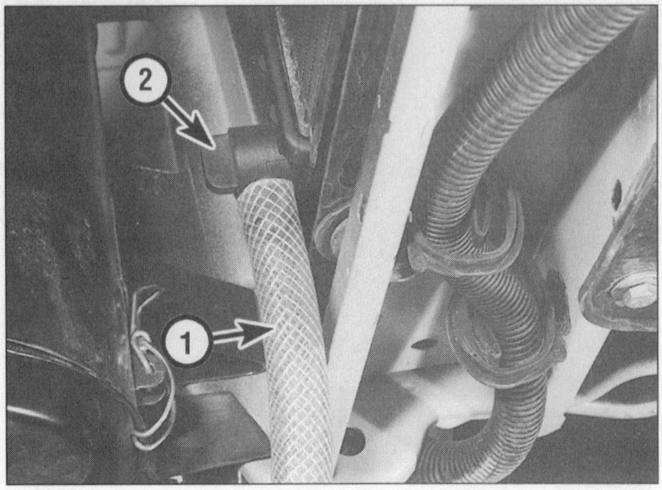

30.2 Fixation d'un tuyau (1) sur la sortie de vidange de réfrigérant du radiateur. Bouchon de vidange (2)

30.4a Retrait de la vis de purge du radiateur

empêcher toute entrée de corps étrangers dans la transmission. Prévoir un temps important pour permettre à l'huile de se stabiliser avant d'en vérifier le niveau, en procédant comme indiqué ci-dessus. Lors de la vérification du niveau d'huile, il ne faut pas oublier que l'automobile doit se trouver sur un terrain parfaitement horizontal.

7 Dès que l'huile atteint le repère MAX de la jauge, replonger cette dernière dans son tube. Mettre le moteur en route et le laisser tourner au ralenti pendant quelques minutes. Arrêter le moteur et revérifier le niveau d'huile. Compléter le plein, suivant besoin. Faire parcourir quelques kilomètres à la voiture pour bien répartir le fluide frais dans toute la transmission. Revérifier ensuite le niveau de liquide, comme indiqué à la Section 11.

29 Remplacement du liquide de freins (tous les 40 000 km ou tous les deux ans)

Avertissement: *Le liquide hydraulique de freins est dangereux pour les yeux et attaque également la peinture. Par conséquent, il faut le manipuler et le verser en prenant toutes les précautions nécessaires. Ne pas employer un liquide qui est resté pendant un certain temps dans un récipient ouvert car il absorbe l'humidité de l'air. La présence d'une humidité excessive peut provoquer une diminution dangereuse de l'efficacité du freinage.*

1 Cette procédure est identique à celle de la purge du circuit

30.4b Retrait de la vis de purge du flexible du filtre carburant et du logement du thermostat

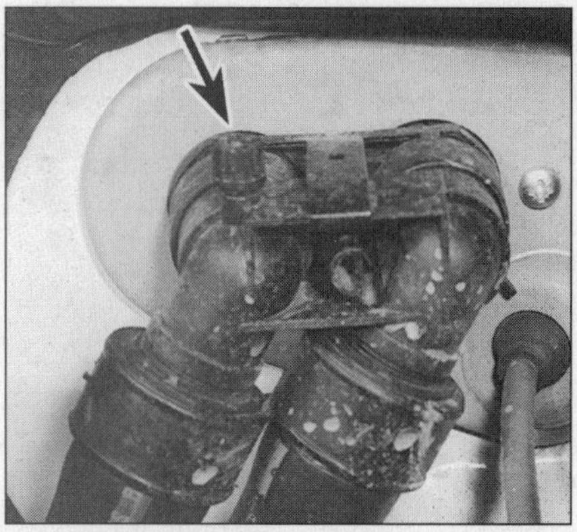

30.4c Vis de purge (flèche) du groupe de chauffage

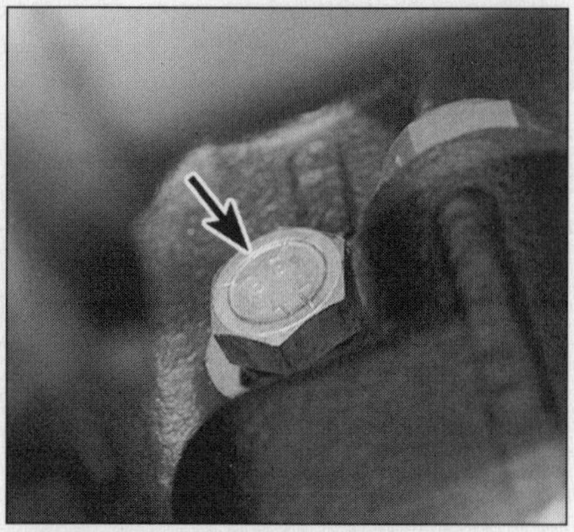

30.6 Bouchon de vidange du bloc-cylindres (flèche)

hydraulique qui est décrite au Chapitre 9, si ce n'est qu'il faut vider en le siphonnant le réservoir du liquide de freins. Au préalable, se procurer un plat de cuisson de volaille propre en aluminium ou tout autre récipient de forme appropriée sans oublier qu'un certain volume de fluide usagé est éjecté lors de la purge d'une section de ce circuit.

2 En procédant comme indiqué au Chapitre 9, ouvrir le premier embout de purge (suivant l'ordre prescrit) puis appuyer doucement à plusieurs reprises sur la pédale de freins pour chasser la quasi totalité du liquide usagé que contient le réservoir du maître-cylindre. Refaire le plein de liquide neuf jusqu'au repère MAX puis appuyer de nouveau à plusieurs reprises et doucement sur la pédale de freins jusqu'à ce que le fluide qui s'échappe de l'embout de purge et qui provient du réservoir soit parfaitement neuf. Revisser cet embout puis compléter le plein du réservoir jusqu'au repère MAX.

3 Le liquide hydraulique usagé est toujours beaucoup plus foncé que le liquide neuf, ce qui permet facilement de faire la distinction entre les deux.

4 Utiliser la même procédure pour chaque embout de purge, l'un après l'autre, jusqu'à ce que du liquide neuf s'échappe de tous ces embouts. Ne jamais oublier de compléter le plein du réservoir du maître-cylindre pour qu'il ne tombe jamais au-dessous du repère MIN, sinon de l'air risque d'entrer dans le circuit, ce qui augmente considérablement la durée de cette tâche.

5 Dès que cette opération est terminée, vérifier que tous les embouts sont bien serrés et que leurs capuchons anti-poussière ont été remis en place. Essuyer toutes les traces d'épanchement de liquide puis revérifier le niveau de liquide dans le réservoir du maître-cylindre.

6 Vérifier le fonctionnement des freins avant de reprendre le volant.

30 Remplacement du réfrigérant (tous les 60 000 km ou tous les 2 ans)

Vidange du circuit de refroidissement

Avertissement: *Attendre que le moteur ait refroidi avant de commencer cette procédure. Eviter tout contact de l'antigel avec la peau ou les surfaces peintes du véhicule. Laver immédiatement à grande eau les projections d'antigel. Ne jamais laisser de l'antigel dans un récipient ouvert ou dans une flaque du terrain où vous garez votre véhicule ou sur le plancher du garage. En effet, l'odeur douce de ce produit attire les enfants et les animaux domestiques. L'ingestion d'antigel est mortelle.*

1 Pour vidanger le circuit de refroidissement, déposer le bouchon de remplissage du vase d'expansion. Tourner ce bouchon dans le sens inverse des aiguilles d'une montre pour l'amener contre son premier cran d'arrêt. Attendre que la pression résiduelle du circuit s'évacue avant d'appuyer sur ce bouchon pour le faire tourner, toujours dans le sens inverse des aiguilles d'une montre, jusqu'à son deuxième cran d'arrêt. A ce moment-là, soulever ce bouchon pour le retirer.

2 Placer un récipient de taille appropriée sous la sortie de vidange de réfrigérant, à l'extrémité inférieure gauche du radiateur. Le cas échéant, fixer un tronçon de tube sur cette sortie pour diriger l'écoulement de réfrigérant **(voir illustration)**.

3 Desserrer le bouchon de vidange (il n'est pas nécessaire de le retirer complètement). Laisser le réfrigérant s'écouler dans le récipient.

4 Pour faciliter la vidange, ouvrir les trois vis de purge du circuit de refroidissement. Elles se trouvent aux emplacements suivants:

(a) A l'extrémité supérieure gauche du radiateur (voir illustration).

(b) Dans le flexible de réfrigérant qui aboutit à la partie supérieure de l'ensemble filtre carburant/boîtier de thermostat (voir illustration).

(c) Dans le flexible de sortie du groupe de chauffage (pour faciliter l'accès, cette vis de purge peut se trouver dans une rallonge flexible de purge) (voir illustration).

5 Lorsque l'écoulement de réfrigérant s'arrête, modifier la position du récipient pour l'amener sous le bouchon de vidange du bloc-cylindres, à l'arrière de ce bloc.

6 Retirer le bouchon de vidange et laisser le réfrigérant s'écouler dans le récipient **(voir illustration)**.

7 Si cette vidange n'a pas été réalisée pour remplacer le réfrigérant, et à condition que ce dernier soit propre et âgé de moins de 2 ans, il est possible de le réutiliser.

Rinçage du circuit de refroidissement

8 Si on a oublié de remplacer le réfrigérant ou si le mélange antigel s'est dilué, le circuit de refroidissement risque de perdre progressivement de son efficacité au fur et à mesure que le diamètre des voies de circulation du réfrigérant diminue en présence de rouille, de calamine et d'autres défauts. Pour rétablir l'efficacité de ce circuit, il faut procéder à un rinçage de nettoyage.

9 Rincer le radiateur indépendamment du moteur pour éviter toute contamination inutile.

Rinçage du radiateur

10 Pour rincer le radiateur, resserrer tout d'abord le bouchon de vidange et la vis de purge de ce radiateur.

11 Débrancher les flexibles supérieur et inférieur du radiateur (il suffit de débrancher le gros flexible inférieur du radiateur), comme indiqué à la Section 2 du Chapitre 3.

12 Introduire l'extrémité d'un tuyau de jardin dans l'entrée supérieure du radiateur. Envoyer un jet d'eau propre dans le radiateur. Continuer ce rinçage jusqu'à ce que l'eau qui émerge de la sortie inférieure du radiateur soit propre.

13 Si au bout d'une période raisonnable, l'eau qui s'écoule n'est toujours par limpide, il est possible de rincer ce radiateur en utilisant un produit de nettoyage de marque. Il est important de respecter à la lettre le mode d'emploi du fabricant. Si la contamination est très importante, introduire le flexible dans la sortie inférieure du radiateur et procéder à un rinçage de ce radiateur en envoyant un jet d'eau dans l'autre sens.

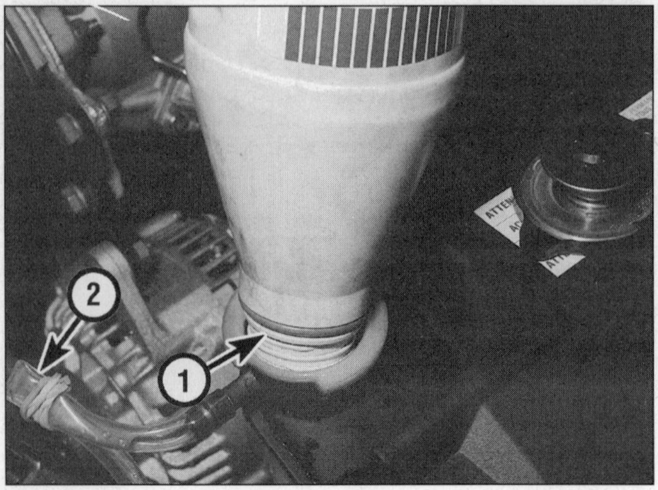

30.21 Mise en place d'un joint torique (1) sur une "nourrice" improvisée. Noter la fixation du reniflard par un collier flexible (2)

30.22 Remplissage du circuit de refroidissement à l'aide d'une "nourrice"

Rinçage du moteur

14 Pour rincer le moteur, remettre tout d'abord en place le bouchon de vidange du bloc-cylindres puis serrer les vis de purge du circuit de refroidissement.

15 Déposer le thermostat, comme indiqué au Chapitre 3. Remettre ensuite provisoirement en place le couvercle du thermostat.

16 Après avoir débranché les flexibles supérieur et inférieur du radiateur, introduire l'embout d'un tuyau de jardin dans les flexibles supérieur du radiateur puis envoyer un jet d'eau propre dans le moteur. Continuer ce rinçage jusqu'à ce que l'eau qui s'écoule du flexible inférieur du radiateur soit propre.

17 Une fois le rinçage terminé, remettre en place le thermostat et rebrancher les flexibles, en consultant le Chapitre 3. Il convient de noter qu'il faut utiliser une bague d'étanchéité neuve lors du rebranchement du flexible inférieur du radiateur.

Remplissage du circuit de refroidissement

18 Avant de chercher à faire le plein du circuit de refroidissement, s'assurer que tous les flexibles et brides de fixation sont en bon état. Vérifier également que ces brides sont bien serrées. Il convient de noter qu'il faut utiliser tout le long de l'année un mélange antigel pour éviter la corrosion des composants du moteur (voir sous-section suivante). Vérifier également que les bouchons de vidange du radiateur et du bloc-cylindres sont en place en bien serrés.

19 Retirer le bouchon de remplissage du vase d'expansion.

20 Desserrer les trois vis de purge du circuit de refroidissement (voir paragraphe 4).

21 Plusieurs flexibles du circuit de refroidissement se trouvent au-dessus du vase d'expansion du radiateur. Il faut par conséquent utiliser "une nourrice" lors du remplissage du circuit de refroidissement, afin d'éviter que des bulles d'air ne viennent se bloquer dans le circuit. Les concessionnaires Citroën utilisent une nourrice spéciale mais il est possible d'obtenir les mêmes résultats en se servant d'une bouteille de taille appropriée et en insérant un joint entre ces bouteilles et le vase d'expansion **(voir illustration)**.

22 Bien fixer le flexible du reniflard du vase d'expansion puis monter la "nourrice" sur le vase d'expansion. Remplir lentement le circuit **(voir illustration)**. Dès que du réfrigérant sans bulles d'air émerge au niveau de l'emplacement des trois vis de purge (voir paragraphe 4), resserrer les vis de purge dans l'ordre suivant:

(a) Radiateur.
(b) Flexible filtre carburant/boîtier de thermostat.
(c) Flexible groupe de chauffage.

23 Mettre le moteur en route et le laisser tourner au ralenti rapide (sans dépasser 2000 tr/min) jusqu'à ce que les ventilateurs de refroidissement se déclenchent.

24 Retirer la "nourrice" puis remettre en place le bouchon du vase d'expansion.

25 Arrêter le moteur et le laisser refroidir.

26 Vérifier le niveau de réfrigérant. Il doit atteindre le repère "MAX" qui se trouve sur la paroi du vase d'expansion. Compléter le plein, le cas échéant.

Mélange antigel

27 Il faut toujours remplacer l'antigel aux intervalles spécifiés. Cela permet de maintenir la protection antigel et également évite la formation d'une corrosion qui risquerait de se produire au fur et à mesure que l'efficacité des inhibiteurs de corrosion diminue.

28 Il faut toujours utiliser un antigel à base d'éthylène-glycol car il convient parfaitement aux circuits de refroidissement contenant différents métaux. Les Spécifications indiquent le volume d'antigel et les niveaux de protection.

29 Avant d'ajouter de l'antigel, il faut complètement vidanger le circuit de refroidissement et, de préférence, le rincer, avant de vérifier que tous les flexibles sont en bon état et bien fixés.

30 Après avoir fait le plein d'antigel, fixer une étiquette au vase d'expansion pour indiquer le type d'antigel employé et sa concentration, ainsi que la date du plein. Ensuite, chaque fois que vous complétez le plein, il faut utiliser de l'antigel de même type et de même concentration.

31 Ne pas mettre de l'antigel moteur dans le circuit des lave-glaces car cela risque d'endommager la peinture de l'automobile. Il faut au contraire ajouter au circuit des lave-glaces, en respectant les quantités recommandées, un produit spécial pour le lavage des vitres de voitures.

31 Remplacement de la courroie de distribution (tous les 75 000 km)

Consulter la Section 7 de la Partie A du Chapitre 2.

32 Remplacement de l'huile de la transmission mécanique (tous les 115 000 km)

1 Cette opération est beaucoup plus rapide et plus efficace après avoir effectué, au préalable, un parcours suffisant à bord de la voiture pour en réchauffer le moteur et la transmission afin d'amener ces ensembles à leur température normale de fonctionnement.

2 Garer le véhicule sur un terrain horizontal. Couper le contact puis serrer à fond le frein à main. Pour améliorer l'accès, soulever au cric l'avant du véhicule et le laisser reposer sur des chandelles. Lors du

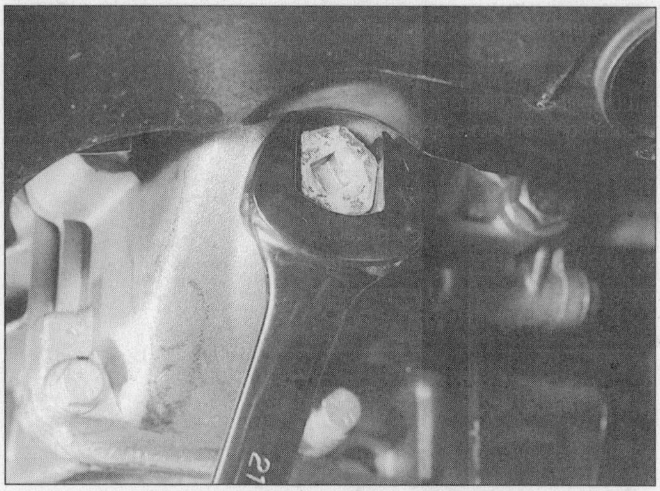

32.5 Retrait du bouchon de vidange de la transmission mécanique

remplissage et de la vérification du niveau d'huile, il ne faut pas oublier de ramener ce véhicule au niveau du sol et il ne faut pas non plus oublier que ce sol doit être parfaitement horizontal.

3 Extraire les trois brides de retenue puis déposer le petit couvercle de visite au niveau de la doublure du passage de roue gauche.

4 Nettoyer, à l'aide d'un chiffon propre, le bouchon de remplissage et de vérification de niveau et la zone avoisinante. Il s'agit du plus gros boulon de fixation du couvercle d'extrémité sur la transmission. Dévisser ce bouchon avant de le retirer de la transmission.

5 Placer un récipient de taille appropriée sous le bouchon de vidange, à l'arrière de la transmission, au pied du différentiel, puis dévisser ce bouchon **(voir illustration)**.

6 Laisser l'huile s'écouler dans le récipient. Si cette huile est brûlante, prendre les précautions nécessaires pour ne pas se brûler. Nettoyer les bouchons de remplissage et de contrôle de niveau et de vidange, en prêtant une attention toute particulière à l'enlèvement des particules métalliques sur les éléments magnétiques intégrés. Mettre au rebut les rondelles d'étanchéité. En effet, il faut les remplacer chaque fois qu'on y touche.

7 Dès que l'écoulement d'huile est terminé, nettoyer le filetage de l'orifice où vient se visser le bouchon de vidange ainsi que les filets du carter de la transmission. Mettre en place une rondelle d'étanchéité neuve puis revisser le bouchon de vidange et le serrer au couple requis à l'aide d'une clé dynamométrique. Si le véhicule a été relevé avant de procéder à cette vidange, il faut maintenant le ramener au sol.

8 Le plein d'huile de transmission est une opération des plus difficiles. Par dessus tout, il faut prévoir un temps important pour permettre à l'huile de se stabiliser avant d'en vérifier le niveau. Lors de la vérification du niveau d'huile, il ne faut pas oublier que l'automobile doit se trouver sur un terrain parfaitement horizontal.

9 Refaire le plein de la transmission en utilisant le volume exact d'huile, de type spécifié. Ensuite, vérifier ce niveau, comme indiqué à la Section 27. Si, après avoir versé le volume correct dans la transmission, une quantité importante d'huile s'échappe lors de la vérification du niveau, remettre en place le bouchon de remplissage et de vérification du niveau. Faire un petit parcours avec le véhicule afin que l'huile fraîche se répartisse tout autour des composants de la transmission. Ensuite, revérifier ce niveau.

10 Dès que le niveau est correct, remettre en place le couvercle de visite sur la doublure du passage de roue. L'immobiliser en position à l'aide de ses brides de retenue.

Notes

Chapitre 2 Partie A Procédures de réparation du moteur sans le déposer

Table des matières

Spécifications

Généralités

Type moteur	Quatre cylindres en ligne refroidi par eau. Arbre à cames en tête entraîné par une seule courroie agissant sur les poussoirs.
Codes du fabricant:	
Moteur non-turbo de 1,8 litre	XUD7 **(A9A)**
Moteur non-turbo et sans catalyseur de 1,9 litre (jusqu'en 1993)	XUD9A **(D9B)**
Moteur non-turbo et sans catalyseur de 1,9 litre (à partir de 1993)	XUD9A/L **(D9B)**
Moteur non-turbo mais à catalyseur de 1,9 litre	XUD9/Y **(DJZ)**
Moteur Turbo mais sans catalyseur de 1,9 litre	XUD9TE/L **(D8A)**
Moteur Turbo à catalyseur de 1,9 litre	XUD9TE/Y **(DHY** ou **DHZ)**
Position du cylindre numéro 1	Extrémité du volant moteur
Sens de rotation du vilebrequin	Anti-horaire (lorsqu'on le regarde depuis l'extrémité du volant)
Ordre d'allumage	1-3-4-2 (numéro 1 à l'extrémité volant)
Cylindrée:	
Moteur de 1,8 litre	1769 cm^3
Moteur de 1,9 litre	1905 cm^3
Alésage:	
Moteur de 1,8 litre	80,0 mm
Moteurs de 1,9 litre	83,0 mm
Course (pour tous les moteurs)	88,0 mm
Taux de compression:	
Moteurs A9A et D9B	23,0:1
Moteur DJZ	23,5:1
Moteurs D8A, DHY et DHZ	21,8:1
Puissance maximale (DIN):	
Moteur A9A	44,1 kW à 4600 tr/min
Moteur D9B	52,2 kW à 4600 tr/min
Moteur DJZ	47,8 kW à 4600 tr/min
Moteur D8A	67,7 kW à 4000 tr/min
Moteurs DHY et DHZ	66,2 kW à 4000 tr/min

Couple maximum (DIN):	
Moteur A9A	111,8 Nm à 2000 tr/min
Moteur D9B	122,6 Nm à 2000 tr/min
Moteur DJZ	119,6 Nm à 2000 tr/min
Moteurs D8A, DHY et DHZ	201,0 Nm à 2250 tr/min

Pressions de compression (moteur chaud, au régime de brassage)

Normale	25 à 30 bars
Minimale	18 bars
Différentiel maximum entre deux cylindres	5 bars

Arbre à cames

Jeu axial	0,07 à 0,16 mm

Jeux des soupapes (moteur froid)

Admission (pour tous les moteurs)	0,15 ± 0,05 mm
Echappement (pour tous les moteurs)	0,30 ± 0,05 mm

Pompe à huile

Type	Deux pignons
Pression d'ouverture des clapets	4,0 bars de détente
Jeu axial de pignon	0,12 mm
Jeu entre les lobes de pignons et le carter	0,064 mm

Couples de serrage

	da N.m
Boulons du couvercle de l'arbre à cames	2,0
Boulon* de poulie de vilebrequin:	
Première passe	4,0
Deuxième passe	Serrer de 50° supplémentaires
Boulons de couvercle de la courroie de distribution	0,8
Boulon de réglage du tendeur de la courroie de distribution	1,8
Ecrou du pivot du tendeur de la courroie de distribution	1,8
Boulon de pignon de l'arbre à cames	3,5
Vis de fixation "d'extracteur" de pignon de pompe à injection de carburant	1,0
Ecrou "d'extracteur" de pignon de pompe à injection de carburant	5,0
Ecrous de fixation du silentbloc droit sur le support de fixation du moteur	4,5
Ecrou de fixation du silentbloc droit sur la carrosserie	4,0
Boulons de fixation du silentbloc droit sur le moteur	1,8
Ecrou de fixation du silentbloc gauche de la transmission sur la transmission	8,0
Boulons de fixation du silentbloc gauche de la transmission sur la carrosserie	2,5
Ecrous et boulons du support horizontal de fixation inférieur de l'ensemble moteur/transmission	5,0
Boulon de la poulie d'entraînement de la pompe à vide de freins	3,5
Ecrous de chapeau de palier de l'arbre à cames	2,0
Boulons de culasse***:	
Modèles non-turbo:	
Première passe	7,0
Deuxième passe	Serrer de 140° supplémentaires
Modèles Turbo:	
Première passe	2,0
Deuxième passe	6,0
Troisième passe	Serrer de 220° supplémentaires
Boulons de carter d'huile	1,9
Boulons de fixation de la pompe à huile	1,3
Boulons du logement du joint d'huile avant du vilebrequin	1,6
Boulons de l'ensemble volant moteur/plateau d'entraînement**	5,0
Ecrous des chapeaux de bielles:	
Première passe	2,0
Deuxième passe	Serrer de 70° supplémentaires
Boulons de chapeaux de paliers principaux	7,0

** Utiliser un boulon neuf lors de la repose*
*** Enduire de produit de freinage le filetage de ces boulons lors de la repose*
**** Des boulons neufs peuvent s'avérer nécessaires - voir Section 13*

Partie A: Procédures de réparation du moteur sans le déposer

1 Généralités

Mode d'emploi de ce Chapitre

Cette Partie du Chapitre 2 décrit les réparations qui peuvent se faire sans problème sans déposer le moteur. Si le moteur a été déposé et fait l'objet d'un démontage, comme indiqué à la Partie B, ne pas tenir compte des procédures préliminaires de démontage.

Bien qu'il soit possible, sur le plan physique, de réviser certains composants comme, par exemple, les ensembles pistons et bielles sans déposer le moteur, ces tâches ne constituent pas, en général, des activités distinctes et exigent habituellement l'exécution de plusieurs procédures supplémentaires (ainsi que le nettoyage de différents composants et des passages d'huile). C'est pour cette raison que ces tâches figurent parmi les procédures majeures de révision qui font l'objet d'une description à la Partie B de ce Chapitre.

Cette Partie B décrit la dépose de l'ensemble moteur et transmission du véhicule ainsi que les procédures complètes de révision qui sont ensuite possibles.

Pour simplifier les références, la section Spécifications qui se trouve au début des deux parties de ce Chapitre fournit les caractéristiques techniques connexes, à l'exception des couples de serrage qui sont regroupés à la fin de la section Spécifications de la Partie A de ce Chapitre.

Description du moteur

Le moteur XUD est un ensemble Diesel moderne qui a largement fait ses preuves et qui équipe de nombreux véhicules privés et commerciaux légers Citroën, Peugeot et Talbot. Ce moteur à quatre cylindres avec arbre à cames en tête, est monté transversalement et incliné de 30° vers l'arrière. Sa transmission se trouve sur le côté gauche **(voir illustrations)**.

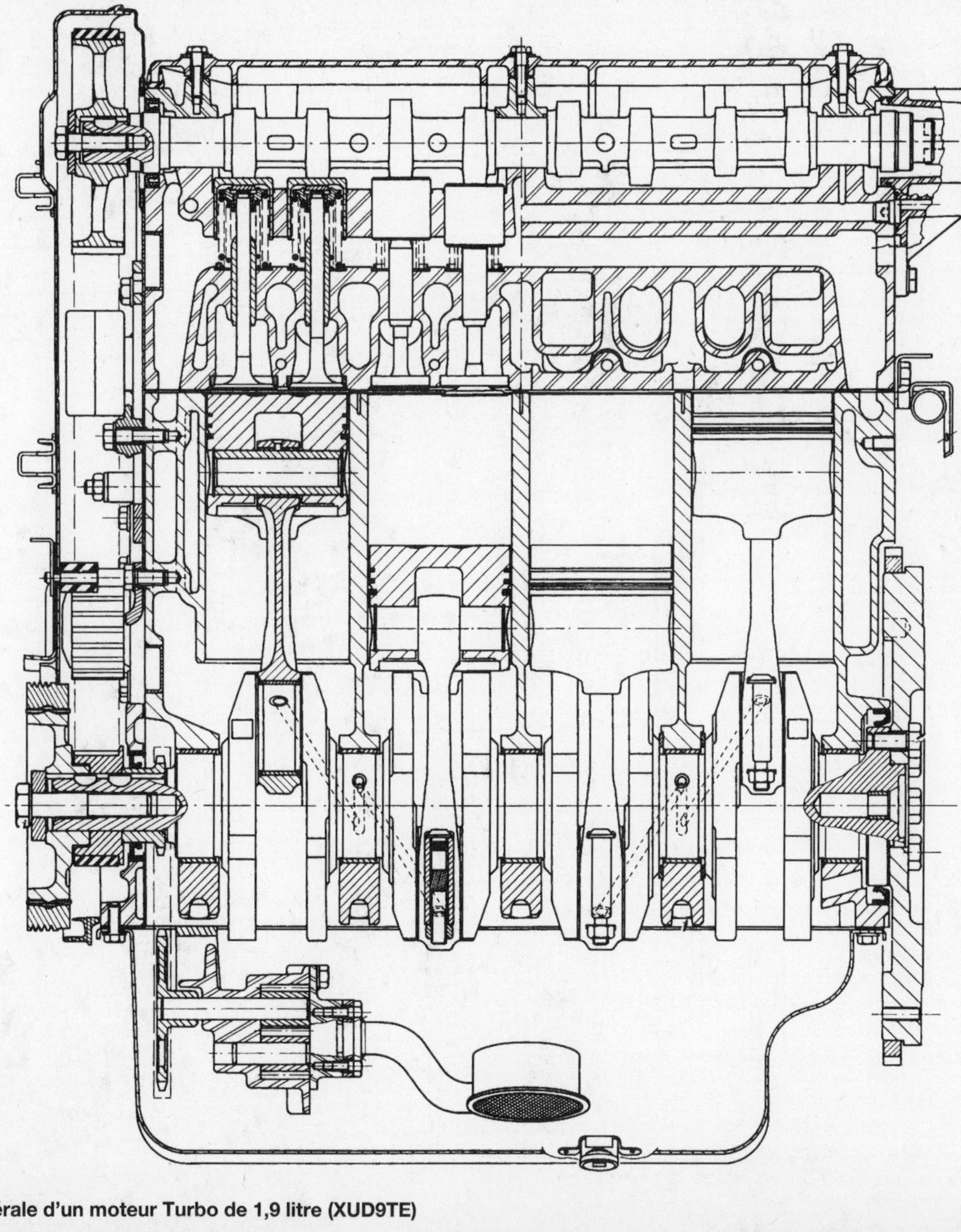

1.5a Coupe latérale d'un moteur Turbo de 1,9 litre (XUD9TE)

L'entraînement de l'arbre à cames, de la pompe à injection de carburant et de la pompe de réfrigérant est assuré par une courroie de distribution crantée. Des poussoirs à clapets sont intégrés entre l'arbre à cames et les soupapes. Le jeu des soupapes se règle à l'aide de cales d'épaisseur précises. L'arbre à cames est soutenu par trois paliers usinés directement dans la culasse.

Le vilebrequin tourne dans cinq paliers principaux de type habituel à coussinet. Le jeu axial est limité par des rondelles de butée de chaque côté du palier principal numéro 2.

Les pistons sont sélectionnés par paires de même poids et sont munis d'axes complètement libres et maintenus en place par des joncs d'arrêt.

La pompe à huile est entraînée par une chaîne depuis la partie avant du vilebrequin. Tous les moteurs, à l'exception de celui de 1,8 litre, comportent un refroidisseur d'huile.

Le moteur turbo XUD9TE a la même conception que les versions à aspiration normale, mais différents composants comme, par exemple, le vilebrequin, les pistons et les bielles, sont d'une qualité supérieure. Il dispose également de gicleurs qui pulvérisent un jet d'huile sous les pistons pour les refroider.

Réparations possibles sans déposer le moteur

Les opérations suivantes peuvent s'effectuer sans déposer le moteur du véhicule:

- *(a) Dépose et repose de la culasse.*
- *(b) Dépose et repose de la courroie de distribution et des pignons tendeurs.*
- *(c) Dépose et repose de l'arbre à cames.*
- *(d) Dépose et repose du carter d'huile.*
- *(e) Dépose et repose des paliers de têtes de bielles, des bielles et des pistons*.*
- *(f) Dépose et repose de la pompe à huile.*
- *(g) Dépose des silentblocs du moteur et de la transmission.*
- *(h) Dépose et repose de l'ensemble volant moteur et disque d'entraînement.*

*Bien que l'opération identifiée par un astérisque puisse se faire sans déposer le moteur, après avoir retiré le carter d'huile, il vaut mieux déposer le moteur pour optimiser la propreté et améliorer l'accès. C'est pour cette raison que cette procédure est décrite à la Partie B de ce Chapitre.

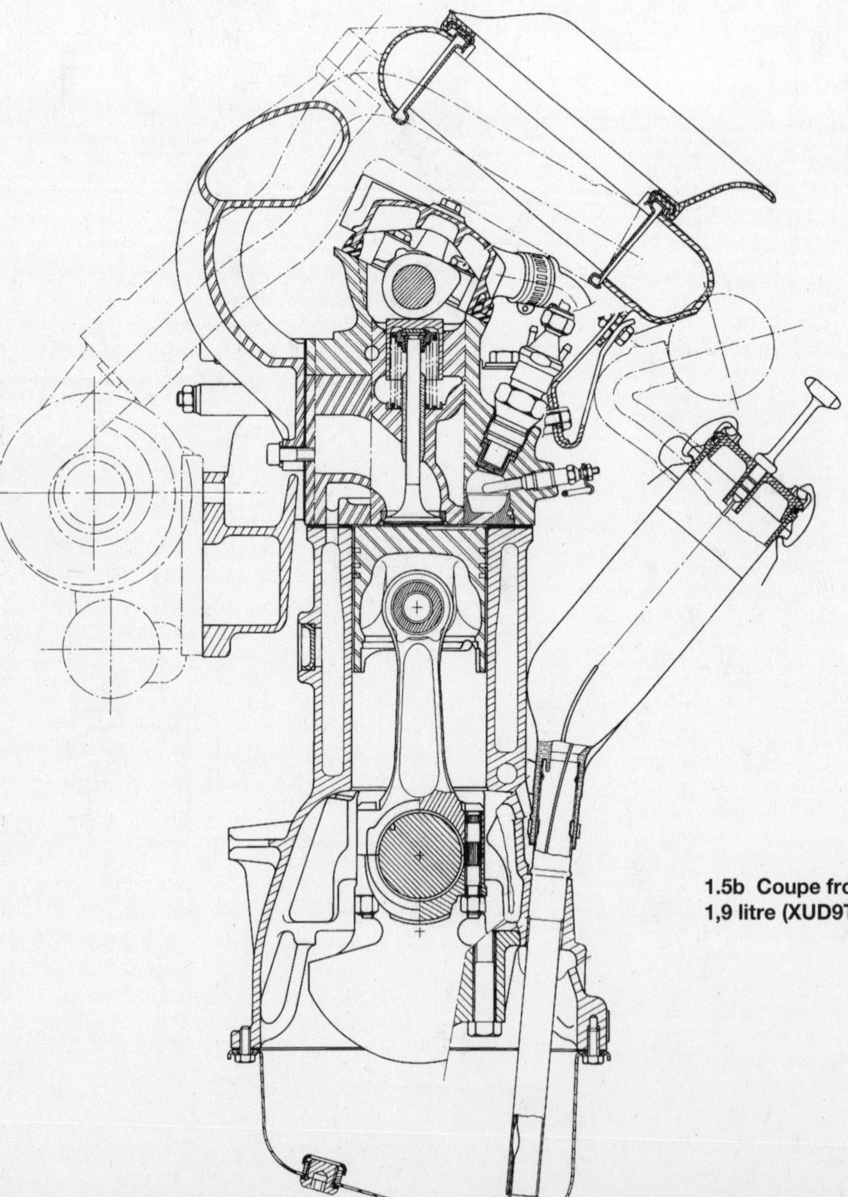

1.5b Coupe frontale d'un moteur Turbo de 1,9 litre (XUD9TE)

2.2 Réalisation d'un essai de compression

2 Essais de compression et d'étanchéité - description et interprétation

Essai de compression

Note: *Pour effectuer ce test, il faut utiliser un dispositif d'essai de compression spécialement conçu pour les moteurs Diesel.*

1 Lorsque les performances du moteur ne sont pas bonnes ou s'il y a des ratés qui ne peuvent pas être attribués à l'allumage ou au circuit de carburation, un essai de compression peut fournir des indications sur l'état du moteur. A condition de réaliser périodiquement cet essai, on peut identifier les signes avant-coureurs d'un problème avant que d'autres symptômes n'apparaissent.

2 Il faut se servir d'un dispositif d'essai de compression spécialement destiné aux moteurs Diesel du fait des pressions élevées qui sont employées. Ce dispositif d'essai est raccordé à un adaptateur qui vient se visser dans une bougie incandescente ou dans un orifice d'injecteur. Sur les ZX, il faut faire appel à un adaptateur qui correspond parfaitement au diamètre des orifices des injecteurs étant donné que l'accès aux orifices des bougies incandescentes est des plus limités **(voir illustration)**. Il est fort probable que l'achat d'un dispositif d'essai de ce type n'est pas économique si vous comptez ne vous en servir que rarement. Mais vous pouvez en emprunter ou en louer un. Si ce n'est pas possible, confiez cet essai à un garage.

3 Sauf indication contraire du mode d'emploi du dispositif d'essai, respecter les points suivants:

- *(a) La batterie doit avoir une bonne charge. Le filtre à air doit être propre et le moteur doit être à sa température normale de fonctionnement.*
- *(b) Il faut retirer tous les injecteurs ou toutes les bougies incandescentes avant de commencer cet essai. Lors de la dépose des injecteurs, il faut également retirer les rondelles pare-flamme, sinon elles risquent d'être chassées.*
- *(c) Débrancher le solénoïde d'arrêt pour éviter que le moteur ne tourne ou que du carburant ne s'écoule.*

4 Il n'est pas nécessaire de maintenir la pression sur l'accélérateur pendant cet essai étant donné que l'entrée d'air d'un moteur Diesel ne passe pas par un étrangleur.

5 Les pressions réelles de compression mesurées ne sont pas aussi importantes que l'équilibrage des cylindres. Les valeurs se trouvent à la section Spécifications.

6 Il est moins facile de déterminer la cause d'une mauvaise compression sur un moteur Diesel que sur un moteur à essence. L'introduction d'huile dans les cylindres (essai "mouillé") n'est pas concluante étant donné que l'huile risque de se déposer dans la chambre de brassage ou dans le creux de la couronne des pistons au lieu d'aboutir aux segments. Cependant, à titre de diagnostic approximatif, il est possible d'utiliser la méthode suivante.

7 Tous les cylindres doivent produire des pressions pratiquement identiques. Tout différentiel supérieur au maximum spécifié indique l'existence d'une anomalie. Il convient de noter que, dans un moteur en parfait état de marche, la compression doit s'élever rapidement. Si la pression est faible pendant la première course et augmente progressivement lors des courses suivantes, cela indique une usure des segments de pistons. Si la compression est faible pendant la première course et n'augmente pas lors des courses suivantes, cela indique la présence de fuites au niveau des soupapes ou une rupture du joint de culasse (la fissuration d'une culasse peut également être à l'origine de ce défaut). Des défauts sous les têtes de soupapes peuvent également provoquer une faible compression.

8 Si deux cylindres adjacents enregistrent des pressions faibles, cela est très certainement dû à une rupture du joint de culasse qui les sépare. La présence de réfrigérant dans l'huile moteur confirme ce défaut.

9 Si la compression enregistrée est supérieure aux valeurs normales, cela indique que les surfaces de la culasse, les soupapes et les pistons sont probablement recouverts de dépôts de calamine. Si c'est le cas, il faut déposer la culasse et procéder à son décalaminage (voir Section 8 du Chapitre 2 - Partie B).

Essai d'étanchéité

10 Un essai d'étanchéité mesure l'amplitude de perte d'air comprimé qui pénètre dans le cylindre. Il remplace un essai de compression et, sur de nombreux points, est même meilleur étant donné que l'air qui s'échappe permet d'identifier facilement le point de perte de pression (segments de pistons, soupapes ou joint de culasse).

11 Cependant, il est peu probable que le bricoleur dispose de l'équipement nécessaire pour effectuer un essai d'étanchéité. Si vous pensez que le moteur a une compression insuffisante, confier cet essai à un garagiste bien équipé.

3 Point mort haut (PMH) du piston numéro 1 - emplacement

Note: *Pour compléter cette procédure, il faut trois boulons de 8 mm de diamètre et une tige ou un foret de 8 mm de diamètre.*

1 Le point mort haut (PMH), comme son nom l'indique, est le point le plus haut atteint par chaque piston dans le cylindre lorsque le vilebrequin tourne. Chaque piston atteint son PMH à la fin de la course de compression puis de nouveau à la fin de la course d'échappement. Cependant, dans le cadre du réglage d'un moteur, le PMH se réfère à la position du piston numéro 1 à la fin de sa course de compression. Sur tous moteurs décrits dans ce manuel, le piston numéro 1 se trouve à l'extrémité volant moteur/plateau d'entraînement.

2 Déposer les couvercles supérieurs de la courroie de distribution, comme indiqué à la Section 6.

3 Faire tourner le vilebrequin pour aligner les trois orifices des boulons des pignons de l'arbre à cames et de la pompe à injection sur les orifices correspondants du plateau avant du moteur (un orifice dans le pignon de l'arbre à cames et deux dans celui de la pompe à injection). Pour faire tourner le vilebrequin, utiliser une clé fixée sur le boulon de la poulie. Pour améliorer l'accès à ce boulon, soulever au cric le coin avant droit de l'automobile (consulter la section *"Levage, remorquage et changement de roue"*) puis déposer la roue et le couvercle inférieur du passage de roue (immobilisé par des colliers en plastique).

4 Introduire une tringle ou un foret de 8 mm de diamètre dans l'orifice du flasque gauche du bloc-cylindre, à côté du démarreur. Le cas échéant, faire tourner avec précaution le vilebrequin pour

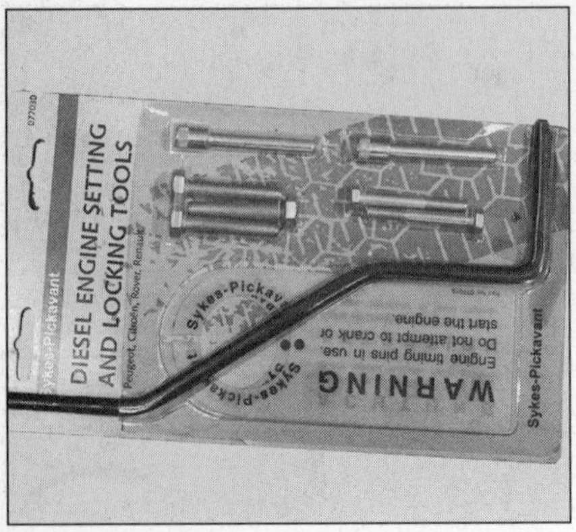

3.4a Outils appropriés permettant de bloquer le moteur avec son piston numéro 1 au PMH

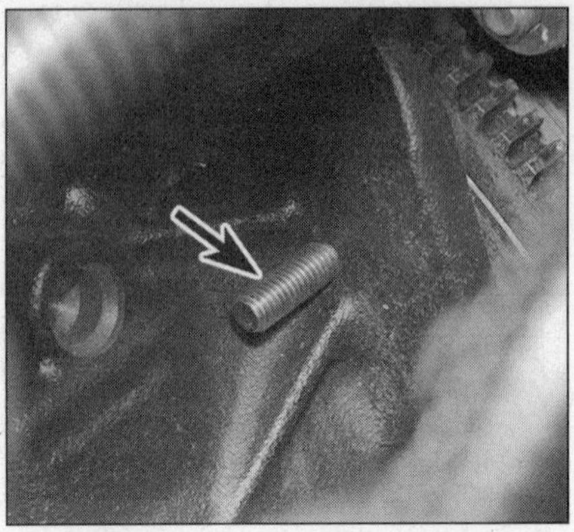

3.4b Insertion d'une tige (flèche) dans le bloc-cylindres puis dans le trou du PMH du volant

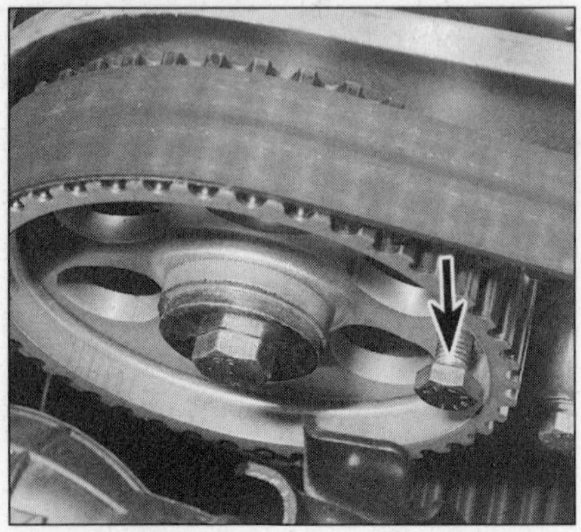

3.5a Insertion d'un boulon M8 (flèche) dans l'orifice du PMH du pignon de l'arbre à cames

permettre à la tige de pénétrer dans l'orifice du PMH du volant moteur **(voir illustrations)**.

5 Introduire trois boulons M8 dans les orifices des pignons de l'arbre à cames et de la pompe à injection de carburant et les visser aux doigts dans le moteur **(voir illustrations)**.

6 Le vilebrequin, l'arbre à cames et la pompe à injection sont maintenant en position "verrouillée" et le piston numéro 1 est bloqué sur son PMH.

7 Si le moteur doit rester ainsi pendant une période prolongée, il est recommandé de placer des notices d'avertissement à l'intérieur du véhicule et dans le compartiment moteur pour réduire tout risque de brassage accidentel du moteur à l'aide du démarreur, car les outils de blocage mis en place endommageraient alors le moteur **(voir illustration)**.

4 Couvercle de l'arbre à cames - dépose et repose

Note: *Lors du remontage, il faut mettre en place un joint plat neuf sur le couvercle de l'arbre à cames.*

Dépose

1 Déposer le refroidisseur intermédiaire (modèles Turbo) ou le carter de distribution d'air (moteur XUD9A - D9B) suivant les cas, comme indiqué au Chapitre 4.

2 Débrancher le flexible du reniflard à l'avant du couvercle de l'arbre à cames puis, suivant besoin, débrancher le flexible d'air en haut de la rampe d'admission.

3 Dévisser le boulon de fixation pour déposer de l'extrémité droite du couvercle de l'arbre à cames le support de flexible de carburant **(voir illustration)**.

4 Noter l'emplacement des supports éventuellement immobilisés par les trois boulons de fixation du couvercle de l'arbre à cames puis dévisser ces boulons. Récupérer les rondelles en métal et en fibres qui se trouvent sous chaque boulon **(voir illustration)**.

5 Ecarter, avec précaution, tous les flexibles du couvercle de l'arbre à cames.

6 Soulever ce couvercle et en récupérer le joint en caoutchouc **(voir illustration)**.

Repose

7 La repose se fait dans l'ordre inverse des opérations de dépose, en tenant compte des points suivants.

(a) *Utiliser un joint neuf pour le couvercle de l'arbre à cames.*
(b) *Remettre à leurs emplacements d'origine, notés avant leur dépose, tous les supports.*
(c) *Le cas échéant, remonter le refroidisseur intermédiaire ou le carter de distribution d'air, comme indiqué au Chapitre 4.*

5 Poulie du vilebrequin - dépose et repose

Note: *Lors de la repose, il faudra utiliser un boulon neuf pour la poulie du vilebrequin.*

Dépose

1 Déposer la courroie d'entraînement auxiliaire, comme indiqué à la Section 18 du Chapitre 1.

2 Pour éviter que le vilebrequin ne tourne lors du dévissage du boulon de la poulie, déposer le démarreur (voir Chapitre 5) puis

3.5b Insertion de boulons M8 (flèche) dans les orifices de PMH du pignon de la pompe d'injection de carburant

3.7 Mise en place d'un panneau d'avertissement dans le compartiment moteur

4.3 Dépose du support de flexible carburant au niveau du couvercle de l'arbre à cames

4.4 Retrait des boulons de fixation . . .

4.6 . . . puis soulèvement du couvercle de l'arbre à cames

5.2 Mise en position d'un outil (flèche) sur la denture de la couronne pour bloquer le volant moteur

bloquer le volant en plaçant un outil approprié sur la denture de la couronne dentée **(voir illustration)**.

3 Dévisser puis déposer le boulon de la poulie du vilebrequin. Il convient de noter que ce boulon est très serré. Récupérer la rondelle de butée **(voir illustration)**.

4 Déposer la poulie à l'extrémité du vilebrequin puis récupérer la clavette demi-lune si elle s'est détachée. Si cette poulie est très serrée sur le vilebrequin, utiliser un extracteur pour la déposer, en procédant comme suit.

5 Remettre en place le boulon de la poulie sans la rondelle de butée, mais ne pas le serrer à fond.

6 Préparer un extracteur improvisé en utilisant une petite barre métallique, deux boulons M6, un gros écrou et un gros boulon.

7 Faire passer les deux boulons M6 dans la barre puis les visser dans les taraudages de la poulie.

8 Resserrer le gros boulon en le forçant contre la tête du boulon de la poulie tout en maintenant l'écrou, afin d'extraire de force la poulie du vilebrequin.

Repose

9 Le cas échéant, remettre en place la clavette demi-lune à l'extrémité du vilebrequin. Remonter la poulie.

10 Pour éviter, comme lors de la dépose, que le vilebrequin ne tourne, mettre en place un boulon neuf de fixation de la poulie. S'assurer que la rondelle de butée se trouve bien sous la tête du boulon.

11 Serrer le boulon au couple spécifié puis l'amener à l'angle indiqué (voir Spécifications).

12 Déposer l'outil de blocage de la couronne dentée du volant. Remonter le démarreur.

13 Remonter et retendre la courroie d'entraînement auxiliaire, comme indiqué à la Section 18 du Chapitre 1.

6 Couvercles de la courroie de distribution - dépose et repose

Couvercle droit

Dépose

1 S'il faut réaliser des procédures impliquant la dépose de la courroie de distribution, il convient tout d'abord de retirer le silentbloc droit, comme indiqué à la Section 9. Cela permet d'améliorer très sensiblement l'accès.

2 Dégager la bague de serrage supérieure du couvercle.

3 Dégager l'ergot de fixation inférieur à l'aide d'un tournevis puis soulever le couvercle pour l'écarter du moteur **(voir illustration)**.

Repose

4 La repose se fait dans l'ordre inverse des opérations de dépose. Remonter et retendre la courroie d'entraînement auxiliaire comme indiqué à la Section 18 du Chapitre 1.

Couvercle gauche

Dépose

5 Déposer le couvercle extérieur droit, comme indiqué précédemment.

6 Desserrer les deux colliers de fixation puis manipuler le couvercle pour le faire passer sur les chevilles qui se trouvent à l'avant du moteur avant de soulever le couvercle pour le retirer **(voir illustration)**. Le dégagement est très limité, mais vous pouvez améliorer l'accès, si vous le souhaitez, en retirant le silentbloc du moteur (voir Section 9).

5.3 Retrait du boulon et de la rondelle de butée de la poulie du vilebrequin

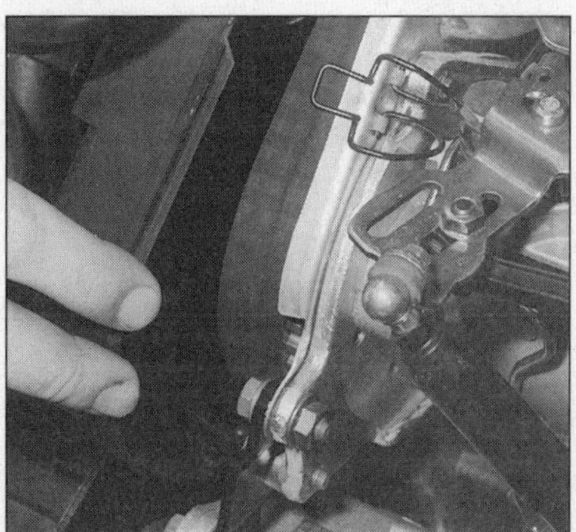

6.3 Retrait du couvercle droit de la courroie de distribution

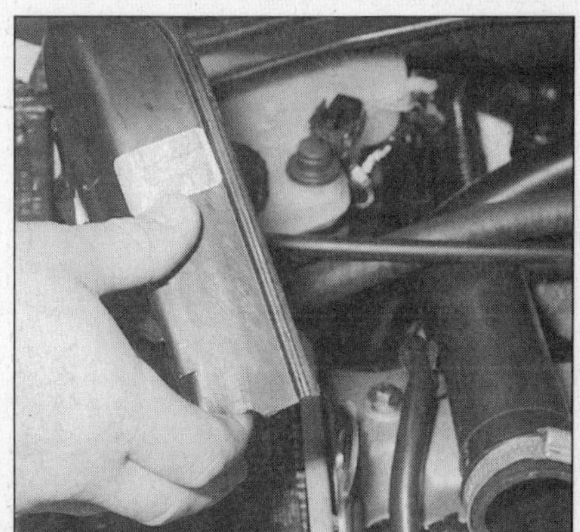

6.6 Retrait du couvercle gauche de la courroie de distribution

6.10 Boulons (flèches) de fixation du couvercle inférieur de la courroie de distribution

Repose

7 La repose se fait dans l'ordre inverse des opérations de dépose. Si le silentbloc du moteur a été retiré, il faut le remonter en consultant la Section 9.

8 Une fois cette opération terminée, remonter et retendre la courroie d'entraînement auxiliaire comme indiqué à la Section 18 du Chapitre 1.

Couvercle inférieur

Dépose

9 Déposer la poulie du vilebrequin, comme indiqué à la Section 5.

10 Dévisser les deux boulons de fixation puis déposer le couvercle **(voir illustration)**.

Repose

11 La repose se fait dans l'ordre inverse des opérations de dépose.

7 Courroie de distribution - dépose, examen, repose et tension

Généralités

1 La courroie de distribution assure l'entraînement de l'arbre à cames, de la pompe à injection et de la pompe de réfrigérant à partir d'un pignon à denture qui se trouve à l'avant du vilebrequin. Cette courroie entraîne également, mais indirectement la pompe à vide des freins par le biais de l'extrémité arrière ("volant") de l'arbre à cames. Si cette courroie se casse ou patine, il est probable que les pistons viennent heurter la tête des soupapes, provoquant ainsi des dégâts importants.

2 Il faut remplacer cette courroie aux intervalles spécifiés, ou même avant si elle est contaminée par de l'huile ou si elle a un fonctionnement bruyant (un "raclement" provoqué par une usure irrégulière).

3 Lors de la dépose de cette courroie, il est recommandé, à titre de précaution, de vérifier simultanément le bon état de la pompe de réfrigérant (vérifier qu'il n'y a pas de fuite de réfrigérant). Cela permet fréquemment d'éviter une nouvelle dépose de cette courroie, à une date ultérieure, à la suite d'une défaillance de la pompe de réfrigérant.

Dépose

4 Amener le piston numéro 1 à son PMH puis bloquer en position le vilebrequin ainsi que les pignons de l'arbre à cames et de la pompe à injection de carburant, comme indiqué à la Section 3.

5 Déposer la poulie du vilebrequin, comme indiqué à la Section 5.

6 Déposer le silentbloc droit, comme indiqué à la Section 9.

7 Desserrer l'écrou du pivot du tendeur de la courroie de distribution ainsi que le boulon de réglage puis faire tourner le support du tendeur dans le sens inverse des aiguilles d'une montre pour en supprimer la tension. Revisser suffisamment le boulon de réglage pour maintenir le tendeur sur cette position détendue. Si vous disposez d'une rallonge à carré d'entraînement de 10 mm, introduisez-la dans l'orifice prévu afin de faire tourner le support du tendeur en s'opposant à la tension du ressort **(voir illustration)**.

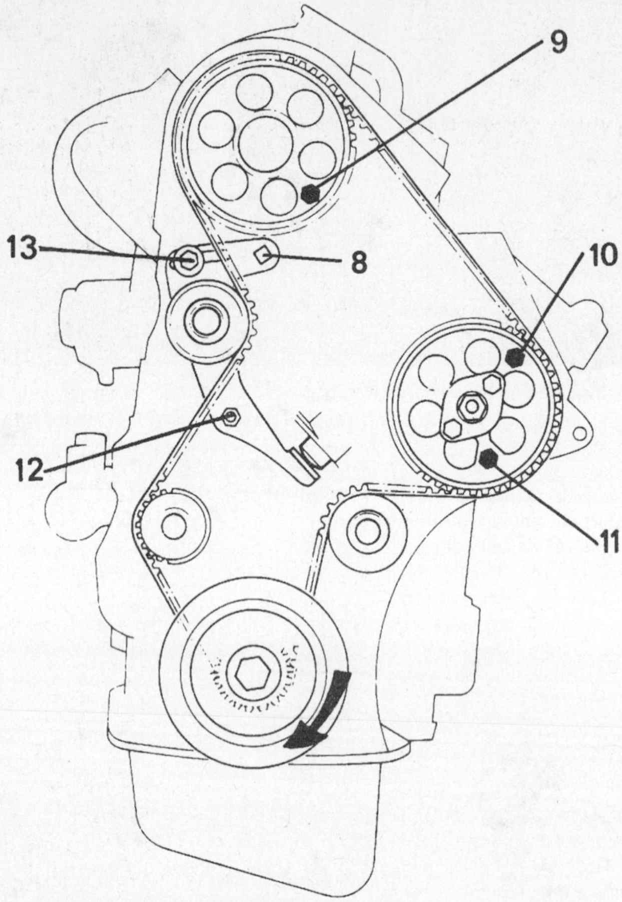

7.7 Dépose de la courroie de distribution

8 Orifice carré
9, 10 et 11 Boulons M8
12 Ecrou du pivot du tendeur
13 Boulon de réglage

8 Si la courroie de distribution doit être réutilisée, tracer une flèche indiquant son sens de rotation. Déposer cette courroie de ses pignons **(voir illustrations)**.

Examen

9 Examiner la courroie pour s'assurer qu'elle n'est pas fissurée ou effilochée et que la denture n'est pas endommagée. Prêter une attention toute particulière à l'emplanture des dents. Si des endommagements sont visibles ou si la courroie est contaminée par de l'huile, du carburant ou du réfrigérant, il faut la remplacer et réparer les fuites.

Repose et tension

10 Au début de la repose, s'assurer que les boulons M8 se trouvent toujours sur les pignons de l'arbre à cames et de la pompe à injection de carburant et que la tige ou le foret pénètre bien dans l'orifice du PMH du volant moteur.

11 Positionner la courroie de distribution sur le pignon du vilebrequin. Le cas échéant, s'assurer que la flèche indiquant le sens de rotation pointe dans la bonne direction.

12 Faire passer la courroie de distribution sur le pignon du

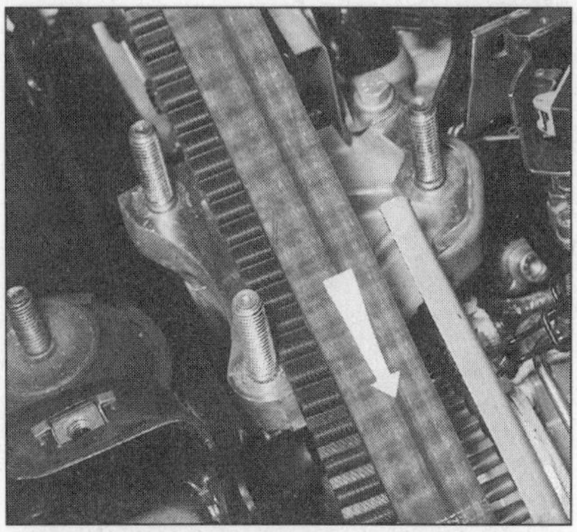

7.8a Tracer une flèche sur la courroie de distribution pour indiquer son sens de rotation

7.8b Dépose de la courroie de distribution

7.13 Mise en prise correcte, sur une demi-largeur, de la courroie de distribution sur le pignon de l'arbre à cames

vilebrequin. Le maintenir en position puis la faire passer sur les autres pignons, dans l'ordre suivant:

(a) Pignon de renvoi.
(b) Pompe à injection de carburant.
(c) Arbre à cames.
(d) Pignon tendeur.
(e) Pompe de réfrigérant.

13 Faire très attention de ne pas tordre ou replier la courroie. Pour obtenir un engagement correct, mettre en position une demi-largeur du pignon de la pompe à injection avant de faire passer la courroie de distribution sur le pignon de l'arbre à cames, tout en maintenant la courroie bien tendue et bien en prise sur le pignon du vilebrequin. Bien positionner la courroie de distribution sur les pignons **(voir illustration)**.

14 Retirer les boulons des pignons de l'arbre à cames et de la pompe à injection de carburant. Retirer la tige ou le foret de l'orifice du PMH du volant moteur.

15 Sans resserrer l'écrou du pivot, desserrer le boulon de réglage du tendeur tout en immobilisant le support, en s'opposant à la tension du ressort. Libérer lentement ce support pour amener le pignon contre la courroie de distribution. Resserrer alors le boulon de réglage et l'écrou du pivot.

16 Faire tourner le vilebrequin sur deux tours complets, dans le sens normal de fonctionnement (sens horaire). **Ne pas** faire tourner le vilebrequin dans l'autre sens, car il faut que la courroie de distribution reste bien tendue entre les pignons du vilebrequin, de la pompe à injection de carburant et de l'arbre à cames.

17 Desserrer le boulon de réglage du tendeur et l'écrou du pivot pour que le ressort du tendeur vienne repousser le pignon contre la courroie de distribution. Resserrer alors au couple spécifié ce boulon de réglage et l'écrou du pivot.

18 Vérifier que le piston numéro 1 se trouve à son PMH en réintroduisant les boulons de blocage des pignons et la tige ou le foret dans l'orifice du PMH du volant moteur, comme indiqué à la Section 3. Si le piston numéro 1 n'est pas à son PMH, cela indique que la courroie de distribution n'a pas été bien montée (elle ne manque peut-être qu'une dent à un des pignons) - dans ce cas-là, déposer la courroie et la reposer encore, commencant à la paragraphe 10.

19 Remettre en place les couvercles supérieurs de la courroie de distribution, comme indiqué à la Section 6, mais ne pas ramener l'automobile au sol tant que le silentbloc n'a pas été remonté.

20 Remonter le silentbloc droit du moteur sur la carrosserie, en consultant la Section 9.

21 Remonter la poulie du vilebrequin, comme indiqué à la Section 5.

8 Pignons de la courroie de distribution - dépose et repose

Pignon de l'arbre à cames

Dépose

1 Déposer, comme indiqué à la Section 6, les couvercles supérieurs de la courroie de distribution.

2 Desserrer le boulon du pignon de l'arbre à cames. Lors du dévissage de ce pignon, empêcher l'arbre à cames de tourner, en utilisant l'une des deux méthodes suivantes **(voir illustrations)**:

8.2a Utilisation d'un outil improvisé pour empêcher la rotation du pignon de l'arbre à cames

8.2b Immobilisation de l'arbre à cames en plaçant une clé sur l'ergot qui relie les lobes 3 et 4

8.7 Retrait du pignon de l'arbre à cames

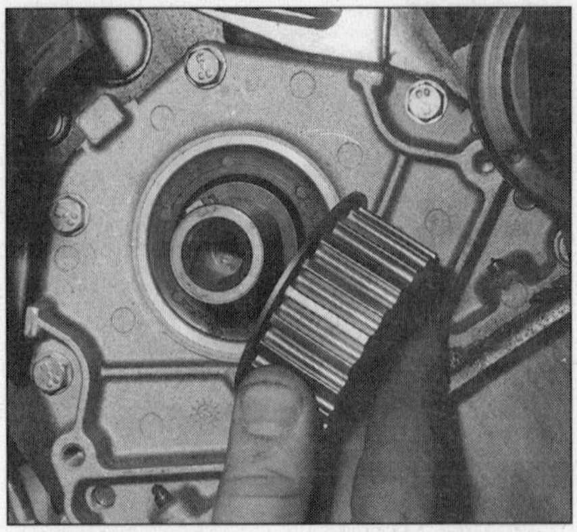

8.18a Retrait du pignon du vilebrequin

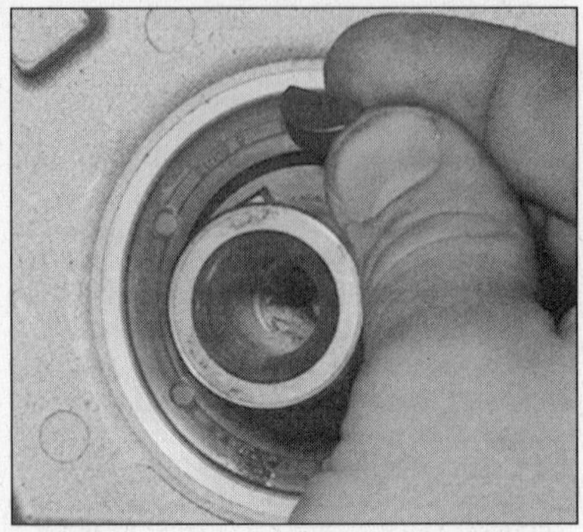

8.18b Retrait de la clavette demi-lune à l'extrémité du vilebrequin

(a) Fabriquer un outil identique à celui qui est illustré et s'en servir pour maintenir l'immobilisation du pignon à l'aide des trous de ce dernier.

(b) Déposer le couvercle de l'arbre à cames, comme indiqué à la Section 4. Empêcher l'arbre à cames de tourner en plaçant une clé de taille appropriée sur la cheville qui relie les lobes 3 et 4 de l'arbre à cames.

Pour le moment, ne pas déposer le boulon du pignon de l'arbre à cames.

3 Amener le piston numéro 1 à son PMH puis bloquer en position les pignons du vilebrequin, de l'arbre à cames et de la pompe à injection de carburant, comme indiqué à la Section 3.

4 Desserrer l'écrou du pivot du tendeur de la courroie de distribution ainsi que le boulon de réglage puis faire tourner le support du tendeur dans le sens inverse des aiguilles d'une montre pour en supprimer la tension. Revisser suffisamment le boulon de réglage pour maintenir le tendeur sur cette position détendue. Si vous disposez d'une rallonge à carré d'entraînement de 10 mm, introduisez-la dans l'orifice prévu afin de faire tourner le support du tendeur en s'opposant à la tension du ressort.

5 Dévisser le boulon du pignon de l'arbre à cames. Récupérer sa rondelle de butée.

6 Retirer du pignon de l'arbre à came le boulon de blocage du PMH.

7 Retirer le pignon en manipulant la courroie de distribution lors de ce retrait **(voir illustration)**. Récupérer la clavette demi-lune qui se trouve à l'extrémité de l'arbre à cames, si elle s'est détachée. **Empêcher** l'arbre à cames de tourner, sinon les soupapes viendront heurter les pistons des cylindres numéro 1 et 4. Le cas échéant, retirer la tige ou le foret de l'orifice du PMH du volant puis faire tourner le vilebrequin d'un quart de tour pour faire descendre les pistons et les amener au milieu des cylindres afin d'éviter tout endommagement. Libérer au préalable la courroie de distribution au niveau du pignon de la pompe à injection.

Repose

8 Le cas échéant, remettre en place la clavette demi-lune à l'extrémité de l'arbre à cames puis remonter le pignon de cet arbre. Il convient de noter que ce pignon n'a qu'un seul sens d'installation (la saillie centrale doit reposer contre l'arbre à cames) étant donné que l'extrémité de l'arbre à cames est conique.

9 Remettre en place le boulon de fixation du pignon. S'assurer que la rondelle de butée est bien en place. Serrer ce boulon au couple spécifié en empêchant l'arbre à cames de tourner, comme lors de la dépose. **Empêcher** l'arbre à cames de tourner, sauf si on a fait tourner le vilebrequin, comme indiqué au paragraphe 7.

10 Le cas échéant, remettre en place le couvercle de l'arbre à cames, comme indiqué à la Section 4.

11 Aligner les orifices du pignon de l'arbre à cames sur ceux de la platine avant du moteur puis remettre en place le boulon M8 pour bloquer l'arbre à cames au PMH.

12 Si le vilebrequin a subi, comme indiqué au paragraphe 7, une rotation de 90° par rapport au PMH, il faut le faire tourner dans l'autre sens et sur le même angle afin de ramener les pistons 1 et 4 au PMH. Ne pas faire tourner le vilebrequin de plus 90°, sinon les pistons 2 et 3 dépasseront leur PMH et viendront heurter les soupapes 4 et 6.

8.28 Utilisation d'un outil improvisé pour empêcher la rotation du pignon de la pompe à injection de carburant

13 Le cas échéant, remettre en place la tige ou le foret dans l'orifice du PMH du volant moteur.

14 Faire passer la courroie de distribution autour du pignon de la pompe à injection de carburant (le cas échéant) et du pignon de l'arbre à cames. Tendre cette courroie, comme indiqué à la Section 7.

15 Remettre en place les couvercles supérieurs de la courroie de distribution, comme indiqué à la Section 6.

Pignon de vilebrequin

Dépose

16 Déposer la poulie du vilebrequin, comme indiqué à la Section 5.

17 Procéder comme indiqué aux paragraphes 1, 3 et 4.

18 Retirer le pignon. Manipuler la courroie de distribution pour l'écarter du pignon lors du retrait de ce dernier. Récupérer la clavette demi-lune qui se trouve à l'extrémité du vilebrequin, si elle s'en est échappée **(voir illustrations)**. **Empêcher** toute rotation du vilebrequin, sinon les soupapes risquent de heurter les pistons. Le cas échéant, retirer la tige ou le foret de l'orifice de PMH du volant moteur puis enlever l'outil de blocage du volant moteur avant de faire tourner le vilebrequin d'un quart de tour. Cela permet de faire descendre tous les pistons pour les amener au milieu du cylindre, empêchant ainsi tout endommagement.

Repose

19 Le cas échéant, remettre en place la clavette demi-lune à l'extrémité du vilebrequin puis remettre en position le pignon du vilebrequin (la bride se trouvant le plus près possible du bloc-cylindres).

8.30 Mise en place d'un extracteur improvisé sur le pignon de la pompe à injection de carburant

9.3 Débranchement du flexible de carburant et de l'ampoule d'amorçage de carburant au niveau de leurs colliers de fixation

20 Si le vilebrequin a subi, comme indiqué au paragraphe 18, une rotation de 90° par rapport au PMH, il faut le faire tourner dans l'autre sens et sur le même angle afin de ramener les pistons 1 et 4 au PMH. Ne pas faire tourner le vilebrequin de plus 90°, sinon les pistons 2 et 3 dépasseront leur PMH et viendront heurter les soupapes.
21 Le cas échéant, remettre en place la tige ou le foret dans l'orifice du PMH du volant moteur.
22 Faire passer la courroie de distribution sur le pignon du vilebrequin et tendre cette courroie, comme indiqué à la Section 7.
23 Remettre en place la poulie du vilebrequin, comme indiqué à la Section 5.

Pignon de la pompe à injection de carburant

Dépose

24 Procéder comme indiqué aux paragraphes 1, 3 et 4.
25 Tracer des repères d'alignement sur le pignon de la pompe à injection et la courroie de distribution pour bien aligner ce pignon et cette courroie lors de la repose.
26 Retirer les boulons M8 qui immobilisent le pignon de la pompe à injection au PMH.
27 Sur certains modèles, ce pignon peut comporter un extracteur intégré. Il s'agit d'une plaque qui vient se boulonner sur ce pignon. Cette plaque contient un écrou imperdable (écrou de fixation du pignon) qui se visse sur l'arbre de la pompe à injection de carburant. Sur les modèles qui ne disposent pas d'un tel extracteur, il est possible de réaliser un outil similaire composé d'une petite barre et de deux boulons M7 qui viennent se visser dans les orifices prévus à cet effet dans le pignon.
28 Lors du desserrage de l'écrou du pignon, il faut empêcher toute rotation de l'arbre de la pompe à injection de carburant. Pour cela, utiliser un outil identique à celui qui est illustré **(voir illustration)**. Cet outil permet d'immobiliser le pignon à l'aide des orifices pratiqués dans ce dernier.
29 Sur les modèles comportant un extracteur intégré, dévisser l'écrou de fixation du pignon pour libérer ce dernier du cône de l'arbre de la pompe. Ensuite, retirer ce pignon. Récupérer la clavette demi-lune qui se trouve à l'extrémité de l'arbre de la pompe au cas où elle serait délogée. Le cas échéant, il est possible de déposer l'ensemble extracteur du pignon en retirant les deux vis et rondelles de fixation.
30 Sur les modèles qui ne sont pas équipés d'un tel extracteur, dévisser partiellement l'écrou de fixation du pignon puis monter l'extracteur improvisé et visser les deux boulons (pour forcer la barre contre l'écrou du pignon, afin de dégager le pignon du cône de l'arbre de la pompe **(voir illustration)**. Retirer ensuite ce pignon et récupérer la clavette demi-lune à l'extrémité de l'arbre de la pompe au cas où elle serait délogée. Déposer l'extracteur du pignon.

Repose

31 Le cas échéant, remettre la clavette demi-lune sur l'arbre de la pompe. S'assurer qu'elle vient se placer à l'emplacement correct prévu dans sa rainure.
32 Le cas échéant, si l'extracteur intégré a été déposé du pignon, le remettre en place puis serrer les deux vis de fixation au couple spécifié, sans oublier d'insérer les rondelles.
33 Remettre en place le pignon puis serrer l'écrou de fixation au couple spécifié, en empêchant l'arbre de la pompe de tourner, comme lors de la dépose.
34 S'assurer que les boulons M8 du PMH sont bien vissés sur les pignons de l'arbre à cames et de la pompe à injection de carburant. Vérifier également que la tige ou le foret est bien inséré dans l'orifice de PMH du volant moteur.
35 Faire passer la courroie de distribution sur le pignon de la pompe à injection de carburant en alignant les repères effectués sur la courroie et le pignon avant la dépose.
36 Tendre la courroie de distribution, comme indiqué à la Section 7.
37 Remettre en place les couvercles supérieurs de la courroie de distribution, comme indiqué à la Section 6.

Pignon de pompe de réfrigérant

38 Ce pignon fait partie intégrante de la pompe et ne peut donc pas être déposé.

9 Composants du silentbloc droit et tendeur de la courroie de distribution - dépose et repose

Généralités

1 Le tendeur de la courroie de distribution est actionné par un ressort et un plongeur qui sont implantés dans le silentbloc droit, qui vient se boulonner sur l'extrémité du moteur. Ce silentbloc est rattaché à la carrosserie par un support.

Support reliant le silentbloc droit à la carrosserie

Dépose

2 Avant de retirer ce support, il faut soutenir le moteur, de préférence à l'aide d'un treuil et d'un palan de capacité appropriée, rattaché à un support de levage qui se trouve à l'extrémité droite du moteur. Il est également possible de soutenir le moteur en plaçant un cric rouleur surmonté d'une cale en bois sous le carter d'huile. Dans ce cas-là, il faut s'attendre au basculement du moteur vers l'arrière lors du retrait de ce support.
3 Déposer le flexible de carburant et l'ampoule d'amorçage de carburant au niveau des colliers rattachés à l'ensemble silentbloc et au support supérieur de la suspension puis mettre de côté ce flexible et cette ampoule **(voir illustration)**.

4 Le cas échéant, dévisser les deux boulons de fixation puis déposer la plaque qui surmonte le silentbloc du moteur au niveau de la carrosserie. Il convient de noter que ces boulons immobilisent également les supports de fixation de l'ampoule d'amorçage de carburant et du flexible **(voir illustrations)**.

5 Le cas échéant, soulever le tampon en caoutchouc pour faire apparaître l'écrou de fixation du silentbloc du moteur sur la carrosserie **(voir illustration)**.

6 Dévisser les trois écrous qui immobilisent ce support sur le silentbloc puis dévisser l'écrou qui immobilise le support sur la carrosserie avant de soulever le support pour le déposer **(voir illustration)**.

Repose

7 La repose se fait dans l'ordre inverse des opérations de dépose. Resserrer au couple spécifié les écrous de fixation de ce support.

Tendeur de la courroie de distribution et silentbloc droit

Note: *Un outil spécial sera nécessaire pour immobiliser le tendeur de la courroie de distribution lors de cette opération.*

Dépose

8 Déposer le silentbloc de fixation du moteur sur la carrosserie, comme indiqué précédemment dans cette Section, puis déposer la courroie d'entraînement auxiliaire, comme indiqué à la Section 18 du Chapitre 1.

9 Si vous ne l'avez pas déjà fait, soutenir le moteur à l'aide d'un cric rouleur puis insérer une cale en bois entre ce cric et le carter d'huile.

10 Pour éviter que le moteur ne bascule, fabriquer un support à l'aide d'une tige rigide puis introduire ce support entre la fixation supérieure de l'alternateur et le panneau avant de la carrosserie **(voir illustration)**. S'assurer que ce support est suffisamment robuste pour soutenir la charge imposée par le moteur puis enrouler un chiffon autour du panneau de la carrosserie pour ne pas endommager la peinture.

9.4a Retrait du boulon de fixation arrière du couvercle du silentbloc du moteur et du support de l'ampoule d'amorçage de carburant

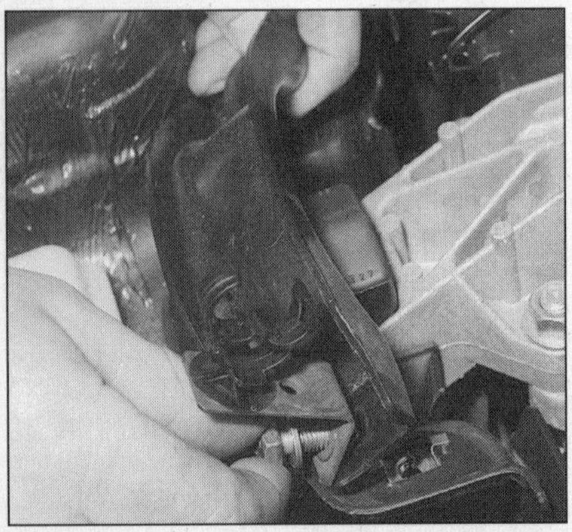
9.4b Retrait du couvercle du silentbloc du moteur

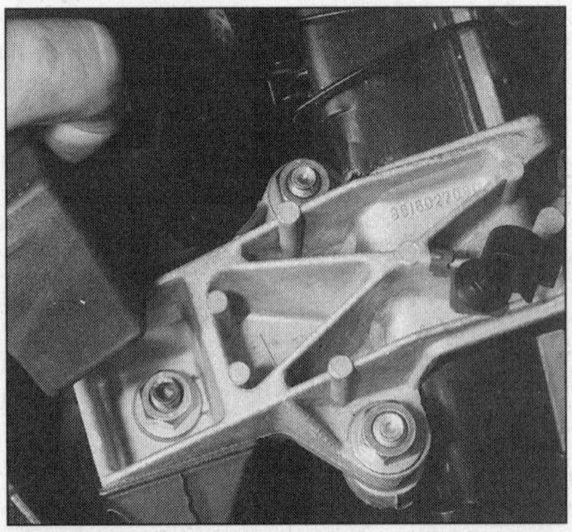
9.5 Relèvement du tampon en caoutchouc pour l'écarter du silentbloc

9.6 Dépose du support de fixation du moteur sur la carrosserie

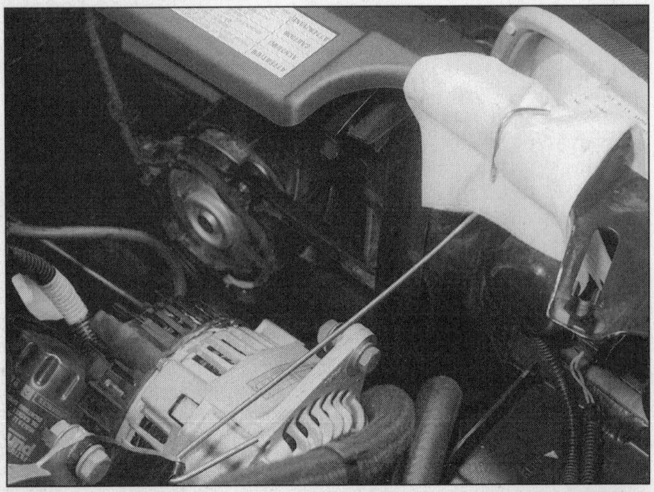
9.10 Mise en place d'un support entre la fixation de l'alternateur et le panneau avant de la carrosserie pour soutenir le moteur

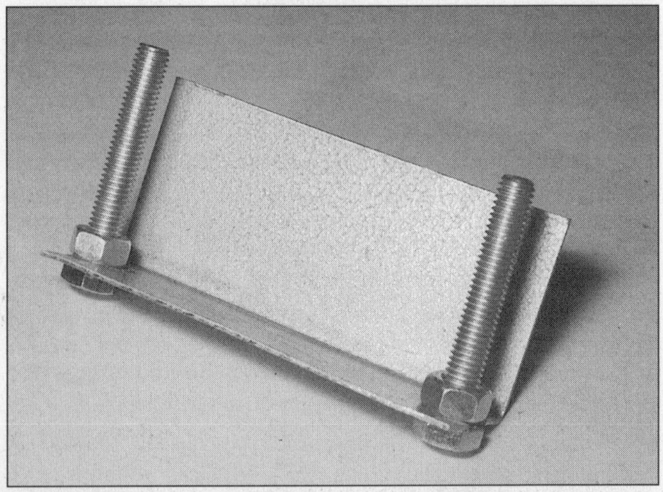
9.16 Outil improvisé pour immobiliser le plongeur du tendeur dans le silentbloc du moteur

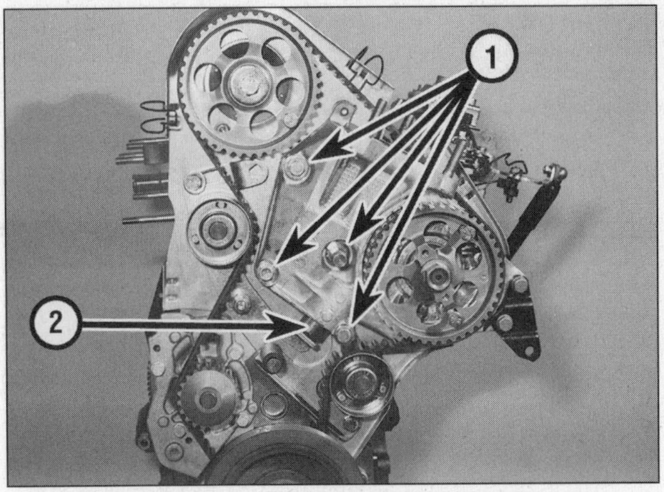

9.17a Vue de l'extrémité courroie de distribution du moteur

1 Boulons de fixation de silentbloc du moteur
2 Plongeur du tendeur de la courroie de distribution

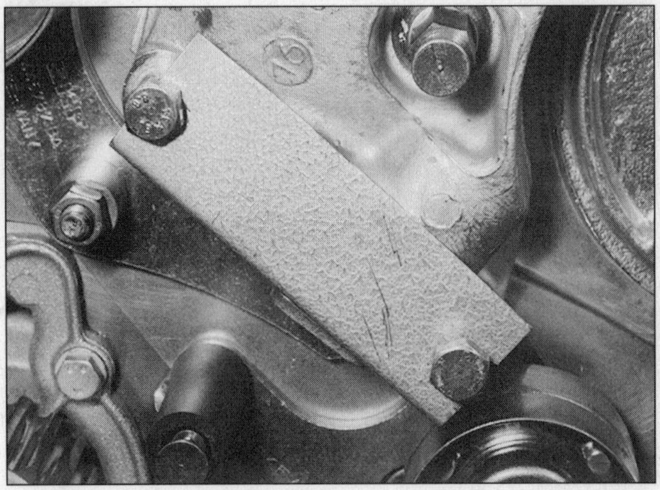

9.17b Mise en place d'un outil pour immobiliser le plongeur du tendeur dans le silentbloc du moteur - la courroie de distribution a été retirée pour améliorer la visibilité

11 Le cas échéant, débrancher le palan et le treuil qui supportent le moteur, au niveau du support droit de levage. (Cette opération est nécessaire car le support de levage est rattaché au silentbloc et il faut donc le déposer).
12 Dévisser les deux vis de fixation puis déposer le support de levage du moteur.
13 Amener le piston numéro 1 à son PMH puis immobiliser en position les pignons du vilebrequin, de l'arbre à cames et de la pompe à injection de carburant, comme indiqué à la Section 3.
14 Desserrer l'écrou du pivot du tendeur de la courroie de distribution et le boulon de réglage puis faire tourner le support du tendeur dans le sens inverse des aiguilles d'une montre pour amener le boulon de réglage au milieu de sa fente. Resserrer alors ce boulon. Si vous disposez d'une rallonge à carré d'entraînement de 10 mm, il convient de l'introduire dans l'orifice prévu à cet effet pour faire tourner le support du tendeur en s'opposant à la tension du ressort.
15 Si la courroie de distribution doit être réutilisée, y tracer une flèche indiquant son sens de rotation. Déposer la courroie de ses pignons.
16 Se procurer un outil spécial pour immobiliser le plongeur du tendeur dans le silentbloc. L'outil Citroën 7009-T1 est spécialement conçu pour s'introduire dans les orifices des deux boulons inférieurs du silentbloc. Il devrait être très facile de fabriquer un outil similaire en tôle utilisant des boulons et écrous M10 au lieu de chevilles cylindriques métalliques **(voir illustration)**.

9.18 Dépose du silentbloc droit du moteur

17 Dévisser les deux boulons inférieurs du silentbloc puis mettre en place l'outil spécial. En graisser la surface interne pour éviter d'endommager l'extrémité du plongeur du tendeur **(voir illustrations)**.
18 Dévisser l'écrou du pivot et le boulon de réglage puis retirer l'ensemble tendeur.
19 Retirer les deux autres boulons du silentbloc puis retirer ce dernier **(voir illustration)**.
20 Comprimer le plongeur du tendeur dans le silentbloc. Déposer l'outil spécial puis retirer le plongeur et le ressort.

Repose

21 La repose se fait dans l'ordre inverse des opérations de dépose, en tenant compte des points suivants.

(a) Resserrer toutes les attaches au couple spécifié.
(b) Remettre en place et retendre la courroie de distribution, comme indiqué à la Section 7.
(c) Remettre en place et resserrer la courroie d'entraînement auxiliaire, comme indiqué à la Section 18 du Chapitre 1.

10 Pignon de renvoi de la courroie de distribution - dépose et repose

Dépose

1 Déposer la courroie d'entraînement auxiliaire, comme indiqué à la Section 18 du Chapitre 1.
2 Amener le piston numéro 1 au PMH puis bloquer en position les pignons du vilebrequin, de l'arbre à cames et de la pompe à injection de carburant, comme indiqué à la Section 3.
3 Desserrer l'écrou du pivot du tendeur de la courroie de distribution ainsi que le boulon de réglage puis faire tourner le support du tendeur dans le sens inverse des aiguilles d'une montre pour en supprimer la tension. Revisser suffisamment le boulon de réglage pour maintenir le tendeur sur cette position détendue. Si vous disposez d'une rallonge à carré d'entraînement de 10 mm, introduisez-la dans l'orifice prévu afin de faire tourner le support du tendeur en s'opposant à la tension du ressort.
4 Dévisser les deux boulons et la cheville qui immobilisent l'ensemble pignon de renvoi sur le bloc-cylindres. Il convient de noter que le boulon supérieur immobilise également le silentbloc.
5 Desserrer légèrement les quatre autres boulons du silentbloc en notant que le boulon le plus haut se trouve sur la face interne de la plaque avant du moteur et immobilise également le support de levage du moteur. Faire glisser l'ensemble pignon de renvoi pour le déposer.

11.7 Repère d'identification (flèche) du chapeau de palier de l'arbre à cames

11.8a Desserrage progressif des écrous . . .

11.8b . . . puis retrait des chapeaux de paliers

11.9 Relèvement de l'arbre à cames pour l'écarter de la culasse

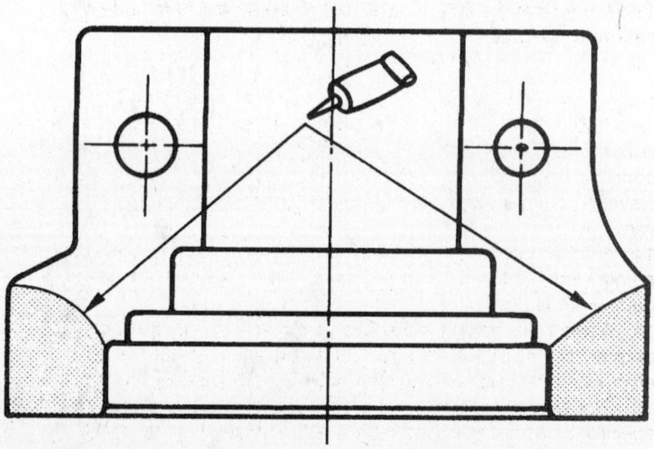

11.15 Enduire de produit d'étanchéité les chapeaux des paliers de l'arbre à cames, aux emplacements illustrés

Repose

6 La repose se fait dans l'ordre inverse des opérations de dépose, en tenant compte des points suivants.

(a) *Serrer toutes les attaches au couple spécifié.*
(b) *Tendre la courroie de distribution, comme indiqué à la Section 7.*
(c) *Remettre en place et retendre la courroie d'entraînement auxiliaire comme indiqué à la Section 18 du Chapitre 1.*

11 Arbre à cames - dépose, examen et repose

Note: *Lors de la repose, il faut utiliser des joints d'huile neufs et passer un produit d'étanchéité approprié sur les chapeaux de paliers.*

Dépose

1 Déposer le couvercle de l'arbre à cames, comme indiqué à la Section 4.

2 Déposer le pignon de l'arbre à cames, comme indiqué à la Section 8.

3 Sur les modèles équipés d'une pompe à vide de freins entraînée directement à partir de l'arbre à cames, déboulonner la pompe et la repousser sur le côté, en consultant le Chapitre 9, puis passer au paragraphe 7.

4 Sur les modèles équipés d'une pompe à vide de freins entraînée par une courroie, déposer cette dernière, comme indiqué à la Section 19 du Chapitre 1.

5 Empêcher l'arbre à cames de tourner en procédant comme lors de la dépose du pignon de l'arbre à cames puis dévisser le boulon de la poulie d'entraînement de la pompe à vide à l'extrémité de l'arbre à cames. Récupérer la rondelle de butée.

6 Retirer la poulie. Récupérer la clavette demi-lune à l'extrémité de l'arbre à cames, si elle s'est détachée.

7 Numéroter les chapeaux des paliers de l'arbre à cames à partir de l'extrémité volant du moteur **(voir illustration)**. Si ces chapeaux ne sont pas déjà numérotés, les identifier, en les numérotant à partir de l'extrémité volant du moteur puis tracer des repères sur le côté de la rampe.

8 Dévisser progressivement les écrous puis déposer les chapeaux de paliers **(voir illustrations)**.

9 Soulever l'arbre à cames pour l'écarter de la culasse **(voir illustration)**. Retirer le joint d'huile à l'extrémité courroie de distribution de l'arbre à cames.

10 Le cas échéant, retirer le joint d'huile à l'extrémité poulie de l'arbre à cames.

Examen

11 Nettoyer chaque composant, y compris les surfaces portantes de la culasse. Examiner soigneusement chaque composant pour s'assurer qu'il n'y a pas d'usure et d'endommagement. En particulier, vérifier que la surface des cames n'est pas rayée ou piquée. Remplacer, suivant besoin, les composants et se procurer des joints d'huile neufs.

Repose

12 Le remontage commence par une lubrification des cames et des paliers en utilisant une huile moteur propre de grade spécifié.

13 Positionner l'arbre à cames sur la culasse. Le faire passer par la

11.17 **Vérification du jeu axial de l'arbre à cames à l'aide d'un calibre d'épaisseur**

plaque avant du moteur. La pointe des cames 4 et 6 doit être dirigée vers le bas et reposer sur les poussoirs. Le cas échéant, le repère coulé "DIST" de l'arbre à cames doit être au niveau de l'extrémité courroie de distribution de la culasse et la rainure prévue pour la clavette demi-lune dans le pignon de l'arbre à cames doit être dirigée vers le haut.

14 Mettre en place le chapeau du palier central dans le bon sens, comme indiqué précédemment, puis visser les écrous et les serrer sur deux ou trois tours.

15 Passer du produit d'étanchéité sur les chapeaux de paliers, aux emplacements illustrés **(voir illustration)**. Les monter aux bons emplacements puis serrer les écrous sur deux ou trois tours.

16 Serrer progressivement tous les écrous pour les amener au couple spécifié. S'assurer que les cames 4 et 6 pointent toujours vers le bas.

17 Vérifier que le jeu axial de l'arbre à cames est conforme à la valeur des Spécifications, en utilisant un calibre d'épaisseur. Si cette valeur est incorrecte, il faut remplacer l'arbre à cames et/ou la culasse. Pour vérifier ce jeu axial, repousser à fond l'arbre à cames vers une extrémité de la culasse puis introduire un calibre d'épaisseur entre les faces de butée d'un des lobes de l'arbre à cames et d'un chapeau de palier **(voir illustration)**.

18 Si l'arbre à cames d'origine est remonté et si on sait que les jeux des soupapes sont corrects, passer au paragraphe suivant. Sinon, vérifier puis régler les jeux des soupapes, comme indiqué à la Section 12. Il convient de noter qu'étant donné que la courroie de distribution n'est toujours pas remise en place, il **faut** faire tourner le vilebrequin d'un quart de tour, dans un sens ou dans l'autre, par rapport au PMH, afin de faire descendre tous les pistons à mi-hauteur dans les cylindres. Cela permet d'éviter que les soupapes ne viennent heurter les pistons lors de la rotation de l'arbre à cames. Retirer la tige ou le foret de l'orifice du PMH, dans le volant, puis dégager la courroie de distribution au niveau du pignon de la pompe à injection tout en faisant tourner le vilebrequin.

19 Enduire d'huile moteur propre les lèvres des joints d'huile neufs puis mettre ces derniers en place aux extrémités correspondantes de l'arbre à cames, en commençant par l'extrémité ouverte. Enfoncer chaque joint d'huile jusqu'à ce qu'il vienne affleurer les extrémités des chapeaux des paliers de l'arbre à cames. Il est possible d'enfoncer en position ces joints en utilisant un boulon M10, des rondelles et une douille de diamètre approprié.

20 Sur les modèles équipés d'une pompe à vide de freins entraînée par une courroie, remettre en place, le cas échéant, la clavette demi-lune à l'extrémité de l'arbre à cames puis remonter la poulie d'entraînement de la pompe. Remettre en place la rondelle de butée et le boulon de fixation de la poulie puis serrer ce boulon au couple spécifié.

21 Sur les modèles équipés d'une pompe à vide de freins entraînée directement à partir de l'arbre à cames, remettre en place cette pompe puis en serrer les boulons de fixation.

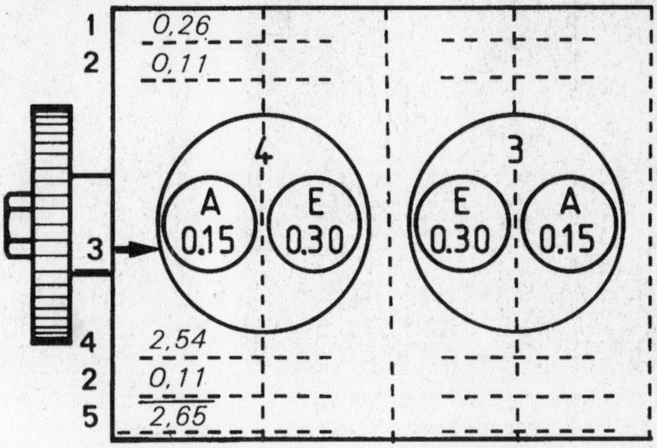

12.3 Exemple de calcul d'épaisseur de cales de soupapes

A *Admission*
E *Echappement*
1 *Jeu mesuré*
2 *Différence entre 1 et 3*
3 *Jeu spécifié*
4 *Epaisseur de cales mises en place*
5 *Epaisseur de cales requise*

22 Si vous avez fait tourner le vilebrequin d'un quart de tour par rapport au PMH pour éviter que les soupapes ne viennent heurter les pistons, il faut le faire tourner dans l'autre sens, sur un même angle, afin de ramener les pistons 1 et 4 à leur PMH. Ne pas faire tourner le vilebrequin de plus 90°, sinon les pistons 2 et 3 dépasseront leur PMH et viendront heurter les soupapes 4 et 6.

23 Remettre en place la tige ou le foret dans l'orifice du PMH, sur le volant.

24 Remettre en place le pignon de l'arbre à cames, comme indiqué à la Section 8.

25 Remettre en place le couvercle de l'arbre à cames, comme indiqué à la Section 4.

12 Jeux des soupapes - vérification et réglage

Note: *Cette opération ne fait pas partie de l'entretien courant. Elle ne devrait être nécessaire que si le véhicule a parcouru un kilométrage important, après une révision, ou pour rechercher l'origine d'un bruit ou d'une perte de puissance qui est probablement dû à la commande de distribution des soupapes.*

Vérification

1 Pendant cette procédure, il faut faire tourner le vilebrequin pour amener, tour à tour, chaque soupape à une position permettant d'en vérifier le jeu. Sur les modèles à transmission mécanique, il suffit pour cela d'enclencher la quatrième ou la cinquième, de serrer le frein à main puis de soulever au cric l'avant droit du véhicule (avant de le laisser reposer sur une chandelle - voir section *"Levage, remorquage et changement de roue"*) avant de faire tourner la roue. Sur les modèles à transmission automatique, il faut faire tourner le vilebrequin en agissant sur le boulon de la poulie du vilebrequin à l'aide d'une clé de diamètre approprié. Il convient de noter que la rotation du moteur est plus simple après la dépose des injecteurs de carburant ou des bougies incandescentes.

2 Déposer le couvercle de l'arbre à cames, comme indiqué à la Section 4.

3 Sur une feuille de papier, dessiner de façon schématique le moteur en numérotant les cylindres à partir de l'extrémité du volant. Indiquer la position de chaque soupape, ainsi que le jeu spécifié pour chaque soupape. Au dessus de chaque soupape, tracer deux lignes. La première servira à inscrire le jeu mesuré et la deuxième le réglage nécessaire **(voir illustration)**.

12.5 Mesure du jeu d'une soupape à l'aide d'un calibre d'épaisseur

12.10a Retrait d'un poussoir - cale identifiée par une flèche

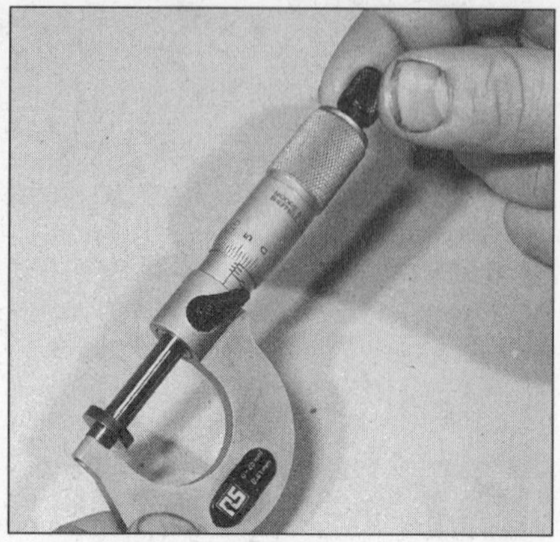

12.10b Mesure de l'épaisseur de cale d'un poussoir à l'aide d'un micromètre

4 Faire tourner le vilebrequin pour amener la soupape d'admission du cylindre numéro 1 (celui qui est le plus proche du volant) sur sa position de fermeture totale. La pointe de la came doit être sur le même axe que le poussoir, mais pointer dans l'autre sens.
5 A l'aide de calibres d'épaisseur, mesurer le jeu entre le pied de la came et le poussoir **(voir illustration)**. Noter la valeur obtenue sur la première ligne.
6 Effectuer cette mesure sur les sept autres soupapes, en faisant tourner à chaque fois le vilebrequin sur l'angle requis pour que le lobe de la came concernée soit toujours sur le même axe que le poussoir connexe, mais dirigé dans l'autre sens.
7 Calculer la différence entre chaque jeu mesuré et la valeur spécifiée. La noter sur la deuxième ligne. Etant donné que le jeu d'une soupape d'admission n'est pas le même que celui d'une soupape d'échappement, vous devez vous assurer que vous savez exactement le type de soupape que vous mesurez. L'ordre des soupapes, à partir de l'une ou l'autre des extrémités du moteur, est le suivant:

Adm - Ech - Ech - Adm - Adm - Ech - Ech - Adm

8 Si chaque jeu respecte les tolérances fixées, remettre en place le couvercle de l'arbre à cames en consultant la Section 4. Le cas échéant, ramener l'automobile au sol. Si l'un des jeux mesurés dépasse les tolérances spécifiées, il faut procéder au réglage décrit aux paragraphes suivants.

Réglage

Note: *Pour cette opération, il faut se procurer un micromètre.*
9 Déposer l'arbre à cames, comme indiqué à la Section 11.
10 Retirer le premier poussoir et sa cale. Faire attention de ne pas laisser tomber cette cale du poussoir. Nettoyer la cale et en mesurer l'épaisseur à l'aide d'un micromètre **(voir illustrations)**. Chaque cale a des repères d'épaisseur mais l'usure a probablement réduit l'épaisseur d'origine.
11 Consulter le jeu enregistré pour la soupape concernée. Si ce jeu est supérieur à la valeur spécifiée, il faut augmenter l'épaisseur de cales d'une valeur égale à la différence enregistrée sur la deuxième ligne. Si au contraire, ce jeu est inférieur à la valeur spécifiée, il faut diminuer l'épaisseur de cale d'une valeur égale à la différence notée à la deuxième ligne.
12 Tracer trois lignes supplémentaires sur la feuille de calcul de chaque soupape, comme indiqué à l'illustration 12.3. Sur la quatrième ligne, noter l'épaisseur mesurée de la cale puis ajouter ou déduire la différence de la deuxième ligne pour obtenir l'épaisseur finale requise de cale, sur la cinquième ligne.
13 Les cales existent en différentes épaisseurs allant de 2,950 mm à 3,500 mm, par paliers de 0,025 mm. Nettoyer les cales neuves avant de les mesurer ou de les mettre en place.
14 Recommencer la procédure décrite aux paragraphes 10 à 12 sur les autres soupapes, en identifiant la position de chaque poussoir.
15 Lors du remontage, enduire d'huile la cale avant de la mettre en place sur la tige de la soupape. La surface où se trouve le repère de taille doit être dirigée vers le bas. Enduire d'huile le poussoir puis l'abaisser sur la cale. Ne pas relever ce poussoir après l'avoir mis en place, afin de ne pas déloger la cale.
16 Lorsque tous les poussoirs sont en position, avec leurs cales, remettre en place l'arbre à cames, comme indiqué à la Section 11. Revérifier le jeu des soupapes avant de remettre en place le couvercle de l'arbre à cames.

13 Culasse - dépose et repose

Note: *Cette procédure est complexe et nous vous suggérons de lire soigneusement cette Section avant de commencer toute intervention. Pour faciliter la repose, noter l'emplacement de chaque support connexe ainsi que le trajet suivi par les flexibles et câbles avant leur dépose. Lors de la repose, il faut utiliser un joint de culasse neuf et, éventuellement des boulons de culasse neufs - voir texte.*

Dépose

1 Débrancher la cosse négative de la batterie.
2 Vidanger le circuit de refroidissement, comme indiqué à la Section 30 du Chapitre 1.
3 Déposer le refroidisseur intermédiaire (modèles Turbo) ou le carter de distribution d'air (moteur XUD9A - D9B) suivant les cas, comme décrit au Chapitre 4.
4 Le cas échéant, desserrer les colliers de fixation puis débrancher le flexible d'air raccordant l'épurateur d'air à la partie supérieure de la rampe d'admission.
5 Sur les modèles équipés d'une pompe à vide de freins entraînée par une courroie, déposer cette dernière, comme indiqué à la Section 19 du Chapitre 1.
6 Sur les modèles équipés d'une pompe à vide de freins à entraînement direct, débrancher de la pompe le flexible de vide **(voir illustration)**.
7 Débrancher puis déposer les flexibles étanches des injecteurs carburant **(voir illustration)**.
8 Débrancher les durites de carburant au niveau des injecteurs et de la pompe à injection puis déposer ces durites, comme indiqué au Chapitre 4.
9 Dévisser l'écrou de fixation puis débrancher le fil d'alimentation de la bougie incandescente concernée. Récupérer les rondelles.
10 Déposer les rampes d'admission et d'échappement, comme indiqué au Chapitre 4. En variante (en particulier sur les modèles Turbo), déposer la rampe d'admission, comme indiqué au Chapitre 4, puis dévisser les écrous de fixation de la rampe d'échappement, retirer les entretoises puis enlever les chevilles de la rampe au niveau de la culasse en utilisant un extracteur spécial ou deux écrous vissés l'un

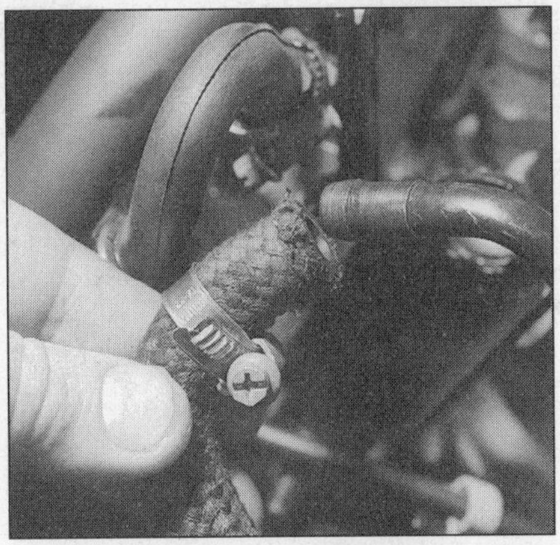

13.6 Débranchement du flexible de vide au niveau de la pompe à vide à entraînement direct

13.7 Débranchement d'un flexible d'étanchéité d'injecteur carburant

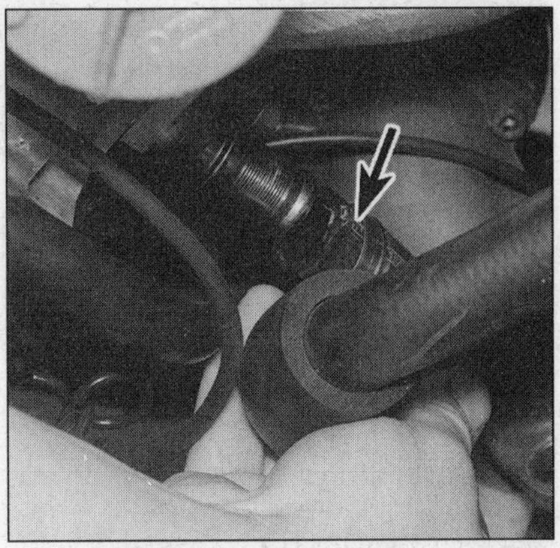

13.11 Débranchement du flexible de réfrigérant (flèche) à l'arrière de la culasse

13.12 Débranchement du flexible de réfrigérant (flèche) à l'avant de la culasse

13.13 Décrochage du flexible de retour de carburant de ses supports

13.16 Dévissage de l'ergot de fixation (flèche) du support de flexible de réfrigérant et du support de levage du moteur

contre l'autre. Il est possible de laisser en position la rampe d'échappement avec le turbocompresseur. Il faut cependant s'assurer que cette rampe et ce turbocompresseur bénéficient d'un soutien adéquat, en s'efforçant tout particulièrement de ne pas forcer sur la durite d'alimentation en huile du turbocompresseur.
11 Débrancher le flexible de réfrigérant à l'extrémité pompe à vide des freins arrière de la culasse **(voir illustration)**.

13.22 Desserrage d'un boulon de culasse

12 Débrancher le petit flexible de réfrigérant au niveau de l'extrémité courroie de distribution avant de la culasse **(voir illustration)**.
13 Débrancher le flexible de retour de carburant au niveau de ses supports sur la culasse puis le repousser sur le côté **(voir illustration)**.
14 Débrancher le câble de l'accélérateur au niveau de la pompe à injection (en consultant, le cas échéant, le Chapitre 4), puis écarter ce câble de la culasse.
15 Déposer l'ensemble filtre carburant/logement de thermostat, comme indiqué au Chapitre 4.
16 Dévisser l'écrou ou la cheville qui immobilise le support du flexible de réfrigérant et le support de levage du moteur sur l'extrémité volant de la culasse **(voir illustration)**.
17 Déposer le pignon de l'arbre à cames, comme indiqué à la Section 8.
18 Déposer le tendeur de la courroie de distribution et le silentbloc droit, comme indiqué à la Section 9.
19 Déposer le pignon de renvoi de la courroie de distribution, comme indiqué à la Section 10.
20 Déposer le boulon qui immobilise la plaque avant du moteur sur le support de fixation de la pompe à injection de carburant.
21 Retirer l'écrou et le boulon qui immobilisent la plaque avant du moteur et le support de fixation de l'alternateur sur le support de fixation de la pompe à injection de carburant. Ensuite, déposer la plaque avant du moteur.
22 Desserrer progressivement les boulons de la culasse dans l'ordre inverse de l'illustration 13.36 (pour desserrer ces boulons, utiliser une clé Torx T55) **(voir illustration)**.

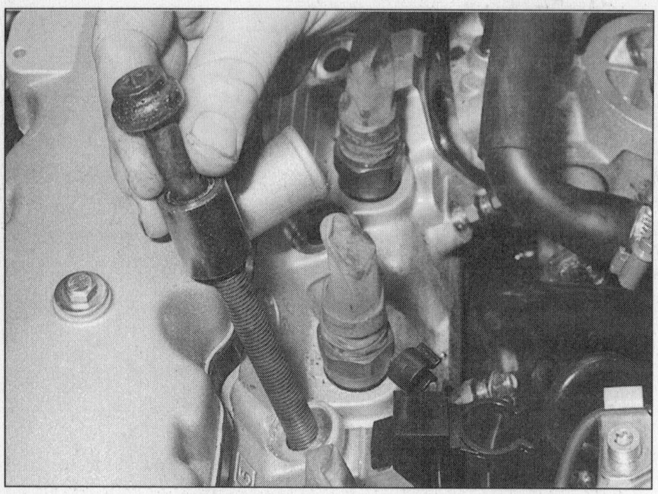

13.23 Retrait d'un boulon et d'une entretoise de culasse

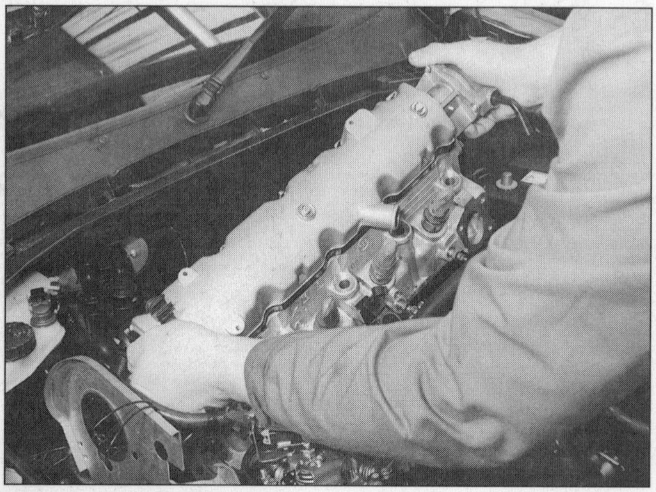

13.25 Dépose de la culasse

23 Soulever les boulons pour les retirer puis récupérer les entretoises **(voir illustration)**.

24 Dégager la culasse du bloc-cylindres et du goujon de centrage en la manipulant. L'outil Citroën prévu à cet effet se compose de deux tiges métalliques dont les extrémités ont été recourbées à 90° **(voir illustration)**. Ne pas chercher à forcer entre la culasse et le bloc, car cela risque d'endommager les surfaces de contact du joint de culasse.

25 Soulever la culasse pour l'écarter du bloc puis récupérer le joint **(voir illustration)**.

Sélection du joint de culasse

26 Vérifier que la courroie de distribution a bien été retirée du pignon de la pompe à injection de carburant. Faire ensuite tourner le vilebrequin pour amener les pistons 1 et 4 à leur PMH. Placer un comparateur à cadran sur le bloc-cylindres et l'amener à zéro au niveau de la surface de ce bloc. Transférer le palpeur au centre du piston numéro 1 puis faire tourner le vilebrequin lentement dans un sens puis dans l'autre, de part et d'autre du PMH en notant la valeur la plus élevée affichée par le comparateur. Noter cette valeur.

27 Recommencer cette procédure de mesure sur le piston numéro 4 puis faire tourner le vilebrequin d'un demi-tour (180°) avant d'effectuer cette procédure sur les pistons numéro 2 et 3 **(voir illustration)**.

28 Si vous ne disposez pas d'un comparateur à cadran, vous pouvez mesurer la saillie du piston à l'aide d'une règle et de calibres d'épaisseur ou d'un vernier. Cependant, ces méthodes sont forcément moins précises et nous ne pouvons donc les recommander.

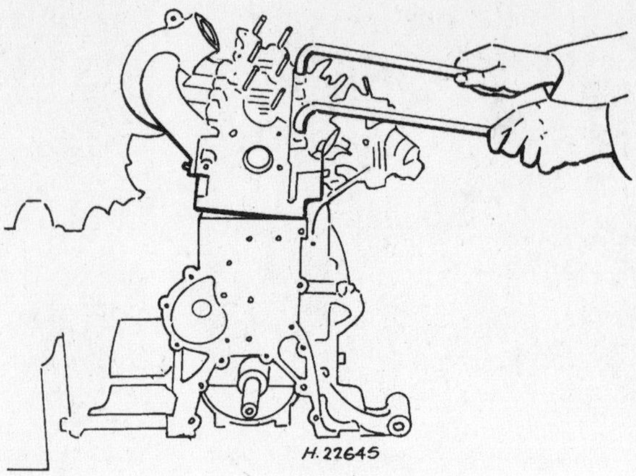

13.24 Dégagement de la culasse à l'aide de tiges à bouts recourbés

29 Identifier la saillie de piston la plus élevée qui a été mesurée. Utiliser cette valeur pour déterminer le joint de culasse à employer, en se basant sur le tableau suivant.

Saillie de piston	Identification de joint
0,54 à 0,65 mm	*1 cran*
0,65 à 0,77 mm	*2 crans*
0,77 à 0,82 mm	*3 crans*

Il convient de noter que les crans ou les trous qui apparaissent sur l'axe central du joint plat permettent d'identifier la cylindrée du moteur ainsi que son type mais n'ont aucun rapport avec l'épaisseur du joint plat **(voir illustration)**.

Examen des boulons de la culasse

30 Le constructeur recommande de mesurer les boulons de la culasse pour déterminer s'il faut les remplacer. Cependant, certains automobilistes souhaitent souvent remplacer d'office ces boulons. Il convient de noter qu'en cas d'emploi d'un boulon modifié pour bien positionner le joint (voir paragraphe 33), il faut utiliser un boulon neuf lors de la repose finale de la culasse.

31 Mesurer la longueur de chaque boulon entre la partie inférieure de sa tête et l'extrémité de sa tige **(voir illustration)**. Comparer les résultats obtenus aux valeurs du tableau suivant pour déterminer s'il faut remplacer les boulons et les entretoises.

Modèles non-turbo

Longueur de boulon	Mesure à prendre
120,0 à 121,5 mm	*Réutiliser les boulons et entretoises*
> 121,5 mm	*Remplacer les boulons et entretoises*

Modèles Turbo

Longueur de boulon	Mesure à prendre
145,0 à 146,5 mm	*Réutiliser les boulons et entretoises*
> 146,5 mm	*Remplacer les boulons et entretoises*

Repose

32 Faire tourner le vilebrequin dans le sens des aiguilles d'une montre (lorsqu'on le regarde depuis l'extrémité de la courroie de distribution), jusqu'à ce que les pistons numéro 1 et 4 aient passé leur point mort bas (PMB) et commencent à remonter. Les amener alors à mi-hauteur, dans leurs alésages respectifs. Les pistons numéro 2 et 3 se trouveront également à mi-hauteur, mais descendront le long de leurs alésages.

33 Mettre en place un joint plat de type correct, et dans le bon sens, sur le bloc-cylindres. Les crans ou orifices d'identification doivent se

13.27 Mesure de la saillie d'un piston

13.29 Crans d'identification (flèche) de l'épaisseur du joint de culasse

13.31 Mesure de la longueur (L) des boulons de culasse pour déterminer si leur remplacement est nécessaire

trouver à l'extrémité volant/plateau d'entraînement du moteur. S'assurer que le goujon de centrage est bien en position à l'extrémité courroie de distribution de ce bloc. Il ne faut pas oublier qu'il n'y a qu'un seul goujon de centrage et que par conséquent le joint peut bouger lors de la pose de la culasse, en particulier si cette culasse est montée sur le moteur alors que ce dernier n'a pas été déposé (du fait de l'inclinaison du moteur). Dans le pire des cas, les pistons et/ou les soupapes risquent de heurter le joint plat, ce qui endommagerait le moteur. Pour éviter ce problème, retirer à la scie la tête d'un boulon de culasse puis faire une fente à l'extrémité de ce boulon pour pouvoir le tourner à l'aide d'un tournevis. Visser ce boulon dans l'un des orifices prévus à cet effet à l'extrémité volant/plateau d'entraînement du bloc-cylindres puis placer le joint plat sur ce boulon et le goujon de centrage. Cela permet de maintenir en position ce joint lors de la pose de la culasse.

34 Abaisser la culasse pour l'amener sur le bloc.

35 Graisser les filetages et les surfaces de contact des boulons de la culasse (voir paragraphes 30 et 31) avant de les introduire avec leurs entretoises (le côté convexe doit être dirigé vers le haut, le cas échéant). Si besoin est, après avoir mis en place trois ou quatre boulons pour bien centrer la culasse, retirer le boulon modifié qui a été mis en place au paragraphe 33 et le remplacer par un boulon neuf.

36 Serrer les boulons de la culasse, dans l'ordre indiqué **(voir illustration)**. Visser ces boulons, en plusieurs passes, comme indiqué aux Spécifications (deux passes pour les modèles non-turbo et trois pour les modèles Turbo). C'est-à-dire qu'il faut serrer chaque boulon au couple prévu pour la première passe avant de le resserrer au couple de la deuxième passe (sur les modèles Turbo, serrer tous les boulons au couple final prévu pour la troisième passe).

37 Remettre en place la plaque avant du moteur puis resserrer les boulons et écrous qui immobilisent cette plaque sur le support de la pompe à injection de carburant.

38 Remettre en place le pignon de renvoi de la courroie de distribution.

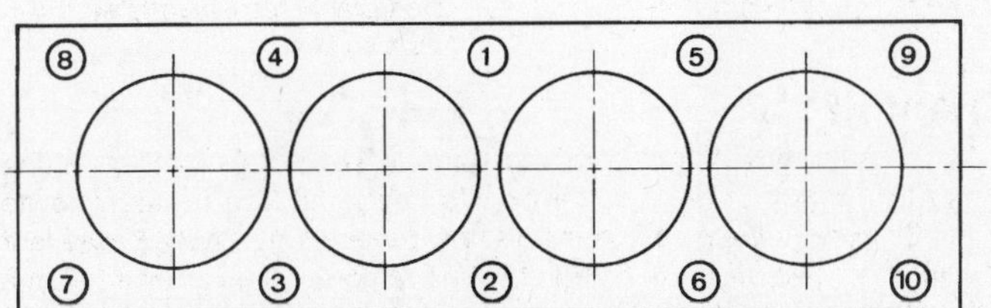

13.36 Ordre de serrage des boulons de la culasse

39 Remettre en place le tendeur de la courroie de distribution et le silentbloc droit, comme indiqué à la Section 10.

40 Remettre en place le pignon de l'arbre à cames, comme indiqué à la Section 9.

41 Remettre en place l'écrou ou la cheville qui immobilise le support du flexible de réfrigérant et le support de levage du moteur sur l'extrémité volant de la culasse.

42 Remettre en place l'ensemble filtre carburant/logement de thermostat, comme indiqué au Chapitre 4.

43 Rebrancher le câble de l'accélérateur sur la pompe à injection de carburant. Le cas échéant, le régler, comme indiqué au Chapitre 4.

44 Remettre en position le flexible de retour de carburant dans les supports de la culasse.

45 Rebrancher le petit flexible de réfrigérant à l'extrémité avant de la courroie de distribution de la culasse.

46 Rebrancher le flexible de réfrigérant sur l'arrière de la culasse.

47 Remettre en place les rampes d'admission et d'échappement, comme indiqué au Chapitre 4.

48 Rebrancher le fil d'alimentation sur la bougie incandescente connexe.

49 Remonter les durites de carburant sur la pompe à injection et les injecteurs, comme indiqué au Chapitre 4.

50 Remettre en place les flexibles d'étanchéité des injecteurs de carburant.

51 Rebrancher le flexible de vide sur la pompe à vide des freins ou remettre en place, suivant les cas, la courroie d'entraînement de la pompe à vide (Section 19 du Chapitre 1).

52 Le cas échéant, rebrancher le flexible d'air en haut de la rampe d'admission.

53 Remettre en place le carter de distribution d'air ou le refroidisseur intermédiaire, suivant les cas, comme indiqué au Chapitre 4.

54 Refaire le plein du système de refroidissement, comme indiqué à la Section 30 du Chapitre 1.

55 Rebrancher la cosse négative de la batterie.

56 Purger le système de carburation, comme indiqué au Chapitre 4.

14 Carter d'huile - dépose et repose

Note: *Lors de la repose, il faut utiliser un joint plat neuf sur le carter d'huile ainsi qu'une rondelle d'étanchéité neuve sur le bouchon de vidange.*

Dépose

1 Serrer le frein à main. Lever au cric l'avant du véhicule puis le soutenir sur des chandelles (voir section *"Levage, remorquage et changement de roue"*).

2 Placer un récipient de taille suffisante sous le moteur. Dévisser le

bouchon de vidange du carter d'huile à l'aide d'une clé à tête carrée de diamètre approprié. Laisser l'huile s'écouler dans le récipient.

3 Essuyer le bouchon de vidange pour le nettoyer. Le remettre en place.

4 Dévisser les boulons du carter d'huile. Noter l'emplacement de chaque type de boulon car ils n'ont pas la même longueur. Récupérer les entretoises qui se trouvent sous chaque boulon, si elles se sont décollées.

5 Déposer le carter d'huile et le joint plat. Il est probable que ce carter restera collé à son emplacement. Dans ce cas-là, il faut le décoller à l'aide d'un couteau à fine lame.

Repose

6 Avant d'effectuer la repose, enlever les résidus de joint plat sur le carter d'huile et le bloc-cylindres. Bien essuyer ces surfaces.

7 Passer un peu de produit d'étanchéité sur les joints entre le logement du joint d'huile avant du vilebrequin et le bloc-cylindres.

8 Mettre en position un joint plat neuf sur le carter d'huile. Soulever ce carter pour l'amener en position puis introduire les boulons, ainsi que leurs entretoises, aux emplacements corrects d'origine.

9 Serrer progressivement ces boulons au couple spécifié.

10 Ramener le véhicule au sol puis refaire le plein d'huile moteur. Utiliser pour cela un volume correct d'une huile de grade recommandé (voir Section 8 du Chapitre 1).

15 Pompe à huile et chaîne d'entraînement - dépose, examen et repose

Note: *Lors de la repose, il faut utiliser un joint d'huile avant neuf pour le vilebrequin et un joint plat neuf pour le logement du joint d'huile avant du vilebrequin.*

Pompe à huile

Dépose

1 Déposer le carter d'huile, comme indiqué à la Section 14.

2 Dévisser les trois boulons qui immobilisent la pompe à huile sur le bloc-cylindres. Identifier la position de chacun de ces boulons car ils ont tous une longueur différente.

3 Retirer la pompe. Dégager le pignon de la chaîne d'entraînement lors de cette dépose **(voir illustration)**.

Examen

4 Déposer la crépine en extrayant de force le chapeau **(voir illustrations)**.

5 Retirer les six boulons qui immobilisent l'une sur l'autre les deux moitiés de la pompe à huile **(voir illustration)**. Séparer ces deux moitiés. S'attendre à l'éjection du ressort et du plongeur du clapet de détente. Le cas échéant, récupérer le siège du ressort à l'extrémité

15.3 Retrait de la pompe à huile

couvercle de ce ressort. Nettoyer tous ces composants.

6 Examiner les pignons et les logements pour s'assurer qu'il n'y a pas d'usure et d'endommagement. Vérifier le jeu axial des pignons à l'aide d'une règle et de calibres d'épaisseur. Vérifier également le jeu entre la pointe des lobes des pignons et le logement **(voir illustrations)**. Si l'un de ces jeux dépasse la limite spécifiée, remplacer la pompe. Il convient de noter qu'à l'exception du ressort et du plongeur de clapet de détente, aucun composant individuel n'est commercialisé.

7 S'il faut remplacer la pompe, il est également recommandé de changer la chaîne et le pignon du vilebrequin.

8 Lubrifier les pignons en utilisant de l'huile moteur propre et de grade correct. Remonter la pompe à huile en procédant dans l'ordre inverse des opérations de démontage **(voir illustrations)**. Remettre en place les six boulons qui immobilisent l'une sur l'autre les deux moitiés de la pompe. Resserrer à fond ces boulons en procédant progressivement.

Repose

9 La repose se fait dans l'ordre inverse des opérations de dépose. Serrer les boulons de fixation de la pompe au couple spécifié puis remettre en place le carter d'huile, comme indiqué à la Section 14 **(voir illustration)**.

Chaîne d'entraînement de la pompe à huile

Note: *Lors de la repose, il faut utiliser un joint d'huile avant neuf pour le*

15.4a Extraction de force du chapeau . . .

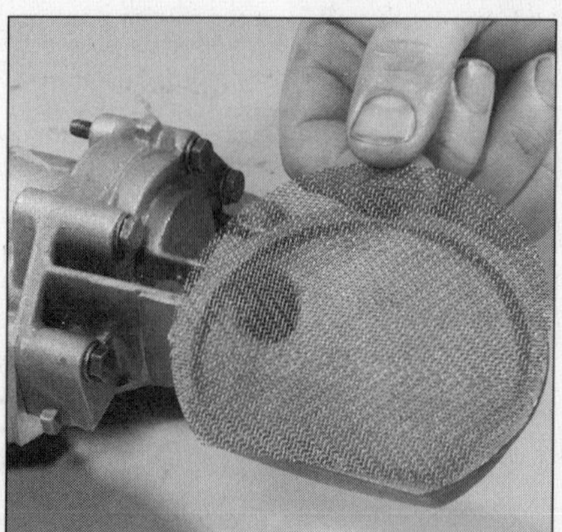

15.4b . . . et retrait de la crépine

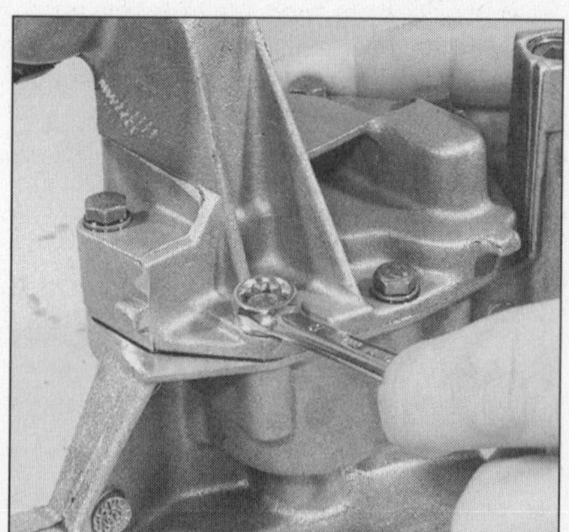

15.5 Desserrage d'un boulon de fixation du couvercle de la pompe à huile

15.6a Vérification du jeu axial des pignons . . .

15.6b . . . et du jeu entre les lobes de pignons et le carter

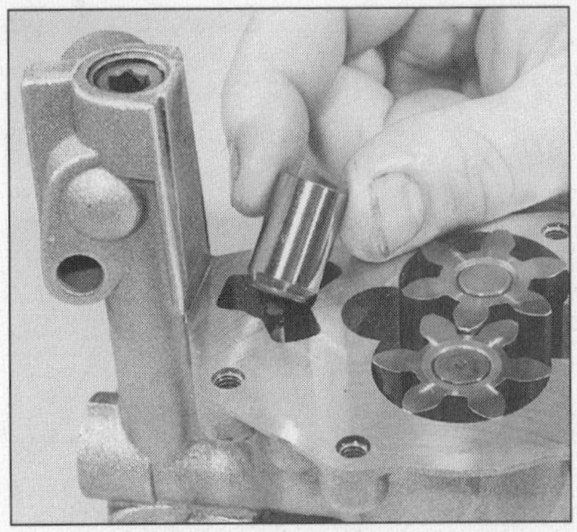

15.8a Remise en place du plongeur . . .

15.8b . . . du ressort . . .

15.8c . . . et de son siège

15.9 Serrage d'un boulon de fixation de la pompe à huile

vilebrequin et un joint plat neuf pour le logement du joint d'huile avant du vilebrequin.

Dépose

10 Déposer le pignon du vilebrequin de la courroie de distribution, comme indiqué à la Section 8.

11 Déposer la pompe à huile, comme indiqué au début de cette Section.

12 Dévisser les boulons de fixation puis déposer le logement du joint d'huile avant du vilebrequin. Récupérer le joint plat.

13 Déposer le joint d'huile s'il est resté collé au vilebrequin.

14 Soulever la chaîne pour l'écarter du pignon du vilebrequin avant de la retirer du carter moteur.

15 Si vous le souhaitez, vous pouvez faire glisser le pignon pour l'écarter du vilebrequin. Récupérer la clavette demi-lune si elle s'est détachée.

Examen

16 Examiner la denture des pignons. Si elle présente des "crochets" visibles, il faut remplacer ces pignons. En ce qui concerne le pignon de la pompe, il faut remplacer la pompe toute entière s'il présente une usure notable, étant donné qu'il n'est pas possible de le retirer de l'arbre de la pompe.

17 Examiner la chaîne pour s'assurer qu'elle n'est pas usée. Si le moteur a parcouru un kilométrage considérable ou si cette chaîne présente un cintrage important lorsqu'on la tient à l'horizontale (c'est-à-dire lorsque les pignons sont verticaux) remplacer cette chaîne.

Repose

18 La repose se fait dans l'ordre inverse des opérations de dépose, en tenant compte des points suivants.

(a) Remettre en place le logement du joint d'huile. Utiliser un joint plat neuf, mais sans le joint d'huile.

(b) Mettre en place un joint d'huile avant neuf de vilebrequin, comme indiqué à la Section 16.

(c) Remettre en place la pompe à huile, comme indiqué au début de cette Section.

(d) Remettre en place le pignon du vilebrequin de la courroie de distribution, comme indiqué à la Section 8.

16.3 Utilisation d'une vis auto-taraudeuse et de pinces pour retirer le joint d'huile avant du vilebrequin

16.12 Retrait du joint d'huile avant de l'arbre à cames

16.15 A l'aide d'un boulon M10, de rondelles et d'une douille, mettre en place le joint d'huile avant de l'arbre à cames

16 Joints d'huile - remplacement

Joint d'huile avant du vilebrequin (extrémité courroie de distribution)

1 Déposer le pignon du vilebrequin de la courroie de distribution, comme indiqué à la Section 8.

2 Mesurer la profondeur d'installation du joint d'huile et noter cette valeur.

3 Extraire le joint d'huile de son logement à l'aide d'un crochet. En variante, percer un petit trou dans le joint d'huile et utiliser une vis auto-taraudeuse et des pinces pour le déposer **(voir illustration)**.

4 Nettoyer le logement du joint d'huile et la surface d'étanchéité du vilebrequin.

5 Plonger le joint d'huile neuf dans de l'huile moteur propre. L'enfoncer dans son logement (extrémité ouverte en premier), jusqu'à la profondeur enregistrée précédemment. Utiliser un tube ou une douille de diamètre approprié. Pour éviter d'endommager le joint d'huile lors de sa mise en place, il est recommandé d'enrouler une feuille de plastique mince ou du ruban adhésif autour de l'extrémité avant du vilebrequin.

6 Le cas échéant, retirer la feuille de plastique ou le ruban adhésif à l'extrémité du vilebrequin.

7 Remettre en place le pignon du vilebrequin de la courroie de distribution, comme indiqué à la Section 8.

Joint d'huile arrière du vilebrequin (extrémité volant moteur)

8 Déposer l'ensemble volant moteur/plateau d'entraînement, comme indiqué à la Section 18.

9 Procéder comme indiqué aux paragraphes 2 à 6, en notant que lorsque le joint d'huile est en place, sa lèvre externe doit être dirigée vers l'extérieur. Si elle est dirigée vers l'intérieur, utiliser un fil de fer recourbé pour l'extraire. Faire très attention de ne pas endommager le joint d'huile.

10 Remettre en place l'ensemble volant moteur/plateau d'entraînement, comme indiqué à la Section 18.

Joint d'huile avant de l'arbre à cames (extrémité courroie de distribution)

11 Déposer le pignon de l'arbre à cames, comme indiqué à la Section 8. En principe, il n'est pas nécessaire de déposer complètement la courroie de distribution. Cependant, ne pas oublier que si cette courroie est contaminée par de l'huile, il faut la remplacer.

12 Extraire le joint d'huile de son logement à l'aide d'un crochet **(voir illustration).** En variante, percer un petit trou dans le joint d'huile et utiliser une vis auto-taraudeuse et des pinces pour le déposer **(voir illustration).**

13 Nettoyer le logement du joint d'huile et la surface d'étanchéité de l'arbre à cames.

16.25 Joint d'huile arrière de l'arbre à cames (1) et joint torique (2) de galerie d'alimentation en huile à l'arrière de la pompe à vide de freins à entraînement direct

14 Enduire d'huile moteur propre le joint d'huile neuf puis le mettre en place à l'extrémité de l'arbre à cames, extrémité ouverte en premier. Pour éviter d'endommager le joint d'huile lors de sa mise en place, il est recommandé d'enrouler une feuille de plastique mince ou du ruban adhésif autour de l'extrémité avant de l'arbre à cames.

15 Enfoncer le joint dans son logement jusqu'à ce qu'il affleure la surface de la culasse. Utiliser un boulon M10 (qui vient se visser à l'extrémité de l'arbre à cames), des rondelles et un tube ou une douille de diamètre approprié pour amener ce joint en position **(voir illustration)**.

16 Remettre en place le pignon de l'arbre à cames, comme indiqué à la Section 8.

17 Le cas échéant, mettre en place une courroie de distribution neuve, comme indiqué à la Section 7.

Joint d'huile arrière de l'arbre à cames (extrémité volant) -modèles à pompe à vide de freins entraînée par une courroie

18 Pour améliorer l'accès, déposer le refroidisseur intermédiaire (modèles Turbo) ou le carter de distribution d'air (moteur XUD9A - D9B), suivant les cas, comme indiqué au Chapitre 4.

19 Déposer la courroie d'entraînement de la pompe à vide de freins, comme indiqué à la Section 19 du Chapitre 1.

20 Empêcher l'arbre à cames de tourner lors du desserrage du boulon de la poulie d'entraînement de la pompe à vide. Pour cela, utiliser l'une des deux méthodes suivantes:

18.3 Utilisation d'un outil spécifique pour immobiliser le volant à l'aide de la denture de la couronne

18.8a Enduire de liquide de freinage le filetage des boulons du volant moteur . . .

18.8b . . . puis serrer les boulons (ils sont illustrés ci-dessus après avoir retiré le moteur)

(a) *Fabriquer un outil identique à celui qui est représenté sur l'illustration 8.2a de la Section 8. S'en servir pour maintenir le pignon en position stationnaire à l'aide des orifices de ce pignon.*

(b) *Déposer le couvercle de l'arbre à cames, comme indiqué à la Section 4. Empêcher l'arbre à cames de tourner en plaçant une clé de taille appropriée sur l'ergot qui sépare les lobes 3 et 4 de l'arbre à cames (voir illustration 8.2b de la Section 8).*

21 Déposer le boulon de la poulie d'entraînement de la pompe à vide à l'extrémité de l'arbre à cames. Retirer ensuite cette poulie. Récupérer la clavette demi-lune, si elle s'est détachée.

22 Procéder comme indiqué aux paragraphes 12 à 14.

23 Enfoncer le joint dans son logement jusqu'à ce qu'il affleure la surface de la culasse. Utiliser un boulon de diamètre approprié (qui vient se glisser à l'extrémité de l'arbre à cames), des rondelles et un tube ou une douille de diamètre approprié pour amener ce joint en position **(voir illustration)**.

24 Le reste de la repose se fait dans l'ordre inverse des opérations de dépose. Serrer le boulon de la poulie de la pompe à vide au couple spécifié puis remettre en place la courroie d'entraînement de cette pompe, comme indiqué à la Section 19 du Chapitre 1.

Joint d'huile arrière de l'arbre à cames (extrémité volant) - modèles à pompe à vide de freins à entraînement direct

25 L'extrémité volant de l'arbre à cames ne comporte pas de joint d'huile. L'étanchéité est assurée par un joint torique qui vient se fixer sur la bride de la pompe à vide. Pour remplacer ce joint torique, déboulonner la pompe pour la retirer de la culasse (voir Chapitre 9). Noter le petit joint torique qui assure l'étanchéité de la galerie d'alimentation en huile en direction de la pompe - toute détérioration ou rupture de ce joint torique peut provoquer une fuite au niveau des surfaces de contact entre la pompe et la culasse **(voir illustration)**.

17 Capteurs de niveau d'huile, de température et de pression - généralités

Le Chapitre 5 fournit des détails complets.

18 Volant moteur/plateau d'entraînement - dépose, examen et repose

Dépose

Note: *Pour immobiliser les boulons du volant lors de la repose, il faut se procurer au préalable un produit de freinage approprié.*

1 Déposer la transmission, comme indiqué au Chapitre 7.

2 Sur les modèles à transmission mécanique, déposer l'ensemble embrayage, comme indiqué au Chapitre 6.

3 Immobiliser l'ensemble volant moteur/plateau d'entraînement en plaçant un outil approprié sur la denture de la couronne du volant **(voir illustration)**. Dévisser puis retirer les boulons avant de soulever l'ensemble volant moteur/plateau d'entraînement pour l'écarter du vilebrequin. Faire très attention car le volant moteur est lourd. Il n'est pas nécessaire de tracer des repères d'alignement étant donné que la bride du vilebrequin comporte un goujon de centrage.

Examen

4 Si la denture de la couronne du démarreur du volant moteur est fortement usée ou si plusieurs dents sont cassées, il faut remplacer la totalité du volant moteur étant donné que la couronne dentée ne se vend pas séparément.

5 Sur les modèles à transmission mécanique, examiner la surface de contact du disque de frottement de l'embrayage, au niveau du volant, pour s'assurer qu'il n'y a pas de rayures ou de petites fissures (provoquées par une surchauffe). Si ce type de défaut est visible, il est possible de procéder à une rectification de la surface du volant, à condition de ne pas trop en réduire l'épaisseur. Demander conseil à un concessionnaire Citroën ou à un mécanicien spécialisé dans la réparation des moteurs. Si cette rectification n'est pas possible, remplacer la totalité du volant moteur.

Repose

6 Avant d'effectuer cette repose, nettoyer les surfaces de contact du vilebrequin et de l'ensemble volant moteur/plateau d'entraînement.

7 Centrer l'ensemble volant moteur/plateau d'entraînement sur le goujon du vilebrequin.

8 Enduire de produit de freinage le filetage des boulons (enlever au préalable les résidus de produits de freinage). Introduire ces boulons puis les serrer au couple spécifié tout en immobilisant l'ensemble volant moteur/plateau d'entraînement, comme lors de la dépose **(voir illustrations)**.

9 Sur les modèles à transmission mécanique, remettre en place l'ensemble embrayage, comme indiqué au Chapitre 6.

10 Remettre en place la transmission, comme indiqué au Chapitre 7.

19 Supports de l'ensemble moteur/transmission - dépose et repose

Silentbloc droit

1 Voir Section 9.

19.6 Retirer l'écrou (flèche) et le boulon qui immobilisent le silentbloc du moteur sur le support horizontal

19.7 Dévisser les boulons (flèche) qui immobilisent le silentbloc du moteur sur le bloc-cylindres (le moteur a été déposé pour accroître la visibilité)

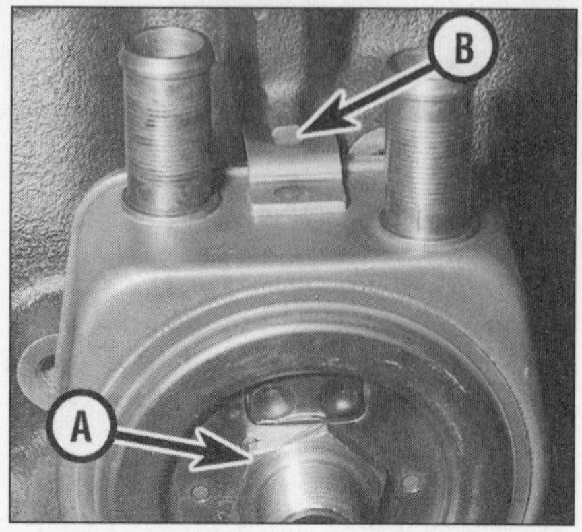

20.4 Ergot de fixation (1) du refroidisseur d'huile et du filtre à huile et encoche de centrage du refroidisseur (2)

Silentbloc inférieur

Dépose

2 Le silentbloc inférieur incorpore également le carter du roulement intermédiaire de l'arbre de roue droit.

3 Serrer le frein à main puis lever au cric l'avant du véhicule et bien le soutenir sur des chandelles (voir section *"Levage, remorquage et changement de roue"*).

4 Soutenir le moteur à l'aide d'un treuil et d'un palan de capacités suffisantes. Raccorder ce palan aux supports de levage de la culasse. En variante, soutenir le moteur en immobilisant, en travers du compartiment moteur, une barre en bois ou en métal suffisamment robuste.

5 Débrancher l'arbre de transmission, en consultant la Section 2 du Chapitre 8. Soutenir l'extrémité de cet arbre en le suspendant par un fil ou une corde afin de ne pas tirer sur le joint.

6 Retirer l'écrou et le boulon qui immobilisent le silentbloc sur le support horizontal du châssis **(voir illustration)**.

7 Dévisser les boulons qui immobilisent le silentbloc sur le bloc-cylindres **(voir illustration)**.

8 Tirer sur le support pour l'écarter du bloc-cylindres. Noter les deux goujons de centrage de ce support. Faire très attention de ne pas exercer de contrainte au niveau du joint de l'arbre de transmission.

9 Faire glisser le palier intermédiaire de l'arbre de transmission pour l'écarter du support. Ensuite, faire glisser ce support pour l'écarter de l'extrémité de l'arbre de transmission.

10 On peut, si on le souhaite, déposer le support horizontal en retirant le boulon et l'écrou qui l'immobilisent sur le châssis.

Repose

11 La repose se fait dans l'ordre inverse des opérations de dépose. Cependant, il faut rebrancher l'arbre sur la transmission en consultant la Section 2 du Chapitre 8.

Support gauche de l'ensemble moteur/transmission

Dépose

12 Procéder comme indiqué aux paragraphes 3 et 4.

13 Déposer la batterie et son plateau, comme indiqué au Chapitre 5.

14 Sur les modèles Turbo, desserrer les colliers de flexibles puis débrancher la canalisation d'air au niveau de l'épurateur d'air ainsi que le tube d'air qui se trouve derrière la rampe d'admission.

15 Déboulonner la canalisation d'air au niveau du plateau métallique qui soutient la batterie puis soulever cette canalisation pour la retirer du compartiment moteur.

16 Débrancher le faisceau de câblage au niveau du plateau support de la batterie. Bien noter le trajet qu'il suit.

17 Dévisser les quatre boulons de fixation puis déposer du compartiment moteur la plaque support de la batterie.

18 Depuis le côté gauche du compartiment moteur, dévisser l'écrou qui immobilise le support de l'ensemble moteur et transmission sur le silentbloc. Récupérer la rondelle.

19 Dévisser les deux écrous qui immobilisent le silentbloc sur la carrosserie proprement dite. Ensuite, retirer du compartiment moteur ce silentbloc. Sur la transmission, récupérer la bague de l'ergot de montage.

20 Pour de plus amples détails sur la dépose et la repose de l'ergot de montage de la transmission, consulter la Section 7 du Chapitre 7, Partie A.

Repose

21 La repose se fait dans l'ordre inverse des opérations de dépose.

20 Refroidisseur d'huile moteur - dépose et repose

Dépose

1 Vidanger le circuit de refroidissement, comme indiqué à la Section 30 du Chapitre 1.

2 Placer un récipient de taille suffisante sous le filtre à huile. Dévisser ce filtre à l'aide d'un outil de dépose spécialement conçu à cet effet. Laisser l'huile s'écouler dans le récipient.

3 Desserrer les colliers des flexibles puis débrancher les flexibles de réfrigérant au niveau du refroidisseur d'huile.

4 Dévisser, au niveau du bloc-cylindres, l'ergot de fixation de l'ensemble refroidisseur d'huile/filtre à huile. Retirer le refroidisseur. Noter l'encoche de centrage de la bride du refroidisseur qui vient se placer au-dessus de la cheville du bloc-cylindres **(voir illustration)**.

Repose

5 La repose se fait dans l'ordre inverse des opérations de dépose, en tenant compte des points suivants.

(a) *S'assurer que l'encoche de centrage de la bride du refroidisseur vient bien se mettre en prise sur l'encoche du bloc-cylindres.*

(b) *Compléter le plein d'huile moteur, comme indiqué à la Section 8 du Chapitre 1.*

(c) *Refaire le plein du circuit de refroidissement, comme indiqué à la Section 30 du Chapitre 1.*

Chapitre 2 Partie B Dépose et procédures générales de révision du moteur

Table des matières

Spécifications

Système de lubrification

Pression minimale d'huile à 90°C:	
Modèles non-turbo	3,5 bars à 4000 tr/min
Modèles Turbo	3 bars au ralenti, 4,9 bars à 4000 tr/min

Culasse

Déformation maximale de la surface du joint:	
Modèles non-turbo	0,03 mm
Modèles Turbo	0,07 mm
Hauteur hors-tout	140,0 + 0,25 mm - 0,05
Saillie de la chambre de tourbillonnement	0 à 0,03 mm

Soupapes

Note: *Toutes ces Spécifications sont valables pour des moteurs de 1,9 litre - à la date de mise sous presse, nous ne disposions pas d'informations sur le moteur de 1,8 litre.*

Angle du siège (inclus) ... 90°
Diamètre de tête:
  Admission ... 38,6 ± 0,2 mm
  Echappement ... 33,0 ± 0,2 mm
Diamètre de tige:
  Admission ... 7,99 ± 0,03 mm
  Echappement ... 7,97 ± 0,1 mm
Longueur hors-tout:
  Admission ... 112,40 ± 0,03 mm
  Echappement ... 111,85 ± 0,3 mm
Calage (avec jeu de 0,8 mm):
  Ouverture soupape d'admission: ... 4° après PMH
  Fermeture soupape d'admission:
    Modèles non-turbo ... 35° après PMB
    Modèles Turbo ... 31° après PMB
  Ouverture soupape d'échappement ... 43° avant PMB
  Fermeture soupape d'échappement ... PMH
Jeux des soupapes ... Voir Chapitre 2, Partie A

Bloc-cylindres

Alésage du cylindre:
  Moteur de 1,8 litre:
    Standard ... 80,000 à 80,018 mm
    Cote réparation ... 80,030 à 80,048 mm
  Moteurs de 1,9 litre:
    Standard ... 83,000 à 83,018 mm
    Première cote réparation R1 ... 83,200 à 83,218 mm
    Deuxième cote réparation R2 ... 83,500 à 83,518 mm
    Troisième cote réparation R3 ... 83,800 à 83,818 mm

Pistons

Diamètre:
  Moteur de 1,8 litre:
    Standard ... 79,930 ± 0,008 mm
    Cote réparation ... 79,960 ± 0,008 mm
  Moteurs de 1,9 litre:
    Standard ... 82,930 à 82,939 mm
    Première cote réparation R1 ... 83,130 à 83,139 mm
    Deuxième cote réparation R2 ... 83,430 à 83,439 mm
    Troisième cote réparation R3 ... 83,730 à 83,739 mm

Bielles et axes de pistons

Longueur de bielle ... 145,0 ± 0,025 mm
Différence maximale de poids entre les différentes bielles ... 4 g
Diamètre d'axe de piston ... 25,0 + 0 mm - 0,006
Longueur d'axe de piston ... 72,0 + 0 mm - 0,3

Vilebrequin

Jeu axial ... 0,07 à 0,32 mm
Epaisseurs des rondelles de butée de contrôle du jeu axial ... 2,30, 2,40, 2,45 et 2,50 mm
Diamètre de portée de palier principal:
  Standard ... 60,0 + 0 mm - 0,019
  Cote réparation ... 59,7 + 0 mm - 0,019
Diamètre de portée de palier de tête de bielle:
  Standard ... 50,0 + 0 mm - 0,016
  Cote réparation ... 49,7 + 0 mm - 0,016
Faux-rond maximum de portée de palier ... 0,007 mm
Jeu opérationnel des paliers principaux et des paliers de têtes de bielles (valeur typique - aucune valeur n'a été communiquée par Citroën) ... 0,025 à 0,050 mm

Segments de pistons

Coupes:
  Segments supérieur et central (compression) ... 0,20 à 0,40 mm
  Segment inférieur (contrôle d'huile) ... 0,25 à 0,50 mm

Couples de serrage

Voir Spécifications du Chapitre 2, Partie A

1 Généralités

Cette partie du Chapitre 2 porte sur les procédures de dépose et de révision générale du moteur, et plus particulièrement de la culasse, de l'ensemble bloc-cylindres/carter moteur et de certains composants internes.

Les informations présentées vont de simples conseils de préparatifs d'une révision, à l'achat de pièces de rechange en passant par des procédures détaillées concernant chaque opération de dépose, examen, rénovation et repose de pièces internes du moteur.

Les sections suivantes ont été préparées en se basant sur l'hypothèse que le moteur a été déposé du véhicule. Pour obtenir des informations sur la réparation du moteur sans le déposer du véhicule et pour connaître les consignes de dépose et de repose des composants externes nécessaires dans le cadre d'une révision, consulter la partie A du Chapitre 2 et la Section 6 de cette partie.

2 Révision du moteur - généralités

Il n'est pas toujours facile de déterminer s'il faut procéder à une révision complète du moteur ou le moment où il faut effectuer cette révision étant donné qu'il convient de tenir compte d'un certain nombre de facteurs. Ne pas non plus oublier qu'il est parfois plus économique d'acheter un moteur remis en état que d'effectuer une révision complète. Cependant, pour prendre une décision en toute connaissance de cause, il faut d'abord démonter complètement le moteur.

Un kilométrage important n'indique pas forcément qu'il faut procéder à la révision du moteur. De même, un faible kilométrage n'empêche pas, dans certains cas, qu'il faille effectuer une révision. La fréquence des entretiens est le facteur primordial dont il faut tenir compte. Si le moteur a fait l'objet de changements périodiques et fréquents d'huile et de filtre, en plus des autres activités de maintenance spécifiées (voir Chapitre 1), il est probable qu'il pourra rouler pendant des milliers de kilomètres sans aucun problème. Inversement, un moteur négligé risque d'avoir besoin d'une révision peu de temps après son entrée en service.

Une consommation d'huile excessive indique qu'il faut s'occuper des segments de pistons, des joints de soupapes et/ou des guide-soupapes. Avant de décider que les segments de pistons et/ou les guide-soupapes sont usés, il faut s'assurer que le problème n'est pas dû à des fuites d'huile. Pour déterminer l'étendue des travaux requis, procéder à un essai de compression ou d'étanchéité des cylindres (voir partie A du Chapitre 2).

Vérifier la pression d'huile en remplaçant le manocontact d'huile moteur par un manomètre de taille appropriée (respecter le mode d'emploi du fabricant). Comparer le chiffre obtenu à celui des Spécifications. Si la pression d'huile est extrêmement faible, il est probable que les paliers principaux et les paliers des têtes de bielles et/ou la pompe à huile sont usés.

Une perte de puissance, des ratés, des cognements ou des bruits métalliques en provenance du moteur, un bruit excessif des commandes de distribution à soupapes ou une consommation élevée de carburant peuvent également indiquer qu'il faut procéder à une révision, en particulier, si toutes les conditions énumérées ci-dessus sont présentes en même temps. Si un entretien complet ne permet pas de corriger cette situation, une révision est la seule possibilité restante.

Une révision complète du moteur a pour but de ramener les caractéristiques (dégagements, jeux axiaux, etc) des composants internes aux valeurs standard d'un moteur neuf. Lors d'une révision complète, il faut remplacer les pistons et leurs segments et remettre en état l'alésage des cylindres. En général, on change également les paliers principaux et les paliers de têtes de bielles et, le cas échéant, on peut procéder à une rectification du vilebrequin pour compenser l'usure des coussinets. S'il faut procéder à une révision du moteur, en profiter pour examiner les soupapes et en assurer l'entretien étant donné qu'habituellement elles ne sont pas en parfait état. Toujours prêter une attention toute particulière à l'état de la pompe à huile lors de cette révision. En cas de doute sur l'état de fonctionnement de cette pompe, il convient de la remplacer par une neuve. Après une révision complète, le moteur doit avoir repris les caractéristiques d'un ensemble neuf d'origine et devrait fonctionner pendant des milliers de kilomètres sans aucun problème. **Note:** *Il faut examiner soigneusement les principaux composants du système de refroidissement comme, par exemple, les flexibles, le thermostat et la pompe de réfrigérant, et les remplacer, si besoin est, lors de la révision du moteur. Il convient également de vérifier avec soin le radiateur pour s'assurer qu'il n'est pas obturé ou qu'il ne fuit pas.*

Avant de commencer la révision d'un moteur, nous vous recommandons de lire toutes les procédures afférentes pour vous familiariser avec la portée et les paramètres du travail à effectuer. La révision d'un moteur n'est pas une activité difficile, à condition de respecter à la lettre toutes les consignes, de disposer de l'outillage et de l'équipement nécessaires et de prêter une attention toute particulière à toutes les recommandations. Cependant, la révision d'un moteur peut prendre du temps. Prévoir l'immobilisation du véhicule pendant au moins deux semaines, en particulier lorsqu'il faut amener des composants à un atelier technique pour en assurer la réparation ou la remise en état. Vérifier que les composants neufs nécessaires sont disponibles et se procurer à l'avance tout l'outillage et l'équipement spécial requis. La grande majorité des opérations s'effectuent à l'aide d'outils mécaniques traditionnels. Il faut cependant se procurer un certain nombre d'appareils de mesure précis pour examiner les composants afin de déterminer s'il faut ou non les remplacer. Bien souvent, un atelier technique est en mesure d'assurer l'examen des composants et d'offrir des conseils sur leur remise en état ou leur remplacement. **Note:** *Il faut démonter complètement le moteur et en examiner tous les composants, en particulier au niveau du bloc-cylindres, avant de prendre une décision sur les opérations d'entretien et de réparation à confier à un atelier technique. Etant donné que l'état du bloc-cylindres est le paramètre essentiel à retenir pour déterminer s'il faut réviser le moteur d'origine ou acheter un ensemble remis en état, ne pas acheter de composants et ne pas prévoir des activités de révision sur d'autres composants tant que le bloc-cylindres n'a pas été soigneusement examiné.* En règle générale, le facteur coût le plus important d'une révision c'est le temps. De ce fait, la mise en place de composants usés ou de qualité insuffisante n'est pas rentable.

A titre de dernière recommandation ayant pour but de maximiser la durée de vie d'un moteur révisé et d'en minimiser les problèmes, il faut procéder à un remontage complet, soigné et dans un milieu d'une propreté absolue.

3 Dépose du moteur - méthodes et précautions

Si vous avez décidé de déposer un moteur pour le réviser ou y effectuer des réparations importantes, vous devez au préalable prendre certaines mesures.

Il est extrêmement important de localiser un lieu de travail approprié. Il faut disposer d'une surface de travail suffisante, offrant la place nécessaire pour y garer le véhicule. Si vous ne disposez pas d'un garage, la surface de travail envisagée doit être horizontale, plate et propre.

Nous recommandons de nettoyer le compartiment moteur et le moteur proprement dit avant de commencer la procédure de dépose car cela permet de maintenir la propreté des outils et d'optimiser l'organisation.

Il faut également disposer d'un treuil et d'un palan ou d'une potence de levage pour soulever le moteur. S'assurer que la capacité nominale de cet équipement est supérieure au poids combiné du moteur et de la transmission. La sécurité est un facteur essentiel étant donné les risques potentiels que présente le levage d'un moteur lors de son retrait de l'automobile.

Si la dépose du moteur est confiée à une personne qui n'est pas qualifiée, il faut qu'elle se fasse aider d'une deuxième personne. Il est également utile de bénéficier des conseils et de l'aide d'une personne qualifiée. Dans de nombreux cas, il n'est pas possible à une personne

4.13a Déboulonner la canalisation d'air au niveau de la plaque support de la batterie. . .

4.13b . . . puis soulever cette canalisation pour la retirer - modèles Turbo

d'assurer simultanément toutes les opérations requises lors du soulèvement du moteur pour le retirer du véhicule.

Planifier avec soin cette opération avant de se lancer dans ces activités. Se procurer tout l'outillage et l'équipement nécessaires avant de démarrer ce travail. Pour déposer et reposer le moteur, en toute sécurité et relativement facilement, en plus d'un treuil ou d'un palan, il faut disposer d'un cric rouleur, d'un jeu complet de clés et de douilles, comme indiqué aux Sections préliminaires de ce manuel, de cales en bois, d'un grand nombre de chiffons et d'une quantité importante de solvant de nettoyage pour éponger les épanchements d'huile, de réfrigérant et de carburant. Si vous devez louer un palan prenez les dispositions nécessaires à l'avance et faites au préalable toutes les opérations réalisables sans ce palan. Cela vous permettra de faire des économies d'argent et de temps.

Vous devez envisager le retrait de service de ce véhicule pendant un certain temps. Un bricoleur devra probablement confier à un atelier technique les opérations qu'il ne peut pas réaliser lui-même sans équipement spécial. Bien souvent, ces établissements sont très occupés. C'est pourquoi nous vous recommandons de les contacter avant de déposer le moteur, afin d'avoir une idée approximative du temps nécessaire pour effectuer la révision ou la réparation des composants qui seront confiés à cette entreprise.

Lors de la dépose et de la repose du moteur, faire toujours preuve de la plus grande précaution. Toute faute d'inattention peut provoquer des blessures graves. En planifiant les activités à l'avance et en prévoyant un nombre d'heures important, ce travail peut se faire sans problème, bien qu'il s'agisse d'une intervention majeure.

Etant donné que les dégagements à l'intérieur du compartiment moteur sont limités, nous recommandons de déposer d'un seul bloc le moteur et la transmission en les soulevant.

4 Moteur et transmission mécanique - dépose et repose

Dépose

1 Ouvrir au maximum le capot (pratiquement à la verticale). Le soutenir à l'aide de la béquille prévue à cet effet.
2 Serrer le frein à main. Soulever l'avant du véhicule au cric puis le laisser reposer, avec soin, sur des chandelles (consulter la section *"Levage, remorquage et changement de roue"*).
3 Déposer les roues avant.
4 Débrancher les deux cosses de la batterie.
5 Vidanger le système de refroidissement, comme indiqué au Chapitre 1.
6 Vidanger l'huile moteur, comme indiqué au Chapitre 1.
7 Vidanger l'huile de transmission, comme indiqué au Chapitre 1.

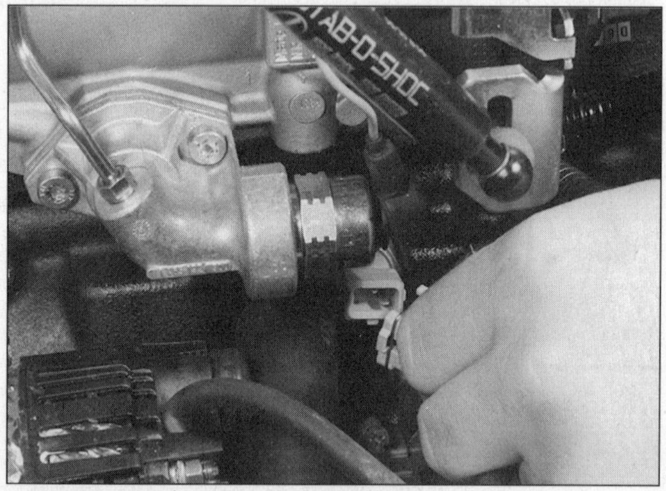

4.21a Débranchement de la fiche du câblage au niveau du contacteur du témoin de pression d'huile

8 Suivant les cas, déposer le refroidisseur intermédiaire (modèles Turbo) ou le carter de distribution d'air (moteur XUD9A - D9B), comme indiqué au Chapitre 4.
9 Le cas échéant, desserrer les colliers de fixation puis déposer le flexible d'air qui relie l'épurateur d'air à la partie supérieure de la rampe d'admission.
10 Sauf sur les modèles Turbo, déboulonner l'épurateur d'air puis le retirer du compartiment moteur.
11 Déposer la batterie et son support, comme indiqué au Chapitre 5.
12 Sur les modèles Turbo, desserrer les colliers de fixation des flexibles puis débrancher la durit d'air entre l'épurateur d'air et la canalisation d'air qui se trouve derrière la rampe d'admission.
13 Déboulonner la durit d'air entre la batterie et son plateau support métallique puis soulever la durit pour la retirer du compartiment moteur **(voir illustrations)**.
14 Ecarter le faisceau de câblage de la plaque support de la batterie, en notant le trajet qu'il suit.
15 Dévisser les quatre boulons de fixation puis déposer du compartiment moteur la plaque support de la batterie.
16 Déposer l'alternateur, comme indiqué au Chapitre 5.
17 Le cas échéant, déposer la pompe de la direction assistée, comme indiqué au Chapitre 10.
18 Sur les modèles à climatisation, déboulonner le compresseur de climatisation puis l'amener sur le côté, sans débrancher les flexibles. *Consulter la Section 12 du Chapitre 3. Ne pas chercher à débrancher des tuyaux ou flexibles de réfrigérant.*

4.21b Mise à la masse de la transmission (flèche)

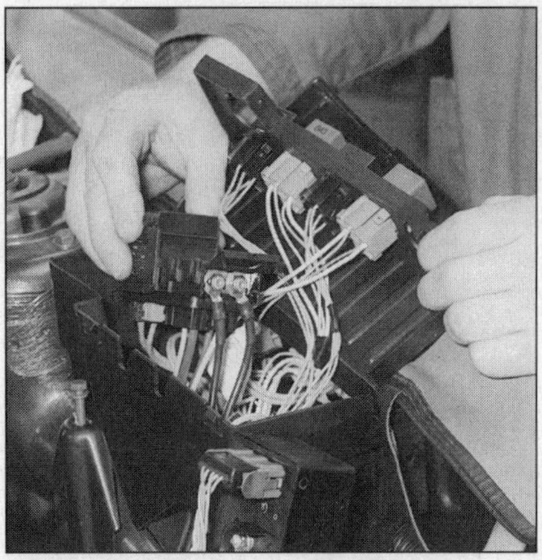

4.22a Débrancher le câblage de l'ensemble relais/boîtier de raccordement

4.22b Noter le collier (flèche) qui immobilise le bloc connecteur sur le boîtier

4.22c Débranchement du câblage au niveau de l'ensemble relais de chauffage/minuteur

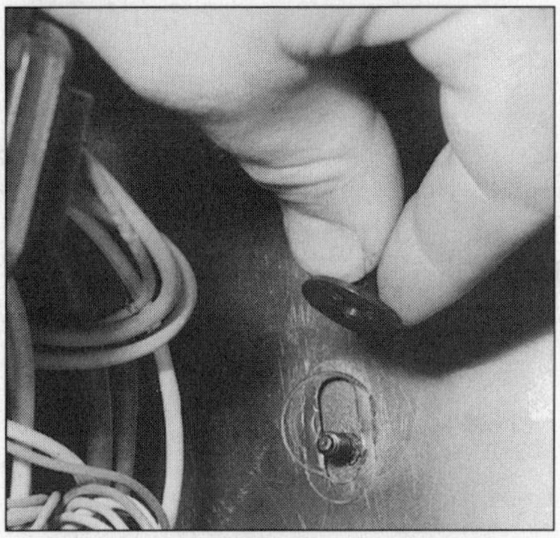

4.23 Dépose d'un écrou de fixation de l'ensemble relais/boîtier de raccordement

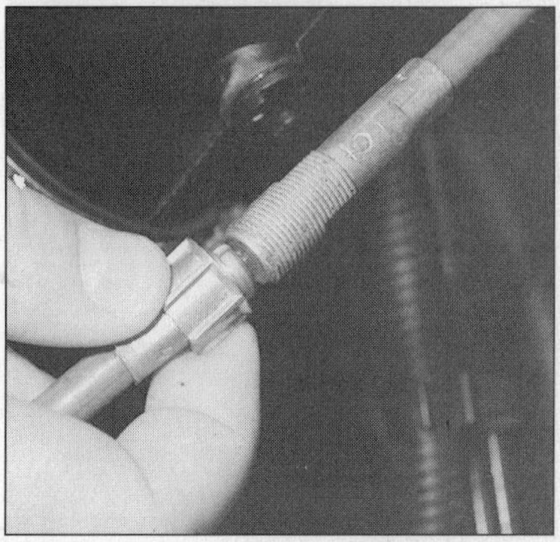

4.30 Séparation des deux moitiés du connecteur du câble du compteur de vitesse

19 Débrancher les flexibles d'alimentation et de retour carburant de la pompe à injection, en se référant au Chapitre 4.

20 Débrancher le câble de l'accélérateur au niveau de la pompe à injection puis écarter ce câble du moteur, comme indiqué au Chapitre 4.

21 Débrancher le câblage des composants suivants:

- *(a) Démarreur (voir Chapitre 5).*
- *(b) Alternateur (voir Chapitre 5).*
- *(c) Contacteur du témoin de pression d'huile **(voir illustration)**.*
- *(d) Capteur de niveau d'huile, le cas échéant (voir Chapitre 5).*
- *(e) Capteurs de réfrigérant, implantés dans le logement du thermostat/du filtre carburant (voir Chapitre 3).*
- *(f) Pompe à injection de carburant.*
- *(g) Contacteur des feux de recul.*
- *(h) Capteur de PMH du vilebrequin.*
- *(i) Connexion de mise à la masse de la transmission **(voir illustration)**.*
- *(j) Fil d'alimentation de bougie incandescente.*

22 Soulever le couvercle de l'ensemble relais/boîtier de raccordement qui se trouve dans le coin avant gauche du compartiment moteur. Débrancher les fiches de câblage au niveau des relais et connecteurs de ce boîtier. Noter leur emplacement. Le cas échéant, noter le collier qui immobilise le bloc de connecteurs sur ce boîtier. Débrancher également le câblage au niveau de l'ensemble relais/minuteur du système de réchauffage, à l'avant de l'ensemble relais/boîtier de raccordement **(voir illustrations)**.

23 Dévisser les deux écrous de fixation puis soulever l'ensemble relais/boîtier de raccordement pour l'écarter du panneau de la carrosserie **(voir illustration)**.

24 Faire tourner dans le sens inverse des aiguilles d'une montre le collier de freinage puis débrancher le connecteur de câblage au niveau du bornier de l'aile.

25 Ecarter les faisceaux de câblage de leurs colliers de fixation. Noter leur emplacement et leur trajet. Soulever ensuite ces faisceaux de câblage et les retirer du compartiment moteur.

26 Débrancher de la pompe à vide le flexible de la servocommande à vide de freins.

27 Débrancher les flexibles de réfrigérant au niveau du radiateur, en consultant la Section 2 du Chapitre 3.

28 Débrancher les flexibles de chauffage au niveau des connecteurs de la matrice de chauffage, sur la traversée de cloison, en consultant une nouvelle fois la Section 2 du Chapitre 3.

29 Débrancher le câble d'embrayage au niveau du levier de débrayage. Ecarter ce câble de l'ensemble moteur/transmission, comme indiqué à la Section 3 du Chapitre 6.

30 Séparer les deux moitiés du câble du compteur de vitesse, sous la traversée de cloison du compartiment moteur **(voir illustration)**.

31 Sur les modèles équipés de la direction assistée, desserrer les deux écrous qui immobilisent la durit de la direction assistée sous le moteur et la transmission puis écarter cette durit de ses ergots de retenue.

32 Débrancher le pot d'échappement au niveau de la rampe d'échappement ou du turbocompresseur, suivant les cas, en consultant la Section 24 du Chapitre 4.

33 Débrancher les arbres de roues de la transmission, comme indiqué au Chapitre 8.

34 Débrancher les biellettes de changement de rapport de la transmission en consultant la Section 3 du Chapitre 7 Partie A.

35 Procéder à une vérification finale pour s'assurer que tous les

4.38a Dévisser l'écrou qui immobilise le silentbloc de la transmission sur le support de montage de la carrosserie . . .

4.38b . . . et récupérer la rondelle

4.39a Déposer les deux écrous de fixation . . .

4.39b . . . puis retirer le support de montage de la carrosserie

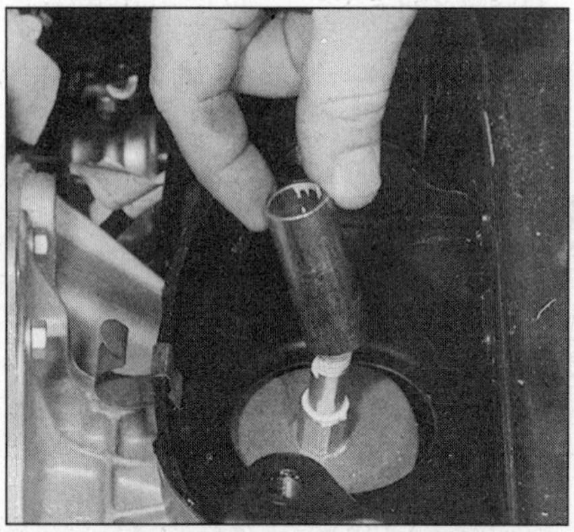

4.39c Récupérer la bague de l'ergot de montage

4.41a Soulever l'ensemble moteur/transmission pour le retirer du compartiment moteur

flexibles, durits et fils concernés ont bien été débranchés afin de faciliter la dépose du moteur.

36 Ficher un treuil et un palan de capacités suffisantes sur les supports de levage du moteur, au niveau de la culasse. Ce treuil doit tout juste soutenir le poids du moteur. Il convient de noter qu'il faut faire basculer l'ensemble moteur/transmission pour le faire passer au-dessus des composants qui l'entourent dans le compartiment moteur. L'utilisation d'un palan réglable facilite grandement cette tâche.

37 Déposer le silentbloc inférieur, comme indiqué à la Section 19 du Chapitre 2, Partie A.

38 Sur le côté gauche du compartiment moteur, dévisser l'écrou qui immobilise le support de la transmission sur le silentbloc, puis récupérer la rondelle **(voir illustrations)**.

39 Retirer les deux écrous qui immobilisent le silentbloc sur la carrosserie puis retirer du compartiment moteur ce silentbloc. Récupérer la bague de l'ergot de montage **(voir illustrations)**.

40 Retirer la plaque qui recouvre le silentbloc droit puis soulever le tampon en caoutchouc et retirer l'écrou qui immobilise le silentbloc sur la carrosserie (pour de plus amples détails, consulter la Section 9 du Chapitre 2 Partie A).

41 Soulever, avec précaution, le treuil et le palan pour retirer l'ensemble moteur/transmission du compartiment moteur. La participation d'un assistant facilite grandement cette procédure étant donné qu'il faut faire basculer et manipuler cet ensemble pour le faire passer au-dessus des panneaux de la carrosserie et des composants qui l'entourent à l'intérieur du compartiment moteur **(voir illustrations)**.

42 Après avoir déposé cet ensemble moteur/transmission, le placer sur des cales en bois de taille appropriée, disposées sur un établi de travail. Il est également possible de le placer sur une partie parfaitement propre du plancher de l'atelier.

43 Déboulonner puis déposer le couvercle inférieur du volant de la transmission.

4.41b Noter l'angle que doit faire l'ensemble moteur/transmission pour passer au-dessus des composants qui l'entourent

44 Sur les modèles à mécanisme de débrayage de type "à tirage (pour de plus amples informations, voir Chapitre 6), retirer la broche de retenue puis déposer le levier de débrayage en haut de l'axe de la fourchette de débrayage. Cette opération est nécessaire pour que cet axe puisse tourner librement et s'écarter du palier du débrayage lors de l'extraction de la transmission du moteur. Tracer un repère d'alignement en travers de la partie centrale à l'aide d'une pointe à tracer, de peinture ou d'une procédure similaire. Repérer sa position par rapport au carter de transmission.

45 Dévisser les boulons de fixation puis déposer le démarreur.

46 S'assurer que le moteur et la transmission sont bien soutenus puis dévisser et retirer les boulons qui immobilisent le moteur sur la transmission. Noter l'emplacement de chaque boulon et de chaque support qui peut également être immobilisé par ces boulons.
47 Retirer, avec précaution, la transmission du moteur. S'assurer que le poids de la transmission ne tire pas sur l'arbre d'entrée tant qu'il est en prise sur le disque de l'embrayage.
48 Si les goujons de centrage se sont desserrés du moteur ou de la transmission, les retirer complètement et les conserver en lieu sûr.
49 Sur les modèles équipés d'un embrayage à "tirage", tracer un deuxième repère d'alignement sur le carter de transmission pour identifier la position de la fourchette de débrayage après la dépose, en notant l'angle de positionnement de cette fourchette. Ce repère servira plus tard à positionner la fourchette de débrayage avant de la mettre en place afin d'être certain que cette fourchette vienne correctement se mettre en prise sur le palier de débrayage, lors de l'installation de la transmission.

Repose

50 Mettre en place des joints d'huile neufs sur les arbres de roues de la transmission, en consultant la Section 4 du Chapitre 7 Partie A.
51 Légèrement enduire de graisse à point de fusion élevé les cannelures de l'arbre d'entrée de la transmission. Ne pas trop mettre de graisse, afin d'éviter tout risque de contamination du disque de l'embrayage.
52 S'assurer que les goupilles de centrage sont bien en place dans le moteur ou la transmission avant de refixer le moteur sur la transmission.
53 Sur les modèles à embrayage de "type à tirage", avant de remonter la transmission sur le moteur, il faut mettre en place le palier de débrayage. Son repère HAUT doit se trouver à la partie supérieure et son repère BAS à la partie inférieure. Il faut ensuite aligner le repère de l'axe de la fourchette de débrayage sur le deuxième repère du carter de la transmission. Cela permet d'être certain d'obtenir une mise en prise correcte de cette fourchette et du palier lors du remontage de la transmission sur le moteur. Lorsque ce palier et cette fourchette sont bien en prise, le repère de l'axe doit être aligné sur le repère d'origine fait sur le carter de la transmission lors de la transmission et mise en prise avec le moteur. *Avant de procéder au boulonnage final de la transmission sur le moteur, s'assurer que la fourchette et le palier de débrayage sont bien en prise.*
54 Amener, avec précaution, la transmission au niveau du moteur. Mettre en prise les goupilles de centrage. S'assurer que le poids de la transmission ne tire pas sur l'arbre d'entrée lors de la mise en prise sur le disque de l'embrayage.
55 Remettre en place les boulons de fixation du moteur sur la transmission. Les serrer, en s'assurant également que les supports immobilisés éventuellement par ces boulons sont correctement positionnés, en tenant compte des notes prises lors de la dépose.
56 Remettre en place le démarreur et serrer les boulons de fixation.
57 Sur les modèles à mécanisme de débrayage de "type à tirage", remonter le levier de débrayage à la partie supérieure de l'axe de la fourchette de débrayage. Remettre en place la broche de retenue.
58 Remettre en place le couvercle inférieur du volant sur la transmission puis serrer les boulons de fixation.
59 Refixer le treuil et le palan sur les supports de levage du moteur. Soulever l'ensemble pour l'amener au-dessus du compartiment moteur. S'assurer que l'ensemble est suffisamment incliné pour passer au niveau des composants qui l'entourent, comme lors de la dépose.
60 Abaisser l'ensemble pour l'amener en position dans le compartiment moteur. Manipuler pour cela le treuil et le palan.
61 Mettre en place l'écrou qui immobilise le silentbloc droit sur la carrosserie, mais ne pas le serrer à fond pour le moment.
62 Remettre en place le silentbloc gauche de la transmission. Puis remonter l'écrou qui immobilise le support de la transmission sur le silentbloc au niveau de la carrosserie. Une nouvelle fois, ne pas serrer à fond l'écrou pour le moment.
63 Remettre en place le silentbloc inférieur, comme indiqué à la Section 19 du Chapitre 2, Partie A.
64 Serrer aux couples spécifiés l'écrou du silentbloc droit du moteur et du silentbloc gauche de la transmission puis décrocher le palan et le treuil du moteur.
65 Rebrancher les biellettes de changement de rapport sur la transmission, comme indiqué au Chapitre 7, Partie A.
66 Rebrancher les arbres de roues sur la transmission, comme indiqué au Chapitre 8.
67 Rebrancher le pot d'échappement sur la rampe d'échappement ou le turbocompresseur, suivant les cas, en consultant la Section 24 du Chapitre 4.
68 Sur les modèles équipés de la direction assistée, monter la durit de la direction assistée sur ses ergots de retenue, sous l'ensemble moteur et transmission puis remettre en place les écrous de fixation.
69 Rebrancher les deux moitiés du connecteur du câble du compteur de vitesse.
70 Rebrancher le câble de l'embrayage sur le levier de débrayage, en consultant la Section 3 du Chapitre 6 et en s'assurant que ce câble suit le même trajet qu'avant la dépose.
71 Rebrancher les flexibles de chauffage sur les connecteurs de la matrice de chauffage puis rebrancher les flexibles de réfrigérant sur le radiateur, en consultant la Section 2 du Chapitre 3.
72 Rebrancher le flexible de la servocommande des freins sur la pompe à vide.
73 Remettre en place les faisceaux de câblage et l'ensemble relais/boîtier de raccordement (rebrancher le connecteur du câblage sur le bornier de l'aile avant de mettre en place cet ensemble relais/boîtier de raccordement). Rebrancher tous les connecteurs de câblage sur les composants énumérés au paragraphe 21. S'assurer que tous ces fils suivent le même trajet qu'avant la dépose.
74 Rebrancher le câble de l'accélérateur sur la pompe à injection de carburant. Procéder aux ajustements nécessaires, qui sont décrits au Chapitre 4.
75 Rebrancher les flexibles d'alimentation et de retour carburant de la pompe à injection de carburant.
76 Le cas échéant, remettre en place le compresseur de la climatisation.
77 Le cas échéant, remettre en place la pompe de la direction assistée, comme indiqué au Chapitre 10.
78 Remettre en place l'alternateur, comme indiqué au Chapitre 5.
79 Remettre en place la plaque support de la batterie puis immobiliser dans son collier le faisceau de câblage, en position, au bord de cette plaque.
80 Sur les modèles Turbo, remettre en place la canalisation d'air qui aboutit au tube d'air, à la plaque support de la batterie et à l'épurateur d'air.
81 Remettre en place le plateau de la batterie et la batterie proprement dite.
82 Sur les modèles non turbo, remettre en place l'ensemble épurateur d'air.
83 Le cas échéant, remettre en place le flexible d'air qui relie l'épurateur d'air à la partie haute de la rampe d'admission.
84 Suivant les cas, remettre en place le refroidisseur intermédiaire ou le carter de distribution d'air.
85 Remettre en place les roues puis ramener le véhicule au sol.
86 Refaire le plein d'huile de la transmission en utilisant le volume requis et un produit de grade correct, comme indiqué au Chapitre 1.
87 Refaire le plein d'huile du moteur en utilisant le volume requis et un produit de grade correct, comme indiqué au Chapitre 1.
88 Refaire le plein du système de refroidissement, comme indiqué au Chapitre 1.
89 Rebrancher les cosses de la batterie.
90 Purger le système de carburation, comme indiqué au Chapitre 4.
91 Le cas échéant, purger le circuit de fluide de la direction assistée, comme indiqué au Chapitre 10.

5 Moteur et transmission automatique - dépose et repose

Dépose

1 Procéder comme indiqué aux paragraphes 1 à 28 inclus de la Section 4.

2 Détacher le câble interne de kickdown au niveau du levier de la pompe à injection de carburant puis desserrer les contre-écrous du câble externe avant d'écarter ce câble de son support de fixation.
3 Dégager le câble de kickdown de ses colliers de retenue afin qu'il puisse être déposé avec la transmission lorsqu'on sépare cette dernière du moteur.
4 Séparer les deux moitiés du connecteur du câble du compteur de vitesse, sous la traversée de cloison du compartiment moteur.
5 Sur les modèles équipés de la direction assistée, desserrer les écrous qui immobilisent la durit de la direction assistée sous le moteur et la transmission puis écarter cette durit de ses ergots de retenue.
6 Débrancher le pot d'échappement au niveau de la rampe d'échappement ou du turbocompresseur, suivant les cas, en consultant la Section 24 du Chapitre 4.
7 Débrancher les arbres de roues de la transmission, comme indiqué au Chapitre 8.
8 Dévisser l'écrou de raccordement qui immobilise le tube de la jauge de niveau sur le carter d'huile de la transmission puis desserrer le boulon qui immobilise ce tube sur ce carter avant de retirer la jauge de la transmission.
9 Débrancher le connecteur de câblage du bloc inhibiteur de démarreur/contacteur de recul et, le cas échéant, le boîtier de commande du compteur de vitesse. Desserrer le ou les boulons de retenue puis débrancher la ou les tresses de mise à la masse à la partie supérieure du carter de transmission.
10 Desserrer les colliers de retenue puis débrancher les flexibles de réfrigérant au niveau du refroidisseur de la transmission.
11 Desserrer les deux vis qui immobilisent le câble sélecteur externe sur son support de retenue puis utiliser un levier pour extraire, avec précaution, l'embout du câble interne de sa rotule, sur le levier sélecteur de la transmission. Il convient de noter qu'il ne faut pas toucher à ce levier avant la remise en place du câble. A titre de précaution, faire un trait de repère pour identifier la position de ce levier par rapport au carter de transmission. Suivre le trajet suivi par ce câble pour le décrocher de ses colliers de retenue et l'écarter de la transmission.
12 Procéder aux opérations des paragraphes 35 à 42 inclus de la Section 4.
13 Dévisser les boulons de fixation puis déposer le démarreur.
14 Déboulonner puis déposer le couvercle inférieur du plateau d'entraînement, au niveau de la transmission, pour accéder aux boulons de retenue du convertisseur de couple.
15 Desserrer puis retirer le boulon de retenue visible du convertisseur de couple. Ensuite, à l'aide d'une douille et d'une rallonge, faire tourner la poulie du vilebrequin pour retirer les autres boulons qui immobilisent le convertisseur de couple sur le plateau d'entraînement, au fur et à mesure que ces boulons deviennent accessibles. Il y a trois boulons au total.
16 Faire très attention de ne pas laisser tomber le convertisseur de couple lors de la dépose du moteur. Pour cela, l'immobiliser en position en boulonnant une tige métallique sur un des trous des boulons du démarreur.
17 S'assurer que le moteur et la transmission sont bien soutenus. Dévisser puis déposer les boulons qui immobilisent le moteur sur la transmission. Noter l'emplacement de chaque boulon et celui des supports qui peuvent être immobilisés par ces boulons.
18 Retirer, avec précaution, la transmission du moteur. S'ils se sont détachés, retirer les goujons de centrage du moteur ou de la transmission et les conserver en lieu sûr.

Repose

19 Mettre en place des joints d'huile neufs sur les arbres de roues de la transmission, en consultant la Section 5 du Chapitre 7, Partie B.
20 S'assurer que la bague qui se trouve au centre du vilebrequin est en bon état. Légèrement enduire de graisse Molykote G1 la broche de centrage du convertisseur de couple. Ne pas mettre trop de graisse afin de ne pas contaminer ce convertisseur.
21 S'assurer que les goujons de centrage du moteur et de la transmission sont bien en place avant de remonter ces deux ensembles.
22 Positionner, avec précaution, la transmission au niveau du moteur et mettre en prise les goujons de centrage. Ensuite, revisser les boulons qui immobilisent le moteur sur la transmission et les serrer. S'assurer que les supports immobilisés par ces boulons sont bien en place, comme avant leur dépose.
23 Remettre en place les boulons immobilisant le convertisseur de couple sur le plateau d'entraînement puis les serrer au couple spécifié (voir Chapitre 7, Partie B) avant de retirer la baguette de retenue de ce convertisseur.
24 Remettre en place le démarreur et en serrer les boulons de fixation.
25 Remettre en place le couvercle inférieur du plateau d'entraînement sur la transmission puis en serrer les boulons de fixation.
26 Procéder comme indiqué aux paragraphes 59 à 64 inclus de la Section 4.
27 Rebrancher puis ajuster le câble du sélecteur, comme indiqué à la Section 2 du Chapitre 7, Partie B.
28 Rebrancher les flexibles de réfrigérant sur le refroidisseur de la transmission.
29 Rebrancher les sangles de mise à la masse en haut du carter de transmission puis rebrancher l'ensemble inhibiteur du démarreur/contacteur de feux de recul et, le cas échéant, le connecteur du câblage du boîtier d'entraînement du compteur de vitesse.
30 Remettre en place l'ensemble tube de la jauge de niveau.
31 Rebrancher les arbres de roue de la transmission, comme indiqué au Chapitre 8.
32 Rebrancher le pot d'échappement, suivant les cas, sur le turbocompresseur ou sur la rampe d'échappement, en consultant la Section 28 du Chapitre 4.
33 Le cas échéant, remonter la durit de la direction assistée sous le moteur et la transmission.
34 Rebrancher les deux moitiés du connecteur du câble du compteur de vitesse.
35 Rebrancher puis régler le câble de kickdown, comme indiqué à la Section 7 du Chapitre 7, Partie B.
36 Procéder comme indiqué aux paragraphes 71 à 91 de la Section 4.

6 Révision du moteur - ordre des opérations de démontage

1 Pour effectuer des interventions sur un moteur, il est beaucoup plus simple de le démonter et de le placer sur un bâti portatif. Ce bâti peut se louer chez un fournisseur spécialisé. En fonction du type de bâti employé, il faut parfois déposer du moteur l'ensemble volant moteur/plateau d'entraînement afin de pouvoir serrer les boulons à l'extrémité du bloc-cylindres.
2 Si aucun bâti de ce type n'est disponible, il est possible de démonter le moteur à condition de le soutenir à l'aide de cales sur un établi robuste ou au niveau du plancher. Cependant, faire très attention de ne pas faire basculer le moteur et de ne pas le laisser tomber lors d'interventions sans bâti.
3 Avant de commencer la procédure de révision, il faut déposer les composants auxiliaires externes du moteur. Ces opérations sont nécessaires même en cas de remontage d'un moteur remis en état. Dans ce cas-là, il convient de prendre les composants de l'ancien moteur et de les transférer à l'ensemble ainsi remis en état). Ces composants sont les suivants:

- *(a) Support de montage de l'alternateur (voir Chapitre 5).*
- *(b) Pompe à injection de carburant et support de montage, et injecteurs de carburant et bougies incandescentes (voir Chapitre 4).*
- *(c) Rampes d'admission et d'échappement (voir Chapitre 4).*
- *(d) Filtre à huile (voir Chapitre 1).*
- *(e) Refroidisseur d'huile (Section 20 du Chapitre 2, Partie A).*
- *(f) Silentblocs de l'ensemble moteur/transmission (Section 19 du Chapitre 2, Partie A).*

6.3a Boulons de fixation de la galerie arrière de réfrigérant et de la durit de réfrigérant (flèches)

(g) *Manocontact de pression d'huile et indicateur de niveau d'huile (suivant les cas) (voir Chapitre 5).*
(h) *Supports de levage du moteur.*
(i) *Capteur de température de réfrigérant (suivant les cas) (voir Chapitre 5).*
(j) *Logement du thermostat et du filtre carburant (voir Chapitre 3).*
(k) *Support de montage de la pompe de la direction assistée.*
(l) *Faisceaux de câblage et supports.*
(m) *Tube de remplissage d'huile et jauge de niveau.*
(n) *Galerie arrière, durit et flexibles de réfrigérant* ***(voir illustrations)****.*
(o) *Capteur du PMH (agit sur le compte-tours - tracer un repère identifiant la position de montage de ce capteur avant sa dépose).*

Note: *Lors de la dépose de composants auxiliaires du moteur, prêter une attention toute particulière aux détails qui peuvent s'avérer utiles et qui peuvent être importants lors de la repose. Noter l'emplacement des joints plats, des joints d'étanchéité, des entretoises, des rondelles, des boulons et autres petits articles, avant leur dépose.*

4 Si vous vous procurez un moteur court (qui se compose du bloc-cylindres, du vilebrequin, des pistons et des bielles, qui sont tous montés sous la forme d'un ensemble), il faut déposer de l'ancien moteur la culasse, le carter d'huile et, éventuellement, d'autres composants (comme la pompe à huile) et les remonter sur le nouvel ensemble.

5 Lorsqu'une révision complète est envisagée, démonter le moteur en procédant dans l'ordre suivant.

(a) *Rampes d'admission et d'échappement (voir Chapitre 4).*
(b) *Courroie de distribution et pignons (Sections 7 et 8 du Chapitre 2, Partie A).*
(c) *Culasse (Section 13 du Chapitre 2, Partie A).*
(d) *Ensemble volant moteur/plateau d'entraînement (Section 18 du Chapitre 2, Partie A).*
(e) *Carter d'huile (Section 14 du Chapitre 2, Partie A).*
(f) *Pompe à huile (Section 15 du Chapitre 2, Partie A).*
(g) *Ensembles pistons et bielles (Section 10).*
(h) *Vilebrequin (Section 11).*

6 Avant de commencer les procédures de démontage et de révision, se procurer tous les outils nécessaires. Pour de plus amples informations, consulter les Sections préliminaires qui se trouvent au début de ce manuel.

7 Culasse - démontage

Note: *Le constructeur et des spécialistes de la révision des moteurs proposent des culasses neuves et remises en état. Etant donné qu'il faut un outillage spécialisé pour effectuer le démontage et l'examen, et que les composants neufs ne sont pas immédiatement disponibles, il vaut parfois mieux, pour des raisons pratiques et économiques, que le bricoleur achète une culasse remise en état au lieu de démonter, d'examiner et de remettre en état la culasse d'origine. Pour cette opération, il faut se procurer un compresseur de ressort de soupape.*

1 Après avoir déposé la culasse, comme indiqué à la Section 13 du Chapitre 2, Partie A, nettoyer les surfaces extérieures pour en enlever la poussière et les saletés. Ensuite, si cela ne l'a pas déjà été fait, déposer les composants suivants:

(a) *Pompe à vide de freins (type à entraînement direct) (voir Chapitre 9).*
(b) *Injecteurs de carburant (voir Chapitre 4).*
(c) *Bougies incandescentes (voir Chapitre 4).*
(d) *Arbre à cames (Section 11, Chapitre 2, Partie A).*

2 Retirer les poussoirs avec leurs cales respectives. Identifier chaque poussoir et chaque cale pour retrouver leur emplacement d'origine **(voir illustration)**.

3 Pour déposer une soupape, mettre en place un compresseur de ressort de soupape. S'assurer que les bras de ce compresseur sont bien fixés sur la tête de la soupape et sur le chapeau du ressort. Chaque soupape est profondément enfoncée. C'est pourquoi il faudra probablement prolonger le compresseur par un tube ou un caisson équipés d'un "regard" de visite **(voir illustration)**.

4 Il convient de noter que les modèles non turbo sont équipés de deux ressorts par soupape. Comprimer le ou les ressorts d'une soupape pour éliminer la pression qu'exerce le chapeau sur les collerettes. Si ce chapeau reste collé à la tige de la soupape, tout en soutenant le compresseur, taper doucement sur l'extrémité à l'aide d'un maillet à panne souple pour libérer ce chapeau.

2B

6.3b Récupérer le joint torique de la galerie arrière de réfrigérant

7.2 Retrait d'une cale de poussoir

7.3 Compresseur de ressort de soupape en position avant la dépose d'une soupape

7.5 Extraction des collerettes fendues

7.6a Retirer le chapeau de ressort . . .

7.6b . . . le ressort . . .

5 Extraire les deux collerettes fendues puis démonter, en procédant lentement, le compresseur **(voir illustration)**.

6 Déposer le chapeau, le ou les ressorts et le siège du ou des ressorts avant de retirer la soupape. Suivant les cas, retirer les joints d'huile de la tige de la soupape en utilisant éventuellement des pinces, étant donné qu'il faut remplacer ces joints lors de la repose **(voir illustrations)**.

7 Recommencer cette procédure sur les autres soupapes. Conserver tous les composants dans l'ordre exact de leur dépose afin de pouvoir les remonter à leurs emplacements d'origine, sauf s'il faut remplacer la totalité de ces composants. Si vous comptez conserver ces composants pour les réutiliser, ranger chaque ensemble soupape dans un sachet étiqueté en polyéthylène ou dans un petit conteneur similaire **(voir illustration)**. Il convient de noter que, comme pour les cylindres, les soupapes sont normalement numérotées à partir de l'extrémité volant du moteur.

8 Le cas échéant, déposer l'obturateur du capteur de distribution à l'extrémité courroie de distribution de la culasse (côté injecteurs).

9 Le démontage de la culasse est maintenant terminé.

8 Composants de la culasse et des soupapes - nettoyage et examen

1 Nettoyer soigneusement les composants de la culasse et des soupapes. Procéder ensuite à un examen détaillé pour déterminer s'il faut effectuer des interventions supplémentaires avant de remonter ces composants.

Nettoyage

2 Racler les surfaces de la culasse pour enlever les résidus de joints plats et de produits d'étanchéité. Faire très attention de ne pas endommager ces surfaces.

3 Racler les surfaces de la culasse autour des soupapes pour enlever les dépôts de calamine. Laver ensuite soigneusement la culasse dans du pétrole ou dans un solvant de type approprié.

4 Racler les soupapes pour enlever les dépôts importants de calamine qui peuvent s'y trouver. Ensuite, utiliser une brosse métallique électrique pour enlever les dépôts au niveau de la tête et de la tige des soupapes.

5 Pour obtenir un nettoyage complet, il est recommandé de déposer les bouchons internes. Percer un petit trou dans ces bouchons puis y introduire une vis auto-taraudeuse avant d'extraire ces bouchons à l'aide de pinces ou d'un marteau à coulisse.

6 Retirer tous les bouchons des galeries d'huile. Pour enlever des bouchons très serrés, il faudra probablement les percer. Dans ce cas-là, il convient d'utiliser un bouchon neuf et de retailler le filetage dans la culasse lors de la repose **(voir illustration)**.

7 Si la culasse est très sale, il convient de la nettoyer à la vapeur.

8 Après un nettoyage à la vapeur de la culasse, procéder à un dernier nettoyage des galeries et trous d'huile. Rincer à l'eau chaude tous les passages internes jusqu'à ce que l'eau qui s'en écoule soit limpide. Bien faire sécher la culasse puis passer une huile légère sur toutes les surfaces usinées. Si vous avez accès à une source d'air comprimé, servez-vous en pour accélérer le séchage et pour envoyer un jet d'air dans tous les orifices et galeries d'huile. **Avertissement:** *Porter des lunettes de protection lors de l'utilisation d'air comprimé!*

9 Si la culasse est relativement propre, il suffit de la nettoyer avec une brosse à poils durs et de l'eau savonneuse brûlante. Pour obtenir un résultat parfait, il faut prendre son temps. Quelle que soit la méthode de nettoyage employée, nettoyer tous les orifices et galeries d'huile, bien sécher la culasse puis enduire d'huile légère toutes les surfaces usinées.

10 Nettoyer les filetages de la culasse pour obtenir des couples de serrage corrects lors du remontage des attaches. Faire passer dans chaque trou un taraud de diamètre approprié (il peut être déterminé en fonction de la taille du boulon correspondant qui vient se placer dans ces trous), afin d'enlever la rouille, la corrosion, le mastic de freinage

7.6c . . . le siège du ressort . . .

7.6d Retrait d'un joint d'huile de la tige d'une soupape

7.7 Placer chaque ensemble soupape dans un sachet étiqueté en polyéthylène

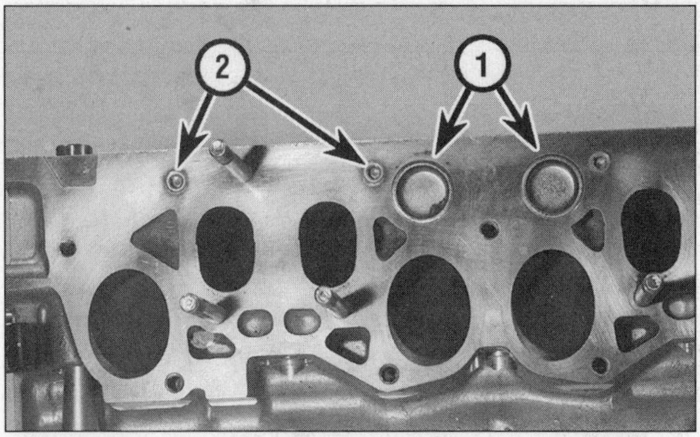

8.6 Bouchons internes (1) et bouchons de galerie d'huile (2) - culasse à l'envers

8.14 Vérification de l'absence de déformation de la surface du joint de culasse

ou les produits de contamination et afin également de rétablir les filetages endommagés. Dans la mesure du possible, utiliser un jet d'air comprimé pour chasser de ces trous les débris que produit cette opération. Ne pas oublier de nettoyer également le filetage de tous les boulons et écrous.

11 Après avoir enduit d'un produit d'étanchéité approprié les surfaces de contact des bouchons internes neufs, mettre ces derniers en position sur la culasse. S'assurer qu'ils y pénètrent d'équerre et qu'ils viennent se placer correctement sur leur siège, sinon il risque d'y avoir des fuites. Pour cette opération, des outils spéciaux sont prévus. Cependant, une grosse douille dont le diamètre externe lui permet tout juste de pénétrer dans un bouchon central donne des résultats comparables.

12 Remettre en place les bouchons des galeries d'huile. Le cas échéant, utiliser des rondelles d'étanchéité neuves. Bien serrer ces bouchons.

Examen

Note: *Avant de conclure qu'il faut faire appel aux services d'un atelier d'usinage ou d'un spécialiste de révision des moteurs, il convient de réaliser toutes les opérations d'examen suivantes. Enumérer tous les composants dont il faudra s'occuper.*

Culasse

13 Examiner très soigneusement cette culasse pour s'assurer qu'il n'y a pas de fissures, de traces de fuite de réfrigérant et d'autres endommagements. Lorsque des fissures sont décelées, il convient de se procurer une culasse neuve.

14 Utiliser une règle et un calibre d'épaisseur pour vérifier que la surface du joint de culasse n'est pas déformée **(voir illustration)**. Vérifier cette surface en diagonale et le long de sa bordure. Ne pas placer la règle sur les chambres de tourbillonnement car elles peuvent présenter une saillie par rapport à la surface de la culasse. Si la limite maximale de déformation spécifiée est dépassée, le constructeur ne recommande pas d'usiner la surface du joint plat. De ce fait, il n'y a qu'une seule possibilité, le remplacement de la culasse.

15 Vérifier que la hauteur hors-tout de la culasse respecte les limites spécifiées. Cela indiquera si la culasse a subi un usinage dans le cadre d'une tentative erronée de compensation des déformations de surface. Si cette hauteur dépasse les limites spécifiées, remplacer la culasse.

16 Examiner le siège de chaque soupape ainsi que les chambres de tourbillonnement pour s'assurer qu'il n'y a pas de traces de brûlures ou de fissures **(voir illustration)**. Ces deux types de composants peuvent être remplacés, mais il convient de confier ce travail à un spécialiste.

17 A l'aide d'un comparateur à cadran, vérifier que la saillie des chambres de tourbillonnement respecte les limites des Spécifications. Mettre à zéro ce comparateur sur la surface du joint de culasse. Mesurer ensuite la saillie de la chambre de tourbillonnement **(voir illustration)**.

18 Examiner le siège de chaque soupape dans la culasse. Si un siège présente des piqûres, fissures ou brûlures importantes, il faudra demander à un spécialiste en révision des moteurs de le retailler ou de le remplacer. Si les piqûres sont peu importantes, il est possible de les éliminer en frottant la tête et le siège de la soupape concernée en utilisant une pâte à roder grossière puis fine, en respectant les descriptions fournies ultérieurement dans cette Section.

19 Vérifier le jeu axial (déplacement d'un côté vers l'autre) des soupapes dans les guide-soupapes. Mesurer la tige de ces soupapes à l'aide d'un micromètre ou vérifier le jeu d'une soupape neuve, si vous en avez une de disponible, afin de déterminer si c'est la soupape ou le guide-soupape qui est usé **(voir illustration)**. Si les guide-soupapes

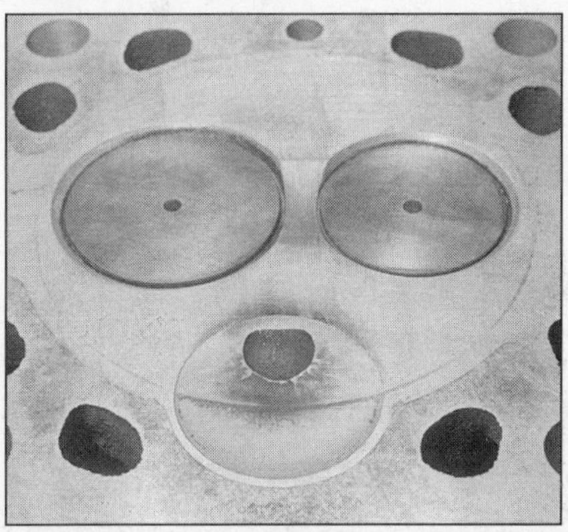

8.16 Cette chambre de tourbillonnement présente les premiers indices de fissuration et de brûlures

8.17 Vérification de la saillie d'une chambre de tourbillonnement

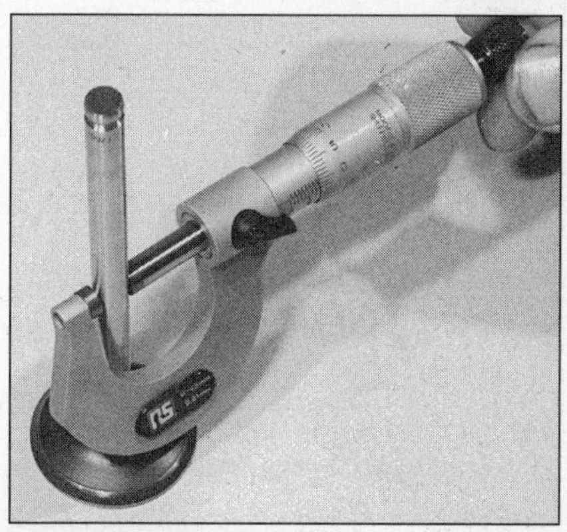

8.19 Mesure de la tige d'une soupape à l'aide d'un micromètre

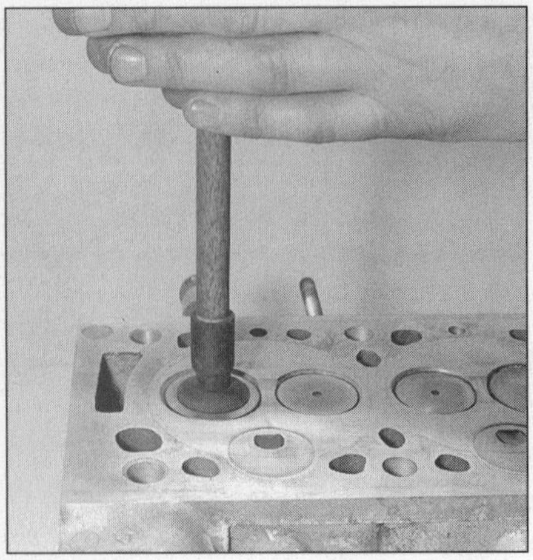

8.27 Rectification d'une soupape

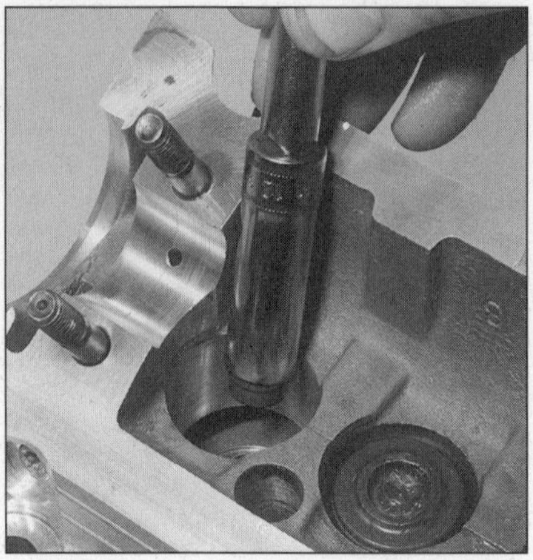

9.2 Mise en place d'un joint d'huile de tige de soupape à l'aide d'une douille

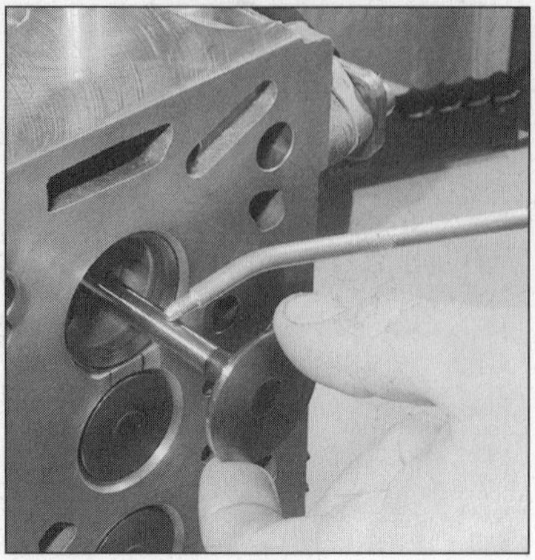

9.3 Lubrifier les soupapes avant de les remonter

sont usés, il est possible de les remplacer, mais il vaut mieux confier ce travail à un concessionnaire Citroën ou à un spécialiste en révision des moteurs.

20 Vérifier l'absence d'usure des alésages de poussoirs dans la culasse. Si une usure excessive est décelée, remplacer la culasse.

21 Examiner les surfaces portantes de l'arbre à cames dans la culasse et les chapeaux de paliers. En cas d'usure à ces emplacements, une seule solution est possible: le remplacement de la culasse. Examiner également l'arbre à cames, comme indiqué à la Section 11 du Chapitre 2, Partie A.

22 Examiner les ergots des rampes et des chapeaux de paliers de l'arbre à cames. Remplacer ces composants, suivant besoin, en utilisant un extracteur spécial d'ergot ou bloquer deux écrous l'un contre l'autre au niveau du filetage exposé. Si des ergots ont été délogés, par erreur, il faut les nettoyer et les remettre en place en utilisant du liquide de freinage de filets.

Soupapes

23 Examiner la tête de chaque soupape pour vérifier l'absence de piqûres, brûlures, fissures et usure générale. Vérifier sa tige pour s'assurer qu'il n'y a pas de rayures et de rainures d'usure. Faire tourner la soupape et vérifier qu'elle ne présente aucun signe évident de torsion. A l'extrémité de la tige de chaque soupape, vérifier qu'il n'y a pas de piqûres ou d'usure excessive. Si, à ce stade des opérations, une soupape semble satisfaisante, il convient de mesurer le diamètre de sa tige en plusieurs points, en utilisant un micromètre. Si les résultats obtenus présentent des divergences notables, cela indique que cette tige est usée. Si l'un des défauts susmentionnés est ainsi décelé, remplacer cette ou ces soupapes.

24 Noter que depuis le début de 1992, tous les moteurs sont équipés de soupapes d'échappement modifiées. Simultanément, des sièges modifiés ont été montés sur ces soupapes d'échappement et il y a maintenant des joints d'huile implantés sur la tige des soupapes d'échappement et d'admission. Ce nouveau type de soupapes d'échappement peut équiper l'ancien modèle de culasse, à condition de mettre également en place le nouveau type de siège de soupape d'échappement.

25 Si les soupapes sont en bon état, il faut les roder dans leurs sièges respectifs pour garantir une étanchéité parfaite aux gaz.

26 Ce rodage s'effectue de la manière suivante. Retourner la culasse sur un établi. Placer une cale en bois à chaque extrémité pour obtenir le dégagement nécessaire au niveau des tiges des soupapes.

27 Enduire légèrement de pâte de carborindon grossier la surface du siège dans la culasse puis enfoncer l'outil de rodage par aspiration dans la tête de la soupape à usiner. Effectuer des demi-rotations pour roder la tête de la soupape sur son siège. Soulever de temps à autre la soupape pour bien répartir la pâte à roder **(voir illustration)**. Dès que la surface du siège et de la soupape proprement dite est matte, régulière et uniforme, essuyer l'excédent de pâte puis recommencer cette opération avec de la pâte de carborindon fine. L'insertion d'un ressort faible sous la tête de la soupape facilite grandement cette opération. Dès que la surface de la soupape et de son siège présente un anneau régulier et ininterrompu de couleur gris clair mat, le rodage est terminé. Essuyer avec soin toute trace de pâte à roder. Faire très attention de ne pas en laisser dans les orifices ou dans les guide-soupapes. Nettoyer la soupape et son siège avec un chiffon trempé dans du pétrole puis avec un chiffon propre. Si vous disposez d'une source d'air comprimé, terminer cette procédure en injectant de l'air dans les soupapes, les guide-soupapes et les orifices de la culasse, pour obtenir un nettoyage parfait.

Ressorts de soupapes

28 Vérifier que tous les ressorts de soupapes sont intacts. Si l'un d'entre eux est cassé, il faut tous les remplacer.

29 Dans la mesure du possible, comparer la hauteur libre des ressorts à celle de ressorts neufs. Placer ensuite chaque ressort sur une surface plate pour s'assurer qu'ils sont parfaitement d'équerre. Si un ressort est trop court ou présente des endommagements, quels qu'ils soient, il faut tous les remplacer. Les ressorts subissent des contraintes de fatigue et il est recommandé de les remplacer, même s'ils semblent en parfait état.

Poussoirs

30 Examiner la surface des poussoirs pour s'assurer qu'elle n'est pas usée ou rayée. Si une usure excessive est décelée, remplacer les poussoirs concernés.

9 Culasse - remontage

Note: *Lors du montage, mettre des joints d'huile neufs sur les tiges des soupapes, même s'il n'y en avait pas à l'origine.*

1 Après avoir nettoyé tous les composants, commencer le remontage à une extrémité de la culasse. Mettre en place les composants des soupapes, en procédant comme suit. Si les composants d'origine sont réutilisés, chacun d'entre eux doit retrouver son emplacement d'origine.

2 Passer de l'huile moteur propre sur le joint d'huile de la tige de chaque soupape. Mettre en position ce joint en l'enfonçant dans la culasse à l'aide d'une douille de diamètre approprié **(voir illustration)**. S'assurer que ce joint est parfaitement en prise sur la culasse.

3 Introduire la soupape dans son guide (si des soupapes neuves sont mises en place, introduire chaque soupape dans l'emplacement pour lequel elle a été rodée). S'assurer que la tige de la soupape est bien lubrifiée avec de l'huile moteur propre **(voir illustration)**. Pour éviter d'endommager le joint d'huile lors de l'installation de la soupape, entourer le haut de sa tige de ruban adhésif afin de recouvrir la rainure des collerettes.

4 Retirer le ruban adhésif de la tige de la soupape.

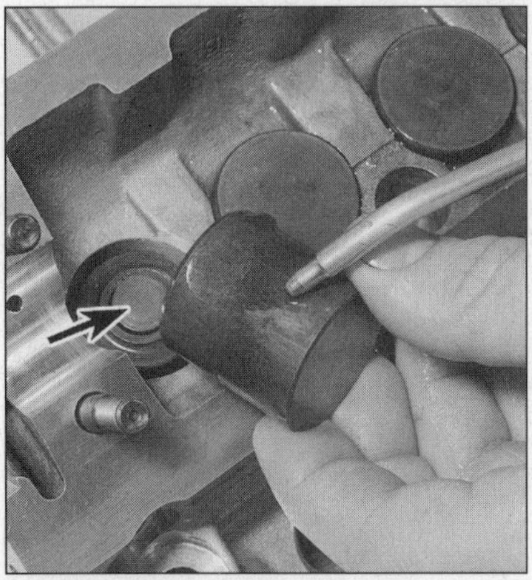

9.11 Mise en place d'un poussoir. Noter la cale qui se trouve en haut de la soupape (flèche)

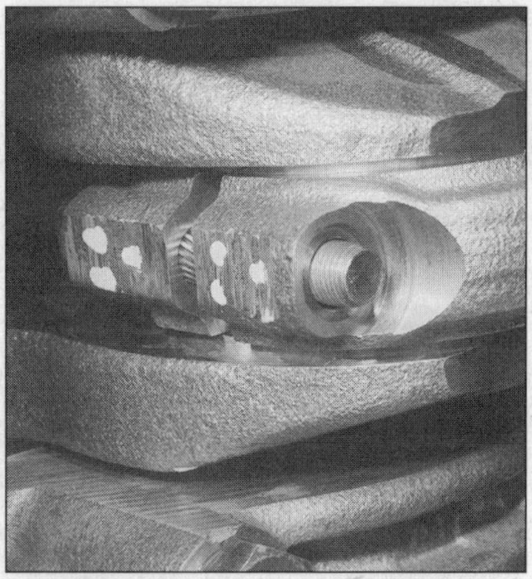

10.4 Bielle et chapeau de bielle portant des repères d'identification (cette illustration montre le cylindre numéro 3)

10.5 Retrait d'un chapeau de palier de tête de bielle

10.6 Entourer de ruban adhésif les ergots de bielles pour protéger les portées du vilebrequin

5 Mettre en place le siège du ressort.

6 Mettre en place le ou les ressorts de la soupape (le sens n'a aucune importance) et le chapeau de ressort.

7 Mettre en place le compresseur de ressort. Comprimer le ou les ressorts de la soupape pour amener le chapeau au-delà de la rainure des collerettes, dans la tige de la soupape.

8 Légèrement enduire de graisse la rainure des collerettes puis y introduire les collerettes fendues. Les extrémités étroites doivent être proches du ou des ressorts. La graisse a pour but d'immobiliser ces collerettes dans la rainure.

9 Dégager, en procédant lentement, le compresseur. S'assurer que les collerettes ne sont pas délogées de la rainure. Dès que le compresseur est totalement retiré, tapoter légèrement sur la haut de l'ensemble soupape à l'aide d'un maillet souple pour bien positionner tous les composants.

10 Recommencer cette procédure sur chaque soupape. Si les composants d'origine sont réutilisés, s'assurer que chacun d'entre eux retrouve son emplacement d'origine.

11 Lubrifier les poussoirs puis les introduire avec leurs cales respectives. S'assurer que chaque poussoir retrouve son emplacement correct et que son repère de taille est dirigé vers le bas (le cas échéant) **(voir illustration)**. Noter l'épaisseur de cales de chaque emplacement, si vous ne l'avez pas déjà fait. Cette référence servira lors de la vérification du jeu des soupapes.

12 Le cas échéant, remettre en place l'obturateur du capteur de distribution.

13 Suivant les cas, remettre en place les composants suivants. Si vous le souhaitez, vous pouvez remonter ces composants après avoir remis en place la culasse.

(a) *Arbre à cames (Section 11, Chapitre 2, Partie A).*
(b) *Bougies incandescentes (voir Chapitre 4).*
(c) *Injecteurs de carburant (voir Chapitre 4).*
(d) *Pompe à vide de freins (type à entraînement direct) (voir Chapitre 9).*

10 Ensemble piston/bielle - dépose

2B

1 Déposer la culasse, comme indiqué à la Section 13 du Chapitre 2, Partie A.

2 Déposer la pompe à huile, comme indiqué à la Section 15 du Chapitre 2, Partie A.

3 Si la partie supérieure d'un alésage présente une arête d'usure prononcée, il faudra probablement l'enlever en utilisant un racloir ou un alésoir afin de ne pas endommager le piston lors de la dépose. Cette arête peut également indiquer qu'un réalésage s'avère nécessaire. Dans ce cas-là il faudra employer des pistons neufs. Consulter également la Section 12.

4 Vérifier qu'il y a un repère de position sur chaque bielle et chaque chapeau de tête de bielle. Si ce n'est pas le cas, faire un repère de ce type à l'aide d'un pointeau ou de peinture, sur le côté rampe du moteur. Le numéro 1 se trouve à l'extrémité volant **(voir illustration)**.

5 Faire tourner le vilebrequin pour amener les pistons 1 et 4 à leur point mort bas (PMB). Dévisser les écrous du chapeau de tête de bielle du piston numéro 1 puis retirer ce chapeau et récupérer le demi-coussinet inférieur **(voir illustration)**. Si les coussinets doivent être réutilisés, immobiliser chaque chapeau sur son coussinet à l'aide de ruban adhésif.

6 Pour éviter tout risque d'endommagement des portées du vilebrequin, coller du ruban adhésif sur les tiges de bielles ou les recouvrir d'un tube de longueur appropriée, avant de déposer ces ensembles, afin de protéger leur filetage **(voir illustration)**.

7 A l'aide du manche d'un marteau, repousser le piston vers le haut de son alésage puis le retirer du bloc-cylindres. Récupérer le coussinet et l'immobiliser sur sa bielle, à l'aide de ruban adhésif, si vous comptez le réutiliser.

8 Remettre en place, sans le serrer, le chapeau de tête de bielle sur la bielle puis l'immobiliser à l'aide des écrous. Cela permet de conserver plus facilement l'ordre correct des composants.

9 Déposer le piston numéro 4 en procédant de la même façon.

10 Faire tourner de 180° le vilebrequin pour amener les pistons 2 et 3 à leur PMB puis les déposer en procédant de la même façon.

11.3 Retrait du logement du joint d'huile avant du vilebrequin

11.5 Retrait de la chaîne d'entraînement de la pompe à huile

11.6a Faire coulisser le pignon d'entraînement de la pompe à huile pour le retirer du vilebrequin . . .

11.6b . . . et récupérer la clavette demi-lune

11.8 Mesure du jeu axial du vilebrequin à l'aide d'un calibre d'épaisseur

11 Vilebrequin - dépose

1 Déposer l'ensemble volant/plateau d'entraînement, comme indiqué à la Section 18 du Chapitre 2, Partie A.

2 Déposer les pistons et bielles, comme indiqué à la Section 10. Si aucune intervention n'est prévue sur ces pistons et bielles, il n'est pas nécessaire de retirer les pistons des alésages des cylindres.

3 Dévisser les boulons de fixation pour déposer le logement du joint d'huile avant du vilebrequin **(voir illustration)**. Récupérer le joint plat.

4 Déposer le joint d'huile s'il est resté collé au vilebrequin.

5 Soulever la chaîne pour l'écarter du pignon du vilebrequin. La retirer du carter **(voir illustration)**.

6 Faire glisser le pignon d'entraînement de la pompe à l'huile pour l'écarter du vilebrequin. Récupérer la clavette demi-lune si elle s'est détachée **(voir illustrations)**.

7 Avant de déposer le vilebrequin, en vérifier le jeu axial à l'aide d'un comparateur à cadran. Mettre le palpeur de ce comparateur contre l'extrémité du vilebrequin. Enfoncer à fond le vilebrequin dans un sens puis mettre le comparateur à zéro. Enfoncer alors à fond le vilebrequin dans l'autre sens et vérifier le jeu axial. Comparer aux Spécifications le résultat obtenu. Cela donnera une bonne idée sur la nécessité ou non de remplacer les rondelles de butée par des neuves. En effet, le jeu axial est contrôlé par les rondelles de butée qui sont insérées de part et d'autre du palier principal numéro 2.

8 Si vous ne disposez pas d'un comparateur à cadran, vous pouvez utiliser un calibre d'épaisseur pour mesurer le jeu axial du vilebrequin. Enfoncer à fond le vilebrequin vers une extrémité du carter puis introduire la lame d'un calibre d'épaisseur entre la face d'une des rondelles de butée, qui se trouvent de part et d'autre du palier principal numéro deux, et la surface usinée du flasque du vilebrequin **(voir illustration)**. Avant d'effectuer des mesures, s'assurer que le vilebrequin est enfoncé au maximum vers une extrémité du carter moteur afin d'obtenir l'écartement le plus large possible à l'emplacement où s'effectuent les mesures.

9 Les chapeaux des paliers principaux doivent être numérotés, de 1

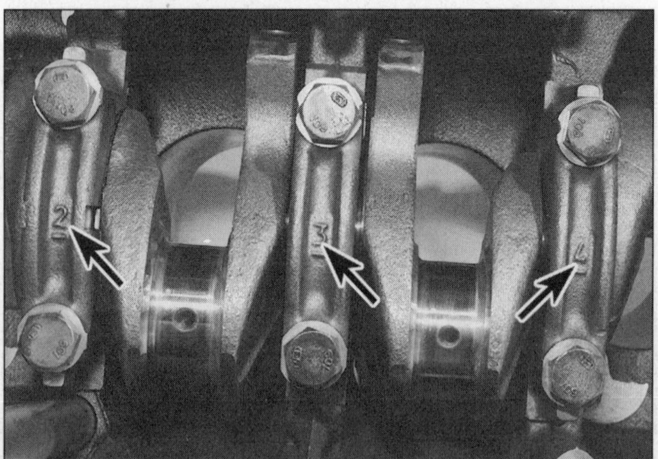

11.9 Repères d'identification des chapeaux de paliers principaux (flèches)

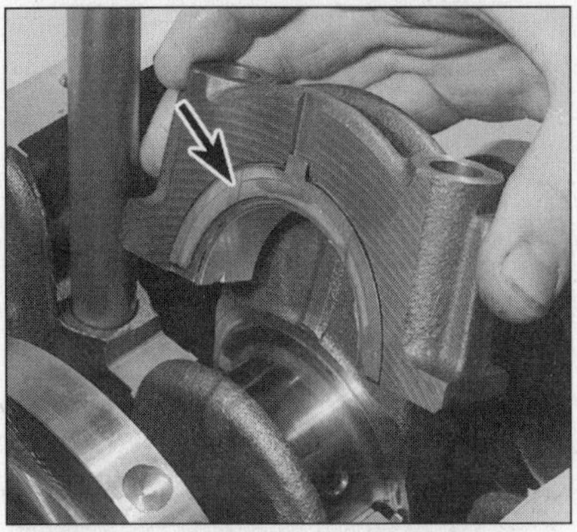

11.10 Retrait du chapeau du palier principal numéro 2 - noter la rondelle de butée (flèche)

11.11a Relèvement du vilebrequin pour le déposer

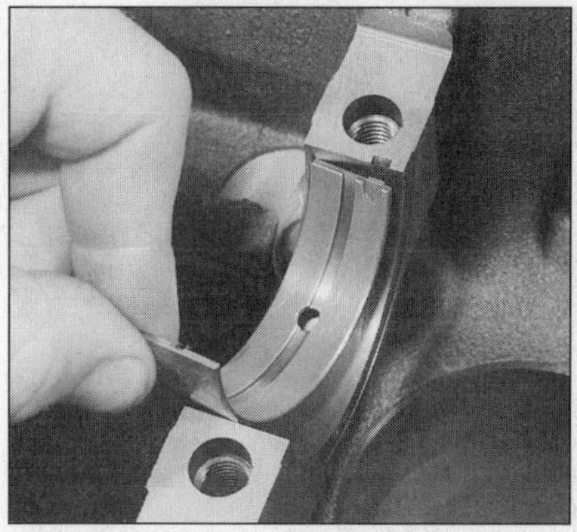

11.11b Retrait d'un coussinet de palier principal du carter moteur

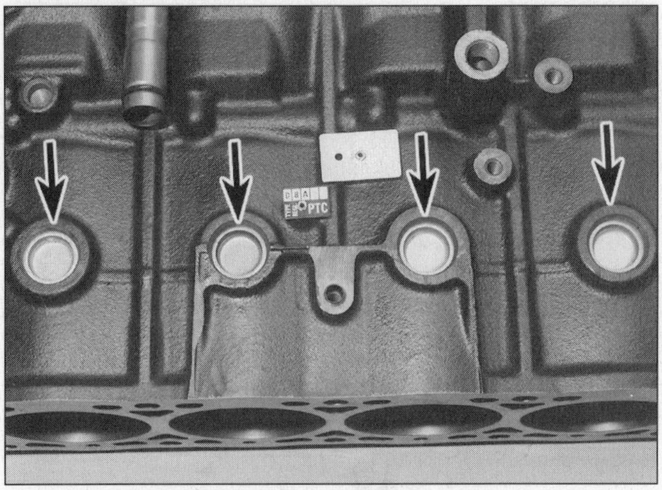

12.1 Bouchons internes du bloc-cylindres (flèches)

à 5, à partir de l'extrémité volant du moteur. Si ce n'est pas le cas, graver les numéros de référence à l'aide d'un pointeau. Noter également la profondeur de montage du joint d'huile arrière du vilebrequin **(voir illustration)**.

10 Retourner le moteur. Le vilebrequin doit se trouver à la partie la plus haute. Déboulonner ensuite les chapeaux des paliers principaux et les déposer. Récupérer les demi-coussinets inférieurs. Les immobiliser sur leurs chapeaux respectifs, à l'aide de ruban adhésif si vous comptez les réutiliser. Récupérer également les demi-rondelles de butée inférieures du chapeau numéro 2 **(voir illustration)**. Récupérer les languettes d'étanchéité en caoutchouc sur les côtés du chapeau du palier principal numéro 1.

11 Soulever le vilebrequin pour le déposer. Mettre au rebut le joint d'huile arrière. Récupérer les demi-coussinets supérieurs et les immobiliser sur leur chapeau respectif avec du ruban adhésif si vous comptez les réutiliser **(voir illustrations)**. Récupérer également les demi-rondelles de butée supérieures et les identifier.

12 Bloc-cylindres/carter - nettoyage et examen

Nettoyage

1 Pour procéder à un nettoyage complet, il est recommandé de retirer les bouchons internes **(voir illustration)**. Percer un petit trou dans ces bouchons puis y visser une vis auto-taraudeuse et extraire ces bouchons à l'aide de pinces ou d'un marteau à coulisse. Déposer également tous les composants externes (émetteurs, capteurs, supports, etc.).

2 Retirer la plaque de visite à l'extrémité volant du bloc afin de pouvoir nettoyer les conduites de réfrigérant **(voir illustration)**. Lors de la remise en place de cette plaque, utiliser une bague d'étanchéité neuve en caoutchouc.

3 Retirer tous les bouchons des galeries d'huile (à l'avant et à l'arrière du bloc et sous le support du filtre à huile) **(voir illustrations)**. Si le bouchon sous le support du filtre à huile est très serré, il faudra probablement le percer pour le retirer. Dans ce cas-là, il convient d'utiliser un bouchon neuf et de retailler le filetage dans le bloc-cylindres lors de la repose.

12.2 Retrait de la plaque de visite (flèche) à l'extrémité volant du bloc

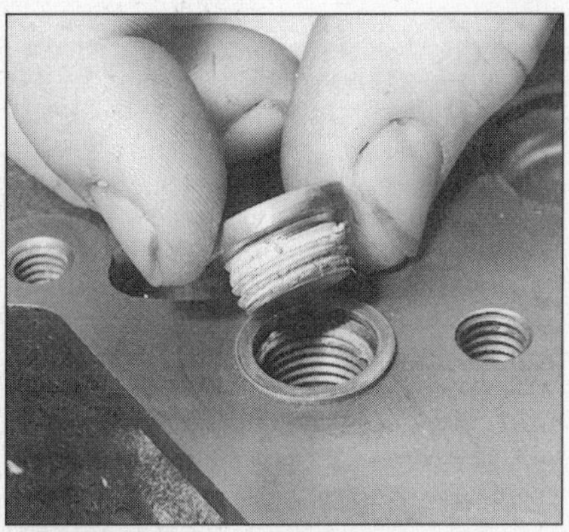

12.3a Retrait d'un bouchon de galerie d'huile

12.3b Bouchon de galerie d'huile (flèche) implanté sous le support du filtre à huile

12.5a Dévisser les boulons de fixation (flèche) . . .

12.5b . . . puis déposer les gicleurs de refroidissement par huile des pistons - modèles Turbo

12.9 Nettoyage de l'orifice d'un boulon de culasse dans le bloc-cylindres à l'aide d'un taraud

4 Racler le bloc-cylindres pour enlever les résidus de joint plat. Faire très attention de ne pas endommager la surface de contact de la culasse et du carter d'huile.

5 Sur les modèles Turbo, dévisser du carter les gicleurs de refroidissement à l'huile des pistons pour les nettoyer **(voir illustrations)**.

6 Si le bloc est très sale, il convient de le nettoyer à la vapeur.

7 Après un nettoyage à la vapeur du bloc, procéder à un dernier nettoyage des galeries et trous d'huile. Rincer à l'eau chaude tous les passages internes jusqu'à ce que l'eau qui s'en écoule soit limpide. Bien faire sécher le bloc puis passer une huile légère sur toutes les surfaces usinées. Si vous avez accès à une source d'air comprimé, servez-vous en pour accélérer le séchage et pour envoyer un jet d'air dans tous les orifices et galeries d'huile. **Avertissement:** *Porter des lunettes de protection lors de l'utilisation d'air comprimé!*

8 Si le bloc est relativement propre, il suffit de le nettoyer avec une brosse à poils durs et de l'eau savonneuse brûlante. Pour obtenir un résultat parfait, il faut prendre son temps. Quelle que soit la méthode de nettoyage employée, nettoyer tous les orifices et galeries d'huile, bien sécher le bloc puis enduire d'huile légère toutes les surfaces usinées.

9 Nettoyer les filetages du bloc-cylindres pour obtenir des couples de serrage corrects lors du remontage des attaches. Faire passer dans chaque trou un taraud de diamètre approprié (il peut être déterminé en fonction de la taille du boulon correspondant qui vient se placer dans ces trous, afin d'enlever la rouille, la corrosion, le mastic de freinage ou du produit de contamination et afin également de rétablir les filetages endommagés) **(voir illustration)**. Dans la mesure du possible, utiliser un jet d'air comprimé pour chasser de ces trous les débris que produit cette opération. Ne pas oublier de nettoyer également le filetage de tous les boulons et écrous.

10 Après avoir enduit d'un produit d'étanchéité approprié les surfaces de contact des bouchons internes neufs, mettre ces derniers en position sur le bloc-cylindres. S'assurer qu'ils y pénètrent d'équerre et qu'ils viennent se placer correctement sur leur siège, sinon il risque d'y avoir des fuites. Pour cette opération, des outils spéciaux sont prévus. Cependant, une grosse douille dont le diamètre externe lui permet tout juste de pénétrer dans le bouchon interne donne des résultats comparables.

11 Remettre en place les bouchons des galeries d'huile. Le cas échéant, utiliser des rondelles d'étanchéité neuves. Bien serrer ces bouchons.

12 Sur les modèles Turbo, remettre en place les gicleurs de refroidissement à l'huile des pistons.

13 Si le moteur doit resté démonté pendant un certain temps, il convient de remettre en place les chapeaux des paliers principaux et de serrer les boulons aux doigts puis de recouvrir le bloc-cylindres d'un grand sac plastique pour en maintenir la propreté et éviter toute corrosion.

Examen

14 Examiner très soigneusement le bloc pour s'assurer qu'il n'y a pas de fissures, de rouille et de corrosion. Vérifier qu'il n'y a pas de filetages foirés (il est parfois possible de retailler les filetages foirés en utilisant un taraud de taille appropriée). Si des fuites internes de réfrigérant ont déjà posé des problèmes, nous vous recommandons de demander à un spécialiste en révision de moteurs d'examiner le bloc avec un équipement spécial pour s'assurer qu'il n'y a pas de fissures. Si des défauts sont décelés, faire réparer le bloc, si cela s'avère possible. Sinon, il n'y aura qu'une seule possibilité, le remplacement de ce bloc.

15 Examiner les alésages des cylindres pour s'assurer qu'il n'y a pas de conicité, d'ovalisation, de rayures et d'éraflures. Pour commencer, examiner soigneusement le haut de chaque alésage de cylindre. S'ils sont usés, il y aura une très légère arête sur le côté poussée. Cela indique la partie la plus haute de la course des segments des pistons.

16 Mesurer l'alésage de chaque cylindre, à sa partie supérieure (juste sous l'arête d'usure), ainsi qu'au centre et au pied de cet alésage, parallèlement à l'axe du vilebrequin. Pour obtenir un résultat précis, il convient de se procurer un micromètre pour alésages. Cependant, il est possible d'obtenir des mesures approximatives en insérant des lames de calibres d'épaisseur entre un piston (sans segments) et la paroi de l'alésage.

17 Ensuite, mesurer l'alésage, aux trois emplacements susmentionnés, mais perpendiculairement à l'axe du vilebrequin. Comparer les résultats aux chiffres des Spécifications.

18 Recommencer cette procédure pour chaque cylindre.

19 Si l'usure d'un cylindre dépasse les tolérances autorisées ou si les parois d'un cylindre présentent des rayures ou éraflures importantes, il faut demander à un spécialiste qualifié de réaléser les cylindres. Dans ce cas-là, il faudra mettre en place des pistons neufs à cotes réparation. Normalement, un concessionnaire Citroën ou un atelier technique est en mesure de vous fournir les pistons à cotes réparation dont vous aurez besoin, pendant l'exécution du réalésage.

20 Si l'usure des alésages est très faible et respecte les tolérances spécifiées, il est possible de mettre en place des segments spéciaux de pistons pour compenser cette usure.

21 Si c'est le cas, il faut rectifier les alésages pour que les nouveaux segments puissent occuper correctement leur siège afin d'assurer la meilleure étanchéité possible. La rectification traditionnelle fait appel à des meules rappelées par ressort et s'effectue à l'aide d'une perceuse électrique. Vous aurez également besoin de pétrole ou d'huile de rectification et de chiffons. Déplacer la meule de haut en bas dans l'alésage du cylindre pour obtenir une surface rayée en quadrillé. Il faut utiliser beaucoup d'huile de rectification. L'idéal est d'obtenir un angle d'intersection d'environ 60° entre les différentes lignes. Enlever uniquement l'épaisseur minimale de matériau nécessaire pour obtenir la finition requise. Si de nouveaux pistons doivent être mis en place, il est possible que leur constructeur recommande une finition présentant un angle différent. Dans ce cas-là, il faut suivre les consignes du fabricant. Ne pas retirer la meule du cylindre tant qu'elle n'a pas fini de tourner. Attendre qu'elle se soit arrêtée. Après avoir rectifié un cylindre, enlever à l'aide d'un chiffon toutes les traces d'huile de rectification.

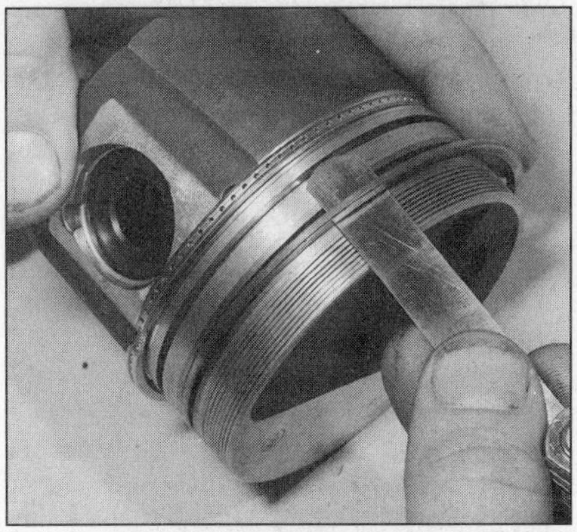

13.2 Retrait d'un segment de piston à l'aide d'un calibre d'épaisseur

13.11a Extraction du jonc d'arrêt de l'axe d'un piston . . .

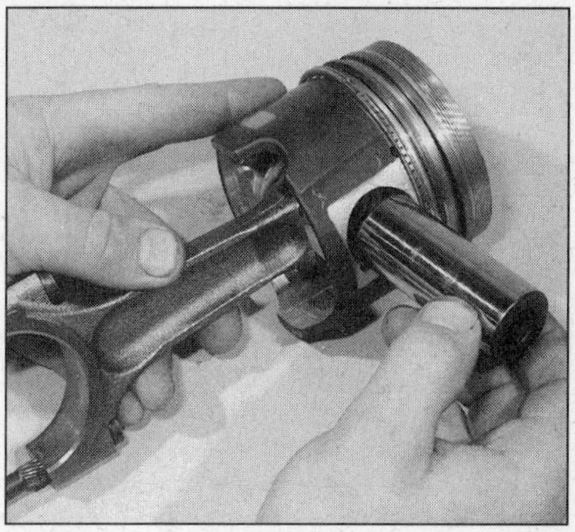

13.11b . . . retrait d'un axe de piston. . .

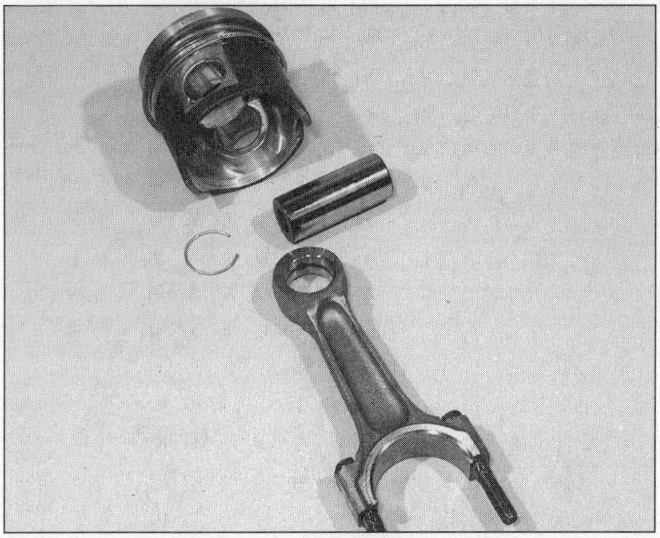

13.11c . . . et séparation d'un piston et de sa bielle

Un spécialiste en révision de moteurs peut se charger de ces travaux, pour une somme raisonnable.

13 Ensemble piston/bielle - examen

1 Avant que cet examen ne puisse commencer, il faut nettoyer les ensembles pistons/bielles et retirer les pistons de leurs segments d'origine.

2 Etirer, avec précaution, les anciens segments pour les faire passer au-dessus des pistons. Il est recommandé d'utiliser deux ou trois vieilles lames de calibres d'épaisseur pour éviter que les segments ne tombent dans des gorges vides **(voir illustration)**. Faire très attention de ne pas rayer le piston avec les extrémités d'un segment. Les segments sont fragiles et se brisent à la suite d'un étirage trop important. Il convient de noter que le troisième segment comporte un écarteur. Il faut toujours retirer les segments en les faisant passer par le haut du piston. Conserver chaque série de segments avec son piston si vous comptez réutiliser les anciens segments.

3 Racler le haut du piston pour enlever toute trace de calamine. Après avoir enlevé la majorité des dépôts, il est possible d'utiliser une petite brosse métallique ou un morceau de toile émeri fine.

4 Enlever la calamine au niveau des gorges des segments du piston. Utiliser pour cela un vieux segment après l'avoir cassé en deux (faire très attention ne pas se couper les doigts - en effet, ces segments sont très affûtés). Procéder avec le plus grand soin pour n'enlever que les dépôts de calamine et ne pas retirer le métal et ne pas rayer ou érafler les côtés des gorges des segments.

5 Après avoir enlevé ces dépôts, nettoyer l'ensemble piston/bielle au pétrole ou avec un solvant approprié. Bien le sécher. S'assurer que les orifices de retour d'huile des gorges de segments sont bien débouchés.

6 Si l'alésage des pistons et des cylindres n'est pas endommagé et n'est pas trop usé, et si le bloc-cylindres n'a pas besoin d'un réalésage, il est possible de remonter les pistons d'origine. L'usure normale d'un piston se présente sous la forme d'un trait vertical qui apparaît sur les surfaces de poussée du piston, avec un léger jeu du segment supérieur du piston dans sa gorge. Lors du remontage du moteur, il faut toujours utiliser des segments neufs de pistons.

7 Examiner avec soin chaque piston pour s'assurer qu'il n'y a pas de fissures autour de la jupe, des orifices des axes et des cordons de segments de pistons.

8 Vérifier qu'il n'y a pas de rayures ou d'éraflures sur les surfaces de butée de la jupe des pistons, de trous dans la couronne du piston et de zones brûlées en bordure de cette couronne. Si la jupe est rayée ou éraflée, cela indique que le moteur a probablement subi une surchauffe et/ou une combustion anormale provoquée par des températures excessives de fonctionnement. Il convient alors de vérifier soigneusement les circuits de refroidissement et de lubrification. La présence de traces de brûlures sur les côtés des pistons indique qu'il y a eu passage de gaz de combustion. L'existence d'un trou dans la couronne d'un piston ou de zones brûlées au bord de cette couronne indique qu'il y a eu une combustion anormale (cognements, allumage prématuré ou détonation). Si l'un des problèmes susmentionnés existe, il faut en rechercher les causes et y remédier, sinon ces composants subiront de nouveau les mêmes endommagements. Ces défauts peuvent, entre autres, provenir d'un calage incorrect de la pompe à injection ou de l'existence d'un injecteur défectueux.

9 La corrosion du piston, sous la forme de piqûres, indique l'existence d'une fuite de réfrigérant dans la chambre de combustion et/ou le carter moteur. Il faut également en rechercher la cause, sinon le problème risque de subsister dans le moteur remonté.

10 En cas de remplacement des pistons sans réalésage, s'assurer que les pistons obtenus sont de la bonne taille. La classe des pistons est identifiée par la lettre "A" inscrite au centre la couronne ou par l'absence de tout repère. Les repères "R1", "R2", etc. identifient la cote réparation des pistons réalésés). Le même code apparaît au coin du bloc-cylindres, à l'extrémité de la courroie de distribution. La classe de poids de chaque piston est gravée sur sa couronne et tous les pistons d'un même moteur doivent appartenir à la même classe.

11 Pour séparer un piston de sa bielle, en extraire de force le joint d'arrêt puis chasser son axe **(voir illustrations)**. Une pression de la main est suffisante pour déposer cet axe. Identifier le piston et sa bielle pour garantir un remontage correct.

12 Une usure entre l'axe du piston et le coussinet du pied de bielle peut être éliminée en remplaçant tout simplement cet axe et ce coussinet. Cependant, le remplacement du coussinet est un travail spécialisé étant donné qu'il faut disposer d'une presse et qu'il faut aléser avec précision le nouveau coussinet.

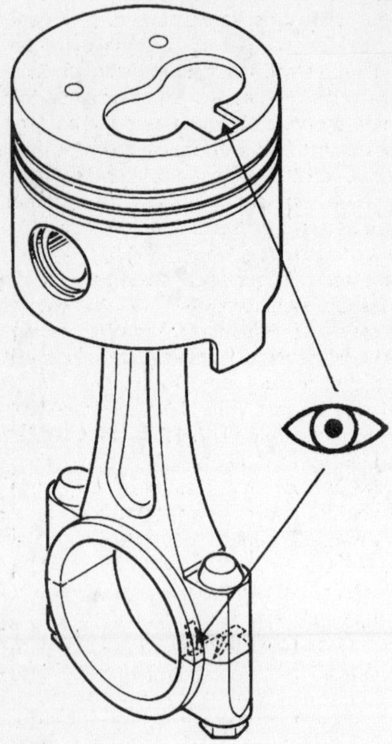

13.14 Le creux en forme de trèfle de la couronne doit pointer dans le même sens que la découpe du coussinet de la bielle

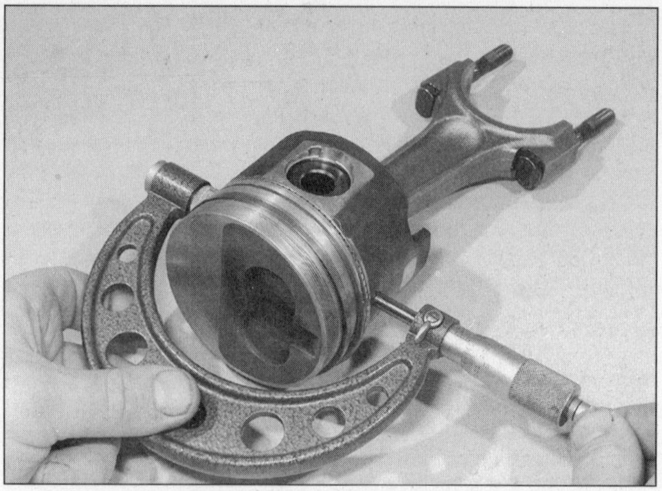

13.15 Mesure du diamètre d'un piston à l'aide d'un micromètre

14.7 Mesure du diamètre de la portée d'un palier de tête de bielle du vilebrequin

13 Des axes et joncs d'arrêt neufs sont remis lors de l'achat de pistons neufs. Normalement, il ne devrait pas être nécessaire de remplacer les bielles, à moins qu'il n'y ait un grippage ou une défaillance mécanique importante. Vérifier visuellement l'alignement des bielles. Si elles ne sont pas bien alignées, les remettre à un spécialiste en révision des moteurs qui effectuera une vérification plus détaillée.
14 Le cas échéant, remonter les pistons et les bielles. S'assurer que les pistons sont montés dans le bon sens. Le creux en forme de trèfle de la couronne doit être dirigé dans le même sens que la découpe du coussinet de la bielle **(voir illustration)**. Huiler les axes avant de les mettre en place. Une fois le montage terminé, le piston doit pivoter librement sur la bielle.
15 Mesurer le diamètre de chaque piston. Vérifier qu'il respecte les limites des alésages correspondants **(voir illustration)**. Si le jeu entre un piston et l'alésage est trop important, il faudra réaléser le bloc et mettre en place des pistons et segments neufs.
16 Examiner les surfaces de contact des chapeaux de têtes de bielles et des bielles pour s'assurer qu'elles n'ont pas été limées dans le cadre d'une tentative erronée ayant pour but de supprimer l'usure sur le coussinet. Cette situation est fort peu probable mais si elle est décelée, il faut remplacer les bielles et chapeaux affectés.

14 Vilebrequin - examen

1 Nettoyer le vilebrequin au pétrole ou avec un solvant approprié. Le faire sécher, de préférence à l'air comprimé, si vous le pouvez. **Avertissement:** *Porter des lunettes de protection lors de l'utilisation d'air comprimé!* Bien nettoyer les trous d'huile avec un accessoire de nettoyage de canalisations ou une sonde similaire, pour s'assurer qu'ils ne sont pas bouchés.
2 Vérifier que les surfaces portantes des paliers principaux et des paliers de bielles n'ont pas une usure irrégulière, des rayures, des piqûres ou des fissures.
3 L'usure des paliers de bielles s'accompagne d'un cognement métallique distinct lorsque le moteur tourne. Ce cognement se remarque surtout lorsque le moteur quitte un régime faible. En outre, il y a une perte partielle de la pression d'huile.
4 L'usure des paliers principaux s'accompagne de fortes vibrations du moteur et de grognements. Ces défauts augmentent progressivement au fur et à mesure que le régime s'accroît. En outre, dans ce cas-là également, il y a une perte partielle de la pression d'huile.
5 Vérifier l'absence de points durs sur la portée des paliers en passant un doigt, très légèrement, sur cette surface. Si un point dur est présent (accompagné d'une usure évidente des paliers), cela indique qu'il faut rectifier le vilebrequin.
6 Si le vilebrequin a déjà subi une rectification, vérifier qu'il n'y a pas de bavures autour de ses trous d'huile. En général, ces trous sont chanfreinés et ces bavures ne devraient pas poser de problèmes sauf si la rectification s'est faite sans prendre les précautions nécessaires. Enlever les bavures avec une lime fine ou un racloir. Ensuite, nettoyer soigneusement les trous d'huile comme indiqué précédemment.
7 A l'aide d'un micromètre, mesurer le diamètre des portées des paliers principaux et des têtes de bielles et comparer les résultats aux valeurs des Spécifications **(voir illustration)**. Mesurer ce diamètre en plusieurs points répartis sur la périphérie de chaque portée pour déterminer si une portée présente un faux-rond ou non. Effectuer une mesure aux deux extrémités d'une portée, et à proximité des nervures, pour déterminer si cette portée est conique. Si les portées du vilebrequin présentent des endommagements, une conicité, un faux-

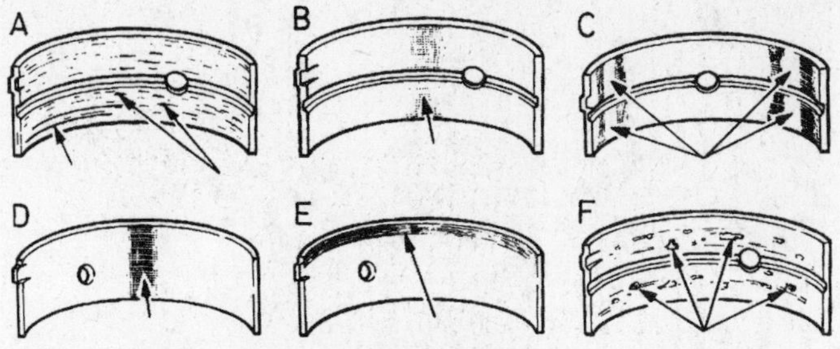

Fig. 15.2 Défauts typiques des coussinets

A Rayures dues à la saleté - les flèches indiquent les rayures et la saleté incrustée dans le matériau du coussinet
B Manque d'huile - recouvrement éliminé
C Assise incorrecte - les flèches indiquent les sections brillantes (polies)
D Tourillon ovalisé - recouvrement éliminé de la surface entière du coussinet
E Usure sur un côté du coussinet - la flèche désigne la zone concernée
F Effritement dû à la fatigue - les flèches indiquent les cratères ou poches

rond ou une usure dépassant les limites fixées par les Spécifications, procéder à la rectification du vilebrequin et mettre en place des paliers à cotes réparation.

8 Vérifier les surfaces de contact des joints d'huile, à chaque extrémité du vilebrequin, pour s'assurer qu'elles ne sont pas usées ou endommagées. Si un joint présente une usure donnant naissance à la formation d'une gorge excessive à la surface du vilebrequin, il convient de consulter un spécialiste en révision des moteurs qui vous indiquera s'il est possible de réparer le moteur ou s'il faut monter un vilebrequin neuf.

15 Paliers principaux et paliers de tête de bielles - examen

1 Bien qu'il faille remplacer, lors d'une révision du moteur, les paliers principaux et les paliers de têtes de bielles, il est recommandé de conserver les anciens paliers afin de les examiner attentivement car ils peuvent révéler des informations utiles sur l'état du moteur. Les coussinets des paliers ont des repères d'identification qui indiquent leurs cotes, sous la forme d'un code gravé au dos de chaque coussinet. S'il faut remplacer des coussinets, sans procéder à une rectification du vilebrequin, il convient de se munir des anciens coussinets pour en obtenir de nouveaux afin d'être certain que les coussinets remis sont les bons.

2 La défaillance de ces paliers est souvent due à une lubrification insuffisante, à la présence de poussières ou de corps étrangers, à une surcharge du moteur ou à une corrosion. Si un palier tombe en panne, il faut en déterminer la cause et la corriger avant de remonter le moteur, sinon cette défaillance se reproduira **(voir illustration)**.

3 Pour examiner les coussinets de paliers, il faut les déposer du bloc-cylindres, des chapeaux de paliers principaux, des bielles et des chapeaux de têtes de bielles et les placer sur une surface propre, dans l'ordre de leur montage sur le moteur. Cela permettra d'associer le problème décelé sur un palier à la portée correspondante sur le vilebrequin.

4 De la poussière et des corps étrangers peuvent pénétrer dans le moteur de différentes façons. Une contamination résiduelle peut se trouver dans le moteur lors du montage ou peut avoir pénétré par des filtres ou le circuit de ventilation du carter moteur. L'usure normale du moteur produit de petites particules de métal qui peuvent finir par provoquer des problèmes. Si ces particules aboutissent dans le circuit de lubrification, il est fort probable qu'elles finiront par se déposer sur les paliers. Quelle que soit leur origine, ces corps étrangers s'enfoncent souvent dans ces paliers car ils sont en métal relativement mou. On les repère très facilement. Les grosses particules ne s'enfoncent pas dans les paliers mais finissent par les rayer ou les rainurer et ont les mêmes résultats sur leurs portées. Pour éviter tout risque de contamination, nettoyer soigneusement chaque composant et maintenir une propreté absolue lors du remontage du moteur. Dès que le moteur est installé sur le véhicule, vérifier que les changements d'huile moteur et de filtres se font aux intervalles recommandés.

5 L'absence de lubrification (ou une lubrification inefficace) a de nombreuses causes qui sont liées les unes aux autres. Une température excessive (qui dilue l'huile), une surcharge (qui force l'huile à s'écarter des surfaces portantes) et des fuites d'huile (provoquées par des jeux excessifs au niveau des paliers, une usure de la pompe à huile ou des régimes moteurs élevés) sont des facteurs qui contribuent tous à minimiser l'efficacité de la lubrification. L'obturation de passages d'huile, qui peut également provenir d'un défaut d'alignement des trous d'huile dans un coussinet, prive un palier d'huile et finit par le détruire. Lorsque le manque de lubrification est à l'origine de la défaillance d'un palier, le matériau de composition de ce palier s'arrache par frottement ou extrusion et finit par décoller du noyau en acier du palier. L'augmentation de température peut atteindre un niveau entraînant une surchauffe faisant virer au bleu ce noyau interne en acier.

6 Le conducteur peut prendre des habitudes de conduite qui auront un effet certain sur la durée de vie des paliers. Le fait de rouler à faible vitesse (ce qui fait forcer le moteur) ou à pleins gaz provoque des charges très importantes au niveau des paliers, ce qui a tendance à décoller le film d'huile. Ces charges provoquent une flexion des paliers, ce qui entraîne l'apparition de fissures en surface (défaillance par fatigue). Le matériau de composition de ces paliers finit par se détacher en morceaux et se décoller de son support en acier. Le fait d'effectuer de fréquents parcours de courte durée peut provoquer une corrosion des paliers car le moteur ne chauffe pas suffisamment pour chasser la condensation d'eau et les gaz corrosifs qui se forment à l'intérieur du moteur. Ces produits aboutissent à l'huile du moteur et y forment de l'acide et des boues. Lorsque cette huile arrive aux paliers, l'acide attaque et rouille le matériau de composition des paliers.

7 Une installation incorrecte des paliers, lors du montage du moteur, provoque également une défaillance des paliers. Si les paliers ont un ajustement serré, l'espace n'est pas suffisant pour laisser passer l'huile de lubrification et, de ce fait, ces composants sont privés d'huile. De la poussière ou des corps étrangers peuvent rester bloqués derrière un coussinet de palier entraînant la formation de points en relief à la surface des paliers, ce qui peut provoquer des défaillances.

2B

8 Lors de l'installation de paliers neufs, il faut mesurer leurs jeux opérationnels avant de remonter le moteur afin d'être certain que les coussinets de paliers que vous vous êtes procurés sont les bons (voir Sections 18 et 19). Si le vilebrequin a subi une rectification, l'atelier technique qui a assuré ce travail vous signalera la taille correcte des coussinets de paliers. En cas de doute sur le modèle de coussinets de paliers à utiliser, demandez conseil à un concessionnaire Citroën.

16 Révision du moteur - opérations de remontage

1 Avant que le remontage ne commence, vérifier que vous avez bien obtenu tous les composants neufs nécessaires (en particulier, il faut remplacer les joints plats et différents boulons) et que tous les outils requis sont à portée de main. Nous vous recommandons de lire la totalité de cette procédure pour vous familiariser avec les activités à réaliser et pour être certain que vous disposez bien de tous les articles nécessaires au remontage du moteur. Outre l'outillage normal et les matériaux habituels, il faut se procurer du produit de freinage des filetages. Il convient également de se procurer un tube de mastic d'étanchéité RTV pour assurer l'étanchéité de certaines surfaces qui ne sont pas équipées de joints plats.

2 Pour faire des économies de temps et éviter les problèmes, le remontage du moteur peut se faire en procédant dans l'ordre suivant.

(a) Segments de pistons (Section 17).
(b) Vilebrequin et paliers principaux (Section 18).

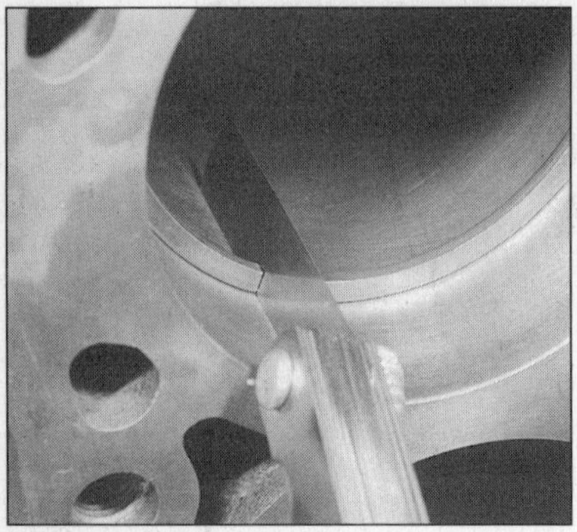

17.5 Mesure de la coupe d'un segment de piston

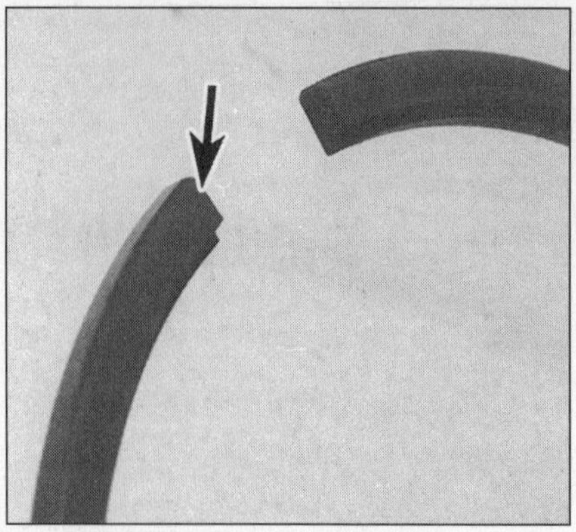

17.10 Mettre en place des segments à épaulement, le diamètre le plus petit de l'épaulement (flèche) doit être dirigé vers le haut

18.8 Plastigage en position sur la portée d'un palier principal du vilebrequin

(c) Ensembles pistons/bielles (Section 19).
(d) Pompe à huile (Section 15 du Chapitre 2, Partie A).
(e) Carter d'huile (Section 14 du Chapitre 2, Partie A).
(f) Culasse, poussoirs et arbre à cames (Sections 13 et 11 du Chapitre 2, Partie A).
(g) Courroie de distribution et pignons (Sections 7 et 8 du Chapitre 2, Partie A).
(h) Volant/plateau d'entraînement (Section 18 du Chapitre 2, Partie A).
(i) Rampes d'admission et d'échappement (voir Chapitre 4).
(j) Composants externes du moteur.

17 Segments de pistons - repose

1 Avant de reposer les segments neufs des pistons, il faut vérifier les coupes de ces segments en procédant comme suit.

2 Préparer les différents ensembles pistons/bielles et le jeu de segments neufs de pistons afin que chaque jeu de segments corresponde au même piston et cylindre déterminé lors de la mesure des coupes et lors du remontage ultérieur du moteur.

3 Introduire le segment supérieur dans le premier cylindre et l'enfoncer dans l'alésage en utilisant le haut du piston. Cela permet au segment de rester d'équerre par rapport aux parois de son cylindre. Mettre en position le segment le plus proche du pied de l'alésage du cylindre, à l'extrémité inférieure de sa course.

4 Mesurer la coupe à l'aide de calibres d'épaisseur.

5 Recommencer cette procédure avec le segment qui se trouve en haut de l'alésage du cylindre, à la limite supérieure de sa course puis comparer les mesures obtenues aux chiffres des Spécifications **(voir illustration)**.

6 Si la coupe est trop faible (ce qui est peu probable lorsqu'on utilise des pièces d'origine Citroën), il faut l'élargir sinon les embouts de ce segment risquent de se toucher pendant le fonctionnement du moteur, provoquant d'importants dégâts. L'idéal consiste à installer des segments neufs de pistons offrant la coupe correcte. Cependant, en dernier ressort, il est possible d'augmenter cette coupe en limant avec soin les embouts de ce segment en utilisant une lime fine. Immobiliser cette lime dans un étau à mâchoires souples. Faire passer le segment sur cette lime. Amener les embouts au contact de cette lime. Déplacer alors lentement le segment pour enlever du matériau aux deux extrémités - en faisant très attention car les segments de pistons sont très affûtés et se cassent facilement.

7 Lorsqu'un segment de piston est neuf, il est peu probable que la coupe entre ses deux extrémités soit trop importante. Cependant, si cette coupe est excessive, vérifier que les segments dont vous disposez correspondent bien à votre moteur et à l'alésage du cylindre sur lequel ils doivent se monter.

8 Recommencer cette procédure de vérification sur chaque segment du premier cylindre puis sur tous les segments des autres cylindres. Ne pas oublier de conserver chaque jeu de segments avec son piston et son cylindre.

9 Dès que les coupes des segments ont été vérifiées et, le cas échéant, corrigées, mettre en place ces segments sur les pistons.

10 Pour cela, utiliser les mêmes techniques que lors de la dépose. Mettre en premier le segment inférieur (de contrôle d'huile) puis le segment central et terminer par le segment supérieur. Lors de la mise en place du segment de contrôle d'huile, insérer tout d'abord l'écarteur puis installer le segment de telle sorte que sa coupe se trouve à 180° de la coupe de l'écarteur. La coupe du segment central doit se trouver à 120° de la coupe du segment de contrôle d'huile et celle du segment supérieur à 120° également de la coupe du segment de contrôle d'huile, mais dans l'autre sens. S'assurer que le segment central est monté dans le bon sens. En cas d'utilisation d'un segment à épaulement, le diamètre le plus petit de l'épaulement doit être dirigé vers le haut **(voir illustration)**. **Note:** *Il faut toujours respecter à la lettre le mode d'emploi remis avec les jeux de segments neufs de pistons - en effet, les fabricants n'ont pas forcément tous la même procédure. Ne pas mélanger les segments supérieurs et les segments centraux étant donné qu'ils n'ont pas le même diamètre.*

18 Vilebrequin - repose et vérification des jeux opérationnels des paliers principaux

1 La repose du vilebrequin est la première phase de la procédure de remontage du moteur. Il est supposé que vous avez déjà nettoyé, examiné et réparé ou remis en état, suivant les cas, le bloc-cylindres et ce vilebrequin.

2 Mettre en place le bloc-cylindres. La surface de contact du carter d'huile doit être dirigée vers le haut.

Vérification des jeux opérationnels des paliers principaux

Note: *Pour effectuer cette vérification, utiliser un vernier à cadran, un micromètre interne ou une "Plastigage". Voir texte.*

3 Nettoyer les coussinets et les creux des paliers dans le bloc-cylindres et dans les chapeaux des paliers principaux. Si les coussinets à installer sont neufs, enlever au pétrole les résidus de graisse de protection. Essuyer ensuite les coussinets avec un chiffon propre et non pelucheux.

4 En cas de réutilisation des coussinets d'origine, il faut que chaque coussinet retrouve sont emplacement d'origine dans le bloc et les chapeaux.

5 Le cas échéant, avant d'installer de façon permanente le vilebrequin, il faut vérifier le jeu opérationnel des paliers. Il convient de noter que Citroën ne précise aucun jeu mais les Spécifications donnent une plage typique. S'il n'est pas nécessaire de vérifier les jeux opérationnels, passer directement au paragraphe 16.

6 Il existe deux méthodes de vérification du jeu opérationnel des paliers. La première consiste à monter les chapeaux des paliers principaux sur le bloc-cylindres, avec leurs coussinets en position. Après avoir serré au couple spécifié les boulons de retenue de ces chapeaux, mesurer le diamètre interne de chaque paire assemblée de coussinets de paliers en utilisant un vernier à cadran ou un micromètre interne. Mesurer ensuite le diamètre de chaque portée correspondante du vilebrequin puis soustraire cette dernière valeur du diamètre interne du palier. Le résultat donne le jeu opérationnel du palier principal. La deuxième méthode (qui est également la plus précise) consiste à utiliser un produit américain appelé "Plastigage". Il s'agit d'un fil très fin en matière plastique parfaitement rond qui se comprime entre le coussinet d'un chapeau de palier et la portée du vilebrequin. Il suffit alors de retirer le chapeau de palier pour mesurer, à l'aide d'une carte spéciale de calibrage, la matière plastique déformée. Cette carte accompagne la trousse "Plastigage". Elle permet de déterminer le jeu opérationnel. Il n'est pas toujours facile de se procurer des trousses "Plastigage" mais nous vous recommandons de consulter d'importants accessoiristes pour obtenir le nom des distributeurs "Plastigage" de votre région. Les paragraphes suivants décrivent la procédure d'utilisation de cette "Plastigage".

7 Après avoir mis en place les demi-coussinets supérieurs des paliers principaux (avec les rainures d'huile) dans le bloc-cylindres, en s'assurant que les ergots de ces coussinets pénètrent bien dans les creux des sièges des paliers, mettre soigneusement en position le vilebrequin. Ne pas utiliser de lubrifiant. Les portées du vilebrequin et les coussinets des paliers doivent être parfaitement propres et secs.

8 Découper plusieurs morceaux de Plastigage, de taille appropriée. Ils doivent être légèrement plus courts que la largeur des principaux paliers. Placer un de ces morceaux sur l'axe de chaque portée du vilebrequin **(voir illustration)**.

9 Après avoir mis en position les demi-coussinets des paliers dans les chapeaux, en s'assurant que les ergots de ces coussinets pénètrent bien dans les creux des sièges des paliers, amener chaque chapeau à son emplacement d'origine. Faire très attention de ne pas faire bouger la Plastigage.

10 En commençant par le palier principal central et en progressant vers l'extérieur, resserrer progressivement au couple spécifié les boulons des chapeaux des paliers principaux. Pendant cette intervention, ne pas faire tourner le vilebrequin.

11 Retirer les boulons des chapeaux des paliers puis soulever, avec précaution, les chapeaux pour les retirer, en les maintenant dans l'ordre. Ne pas toucher à la Plastigage et ne pas faire tourner le vilebrequin. Si le retrait de certains chapeaux s'avère difficile, les débloquer en utilisant, avec précaution, un maillet à panne douce.

12 Comparer la largeur de la Plastigage déformée de chaque portée à l'échelle imprimée sur la carte de calibrage afin d'obtenir le jeu opérationnel de chaque palier principal **(voir illustration)**.

13 Si le jeu est sensiblement différent de la valeur attendue, il est possible que les coussinets des paliers soient de la mauvaise taille (ou

18.12 Mesure de la largeur de la Plastigage déformée à l'aide de la carte de calibrage

aient une usure excessive en cas de réutilisation des coussinets d'origine). Avant de décider que des coussinets de taille différente sont nécessaires, il faut s'assurer qu'il n'y a pas de poussière ou d'huile coincée entre ces coussinets et les chapeaux ou le bloc lors de la mesure de ce jeu. Si la Plastigage est plus large à une extrémité qu'à l'autre, la portée du vilebrequin est probablement conique.

14 Enlever, avec précaution, tous les résidus de Plastigage sur le vilebrequin et les coussinets des paliers. Utiliser pour cela un ongle ou un outil improvisé qui ne risque pas de rayer les coussinets.

15 Soulever, avec précaution, le vilebrequin pour le retirer une nouvelle fois du bloc-cylindres.

Repose finale du vilebrequin

16 Si vous ne l'avez pas déjà fait, nettoyer à l'aide d'un chiffon le siège des coussinets des paliers principaux dans le bloc, ainsi que les chapeaux. Enlever également à l'aide d'un chiffon tout résidu de revêtement de protection sur les coussinets neufs de paliers.

17 Mettre en place les demi-coussinets supérieurs des paliers principaux (avec les rainures d'huile) dans leurs sièges à l'intérieur du bloc. S'assurer que les ergots de centrage de ces coussinets pénètrent bien dans les creux correspondants des sièges.

18 Mettre en place une rondelle de butée de part et d'autre du palier principal numéro 2. Le côté rainuré doit être dirigé vers l'extérieur. Les enduire de graisse pour les maintenir en position **(voir illustration)**.

19 Lubrifier avec de l'huile moteur propre les coussinets supérieurs de paliers puis abaisser le vilebrequin en position **(voir illustration)**.

20 Mettre les demi-coussinets inférieurs lisses de paliers sur leurs chapeaux respectifs. S'assurer que les ergots de centrage de ces coussinets pénètrent bien dans les creux correspondants des chapeaux **(voir illustration)**.

18.18 Mise en place d'une rondelle de butée sur le palier principal numéro 2

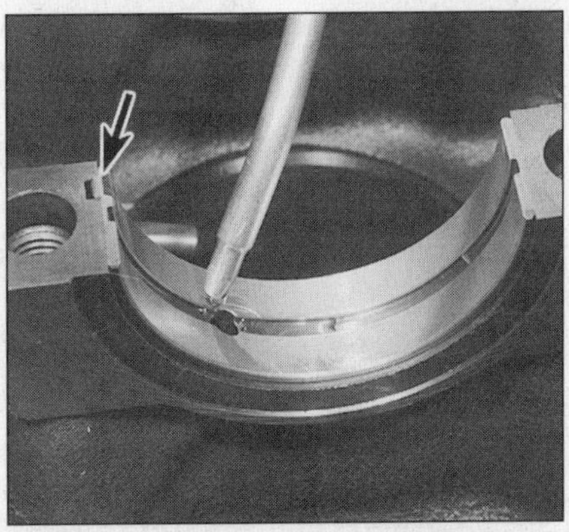

18.19 Lubrification d'un coussinet supérieur de palier principal - noter que l'ergot de centrage du coussinet pénètre dans le creux du siège (flèche)

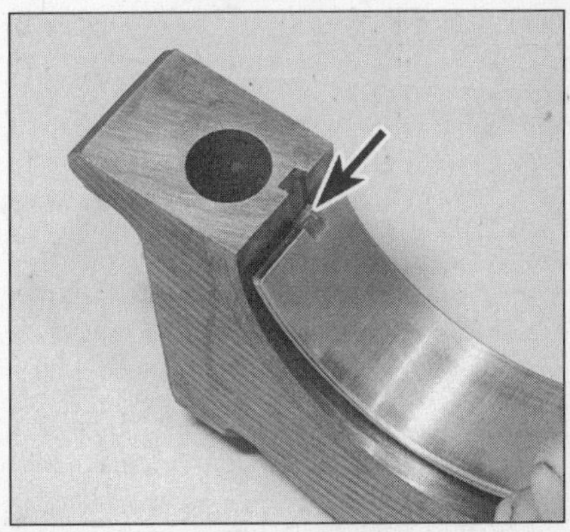

18.20 Mise en place d'un coussinet de palier sur un chapeau de palier principal - s'assurer que l'ergot (flèche) pénètre dans le creux du chapeau

18.22 A l'aide d'un comparateur à cadran, vérifier le jeu axial du vilebrequin

18.25a Mise en place d'une baguette d'étanchéité sur le chapeau du palier principal numéro 1

21 Mettre en place une rondelle de butée de part et d'autre du chapeau du palier principal numéro 2. Utiliser de la graisse pour les maintenir en position.

22 Avant de mettre en place les chapeaux de paliers, vérifier que le jeu axial du vilebrequin respecte les limites spécifiées, comme indiqué à la Section 11 **(voir illustration)**.

23 Mettre en place les chapeaux des paliers principaux numéros 2 à 5, à leurs emplacements respectifs. S'assurer qu'ils sont montés dans le bon sens (les creux des ergots des coussinets de paliers à l'intérieur du bloc et dans les chapeaux doivent se trouver du même côté). Mettre en place les boulons mais ne pas les serrer.

24 Enduire légèrement de produit d'étanchéité la surface de contact du chapeau du palier principal numéro 1 sur le bloc-cylindres, autour des orifices des baguettes d'étanchéité **(voir illustration)**.

25 Enfoncer les baguettes d'étanchéité dans les rainures qui se trouvent de part et d'autre du chapeau du palier principal numéro 1. Il faut maintenant se procurer deux lames métalliques minces, dont l'épaisseur ne doit pas dépasser 0,25 mm, afin d'éviter que ces baguettes ne se déplacent lors de la mise en place du chapeau. Les garages Citroën utilisent l'outil illustré qui fonctionne comme un collier de serrage. Mais il est possible d'utiliser des lames métalliques (comme, par exemple, de vieilles lames de calibres d'épaisseur), à condition d'en retirer au préalable toutes les bavures qui risquent d'endommager les baguettes d'étanchéité **(voir illustrations)**.

26 Le cas échéant, lubrifier les deux côtés des lames métalliques puis les immobiliser sur les baguettes d'étanchéité. Mettre en place le

18.24 Enduire de produit d'étanchéité la surface de contact du chapeau du palier principal numéro 1

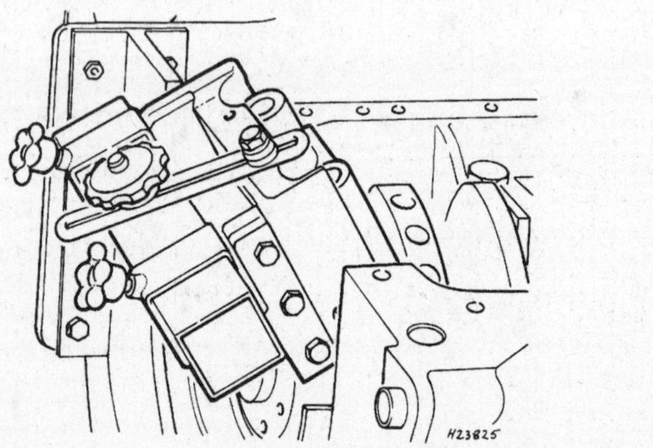

18.25b Utilisation de l'outil spécial Citroën de mise en place du chapeau du palier principal numéro 1

chapeau du palier principal numéro 1, introduire les boulons sans les serrer puis extraire avec précaution les lames métalliques en utilisant des pinces et en agissant dans l'axe horizontal **(voir illustrations)**.

27 Resserrer progressivement au couple spécifié les boulons des chapeaux des paliers principaux **(voir illustration)**.

28 Mettre en place un joint d'huile neuf arrière de vilebrequin (extrémité volant, comme indiqué à la Section 16 du Chapitre 2, Partie A).

29 Remettre en place l'ensemble volant/plateau d'entraînement, comme indiqué à la Section 18 du Chapitre 2, Partie A.

30 Remettre en place les ensembles pistons/bielles, comme indiqué à la Section 19. Cependant, avant de remonter la pompe à huile et le carter d'huile, procéder comme suit. A l'aide de calibres d'épaisseur et d'un couteau, trancher les baguettes d'étanchéité sur le chapeau du palier principal numéro 1 à 1,0 mm au-delà de la surface de contact du joint plat du carter d'huile **(voir illustration)**.

31 Remettre en place la pompe à huile et la chaîne d'entraînement, comme indiqué à la Section 15 du Chapitre 2, Partie A.

32 Remettre en place la culasse, comme indiqué à la Section 13 du Chapitre 2, Partie A.

19 Ensemble piston/bielle - repose et vérification du jeu opérationnel des paliers de têtes de bielles

Note: *Lors de la repose, utiliser des boulons et écrous neufs sur les chapeaux des paliers de têtes de bielles. Pour cette opération, se procurer un compresseur de segments de piston.*

18.26a Mise en place du chapeau du palier principal numéro 1 avec des lames métalliques

18.26b Retrait d'une lame métallique au niveau du chapeau du palier principal numéro 1 à l'aide de pinces

18.27 Serrage d'un boulon de chapeau de palier principal

18.30 Tranchage d'une baguette d'étanchéité sur le chapeau du palier principal numéro 1

1 Poser le bloc-cylindres sur le côté ou sur l'extrémité volant.

2 Ordonner les ensembles pistons et bielles ainsi que les coussinets de paliers, les chapeaux de bielles et les boulons et écrous neufs.

3 Nettoyer le dos des coussinets de paliers de têtes de bielles et les creux des chapeaux de bielles et de têtes de bielles. Si les coussinets sont neufs, enlever au pétrole toute trace de graisse de protection. Essuyer les coussinets, chapeaux et bielles avec un chiffon non pelucheux.

4 Enfoncer les demi-coussinets de paliers dans les bielles et chapeaux, à leurs emplacements respectifs. S'assurer que les ergots des coussinets pénètrent bien dans les creux correspondants des bielles et chapeaux **(voir illustration)**.

5 Lubrifier le piston numéro 1 et ses segments puis vérifier que les trois segments sont disposés tous les 120°.

6 Lubrifier l'alésage du cylindre avec un volume généreux d'huile moteur.

7 Mettre en place un compresseur de segments de piston sur le piston numéro 1. Après avoir amené les manetons numéros 1 et 4 au point mort bas (PMB), introduire le piston numéro 1 et sa bielle dans l'alésage de leur cylindre (à l'extrémité volant du bloc). La base du compresseur doit reposer contre le bloc. S'assurer que la découpe en forme de trèfle de la couronne du piston est dirigée vers le côté filtre à huile du moteur **(voir illustration)**.

8 Avec le manche d'un marteau, tapoter sur le piston, pour le faire pénétrer dans le compresseur de segments puis dans l'alésage, en guidant la bielle sur le maneton **(voir illustration)**.

Vérification du jeu opérationnel des paliers des têtes de bielles

9 Pour mesurer le jeu opérationnel des paliers des têtes de bielles, consulter les informations de la Section 19. En effet, les mêmes

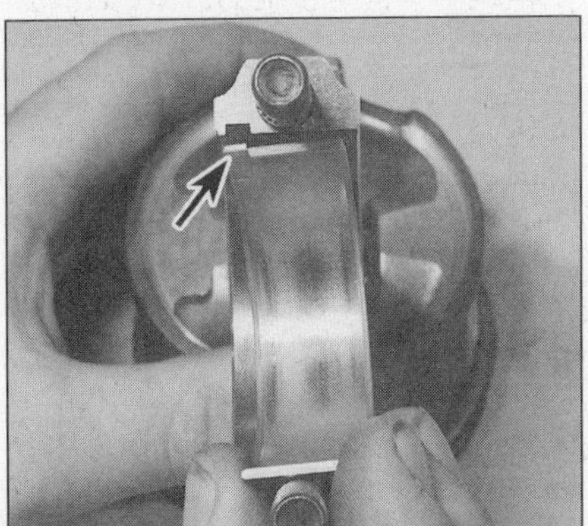

19.4 Mise en place d'un coussinet de palier sur une bielle - s'assurer que l'ergot (flèche) pénètre bien dans le creux de la bielle

19.7 Insertion du piston numéro 1 et de sa bielle dans l'alésage ; la découpe en forme de trèfle (flèche) est dirigée vers le côté filtre à huile du moteur

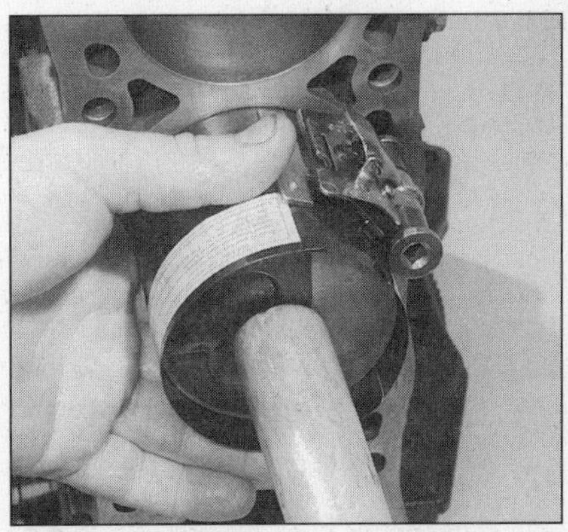

19.8 Tapoter sur le piston à l'aide du manche d'un marteau pour l'enfoncer dans l'alésage

19.13a Serrer les écrous de chapeaux de paliers de têtes de bielles au couple spécifié . . .

19.13b . . . puis les amener à l'angle spécifié

19.15 Vérification du couple de rotation du vilebrequin à l'aide d'une clé dynamométrique

procédures générales restent valables. Si ce jeu n'est pas à vérifier, passer directement au paragraphe 11. Si la méthode "Plastigage" est utilisée, s'assurer que les portées des paliers de têtes de bielles ainsi que les coussinets des paliers sont propres et secs avant de mettre en prise chaque bielle et la portée de palier. Disposer la baguette "Plastigage" sur cette portée puis monter le chapeau de palier à son emplacement d'origine. S'assurer qu'il est dans le bon sens (vérifier que les repères d'identification de la bielle et du chapeau se trouvent tous deux du côté filtre à huile du moteur). Mettre en place les écrous du chapeau de palier puis les serrer au couple spécifié. Ne pas faire tourner le vilebrequin pendant cette opération. Retirer le chapeau de palier puis vérifier le jeu opérationnel en mesurant la "Plastigage", comme indiqué à la Section 18.

10 Recommencer ces procédures de vérification sur les autres ensembles pistons/bielles.

Repose finale des ensembles pistons/bielles

11 Si le jeu opérationnel des paliers a été vérifié, prendre toutes les mesures correctives nécessaires puis enlever tout résidu de "Plastigage" sur les coussinets et portées des paliers.

12 Lubrifier généreusement les portées et coussinets de paliers puis remettre en place une nouvelle fois les chapeaux de paliers. S'assurer que ces chapeaux sont correctement positionnés, comme indiqué précédemment (paragraphe 9).

13 Serrer les écrous des chapeaux de paliers au couple spécifié, en deux phases, conformément aux Spécifications. C'est-à-dire qu'il faut serrer chaque boulon à la valeur de la passe 1 puis procéder à un nouveau serrage à la valeur de la passe 2 **(voir illustrations)**.

14 Après avoir remis en place chaque ensemble piston/bielle, faire tourner le vilebrequin pour vérifier qu'il ne présente pas de points durs ou de blocages.

15 Après avoir remis en place les quatre ensembles pistons/bielles, procéder comme suit. Revisser provisoirement le boulon de la poulie à l'avant du vilebrequin. Ensuite, à l'aide d'une clé dynamométrique, vérifier que le couple nécessaire pour faire tourner le vilebrequin ne dépasse pas 40 Nm **(voir illustration)**. Si les composants sont neufs, il faut s'attendre à une certaine résistance mais si les points durs sont excessifs, il faut en rechercher la cause avant de poursuivre les opérations. Il est possible que de la poussière ou des gravillons soient restés coincés derrière un coussinet de palier.

16 Remettre en place la pompe à huile, comme indiqué à la Section 15 du Chapitre 2, Partie A.

17 Remettre en place la culasse, comme indiqué à la Section 13 du Chapitre 2, Partie A.

20 Moteur - démarrage initial après une révision

1 Après avoir remonté le moteur sur le véhicule, vérifier le niveau d'huile moteur et de réfrigérant. S'assurer également que la batterie est bien chargée.

2 Amorcer le système de carburation, comme indiqué au Chapitre 4.

3 Sur les modèles Turbo, amorcer le circuit de lubrification du turbocompresseur en débranchant le solénoïde d'arrêt puis en brassant le moteur au démarreur. Pour cela, actionner le démarreur à plusieurs reprises pendant dix secondes avec une pause de trente secondes à peu près entre deux tentatives. Dès que vous êtes certain que la pression d'huile s'est rétablie, rebrancher le solénoïde (s'assurer que le témoin lumineux de pression d'huile du tableau de bord s'éteint lors du brassage du moteur).

4 Appuyer à fond sur l'accélérateur. Amener la clé de contact sur la position "M" et attendre que le témoin de réchauffage s'éteigne.

5 Mettre le moteur en route. Il faudra probablement procéder à un brassage supplémentaire pour purger le système de carburation avant que le moteur ne démarre.

6 Dès que le moteur tourne, le maintenir au ralenti rapide. Vérifier que le témoin de pression d'huile s'éteint. S'assurer ensuite qu'il n'y a pas de fuites d'huile, de carburant ou de réfrigérant. Le cas échéant, vérifier qu'il n'y a pas de fuites au niveau des raccords de durits et flexibles de liquide de la direction assistée et/ou de la transmission automatique. Ne pas s'inquiéter s'il y a des odeurs étranges et si de la fumée apparaît au niveau de certains composants. C'est tout à fait normal, car le réchauffement de ces composants provoque la combustion des dépôts d'huile.

7 Continuer de faire tourner le moteur au ralenti jusqu'à ce que du réfrigérant brûlant circule. Pour s'en assurer, toucher avec précaution le flexible supérieur du radiateur. Cela indique que le moteur a atteint sa température normale de fonctionnement. Arrêter alors ce moteur et le laisser refroidir.

8 Revérifier les niveaux d'huile et de réfrigérant et compléter les pleins, suivant besoin.

9 Vérifier le calage de la pompe à injection de carburant et le ralenti, comme indiqué au Chapitre 4.

10 Si des pistons, segments ou paliers neufs ont été mis en place, il faut roder le moteur en roulant à des vitesses raisonnables, avec des charges réduites, pendant environ 800 km. Pendant ce rodage, ne pas faire tourner le moteur à pleins gaz et ne pas le laisser forcer sur un rapport. Il est recommandé de changer l'huile moteur et le filtre à la fin de ce rodage.

Chapitre 3 Circuits de refroidissement, de chauffage et de ventilation

Table des matières

Spécifications

Généralités

Type de circuit .... Pressurisé avec radiateur frontal, moto-ventilateurs électriques. Pompe de réfrigérant entraînée par la courroie de distribution

Pression maximale du circuit... 1,4 bars

Thermostat

Type	A cire
Températures d'ouverture:	
Début de l'ouverture:	
Modèles non-turbo	89°C
Modèles Turbo	83°C
Ouverture maximale:	
Modèles non-turbo	101°C
Modèles Turbo	95°C

Moto-ventilateurs de refroidissement

Déclenchement des ventilateurs:	
Modèles non-turbo	97°C
Modèles Turbo sans climatisation:	
1ère vitesse	90,5 à 94,5°C
2ème vitesse	95,5 à 99,5°C
Modèles Turbo équipés de la climatisation:	
1ère vitesse	90°C
2ème vitesse	101°C
Arrêt des ventilateurs:	
Modèles non-turbo	92°C
Modèles Turbo sans climatisation:	
1ère vitesse	85,5 à 89,5°C
2ème vitesse	90,5 à 94,5°C
Modèles Turbo équipés de la climatisation:	
1ère vitesse	87°C
2ème vitesse	98°C

Couples de serrage

	da N.m
Boulons de la pompe de réfrigérant	1,5
Capteurs de température (dans le logement filtre carburant/thermostat)	1,8

1 Généralités et précautions

Description générale

Le circuit de refroidissement est pressurisé. Il se compose d'une pompe entraînée par la courroie de distribution, d'un radiateur en aluminium à courant transversal avec vase d'expansion intégral, de deux ventilateurs électriques de refroidissement et d'un thermostat. Cet ensemble fonctionne de la manière suivante. Au pied du radiateur, du réfrigérant froid circule dans le flexible inférieur et aboutit à la pompe à réfrigérant. Il est ensuite pompé tout autour du bloc-cylindres et dans les passages de la culasse, traverse le refroidisseur d'huile, le logement du filtre carburant et le groupe de chauffage. Après avoir refroidi l'alésage des cylindres, les surfaces de combustion, le siège des soupapes, l'huile et le carburant, ce réfrigérant arrive sous le thermostat qui, pour commencer, est fermé. Le réfrigérant traverse le groupe de chauffage avant d'être ramené à la pompe de réfrigérant par le biais du bloc-cylindres **(voir illustrations)**.

Lorsque le moteur est froid, ce réfrigérant ne circule que dans le bloc-cylindres, la culasse et le groupe de chauffage. Dès que le réfrigérant atteint une température déterminée, le thermostat s'ouvre et le réfrigérant circule dans le flexible inférieur et aboutit au radiateur. Lorsque le réfrigérant circule dans le radiateur, il est refroidi par l'air que reçoit l'automobile lorsque cette dernière roule. Ce flux pneumatique est complété par des ventilateurs électriques de refroidissement, qui se mettent en marche lorsque cela s'avère nécessaire. Dès que le réfrigérant arrive au pied du radiateur, il subit un refroidissement et le cycle décrit ci-dessus recommence.

Lorsque le moteur a atteint sa température normale de fonctionnement, le réfrigérant se dilate et une partie est envoyée au vase d'expansion. Le réfrigérant reste dans ce vase et n'est renvoyé au radiateur que lorsque le circuit a refroidi.

Sur les modèles à transmission automatique, une partie du réfrigérant fait l'objet d'une recirculation à partir du pied du radiateur, à travers le refroidisseur de liquide qui est monté sur la transmission.

Les ventilateurs de refroidissement électriques implantés à l'avant du radiateur sont pilotés par un thermocontact. Sur les modèles qui ne sont pas équipés de la climatisation, ce contacteur se trouve sur le côté gauche du radiateur. Sur les modèles équipés de la climatisation, ces ventilateurs sont pilotés par le capteur "Bitron" implanté dans le logement de l'ensemble filtre carburant/thermostat. Dès que le réfrigérant atteint une température prédéterminée, ce contacteur détecteur met en route les ventilateurs.

Précautions

Avertissement: *Ne pas chercher à retirer le bouchon de remplissage du vase d'expansion ou à toucher des composants du circuit de refroidissement tant que le moteur est chaud, car vous risquez fortement de vous brûler. Avant de retirer le bouchon de remplissage du vase d'expansion, il faut attendre que le moteur et le radiateur aient refroidi (bien que cette opération ne soit pas recommandée). Il faut tout d'abord éliminer la pression dans le circuit de refroidissement. Pour cela, placer un chiffon épais sur le bouchon pour ne pas se brûler puis dévisser lentement ce bouchon jusqu'à ce qu'un sifflement se fasse entendre. Dès que le sifflement s'arrête, indiquant une réduction de la pression, dévisser lentement le bouchon de remplissage pour le retirer. S'arrêter de nouveau dès que les sifflements reprennent, avant de dévisser complètement ce bouchon. Il faut toujours se tenir à l'écart de l'ouverture du bouchon de remplissage.*

Avertissement: *Eviter tout contact de l'antigel avec la peau ou les surfaces peintes du véhicule. Laver immédiatement à grande eau les projections d'antigel. Ne jamais laisser de l'antigel dans un récipient ouvert ou dans une flaque du terrain où vous garez votre véhicule ou sur le plancher du garage. En effet, l'odeur douce de ce produit attire les enfants et les animaux domestiques. L'ingestion d'antigel est mortelle.*

Avertissement: *Si le moteur est chaud, les moto-ventilateurs de refroidissement électriques peuvent se mettre en route même lorsque*

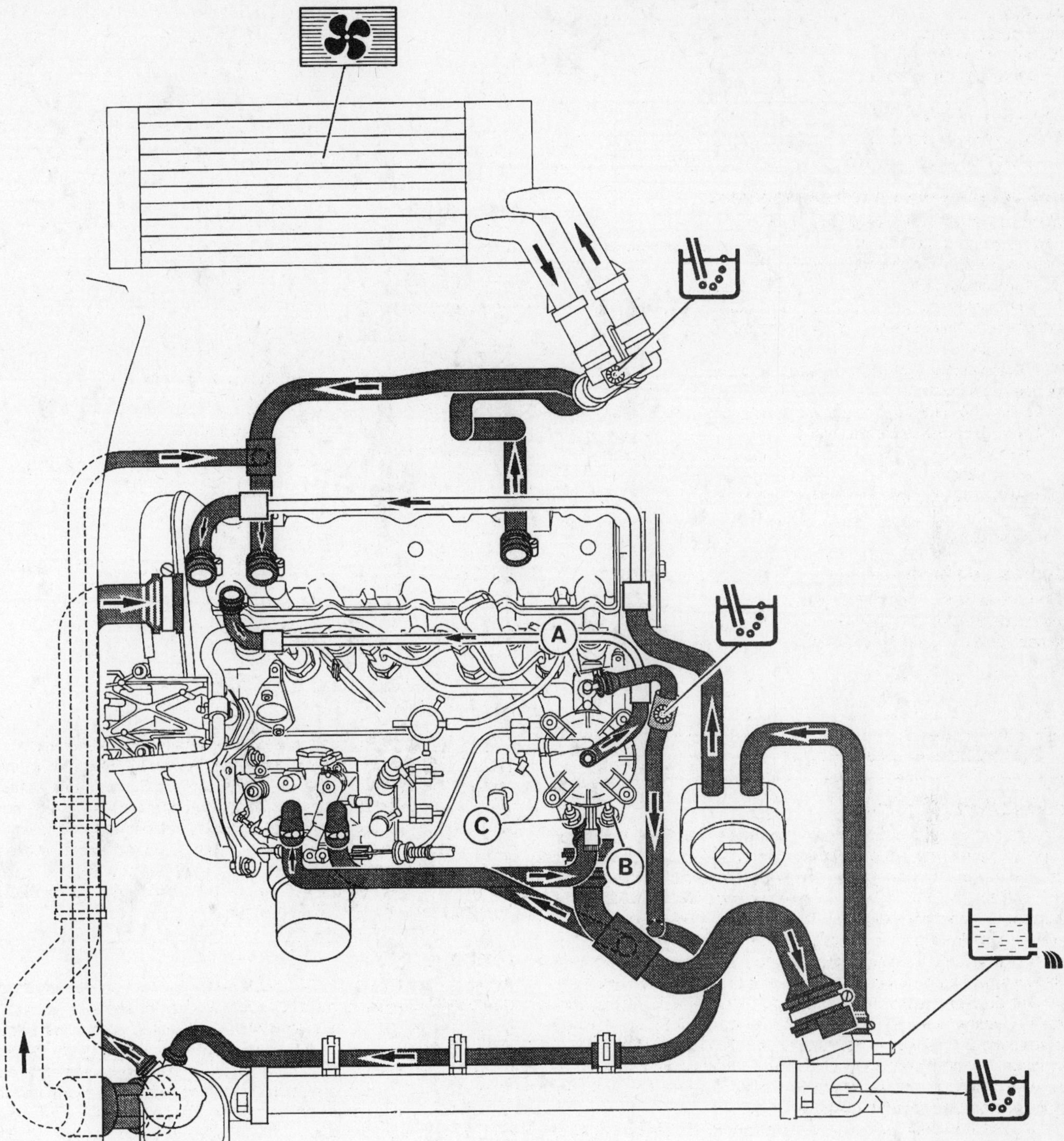

1.1a Agencement typique du circuit de refroidissement de modèle non-turbo, avec transmission automatique

A *Obturateur*
B *Emetteur de la jauge de température de réfrigérant (modèles équipés de la climatisation)*
C *Emetteur de la jauge de température de réfrigérant (modèles sans climatisation)*

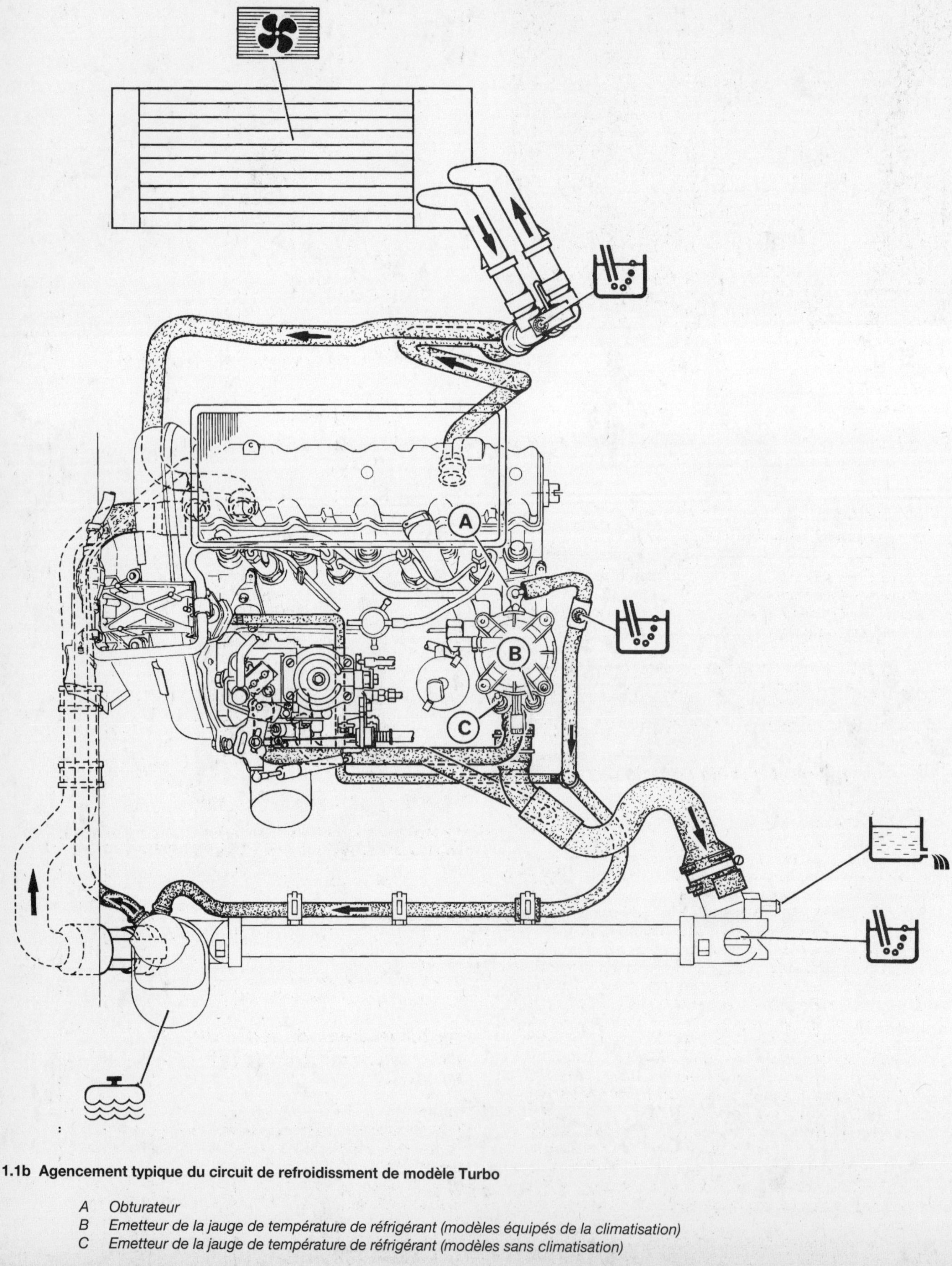

1.1b Agencement typique du circuit de refroidissment de modèle Turbo

A Obturateur
B Emetteur de la jauge de température de réfrigérant (modèles équipés de la climatisation)
C Emetteur de la jauge de température de réfrigérant (modèles sans climatisation)

2.5 **Débranchement du flexible supérieur du radiateur**

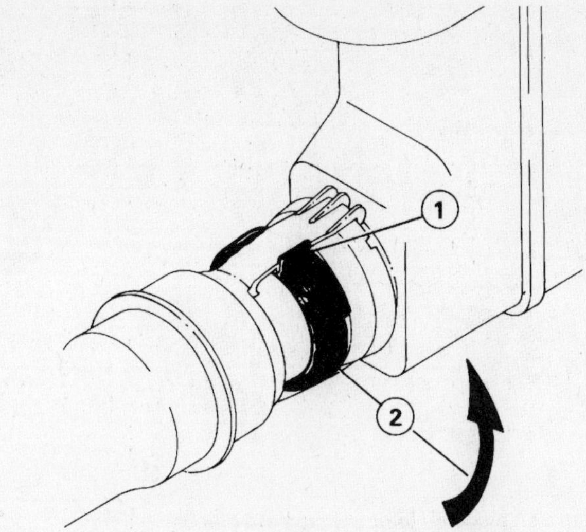

2.11 Branchement du flexible inférieur du radiateur

Faire tourner la bague de blocage (2) pour l'amener au contact de la butée (1)

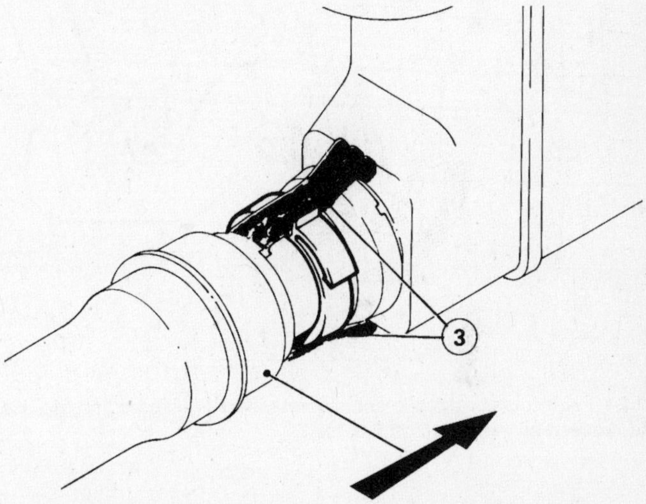

2.12 Appuyer sur le raccord pour l'écarter du flexible afin d'être certain que les deux ergots de retenue (3) sont bien dégagés

le moteur est arrêté. Par conséquent, il faut toujours tenir les mains, les cheveux et les vêtements lâches à l'écart de ces composants lors de toute intervention à l'intérieur du compartiment moteur.
Avertissement: *Consulter la Section 12 qui indique les précautions à respecter lors d'interventions sur un véhicule équipé de la climatisation.*

2 Flexibles du circuit de refroidissement - débranchement et remplacement

Note: *Consulter les avertissements de la Section 1 de ce Chapitre avant de commencer cette procédure.*

1 Si les vérifications décrites au Chapitre 1 révèlent l'existence d'un flexible défectueux, il convient de remplacer ce dernier en procédant comme suit.

2 Vidanger tout d'abord le circuit de refroidissement (voir Chapitre 1). Si le réfrigérant n'a pas atteint sa date limite d'emploi, vous pouvez le réutiliser à condition de le recueillir dans un récipient propre.

3 Pour débrancher un flexible, procéder comme suit, en fonction du type de branchement.

Branchements traditionnels de flexibles à colliers

4 Les colliers de fixation des flexibles sont du type à vis ou du type jetable à sertissage.

5 Pour débrancher un flexible, utiliser un tournevis pour en desserrer ou retirer les colliers puis déplacer ces colliers le long du flexible pour les éloigner de l'entrée ou de la sortie concernée. Dégager, avec précaution, le flexible **(voir illustration)**. Bien qu'il soit relativement facile de retirer les flexibles neufs ou brûlants, **il ne faut pas** chercher à débrancher un composant du circuit tant qu'il est brûlant.

6 Il convient de noter que la prise d'admission du radiateur est fragile. Il ne faut pas exercer de force excessive lors d'une tentative de retrait du flexible. Si l'enlèvement d'un flexible s'avère difficile, essayer de le dégager en faisant tourner ses extrémités au niveau de l'entrée ou de la sortie concernée, avant de chercher à le débrancher. Si aucune méthode ne réussit, trancher le flexible à l'aide d'un couteau affûté puis le fendre afin de pouvoir l'enlever en deux morceaux. Bien que cela puisse s'avérer onéreux si ce flexible est intact, cette solution est moins chère que l'achat d'un nouveau radiateur.

7 Lors de la mise en place d'un flexible, faire tout d'abord glisser les colliers de serrage sur ce flexible puis amener le flexible en position. S'il y avait à l'origine des colliers à sertissage, il est recommandé de les remplacer par des colliers à vis. Si le flexible est rigide, le lubrifier avec un peu d'eau savonneuse ou l'assouplir en le plongeant dans de l'eau brûlante.

8 Amener progressivement ce flexible en position. Vérifier que son trajet est correct puis faire glisser chaque collier le long du flexible pour l'amener à chaque extrémité évasée d'entrée ou de sortie, avant de serrer à fond ses colliers.

9 Refaire le plein du circuit de refroidissement, comme indiqué au Chapitre 1.

10 Vérifier soigneusement l'étanchéité, le plus tôt possible après avoir manipulé des composants du circuit de refroidissement.

Flexible inférieur du radiateur

Note: *Lors du rebranchement de ce flexible, il faut utiliser un joint torique neuf.*

Dépose

11 Faire tourner la bague de blocage (2) dans le sens inverse des aiguilles d'une montre pour l'amener au contact de la butée (1) **(voir illustration)**.

12 Appuyer sur le raccord pour l'écarter du flexible. S'assurer que les deux ergots de retenue sont bien dégagés **(voir illustration)**.

13 Tirer sur le flexible, muni de son raccord, pour l'écarter du radiateur.

14 Récupérer le joint torique du raccord.

3

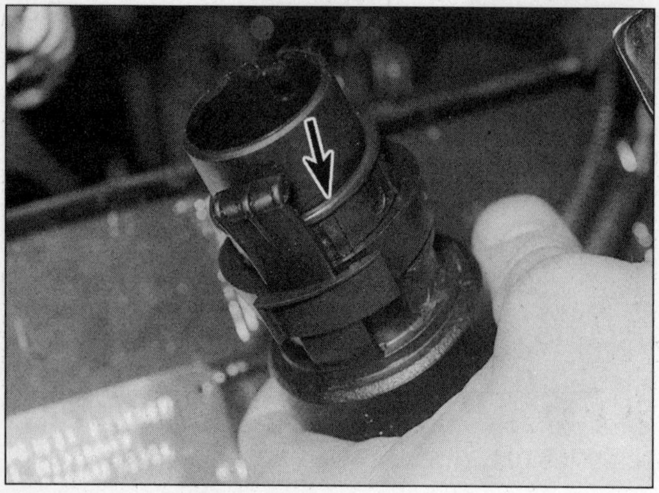

2.16 Mettre en place un joint torique neuf (flèche)

2.18 Positionner le flexible au niveau du radiateur, en dirigeant la découpe (flèche) vers le bas

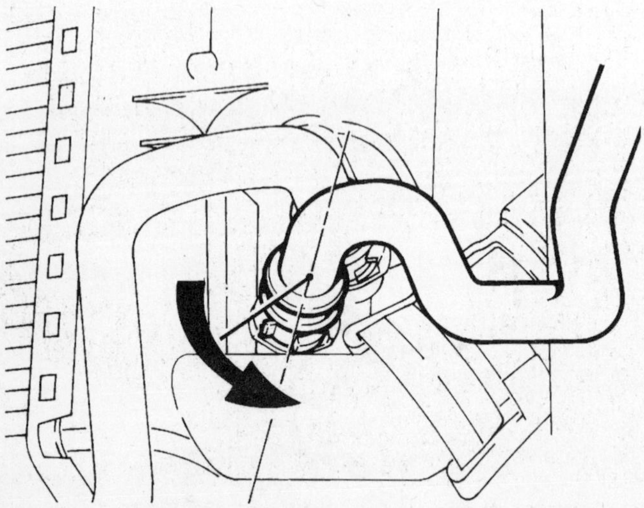

2.24 Faire tourner dans le sens inverse des aiguilles d'une montre le raccord à l'extrémité du flexible

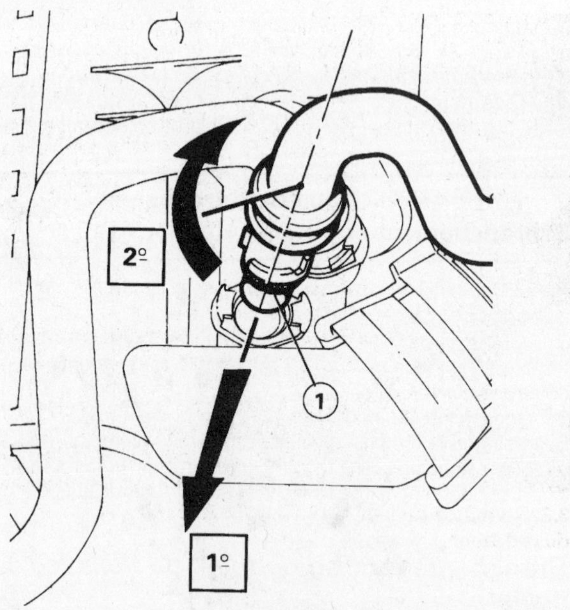

2.28 Amener en prise les rails de guidage (1) et les ergots du radiateur

Repose

15 Essuyer soigneusement avec un chiffon propre et non pelucheux le raccord et la prise du radiateur.

16 Mettre un joint torique neuf sur la moitié mâle du raccord. S'assurer que son assise est correcte **(voir illustration)**.

17 Faire tourner la bague de blocage dans le sens des aiguilles d'une montre jusqu'à ce qu'un déclic se fasse entendre.

18 Amener le flexible au niveau de la prise du radiateur. La découpe de centrage de la partie mâle du raccord doit se trouver à la partie inférieure **(voir illustration)**.

19 Enfoncer le raccord dans la prise jusqu'à ce qu'un déclic se fasse entendre au niveau des ergots de retenue pour indiquer qu'ils sont bien en position. S'assurer que le joint torique n'est pas coincé.

20 Repousser le raccord vers l'arrière (pour l'écarter de la prise) afin d'ajuster, suivant besoin, la position des ergots de retenue.

21 Refaire le plein du circuit de refroidissement, comme indiqué au Chapitre 1.

22 Vérifier soigneusement l'étanchéité, le plus tôt possible après avoir manipulé des composants du circuit de refroidissement.

Branchement du flexible de dérivation du radiateur

Note: *Lors du rebranchement de ce flexible, il faut utiliser un joint torique neuf.*

Dépose

23 Ce flexible est immobilisé par un raccord à baïonnette.

24 Tourner au maximum dans le sens inverse des aiguilles d'une montre le raccord qui se trouve à l'extrémité de ce flexible **(voir illustration)**.

25 Faire osciller le raccord dans un sens puis dans l'autre pour le dégager de la sortie du radiateur.

Repose

26 Essuyer soigneusement avec un chiffon propre et non pelucheux le raccord et la prise du radiateur.

27 Mettre en place un joint torique neuf sur la moitié mâle du raccord.

28 Amener le raccord au niveau de la sortie du radiateur puis le faire tourner dans le sens inverse des aiguilles d'une montre pour mettre en prise les rails de guidage du raccord sur les ergots du radiateur **(voir illustration)**.

29 Enfoncer au maximum le raccord pour comprimer le joint torique.

30 Faire tourner le raccord dans le sens des aiguilles d'une montre pour l'amener contre la butée.

31 Refaire le plein du circuit de refroidissement, comme indiqué au Chapitre 1.

2.34 Extraire le collier métallique qui se trouve en haut du raccord . . .

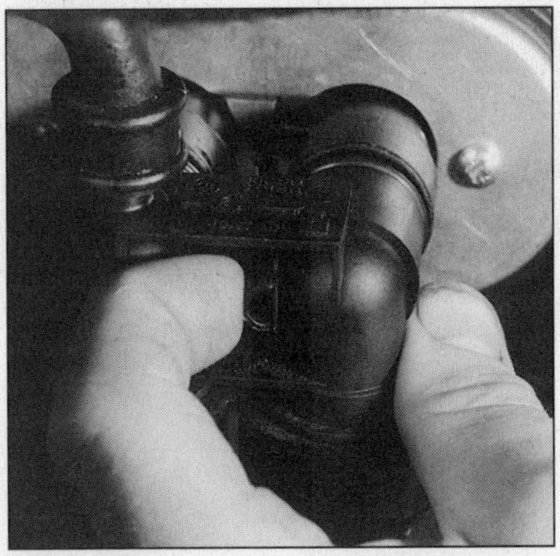

2.35 . . . dégager le collier de retenue en matière plastique . . .

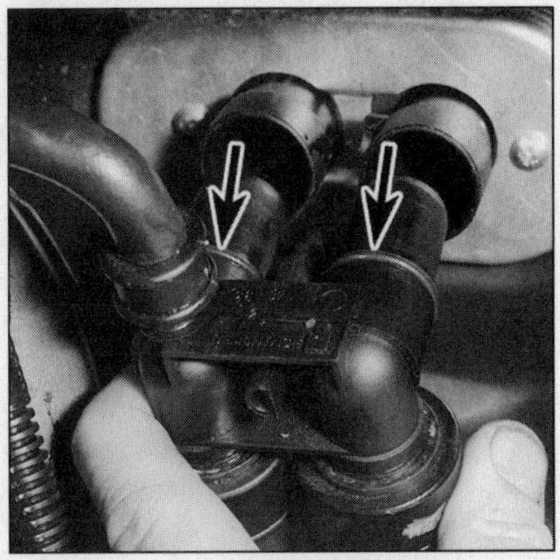

2.36 . . . et tirer sur le raccord pour l'écarter de la matrice de chauffage. Joints toriques identifiés par une flèche

3.3 Retrait du panneau en le faisant passer au-dessus du radiateur

3.4 Débranchement de la fiche électrique du contacteur des ventilateurs de refroidissement

32 Vérifier soigneusement l'étanchéité, le plus tôt possible après avoir manipulé des composants du circuit de refroidissement.

Branchements des flexibles de la matrice du groupe de chauffage

Dépose

33 Ces deux flexibles sont branchés sur la matrice à l'aide d'un seul raccord.
34 Extraire le collier métallique de retenue qui se trouve en haut du raccord **(voir illustration)**.
35 Dégager le collier de retenue en matière plastique en le repoussant vers le raccord gauche **(voir illustration)**.
36 Tirer sur le raccord pour l'écarter de la matrice. Récupérer les joints toriques s'ils se sont détachés **(voir illustration)**.

Repose

37 La repose se fait dans l'ordre inverse des opérations de dépose. Il faut cependant examiner les joints toriques pour s'assurer qu'ils sont en bon état. S'ils sont endommagés ou détériorés, il convient de les remplacer.
38 Refaire le plein du circuit de refroidissement, comme indiqué au Chapitre 1.
39 Vérifier soigneusement l'étanchéité, le plus tôt possible après avoir manipulé des composants du circuit de refroidissement.

3 Radiateur - dépose, examen et repose

Note: *Lors du rebranchement des flexibles inférieurs du radiateur, utiliser des joints toriques neufs - voir Section 2.*

Dépose

1 Débrancher la cosse négative de la batterie.
2 Vidanger le circuit de refroidissement, comme indiqué au Chapitre 1.
3 Retirer les vis de fixation puis déposer le panneau en matière plastique qui se trouve au-dessus des radiateurs **(voir illustration)**. Décrocher l'épurateur d'air du panneau, suivant les cas.
4 Débrancher la fiche du câble électrique au niveau du contacteur des ventilateurs de refroidissement, sur le côté gauche du radiateur **(voir illustration)**.
5 Débrancher le ou les flexibles supérieurs du radiateur (sur le côté gauche) ainsi que les flexibles inférieurs du radiateur (en bas et à droite), comme indiqué à la Section 2.
6 Appuyer sur les deux colliers de fixation qui se trouvent aux extrémités supérieures du radiateur puis soulever avec précaution le radiateur pour l'écarter du véhicule. Noter les ergots de centrage au pied du radiateur qui pénètrent dans les supports en caoutchouc du panneau inférieur de la carrosserie **(voir illustrations)**.

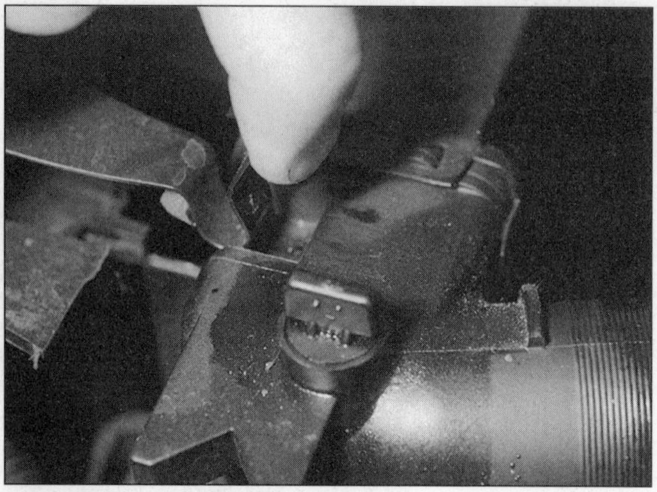

3.6a Appuyer sur les colliers de fixation . . .

3.6b . . . puis retirer le radiateur

4.3 Deux des trois boulons de fixation du thermostat (flèches)

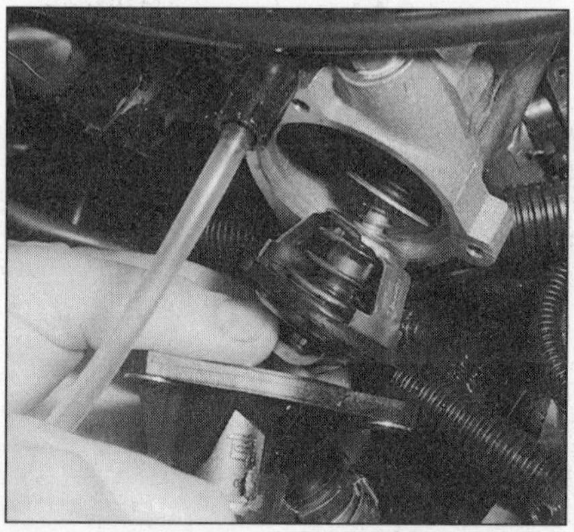

4.4 Soulèvement du thermostat pour le retirer de son logement

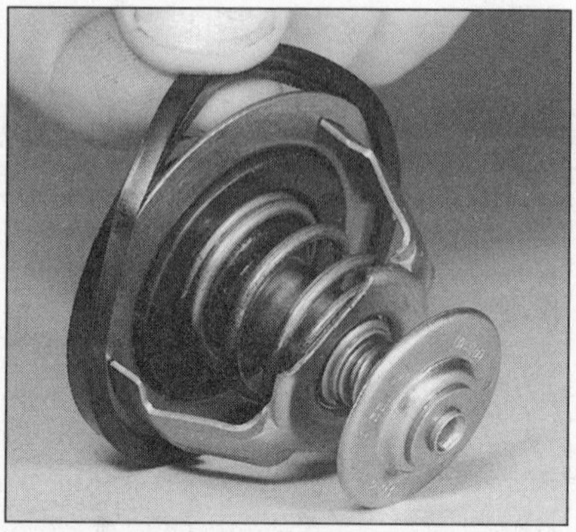

4.5 Retrait de la bague d'étanchéité de la bride du thermostat

Examen

7 Si vous avez déposé le radiateur parce que vous pensez qu'il est bouché, procéder au rinçage à contre-courant décrit au Chapitre 1. Enlever la poussière et les débris des ailettes du radiateur, sous un jet d'air (dans ce cas-là, porter des lunettes de protection) ou à l'aide d'une brosse à poils souples. Faire très attention, car ces ailettes sont très fragiles et très affûtées.

8 Le cas échéant, demander à un spécialiste en radiateurs d'effectuer un "essai de débit" sur le radiateur, pour déterminer l'existence ou non de colmatages internes.

9 Si le radiateur fuit, le confier à un spécialiste qui effectuera des réparations permanentes. Ne pas chercher à souder un radiateur qui fuit, car cela risque d'endommager les composants en matière plastique.

10 En cas d'urgence, lorsque le radiateur présente de très faibles fuites, il est possible d'y remédier en utilisant un produit d'étanchéité pour radiateur, à condition de respecter le mode d'emploi du fabricant, et *sans déposer le radiateur*.

11 Si le radiateur doit être envoyé à un atelier de réparations ou doit être remplacé, déposer tous les flexibles ainsi que le contacteur des ventilateurs de refroidissement.

12 Vérifier que les supports de la fixation en caoutchouc du radiateur sont en bon état. Le cas échéant, les remplacer.

Repose

13 La repose se fait dans l'ordre inverse des opérations de dépose, en tenant compte des points suivants.

14 S'assurer que les ergots inférieurs du radiateur viennent bien se mettre en prise dans les supports en caoutchouc du panneau de la carrosserie.

15 Rebrancher les flexibles, comme indiqué à la Section 2. Le cas échéant, utiliser des joints toriques neufs.

16 Refaire le plein du circuit de refroidissement et le purger, comme indiqué au Chapitre 1.

4 Thermostat - dépose, essais et repose

Dépose

1 Débrancher la cosse négative de la batterie.

2 Vidanger le circuit de refroidissement, comme indiqué au Chapitre 1.

3 Dévisser les trois boulons de fixation puis retirer, avec précaution, le couvercle du logement du thermostat pour accéder au thermostat. Faire très attention de ne pas tirer sur les flexibles de réfrigérant qui sont reliés à ce couvercle **(voir illustration)**.

4 Soulever le thermostat pour le retirer de son logement **(voir illustration)**.

5 Récupérer la bague d'étanchéité de la bride du thermostat **(voir illustration)**.

Essais

6 Procéder à un essai approximatif du thermostat en le suspendant à une ficelle et en le plongeant dans un récipient plein d'eau. Faire chauffer cette eau pour l'amener à ébullition. Lorsque l'eau bout, le thermostat doit s'ouvrir. Si ce n'est pas le cas, le remplacer.

7 Si vous disposez d'un thermomètre, vous pouvez déterminer la température exacte d'ouverture du thermostat et la comparer aux chiffres des Spécifications. Cette température d'ouverture est également gravée sur le thermostat.

5.6 Débranchement de la fiche électrique d'un ventilateur de refroidissement

5.8 Retrait d'un ensemble moto-ventilateur

8 Si le thermostat ne se referme pas lorsque l'eau refroidit, il convient de le remplacer.

Repose

9 La repose se fait dans l'ordre inverse des opérations de dépose, en tenant compte des points suivants.
10 Avant de remettre en place le thermostat, examiner sa bague d'étanchéité pour s'assurer qu'elle n'est pas détériorée ou endommagée. Le cas échéant, la remplacer.
11 S'assurer que le thermostat est monté dans le bon sens c'est-à-dire que le ou les ressorts sont dirigés vers l'intérieur du logement.
12 Refaire le plein du circuit de refroidissement et le purger, comme indiqué au Chapitre 1.

5 Ventilateur de refroidissement électrique - essais, dépose et repose

Essais

1 Les ventilateurs de refroidissement sont alimentés en courant par le biais du contacteur d'allumage (voir Chapitre 5) et sont protégés par un fusible (voir Chapitre 12). Ce circuit est complété par le contacteur thermostatique des ventilateurs de refroidissement. Ce contacteur se trouve sur le côté gauche du radiateur.
2 Si un ventilateur semble en panne, faire tourner le moteur pour l'amener à sa température normale de fonctionnement. Ensuite, le laisser tourner au ralenti. Si le ventilateur ne s'enclenche pas au bout de quelques minutes, couper le contact puis débrancher la fiche du câblage au niveau du contacteur. Relier les deux contacts de cette fiche à l'aide d'un fil volant électrique puis remettre le contact. Si le ventilateur fonctionne, cela indique que le contacteur est probablement défectueux et doit être remplacé.
3 Si le ventilateur refuse toujours de fonctionner, vérifier que le fil d'alimentation du contacteur reçoit bien la tension batterie. Si ce n'est pas le cas, cela indique que le fil d'alimentation est défectueux (cela peut être dû à une défaillance du moteur du ventilateur ou à un fusible grillé). S'il n'y a pas de problème au niveau de la tension d'alimentation, vérifier la continuité entre la cosse de mise à la masse du contacteur et un point de mise à la masse de la carrosserie. S'il n'y a pas de continuité, c'est que la connexion de mise à la masse est défectueuse et doit être rétablie.
4 Si le contacteur et son câblage sont en bon état, la défaillance se situe au niveau du moteur proprement dit. Pour vérifier ce moteur, le débrancher de son faisceau de câblage puis le rebrancher directement sur une alimentation de 12 volts. Si le moteur est défectueux, le remplacer étant donné qu'aucune pièce de rechange n'est commercialisée.

Dépose

5 Déposer le radiateur, comme indiqué à la Section 3.
6 Débrancher la fiche du câblage à l'arrière du moteur **(voir illustration)**.
7 Dévisser les trois écrous de fixation du moteur. Faire tourner les ailettes du ventilateur, suivant besoin, pour pouvoir bloquer les boulons par l'avant, lors du retrait des écrous.
8 Retirer l'ensemble moteur avec les ailettes du ventilateur, par l'avant du véhicule **(voir illustration)**.
9 Le cas échéant, retirer de l'arbre du moteur les ailettes du ventilateur, après avoir enlevé la vis de fixation et la rondelle.
10 Si le moteur est défectueux, remplacer l'ensemble complet étant donné qu'aucune pièce de rechange n'est commercialisée.

Repose

11 La repose se fait dans l'ordre inverse des opérations de dépose. Remonter le radiateur, comme indiqué à la Section 3.

6 Contacteurs électriques du circuit de refroidissement - essais, dépose et repose

Contacteur thermostatique des ventilateurs électriques de refroidissement - modèles sans climatisation

Essais

1 La Section 5 décrit les essais de ce contacteur dans le cadre de la procédure de tests consacrés aux ventilateurs électriques de refroidissement.

Dépose

2 Ce contacteur se trouve sur le côté gauche du radiateur. Avant de le déposer, il faut attendre que le moteur et le radiateur soient froids.
3 Débrancher la cosse négative de la batterie.
4 Vidanger partiellement le circuit de refroidissement, jusqu'au-dessous du niveau du contacteur (comme indiqué au Chapitre 1) ou préparer un bouchon de diamètre approprié pour obturer l'ouverture du contacteur dans le radiateur lors de la dépose de ce contacteur. En cas d'utilisation d'un bouchon, faire très attention de ne pas endommager le radiateur et de ne pas employer un matériau qui risque de faire pénétrer des corps étrangers dans le radiateur.
5 Débrancher la fiche du câblage au niveau du contacteur.
6 Dévisser, avec précaution, le contacteur pour l'écarter du radiateur. Le cas échéant, récupérer le joint torique.

Repose

7 Si le contacteur était fixé à l'origine par du produit d'étanchéité,

nettoyer soigneusement le filetage de ce composant puis y passer du produit d'étanchéité frais.

8 Si le contacteur était équipé, à l'origine, d'un joint torique, remplacer ce joint par un neuf lors de la repose.

9 La repose se fait dans l'ordre inverse des opérations de dépose. Ne pas oublier de compléter le plein du circuit de refroidissement, comme indiqué au Chapitre 1.

10 Dès que ces activités sont terminées, mettre le moteur en route et le laisser tourner jusqu'à ce qu'il atteigne sa température normale de fonctionnement. Ensuite, continuer de faire tourner le moteur pour s'assurer que les ventilateurs de refroidissement s'enclenchent et fonctionnent correctement.

Contacteur thermostatique des ventilateurs électriques de refroidissement - modèles équipés de la climatisation

11 Les ventilateurs de refroidissement sont pilotés par le capteur "Bitron" implanté dans le logement filtre carburant/thermostat - voir paragraphes 26 à 28.

Jauge de température de réfrigérant/émetteur de témoin de température

Essais

Note: *Sur les modèles équipés de la climatisation, cet émetteur fournit un signal à la jauge uniquement. Le témoin lumineux de température de réfrigérant est piloté par le capteur de température "Bitron" décrit plus loin dans cette Section.*

12 Cet émetteur se trouve en haut du logement du filtre carburant/thermostat. Sur les modèles sans climatisation, cet émetteur se trouve dans le coin avant droit de ce logement **(voir illustration)**. Sur les modèles équipés de la climatisation, il se trouve dans le coin avant gauche de ce logement.

13 Sur les modèles équipés d'une jauge de température, cette dernière est implantée sur le tableau de bord et est alimentée par une tension stabilisée en provenance de l'alimentation du tableau de bord (par le biais du contacteur d'allumage et d'un fusible). La masse de cette jauge est contrôlée par cet émetteur. Ce dernier contient une thermistance. Il s'agit d'un composant électronique dont la résistance électrique diminue à une cadence prédéfinie, au fur et à mesure que sa température augmente. Lorsque le réfrigérant est froid, la résistance de l'émetteur est élevée et le courant qui circule dans la jauge est réduit. De plus, l'aiguille de cette jauge se trouve à l'extrémité bleue (froide) de l'échelle. Si cet émetteur est défectueux, il faut le remplacer.

14 Sur les modèles équipés d'un témoin lumineux de température, ce témoin est alimenté par une tension en provenance du tableau de bord et sa masse est contrôlée par l'émetteur. Ce dernier est en fait un contacteur qui se déclenche à une température prédéfinie pour mettre le témoin à la masse. Si ce témoin est monté en plus d'une jauge, les émetteurs de la jauge et du témoin sont incorporés dans un ensemble unique comportant deux fils. Le premier correspond à la masse du témoin et le deuxième à la masse de la jauge.

15 Si la jauge présente une anomalie, il faut tout d'abord vérifier les autres instruments. Si aucun d'entre eux ne fonctionne, vérifier l'alimentation électrique du tableau de bord. Si les valeurs affichées par les instruments sont irrégulières, il est probable que le stabilisateur de tension est défectueux. Dans ce cas-là, il convient de remplacer ce stabilisateur (ce dernier fait partie intégrante de la carte à circuits imprimés du tableau de bord - Chapitre 12). Si cette défaillance n'existe que dans la jauge de température, vérifier cette dernière en procédant comme indiqué ci-après.

16 Si l'aiguille de la jauge reste à l'extrémité "froide" de l'échelle, débrancher la fiche électrique de l'émetteur puis mettre à la masse le fil connexe, sur la culasse. Si l'aiguille se déplace lorsqu'on met le contact, cela indique que l'émetteur est défectueux et doit être remplacé. Si l'aiguille reste immobile, déposer le tableau de bord (voir Chapitre 12) pour vérifier la continuité du fil entre l'émetteur et la jauge et pour contrôler l'alimentation qui aboutit à la jauge. S'il y a continuité alors que ce défaut persiste, cela indique que la jauge est défectueuse et doit être remplacée.

6.12 Débranchement de la fiche électrique au niveau de l'émetteur de la jauge de température de réfrigérant et du témoin lumineux de température

17 Si l'aiguille de la jauge reste à l'extrémité "chaude" de l'échelle, débrancher le fil de l'émetteur. Si cette aiguille revient alors à l'extrémité "froide" de l'échelle lorsqu'on met le contact, c'est que l'émetteur est défectueux. Dans ce cas-là, il faut le remplacer. Si l'aiguille ne se déplace pas, vérifier le reste du circuit, comme indiqué précédemment.

18 Appliquer les mêmes principes fondamentaux lors des essais du témoin lumineux. Ce témoin doit s'allumer lorsque le fil connexe de l'émetteur est à la masse.

Dépose et repose

19 La procédure est la même que celle qui a été décrite précédemment pour le contacteur thermostatique du ventilateur de refroidissement électrique.

Capteur de température de réfrigérant du circuit de réchauffage - modèles Turbo

Essais

20 Ce capteur fait partie du circuit de réchauffage (voir Chapitre 4) et les essais doivent être confiés à un concessionnaire Citroën.

Dépose et repose

21 Ce capteur se trouve au dos du logement du filtre carburant/thermostat.

22 La procédure est la même que celle qui a été décrite précédemment pour le contacteur thermostatique du ventilateur de refroidissement électrique **(voir illustration)**.

Capteur de température de réfrigérant du système antipollution - moteur XUD9/Y (DJZ)

Essais

23 Ce capteur fait partie du circuit antipollution (voir Chapitre 4) et les essais doivent être confiés à un concessionnaire Citroën.

Dépose et repose

24 Ce capteur se trouve au dos du logement du filtre carburant/thermostat.

25 La procédure est la même que celle qui a été décrite à la page précédente pour le contacteur thermostatique du ventilateur de refroidissement électrique.

Capteur de température "Bitron" - modèles équipés de la climatisation

Essais

26 Ce capteur fait partie du circuit de commande "Bitron" de la

6.22 Débranchement de la fiche électrique du capteur de température de réfrigérant du circuit de préchauffage

7.4a Desserrage des boulons de fixation (flèches) . . .

7.4b . . . et retrait de la pompe de réfrigérant

climatisation (voir Section 12) et les essais doivent être confiés à un concessionnaire Citroën.

Dépose et repose

27 Ce capteur se trouve dans le coin supérieur droit du logement du filtre carburant/thermostat.

28 La procédure est la même que celle qui a été décrite précédemment pour le contacteur thermostatique du ventilateur de refroidissement électrique.

7 Pompe de réfrigérant - dépose et repose

Note: *Lors de la repose de cette pompe, utiliser un joint plat neuf.*

Dépose

1 Vidanger l'huile du circuit de refroidissement, comme indiqué au Chapitre 1.

2 Déposer la courroie de distribution, comme indiqué au Chapitre 2, Partie A.

3 Dévisser les deux boulons de fixation puis déposer le couvercle inférieur de la courroie de distribution.

4 Dévisser les boulons de fixation puis déposer du bloc-cylindres la pompe **(voir illustrations)**. Récupérer le joint plat.

Repose

5 Avant de commencer la repose, nettoyer les surfaces de contact de la pompe et du bloc-cylindres.

6 Remettre en place la pompe avec un joint plat neuf. Introduire les boulons de fixation puis les serrer progressivement au couple spécifié.

7 Remettre en place le couvercle inférieur de la courroie de distribution.

8 Remettre en place la courroie de distribution, comme indiqué au Chapitre 2, Partie A.

9 Refaire le plein du circuit de refroidissement, comme indiqué au Chapitre 1.

8 Logement du thermostat/filtre carburant - dépose et repose

Dépose

Note: *Lors de la repose du logement principal, utiliser un joint plat neuf.*

1 Débrancher la cosse négative de la batterie.

2 Vidanger le circuit de refroidissement, comme indiqué au Chapitre 1.

3 Placer une feuille de plastique sur le carter en forme de cloche de la transmission et sur le démarreur, pour éviter tout endommagement provoqué par un épanchement éventuel de carburant lors de la procédure décrite ci-après.

4 Déposer le filtre carburant, comme indiqué au Chapitre 1.

5 Débrancher les fiches électriques des capteurs de réfrigérant, à la partie supérieure du logement.

6 Débrancher les flexibles de réfrigérant au niveau du logement en plastique du thermostat.

7 Débrancher le flexible de réfrigérant au niveau de la prise qui se trouve à l'arrière du logement.

8 Dévisser le boulon qui immobilise le logement en plastique du filtre carburant sur le logement principal. Retirer le logement en plastique puis l'écarter du logement principal. Récupérer le joint torique au pied du logement en plastique **(voir illustrations)**.

8.8a Desserrage du boulon de fixation (flèche) . . .

8.8b . . . retrait du logement plastique. . .

8.8c . . . et récupération du joint torique

8.9a Desserrage des trois boulons de fixation (flèches) . . .

8.9b . . . et retrait du logement principal du thermostat

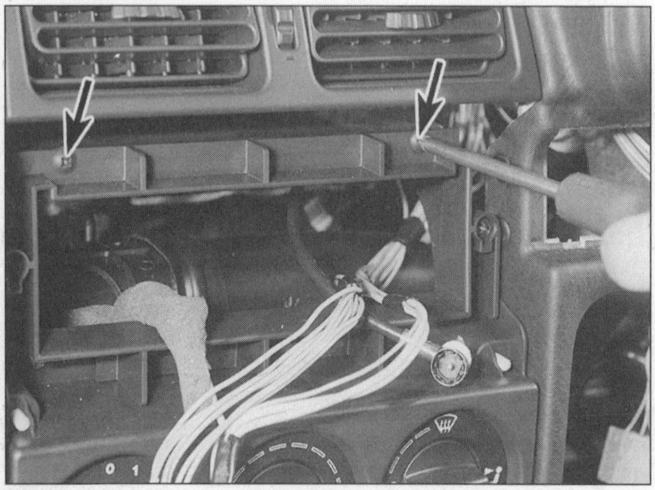

10.3a Desserrage des deux vis de retenue (flèches) . . .

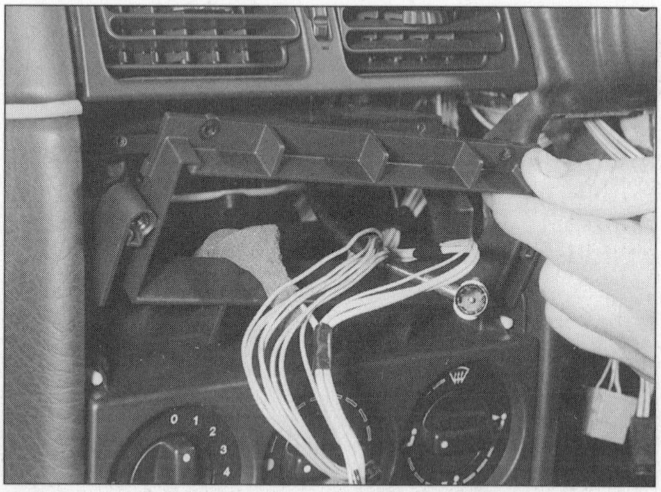

10.3b . . . et retrait du support de fixation au niveau de l'ouverture de la radio

9 Dévisser les trois boulons de fixation puis déposer de la culasse le logement principal **(voir illustrations)**. Récupérer le joint plat.

10 Débrancher le flexible de réfrigérant au pied du logement puis déposer ce dernier.

Repose

11 La repose se fait dans l'ordre inverse des opérations de dépose, en tenant compte des points suivants.

12 Vérifier que le joint torique au pied du logement en plastique est en bon état. Le cas échéant, le remplacer.

13 Lors de la repose du logement principal, utiliser un joint plat neuf.

14 S'assurer que tous les flexibles, durits et fils sont correctement rebranchés.

15 Refaire le plein du circuit de refroidissement, comme indiqué au Chapitre 1.

16 Une fois cette procédure terminée, amorcer le système de carburation, comme indiqué au Chapitre 4.

9 Système de chauffage et de ventilation - généralités

Ce système se compose d'un moteur de soufflante à quatre vitesses (implanté derrière le tableau de bord), de bouches d'aération au niveau du visage, à la partie centrale et à chaque extrémité du tableau de bord, et de bouches d'air au niveau des pieds du conducteur et du passager avant.

Le groupe de commande se trouve sur le tableau de bord. Des commandes agissant sur des clapets à volets, permettent de diriger et mélanger l'air qui circule dans les différentes sections du système de chauffage et de ventilation. Ces clapets à volets sont implantés dans le logement de distribution d'air qui sert de groupe central de distribution afin d'acheminer de l'air vers les différentes bouches d'aération.

L'air froid pénètre dans ce système par la grille qui se trouve à l'arrière du compartiment moteur. Le cas échéant, le débit d'air peut être complété par la soufflante. L'air passe ensuite par les différentes bouches, en fonction de la position occupée par chaque commande. L'air vicié est chassé par des bouches qui se trouvent à l'arrière du véhicule. L'air chaud s'obtient de la manière suivante: l'air froid circule au-dessus de la matrice de chauffage qui est réchauffée par le réfrigérant du moteur.

Sur les modèles équipés de la climatisation, un contacteur de recirculation permet d'interrompre l'alimentation en air en provenance de l'extérieur, avec recirculation de l'air à l'intérieur de l'habitacle. Cela peut s'avérer utile pour éviter que des odeurs désagréables ne pénètrent dans le véhicule. Mais il ne faut s'en servir que très brièvement étant donné que cet air de recirculation à l'intérieur du véhicule se détériore rapidement.

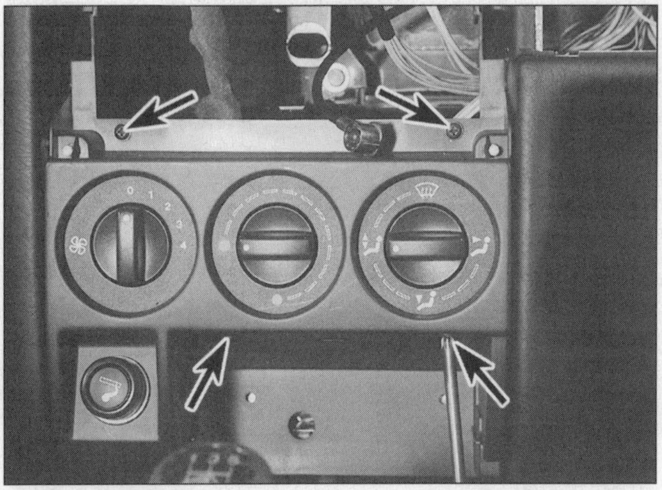

10.4a Desserrage des quatre vis de retenue (flèches) du panneau central d'aération . . .

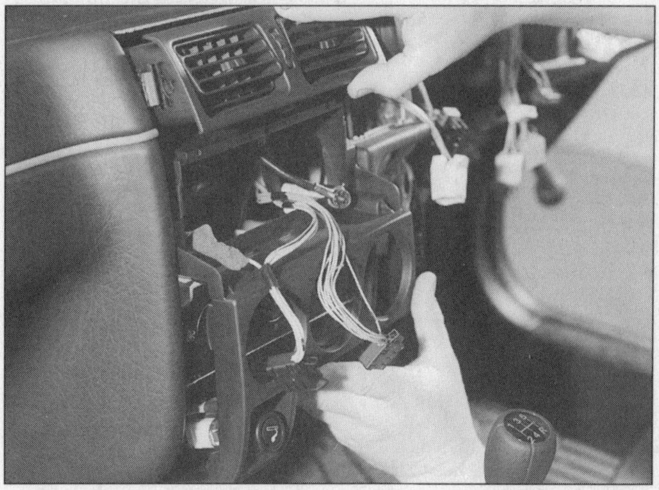

10.4b . . . puis retrait du panneau du tableau de bord

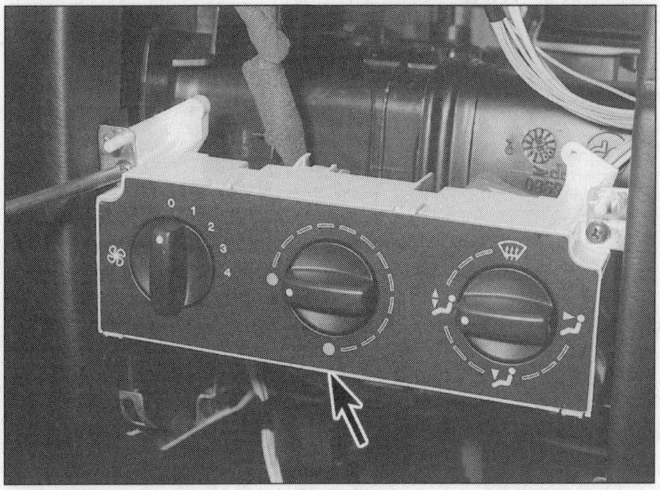

10.5 Desserrage des vis de retenue du panneau de commande du groupe de chauffage puis dégagement du clip (flèche)

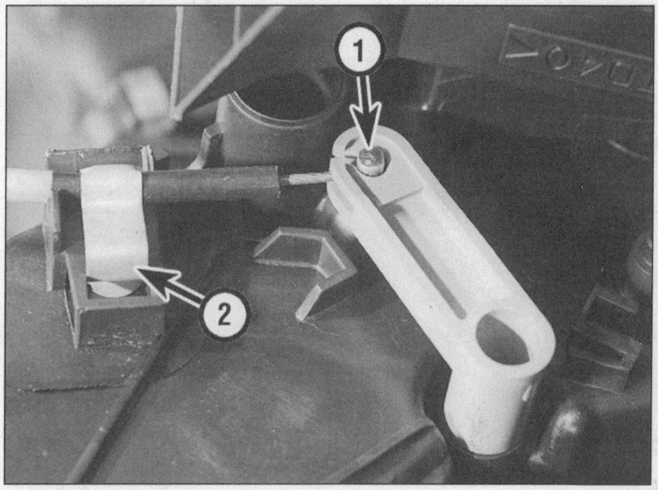

10.11 Raccord de câble de commande (1) et collier de retenue (2) du groupe de chauffage

10 Composants du groupe de chauffage/ventilation - dépose et repose

Groupe de commande de chauffage/ventilation

Dépose

1 Débrancher la cosse négative de la batterie.

2 Déposer la console centrale, comme indiqué au Chapitre 11. Sur les modèles de bas de gamme, il n'y a pas de console centrale. Dans ce cas-là, desserrer les vis de retenue puis déposer le couvercle de la bouche de chauffage, au centre du tableau de bord.

3 Lorsqu'il y a un radiocassette, le déposer comme indiqué au Chapitre 12 puis desserrer les deux vis de retenue avant de retirer le support de fixation au niveau de l'ouverture de la radio **(voir illustrations)**. S'il n'y a pas de radiocassette, extraire avec précaution le vide-poches au centre du tableau de bord.

4 Desserrer les quatre vis de retenue du panneau central d'aération (il y en a deux au-dessus des commandes du groupes de chauffage et deux directement au-dessous) puis dégager ce panneau et le retirer du tableau de bord. Débrancher les raccords des fils électriques au niveau de l'ampoule d'éclairage de l'allume-cigare et du cendrier puis déposer du véhicule le panneau central d'aération **(voir illustrations)**.

5 Desserrer les deux vis de retenue du panneau de commande du groupe de chauffage puis dégager le clip inférieur de retenue du panneau avant de retirer ce panneau de la partie centrale du tableau de bord **(voir illustration)**.

6 Débrancher les câbles de commande et le ou les raccords des fils électriques au dos du panneau de commande du groupe de chauffage. Noter l'emplacement de chacun de ces composants. Déposer le panneau du véhicule.

Repose

7 La repose se fait dans l'ordre inverse des opérations de dépose, en tenant compte des points suivants.

8 S'assurer que les câbles de commande sont correctement rebranchés sur le panneau de commande, en tenant compte des notes prises avant la dépose.

9 Remettre en place le radiocassette, comme indiqué au Chapitre 12.

Câbles de commande du groupe de chauffage/ventilation

Dépose

10 Déposer l'ensemble complet, comme indiqué ultérieurement dans cette Section.

11 Débrancher les câbles au niveau du groupe de chauffage et du panneau de commande du chauffage **(voir illustration)**. Noter l'emplacement de chaque câble avant d'effectuer les débranchements nécessaires.

Repose

12 La repose se fait dans l'ordre inverse des opérations de dépose.

Matrice de chauffage

Dépose

13 Déposer le tableau de bord, comme indiqué au Chapitre 11.

14 Retirer les vis de fixation puis dégager les supports de retenue du câblage à la partie supérieure du groupe de chauffage. Noter l'emplacement de ces supports **(voir illustration)**.

15 Depuis l'intérieur du véhicule, débrancher la fiche électrique, sur le côté droit du groupe de chauffage **(voir illustration)**.

16 Retirer le boulon inférieur de fixation du groupe de chauffage **(voir illustration)**.

17 Depuis le compartiment moteur, retirer les deux écrous de fixation du groupe de chauffage au niveau de la traversée de cloison (sous le raccord de flexible de la matrice de chauffage) puis déposer les rondelles **(voir illustration)**.

18 Débrancher le raccord de flexible du groupe de chauffage au niveau de la matrice de chauffage, comme indiqué à la Section 2.

19 Retirer les deux vis de fixation puis déposer du raccord de flexible de la matrice de chauffage la plaque de retenue **(voir illustrations)**.

20 Depuis l'intérieur du véhicule, retirer le groupe de chauffage, avec le panneau de commande **(voir illustration)**.

21 Le cas échéant, retirer les vis de fixation puis dégager les clips de retenue pour retirer du groupe de chauffage sa matrice **(voir illustration)**.

Repose

22 En cas de mise en place d'une matrice neuve, déboulonner le raccord coudé de flexible au niveau de l'ancienne matrice puis le fixer sur la matrice neuve en utilisant des joints toriques neufs **(voir illustrations)**.

23 La repose se fait dans l'ordre inverse des opérations de dépose. Rebrancher les flexibles du groupe de chauffage sur la matrice, comme indiqué à la Section 2 puis remettre en place le tableau de bord, comme indiqué au Chapitre 11.

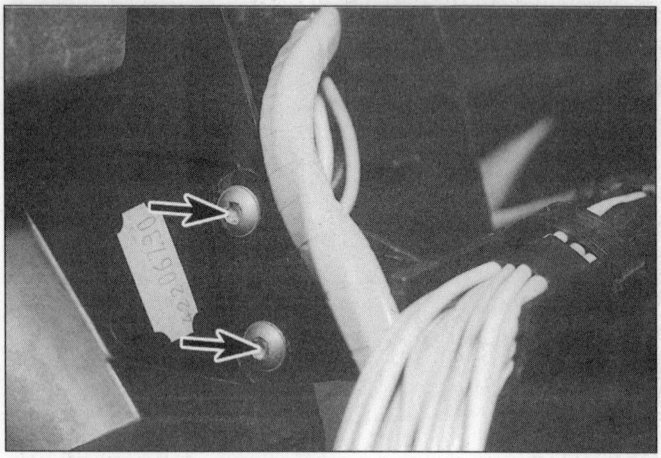

10.14 Vis de fixation (flèches) des supports du câblage du groupe de chauffage

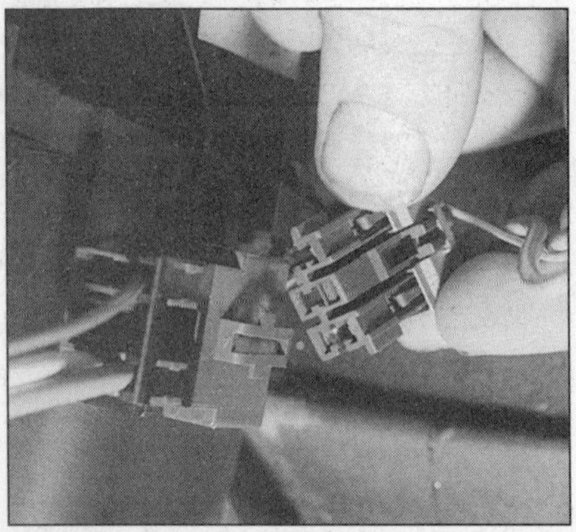

10.15 Débranchement de la fiche électrique du côté droit du groupe de chauffage

10.16 Boulon inférieur de fixation (flèche) du groupe de chauffage

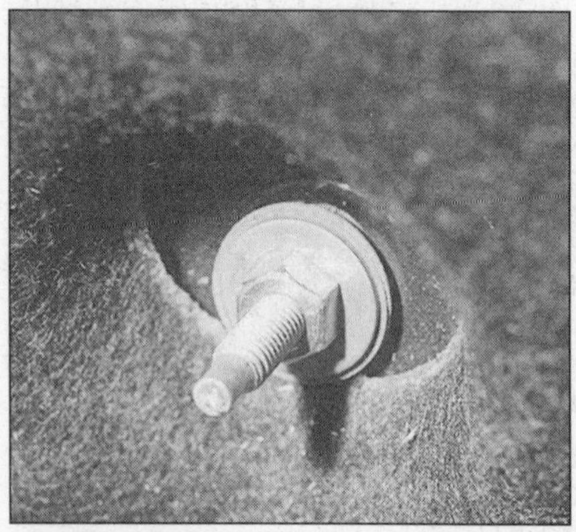

10.17 Ecrou de fixation du groupe de chauffage sur la traversée de cloison du compartiment moteur

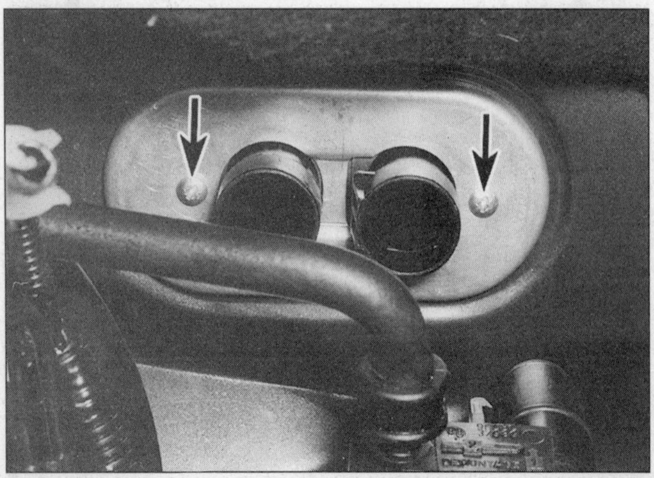

10.19a Retrait des deux vis de fixation (flèches) . . .

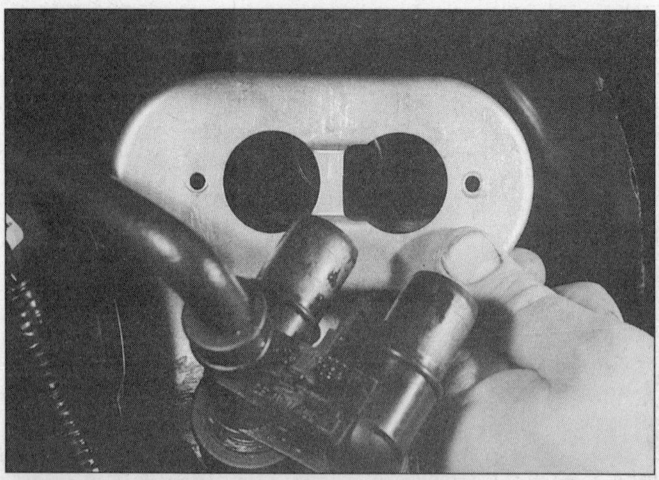

10.19b . . . puis dépose de la plaque de retenue du raccord de flexible

10.20 Retrait du groupe de chauffage

10.21 Retrait de la matrice du groupe de chauffage

10.22a Desserrage des boulons de fixation . . .

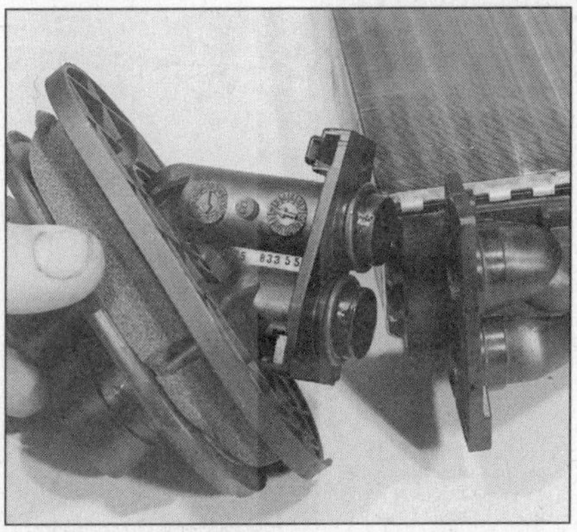

10.22b . . . puis retrait du raccord coudé de flexible au niveau de l'ancienne matrice de chauffage

10.22c Pose du raccord coudé sur la matrice neuve avec des joints toriques neufs

Moteur de soufflante de chauffage

Dépose

24 Depuis l'intérieur du véhicule, déposer le couvercle inférieur en feutre du tableau de bord ainsi que le panneau inférieur du tableau de bord du côté conducteur (véhicules à direction à gauche) ou la boîte à gants (véhicules à direction à droite), comme indiqué au Chapitre 11.

25 Dévisser les trois boulons de fixation du moteur de la soufflante qui sont maintenant visibles puis abaisser cet ensemble pour l'écarter du tableau de bord **(voir illustration)**.

26 Extraire le couvercle puis débrancher les deux fiches électriques avant de retirer l'ensemble du véhicule **(voir illustration)**.

Repose

27 La repose se fait dans l'ordre inverse des opérations de dépose.

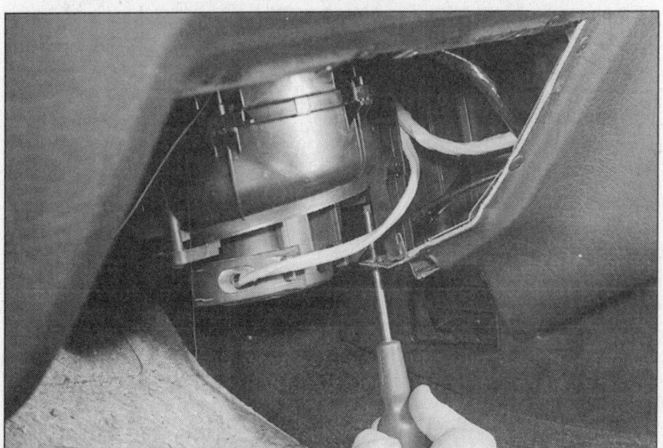

10.25 Desserrage d'un boulon de fixation du moteur de la soufflante de chauffage

10.26 Extraction du couvercle (flèche) et débranchement des fiches électriques

10.32a Pour déposer la résistance du moteur de la soufflante de chauffage ...

10.32b ... faire tourner ce composant dans le sens inverse des aiguilles d'une montre puis débrancher la fiche électrique

Résistance du moteur de la soufflante de chauffage

Dépose

28 Débrancher la cosse négative de la batterie.

29 Déposer le bras d'essuie-glace, comme indiqué au Chapitre 12.

30 Ouvrir le capot puis retirer les six vis de retenue de l'ensemble couvercle de moteur d'essuie-glace/panneau d'aération. Dégager avec précaution ce couvercle qui se trouve derrière le bourrelet d'étanchéité du pare-brise puis dégager ses chevilles de centrage avant de le manoeuvrer pour l'écarter du véhicule.

31 Déposer le couvercle d'aération du moteur de chauffage en notant qu'il est parfois immobilisé par du produit d'étanchéité.

32 Faire tourner la résistance dans le sens inverse des aiguilles d'une montre pour l'écarter de son support. Débrancher ensuite la fiche électrique avant de déposer le groupe **(voir illustrations)**.

Repose

33 La repose se fait dans l'ordre inverse des opérations de dépose. Remettre en place le bras d'essuie-glace, comme indiqué au Chapitre 12.

Groupe de chauffage complet

Dépose

34 La dépose du groupe de chauffage complet s'effectue comme indiqué aux paragraphes 13 à 20 de la procédure de dépose et de repose de la matrice de chauffage.

Repose

35 La repose se fait dans l'ordre inverse des opérations de dépose, comme indiqué au paragraphe 23.

11 Bouches de chauffage/ventilation - dépose et repose

Bouches latérales

Dépose

1 Déposer avec soin la bouche concernée, au niveau du tableau de bord, en utilisant un tournevis et en plaçant un morceau de carton sous la lame de ce dernier pour éviter d'endommager la garniture du tableau de bord. Retirer cette bouche **(voir illustration)**.

Repose

2 Enfoncer tout simplement la bouche dans le logement prévu sur le tableau de bord, jusqu'à ce qu'un déclic se fasse entendre pour indiquer que les ergots de fixation sont bien en position.

11.1 Retrait d'une bouche latérale du tableau de bord

Bouches centrales du tableau de bord

Dépose

3 Déposer le panneau central de ventilation du tableau de bord, comme indiqué aux paragraphes 1 à 4 de la Section 10.

4 Au dos du panneau central de ventilation, retirer les vis de fixation puis déposer l'ensemble bouches de ventilation de ce panneau.

Repose

5 La repose se fait dans l'ordre inverse des opérations de dépose.

12 Climatisation - généralités et précautions

Généralités

Certains modèles sont équipés de la climatisation. Celle-ci abaisse la température de l'air dans l'habitacle et déshumidifie cet air, ce qui permet d'obtenir un désembuage rapide et d'augmenter le confort **(voir illustration)**.

Le côté refroidissement de ce système fonctionne suivant le même principe qu'un réfrigérateur ménager. Du gaz réfrigérant est envoyé dans un compresseur entraîné par une courroie avant de

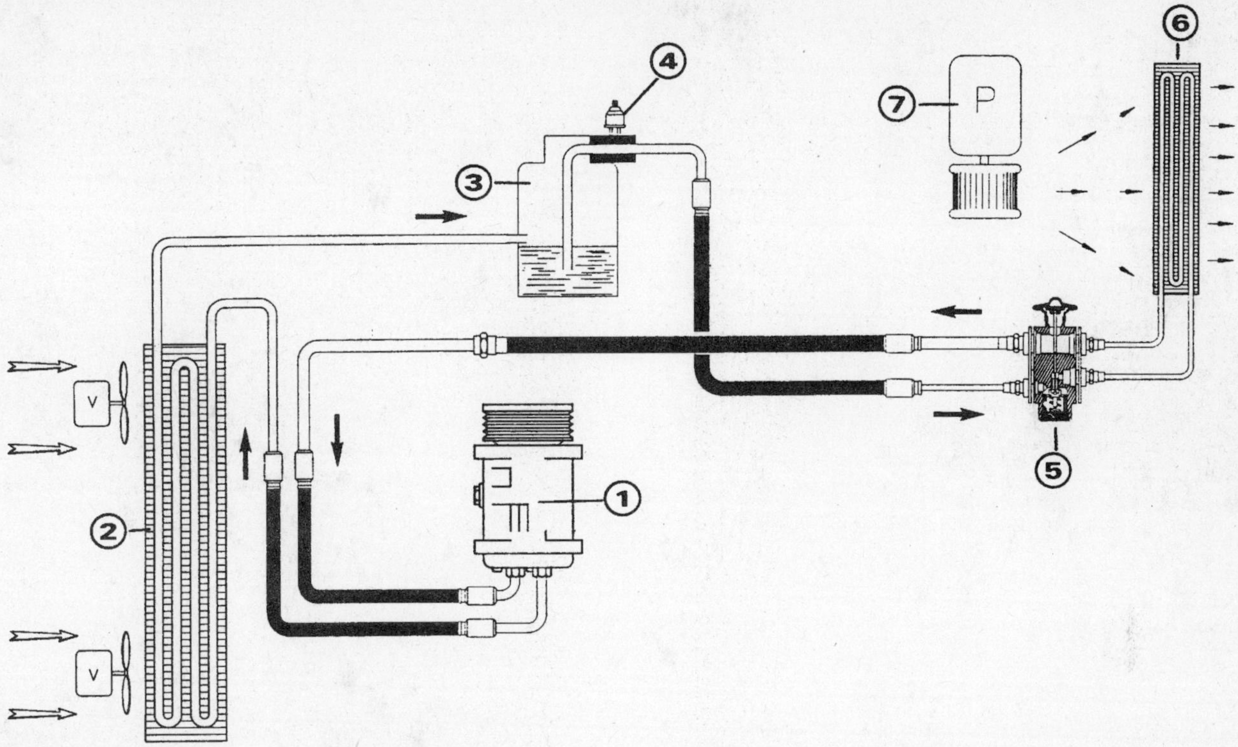

12.1 Représentation schématique du circuit de climatisation

1 Compresseur
2 Condenseur
3 Flacon sécheur
4 Pressostat
5 Clapet de commande
6 Evaporateur
7 Moteur de chauffage/ventilation

pénétrer dans un condenseur implanté à l'avant du radiateur où il perd sa chaleur et passe à l'état liquide. Ce liquide traverse un clapet de détente avant d'arriver à un évaporateur où il passe de l'état liquide à haute pression à l'état gazeux à basse pression. Ce changement s'accompagne d'une baisse de température qui refroidit l'évaporateur. Le réfrigérant revient au compresseur et le cycle décrit précédemment recommence.

L'air qui traverse l'évaporateur aboutit au groupe de distribution d'air où il se mélange à de l'air chaud par l'intermédiaire du radiateur du groupe de chauffage, afin que l'habitacle puisse atteindre la température recherchée.

Le côté chauffage de ce système a le même mode de fonctionnement que les modèles sans climatisation.

Le fonctionnement de ce système est piloté électroniquement par le groupe de commande "Bitron" qui contrôle les ventilateurs électriques de refroidissement, le compresseur et le témoin lumineux du tableau de bord. En cas de problèmes de climatisation, consulter un concessionnaire Citroën.

Précautions

Lorsqu'un véhicule est équipé de la climatisation, il faut respecter certaines précautions spéciales lors de toute intervention affectant une partie de ce système ou une autre, ses composants connexes et tout article nécessitant un débranchement de la climatisation. S'il faut débrancher ce système, quelle qu'en soit la raison, confier cette tâche à un concessionnaire Citroën ou à un ingénieur spécialiste de la réfrigération. **Avertissement:** *Le circuit de réfrigération contient un réfrigérant liquide (Fréon). De ce fait, il est dangereux de débrancher une partie de ce système si l'on ne dispose pas des connaissances suffisantes et du matériel adéquat.*

Ce réfrigérant présente des dangers potentiels et sa manipulation doit être confiée à des personnes qualifiées. Toute projection de ce réfrigérant sur la peau peut provoquer des gelures. Ce produit n'est pas nocif en lui-même, mais en présence d'une flamme nue (y compris une cigarette), il forme un gaz très nocif. Toute décharge non contrôlée de ce réfrigérant est dangereuse et peut attaquer l'environnement.

Ne pas faire fonctionner la climatisation si l'on sait qu'elle ne contient pas suffisamment de réfrigérant, car cela risque d'endommager le compresseur.

13 Composants de la climatisation - dépose et repose

Avertissement: *Ne pas chercher à ouvrir le circuit de réfrigérant. Consulter les précautions de la Section 12.*

La seule intervention réalisable sans problème, sans avoir à décharger le réfrigérant, est le remplacement de la courroie d'entraînement du compresseur. Cette intervention est décrite à la Section 18 du Chapitre 1. Toutes les autres activités doivent être confiées à un concessionnaire Citroën ou à un spécialiste de la climatisation.

En cas de besoin, il est possible de déboulonner le compresseur et de le déplacer sur le côté, *sans débrancher ses flexibles*, après avoir retiré la courroie d'entraînement.

Notes

Chapitre 4
Circuits de carburation, d'échappement et de contrôle des émissions (antipollution)

Table des matières

Spécifications

Généralités

Type de circuit	Réservoir de carburant situé à l'arrière, pompe à injection de carburant à distributeur avec pompe de transfert solidaire, injection indirecte. Turbocompresseur et refroidisseur intermédiaire sur moteurs XUD9TE
Ordre d'allumage	1-3-4-2 (numéro 1 à l'extrémité volant)

Carburant

Type	Gazole du commerce pour véhicules routiers
Capacité du réservoir	56 litres

Régime maximum

A vide:	
Moteur de 1,8 litre	5100 ± 125 tr/min
Moteurs non-turbo de 1,9 litre	5150 ± 125 tr/min
Moteurs Turbo de 1,9 litre	5050 ± 125 tr/min
A pleine charge:	
Tous les modèles non-turbo	4600 ± 80 tr/min
Modèles Turbo	4500 ± 80 tr/min

Pompe à injection (Lucas CAV/Roto-Diesel)

Sens de rotation	Sens horaire lorsqu'on la regarde depuis l'extrémité pignon
Calage statique:	
Position du moteur	Cylindre numéro 4 au PMH (voir Section 8)
Position de la pompe	Valeur inscrite sur la pompe (voir Section 8)
Calage dynamique (au ralenti):	
Moteur XUD7 (A9A)	12° ± 1°
Moteur XUD9A (D9B)	14,5° ± 1°
Moteur XUD9A/L (D9B)	12,5° ± 1°

Pompe à injection (Bosch)

Sens de rotation	Sens horaire lorsqu'on la regarde depuis l'extrémité pignon
Calage statique:	
Position du moteur	Cylindre numéro 4 au PMH (voir Section 9)
Position de la pompe:	
Moteur XUD7 (A9A)	0,90 mm après PMB
Moteurs XUD9A (D9B) et XUD9A/L (D9B)	1,07 mm après PMB
Moteur XUD9/Y (DJZ)	0,77 mm après PMB
Moteurs XUD9TE/L (D8A) et XUD9TE/Y (DHY et DHZ)	0,66 mm après PMB
Calage dynamique (au ralenti):	
Moteur XUD7 (A9A)	15,5° ± 1°
Moteurs XUD9A (D9B) et XUD9A/L (D9B)	17,5° ± 1°
Moteur XUD9/Y (DJZ)	14° ± 1°
Moteurs XUD9TE/L (D8A) et XUD9TE/Y (DHY et DHZ)	12,5° ± 1°

Injecteurs

Type	à téton
Pression d'ouverture:	
Modèles équipés de la pompe Lucas CAV/Roto-Diesel:	
Pas de repère sur le corps de l'injecteur	113 à 118 bars
Repère vert sur le corps de l'injecteur	117 à 122 bars
Repère rose sur le corps de l'injecteur	123 à 128 bars
Repères rose et vert sur le corps de l'injecteur	127 à 132 bars
Modèles équipés de la pompe Bosch:	
Tous les moteurs non-turbo	130 bars
Moteurs Turbo	175 bars

Turbocompresseur

Type	KKK K14 ou Garrett T2
Pression de gavage (à pleine charge)	0,8 à 0,9 bar
Vitesse de rotation	150 000 tr/min environ

Couples de serrage

	da N.m
Injecteurs carburant sur culasse	9,0
Ecrous de raccordement de durit de carburant	2,0
Obturateur du PMH du cylindre numéro 4	3,0
Obturateur de visite de calage de la pompe à injection de carburant:	
Pompe Lucas	0,6
Pompe Bosch	1,5
Ecrou de fixation avant de la pompe à injection de carburant	1,8
Ecrou de fixation arrière de la pompe à injection de carburant	2,2
Ecrous de pignon de la pompe à injection de carburant	5,0
Boulons d'extraction du pignon de la pompe à injection de carburant	1,0
Boulons de fixation du turbocompresseur	5,5
Raccords de durits d'huile du turbocompresseur	2,0

1.9a Levier d'arrêt manuel (flèche) - pompe Lucas

1.9b Levier d'arrêt manuel (flèche) - pompe Bosch

1 Généralités et précautions

Description générale

1 Le circuit de carburation comprend un réservoir à carburant logé à l'arrière du véhicule, un filtre carburant comportant un séparateur d'eau solidaire, une pompe d'injection de carburant, des injecteurs et différents composants connexes. Avant de traverser le filtre, le gazole est réchauffé par du réfrigérant qui circule au pied du logement du filtre carburant/thermostat. Les moteurs XUD9TE (D8A, DHY et DHZ) sont équipés d'un turbocompresseur et d'un refroidisseur intermédiaire. L'échappement est traditionnel.

2 Le carburant est acheminé du réservoir à la pompe à injection par le biais d'une pompe de transfert à palette implantée dans la pompe à injection de carburant. Avant d'arriver à cette pompe, le carburant traverse un filtre qui retient les corps étrangers et l'eau. L'excédent de carburant lubrifie les composants mécaniques de la pompe avant d'être renvoyé au réservoir.

3 La pompe à injection de carburant est entraînée à la moitié du régime du vilebrequin par la courroie de distribution. La pression importante nécessaire pour injecter le gazole dans l'air comprimé des chambres de tourbillonnement s'obtient grâce à une came qui agit sur un piston, s'il s'agit d'une pompe Bosch, ou s'obtient grâce à deux pistons opposés dont le rapprochement est forcé par des rouleaux agissant dans une came annulaire, s'il s'agit d'une pompe Lucas/CAV. Le gazole traverse un rotor central comportant un seul perçage de sortie qui s'aligne sur les orifices qui aboutissent aux durits des injecteurs.

4 Le dosage de carburant est piloté par un régulateur centrifuge qui réagit en fonction de la position de la pédale d'accélérateur et du régime du moteur. Ce régulateur est relié à un clapet doseur qui augmente ou diminue le volume de gazole fourni lors de chaque course de pompage. Sur les modèles à turbocompresseur, un dispositif distinct augmente également le volume de carburant qui est fourni, en fonction de l'augmentation de la pression de gavage.

5 Le calage de base de l'injection est déterminé lors de la mise en place de la pompe. Lorsque le moteur tourne, l'injection varie automatiquement en fonction du régime en vigueur du moteur, sous l'effet d'un mécanisme qui fait tourner la came plate ou la came annulaire, suivant les cas.

6 Les quatre injecteurs de carburant envoient une pulvérisation homogène de gazole dans les chambres de tourbillonnement implantées dans la culasse. Les injecteurs sont calibrés pour s'ouvrir et se fermer à des pressions critiques, afin d'obtenir une combustion efficace et régulière. Le pointeau de chaque injecteur est lubrifié par le gazole qui s'accumule dans la chambre à ressort avant d'être acheminé jusqu'au flexible de retour de la pompe à injection par des durits de récupération du gazole.

7 Le circuit de carburation peut avoir des composants Bosch ou Lucas CAV/Roto-Diesel en fonction du modèle. Les composants Lucas portent la référence "CAV", "Roto-Diesel" ou "Con-Diesel", en fonction de leur date et de leur lieu de fabrication. A l'exception du filtre carburant, les composants de rechange doivent être de la même marque que les pièces d'origine.

8 Le démarrage à froid est facilité par un réchauffeur ou des bougies "incandescentes" implantées dans chaque chambre de tourbillonnement. Un capteur thermostatique est inséré au circuit de refroidissement et agit sur un levier de ralenti rapide sur la pompe à injection pour accélérer le ralenti lorsque le moteur est froid. Sur les modèles turbocompressés, le calage de l'injection est avancé par une capsule pleine de réfrigérant, lorsque le moteur est froid.

9 Un solénoïde d'arrêt interrompt l'alimentation en carburant du rotor de la pompe à injection dès que le contact est coupé. En outre, il y a un levier d'arrêt manuel qui peut s'utiliser en cas d'urgence. **(voir illustrations)**.

10 A condition d'effectuer l'entretien périodique prévu, l'injection de carburant fonctionnera pendant longtemps sans aucun problème. La pompe à injection peut même durer plus longtemps que le moteur. La principale cause potentielle d'endommagement de cette pompe et des injecteurs est la présence de poussières ou d'eau dans le carburant.

11 L'entretien courant de la pompe à injection et des injecteurs est très limité en ce qui concerne le bricoleur. Tous les démontages ou réglages autres que ceux qui sont décrits dans ce Chapitre doivent être confiés à un concessionnaire Citroën ou à un spécialiste de l'injection carburant.

Précautions

Avertissement: *Lors d'interventions sur des composants du circuit de carburation, en particulier des injecteurs de carburant, il faut prendre certaines précautions. Avant d'effectuer des interventions sur le circuit de carburation, lire les précautions de la section* "Impératifs de sécurité!" *qui se trouve au début de ce manuel. Consulter également les avertissements supplémentaires au début des Sections concernées.*

2 Circuit de carburation - amorcage et purge

1 Après avoir débranché une partie du circuit d'alimentation carburant ou être tombé en panne sèche, il faut amorcer le circuit et en purger l'air qui peut avoir pénétré dans différents composants.

2 Tous les modèles sont équipés d'une pompe d'amorçage manuel qui se compose d'une ampoule en caoutchouc implantée sur le côté droit du compartiment moteur.

2.3 Clapet de purge automatique du circuit de carburation (flèche)

2.4 Pompe manuelle d'amorçage du circuit de carburation

3 Un clapet de purge automatique évacue l'air du circuit carburant basse pression lors de l'amorçage de ce dernier **(voir illustration)**.

4 Pour amorcer ce circuit, mettre le contact pour exciter le solénoïde d'arrêt. Appuyer à plusieurs reprises sur l'ampoule d'amorçage en caoutchouc jusqu'à ce qu'une résistance se fasse sentir pour indiquer que l'air a été chassé de la pompe à injection de carburant **(voir illustration)**. Normalement, vous devriez entendre le carburant circuler dans cette pompe après l'expulsion de la totalité de l'air.

5 Si de l'air est arrivé jusqu'aux injecteurs, il convient de purger le circuit haute pression en procédant comme suit.

6 Placer plusieurs chiffons propres autour des raccords des durits de carburant, au niveau des injecteurs, afin d'absorber tout épanchement de gazole. Desserrer alors les raccords de ces durits.

7 Brasser le moteur à l'aide du démarreur jusqu'à ce que du carburant s'écoule au niveau des raccords. Arrêter alors de brasser le moteur puis resserrer les raccords. Eponger tout épanchement de gazole.

8 Mettre le moteur en route en appuyant à fond sur l'accélérateur. Un amorçage supplémentaire peut s'avérer nécessaire pour compléter la purge du circuit avant que le moteur ne se mette en route.

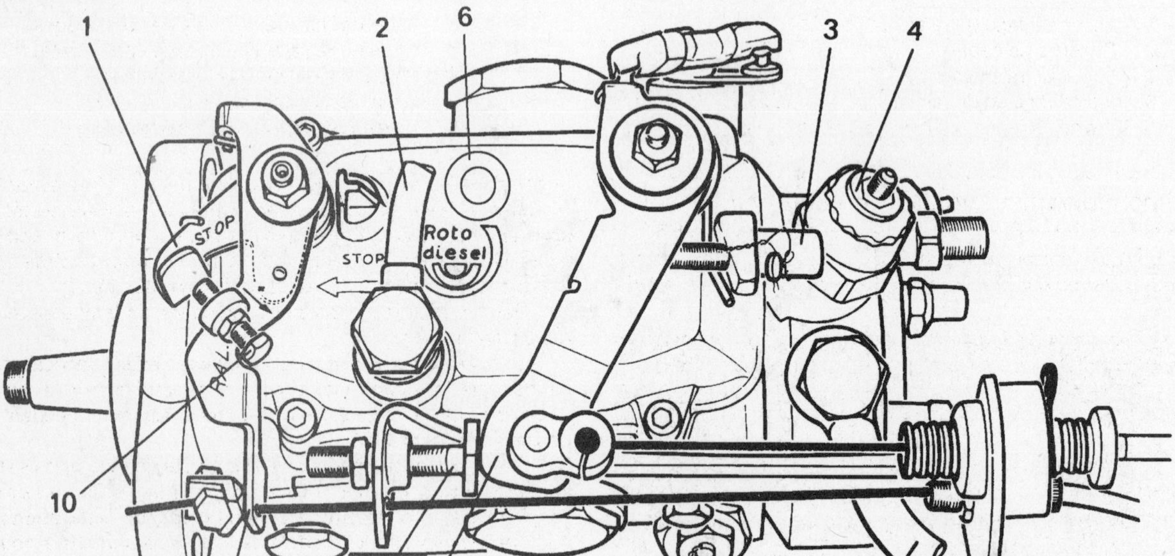

3.3a Points de réglage de la pompe Lucas CAV/Roto-Diesel à injection de carburant

1 Levier manuel d'arrêt
2 Durit de retour de carburant
3 Vis de réglage du régime maximum
4 Solénoïde d'arrêt
5 Admission de carburant
6 Obturateur de visite du calage
7 Levier de commande (accélérateur)
8 Vis de réglage du régime anticalage
9 Levier de ralenti rapide
10 Vis de réglage du ralenti

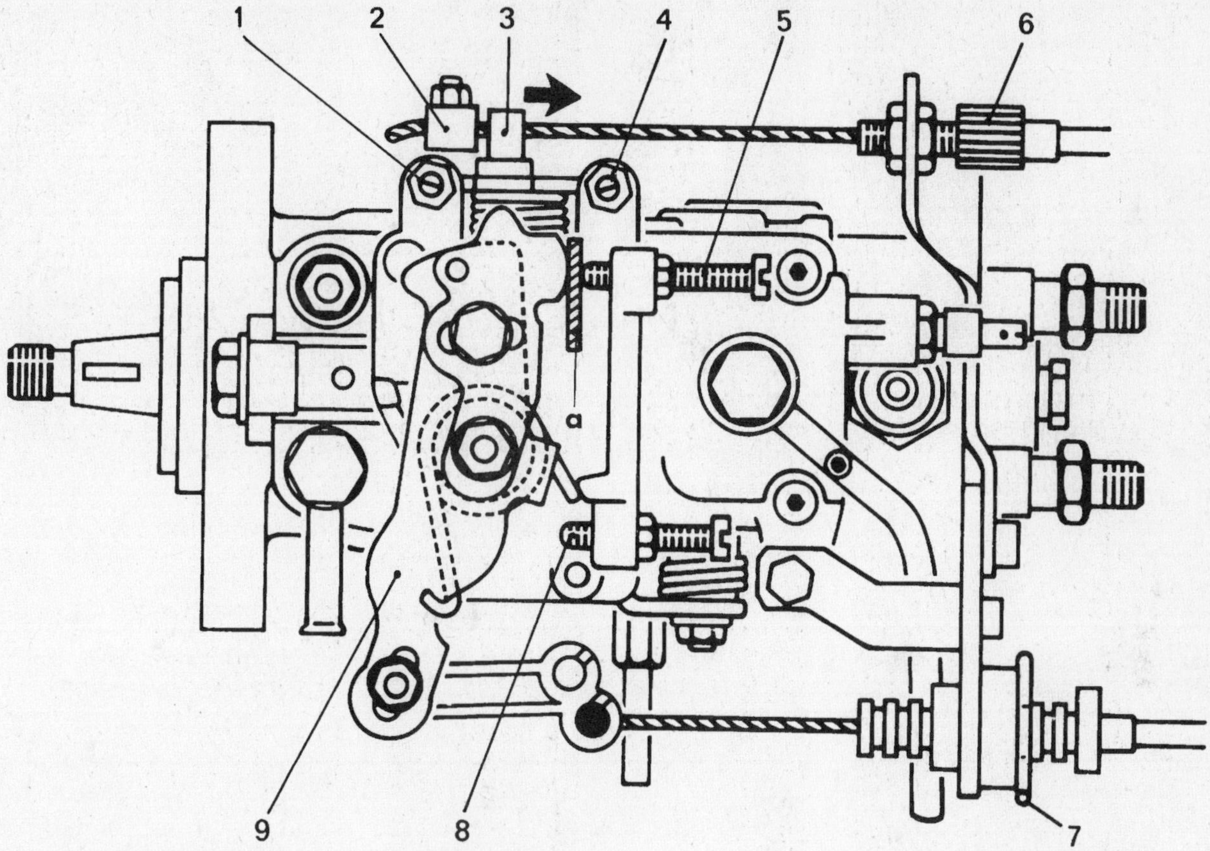

3.3b Points de réglage de la pompe Bosch à injection de carburant

1 Vis de réglage du ralenti rapide
2 Raccord de câble
3 Levier de ralenti rapide
4 Vis de réglage du ralenti
5 Vis de réglage du régime anticalage
6 Virole de réglage du câble de ralenti rapide
7 Virole de réglage du câble de l'accélérateur
8 Vis de réglage du régime maximum
9 Levier de commande (accélérateur)
a Cale de réglage du régime anticalage

3 Régime maximum - vérification et réglage

Attention: *la vis de réglage du régime maximum est hermétiquement scellée par le constructeur, à l'usine, par de la peinture ou un fil frein accompagné d'un plombage. Normalement, il n'y a aucune raison d'ajuster cette vis. Ne pas toucher à cette vis si le véhicule est toujours sous garantie. Sinon, cette dernière deviendra nulle et non avenue. Pour effectuer ce réglage, il faut disposer d'un compte-tours. La Section 16 du Chapitre 1 présente d'autres méthodes.*

3.3c Vis de réglage du régime maximum (flèche) - modèles Turbo à pompe Bosch

1 Faire tourner le moteur pour l'amener à sa température normale de fonctionnement.

2 Demander à un assistant d'appuyer à fond sur l'accélérateur pour vérifier que le régime maximum correspond bien à la valeur des Spécifications. Ne pas rester à ce régime maximum pendant plus de deux ou trois secondes.

3 Si un réglage s'avère nécessaire, arrêter le moteur puis desserrer le contre-écrou. Tourner la vis de réglage du régime maximum, sur l'angle requis, puis resserrer le contre-écrou **(voir illustrations)**.

4 Recommencer la procédure décrite au paragraphe 2 pour vérifier que le réglage donne un résultat correct.

5 Arrêter le moteur puis débrancher le compte-tours.

4 Capteur thermostatique de ralenti rapide - dépose, repose et réglage

Dépose

Note: *Lors de la repose de ce capteur, il faut utiliser une rondelle d'étanchéité neuve.*

1 Le capteur thermostatique se trouve sur le côté du logement du thermostat/filtre carburant.

4.4a Raccord du câble de ralenti rapide (1) et virole de réglage (2) - pompe Lucas

4.4b Desserrage de la vis (flèche) de serrage du raccord du câble du ralenti rapide - pompe Bosch

4.5 Faire coulisser le câble de ralenti rapide pour l'écarter de la virole de réglage - pompe Bosch

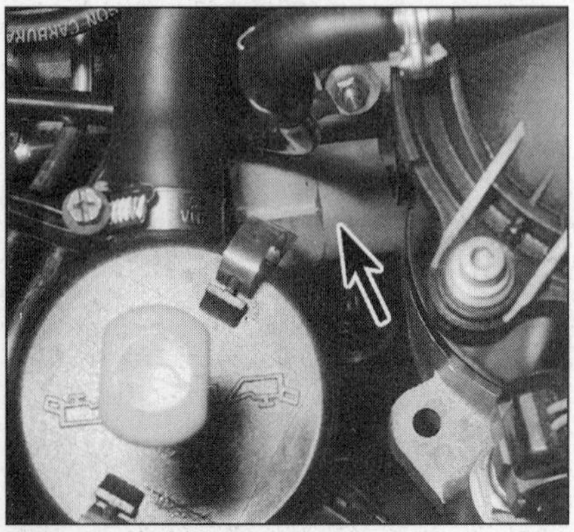

4.6 Capteur thermostatique du ralenti rapide (flèche)

5.1a Dépose du couvercle (flèche) du câblage du solénoïde d'arrêt - pompe Bosch

5.1b Dépose du couvercle du câblage du solénoïde d'arrêt - pompe Lucas

2 Pour en améliorer l'accès, il est possible de déposer le refroidisseur intermédiaire (modèles Turbo - Section 20) ou le boîtier de distribution d'air (moteur XUD9A - D9B - Section 21), suivant les cas. De même, suivant les cas, débrancher le flexible d'air de la partie supérieure de la rampe d'admission ou le flexible du reniflard au niveau du tube de remplissage d'huile moteur.

3 Vidanger le système de refroidissement, comme indiqué au Chapitre 1.

4 Desserrer la vis ou l'écrou de serrage (suivant les cas) puis débrancher le raccord du câble de ralenti rapide, au niveau du câble interne du levier de ralenti rapide, sur la pompe à injection de carburant **(voir illustrations)**.

5 Faire glisser ce câble pour le retirer de la virole de réglage qui se trouve dans le support de la pompe à injection de carburant **(voir illustration)**.

6 A l'aide d'une clé ouverte, dévisser le capteur thermostatique pour le retirer du logement du filtre carburant/thermostat puis déposer ce capteur avec son câble **(voir illustration)**. Récupérer la rondelle d'étanchéité, le cas échéant.

Repose

7 Si, à l'origine, le capteur a été immobilisé par du produit d'étanchéité et non pas par une rondelle, enlever tous les résidus de produits d'étanchéité au niveau du capteur et du logement. S'assurer qu'il ne reste pas de traces de produit d'étanchéité dans les passages internes de réfrigérant du logement.

8 Mettre en place le capteur, en utilisant, suivant les cas, du produit d'étanchéité ou une rondelle neuve. Bien le serrer.

9 Introduire la virole de réglage dans le support de la pompe à injection de carburant puis visser le contre-écrou aux doigts.

10 Introduire le câble interne dans le levier de ralenti rapide puis mettre en position le raccord du câble, mais sans bloquer la vis ou l'écrou de serrage (suivant les cas).

11 Régler le câble, comme indiqué aux paragraphes suivants.

Réglage

12 Lorsque le moteur est froid, repousser à fond le levier de ralenti rapide vers le volant moteur. Bien visser la vis ou l'écrou de serrage en amenant le câble et le raccord au niveau du levier.

13 Régler la virole pour s'assurer que le levier de ralenti rapide touche la butée puis serrer le contre-écrou de la virole.

14 Mesurer la longueur visible du câble interne.

15 Suivant les cas, remettre en place le refroidisseur intermédiaire ou le boîtier de distribution d'air puis rebrancher le flexible de reniflard sur le tube de remplissage d'huile moteur.

16 Refaire le plein du système de refroidissement, comme indiqué au Chapitre 1, puis faire tourner le moteur pour l'amener à sa température normale de fonctionnement.

17 Vérifier que le câble de ralenti rapide à du mou. Si ce n'est pas le cas, il est probable que le capteur est défectueux.

18 Lorsque le moteur est chaud, vérifier que la longueur visible de câble interne a augmenté d'au moins 6 mm. Si c'est le cas, cela indique que le capteur thermostatique fonctionne correctement.

19 Vérifier que le régime moteur augmente lorsqu'on repousse le levier de ralenti rapide vers l'extrémité volant du moteur. Lorsque le levier est au contact de sa butée, le régime de ralenti rapide doit être conforme aux Spécifications (Section 16 du Chapitre 1 qui fournit des indications détaillées sur une vérification précise du régime moteur).

20 Arrêter le moteur.

6.9a Débranchement du raccord banjo de l'alimentation en gazole de la pompe carburant. Noter les rondelles d'étanchéité (flèches) - pompe Bosch

6.9b Remise en place du boulon banjo d'alimentation en gazole avec un flexi le carburant de courte longueur (flèche) pour empêcher toute entrée de poussière - pompe Bosch

6.10 Raccord banjo (flèche) de la durit de retour de carburant de la pompe à injection - pompe Bosch

5 Solénoïde d'arrêt - description, dépose et repose

Attention: *Faire très attention de ne pas laisser pénétrer de la poussière dans la pompe à injection pendant cette procédure.*

Description

1 Le solénoïde d'arrêt se trouve à l'extrémité de la pompe à injection de carburant **(voir illustrations)**. Il a pour but d'interrompre l'alimentation en carburant lorsque le contact est coupé. Si un circuit ouvert se produit dans ce solénoïde ou dans son câblage d'alimentation, il est impossible de mettre le moteur en route étant donné que les injecteurs ne reçoivent pas de carburant. Il en va de même lorsque le plongeur du solénoïde se bloque sur la position "arrêt". Si ce solénoïde se bloquait sur la position "fonctionnement" le moteur ne s'arrêterait pas, même après avoir coupé le contact.

2 Si le solénoïde est défectueux et si le moteur refuse de tourner, il est possible d'effectuer une réparation provisoire en déposant ce solénoïde, comme indiqué aux paragraphes suivants. Remettre en place le corps du solénoïde, sans son plongeur et sans son ressort. Mettre du ruban adhésif aux extrémités du fil pour qu'il ne puisse pas être mis à la masse. Il est possible de mettre le moteur en route, de la manière habituelle, mais il faut utiliser le levier d'arrêt manuel qui se trouve sur la pompe à injection de carburant pour l'arrêter (ou passer une vitesse pour le faire caler).

Dépose

3 Débrancher la cosse négative de la batterie.

4 Sur les modèles équipés d'une pompe à injection carburant Bosch, il faudra probablement déboulonner le support du câble de ralenti rapide, sur le côté de la pompe à injection de carburant, pour améliorer l'accès. Consulter la Section 4 s'il faut débrancher le câble de son support.

5 Retirer le soufflet en caoutchouc (suivant les cas), puis dévisser l'écrou de raccordement avant de débrancher le fil à la partie supérieure du solénoïde.

6 Nettoyer avec soin la zone tout autour du solénoïde puis dévisser ce dernier pour le retirer. Récupérer la rondelle d'étanchéité ou le joint torique (suivant les cas). Récupérer le plongeur et le ressort du solénoïde s'ils sont restés à l'intérieur de la pompe. Actionner la pompe d'amorçage manuel lors de la dépose du solénoïde, afin de chasser toutes les saletés éventuelles.

Repose

7 La repose se fait dans l'ordre inverse des opérations de dépose. Utiliser une rondelle d'étanchéité neuve ou un joint torique neuf.

8 Si le câble de ralenti rapide a été débranché, le rebrancher en consultant la Section 4.

6 Pompe à injection de carburant - dépose et repose

Attention: *Faire très attention de ne pas laisser entrer de la poussière dans les durits de la pompe à injection ou des injecteurs pendant cette procédure. Lors de la repose, mettre en place des bagues d'étanchéité neuves sur les raccords banjo des durits de carburant.*

Dépose

1 Débrancher la cosse négative de la batterie.

2 Recouvrir l'alternateur d'un sachet plastique, à titre de précaution contre tout épanchement de gazole.

3 Pour améliorer l'accès, déposer le refroidisseur intermédiaire (modèles Turbo - Section 20) ou le boîtier de distribution d'air (moteur XUD9A - D9B - Section 21), suivant les cas. De même, débrancher le flexible d'air de la partie supérieure de la rampe d'admission, le cas échéant.

4 Sur les modèles à transmission mécanique, bloquer les roues arrière avec des cales puis desserrer le frein à main. Soulever au cric le coin avant droit du véhicule pour décoller la roue. Soutenir le véhicule sur une chandelle (voir la Section "Levage, remorquage et changement de roue") puis passer la 4ème ou la 5ème. Cela permet de faire tourner facilement le moteur en tournant la roue droite. Sur les modèles à transmission automatique, faire tourner le moteur en plaçant une clé sur le boulon de la poulie du vilebrequin. La rotation du moteur est facilitée lorsque les bougies incandescentes ont été déposées (voir Chapitre 5).

5 Déposer les couvercles supérieurs de la courroie de distribution, comme indiqué au Chapitre 2, Partie A.

6 Sur les moteurs XUD9/Y (DJZ), débrancher les flexibles au niveau du convertisseur de vide, à l'extrémité de la pompe à injection de carburant.

7 Débrancher le câble de l'accélérateur au niveau de la pompe à injection de carburant, comme indiqué à la Section 11. Sur les modèles équipés de la transmission automatique, débrancher également le câble de kickdown.

8 Débrancher le câble de ralenti rapide au niveau de la pompe à injection de carburant , comme indiqué à la Section 4.

9 Desserrer le collier ou dégager le raccord banjo puis débrancher le flexible d'alimentation carburant. Récupérer les rondelles d'étanchéité du raccord banjo, le cas échéant. Obturer l'extrémité ouverte du flexible puis remettre en place et recouvrir le boulon banjo pour le protéger de la poussière **(voir illustrations)**.

10 Débrancher la durit principale de retour carburant et le raccord banjo de la durit de récupération des injecteurs **(voir illustration)**. Récupérer les rondelles d'étanchéité du raccord banjo. Dans ce cas-là également, obturer l'extrémité ouverte du flexible et recouvrir le boulon

6.11 Débranchement d'une fiche de fil de la pompe à injection de carburant - pompe Bosch

6.12a Desserrage d'un raccord immobilisant une durit de carburant sur un injecteur

6.12b Recouvrir l'extrémité ouverte de l'injecteur pour empêcher toute entrée de poussière

6.12c Desserrage d'un raccord reliant la durit de carburant à la pompe - pompe Bosch

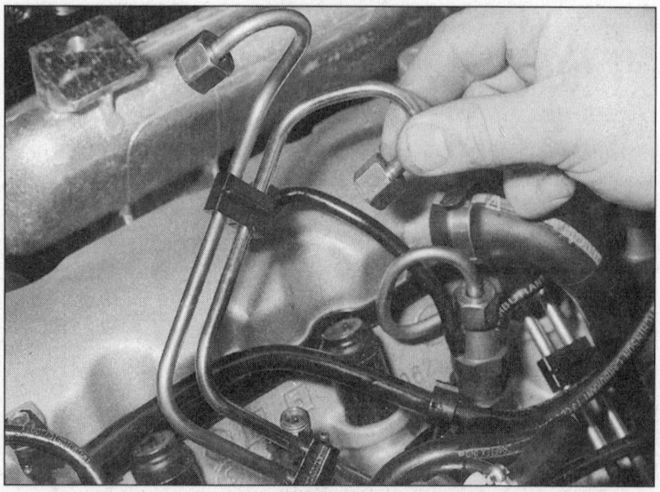

6.12d Dépose d'un ensemble durit de carburant

banjo pour le protéger de la poussière. Faire très attention de ne pas mélanger les raccords banjo d'admission et de sortie.

11 Débrancher tous les fils connexes de la pompe. Il convient de noter que sur certaines pompes Bosch, il suffit tout simplement de débrancher les connecteurs de câblage au niveau des supports de la pompe **(voir illustration)**. Sur certaines pompes, il faut débrancher le câblage de composants individuels (certains raccordements sont parfois protégés par des gaines caoutchouc).

12 Dévisser les écrous de raccordement qui immobilisent les durits des injecteurs sur la pompe à injection de carburant et les injecteurs proprement dits. Pour dévisser les écrous de raccordement des durits sur la pompe, immobiliser les raccords de la pompe. Déposer les durits d'un seul bloc. Recouvrir les raccords ouverts pour les protéger de la poussière en utilisant de petits sachets en plastique ou des doigts découpés dans des gants en caoutchouc mis au rebut (mais propres!) **(voir illustrations)**.

13 Faire tourner le vilebrequin pour aligner les deux orifices de boulons du pignon de la pompe à injection de carburant sur les orifices correspondants de la plaque avant du moteur.

14 Introduire deux boulons M8 dans ces orifices puis les serrer aux doigts. Noter que ces boulons doivent retenir le pignon pendant la dépose de la pompe à injection de carburant. De ce fait, il n'est pas nécessaire de déposer la courroie de distribution **(voir illustration)**.

15 Tracer un repère pour identifier la position de la pompe à injection de carburant par rapport à son support de fixation. Utiliser pour cela une pointe à graver ou un stylo feutre **(voir illustration)**. Cela permettra d'obtenir le calage correct de la pompe lors de la repose.

16 Dévisser les trois écrous de fixation avant et en récupérer les rondelles. Dévisser puis déposer l'écrou et le boulon arrière de fixation. Noter l'emplacement des rondelles. Soutenir la pompe à injection sur une cale en bois **(voir illustration)**.

17 Dégager le pignon de la pompe à injection au niveau de l'arbre de cette pompe, comme indiqué à la Section 8 du Chapitre 2, Partie A. Il convient de noter qu'il est possible de laisser ce pignon en prise avec la courroie de distribution lors du retrait de la pompe de son support de fixation. Remettre en place les boulons M8 pour retenir en position le pignon lors de la dépose de la pompe.

18 Retirer la pompe avec précaution. Récupérer la clavette demi-lune à l'extrémité de l'arbre de la pompe, si elle s'est détachée. De même, récupérer la bague au dos du support de fixation **(voir illustrations)**.

Repose

19 Commencer cette repose de la pompe à injection en introduisant la clavette demi-lune dans la rainure de l'arbre (au cas où cette clavette aurait été délogée).

20 Amener la pompe au niveau de son support de fixation. La soutenir à l'aide d'une cale en bois, comme lors de la dépose.

21 Mettre en prise l'arbre de la pompe et le pignon puis remettre en place ce pignon , comme indiqué à la Section 8 du Chapitre 2, Partie A. S'assurer que la clavette demi-lune ne tombe pas de l'arbre lors de cette mise en prise du pignon.

22 Aligner les repères effectués sur la pompe et son support de fixation avant la dépose. En cas d'installation d'une pompe neuve, transférer le repère de l'ancienne pompe pour obtenir un réglage approximatif.

6.14 Insertion de boulons M8 dans les orifices de calage du pignon de la pompe à injection

6.15 Repérage de la pompe à injection par rapport à son support de fixation (flèche)

6.16a Desserrage d'un écrou de fixation avant de la pompe à injection - pompe Bosch

6.16b Desserrage d'un écrou de fixation arrière (flèche) de la pompe à injection - pompe Bosch

6.18a Dépose d'une pompe à injection - pompe Bosch

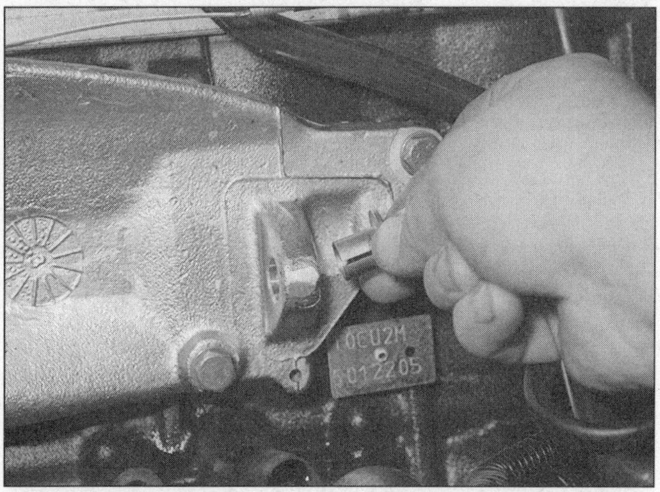

6.18b Recouvrement de la bague qui se trouve au dos du support de fixation de la pompe

23 Remettre en place puis serrer légèrement les écrous et le boulon de fixation de la pompe.

24 Procéder au calage de l'injection, comme indiqué aux Sections 7, 8 et 9 suivant les cas.

25 Remettre en place puis rebrancher les durits de carburant et d'injecteurs.

26 Rebrancher tous les fils afférents sur la pompe.

27 Rebrancher les flexibles d'alimentation et de retour carburant. Serrer les raccords, suivant les cas. Mettre des rondelles d'étanchéité neuves sur les raccords banjo.

28 Rebrancher le câble de ralenti rapide, puis le régler, comme indiqué à la Section 4.

29 Rebrancher puis régler le câble de l'accélérateur, comme indiqué à la Section 11. Rebrancher également, suivant les cas, le câble de kickdown.

30 Sur les moteurs XUD9/Y (DJZ), rebrancher les flexibles du convertisseur de vide.

31 Remettre en place les couvercles supérieurs de la courroie de distribution.

32 Ramener le véhicule au sol.

33 Le cas échéant, remettre en place le refroidisseur intermédiaire ou le boîtier de distribution d'air.

34 Déposer le couvercle de l'alternateur.

35 Rebrancher la cosse négative de la batterie.

36 Purger le système de carburation, comme indiqué à la Section 2.

37 Mettre le moteur en route, pour vérifier les réglages de la pompe à injection de carburant, comme indiqué à la Section 16 du Chapitre 1.

7 Calage de l'injection - méthodes de vérification et de réglage

1 La vérification du calage de l'injection n'est pas une opération faisant partie d'un entretien courant. Il faut uniquement procéder à cette vérification après avoir touché à la pompe à injection.

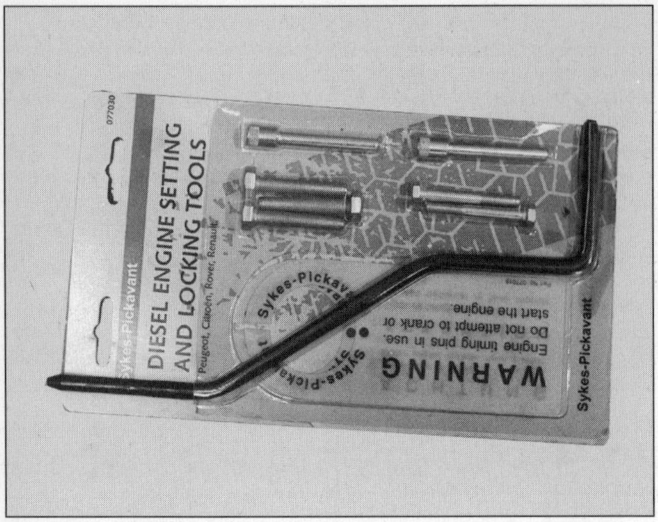

7.3 Outils de réglage et de verrouillage du PMH pour régler le calage de l'injection des moteurs Diesel Citroën

2 Il existe des équipements de calage dynamique mais il est peu probable que le bricoleur puisse en disposer. Ce matériel convertit en signaux électriques les impulsions de pression à l'intérieur de la durit d'un injecteur. Si cet équipement est disponible, s'en servir en respectant le mode d'emploi de son fabricant.

3 Le calage statique, qui est décrit dans ce Chapitre, donne de bons résultats à condition de procéder avec soin. Il faut se procurer un comparateur d'essai à cadran, des palpeurs et des raccords, en fonction du type de pompe à injection **(voir illustration)**. Soigneusement lire les procédures suivantes avant de commencer une intervention, afin de savoir exactement ce qu'il faut faire.

8 Calage de l'injection (pompe Lucas) - vérification et réglage

Attention: *Le constructeur, avant que le véhicule ne quitte l'usine, a bloqué les réglages du régime maximum du moteur et de la pression de transfert, ainsi que les obturateurs d'accès au réglage, avec du fil frein et des joints plombés. Ne pas toucher à ce fil frein si le véhicule est encore sous garantie, sinon cette dernière deviendra nulle et non avenue. Ne pas non plus chercher à effectuer la procédure de réglage sans instruments précis. Les dépositaires d'outils proposent les outils spéciaux nécessaires pour régler la pompe. De plus, quelle que soit la méthode employée, il convient de disposer d'un comparateur d'essai à cadran.*

1 Débrancher la cosse négative de la batterie.

2 Recouvrir l'alternateur d'un sachet en plastique pour le protéger contre tout épanchement de gazole.

3 Bloquer les roues arrière avec des cales puis desserrer le frein à main.

4 Sur les modèles à transmission mécanique, soulever au cric le coin avant droit du véhicule pour décoller la roue du sol. Soutenir le véhicule sur une chandelle puis passer la 4ème ou la 5ème. Cela permet de faire facilement tourner le moteur en tournant la roue avant droite. Sur les modèles à transmission automatique, placer une clé ouverte sur le boulon de la poulie du vilebrequin.

5 Pour améliorer l'accès, déposer le logement de distribution d'air (moteur XUD9A - D9B) suivant les cas, comme indiqué à la Section 21. De même, débrancher le flexible d'air de la partie supérieure de la rampe d'admission, suivant les cas.

6 Débrancher le fil d'alimentation puis dévisser la bougie incandescente du cylindre numéro 4 (extrémité courroie de distribution). Noter que le moteur se règle en plaçant le piston **numéro 4** sur son PMH, pendant sa course de compression. En

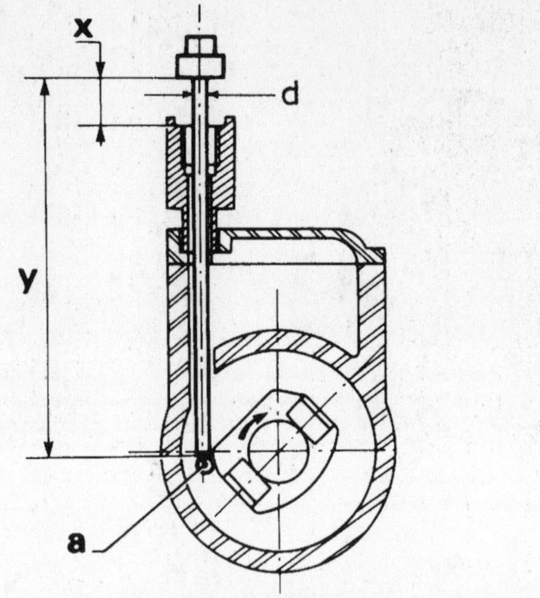

8.9 Détails de sonde de calage - pompe Lucas

a *Composant de calage*
d *7,0 mm*
x *Valeur de calage (sur disque ou étiquette)*
y *95,5 ± 0,01 mm*

variante, il est possible de retirer l'obturateur qui se trouve à la partie supérieure de la culasse (au-dessus du cylindre numéro 4, à côté du boulon de culasse).

7 Le réglage de la pompe s'effectue alors au PMH. Faire tourner le moteur pour amener le cylindre numéro 4 sur son PMH en compression. Pour déterminer si le cylindre est sur la course de compression, après avoir retiré la bougie incandescente, placer un doigt sur l'orifice de cette bougie. On devrait sentir une augmentation de pression au fur et à mesure que le piston s'approche de son PMH en compression. En variante, après avoir retiré l'obturateur de la culasse, introduire une longue tige dans l'orifice révélé par le retrait de cette bougie. Amener cette tige à la partie supérieure du piston. Il devrait être alors facile de déterminer si le piston se rapproche de son PMH, c'est-à-dire de la limite supérieure de sa course.

8 Introduire une tige ou un foret de 8 mm de diamètre dans l'orifice de la bride gauche du bloc-cylindres, à côté du démarreur. Le cas échéant, faire tourner avec précaution le vilebrequin dans un sens ou dans l'autre jusqu'à ce que la tige pénètre dans le trou de PMH du volant moteur.

9 Le moment est venu d'utiliser un comparateur d'essai à cadran. Si on ne dispose pas d'une sonde spéciale (conçue pour la pompe Lucas et qui s'obtient s'adressant à des dépositaires d'outils), il est possible de fabriquer une sonde en respectant les dimensions du schéma (voir illustration).

10 Déposer l'obturateur de visite de la partie supérieure de la pompe **(voir illustration)**. Mettre en place le comparateur d'essai à cadran pour qu'il affiche le déplacement de la sonde introduite dans l'orifice. En cas d'utilisation d'un support magnétique, boulonner une petite plaque en acier sur le silentbloc du moteur ou sur le couvercle de l'arbre à cames. Le support magnétique vient se fixer sur cette petite plaque.

11 Introduire la sonde dans l'orifice de visite. La pointe de cette sonde doit reposer contre le composant de calage du rotor. Positionner le comparateur d'essai à cadran pour afficher le déplacement de cette sonde **(voir illustration)**.

8.10 Dépose de l'obturateur de visite de calage (fléche) de la pompe à injection - pompe Lucas

12 Déposer du volant moteur la tige ou le foret de blocage du PMH. Faire tourner le moteur, vers l'arrière, d'un quart de tour environ. Mettre à zéro le comparateur d'essai à cadran.
13 Faire lentement tourner le moteur vers l'avant, jusqu'à ce que l'outil de blocage du PMH puisse être réintroduit. Lire la valeur affichée par le comparateur d'essai; elle doit être identique à la valeur inscrite sur la pompe. Selon le cas, celle-ci peut se trouver inscrite sur un petit disque en plastique à l'avant de la pompe, ou sur une étiquette rattachée ou à la partie supérieure de la pompe ou au levier de commande de l'accélérateur **(voir illustrations)**.
14 Si la valeur affichée ne correspond pas à celle inscrite, procéder comme suit.
15 Dévisser les écrous de raccordement qui immobilisent les durits des injecteurs sur la pompe à injection de carburant. Immobiliser les raccords sur la pompe lors du desserrage de ces écrous. Obturer les raccords ouverts pour empêcher toute entrée de poussière en utilisant de petits sachets en plastique ou des doigts découpés dans des gants en caoutchouc mis au rebut (mais propres!).
16 Desserrer les quatre écrous de fixation de la pompe (trois à l'avant et un à l'arrière) puis faire pivoter cette pompe pour l'écarter du moteur. Mettre à zéro le comparateur d'essai à cadran.
17 Tout en maintenant le moteur au PMH, faire lentement pivoter la pompe dans l'autre sens pour la ramener vers le moteur, jusqu'à ce que le comparateur d'essai à cadran affiche la valeur inscrite sur la pompe. Dès que cette position est atteinte, resserrer les écrous de fixation de la pompe (la valeur affichée par le comparateur d'essai ne doit pas changer pendant ce serrage) puis retirer l'outil de blocage du PMH avant de revérifier le réglage, comme indiqué précédemment.
18 Lorsque le calage est correct, rebrancher les durits de carburant des injecteurs puis déposer le comparateur d'essai à cadran. Retirer la sonde de l'orifice de visite puis remettre en place l'obturateur de visite. Retirer l'outil de blocage du PMH du volant moteur.
19 Remettre en place la bougie incandescente puis rebrancher le fil ou remettre en place l'obturateur sur la partie supérieure de la culasse, suivant les cas.
20 Suivant les cas, remettre en place le refroidisseur intermédiaire ou le logement de distribution d'air.
21 Ramener le véhicule au sol puis rebrancher la cosse négative de la batterie. Retirer le sachet en plastique de l'alternateur.
22 Purger le système de carburation , comme indiqué à la Section 2.
23 Vérifier et régler, suivant besoin, le ralenti et le régime anticalage, comme indiqué à la Section 16 du Chapitre 1.

9 Calage de l'injection (pompe Bosch) - vérification et réglage

Attention: *Le constructeur, avant que le véhicule ne quitte l'usine, a bloqué certains réglages de la pompe à injection et certains obturateurs de visite avec de la peinture ou du fil frein et des joints plombés. Ne pas toucher à ces joints si le véhicule est encore sous garantie, sinon cette dernière deviendra nulle et non avenue. Ne pas non plus chercher à effectuer la procédure de réglage sans instruments précis.*
1 Débrancher la cosse négative de la batterie.
2 Recouvrir l'alternateur d'un sachet en plastique pour le protéger contre tout épanchement de gazole.
3 Bloquer les roues arrière avec des cales puis desserrer le frein à main.
4 Sur les modèles à transmission mécanique, soulever au cric le coin avant droit du véhicule pour décoller la roue du sol. Soutenir le véhicule sur une chandelle puis passer la 4ème ou la 5ème. Cela permet de faire facilement tourner le moteur en tournant la roue avant droite. Sur les modèles à transmission automatique, placer une clé ouverte sur le boulon de la poulie du vilebrequin.
5 Pour améliorer l'accès, déposer le refroidisseur intermédiaire (modèles Turbo - Section 20) ou le logement de distribution d'air (moteur XUD9A - D9B - Section 21) suivant les cas. De même, débrancher le flexible d'air à la partie supérieure de la rampe d'admission, suivant les cas.
6 Débrancher le fil d'alimentation puis dévisser la bougie incandescente du cylindre numéro 4 (extrémité courroie de distribution). Noter que le moteur se règle en plaçant le piston **numéro 4** sur son PMH, pendant sa course de compression. En variante, il est possible de retirer l'obturateur qui se trouve sur la partie supérieure de la culasse (au-dessus du cylindre numéro 4, à côté du

8.11 Mise en position du comparateur d'essai à cadran pour afficher le calage de la pompe à injection - pompe Lucas

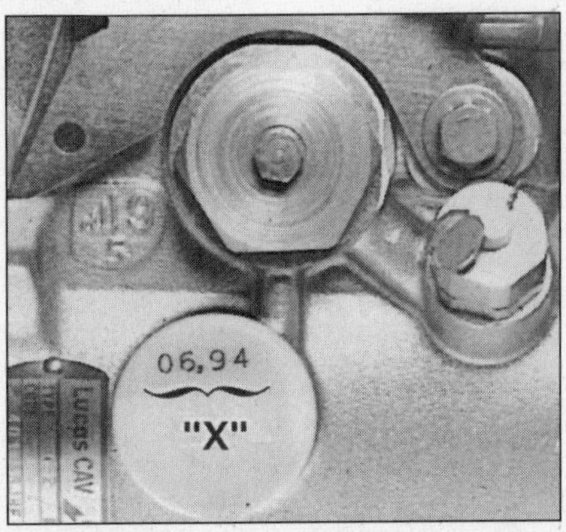

8.13a Valeur de calage de la pompe (x) inscrite sur disque en plastique - pompe Lucas

8.13b Valeur de calage de la pompe inscrite sur étiquette (1) et/ou (2) - pompe Lucas

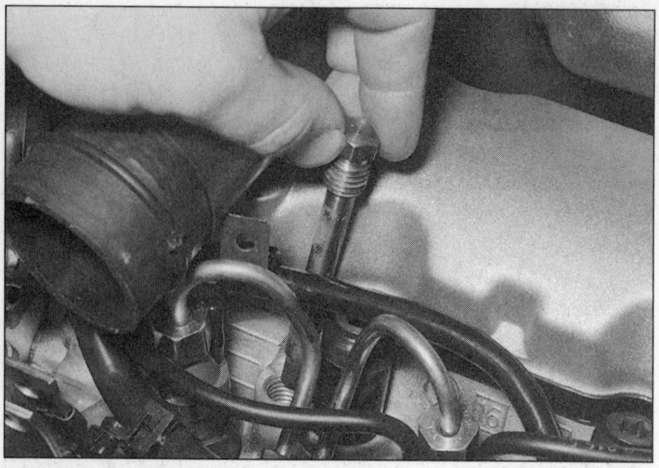
9.6 Dépose de l'obturateur de l'ouverture de calage de la culasse

9.8 Introduction d'une tige de diamètre approprié dans l'orifice du PMH du volant

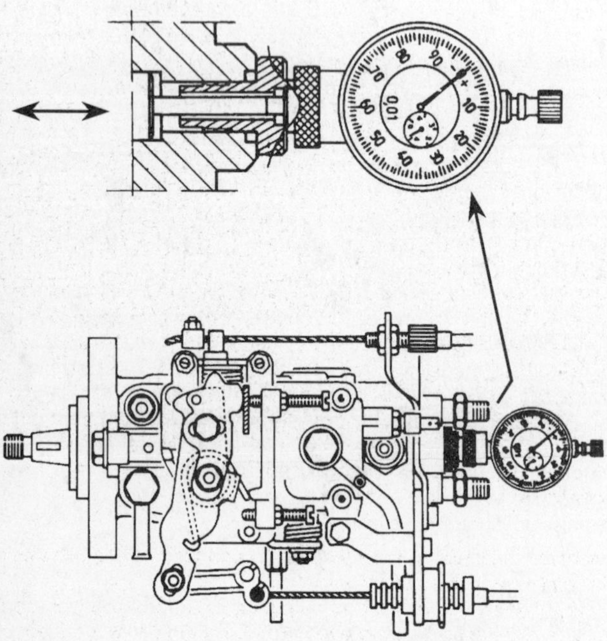
9.9 Comparateur d'essai à cadran et sonde de calage conçus pour une pompe Bosch

9.11 Desserrage d'un raccord reliant une durit d'injecteur à la pompe carburant

boulon de culasse) **(voir illustration)**.

7 Le réglage de la pompe s'effectue alors au PMH. Faire tourner le moteur pour amener le cylindre numéro 4 sur son PMH en compression. Pour déterminer si le cylindre est sur la course de compression, après avoir retiré la bougie incandescente, placer un doigt sur l'orifice de cette bougie. On devrait sentir une augmentation de pression au fur et à mesure que le piston se rapproche de son PMH en compression. En variante, après avoir retiré l'obturateur de la culasse, introduire une longue tige dans l'orifice révélé par le retrait de cette bougie. Amener cette tige à la partie supérieure du piston. Il devrait être alors facile de déterminer si le piston se rapproche de son PMH, c'est-à-dire de la limite supérieure de sa course.

8 Introduire une tige ou un foret de 8 mm de diamètre dans l'orifice de la bride gauche du bloc-cylindres, à côté du démarreur. Le cas échéant, faire tourner avec précaution le vilebrequin dans un sens ou dans l'autre jusqu'à ce que la tige pénètre dans le trou de PMH du volant moteur **(voir illustration)**.

9 Se procurer maintenant un comparateur d'essai à cadran, ainsi qu'une sonde spéciale et adaptateur, qui vient se visser dans l'orifice à l'arrière de la pompe (conçu spécialement pour la pompe Bosch et qui s'obtient en s'adressant à des depositaires d'outils) **(voir illustration)**.

10 Sur les moteurs XUD9/Y (DJZ), débrancher les flexibles de vide au niveau du convertisseur de vide, à la partie supérieure de la pompe à injection de carburant.

11 Dévisser les écrous de raccordement qui immobilisent les durits des injecteurs sur la pompe à injection de carburant. Tout en immobilisant les raccords de la pompe, dévisser les écrous **(voir illustration)**. Recouvrir les raccords ouverts pour les protéger de la poussière en utilisant de petits sachets en plastique ou des doigts découpés dans des gants en caoutchouc mis au rebut (mais propres!).

12 Dévisser l'obturateur à l'extrémité de la pompe à injection, entre les raccordements des durits des injecteurs. S'attendre à un léger épanchement de gazole.

13 Introduire la sonde pour la relier au comparateur à cadran positionné juste au-dessus du trou.

14 Retirer du volant l'outil de blocage du PMH puis faire tourner le moteur d'un quart de tour environ vers l'arrière, jusqu'à ce que l'aiguille du comparateur d'essai à cadran ne bouge plus. Mettre à zéro le comparateur d'essai à cadran.

15 Faire lentement tourner le moteur vers l'avant jusqu'à ce que l'outil de blocage du PMH puisse être réintroduit dans le volant moteur. Lire la valeur affichée par le comparateur d'essai à cadran. Elle doit correspondre au chiffre des Spécifications **(voir illustration)**.

16 Si la valeur affichée n'est pas conforme aux Spécifications,

9.15 Mise en position du comparateur d'essai à cadran pour afficher le calage de la pompe à injection - pompe Bosch

procéder comme suit.

17 Desserrer les quatre écrous de fixation de la pompe (trois à l'avant et un à l'arrière) puis faire pivoter cette pompe pour l'écarter du moteur. Mettre à zéro le comparateur d'essai à cadran.

18 Tout en maintenant le moteur au PMH, faire lentement pivoter la pompe dans l'autre sens pour la ramener vers le moteur, jusqu'à ce que le comparateur d'essai à cadran affiche la valeur des Spécifications. A ce moment-là resserrer les supports de la pompe (la valeur affichée par le comparateur d'essai ne doit pas changer pendant ce serrage) puis retirer l'outil de blocage du PMH avant de revérifier le réglage, comme indiqué précédemment.

19 Lorsque le calage est correct, retirer le comparateur d'essai à cadran puis l'ensemble sonde et adaptateur avant de rebrancher les durits de carburant des injecteurs.

20 Remonter l'obturateur à l'extrémité de la pompe puis déposer du volant moteur l'outil de blocage du PMH.

21 Remettre en place la bougie incandescente puis rebrancher le fil ou, suivant les cas, remettre en place l'obturateur à la partie supérieure de la culasse.

22 Suivant les cas, rebrancher les flexibles du convertisseur de vide, sur la partie supérieure de la pompe à injection de carburant.

23 Remettre en place, suivant les cas, le refroidisseur intermédiaire ou le logement de distribution d'air.

24 Ramener le véhicule au sol puis rebrancher la cosse négative de la batterie. Retirer le sachet en plastique de l'alternateur.

25 Purger le système de carburation, comme indiqué à la Section 2.

26 Vérifier et, le cas échéant, régler le ralenti et le régime anticalage, comme indiqué à la Section 16 du Chapitre 1.

10 Injecteurs de carburant - essais, dépose et repose

Avertissement: *Lors d'une intervention sur les injecteurs de carburant, il faut procéder avec les plus grandes précautions. Ne jamais mettre les mains ou une partie du corps devant le jet pulvérisé par un injecteur étant donné que la pression opérationnelle est très élevée et risque de faire pénétrer du gazole sous la peau, ce qui peut avoir des conséquences mortelles. Nous vous conseillons très vivement de confier les essais sous pression des injecteurs à un concessionnaire Citroën ou à un spécialiste de l'injection carburant.*

Essais

1 Les injecteurs finissent par se détériorer à la suite d'une utilisation prolongée et il faut raisonnablement s'attendre à ce qu'une remise en état ou un remplacement s'avère nécessaire au bout de 100 000 km environ. Il faut confier à un spécialiste les activités précises d'essai, de révision et de calibration des injecteurs. Pour localiser, sans

10.5 Extraction d'une durit de récupération d'un injecteur carburant

10.7 Desserrage d'un écrou de raccordement d'une durit d'injecteur

démontage, un injecteur défectueux qui provoque des cognements ou de la fumée, procéder comme suit.

2 Faire tourner le moteur au ralenti rapide. Desserrer l'un après l'autre chaque raccord d'injecteur. Placer un chiffon autour du raccord pour recueillir les épanchements de gazole. Faire très attention de ne pas exposer la peau à des jets de pulvérisation. Lorsque le raccord de l'injecteur défectueux est desserré, les cognements ou la fumée s'arrêtent.

Dépose

3 Pour améliorer l'accès, déposer le refroidisseur intermédiaire (modèles Turbo - Section 20) ou le logement de distribution d'air (moteur XUD9A - D9B - Section 21), suivant les cas. De même, débrancher le flexible d'air à la partie supérieure de la rampe d'admission, suivant les cas.

4 Nettoyer avec soin la zone avoisinante des injecteurs et des écrous de raccordement et durits de ces injecteurs.

5 Tirer sur les durits de récupération pour les retirer des injecteurs **(voir illustration)**.

6 Dévisser les écrous de raccordement qui immobilisent les durits des injecteurs sur la pompe à injection de carburant. Immobiliser les raccords de la pompe pendant le desserrage de ces écrous. Recouvrir les raccords ouverts pour les protéger de la poussière en utilisant de petits sachets en plastique ou des doigts découpés dans des gants en caoutchouc mis au rebut (mais propres!).

7 Dévisser les écrous de raccordement puis débrancher les durits au niveau des injecteurs **(voir illustration)**. Le cas échéant, il est

10.8a Dévisser les injecteurs . . .

10.8b . . . puis les retirer de la culasse

10.9a Retrait d'une rondelle en cuivre d'injecteur carburant . . .

10.9b . . . d'une rondelle ignifuge . . .

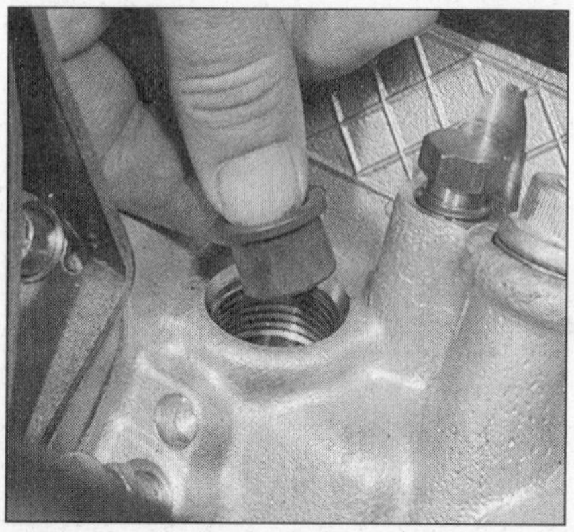
10.9c . . . et du manchon

11.1 Desserrage du câble interne de l'accélérateur au niveau du levier accélérateur, sur la pompe à injection.

possible de déposer totalement ces durits. Noter l'emplacement des colliers de serrage des durits. Recouvrir les extrémités des injecteurs pour éviter toute entrée de poussière.

8 Dévisser les injecteurs à l'aide d'une clé à longue douille ou d'une clé-tube (de 27 mm sur plats) puis les déposer de la culasse **(voir illustration)**.

9 Récupérer les rondelles en cuivre et les rondelles ignifuges de la culasse. Récupérer également les manchons s'ils se sont détachés **(voir illustrations)**.

Repose

10 Se procurer des rondelles en cuivre et des rondelles ignifuges neuves. Remplacer également les manchons endommagés.

11 Faire très attention de ne pas laisser tomber les injecteurs sur leurs pointes. Ces injecteurs respectent des critères très précis et il ne faut pas les manipuler brutalement. En particulier, il ne faut pas les immobiliser dans un étau.

12 Au début de la repose, introduire les manchons (s'ils ont été déposés) dans la culasse puis mettre en place les rondelles ignifuges (la face convexe doit être dirigée vers le haut) puis les rondelles en cuivre.

13 Introduire les injecteurs puis les serrer au couple spécifié.

14 Remettre en place les durits des injecteurs puis serrer les écrous de raccordement. S'assurer que chaque collier de serrage de durit occupe l'emplacement qu'il avait avant la dépose. En effet, si des colliers sont montés aux mauvais emplacements ou sont manquants, cela peut provoquer une cassure de ces durits ou leur fente.

15 Rebrancher les durits de récupération.

16 Remonter, suivant les cas, le refroidisseur intermédiaire ou le logement de distribution d'air.

17 Mettre le moteur en route. En cas de problème, purger le système de carburation, comme indiqué à la Section 2.

11.2 Extraction du câble externe de l'accélérateur de la ferrure

11 Câble de l'accélérateur - dépose, repose et réglage

Dépose

1 Depuis le compartiment moteur, actionner le levier de l'accélérateur, sur la pompe à injection de carburant puis dégager du levier le câble interne **(voir illustration)**.

2 Tirer sur le câble externe pour le retirer de l'oeillet de la ferrure de

11.3 **Collier de serrage de câble accélérateur/flexible de réfrigérant (flèche) à l'arrière du compartiment moteur**

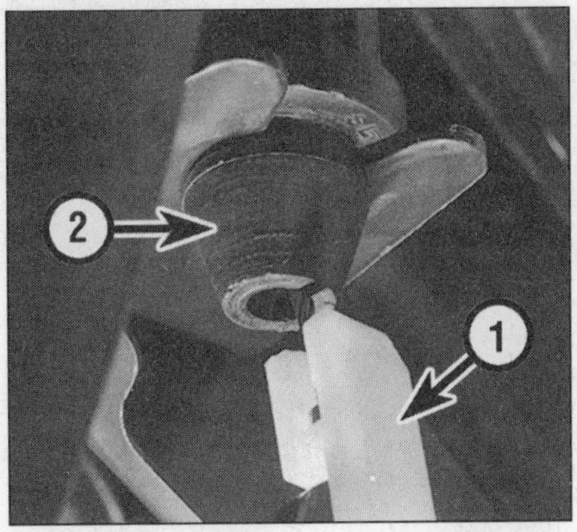

11.6 **Collier de fixation du câble interne de l'accélérateur (1) et oeillet du câble externe (2)**

12.2 **Desserrage de l'écrou de l'arbre pivot de la pédale de l'accélérateur**

12.3a **Tirer sur l'ensemble pédale et arbre pivot pour le retirer de la ferrure support (flèche) . . .**

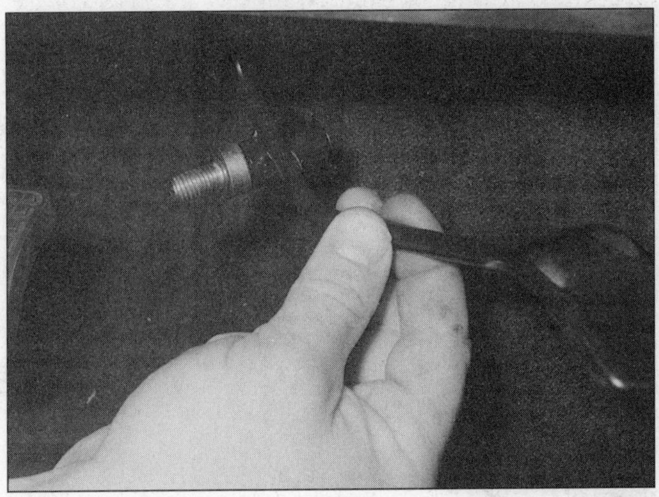

12.3b **. . . et pour l'extraire du véhicule**

la pompe à injection de carburant **(voir illustration)**.

3 Dégager le câble au niveau des autres colliers de retenue et des supports à l'intérieur du compartiment moteur en notant le trajet qu'il suit **(voir illustration)**.

4 Depuis l'intérieur du véhicule, desserrer les colliers de fixation puis retirer le panneau de garniture en feutre sous le tableau de bord, au niveau des pieds du conducteur.

5 Desserrer ces colliers de fixation puis déposer le panneau inférieur du tableau de bord, du côté du conducteur.

6 Desserrer le collier de fixation puis débrancher le câble interne au niveau de la pédale **(voir illustration)**.

7 Faire glisser l'oeillet du câble interne pour le retirer du support de la pédale.

8 Avec précaution, faire passer le câble dans l'oeillet de la traversée de la cloison pour l'amener du compartiment moteur vers l'intérieur du véhicule avant de le déposer complètement.

Repose

9 La repose se fait dans l'ordre inverse des opérations de dépose. S'assurer que le câble retrouve le trajet qu'il avait avant la dépose. Une fois la repose terminée, régler le câble en procédant comme suit.

Réglage

10 Demander à un assistant d'appuyer à fond sur l'accélérateur. Vérifier que le levier de l'accélérateur, sur la pompe à injection, touche la vis de réglage du régime maximum. Si ce n'est pas le cas, tirer sur la pince à ressort de la virole de réglage. Modifier la position de cette virole puis remettre en place cette pince dans la rainure qui se trouve à côté de la rondelle métallique.

11 Tout en appuyant à fond sur la pédale de l'accélérateur, vérifier que le levier de l'accélérateur vient toucher la vis de réglage du régime anticalage.

12 Pédale de l'accélérateur - dépose et repose

Dépose

1 Débrancher de la pédale de l'accélérateur le câble , comme indiqué à la Section 11.

2 Dévisser l'écrou à l'extrémité de l'arbre pivot de la pédale tout en immobilisant cet arbre sur les méplats prévus à cet effet **(voir illustration)**.

3 Tirer sur l'ensemble pédale et arbre pivot pour le retirer de la ferrure support **(voir illustrations)**.

4 Le cas échéant, dévisser l'ensemble pivot pour le retirer de la pédale.

Repose

5 La repose se fait dans l'ordre inverse des opérations de dépose. Rebrancher le câble de l'accélérateur sur la pédale puis, le cas échéant, le régler, comme indiqué à la Section 11.

13.3 Retrait du couvercle en plastique de l'émetteur de niveau de carburant

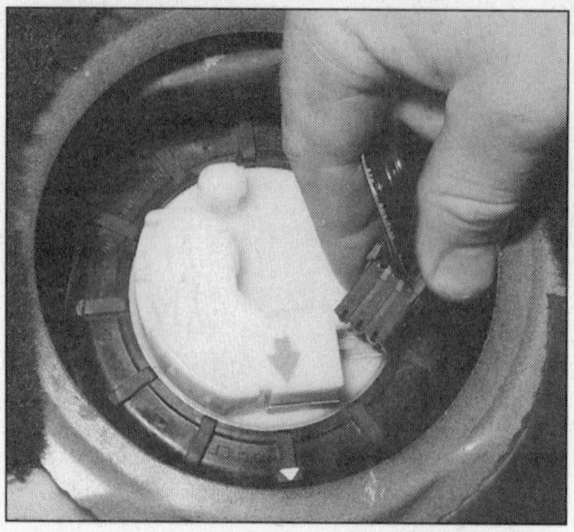

13.4 Débranchement de la fiche des fils de l'émetteur de niveau de carburant

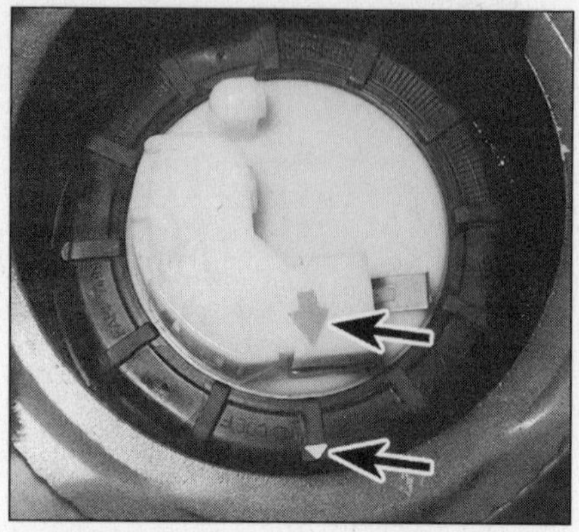

13.5 Flèches d'alignement (flèches) sur l'émetteur et la bague de freinage

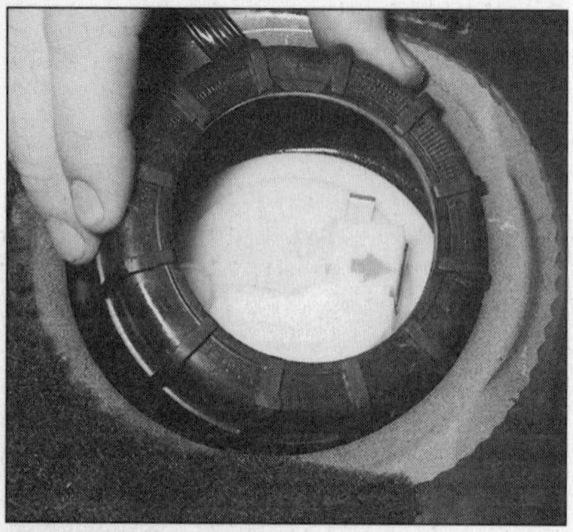

13.7a Desserrage de la bague de freinage . . .

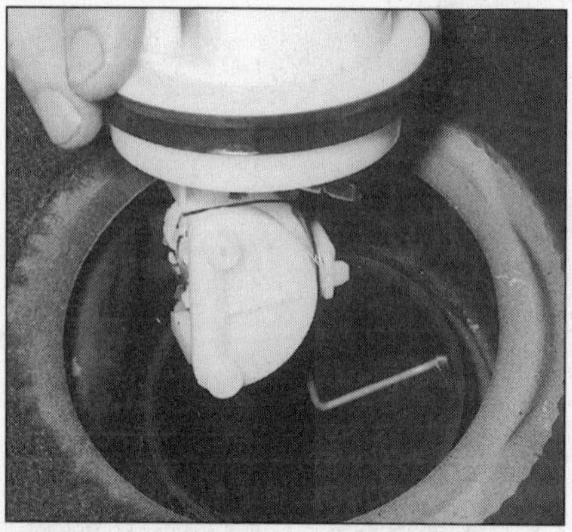

13.7b . . . et soulèvement de l'émetteur pour le retirer du réservoir carburant

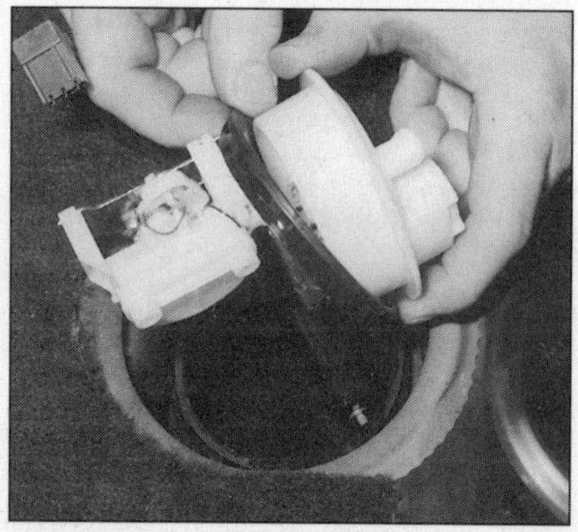

13.7c Retrait de la bague d'étanchéité de l'émetteur

13 Emetteur de niveau de carburant - dépose et repose

Dépose

1 Débrancher la cosse négative de la batterie.

2 Pour accéder à l'émetteur, faire basculer ou retirer les sièges arrière, en fonction du modèle, comme indiqué au Chapitre 11.

3 A l'aide de la lame d'un tournevis, extraire avec précaution le couvercle en plastique du plancher pour accéder à l'émetteur (ce dernier se trouve sous le couvercle gauche lorsqu'on regarde vers l'avant du véhicule) **(voir illustration)**.

4 Débrancher la fiche des fils de l'émetteur **(voir illustration)**.

5 Noter les flèches d'alignement sur l'émetteur et la bague de freinage **(voir illustration)**.

6 Dévisser la bague de freinage qui immobilise l'émetteur dans le réservoir carburant. Pour cela, il vaut mieux placer la pointe d'un tournevis sur les nervures en relief de cette bague. Tapoter doucement sur le tournevis pour faire tourner la bague dans le sens inverse des aiguilles d'une montre jusqu'à ce qu'on puisse la dévisser aux doigts.

7 Dévisser la bague de freinage. Soulever avec précaution l'émetteur pour le retirer de la partie supérieure du réservoir carburant. Procéder avec le plus grand soin pour ne pas faire tomber du gazole à l'intérieur du véhicule. Récupérer la bague d'étanchéité en caoutchouc si elle s'est détachée **(voir illustrations)**.

Repose

8 Avant de remonter l'émetteur, vérifier que la bague d'étanchéité est en bon état. Le cas échéant, la remplacer.

9 La repose se fait dans l'ordre inverse des opérations de dépose. S'assurer que les flèches de l'émetteur et de la bague de freinage sont alignées, comme c'était le cas avant la dépose (resserrer la bague de freinage en utilisant la pointe d'un tournevis, comme lors de la dépose, mais dans l'autre sens).

14 Capteur de carburant - dépose et repose

Dépose

1 Débrancher la cosse négative de la batterie.

2 Pour accéder au capteur, faire basculer ou retirer les sièges arrière, en fonction du modèle, comme indiqué au Chapitre 11.

3 A l'aide de la lame d'un tournevis, extraire avec précaution le couvercle en plastique du plancher pour accéder au capteur (ce dernier se trouve sous le couvercle droit lorsqu'on regarde vers l'avant du véhicule).

4 Débrancher les flexibles de carburant au niveau du capteur. Noter leur emplacement **(voir illustration)**. S'attendre à un léger épanchement de gazole. Procéder avec le plus grand soin pour ne pas faire tomber du carburant à l'intérieur du véhicule.

5 Noter les flèches d'alignement sur le capteur et la bague de freinage **(voir illustration)**.

6 Dévisser la bague de freinage qui immobilise le capteur à l'intérieur du réservoir carburant. Pour cela, il vaut mieux placer la pointe d'un tournevis sur les nervures en relief de cette bague. Tapoter doucement sur le tournevis pour faire tourner la bague dans le sens inverse des aiguilles d'une montre jusqu'à ce qu'on puisse la dévisser aux doigts **(voir illustration)**.

7 Dévisser la bague de freinage puis soulever avec précaution le capteur pour le retirer de la partie supérieure du réservoir carburant. Récupérer la bague d'étanchéité en caoutchouc si elle s'est détachée **(voir illustrations)**.

Repose

8 Avant de procéder à la repose, vérifier que la bague d'étanchéité

14.4 Noter les flèches indiquant le sens de l'écoulement (flèches) sur le capteur de carburant

14.5 Flèches d'alignement (flèches) sur le capteur de carburant et la bague de freinage

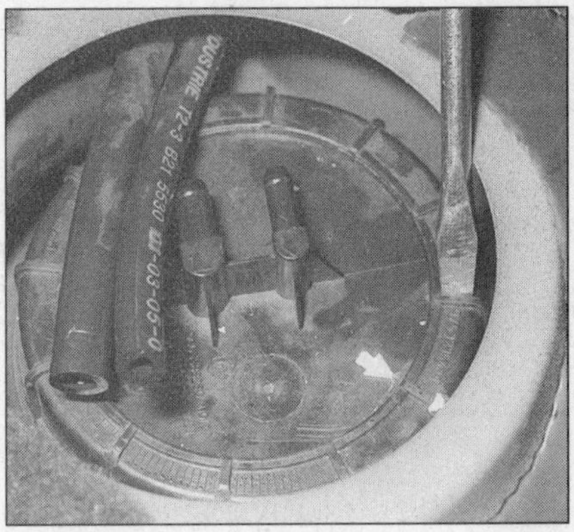

14.6 Desserrage de la bague de freinage du capteur de carburant à l'aide d'un tournevis

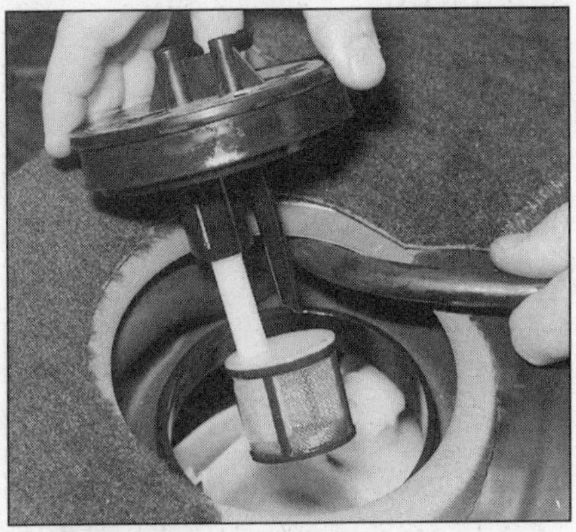

14.7a Soulèvement du capteur de carburant pour le retirer du réservoir

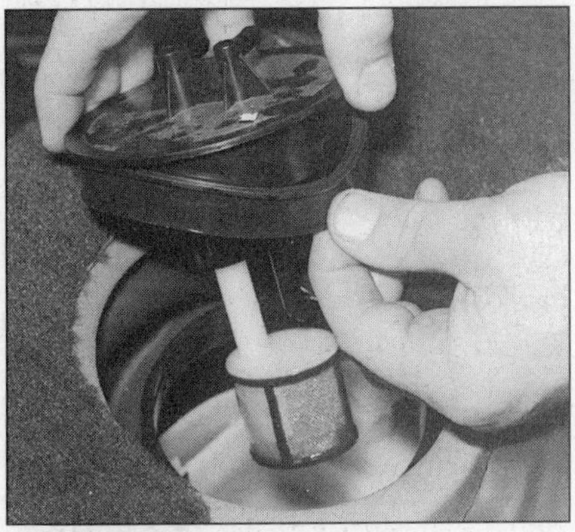

14.7b Récupération de la bague d'étanchéité

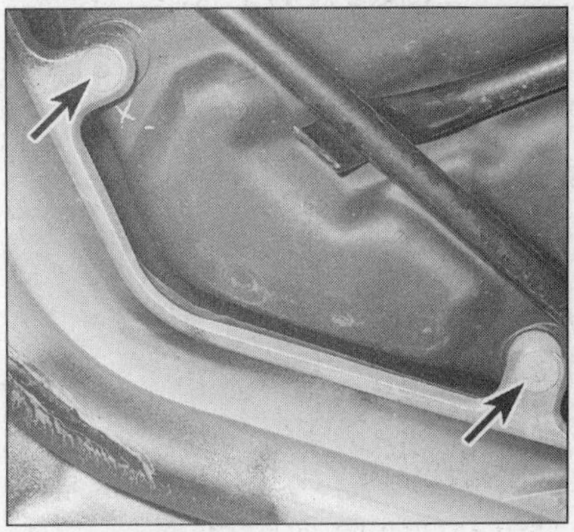

15.6 Deux des écrous en matière plastique (flèches) qui immobilisent l'écran thermique de l'échappement sur le réservoir carburant

est en bon état. Le cas échéant, la remplacer. Ensuite, vérifier que le filtre à l'extrémité de la durit du capteur est en bon état. Le nettoyer ou le remplacer, suivant besoin.

9 La repose se fait dans l'ordre inverse des opérations de dépose, en tenant compte des points suivants:

(a) *S'assurer que les flexibles sont correctement rebranchés aux emplacements qu'ils occupaient avant la dépose.*
(b) *S'assurer que les flèches du capteur et de la bague de freinage sont alignées, comme c'était le cas avant la dépose (resserrer la bague de freinage en utilisant la pointe d'un tournevis, comme lors de la dépose, mais dans l'autre sens).*

15 Réservoir carburant - dépose, réparation et repose

Dépose

1 Débrancher la cosse négative de la batterie.

2 Siphonner le carburant qui reste dans le réservoir par le tuyau de remplissage. Laisser le carburant s'écouler dans un récipient de taille appropriée en métal ou en matière plastique qui peut être scellé hermétiquement.

3 Pour accéder à l'émetteur du niveau carburant et au capteur, faire basculer ou retirer les sièges arrière, en fonction du modèle, comme indiqué au Chapitre 11.

4 A l'aide de la lame d'un tournevis, extraire le couvercle en plastique du plancher puis débrancher la fiche des fils au niveau de l'émetteur.

5 Déposer l'échappement, comme indiqué à la Section 22.

6 Retirer les écrous en plastique qui immobilisent l'écran thermique

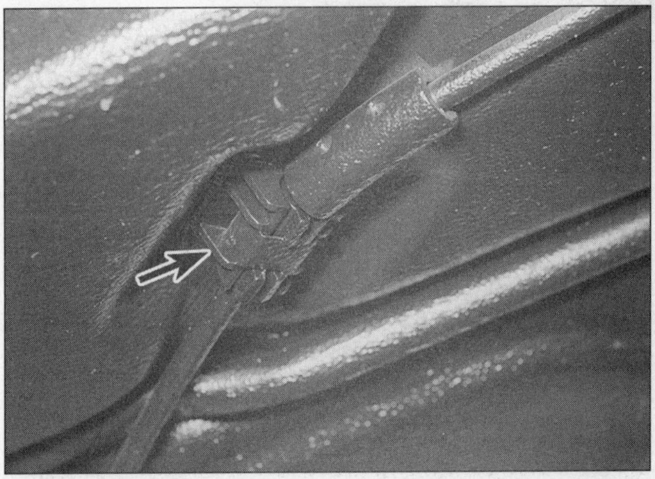

15.8 Collier de fixation (flèche) du câble du frein à main sur un réservoir carburant

arrière de l'échappement sur le réservoir carburant et, le cas échéant, desserrer les deux vis qui immobilisent le bord avant de cet écran thermique **(voir illustration)**. Retirer cet écran.

7 Débrancher les deux câbles du frein à main au niveau du dispositif de réglage du levier du frein à main, comme indiqué à la Section 19 du Chapitre 9.

8 Libérer les câbles du frein à main au niveau des colliers du réservoir carburant puis écarter ces câbles du réservoir **(voir illustration)**.

4

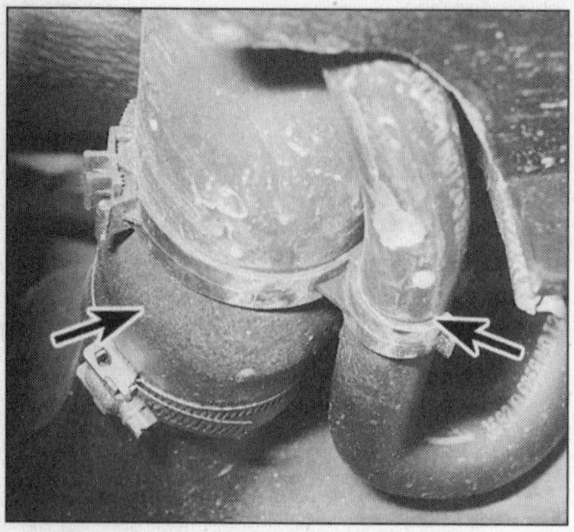

15.9 Débranchement des flexibles d'admission et de retour carburant (flèches)

15.12a Vis de fixation avant gauche du réservoir carburant

15.12b Ecrou de fixation (flèche) de la tige support du réservoir carburant

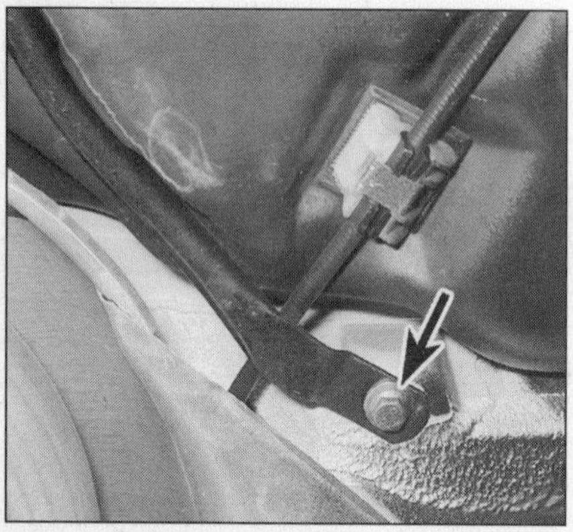

15.12c Boulon de fixation de la sangle du réservoir carburant (flèche)

16.6a Desserrer les colliers de flexible (fléches) . . .

16.6b . . . puis déposer le tube à air - modèles Turbo

9 Depuis le côté droit du réservoir carburant, débrancher les flexibles d'entrée et de retour de carburant **(voir illustration)**.

10 Débrancher les flexibles d'alimentation et de retour carburant au niveau des durits qui se trouvent sous le plancher du véhicule.

11 Soutenir le réservoir carburant sur un cric rouleur en plaçant une cale en bois entre le réservoir et le cric.

12 Retirer les trois vis de fixation du réservoir carburant, l'écrou unique et les deux tiges support **(voir illustrations)**.

13 Abaisser légèrement le réservoir carburant puis débrancher la durit de mise à l'air libre.

14 Abaisser complètement le réservoir et le déposer en le faisant passer sous le véhicule.

Réparation

15 Le réservoir est en matière plastique. En cas d'endommagement, le remplacer. Il existe des trousses spéciales de réparation. Cependant, s'assurer qu'elles conviennent à une utilisation sur les réservoirs en matière plastique. Une fuite de carburant est fort dangereuse, de plus elle coûte de l'argent.

Repose

16 La repose se fait dans l'ordre inverse des opérations de dépose, en tenant compte des points suivants:

(a) *S'assurer que le flexible de mise à l'air libre est rebranché avant de soulever le réservoir pour l'amener à sa position finale.*

(b) *S'assurer que tous les flexibles sont bien rebranchés aux emplacements qu'ils occupaient avant la dépose.*

(c) *Rebrancher les câbles du frein à main sur le dispositif de réglage de ce frein puis régler ces câbles, comme indiqué à la Section 17 du Chapitre 9.*

(d) *Remettre en place l'échappement, comme indiqué à la Section 22.*

(e) *Une fois cette procédure terminée, vérifier l'étanchéité de tous les raccordements de flexibles.*

16 Rampes - dépose et repose

1 Sur certains modèles, les rampes d'admission et d'échappement partagent le même joint plat. Si c'est le cas, chaque fois qu'il faut déposer une rampe, il est recommandé de déposer également l'autre afin de pouvoir remplacer le joint plat. Il est possible de déposer individuellement chaque rampe mais dans ce cas-là, il faudra réutiliser le joint plat d'origine, ce qui n'est pas recommandé.

Rampe d'admission

Note: *Lors de la repose, remplacer le ou les joints de rampes.*

Dépose

2 Débrancher la cosse négative de la batterie.

3 Pour améliorer l'accès, déposer le refroidisseur intermédiaire (modèles Turbo - Section 20) ou le carter de distribution d'air (moteur XUD9A - D9B - Section 21), suivant les cas. De même, débrancher le flexible d'air de la partie supérieure de la rampe d'admission, suivant les cas.

4 Débrancher, au niveau de la pompe à injection de carburant, l'extrémité du câble de l'accélérateur, comme indiqué à la Section 11. Libérer le câble de ses colliers de fixation. Noter l'emplacement de chaque collier puis repousser le câble sur le côté pour l'écarter des rampes.

5 De même, débrancher le flexible de vide du servofrein au niveau de la pompe à vide puis déplacer ce flexible sur le côté. Sur les modèles équipés d'un système de recirculation des gaz d'échappement (Section 23), débrancher le flexible de vide au niveau

16.7 **Retrait du flexible d'air du refroidisseur - modèles Turbo**

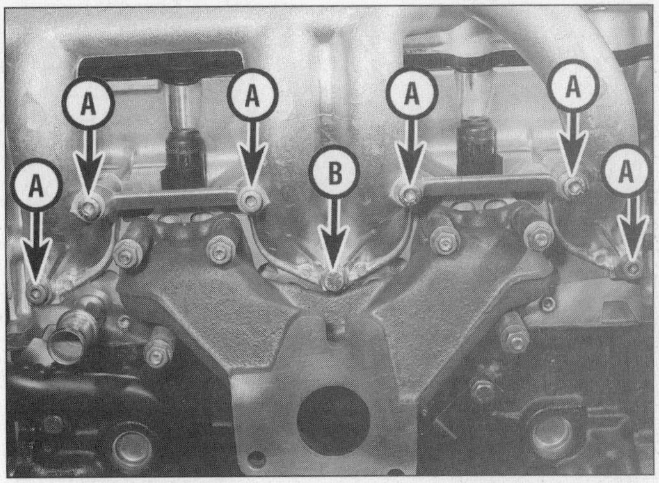

16.8 **Boulons de fixation - à tête creuse (A), à tête hexagonale (B) - de la rampe d'admission - modèles Turbo**

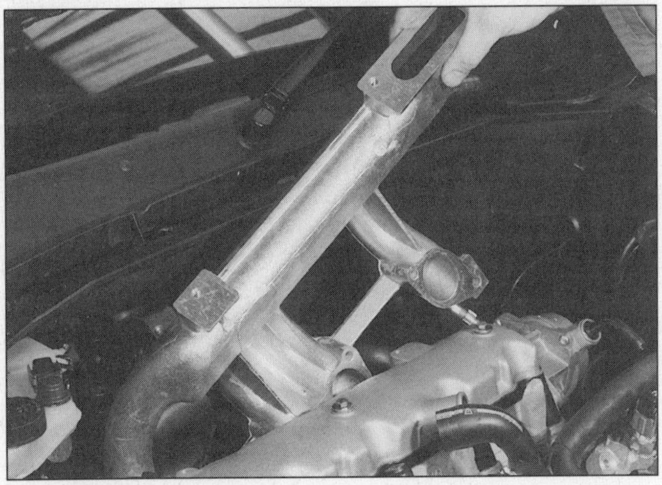

16.9 **Retrait de la rampe d'admission de la culasse**

16.20 **Ecrous de fixation (flèches) de la rampe d'échappement sur les modèles Turbo - le moteur a été retiré pour des raisons de clarté**

du clapet régulateur de débit.

6 Sur les modèles Turbo, desserrer les colliers des flexibles d'air puis les débrancher au niveau du tube à air qui relie le turbocompresseur aux canalisations de l'épurateur d'air. Manipuler le tube d'air pour l'écarter de la rampe d'admission avant de le retirer du compartiment moteur **(voir illustration)**. Enfoncer un chiffon dans l'extrémité ouverte du flexible d'air du turbocompresseur (ou dans le turbocompresseur proprement dit si le flexible a été totalement retiré), afin d'éviter tout risque d'entrée de poussière.

7 Sur les modèles Turbo, desserrer le collier de fixation puis déposer le flexible d'air du refroidisseur intermédiaire au niveau du turbocompresseur **(voir illustration)**.

8 A l'aide d'un clé à six pans, dévisser complètement les six boulons à têtes creuses qui fixent la rampe d'admission. Desserrer le boulon à tête hexagonale - son trou est rainuré et il n'est donc pas nécessaire de l'enlever **(voir illustration)**.

9 Déposer la rampe de la culasse **(voir illustration)**.

Repose

10 La repose se fait dans l'ordre inverse des opérations de dépose, en tenant compte des points suivants.

11 Remplacer le ou les joints plats lors de la repose de la rampe.

12 Resserrer toutes les attaches aux couples spécifiés, suivant les cas.

13 Rebrancher le câble de l'accélérateur sur la pompe à injection de carburant puis régler ce câble, suivant besoin, comme indiqué à la Section 11.

14 S'assurer que tous les flexibles et durits connexes sont bien rebranchés et suivent le trajet prévu.

Rampe d'échappement

Note: *Lors de la repose, remplacer le ou les joints de rampes.*

Dépose

15 Pour améliorer l'accès, déposer la rampe d'admission, comme indiqué au début de cette Section. Cette intervention est essentielle sur les modèles Turbo.

16 Si la rampe d'admission doit rester en position, procéder comme indiqué aux paragraphes 2 à 5 puis poursuivre conformément aux paragraphes suivants.

17 Sur les modèles non turbo, débrancher le pot d'échappement au niveau de la rampe, comme indiqué à la Section 22.

18 Sur les modèles Turbo, déposer le turbocompresseur, comme indiqué à la Section 18.

19 Sur certains modèles, il faut parfois déboulonner la chambre du résonateur pour l'écarter de la rampe afin de disposer du jeu nécessaire pour déposer cette rampe. Sur les modèles équipés d'un système de recirculation des gaz d'échappement (Section 23), débrancher le flexible de vide au niveau de la vanne de recyclage.

20 Dévisser les six écrous de fixation de la rampe d'échappement. Récupérer les entretoises des ergots **(voir illustration)**.

21 Soulever la rampe d'échappement pour la déposer de la culasse. Récupérer le joint plat **(voir illustration)**.
22 Lors du desserrage des écrous de fixation de la rampe, il est possible qu'une partie de ses ergots se dévissent également de la culasse. Dans ce cas, il faut revisser des ergots dans la culasse après avoir retiré les rampes, en bloquant l'un contre l'autre deux écrous de rampe.

Repose

23 La repose se fait dans l'ordre inverse des opérations de dépose, en tenant compte des points suivants.
24 Remplacer le ou les joints plats lors de la repose.
25 Le cas échéant, remonter le turbocompresseur, comme indiqué à la Section 18.
26 Le cas échéant, rebrancher le pot d'échappement sur la rampe d'échappement, comme indiqué à la Section 22.
27 Resserrer toutes les attaches aux couples spécifiés, suivant les cas.
28 Rebrancher le câble de l'accélérateur sur la pompe à injection de carburant puis régler ce câble, suivant besoin, comme indiqué à la Section 11.
29 S'assurer que tous les flexibles et durits connexes sont bien rebranchés et suivent le trajet prévu.

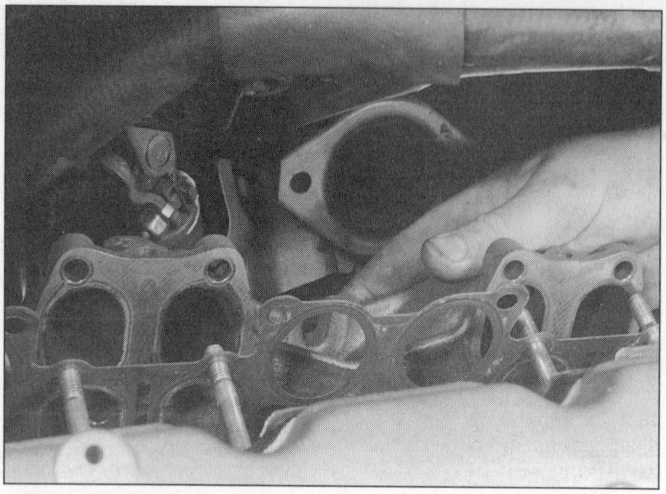
16.21 Soulèvement de la rampe d'échappement et du joint plat pour les retirer de la culasse

17 Turbocompresseur - description et précautions

Description

1 Les moteurs XUD9TE/L (D8A) et XUD9TE/Y (DHY et DHZ) sont équipés d'un turbocompresseur. Ce dernier augmente l'efficacité du moteur en amenant la pression de la rampe d'admission au-dessus de la pression atmosphérique. L'air n'est pas aspiré par les cylindres mais y est envoyé de force. La pompe à injection envoie un volume supplémentaire de carburant qui est proportionnel à l'augmentation du volume d'entrée d'air.
2 L'énergie dont a besoin le turbocompresseur pour fonctionner vient des gaz d'échappement. Ces gaz traversent un carter au profil spécial (logement de la turbine) ce qui fait tourner la roue de la turbine. Cette roue est rattachée à un arbre à l'extrémité duquel se trouve une autre roue à ailettes appelée la roue du compresseur. Cette dernière tourne dans son logement et comprime l'air induit avant qu'il n'aboutisse à la rampe d'admission.
3 Entre le turbocompresseur et la rampe d'admission, l'air comprimé traverse un refroidisseur intermédiaire (technique "intercooler"). Il s'agit d'un échangeur de chaleur air-air monté au-dessus du moteur et alimenté en air de refroidissement par une canalisation qui traverse l'isolation du capot. Ce refroidisseur a pour but d'éliminer de l'air induit une partie de la chaleur engendrée lors de la compression. Etant donné que l'air du refroidisseur est plus dense, l'élimination de cette chaleur augmente encore plus l'efficacité du moteur.
4 La pression de gavage (la pression dans la rampe d'admission) est limitée par un clapet variateur qui détourne de la roue de la turbine les gaz d'échappement en réponse à un actionneur sensible à la pression. Un contacteur piloté par pression provoque l'allumage d'un témoin lumineux sur le tableau de bord dès que la pression de gavage devient excessive.
5 L'arbre du turbocompresseur est lubrifié sous pression par un tuyau d'alimentation en huile en provenance du passage d'huile principal. L'arbre "flotte" sur un coussin d'huile. Une canalisation de vidange ramène ce lubrifiant au carter d'huile.

Précautions

6 Le turbocompresseur fonctionne à des régimes et températures très élevés. Il faut respecter certaines précautions pour éviter toute défaillance prématurée du turbo ou toute blessure de l'opérateur.
7 Ne pas faire tourner le turbo si certains de ses composants sont exposés. En effet, la chute de corps étrangers sur les ailettes rotatives provoquerait des dégâts excessifs et, en cas d'éjection, des blessures.
8 Ne pas faire tourner le moteur à plein régime immédiatement après sa mise en route, surtout lorsqu'il est froid. Attendre quelques secondes que l'huile circule.
9 Toujours laisser le moteur revenir au ralenti avant de couper le contact - ne pas donner un coup d'accélérateur puis couper le contact immédiatement après, car le turbo continuerait de tourner sans lubrification.
10 Laisser le moteur tourner au ralenti pendant plusieurs minutes avant de le couper, après avoir effectué un parcours à vitesse rapide.
11 Observer les intervalles recommandés entre deux changements d'huile et de filtre. Utiliser une huile de réputation de qualité spécifiée. Si on oublie de changer l'huile ou si on utilise une huile de qualité inférieure, cela peut provoquer la formation de dépôts de calamine sur l'arbre du turbo, ce qui risque d'engendrer une panne.

18 Turbocompresseur - dépose et repose

Dépose

1 Déposer la rampe d'admission, comme indiqué à la Section 16.
2 Dévisser l'écrou de raccordement puis débrancher la durit d'alimentation en huile à la partie supérieure du turbocompresseur **(voir illustration)**.
3 Serrer le frein à main. Lever au cric l'avant du véhicule puis bien le soutenir sur des chandelles (voir la section "Levage, remorquage et changement de roue").
4 Débrancher le pot d'échappement au niveau du turbocompresseur, comme indiqué à la Section 22.
5 Travailler sous le véhicule pour desserrer les colliers de fixation puis retirer le flexible qui relie la durit de retour d'huile du turbocompresseur à la durit du bloc-cylindres **(voir illustration)**.
6 Retirer la vis qui immobilise la durit d'alimentation en huile sur la ferrure support, au dos du bloc-cylindres **(voir illustration)**.
7 Desserrer l'écrou de raccordement qui immobilise la durit d'alimentation en huile sur le bloc-cylindres puis retirer cette durit en la faisant passer au-dessus du moteur **(voir illustrations)**.
8 Déposer le filtre à l'extrémité bloc-cylindres de la durit d'alimentation en huile. L'examiner pour s'assurer qu'il n'est pas contaminé **(voir illustration)**. Le nettoyer ou le remplacer, suivant besoin.
9 Travailler sous le véhicule pour dévisser puis retirer les deux boulons inférieurs de fixation du turbocompresseur **(voir illustration)**.
10 Soutenir le turbocompresseur puis retirer le boulon supérieur de fixation de ce dernier. Récupérer l'entretoise **(voir illustration)**.
11 Manipuler avec précaution le turbocompresseur pour le retirer en le faisant passer au-dessus du compartiment moteur **(voir illustration)**.

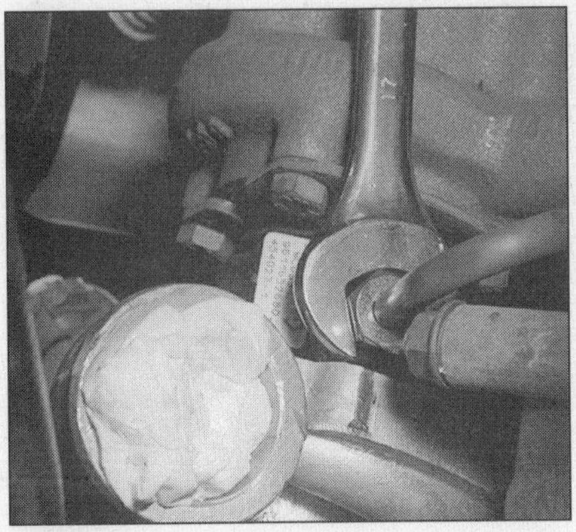

18.2 Débranchement de la durit d'alimentation en huile du turbocompresseur

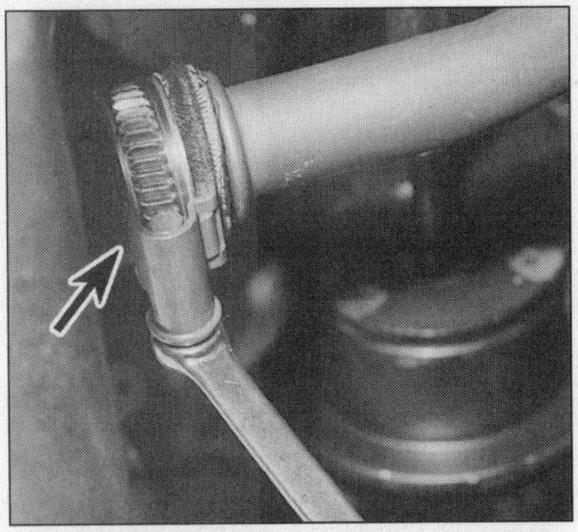

18.5 Retrait du flexible (flèche) reliant la durit de retour d'huile du turbocompresseur à la durit du bloc-cylindres

18.6 Retrait de la vis (flèche) qui immobilise la durit d'alimentation en huile

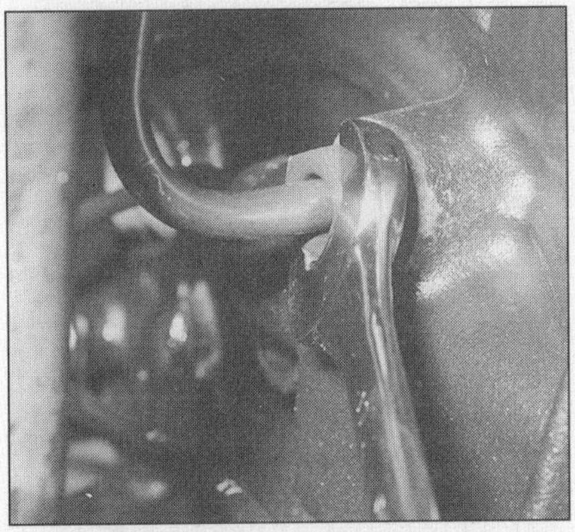

18.7a Desserrage de l'écrou de raccordement . . .

18.7b . . . et retrait de la durit d'alimentation en huile

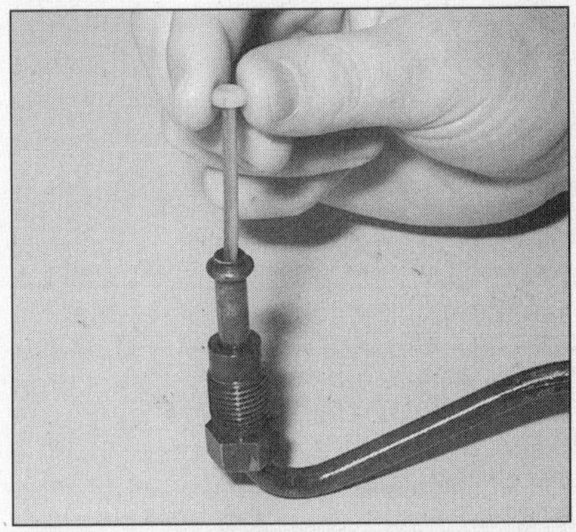

18.8 Dépose du filtre de la durit d'alimentation en huile

18.9 Boulons inférieurs (flèches) de fixation du turbocompresseur - vus par le dessous

18.10 Desserrage du boulon supérieur de fixation du turbocompresseur

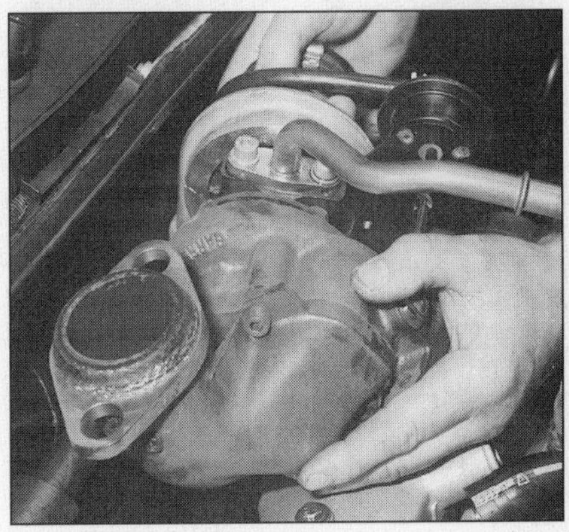

18.11 Retrait du turbocompresseur

Repose

12 La repose se fait dans l'ordre inverse des opérations de dépose, en tenant compte des points suivants:

(a) *Lors de l'installation d'un turbocompresseur neuf, changer l'huile moteur et le filtre. Remplacer également le filtre de la durit d'alimentation en huile.*

(b) *Ne pas serrer à fond les raccords de la durit d'alimentation en huile tant que les deux extrémités de cette durit ne sont pas en position. Lors du serrage du raccord de la durit de retour d'huile, s'assurer que sa position ne crée pas de contraintes au niveau du flexible de retour.*

(c) *Avant de mettre le moteur en route, amorcer le circuit de lubrification du turbo en débranchant le conducteur du solénoïde d'arrêt au niveau de la pompe carburant puis en brassant le moteur en actionnant à trois reprises le démarreur pendant 10 secondes à chaque fois.*

19 Turbocompresseur - examen et remise en état

1 Après avoir déposé le turbocompresseur, examiner son carter pour s'assurer qu'il ne présente pas de fissures ou d'autres dégâts visibles.

2 Faire tourner la turbine ou la roue du compresseur pour s'assurer que l'arbre est intact et pour vérifier au toucher qu'il n'y a pas de

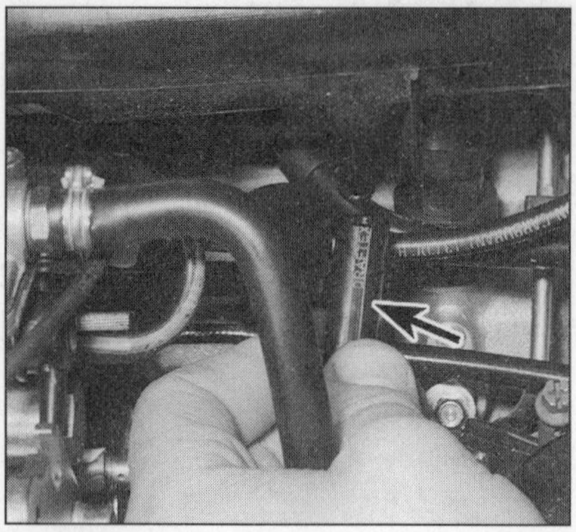

20.1a Débranchement du flexible (flèches) sur le bord avant du refroidisseur intermédiaire

20.1b Débranchement des deux flexibles (flèche) du clapet qui se trouve sur le côté gauche du refroidisseur intermédiaire

20.1c Débranchement du flexible à l'extrémité droite du refroidisseur intermédiaire

20.1d Soulèvement de l'encadrement de la partie supérieure du refroidisseur intermédiaire

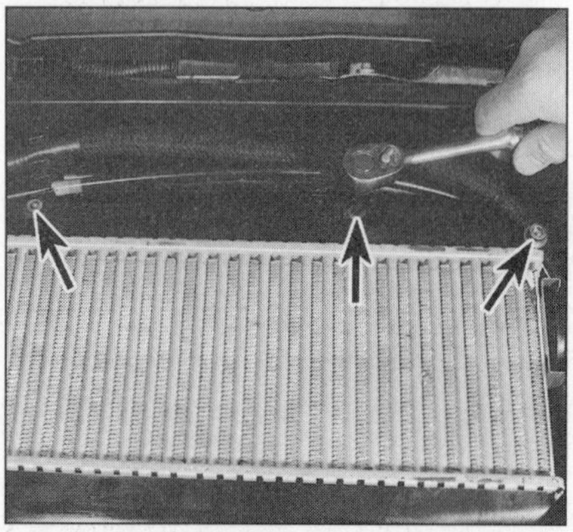

20.1e Desserrage des trois boulons supérieurs de fixation (flèches) . . .

20.1f . . . et des deux boulons avant de fixation . . .

20.1g . . . puis dépose du refroidisseur intermédiaire

21.2 Boulon de fixation (flèche) avant du carter de distribution d'air

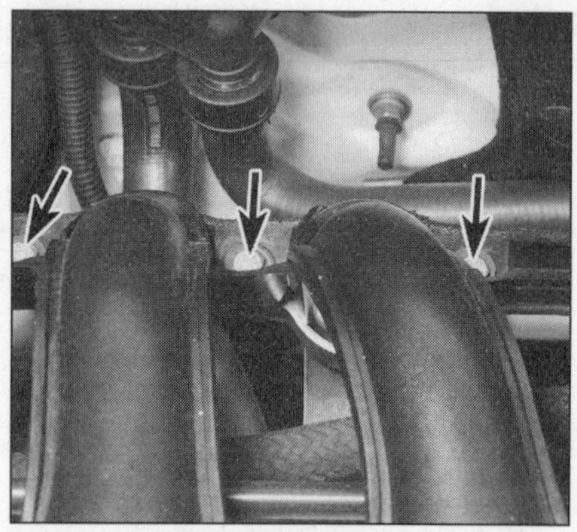

21.3 Boulons (flèches) immobilisant le carter de distribution d'air sur la rampe d'admission

secousses excessives ou de points durs trop importants. Il est normal qu'il y ait un certain jeu étant donné que pendant son utilisation, cet arbre "flotte" sur un film d'huile. Vérifier que les ailettes de la roue sont intactes.

3 Sur le turbo KKK, l'actionneur et le clapet variateur constituent un ensemble solidaire. De ce fait, il n'est pas possible de vérifier ou remplacer séparément ces deux composants. Sur le turbo Garrett, l'actionneur du clapet variateur est un ensemble distinct. Si vous pensez qu'il faut le tester ou le remplacer, consultez un concessionnaire Citroën ou un spécialiste.

4 Si les passages de l'échappement ou de l'induction sont contaminés par de l'huile, cela indique une défaillance probable des joints d'huile de l'arbre du turbo (sur le côté induction, cela provoque également une contamination du refroidisseur intermédiaire ; dans ce cas-là, il convient de laver et rincer ce dernier avec un solvant de type approprié).

5 Un bricoleur n'est pas en mesure de réparer un turbo. Il peut se procurer un ensemble neuf en échange standard.

20 Refroidisseur intermédiaire - dépose et repose

Dépose

1 Pour déposer le refroidisseur intermédiaire, respecter la

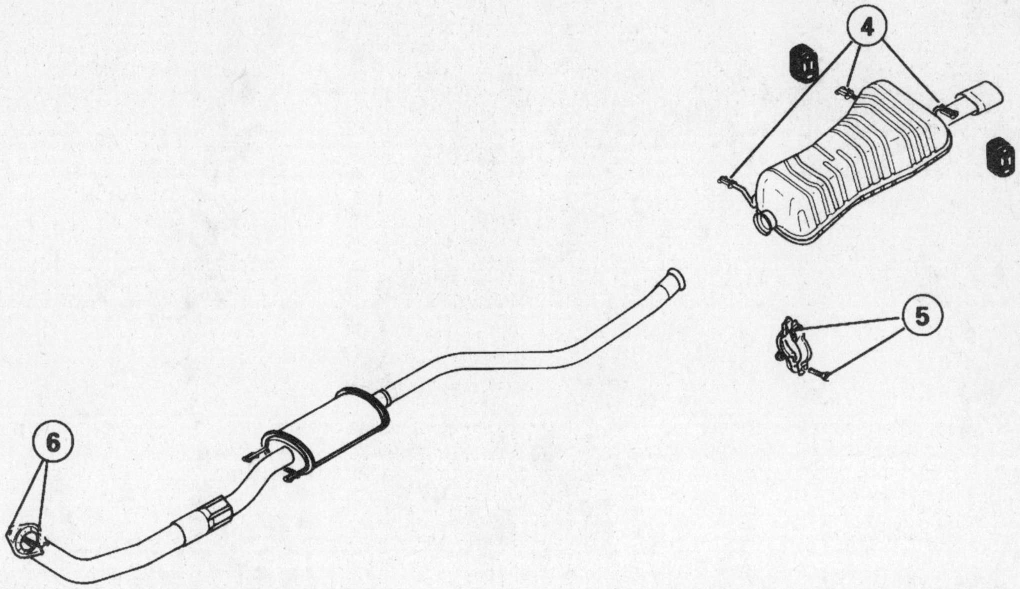

22.1a Echappement à 2 sections

4 Supports de fixation *5 Collier de serrage et d'étanchéité* *6 Boulons de fixation du pot*

22.1b Echappement à 3 sections

1 *Résonateur sur rampe*
2 *Convertisseur catalytique*
3 *Section centrale*
4 *Section arrière*

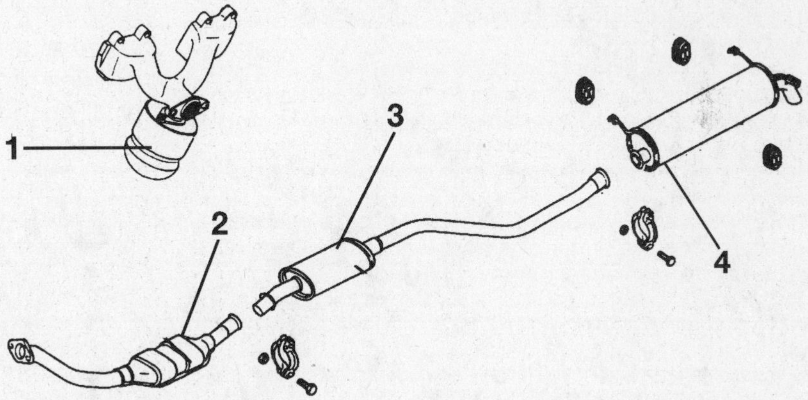

procédure présentée par la série de photographies ci-jointe **(voir illustrations)**.

Repose

2 La repose se fait dans l'ordre inverse des opérations de dépose.

21 Carter de distribution d'air (moteur XUD9A/D9B) - dépose et repose

Dépose

1 Débrancher, à l'avant du carter de distribution d'air, le flexible d'air et le flexible du reniflard du carter moteur.

2 Dévisser les deux boulons qui immobilisent ce carter sur les supports de fixation avant **(voir illustration)**. Récupérer les plaques d'écartement.

3 Desserrer les quatre boulons qui immobilisent le carter sur la rampe d'admission. Récupérer les rondelles **(voir illustration)**.

4 Soulever le carter pour le retirer de la rampe d'admission. Récupérer les quatre joints toriques.

Repose

5 La repose se fait dans l'ordre inverse des opérations de dépose. Vérifier l'état des joints toriques. Le cas échéant, les remplacer.

22 Echappement - généralités et changement de composants

1 L'échappement se compose de 2 sections sur les modèles équipés d'un système traditionnel et de 3 sur ceux qui ont un convertisseur catalytique **(voir illustrations)**.

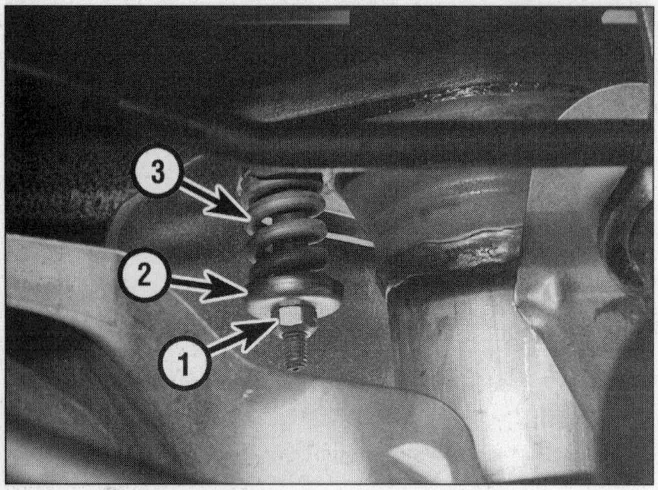

22.5a Ecrou de fixation (1) du pot d'échappement sur le turbocompresseur, siège de ressort (2) et ressort (3) vus depuis le dessous du véhicule

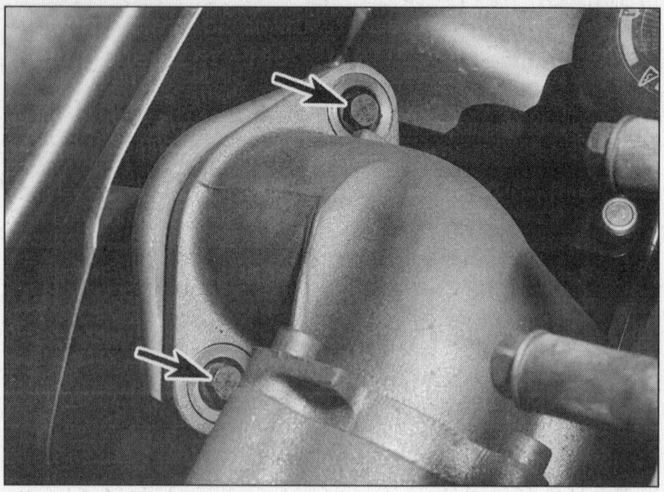

22.5b Boulons de fixation (flèches) du pot d'échappement sur le turbocompresseur vus du compartiment moteur

2 Chaque partie de ce système peut faire l'objet d'une dépose indépendante bien que pour retirer la section centrale des systèmes à trois éléments il soit recommandé de déposer la totalité du système pour éviter de créer des contraintes sur les sections individuelles.

3 Pour déposer la totalité ou une partie du système, soulever tout d'abord au cric l'avant ou l'arrière du véhicule, suivant les cas (soulever l'avant et l'arrière s'il s'agit de déposer la totalité du système). Soutenir le véhicule sur des chandelles (voir la section "Levage, remorquage et changement de roue").

Section avant

4 Pour déposer la section avant, débrancher tout d'abord le pot au niveau de la rampe ou du turbocompresseur (suivant les cas), comme indiqué ci-après.

5 Desserrer les deux écrous qui immobilisent le pot sur la rampe ou le turbocompresseur, tout en immobilisant les boulons. Récupérer les ressorts, les sièges des ressorts et les rondelles. Noter l'emplacement de tous ces composants **(voir illustrations)**.

6 Récupérer la bague d'étanchéité à grille métallique du pot ou de la rampe, suivant les cas.

7 Soutenir l'avant du système puis dévisser les écrous et boulons avant de déposer le collier qui immobilise la section avant sur la section centrale ou arrière, suivant les cas.

8 Décrocher la section avant de l'échappement au niveau des supports en caoutchouc puis la retirer en la faisant passer sous le véhicule.

9 La repose se fait dans l'ordre inverse des opérations de dépose. Lors du rebranchement du pot sur la rampe, utiliser une bague d'étanchéité neuve à grille métallique. Serrer les quatre écrous reliant le pot à la rampe pour les amener au contact des épaulements des boulons.

Section centrale

10 Dévisser les écrous et boulons pour retirer le collier qui immobilise la section centrale de l'échappement sur la section avant.

11 Soutenir l'arrière de la section avant et l'avant de la section centrale puis recommencer cette procédure sur le collier arrière.

12 Abaisser la section centrale et la retirer en la faisant passer sous le véhicule.

13 La repose se fait dans l'ordre inverse des opérations de dépose.

Section arrière

14 Desserrer les écrous et boulons puis retirer le collier qui immobilise la section arrière sur la section avant ou la section centrale, suivant les cas **(voir illustration)**.

15 Soutenir l'arrière de la section avant ou de la section centrale, suivant les cas. Décrocher la section arrière au niveau des supports en caoutchouc puis l'abaisser et la retirer en la faisant passer sous le véhicule.

16 La repose se fait dans l'ordre inverse des opérations de dépose.

23 Systèmes de contrôle des émissions (antipollution) - généralités

1 Certains moteurs de la gamme ZX Diesel sont équipés de systèmes qui ont pour but de réduire les émissions dans l'atmosphère de sous-produits dangereux du processus de combustion.

2 Les systèmes suivants peuvent être montés en fonction du modèle.

Système de contrôle des émissions du carter moteur - tous les modèles

3 Tous les modèles sont équipés d'un système de ventilation du carter moteur.

4 Les vapeurs d'huile et les gaz de passage des gaz de combustion dans le carter, en provenance des segments de pistons, sont chassés du carter moteur et du couvercle de l'arbre à cames, traversent le tube de remplissage d'huile et pénètrent dans la conduite d'admission d'air. Le tube de remplissage d'huile contient un séparateur. Les gaz sont ensuite réintroduits dans le moteur pour y être brûlés.

Système de contrôle des émissions à l'échappement - moteurs XUD9/Y (DJZ) et XUD9TE/Y (DHY)

5 Pour minimiser le volume de produits polluants des gaz d'échappement qui sont rejetés dans l'atmosphère, un convertisseur catalytique est implanté dans l'échappement.

6 Il se compose d'un pot qui contient une maille fine imprégnée d'un matériau catalyseur sur lequel passent les gaz d'échappement. Ce catalyseur accélère l'oxydation du monoxyde de carbone qui est nocif, des hydrocarbures qui n'ont pas brûlé et de la suie, ce qui réduit de façon efficace le volume de produits nocifs qui sont rejetés dans l'atmosphère.

Système de recirculation des gaz d'échappement - moteur XUD9/Y (DJZ)

7 Ce système a pour but d'obtenir une recirculation de faibles quantités de gaz d'échappement dans la conduite d'admission et, par conséquent, dans le processus de combustion **(voir illustration)**. Cela permet de réduire le volume des oxydes d'azote qui sont présents dans les gaz de l'échappement final qui sont rejetés à l'air libre.

8 Le volume de recirculation des gaz d'échappement est piloté par

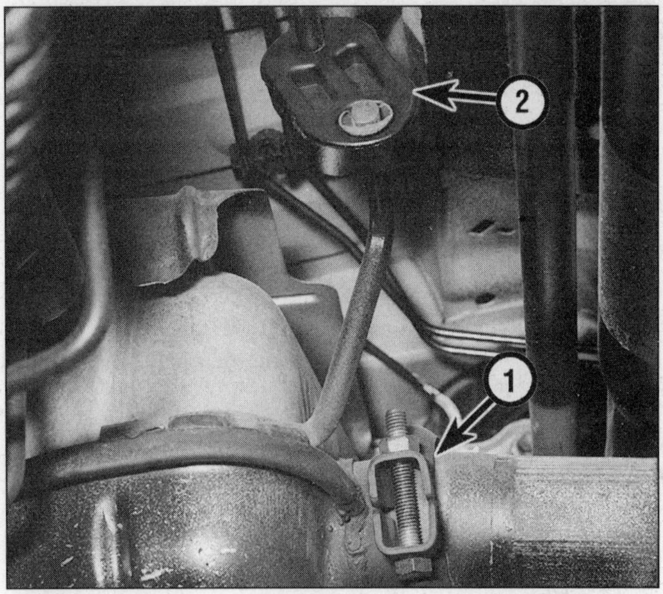

22.14 Collier de serrage et d'étanchéité (1) et du support en caoutchouc (2) de la section arrière de l'échappement

une dépression fournie par la pompe à vide du servofrein, par le biais d'une électrovanne contrôlée par le groupe de commande électronique de ce système. Avant d'atteindre l'électrovanne, le vide en provenance du servofrein traverse un convertisseur de vide implanté sur la pompe à injection de carburant. Ce convertisseur a pour but de modifier la dépression envoyée à l'électrovanne, en fonction de la charge du moteur. Ce convertisseur se sert de la position du levier accélérateur qui se trouve sur la pompe pour actionner une came, des ressorts et un clapet de façon à modifier le vide en fonction de l'évolution de la charge du moteur.

9 Un clapet actionné par le vide est monté sur la rampe d'échappement afin de réguler le volume de recirculation des gaz d'échappement. Ce clapet est piloté par la dépression fournie par l'électrovanne.

10 De plus, un papillon d'étranglement monté sur la rampe d'admission permet de contrôler le volume d'air en fonction du volume de recirculation des gaz d'échappement. Ce papillon permet également d'introduire les gaz d'échappement dans la rampe d'admission lorsque le moteur tourne au ralenti ou sous une faible charge, c'est-à-dire lorsque le clapet de la rampe d'échappement est ouvert au maximum. Sans ce papillon d'étranglement, la rampe d'admission serait effectivement à la pression atmosphérique et le vide créé par l'ouverture des soupapes d'admission ne suffirait pas à entraîner une circulation des gaz d'échappement.

11 Ce système est placé sous le contrôle d'un groupe électronique qui reçoit des informations de température de réfrigérant et sur le régime du moteur (par le biais du capteur PMH).

Système de correction de la pression atmosphérique - moteur XUD9TE/Y (DHY)

12 Ce système permet d'annuler la fonction d'avance du calage de l'injection de la pompe afin de réduire les émissions de fumée en présence de conditions prédéfinies de température du moteur et de pression atmosphérique. Le système fonctionne en association avec le dispositif de préchauffage (voir Chapitre 5), et fait appel aux informations fournies par un capteur de température de réfrigérant et un manocontact de pression atmosphérique.

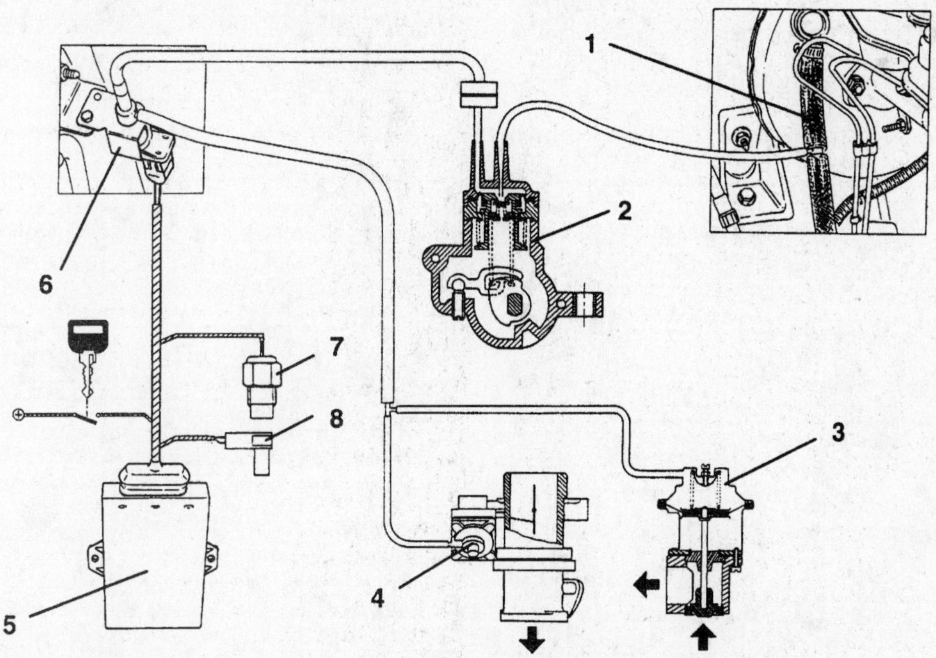

23.7 Présentation schématique du système de recirculation des gaz d'échappement

1 Flexible de vide du servofrein
2 Convertisseur de vide (monté sur la pompe à injection de carburant)
3 Clapet de recyclage (monté sur la rampe d'échappement)
4 Logement de l'ensemble clapet de débit/papillon d'étranglement (monté sur la rampe d'admission)
5 Groupe de commande électronique
6 Electrovanne
7 Capteur de température de réfrigérant
8 Capteur de PMH

24 Systèmes de contrôle des émissions (antipollution) - essais et remplacement de composants

Composants du système de contrôle des émissions du carter moteur

Essais

1 Si on pense que ce système est défectueux, il faut tour d'abord s'assurer que les flexibles ne sont pas bouchés. Sur les véhicules qui ont parcouru un kilométrage important, en particulier s'ils effectuent régulièrement de petits parcours, un dépôt gélatineux peut être décelé à l'intérieur des flexibles de ce système. Si ces dépôts sont excessifs, il convient de déposer le ou les flexibles affectés afin de le ou les nettoyer.
2 Vérifier périodiquement tous les flexibles de ce système pour s'assurer qu'ils sont bien fixés et intacts. Le cas échéant, les remplacer. Il convient de noter que les flexibles endommagés ou desserrés peuvent provoquer divers problèmes de fonctionnement du moteur (ralenti irrégulier, calage, etc.) qui sont difficiles à identifier.

Remplacement de composants

3 Les procédures de remplacement des flexibles et du tube de remplissage d'huile sont évidentes.

Système de contrôle des émissions à l'échappement

Essais

4 Pour tester avec précisions ce système, il faut utiliser un analyseur approprié de gaz d'échappement.

Remplacement de composants

5 Le convertisseur catalytique vient s'implanter dans l'échappement, entre la rampe et la section centrale.
6 La dépose et la repose sont décrites aux paragraphes consacrés à la section avant de l'échappement, à la Section 22.

Système de recirculation des gaz d'échappement

Essais

7 Il faut confier ces essais à un concessionnaire Citroën.

Remplacement de composants

8 A la date de mise sous presse, aucune information spécifique n'avait été publiée en ce qui concerne la dépose et la repose des composants de ce système.

Système de correction de la pression atmosphérique

Essais

9 Il faut confier ces essais à un concessionnaire Citroën.

Remplacement de composants

10 La Section 6 du Chapitre 3 fournit des détails sur le capteur de température de réfrigérant.
11 La Section 17 du Chapitre 5 fournit des détails sur le groupe relais/minuteur du système de préchauffage.
12 A la date de mise sous presse, aucun détail n'avait été publié en ce qui concerne le manocontact de pression atmosphérique.

Chapitre 5 Equipement électrique du moteur

Table des matières

Spécifications

Type de système	12 V, mise à la masse du négatif
Batterie	
Type	Fulmen, Delco ou Steco
Niveau de charge:	
Médiocre	12,5 V
Normal	12,6 V
Bon	12,7 V
Alternateur	
Type	Valeo
Démarreur	
Type	Valeo ou Mitsubishi, à pignon démultiplicateur
Couple de serrage	**da N.m**
Bougies incandescentes	2,2

1 Equipement électrique du moteur - généralités et précautions

Généralités

L'équipement électrique du moteur comporte des composants de recharge, démarrage et préchauffage ainsi que les capteurs d'huile moteur. Etant donné que ces composants ont des fonctions liées au moteur, ils sont présentés séparément des autres appareils électriques du véhicule comme, par exemple, l'éclairage et les instruments (qui sont abordés au Chapitre 12).

L'alimentation électrique est du type 12 volts à mise à la masse du négatif.

La batterie est d'un type à faible entretien voire même sans entretien du tout (c'est-à-dire qu'elle est hermétiquement scellée pendant toute sa durée d'utilisation). Sa recharge est assurée par l'alternateur qui est entraîné par une courroie par l'intermédiaire d'une poulie montée sur le vilebrequin.

Le démarreur est du type à engagement positif à démultiplicateur et est équipé d'un solénoïde solidaire. Lorsque le contact est mis, ce solénoïde déplace le pignon d'entraînement pour l'amener en prise avec le pignon annulaire du volant, avant que le moteur du démarreur ne soit excité. Dès que le moteur tourne, un embrayage unidirectionnel empêche toute rotation de l'induit du moteur électrique par le moteur jusqu'à ce que le pignon s'écarte du volant. Le démarreur est équipé d'un mécanisme à démultiplicateur qui permet d'obtenir les couples élevés nécessaires pour faire tourner le moteur en dépit des fortes pressions de compression que l'on trouve dans les moteurs Diesel.

Précautions

Chaque Section de ce chapitre fournit des détails supplémentaires sur les différents équipements électriques. Certaines procédures de réparations sont décrites mais, en général, il vaut mieux remplacer le composant affecté.

Il faut prendre des précautions supplémentaires lorsqu'on travaille sur un circuit électrique afin de ne pas endommager les semi-conducteurs (diodes et transistors) et pour ne pas risquer de se blesser. Outre les précautions de la section *"Impératifs de sécurité"* qui se trouvent au début de ce manuel, il convient de respecter les consignes suivantes lors d'une intervention sur ce type de circuit:

Avant de travailler sur un circuit électrique, il faut toujours enlever ses bagues, montres et autres accessoires métalliques. En effet, même lorsque la batterie est débranchée, une décharge capacitive peut se produire lorsque la borne de phase d'un composant est mise à la masse par le biais d'un objet métallique. Cela peut provoquer un choc électrique, voire même une brûlure importante.

Ne pas inverser les branchements des cosses de la batterie. Sinon différents composants, comme l'alternateur, le groupe électronique de préchauffage ou d'autres composants comportant des circuits à semi-conducteurs, risquent d'être endommagés de façon irrémédiable.

Lors d'un démarrage du moteur à l'aide de fils volants et d'une batterie d'appoint, il faut brancher *l'une sur l'autre les deux cosses positives* des batteries ainsi que *les deux cosses négatives* (voir section intitulée *"Démarrage du moteur à l'aide d'une batterie d'appoint"*). Cette consigne est également valable lors du branchement d'un rechargeur de batterie.

Ne jamais débrancher les cosses de la batterie, l'alternateur ou un fil électrique, quel qu'il soit, ou des instruments d'essai lorsque le moteur tourne.

Lorsque l'alternateur n'est pas branché, il ne faut pas laisser le moteur faire tourner cet alternateur.

Ne jamais "tester" la sortie de l'alternateur en mettant à la masse le conducteur de sortie.

Pour tester les circuits ou vérifier la continuité, ne jamais utiliser d'ohmmètre comportant une génératrice brassée à la main.

Il faut toujours s'assurer que la cosse négative de la batterie est débranchée avant de travailler sur un circuit électrique.

Avant d'utiliser un matériel de soudage électrique à l'arc sur le véhicule, il faut débrancher la batterie, l'alternateur et différents composants comme, par exemple, le groupe de commande électronique de préchauffage pour les protéger contre tout risque d'endommagement.

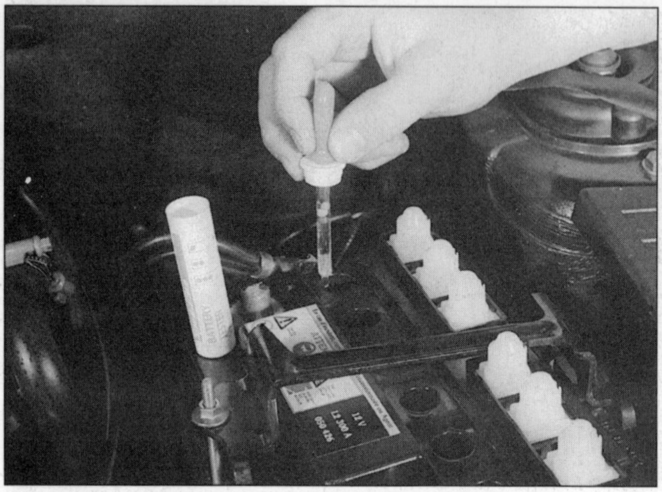

3.1 A l'aide d'un hydromètre, vérifier la densité spécifique de l'électrolyte de la batterie

Le radiocassette monté d'origine par Citroën comporte un code de sécurité qui a pour but de décourager les voleurs. Si la source d'alimentation électrique de cet appareil s'interrompt, le système antivol se déclenche. Même cette source d'alimentation est immédiatement rebranchée, le radiocassette refuse de fonctionner tant que le conducteur n'entre pas le code de sécurité correct. Par conséquent si vous ne connaissez pas le code de sécurité du radiocassette **ne débranchez pas** la cosse négative de la batterie et ne retirez pas le radiocassette du véhicule. La Section intitulée *"Système antivol du radiocassette - précautions"* au début de ce manuel décrit en détails le mode de saisie du code de sécurité.

2 Dépannage électrique - généralités

Consulter la Section 2 du Chapitre 12.

3 Batterie - essais et recharge

Batterie standard et à faible entretien - essais

1 Si le véhicule parcourt un kilométrage annuel réduit, il est recommandé de vérifier la densité spécifique de l'électrolyte tous les trois mois pour déterminer la charge de la batterie. Pour cette vérification, utiliser un hydromètre. Comparer les résultats aux valeurs du tableau suivant **(voir illustration)**.

	Température ambiante supérieure à 25°C	**Température ambiante inférieure à 25°C**
Batterie bien chargée	*1,210 à 1,230*	*1,270 à 1,290*
70% de la charge	*1,170 à 1,190*	*1,230 à 1,250*
Batterie à plat	*1,050 à 1,070*	*1,110 à 1,130*

Il convient de noter que les résultats de densité spécifique retiennent par hypothèse une température de l'électrolyte de 15°C. Chaque fois que cette température baisse de 10°C par rapport à 15°C, il faut soustraire 0,007. Au contraire, chaque fois que la température augmente de 10°C par rapport à 15°C, il convient d'ajouter 0,007.

2 Si on a des doutes sur l'état de la batterie, vérifier tout d'abord la densité spécifique de l'électrolyte de chaque élément. S'il y a une variation d'au moins 0,040 entre deux éléments, cela indique une perte d'électrolyte ou une détérioration des plaques internes.

3 Si la variation de densité spécifique est égale ou supérieure à 0,040, remplacer la batterie. Si cette variation est satisfaisante mais si la batterie est à plat, la recharger en procédant comme indiqué ultérieurement dans cette Section.

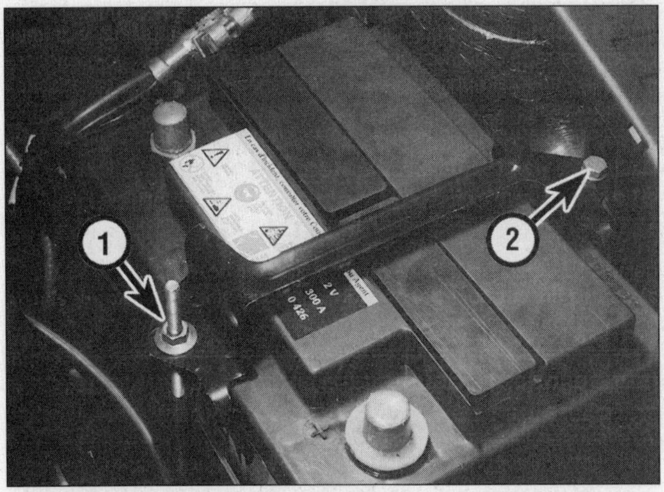

4.4 Ecrou de fixation (1) et boulon (2) de la plaque de serrage de la batterie

4.6 Dépose du support en matière plastique de la batterie

Batterie sans entretien - essais

4 Si le véhicule est équipé d'une batterie sans entretien, qui est hermétiquement scellée pendant toute sa durée de vie, il n'est pas possible de compléter le plein d'électrolyte ou de tester le liquide de chaque élément. Par conséquent, seul un indicateur d'état de batterie ou un voltmètre permet de dire si cette batterie est en bon état ou non.

5 Certain modèles sont équipés d'une batterie sans entretien de type "Delco" qui comporte un indicateur de charge intégré. Cet indicateur se trouve en haut du boîtier de la batterie et sa couleur indique si la batterie est en bon état. Si cet indicateur est vert, la batterie est bien chargée. S'il est plus sombre, et finit par virer au noir, c'est que la batterie a besoin d'être rechargée. Procéder dans ce cas comme indiqué ultérieurement dans cette Section. Si cet indicateur est clair ou jaune, cela indique que le niveau d'électrolyte est insuffisant pour permettre toute utilisation future. Dans ce cas-là, il faut remplacer la batterie. Il **ne faut pas** chercher à recharger, charger ou faire démarrer par fils volants une batterie dont l'indicateur est clair ou jaune.

6 Pour tester une batterie à l'aide d'un voltmètre, brancher ce dernier aux cosses de la batterie puis comparer les résultats obtenus à ceux des Spécifications sous l'en-tête "niveau de charge". Cet essai n'est précis que si la batterie n'a pas reçu une recharge, de quelque type que ce soit, dans les six dernières heures. Si ce n'est pas le cas, allumer les projecteurs pendant 30 secondes, les éteindre puis attendre 4 à 5 minutes supplémentaires avant de tester la batterie. Couper également tous les autres circuits électriques. Par conséquent, avant d'effectuer ce test, s'assurer que toutes les portes et le hayon sont bien fermés.

7 Si la tension affichée par le voltmètre est inférieure à 12,2 volts, c'est que la batterie est à plat. Si elle est comprise entre 12,2 et 12,4 volts, cela indique qu'elle n'est pas bien chargée.

8 Pour recharger une batterie, il faut la retirer du véhicule (Section 4) puis procéder comme indiqué ultérieurement dans cette Section.

Batterie standard et à faible entretien - recharge

Note: *Les paragraphes suivants ne sont communiqués qu'à titre indicatif. Il faut toujours consulter les recommandations du fabricant (qui sont généralement imprimées sur une étiquette fixée sur la batterie) avant de recharger ce composant.*

9 Recharger la batterie à une cadence comprise entre 3,5 et 4 A. Maintenir cette cadence jusqu'à ce qu'aucune augmentation de la densité spécifique ne soit enregistrée pendant une période de 4 heures.

10 En variante, il est possible d'utiliser, pendant la nuit, un appareil en mesure d'effectuer une recharge d'appoint à une cadence réduite de 1,5 A.

11 Les rechargeurs "rapides" en mesure de rétablir en une ou deux heures la puissance d'une batterie ne sont pas recommandés car ils peuvent gravement endommager les plaques de cette batterie à la suite d'une surchauffe.

12 Pendant la recharge d'une batterie, la température de l'électrolyte ne doit jamais dépasser 37,8°C.

Batterie sans entretien - recharge

Note: *Les paragraphes suivants ne sont communiqués qu'à titre indicatif. Il faut toujours consulter les recommandations du fabricant (qui sont généralement imprimées sur une étiquette fixée sur la batterie) avant de recharger ce composant.*

13 La recharge d'une batterie de ce type dure beaucoup plus longtemps que celle d'un modèle standard. Cette durée dépend de la décharge. Cela peut prendre jusqu'à trois jours.

14 Il faut utiliser, régler et brancher un rechargeur à tension constante comprise entre 13,9 et 14,9 volts, avec un courant de charge inférieur à 25 A. Cette méthode permet d'utiliser la batterie dans les trois heures, à une tension de 12,5 volts, mais cette batterie n'a reçu qu'une charge partielle et, comme indiqué précédemment, pour obtenir une recharge complète, il faut prévoir une durée beaucoup plus longue.

15 Si la batterie est complètement à plat (c'est-à-dire si sa tension est inférieure à 12,2 volts), demander à un concessionnaire Citroën ou à un électricien en automobile de la recharger étant donné que la cadence de recharge est plus importante et qu'il faut assurer une surveillance constante pendant toute la durée de la recharge.

4 Batterie - dépose et repose

Dépose

1 La batterie se trouve dans le coin avant gauche du compartiment moteur.

2 Débrancher le ou les conducteurs au niveau de la cosse négative (masse) en desserrant l'écrou de retenue puis en retirant le collier de serrage de cette cosse.

3 Débrancher de la même façon le ou les conducteurs de la cosse positive.

4 Desserrer l'écrou et le boulon de fixation de la plaque d'immobilisation de la batterie puis soulever cette plaque pour la retirer en la faisant passer au-dessus de la batterie **(voir illustration)**.

5 Soulever la batterie pour la retirer de son support en plastique.

6 Le cas échéant, soulever ce support en plastique pour le retirer de la plaque support en métal après avoir décroché les flexibles connexes et le câblage, sur les côtés **(voir illustration)**.

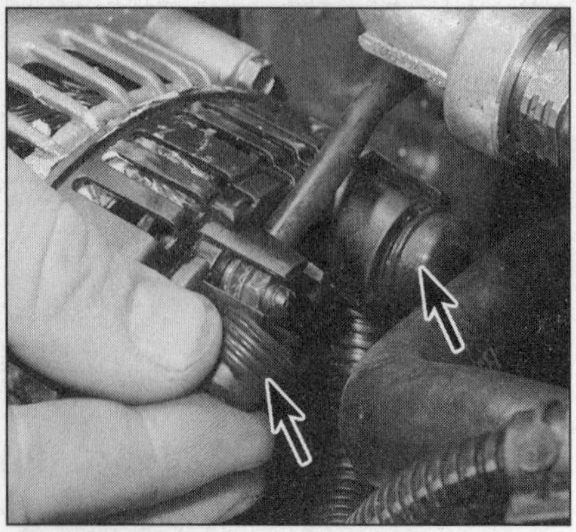

7.3a Dépose des couvercles en caoutchouc (flèches) . . .

7.3b . . . puis débranchement des fils au dos de l'alternateur

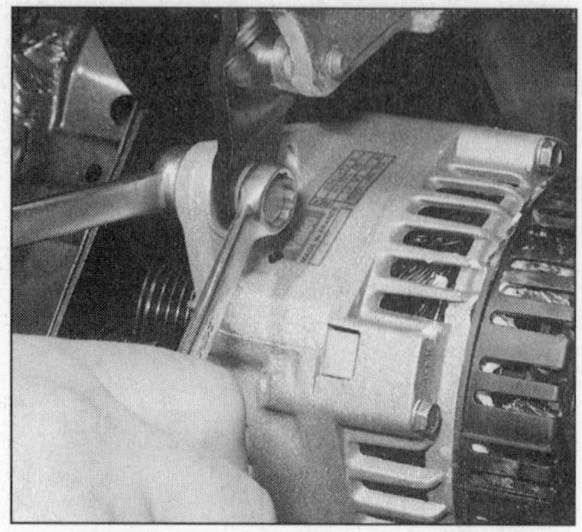

7.4 Desserrage de l'écrou et du boulon supérieurs de fixation de l'alternateur

7.5 Desserrage du boulon traversant inférieur (flèche) puis retrait de l'alternateur

8.2 Ecrous de fixation (flèches) du couvercle arrière de l'alternateur

8.3 Retrait du couvercle arrière de l'alternateur

Repose

7 La repose se fait dans l'ordre inverse des opérations de dépose. Enduire de vaseline les cosses avant de rebrancher les conducteurs. Rebrancher toujours en premier le conducteur positif.

5 Circuit de recharge - essais

Note: *Consulter les avertissements de la Section "Impératifs de sécurité!" et la Section 1 de ce Chapitre avant de commencer toute intervention.*

1 Si le témoin lumineux du contact ne s'allume pas lorsque le contact est mis, vérifier tout d'abord que les fils de l'alternateur sont bien branchés. Si ce branchement est satisfaisant, vérifier que l'ampoule du témoin lumineux n'a pas grillé et que le culot de cette ampoule est bien fixé à l'emplacement prévu sur le tableau de bord. Si ce témoin refuse toujours de s'allumer, vérifier la continuité du fil d'alimentation du témoin lumineux entre l'alternateur et le culot. Si elle est satisfaisante, c'est que l'alternateur est défectueux. Dans ce cas-là, il faut le remplacer ou le confier à un électricien en automobile qui se chargera de le tester et de le réparer.

2 Si le témoin de contact s'allume lorsque le moteur tourne, arrêter ce dernier pour vérifier que la courroie d'entraînement est bien tendue (Section 18 du Chapitre 1) et que l'alternateur est bien branché. Si tout est satisfaisant, vérifier les balais et les bagues collectrices de l'alternateur (voir Section 8). Si ce défaut persiste, remplacer l'alternateur ou le confier à un électricien en automobile qui se chargera de le tester et de le réparer.

3 Si la sortie de l'alternateur est douteuse, bien que le témoin lumineux fonctionne correctement, il est possible de vérifier la tension stabilisée en procédant comme suit.

4 Brancher un voltmètre sur les cosses de la batterie puis mettre le moteur en route.

5 Augmenter le régime du moteur jusqu'à ce que le voltmètre affiche une valeur stable. Cette tension doit se situer entre 12 et 13 volts environ, mais ne doit pas dépasser 14 volts.

6 Mettre sous tension le plus grand nombre possible d'accessoires électriques (exemple: phares, lunette arrière chauffante et ventilateur de chauffage) pour vérifier que l'alternateur maintient cette tension stabilisée de 13 à 14 volts.

7 Si la tension stabilisée n'est pas conforme, ce défaut est probablement dû à une usure des balais, à un affaiblissement des ressorts de ces balais, à une défaillance du régulateur de tension, à une diode défectueuse, à la rupture d'un enroulement de phase ou à l'usure ou l'endommagement de bagues collectrices. Il est possible de vérifier les balais et les bagues collectrices (voir Section 8). Cependant, si ce défaut persiste, remplacer l'alternateur ou le confier à un électricien en automobile qui se chargera de le tester et de le réparer.

6 Courroie d'entraînement de l'alternateur - dépose, repose et tension

Consulter la procédure de la courroie d'entraînement auxiliaire à la Section 18 du Chapitre 1.

7 Alternateur - dépose et repose

Dépose

1 Débrancher la cosse négative de la batterie.

2 Desserrer la courroie d'entraînement auxiliaire, comme indiqué à

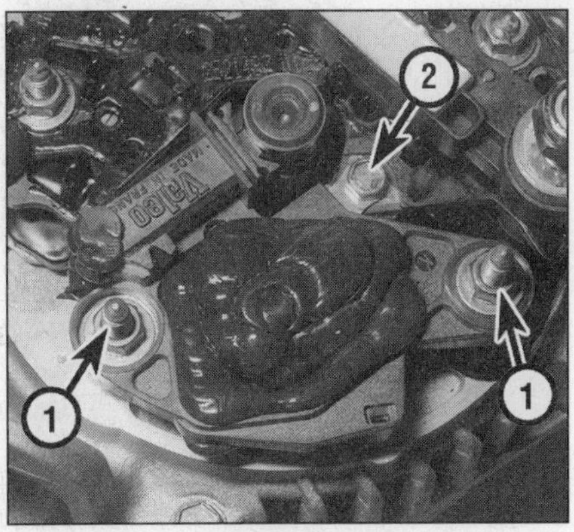

8.4 Ecrous (1) et vis (2) de fixation de l'ensemble balais/régulateur de l'alternateur

8.5 Extraction du couvercle de l'arbre d'induit

8.6 Retrait de l'ensemble balais/régulateur

la Section 18 du Chapitre 1.

3 Déposer les couvercles en caoutchouc, suivant les cas, puis dévisser les écrous de fixation avant de débrancher les fils au dos de l'alternateur **(voir illustrations)**.

4 Dévisser l'écrou et le boulon qui immobilisent l'alternateur sur la ferrure support supérieure **(voir illustration)**.

5 Dévisser le boulon traversant inférieur de fixation (il n'est pas nécessaire de le retirer complètement) puis déposer l'alternateur du compartiment moteur **(voir illustration)**.

Repose

6 La repose se fait dans l'ordre inverse des opérations de dépose. Bien tendre la courroie d'entraînement auxiliaire, comme indiqué à la Section 18 du Chapitre 1.

8 Balais de l'alternateur et régulateur - examen et remplacement

Note: *À la date de mise sous presse, il n'était pas certain que les balais d'alternateur neufs soient commercialisés sous la forme d'articles distincts. Il est recommandé de se renseigner sur la disponibilité des nouveaux composants avant de commencer la procédure décrite ci-après.*

1 Déposer l'alternateur, comme indiqué à la Section 7.

2 Suivant les cas, racler le produit d'étanchéité pour l'enlever du couvercle arrière en matière plastique afin de faire apparaître les trois écrous de fixation de ce couvercle **(voir illustration)**.

3 Retirer les écrous de fixation puis déposer le couvercle arrière **(voir illustration)**.

4 Le cas échéant, racler le produit d'étanchéité à l'arrière de l'alternateur pour faire apparaître les fixations de l'ensemble balais/régulateur. Cet ensemble est immobilisé par deux écrous et une vis **(voir illustration)**.

5 Tirer sur le couvercle en matière plastique pour l'écarter par l'arrière de l'arbre de l'induit **(voir illustration)**.

6 Dévisser les écrous et la vis puis retirer l'ensemble balais/régulateur en le faisant passer par l'arrière de l'alternateur **(voir illustration)**.

7 Mesurer la saillie de chaque balai par rapport à son support. Le constructeur ne donne pas de cote minimale. Cependant, une usure excessive devrait être évidente. Avant de remplacer l'un des balais, s'assurer que des balais de rechange sont commercialisés. Si ce n'est pas le cas, il convient de remplacer la totalité de l'ensemble balais/régulateur.

8 Pour installer des balais neufs, il faut tout d'abord dessouder les conducteurs des anciens balais au niveau de l'ensemble balais/régulateur puis souder les conducteurs des nouveaux balais au même emplacement exactement.

9 Vérifier que les balais neufs se déplacent librement dans leurs

8.11 Nettoyage des bagues collectrices (flèches) de l'alternateur

guides.

10 Si les balais sont encore en état de marche, les nettoyer avec un chiffon trempé dans de l'essence. Vérifier que la tension des ressorts de chaque balai est identique et est raisonnable. Les balais doivent se déplacer librement dans leurs supports.

11 Nettoyer les bagues collectrices de l'alternateur à l'aide d'un chiffon trempé dans de l'essence **(voir illustration)**. Vérifier que la surface de ces bagues ne présente pas de traces de rayures, de brûlures ou de piqûres importantes. Il est possible de demander à un électricien spécialisé de remettre en état ces bagues collectrices.

12 Remettre en place l'ensemble balais/régulateur en procédant dans l'ordre inverse des opérations de dépose.

13 Remonter l'alternateur, comme indiqué à la Section 7.

9 Circuit de démarrage - essais

Note: *Consulter les avertissements de la Section "Impératifs de sécurité!" et la Section 1 de ce Chapitre avant de commencer toute intervention.*

1 Si le démarreur ne se met pas en route lorsque le conducteur met la clé de contact sur la position appropriée, l'une des causes suivantes est probablement à l'origine de cette défaillance:

(a) *La batterie est défectueuse*

(b) *Les branchements électriques entre le contacteur de démarrage, le solénoïde, la batterie et le démarreur n'arrivent pas, à un endroit ou à un autre, à acheminer le courant nécessaire qui doit circuler de la batterie à la masse en passant par le démarreur.*

10.2 Desserrage des deux écrous de fixation (flèches) puis débranchement des fils au dos du démarreur

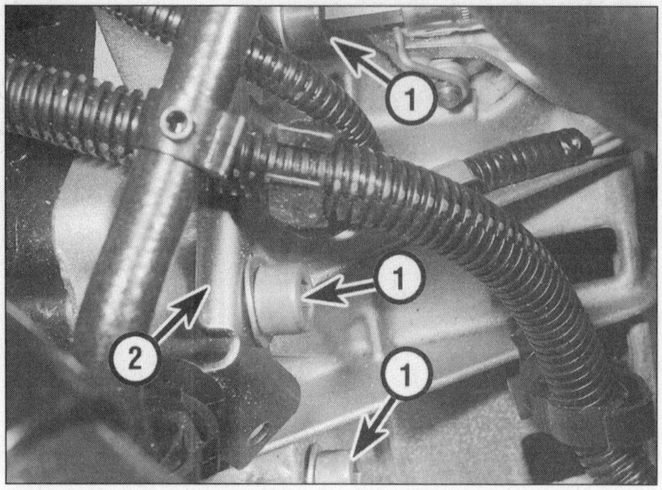

10.3 Desserrage des boulons de fixation (1) du démarreur. Noter l'emplacement du support (2).

(c) *Le solénoïde est défectueux.*
(d) *Le démarreur présente un défaut mécanique ou électrique.*

2 Pour vérifier la batterie, allumer les projecteurs. Si leur lueur faiblit après quelques secondes, la batterie est à plat. Il faut alors la recharger (voir Section 3) ou la remplacer. Si la lueur des projecteurs reste forte, tourner la clé de contact. Si la lueur des projecteurs faiblit, cela signifie que le courant électrique a atteint le démarreur. Dans ce cas-là, le défaut se situe au niveau du démarreur. Si la lueur des projecteurs reste forte (et si aucun cliquetis ne se fait entendre au niveau du solénoïde du démarreur), cela indique que le défaut se situe dans le circuit ou au niveau du solénoïde - voir paragraphes suivants. Si le démarreur tourne lentement lorsqu'on met le contact, mais si la batterie est en bon état, cela indique que le démarreur est défectueux ou qu'un emplacement du circuit présente une résistance considérable.

3 Si on soupçonne l'existence d'un défaut dans le circuit, débrancher les cosses de la batterie (y compris la mise à la masse sur la carrosserie), les fils du démarreur et de son solénoïde et la barrette de mise à la masse entre le moteur et la transmission. Bien nettoyer les connexions puis rebrancher les conducteurs et les fils. Ensuite, utiliser un voltmètre ou une lampe d'essai pour s'assurer qu'il y a une tension batterie normale au niveau de la connexion de la cosse positive de la batterie à destination du solénoïde et que la masse est bonne. Enduire de graisse les cosses de la batterie pour éviter toute corrosion. En effet, l'existence d'une corrosion au niveau des branchements est l'une des causes les plus fréquentes de défauts dans les circuits électriques.

4 Si la batterie et tous les branchements sont en bon état, vérifier le circuit en débranchant le fil de la borne à lame du solénoïde. Brancher un voltmètre ou une lampe d'essai entre l'extrémité de ce fil et une bonne masse (comme par exemple la cosse négative de la batterie). Vérifier que ce fil est sous tension lorsqu'on amène la clé sur la position "démarrage". Si c'est le cas, cela indique que le circuit est bon. Si ce n'est pas le cas, passer au paragraphe 7.

5 Vérifier le contact du solénoïde en branchant un voltmètre ou une lampe d'essai entre la connexion d'alimentation positive de la batterie, sur le côté démarreur du solénoïde, et la masse. Lorsqu'on amène la clé de contact sur la position "démarrage", ce voltmètre doit afficher une valeur ou, suivant les cas, l'ampoule doit s'allumer. Si ce n'est pas le cas, cela indique que le solénoïde est défectueux et doit être remplacé.

6 Si le circuit et le solénoïde sont en bon état, la défaillance doit se situer au niveau du démarreur. Avant de vérifier ce dernier, il faut le déposer (voir Section 10). Vérifier ensuite les balais (voir Section 11). Si ce défaut ne se situe pas au niveau des balais, ce sont les enroulements du moteur qui sont probablement défectueux. Dans ce cas-là, il est possible de demander à un spécialiste de réviser le démarreur. Cependant, avant de choisir cette solution, il convient de se renseigner sur les pièces de rechange disponibles et leur coût car il est parfois plus économique de se procurer un démarreur neuf ou en échange standard.

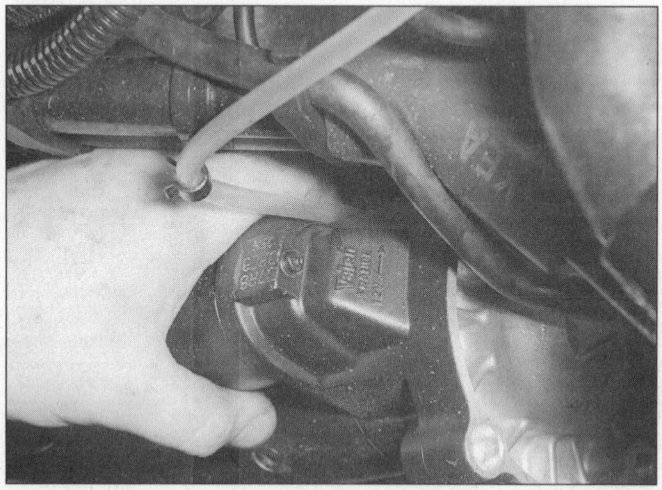

10.4 Retrait du démarreur

10 Démarreur - dépose et repose

Dépose

1 Débrancher la cosse négative de la batterie.

2 Desserrer les deux écrous de fixation puis débrancher les fils au dos du démarreur. Récupérer les rondelles sous les écrous **(voir illustration)**.

3 Au dos du démarreur, dévisser les trois boulons de fixation. Soutenir le démarreur lors du retrait de ces boulons. Récupérer les rondelles sous la tête des boulons. Noter l'emplacement de chaque support de fil ou de flexible également immobilisé par ces boulons **(voir illustration)**. Il convient de noter que le boulon supérieur de fixation risque de toucher le mécanisme de débrayage pendant son retrait. Cependant, il n'est pas nécessaire de le retirer complètement pour déposer le démarreur.

4 Retirer le démarreur du moteur **(voir illustration)**.

Repose

5 La repose se fait dans l'ordre inverse des opérations de dépose, en s'assurant que les supports de fils ou de flexibles sont bien remis

11.2 Dépose du chapeau en matière plastique à l'extrémité de l'arbre d'induit du démarreur

11.3a Extraction du collier en C à l'extrémité de l'arbre d'induit. . .

11.3b . . . et récupération de la cale d'épaisseur

11.4a Retrait des boulons traversants . . .

11.4b . . . puis dépose du couvercle et récupération de la cale d'épaisseur (flèche)

11.5 Extraction, avec précaution, du support des balais, par l'extrémité de l'induit.

11.6a Utilisation d'un tournevis . . .

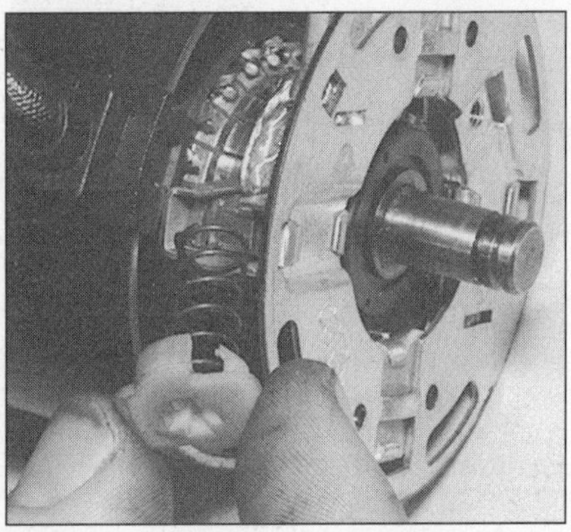

11.6b . . . pour dégager les attaches des balais . . .

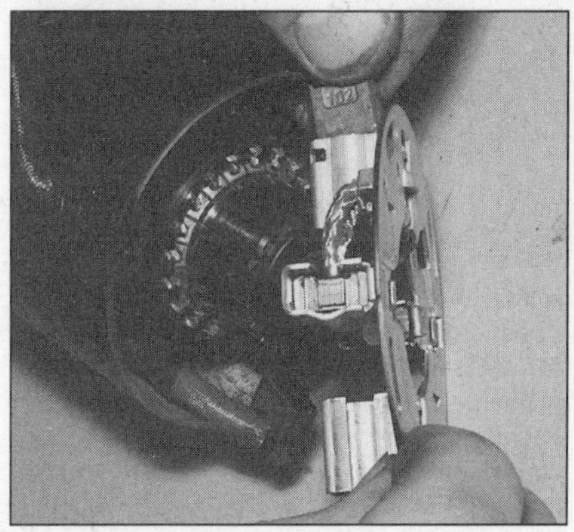

11.6c . . . puis retrait des balais de leurs supports

en position sous les têtes de boulons, comme c'était le cas avant la dépose.

11 Démarreur - remplacement des balais

Démarreur Valeo

1 Il convient de noter qu'aucune longueur minimale des balais n'est spécifiée par le constructeur. Cependant, si l'usure des balais exige leur remplacement, cela devrait être évident. Après avoir déposé le moteur, comme indiqué à la Section 10, procéder comme suit:

2 Extraire avec soin le chapeau en plastique à l'extrémité de l'arbre de l'induit. Utiliser pour cela la lame d'un tournevis ou un outil similaire **(voir illustration)**.

3 Extraire le collier en C à l'extrémité de l'arbre de l'induit. Récupérer la cale d'épaisseur **(voir illustrations)**.

4 Desserrer les deux boulons traversants puis retirer du carter du démarreur le couvercle. Récupérer la cale d'épaisseur de l'arbre de l'induit **(voir illustrations)**. Ne pas mélanger cette cale avec celle qui a été retirée au paragraphe précédent.

5 Tirer avec précaution sur la plaque des balais pour la retirer à l'extrémité de l'induit **(voir illustration)**.

6 A l'aide d'un tournevis de taille appropriée, desserrer les attaches des balais puis retirer ces derniers de leurs supports **(voir illustrations)**.

13.3 Débranchement de la fiche électrique du contacteur du témoin lumineux de pression d'huile

14.2 Dépose du capteur de niveau d'huile - le moteur a été retiré pour des raisons de clarté

7 Dessouder les conducteurs des balais ou les libérer de leurs colliers de serrage au niveau de la plaque des balais, suivant les cas.
8 Mettre en place des balais neufs. Souder les conducteurs en position ou les immobiliser sur la plaque des balais en repliant en position les colliers de fixation, suivant les cas.
9 Faire passer la plaque des balais à l'extrémité de l'arbre de l'induit. Laisser un jeu suffisant pour pouvoir mettre en place les balais. Il convient de noter qu'après le montage final, l'ergot de la plaque des balais doit pénétrer dans l'orifice correspondant du carter du démarreur.
10 Enfoncer les balais dans leurs supports. Ils doivent reposer contre le commutateur de l'arbre de l'induit.
11 Mettre en place, avec précaution, les attaches des balais, sans oublier les ressorts. Les immobiliser pour bien fixer les balais.
12 Vérifier que les balais reposent contre le commutateur. Faire ensuite glisser la plaque des balais le long de l'arbre d'induit jusqu'à ce que l'ergot de cette plaque vienne pénétrer dans l'orifice correspondant du carter du démarreur.
13 Le reste de la repose se fait dans l'ordre inverse des opérations de dépose. Il convient de noter qu'il ne faut pas oublier de remettre en place les cales d'épaisseur sur l'arbre d'induit, à l'emplacement qu'elles occupaient avant la dépose.

Démarreur Mitsubishi

14 A la date de mise sous presse, nous ne disposions d'aucune information spécifique sur ce démarreur Mitsubishi. Bien que les composants présentent des différences de détails, les principes fondamentaux décrits précédemment pour le démarreur Valeo devraient rester valables pour ce modèle.

12 Contact/antivol - dépose et repose

Ce contact fait partie intégrante de l'antivol de la colonne de direction. Pour le déposer, consulter la Section 21 du Chapitre 10.

13 Contacteur de témoin de pression d'huile - dépose et repose

Dépose

Note: *Si le contacteur comportait d'origine une bague d'étanchéité, lors de la repose, il faut remplacer cette bague par une neuve.*
1 Le contacteur se trouve à l'avant du bloc-cylindres, au-dessus du support du filtre à huile.
2 Débrancher la cosse négative de la batterie.
3 Déposer le manchon de protection de la fiche électrique (le cas échéant), puis débrancher les fils du contacteur **(voir illustration)**.
4 Dévisser le contacteur pour le retirer du bloc-cylindres puis récupérer la bague d'étanchéité, le cas échéant. Il faut s'attendre à un léger épanchement d'huile. Si le contacteur doit être retiré du moteur pendant un certain temps, il convient d'obturer l'orifice correspondant du bloc-cylindres.

Repose

5 Si le contacteur d'origine fait appel à un produit d'étanchéité, il faut en nettoyer soigneusement le filetage avant de passer une couche de produit d'étanchéité frais.
6 Si le contacteur d'origine comportait une bague d'étanchéité, il faut la remplacer par une bague neuve lors de la repose.
7 La repose se fait dans l'ordre inverse des opérations de dépose.

14 Capteur de niveau d'huile - dépose et repose

1 Le capteur se trouve à l'extrémité arrière droite du bloc-cylindres.
2 Les procédures de dépose et de repose sont identiques à celles du contacteur de pression d'huile, comme indiqué à la Section 13 **(voir illustration)**. Il est surtout accessible en travaillant sous le véhicule.

15 Système de préchauffage - description et essais

1 Chaque chambre de tourbillonnement comporte une bougie de réchauffage (généralement appelée bougie incandescente) qui vient s'y visser. Ces bougies sont mises sous tension avant et pendant le démarrage lorsque le moteur est froid. La tension électrique qui aboutit aux bougies incandescentes est contrôlée par un groupe relais/minuteur.
2 Sur certains modèles, les bougies incandescentes assurent une fonction de "post-chauffage", c'est-à-dire qu'elles restent sous tension pendant un certain temps après le démarrage du moteur. Dès que le démarreur est mis hors circuit, les bougies incandescentes commencent un cycle de "post-chauffage" de trois minutes. Il n'est pas possible d'interrompre le fonctionnement de ces bougies pendant les 15 premières secondes. Cependant, au bout de 15 secondes, la tension que reçoit les bougies est interrompue:

(a) Dès que la pédale de l'accélérateur est enfoncée de plus de 13 mm pendant au moins 2,5 secondes.
(b) Dès que la température du réfrigérant dépasse 60°C.

3 Un témoin lumineux est implanté sur le tableau de bord pour indiquer au conducteur qu'un préchauffage est en cours. Lorsque ce témoin s'éteint, il peut mettre le moteur en route. Les bougies incandescentes restent sous tension pendant quelques secondes après l'extinction de ce témoin. Si aucune tentative de démarrage

16.3a Desserrage de l'écrou . . .

16.3b . . . puis débranchement du câble principal d'alimentation (bougie incandescente du cylindre numéro 2 uniquement) . . .

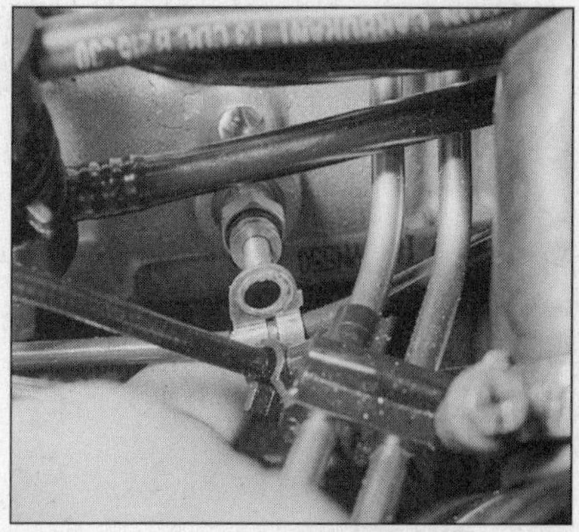

16.3c . . . et débranchement du fil d'interconnexion de la bougie incandescente

16.5 Dépose d'une bougie incandescente

n'est faite, le minuteur coupe cette tension pour éviter de vider la batterie et de surchauffer les bougies incandescentes.

4 Si le système ne fonctionne pas, il faut le tester en procédant par substitution, c'est-à-dire en utilisant des composants en parfait état de marche. Cependant, il convient d'effectuer les vérifications préliminaires suivantes:

5 Brancher un voltmètre ou une lampe d'essai de 12 volts entre le câble d'alimentation des bougies incandescentes et la masse (partie métallique du moteur ou du véhicule). S'assurer que la connexion sous tension reste à l'écart du moteur et de la carrosserie.

6 Demander à un assistant de mettre le contact. Vérifier que les bougies incandescentes reçoivent une tension. Noter pendant combien de temps le témoin lumineux reste allumé et la durée totale d'application d'une tension avant que le système ne soit mis hors tension. Couper le contact.

7 Lorsque la température sous le capot est égale à 20°C, le témoin lumineux devrait rester allumé pendant 5 ou 6 secondes, et la tension devrait rester présente pendant 10 secondes supplémentaires après l'extinction de ce témoin. Plus la température est faible et plus la durée d'allumage du témoin augmente. Au contraire, plus la température est élevée et plus cette durée diminue.

8 S'il n'y a aucune tension présente, cela indique que le relais ou son câblage connexe est défectueux.

9 Pour localiser une bougie incandescente défectueuse, déposer tout d'abord le refroidisseur intermédiaire (modèles Turbo) ou le carter de distribution d'air (moteur XUD9A - D9B), suivant les cas, comme indiqué au Chapitre 4. De même, débrancher le flexible d'air à la partie supérieure de la rampe d'admission, le cas échéant. Débrancher le câble principal d'alimentation ou le câble ou la sangle d'interconnexion à la partie supérieure des bougies incandescentes. Faire très attention de ne pas laisser tomber des écrous ou rondelles.

10 A l'aide d'un ohmmètre ou d'une lampe d'essai de 12 volts reliée à la cosse positive de la batterie, vérifier la continuité entre la borne de chaque bougie incandescente et la masse. La résistance d'une bougie incandescente en bon état est très faible (inférieure à 1 ohm). Par conséquent, si la lampe d'essai ne s'allume pas ou si l'ohmmètre affiche une résistance élevée, c'est que la bougie incandescente concernée est défectueuse.

11 Si vous disposez d'un ampèremètre, il est possible de vérifier la consommation de courant de chaque bougie incandescente. Après l'affichage d'une valeur initiale comprise entre 15 et 20 ampères, chaque bougie devrait consommer 12 ampères. Toute bougie consommant beaucoup plus ou beaucoup moins que cette valeur est probablement défectueuse.

12 A titre de vérification finale, il est possible de déposer les bougies incandescentes pour les examiner, comme indiqué à la Sections suivante.

16 Bougies incandescentes - dépose, examen et repose

Dépose

Attention: *Si le système de préchauffage vient juste d'être mis sous tension ou si le moteur vient de tourner, les bougies incandescentes sont probablement brûlantes.*

1 Débrancher la cosse négative de la batterie.

2 Pour améliorer l'accès, déposer le refroidisseur intermédiaire (modèles Turbo) ou le carter de distribution d'air (moteur XUD9A - D9B), suivant les cas, comme indiqué au Chapitre 4. De même débrancher le flexible d'air qui relie l'ensemble épurateur d'air à la partie supérieure de la rampe d'admission, suivant les cas.

3 Desserrer les écrous des bornes des bougies incandescentes. Récupérer les rondelles. Noter que le câble principal d'alimentation est relié à l'une des bougies incandescentes (normalement, la bougie incandescente du cylindre numéro 2 ou 3) et est bloqué par un contre-écrou. Déposer le fil d'interconnexion à la partie supérieure des bougies incandescentes **(voir illustrations)**.

4 Repousser, avec précaution, sur le côté, les durits ou fils qui gênent l'accès aux bougies incandescentes.

5 Dévisser les bougies incandescentes puis les retirer de la culasse **(voir illustration)**. Il convient de noter que sur certains modèles, l'accès à la bougie incandescente du cylindre numéro 4 est extrêmement limité. Pour simplifier la dépose de cette bougie, utiliser une clé coudée. En variante, il est possible de retirer cette bougie, après l'avoir desserrée, en utilisant deux tournevis agissant sur des méplats diamétralement opposés de la bougie.

17.5 Fiche électrique (1) et boulon de fixation (2) du groupe relais/minuteur du système de préchauffage.

Examen

6 Examiner les bougies incandescentes pour s'assurer qu'elles ne présentent pas de dégâts physiques. Si les pointes de ces bougies sont brûlées ou érodées, cela est probablement dû à un profil défectueux de pulvérisation des injecteurs. Faire vérifier les injecteurs lorsque ce type de défaut est présent.

7 Si les bougies incandescentes sont en bon état, procéder à leur vérification sur le plan électrique en utilisant une lampe d'essai de 12 volts ou un ohmmètre, comme indiqué à la Section précédente.

8 Les bougies incandescentes peuvent être excitées en leur envoyant une tension de 12 volts ayant pour but de s'assurer qu'elles s'échauffent régulièrement et dans les limites de temps prescrites. Prendre les précautions suivantes:

(a) *Soutenir la bougie incandescente en l'immobilisant soigneusement dans un étau ou dans des pinces de blocage. Ne pas oublier que la bougie va devenir brûlante et virer au rouge.*

(b) *S'assurer que l'alimentation électrique ou le conducteur d'essai comporte un fusible ou un rupteur à maxima ayant pour but d'éviter tous les dégâts provoqués par un court-circuit éventuel.*

(c) *Après ces essais, laisser la bougie refroidir pendant plusieurs minutes avant de la manipuler.*

9 La pointe d'une bougie incandescente en bon état commence à virer au rouge lorsqu'elle est sous tension depuis environ 5 secondes. Si une bougie ne devient incandescente qu'après un délai nettement plus long ou commence par virer au rouge à sa partie médiane et non pas à sa pointe, c'est qu'elle est défectueuse.

Repose

10 La repose se fait dans l'ordre inverse des opérations de dépose. Enduire de produit antigrippage à base de cuivre le filetage des bougies. Serrer ensuite ces bougies incandescentes au couple spécifié. Eviter tout serrage excessif qui risquerait d'endommager la résistance chauffante des bougies.

17 Groupe relais/minuteur du système de préchauffage - dépose et repose

Dépose

1 Ce groupe se trouve devant l'ensemble relais/boîtier de raccordement, dans le coin avant gauche du compartiment moteur.

2 Débrancher la cosse négative de la batterie.

3 Débrancher la fiche électrique au pied du groupe relais/minuteur.

4 Desserrer les deux écrous de fixation puis débrancher les conducteurs au niveau des bornes qui se trouvent au pied de ce groupe.

5 Desserrer le boulon de fixation puis retirer le groupe de l'ensemble relais/boîtier de raccordement **(voir illustration)**.

Repose

6 La repose se fait dans l'ordre inverse des opérations de dépose.

Chapitre 6 Embrayage

Table des matières

6

Spécifications

Type	Embrayage monodisque à sec avec ressort à membrane. Mécanisme de débrayage commandé par câble et de type "pousseur" ou "à tirage" (en fonction du modèle)
Course de la pédale	140 mm
Diamètre du disque	
Modèles Turbo	215 mm
Modèles non-turbo	200 mm
Couples de serrage	**da N.m**
Boulons de retenue du plateau compresseur	2,0
Boulon du pivot de la pédale d'embrayage	2,5

1 Généralités

L'embrayage se compose d'un disque, d'un plateau compresseur, d'un roulement de débrayage et du mécanisme de débrayage. Tous ces composants sont implantés à l'intérieur du gros carter en forme de cloche en alliage d'aluminium qui est monté entre le moteur et la transmission. Le débrayage est mécanique et est commandé par câble.

Le disque est inséré entre le volant moteur et le plateau compresseur de l'embrayage et coulisse librement le long des cannelures de l'arbre d'entrée de la transmission. Il comporte deux garnitures circulaires en matériau de frottement qui sont rivées en position pour assurer la surface portante de l'embrayage. En outre, un moyeu amorti par des ressorts absorbe les chocs au niveau de la transmission.

Le plateau compresseur est immobilisé par des boulons sur le volant moteur. Son centrage est garanti par trois goujons. Lorsque le moteur tourne, la transmission est assurée depuis le vilebrequin, par le biais du volant moteur, au niveau du disque (ces composants sont immobilisés les uns contre les autres par le plateau compresseur), puis du disque à l'arbre d'entrée de la transmission.

Pour interrompre cette transmission, il faut relâcher la pression sur le ressort. Sur les modèles décrits dans ce manuel, deux types de mécanismes de débrayage sont employés. Il y a tout d'abord le mécanisme traditionnel de type "pousseur" où un roulement indépendant de débrayage, disposé de façon concentrique autour de l'arbre d'entrée de la transmission, est repoussé contre le plateau compresseur. Le deuxième mécanisme est du type à "tirage". Dans ce cas-là, le roulement de débrayage fait partie intégrante du plateau compresseur et se désolidarise du disque.

Sur les modèles à mécanisme traditionnel du type "pousseur", à l'extrémité transmission du câble de l'embrayage, le câble externe est retenu par un support fixe de montage alors que le câble interne est rattaché au levier de la fourchette de débrayage. Une pression sur la pédale d'embrayage exerce une traction sur le fil interne du câble de commande ce qui fait tourner la fourchette de débrayage en agissant sur le levier qui aboutit à l'extrémité supérieure de cette fourchette, au-dessus du carter en forme de cloche. La fourchette de débrayage agit alors sur le roulement de débrayage en l'amenant contre les doigts qui se trouvent au centre du ressort à membrane du plateau compresseur. Etant donné que ce ressort est immobilisé par des rivets entre deux bagues annulaires de pivotement, la pression en son centre provoque sa déformation c'est-à-dire qu'il s'aplatit et, par conséquent, libère la force d'immobilisation qu'il exerce à la périphérie, sur le plateau compresseur.

Sur les modèles à mécanisme de type "à tirage", à l'extrémité transmission du câble de l'embrayage, le fil interne est rattaché à un support fixe de montage alors que le fil externe agit contre le levier de la fourchette de débrayage. Une pression sur la pédale d'embrayage tire le fil externe en direction de l'extrémité fixe du fil interne ce qui fait alors tourner la fourchette de débrayage en agissant sur le levier qui se trouve à l'extrémité supérieure de cette fourchette, au-dessus du carter en forme de cloche. Cette fourchette soulève alors le roulement de débrayage qui est rattaché au ressort du plateau compresseur, le désolidarisant ainsi du disque et supprimant donc la force d'immobilisation exercée à la périphérie du plateau compresseur.

Lorsque les garnitures du disque s'usent, le plateau compresseur se déplace vers le volant, ce qui force les doigts du ressort à membrane à venir buter contre le roulement de débrayage, entraînant ainsi une réduction du jeu qui doit être présent dans ce mécanisme. Pour garantir un branchement correct, il faut donc périodiquement régler le câble de l'embrayage.

2 Embrayage - réglage

1 Pour vérifier le réglage de l'embrayage, mesurer la course de la pédale d'embrayage.

2 S'assurer qu'il n'y a pas d'obstructions sous cette pédale avant de l'enfoncer à fond, contre sa butée de plancher. Mesurer la distance que parcourt le centre du patin de cette pédale, c'est-à-dire entre la position de repos et le niveau du plancher **(voir illustration)**. Si elle est inférieure à la valeur indiquée dans les Spécifications, au début de ce Chapitre, procéder comme suit pour ajuster l'embrayage.

2.2 Pour vérifier le réglage du câble de l'embrayage, mesurer la course de la pédale, comme indiqué dans le texte

3 L'ajustement du câble de l'embrayage s'obtient grâce à l'écrou de réglage à l'extrémité transmission du câble. Sur certains modèles, l'accès à ce contre-écrou est limité. Le cas échéant, il convient donc de déposer ou débrancher l'ensemble approprié conduite/logement de l'épurateur d'air pour améliorer cet accès. Pour obtenir des renseignements plus complets, consulter le Chapitre 4.

4 Depuis l'intérieur du compartiment moteur, desserrer le contre-écrou à l'extrémité du câble de l'embrayage. Ajuster la position de l'écrou de réglage puis remesurer la course de la pédale de l'embrayage. Recommencer cette procédure jusqu'à ce que cette course respecte les Spécifications **(voir illustration)**.

5 Dès que l'écrou de réglage occupe une position correcte, c'est-à-dire dès que la course de la pédale est bien réglée, rebloquer le contre-écrou du câble. Le cas échéant, remettre en place les ensembles éventuellement déposés de conduites/logements de l'épurateur d'air, comme indiqué au Chapitre 4.

3 Câble de l'embrayage - dépose et repose

Dépose

1 Depuis le compartiment moteur, desserrer au maximum le contre-écrou et l'écrou de réglage à l'extrémité du câble de l'embrayage. Sur certains modèles, l'accès à ces écrous est limité et dans ce cas-là, il faut, le cas échéant, déposer ou débrancher l'ensemble approprié conduite/logement de l'épurateur d'air pour améliorer cet accès. Pour de plus amples renseignements, consulter le Chapitre 4.

2 Desserrer les embouts des câbles interne et externe au niveau de l'ensemble levier de débrayage et support de fixation puis dégager les câbles du carter de transmission **(voir illustrations)**.

3 Depuis l'intérieur du véhicule, desserrer les attaches en les faisant tourner d'un quart de tour puis déposer le panneau inférieur du tableau de bord, du côté du conducteur. Déposer la conduite de chauffage qui se trouve derrière ce panneau.

4 Dégager les colliers de retenue de la garniture en feutre du tableau de bord puis replier cette garniture pour accéder à l'extrémité supérieure de la pédale d'embrayage.

5 Appuyer sur le collier de retenue métallique puis libérer le câble interne de l'attache en matière plastique qui se trouve à l'extrémité supérieure de la pédale de l'embrayage **(voir illustration)**.

6 Depuis le compartiment moteur, retirer le câble en le faisant

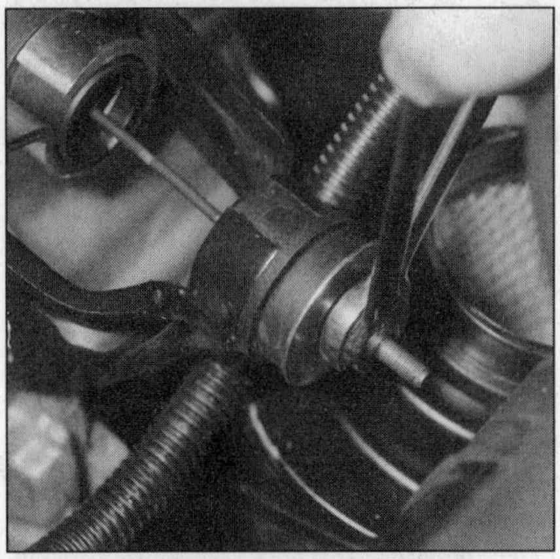

2.4 Réglage du câble de l'embrayage (la conduite de l'épurateur d'air a été retirée pour des raisons de clarté)

3.2a Desserrer le contre-écrou du câble de l'embrayage et l'écrou du câble de réglage puis libérer les embouts du câble interne . . .

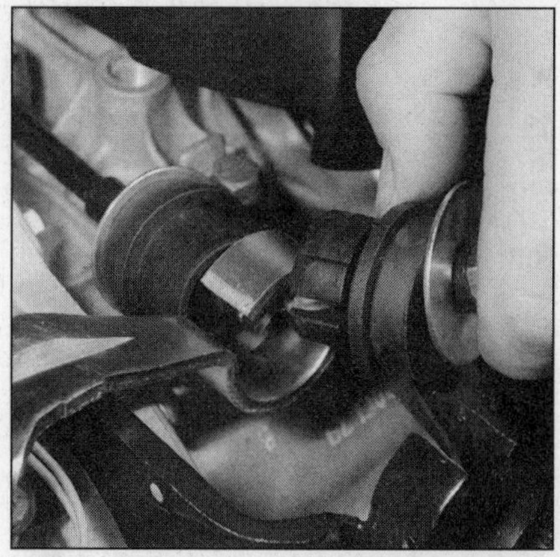

3.2b . . . et les embouts du câble externe au niveau du levier de débrayage et du support de fixation

passer vers l'avant, dans la traversée de cloison tout en le libérant au niveau des différents colliers et guides de retenue concernés. Noter le trajet exact qu'il suit avant de le déposer du véhicule.

7 Examiner le câble. S'assurer que ses embouts ne sont pas usés et que sa gaine externe n'est pas endommagée. Vérifier également que le fil interne ne s'effiloche pas. Vérifier le fonctionnement du câble. Le fil interne doit se déplacer librement et aisément tout au long de la gaine externe. Il ne faut pas oublier qu'un câble qui semble en bon état lorsqu'on l'essaye après l'avoir retiré du véhicule, peut avoir un fonctionnement plus difficile après avoir été comprimé et ramené à sa position de fonctionnement. Remplacer ce câble s'il présente des indices d'usure excessive ou d'endommagement.

Repose

8 Légèrement enduire de graisse polyvalente les embouts du câble avant de refaire passer ce câble par la traversée de cloison du compartiment moteur.

9 Depuis l'intérieur du véhicule, fixer le fil interne sur l'attache en plastique de la pédale d'embrayage. Vérifier qu'il est bien immobilisé par le collier métallique. Redéplier la garniture en caoutchouc et l'immobiliser en position. Remettre en place la conduite de chauffage. S'assurer qu'elle occupe un emplacement correct aux deux extrémités. Remettre en place le panneau inférieur du tableau de bord.

10 Remonter le collier de centrage en matière plastique sur le levier de débrayage. S'assurer que l'entretoise en caoutchouc occupe un emplacement correct à l'extrémité transmission du fil externe.

11 S'assurer que le trajet du câble est correct. Vérifier que ce câble est bien immobilisé par tous les colliers connexes de retenue et les guides. Introduire son extrémité externe dans l'ensemble levier de débrayage/support de fixation puis mettre en prise le fil interne sur cet ensemble (le cas échéant). Remettre en place l'entretoise en caoutchouc et la rondelle plate à l'extrémité du fil interne. Revisser l'écrou de réglage et le contre-écrou.

12 Régler le câble de l'embrayage, comme indiqué à la Section 2.

4 Pédale de l'embrayage - dépose et repose

Dépose

1 Déposer du véhicule l'ensemble support de la pédale, comme indiqué à la Section 14 du Chapitre 9.

2 Placer cet ensemble support de pédale sur un établi. Desserrer l'écrou puis retirer le boulon du pivot de la pédale d'embrayage. Séparer la pédale de son support. Faire glisser la bague et le ressort du pivot pour les retirer par l'extrémité gauche de la pédale. Déposer de l'alésage de la pédale l'entretoise et les bagues du pivot.

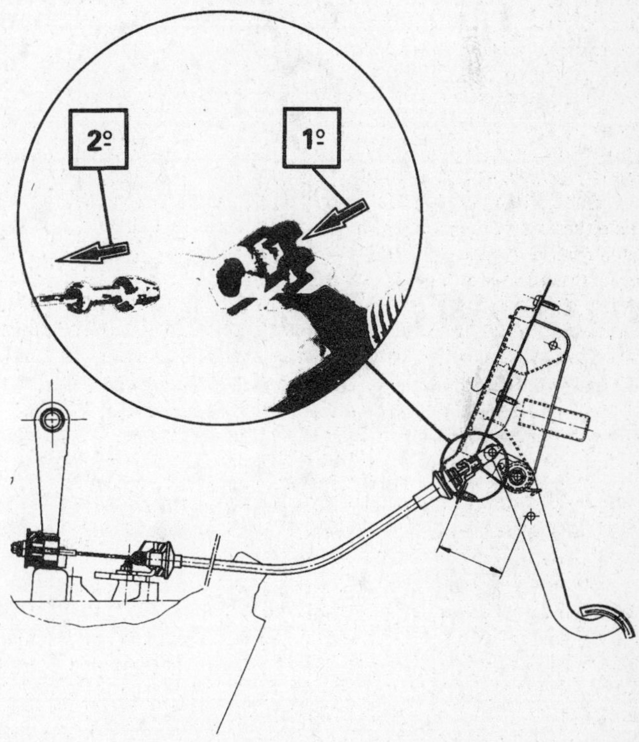

3.5 Appuyer sur le collier de retenue (1) de la pédale d'embrayage pour libérer l'embout (2) du câble interne de cette pédale

3 Nettoyer soigneusement tous ces composants, remplacer ceux qui sont usés ou endommagés. Vérifier, avec un soin tout particulier, les surfaces portantes des bagues du pivot et de l'entretoise. Chaque bague peut être remplacée individuellement en cas d'usure.

Repose

4 Enfoncer les bagues du pivot dans l'alésage de la pédale. Enduire de graisse polyvalente la surface portante puis faire glisser l'entretoise pour la mettre en position. Installer le ressort et la bague du pivot à l'extrémité du pivot de la pédale. S'assurer que l'extrémité interne du ressort vient correctement se fixer sur la pédale **(voir illustrations)**.

5 Remonter la pédale sur son support. S'assurer que l'extrémité

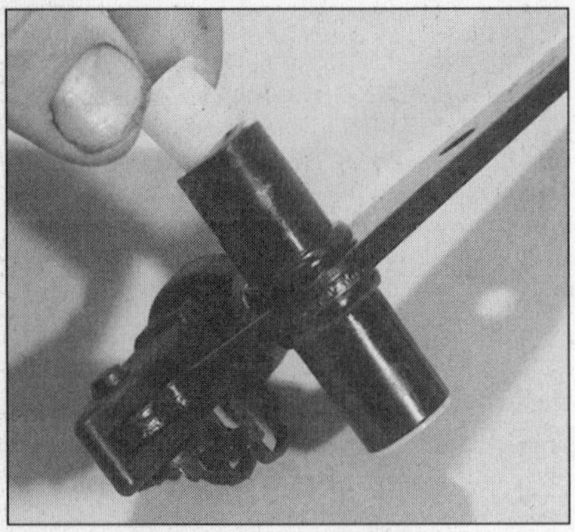

4.4a Enfoncer les bagues du pivot dans l'alésage de la pédale . . .

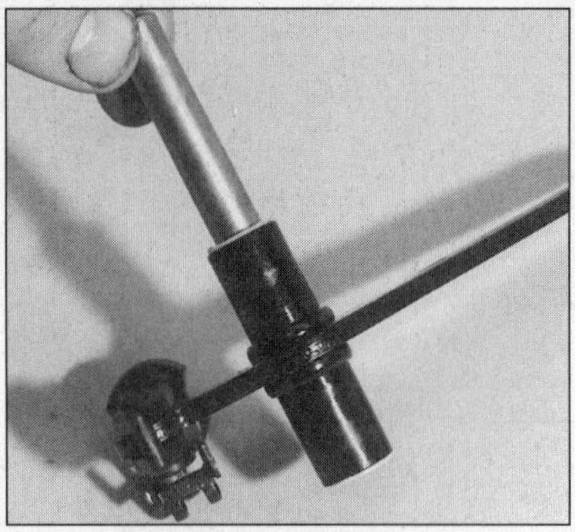

4.4b . . . puis introduire l'entretoise . . .

4.4c . . . avant de remettre en place le ressort de la pédale

4.5a Remonter la pédale sur son support. S'assurer que le ressort est bien fixé dans ce support et est accroché dans la pédale (flèches)

4.5b Mettre en position le boulon du pivot de la pédale puis le serrer au couple spécifié

externe du ressort de la pédale pénètre correctement dans la fente du support de fixation de la pédale. Mettre en place le boulon du pivot. Remettre en position l'écrou du boulon du pivot puis le serrer au couple spécifié **(voir illustrations)**.

6 Vérifier que la pédale pivote librement puis remettre en place l'ensemble support de cette pédale sur le véhicule, comme indiqué à la Section 14 du Chapitre 9.

5 Embrayage - dépose, examen et repose

Avertissement: *La poussière qui provient de l'usure de l'embrayage et qui vient se déposer sur les composants de l'embrayage peut contenir de l'amiante qui est dangereuse pour la santé. NE PAS l'enlever à l'aide d'un jet d'air comprimé et ne pas l'inhaler. NE PAS utiliser d'essence ou de solvants à base de pétrole pour l'enlever. Employer un produit de nettoyage pour freins ou de l'alcool dénaturé pour éliminer cette poussière et la recueillir dans un récipient de taille appropriée. Après avoir essuyé tous les composants de l'embrayage avec des chiffons propres, se débarrasser des chiffons ainsi contaminés et du produit de nettoyage qui a été utilisé, dans un récipient scellé hermétiquement et étiqueté.*

Note: *Bien que certains matériaux de friction ne fassent plus appel à l'amiante, pour des raisons de sécurité, il vaut mieux supposer qu'ils en contiennent toujours, et prendre les précautions requises.*

Dépose

1 Si l'ensemble moteur/transmission n'a pas été déposé du véhicule puis séparé en deux parties, dans le cadre d'une révision générale (voir Chapitre 2), pour accéder à l'embrayage, il faut déposer la boîte de vitesses comme indiqué au Chapitre 7, Partie A.

2 Avant de toucher à l'embrayage, utiliser une craie ou un crayon feutre pour repérer la position de l'ensemble plateau compresseur par rapport au volant moteur.

3 Travailler en diagonale pour desserrer d'un demi-tour à chaque fois chaque boulon du plateau compresseur jusqu'à ce que la pression du ressort soit annulée et jusqu'à ce que les boulons puissent être dévissés aux doigts.

4 Extraire l'ensemble plateau compresseur de ses goujons de centrage. Recueillir le disque en notant le sens dans lequel il est monté.

Examen

Note: *Étant donné le volume de travail à réaliser pour déposer et reposer les composants de l'embrayage, il est en général recommandé, pour des raisons pratiques, de remplacer d'un seul bloc le disque, l'ensemble plateau compresseur et le roulement de débrayage, même si un seul de ces composants présente en fait une usure justifiant son remplacement.*

5 Déposer l'ensemble embrayage.

6 Avant de nettoyer les composants de l'embrayage, lire l'avertissement qui se trouve au début de cette Section. Enlever la poussière avec un chiffon propre et sec et travailler dans une zone bien aérée.

7 Vérifier les surfaces du disque pour s'assurer qu'elles ne sont pas usées, endommagées ou contaminées par de l'huile. Si le matériau de

5.14 S'assurer que le disque est monté dans le bon sens puis mettre en place le plateau compresseur

5.17 A l'aide d'un outil d'alignement d'embrayage, centrer le disque

5.18 Dès que le disque est centré, resserrer au couple spécifié les boulons de retenue du plateau compresseur

friction est fissuré, brûlé, rayé ou endommagé, ou s'il est contaminé par de l'huile ou de la graisse (qui apparaît sous la forme de taches noires brillantes), il convient de remplacer ce disque.

8 Si le matériau de friction est encore en bon état, vérifier que les cannelures du bossage central ne sont pas usées, que les ressorts de torsion sont en bon état et bien fixés et qu'aucun rivet n'est desserré. En cas d'usure ou d'endommagement, remplacer le disque.

9 Si le matériau de friction est contaminé par de l'huile, il est possible que cette dernière provienne d'une fuite au niveau du joint d'huile gauche du vilebrequin ou au niveau du joint inséré entre le carter moteur et le bloc-cylindres ou au niveau de l'arbre d'entrée de la transmission. Remplacer le joint affecté, en procédant comme indiqué au Chapitre 2 ou 7, avant de mettre en place un disque neuf.

10 Vérifier l'ensemble plateau compresseur pour confirmer qu'il ne présente pas de signes évidents d'usure ou d'endommagement. Le secouer pour s'assurer qu'aucun rivet n'est desserré et que les bagues annulaires de pivotement ne sont pas usées ou endommagées. S'assurer également que les sangles d'entraînement qui immobilisent le plateau compresseur sur le couvercle ne présentent pas de traces de surchauffe (sous la forme d'une décoloration importante jaune ou bleue). Si le ressort à membrane est usé ou endommagé, ou si sa pression semble douteuse, il convient de remplacer l'ensemble plateau compresseur.

11 Examiner les surfaces portantes usinées du plateau compresseur et du volant moteur. Elles doivent être propres, parfaitement plates et totalement exemptes de rayures ou d'éraflures. Si elles ont été décolorées par une température excessive ou si elles présentent des traces de fissuration, il faut les remplacer bien que des défauts mineurs de cette nature puissent parfois être éliminés à la toile émeri.

12 Vérifier que la surface de contact du roulement de débrayage tourne librement et aisément, sans bruit et sans point dur et que la surface proprement dite est lisse et totalement intacte, sans aucune trace de fissure, piqûre ou rayure. En cas de doute sur son état, remplacer ce roulement. Sur les embrayages à mécanisme de type "pousseur", cela veut dire qu'il faut remplacer l'ensemble plateau compresseur.

Repose

13 Lors du remontage, s'assurer que les surfaces portantes du volant et du plateau compresseur sont parfaitement propres, lisses et exemptes d'huile ou de graisse. Enlever au solvant la graisse de protection qui recouvre certains composants neufs.

14 Mettre en place le disque. Son ensemble moyeu à ressort doit être dirigé dans le sens inverse du volant moteur. Parfois, un repère indique dans quel sens il faut remonter le disque **(voir illustration)**.

15 Remettre en place l'ensemble plateau compresseur en alignant les repères effectués lors du démontage (en cas de réutilisation du plateau d'origine) et en positionnant ce plateau à l'aide de ses trois goujons de centrage. Mettre en place les boulons de ce plateau, mais ne les serrer qu'aux doigts afin de pouvoir faire bouger le disque.

16 Bien centrer le disque afin que lors de la repose de la transmission, son arbre d'entrée puisse passer par les cannelures centrales du disque.

17 Ce centrage s'obtient en passant la lame d'un tournevis ou une longue barre dans le disque puis dans l'orifice du vilebrequin. Il est possible alors de déplacer le disque pour bien le centrer sur cet orifice. En variante, employer un outil d'alignement d'embrayage qui permet d'éviter tous les tâtonnements. Cet outil est vendu par la plupart des accessoiristes. Il peut également être réalisé à l'aide d'une tige métallique ou d'une cheville en bois dont le diamètre offre un ajustement serré à l'intérieur de l'orifice du vilebrequin. En outre, du ruban adhésif isolant est enroulé autour de cette tige ou de cette cheville pour obtenir le diamètre de l'orifice cannelé du disque **(voir illustration)**.

18 Dès que le disque est centré, resserrer progressivement et en diagonale les boulons du plateau compresseur, au couple spécifié **(voir illustration)**.

19 Légèrement enduire de graisse à base de disulfure de molybdène les cannelures du disque et l'arbre d'entrée de la transmission ainsi que l'alésage du roulement de débrayage et l'arbre de la fourchette de débrayage.

20 Reposer la transmission, comme indiqué au Chapitre 7, Partie A.

6 Mécanisme de débrayage - dépose, examen et repose

Note: *Lire l'avertissement, au début de la Section 5, qui décrit les dangers que pose la poussière d'amiante.*

Dépose

1 Si l'ensemble moteur/transmission n'a pas été déposé du véhicule puis séparé en deux parties, dans le cadre d'une révision générale (voir Chapitre 2), pour accéder au mécanisme de débrayage, il faut déposer la boîte de vitesses, comme indiqué au Chapitre 7, Partie A.

2 Sur les modèles équipés d'un mécanisme traditionnel de débrayage de type "pousseur", décrocher le roulement de débrayage au niveau de la fourchette puis le faire glisser pour le retirer de l'arbre d'entrée. Extraire l'axe de galet puis déposer le levier de débrayage qui se trouve en haut de l'arbre de la fourchette de débrayage. Mettre au rebut l'axe de galet. En utiliser un neuf lors de la repose.

3 Sur les deux types de débrayages, appuyer sur les languettes de retenue puis faire glisser la bague supérieure pour la retirer de l'extrémité de l'arbre de la fourche de débrayage. Séparer l'arbre de sa bague inférieure puis le manoeuvrer pour le retirer de la transmission. Appuyer sur les languettes de retenue pour déposer la bague inférieure de pivot du carter de la transmission.

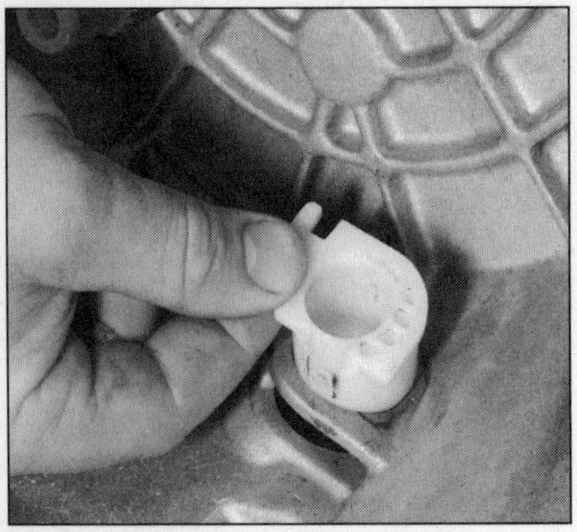

6.7a Immobiliser la bague inférieure du pivot en position dans le carter de la transmission . . .

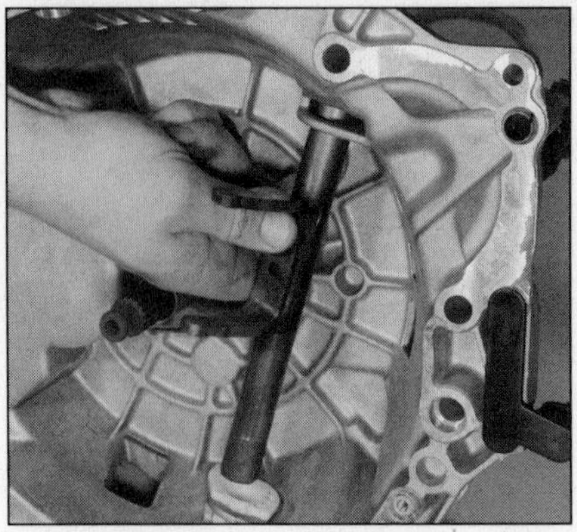

6.7b . . . puis remettre l'arbre de la fourchette de débrayage dans la bague inférieure . . .

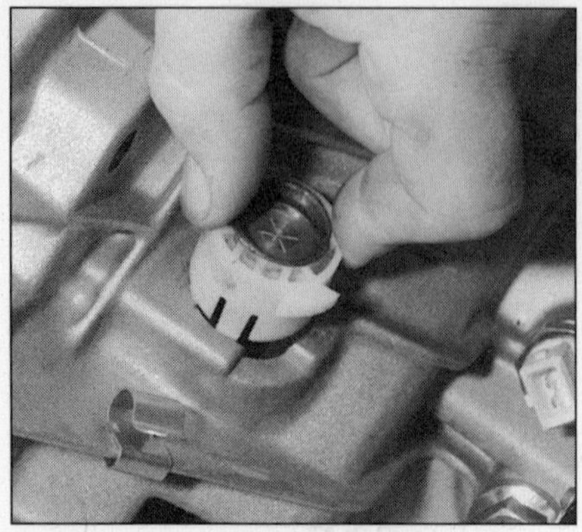

6.7c . . . avant de faire glisser le pivot supérieur le long de l'arbre de la fourchette de débrayage afin de l'amener en position dans le carter de la transmission

Examen

4 Vérifier le mécanisme de débrayage. Remplacer tous les composants usés ou endommagés. Vérifier avec soin toutes les surfaces portantes et les points de contact.

5 Lors de la vérification du roulement de débrayage proprement dit, il vaut souvent mieux le remplacer d'office. Vérifier que la surface de contact tourne librement et aisément, sans bruit et sans point dur et que la surface proprement dite est lisse et parfaitement intacte, sans traces de fissures, piqûres ou rayures. En cas de doute sur son état, remplacer ce roulement. Sur les modèles équipés d'un mécanisme de débrayage du type "à tirage", il faut remplacer l'ensemble plateau compresseur, comme indiqué à la Section 5.

Repose

6 Enduire de graisse à base de disulfure de molybdène les bagues de pivot de l'arbre et les surfaces de contact de la fourchette de débrayage.

7 Positionner la bague inférieure de pivot dans la transmission. S'assurer qu'elle est bien immobilisée par ses languettes de centrage. Remettre en place la fourchette de débrayage. Faire glisser la bague supérieure le long de l'arbre puis l'immobiliser en position dans le carter de transmission **(voir illustrations)**.

8 Sur les modèles équipés d'un mécanisme traditionnel de débrayage de type "pousseur", remonter le levier de débrayage sur l'arbre. Aligner ce levier sur l'orifice de l'arbre puis l'immobiliser en position en enfonçant en position, en le tapotant, un axe de galet neuf. Faire glisser le roulement de débrayage pour l'amener sur l'arbre d'entrée puis le mettre en prise avec la fourchette de débrayage.

9 Reposer la transmission, comme indiqué au Chapitre 7, Partie A.

Chapitre 7 Partie A Transmission mécanique

Table des matières

Spécifications

Généralités

Désignation	BE3
Code de la transmission:	
Moteur A9A	CL 28
Moteurs D9B et DJZ:	
Modèles sans ABR	CL 29
Modèles équipés de l'ABR	CL 45
Moteurs D8A, DHY et DHZ	CL 32 ou CL 79

Rapports de démultiplication

Transmission CL 28:	
Première	2,923 : 1 (13/38 dents)
Seconde	1,850 : 1 (20/37 dents)
Troisième	1,280 : 1 (25/32 dents)
Quatrième	0,969 : 1 (32/31 dents)
Cinquième	0,757 : 1 (37/28 dents)
Marche arrière	3,333 : 1 (12/40 dents)
Différentiel	3,688 : 1 (16/59 dents)
Transmissions CL 29 et CL 45:	
Première	3,455 : 1 (11/38 dents)
Seconde	1,850 : 1 (20/37 dents)
Troisième	1,280 : 1 (25/32 dents)
Quatrième	0,969 : 1 (32/31 dents)
Cinquième	0,757 : 1 (37/28 dents)
Marche arrière	3,333 : 1 (12/40 dents)
Différentiel:	
CL 29	3,938 : 1 (16/63 dents)
CL 45	3,813 : 1 (16/61 dents)
Transmission CL 32:	
Première	3,455 : 1 (11/38 dents)
Seconde	1,850 : 1 (20/37 dents)
Troisième	1,148 : 1 (27/31 dents)
Quatrième	0,828 : 1 (35/29 dents)
Cinquième	0,658 : 1 (38/25 dents)
Marche arrière	3,333 : 1 (12/40 dents)
Différentiel	3,938 : 1 (16/63 dents)

Note: *À la date de mise sous presse, les rapports de démultiplication de la transmission CL 79 n'étaient pas disponibles*

Lubrification

Huile recommandée	Transmission Total BV 75/80 W
Capacité	2 litres
Graisse préconisée pour la tringlerie de changement de rapport	Graisse Esso Norva 275 ou Total Multis G6

Couples de serrage

	da N.m
Boulon du pivot du levier de renvoi de la tringlerie de changement de rapport	2,8
Bouchon de niveau/remplissage d'huile	2,2
Bouchon de vidange d'huile	3,5
Boulons du manchon de guidage du roulement de débrayage	1,2
Ecrous des boulons de retenue du roulement intermédiaire de l'arbre de roue droit	1,0
Ecrous de retenue de rotule de bras inférieur de suspension	4,5
Contacteur de feux de recul	2,5
Couples de serrage du silentbloc moteur/boîte:	
Boulons de fixation du support sur la carrosserie	2,5
Ergot de fixation	5,0
Ecrou central	8,0
Boulons de fixation du moteur sur la transmission	5,0
Boulons de retenue du support du câble d'embrayage (embrayage de "type à tirage" uniquement)	1,8
Boulons des roues	9,0

1 Généralités

La transmission est montée dans un carter en alliage d'aluminium boulonné à l'extrémité gauche du moteur. Elle se compose de la boîte de vitesses et du différentiel. Elle est montée en travers.

La transmission est assurée entre le vilebrequin et l'arbre d'entrée en passant par l'embrayage. L'arbre d'entrée a une rallonge cannelée qui reçoit le disque de l'embrayage. Il tourne dans des roulements à billes scellés. Après cet arbre d'entrée, la transmission est communiquée à l'arbre de sortie qui tourne dans un roulement à galets à son extrémité droite et dans un roulement à billes hermétiquement scellé à son extrémité gauche. Après cet arbre de sortie, la transmission est communiquée à la couronne dentée du différentiel qui tourne en prise avec les pignons du carter du différentiel et les pignons satellites, ce qui permet l'entraînement des pignons épicycloïdaux principaux et des arbres de roues. La rotation des pignons satellites sur leur arbre permet de faire tourner la roue interne à une vitesse plus lente que la roue externe dans les virages.

Les arbres d'entrée et de sortie sont disposés côte à côte et sont parallèles au vilebrequin et aux arbres de roues ce qui fait que la denture de leurs pignons reste constamment en prise. Au point mort, les pignons de l'arbre de sortie tournent librement ce qui fait que la transmission ne peut pas être communiquée à la roue dentée **(voir illustration)**.

La sélection des rapports s'effectue à l'aide d'un levier fixé au

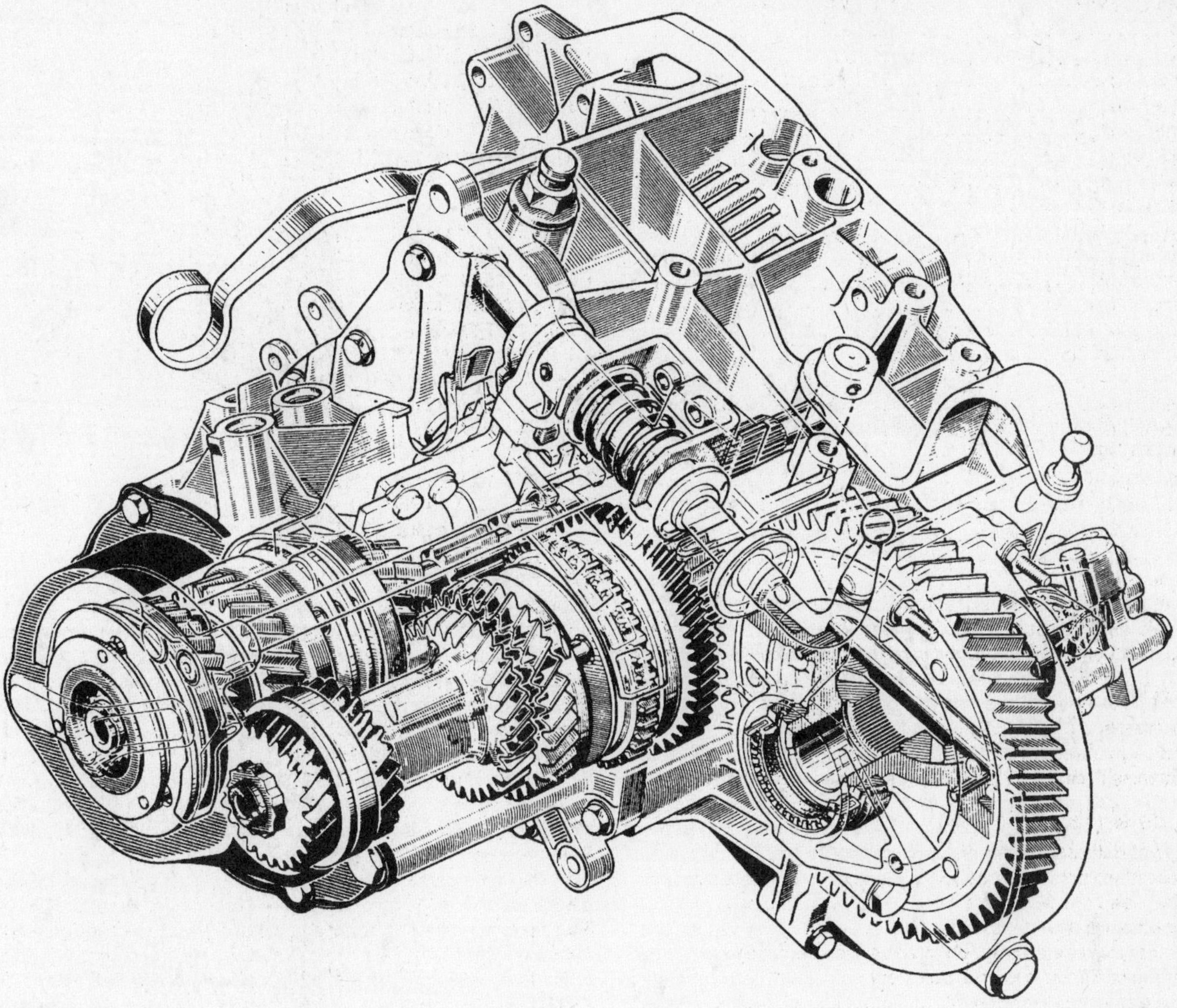

1.3 Vue en coupe de la transmission mécanique BE3

plancher et d'un mécanisme à tringle de sélection. Grâce à cette tringle, la fourchette appropriée de sélection déplace son manchon de synchronisation le long de l'arbre pour bloquer le pignon et le moyeu de synchronisation. Etant donné que les moyeux de synchronisation ont des cannelures d'engrènement sur l'arbre de sortie, cela bloque le pignon sur cet arbre permettant ainsi d'assurer la transmission. Pour obtenir des changements de rapports rapides et silencieux, toutes les vitesses en marche avant sont synchronisées grâce à des bagues d'interdiction et des doigts rappelés par ressort et grâce également à des pignons et des moyeux de synchronisation. Les cônes de synchronisation sont profilés sur les surfaces de contact des bagues d'interdiction et des pignons.

2 Tringlerie de changement de rapport - généralités et réglage

Généralités

1 Si les changements de rapports sont durs, imprécis ou mous et vous amènent à penser que la tringlerie présente un défaut, il faut tout d'abord la démonter complètement puis la vérifier pour s'assurer qu'elle ne présente pas d'usure ou d'endommagement, comme indiqué à la Section 3. Ensuite, il faut la remonter en enduisant d'une graisse spéciale toutes les surfaces portantes.

2 Si cela ne résout pas le problème, demander à un expert d'examiner la voiture car le défaut se trouve certainement à l'intérieur de la transmission proprement dite. Cette tringlerie ne comporte pas de dispositif de réglage à proprement parler. Il convient cependant de noter que bien qu'il soit possible de modifier la longueur des biellettes, cette altération ne se fait que lors du réglage initial et n'a pas pour but de compenser l'usure.

3 S'il faut remplacer les biellettes, ou si la longueur des biellettes d'origine est incorrecte, procéder à leur ajustement, comme suit.

Réglage

4 Bien serrer le frein à main puis soulever au cric l'avant du véhicule et le soutenir à l'aide de chandelles. L'accès aux biellettes est relativement difficile. On peut les atteindre par le haut ou le bas. Sur les modèles Turbo, pour améliorer l'accès par le haut, déposer le refroidisseur intermédiaire et la conduite d'entrée d'air, comme indiqué au Chapitre 4.

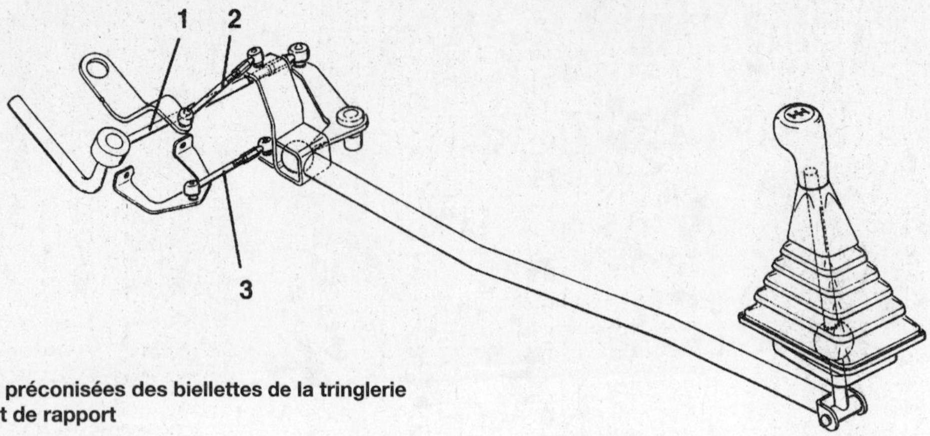

2.5 Longueurs préconisées des biellettes de la tringlerie de changement de rapport

1 260,5 ± 1 mm
2 106 ± 1 mm
3 106,5 ± 1 mm

5 Comme indiqué sur l'illustration 2.5, travailler à l'intérieur du compartiment moteur ou sous ce compartiment pour mesurer la longueur de chaque biellette et la comparer à la valeur correspondante spécifiée. Il convient de noter que les mesures données correspondent à la distance entre pointes des rotules des biellettes et non pas à la longueur totale des biellettes (voir illustration).

6 Si un ajustement s'avère nécessaire, desserrer le contre-écrou, puis extraire avec précaution la biellette concernée de sa rotule, sur la transmission. Visser ou dévisser (suivant les cas) l'extrémité de cette biellette jusqu'à l'obtention de la distance entre pointes spécifiée des rotules de la biellette. Enfoncer ensuite fermement en position sur sa rotule l'extrémité de la biellette qui a été débranchée puis resserrer son contre-écrou.

7 Dès que la longueur de chaque biellette est correcte, vérifier que tous les changements de rapports sont possibles et que le levier de vitesse revient à sa position correcte de repos. Le cas échéant, remettre en place les composants éventuellement déposés pour améliorer l'accès.

3 Tringlerie de changement de rapport - dépose et repose

Dépose

1 Bien serrer le frein à main puis soulever au cric l'avant du véhicule et le soutenir sur des chandelles.

2 Desserrer puis déposer l'écrou. Retirer le boulon de pivot qui immobilise la tringle de sélection au pied du levier de vitesse.

3 A l'aide d'un tournevis à lame plate, extraire avec précaution les trois biellettes au niveau de leurs rotules sur la transmission **(voir illustration)**. Ecarter la tringle de sélection du pivot de renvoi puis la déposer en la faisant passer sous le véhicule.

4 Desserrer les deux vis de retenue puis dégager l'écran thermique à la partie supérieure de l'ensemble mécanisme de direction.

5 Extraire avec précaution le chapeau en plastique du boulon qui immobilise l'arbre de renvoi de la tringlerie de changement de rapport sur la caisse.

6 Desserrer puis retirer le boulon et la rondelle du pivot de renvoi avant de manoeuvrer l'arbre de renvoi et la biellette pour les retirer en les faisant passer sous le véhicule. Récupérer l'entretoise et les bagues de pivot au centre de l'arbre de renvoi.

7 Lorsque le levier a une gaine en cuir, extraire avec précaution le panneau de garniture du levier de vitesse au niveau de la console centrale puis dégager l'attache par pression et bande velcro pour déposer cette gaine. Si la gaine est en caoutchouc, dévisser le pommeau du levier de vitesse puis déposer l'ensemble pommeau et gaine en notant qu'il faudra probablement desserrer les deux écrous de retenue et déposer la petite console centrale avec la gaine. Desserrer les quatre écrous de retenue puis abaisser le levier de vitesse pour l'écarter de sa position et le retirer en le faisant passer sous le véhicule **(voir illustrations)**.

8 Vérifier chaque composant de la tringlerie pour s'assurer qu'il n'y a aucune trace d'usure ou d'endommagement. Prêter une attention toute particulière aux bagues de pivot et aux rotules des biellettes. Remplacer tous les composants usés.

9 Replier la gaine inférieure au pied du levier de vitesse. Dégager la plaque de fixation du levier puis faire glisser la gaine supérieure vers le haut du levier afin d'accéder à la bille du pivot de ce levier. Examiner les composants du levier pour s'assurer qu'ils ne sont pas usés ou endommagés, en prêtant une attention toute particulière aux gaines en caoutchouc. Remplacer tous les composants usés. Après avoir retiré la bague de retenue, il est possible d'écarter le levier de son socle **(voir illustrations)**.

Repose

10 La repose se fait dans l'ordre inverse des opérations de dépose, en notant les points suivants:

(a) Avant d'effectuer la repose, vérifier et, le cas échéant, régler la longueur des biellettes, comme indiqué à la Section 2.
(b) Enduire d'une graisse spéciale (voir Spécifications) la bille du pivot du levier de vitesse, les rotules des biellettes et la bille de l'arbre de renvoi et les bagues de pivot.
(c) S'assurer que les gaines en caoutchouc du levier de vitesse ont repris leur position correcte avant de remonter ce levier sur le véhicule.
(d) Resserrer le boulon du pivot de renvoi au couple spécifié et s'assurer que les bielles reposent fermement contre leurs rotules.

4 Joints d'huile - remplacement

Joint d'huile de l'arbre de roue

1 Bloquer les roues arrière du véhicule avec des cales. Bien serrer le frein à main puis soulever au cric l'avant du véhicule et le soutenir sur des chandelles. Déposer la roue avant appropriée.

2 Vidanger l'huile de transmission, comme indiqué au Chapitre 1.

3 Desserrer puis retirer les trois écrous qui immobilisent la rotule sur le bras inférieur de la suspension puis retirer les boulons afin de

3.3 Débranchement des trois biellettes (flèches) de la tringlerie de changement de rapports au niveau de leurs rotules de transmission

3.7a Desserrer puis retirer les quatre écrous de retenue . . .

3.7b . . . et déposer le levier de changement de vitesse en le faisant passer sous le véhicule

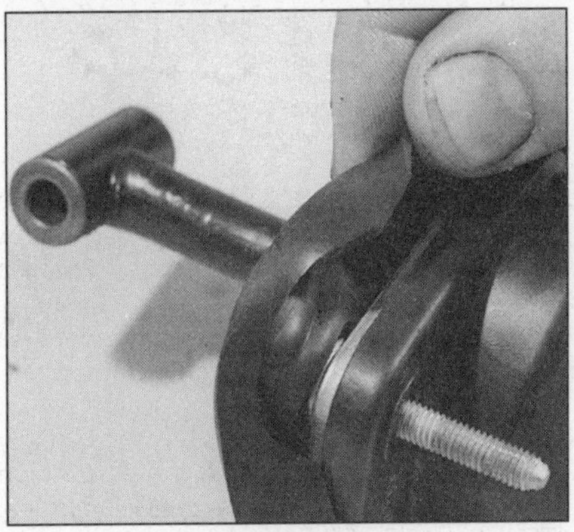

3.9a Replier la gaine inférieure . . .

3.9b . . . puis dégager la plaque de montage . . .

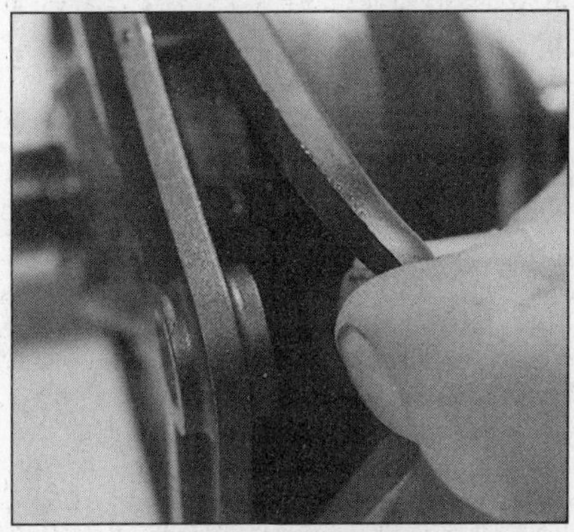

3.9c . . . et replier la gaine supérieure pour l'écarter du pied du levier

libérer la rotule du bras. Mettre les écrous au rebut. En utiliser des neufs lors de la repose. Procéder comme indiqué aux différents en-têtes suivants.

Joint droit

4 Desserrer les deux écrous des boulons de retenue du roulement intermédiaire puis faire tourner ces boulons de 90° afin d'éloigner leur tête décalée du chemin de roulement externe.

5 Extraire avec précaution l'ensemble moyeu du pivot puis tirer sur l'extrémité interne de l'arbre de roue pour libérer le roulement intermédiaire de son support de fixation.

6 Dès que l'extrémité de l'arbre de roue est dégagée de la transmission, faire glisser le joint pare-poussière pour le retirer par l'extrémité interne de l'arbre. Noter le sens dans lequel il est monté. Soutenir l'extrémité interne de l'arbre de roue pour ne pas endommager les joints homocinétiques ou les gaines.

7 Extraire avec précaution le joint d'huile de la transmission en utilisant un gros tournevis à lame plate **(voir illustration)**.

3.9d Le levier et son socle peuvent être séparés après avoir débloqué la bague de retenue

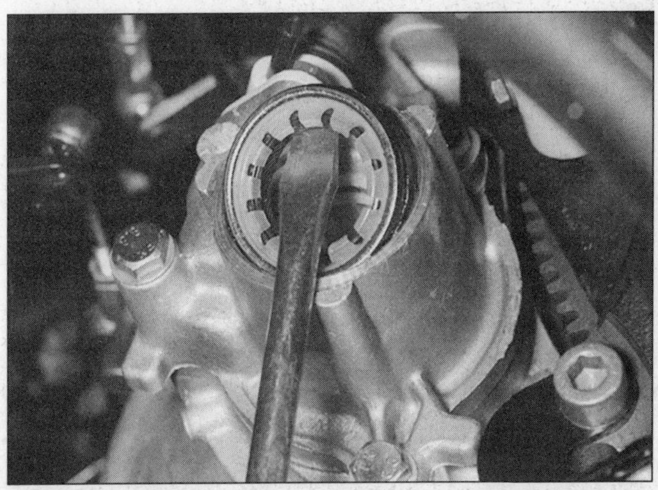

4.7 Utilisation d'un gros tournevis à lame plate pour extraire les joints d'huile de l'arbre de roue

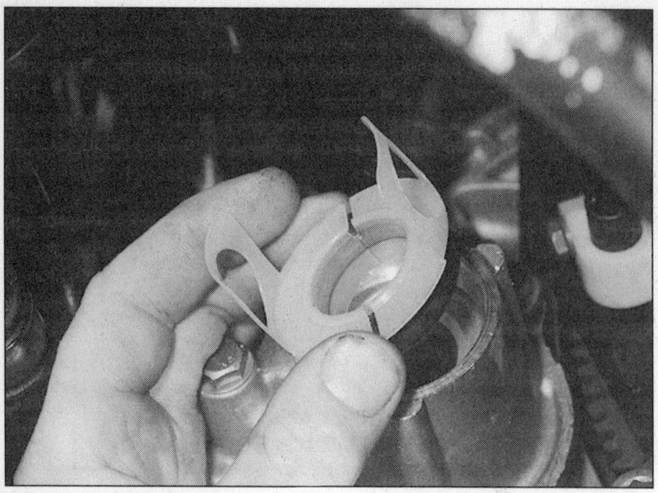

4.8a Mise en place d'un joint neuf sur la transmission, en notant la gaine de protection en matière plastique . . .

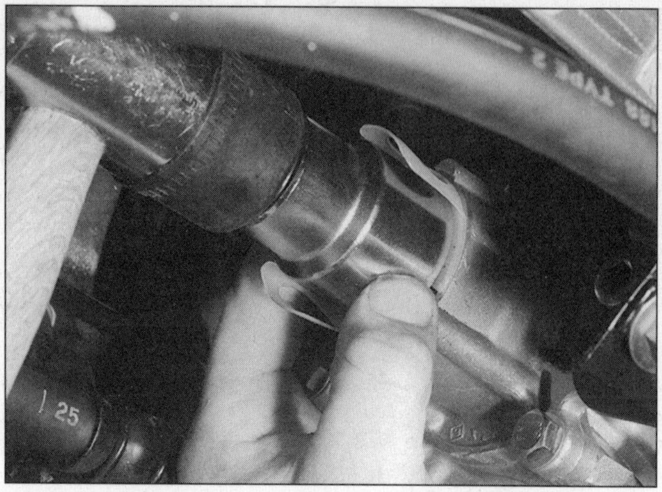

4.8b . . . et utilisation d'un jet tubulaire de diamètre approprié pour l'amener en position

8 Retirer toutes les traces de poussière dans la zone voisine du joint d'huile puis enduire de graisse la lèvre extérieure du joint d'huile neuf. Introduire ce joint neuf dans son ouverture puis l'amener en position, d'équerre, en utilisant un jet tubulaire de type approprié (ou une douille de diamètre correct) qui ne repose que sur le bord externe dur du joint, afin d'amener ce dernier en position contre son épaulement de centrage. Si le joint comporte un manchon de protection en matière plastique, laisser ce dernier en position jusqu'au moment de remettre en place l'arbre de roue **(voir illustrations)**.

9 Nettoyer soigneusement les cannelures de l'arbre de roue puis passer une mince couche de graisse sur les lèvres du joint d'huile et sur les cannelures de l'extrémité interne de l'arbre de roue.

10 Faire glisser le joint pare-poussière pour l'amener en position à l'extrémité de l'arbre. S'assurer que sa surface plate est dirigée vers la transmission.

11 Procéder avec précaution pour mettre les cannelures internes de l'arbre de roue sur celles du pignon principal du différentiel en faisant très attention de ne pas endommager le joint d'huile. Ensuite, aligner le roulement intermédiaire sur son support de fixation puis enfoncer à fond en position l'arbre de roue. Le cas échéant, utiliser un maillet à panne douce pour amener le chemin de roulement externe en position dans le support de fixation.

12 S'assurer que le roulement intermédiaire occupe son emplacement correct puis faire tourner ses boulons de retenue de 90°, mais dans l'autre sens, pour amener leur tête décalée contre le chemin de roulement externe. Serrer alors les écrous de retenue au couple spécifié. Retirer, éventuellement, la gaine de protection en plastique du joint puis faire glisser le joint pare-poussière vers le haut pour l'amener contre le joint d'huile.

13 Aligner la rotule et le bras inférieur puis mettre en place les trois boulons de retenue. Mettre en position des écrous de retenue neufs sur ces boulons puis les serrer au couple spécifié.

14 Remettre en place la roue puis ramener le véhicule au sol. Resserrer les boulons de la roue au couple spécifié.

15 Refaire le plein de la transmission en utilisant le volume spécifié de liquide/d'huile de type préconisé. Vérifier le niveau, comme indiqué au Chapitre 1.

Joint gauche

16 Tirer avec précaution sur le moyeu du pivot pour le faire sortir. Retirer de la transmission le joint homocinétique interne de l'arbre de roue en faisant très attention de ne pas endommager le joint d'huile de l'arbre de roue. Soutenir cet arbre pour ne pas endommager les joints homocinétiques ou les galets.

17 Remplacer le joint d'huile, comme indiqué aux paragraphes 7 à 9 précédents.

18 Procéder avec précaution pour amener les cannelures des joints homocinétiques internes en prise avec celles du pignon principal du différentiel, en faisant très attention de ne pas endommager le joint d'huile. Enfoncer au maximum l'arbre de roue. Le cas échéant, retirer la gaine de protection en plastique du joint d'huile.

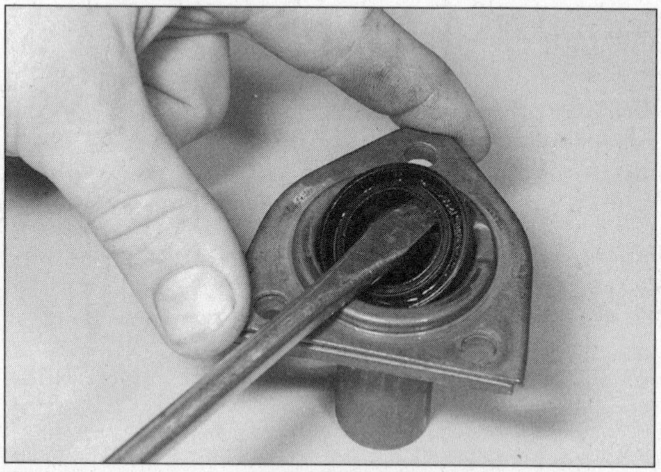

4.22 Retrait du joint de l'arbre d'entrée au niveau du manchon de guidage

19 Effectuer les opérations décrites aux paragraphes 13 à 15 précédents.

Joint d'huile d'arbre d'entrée

20 Déposer la transmission du véhicule, comme indiqué à la Section 7.

21 Desserrer les trois boulons qui immobilisent le manchon de guidage du roulement de débrayage en position puis faire glisser le manchon de guidage pour le retirer de son entrée avec son joint torique ou son joint plat (suivant les cas). Récupérer les rondelles de butée qui peuvent rester collés au dos du manchon de guidage. Les remettre sur l'arbre d'entrée.

22 Extraire, avec précaution, le joint d'huile du manchon de guidage en utilisant un tournevis à lame plate de taille appropriée **(voir illustration)**.

23 Avant de mettre en place un joint neuf, vérifier la surface de frottement du joint de l'arbre d'entrée pour s'assurer qu'il n'y a pas de traces de bavures, rainures ou autres endommagements qui ont probablement été à l'origine de la défaillance de ce joint. Il est possible d'éliminer les petits défauts de ce type avec de la toile émeri fine. Cependant, lorsque les défauts sont plus importants, il faut remplacer l'arbre d'entrée. S'assurer que l'arbre d'entrée est propre et graissé afin de protéger les lèvres du joint lors de la repose.

24 Plonger le joint neuf dans de l'huile propre avant de le mettre en place sur le manchon de guidage.

4.25a Mise en place d'un joint torique ou d'un joint plat neuf (suivant les cas) . . .

4.25b . . . puis repose, avec précaution, du manchon de guidage de l'arbre d'entrée . . .

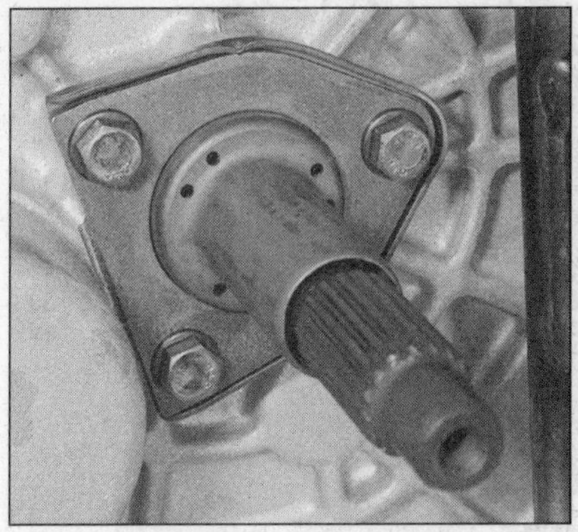

4.25c . . . et immobilisation de ce dernier en position avec ses trois boulons de retenue

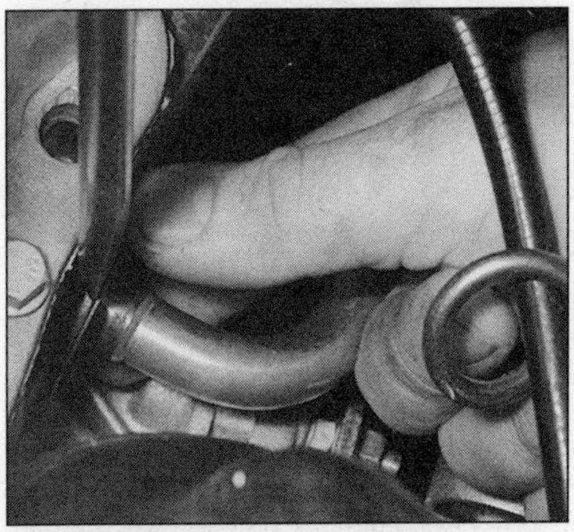

4.29a Utiliser un gros tournevis à lame plate pour extraire le joint de l'arbre du sélecteur . . .

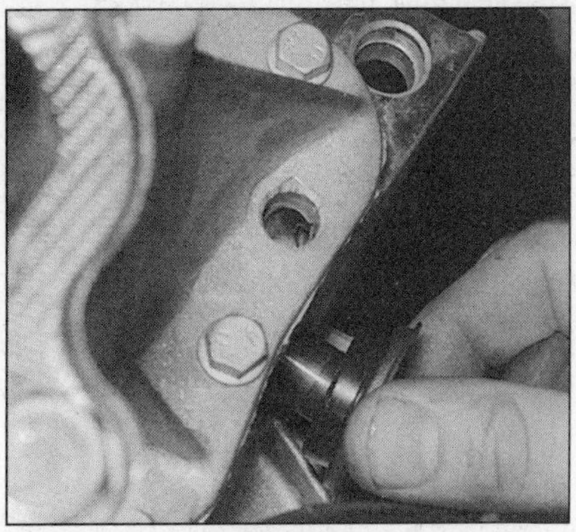

4.29b . . . puis faire glisser ce joint pour le retirer de l'arbre

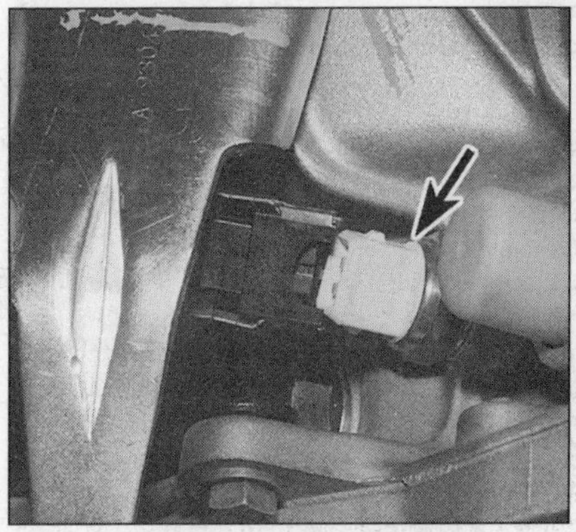

5.3 Débranchement du connecteur électrique du contacteur des feux de recul (flèche)

25 Mettre en place un joint torique ou un joint plat neuf (suivant les cas) au dos du manchon de guidage. Faire glisser, avec précaution, ce manchon pour l'amener en position sur l'arbre d'entrée. Mettre en place les boulons de retenue puis les serrer au couple spécifié **(voir illustrations)**.

26 Remonter la transmission sur le véhicule, comme indiqué à la Section 7.

Joint d'huile de l'arbre de sélection

27 Garer le véhicule sur un terrain horizontal. Bien serrer le frein à main puis soulever l'avant du véhicule au cric et le soutenir sur des chandelles. Retirer la roue avant gauche puis enlever le couvercle d'accès au centre de la garniture du passage de roue.

28 A l'aide d'un gros tournevis à lame plate, extraire, avec précaution, la rotule de la biellette pour la retirer de l'arbre du sélecteur de transmission. Débrancher cette biellette.

29 Extraire de son carter, avec précaution, le joint de l'arbre du sélecteur puis le faire glisser pour le retirer par l'extrémité de l'arbre **(voir illustrations)**.

30 Avant de mettre en place un joint neuf, vérifier la surface de frottement du joint de l'arbre du sélecteur pour s'assurer qu'il n'y a pas de traces de bavures, rayures ou autres endommagements qui sont probablement à l'origine de la défaillance de ce joint. Il est possible d'éliminer les petits défauts de ce type avec de la toile émeri fine. Cependant, lorsque les défauts sont plus importants, il faut remplacer l'arbre du sélecteur. S'assurer que l'arbre d'entrée est propre et graissé afin de protéger les lèvres du joint lors de la repose.

31 Enduire de graisse le bord externe du joint neuf ainsi que sa lèvre d'étanchéité. Faire glisser, avec précaution, ce joint le long de la tringle de sélection. Bien enfoncer ce joint pour l'amener en position dans le carter de la transmission.

32 Rebrancher la biellette sur l'arbre du sélecteur. S'assurer que la rotule repose fermement contre l'arbre. Ramener le véhicule au sol.

5 Contacteur de feux de recul - essai, dépose et repose

Essai

1 Le circuit des feux de recul est contrôlé par un contacteur à plongeur qui vient se visser sur la partie supérieure du carter de la transmission. Si ce circuit présente une anomalie, il faut tout d'abord s'assurer que son fusible n'a pas grillé.

2 Pour tester ce contacteur, débrancher le connecteur électrique puis utiliser un multimètre (réglé sur la fonction ohmmètre) ou un circuit d'essai à batterie et à ampoule pour s'assurer qu'il y a continuité entre les bornes du contacteur uniquement lorsque la marche arrière est enclenchée. Si ce n'est pas le cas et s'il n'y a pas de cassures évidentes ou d'endommagement visible des fils, il convient de remplacer ce contacteur car il est défectueux.

Dépose

3 Pour déposer ce contacteur, débrancher son connecteur électrique puis le dévisser du carter de la transmission avec sa rondelle d'étanchéité **(voir illustration)**.

Repose

4 Mettre en place une rondelle d'étanchéité neuve sur le contacteur puis le visser en position sur la partie supérieure du carter de la transmission. Le serrer au couple spécifié. Rebrancher son connecteur puis tester le fonctionnement de ce circuit.

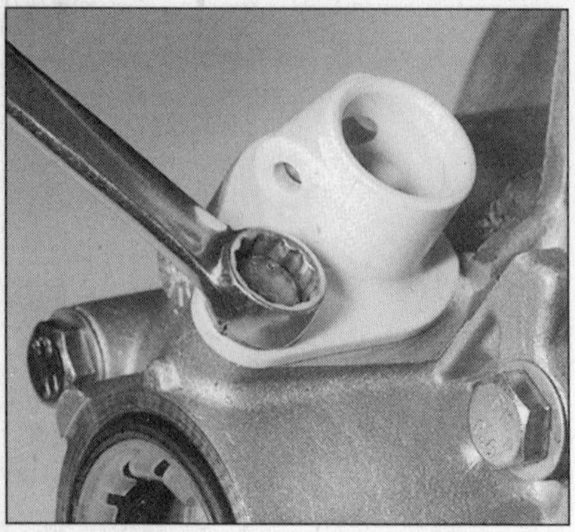

6.3a Desserrage et dépose du boulon de retenue . . .

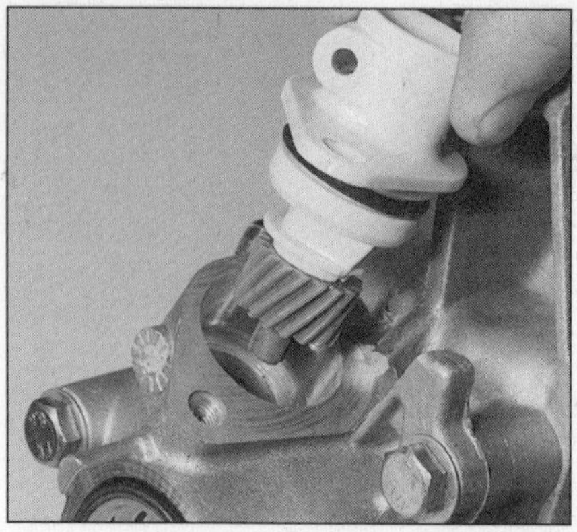

6.3b . . . puis retrait de l'entraînement du compteur de vitesse au niveau de la transmission (la transmission a été déposée pour des raisons de clarté)

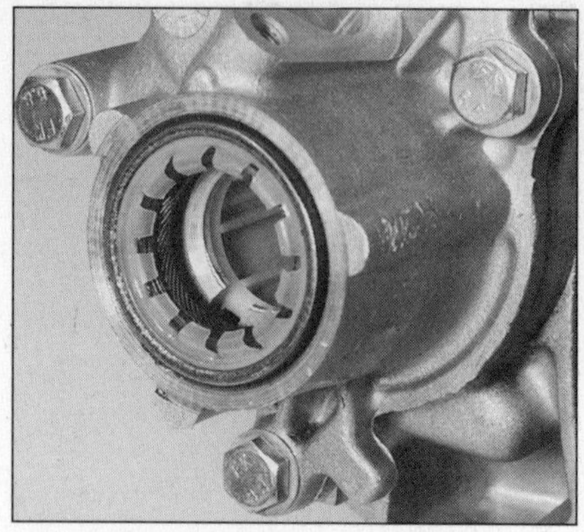

6.5a Desserrage des trois boulons de retenue . . .

6 Entraînement du compteur de vitesse - dépose et repose

Dépose

1 Bloquer les roues arrière avec des cales. Bien serrer le frein à main, soulever au cric l'avant du véhicule et le soutenir sur des chandelles. L'entraînement du compteur de vitesse se trouve au dos du carter de la transmission, juste à côté de l'extrémité interne de l'arbre de roue droit.

2 Extraire la broche de retenue du câble du compteur de vitesse puis débrancher ce câble au niveau de l'entraînement de ce compteur. Le cas échéant, débrancher le connecteur électrique au niveau de cet entraînement.

3 Desserrer puis retirer le boulon de retenue ainsi que l'écran thermique (le cas échéant) avant de déposer l'ensemble entraînement du compteur de vitesse et pignon mené du carter de la transmission, avec son joint torique **(voir illustrations)**.

4 Le cas échéant, faire glisser le pignon pour l'extraire du carter et retirer le joint d'huile par le haut de ce carter. Examiner le pignon pour s'assurer qu'il n'est pas endommagé. Le cas échéant, le remplacer. Remplacer d'office le joint torique du carter.

5 Si le pignon mené est usé ou endommagé, examiner également le pignon menant du carter de la transmission pour s'assurer qu'il ne présente pas de défauts similaires. Pour déposer ce pignon menant, débrancher tout d'abord l'arbre de roue droit au niveau de la transmission, comme indiqué aux paragraphes 1 à 7 de la Section 4. Desserrer les trois boulons de retenue puis déposer de la transmission le carter du compteur de vitesse ainsi que son joint torique. Retirer du différentiel le pignon menant. Récupérer les cales éventuelles de réglage du différentiel **(voir illustrations)**.

Repose

6 Si le pignon menant a été déposé, remettre en place les cales d'épaisseur sur le différentiel puis positionner l'entraînement du compteur de vitesse sur le différentiel en s'assurant qu'il vient correctement se mettre en prise dans les fentes de cet engrenage **(voir illustration)**. Mettre en place un joint torique neuf au dos du carter du compteur de vitesse puis remonter ce carter sur la transmission et bien en serrer les vis de retenue. Examiner le joint d'huile de l'arbre de roue pour s'assurer qu'il n'y a pas de traces d'usure. Le cas échéant, le remplacer. Remonter ensuite l'arbre de roue sur la transmission en utilisant les informations de la Section 4.

7 Le cas échéant, enduire de graisse les lèvres du joint et l'arbre du pignon mené puis faire glisser ce pignon pour l'amener en position à l'intérieur de l'entraînement du compteur de vitesse.

8 Mettre un joint torique neuf sur l'entraînement du compteur de vitesse puis remettre ce dernier en position sur la transmission en s'assurant que les pignons menant et mené sont parfaitement en prise.

9 Remettre le boulon de retenue et l'écran thermique (le cas échéant) puis bien visser ce boulon. Le cas échéant, rebrancher le

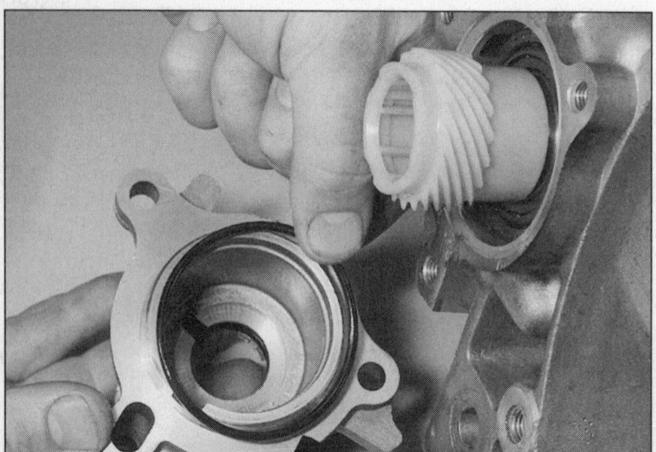

6.5b . . . puis retrait du carter, du joint torique et du pignon d'entraînement, au niveau de la transmission (la transmission a été déposée pour des raisons de clarté)

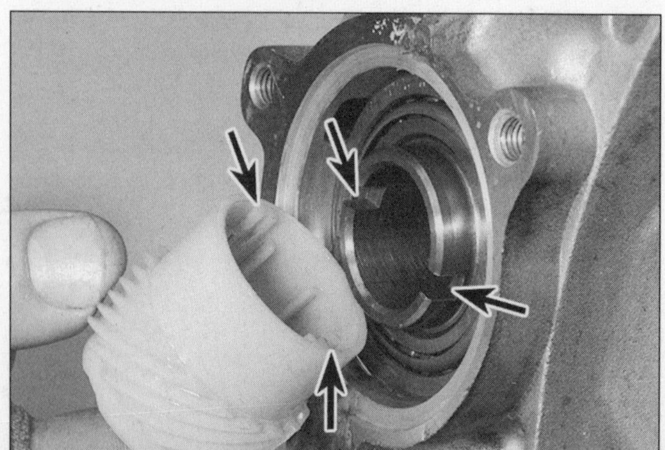

6.6 Lors de la repose, s'assurer que les tocs du pignon d'entraînement sont bien en prise sur les fentes du différentiel (flèches)

7.3a Desserrage des quatre boulons de retenue . . .

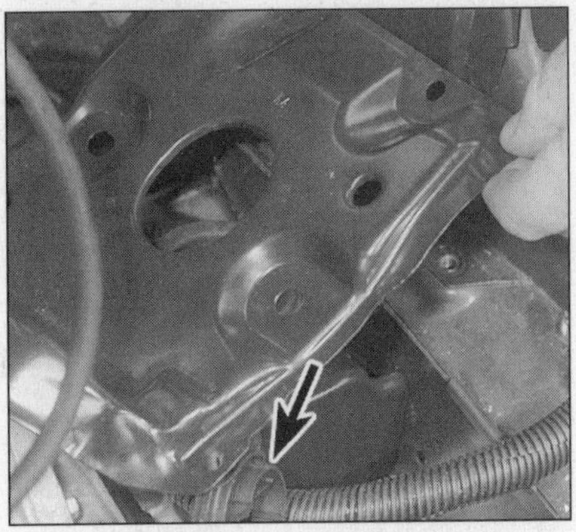

7.3b . . . puis retrait du plateau support de la batterie. Noter le collier de retenue du câblage (flèches)

7.8 Desserrage puis retrait des boulons (flèches) et débranchement des sangles de mise à la masse de la transmission

connecteur électrique sur l'entraînement du compteur de vitesse.

10 Enduire d'huile les joints toriques du câble du compteur de vitesse puis rebrancher ce câble sur l'entraînement et l'immobiliser en position à l'aide de la broche de retenue en caoutchouc. Ramener le véhicule au sol.

7 Transmission mécanique - dépose et repose

Dépose

1 Bloquer les roues arrière avec des cales. Bien serrer le frein à main, soulever au cric l'avant du véhicule et le soutenir sur des chandelles. Retirer les deux roues avant.

2 Vidanger l'huile de transmission, comme indiqué au Chapitre 1, puis remettre en place les bouchons de vidange et de remplissage et les serrer aux couples spécifiés.

3 Déposer la batterie et son support, comme indiqué au Chapitre 5. Desserrer puis retirer les boulons de retenue du plateau support de la batterie puis débrancher le câblage au niveau de ses colliers de retenue en bordure de ce plateau avant de déposer ce dernier **(voir illustrations)**.

4 Déposer le démarreur, comme indiqué au Chapitre 5.

5 Déposer le carter de l'épurateur d'air et la conduite d'entrée, comme indiqué au Chapitre 4. Sur les modèles Turbo, retirer également le refroidisseur intermédiaire.

6 Sur les modèles équipés d'une pompe à vide entraînée par courroie pour le système de freinage, lorsque cette pompe se trouve en haut du carter de transmission, la déposer comme indiqué au Chapitre 9.

7 Desserrer au maximum le contre-écrou du câble de l'embrayage et l'écrou de réglage puis débrancher les embouts des fils interne et externe au niveau du support de fixation avant de libérer le levier. Débrancher le câble au niveau de tous ses colliers de retenue puis l'écarter de la transmission.

8 Débrancher le connecteur électrique au niveau du contacteur de feux de recul et, le cas échéant, du carter d'entraînement du compteur de vitesse. Desserrer les boulons de retenue puis débrancher les sangles de mise à la masse à la partie supérieure du carter de transmission **(voir illustration)**.

9 Débrancher le connecteur électrique au niveau du capteur de PMH qui se trouve au dos du bloc-cylindre puis débrancher le câblage au niveau de son collier de fixation, à la partie supérieure du carter de transmission.

10 A l'aide d'un tournevis à lame plate, extraire avec précaution les trois biellettes du mécanisme de changement de rapport pour les écarter de leurs rotules respectives sur la transmission **(voir illustration)**. Ecarter ces biellettes de la transmission.

11 Sur les modèles équipés de la direction assistée, desserrer les écrous qui immobilisent la durit de la direction assistée à la partie inférieure de la transmission puis dégager cette durit de ses ergots de retenue **(voir illustrations)**.

7.10 Extraire avec précaution les biellettes de changement de rapport au niveau de leurs rotules de transmission à l'aide d'un gros tournevis à lame plate

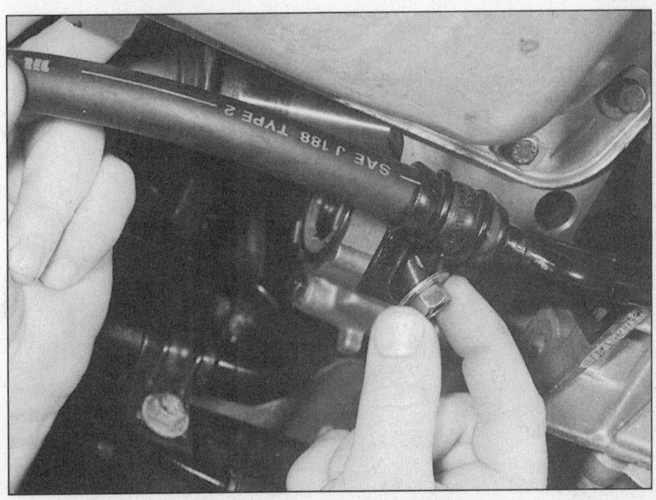

7.11a Sur les modèles équipés de la direction assistée, desserrer les écrous de retenue . . .

7.11b . . . puis débrancher la durit de la direction assistée au niveau de ses supports qui se trouvent sous la transmission

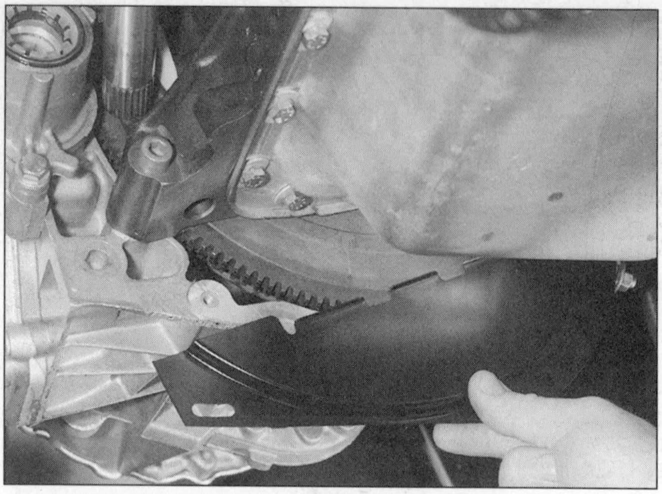

7.12 Dépose du couvercle inférieur du volant moteur

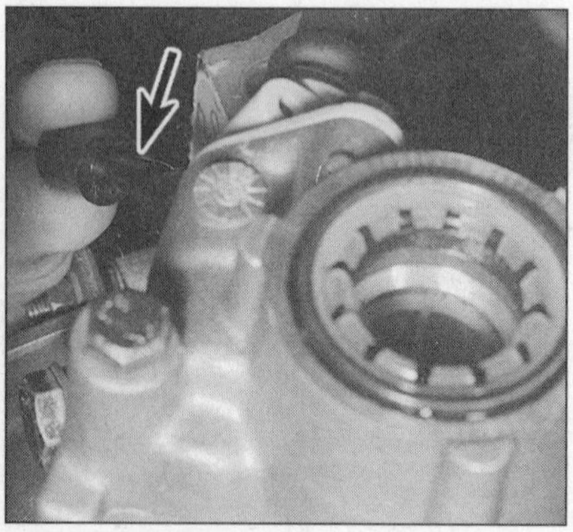

7.13a Retrait de la broche de retenue en caoutchouc (flèche) . . .

7.13b . . . et débranchement du câble du compteur de vitesse au niveau de la transmission

7.19a Retrait de l'écrou central et de sa rondelle au niveau du silentbloc gauche . . .

12 Desserrer les boulons de retenue puis déposer le couvercle inférieur du volant moteur, au niveau de la transmission **(voir illustration)**.

13 Retirer la broche de retenue en caoutchouc puis débrancher le câble du compteur de vitesse au niveau du carter d'entraînement, avant de le décrocher de ses colliers de retenue **(voir illustrations)**.

14 Desserrer puis retirer les trois écrous qui immobilisent la rotule sur le bras inférieur gauche de la suspension puis retirer les boulons et écarter la rotule du bras. Mettre les écrous au rebut. En utiliser des neufs lors de la repose, Recommencer cette procédure sur le côté droit.

15 Dégager de la transmission l'extrémité interne de l'arbre de roue droit, comme indiqué aux paragraphes 4 à 6 de la Section 4.

16 Pour débrancher le joint homocinétique interne de l'arbre de roue gauche au niveau de la transmission, tirer sur l'ensemble moyeu de pivot vers l'extérieur puis retirer ce joint de la transmission en faisant très attention de ne pas endommager le joint d'huile de l'arbre de roue. Soutenir cet arbre pour ne pas endommager les joints homocinétiques ou les gaines.

17 Placer un cric sous le moteur, en interposant une cale en bois entre ce cric et le moteur. Soutenir le poids du moteur. En variante, fixer deux oeillets de levage sur le moteur puis utiliser un treuil ou une barre support pour soutenir le poids du moteur.

18 Placer un cric et une cale en bois sous la transmission. Faire monter ce cric pour soutenir le poids de la transmission.

19 Desserrer puis retirer l'écrou central et sa rondelle au niveau du silentbloc gauche de l'ensemble moteur/transmission. Desserrer les deux boulons qui immobilisent l'ensemble silentbloc sur la carrosserie du véhicule puis déposer cet ensemble avec son entretoise. Dévisser l'ergot de fixation qui se trouve à la partie supérieure du carter de la transmission puis le retirer avec sa rondelle. Si cet ergot est très serré, utiliser un extracteur universel pour le dévisser **(voir illustrations)**.

20 Sur les modèles équipés d'un mécanisme de débrayage du type "poussoir" (voir Chapitre 6 pour de plus amples informations), retirer la broche de retenue puis déposer le levier de débrayage de la partie supérieure de l'arbre de la fourchette de débrayage. Cette intervention est nécessaire pour permettre à l'arbre de la fourchette de tourner librement et de se désolidariser du roulement de débrayage lorsqu'on écarte la transmission du moteur. Tracer un repère d'alignement dans l'axe transversal et au centre de l'arbre de la fourchette de débrayage à l'aide de peinture, d'une pointe à tracer ou d'un article similaire et tracer un repère indiquant sa position par rapport au carter de la transmission **(voir illustrations)**. Desserrer les boulons de retenue puis déposer le support du câble de l'embrayage de la partie supérieure du carter de la transmission.

21 Alors que le cric qui se trouve sous la transmission en soutient le poids, desserrer puis retirer les boulons de retenue qui immobilisent le carter de transmission sur le moteur. Noter l'emplacement de chaque boulon et des supports nécessaires, lors de cette dépose, afin d'avoir les références requise pour la repose. Procéder à une vérification finale pour s'assurer que tous les composants nécessaires ont bien été débranchés et écartés de la transmission afin de ne pas gêner la procédure de dépose.

22 Après avoir retiré les boulons, déplacer le cric rouleur et la transmission vers la gauche pour la désolidariser de ses goujons de centrage.

7.19b . . . puis desserrage des deux boulons de retenue et retrait de l'ensemble support de fixation . . .

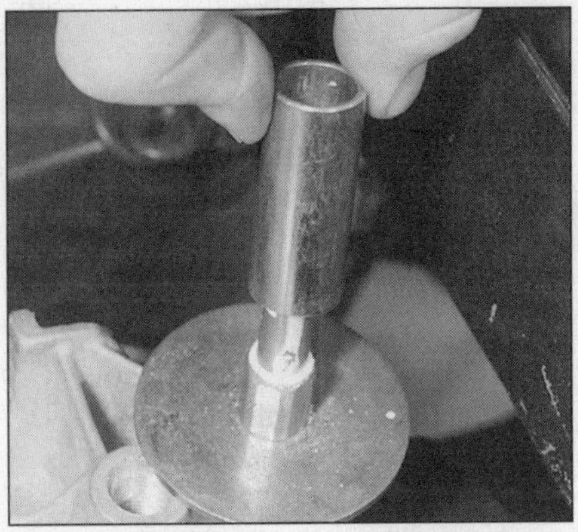
7.19c . . . avant de faire coulisser l'entretoise pour l'écarter de l'ergot de fixation

7.19d Si l'ergot de fixation est très serré, le dévisser à l'aide d'un extracteur universel

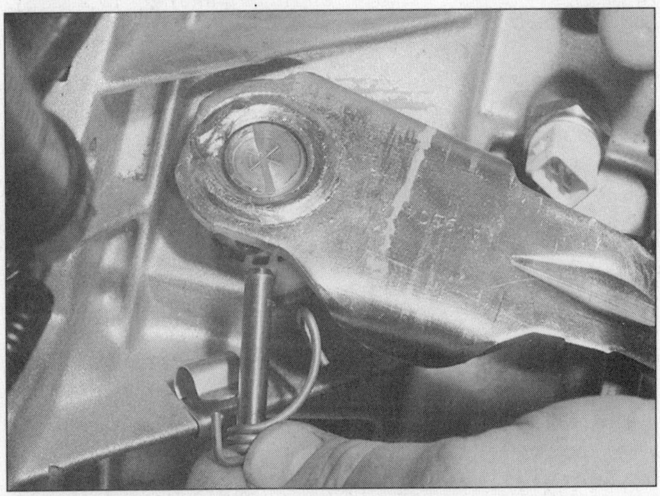
7.20a Sur les modèles équipés d'un embrayage de type "à tirage", retirer la broche de retenue . . .

7.20b . . . puis déposer le levier de débrayage . . .

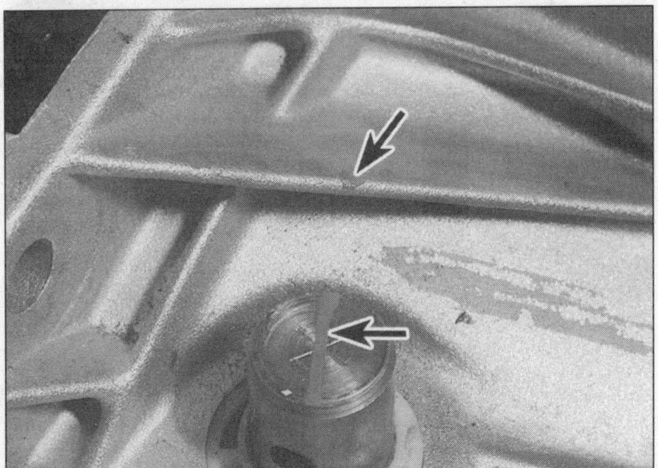
7.20c . . . et tracer un repère d'alignement sur l'arbre de la fourchette de débrayage et le carter de la transmission (flèches)

7.23 Dépose de la transmission du véhicule

23 Dès que la transmission est ainsi libérée, faire descendre le cric puis manoeuvrer l'ensemble pour le faire passer sous le véhicule **(voir illustration)**. Si les goujons de centrage se sont desserrés, les retirer de la transmission ou du moteur et les conserver en lieu sûr.

24 Sur les modèles équipés d'un mécanisme de débrayage de type "à tirage", tracer un deuxième repère d'alignement sur le carter de la transmission, pour identifier la position par rapport à la fourchette de débrayage après la dépose. Noter également l'angle d'installation de ces fourchettes **(voir illustration 7.25a)**. Ce repère pourra ensuite servir à mettre en position la fourchette de débrayage avant de l'installer, pour s'assurer qu'elle est parfaitement en prise avec le roulement du débrayage lors de la repose de la transmission.

7.25a Sur les modèles équipés d'un embrayage du type "à tirage", avant d'effectuer la remise en place de la transmission, aligner le repère de la fourchette de débrayage sur le deuxième repère effectué lors de la dépose . . .

7.25b . . . puis positionner le roulement de débrayage de telle sorte que son repère HAUT se trouve en haut et son repère BAS en bas

Repose

25 La repose de la transmission se fait dans l'ordre inverse des opérations de dépose, en tenant compte des points suivants:

(a) Légèrement enduire de graisse à point de fusion élevé les cannelures de l'arbre d'entrée de la transmission. Ne pas trop en mettre, sinon cette graisse risque de contaminer le disque de l'embrayage.

(b) S'assurer, avant l'installation, que les goujons de centrage occupent une position correcte.

(c) Sur les modèles équipés d'un embrayage du type "à tirage", avant d'effectuer la repose, positionner le roulement de débrayage de telle sorte que son repère HAUT se trouve à la partie supérieure et son repère BAS à la partie inférieure et aligner le repère de l'arbre de la fourchette de débrayage sur le deuxième repère effectué sur le carter de la transmission ***(voir illustrations)****. Cela permettra d'obtenir un engrènement correct de la fourchette de débrayage et du roulement lors de la repose de la transmission sur le moteur. Si ce roulement et cette fourchette sont bien en prise, le repère de l'arbre doit être aligné sur le premier repère effectué sur le carter de la transmission.* ***S'assurer que la fourchette de débrayage et le roulement sont bien en prise avant de boulonner la transmission sur le moteur.***

(d) Verser du produit de freinage de filetage sur les filets de l'ergot gauche de fixation du moteur sur la transmission avant de remettre cet ergot sur la transmission ***(voir illustration)****. Serrer cet ergot au couple spécifié.*

(e) Resserrer tous les écrous et les boulons au couple spécifié (le cas échéant).

(f) Remplacer les joints d'huile des arbres de roue puis remonter ces arbres sur la transmission en utilisant les informations de la Section 4.

(g) Une fois ces opérations terminées, refaire le plein de lubrifiant de la transmission en utilisant le volume spécifié de produit du type préconisé, comme indiqué au Chapitre 1.

7.25c Avant la repose, verser du liquide de freinage de filetage sur les filets de l'ergot de fixation

8 Révision de la transmission mécanique - généralités

La révision d'une transmission mécanique est une tâche difficile et complexe que peu de bricoleurs sont en mesure de réaliser. Outre le fait qu'il faut démonter et remonter de nombreux composants de petite taille, il convient de mesurer avec précision les jeux et, le cas échéant, de les changer en sélectionnant des cales d'épaisseur et entretoises spécifiques. Il est en outre souvent difficile d'obtenir des composants internes de la transmission et, dans de nombreux cas, ces composants sont très onéreux. Pour toutes ces raisons, si la transmission présente une anomalie ou devient bruyante, il vaut mieux demander à un spécialiste de réviser cet ensemble ou se procurer un ensemble standard remis en état.

Néanmoins, les bricoleurs les plus qualifiés peuvent effectuer la révision d'une transmission à condition de disposer de l'outillage spécial nécessaire et à condition également de respecter pas à pas les différentes opérations prévues afin de ne rien oublier.

L'outillage nécessaire pour une telle révision se compose des éléments suivants: des pinces pour joncs d'arrêt internes et externes, des extracteurs de roulements, un marteau à coulisse, un jeu de pointeaux, un comparateur d'essai à cadran et, éventuellement, une presse hydraulique. En outre, il faut disposer d'un établi robuste et de grande taille et d'un étau.

Lors du démontage de la transmission, prendre des notes très précises sur le positionnement de chaque composant afin de simplifier le remontage et d'obtenir le résultat le plus précis possible.

Avant de démonter la transmission, il vaut mieux avoir une idée du secteur présentant des anomalies. Certains problèmes sont étroitement liés à des zones spécifiques de la transmission, ce qui permet de simplifier l'examen et le remplacement des composants affectés. Pour de plus amples informations, consulter la Section Diagnostic des défauts qui se trouve au début de ce manuel.

Chapitre 7 Partie B
Transmission automatique

Table des matières

Spécifications

Généralités

Désignation	4 HP 14
Code de la transmission	GZ 57

Rapports de démultiplication

Première	2,415 : 1
Seconde	1,370 : 1
Troisième	1,000 : 1
Quatrième	0,739 : 1
Marche arrière	2,833 : 1
Différentiel	3,666 : 1 (18/66 dents)

Lubrification

Huile préconisée	Dexron II type ATF
Contenance (approximative) :	
Circuit complet	6,2 litres
Vidange et complément de plein	2,4 litres

Couples de serrage

	da N.m
Fixations du câble du sélecteur :	
Contre-écrous du câble externe	1,0
Boulons du support de fixation sur transmission	2,0
Vis du câble sur support de fixation	1,0
Ecrous de retenue du levier du sélecteur	0,7
Vis de la poignée du levier du sélecteur	0,2
Ecrou de retenue du levier du sélecteur de la transmission	3,0
Boulon central du refroidisseur de liquide	5,0
Silentbloc gauche moteur/transmission :	
Boulons du support de fixation sur la carrosserie	2,5
Ergot de fixation	5,0
Ecrou central	8,0
Boulons de fixation du moteur sur la transmission	4,0
Boulons de fixation du convertisseur de couple sur le plateau d'entraînement	3,5
Ecrou de raccordement du tube de la jauge de niveau sur le carter d'huile	4,5

1 Généralités

Certains modèles abordés dans ce manuel sont équipés, en option, d'une transmission entièrement automatique à quatre rapports qui se compose d'un convertisseur de couple, d'un train d'engrenage épicycloïdal et d'embrayages et freins hydrauliques **(voir illustration)**.

Le convertisseur de couple assure un accouplement fluide entre le moteur et la transmission qui fonctionne comme un embrayage automatique, et offre une certaine multiplication des couples lors des accélérations.

Le train d'engrenage épicycloïdal offre l'un des quatre rapports en marche avant ou le rapport en marche arrière, en fonction des composants qui sont stationnaires ou qui tournent. Les composants du train d'engrenage sont immobilisés ou libérés par des freins et embrayages actionnés par un groupe de commande hydraulique. La transmission contient une pompe à huile qui fournit la pression hydraulique nécessaire pour actionner les freins et les embrayages.

Pour commander la transmission, le conducteur a à sa disposition un levier sélecteur à sept positions. Cette transmission a une option conduite et une position de maintien sur les trois premiers rapports. L'option de conduite "A" offre un changement automatique

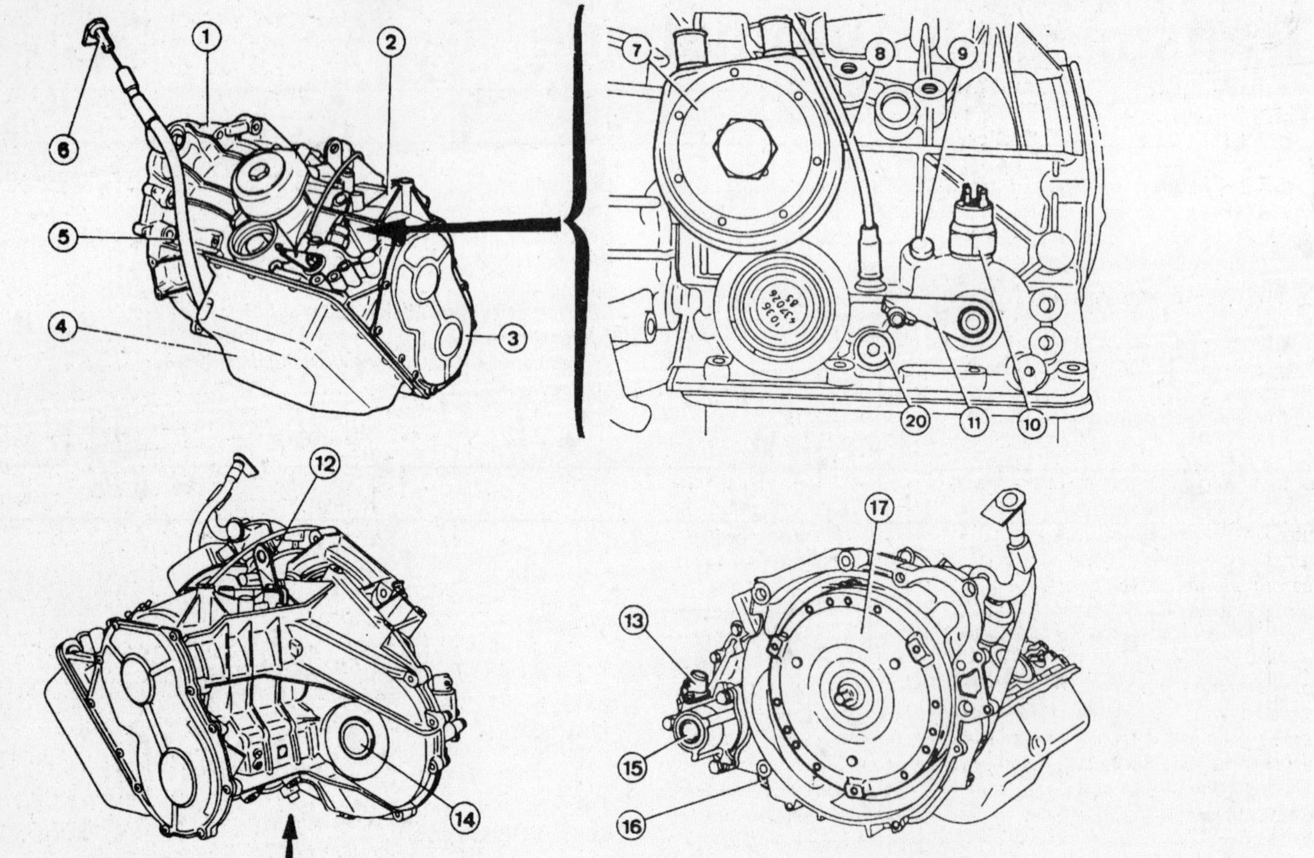

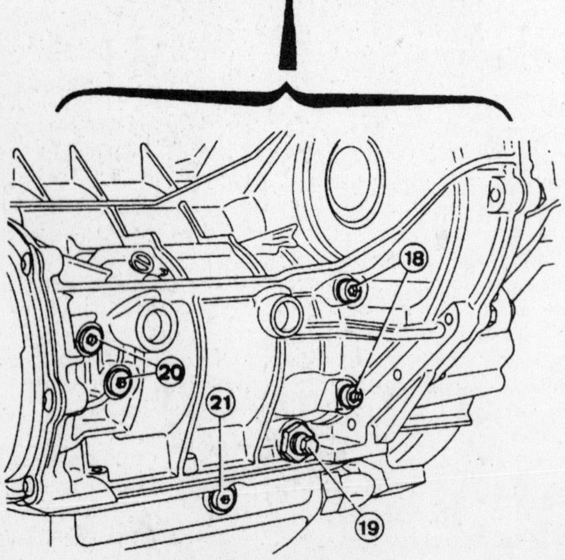

1.1 Composants externes de la transmission automatique

1 *Carter du convertisseur de couple*
2 *Carter principal*
3 *Couvercle*
4 *Carter d'huile*
5 *Tube de la jauge de niveau*
6 *Jauge de niveau*
7 *Refroidisseur de liquide*
8 *Câble de kickdown*
9 *Reniflard*
10 *Contacteur d'interdiction de démarrage et d'allumage des feux de recul*
11 *Levier du sélecteur*
12 *Oeillet de levage*
13 *Entraînement du compteur de vitesse*
14 *Sortie gauche du différentiel*
15 *Sortie droite du différentiel*
16 *Bouchon de vidange du différentiel*
17 *Convertisseur de couple*
18 *Boulons du roulement de l'arbre de sortie*
19 *Dispositif de réglage des freins*
20 *Points de mesure de pression*
21 *Bouchon de vidange du carter d'huile*

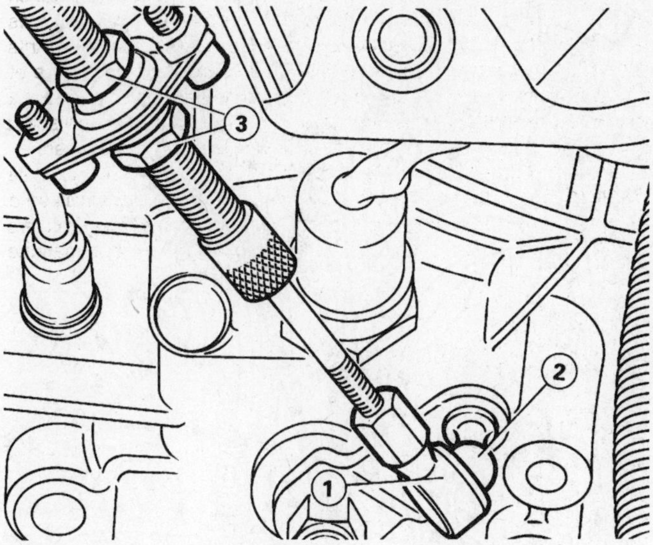

2.5 Fixations du câble du sélecteur à l'extrémité transmission

1 Embout de câble
2 Rotule du levier du sélecteur
3 Contre-écrous du câble externe

sur toute la gamme des quatre rapports en marche avant. C'est celle que l'on sélectionne pour une conduite normale. Une fonction automatique de kickdown permet de passer automatiquement au rapport immédiatement inférieur en appuyant à fond sur l'accélérateur. Les options de maintien peuvent être très similaires mais limitent le nombre de rapports disponibles. Par exemple, lorsque le levier sélecteur est sur la position "3", seuls les trois premiers rapports peuvent être sélectionnés. Lorsqu'il est sur la position "2", seuls les deux premiers rapports peuvent être sélectionnés. Les rapports inférieurs sont utiles car ils offrent du frein moteur pour descendre des pentes prononcées. Cependant, il convient de noter qu'il ne faut **jamais** rétrograder lorsque le moteur tourne à plus de 4 000 tr/min.

Etant donné que la transmission automatique est très complexe, il faut confier toutes les activités de réparation ou de révision à un concessionnaire Citroën qui dispose de tout l'équipement spécial nécessaire pour effectuer les diagnostics et les réparations. Par conséquent, les Sections suivantes se limitent à fournir des informations générales ainsi que les consignes et renseignements que l'utilisateur est en mesure d'exploiter dans le cadre d'opérations d'entretien.

2 Câble du sélecteur - réglage

1 Amener le levier du sélecteur sur la position "N" en exerçant une pression ferme contre son mécanisme cranté.

2 Pour améliorer l'accès à l'extrémité transmission du câble du sélecteur, déposer la batterie et son support, comme indiqué au Chapitre 5. Ensuite, déboulonner le plateau support et le retirer en le faisant passer au-dessus de la transmission. Sur certains modèles, il faut également retirer le carter de l'épurateur d'air et/ou la conduite d'entrée, comme indiqué au Chapitre 4.

3 A l'aide d'un gros tournevis à lame plate, extraire avec précaution l'embout du câble du sélecteur pour l'écarter de la rotule du levier du sélecteur de la transmission, en s'assurant que ce levier ne se déplace pas.

4 Vérifier tout d'abord que l'embout du câble est vissé sur au moins 5 mm dans le filetage du câble interne.

5 Lorsque les deux leviers du sélecteur sont sur la position "N" (point mort), l'embout du câble du sélecteur devrait être correctement aligné sur la rotule du levier de la transmission, permettant ainsi de brancher le câble sur le levier sans déplacer la rotule. Le cas échéant, ajuster la position de cet embout en dévissant ou vissant (suivant les cas) le levier sur le filetage du câble, en tenant compte de la remarque du paragraphe 4. Si cela s'avère impossible, procéder à d'autres ajustements en desserrant les contre-écrous qui immobilisent le câble interne sur son support de fixation **(voir illustration)**. Modifier alors la position de ces écrous, suivant besoin, pour bien aligner l'embout et la rotule. Resserrer ensuite ces écrous au couple spécifié.

6 Dès que l'embout est correctement positionné, l'enfoncer fermement sur la rotule et vérifier qu'il est bien fixé.

7 Remettre en place le plateau support de la batterie puis bien en serrer les boulons de retenue. Remettre en place le support de la batterie et la batterie proprement dite, comme indiqué au Chapitre 5. Remonter également les composants qui ont été déplacés de l'épurateur d'air et/ou de la conduite d'entrée, comme indiqué au Chapitre 4.

8 Vérifier le fonctionnement du levier du sélecteur sur les différentes positions de la grille du levier. Le cas échéant, ajuster le contacteur en utilisant les informations de la Section 11.

3 Câble du sélecteur - dépose et repose

Dépose

1 Bien serrer le frein à main puis soulever au cric l'avant du véhicule et le soutenir sur des chandelles. Amener le levier du sélecteur sur la position "N".

2 Déposer la batterie et son support, comme indiqué au Chapitre 5. Desserrer puis retirer les boulons de retenue du plateau support de la batterie. Libérer ensuite le câblage au niveau de son collier de retenue qui se trouve sur le côté de ce plateau. Déposer ensuite ce plateau du véhicule.

3 Déposer l'échappement, comme indiqué au Chapitre 4. Retirer le ou les écrans thermiques afin d'accéder au pied de l'ensemble levier du sélecteur.

4 Depuis l'extrémité transmission du câble, desserrer les deux vis qui immobilisent le câble externe sur son support de fixation. Agir avec précaution pour extraire de sa rotule, sur le levier du sélecteur de transmission, l'embout du câble interne. Il convient de noter qu'il ne faut pas toucher au levier du sélecteur de la transmission avant d'avoir remis ce câble en place. A titre de précaution, tracer un repère pour identifier la position du levier par rapport au carter de la transmission.

5 En progressant le long du câble du sélecteur, le dégager des différents colliers de retenue. Noter le trajet correct qu'il suit.

6 Depuis l'intérieur du véhicule, extraire avec précaution le panneau de garniture du levier du sélecteur, au niveau de la console centrale. Replier la gaine du levier du sélecteur.

7 Desserrer puis retirer les quatre vis qui immobilisent la poignée de l'axe du levier du sélecteur. Appuyer sur le bouton cranté de cette poignée. Faire tourner cette poignée de 90° dans le sens inverse des aiguilles d'une montre puis soulever l'ensemble et le refaire tourner de 90° dans l'autre sens pour libérer le bouton de la bielle rigide du levier du sélecteur. Après avoir retiré la poignée, enlever de cette dernière le bouton cranté et le ressort.

8 Faire glisser la gaine pour la retirer de l'axe du levier du sélecteur. Desserrer ensuite les quatre écrous qui immobilisent ce levier sur le plancher. Retirer le contacteur d'affichage de position des ergots du levier du sélecteur puis l'écarter du levier.

9 Depuis le dessous du véhicule, libérer l'ensemble levier du sélecteur au niveau de la carrosserie puis déposer l'ensemble levier et câble tout en notant le trajet correct suivi par le câble.

10 L'ensemble étant posé sur un établi, déplacer le couvercle pare-poussière en caoutchouc au pied du levier et le faire glisser le long du câble.

11 Desserrer l'écrou de retenue du fil externe puis déposer le collier de retenue. Extraire, avec précaution, l'embout du câble du sélecteur pour le retirer de sa rotule au pied du levier du sélecteur. Ensuite, séparer le câble du levier.

12 Examiner le câble pour vérifier que les embouts ne sont pas usés

ou que la gaine externe n'est pas endommagée. S'assurer également qu'il n'y a pas de traces d'effilochage du câble interne. Vérifier le fonctionnement du câble. Le câble interne doit se déplacer sans problème et aisément sur toute la gaine externe. Cependant, il ne faut pas oublier qu'un câble qui semble en bon état lorsqu'il est testé en dehors de l'automobile peut très bien avoir un fonctionnement plus difficile après avoir été comprimé et ramené à sa position de fonctionnement. Remplacer ce câble s'il présente une usure excessive ou s'il est endommagé.

Repose

13 Enduire de graisse spéciale (Mobil Temp G9, disponible au près de votre concessionnaire Citroën) les sections visibles du câble interne et des rotules ainsi que le mécanisme cranté du levier du sélecteur. Si vous n'arrivez pas à vous procurer la graisse préconisée, il est possible d'employer une graisse de qualité à base de disulfure de molybdène.

14 Introduire le câble du sélecteur dans le logement du levier du sélecteur. S'assurer que les orifices de la bride du câble externe sont correctement positionnés sur les chevilles de ce logement. Immobiliser le câble en position à l'aide du collier de retenue. S'assurer que les extrémités externes du collier sont bien implantées dans les fentes du logement du levier et que les extrémités internes sont bien accrochées au pied de ce logement. Serrer au couple spécifié l'écrou de retenue du câble externe.

15 Appuyer fermement sur l'embout du câble interne pour l'amener contre la rotule du levier. Vérifier que le branchement au niveau de la rotule est bien fait puis faire glisser le couvercle pare-poussière en caoutchouc pour le remettre en position au-dessus du pied du levier du sélecteur.

16 Tout en s'assurant que le câble suit le trajet correct, manipuler l'ensemble levier et câble pour le ramener en position, depuis le dessous du véhicule.

17 Depuis l'intérieur du véhicule, tirer sur le levier pour l'amener en position puis mettre en place ses deux écrous droits de retenue. Les serrer aux doigts uniquement pour le moment.

18 Remettre en place le contacteur d'affichage de position sur les ergots gauches du levier du sélecteur. S'assurer que la cheville du contacteur vient correctement se mettre en prise sur l'axe du levier du sélecteur. Remettre en place les deux écrous gauches puis serrer au couple spécifié les quatre écrous de retenue du levier du sélecteur.

19 Remettre en place la gaine du levier du sélecteur.

20 Remettre en place le bouton cranté à ressort sur la poignée du levier du sélecteur puis appuyer à fond sur ce bouton pour le faire pénétrer dans la poignée. Tout en maintenant la pression sur ce bouton, faire glisser l'ensemble poignée sur le levier puis, en exerçant une légère pression vers le bas sur cette poignée, faire tourner cette dernière de 90° dans le sens des aiguilles d'une montre puis de 90° mais dans l'autre sens afin de mettre en prise le bouton cranté sur la bielle rigide. Relâcher ce bouton puis remettre en place les quatre vis de retenue de la poignée et les serrer au couple spécifié. Vérifier le fonctionnement du bouton cranté du levier du sélecteur avant de poursuivre les opérations.

21 Depuis le dessous du véhicule, progresser le long du câble du sélecteur en s'assurant qu'il est bien immobilisé par tous les colliers de retenue prévus à cet effet. Aligner le support du câble externe sur son support de fixation qui se trouve sur la transmission puis remettre en place les boulons de retenue et les serrer au couple spécifié.

22 S'assurer que le levier du sélecteur est sur la position "N" et que le levier du sélecteur de la transmission est toujours au point mort. Ensuite, régler le câble avant de le brancher sur le levier de la transmission, comme indiqué aux paragraphes 4 à 6 de la Section 2.

23 Remettre en place le ou les écrans thermiques et l'échappement, comme indiqué au Chapitre 4. Ramener le véhicule au sol.

24 Remettre en place le plateau support de la batterie puis en visser les boulons de retenue. Fixer les fils électriques à l'aide du collier de serrage qui se trouve sur le côté de ce plateau puis remettre en place le support de la batterie et la batterie proprement dite, comme indiqué au Chapitre 5.

25 Vérifier et, le cas échéant, régler le contacteur d'affichage du levier du sélecteur en utilisant les informations de la Section 11.

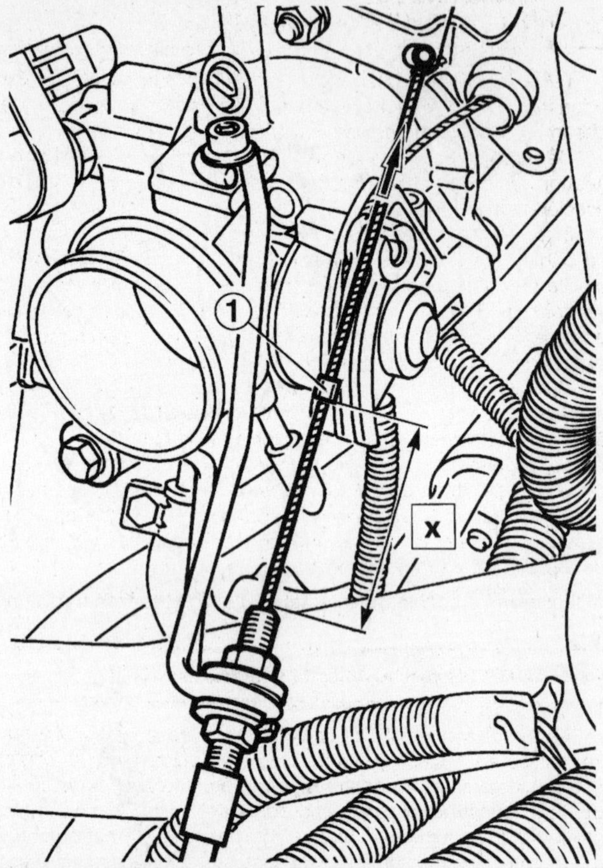

5.3 Tendre au maximum le câble de kickdown pour mesurer la distance (X) entre la cheville de ce câble (1) et l'extrémité du câble externe - le moteur à essence est illustré, le moteur Diesel est identique

4 Ensemble levier du sélecteur - dépose et repose

Dépose

1 Bien serrer le frein à main puis soulever au cric l'avant du véhicule et le soutenir sur des chandelles. Amener le levier du sélecteur sur la position "N".

2 Déposer l'échappement, comme indiqué au Chapitre 4 puis retirer le ou les écrans thermiques pour accéder au pied de l'ensemble levier du sélecteur.

3 Effectuer les opérations décrites aux paragraphes 6 à 8 de la Section 3.

4 En travaillant de nouveau sous le véhicule, débrancher l'ensemble levier du sélecteur au niveau de la carrosserie puis l'abaisser pour le retirer.

5 Ecarter du pied du levier le couvercle pare-poussière en caoutchouc et le faire glisser le long du câble.

6 Desserrer l'écrou de retenue du câble externe puis déposer la broche de retenue. Extraire, avec précaution, l'embout du câble du sélecteur pour l'écarter de la rotule au pied du levier du sélecteur. Ensuite, déposer l'ensemble levier en le faisant passer sous le véhicule.

Repose

7 Effectuer les opérations décrites aux paragraphes 13 à 20 de la Section 3.

8 Remettre en place le ou les écrans thermiques et l'échappement, comme indiqué au Chapitre 4, puis ramener le véhicule au sol.

9 Une fois ces opérations terminées, vérifier le réglage du câble du sélecteur, comme indiqué à la Section 2.

5 Câble de kickdown - réglage

1 Faire chauffer le moteur pour l'amener à sa température normale de fonctionnement. Ensuite, vérifier que son ralenti est correct. Le cas échéant, ajuster ce ralenti, comme indiqué au Chapitre 4.
2 Détacher le câble interne de kickdown au niveau de la pompe a injection, puis, en consultant le Chapitre 4, vérifier que le câble de l'accélérateur est bien réglé.
3 Tirer sur le câble interne de kickdown pour le retirer totalement de son câble externe puis mesurer la distance entre l'extrémité de la cheville du câble interne et l'extrémité filetée du câble externe **(voir illustration)**. Elle devrait être égale à environ 39 mm. Le cas échéant, desserrer les deux contre-écrous du câble externe puis modifier la position des écrous pour obtenir la distance spécifiée.
4 Rebrancher le câble de kickdown sur la pompe à injection puis revérifier le jeu entre la cheville du câble interne et l'extrémité filetée du câble externe. S'assurer que le levier de commande des gaz de la pompe repose fermement contre sa butée. Il doit y avoir un écartement de l'ordre de 0,5 à 1 mm **(voir illustration)**. Si ce n'est pas le cas, ajuster cet écartement en modifiant la position des contre-écrous du câble externe, suivant besoin. Dès que le câble externe occupe une position correcte et que l'écartement correspond à la valeur spécifiée, resserrer à fond les contre-écrous du câble.

6 Câble de kickdown - remplacement

1 Le remplacement de ce câble est une tâche complexe qui doit être confiée à un concessionnaire Citroën. Pour détacher ce câble au niveau de l'extrémité transmission, il faut au préalable déposer le bloc clapet hydraulique, tâche que ne doit pas entreprendre un bricoleur.

7 Entraînement du compteur de vitesse - dépose et repose

Consulter la Section 6 du Chapitre 7, Partie A.

8 Joint d'huile - remplacement

Joints d'huile de l'arbre de roue

1 Consulter les informations de la Section 4 du Chapitre 7, Partie A.

Joint d'huile de l'arbre du sélecteur

2 Amener le levier du sélecteur sur la position "N" en exerçant une pression ferme au niveau du mécanisme cranté.
3 Pour améliorer l'accès à l'extrémité transmission du câble du sélecteur, déposer la batterie et son support, comme indiqué au Chapitre 5, puis déboulonner le plateau support et le déposer en le faisant passer au-dessus de la transmission. Sur certains modèles, il faut parfois également déposer le carter de l'épurateur et/ou la conduite d'entrée, comme indiqué au Chapitre 4.
4 Desserrer les deux vis qui immobilisent le câble externe sur son support de retenue puis extraire avec précaution l'embout du câble interne pour l'écarter de sa rotule, sur le levier du sélecteur de la transmission. Il convient de noter qu'il ne faut pas toucher à l'arbre du sélecteur de la transmission avant d'avoir remis en place ce câble. A titre de précaution, tracer un repère indiquant la position du levier par rapport au carter de la transmission.
5 Desserrer l'écrou de retenue puis déposer le levier au niveau de l'arbre du sélecteur de la transmission.
6 A l'aide d'un pointeau ou d'un foret, percer deux petits trous de part et d'autre du joint. Visser une vis auto-taraudeuse dans ces deux trous puis tirer sur ces vis à l'aide d'une pince pour extraire ce joint.
7 Nettoyer le logement du joint et éliminer les bavures ou arêtes vives qui peuvent avoir provoqué la défaillance de ce joint. Les petites imperfections s'éliminent avec de la toile émeri. Lorsque les défauts sont plus importants, il faut remplacer l'arbre du sélecteur.

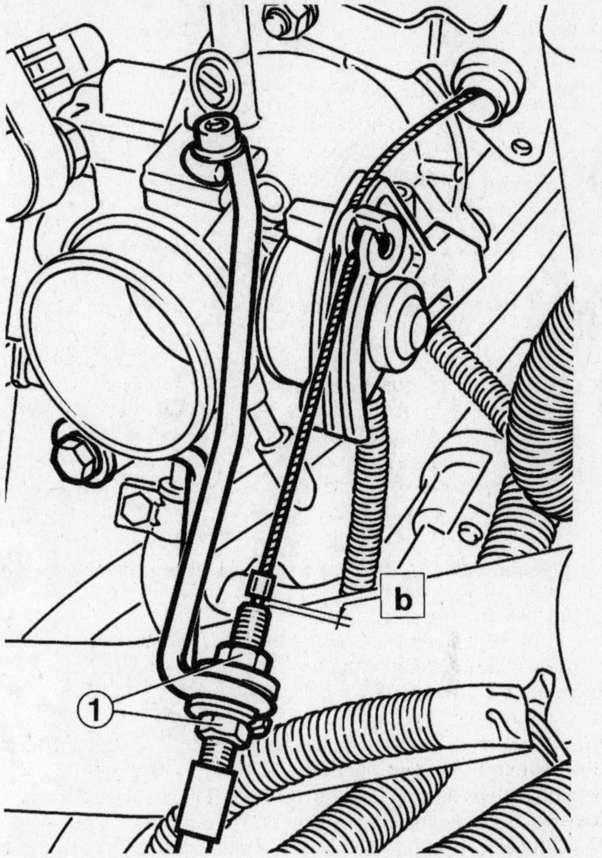

5.4 Rebrancher le câble de kickdown puis vérifier le dégagement (b) comme indiqué dans le texte. Le cas échéant, procéder à un ajustement en modifiant la position des contre-écrous (1) - le moteur à essence est illustré, le moteur Diesel est identique

8 Lubrifier avec de l'huile moteur propre les lèvres du joint neuf puis amener avec précaution ce joint en position à l'extrémité de l'arbre, en faisant très attention de ne pas endommager sa lèvre d'étanchéité. Tapoter sur ce joint pour l'amener en position. Il doit affleurer la surface du carter de transmission. Utiliser pour cela un jet tubulaire de taille appropriée ou une douille de diamètre correspondant et ce jet ou cette douille ne doit porter que sur le bord externe dur du joint. Il convient de noter que les lèvres du joint doivent être dirigées vers l'intérieur.
9 Remonter le levier du sélecteur sur l'arbre puis en serrer l'écrou de retenue au couple spécifié.
10 Aligner le support du câble externe sur son support de fixation qui se trouve sur la transmission puis remettre en place ses boulons de retenue et les serrer au couple spécifié.
11 S'assurer que le levier du sélecteur est sur la position "N" et que le levier du sélecteur de la transmission est toujours au point mort avant de régler le câble et de le rebrancher sur le levier de la transmission, comme indiqué aux paragraphes 4 à 8 de la Section 2.

9 Refroidisseur de liquide - dépose et repose

Dépose

1 Ce refroidisseur se trouve sur le carter de la transmission. Pour y accéder, déposer la conduite d'entrée d'air et, le cas échéant, le carter de l'épurateur d'air, comme indiqué au Chapitre 4.
2 A l'aide d'un collier de serrage de flexible ou d'un accessoire similaire, immobiliser les deux flexibles de réfrigérant de ce

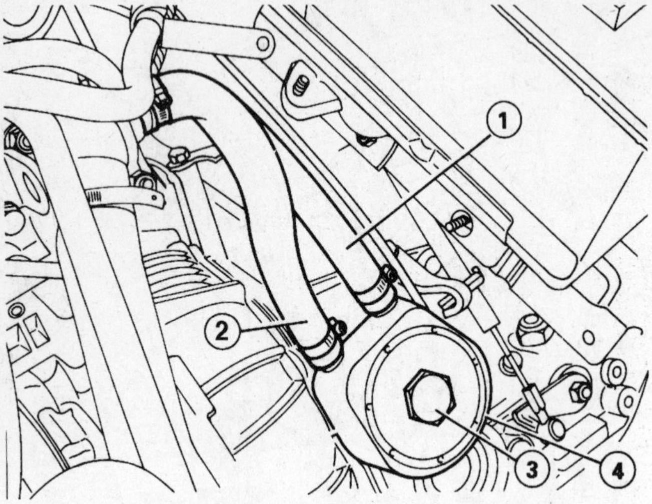

9.2 Fixations du refroidisseur de liquide de la transmission

1 *Flexible de réfrigérant*
2 *Flexible de réfrigérant*
3 *Boulon central*
4 *Refroidisseur de liquide*

refroidisseur afin de minimiser les pertes de réfrigérant lors des activités ultérieures **(voir illustration)**.

3 Desserrer les colliers de retenue puis débrancher les deux flexibles de réfrigérant au niveau du refroidisseur. S'attendre à un épanchement de réfrigérant. Rincer immédiatement à l'eau froide cet épanchement et bien essuyer la zone avoisinante avant de poursuivre les opérations.

4 Desserrer le boulon central du refroidisseur puis le retirer. Déposer ensuite le refroidisseur de la transmission. Enlever le joint du boulon central et les deux joints au pied du refroidisseur et les mettre au rebut. Utiliser des joints neufs lors de la repose.

Repose

5 Enduire les joints neufs de liquide propre de transmission automatique puis mettre en place les deux joints neufs au pied du refroidisseur et un troisième joint neuf sur le boulon central **(voir illustration)**.

6 Positionner le refroidisseur sur le carter de transmission. S'assurer que son bord plat est parallèle à la surface de contact du carter de l'ensemble transmission/plateau d'entraînement. Remettre en place le boulon central et le resserrer au couple spécifié.

7 Rebrancher les flexibles de réfrigérant sur le refroidisseur et bien serrer leurs colliers de retenue. Déposer le collier de serrage des flexibles.

8 Remettre en place les composants qui ont été déposés de la conduite d'entrée d'air et du carter de l'épurateur d'air (suivant les cas), comme indiqué au Chapitre 4.

9 Une fois ces activités terminées, compléter le plein du circuit de refroidissement puis vérifier le niveau de liquide de la transmission automatique, comme indiqué au Chapitre 1.

10 Contacteur d'interdiction de démarrage et des feux de recul - généralités, dépose et repose

Généralités

1 Ce contacteur est en fait un ensemble qui assure deux fonctions. Il vient se visser en haut du carter de la transmission. La fonction d'interdiction de ce contacteur empêche tout démarrage du moteur tant que le levier du sélecteur n'est pas sur la position "N" ou "P". De ce fait, il n'est pas possible de mettre le moteur en route lorsque la

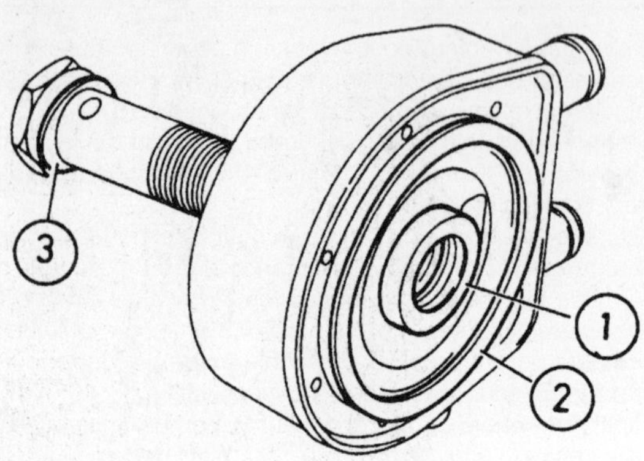

9.5 Joints du refroidisseur de liquide de la transmission

1 *Joint interne du refroidisseur*
2 *Joint externe du refroidisseur*
3 *Joint du boulon central*

transmission est en prise. Lors de cette interdiction, le contacteur coupe l'alimentation électrique du solénoïde du démarreur. Si on remarque, a un moment ou à un autre, que le moteur peut démarrer alors que le moteur n'est pas sur la position "P" ou "N", il est probable que la fonction d'interdiction de ce contacteur est défectueuse. Ce contacteur assure une deuxième fonction: il sert de contact des feux de recul et provoque l'éclairage de ces feux de recul chaque fois que le levier du sélecteur occupe la position "R" de marche arrière. Si l'une ou l'autre des fonctions de ce contacteur est défectueuse, il faut remplacer la totalité de ce contacteur.

Dépose

2 Pour accéder à ce contacteur, déposer la batterie et son support, comme indiqué au Chapitre 5, puis déboulonner le plateau support de la batterie, de la partie supérieure de la transmission.

3 Suivre le trajet du câblage à partir du contacteur pour le débrancher au niveau de son connecteur électrique.

4 Dévisser le contacteur puis le retirer en le faisant passer au-dessus du carter de la transmission, avec sa bague d'étanchéité.

Repose

5 Mettre en place une bague d'étanchéité neuve sur ce contacteur puis revisser ce dernier dans la transmission et bien le serrer.

6 Rebrancher les fils du contacteur puis remettre en place le plateau support de la batterie et bien le fixer avec ses boulons de retenue.

7 Remettre en place le support de la batterie et la batterie proprement dite, comme indiqué au Chapitre 5. Vérifier le fonctionnement de ce contacteur.

11 Contacteur d'affichage de la position du levier du sélecteur - dépose, repose et réglage

Dépose

1 Depuis l'intérieur du véhicule, extraire le panneau de garniture du levier du sélecteur, au niveau de la console centrale, puis replier la gaine sur le levier du sélecteur.

2 Suivre le trajet du câblage à partir du contacteur pour le débrancher au niveau de son connecteur électrique.

3 Desserrer les deux écrous gauches de retenue qui immobilisent le levier du sélecteur sur le plancher puis dégager ce contacteur au niveau des ergots du levier du sélecteur avant de le déposer du véhicule.

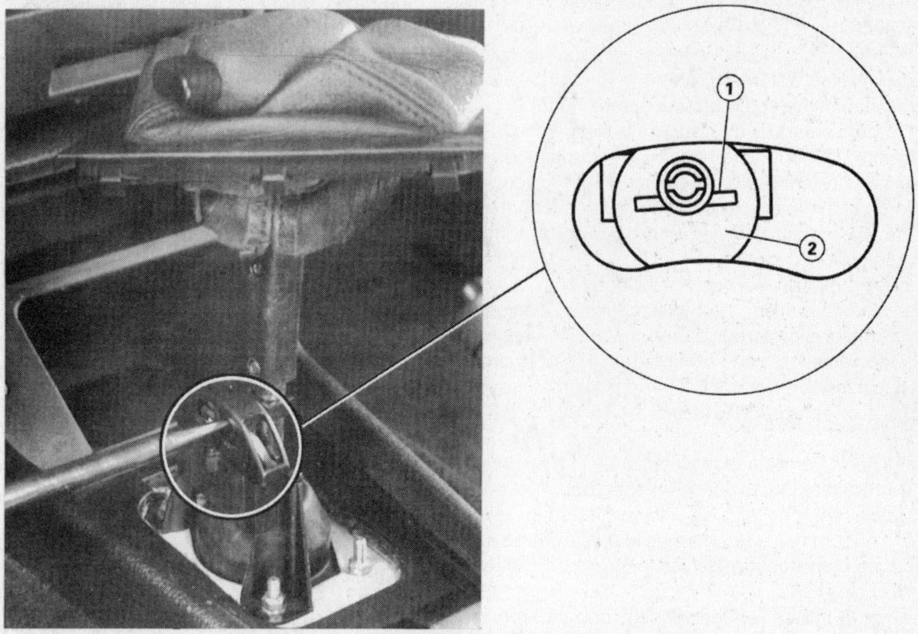

11.6 Réglage du contacteur d'affichage de position du levier de sélecteur. Introduire la lame d'un tournevis dans la fente (1) puis faire tourner le dispositif de réglage excentrique (2) afin que ce contacteur fonctionne comme indiqué dans le texte

Repose et réglage

4 Remettre en place ce contacteur sur les ergots gauches du levier du sélecteur. S'assurer que la cheville du contacteur vient bien se mettre en prise sur l'arbre du levier du sélecteur. Remettre en place les deux écrous gauches de retenue du levier du sélecteur et les serrer au couple spécifié.

5 Rebrancher le connecteur électrique puis mettre le contact pour s'assurer que le panneau d'affichage de la position du levier du sélecteur fonctionne correctement.

6 Amener ce levier sur chacune de ses positions, l'une après l'autre, pour vérifier que la position correspondante s'allume sur le panneau d'affichage de la position. Le cas échéant ajuster ce contacteur en faisant tourner son dispositif excentrique de réglage à l'aide d'un tournevis à lame plate **(voir illustration)**.

7 Dès que le contacteur est bien réglé, redéplier la gaine sur le levier du sélecteur puis remettre en position le panneau de garniture.

12 Transmission automatique - dépose et repose

Dépose

1 Bloquer les roues arrière avec des cales puis bien serrer le frein à main et amener le levier du sélecteur sur la position "N" (point mort). Soulever au cric l'avant du véhicule et bien le soutenir sur des chandelles. Retirer les deux roues avant.

2 Vidanger le liquide de transmission, comme indiqué au Chapitre 1, puis remettre en place les bouchons de vidange en les serrant à fond.

3 Déposer la batterie et son support, comme indiqué au Chapitre 5. Desserrer puis retirer les boulons de retenue du plateau support avant de débrancher le câblage au niveau de son collier de retenue, sur le côté du plateau. Déposer ensuite ce plateau en le faisant passer au-dessus de la transmission.

4 Déposer le démarreur, comme indiqué au Chapitre 5.

5 Déposer le carter de l'épurateur d'air et la conduite d'entrée, comme indiqué au Chapitre 4. Sur les modèles Turbo, retirer également le refroidisseur intermédiaire.

6 Desserrer l'écrou de raccordement qui immobilise le tube de la jauge de niveau sur le carter d'huile de la transmission. Desserrer le boulon qui immobilise ce tube sur le carter de la transmission puis déposer la jauge de niveau de la transmission.

7 Débrancher le connecteur électrique au niveau du contacteur double d'interdiction de démarrage et d'allumage des feux de recul et, le cas échéant, du carter d'entraînement du compteur de vitesse. Desserrer le ou les boulons de retenue puis débrancher la ou les sangles de mise à la masse à la partie supérieure du carter de la transmission.

8 Débrancher le connecteur électrique au niveau du capteur de PMH qui se trouve au dos du bloc-cylindres.

9 A l'aide d'un collier de serrage de flexible ou d'un accessoire similaire, immobiliser les deux flexibles de réfrigérant de refroidisseur de liquide afin de minimiser les pertes de réfrigérant. Desserrer les colliers de retenue puis débrancher les deux flexibles de réfrigérant, au niveau du refroidisseur de liquide. S'attendre à un épanchement de réfrigérant. Laver immédiatement à l'eau froide tout épanchement de réfrigérant.

10 Desserrer les deux vis qui immobilisent le câble externe du sélecteur sur son support de retenue puis extraire, avec précaution, l'embout du câble interne au niveau de sa rotule, sur le levier du sélecteur de la transmission. Il convient de noter qu'il ne faut pas toucher à ce levier tant que le câble n'est pas remonté. A titre de précaution, tracer un repère indiquant la position de ce levier par rapport au carter de la transmission. Remonter le long du câble du sélecteur pour le décrocher de ses colliers de retenue afin de l'écarter de la transmission.

11 Détacher le câble interne de kickdown au niveau du levier de la pompe à injection puis desserrer les contre-écrous du câble externe afin de libérer ce câble de son support de fixation. Libérer le câble de kickdown au niveau de tous ses colliers de retenue afin de pouvoir le déposer de la transmission.

12 Sur les modèles équipés de la direction assistée, desserrer l'écrou qui immobilise la durit de la direction assistée à la partie inférieure de la

transmission puis dégager cette durit de son ergot de retenue.

13 Desserrer les boulons de retenue puis déposer de la transmission le couvercle du plateau d'entraînement inférieur afin d'accéder aux boulons de retenue du convertisseur de couple. Desserrer puis retirer le boulon visible. Ensuite, à l'aide d'une douille et d'une rallonge, faire tourner la poulie du vilebrequin afin de retirer les autres boulons, au fur et à mesure qu'il apparaissent, qui immobilisent le convertisseur de couple sur le plateau d'entraînement. Il y a trois boulons au total.

14 Pour éviter que le convertisseur de couple ne tombe lors de la dépose de la transmission, l'immobiliser en position en boulonnant une barrette métallique sur l'un des orifices des boulons du démarreur.

15 Retirer la broche de retenue en caoutchouc puis débrancher le câble du compteur de vitesse au niveau du carter d'entraînement, avant de l'écarter de ses colliers de retenue.

16 Desserrer puis retirer les trois écrous qui immobilisent la rotule sur le bras inférieur gauche de la suspension puis retirer les boulons et écarter la rotule du bras. Mettre les écrous au rebut. Lors de la repose, en utiliser des neufs. Recommencer cette procédure sur le côté droit.

17 Dégager de la transmission l'extrémité interne de l'arbre de roue droit, comme indiqué aux paragraphes 4 à 6 de la Section 4 du Chapitre 7, Partie A.

18 Pour débrancher le joint homocinétique interne de l'arbre de roue gauche au niveau de la transmission, tirer sur l'ensemble moyeu de pivot, vers l'extérieur, puis retirer ce joint de la transmission en faisant très attention de ne pas endommager le joint d'huile de l'arbre de roue. Soutenir cet arbre pour ne pas endommager les joints homocinétiques ou les gaines.

19 Placer un cric sous le moteur en interposant une cale en bois entre ce cric et le moteur. Soutenir le poids du moteur. En variante, fixer deux oeillets de levage sur le moteur puis utiliser un treuil ou une barre support pour soutenir le poids du moteur.

20 Placer un cric et une cale en bois sous la transmission. Faire monter ce cric pour soutenir le poids de la transmission.

21 Desserrer puis retirer l'écrou central et sa rondelle au niveau du silentbloc gauche de l'ensemble moteur/transmission. Desserrer les deux boulons qui immobilisent l'ensemble silentbloc sur la carrosserie du véhicule puis déposer cet ensemble avec son entretoise. Desserrer l'ergot de fixation qui se trouve sur la partie supérieure du carter de la transmission puis le retirer avec sa rondelle.

22 Alors que le cric qui se trouve sous la transmission en soutient le poids, desserrer puis retirer les derniers boulons qui immobilisent le carter de la transmission sur le moteur. Noter l'emplacement de chaque boulon, lors de la dépose, afin d'avoir les références requises pour la repose. Procéder à une dernière vérification pour s'assurer que tous les composants nécessaires ont bien été débranchés et écartés de la transmission afin de ne pas gêner la procédure de dépose.

23 Après avoir retiré tous les boulons, déplacer le cric rouleur et la transmission vers la gauche pour la désolidariser de ses goujons de centrage.

24 Dès que la transmission est ainsi libérée, faire descendre le cric puis manoeuvrer l'ensemble pour le faire passer sous le véhicule. Si les goujons de centrage se sont desserrés, les retirer de la transmission ou du moteur et les conserver en lieu sûr.

Repose

25 La repose de la transmission se fait dans l'ordre inverse des opérations de dépose, en tenant compte des points suivants:

(a) *S'assurer que la bague au centre du vilebrequin est en bon état. Légèrement enduire de graisse Molykote G1 la broche de centrage du convertisseur de couple. Ne pas trop en mettre, sinon cette graisse risque de contaminer le convertisseur de couple.*

(b) *S'assurer, avant l'installation, que les goujons de centrage occupent une position correcte.*

(c) *Dès que la transmission et le moteur sont de nouveau correctement fixés l'un sur l'autre, remettre en place les boulons de fixation et les serrer au couple spécifié. Retirer ensuite la baguette métallique utilisée pour retenir le convertisseur de couple.*

(d) *Verser du produit de freinage de filetage sur les filets de l'ergot gauche de fixation du moteur sur la transmission avant de remettre cet ergot sur la transmission. Serrer cet ergot au couple spécifié.*

(e) *Resserrer tous les écrous et boulons au couple spécifié (le cas échéant).*

(f) *Remplacer les joints d'huile des arbres de roues puis remonter ces arbres sur la transmission en utilisant les informations de la Section 4 du Chapitre 7, Partie A.*

(g) *Régler le câble du sélecteur et le câble de kickdown, comme indiqué aux Sections 2 et 5 de ce Chapitre.*

(h) *Une fois ces opérations terminées, refaire le plein de lubrifiant de la transmission en utilisant le volume spécifié du type préconisé, comme indiqué au Chapitre 1.*

13 Révision de la transmission automatique - généralités

Si la transmission présente un défaut, il faut tout d'abord déterminer s'il est électrique, mécanique ou hydraulique. Pour cela, il convient d'utiliser un équipement d'essai spécial. Par conséquent, si vous pensez que la transmission présente une anomalie, il est vital de confier ce travail à un concessionnaire Citroën.

Ne pas déposer la transmission du véhicule pour y effectuer des réparations possibles avant qu'un spécialiste n'ait fait un diagnostic étant donné que pour effectuer la plupart des essais, la transmission doit rester en place.

Chapitre 8 Arbres de roue

Table des matières

Spécifications

Type	Arbres de roue de longueurs différentes, joints homocinétiques externes de type bille plus cage et joints homocinétiques internes de type trépied.

Lubrification (révision uniquement - voir texte)

Type et caractéristiques du lubrifiant	Utiliser uniquement la graisse spéciale fournie en achets et qui accompagne les trousses de gaines - les joints ont déjà été bourrés de graisse et sont hermétiquement scellés

Couples de serrage

	da N.m
Ecrou de retenue d'arbre de roue	32,0
Ecrous des boulons de retenue du roulement intermédiaire de l'arbre de roue droit	1,0
Ecrous de retenue de la rotule de bras inférieur de suspension	4,5
Boulons des roues	9,0

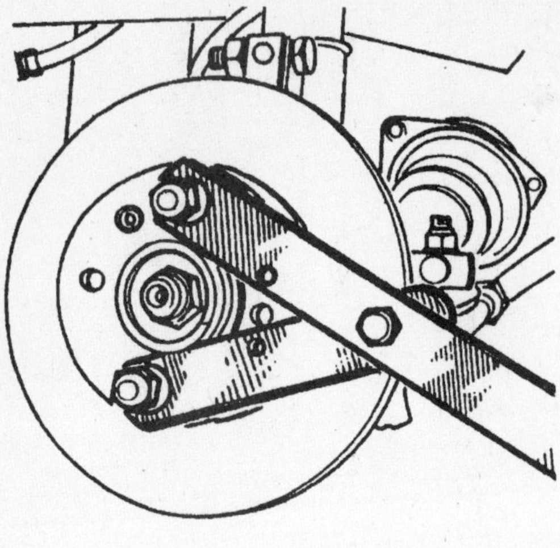

2.5 A l'aide d'un outil fabriqué pour l'occasion, maintenir le moyeu avant en position stationnaire pendant le desserrage de l'écrou de retenue de l'arbre de roue

1 Généralités

La transmission entre le différentiel et les roues avant est assurée par deux arbres de roue en acier massif de longueurs différentes.

Ces deux arbres ont des cannelures à leurs extrémités externes sur lesquelles viennent s'engrener les moyeux de roues. Ils sont filetés ce qui permet d'immobiliser chaque moyeu à l'aide d'un gros écrou. L'extrémité interne de chaque arbre de roue présente également des cannelures sur lesquelles vient se mettre en prise le pignon principal du différentiel.

Il y a des joints homocinétiques aux deux extrémités de ces deux arbres de roue pour assurer une transmission efficace et sans à-coups de la puissance, quel que soit l'angle que fait la suspension ou la direction. Les joints homocinétiques externes sont du type bille plus cage alors que les joints homocinétiques internes sont à trépied.

Sur le côté droit, du fait de la longueur de l'arbre de roue, le joint homocinétique interne se trouve à peu près au milieu de l'arbre et un roulement intermédiaire de support vient se fixer sur le silentbloc inférieur de l'ensemble moteur/transmission. L'extrémité interne de l'arbre de roue traverse ce roulement et empêche tout déplacement latéral de l'extrémité interne de l'arbre de roue et de l'élément externe du joint homocinétique interne.

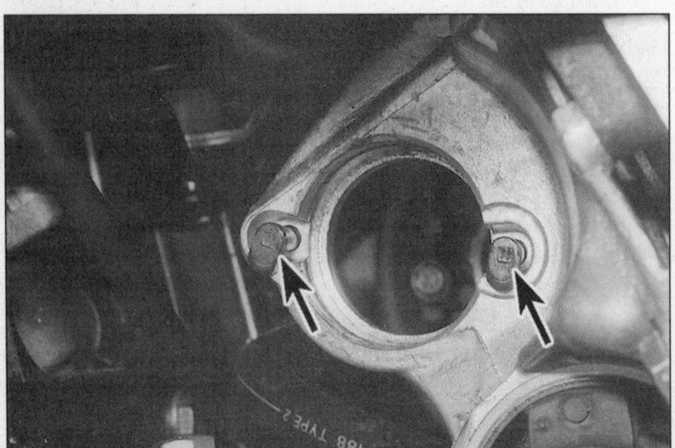

2.9b . . . puis faire tourner ces boulons sur 90° pour écarter leur tête décalée (flèches) du roulement (pour des raisons de clarté, l'arbre de roue a été déposé)

2.9a Sur l'arbre de roue droit, desserrer les deux écrous des boulons de retenue du roulement intermédiaire . . .

2 Arbre de roue - dépose et repose

Dépose

1 Bloquer les roues arrière du véhicule avec des cales, bien serrer le frein à main puis soulever au cric l'avant du véhicule et le soutenir sur des chandelles. Retirer la roue avant concernée.

2 Vidanger l'huile de la transmission, comme indiqué au Chapitre 1.

3 Sur les modèles équipés du système ABR, remonter le câblage électrique à partir du capteur de roue. Décrocher ce câblage au niveau de ses colliers de retenue puis le débrancher au niveau de son connecteur.

4 Retirer le collier en R puis déposer le chapeau de freinage de l'écrou de retenue de l'arbre de roue.

5 Remettre en place au moins deux boulons de roue sur le moyeu avant et bien les serrer. Demander à un assistant d'appuyer à fond sur la pédale de frein pour empêcher toute rotation du moyeu avant. Utiliser alors une douille et une barre rallonge pour desserrer puis déposer l'écrou de retenue de l'arbre de roue. En variante, vous pouvez fabriquer un outil en utilisant deux barrettes d'acier (une longue et une courte) et un écrou et un boulon. L'écrou et le boulon forment le pivot d'un outil coudé. Boulonner cet outil sur le moyeu à l'aide de deux boulons de roue. Tenir cet outil pour empêcher le moyeu de tourner pendant le desserrage de l'écrou de retenue de l'arbre de roue **(voir illustration)**.

6 Desserrer puis retirer les trois écrous qui immobilisent la rotule

2.18a Serrer l'écrou de retenue de l'arbre de roue au couple spécifié . . .

2.18b . . . puis remettre en place le chapeau de freinage . . .

2.18c . . . et l'immobiliser en position à l'aide du collier en R

2.24a Amener l'arbre de roue droit en position . . .

sur la barre inférieure de suspension. Retirer ensuite ces boulons pour désolidariser la rotule de la barre. Mettre les écrous au rebut. Lors de la repose, en utiliser des neufs.

Arbre de roue gauche

7 Tirer avec précaution l'ensemble moyeu de pivot, vers l'extérieur, puis retirer de cet ensemble le joint homocinétique externe de l'arbre de roue. Le cas échéant, tapoter sur cet arbre à l'aide d'un maillet à panne douce pour l'extraire du moyeu.

8 Soutenir l'arbre de roue puis retirer le joint homocinétique interne de la transmission en faisant très attention de ne pas endommager le joint d'huile de l'arbre de roue. Déposer cet arbre du véhicule.

Arbre de roue droit

9 Desserrer les deux écrous des boulons de retenue du roulement intermédiaire. Faire tourner ces boulons de 90° pour écarter leur tête décalée du chemin de roulement externe **(voir illustrations)**.

10 Tirer avec précaution l'ensemble moyeu de pivot, vers l'extérieur, puis retirer de cet ensemble le joint homocinétique externe de l'arbre de roue. Le cas échéant, tapoter sur cet arbre à l'aide d'un maillet à panne douce pour l'extraire du moyeu.

11 Soutenir l'extrémité externe de l'arbre de roue puis tirer sur son extrémité interne pour écarter le roulement intermédiaire de son support de fixation.

12 Dès que l'extrémité de l'arbre de roue est désolidarisée de la transmission, faire glisser le joint pare-poussière pour le retirer de l'extrémité interne de cet arbre. Noter le sens dans lequel ce joint est monté. Déposer ensuite l'arbre de roue du véhicule.

Repose

13 Avant d'installer l'arbre de roue, examiner le joint d'huile de cet arbre, dans la transmission, pour s'assurer qu'il n'y a pas de traces d'endommagement ou de détérioration. Le cas échéant, le remplacer en consultant le Chapitre 7, Partie A pour de plus amples informations.

14 Nettoyer soigneusement les cannelures de l'arbre de roue et les ouvertures de l'ensemble transmission et moyeu. Légèrement enduire de graisse les lèvres du joint d'huile et les cannelures et épaulements de l'arbre de roue. Vérifier que tous les colliers des gaines sont bien fixés.

Arbre de roue gauche

15 Amener en position l'arbre de roue et mettre en prise les cannelures du joint sur celles du pignon principal du différentiel en faisant très attention de ne pas endommager le joint d'huile. Enfoncer à fond le joint pour l'amener en position.

16 Mettre en prise les cannelures du joint homocinétique externe avec celles du moyeu de pivot puis faire glisser ce joint pour le ramener en position à l'intérieur du moyeu.

17 Aligner la rotule et la barre inférieure de la suspension puis mettre en place les trois boulons de retenue. Mettre des écrous neufs de retenue sur ces boulons puis les serrer au couple spécifié.

18 Lubrifier la face interne et le filetage de l'écrou de retenue de l'arbre de roue en utilisant de l'huile moteur propre puis visser cet

2.24b . . . puis fixer le joint pare-poussière à son extrémité interne en s'assurant qu'il est monté dans le bon sens

écrou à l'extrémité de cet arbre. Pour éviter que le moyeu ne tourne, utiliser la méthode employée lors de la dépose. Serrer l'écrou de retenue de l'arbre de roue au couple spécifié. Vérifier que le moyeu tourne librement puis mettre en position le chapeau de blocage sur l'écrou de l'arbre de roue: ses entailles doivent être alignées sur l'orifice de cet arbre. Bloquer ce chapeau en position à l'aide du collier en R **(voir illustrations)**.

19 Le cas échéant, rebrancher le connecteur électrique du capteur de roue du système ABR. S'assurer que le câblage suit le trajet correct et est immobilisé par tous ses colliers et attaches.

20 Remettre en place la roue, ramener le véhicule au sol puis resserrer les boulons de cette roue au couple spécifié.

21 Refaire le plein de la transmission en utilisant le volume requis de liquide/huile de type préconisé. Vérifier ensuite le niveau à l'aide des informations du Chapitre 1.

Arbre de roue droit

22 Vérifier que le roulement intermédiaire tourne librement, sans point dur et sans jeu libre excessif entre son chemin de roulement interne et son chemin de roulement externe. Le cas échéant, remplacer ce roulement comme indiqué à la Section 5. Examiner le joint pare-poussière pour s'assurer qu'il ne présente pas de traces d'endommagement ou de détérioration. Le cas échéant, le remplacer.

23 Enduire de graisse le chemin de roulement extérieur du roulement intermédiaire ainsi que la lèvre interne du joint pare-poussière.

24 Faire passer l'extrémité interne de l'arbre dans le support de fixation du roulement. Ensuite, faire glisser avec précaution le joint pare-poussière pour l'amener en position sur l'arbre de roue. S'assurer que sa surface plate est dirigée vers la transmission **(voir illustrations)**.

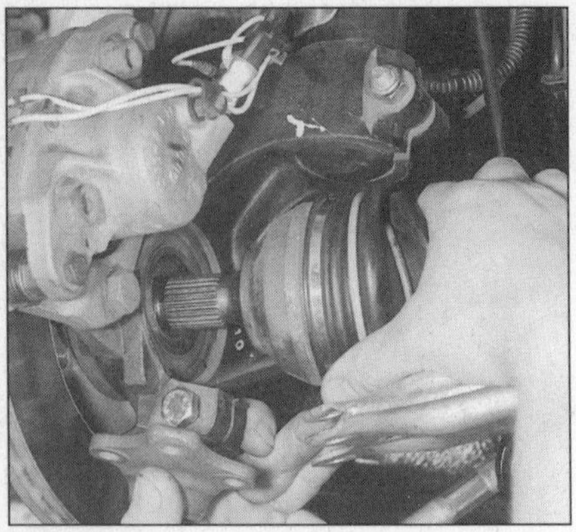

2.26 Extraire l'ensemble moyeu de pivot puis mettre en prise les cannelures du joint homocinétique externe sur celles du moyeu de pivot

2.27 Immobiliser en position le roulement intermédiaire puis faire glisser le joint pare-poussière pour l'amener contre le joint d'huile de l'arbre de roue

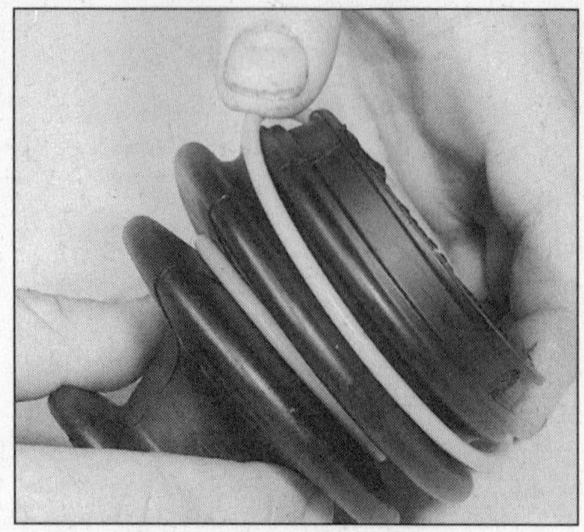

3.11a Mettre en place les bagues en matière plastique dure sur la gaine du joint homocinétique externe . . .

3.11b . . . puis faire glisser la bague neuve en matière plastique (flèche) pour l'amener dans son creux qui se trouve sur l'arbre. Faire glisser la gaine sur l'arbre . . .

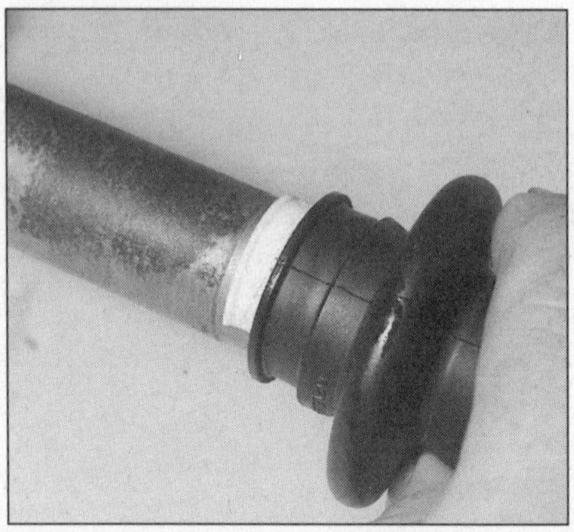

3.11c . . . et amener son extrémité interne à la partie supérieure de la bague en matière plastique

3.11d Amener le jonc d'arrêt neuf dans sa gorge qui se trouve au niveau des cannelures de l'arbre de roue . . .

25 Procéder avec précaution pour mettre en prise les cannelures internes de l'arbre de roue sur celles du pignon principal du différentiel, en faisant très attention de ne pas endommager le joint d'huile. Aligner le roulement intermédiaire sur son support de fixation puis enfoncer à fond l'arbre de roue pour l'amener en position. Le cas échéant, tapoter sur le chemin de roulement externe du roulement, avec un maillet à panne douce pour l'amener en position dans le support de fixation.

26 Mettre en prise les cannelures du joint homocinétique externe sur celles du moyeu de pivot puis faire glisser ce joint pour le ramener en position dans le moyeu **(voir illustration)**.

27 S'assurer que le roulement intermédiaire repose bien sur son siège. Ensuite, en faire tourner les boulons de retenue sur 90° pour amener une tête décalée contre le chemin de roulement externe. Resserrer les écrous de retenue au couple spécifié. S'assurer que le joint pare-poussière repose bien contre le joint d'huile de l'arbre de roue **(voir illustration)**.

28 Effectuer les opérations décrites aux paragraphes 17 à 21 ci-dessus.

3 Gaines en caoutchouc des arbres de roue - remplacement

Joint externe

1 Déposer l'arbre de roue du véhicule, comme indiqué à la Section 2.

2 Immobiliser l'arbre de roue dans un étau à mâchoires douces puis dégager les deux colliers de retenue des gaines en caoutchouc. Le cas échéant, trancher ces colliers pour les libérer.

3 Faire glisser la gaine en caoutchouc le long de l'arbre, vers le bas, pour faire apparaître le joint homocinétique externe. Enlever l'excédent de graisse.

4 A l'aide d'un marteau et d'un jet de taille appropriée en métal souple, donner un coup sec sur l'élément interne du joint externe pour le chasser de l'extrémité de l'arbre. Ce joint externe est immobilisé sur l'arbre par un jonc d'arrêt et le fait de taper sur ce joint de cette façon force le jonc d'arrêt à pénétrer dans sa rainure, permettant ainsi de faire coulisser le joint.

5 Dès que l'ensemble joint a été déposé, retirer le jonc d'arrêt de sa gorge dans les cannelures de l'arbre de roue et le mettre au rebut. Lors du remontage, utiliser un jonc d'arrêt neuf.

6 Retirer la gaine en caoutchouc de l'arbre de roue puis faire glisser pour l'extraire la bague en plastique à l'extrémité interne de cette gaine.

7 Après l'avoir retiré de l'arbre de roue, nettoyer soigneusement le joint homocinétique au pétrole ou avec un solvant de type approprié. Bien le sécher. Procéder à un examen visuel de ce joint.

8 Repousser l'élément d'entraînement cannelé interne sur un côté puis sur l'autre pour faire apparaître l'une après l'autre chaque bille à la partie supérieure de son chemin de roulement. Vérifier que les billes ne présentent pas de fissures, de points aplatis ou de piqûres superficielles.

9 Examiner les chemins des billes des éléments interne et externe. Si ces chemins de roulement se sont élargis, les billes n'offrent plus un ajustement serré. Simultanément, vérifier les regards des cages des billes pour s'assurer qu'il n'y a pas d'usure ou de fissure entre deux regards.

10 Si l'examen des composants d'un joint homocinétique révèlent

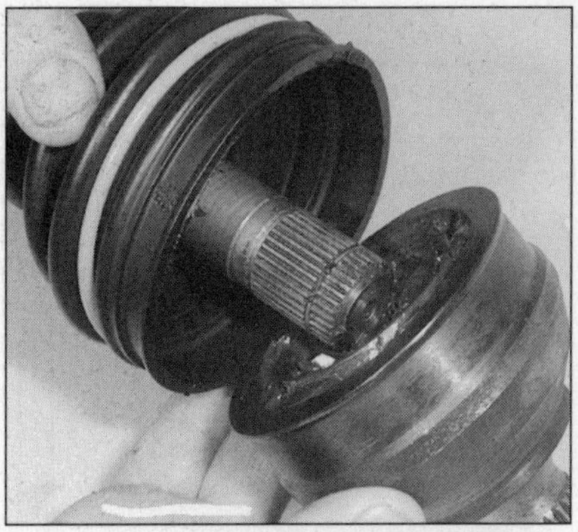

3.11e . . . puis positionner l'élément externe du joint sur les cannelures et le faire glisser en position au-dessus du jonc d'arrêt. S'assurer que ce joint est bien immobilisé par ce jonc avant de poursuivre les opérations.

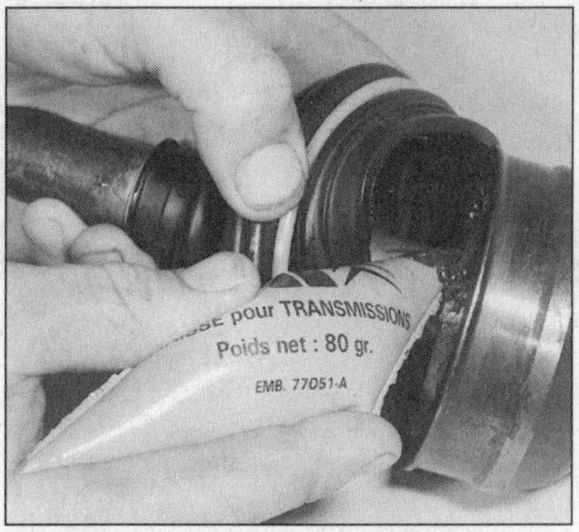

3.11f Lubrifier le joint en utilisant la graisse fournie ; bien faire pénétrer cette graisse dans les chemins de roulement à billes, tout en exerçant une torsion sur le joint ; ensuite, amener la lèvre externe de la gaine dans la gorge qui se trouve sur l'élément externe

3.11g Mettre en place le collier de retenue externe de la gaine et à l'aide d'un outil réalisé à partir d'une électrode de soudage et à 'aide d'une pince, bien serrer ce collier pour supprimer le mou

3.11h Replier l'extrémité du collier sur sa boucle puis découper le tronçon excédentaire

3.11i Replier l'extrémité du collier sous la boucle . . .

3.11j . . . puis replier fermement la boucle sur le collier pour immobiliser ce dernier en position

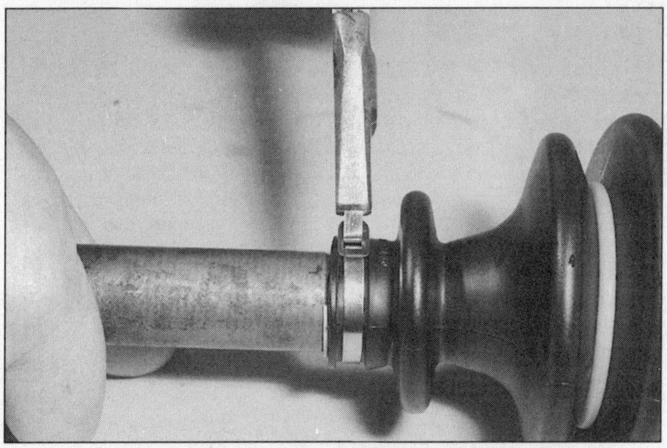

3.11k Soulever avec précaution l'extrémité interne de la gaine pour égaliser la pression d'air à l'intérieur de cette dernière. Ensuite, immobiliser en position le collier de retenue interne de la gaine en employant la même méthode

que l'un d'entre eux est usé ou endommagé, il faut remplacer la totalité du joint homocinétique (à condition qu'il soit vendu séparément) ou la totalité de l'arbre de roue si aucun composant de joint homocinétique n'est vendu séparément. Pour de plus amples renseignements sur la disponibilité en pièces de rechange, contactez votre concessionnaire Citroën. Si ce joint est en bon état, se procurer une trousse de réparation contenant une gaine, un jonc d'arrêt, des colliers de retenue et le volume requis de graisse de type correct.

11 Lors de l'installation de la gaine neuve, consulter les illustrations ci-jointes et réaliser les opérations qui y sont présentées **(voir les illustrations 3.11a à 3.11k)**. Respecter cet ordre et suivre à la lettre les consignes des légendes. Il convient de noter que les bagues en matière plastique dure n'équipent pas toutes les gaines et que les colliers de retenue qui sont fournis avec la trousse de réparation des gaines ne sont pas forcément les mêmes que ceux que montrent ces photos. Pour immobiliser en position l'autre type de collier de serrage, bloquer les deux extrémités du collier l'une contre l'autre puis supprimer le mou de ce collier en exerçant avec précaution une pression de la section en relief de ce collier à l'aide d'une cisaille à bec latéral.

12 Vérifier que le joint homocinétique se déplace librement dans tous les sens puis remonter l'arbre de roue sur le véhicule, comme indiqué à la Section 2.

Joint interne

13 Déposer le joint homocinétique externe, comme indiqué ci-dessus aux paragraphes 1 à 5.

14 Entourer de ruban adhésif les cannelures de l'arbre de roue puis déposer avec précaution la gaine en caoutchouc du joint homocinétique externe ainsi que la bague en matière plastique à l'extrémité interne de cette gaine. Il est recommandé de remplacer également la gaine de ce joint, même si elle semble en bon état.

3.15a Desserrer les colliers de retenue internes de la gaine puis déposer l'élément externe du joint

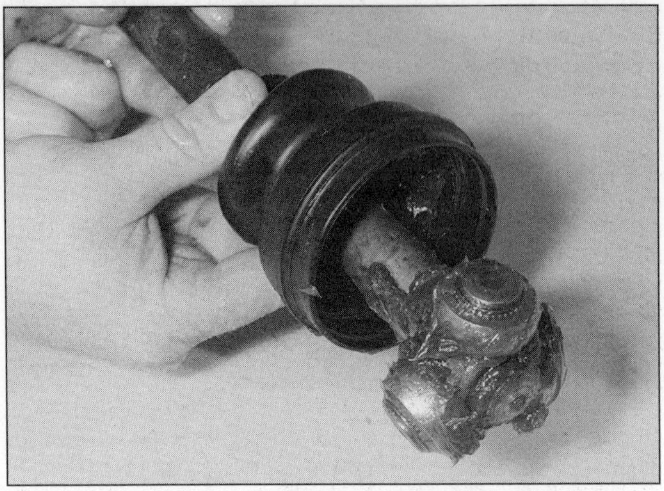

3.15b Faire glisser la gaine pour l'extraire à l'extrémité de l'arbre de roue . . .

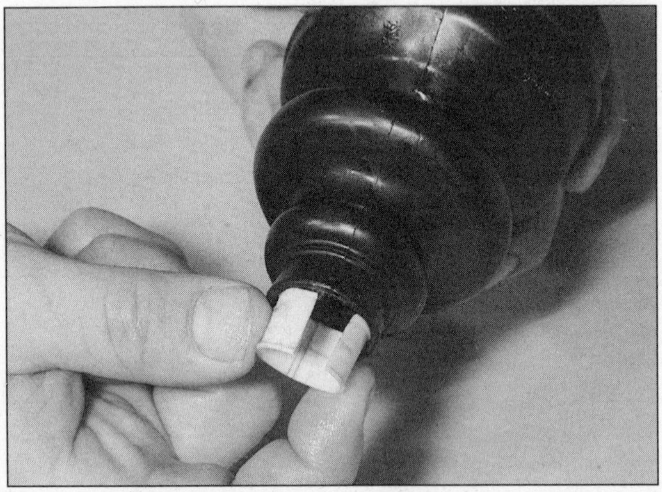

3.15c . . . puis retirer la bague en matière plastique

15 Desserrer les colliers de retenue puis faire glisser la gaine pour la retirer de l'arbre. Déposer la bague en matière plastique. Lors du dégagement de la gaine, l'élément externe du joint quitte également l'extrémité de l'arbre **(voir illustrations)**.

16 Bien nettoyer le joint au pétrole ou à l'aide d'un solvant de type approprié. Le faire sécher soigneusement. Vérifier que les roulements de ce joint à trépied et son élément externe ne présentent pas de traces d'usure, de piqûres ou d'éraflures sur leur surface portante. Vérifier que les galets de ce roulement tournent sans à-coups et aisément autour du joint à trépied, sans point dur.

17 Si l'examen du joint à trépied ou de son élément externe révèle la présence d'usure ou d'endommagement, il faut remplacer la totalité de l'ensemble arbre de roue étant donné que ce joint ne se vend pas séparément. Si ce joint est satisfaisant, se procurer une trousse de réparation contenant une gaine, des colliers de retenue et le volume requis de graisse de type préconisé. Bien que cela ne soit pas absolument nécessaire, il est également recommandé de remplacer la gaine du joint homocinétique externe, quel que soit son aspect extérieur.

18 Lors du remontage, bourrer le joint interne en utilisant la graisse remise avec la trousse de la gaine. Bien faire pénétrer cette gaine dans les chemins de roulement et les galets de ce roulement tout en exerçant une torsion sur ce joint.

19 Nettoyer l'arbre à la toile émeri pour enlever toute trace de rouille ou les arêtes vives qui risquent d'endommager la gaine. Ensuite, faire glisser la bague en matière plastique et la gaine du joint interne le long de l'arbre de roue. Amener cette bague en position dans son logement sur l'arbre puis amener l'extrémité interne de la gaine tout en haut de la bague.

20 Faire passer l'élément externe sur l'extrémité de l'arbre puis amener la gaine dans sa gorge qui se trouve sur l'élément externe du joint. Enfoncer l'élément interne sur le joint de façon à comprimer son plongeur rappelé par ressort. Ensuite, soulever le bord externe de cette gaine pour égaliser la pression d'air dans toute la gaine. Mettre en place le collier de retenue externe et le collier de retenue interne. Les immobiliser en position à l'aide des informations du paragraphe 11. S'assurer que les colliers de retenue de la gaine sont bien serrés. Vérifier également que le joint se déplace librement dans tous les sens.

21 Remettre en place les composants du joint homocinétique externe en utilisant les informations du paragraphe 11 ci-dessus.

4 Révision des arbres de roue - généralités

1 Si l'une des vérifications décrites au Chapitre 1 révèle la présence d'usure dans un des joints des arbres de roue, il faut tout d'abord retirer l'enjoliveur de la roue ou le chapeau central (suivant les cas). Si cet ensemble a un collier en R, il faut bien serrer l'écrou de l'arbre de roue. En cas de doute, déposer le collier en R et le chapeau de freinage et vérifier à l'aide d'une clé dynamométrique que le couple de serrage de l'écrou est correct. Une fois ce serrage terminé, remettre en place le chapeau de freinage et le collier en R puis refixer le chapeau central ou l'enjoliveur. Recommencer cette vérification sur l'écrou de l'autre arbre de roue. Pour de plus amples informations, consulter la Section 2.

2 Faire rouler le véhicule sur route pour s'assurer qu'il n'y a pas de cliquetis métallique en provenance de l'avant lorsque l'automobile roule lentement en braquant à fond le volant. Si un cliquetis se fait entendre, cela indique que le joint homocinétique externe est usé. Dans ce cas-là, remplacer ce joint car il n'est pas possible de le remettre en état.

3 Si des vibrations, qui dépendent de la vitesse du véhicule, se font sentir pendant une accélération, les joints homocinétiques internes sont probablement usés.

4 Pour vérifier que les joints ne sont pas usés, déposer les arbres de roue puis les démonter, comme indiqué à la Section 3. En cas d'usure ou de jeu libre, remplacer le joint affecté. En ce qui concerne les joints internes et, sur certains modèles, les joints externes, il faut remplacer la totalité de l'ensemble arbre de roue étant donné que ces joints ne sont pas vendus séparément. Pour de plus amples renseignements sur la disponibilité en composants destinés aux arbres de roue, consultez votre concessionnaire Citroën.

5 Roulement intermédiaire de l'arbre de roue droit - remplacement

Note: *Pour extraire le roulement et le collier à l'extrémité de l'arbre de roue, il faut se procurer un extracteur de roulement de type correct.*

1 Déposer l'arbre de roue droit, comme indiqué à la Section 2 de ce Chapitre.

2 Vérifier que le chemin de roulement externe tourne librement et aisément sans point dur et sans jeu excessif entre les chemins de roulement interne et externe. Le cas échéant, remplacer ce roulement en procédant comme suit.

3 Utiliser un extracteur universel de roulement à longue portée pour extraire avec précaution le collier et le roulement intermédiaire à l'extrémité interne de l'arbre de roue **(voir illustration)**. Enduire de graisse le chemin de roulement interne du roulement neuf puis mettre en place ce roulement à l'extrémité de l'arbre de roue. Utiliser un marteau et un tube de diamètre approprié reposant sur le chemin de roulement interne, puis tapoter sur le roulement neuf afin de l'amener en position sur l'arbre de roue, en butée contre l'élément externe du joint homocinétique. Dès que le roulement occupe la position prévue, tapoter sur son collier pour l'amener sur l'arbre, au contact du chemin de roulement interne.

4 Vérifier que ce roulement tourne librement puis remettre en place l'arbre de roue, comme indiqué à la Section 2.

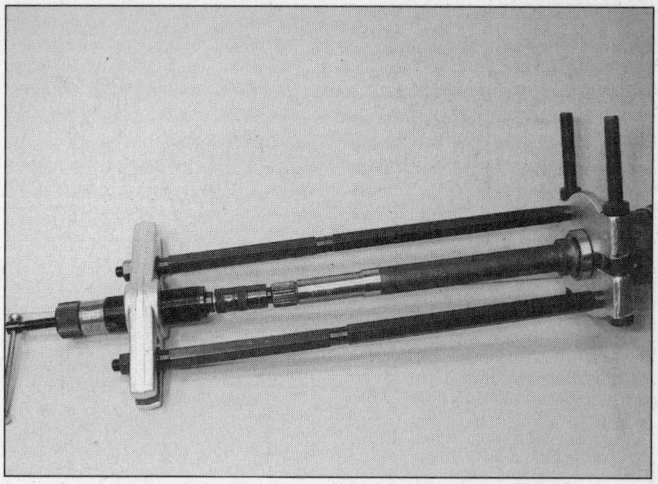

5.3 A l'aide d'un extracteur de roulement à longue portée, déposer le roulement intermédiaire de l'arbre de roue droit

Notes

Chapitre 9 Système de freinage

Table des matières

Spécifications

Type de système	Double circuit hydraulique à division en diagonale. Freins à disque à l'avant, à disque ou à tambour à l'arrière (suivant modèle). Système anti-blocage des roues (ABR) disponible en option

Freins avant

Type	A disque, avec étrier coulissant à piston unique
Diamètre du disque	247 mm
Epaisseur du disque:	
Neuf:	
Disque plein	10 mm
Disque ventilé	20,4 mm
Epaisseur minimale:	
Disque plein	8 mm
Disque ventilé	18,4 mm
Faux-rond maximum de disque	0,2 mm
Epaisseur minimale de plaquette de frein	2 mm

Freins arrière

Type:	
Certains modèles de haut de gamme et tous les modèles équipés du système ABR	Disque avec étrier coulissant à piston unique
Tous les autres modèles sans système ABR	A tambour
Freins à tambour:	
Diamètre du tambour:	
Neuf	180 mm
Diamètre maximum après usinage	182 mm
Epaisseur de sabot de frein:	
Neuf	4,85 mm
Minimum	1,5 mm
Freins à disque:	
Diamètre du disque	247 mm
Epaisseur du disque:	
Neuf	8 mm
Epaisseur minimale	6 mm
Faux-rond maximum du disque	0,2 mm
Epaisseur minimale des plaquettes de frein	2 mm

Système ABR

Dégagement entre capteur de roue et couronne dentée	0,3 à 1,2 mm

Couples de serrage

	da N.m
Etrier de frein avant:	
Boulons de broche de guidage (étrier CJN48)	3,5
Boulons entre support de fixation et moyeu pivotant	12,0
Boulons de fixation d'étrier arrière de frein	12,0
Ecrou de moyeu arrière:	
Modèles à freins arrière à tambour	20,0
Modèles à freins arrière à disque	18,0
Ecrous entre maître-cylindre et servocommande	1,0
Boulon de pivot de pédale	2,5
Ecrous de retenue support de pédale	0,5
Ecrous de fixation de servocommande à dépression	2,0
Boulons de retenue de capteur de roue du système ABR	0,9
Boulons de roue	9,0

1 Généralités

Le système de freinage à servofreins est double. Chaque circuit du système hydraulique agit sur un frein avant et un frein arrière grâce à un maître-cylindre en tandem. Lorsque les circonstances sont normales, ces deux circuits fonctionnent à l'unisson. Cependant, en cas de défaillance hydraulique d'un circuit, les deux roues bénéficient toujours de la force normale de freinage.

Comme avec tous les moteurs diesel, le vide dans la rampe d'admission est insuffisant pour faire fonctionner la servocommande du système de freinage. C'est pourquoi une pompe à vide est montée sur le moteur pour fournir la dépression requise. En fonction du type d'ensemble moteur/transmission qui équipe le véhicule, cette pompe se trouve à l'extrémité de la culasse et est entraînée directement par l'extrémité de l'arbre à cames ou vient se monter au-dessus du carter de la transmission et, dans ce cas-là, est entraînée par l'extrémité de l'arbre à cames par le biais d'un dispositif à courroie d'entraînement et à poulie.

Certains modèles de haut de gamme sont équipés d'origine de freins à disques à l'avant et à l'arrière alors que tous les autres modèles qui ne sont pas équipés du système ABR ont des freins à disques à l'avant et à tambours à l'arrière. Un système ABR est proposé en option sur tous les modèles. Sur les modèles équipés du système ABR, il y a des freins à disques à l'avant et à l'arrière (Pour de plus amples informations sur le fonctionnement du système ABR, consulter la Section 22).

Les freins à disques à l'avant sont actionnés par des étriers de type coulissant à piston unique, ce qui permet d'obtenir la même pression sur chaque plaquette d'un disque.

Sur les modèles équipés de freins à tambours à l'arrière, les freins arrière comportent des sabots avant et arrière qui sont actionnés par des cylindres de roues à deux pistons. Ces cylindres comportent des clapets régulateurs de pression qui contrôlent la pression hydraulique qui vient s'appliquer au niveau des freins arrière. Ces clapets empêchent le blocage des roues arrière lors d'un freinage important. Un mécanisme d'auto-réglage est incorporé afin de compenser automatiquement l'usure des sabots de freins. Au fur et à mesure que les garnitures des sabots de freins s'usent, l'utilisation de la pédale de frein actionne automatiquement le mécanisme de réglage qui rallonge en fait le tirant des sabots et modifie la position de chaque sabot afin de supprimer le jeu entre la garniture et le tambour.

Sur les modèles équipés de freins à disques à l'arrière, ces derniers sont actionnés par des étriers coulissants à un seul piston. Ces étriers incorporent les éléments mécaniques du frein à main. La canalisation de frein qui aboutit à chaque étrier arrière comporte un clapet régulateur de pression. Ce clapet est identique à celui qui équipe les cylindres de roues arrière et a pour but d'empêcher le blocage des roues arrière lors d'un freinage important.

Sur tous les modèles, le frein à main constitue un dispositif mécanique indépendant de serrage des freins arrière.

Note: *Lors de l'entretien d'une partie de ce système, quelle qu'elle soit, travailler avec précaution et de façon méthodique. En outre, il faut maintenir une propreté absolue lors de la révision de composants du système hydraulique. En cas de doute sur l'état de* *composants, il faut toujours les remplacer (le cas échéant, tous les composants d'un même essieu) en utilisant uniquement des pièces de rechange d'origine Citroën ou, à tout le moins, des pièces de rechange de bonne qualité. Lire les avertissements de la section "Impératifs de sécurité" et de ce Chapitre en ce qui concerne les dangers que représentent la poussière d'amiante et le liquide hydraulique.*

2 Circuit hydraulique - purge

Note: *Le liquide hydraulique est un poison. En cas de contact avec la peau, procéder à un lavage immédiat et prolongé. Consulter immédiatement un docteur en cas d'ingestion de ce fluide ou de projection dans les yeux. Certains types de liquides hydrauliques sont inflammables et s'enflamment au contact de composants brûlants. Lors de l'entretien d'un circuit hydraulique, quel qu'il soit, il vaut mieux pour des raisons de sécurité estimer que ce liquide est inflammable et prendre par conséquent les précautions nécessaires pour éviter les risques d'incendies, comme si vous manipuliez de l'essence. Le liquide hydraulique attaque également la peinture et les matières plastiques. En cas d'épanchement, il faut l'éliminer immédiatement à grande eau (eau douce). Enfin, il est hygroscopique (c'est-à-dire qu'il absorbe l'humidité de l'air). Un liquide vieux peut être contaminé et dans ce cas-là, il ne faut pas continuer de l'utiliser. Pour compléter le plein ou faire un plein total, toujours employer le liquide de type préconisé et s'assurer qu'il provient d'un récipient hermétiquement scellé qui vient tout juste d'être ouvert.*

Généralités

1 Un circuit hydraulique, quel qu'il soit, ne fonctionne correctement qu'après avoir supprimé la totalité de l'air des composants et du circuit proprement dit. Pour cela, il faut purger le circuit.

2 Pendant une purge, ajouter uniquement du liquide hydraulique propre et neuf du type préconisé. Ne jamais réutiliser le liquide purgé du circuit. Avant de commencer une intervention, s'assurer que vous disposez de suffisamment de liquide.

3 S'il y a des chances que le liquide que contient le circuit soit d'un type incorrect, il faut rincer complètement tous les composants et le circuit de freinage avec du liquide non contaminé et de type correct. De plus, il faut remplacer tous les joints d'étanchéité par des neufs sur les différents composants.

4 Si le circuit perd une partie de son liquide hydraulique ou si de l'air y pénètre à la suite d'une fuite, il faut corriger ce défaut avant de poursuivre les opérations.

5 Garer le véhicule sur un sol parfaitement horizontal. Couper le moteur puis enclencher la première ou la marche arrière. Enfin, bloquer les roues avec des cales et desserrer le frein à main.

6 Vérifier que tous les flexibles et canalisations sont bien fixés, que les raccords sont serrés et que les vis de purge sont bien serrées. Enlever la poussière autour de ces vis.

7 Desserrer le bouchon du réservoir du maître-cylindre et compléter le plein de ce réservoir jusqu'au repère de niveau "MAX". Bien revisser ce bouchon et ne pas oublier de maintenir le niveau de liquide au-dessus du repère "MIN" tout au long de cette procédure pour éviter tout risque d'entrée d'air supplémentaire dans le circuit.

8 Un certain nombre de trousses de purge de freins sont commercialisées par les accessoiristes et permettent à une personne seule d'effectuer la purge du circuit de freinage. Dans la mesure du possible, il est recommandé d'utiliser une telle trousse car elle simplifie grandement les opérations de purge et réduit en outre tout risque de réintroduction dans le circuit de l'air et du liquide qui en ont été chassés. Si une telle trousse n'est pas disponible, il faut faire appel à la méthode de base (à deux personnes) qui est décrite en détails aux paragraphes suivants.

9 Avant d'utiliser la trousse susmentionnée, il convient de préparer le véhicule en procédant comme indiqué précédemment puis de suivre le mode d'emploi fourni par le fabricant de cette trousse. En effet, cette procédure varie légèrement en fonction du type de trousse employé. En général, ces procédures ressemblent beaucoup à celle qui est décrite aux alinéas correspondants suivants.

10 Quelle que soit la méthode employée, il faut procéder dans l'ordre indiqué (paragraphes 11 et 12) pour éliminer la totalité de l'air du circuit.

Séquence de purge

11 Si le circuit a été partiellement débranché, et à condition de prendre les précautions nécessaires pour minimiser la perte de liquide, il faudra probablement uniquement purger la partie du circuit ainsi affecté (c'est-à-dire le circuit primaire ou secondaire).

12 S'il faut purger la totalité du système, procéder dans l'ordre suivant:

Modèles sans ABR

(a) *Frein arrière gauche.*
(b) *Frein avant droit.*
(c) *Frein arrière droit.*
(d) *Frein avant gauche.*

Modèles équipés de l'ABR

(a) *Frein avant gauche.*
(b) *Frein avant droit.*
(c) *Frein arrière gauche.*
(d) *Frein arrière droit.*

Note: *Si la purge du circuit de freinage des modèles équipés de l'ABR présente des difficultés, il faut chercher à purger la totalité du système en procédant dans l'ordre inverse de l'ordre indiqué ci-dessus, c'est-à-dire en commençant par le frein arrière droit et en terminant par le frein avant gauche.*

Purge - méthode de base (à deux personnes)

13 Se procurer un récipient propre en verre, un tube en plastique ou en caoutchouc de longueur suffisante et offrant un ajustement serré au niveau de la vis de purge et une clé fermée pour revisser cette vis. Il faut également se faire aider par un assistant.

14 Retirer le bouchon pare-poussière de la première vis de la séquence indiquée ci-dessus. Fixer la clé et le tube sur cette vis. Placer l'autre extrémité du tube dans le récipient et verser dans ce récipient un volume suffisant de liquide pour recouvrir l'extrémité du tube.

15 S'assurer que le niveau de liquide du réservoir du maître-cylindre se maintient toujours au-dessus du repère "MIN" tout au long de cette procédure.

16 Demander à l'assistant d'appuyer à fond à plusieurs reprises sur la pédale de frein pour faire monter la pression puis de maintenir ensuite le pied sur cette pédale.

17 Pendant que l'assistant maintient la pression sur la pédale de frein, dévisser d'un tour environ la vis de purge et laisser le liquide comprimé et l'air s'écouler dans le récipient. L'assistant doit maintenir la pression sur la pédale et même l'amener au niveau du plancher, le cas échéant. Il ne doit surtout pas la relâcher avant d'en recevoir l'ordre. Dès que l'écoulement de fluide et d'air s'arrête, resserrer la vis de purge, relâcher lentement la pression sur la pédale et revérifier le niveau de liquide dans le réservoir.

18 Recommencer les opérations décrites aux paragraphes 16 et 17 jusqu'à ce que le liquide qui s'écoule de la vis de purge ne contienne plus de bulles d'air. Si le maître-cylindre a été vidangé puis a fait l'objet d'un plein et si de l'air est évacué lors du desserrage de la première vis de la séquence décrite ci-dessus, attendre environ cinq secondes entre deux cycles pour permettre aux galeries du maître-cylindre de se remplir.

19 Lorsqu'il n'y a plus de bulles d'air au niveau de la vis de purge, resserrer à fond cette dernière, enlever le tube et la clé et remettre en place le bouchon pare-poussière. Ne pas trop serrer cette vis.

20 Recommencer cette procédure sur les autres vis, dans l'ordre indiqué ci-dessus, jusqu'à ce que la totalité de l'air soit évacuée du système et que la pédale de frein soit de nouveau ferme.

Purge - à l'aide d'une trousse à vanne unidirectionnelle

21 Comme son nom l'indique, cette trousse se compose d'un tube équipé d'une vanne unidirectionnelle qui empêche tout retour dans le système de freinage de l'air et du liquide qui en ont été chassés.

2.22 Purge d'un étrier de frein arrière à l'aide d'une trousse à vanne unidirectionnelle

Certaines trousses comportent même un récipient translucide qui se met à un emplacement permettant de voir plus facilement l'écoulement de bulles d'air à l'extrémité du tube.

22 Cette trousse se branche sur la vis de purge. Desserrer ensuite cette vis. Le mécanicien s'assoit sur le siège du conducteur et appuie sur la pédale de frein en lui faisant parcourir une course régulière et progressive. Ensuite, il relâche la pression sur cette pédale. Il recommence cette procédure jusqu'à ce que le liquide qui s'échappe ne contienne plus de bulles d'air **(voir illustration)**.

23 Il convient de noter que ces trousses simplifient tellement le travail que l'on oublie parfois de vérifier le niveau de liquide dans le réservoir du maître-cylindre. S'assurer que ce niveau se maintient toujours au-dessus du repère "MIN".

Purge - à l'aide d'une trousse de purge sous pression

24 Ces trousses fonctionnent en général grâce à la réserve d'air sous pression que contient la roue de secours, bien qu'il convient de noter qu'il faudra probablement réduire cette pression pour l'amener à une limite inférieure à la normale. Consulter pour cela le mode d'emploi remis avec cette trousse.

25 Brancher un récipient sous pression et rempli de liquide sur le réservoir du maître-cylindre. Pour effectuer la purge, il suffit tout simplement de desserrer l'une après l'autre chaque vis (dans l'ordre spécifié) et de laisser le liquide s'écouler jusqu'à ce qu'il ne contienne plus de bulles d'air.

26 Cette méthode a une avantage car l'important réservoir de liquide offre une protection supplémentaire contre la réintroduction d'air dans le circuit pendant la purge.

27 La purge sous pression est surtout efficace sur les circuits "difficiles" ou lors de la purge d'un système complet dans le cadre du remplacement prévu de liquide.

Toutes les méthodes

28 Lorsque la purge est terminée et que la pédale est de nouveau bien ferme, essuyer les épanchements de liquide, resserrer à fond les vis de purge puis remettre en place leur chapeau pare-poussière.

29 Vérifier le niveau de liquide hydraulique. Compléter le plein, suivant besoin (voir Chapitre 1).

30 Mettre au rebut le liquide hydraulique évacué par le circuit. Il ne peut pas être réutilisé.

31 Vérifier la fermeté de la pédale de frein. Si elle est spongieuse, c'est que le circuit contient toujours de l'air. Dans ce cas-là, il convient de procéder à une nouvelle purge. Si la pression n'est toujours pas satisfaisante après avoir recommencé un nombre de fois raisonnable la procédure de purge, cela est probablement dû à une usure des joints du maître-cylindre.

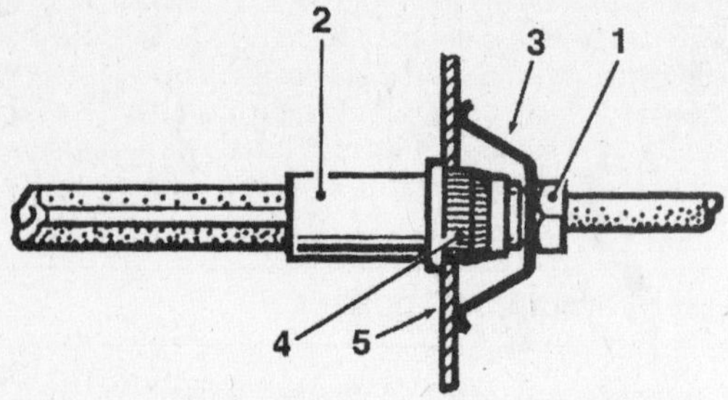

3.2 Fixation d'une canalisation de frein sur un flexible

1 *Ecrou de raccordement*
2 *Flexible*
3 *Support de bague de serrage*
4 *Embout cannelé*
5 *Support de fixation*

3 Canalisations et flexibles hydrauliques - remplacement

Note: *Avant de commencer cette procédure, lire la note qui se trouve au début de la Section 2 et qui décrit les dangers que présente le liquide hydraulique.*

1 Lors du changement d'une canalisation ou d'un flexible, il convient de minimiser la perte de liquide en retirant le bouchon du réservoir du maître-cylindre puis en le revissant après y avoir placé un morceau de polythène dans le but d'obtenir un joint parfaitement étanché à l'air. En variante, il est possible d'obtenir une étanchéité parfaite des flexibles, le cas échéant, en utilisant une pince spéciale pour flexibles de freins. Les raccords des canalisations de freins en métal peuvent être obturés (en faisant très attention de ne pas laisser pénétrer de poussière dans le circuit) ou on peut les reboucher dès leur débranchement. Placer des chiffons sous un raccord avant de le débrancher, afin de recueillir les épanchements de liquide.

2 Avant de débrancher un flexible, dévisser l'écrou de raccordement de la canalisation de frein puis retirer la bague de serrage qui immobilise ce flexible sur son support de fixation **(voir illustration)**.

3 Pour dévisser les écrous de raccordement, il vaut mieux se procurer une clé de taille appropriée pour canalisation de frein. On peut se la procurer en s'adressant aux principaux accessoiristes. Si ce type de clé n'est pas disponible, il est possible d'utiliser une clé ouverte, bien que si les écrous sont très serrés ou rouillés, ce type de clé risque de glisser et de provoquer un arrondissement des méplats. Dans ce cas-là, bien souvent, la seule méthode permettant de dévisser un raccord rebelle consiste à utiliser une clé à auto-blocage, mais il va sans dire qu'il conviendra alors de remplacer, lors du remontage, la canalisation et les écrous endommagés. Toujours nettoyer le raccord et la zone avoisinante avant de soigneusement le débrancher. Avant de débrancher un composant comportant plusieurs raccords, noter la position de chaque branchement avant d'y toucher.

4 S'il faut remplacer une canalisation de frein, se la procurer auprès d'un concessionnaire Citroën, découpée à la longueur voulue et munie des écrous de raccordement et les embouts épanouis. Il suffit alors de cintrer cette canalisation pour lui donner le profil voulu, qui doit être identique à celui de la canalisation qu'elle doit remplacer. Ensuite, monter cette canalisation sur le véhicule. En variante, la plupart des accessoiristes automobiles peuvent fabriquer des canalisations de freins en utilisant des trousses spéciales. Pour cela il faut mesurer avec précision la canalisation d'origine pour être certain que le composant de rechange a la longueur voulue. En général, la meilleure solution consiste à confier la canalisation d'origine à l'accessoiriste qui s'en servira de modèle.

5 Lors de la repose, ne pas trop serrer les écrous de raccordement. Il n'est pas nécessaire de les serrer comme une brute pour obtenir un joint de qualité.

6 S'assurer que le tracé des canalisations et flexibles est correct et

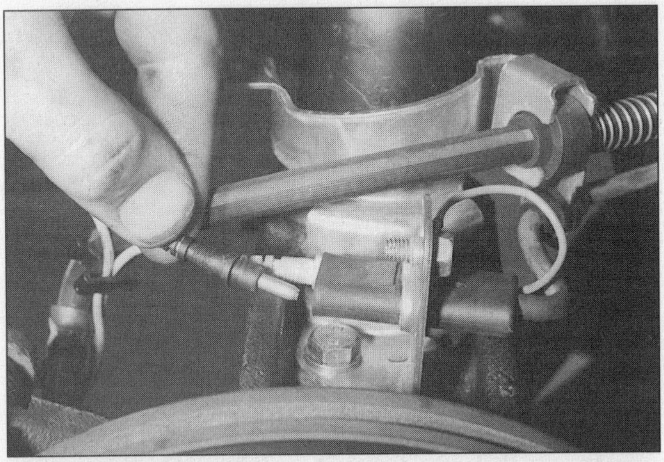

4.2 **Débranchement des fils du capteur d'usure des plaquettes au niveau de son connecteur**

ne présente pas de pliages et torsions. S'assurer également que ces composants sont immobilisés par les pinces, colliers ou supports prévus à cet effet. Après installation, retirer la feuille en polythène du réservoir puis purger le circuit hydraulique, comme indiqué à la Section 2. Essuyer tout épanchement de liquide et vérifier soigneusement l'absence de fuites.

4 Plaquettes de freins avant - remplacement

Avertissement: *Remplacer simultanément les quatre plaquettes de freins avant - ne jamais remplacer les plaquettes d'une seule roue car cela risque de donner un freinage irrégulier. Il convient de noter que la poussière créée par l'usure des plaquettes peut contenir de l'amiante qui présente un danger pour la santé. Ne jamais la chasser sous un jet d'air comprimé et ne jamais en inhaler. Lors d'une intervention sur les freins, il faut porter un masque agréé muni d'un filtre. NE PAS employer de solvant à base de pétrole pour nettoyer les composants des freins. Utiliser du produit de nettoyage spécialement conçu pour les freins ou de l'alcool dénaturé.*

1 Serrer le frein à main puis soulever au cric l'avant du véhicule et le soutenir sur des chandelles. Retirer les roues avant.

2 Remonter le câblage du capteur d'usure des plaquettes de frein, à partir des plaquettes, puis débrancher ces fils au niveau du connecteur électrique **(voir illustration)**. Noter le trajet suivi par ce câblage et le dégager au niveau des différents colliers de retenue.

3 Enfoncer le piston dans son alésage en tirant les étriers vers l'extérieur. Les modèles décrits dans ce manuel sont équipés d'un des deux types possibles d'étriers de frein avant. L'étrier Girling CJN48 ne présente qu'une petite ouverture pour l'examen des plaquettes alors que l'étrier Girling J48 permet de voir la totalité de chaque plaquette depuis l'ouverture qui se trouve sur la partie supérieure de l'étrier. Les plaquettes sont immobilisées par deux broches. Identifier le type d'étrier puis procéder comme indiqué aux paragraphes de l'en-tête correspondant.

Etrier Girling CJN48

4 Desserrer puis retirer les boulons supérieur et inférieur de la broche de guidage de l'étrier tout en utilisant une clé ouverte plate pour empêcher toute rotation de la broche de guidage proprement dite **(voir illustration)**. Mettre au rebut ces boulons et les remplacer par des neufs lors de la repose.

5 Après avoir retiré ces boulons, soulever l'étrier pour l'écarter des plaquettes de frein et de son support de fixation. L'accrocher sur la jambe de force de la suspension à l'aide d'un morceau de fil de fer. Ne pas laisser cet étrier suspendu sans support au flexible de frein.

6 Retirer les deux plaquettes de frein du support de fixation de l'étrier. Les examiner en procédant comme suit.

7 Tout d'abord, mesurer l'épaisseur du matériau de frottement de chaque plaquette **(voir illustration)**. Si l'usure d'une plaquette, en un point quelconque, fait tomber l'épaisseur de ce composant à la valeur minimale ou au-dessous de ce minimum, il convient de remplacer simultanément les quatre plaquettes. En outre, remplacer les plaquettes si elles sont contaminées par de l'huile ou de la graisse. Il n'existe pas de méthode satisfaisante pour dégraisser le matériau de frottement après contamination. Si une des plaquettes présente une usure irrégulière ou est contaminée par de l'huile ou de la graisse, identifier la cause de ce défaut et y remédier avant de procéder au remontage. Pour obtenir des trousses de plaquettes de freins neuves, s'adresser à un accessoiriste ou à un concessionnaire Citroën.

8 Si les plaquettes de freins sont encore en bon état, les nettoyer avec soin avec une brosse métallique propre et fine ou un outil similaire, en prêtant une attention toute particulière aux côtés et au dos du support métallique. Nettoyer les rainures du matériau de frottement et enlever les grosses particules de poussière ou de débris qui ont pénétré dans ce matériau. Nettoyer avec soin l'emplacement occupé par chaque plaquette dans l'ensemble corps de l'étrier et support de fixation.

9 Avant de remettre en place les plaquettes, vérifier que les broches de guidage peuvent coulisser librement dans l'ensemble corps de l'étrier et support de fixation. Vérifier également que les gaines en caoutchouc de ces broches sont intactes **(voir illustration)**. Enlever à la brosse la poussière et les saletés de l'étrier du piston mais **ne pas** en inhaler car elles peuvent être nocives. Examiner le joint pare-poussière autour du piston pour s'assurer qu'il n'est pas endommagé. Vérifier également que le piston ne présente pas de traces de fuite de liquide, de corrosion ou d'endommagement. S'il faut remédier à un défaut sur l'un de ces composants, consulter la Section 10.

10 Pour mettre en place des plaquettes neuves, il faut repousser le piston de l'étrier dans le cylindre pour avoir la place nécessaire. Utiliser

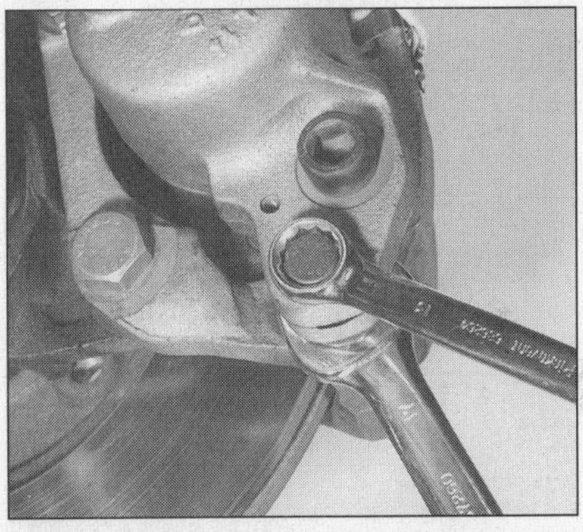

4.4 **Sur l'étrier CJN48, bloquer la broche de guidage avec une clé ouverte et desserrer simultanément le boulon de cette broche**

4.7 **Mesure de l'épaisseur des matériaux de frottement de chaque plaquette de frein**

4.9 **Après dépose de l'étrier, vérifier l'état des broches de guidage et des gaines**

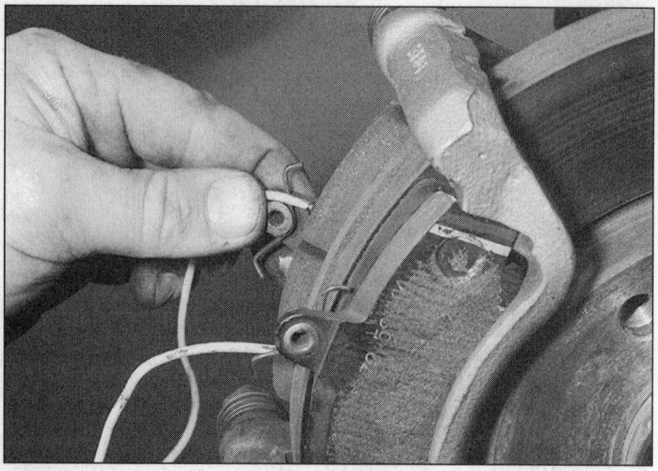

4.11 S'assurer que les plaquettes de frein sont montées dans le bon sens, c'est-à-dire que le matériau de frottement est dirigé vers le disque . . .

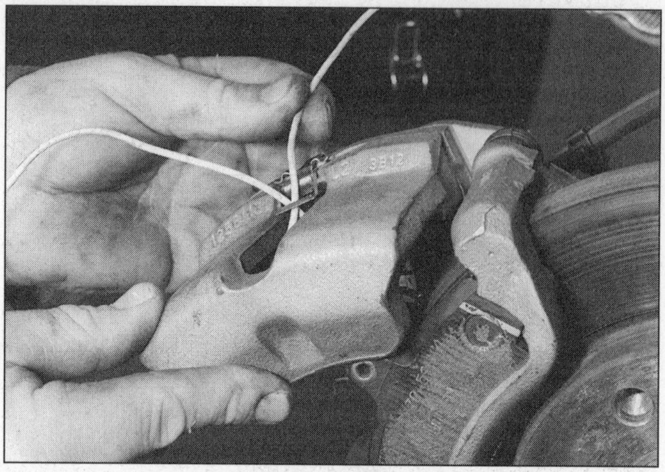

4.12 . . . puis remettre en place l'étrier en faisant passer le câblage du capteur d'usure des plaquettes par l'ouverture de l'étrier

un collier en G ou un outil similaire et se servir de morceaux de bois de taille appropriée comme leviers. A condition que le réservoir du maître-cylindre ne contienne pas trop de liquide hydraulique, il ne devrait pas y avoir d'épanchement. Cependant, garder un oeil sur le niveau de liquide pendant le retrait du piston. Si ce niveau dépasse le repère "MAX", à un moment ou à un autre, il faut enlever l'excédent de liquide en le siphonnant ou en utilisant un tube en matière plastique qui vient se brancher sur la vis de purge (voir Section 2). **Note:** *ne pas siphonner ce liquide avec la bouche car c'est un poison. Utiliser une seringue ou une petite louche de cuisine usagée.*

11 Mettre en place les plaquettes dans le support de fixation de l'étrier. S'assurer que le matériau de frottement de chaque plaquette repose contre le disque du frein **(voir illustration)**.

12 Mettre en position l'étrier au-dessus des plaquettes puis faire passer le câblage du capteur d'usure des plaquettes par l'ouverture de l'étrier puis sous le collier de retenue **(voir illustration)**. Si le filetage des boulons neufs des broches de guidage n'a pas reçu une couche préalable de produit de freinage, y passer du produit de freinage de type approprié. Enfoncer l'étrier en position puis mettre en place les boulons des broches de guidage. Les serrer, au couple spécifié, tout en empêchant, à l'aide d'une clé ouverte, les broches de guidage de tourner.

13 Rebrancher les connecteurs électriques du capteur d'usure des plaquettes de freins. S'assurer que ce câblage suit un trajet correct et traverse la boucle du chapeau de la vis de purge de l'étrier.

14 Appuyer à plusieurs reprises sur la pédale de frein pour bien mettre les plaquettes au contact du disque de frein et pour rétablir une pression normale de la pédale (sans assistance).

15 Recommencer la procédure décrite précédemment sur l'autre étrier de frein avant.

16 Remettre en place les roues puis ramener le véhicule au sol et resserrer au couple spécifié les boulons des roues.

17 Vérifier le niveau de liquide hydraulique, comme indiqué au Chapitre 1.

Etrier Girling J48

18 Avant de déposer les plaquettes, noter la position correcte de montage des ressorts de ces plaquettes. En particulier, noter la différence entre la plaquette interne et la plaquette externe **(voir illustration)**.

19 A l'aide d'un petit tournevis, extraire la bague de serrage de chaque broche de retenue de plaquette puis déposer cette bague. De même, extraire le ressort interne anti-cliquetis de plaquette au niveau de la broche de retenue de cette plaquette.

20 A l'aide d'un marteau et d'un pointeau pour broche, tapoter sur les deux broches de retenue de plaquettes pour les extraire de l'étrier.

21 A l'aide d'une pince, le cas échéant, retirer du corps de l'étrier la plaquette interne et la plaquette externe ainsi que leur cale d'épaisseur éventuelle.

22 Examiner les plaquettes et l'étrier, comme indiqué ci-dessus aux paragraphes 7 à 10. Si les broches de retenue des plaquettes présentent des traces de corrosion, il faut les remplacer de même que leurs bagues de retenue. Pour obtenir ces composants, demander une trousse spéciale à un concessionnaire Citroën.

23 Faire glisser les plaquettes pour les amener en position à l'intérieur du corps de l'étrier. S'assurer que la plaquette interne et la plaquette externe occupent leurs positions correctes et respectives et que la cale d'épaisseur éventuelle de plaquette occupe également la position prévue. De même, vérifier que le matériau de frottement de chaque plaquette vient reposer contre le disque.

24 Faire glisser les broches de retenue des plaquettes pour les amener dans l'étrier et les faire pénétrer dans les trous des plaquettes de freins. Tapoter sur ces broches pour les amener à leur position finale. S'assurer que le ressort anti-cliquetis de la plaquette externe vient correctement se placer sous les deux broches de retenue et que le ressort anti-cliquetis de la plaquette interne vient se fixer sous la broche appropriée **(voir illustrations)**.

25 Immobiliser en position les broches de retenue à l'aide de la bague de serrage. S'assurer que les extrémités de cette bague viennent correctement se placer dans les trous des broches de retenue **(voir illustration)**.

26 Faire passer les deux fils du capteur d'usure de plaquette sous la bague de serrage de la broche de retenue puis les rebrancher sur le connecteur électrique.

4.18 Sur l'étrier J48, noter le sens correct de montage des plaquettes et de leurs ressorts, avant de procéder à la dépose

4.24a Tapoter sur les broches de retenue pour les amener en position en s'assurant que le ressort anti-cliquetis de la plaquette externe (flèche) vient correctement se placer sous les deux broches . . .

4.24b . . . puis accrocher le ressort anti-cliquetis de la plaquette interne sur la broche de retenue

27 Appuyer à plusieurs reprises sur la pédale de frein pour bien mettre les plaquettes au contact du disque de frein et pour rétablir une pression normale de la pédale (sans assistance).

28 Recommencer la procédure décrite précédemment sur l'autre étrier de frein avant.

29 Remettre en place les roues puis ramener le véhicule au sol et resserrer au couple spécifié les boulons des roues.

30 Vérifier le niveau de liquide hydraulique, comme indiqué au Chapitre 1.

4.25 S'assurer que les extrémités de la bague de serrage des broches de retenue viennent correctement se placer dans les trous de ces broches (flèche)

5 Plaquettes de freins arrière - remplacement

Avertissement: *Remplacer simultanément les quatre plaquettes de freins arrière - ne jamais remplacer les plaquettes d'une seule roue car cela risque de donner un freinage irrégulier. Il convient de noter que la poussière créée par l'usure des plaquettes peut contenir de l'amiante qui présente un danger pour la santé. Ne jamais la chasser sous un jet d'air comprimé et ne jamais en inhaler. Lors d'une intervention sur les freins, il faut porter un masque agréé muni d'un filtre. NE PAS employer de solvant à base de pétrole pour nettoyer les composants des freins. Utiliser du produit de nettoyage spécialement conçu pour les freins ou de l'alcool dénaturé.*

1 Bloquer les roues avant avec des cales puis soulever au cric l'arrière du véhicule et le soutenir sur des chandelles. Retirer les roues arrière.

2 Extraire la petite bague de serrage de la plaque de retenue pour la retirer de la plaquette puis faire glisser cette plaque de retenue de l'étrier **(voir illustrations)**. Mettre au rebut la bague de serrage et la remplacer par une neuve lors de la repose.

3 Si besoin est, utiliser une pince pour retirer les plaquettes interne et externe de l'étrier **(voir illustration)**. Noter l'emplacement correct de montage des ressorts anti-cliquetis puis retirer les ressorts de chaque plaquette.

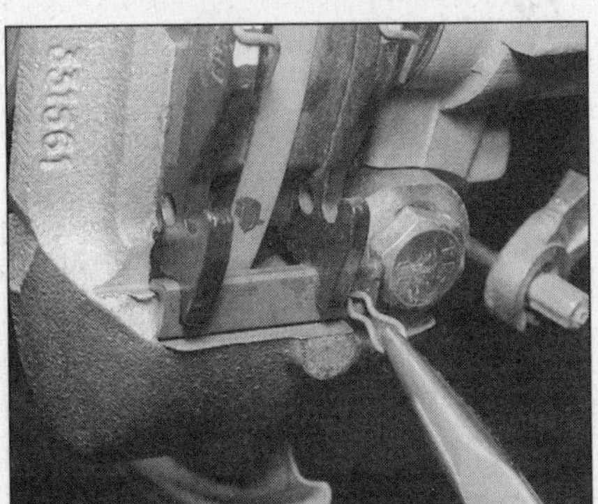

5.2a Extraire la bague de serrage . . .

5.2b . . . puis faire glisser la plaque de retenue de la plaquette pour la retirer . . .

5.3 . . . et déposer de l'étrier les plaquettes de frein

5.7 Faire rentrer le piston à l'aide d'une barre à section carrée . . .

5.8 . . . puis mettre en place le piston dont la fente doit être à l'horizontale

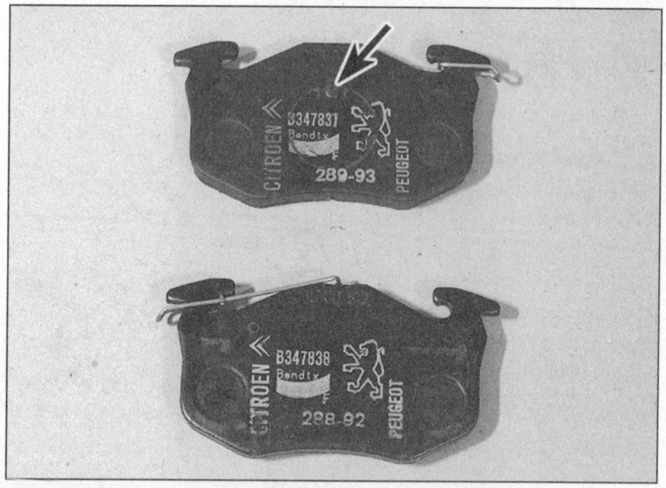

5.9 La plaquette interne s'identifie grâce à son ergot de centrage (flèche). Noter les positions correctes de montage des ressorts anti-cliquetis

4 Tout d'abord, mesurer l'épaisseur du matériau de frottement de chaque plaquette. Si l'usure d'une plaquette, en un point quelconque, fait tomber l'épaisseur de ce composant à la valeur minimale ou au-dessous de ce minimum, il convient de remplacer simultanément les quatre plaquettes. En outre, remplacer les plaquettes si elles sont contaminées par de l'huile ou de la graisse. Il n'existe pas de méthode satisfaisante pour dégraisser le matériau de frottement après contamination. Si une des plaquettes présente une usure irrégulière ou est contaminée par de l'huile ou de la graisse, identifier la cause de ce défaut et y remédier avant de procéder au remontage. Pour obtenir des trousses de plaquettes de freins neuves, s'adresser à un concessionnaire Citroën.

5 Si les plaquettes de freins sont encore en bon état, les nettoyer avec soin avec une brosse métallique propre et fine ou un outil similaire, en prêtant une attention toute particulière aux côtés et au dos du support métallique. Nettoyer les rainures du matériau de frottement et enlever les grosses particules de poussière ou de débris qui ont pénétré dans ce matériau. Nettoyer avec soin l'emplacement occupé par chaque plaquette dans l'ensemble corps de l'étrier et support de fixation.

6 Avant de mettre en place les plaquettes, vérifier que les manchons de guidage coulissent facilement dans le corps de l'étrier. Vérifier également que les gaines en caoutchouc de ces manchons sont intactes. Enlever avec une brosse la poussière et les saletés de l'étrier et du piston mais **ne pas** en inhaler car elles sont nocives. Examiner le joint pare-poussière autour du piston pour s'assurer qu'il n'est pas endommagé. Vérifier également que le piston ne présente pas d'indices de fuite de liquide, de corrosion ou d'endommagement. S'il faut remédier à un défaut sur l'un de ces composants, consulter la Section 11.

7 Pour mettre en place des plaquettes neuves, il faut au préalable entrer au maximum le piston dans l'alésage de l'étrier en le faisant tourner dans le sens des aiguilles d'une montre. Pour cela, utiliser une barre à section carrée de taille appropriée, comme par exemple la lame d'un tournevis, et la faire pénétrer, avec un ajustement serré dans les fentes du piston de l'étrier **(voir illustration)**. A condition que le réservoir du maître-cylindre ne contienne pas trop de liquide hydraulique, il ne devrait pas y avoir d'épanchement. Cependant, garder un oeil sur le niveau de liquide pendant le retrait du piston. Si ce niveau dépasse le repère "MAX", à un moment ou à un autre, il faut enlever l'excédent de liquide en le siphonnant ou en utilisant un tube en matière plastique qui vient se brancher sur la vis de purge (voir Section 2). **Note:** *Ne pas siphonner ce liquide avec la bouche car c'est un poison. Utiliser une seringue ou une petite louche de cuisine usagée.*

8 Amener en position le piston de l'étrier. Sa fente doit être à l'horizontale. Cette consigne est obligatoire si on veut être certain que l'ergot de la plaquette interne vienne correctement se mettre en prise sur la fente du piston de l'étrier lors de l'installation **(voir illustration)**.

9 Après avoir noté que la plaquette dont la plaque support comporte un ergot est en fait la plaquette interne, remettre en place les ressorts anti-cliquetis sur les deux plaquettes. Lorsque ces plaquettes sont installées dans l'étrier, l'extrémité des ressorts doit se trouver à l'extrémité opposée de la plaquette par rapport à la plaque de retenue de chaque plaquette **(voir illustration)**.

10 Faire pénétrer la plaquette externe dans le corps de l'étrier. S'assurer que son matériau de frottement repose contre le disque du frein puis faire glisser la plaquette interne pour l'amener en position dans l'étrier en s'assurant que l'ergot qui se trouve sur sa plaque support est bien aligné sur la fente du piston de l'étrier **(voir illustration)**.

11 Après s'être assuré que les extrémités de chaque ressort anti-cliquetis de plaquettes occupe une position correcte, faire glisser la plaque de retenue pour l'amener en position puis l'immobiliser à son emplacement à l'aide d'une bague de serrage neuve. Il faudra probablement chanfreiner le bord de la plaque de retenue pour pouvoir la monter sans problème.

12 Appuyer à plusieurs reprises sur la pédale de frein pour bien mettre les plaquettes au contact du disque de frein et pour rétablir une pression normale de la pédale (sans assistance). Vérifier que l'ergot de la plaquette interne est correctement en prise sur l'une des fentes du piston de l'étrier.

13 Recommencer la procédure décrite précédemment sur l'autre étrier de frein avant.

14 Vérifier le réglage du câble du frein à main comme indiqué à la Section 17 puis remettre en place les roues et ramener le véhicule au sol. Resserrer les boulons des roues au couple spécifié.

5.10 Mettre en place la plaquette interne en s'assurant que son ergot de centrage pénètre correctement dans la fente du piston

6.6b Dépose d'une coupelle de ressort de retenue de sabot

15 Vérifier le niveau de liquide hydraulique, comme indiqué au Chapitre 1.

6 Sabots de freins arrière - remplacement

Avertissement: *Remplacer simultanément les sabots de freins des deux roues arrière - ne jamais remplacer les sabots d'une seule roue car cela risque de donner un freinage irrégulier. Il convient de noter que la poussière créée par l'usure des sabots peut contenir de l'amiante qui présente un danger pour la santé. Ne jamais la chasser sous un jet d'air comprimé et ne jamais en inhaler. Lors d'une intervention sur les freins, il faut porter un masque agréé muni d'un filtre. NE PAS employer de solvant à base de pétrole pour nettoyer les composants des freins. Utiliser du produit de nettoyage spécialement conçu pour les freins ou de l'alcool dénaturé.*

1 Déposer le tambour de frein, comme indiqué à la Section 9.

2 Travailler avec prudence et prendre toutes les précautions nécessaires pour éliminer toutes les traces de poussière de frein sur les tambours, la contre-plaque et les sabots.

3 Mesurer l'épaisseur du matériau de frottement de chaque sabot de frein en plusieurs points. Si l'usure d'une sabot, en un point quelconque, fait tomber l'épaisseur de ce composant à la valeur minimale ou au-dessous de ce minimum, il convient de remplacer simultanément les quatre sabots. En outre, remplacer les sabots s'ils sont contaminés par de l'huile ou de la graisse. Il n'existe pas de méthode satisfaisante pour dégraisser le matériau de frottement après contamination.

4. Si un des sabots présente une usure irrégulière ou est contaminé par de l'huile ou de la graisse, identifier la cause de ce défaut et y remédier avant de procéder au remontage.

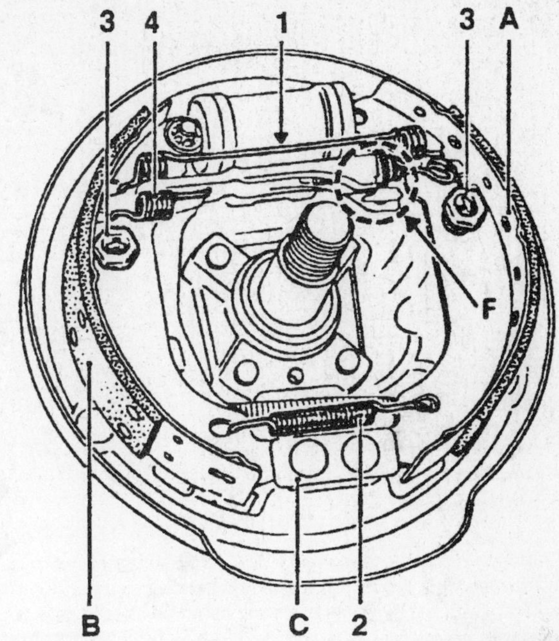

6.6a Positions correctes de montage des composants de sabots de freins Bendix

A Sabot avant
B Sabot arrière
C Point inférieur de pivotement
F Mécanisme de contrefiche de réglage
1 Ressort supérieur de rappel
2 Ressort inférieur de rappel
3 Broche de retenue, ressort et coupelle de ressort
4 Ressort entre contrefiche de réglage et sabot arrière

6.7 Sur les sabots de freins arrière Bendix , dégager les sabots au niveau du point inférieur de pivotement puis débrancher le ressort inférieur de rappel

5 Pour remplacer les sabots de freins, procéder comme indiqué aux alinéas des en-têtes correspondants.

Sabots de freins Bendix

6 A l'aide d'une pince, retirer les coupelles des ressorts de retenue de chaque sabot en exerçant une pression et en les faisant tourner de 90° **(voir illustrations)**. Une fois les coupelles retirées, soulever les ressorts pour les retirer puis enlever les broches de retenue.

7 Dégager les sabots, l'un après l'autre, au niveau du point inférieur de pivotement afin d'éliminer la tension du ressort de rappel. Décrocher ensuite le ressort inférieur de rappel des deux sabots **(voir illustration)**.

6.12 Positions correctes de montage des composants d'une contrefiche de réglage Bendix

6.16 Légèrement enduire de graisse à point de fusion élevé les points de contact du sabot sur la contre-plaque

8 Dégager l'extrémité supérieure des deux sabots et les retirer de leur cylindre de roue en faisant très attention de ne pas endommager les joints de ce cylindre. Ensuite, débrancher le câble du frein à main au niveau du sabot arrière. Manipuler l'ensemble sabot de frein et contrefiche de réglage pour le retirer de sa position et l'écarter de la contre-plaque. Ne pas appuyer sur la pédale de frein tant que les freins ne sont pas remontés. Retenir les pistons des cylindres de roues avec un ruban élastique puissant.

9 Placer l'ensemble sabot et contrefiche de réglage sur un établi. Noter la position correcte de chaque ressort et de la contrefiche de réglage pour faciliter le remontage. Dégager la cheville d'arrêt du levier du frein à main (si cela ne l'a pas déjà été fait) et détacher avec précaution le ressort de retenue du boulon de la contrefiche de réglage, au niveau du sabot avant. Décrocher le ressort supérieur de rappel puis détacher de l'ensemble sabot arrière et contrefiche le sabot avant et son ressort de rappel. Décrocher le ressort qui immobilise la contrefiche de réglage sur le sabot arrière puis séparer ces deux éléments.

10 Avant d'installer des sabots d'origine Citroën, il faut déposer le levier du frein à main au niveau du sabot arrière d'origine et le remonter sur le sabot neuf. Immobiliser ce levier en position avec une bague de retenue neuve. Remplacer tous les ressorts de rappel, même s'ils semblent en bon état. S'adresser à un concessionnaire Citroën pour obtenir des trousses de ressorts.

11 Retirer de la contrefiche le boulon de réglage puis examiner avec soin l'ensemble pour s'assurer qu'il n'y a pas de trace d'usure ou d'endommagement. Prêter une attention toute particulière au filetage du boulon de réglage et à la molette de réglage. Remplacer les composants qui ne sont pas satisfaisants. Noter que les contrefiches gauche et droite ne sont pas interchangeables. La contrefiche gauche est identifiée par la lettre "G" et la contrefiche droite par la lettre "D". Il convient également de noter que les boulons de réglage de la contrefiche ne sont pas interchangeables. Le boulon de la contrefiche gauche a un filetage à gauche et le boulon droit un filetage à droite.

12 S'assurer que les composants à l'extrémité de la contrefiche sont bien positionnés puis enduire légèrement de graisse à point de fusion élevé le filetage du boulon de réglage **(voir illustration)**. Visser la roue de réglage sur ce boulon et ne laisser qu'un faible écartement entre cette roue et la tête du boulon. A ce moment-là, visser le boulon dans la contrefiche.

13 Mettre en place le ressort de retenue de la contrefiche de réglage sur le sabot arrière. S'assurer que le crochet court de ce ressort vient se fixer sur le sabot. Attacher la contrefiche de réglage à l'extrémité du ressort puis amener cette contrefiche en position, dans la fente prévue à cet effet dans le sabot arrière.

14 Accrocher le ressort supérieur de rappel sur le sabot arrière puis fixer le sabot avant sur l'autre extrémité de ce ressort et abaisser le sabot avant jusqu'à ce que la tête du boulon de réglage pénètre dans sa rainure. Dès que ce boulon occupe l'emplacement prévu, accrocher son ressort de retenue dans la fente prévue à cet effet sur le sabot avant.

15 Replier les chapeaux de protection en caoutchouc puis vérifier le cylindre de roue pour s'assurer qu'il n'y a pas de fuite de liquide ou d'autres dégâts et que les deux boulons du cylindre se déplacent librement et aisément. Le cas échéant, consulter la Section 12 qui fournit des renseignements sur le remplacement d'un cylindre de roue.

16 Avant de procéder à l'installation, nettoyer la contre-plaque et légèrement enduire de graisse de frein à température élevée ou de produit antigrippage toutes les surfaces de cette contre-plaque qui reposent contre les sabots, en particulier les pistons du cylindre de roue et le point inférieur de pivotement **(voir illustration)**. Faire attention de ne pas mettre de lubrifiant sur le matériau de frottement.

17 S'assurer que la cheville d'arrêt du levier du frein à main repose correctement contre le bord du sabot arrière puis déposer l'élastique du cylindre de roue.

18 Manoeuvrer l'ensemble sabot et contrefiche pour l'amener en position dans le véhicule. Positionner l'extrémité supérieure des deux sabots par rapport aux pistons du cylindre de roue. Rebrancher le câble du frein à main sur le levier du sabot arrière. Mettre en place le ressort inférieur de rappel sur les deux sabots puis amener progressivement en position ces sabots au niveau du point inférieur de pivotement.

19 Tapoter sur ces sabots pour bien les centrer par rapport à la contre-plaque puis remettre en place les broches de retenue des sabots et les ressorts et les immobiliser en position à l'aide des coupelles.

20 A l'aide d'un tournevis, faire tourner la vis de réglage de la contrefiche pour procéder à une extension des sabots, jusqu'à ce que le tambour de frein puisse à peine glisser au-dessus des sabots.

21 Remettre en place le tambour de frein, comme indiqué à la Section 9.

22 Recommencer la procédure décrite ci-dessus pour l'autre frein arrière.

23 Dès que les deux séries de sabots arrière ont été remplacées, régler le jeu entre la garniture et le tambour en appuyant à plusieurs reprises sur la pédale de frein. Tout en appuyant sur cette pédale, demander à un assistant d'écouter le bruit que font les tambours arrière pour s'assurer que la contrefiche de réglage fonctionne correctement. Si c'est le cas, la contrefiche émet un cliquetis chaque fois qu'on appuie sur la pédale.

24 Vérifier, et, le cas échéant, régler le frein à main, comme indiqué à la Section 17.

25 Une fois cette procédure terminée, vérifier le niveau de liquide hydraulique, comme indiqué au Chapitre 1.

Sabots de freins Girling

26 Noter l'emplacement correct des ressorts et de la contrefiche de réglage pour faciliter le remontage.

27 Décrocher avec précaution le ressort supérieur de rappel et le ressort inférieur puis déposer les sabots de frein.

28 A l'aide d'une pince, déposer la coupelle du ressort de retenue

6.37 Sur les sabots de freins arrière Girling, la découpe de la chape de la contrefiche de réglage (A) doit se mettre en prise sur le levier de réglage du sabot avant, lors de la repose

du sabot avant en y appuyant et en la faisant tourner de 90°. Une fois la coupelle retirée, soulever le ressort pour le déposer puis retirer la broche de retenue et déposer le sabot de la contre-plaque. Décrocher le ressort du levier de réglage puis le déposer du sabot avant.

29 Détacher la contrefiche de réglage puis la déposer du sabot arrière.

30 Déposer la coupelle du ressort de retenue du sabot arrière, le ressort proprement dit et la broche, comme indiqué ci-dessus puis détacher le câble du frein à main et déposer le sabot du véhicule. Ne pas appuyer sur la pédale de frein tant que les freins ne sont pas remontés. Retenir les pistons des cylindres de roue avec un ruban élastique puissant.

31 Avant d'installer des sabots de frein d'origine Citroën, il faut au préalable déposer le levier de réglage du sabot avant d'origine et le remonter sur le sabot neuf. Immobiliser ce levier en position avec une bague de retenue neuve. Remplacer tous les ressorts de rappel, même s'ils semblent en bon état. S'adresser au concessionnaire Citroën pour obtenir des trousses de ressorts.

32 Retirer l'extrémité fourchue de la contrefiche et examiner avec soin l'ensemble pour s'assurer qu'il n'y a pas de trace d'usure ou d'endommagement, en prêtant une attention toute particulière au filetage et à la molette de réglage. Procéder aux remplacements nécessaires. Noter que les contrefiches gauche et droite ne sont pas interchangeables. La chape gauche a une filetage à droite et la chape droite un filetage à gauche.

33 Replier les chapeaux de protection en caoutchouc puis vérifier le cylindre de roue pour s'assurer qu'il n'y a pas de fuite de liquide ou d'autres dégâts et que les deux pistons du cylindre se déplacent librement et aisément. Le cas échéant, consulter la Section 12 qui fournit des renseignements sur le remplacement d'un cylindre de roue.

34 Avant de procéder à l'installation, nettoyer la contre-plaque et légèrement enduire de graisse de frein à température élevée ou de produit antigrippage toutes les surfaces de cette contre-plaque qui reposent contre les sabots, en particulier les pistons des cylindres de roues et le point inférieur de pivotement. Faire attention de ne pas mettre de lubrifiant sur le matériau de frottement.

35 S'assurer que la cheville d'arrêt du levier du frein à main repose correctement contre le bord du sabot arrière puis déposer l'élastique du cylindre de roue.

36 Faire pénétrer l'extrémité supérieure du sabot arrière dans le piston du cylindre de roue puis remettre en place la broche de retenue et le ressort et immobiliser ce dernier en position à l'aide de sa coupelle. Rebrancher le câble de frein à main sur le levier.

37 Visser la roue de réglage pour obtenir la longueur minimum de contrefiche. Accrocher alors cette contrefiche en position sur le sabot arrière. Faire tourner l'extrémité fourchue de la contrefiche de réglage afin que la découpe de la chape vienne se mettre en prise sur le levier de réglage du sabot avant dès installation de ce dernier **(voir illustration)**.

38 Mettre en place le ressort sur le levier de réglage du sabot avant. Le crochet court de ce ressort doit être en prise avec le levier.

39 Faire coulisser l'ensemble du sabot avant pour l'amener en position. S'assurer qu'il est bien en prise sur la chape de la contrefiche de réglage et que la découpe de cette chape présente un engrènement au niveau du levier de réglage. S'assurer que l'extrémité supérieure du sabot pénètre dans le piston du cylindre de roue puis immobiliser ce sabot en position à l'aide de la broche de retenue, du ressort et de la

7.3 Utilisation d'un micromètre pour mesurer l'épaisseur du disque

coupelle du ressort.

40 Mettre en place les ressorts supérieur et inférieur de rappel puis tapoter sur les sabots pour bien les centrer sur la contre-plaque.

41 A l'aide d'un tournevis, faire tourner la vis de réglage de la contrefiche pour procéder à une extension des sabots, jusqu'à ce que le tambour de frein puisse à peine glisser au-dessus des sabots.

42 Remettre en place le tambour de frein, comme indiqué à la Section 9.

43 Recommencer la procédure décrite ci-dessus pour l'autre frein arrière.

44 Dès que les deux séries de sabots arrière ont été remplacés, régler le jeu entre la garniture et le tambour en appuyant à plusieurs reprises sur la pédale de frein. Tout en appuyant sur cette pédale, demander à un assistant d'écouter le bruit que font les tambours arrière pour s'assurer que la contrefiche de réglage fonctionne correctement. Si c'est le cas, elle émet un cliquetis chaque fois qu'on appuie sur la pédale.

45 Vérifier, et, le cas échéant, régler le frein à main, comme indiqué à la Section 17.

46 Une fois cette procédure terminée, vérifier le niveau de liquide hydraulique, comme indiqué au Chapitre 1.

7 Disque de frein avant - examen, dépose et repose

Note: *Avant de commencer cette procédure, lire la note qui se trouve au début de la Section 4 et qui décrit les dangers que présente la poussière d'amiante.*

Examen

Note: *S'il faut remplacer un disque, il convient en fait de remplacer simultanément les deux disques pour être certain de maintenir un freinage régulier et homogène.*

1 Bien serrer le frein à main. Soulever au cric l'avant du véhicule et le soutenir sur des chandelles. Déposer la roue avant concernée.

2 Faire lentement tourner le disque du frein afin d'en vérifier toute la superficie, sur les deux faces. Le cas échéant, pour obtenir un meilleur accès à la surface interne, déposer les plaquettes de frein. Il est normal de trouver de légères rayures dans la zone balayée par ces plaquettes. Cependant, si ces rayures sont importantes, il faut remplacer le disque.

3 Il est normal que l'on trouve un bourrelet rouillé et de la poussière de frein à la périphérie du disque. Le cas échéant, il est possible d'enlever ces défauts par raclage. Cependant, si ce bourrelet s'est formé à la suite d'une usure excessive de la zone balayée par les plaquettes de frein, il convient de mesurer l'épaisseur du disque à l'aide d'un micromètre **(voir illustration)**. Prendre des mesures en plusieurs points disposés tout autour du disque, à l'intérieur et à

7.4 Vérification du faux-rond d'un disque à l'aide d'un comparateur à cadran

7.6a Dévisser les deux boulons de fixation . . .

7.6b . . . puis faire glisser l'ensemble étrier pour le retirer du disque . . .

7.6c . . . et le rattacher à la jambe de force de la suspension pour éviter de créer des contraintes sur le flexible

l'extérieur de la zone balayée par les plaquettes. Si, à la suite de cette usure, l'épaisseur du disque, en un point quelconque, est tombée à la valeur minimale préconisée ou au-dessous de cette valeur, il faut remplacer ce disque.

4 Si vous pensez que le disque est faussé, il est possible d'en vérifier le faux-rond en fixant un comparateur à cadran à un emplacement commode. Dans ce cas-là, il suffit de faire lentement tourner le disque. On peut également se servir de calibres d'épaisseur pour mesurer (en plusieurs points répartis tout autour du disque) le jeu qui existe entre ce disque et un point fixe comme, par exemple, le support de fixation de l'étrier **(voir illustration)**. Si les résultats obtenus atteignent ou dépassent le maximum spécifié, cela indique que le disque est trop faussé et dans ce cas-là, il convient de le remplacer. Cependant, il est recommandé de s'assurer au préalable que le roulement du moyeu est en bon état (voir Chapitres 1 et/ou 10). Essayer également de retirer le disque, de le faire tourner de 180° avant de le remettre en place sur le moyeu. Si le faux-rond est toujours excessif, remplacer ce disque.

5 Vérifier que le disque ne présente pas de fissures, en particulier au niveau des orifices des boulons de roue. Vérifier également qu'il n'y a pas d'autres indices d'usure ou d'endommagement. Le cas échéant, remplacer ce disque.

Dépose

6 Dévisser les deux boulons qui immobilisent l'étrier de frein sur le moyeu de pivot puis les mettre au rebut et les remplacer par des neufs lors de la repose. Desserrer puis retirer le boulon qui immobilise le support de retenue du câblage sur le moyeu de pivotement. Faire ensuite glisser l'ensemble étrier pour le retirer du disque. A l'aide d'un fil métallique ou d'une ficelle, immobiliser l'étrier sur le ressort hélicoïdal de la suspension avant pour éviter de créer des contraintes sur le flexible hydraulique de frein **(voir illustrations)**.

7 Utiliser de la craie ou de la peinture pour identifier le rapport entre le disque et le moyeu. Retirer les vis qui immobilisent le disque de frein sur ce moyeu puis déposer ce disque. S'il est très serré, tapoter légèrement sur sa face arrière à l'aide d'un maillet à panne en cuir ou en plastique **(voir illustration)**.

Repose

8 La repose se fait dans l'ordre inverse des opérations de dépose, en notant les points suivants:

(a) *S'assurer que les surfaces de contact du disque et du moyeu sont propres et plates.*

(b) *Aligner (le cas échéant) les repères effectués lors de la dépose puis bien serrer les vis de retenue du disque.*

(c) *Lors de l'installation d'un disque neuf, enlever à l'aide d'un solvant approprié la couche de protection de ce disque avant de remettre l'étrier en place.*

(d) *Si le filetage des boulons neufs de fixation de l'étrier n'a pas déjà reçu une couche préliminaire de produit de freinage, l'enduire de produit de freinage de type approprié. Remettre en place l'étrier puis serrer les boulons de fixation au couple spécifié* ***(voir illustration)***.

(e) *Remonter la roue puis ramener le véhicule au sol avant de serrer les boulons de cette roue au couple spécifié. Une fois cette procédure terminée, appuyer à plusieurs reprises sur la pédale de frein jusqu'à ce que sa pression redevienne normale (sans assistance).*

8 Disque de frein arrière - examen, dépose et repose

Note: *Avant de commencer cette procédure, lire la note qui se trouve au début de la Section 5 et qui décrit les dangers que présente la poussière d'amiante.*

Examen

Note: *S'il faut remplacer un disque, il convient en fait de remplacer simultanément les deux disques pour être certain de maintenir un freinage régulier et homogène.*

1 Bloquer les roues avant avec des cales puis soulever au cric l'arrière du véhicule et le soutenir sur des chandelles. Déposer la roue arrière concernée.

2 Examiner le disque, comme indiqué aux paragraphes 2 à 5 de la Section 7.

Dépose

3 Déposer les plaquettes de frein, comme indiqué aux paragraphes 2 et 3 de la Section 5.

4 Utiliser de la craie ou de la peinture pour identifier le rapport entre le disque et le moyeu. Retirer la vis qui immobilise le disque de frein sur

7.7 Retirer les deux vis de retenue puis déposer le disque

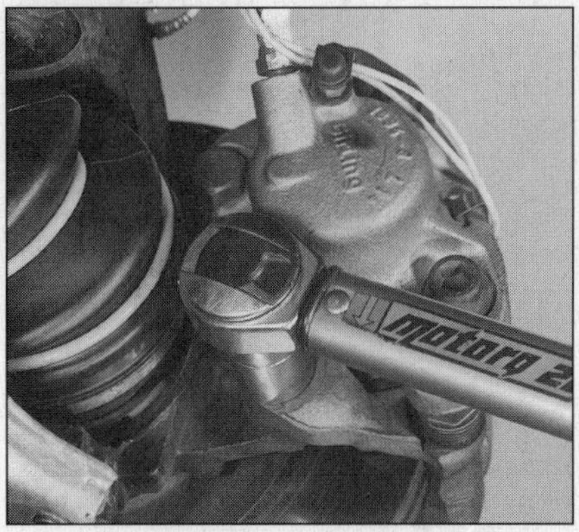

7.8 Lors de la repose, resserrer au couple spécifié les boulons de fixation de l'étrier

8.4 Dépose d'un disque de frein arrière

ce moyeu puis déposer ce disque **(voir illustration)**. S'il est très serré, tapoter légèrement sur sa face arrière à l'aide d'un maillet à panne en cuir ou en plastique.

Repose

5 La repose se fait dans l'ordre inverse des opérations, en notant les points suivants:

- (a) *S'assurer que les surfaces de contact du disque et du moyeu sont propres et plates.*
- (b) *Aligner (le cas échéant) les repères effectués lors de la dépose puis bien serrer les vis de retenue du disque.*
- (c) *Lors de l'installation d'un disque neuf, enlever à l'aide d'un solvant approprié la couche de protection de ce disque avant de remettre l'étrier en place.*
- (d) *Remettre en place les plaquettes de frein, comme indiqué aux paragraphes 8 à 12 de la Section 5.*
- (e) *Remonter la roue puis ramener le véhicule au sol avant de serrer les boulons de cette roue au couple spécifié.*

9 Tambour de frein arrière - dépose, examen et repose

Note: *Avant de commencer cette procédure, lire la note qui se trouve au début de la Section 6 et qui décrit les dangers que présente la poussière d'amiante.*

Dépose

1 Bloquer les roues avant avec des cales puis soulever au cric l'arrière du véhicule et le soutenir sur des chandelles. Déposer la roue arrière concernée.

2 A l'aide d'un marteau et d'un gros tournevis à lame plate, tapoter sur le chapeau pour l'extraire de la partie centrale du tambour de frein. Mettre ce chapeau au rebut et le remplacer par un neuf lors de la repose. A l'aide d'un marteau et d'un burin de taille appropriée, relever le freinage par coups de pointeau qui bloque l'écrou de retenue du moyeu sur la rainure de la fusée d'essieu.

3 Utiliser une douille et une longue barre pour desserrer et déposer l'écrou du moyeu arrière avant de retirer la rondelle de butée. Mettre au rebut cet écrou et le remplacer par un neuf lors de la repose.

4 Maintenant, il devrait être possible de retirer à la main la fusée d'essieu, l'ensemble tambour de frein et le roulement de moyeu. Le retrait du tambour est parfois compliqué par le serrage du roulement du moyeu sur la fusée d'essieu ou lorsque les sabots de freins mordent sur la périphérie interne du tambour. Si le roulement est très serré, tapoter sur la périphérie du tambour avec un maillet à panne en cuir ou en plastique ou utiliser un extracteur universel. Immobiliser ce dernier sur le tambour avec les boulons de la roue pour extraire cet ensemble. Si les sabots de frein mordent sur la périphérie du tambour, vérifier que le frein à main est bien desserré puis procéder comme suit.

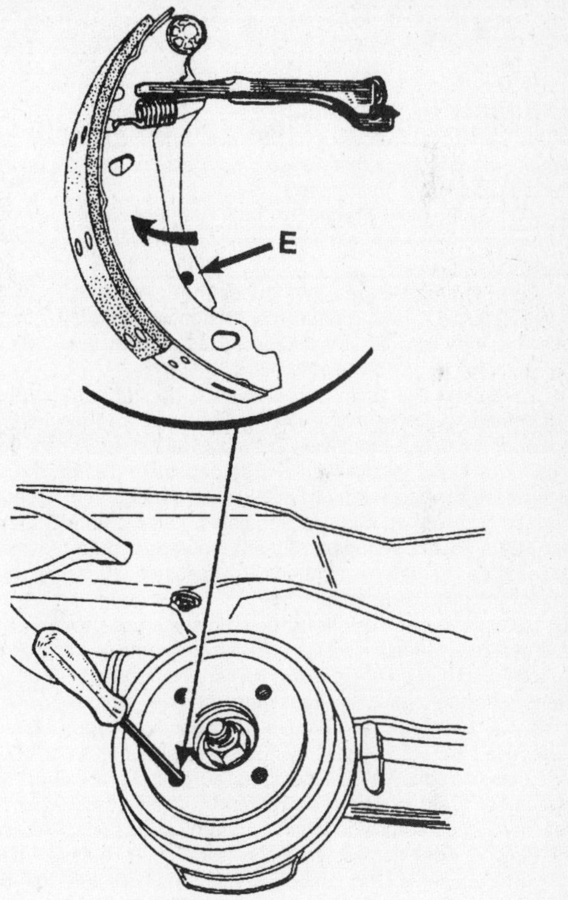

9.6a Introduire la lame d'un tournevis dans le tambour de frein pour débloquer le levier de commande du frein à main

E *Emplacement de la cheville d'arrêt du levier de commande du frein à main*

5 Tout en consultant la Section 17 qui fournit des renseignements plus complets, desserrer au maximum l'écrou de réglage du câble du frein à main pour obtenir un jeu libre maximum au niveau du câble.

6 Introduire la lame d'un tournevis dans l'orifice d'un des boulons de la roue, dans le tambour du frein, pour l'amener dans le levier de commande du frein à main sur le sabot arrière. Appuyer sur ce levier jusqu'à ce que la cheville d'arrêt commence à glisser derrière l'armature du tambour de frein, en laissant les sabots de frein rentrer au maximum **(voir illustrations)**. Il est alors possible de retirer le tambour de frein et de faire glisser le joint pour le retirer de la fusée d'essieu.

9.6b Desserrage du levier de commande du frein à main

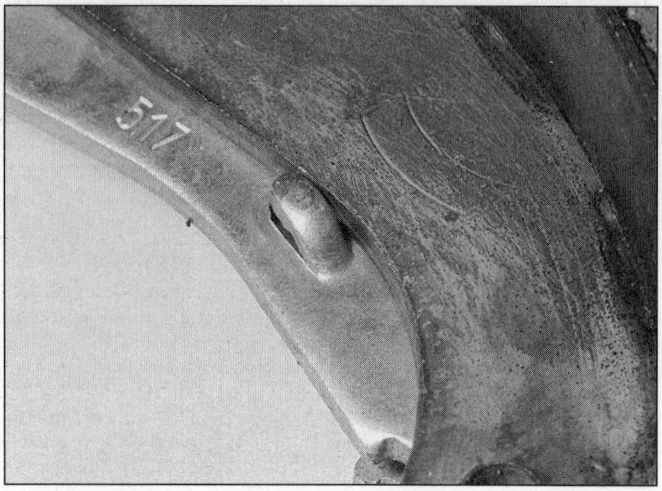

9.12 S'assurer que la cheville d'arrêt du levier du frein à main repose correctement contre le bord du sabot

Examen

Note: *S'il faut remplacer un tambour, il convient en fait de remplacer simultanément les deux tambours pour être certain de maintenir un freinage régulier et homogène.*

7 Travailler avec précaution pour éliminer toutes les traces de poussière de frein sur le tambour *mais éviter d'inhaler cette poussière car elle est nocive.*

8 Frotter l'extérieur du tambour pour le nettoyer puis vérifier qu'il n'y a pas de traces d'usure ou d'endommagement comme, par exemple, des fissures autour des orifices des boulons de la roue. Le cas échéant, remplacer le tambour.

9 Examiner avec soin l'intérieur du tambour. Il est normal que la surface de frottement soit rayée. Cependant, si les rayures sont importantes, il faut remplacer le tambour. Il est également normal de trouver un bourrelet de rouille et de poussière de freins sur le bord interne du tambour. Il faut l'enlever par raclage afin d'obtenir une surface lisse qui peut même être finie à l'aide d'une toile émeri fine (de 120 à 150). Cependant, si ce bourrelet est dû à un creusement excessif de la surface de frottement à la suite d'une usure importante, il faut remplacer ce tambour.

10 Si vous pensez que le tambour présente une usure excessive ou une ovalisation, il faut mesurer en plusieurs points son diamètre interne à l'aide d'un micromètre spécial. Prendre plusieurs paires de mesures. Dans chaque paire, la deuxième mesure doit se trouver à la perpendiculaire de la première. Comparer les deux valeurs ainsi obtenues pour vérifier qu'il n'y a pas d'ovalisation. A condition de ne pas élargir le diamètre du tambour au-delà de la valeur maximum spécifiée, il est possible de reprendre la finition du tambour par rectification ou surfaçage léger. Si cela n'est pas possible, remplacer les tambours des deux côtés. Il convient de noter qu'avant d'effectuer un surfaçage léger d'un tambour, il faut reprendre la finition des deux tambours afin que le diamètre interne soit identique des deux côtés.

Repose

11 Avant de mettre en place un tambour neuf de frein, enlever à l'aide d'un produit solvant de type approprié la couche éventuelle de protection qui peut en recouvrir l'intérieur. Il convient également de noter qu'il faudra probablement raccourcir la longueur de la contrefiche de réglage en faisant tourner la mollette de cette contrefiche pour que le tambour puisse passer au-dessus des sabots de frein.

12 S'assurer que la cheville d'arrêt du levier de frein à main reprend une position correcte contre la bordure de l'armature du sabot de frein puis légèrement enduire d'huile moteur propre la fusée d'essieu avant de la faire glisser sur le joint et le tambour de freins **(voir illustration).**

13 Mettre en place la rondelle de butée et l'écrou neuf du moyeu puis resserrer cet écrou au couple spécifié. Bien bloquer cet écrou par coups de pointeau dans la rainure de la fusée afin de l'immobiliser en position. Ensuite, tapoter sur le chapeau neuf du moyeu pour l'amener au centre du tambour de frein.

14 Appuyer à plusieurs reprises sur la pédale de frein pour actionner le mécanisme d'autoréglage.

15 Recommencer la procédure décrite ci-dessus sur le deuxième ensemble frein arrière (le cas échéant) puis vérifier et, si besoin est, régler le câble du frein à main, comme indiqué à la Section 17.

16 Une fois cette procédure terminée, remonter la ou les roues puis ramener le véhicule au sol et resserrer les boulons de cette ou ces roues au couple spécifié.

10 Etrier de frein avant - dépose, révision et repose

Note: *Avant de commencer cette procédure, lire la note qui se trouve au début de la Section 2 et qui décrit les dangers que présente le liquide hydraulique et l'avertissement au début de la Section 4 qui décrit les dangers de la poussière d'amiante.*

Dépose

1 Serrer le frein à main puis soulever au cric l'avant du véhicule et le soutenir sur des chandelles. Retirer la roue concernée.

2 Minimiser les pertes de liquide en desserrant le bouchon du réservoir du maître-cylindre puis en le revissant après avoir placé un morceau de polythène dans le but d'obtenir un joint parfaitement étanche à l'air ou utiliser un collier de serrage spécial pour flexibles de freins, un collier de serrage en G ou un outil similaire pour obturer l'extrémité du flexible. Consulter les informations du paragraphe 3 de la Section 4 pour identifier le type d'étrier puis procéder comme indiqué aux paragraphes de l'en-tête correspondant.

Etrier Girling CJN48

3 Nettoyer la zone du raccord de flexible puis desserrer l'écrou de raccordement du flexible de frein. Débrancher le câblage du capteur d'avertissement d'usure des plaquettes au niveau du connecteur.

4 Desserrer puis retirer les boulons supérieur et inférieur de la broche de guidage de l'étrier tout en utilisant une clé ouverte plate pour empêcher toute rotation de la broche de guidage proprement dite. Mettre au rebut ces boulons et les remplacer par des neufs lors de la repose. Après avoir retiré ces boulons, soulever l'étrier pour l'écarter du disque de frein puis dévisser l'étrier à l'extrémité du flexible de frein. Noter qu'il n'est pas nécessaire de toucher aux plaquettes de frein qui peuvent rester en position dans le support de fixation de l'étrier.

Etrier Girling J48

5 Déposer les plaquettes de frein, comme indiqué aux paragraphes 18 à 21 de la Section 4.

6 Nettoyer la zone du raccord puis desserrer l'écrou de

raccordement du flexible de frein.
7 Desserrer puis retirer les deux boulons qui immobilisent le support de fixation de l'étrier sur le moyeu pivotant. Mettre au rebut ces boulons et les remplacer par des neufs lors de la repose. Faire glisser l'ensemble étrier pour l'écarter du disque de frein puis le dévisser à l'extrémité du flexible de frein.

Révision

8 Placer l'étrier sur un établi. Enlever toute trace de poussière et de saleté *mais éviter d'inhaler cette poussière car elle est nocive.*
9 Le cas échéant, utiliser un petit tournevis à lame plate pour extraire, avec précaution, le collier de retenue du joint pare-poussière de l'alésage de l'étrier.
10 Retirer du corps de l'étrier le piston partiellement éjecté puis déposer le joint pare-poussière. Le piston peut alors être retiré à la main ou, éventuellement, chassé à l'aide d'un jet d'air comprimé envoyé dans l'orifice du raccord du flexible de frein. Seul un jet à faible pression, qui peut être obtenu avec une pompe à pied, devrait être nécessaire.
11 A l'aide d'un petit tournevis, extraire le joint hydraulique du piston en faisant très attention de ne pas endommager l'alésage de l'étrier.
12 Sur l'étrier de type CJN48, retirer les broches de guidage du support de fixation de l'étrier puis enlever les gaines en caoutchouc. Sur l'étrier de type J48, faire glisser le support de fixation pour l'extraire du corps de l'étrier puis enlever les gaines en caoutchouc.
13 Nettoyer soigneusement chaque composant avec de l'alcool dénaturé, de l'alcool isopropylique ou du liquide hydraulique propre. Ne jamais utiliser de solvant à base minérale comme, par exemple, de l'essence ou du pétrole car il attaquerait les composants en caoutchouc du circuit hydraulique. Faire sécher immédiatement ces composants sous un jet d'air comprimé ou avec un chiffon propre et non pelucheux. Utiliser de l'air comprimé pour dégager les galeries de liquide.
14 Vérifier tous les composants. Remplacer ceux qui sont usés ou endommagés. En particulier, vérifier l'alésage du cylindre et le piston. S'il y a des rayures, une usure ou une corrosion, quelle qu'en soit l'importance, il faut les remplacer (c'est-à-dire qu'il faut remplacer l'ensemble corps complet). De même, vérifier que les broches de guidage et leurs alésages dans le corps de l'étrier ou le support de fixation (suivant les cas) sont en bon état. Ces deux broches doivent être intactes et, après nettoyage, offrir un ajustement glissant relativement serré dans les alésages du corps ou du support de fixation. En cas de doute sur la condition d'un composant, le remplacer. Sur l'étrier du type J48, la présence d'une usure sur les broches de guidage et/ou leurs alésages implique le remplacement de l'ensemble complet étrier et support de fixation.
15 Si l'ensemble est réutilisable, se procurer une trousse de réparation de type correct. Ces composants s'obtiennent, sous différentes combinaisons, en s'adressant à un concessionnaire Citroën.
16 Remplacer d'office tous les joints en caoutchouc, les couvercles pare-poussière et les bouchons qui ont été retirés lors du démontage. Il ne faut jamais les réutiliser.
17 Lors du remontage, s'assurer que tous les composants sont parfaitement propres et secs.
18 Plonger le piston et son joint neuf (liquide) dans du liquide hydraulique propre. Enduire la surface de l'alésage du cylindre de liquide propre.
19 Mettre en place le joint neuf de piston (liquide) aux doigts uniquement dans la rainure de l'alésage du cylindre. Mettre en place le joint pare-poussière neuf sur le piston et le remonter sur l'alésage du cylindre en exerçant un mouvement de torsion. S'assurer que le piston pénètre d'équerre dans son alésage. Enfoncer à fond le piston dans l'alésage puis introduire le joint pare-poussière dans le corps de l'étrier.
20 Le cas échéant, mettre en place le collier de retenue du joint pare-poussière en s'assurant qu'il repose correctement dans la rainure de l'étrier.
21 Utiliser la graisse qui se trouve dans la trousse de réparation ou une graisse de frein à température de fusion élevée de bonne qualité ou un produit antigrippage, sur les broches de guidage et leurs alésages. Sur l'étrier de type CJN48, mettre en place les gaines en caoutchouc et les broches de guidage sur le support de fixation de l'étrier en s'assurant que les gaines reposent correctement dans les rainures des broches et du support. Sur l'étrier de type J48, mettre en place les gaines sur les broches du support de fixation puis remonter ce support sur l'étrier en s'assurant que les gaines reposent correctement dans les rainures du support et du corps de l'étrier.

Repose

Etrier Girling CJN48

22 Visser à fond le corps de l'étrier sur les écrous de raccordement du flexible puis vérifier que les plaquettes de frein occupent toujours une position correcte dans le support de fixation de l'étrier.
23 Mettre en position l'étrier sur les plaquettes puis faire passer le câblage du capteur d'avertissement d'usure des plaquettes par l'ouverture de l'étrier. Si le filetage des boulons neufs des broches de guidage n'est pas déjà enduit d'un produit de freinage, passer un produit de freinage de type approprié sur ces filets. Mettre en place le boulon inférieur neuf de la broche de guidage puis enfoncer l'étrier en position. Ensuite, mettre en place le boulon supérieur neuf de la broche de guidage. Bien serrer ces deux boulons tout en immobilisant chaque broche de guidage avec une clé ouverte.
24 Rebrancher les connecteurs du câblage du capteur d'usure des plaquettes de frein. S'assurer que ces fils suivent le trajet correct et traversent la boucle du chapeau de la vis de purge de l'étrier.
25 Appuyer à plusieurs reprises sur la pédale de frein pour bien amener les plaquettes au contact du disque du frein et rétablir une pression normale de la pédale (sans assistance).
26 Resserrer à fond l'écrou de raccordement du flexible de frein puis déposer le collier de serrage du flexible de frein ou le polythène, suivant les cas, avant de purger le circuit hydraulique, comme indiqué à la Section 2. Il convient de noter qu'à condition de respecter les précautions décrites précédemment pour minimiser les pertes de liquide de frein, normalement, il suffit de purger le frein avant concerné.
27 Remonter la roue puis ramener le véhicule au sol avant de serrer les boulons de cette roue au couple spécifié.

Etrier Girling J48

28 Visser à fond l'étrier sur l'écrou de raccordement du flexible puis faire glisser l'étrier pour l'amener en position sur le disque de frein. Si le filetage des boulons neufs de fixation de l'étrier n'est pas déjà enduit d'un produit de freinage, passer un produit de freinage de type approprié sur ces filets. Mettre en place les boulons de fixation pour les serrer au couple spécifié.
29 Resserrer à fond l'écrou de raccordement du flexible de frein puis remettre en place les plaquettes de frein, comme indiqué aux paragraphes 23 à 26 de la Section 4.
30 Déposer le collier de serrage du flexible de frein ou le polythène, suivant les cas, avant de purger le circuit hydraulique, comme indiqué à la Section 2. Il convient de noter qu'à condition de respecter les précautions décrites précédemment pour minimiser les pertes de liquide de frein, normalement, il suffit de purger le frein avant concerné.
31 Remonter la roue puis ramener le véhicule au sol avant de serrer les boulons de cette roue au couple spécifié.

11 Etrier de frein arrière - dépose, révision et repose

Note: *Avant de commencer cette procédure, lire la note qui se trouve au début de la Section 2 et qui décrit les dangers que présente le liquide hydraulique et l'avertissement au début de la Section 4 qui décrit les dangers de la poussière d'amiante.*

Dépose

1 Bloquer les roues avant avec des cales puis soulever au cric l'arrière du véhicule et le soutenir sur des chandelles. Déposer la roue arrière concernée.

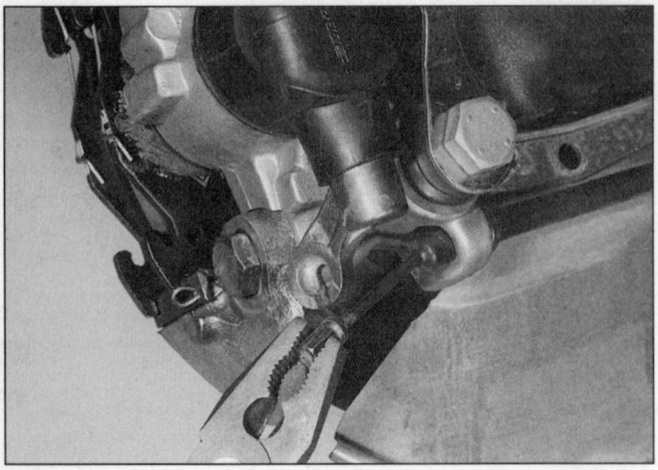

11.3a Débrancher le câble interne du frein à main au niveau du levier de l'étrier . . .

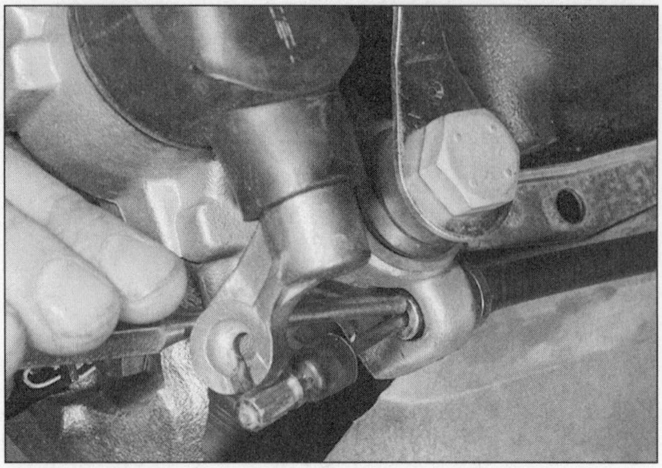

11.3b . . . puis tapoter sur le câble externe pour l'extraire du corps de l'étrier

2 Déposer les plaquettes de frein, comme indiqué aux paragraphes 2 et 3 de la Section 5.
3 S'assurer que le frein à main est bien desserré puis dégager le câble interne du frein à main au niveau du levier de commande du frein à main à étrier. Ensuite, tapoter sur le câble externe pour l'extraire de son support sur le corps de l'étrier **(voir illustrations)**.
4 Minimiser les pertes de liquide en desserrant le bouchon du réservoir du maître-cylindre puis en le revissant après avoir placé un morceau de polythène dans le but d'obtenir un joint parfaitement étanche à l'air ou utiliser un collier de serrage spécial pour flexibles de freins, un collier de serrage en G ou un outil similaire pour obturer le flexible le plus prêt possible de l'étrier. Consulter les informations du paragraphe 3 de la Section 4 pour identifier le type d'étrier puis procéder comme indiqué aux paragraphes de l'en-tête correspondant.
5 Enlever toute trace de poussière autour du raccord de la canalisation de frein sur l'étrier puis desserrer l'écrou de raccordement.
6 Desserrer les deux boulons qui immobilisent l'ensemble étrier sur la biellette pendante puis le retirer avec la plaque de fixation en notant le sens de montage de cette plaque. Soulever l'ensemble étrier pour l'écarter du disque de frein puis le dévisser au niveau de l'extrémité du flexible de frein. Mettre au rebut les boulons de fixation de l'étrier car une fois desserrés, il ne faut pas les réutiliser.

Révision

7 Placer l'étrier sur un établi. Enlever toute trace de poussière et de saleté *mais éviter d'inhaler cette poussière car elle est nocive.*
8 A l'aide d'un petit tournevis, extraire, avec précaution, le joint pare-poussière de l'alésage de l'étrier tout en faisant très attention de ne pas endommager le piston **(voir illustration)**.
9 Déposer le piston de l'alésage de l'étrier en le faisant tourner dans le sens inverse des aiguilles d'une montre. Pour cela, utiliser une barre à section carrée de taille appropriée comme, par exemple, la lame d'un tournevis, à condition qu'elle offre un jeu serré dans les fentes du piston de l'étrier. Dès que le piston tourne librement mais ne sort pas du joint, il est possible de le retirer à la main ou, le cas échéant, de l'éjecter en envoyant de l'air comprimé dans l'orifice du boulon de raccordement. Seul un jet à faible pression, qui peut être obtenu avec une pompe à pied, devrait être nécessaire.
10 A l'aide d'un petit tournevis, extraire le joint hydraulique du piston en faisant très attention de ne pas endommager l'alésage de l'étrier.
11 Retirer du corps de l'étrier le manchon de guidage puis déposer les gaines de ces manchons.
12 Examiner tous les composants de l'étrier, comme indiqué aux paragraphes 13 à 17 de la Section 10 et procéder aux remplacements nécessaires. Noter qu'il **ne** faut **pas** démonter l'intérieur du piston de l'étrier. Le cas échéant, réviser le mécanisme du frein à main, comme indiqué aux paragraphes suivants. Si cette révision n'est pas nécessaire, passer directement au paragraphe 16.

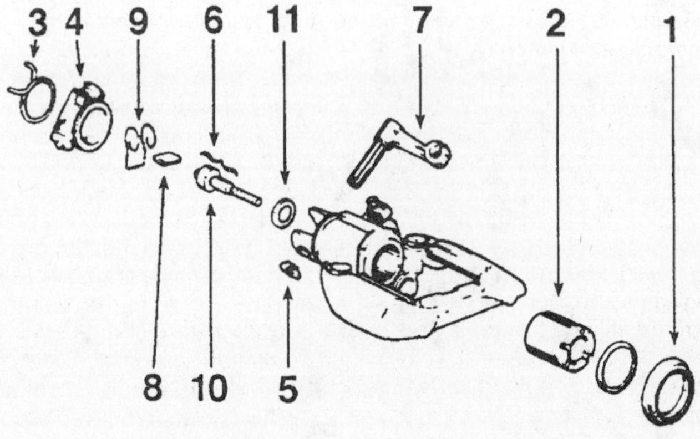

11.8 Vue éclatée d'un étrier de frein arrière

1 Joint pare-poussière
2 Piston
3 Collier de retenue
4 Couvercle pare-poussière de mécanisme du frein à main
5 Jonc d'arrêt
6 Rondelles élastiques
7 Levier de commande du frein à main
8 Came à plongeur
9 Ressort de rappel
10 Vis de réglage
11 Rondelle de butée

13 Desserrer le collier de retenue du couvercle pare-poussière du frein à main puis replier ce couvercle pour l'écarter de la partie arrière de l'étrier. Noter la position correcte de montage de chaque composant pour faciliter le remontage. Déposer le jonc d'arrêt au pied de l'arbre du levier de commande puis comprimer les rondelles élastiques de la vis de réglage pour retirer le levier de commande et le couvercle pare-poussière du corps de l'étrier. Après avoir retiré ce levier, déposer le ressort de rappel, la came du plongeur, la vis de réglage et les rondelles élastiques ainsi que la rondelle de butée au dos du corps de l'étrier. Utiliser un pointeau de taille appropriée pour extraire avec précaution la bague de la vis de réglage du corps de l'étrier. Retirer le joint torique.
14 Nettoyer tous les composants du frein à main dans de l'alcool dénaturé puis les examiner pour s'assurer qu'ils ne sont pas usés. S'il y a des traces d'usure ou d'endommagement, il convient de remplacer l'ensemble mécanisme de frein à main. Pour cela, se procurer une trousse auprès d'un concessionnaire Citroën. Lors du remontage, s'assurer que tous les composants sont parfaitement propres et secs.

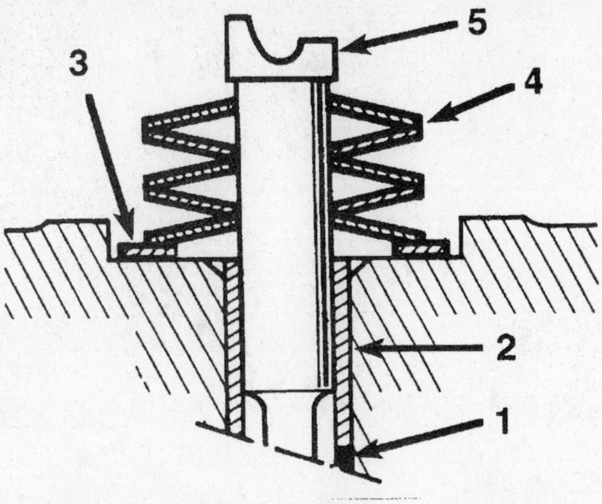

11.15 Positions correctes de montage de la vis de réglage du mécanisme du frein à main à étrier de frein arrière et des composants connexes

1 *Joint torique*
2 *Bague de vis de réglage*
3 *Rondelle de butée*
4 *Implantation correcte des rondelles élastiques*
5 *Vis de réglage*

15 Mettre en place le joint torique puis enfoncer la bague de la vis de réglage en position au dos du corps de l'étrier jusqu'à ce que son bord externe affleure ce corps. Le cas échéant, tapoter sur cette bague à l'aide d'un jet tubulaire de taille appropriée pour l'amener en position. Mettre en place la rondelle de butée puis installer la vis de réglage et les rondelles élastiques. S'assurer que ces rondelles sont correctement positionnées **(voir illustration)**. Amener la came du plongeur à l'extrémité de la vis de réglage puis introduire le ressort de rappel dans le logement de l'étrier. Mettre en place le couvercle pare-poussière neuf sur le levier de commande puis comprimer les rondelles élastiques de la vis de réglage pour introduire l'arbre du levier dans le corps de l'étrier. S'assurer qu'il est correctement positionné par rapport au ressort de rappel et à la gamme du plongeur. Immobiliser ce levier en position à l'aide du jonc d'arrêt puis relâcher les rondelles élastiques. Vérifier le fonctionnement du mécanisme du frein à main. Enduire de graisse à point de fusion élevé l'arbre du levier de commande et la vis de réglage puis faire glisser le couvercle pare-poussière sur le corps de l'étrier et l'immobiliser en position à l'aide d'un serre-câble.

16 Tremper le piston et son joint neuf (liquide) dans du liquide hydraulique propre. Enduire de liquide propre la surface de l'alésage du cylindre.

17 Mettre en place aux doigts uniquement le joint neuf du piston (liquide) et l'amener dans la rainure de l'alésage du cylindre. Remonter l'ensemble piston. Faire tourner le piston dans le sens des aiguilles d'une montre et, utiliser la méthode employée lors du démontage, pour bien l'enfoncer dans l'alésage de l'étrier.

18 Mettre en place le joint pare-poussière sur l'étrier. S'assurer qu'il est bien positionné dans cet étrier et également dans la rainure du piston.

19 Enduire les manchons de guidage en utilisant la graisse de la trousse de réparation ou une graisse haute température de qualité ou du produit antigrippage. Monter ces manchons sur le corps de l'étrier et mettre en place les gaines neuves. S'assurer que ces gaines sont correctement positionnées dans les rainures du manchon de guidage et du corps de l'étrier.

Repose

20 Visser à fond l'étrier sur le flexible de frein puis mettre en position cet étrier au-dessus du disque de frein. Si le filetage des boulons neufs

12.3 Pour minimiser les pertes de liquide, mettre une pince spéciale sur le flexible de frein

de fixation de l'étrier n'est pas déjà enduit de produit de freinage, passer du produit de freinage de type approprié sur ces filets. Mettre en place les boulons neufs de fixation de l'étrier ainsi que la plaque de fixation. Lors de l'installation de cette plaque, la partie incurvée doit s'écarter du corps de l'étrier. Dès que la plaque occupe la position prévue, resserrer les boulons de l'étrier au couple spécifié.

21 Resserrer à fond le raccord du flexible de frein puis retirer le collier de serrage du flexible de frein ou la feuille de polythène du réservoir du maître-cylindre (suivant les cas).

22 Faire passer le câble du frein à main dans son support, sur l'étrier, puis tapoter sur le câble externe pour l'amener en position, en utilisant un marteau et un pointeau de diamètre approprié. Rebrancher le câble interne sur le levier de commande de l'étrier.

23 Remonter les plaquettes de frein, comme indiqué aux paragraphes 8 à 12 de la Section 5.

24 Purger le circuit hydraulique, comme indiqué à la Section 2. Il convient de noter, qu'à condition de respecter les précautions décrites pour minimiser les pertes de liquide hydraulique, il suffit normalement de purger le frein arrière concerné.

25 Appuyer à plusieurs reprises sur la pédale de frein jusqu'à ce qu'elle retrouve sa pression normale (sans assistance). Ensuite, vérifier et, le cas échéant, régler le câble du frein à main, comme indiqué à la Section 17.

26 Remonter la roue puis ramener le véhicule au sol et serrer les boulons de cette roue au couple spécifié. Une fois cette procédure terminée, vérifier le niveau de liquide hydraulique, comme indiqué au Chapitre 1.

12 Cylindre de roue arrière - dépose et repose

Note: *Avant de commencer cette procédure, lire la note qui se trouve au début de la Section 2 et qui décrit les dangers que présente le liquide hydraulique et l'avertissement au début de la Section 6 qui décrit les dangers de la poussière d'amiante.*

Dépose

1 Déposer le tambour de frein, comme indiqué à la Section 9.

2 A l'aide d'une pince, décrocher avec précaution le ressort de rappel du sabot supérieur de frein puis le retirer des deux sabots de frein. Tirer sur les extrémités supérieures des sabots pour les écarter du cylindre de roue afin de les séparer des pistons.

3 Minimiser les pertes de liquide en retirant le bouchon du réservoir du maître-cylindre puis en le revissant après y avoir placé un morceau de polythène dans le but d'obtenir un joint parfaitement étanche à l'air ou utiliser une pince spéciale pour flexibles de freins, un collier de serrage en G ou un outil similaire pour obturer l'extrémité du flexible au point le plus proche, sur un plan pratique, du cylindre de roue **(voir illustration)**.

12.4 Utilisation d'une clé de durit de frein pour desserrer l'écrou de raccordement du cylindre de roue

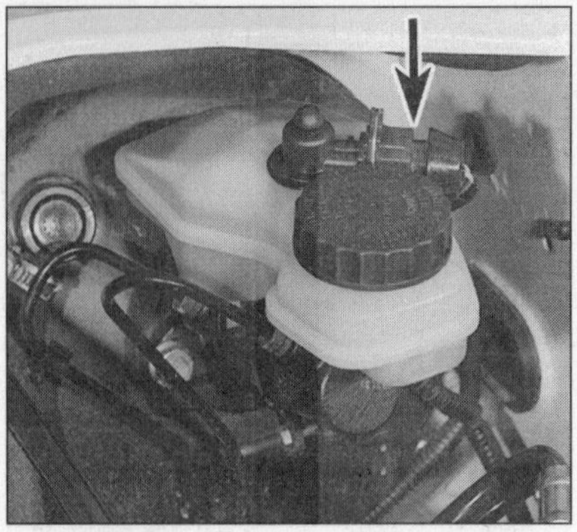

13.3 Débrancher le connecteur électrique (flèche) du capteur de niveau de liquide du maître-cylindre

13.4 Dévisser les écrous de raccordement (flèches) du maître-cylindre

4 Essuyer les traces de poussière autour du raccord de la canalisation de frein, au dos du cylindre de roue, puis dévisser l'écrou de raccordement **(voir illustration)**. Dégager avec précaution la canalisation pour l'écarter du cylindre de roue puis en obturer l'extrémité ou y mettre du ruban adhésif pour empêcher toute entrée de poussière. Essuyer immédiatement tout épanchement.

5 Desserrer les deux boulons de retenue du cylindre de roue, au dos de la contre-plaque puis déposer ce cylindre en faisant très attention de ne pas contaminer les garnitures des sabots de frein avec un épanchement de liquide hydraulique.

6 Il convient de noter que la révision du cylindre n'est pas possible étant donné que ses composants ne se vendent pas séparément. En cas d'anomalie, il faut remplacer l'ensemble cylindre de roue.

Repose

7 S'assurer que les surfaces de contact de la contre-plaque et du cylindre de roue sont propres. Mettre en position les sabots de frein puis manipuler le cylindre de roue pour l'amener en position.

8 Rebrancher la canalisation de frein puis visser l'écrou de raccordement sur deux ou trois tours pour être certain qu'il se trouve bien sur le filetage.

9 Introduire les deux boulons de retenue du cylindre de roue puis les serrer à fond. Maintenant serrer à fond l'écrou de raccordement de la canalisation de frein.

10 Enlever le collier d'obturation du flexible de frein ou la feuille de polythène du réservoir du maître-cylindre (suivant les cas).

11 S'assurer que les sabots de frein occupent une position correcte dans les pistons du cylindre puis remettre en place le ressort supérieur de rappel du sabot de frein. Utiliser pour cela un tournevis pour étirer ce ressort et l'amener en position.

12 Remettre en place le tambour de frein, comme indiqué à la Section 9.

13 Purger le circuit hydraulique de frein, comme indiqué à la Section 2. A condition d'avoir pris des précautions suffisantes pour minimiser les pertes de liquide, il suffit normalement de purger le frein arrière concerné.

13 Maître-cylindre - dépose, révision et repose

Note: *Avant de commencer cette procédure, lire la note que se trouve au début de la Section 2 et qui décrit les dangers que présente le liquide hydraulique.*

Dépose

1 Sur les modèles à conduite à gauche, déposer la batterie et son support, comme indiqué au Chapitre 5.

2 Sur les modèles à conduite à droite à turbocompresseur, le cas échéant, déposer le refroidisseur intermédiaire pour améliorer l'accès au maître-cylindre, en consultant le Chapitre 4 pour de plus amples informations.

13.5 Ecrous de retenue (flèches) du maître-cylindre

3 Sur tous les modèles, déposer le bouchon du réservoir du maître-cylindre puis siphonner le liquide hydraulique de ce réservoir. **Note:** *ne pas siphonner ce liquide avec la bouche car c'est un poison. Utiliser une seringue ou une petite louche de cuisine usagée.* En variante, ouvrir la vis de purge la plus commode du système puis appuyer doucement sur la pédale de frein pour chasser le liquide, après avoir branché un tube en matière plastique sur cette vis (voir Section 2). Débrancher le connecteur électrique du capteur de niveau de liquide de frein **(voir illustration)**.

4 Essuyer tout autour des raccords de canalisation de frein, sur le côté du maître-cylindre puis placer des chiffons absorbants sous ces raccords pour récupérer les épanchements éventuels de liquide. Noter les emplacements corrects des raccords puis dévisser les écrous de raccordement avant de retirer avec précaution les canalisations **(voir illustration)**. Placer un bouchon ou du ruban adhésif sur les extrémités des canalisations et sur les orifices du maître-cylindre pour minimiser les pertes de liquide de frein et pour empêcher toute entrée de poussière dans le circuit. Laver immédiatement à l'eau froide tout épanchement de liquide.

5 Desserrer puis retirer les deux écrous qui immobilisent le maître-cylindre sur la servocommande à dépression puis retirer cet ensemble du compartiment moteur **(voir illustration)**. Enlever le joint torique au dos du maître-cylindre et le mettre au rebut.

Révision

6 Desserrer la vis du collier de serrage du réservoir de liquide puis décrocher ce collier de serrage avant de déposer du corps du maître-cylindre les joints du réservoir de liquide.

7 A l'aide d'une cheville en bois, enfoncer l'ensemble piston dans le

14.5 Dépose de l'ensemble support de pédale au niveau de la traversée de cloison

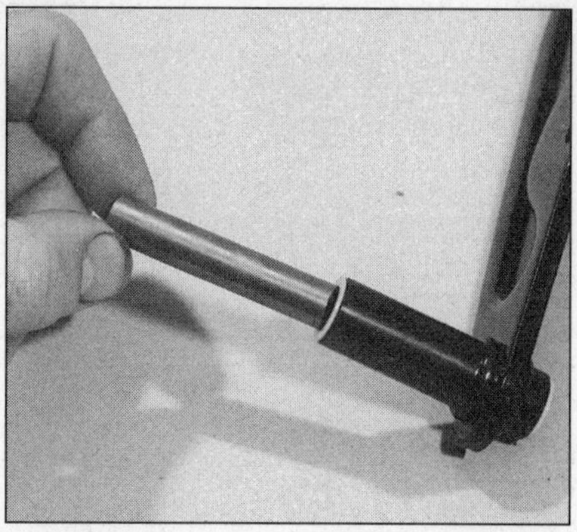

14.6a Retirer l'entretoise de la pédale de frein . . .

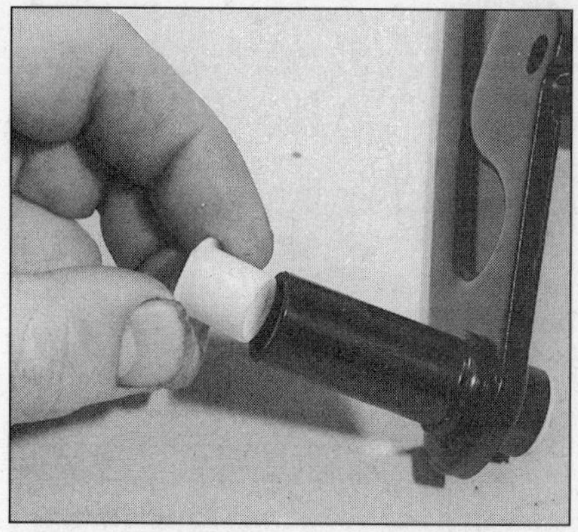

14.6b . . . puis déposer les bagues du pivot de la pédale

corps du maître-cylindre puis extraire le jonc d'arrêt à l'extrémité de l'alésage du maître-cylindre.

8 Tout en notant l'ordre de la dépose et le sens de montage de chaque composant, retirer la rondelle, les ensembles pistons avec leurs ressorts et les joints. Taper doucement le corps sur une surface propre en bois pour déloger ces éléments. Le cas échéant, immobiliser le corps du maître-cylindre dans un étau (équipé de mâchoires douces protégées) puis envoyer un jet d'air comprimé dans l'orifice de liquide du circuit secondaire pour faciliter la dépose de l'ensemble piston secondaire.

9 Nettoyer soigneusement chaque composant avec de l'alcool dénaturé, de l'alcool isopropylique ou du liquide hydraulique propre. Ne jamais utiliser de solvant à base minérale comme, par exemple, de l'essence ou du pétrole car il attaquerait les composants en caoutchouc du circuit hydraulique. Faire sécher immédiatement ces composants sous un jet d'air comprimé ou avec un chiffon propre et non pelucheux.

10 Vérifier tous les composants. Remplacer ceux qui sont usés ou endommagés. En particulier, vérifier les alésages et les pistons du cylindre. S'il y a des rayures, une usure ou une corrosion, quelle qu'en soit l'importance, il faut remplacer l'ensemble complet. En cas de doute sur les conditions de l'ensemble ou d'un de ses composants, quel qu'il soit, le remplacer. Vérifier que les galeries de liquide du corps sont bien dégagées.

11 Si l'ensemble est réutilisable, se procurer une trousse de réparation en s'adressant au concessionnaire Citroën. Cette trousse contient les deux ensembles pistons et leurs ressorts ainsi qu'un jonc d'arrêt neuf. Remplacer d'office tous les joints d'étanchéité et les joints toriques retirés lors du démontage. Il ne faut jamais les réutiliser.

12 Lors du remontage, plonger les pistons et les joints neufs dans du liquide hydraulique propre. Enduire l'alésage du cylindre de liquide propre.

13 Introduire les pistons dans l'alésage en exerçant un mouvement de torsion pour éviter de coincer les lèvres des joints. S'assurer que chaque composant est remis en place dans l'ordre prévu et dans le bon sens puis insérer la rondelle à l'extrémité du piston primaire.

14 Enfoncer à fond les ensembles pistons dans l'alésage à l'aide d'une cheville propre en bois. Les immobiliser en position avec le jonc d'arrêt neuf. S'assurer que ce jonc pénètre correctement dans la rainure de l'alésage du cylindre.

15 Mettre en place des joints de fixation neufs sur le corps du maître-cylindre puis remonter le réservoir. Fixer le collier de retenue sur le réservoir et bien en serrer la vis de fixation.

Repose

16 Avant de procéder à la repose du maître-cylindre, nettoyer les surfaces de contact et vérifier l'écartement entre la pointe du poussoir du maître-cylindre et l'avant du groupe de servocommande, en utilisant les informations du paragraphe 9 de la Section 15.

17 Enlever toute trace de poussière sur les surfaces de contact du maître-cylindre et de la servocommande. Mettre en place un joint torique neuf sur la rainure du corps du maître-cylindre.

18 Monter le maître-cylindre sur la servocommande en s'assurant que le poussoir de ce groupe pénètre au centre de l'alésage du maître-cylindre. Remettre en place les écrous de fixation du maître-cylindre et les serrer au couple spécifié.

19 Essuyer les raccords des canalisations de frein puis les remonter sur les orifices du maître-cylindre et les serrer à fond.

20 Sur les modèles à conduite à gauche, remonter le support de la batterie et la batterie proprement dite, comme indiqué au Chapitre 5.

21 Sur les modèles à conduite à droite à turbocompresseur, le cas échéant, remonter le refroidisseur intermédiaire, comme indiqué au Chapitre 4.

22 Sur tous les modèles, refaire le plein du réservoir du maître-cylindre. Utiliser du liquide neuf. Purger le système hydraulique complet, comme indiqué à la Section 2.

14 Pédale de frein - dépose et repose

Dépose

1 Déposer la colonne de direction, comme indiqué au Chapitre 10.

2 Déposer la servocommande à dépression, comme indiqué à la Section 15.

3 Sur les modèles équipés de la transmission mécanique, consulter le Chapitre 6 qui fournit des informations plus complètes puis desserrer l'écrou de réglage du câble de l'embrayage pour obtenir un jeu maximum au niveau de ce câble. Depuis l'intérieur du véhicule, enfoncer le collier métallique de retenue puis libérer le câble interne au niveau du dispositif de retenue en matière plastique qui se trouve à l'extrémité supérieure de la pédale de l'embrayage.

4 Débrancher le connecteur électrique au niveau du contacteur des stops.

5 Desserrer puis retirer les six écrous de retenue du support de la pédale. Revenir au compartiment moteur pour manipuler l'ensemble support de la pédale afin de la retirer du véhicule. Noter son joint en caoutchouc **(voir illustration)**.

6 Placer l'ensemble support de la pédale sur un établi. Desserrer l'écrou puis retirer la broche du pivot de la pédale et séparer cette dernière de son support. Faire glisser l'entretoise pour la retirer du centre de l'alésage de la pédale puis enlever les bagues du pivot **(voir illustrations)**.

9

7 Nettoyer soigneusement chaque composant. Remplacer ceux qui sont usés ou endommagés. Vérifier les surfaces portantes des bagues du pivot et de l'entretoise, en procédant avec le plus grand soin. Il est possible de remplacer individuellement toute bague usée.

Repose

8 Enfoncer les bagues du pivot dans l'alésage de la pédale puis enduire de graisse polyvalente leurs surfaces de contact avant d'y faire glisser l'entretoise.

14.9a Mettre en position la pédale dans son support puis visser le boulon du pivot . . .

14.9b . . . avant de remettre en place l'écrou et de le serrer au couple spécifié

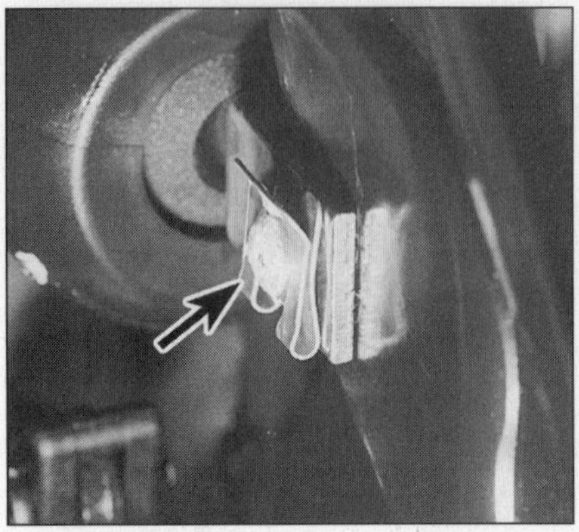

15.7 Bague de serrage de l'axe de chape du poussoir de la servocommande (flèche)

9 Remettre en place la pédale sur son support puis visser le boulon du pivot. Remettre en place l'écrou de ce boulon et le serrer au couple spécifié **(voir illustrations)**. Vérifier que la pédale pivote sans point dur et sans difficulté, avant de poursuivre les opérations.

10 S'assurer que le joint occupe un emplacement correct puis manipuler l'ensemble support de la pédale pour la ramener en position, depuis le compartiment moteur. Remettre en place les écrous de retenue du support de la pédale et les serrer au couple spécifié.

11 Le cas échéant, refaire passer le câble de l'embrayage dans le support et immobiliser le câble interne avec son dispositif de retenue en matière plastique sur la pédale de l'embrayage. Vérifier qu'il y est bien immobilisé à l'aide d'un collier métallique de serrage. Ajuster le câble de l'embrayage, comme indiqué au Chapitre 6.

12 Rebrancher le connecteur électrique sur le contacteur de stops.

13 Remonter la servocommande, comme indiqué à la Section 15.

14 Remonter la colonne de direction, comme indiqué au Chapitre 10. Avant de remettre en place le panneau inférieur du tableau de bord, vérifier et, le cas échéant, ajuster le contacteur des stops, comme indiqué à la Section 21.

15 Servocommande à dépression - essais, dépose et repose

Essai

1 Pour tester le fonctionnement de la servocommande, appuyer à plusieurs reprises sur la pédale de frein pour en chasser le vide puis mettre le moteur en route tout en appuyant fermement sur cette pédale. Lorsque le moteur se met en route, on devrait noter un certain enfoncement de cette pédale au fur et à mesure que la dépression augmente dans le circuit. Laisser le moteur tourner pendant au moins deux minutes avant de l'arrêter. Appuyer de nouveau sur la pédale. Elle devrait offrir une pression normale. Si on appuit alors à plusieurs reprises supplémentaires sur cette pédale, cette dernière devrait devenir de plus en plus ferme et sa course devrait diminuer après chaque application.

2 Si la servocommande ne fonctionne pas conformément à la description précédente, examiner tout d'abord son clapet anti-retour, comme indiqué à la Section 16, puis vérifier le fonctionnement de la pompe à vide, comme indiqué à la Section 25.

3 Si la servocommande refuse toujours de fonctionner de façon satisfaisante, l'anomalie se situe au niveau de cette servocommande. Il n'est pas possible de la réparer. En cas d'anomalie, il faut donc la remplacer.

Dépose

Note: *Sur les modèles à conduite à droite, pour obtenir le dégagement nécessaire pour déposer la servocommande, il faudra probablement dégager le silentbloc droit de l'ensemble moteur et transmission puis déplacer légèrement vers l'avant le moteur. Cela est dû au fait que le dégagement entre la servocommande et le dos de la rampe d'admission est insuffisant. Si cette opération s'avère nécessaire, consulter la Section 9 du Chapitre 2 Partie A qui fournit des renseignements plus complets sur le support du moteur et le démontage du silentbloc.*

4 Déposer le maître-cylindre, comme indiqué à la Section 13. Noter que sur les modèles à conduite à droite à turbocompresseur, il est absolument nécessaire de déposer le refroidisseur intermédiaire, comme indiqué au Chapitre 4.

5 Desserrer le collier de retenue (le cas échéant) puis débrancher le flexible de vide au niveau du clapet anti-retour de la servocommande.

6 Depuis l'intérieur du véhicule, desserrer les attaches du tableau de bord en les faisant tourner d'un quart de tour puis déposer le panneau inférieur du tableau de bord, du côté du conducteur. Dégager la conduite de chauffage puis la retirer pour améliorer l'accès au dos de la servocommande.

7 Extraire la bague de serrage puis retirer l'axe de chape qui immobilise le poussoir de la servocommande sur la pédale de frein **(voir illustration)**.

8 Desserrer les quatre écrous de retenue qui immobilisent la servocommande sur le support de fixation de la pédale puis revenir au compartiment moteur pour manipuler la servocommande afin de la déposer. Noter le joint plat qui se trouve au dos de la servocommande **(voir illustration)**.

Repose

9 Avant de procéder à la repose, vérifier les dimensions de la servocommande, en procédant comme suit. Après avoir enlevé le joint

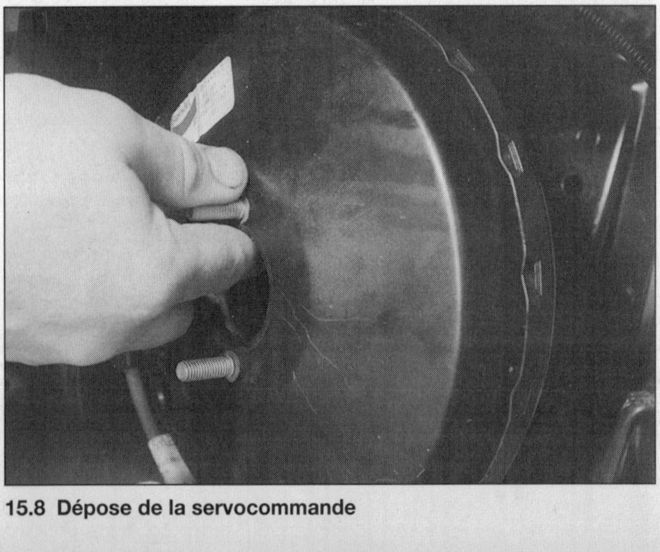

15.8 Dépose de la servocommande

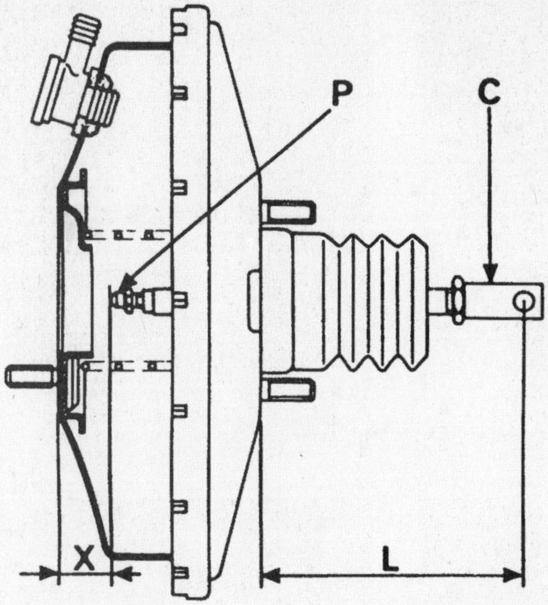

15.9a Cotes de réglage de la servocommande à dépression

C Axe de chape de poussoir
P Ecrou de poussoir
X Modèles sans système ABR : 22,3 ± 0,1 mm
Modèles à système ABR : 24,8 ± 0,1 mm
L Servocommande Bendix : 88,0 + 0,5 mm
Servocommande Teves : 86,0 + 0,5 mm

plat, vérifier que la saillie du poussoir au dos de la servocommande, la cote "L" (mesurée entre le dos de la servocommande et le centre de l'orifice de l'axe de chape du poussoir), ainsi que la distance entre la pointe du poussoir du maître-cylindre et l'avant de la servocommande, la cote "X", sont identiques aux valeurs de l'**illustration 15.9a**. Le cas échéant, il est possible de modifier la cote "L" en desserrant le contre-écrou puis en déplaçant l'axe de chape du poussoir "C". Pour modifier la cote "X", changer la position de l'écrou "P" **(voir illustrations)**. Une fois cet ajustement terminé, s'assurer que le contre-écrou de l'axe de chape est bien serré. Il convient de noter que sur certaines servocommandes, ce type de réglage est impossible.

10 Examiner l'oeillet d'étanchéité du clapet anti-retour de la servocommande pour s'assurer qu'il n'est pas endommagé ou abîmé. Le cas échéant, le remplacer.

11 Mettre un joint plat neuf au dos de la servocommande puis remonter cette dernière dans le compartiment moteur **(voir illustration)**.

12 Depuis l'intérieur du véhicule, s'assurer que le poussoir de la servocommande offre une prise correcte au niveau de la pédale de frein. Remettre en place les écrous de fixation de la servocommande, puis les serrer au couple spécifié.

13 Remonter le poussoir de la servocommande sur l'axe de chape de la pédale de frein puis l'immobiliser en position à l'aide de la bague de serrage.

14 Remettre en place la conduite de chauffage en s'assurant qu'elle est bien rebranchée aux deux extrémités. Remettre en place le panneau inférieur du tableau de bord.

15 Rebrancher le flexible de vide sur le clapet anti-retour de la servocommande et, le cas échéant, bien serrer son collier de retenue.

16 Remettre en place le maître-cylindre, comme indiqué à la Section 13 de ce Chapitre.

17 Une fois cette intervention terminée, mettre le moteur en route pour vérifier qu'il n'y a pas de fuite d'air au niveau du raccordement entre le flexible de vide et la servocommande. Cela permet également de vérifier le bon fonctionnement du système de freinage.

16 Clapet anti-retour de la servocommande à dépression - dépose, essais et repose

Dépose

1 Desserrer le collier de retenue (le cas échéant) puis débrancher le flexible de vide au niveau du clapet anti-retour de la servocommande.

2 Retirer ce clapet de son oeillet d'étanchéité en caoutchouc en lui donnant un mouvement de traction et de torsion. Déposer l'oeillet de la servocommande **(voir illustration)**.

Essais

3 Examiner le clapet anti-retour pour s'assurer qu'il n'est pas endommagé. Le cas échéant, le remplacer. Pour tester ce clapet, insuffler de l'air dans les deux sens. L'air ne peut circuler dans ce clapet que dans un seul sens, c'est-à-dire depuis son extrémité servocommande. Si ce n'est pas le cas, remplacer ce clapet.

4 Examiner l'oeillet d'étanchéité en caoutchouc et le flexible de vide pour s'assurer qu'ils ne sont pas endommagés ou détériorés. Le cas échéant, les remplacer.

Repose

5 Mettre en place l'oeillet d'étanchéité en position dans la servocommande.

6 Amener avec précaution le clapet anti-retour en position tout en faisant très attention de ne pas déplacer ou endommager l'oeillet.

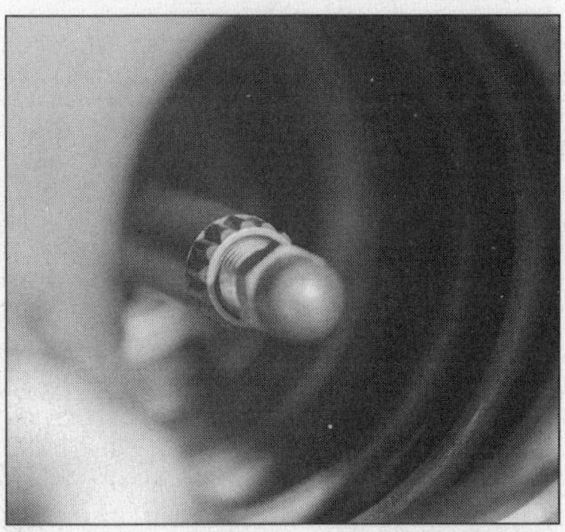

15.9b Ecrou de réglage du poussoir de la servocommande

15.11 Avant la repose, mettre un joint plat neuf au dos de la servocommande

16.2 Le clapet anti-retour de la servocommande a un ajustement gras dans son oeillet d'étanchéité (le maître-cylindre a été retiré pour des raisons de clarté)

9

17.2a Déposer le cendrier à l'arrière du panneau de garniture du frein à main puis desserrer l'écrou de retenue (flèche)...

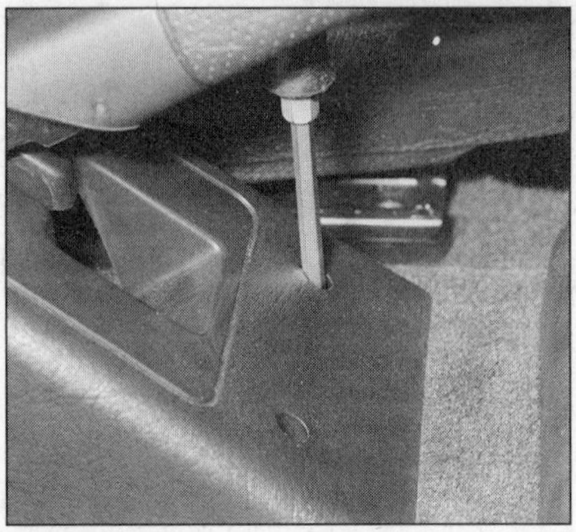

17.2b ... et les deux vis de retenue avant ...

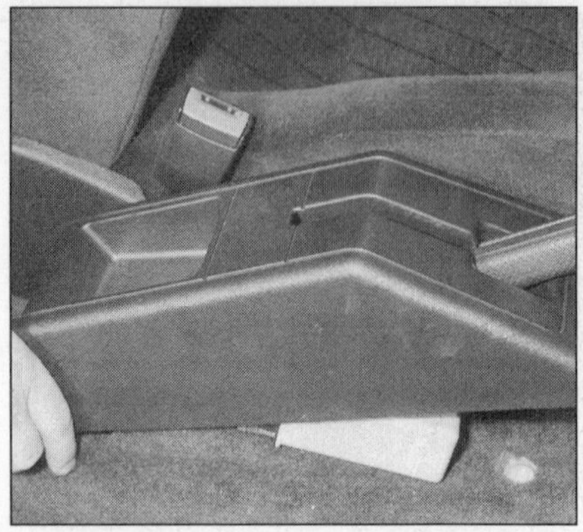

17.2c ... puis soulever ce panneau pour l'écarter du levier du frein à main

17.4 Réglage du frein à main

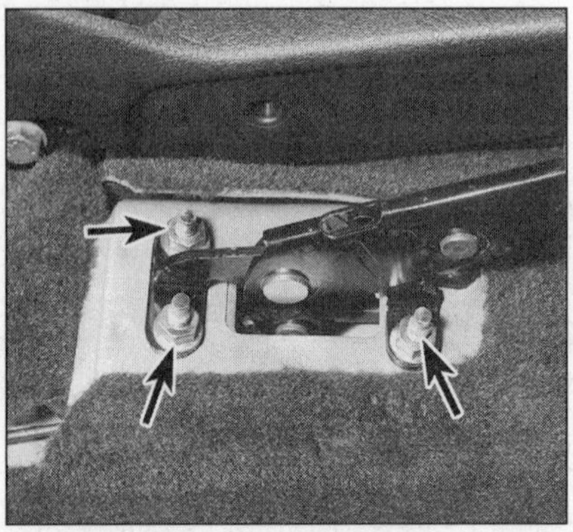

18.4 Le levier du frein à main est immobilisé par trois écrous (flèche)

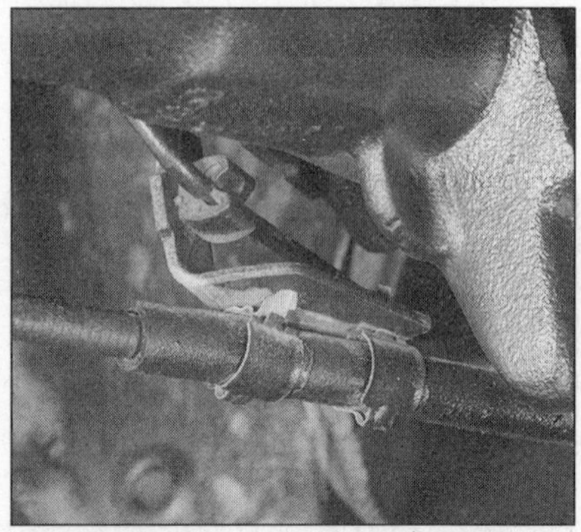

19.5 Support de la biellette pendante du câble du frein à main

Rebrancher le flexible de vide sur ce clapet et, le cas échéant, bien serrer son collier de retenue.

7 Une fois cette intervention terminée, mettre le moteur en route pour vérifier qu'il n'y a pas de fuite d'air au niveau du raccordement entre le clapet anti-retour et la servocommande.

17 Frein à main - réglage

1 Pour vérifier le réglage du frein à main, il faut tout d'abord appuyer fermement et à plusieurs reprises sur la pédale de frein pour obtenir un écartement correct sabot-tambour ou plaquette-disque. Ensuite, serrer puis desserrer à plusieurs reprises le frein à main pour s'assurer que le mécanisme d'autoréglage est bien ajusté. En exerçant une pression modérée et normale, tirer sur le levier du frein à main pour l'amener à sa position de freinage correcte. Compter le nombre de déclics du mécanisme à crans du frein à main. Lorsque le réglage est correct, il doit y avoir de quatre à sept déclics avant que ce frein à main ne soit bien serré. Si ce n'est pas le cas, procéder aux ajustements suivants.

2 Ouvrir le cendrier arrière puis appuyer sur sa languette de retenue pour le retirer du panneau de garniture du levier du frein à main. Desserrer puis retirer l'écrou de retenue arrière et les deux vis de retenue avant puis manipuler le panneau de garniture pour l'écarter du levier du frein à main **(voir illustrations)**.

3 Bloquer les roues avant avec des cales puis soulever au cric l'arrière du véhicule et le soutenir sur des chandelles.

4 Après avoir amené le frein à main sur le premier cran de son mécanisme, faire tourner l'écrou de réglage jusqu'à ce qu'une légère résistance se fasse sentir pendant la rotation des roues/moyeux arrière **(voir illustration)**. A ce moment-là, desserrer au maximum le levier du frein à main puis vérifier que les moyeux/roues tournent librement. Vérifier ce réglage en serrant à fond le frein à main tout en comptant le nombre de déclics du mécanisme à crans du frein à main. Le cas échéant, procéder à un nouveau réglage.

5 Remettre en place le panneau de garniture sur le levier et visser à fond ses vis et son écrou de retenue. Remettre en position le cendrier arrière puis ramener le véhicule au sol.

18 Levier du frein à main - dépose et repose

Dépose

1 Déposer le panneau de garniture du levier du frein à main, comme indiqué au paragraphe 2 de la Section 17.

2 Desserrer l'écrou de réglage du levier du frein à main pour obtenir un dégagement maximum au niveau des câbles puis libérer les câbles internes au niveau de la plaque du levier du frein à main.

3 Sur les modèles équipés de la condamnation centrale des portes, desserrer l'écrou puis libérer le groupe de commande de la condamnation centrale des portes au niveau des ergots de fixation du levier du frein à main.

4 Desserrer puis retirer les trois écrous de retenue du levier du frein à main puis déposer ce levier du véhicule **(voir illustration)**.

Repose

5 La dépose se fait dans l'ordre inverse des opérations de dépose. Avant de remettre en place le panneau de garniture du levier du frein à main, régler le frein à main, comme indiqué à la Section 17.

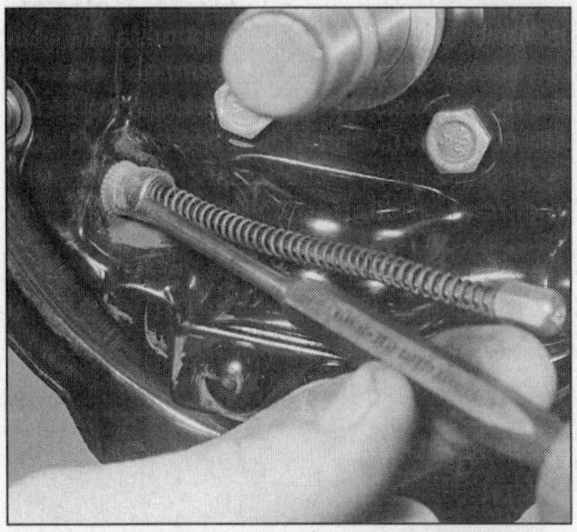

19.6 Sur les modèles à freins à tambour, extraire le câble externe en le faisant passer par la contre-plaque du frein

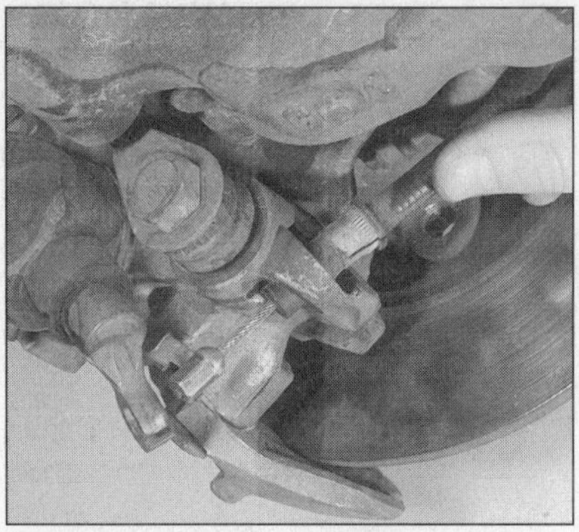

19.7 Sur les modèles à freins à disque, débrancher le câble au niveau de l'étrier

20.1 Clapets régulateurs de pression des freins arrière à disque

19 Câbles du frein à main - dépose et repose

Dépose

1 Déposer le panneau de garniture du levier du frein à main, comme indiqué au paragraphe 2 de la Section 17. Le câble du frein à main comporte deux sections - une moitié droite et une moitié gauche - qui sont reliées au levier par une plaque d'égalisation. Ces deux sections peuvent se déposer individuellement.

2 Desserrer l'écrou de réglage du levier du frein à main pour obtenir un dégagement maximum au niveau du ou des câbles puis libérer le ou les câbles internes au niveau de la plaque du levier du frein à main.

3 Bloquer les roues avant avec des cales puis soulever au cric l'arrière du véhicule et le soutenir sur des chandelles.

4 Desserrer puis retirer les écrous de retenue et enlever l'écran thermique arrière de l'échappement, au niveau de la caisse du véhicule pour accéder à l'avant du câble approprié du frein à main. Libérer l'extrémité avant du câble externe au niveau de la carrosserie puis retirer le câble de son guide support.

5 En remontant le long du câble, l'extraire de son collier de retenue puis l'écarter de son guide avant d'appuyer sur les languettes de retenue afin de libérer ce câble de son support au niveau de la biellette pendante **(voir illustration)**.

6 Sur les modèles équipés de freins arrière à tambour, déposer les sabots de frein sur le côté approprié, comme indiqué à la Section 6. A l'aide d'un marteau et d'un pointeau, tapoter avec précaution sur l'extrémité du câble externe pour l'extraire de la contre-plaque du frein et le retirer en le faisant passer sous le véhicule **(voir illustration)**.

7 Sur les modèles équipés de freins à disque à l'arrière, libérer le câble interne au niveau du levier du frein à main à étrier puis, à l'aide d'un marteau et d'un pointeau, extraire le câble externe de son support de fixation au niveau de l'étrier puis retirer ce câble en le faisant passer sous le véhicule **(voir illustration)**.

Repose

8 La repose se fait dans l'ordre inverse des opérations de dépose. Régler le frein à main, comme indiqué à la Section 17.

20 Clapets régulateurs de pression des freins arrière (modèles équipés de freins à disque à l'arrière) - dépose et repose

Note: *Avant de commencer cette procédure, lire la note qui se trouve au début de la Section 2 et qui décrit les dangers que présente le liquide hydraulique.*

Dépose

1 Bloquer les roues avant avec des cales puis soulever l'arrière du véhicule et le soutenir sur des chandelles. Les clapets régulateurs de pression se trouvent devant l'ensemble pont arrière. Il y en a deux, à raison d'un pour chaque étrier de frein arrière **(voir illustration)**.

2 Minimiser les pertes de liquide en retirant le bouchon du réservoir du maître-cylindre puis en le revissant après y avoir placé un morceau de polythène dans le but d'obtenir un joint parfaitement étanche à l'air.

3 Essuyer tout autour des raccords de canalisations de frein sur le clapet concerné puis placer des chiffons absorbants sous ces raccords pour récupérer tous les épanchements de liquide. Immobiliser le clapet régulateur concerné à l'aide d'une clé ouverte de taille appropriée puis desserrer les écrous de raccordement. Débrancher les deux canalisations de frein puis déposer le clapet en le faisant passer sous le véhicule. Mettre un bouchon ou du ruban adhésif sur les extrémités des canalisations et sur les orifices du clapet pour minimiser les pertes de liquide de frein et pour empêcher toute entrée de poussière dans le circuit. Laver immédiatement à l'eau froide tout épanchement de fluide.

Repose

4 La repose se fait dans l'ordre inverse des opérations de dépose. S'assurer que les écrous de raccordement des canalisations sont bien serrés. Une fois cette intervention terminée, purger le système de freinage, comme indiqué à la Section 2.

21 Contacteur de stops - dépose, repose et réglage

Dépose

1 Ce contacteur se trouve sur le support de la pédale, derrière le tableau de bord.

2 Pour déposer ce contacteur, desserrer les attaches du panneau inférieur du tableau de bord, du côté du conducteur, en les faisant tourner d'un quart de tour puis déposer ce panneau. Dégager la conduite de chauffage puis la retirer pour améliorer l'accès au contacteur.

3 Débrancher le connecteur électrique puis dévisser le contacteur de son support de fixation.

Repose et réglage

4 Revisser le contacteur en position dans son support de fixation jusqu'à ce que l'écartement entre l'extrémité du corps principal de ce contacteur et l'ergot de la pédale de frein soit égal à à peu près 2 à 3 mm.

5 Dès que le contacteur de stops est bien positionné, rebrancher le connecteur électrique et vérifier le fonctionnement des stops. Ils doivent s'allumer dès que la pédale de frein a parcouru environ 5 mm.

6 Remettre en place le panneau inférieur du tableau de bord puis l'immobiliser en position en faisant tourner ses attaches d'un quart de tour.

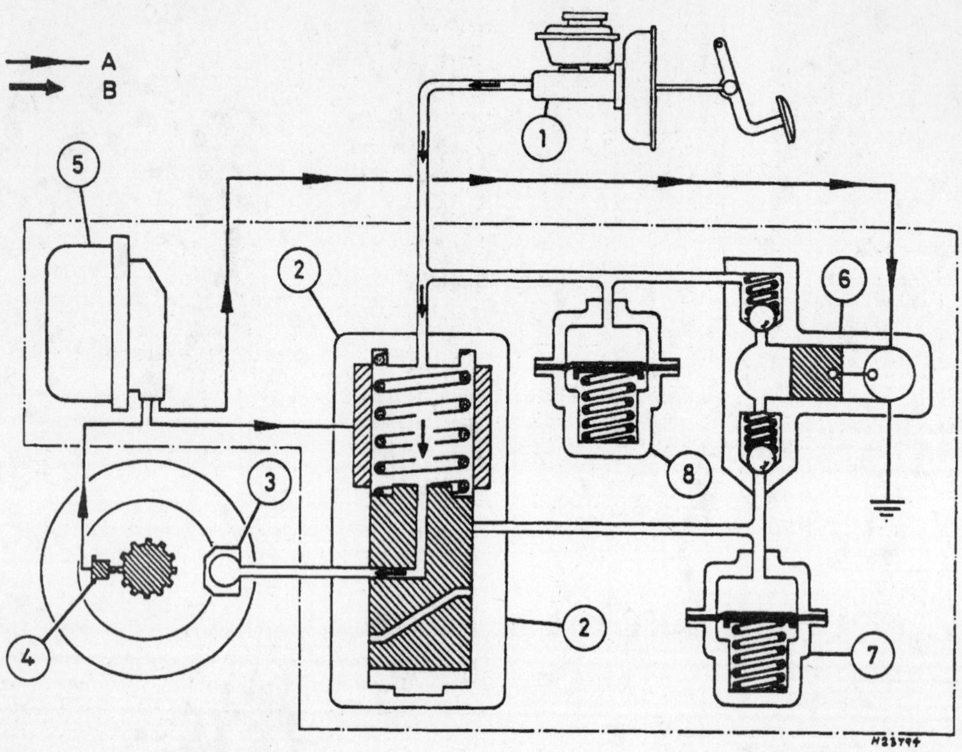

22.1a Fonctionnement normal du système ABR

1 Maître-cylindre
2 Electrovanne
3 Etrier de frein
4 Capteur de roue et couronne dentée
5 Ordinateur ABR
6 Pompe de retour
7 Accumulateur
8 Accumulateur
A Circulation du signal électrique
B Circulation du liquide hydraulique

22 Système ABR - généralités

Le système ABR est proposé en option sur tous les modèles décrits dans ce Manuel. Il se compose d'un bloc modulateur qui contient l'ordinateur ABR, les électrovannes hydrauliques et les accumulateurs, la pompe électrique de retour et quatre capteurs de roues (à raison d'un par roue). Le système a pour but d'empêcher le blocage d'une ou plusieurs roues lors d'un freinage appuyé. Il desserre automatiquement le frein de la roue concernée, avant de refreiner pratiquement immédiatement cette roue ou ces roues.

Les solénoïdes sont contrôlés par l'ordinateur qui reçoit des signaux en provenance des quatre capteurs de roues (il y en a un dans chaque moyeu). Ces capteurs surveillent la vitesse de rotation de chaque roue. En comparant les signaux de vitesse en provenance des quatre roues, l'ordinateur détermine la vitesse de déplacement du véhicule. Il utilise alors cette vitesse pour déterminer si une roue ralentit à un rythme anormal par rapport à la vitesse du véhicule, ce qui lui permet d'anticiper le blocage d'une roue. Dans le cadre d'un fonctionnement normal, le freinage est le même que sur un véhicule ne disposant pas de l'ABR **(voir illustration)**.

Si l'ordinateur détecte qu'une roue est sur le point de se bloquer, le système ABR entre dans la phase "de maintien de pression" **(voir illustration)**. L'ordinateur actionne l'électrovanne concernée du bloc modulateur pour isoler l'étrier de frein de la roue qui est sur le point de se bloquer, depuis le maître-cylindre, ce qui entraîne en fait un emprisonnement hermétique de la pression hydraulique.

Si la vitesse de rotation de cette roue continue de diminuer à un rythme anormal, le système ABR passe alors à la phase de "diminution de pression" **(voir illustration)** durant laquelle la pompe électrique de retour se déclenche et renvoie du liquide hydraulique dans le maître-cylindre, afin de réduire la pression sur l'étrier de frein et, par conséquent, le desserrage du frein sur cette roue. Dès que la vitesse de rotation de la roue revient à une valeur acceptable, la pompe s'arrête et l'électrovanne s'ouvre ce qui permet à la pression hydraulique du maître-cylindre de revenir dans l'étrier entraînant ainsi le serrage du frein sur cette roue. Il peut y avoir ainsi dix cycles de ce type par seconde.

Le déclenchement des électrovannes et de la pompe de retour crée des impulsions dans le circuit hydraulique. Lorsque le système ABR fonctionne, trois impulsions se font sentir au niveau de la pédale de frein.

Les électrovannes reliées aux étriers avant opèrent de façon indépendante alors que l'électrovanne reliée aux étriers arrière agit simultanément sur les deux étriers. Etant donné que le circuit de freinage se divise en deux sections, en diagonale, un clapet mécanique séparé à plongeur à l'intérieur du bloc modulateur divise la sortie hydraulique de l'électrovanne arrière en deux circuits séparés, à raison d'un pour chaque frein arrière.

Le fonctionnement du système ABR dépend entièrement de la présence de signaux électriques. Pour éviter que ce système ne réponde à des signaux erronés, un circuit de sécurité est intégré pour contrôler tous les signaux que reçoit l'ordinateur. Si le circuit détecte un signal erroné ou une tension insuffisante de la batterie, le système ABR est automatiquement mis hors circuit et le témoin lumineux du tableau de bord s'allume pour signaler au conducteur que ce système ABR est hors d'état de marche.

Lorsque ce système ABR présente une anomalie, il faut amener le véhicule à un concessionnaire Citroën qui se chargera du diagnostic et de la réparation.

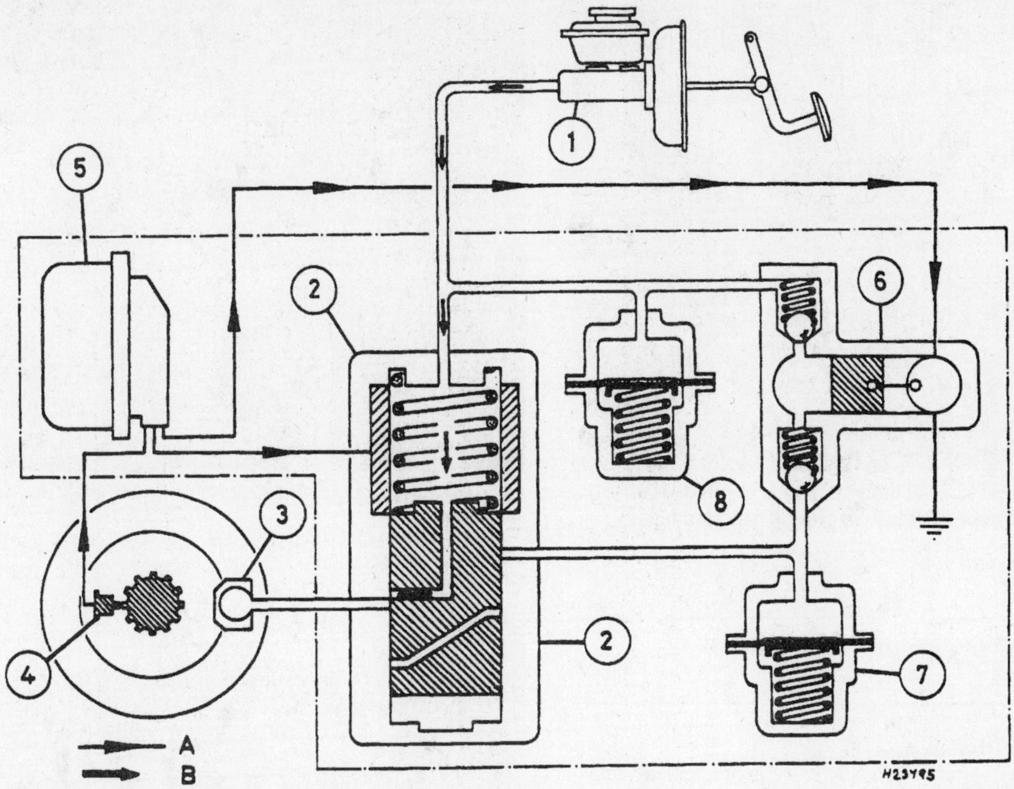

22.1b Phase de "maintien de pression" du système ABR

Voir légende sur l'illustration 22.1a

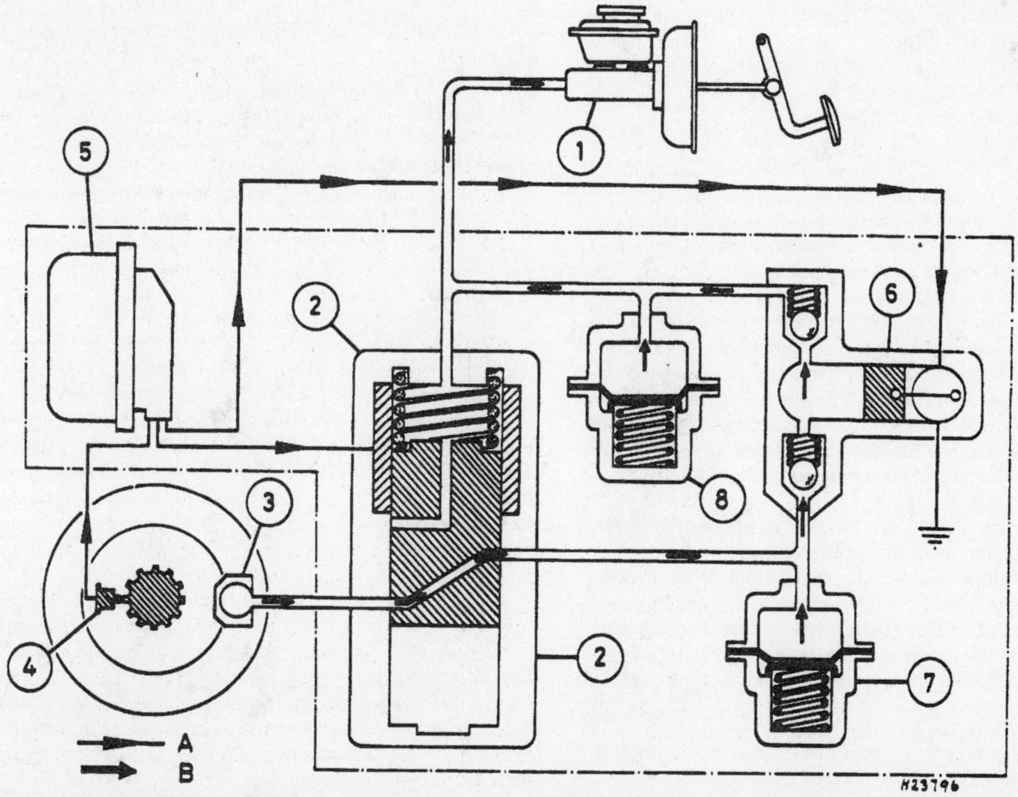

22.1c Phase de "diminution de pression" du système ABR

Voir légende sur l'illustration 22.1a

23.3 Débranchement du connecteur électrique au niveau de l'ordinateur du modulateur ABR (connecteur carré identifié par une flèche)

23.5 Raccords des canalisations de freins du bloc modulateur ABR (flèches)

23 Composants du système ABR - dépose et repose

Ensemble modulateur

Note: *Avant de commencer cette procédure, lire la note qui se trouve au début de la Section 2 et qui décrit les dangers que présente le liquide hydraulique.*

Dépose

1 Débrancher la cosse négative de la batterie.

2 Desserrer la vis de retenue puis déposer de l'ensemble modulateur le couvercle des relais.

3 Débrancher le gros connecteur à 15 broches, le connecteur carré à quatre broches et le conducteur de mise à la masse de la pompe de retour, au niveau du modulateur **(voir illustration)**.

4 Desserrer le bouchon de remplissage du réservoir du maître-cylindre. Placer une feuille polythène au-dessus du goulot de remplissage puis bien revisser le bouchon. Cela permettra de minimiser les pertes de liquide hydraulique lors des opérations ultérieures. A titre de précaution, placer des chiffons absorbants sous les raccords des canalisations de freins du modulateur.

5 Essuyer tout autour des raccords des canalisations de freins du modulateur. Noter l'agencement de ces canalisations, afin de faciliter leur repose. Les quatre raccords de sortie du modulateur comportent des repères qui facilitent la repose. Dévisser les écrous de raccordement puis retirer avec précaution les canalisations **(voir illustration)**. Mettre un bouchon ou du ruban adhésif sur les extrémités des canalisations et sur les orifices du modulateur pour éviter toute entrée de poussière dans le circuit. Laver immédiatement à l'eau froide tout épanchement de liquide.

6 Desserrer les écrous de fixation puis déposer du compartiment moteur l'ensemble modulateur. Noter qu'il n'est pas nécessaire de retirer les écrous étant donné que les orifices des boulons du support de fixation comportent des fentes.

Note: *ne pas chercher à démonter l'ensemble hydraulique du bloc modulateur. La révision de ce groupe est une opération compliquée qui doit être confiée à un concessionnaire Citroën.*

Repose

7 La repose se fait dans l'ordre inverse des opérations de dépose, en notant les points suivants:

(a) *Bien serrer les écrous de fixation du bloc modulateur.*

(b) *Rebrancher les canalisations de freins sur leurs raccords respectifs puis bien serrer les écrous de raccordement.*

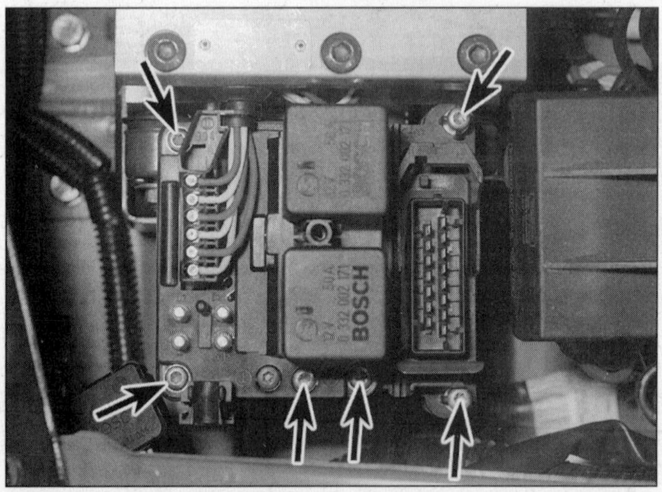

23.9 Vis de retenue de l'ordinateur du modulateur ABR (flèche)

(c) *S'assurer que le câblage suit un trajet correct et que les connecteurs sont bien enfoncés en position.*

(d) *Une fois cette intervention terminée, mais avant de remonter la batterie, purger le système de freinage, comme indiqué à la Section 2. S'assurer que cette purge se fait dans l'ordre correct prévu afin d'éviter que de l'air ne pénètre dans la pompe de retour du modulateur.*

Ordinateur ABR

Dépose

8 Débrancher la cosse négative de la batterie puis desserrer la vis de retenue avant de déposer de l'ensemble modulateur le couvercle des relais.

9 Débrancher les trois connecteurs électriques au niveau de l'ordinateur puis desserrer et retirer les six vis de retenue Torx. Soulever l'ordinateur pour l'écarter de l'ensemble modulateur **(voir illustration)**.

Repose

10 La repose se fait dans l'ordre inverse des opérations de dépose. Bien serrer les vis de retenue de l'ordinateur et bien rebrancher les connecteurs électriques.

23.12 Déposer les écrans à la partie supérieure du capteur de roue avant . . .

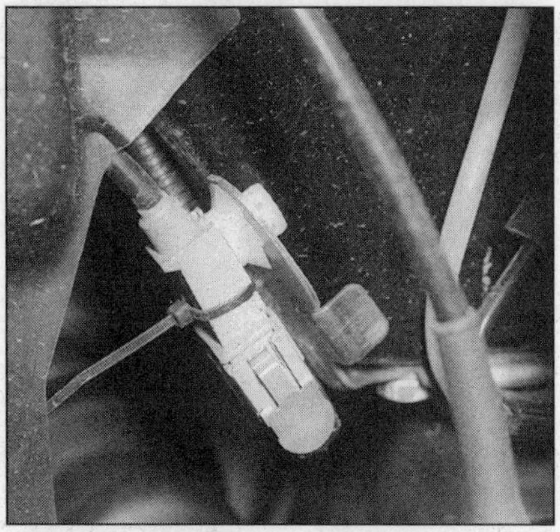

23.13 . . . puis remonter le câblage du câbleur jusqu'à son connecteur électrique et le débrancher

23.14a Desserrer et retirer le boulon de retenue . . .

23.14b . . . puis déposer du moyeu pivotant le capteur

23.17 Vérification de l'entrefer du capteur de roue avant

23.21 Les connecteurs électriques du capteur de roue arrière se trouvent juste devant l'essieu arrière

Capteur de roue avant

Dépose

11 Bloquer les roues arrière avec des cales. Bien serrer le frein à main puis soulever au cric l'avant du véhicule et le soutenir sur des chandelles. Déposer la roue avant concernée.

12 Desserrer puis retirer le boulon qui immobilise le support de retenue du câblage à la partie supérieure de l'ensemble moyeu pivotant. Ensuite, desserrer l'écrou de retenue puis retirer l'écran à la partie supérieure du capteur **(voir illustration)**.

13 Remonter tout le long du câblage, entre le capteur et le connecteur, pour le dégager au niveau des différents colliers de retenue. Ensuite, le débrancher au niveau du faisceau principal **(voir illustration)**.

14 Desserrer puis retirer le boulon qui immobilise le capteur sur le moyeu pivotant. Déposer ensuite du véhicule l'ensemble capteur et conducteur **(voir illustrations)**.

Repose

15 Avant de procéder à la repose, légèrement enduire de graisse polyvalente la pointe du capteur.

16 S'assurer que les surfaces d'étanchéité du capteur et du moyeu pivotant sont propres. Mettre en place le capteur sur le moyeu. Verser quelques gouttes de liquide de freinage sur le boulon du capteur puis remettre en place ce boulon et le serrer au couple spécifié.

17 Faire tourner le moyeu jusqu'à ce que l'une des dents de la couronne dentée vienne correctement s'aligner sur la pointe du capteur. Ensuite, utiliser des calibres d'épaisseur pour mesurer l'entrefer entre cette dent et cette pointe **(voir illustration)**. Faire tourner le moyeu et recommencer cette procédure avec d'autres dents. Si l'entrefer ne respecte pas la plage de valeur des Spécifications - au début de ce chapitre - il est recommandé de demander conseil à un concessionnaire Citroën.

18 S'assurer que le câblage du capteur suit un trajet correct et est immobilisé par tous les colliers de serrage requis. Le rebrancher sur son connecteur électrique.

19 Remonter la roue puis ramener le véhicule au sol et serrer les boulons de cette roue au couple spécifié.

Capteur de roue arrière

Dépose

20 Bloquer les roues avant avec des cales puis soulever au cric l'arrière du véhicule et le soutenir sur des chandelles. Déposer la roue concernée.

21 Remonter tout le long du câblage, entre le capteur et son connecteur électrique qui se trouvent juste devant l'essieu arrière **(voir illustration)**. Dégager le connecteur au niveau de son collier de retenue puis débrancher le câblage au niveau du faisceau principal.

22 Remonter tout le long du câblage du capteur pour le dégager au niveau des différents colliers de retenue.

23 Desserrer puis retirer le boulon qui immobilise le groupe capteur sur la biellette pendante puis déposer du véhicule l'ensemble capteur et conducteur **(voir illustrations)**.

Repose

24 Avant de procéder à la repose, légèrement enduire de graisse polyvalente la pointe du capteur.

23.23a Desserrer le boulon de retenue . . .

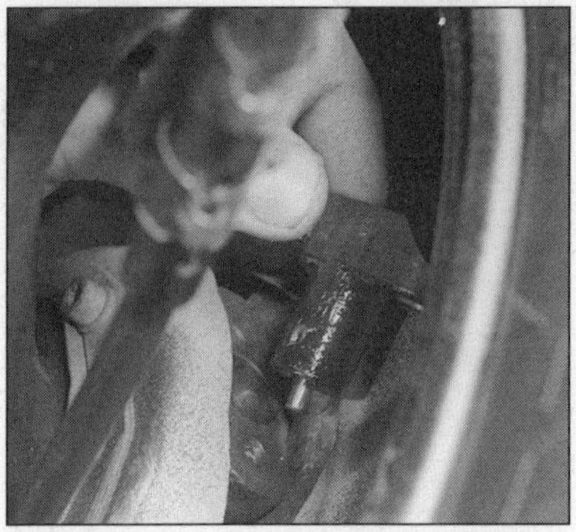

23.23b . . . puis déposer le capteur de roue arrière au niveau de la biellette pendante

23.31a Desserrer la vis de retenue. . .

23.31b . . . puis soulever le couvercle des relais pour l'écarter du bloc modulateur . . .

23.31c . . . afin d'accéder aux relais ABR

24.3 Sur la pompe à vide à entraînement direct, desserrer le collier de retenue, débrancher le flexible de vide . . .

25 S'assurer que les surfaces d'étanchéité du capteur et de la biellette pendante sont propres puis mettre en place le capteur et en serrer le boulon de retenue au couple spécifié.

26 Faire tourner le disque jusqu'à ce que l'une des dents de la couronne dentée soit correctement alignée sur la pointe du capteur. A ce moment-là, à l'aide de calibres d'épaisseur, mesurer l'entrefer entre cette dent et cette pointe. Cette opération peut s'avérer difficile lorsque l'écran du disque est en position. Faire tourner ce disque puis recommencer cette procédure sur d'autres dents. Si l'entrefer ne respecte pas la plage de valeur des Spécifications - au début de ce chapitre - il est recommandé de demander conseil à un concessionnaire Citroën.

27 S'assurer que le câblage du capteur suit un trajet correct et est immobilisé par tous les colliers de serrage requis. Le rebrancher sur son connecteur électrique.

28 Remonter la roue puis ramener le véhicule au sol et serrer les boulons de cette roue au couple spécifié.

Couronnes dentées avant

29 Ces couronnes font partie intégrante des joints homocinétiques externes de l'arbre de roue et ne peuvent donc pas être remplacées indépendamment du reste. Examiner ces couronnes pour s'assurer qu'elles sont intactes. Il ne doit pas y avoir de dents abîmées ou absentes. Si le remplacement de ces couronnes s'avère nécessaire, il convient en fait de remplacer la totalité du joint homocinétique externe, comme indiqué au Chapitre 8.

Couronnes dentées arrière

30 Ces couronnes font partie intégrante de l'ensemble moyeu arrière et ne peuvent donc pas être remplacées indépendamment du reste. Examiner ces couronnes pour s'assurer qu'elles sont intactes. Il ne doit pas y avoir de dents abîmées ou absentes. Si le remplacement de ces couronnes s'avère nécessaire, il convient en fait de remplacer l'ensemble moyeu arrière, comme indiqué au Chapitre 10.

Relais

31 Le relais du solénoïde et celui de la pompe de retour se trouvent dans l'ensemble bloc modulateur. Pour y accéder, desserrer la vis de retenue du couvercle des relais puis soulever ce couvercle pour l'enlever. Pour retirer ces relais, il suffit tout simplement de tirer dessus **(voir illustrations)**. Pour de plus amples renseignements sur ces relais, consulter le Chapitre 12.

24 Pompe à vide - dépose et repose

Dépose

1 En fonction du type de moteur/transmission qui équipe le véhicule, il y a une pompe à entraînement direct montée à l'extrémité de la culasse et entraînée par l'extrémité de l'arbre à cames ou il y a une pompe à courroie d'entraînement qui vient se monter au-dessus de la transmission et qui est entraînée par l'arbre à cames par l'intermédiaire d'un dispositif à courroie d'entraînement et à poulie. Déterminer le type de pompe qui est monté puis procéder comme indiqué aux paragraphes qui se trouvent sous l'en-tête correspondant.

Pompe à entraînement direct

2 Sur les modèles à turbocompresseur, pour améliorer l'accès à cette pompe, déposer le refroidisseur intermédiaire, comme indiqué au Chapitre 4.

3 Desserrer le collier de retenue puis débrancher le flexible de vide

24.4 . . . puis desserrer les boulons de retenue et déposer la pompe à l'extrémité de la culasse

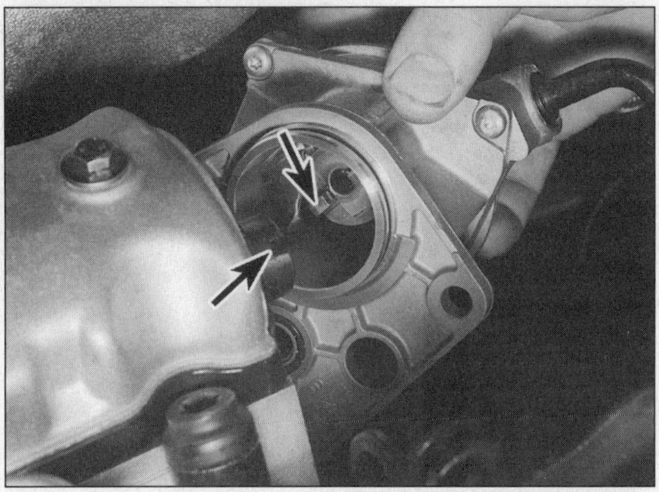

24.8b . . . puis remonter la pompe sur le moteur en s'assurant que son toc d'entraînement est correctement aligné sur la fente de l'arbre à cames (flèches).

à la partie supérieure de la pompe **(voir illustration)**.

4 Desserrer puis retirer les trois boulons et rondelles qui immobilisent la pompe sur le côté gauche de la culasse puis déposer cette pompe avec ses deux joints toriques **(voir illustration)**. Mettre ces joints toriques au rebut et les remplacer par des neufs lors de la repose.

Pompe à courroie d'entraînement

5 Tracer des repères d'identification entre l'un des flexibles et le corps de la pompe puis desserrer les colliers de retenue (le cas échéant) et débrancher les flexibles de vide et de décharge de la pompe.

6 Desserrer puis retirer le boulon de réglage de la pompe et récupérer les rondelles qui se trouvent de part et d'autre de la sangle de réglage de la pompe. Décrocher la courroie d'entraînement puis la retirer du moteur.

7 Desserrer l'écrou et la rondelle du boulon du pivot de la pompe puis retirer ce boulon avant de déposer la pompe à vide du compartiment moteur.

Repose

Pompe à entraînement direct

8 Mettre des joints toriques neufs dans les creux prévus à cet effet sur la pompe puis aligner le toc d'entraînement de l'extrémité de

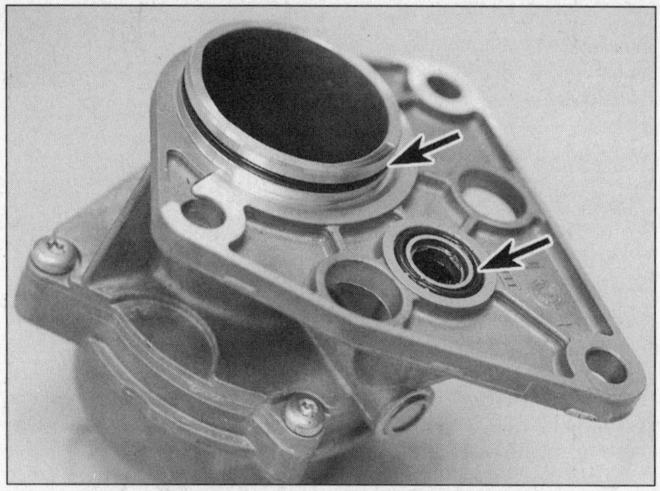

24.8a Mettre des joints toriques neufs (flèches) dans les creux prévus à cet effet de la pompe . . .

l'arbre à cames avant de remonter la pompe sur la culasse. S'assurer que les joints toriques conservent une assise correcte **(voir illustrations)**.

9 Remettre en place les boulons et rondelles de fixation de la pompe et bien les serrer.

10 Rebrancher le flexible de vide sur la pompe et bien en fixer le collier de retenue.

11 Le cas échéant, remonter le refroidisseur intermédiaire, comme indiqué au Chapitre 4.

Pompe à courroie d'entraînement

12 Manipuler la pompe pour l'amener en position puis introduire le boulon du pivot. Remettre en place l'écrou et la rondelle de ce boulon. Serrer cet écrou aux doigts uniquement pour le moment.

13 Mettre une rondelle de part et d'autre de la sangle de réglage puis remettre en place le boulon de réglage.

14 Desserrer l'écrou inférieur de fixation de la sangle de réglage puis refaire passer la courroie d'entraînement sur les poulies. Bien tendre cette courroie en faisant pivoter la pompe autour de son support jusqu'à ce que la flèche que l'on obtient en appuyant sur cette courroie, à mi-distance entre les poulies, soit égale à 3 mm environ (exercer une pression ferme du pouce ou d'un doigt). Maintenir cette pompe sur cette position et bien serrer l'écrou de la sangle de réglage ainsi que le boulon du pivot de la pompe et le boulon de réglage. Revérifier la tension de la courroie. L'ajuster le cas échéant.

15 Rebrancher les flexibles de vide et de décharge sur le corps de la pompe en utilisant les repères effectués lors de la dépose pour être certain d'obtenir un branchement correct sur le raccord de la pompe. Bien serrer leurs colliers de retenue (le cas échéant).

16 Lorsque la pompe est installée sur le véhicule, desserrer le bouchon de niveau d'huile qui se trouve sur le côté de cette pompe. Vérifier que l'huile atteint au moins le bord inférieur de cet orifice. Le cas échéant, compléter le plein en utilisant de l'huile moteur propre.

25 Pompe à vide - essais et révision

Essais

1 Pour vérifier le fonctionnement de la pompe à vide du système de freinage, utiliser un vacuomètre.

2 Débrancher la durit de vide au niveau de la pompe puis brancher le vacuomètre sur le raccord de la pompe en utilisant un flexible de longueur suffisante. Sur la pompe à courroie d'entraînement, s'assurer que cette courroie a une tension correcte.

3 Mettre le moteur en route. Le laisser tourner au ralenti et mesurer le vide créé par la pompe. A titre d'indication, nous pouvons signaler qu'au bout d'une minute l'appareil de mesure doit enregistrer un vide

d'au moins 500 mm de mercure environ. Si la valeur enregistrée est sensiblement inférieure à ce chiffre, il est probable que la pompe est défectueuse. Cependant, avant de condamner la pompe, demander conseil à un concessionnaire Citroën.

Révision

Pompe à entraînement direct

4 Il n'est pas possible de réviser une pompe à entraînement direct étant donné qu'aucun de ses composants n'est vendu séparément. En cas d'anomalie, il faut donc remplacer la pompe complète.

Pompe à courroie d'entraînement

5 Déposer la pompe, comme indiqué à la Section 24.

6 Desserrer les deux vis qui immobilisent le couvercle à la partie supérieure de la pompe puis soulever ce couvercle pour l'enlever. Retirer les trois clapets à la partie supérieure de cette pompe ainsi que leurs joints. Noter soigneusement dans quel sens ces clapets étaient montés.

7 Tracer des repères d'alignement entre le corps supérieur et le corps principal de la pompe. Desserrer les vis de retenue puis soulever le corps supérieur pour l'enlever.

8 Dévisser l'écrou de retenue, puis déposer la membrane et les plaques support du piston de la pompe. Retirer le joint torique de sa gorge qui se trouve à la partie supérieure du piston.

9 Faire tourner la poulie pour amener le piston en haut de sa course. Vérifier alors l'usure entre le piston et l'alésage en donnant à ce piston un mouvement latéral. Si l'usure est excessive, remplacer l'ensemble complet pompe à vide.

10 Si l'usure du piston est acceptable, examiner la membrane et les clapets de la pompe pour s'assurer qu'il n'y a pas de fissures et de détérioration. Procéder aux remplacements nécessaires. Il est recommandé de remplacer d'office la membrane et les clapets après chaque démontage de la pompe. Se procurer des trousses de réparation en s'adressant à un concessionnaire Citroën.

11 S'assurer que tous les composants sont propres. Mettre un joint torique neuf à la partie supérieure du piston.

12 Placer une plaque support de part et d'autre de la membrane. S'assurer que la surface plane de chaque plaque est dirigée vers la membrane et que la grande plaque support se trouve à la partie inférieure. Remonter l'ensemble membrane et plaques support sur le piston et l'immobiliser en position à l'aide de l'écrou de retenue. S'assurer que les orifices de la membrane sont alignés sur ceux du corps de la pompe. Bien serrer l'écrou de retenue.

13 Remettre en place le corps supérieur en alignant les repères effectués lors du démontage. Bien serrer toutes les vis de retenue du couvercle.

14 Mettre en place les joints des clapets sur le corps supérieur puis installer les clapets proprement dits, en s'assurant qu'ils sont bien dans le bon sens. Remettre en place le couvercle des clapets puis en serrer les vis de retenue.

15 Remettre en place la pompe à vide, comme indiqué à la Section 24.

Chapitre 10 Suspension et direction

Table des matières

Spécifications

Suspension avant

Type	Indépendante avec jambes Macpherson à ressorts hélicoïdaux inclinés et amortisseurs solidaires. Barre anti-roulis reliée aux bras inférieurs ou aux jambes (en fonction du modèle)
Garde au sol:	
A vide	198 ± 10 mm
En charge*	177 ± 10 mm

** En charge - quatre occupants plus 40 kg de bagages dans le véhicule*

Suspension arrière

Type	Biellettes pendantes avec barres transversales de torsion et amortisseurs télescopiques. Barre anti-roulis arrière reliant les deux biellettes pendantes
Garde au sol:	
A vide	272 ± 10 mm
En charge*	201 ± 10 mm

** En charge - quatre occupants plus 40 kg de bagages dans le véhicule*

Direction

Type	A crémaillère et pignon, assistée sur certains modèles
Liquide de direction assistée	Dexron type II ATF

Parallélisme des roues avant et angles de réglage de la direction

Angle de carrossage des roues avant:	
A vide	0° 30' ± 40'
En charge*	0° ± 40'
Angle de chasse:	
A vide:	
Direction mécanique	0° 30' ± 40'
Direction assistée	2° ± 40'
En charge*:	
Direction mécanique	1° 30' ± 40'
Direction assistée	3° ± 40'
Inclinaison de l'axe de la direction/inclinaison du pivot	10° 45' ± 40'
Pincement des roues avant:	
A vide:	
Direction mécanique	0,5 à 2,5 mm (écartement)
Direction assistée	-1,5 à -3,5 mm (pincement)
En charge*:	
Direction mécanique	1 à 3 mm (écartement)
Direction assistée	-1 à -3 mm (pincement)
Angle de carrossage des roues arrière	-1° ± 40'
Pincement des roues arrière:	
A vide	-2 à 2 mm (pincement/écartement)
En charge*	-2,5 à -6 mm (pincement)

** En charge - quatre occupants plus 40 kg de bagages dans le véhicule*

Roues

Type	En acier ou en alliage d'aluminium (en fonction du modèle)
Taille	5B x 13, 5J x 13 et 5,5J x 14 (en fonction du modèle)
Faux-rond maximum au niveau de la jante	1,2 mm
Excentricité maximum au niveau de la surface du bandage	0,8 mm

Pneus

Taille	165/70 R 13, 175/65 R 14 ou185/60 R 14 (en fonction du modèle)	
Pressions de gonflage (à froid):	**Avant**	**Arrière**
Pneus 165/70 R 13:		
Modèles à transmission mécanique	2,3 bars	2,1 bars
Modèles à transmission automatique	2,4 bars	2,2 bars
Pneus 175/65 R 14*:		
Modèles Turbo*	2,4 bars	2,2 bars
Modèles non turbo	2,2 bars	2,1 bars
Pneus 185/60 R 14*	2,4 bars	2,2 bars

** Les modèles équipés de ces pneus ont une roue de secours à encombrement réduit qui a un pneu de type 165/65 R 14. Le pneu de rechange doit être gonflé à la pression opérationnelle de 2,4 bars. Mais il ne faut pas faire rouler le véhicule à plus de 160 km/h lorsque cette roue de rechange est utilisée.*

Note: *Les pressions susmentionnées s'appliquent uniquement à des pneus d'origine et peuvent varier en fonction de la marque ou du type. Le cas échéant, demander les pressions correctes de gonflage au fabricant ou au fournisseur des pneus*

Couples de serrage

	da N.m
Suspension avant	
Boulons entre jambe de force et moyeu pivotant	5,5
Boulons supérieurs de fixation de jambe de force	2,0
Ecrou de retenue de fixation supérieure de jambe de force	4,5
Boulon de serrage de rotule de bras inférieur	4,0
Ecrous de retenue de rotule de bras inférieur	4,5
Boulons de pivot avant de bras inférieur	6,0
Boulons de fixation de bague de pivot arrière de bras inférieur:	
Boulon de 8 mm	2,7
Boulon de 10 mm	5,5
Barre anti-roulis (modèles à barre anti-roulis reliée au bras inférieur):	
Boulons de colliers de serrage	5,5
Ecrous reliant la barre à la biellette de raccordement	3,0
Boulons reliant la biellette de raccordement au support	4,0
Boulons reliant le support au bras inférieur	2,0
Barre anti-roulis (modèles dont la barre anti-roulis est reliée à la jambe de force):	
Boulons de collier de serrage	5,5
Ecrous de biellette de raccordement	4,0
Boulons de fixation sur le faux-châssis	8,4
Suspension arrière	
Boulon de fixation supérieure de l'amortisseur	7,5
Boulon de fixation inférieure de l'amortisseur	12,0
Ecrou de moyeu arrière:	
Modèles à freins arrière à tambour	20,0
Modèles à freins arrière à disque	18,0
Vis de retenue Torx de barre de torsion	2,0
Boulon de support de retenue de barre anti-roulis	3,5
Boulons de contre-plaque de frein (freins à tambour uniquement)	3,7
Fixations d'essieu arrière:	
Ecrous reliant la fixation avant à la carrosserie	5,5
Boulons reliant la fixation avant à la traverse	7,0
Ecrous de fixation arrière	4,5
Direction	
Ecrou reliant la rotule de la barre d'accouplement au moyeu pivotant	3,5
Barre d'accouplement à crémaillère de direction	5,0
Boulons de fixation du mécanisme de direction	4,0
Ecrou de volant	3,5
Ecrous de fixation de colonne de direction	1,7
Boulon de serrage de joint cardan	2,5
Raccords de liquide du mécanisme de direction assistée:	
Durit d'alimentation	2,5
Durit de retour	2,0
Roues	
Boulons de roue	9,0

1 Généralités

La suspension avant indépendante comprend des jambes de force MacPherson composées de ressorts hélicoïdaux et d'amortisseurs télescopiques. Le positionnement des jambes de force MacPherson est assuré par des bras inférieurs transversaux de suspension qui font appel à des bagues internes de fixation en caoutchouc. Il y a en outre une rotule aux deux extrémités de chaque jambe de force. Les moyeux pivotants avant qui soutiennent les roulements de roues, les étriers de freins et les ensembles moyeux et disques sont boulonnés sur les jambes de force MacPherson et reliés aux bras inférieurs par l'intermédiaire des rotules. Tous les modèles sont équipés d'une barre anti-roulis à l'avant. Selon le modèle, cette barre a une fixation en caoutchouc sur la caisse et est reliée aux deux bras inférieurs de suspension ou vient se fixer directement sur les jambes des forces de la suspension avant **(voir illustration)**.

La suspension arrière est indépendante et comporte deux biellettes pendantes reliées l'une à l'autre par une traverse tubulaire. Des barres de torsion reliant ces biellettes pendantes sont implantées devant et derrière la traverse et une barre anti-roulis reliant les bras passe par le centre de cette traverse **(voir illustration)**.

Le pont arrière complet vient se fixer sur la caisse du véhicule grâce à quatre silentblocs en caoutchouc de type “auto-centreur”. Ces silentblocs sont conçus pour se déplacer légèrement en présence de forces très importantes, dans les virages. Ce déplacement du pont arrière a pour effet de faire légèrement tourner les roues arrière pour permettre au véhicule de se diriger plus facilement dans la direction requise. Cela améliore la tenue de route lorsque le véhicule effectue des virages à grande vitesse.

La colonne de direction comporte en sa partie centrale un joint cardan qui est relié à un arbre intermédiaire dont l'extrémité inférieure comporte un deuxième joint cardan. Ce dernier est raccordé au pignon de la direction par un boulon de serrage **(voir illustration)**.

Le mécanisme de la direction vient se fixer sur le faux-châssis avant et est raccordé par deux barres d'accouplement dont l'extrémité externe porte des rotules, aux bras de la direction avec saillie vers l'arrière au niveau des moyeux pivotants. Les extrémités de ces barres

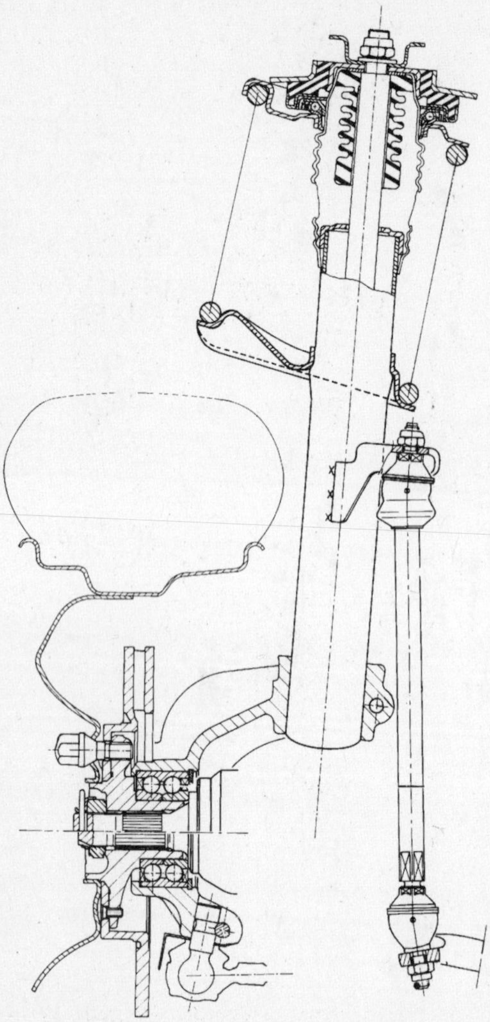

1.1 Vue en coupe des composants de la suspension avant

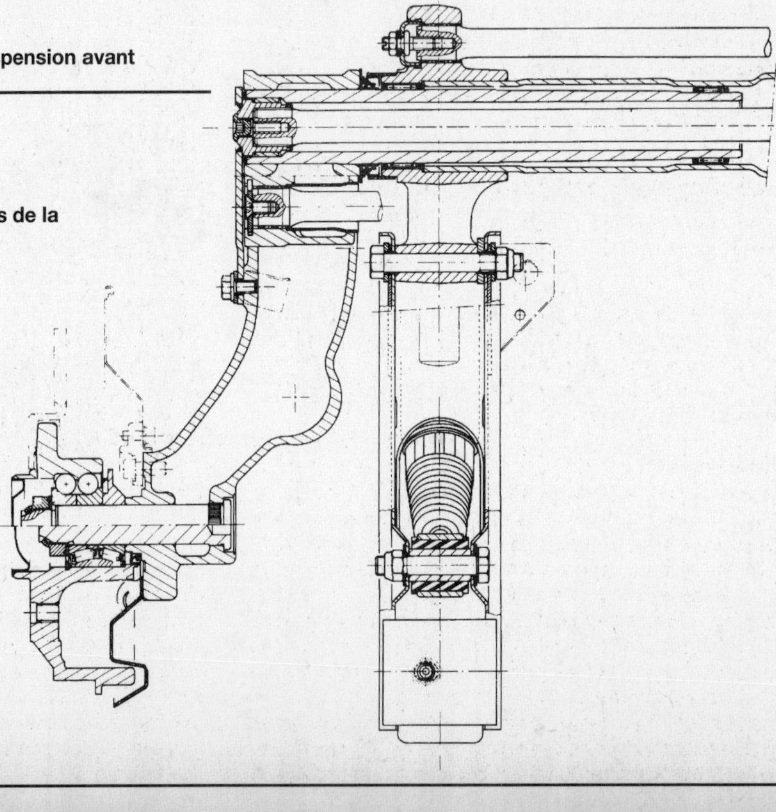

1.2 Vue en coupe des composants de la suspension arrière

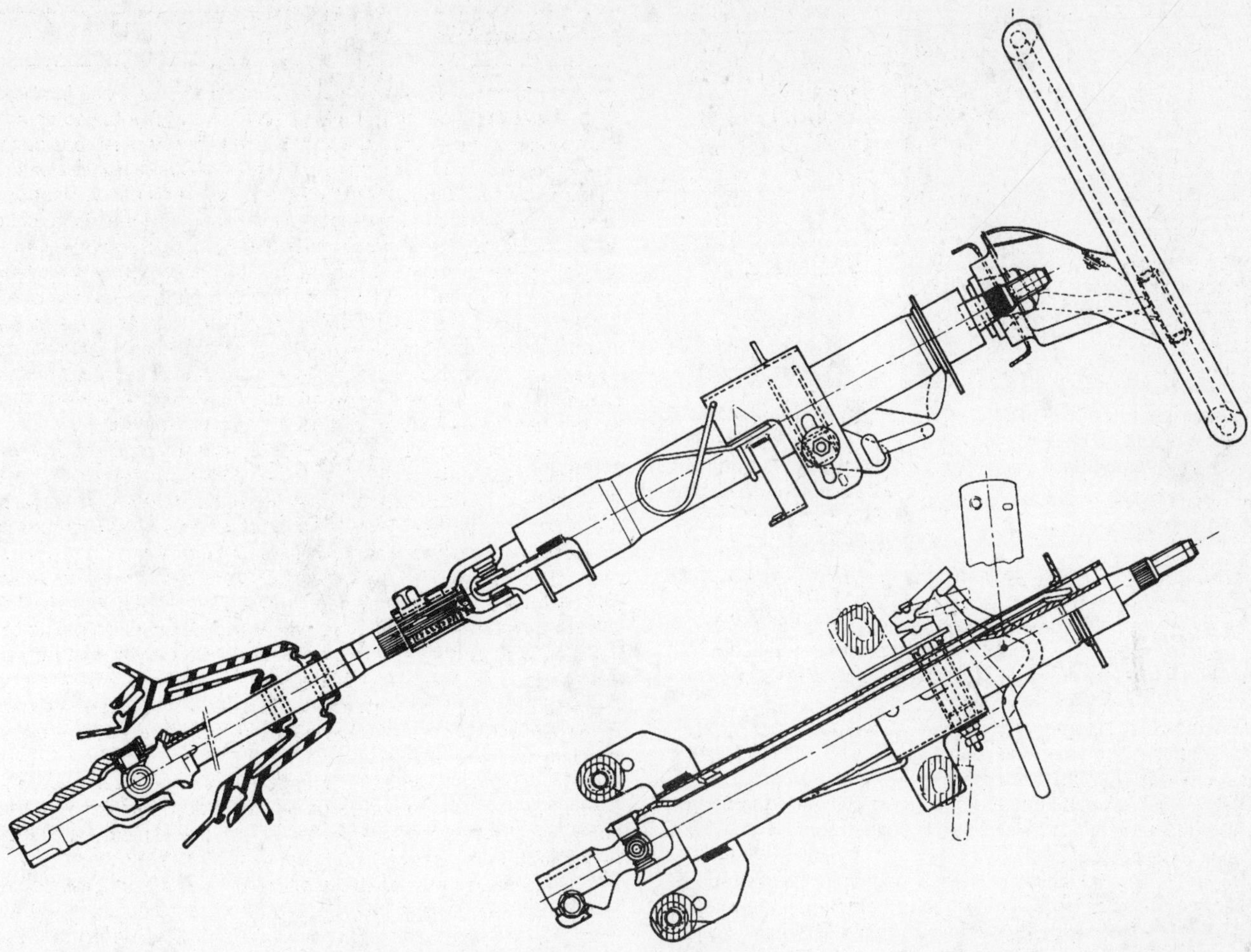

1.4 Vue en coupe de la colonne de direction et des composants connexes

d'accouplement sont filetées, ce qui facilite les réglages.

La direction assistée est montée d'origine sur la plupart des modèles et est proposée en option sur tous les autres. Le circuit hydraulique de la direction est alimenté par une pompe entraînée par courroie à partir de la poulie du vilebrequin.

2 Ensemble moyeu pivotant avant - dépose et repose

Dépose

1 Bloquer les roues arrière avec des cales. Bien serrer le frein à main puis soulever au cric l'avant du véhicule et le soutenir sur des chandelles. Retirer la roue avant concernée.

2 Retirer le collier en R puis déposer le chapeau de blocage de l'écrou de retenue de l'arbre de roue.

3 Remonter au moins deux boulons de roue sur le moyeu avant et bien les serrer. Demander à un assistant d'appuyer fermement sur la pédale de frein pour éviter que le moyeu avant ne tourne. Pendant ce temps, à l'aide d'une douille et d'une rallonge, desserrer puis retirer l'écrou de retenue de l'arbre de roue. En variante, il est possible de fabriquer un outil en utilisant deux baguettes en acier (une courte et une longue) et un écrou et un boulon. L'écrou et le boulon forment le pivot d'un outil coudé. Boulonner cet outil sur le moyeu à l'aide des deux boulons de roue puis maintenir cet outil pour empêcher le moyeu de tourner pendant le desserrage de l'écrou de retenue de l'arbre de roue (voir Section 2 du Chapitre 8).

4 S'il faut toucher aux roulements du moyeu, il convient de déposer le disque de frein, comme indiqué au Chapitre 9. S'il n'est pas nécessaire d'y toucher, desserrer les deux boulons qui immobilisent l'ensemble étrier de frein sur le moyeu pivotant puis faire glisser cet ensemble pour l'écarter du disque. A l'aide d'un morceau de fil de fer ou d'une ficelle, rattacher l'étrier au ressort hélicoïdal de la suspension avant pour éviter de soumettre le flexible de frein hydraulique à des contraintes. Mettre au rebut les boulons de fixation de l'étrier et les remplacer par des neufs chaque fois qu'il faut y toucher.

5 Desserrer puis retirer le boulon qui immobilise le support de retenue du câblage à la partie supérieure du moyeu pivotant **(voir illustration)**.

2.5 Desserrer puis retirer le boulon qui immobilise le support de retenue du câblage sur le moyeu pivotant

2.8 **Desserrer les trois écrous de retenue de la rotule du bras inférieur de la suspension**

2.10 **Déposer de l'ensemble moyeu pivotant. Noter l'utilisation du tournevis pour ouvrir légèrement le collier de serrage du moyeu**

2.13 **Lors de la repose, s'assurer que le collier de serrage du moyeu pivotant est aligné sur l'ergot (flèche) de la jambe de force avant d'introduire le boulon de serrage**

6 Sur les modèles équipés de l'ABR, déposer le capteur de roue, comme indiqué au Chapitre 9.

7 Sur tous les modèles, desserrer puis retirer l'écrou qui immobilise la rotule de la barre d'accouplement de direction sur le moyeu pivotant puis dégager la tige conique de la rotule à l'aide d'un séparateur universel de rotule.

8 Desserrer puis retirer les trois écrous qui immobilisent la rotule sur le bras inférieur de suspension puis enlever les boulons et dégager la rotule de ce bras **(voir illustration)**.

9 Desserrer l'écrou puis retirer le boulon du collier de serrage du moyeu pivotant sur la jambe de force de la suspension. Noter le sens de montage de ce composant.

10 Dégager l'ensemble moyeu pivotant à l'extrémité de la jambe de force puis l'écarter des cannelures du joint homocinétique externe avant de le retirer du véhicule. Si ce moyeu est très serré sur la jambe de force, utiliser un gros tournevis à lame plate pour ouvrir légèrement et avec précaution le collier de serrage **(voir illustration)**.

Repose

11 Noter qu'il faut remplacer d'office tous les contre-écrous (ceux dont le filetage est enduit de produit de freinage) qui ont été desserrés lors de la dépose, à savoir l'écrou de la rotule de la barre d'accouplement, les écrous des rotules du bras inférieur de suspension et l'écrou du boulon du collier de serrage du moyeu pivotant.

12 S'assurer que les cannelures du joint homocinétique externe et du moyeu de l'arbre de roue sont propres avant de faire glisser à fond le moyeu pour l'amener en prise sur les cannelures de l'arbre de roue.

13 Faire glisser à fond l'ensemble moyeu sur la jambe de force de la suspension en alignant la fente du collier de serrage de ce moyeu sur l'ergot qui se trouve au pied de la jambe de force. Introduire le boulon du collier de serrage du moyeu pivotant sur la jambe de force de la suspension par l'avant de la jambe de force puis mettre en place un écrou neuf sur ce boulon et le serrer au couple spécifié **(voir illustration)**.

14 Aligner la rotule sur le bras inférieur puis mettre en place les trois boulons de retenue. Visser des écrous de retenue neufs sur ces boulons puis les serrer au couple spécifié.

15 Engager la rotule de la barre d'accouplement dans le moyeu pivotant puis mettre en place un écrou de retenue neuf et le serrer au couple spécifié.

16 Le cas échéant, remettre en place le disque de frein sur le moyeu en consultant le Chapitre 9 pour de plus amples informations. Si le filetage des boulons neufs de fixation de l'étrier n'est pas déjà enduit d'un produit de freinage, passer un produit de freinage de type approprié sur ces filets. Faire glisser l'ensemble étrier pour l'amener en position sur le disque puis visser les boulons de fixation et les serrer au couple spécifié (voir Chapitre 9).

17 Le cas échéant, remonter le capteur de roue du système ABR, comme indiqué au Chapitre 9.

18 Remettre en place le support de retenue du câblage au-dessus du moyeu pivotant puis serrer à fond son boulon de retenue.

19 Lubrifier la face interne et le filetage de l'écrou de retenue de l'arbre de roue avec de l'huile moteur propre puis le revisser à l'extrémité de cet arbre. Utiliser la méthode employée lors de la dépose pour empêcher la rotation du moyeu puis serrer l'écrou de retenue de l'arbre de roue au couple spécifié (voir Chapitre 8). Vérifier que le moyeu tourne librement puis mettre en place le chapeau de freinage sur l'écrou de l'arbre de roue en alignant une de ses découpes sur l'orifice de cet arbre. Immobiliser cet ensemble en position à l'aide du collier en R.

20 Remonter la roue puis ramener le véhicule au sol et resserrer les boulons de cette roue au couple spécifié.

3 Roulements du moyeu avant - remplacement

Note: *Ce roulement est du type à deux rangées de galets. Il est hermétiquement scellé, préréglé et prélubrifié. Par conséquent, il devrait durer pendant toute la vie utile du véhicule sans aucun entretien et sans aucune intervention. Dans le cadre d'une tentative de "réglage" du roulement, ne jamais serrer l'écrou de l'arbre de roue à un couple supérieur à la valeur spécifiée.*

Note: *Pour démonter puis remonter l'ensemble, il faut disposer d'une presse. Si un tel outil n'est pas disponible, il peut être remplacé de façon tout à fait satisfaisante par un gros étau d'établi et des entretoises de taille appropriée (comme par exemple de grosses douilles). Les chemins de roulements internes ont un emmanchement dur sur le moyeu. Si un chemin de roulement interne reste sur le moyeu lors de son extraction du porte-moyeu, il faut utiliser un extracteur de roulement à tranchant approprié pour l'en retirer.*

1 Déposer l'ensemble moyeu pivotant, comme indiqué à la Section 2.

2 Soutenir le moyeu pivotant sur des cales en bois ou dans un étau. A l'aide d'une entretoise tubulaire de taille appropriée, ne reposant que sur l'extrémité interne de la bride du moyeu, extraire cette bride du roulement. Si le chemin de roulement interne reste collé au moyeu, l'en retirer à l'aide d'un extracteur de roulement de taille appropriée (voir note ci-dessus).

3 Extraire de l'extrémité interne de l'ensemble moyeu pivotant le jonc d'arrêt du roulement **(voir illustration)**.

4 Le cas échéant, remettre en position le chemin de roulement interne sur la cage à billes puis bien soutenir la face interne du moyeu pivotant. A l'aide d'une entretoise tubulaire de taille appropriée ne reposant que sur le chemin de roulement interne, exercer une pression pour sortir l'ensemble roulement du moyeu pivotant.

5 Nettoyer soigneusement le moyeu et le moyeu pivotant. Enlever toute trace de poussière et de graisse puis supprimer les bavures ou

3.3 Jonc d'arrêt de roulement de moyeu avant

4.3 Si la barre anti-roulis est reliée à la jambe de force, desserrer l'écrou de retenue puis désolidariser la biellette de raccordement du corps de la jambe de force

4.6 Dépose de la jambe de force de suspension avant

4.8 Serrer au couple spécifié les boulons supérieurs de montage de la jambe de force de la suspension. Noter la broche de centrage supérieure (flèche)

arêtes vives qui peuvent gêner le remontage. Vérifier l'absence de fissures ou d'autres indices d'usure ou d'endommagement. Procéder aux remplacements nécessaires. Remplacer le jonc d'arrêt, même s'il semble en parfait état.

6 Lors du remontage, légèrement enduire d'huile le chemin de roulement externe et l'arbre de la bride du moyeu pour faciliter l'installation du roulement.

7 Bien soutenir le moyeu pivotant puis introduire le roulement dans ce moyeu. Enfoncer ce roulement pour l'amener en position. S'assurer qu'il pénètre d'équerre dans le moyeu. Utiliser une entretoise tubulaire de taille appropriée ne reposant que sur le chemin de roulement externe.

8 Dès que le roulement occupe la position correcte, l'immobiliser en position avec un jonc d'arrêt neuf. S'assurer que ce jonc pénètre correctement dans la rainure du moyeu pivotant.

9 Bien soutenir la face externe de la bride du moyeu puis positionner le chemin de roulement interne sur le moyeu pivotant à l'extrémité de la bride du moyeu. Enfoncer le roulement sur le moyeu. Utiliser pour cela une entretoise tubulaire de taille appropriée ne reposant que sur le chemin de roulement interne du moyeu. Amener le roulement au contact de l'épaulement du moyeu. Vérifier que la bride du moyeu tourne librement. Essuyer tout excédent d'huile ou de graisse.

10 Remettre en place l'ensemble moyeu pivotant, comme indiqué à la Section 2.

4 Jambe de force de suspension avant - dépose et repose

Dépose

1 Bloquer les roues arrière avec des cales. Bien serrer le frein à main puis soulever au cric l'avant du véhicule et le soutenir sur des chandelles. Déposer la roue concernée.

2 Dévisser les deux boulons qui immobilisent l'étrier du frein sur le moyeu pivotant. Les mettre au rebut puis les remplacer par des neufs lors de la repose. Desserrer puis retirer le boulon qui immobilise le support de retenue du câblage au niveau du moyeu pivotant puis faire glisser l'ensemble étrier pour le retirer du disque. A l'aide d'un morceau de fil de fer ou d'une ficelle, attacher l'étrier sur le bras inférieur de la suspension avant pour éviter de soumettre le flexible de frein hydraulique à des contraintes.

3 Sur les modèles dont la barre anti-roulis est reliée au corps de la jambe de force de la suspension, desserrer l'écrou et la rondelle qui immobilisent la biellette de raccordement sur la jambe de force puis écarter cette biellette de la jambe de force **(voir illustration)**. Mettre au rebut l'écrou et le remplacer par un neuf lors de la repose.

4 Desserrer l'écrou puis retirer le boulon de serrage du moyeu pivotant sur la jambe de force de la suspension. Noter le sens de montage de ce boulon. Mettre au rebut l'écrou et le remplacer par un neuf lors de la repose.

5 Desserrer puis retirer les deux boulons supérieurs de montage de la jambe de force de la suspension.

6 Desserrer la jambe de force au niveau du moyeu pivotant puis la retirer en la faisant passer sous le passage de roue. Si ce moyeu présente un ajustement serré sur la jambe de force, ouvrir légèrement et avec précaution le collier de serrage en utilisant un gros tournevis à lame plate **(voir illustration)**.

Repose

7 Manipuler l'ensemble jambe de force pour l'amener en position. S'assurer que la broche de centrage de la plaque de montage supérieure pénètre correctement dans son orifice. Mettre en prise l'extrémité inférieure de la jambe de force sur le moyeu pivotant. Aligner la fente du collier de serrage du moyeu sur l'ergot qui se trouve au pied de la jambe de force.

8 Introduire les deux boulons supérieurs de montage de la jambe de force et les serrer au couple spécifié **(voir illustration)**.

9 Introduire le boulon de serrage du moyeu pivotant sur la jambe de force de la suspension par l'avant de la jambe de force. Mettre en place un écrou neuf sur le boulon de serrage puis le serrer au couple spécifié.

10 Le cas échéant, remonter la biellette de raccordement de la barre anti-roulis sur la jambe de force. Mettre un écrou neuf sur cette

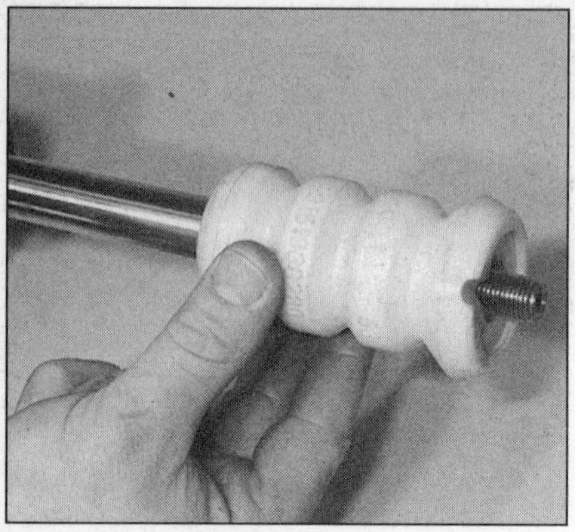

5.9a S'assurer que tous les composants sont propres et secs puis faire glisser la butée d'amortissement en caoutchouc . . .

5.9b . . . et le couvercle pare-poussière sur la jambe de force pour les amener en position

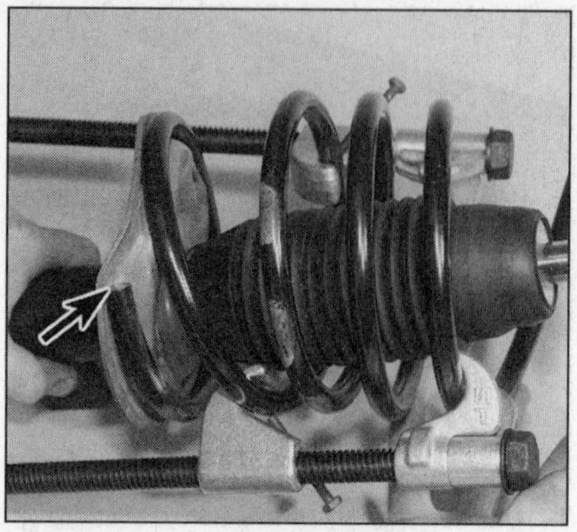

5.9c Remettre en place le ressort hélicoïdal en s'assurant que son extrémité est placée correctement contre sa butée au niveau du siège inférieur (flèche)

5.9d Mettre en place la rondelle plate à la partie supérieure du piston de la jambe de force . . .

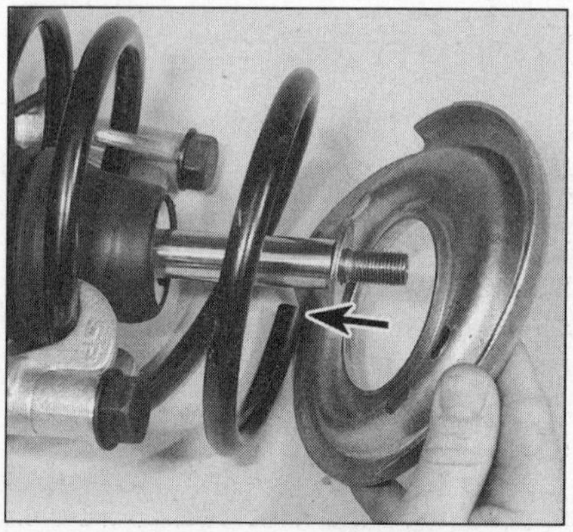

5.9e . . . puis centrer le siège supérieur sur le ressort en s'assurant que la butée de ce siège (flèche) repose correctement contre l'extrémité du ressort

5.9f Remettre en place le roulement sur le siège du ressort supérieur en s'assurant qu'il est monté dans le bon sens

biellette puis le serrer au couple spécifié.

11 Faire glisser l'étrier de frein pour l'amener en position sur le disque. Si le filetage des boulons neufs de fixation de l'étrier n'est pas déjà enduit de produit de freinage, passer un produit de freinage de type approprié sur ces filets. Mettre en place les boulons et les serrer au couple spécifié (voir Chapitre 9).

12 Remonter la roue puis ramener le véhicule au sol et resserrer les boulons de la roue au couple spécifié.

5 Jambe de force de suspension avant - révision

Note: *Avant de chercher à démonter la jambe de force de la suspension avant, se procurer un outil approprié pour immobiliser en compression le ressort hélicoïdal. Il existe des compresseurs réglables de ressorts hélicoïdaux. Ils sont recommandés pour cette intervention. Toute tentative de démontage de la jambe de force sans un tel outil risque de provoquer des dégâts ou des blessures.*

1 Après avoir déposé la jambe de force du véhicule, comme indiqué à la Section 4, enlever toute la poussière extérieure puis immobiliser à la verticale la jambe de force dans un étau.

2 Mettre en place le compresseur de ressort. Comprimer le ressort hélicoïdal pour annuler toute la tension au niveau de la plaque de fixation supérieure.

3 Déposer le capuchon en caoutchouc puis desserrer l'écrou de retenue supérieur de fixation tout en immobilisant le piston de la jambe de force à l'aide d'une clé à six pans.

4 Retirer l'écrou et la rondelle puis soulever pour les retirer le collier, la plaque de fixation, le roulement, le siège inférieur du ressort et la rondelle plate. Déposer le ressort hélicoïdal puis faire glisser le couvercle pare-poussière du piston amortisseur et la butée d'amortissement en caoutchouc pour les retirer.

5 L'ensemble jambe de force est maintenant totalement démonté. En examiner chaque composant pour s'assurer qu'il n'y a pas d'usure, d'endommagement ou de déformation. Vérifier également que le roulement offre un fonctionnement régulier et sans à-coups. Remplacer les composants, suivant besoin.

6 Examiner la jambe de force pour s'assurer qu'il n'y a pas de fuite de liquide. Vérifier le piston de la jambe de force, sur toute sa longueur, pour confirmer qu'il n'y a pas de piqûres. Enfin, vérifier le corps de la jambe de force pour s'assurer qu'il n'est pas endommagé. Tester le fonctionnement de la jambe de force, tout en l'immobilisant à la verticale, en déplaçant le piston sur une course complète puis en lui faisant parcourir des courses raccourcies de 50 à 100 mm. Dans les deux cas, la résistance ressentie doit être douce et continue. Si elle présente des à-coups, si elle est irrégulière ou si la jambe de force présente des indices visibles d'usure ou d'endommagement, il faut procéder à un remplacement.

7 En cas de doute sur l'état du ressort hélicoïdal, déposer avec précaution le compresseur de ce ressort. Vérifier ensuite que ce ressort n'est pas déformé et ne présente pas de fissures. S'il est endommagé ou déformé, ou en cas de doute sur son état, remplacer ce ressort.

8 Examiner tous les autres composants pour s'assurer qu'ils ne sont pas endommagés ou détériorés. Remplacer tous ceux qui sont douteux.

9 Pour remonter la jambe de force, suivre la séquence décrite sur les photos ci-jointes, en commençant par **l'illustration 5.9a**.

5.9g Mettre en position la plaque supérieure de fixation du siège du ressort . . .

5.9h . . . puis remonter le collier sur la plaque de fixation

5.9i Remettre en place la rondelle et l'écrou supérieur de retenue du collier de fixation puis serrer cet écrou au couple spécifié

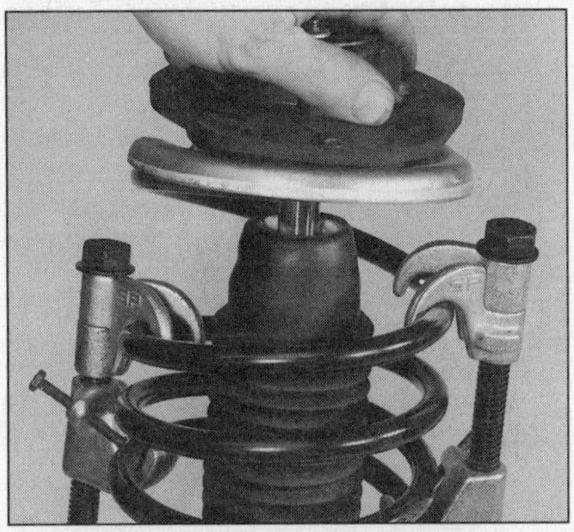

5.9j S'assurer que les extrémités du ressort reposent toujours correctement contre les butées de ce siège puis desserrer les compresseurs de ressorts et les retirer de la jambe de force.

5.9k Après avoir retiré les compresseurs, repousser vers le haut la butée d'amortissement en caoutchouc et la gaine jusqu'à ce qu'ils reposent correctement à l'intérieur de la plaque supérieure de fixation

6.3 Dépose du boulon de serrage de la rotule du bras inférieur de suspension

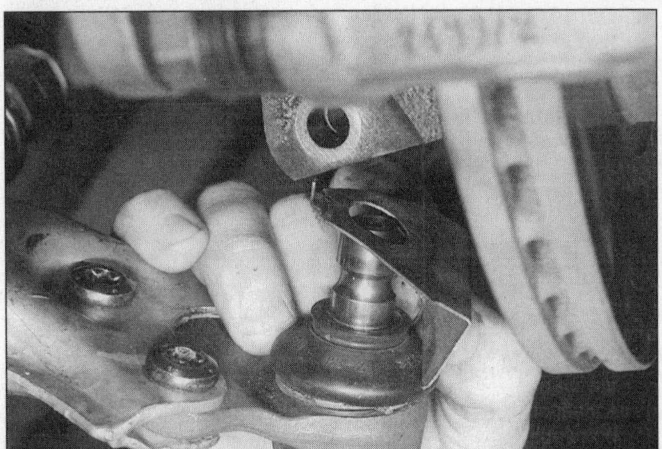

6.4 Désolidariser la rotule du moyeu pivotant puis déposer la plaque de protection de la tige de cette rotule

Respecter l'ordre indiqué et lire soigneusement la légende qui se trouve sous chaque illustration.

10 Remettre en place le capuchon en caoutchouc à la partie supérieure du piston de la jambe de force puis remettre en place cette dernière sur le véhicule, comme indiqué à la Section 4.

6 Bras inférieur de la suspension avant - dépose, révision et repose

Dépose

1 Bloquer les roues arrière avec des cales. Bien serrer le frein à main puis lever au cric l'avant du véhicule et le soutenir sur des chandelles. Déposer la roue avant concernée.

2 Sur les modèles dont la barre anti-roulis vient se fixer sur le bras inférieur de la suspension, desserrer puis retirer les deux écrous qui immobilisent le support de fixation sur le bras inférieur puis enlever leurs boulons de retenue et dégager le support du bras. Mettre au rebut les écrous et les remplacer par des neufs lors de la repose.

3 Desserrer puis retirer l'écrou. Ensuite, enlever au niveau du moyeu pivotant le boulon du collier de serrage de la rotule du bras inférieur **(voir illustration)**. Mettre au rebut l'écrou et le remplacer par un neuf lors de la repose.

4 Forcer le bras vers le bas pour écarter la rotule du moyeu pivotant puis déposer la plaque de protection qui équipe la tige de la rotule **(voir illustration)**.

5 Desserrer puis retirer le boulon du pivot avant du bras inférieur et l'écrou puis desserrer les deux boulons qui immobilisent la bague de fixation arrière sur le faux-châssis (le gros boulon sert également au collier de serrage de la barre anti-roulis). Récupérer l'écrou qui se trouve en haut du faux-châssis. Manipuler l'ensemble bras inférieur pour le retirer en le faisant passer sous le véhicule **(voir illustrations)**.

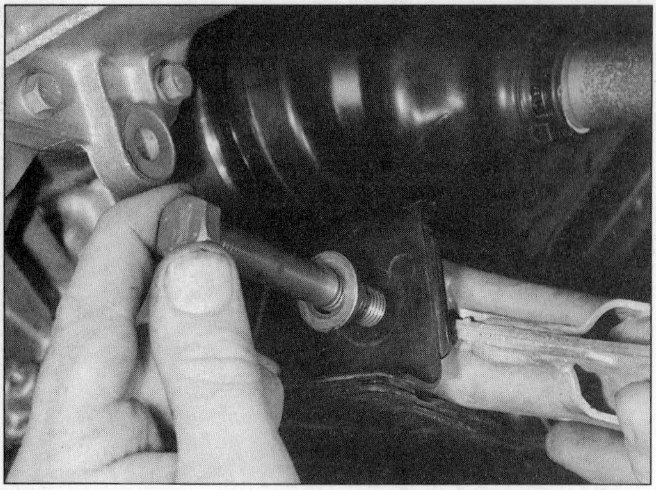

6.5a Desserrer puis retirer le boulon du pivot avant du bras inférieur de suspension . . .

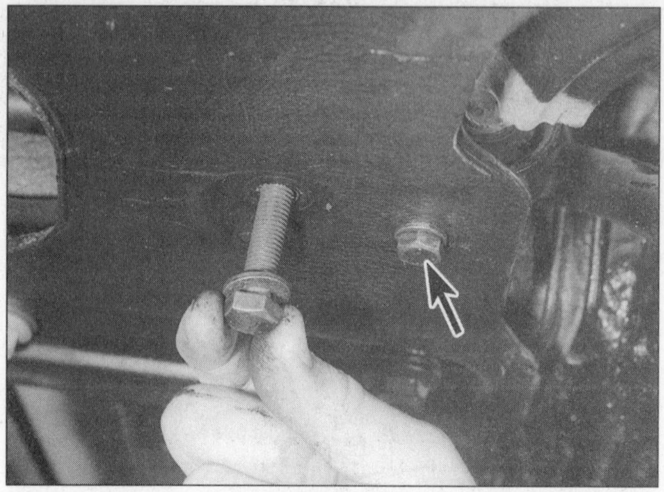

6.5b . . . et les deux boulons de la bague de fixation arrière (le deuxième boulon est indiqué par une flèche) . . .

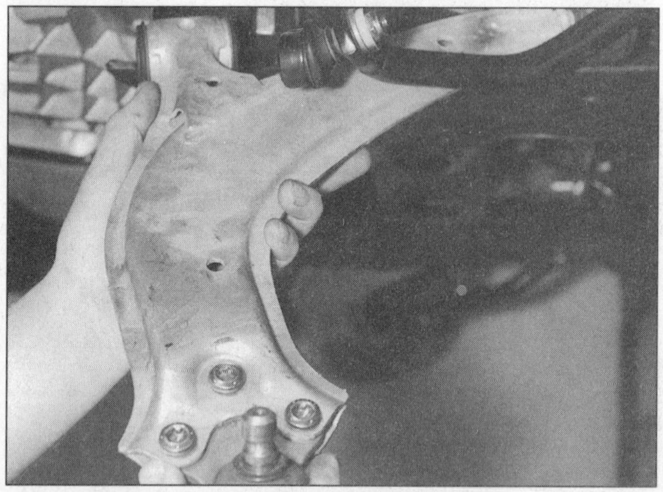

6.5c . . . puis déposer du véhicule le bras inférieur

Révision

6 Nettoyer soigneusement le bras inférieur et tout autour des fixations de ce bras. Enlever aussi toute trace de poussière et de produit d'étanchéité sous le véhicule, le cas échéant. Ensuite, vérifier soigneusement qu'il n'y a pas de fissure, de déformation ou d'indices d'usure ou d'endommagement, en prêtant une attention toute particulière aux bagues du pivot. Remplacer ces composants, suivant besoin.

7 Vérifier que la rotule du bras inférieur se déplace librement sans points durs et que sa gaine n'est pas détériorée, fissurée ou fendue. S'il faut la remplacer, desserrer puis retirer ses boulons de retenue puis la déposer du bras. Mettre en place une rotule neuve puis introduire ses boulons de retenue. Visser des écrous neufs de retenue sur ces boulons puis les serrer au couple spécifié.

8 Examiner la tige du boulon du pivot pour s'assurer qu'il n'y a pas d'usure ou de rayure. Le cas échéant, remplacer ce boulon.

Repose

9 Manipuler l'ensemble bras inférieur pour l'amener en position. Remettre en place le boulon du pivot avant mais le serrer aux doigts uniquement. Remettre en place les deux boulons de retenue de la bague du pivot arrière puis les serrer tous deux aux couples spécifiés.

10 Remettre en place la plaque de protection sur la rotule du bras inférieur puis mettre en position la tige de cette rotule dans le moyeu pivotant. S'assurer que l'ergot de la plaque de protection pénètre correctement dans la fente du collier de serrage. Introduire le boulon du collier de serrage de la rotule puis mettre en place l'écrou de retenue neuf et le serrer au couple spécifié.

11 Le cas échéant, aligner le support de fixation de la barre anti-roulis sur le bras inférieur puis y introduire les boulons de retenue. Visser des écrous neufs sur ces boulons et les serrer au couple spécifié.

12 Remonter la roue puis ramener le véhicule au sol et resserrer les boulons de la roue au couple spécifié. Secouer le véhicule pour que les composants affectés par les activités précédentes retrouvent leur position correcte. Resserrer ensuite le boulon du pivot avant du bras inférieur au couple spécifié **(voir illustration)**.

7 Rotule du bras inférieur de suspension avant - dépose et repose

Dépose

1 Effectuer les opérations décrites aux paragraphes 1 à 4 de la Section 6.

2 Desserrer puis retirer les trois écrous avant d'enlever les boulons de retenue de la rotule. Déposer la rotule du bras inférieur **(voir illustrations)**. Mettre les écrous au rebut et les remplacer par des neufs lors de la repose.

3 Vérifier que la rotule du bras inférieur se déplace librement, sans points durs et que sa gaine est totalement exempte de détérioration, fissures et fentes. Le cas échéant, la remplacer.

Repose

4 Positionner la rotule à l'extrémité du bras de la suspension puis y introduire les trois boulons de retenue. Visser des écrous neufs sur ces boulons et les serrer au couple spécifié.

5 Effectuer les opérations décrites aux paragraphes 10 à 12 de la Section 6.

8 Barre anti-roulis de suspension avant - dépose et repose

Dépose

1 Bloquer les roues arrière avec des cales. Bien serrer le frein à main puis soulever au cric l'avant du véhicule et le soutenir sur des chandelles. Déposer les deux roues avant.

2 Sur les modèles dont la barre anti-roulis vient se fixer sur le bras inférieur de suspension, desserrer puis retirer les deux écrous et boulons qui immobilisent le support de fixation sur le bras inférieur gauche puis dévisser l'écrou qui immobilise la biellette de

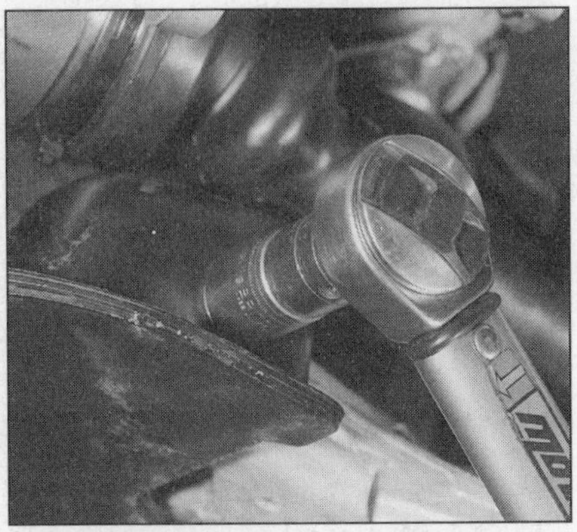

6.12 Après avoir ramené le véhicule au sol, serrer au couple spécifié le boulon du pivot avant du bras inférieur

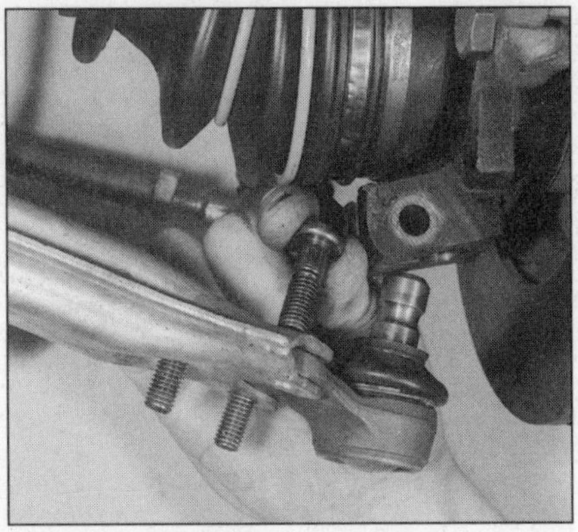

7.2a Retirer les trois boulons de retenue . . .

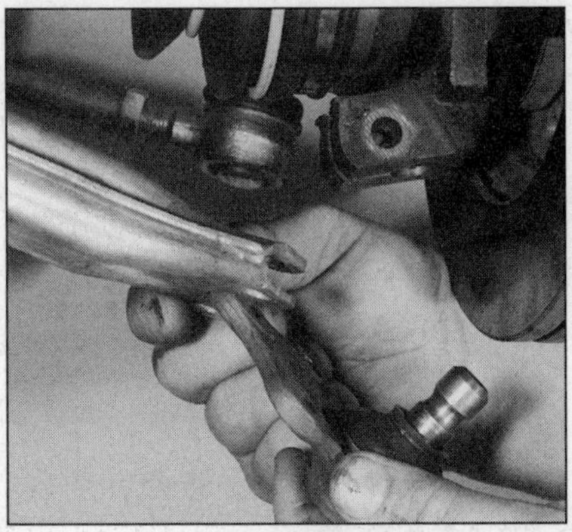

7.2b . . . puis déposer la rotule du bras inférieur

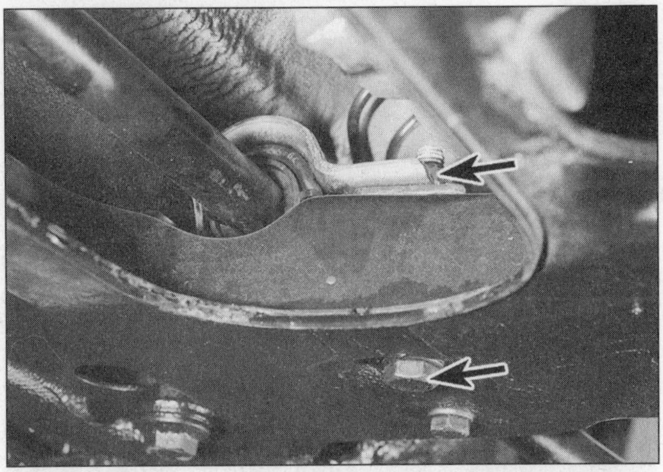

8.10 Desserrer puis retirer le boulon et l'écrou (flèches) avant de déposer le collier de fixation de la barre anti-roulis

raccordement sur la barre anti-roulis. Déposer l'ensemble biellette et support. Recommencer cette procédure sur le côté droit.

3 Sur les modèles dont la barre anti-roulis est reliée au corps de la jambe de force de la suspension, desserrer l'écrou et la rondelle qui immobilisent la biellette de raccordement gauche sur la barre anti-roulis puis écarter cette biellette de la barre. Recommencer cette procédure sur le côté droit.

4 Sur les modèles équipés de la direction assistée, obturer les flexibles d'alimentation et de retour à proximité du réservoir de liquide de la direction assistée en utilisant des colliers de serrage spécialement conçus pour les flexibles de freins. Cela permettra de minimiser les pertes de fuites lors des opérations suivantes. Tracer un repère sur tous les raccords pour les remonter à leur emplacement correct. Dévisser les écrous de raccordement des durits d'alimentation et de retour au niveau de l'ensemble mécanisme de direction. Il faut s'attendre à un léger épanchement de liquide et pour cela il convient de placer un conteneur de taille appropriée sous ces durits lors du desserrage des écrous de raccordement. Débrancher les deux durits et en obturer les extrémités ainsi que les orifices du pignon de direction pour éviter toute fuite excessive de liquide et toute entrée de poussière dans le circuit hydraulique.

5 Sur tous les modèles, à l'aide d'un marteau et d'un pointeau, ou de la peinture blanche ou d'un procédé similaire, tracer un repère pour indiquer le rapport exact entre le joint cardan de l'arbre intermédiaire et le pignon d'entraînement du mécanisme de la direction. Desserrer puis retirer le boulon de serrage qui immobilise ce joint sur ce mécanisme puis dégager l'arbre intermédiaire au niveau du mécanisme de la direction.

6 Desserrer puis retirer l'écrou qui immobilise la rotule de la biellette gauche du mécanisme de la direction sur le moyeu pivotant puis dégager la tige conique de la rotule à l'aide d'un séparateur universel de rotule. Recommencer cette procédure sur le côté droit.

7 Sur les modèles équipés de la transmission mécanique, utiliser un gros tournevis pour retirer les trois biellettes de raccordement de la tringlerie de changement de rapport de leurs rotules, au niveau de la transmission.

8 Desserrer puis retirer le boulon traversant et l'écrou à l'arrière de l'ensemble moteur/transmission.

9 Desserrer puis retirer les quatre boulons de fixation avant qui se trouvent à la partie arrière du faux-châssis. Desserrer de quelques tours les deux boulons de fixation avant du faux-châssis pour pouvoir abaisser d'environ 65 mm le bord arrière du faux-châssis. Coincer une cale en bois entre l'arrière du faux-châssis et la caisse du véhicule pour maintenir le faux-châssis sur cette position.

10 Desserrer les deux boulons de retenue des colliers de fixation de la barre anti-roulis. Récupérer les écrous qui se trouvent en haut de ces colliers **(voir illustration)**. Déposer les deux colliers du faux-châssis.

11 Manipuler la barre anti-roulis pour la sortir en la faisant passer sous le véhicule. Déposer de cette barre les coussinets de fixation.

12 Examiner avec soin les composants de la barre anti-roulis pour s'assurer qu'il n'y a pas d'usure, d'endommagement ou de détérioration. Prêter une attention toute particulière aux coussinets de fixation. Remplacer les composants usés.

Repose

13 Mettre en place les coussinets de fixation en caoutchouc sur la barre anti-roulis. S'assurer que le creux qui se trouve à l'intérieur de chaque coussinet est bien en prise avec les ergots de cette barre. Faire tourner chaque coussinet afin d'aligner ce repère sur celui de la barre anti-roulis.

14 Approcher la barre anti-roulis et la manipuler pour l'amener en position sur le faux-châssis. Remettre en place les colliers de fixation. S'assurer que leurs extrémités pénètrent correctement dans les crochets du faux-châssis. Remonter les boulons de retenue. S'assurer que les repères des coussinets sont toujours alignés sur ceux de la barre puis resserrer les boulons de retenue des colliers de fixation au couple spécifié.

15 Le reste de la repose se fait dans l'ordre inverse des opérations de dépose, en tenant compte des points suivants:

(a) Tous les contre-écrous (ceux dont le filetage est déjà enduit de produit de freinage) qui ont été desserrés lors de la dépose, à savoir les écrous des rotules des biellettes de direction, les écrous des biellettes de raccordement, l'écrou du boulon de fixation du moteur et l'écrou du boulon de serrage de l'arbre intermédiaire doivent être remplacés d'office. L'écrou du boulon de serrage de l'arbre est emprisonné dans une cage métallique. Déplier les languettes de retenue de cette cage pour en retirer le vieil écrou et le remplacer par un neuf. Remonter cette cage sur l'arbre puis l'immobiliser de nouveau en position en repliant les languettes de retenue.

9.3a Ecrou inférieur de retenue de la biellette de raccordement de la barre anti-roulis . . .

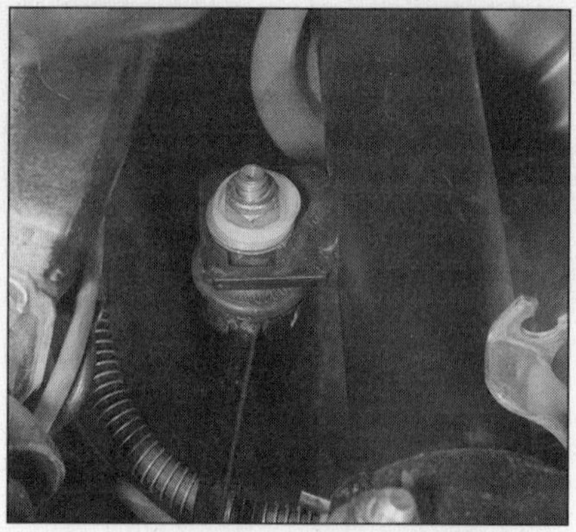

9.3b . . . et écrou supérieur de retenue - modèles dont la barre anti-roulis est reliée au corps de la jambe de force de la suspension

10.7 Collier de retenue de la durit de la direction assistée sur le faux- châssis

(b) *Resserrer tous les écrous et boulons aux couples spécifiés (à condition d'en connaître les valeurs).*
(c) *Lors du rebranchement de l'arbre intermédiaire sur les cannelures du mécanisme de direction, aligner les repères effectués lors de la dépose.*
(d) *Sur les modèles équipés de la direction assistée, purger le circuit hydraulique, comme indiqué à la Section 24.*
(e) *Une fois cette intervention terminée, vérifier et, le cas échéant, régler le parallélisme des roues avant, comme indiqué à la Section 28.*

9 Biellette de raccordement de la barre anti-roulis de la suspension avant - dépose et repose

Dépose

1 Bien serrer le frein à main puis lever au cric l'avant du véhicule et le soutenir sur des chandelles.

2 Sur les modèles dont la barre anti-roulis est reliée aux bras inférieurs de la suspension, desserrer puis retirer l'écrou et le boulon qui immobilisent la biellette sur le support du bras inférieur puis desserrer l'écrou et la rondelle qui immobilisent cette biellette sur la barre anti-roulis. Libérer cette biellette de raccordement au niveau de l'extrémité de la barre anti-roulis puis la retirer du véhicule.

3 Sur les modèles dont la barre anti-roulis est reliée à la jambe de force, desserrer puis retirer les écrous et rondelles supérieurs et inférieurs de la biellette de raccordement puis déposer cette dernière du véhicule **(voir illustrations)**.

4 Examiner la biellette de raccordement pour s'assurer qu'elle n'est pas endommagée. Prêter une attention toute particulière aux coussinets de fixation ou aux rotules (suivant les cas). Procéder aux remplacements nécessaires. Il est impossible de remplacer séparément ces coussinets ou rotules. Il convient de noter qu'il faut remplacer d'office les écrous de retenue de la biellette de raccordement.

Repose

5 La repose se fait dans l'ordre inverse des opérations de dépose. Utiliser des écrous neufs de retenue et les serrer au couple spécifié.

10 Faux-châssis de la suspension avant - dépose et repose

Dépose

1 Bloquer les roues arrière avec des cales. Bien serrer le frein à main puis lever au cric l'avant du véhicule et le soutenir sur des chandelles. Retirer les deux roues avant.

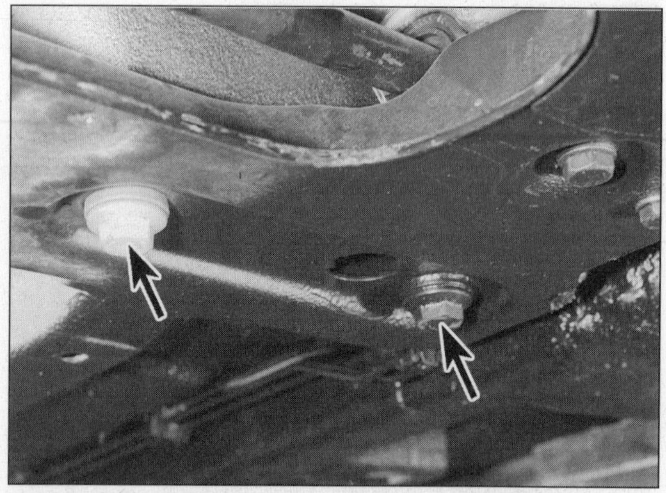

10.9a Boulons de fixation arrière gauche du faux-châssis avant . . .

2 Déposer les biellettes de raccordement de la barre anti-roulis, comme indiqué à la Section 9.

3 Desserrer puis retirer l'écrou traversant et le boulon arrière de l'ensemble moteur/transmission puis desserrer l'écrou et le boulon qui immobilisent le support de fixation sur le faux-châssis. Déposer ce support.

4 Desserrer puis retirer les trois écrous. Desserrer les boulons de retenue de la rotule puis libérer la rotule gauche au niveau du bras inférieur. Recommencer cette procédure sur le côté droit.

5 Desserrer les boulons de fixation du mécanisme de direction. Récupérer les écrous. Retirer les boulons de fixation et récupérer les entretoises au niveau des ouvertures du faux-châssis.

6 Sur les modèles équipés de la transmission mécanique, utiliser un gros tournevis pour retirer les trois biellettes de raccordement de la tringlerie de changement de rapport de leurs rotules au niveau de la transmission. Desserrer puis retirer le boulon du pivot qui immobilise la tringle du sélecteur sur le levier de changement de vitesse.

7 Sur les modèles équipés de la direction assistée, desserrer l'écrou qui immobilise la durit du mécanisme de direction sur son support de fixation, au niveau du faux-châssis puis extraire les deux durits de leurs colliers de retenue au niveau du faux-châssis **(voir illustration)**.

8 Sur les modèles à conduite à droite, desserrer l'écrou qui immobilise le collier de retenue du câble de l'embrayage sur le faux-châssis puis libérer ce câble de ses colliers de retenue, des deux côtés du faux-châssis.

9 Desserrer puis retirer les quatre boulons de fixation arrière du faux-châssis avant et les deux boulons de fixation avant. Abaisser

10.9b . . . et boulon de fixation avant

11.3a Tapoter sur le chapeau central du moyeu pour le retirer . . .

11.3b . . . puis relever à l'aide d'un marteau et d'un pointeau de taille appropriée les points de freinage du moyeu arrière

11.5 Utiliser un extracteur à montants de type approprié pour retirer l'ensemble moyeu de la fusée d'essieu

avec précaution l'ensemble faux-châssis pour l'extraire de sa position et le déposer en le faisant passer sous le véhicule **(voir illustrations)**. Sur les modèles équipés de la direction assistée, faire très attention de ne pas heurter les durits de la direction assistée avec cet ensemble lors de son retrait.

Repose

10 La repose se fait dans l'ordre inverse des opérations de dépose, en notant les points suivants:

(a) *Tous les contre-écrous (ceux dont le filetage est déjà enduit de produit de freinage) qui ont été desserrés lors de la dépose, à savoir les écrous des biellettes de raccordement, les écrous des rotules du bras inférieur, les écrous des boulons de fixation du moteur et les écrous des boulons du mécanisme de direction, doivent être remplacés d'office.*

(b) *Resserrer tous les écrous et boulons aux couples spécifiés (à condition de connaître ces valeurs).*

(c) *Une fois cette intervention terminée, vérifier et, le cas échéant, régler le parallélisme des roues avant, comme indiqué à la Section 28.*

11 Ensemble moyeu arrière - dépose et repose

Modèles équipés de freins arrière à tambour

1 Sur les modèles équipés de freins arrière à tambour, le moyeu arrière fait partie intégrante du tambour. Consulter le Chapitre 9 qui décrit les procédures de dépose et de repose du tambour.

Modèles équipés de freins arrière à disque

Note: *Ne déposer l'ensemble moyeu que si cela s'avère absolument nécessaire. Pour retirer l'ensemble moyeu de la fusée d'essieu, il faut utiliser un extracteur de type approprié. Lors de cette dépose, le roulement du moyeu sera très certainement endommagé.*

Dépose

2 Déposer le disque du frein arrière, comme indiqué au Chapitre 9.

3 A l'aide d'un marteau et d'un gros tournevis à lame plate, tapoter avec précaution sur le chapeau central du moyeu pour l'en extraire. Mettre ce chapeau au rebut et le remplacer par un neuf lors de la repose. A l'aide d'un marteau et d'un burin de taille appropriée, relever les points de freinage au pointeau qui immobilisent l'écrou de retenue du moyeu sur la rainure de la fusée d'essieu **(voir illustrations)**.

4 A l'aide d'une douille et d'une longue barre, desserrer puis retirer l'écrou du moyeu arrière. Enlever la rondelle de butée. Mettre au rebut cet écrou et le remplacer par un neuf lors de la repose.

5 A l'aide d'un extracteur de type approprié, dégager l'ensemble moyeu de la fusée d'essieu avec le chemin de roulement externe **(voir illustration)**. Après avoir déposé ce moyeu, utiliser cet extracteur pour chasser le chemin de roulement interne de la fusée d'essieu. Déposer également l'entretoise du moyeu en notant dans quel sens elle était montée.

6 Remettre en position les chemins de roulement du moyeu et vérifier que ce roulement ne présente pas de points durs. Il est recommandé de remplacer d'office ce roulement car il a très probablement été endommagé lors de la dépose. De ce fait, il faut remplacer l'ensemble moyeu étant donné que ce roulement ne se vend pas séparément.

7 Après avoir déposé le moyeu, examiner l'axe de la fusée d'essieu pour s'assurer qu'il n'y a pas d'usure ou d'endommagement. Le cas échéant, le remplacer. La fusée d'essieu a un emmanchement dur dans la biellette pendante et pour la retirer on peut utiliser un marteau et un jet en métal souple de taille appropriée ou un extracteur de roulement puissant de type approprié. Lors de l'installation de la fusée neuve d'essieu, aligner ses cannelures sur celles de la biellette pendante et utiliser un jet ou une presse pour l'amener en position sur cette biellette.

Repose

8 Lubrifier avec de l'huile moteur propre l'axe de la fusée d'essieu puis mettre en place dans le bon sens l'entretoise en la faisant glisser.

9 Mettre en position le chemin neuf de roulement interne puis utiliser un marteau et un jet tubulaire de taille appropriée pour bien l'enfoncer sur la fusée d'essieu et l'amener au contact du bord intérieur plat du chemin de roulement.

10 S'assurer que le roulement est bien bourré de graisse puis faire glisser l'ensemble moyeu sur la fusée d'essieu. Mettre en place le chemin neuf du roulement externe et l'amener en position à l'aide du jet tubulaire.

11.11a Mettre en place la rondelle de butée et l'écrou neuf du moyeu . . .

11.11b . . . puis serrer cet écrou au couple spécifié

11.11c A l'aide d'un marteau et d'un pointeau de taille appropriée . . .

11.11d . . . freiner l'écrou du moyeu dans la rainure de la fusée d'essieu . . .

11.11e . . . puis remettre en place le chapeau neuf du moyeu

13.5a Retirer le boulon inférieur de fixation de l'amortisseur . . .

11 Mettre en place la rondelle de butée et l'écrou neuf de moyeu. Serrer cet écrou au couple spécifié. Freiner cet écrou par un coup de pointeau dans la rainure de la fusée d'essieu afin de bien l'immobiliser en position. Ensuite, enfoncer en position en le tapotant le chapeau neuf au centre du moyeu **(voir illustrations)**.

12 Remettre en place le disque de frein arrière, comme indiqué au Chapitre 9.

12 Roulement de moyeu arrière - remplacement

Note: *Ce roulement devrait durer aussi longtemps que le véhicule, sans aucun entretien et sans aucune intervention. Ne jamais serrer l'écrou du moyeu à un couple supérieur à la valeur spécifiée dans le cadre d'une tentative de "réglage" de ce roulement.*

Modèles équipés de freins arrière à tambour

1 Déposer le tambour du frein arrière, comme indiqué au Chapitre 9.

2 A l'aide d'un tournevis à lame plate de taille appropriée, extraire l'entretoise de l'arrière du tambour de frein en notant dans quel sens elle était montée

3 A l'aide d'une pince pour jonc d'arrêt, extraire le jonc de retenue du roulement à la partie centrale du tambour du frein.

4 Bien soutenir le moyeu du tambour puis utiliser une presse ou un jet pour extraire le roulement de son emplacement en faisant appel à un jet tubulaire de diamètre approprié reposant sur le chemin de roulement interne.

5 Bien nettoyer le moyeu. Enlever toute trace de poussière et de graisse et éliminer les bavures ou arêtes vives qui risquent de gêner le remontage. Vérifier que le moyeu ne présente pas de fissures ou d'autres indices d'usure ou d'endommagement. Le cas échéant, le remplacer. Remplacer le roulement et son jonc d'arrêt chaque fois qu'ils sont déposés. Il convient de noter que les concessionnaires Citroën proposent une trousse de remplacement de roulement qui contient le roulement proprement dit, son jonc d'arrêt et une entretoise.

6 Examiner l'axe de la fusée d'essieu pour s'assurer qu'elle n'est pas usée ou endommagée. Le cas échéant, le remplacer. La fusée d'essieu a un emmanchement dur dans la biellette pendante. Pour la retirer, utiliser un marteau de taille appropriée et un jet en métal souple ou un extracteur de roulement puissant et de type approprié. Lors de l'installation de la fusée neuve d'essieu, aligner ses cannelures sur celles de la biellette pendante et utiliser le jet ou la presse pour l'amener en position dans cette biellette.

7 Lors du remontage, légèrement enduire d'huile moteur propre le chemin de roulement externe pour faciliter l'installation de ce composant.

8 Bien soutenir le tambour puis positionner le roulement dans le moyeu. Enfoncer à la presse ce roulement en position. S'assurer qu'il pénètre d'équerre dans le moyeu. Utiliser pour cela une entretoise tubulaire de taille appropriée ne reposant que sur le chemin de roulement externe.

9 S'assurer que le roulement repose correctement contre l'épaulement du moyeu. L'immobiliser en position avec le jonc d'arrêt neuf. S'assurer que ce jonc repose correctement dans sa rainure du moyeu.

10 Mettre en place l'entretoise neuve sur le tambour. S'assurer qu'elle est montée dans le bon sens. Utiliser une entretoise tubulaire de taille appropriée pour l'enfoncer d'équerre et l'amener à son emplacement.

11 Remonter le tambour de frein, comme indiqué au Chapitre 9.

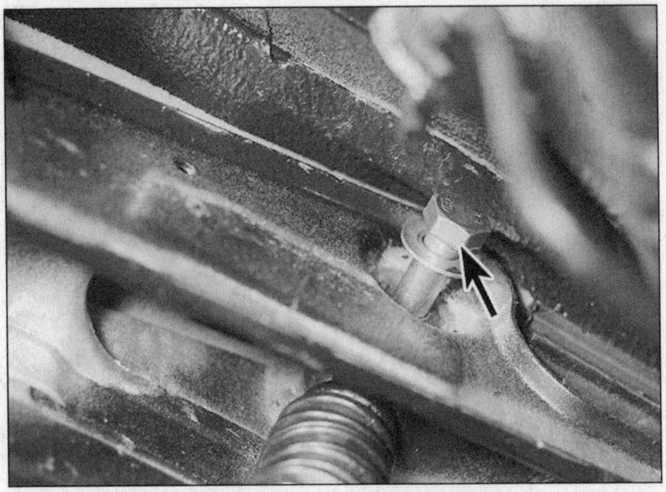

13.5b . . . et le boulon supérieur de la fixation (flèche) . . .

13.5c . . . puis déposer l'amortisseur en le faisant passer sous le véhicule

Modèles équipés de freins arrière à disque

12 Sur les modèles équipés de freins arrière à disque, il est impossible de remplacer séparément le roulement du moyeu arrière. Si ce roulement est usé, il convient de remplacer le moyeu arrière complet. Consulter la Section 11 qui décrit les procédures de dépose et de repose de ce moyeu.

13 Amortisseur arrière - dépose, essais et repose

Dépose

1 Bloquer les roues avant avec des cales puis soulever au cric l'arrière du véhicule et le soutenir sur des chandelles. Retirer la roue arrière concernée.

2 Pour déposer l'amortisseur gauche, retirer tout d'abord le pot d'échappement et son écran thermique, comme indiqué au Chapitre 4.

3 A l'aide d'un cric rouleur, soulever légèrement la biellette pendante pour exercer une légère compression sur l'amortisseur.

4 Libérer le câble du frein à main au niveau de son collier de retenue au pied de la biellette pendante. Desserrer puis retirer les écrous et rondelles du boulon supérieur de fixation de l'amortisseur et également de son boulon inférieur. Ecarter du boulon inférieur de fixation le support de fixation du flexible de frein.

5 Retirer les boulons de fixation, en notant dans quel sens ils étaient montés. Manipuler l'amortisseur pour le retirer en le faisant passer sous le véhicule **(voir illustrations)**.

Essais

6 Examiner l'amortisseur pour s'assurer qu'il n'y a pas de fuite de liquide ou d'endommagement. Tester le fonctionnement de la jambe de force, tout en l'immobilisant à la verticale, en déplaçant le piston sur une course complète puis en lui faisant parcourir des courses raccourcies de 50 à 100 mm. Dans les deux cas, la résistance ressentie doit être douce et continue. Si elle présente des à-coups, si elle est irrégulière ou si la jambe de force présente des indices visibles d'usure ou d'endommagement, il faut procéder à un remplacement. En outre, vérifier que les coussinets de fixation en caoutchouc ne sont pas endommagés ou détériorés. Remplacer l'ensemble complet s'il y a des endommagements ou une usure excessive, car ces coussinets ne se vendent pas séparément. Examiner les tiges des boulons de fixation pour s'assurer qu'elles ne sont pas usées ou endommagées. Le cas échéant, remplacer ces boulons.

Repose

7 Avant de remonter l'amortisseur, l'immobiliser à la verticale dans un étau puis lui faire parcourir plusieurs courses pour l'amorcer. Enduire de graisse polyvalente les deux boulons de fixation de l'amortisseur.

8 Manipuler l'amortisseur pour l'amener en position. Introduire ses boulons de fixation. S'assurer que le boulon supérieur pénètre depuis l'intérieur de la biellette pendante et le boulon inférieur depuis l'extérieur.

9 Remettre en place les écrous et rondelles des boulons de fixation. Ne pas oublier de refixer le support du flexible de frein à l'aide du boulon inférieur. Serrer ces boulons aux doigts uniquement pour le moment. Immobiliser le câble du frein à main sur le support de la biellette pendante.

10 Remonter la roue puis ramener le véhicule au sol avant de serrer les boulons de cette roue au couple spécifié.

11 Ensuite, secouer le véhicule pour que l'amortisseur reprenne sa position correcte. Resserrer les boulons supérieur et inférieur de fixation aux couples spécifiés.

12 Le cas échéant, remettre en place l'écran thermique et le pot d'échappement, comme indiqué au Chapitre 4.

14 Barre de torsion de la suspension arrière - dépose et repose

Note: *Pour être certain que la biellette pendante a été correctement mise en position avant de remettre en place la barre de torsion, il faut utiliser un support spécial. Ce support (outillage spécial numéro 9501-T.G3) s'obtient en s'adressant à un concessionnaire Citroën. Il est possible, en variante, de fabriquer soi-même un outil de substitution.* ***L'illustration 14.0*** *indique les dimensions de l'outil Citroën. Il convient de noter que pour être valable, ce support de substitution doit respecter des critères précis de fabrication* ***(voir illustration).***

Dépose

1 Bloquer les roues avant avec des cales puis soulever au cric l'arrière du véhicule et le soutenir sur des chandelles. Déposer les deux roues arrière puis procéder comme indiqué aux paragraphes de l'en-tête approprié.

Barre de torsion avant

2 Déposer l'amortisseur droit, comme indiqué à la Section 13.

3 Sans soutenir la biellette pendante, mesurer la distance entre le centre des orifices des boulons supérieur et inférieur de fixation de l'amortisseur, sur le côté où l'amortisseur a été déposé. Noter cette valeur. Elle servira lors de la repose.

4 Placer un cric rouleur sous l'extrémité de la biellette pendante puis faire monter ce cric pour soutenir le poids de cette biellette. En variante, il est possible de fabriquer un outil identique à celui que

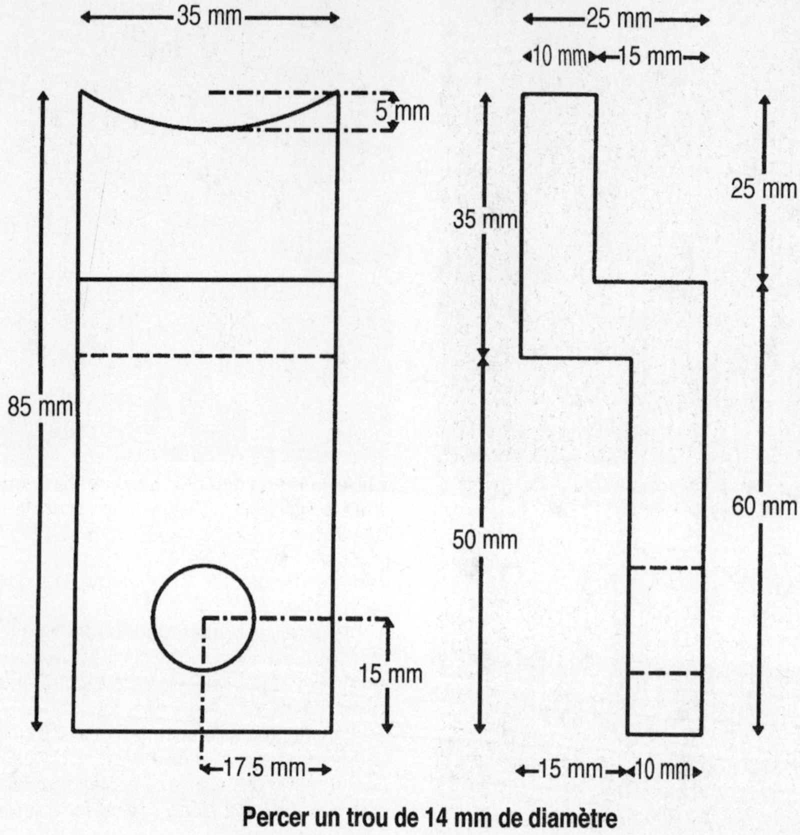

14.0 Dimensions du support Citroën de positionnement de la biellette pendante (en mm)

montre **l'illustration 14.4**. Utiliser pour cela une barre filetée et la visser dans les orifices des boulons de fixation de l'amortisseur pour immobiliser la biellette pendante en position **(voir illustration)**. Il faut soutenir cette biellette pour éviter qu'elle ne bouge lors de la dépose de la barre de torsion. En effet, un déplacement excessif de cette biellette crée des contraintes sur les canalisations de freins, et peut même en provoquer la rupture.

5 Desserrer puis retirer la vis Torx et la rondelle à l'extrémité droite de la barre de torsion. A l'aide d'un pointeau ou d'une pointe à tracer, tracer des repères indiquant l'alignement entre la barre de torsion et la biellette pendante. Desserrer l'écrou de retenue à l'extrémité gauche de la barre de torsion puis retirer la rondelle.

6 Retirer maintenant la barre de torsion par le côté droit en utilisant un marteau à coulisse qui vient se visser dans l'orifice à filetage de 8 mm qui se trouve à l'extrémité de la barre **(voir illustration)**. Il est possible d'improviser en vissant un boulon long muni d'une rondelle

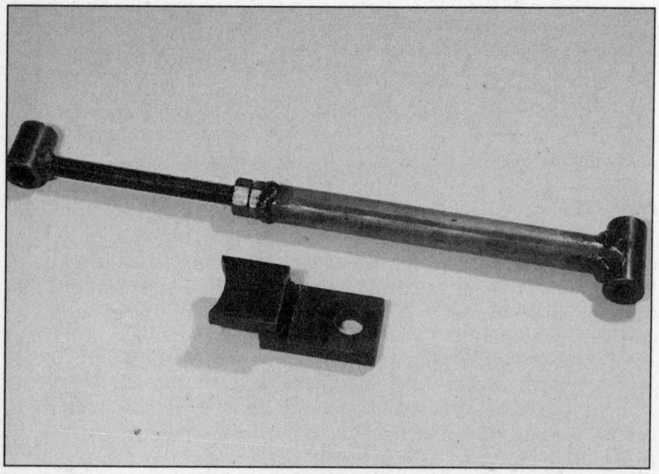

14.4 Variantes de fabrication locale du support spécial de positionnement Citroën de la biellette pendante et amortisseur fictif employé pour immobiliser la biellette pendante lors de la dépose de la barre de torsion

14.6 Utilisation d'un marteau à coulisse pour retirer une barre de torsion

14.10 Utilisation d'un boulon de levage pour extraire le support de retenue à l'extrémité de la barre anti-roulis

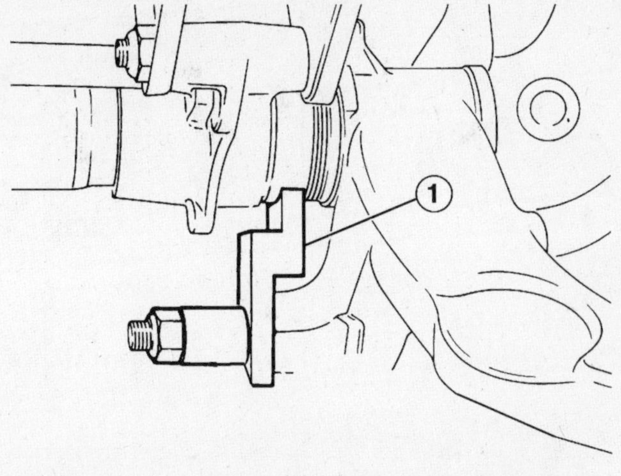

14.14a Fixer le support de positionnement (1) sur l'orifice du boulon inférieur de fixation de l'amortisseur, comme illustré, en utilisant le boulon de fixation et un écrou ainsi qu'une entretoise de taille appropriée

14.14b Utilisation d'un calibre d'épaisseur pour vérifier le jeu entre le support de positionnement et la traverse

plate dans la barre de torsion et en disposant les mâchoires d'une clé contre cette rondelle. Il suffit alors de frapper un coup net sur cette clé à l'aide d'un marteau pour libérer la barre de torsion.

7 Dès que les cannelures de la barre de torsion sont libres, il est possible de retirer totalement cette barre de son emplacement. Il convient de noter que les barres de torsion avant et arrière ne sont pas interchangeables. Ces barres sont identifiables grâce aux repères qui se trouvent sur leur arbre. En ce qui concerne la barre avant, il y a une bande de peinture autour de l'extrémité gauche de son arbre alors que la barre arrière comporte deux bandes de peinture autour de son extrémité droite.

Barre de torsion arrière

8 Déposer l'amortisseur gauche, comme indiqué à la Section 13.

9 Effectuer les opérations décrites aux paragraphes 3 et 4.

10 Desserrer puis retirer le boulon qui immobilise le support de retenue de la barre anti-roulis sur la biellette pendante gauche puis dévisser le bouchon en plastique au centre du support. Se procurer un boulon de 12 x 1,5 mm d'au moins 70 mm de longueur puis en lubrifier le filetage avant de le visser dans le support. Il peut ainsi servir de boulon de levage pour extraire le support de sa position **(voir illustration)**. Dès que le support est écarté des cannelures de la barre anti-roulis, le déposer de la biellette pendante avec ses bagues d'étanchéité. Mettre au rebut ces bagues et les remplacer par des neuves lors de la repose.

11 Desserrer puis retirer la vis Torx et la rondelle à l'extrémité gauche de la barre de torsion. A l'aide d'un pointeau ou d'une pointe à tracer, tracer des repères d'alignement entre la barre de torsion et la biellette pendante. Desserrer l'écrou de retenue à l'extrémité droite de la barre de torsion et retirer la rondelle.

12 Retirer la barre de torsion du côté gauche en utilisant les informations des paragraphes 6 et 7.

Repose

Barre de torsion avant

13 S'assurer que les cannelures de la biellette pendante et de la barre de torsion sont propres et sèches. Enduire ensuite ces cannelures de graisse à base de disulfure de molybdène. Lors de l'installation d'une nouvelle barre de torsion, dévisser l'ergot fileté de la vieille barre et le revisser à fond à l'extrémité de la barre neuve, dans l'orifice de petit diamètre.

14 S'assurer que la distance entre le centre des orifices des boulons supérieur et inférieur de fixation de l'amortisseur est toujours égale à la valeur mesurée avant la dépose. Procéder aux ajustements nécessaires. Fixer le support de positionnement (voir note ci-dessus) sur l'orifice du boulon inférieur de fixation de l'amortisseur, comme indiqué à **l'illustration 14.14a**. A l'aide de calibres d'épaisseur, vérifier que l'écartement entre le bord interne du support et la bordure de la traverse tubulaire est égal à 0,05 mm. Le cas échéant, modifier la position de la biellette pendante en la tapotant légèrement à l'aide d'un maillet à panne souple jusqu'à ce que la lame du calibre d'épaisseur de 0,05 mm présente un ajustement légèrement serré mais glissant **(voir illustrations)**.

15 Si l'ancienne barre de torsion est remontée, la faire tourner pour aligner les repères effectués lors de la dépose. Faire ensuite glisser cette barre pour l'amener en position. Cette barre doit se mettre aisément en prise sur les cannelures de la biellette pendante sur les 8 ou 10 premiers millimètres. Pour l'amener en position, il suffit ensuite d'utiliser un marteau et un jet métallique de taille appropriée en métal doux.

16 Lors de l'installation d'une barre neuve, faire tourner cette barre pour l'amener à une position permettant la mise en prise aisée de cette barre sur les 8 ou 10 premiers millimètres des cannelures de la biellette pendante. Après avoir trouvé cette position, tapoter sur cette barre pour l'amener à l'emplacement prévu. Utiliser pour cela un marteau et un jet de taille appropriée en métal souple.

17 Dès que la barre de torsion occupe son emplacement, remettre en place la rondelle et la vis Torx à son extrémité. Serrer cette vis au couple spécifié **(voir illustrations)**.

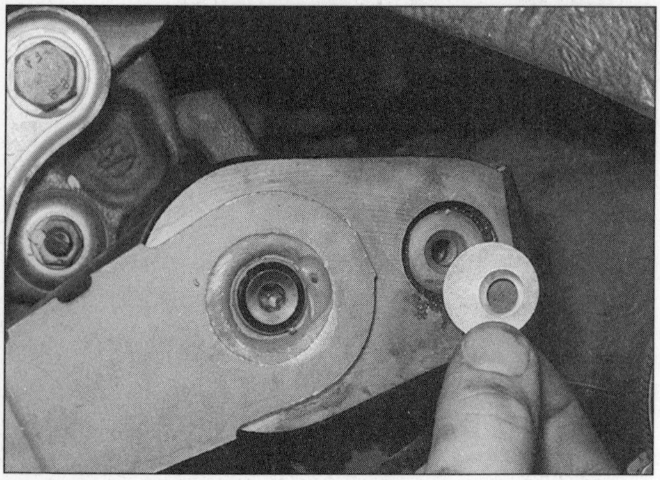

14.17a Remettre en place la rondelle décalée . . .

14.17b . . . et la vis de retenue à l'extrémité de la barre de torsion . . .

14.17c . . . et serrer cette vis au couple spécifié

14.18a Dévisser l'ergot fileté à l'autre extrémité de la barre pour l'amener au contact de la coupelle

14.18b Remettre en place la rondelle et l'écrou de retenue puis bien serrer ce dernier tout en immobilisant l'ergot à l'aide du tournevis

18 S'assurer que la biellette pendante occupe toujours sa position correcte puis dévisser l'ergot fileté à l'autre extrémité de la barre de torsion pour amener son épaulement au contact de la coupelle de la biellette. Ne pas forcer l'ergot contre la coupelle. Remettre en place la rondelle et l'écrou sur l'ergot. Bien serrer l'écrou tout en immobilisant l'ergot à l'aide d'un petit tournevis à lame plate **(voir illustrations)**.

19 Remettre en place l'amortisseur arrière, comme indiqué à la Section 13 puis vérifier et, le cas échéant, régler la garde au sol du véhicule, comme indiqué à la Section 18.

Barre de torsion arrière

20 Remonter la barre de torsion, comme indiqué aux paragraphes 13 à 19.

21 Dévisser le bouchon en matière plastique au centre du support de retenue de la barre anti-roulis, de l'autre côté, puis visser un boulon court de 8 mm avec une rondelle à l'extrémité de cette barre. Bien serrer le boulon pour immobiliser la barre anti-roulis en position.

22 Enduire les bagues d'étanchéités neuves de graisse spéciale (Mobil Temp G9, disponible chez les concessionnaires Citroën), puis mettre ces bagues sur le support de la barre anti-roulis. Si vous ne disposez pas de cette graisse, il est possible d'utiliser une graisse de qualité à base de disulfure de molybdène.

23 Introduire le support de retenue en position, dans la biellette pendante. Aligner l'orifice de son boulon de retenue sur celui de la biellette pendante puis mettre cette biellette en prise avec les cannelures de la barre anti-roulis. Utiliser un maillet à panne souple pour enfoncer le support en position, jusqu'à ce que le jeu entre l'intérieur du support et la biellette pendante soit égal à 1,0 mm. Pour vérifier cette valeur, utiliser un calibre d'épaisseur de taille appropriée. Si ce support présente un ajustement serré au niveau des cannelures de la barre anti-roulis, visser un long boulon de 8 mm, un écrou et une rondelle à l'extrémité de cette barre. Pour amener le support en position, il suffit alors de visser l'écrou **(voir illustration 16.13b)**.

24 Dès que le support occupe sa position correcte, remettre en place son boulon de retenue mais ne pas oublier de mettre le support du câble du frein à main sous ce boulon. Serrer ensuite ce dernier au couple spécifié. Dévisser le ou les boulons à la ou aux extrémités de la barre anti-roulis puis essuyer le filetage des orifices du support de retenue. Enduire de produit d'étanchéité les bouchons puis les remettre en place sur les supports.

25 Remonter l'amortisseur arrière, comme indiqué à la Section 13 puis vérifier et, le cas échéant, régler la garde au sol du véhicule, comme indiqué à la Section 18.

15 Biellette pendante de la suspension arrière - dépose et repose

Note: *Pour être certain que la biellette pendante retrouvera sa position correcte lors de la repose, il faut se procurer un support spécial. Ce support (outillage spécial numéro 9501-T.G3) s'obtient en s'adressant à un concessionnaire Citroën. Il est possible, en variante, de fabriquer soi-même un outil de substitution.* ***L'illustration 14.0*** *indique les dimensions de l'outil Citroën. Il convient de noter que pour être valable, ce support de substitution doit respecter des critères précis de fabrication.*

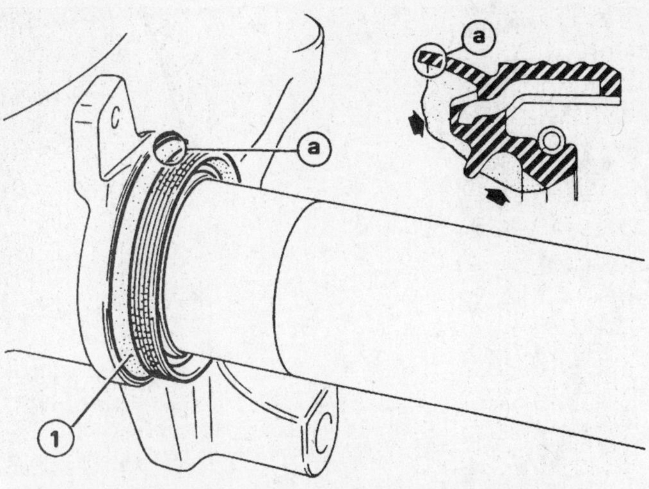

15.15 S'assurer que le joint (1) est monté dans le bon sens et vient correctement se positionner sur l'épaulement (a) de la biellette pendante

Dépose

1 Bloquer les roues avant avec des cales puis soulever au cric l'arrière du véhicule et le soutenir sur des chandelles. Déposer les deux roues arrière.

2 Déposer l'amortisseur concerné, comme indiqué à la Section 13.

3 Desserrer puis retirer le boulon qui immobilise le support de retenue de la barre anti-roulis sur la biellette pendante gauche puis dévisser le bouchon en matière plastique au centre du support. Se procurer un boulon de 12 x 1,5 mm d'au moins 70 mm de longueur puis en lubrifier le filetage avant de le visser dans le support. Il peut ainsi servir de boulon de levage pour extraire le support de sa position. Dès que le support est écarté des cannelures de la barre anti-roulis, le déposer de la biellette pendante avec ses bagues d'étanchéité. Mettre au rebut ces bagues et les remplacer par des neuves lors de la repose. Procéder ensuite comme indiqué aux paragraphes de l'en-tête correspondant.

Modèles équipés de freins arrière à tambour

4 Déposer le tambour de frein, comme indiqué au Chapitre 9.

5 Remonter le long de la durit ou du flexible de frein pour retirer les colliers de retenue qui l'immobilisent sur la biellette pendante. Il convient de noter que sur certains modèles, il faudra probablement débrancher le flexible de frein au niveau de son raccord pour pouvoir l'écarter du support de la biellette pendante. Pour de plus amples informations, consulter la Section 3 du Chapitre 9.

6 Desserrer les quatre boulons et rondelles qui immobilisent la contre-plaque de frein sur la biellette pendante. Dégager avec précaution l'ensemble contre-plaque en le faisant passer sur l'extrémité de la fusée d'essieu puis l'écarter de la biellette pendante. Rattacher l'ensemble contre-plaque sur la caisse du véhicule pour éviter d'exercer des contraintes inutiles sur la durit de frein.

7 Déposer la barre de torsion concernée, comme indiqué à la Section 14.

8 Retirer la biellette pendante de la traverse puis la déposer du véhicule.

9 Examiner les roulements de la biellette pendante, les chemins de roulement des fourreaux d'essieu et les manchons externes de la traverse pour s'assurer qu'il n'y a pas d'usure ou d'endommagement. Confier les remplacements nécessaires à un concessionnaire Citroën. La procédure de remplacement des roulements fait appel à de nombreux outils spécialisés qui ont pour but de déposer les anciens roulements pour les remplacer par des neufs. Toute tentative d'installation de ces roulements sans ces outils spéciaux entraînera très certainement un endommagement de ces roulements lors de leur pose.

Modèles équipés de freins arrière à disque

10 Remonter le long de la durit ou du flexible de frein pour retirer les colliers de retenue qui l'immobilisent sur la biellette pendante. Il convient de noter que sur certains modèles, il faudra probablement débrancher le flexible de frein au niveau de son raccord pour pouvoir l'écarter du support de la biellette pendante. Pour de plus amples informations, consulter la Section 3 du Chapitre 9. Sur les modèles équipés du système ABR, remonter le câblage à partir du capteur de roue et le brancher au niveau du connecteur électrique.

11 Desserrer les deux boulons qui immobilisent l'ensemble étrier sur la biellette pendante puis les retirer avec la plaque de fixation. Noter dans quel sens cette plaque était montée. Mettre au rebut les boulons de fixation de l'étrier. Il ne faut jamais réutiliser ces boulons mais les remplacer par des neufs.

12 Faire glisser l'ensemble étrier pour l'écarter du disque du frein. S'il n'a pas été nécessaire de débrancher le flexible ou la durit du frein, rattacher l'étrier à la caisse du véhicule pour éviter de soumettre le flexible de frein à des contraintes inutiles.

13 Déposer la barre de torsion concernée, comme indiqué à la Section 14.

14 Retirer de la traverse la biellette pendante puis l'examiner comme indiqué ci-dessus au paragraphe 9.

Repose

15 Avant d'effectuer la repose, examiner le joint de la biellette pendante pour s'assurer qu'il n'y a pas d'usure ou d'endommagement. Le cas échéant, le remplacer. Vérifier que le joint neuf est monté dans le bon sens et qu'il repose fermement contre la biellette pendante **(voir illustration)**.

16 Enduire de graisse spéciale (Total Multis G6, que vendent les concessionnaires Citroën), les lèvres du joint ainsi que le roulement et les chemins de roulement. Si vous ne disposez pas de cette graisse, il est possible d'utiliser une graisse de qualité à base de disulfure de molybdène.

17 Faire glisser la biellette pendante pour l'amener en position dans la traverse. Son joint doit reposer contre le manchon de la traverse. Soutenir cette biellette afin que la distance entre l'orifice du boulon de fixation supérieur et celui du boulon inférieur soit égale à la valeur notée avant la dépose.

18 Remonter la barre de torsion, comme indiqué aux paragraphes 13 à 18 de la Section 14.

Modèles équipés de freins arrière à tambour

19 S'assurer que les surfaces de contact de la contre-plaque du frein et de la biellette pendante sont propres et sèches. Positionner la contre-plaque sur la fusée d'essieu puis remettre en place ses boulons de retenue et les serrer au couple spécifié.

20 Remonter le support de retenue de la barre anti-roulis, comme indiqué aux paragraphes 21 à 24 de la Section 14.

21 Rebrancher la durit ou le flexible de frein (s'il a fallu le débrancher) et s'assurer que cette durit ou ce flexible ainsi que les câbles du frein à main sont bien retenus par toutes les attaches prévues à cet effet. Remonter le tambour de frein en consultant les sections correspondantes du Chapitre 9.

22 Remonter l'amortisseur arrière, comme indiqué à la Section 13 puis vérifier et, le cas échéant, régler la garde au sol du véhicule, comme indiqué à la Section 18.

Modèles équipés de freins arrière à disque

23 Faire glisser l'étrier pour l'amener en position sur le disque du frein.

24 Si le filetage des boulons neufs de fixation de l'étrier n'a pas déjà reçu une couche de produit de freinage, passer du produit de freinage sur ces filets. Mettre en place les boulons neufs de fixation de l'étrier ainsi que la plaque de fixation. Il convient de noter que la partie incurvée de cette plaque doit s'écarter du corps de l'étrier. Lorsque cette plaque occupe la position prévue, resserrer les boulons de l'étrier au couple spécifié (voir Chapitre 9).

25 Remettre en place le support de retenue de la barre anti-roulis, comme indiqué aux paragraphes 21 à 24 de la Section 14.

26 Rebrancher la durit ou le flexible de frein (s'il a fallu le débrancher) et s'assurer que cette durit ou ce flexible ainsi que les câbles du frein à main sont bien retenus par toutes les attaches prévues à cet effet et, le cas échéant, rebrancher le connecteur électrique du capteur de roue

16.5a Faire glisser la bague interne . . .

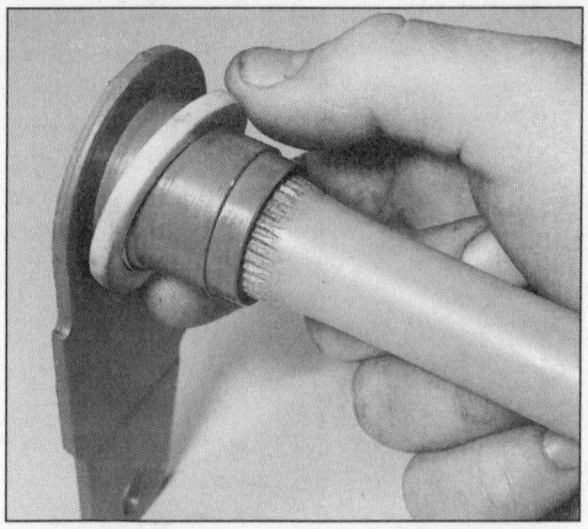

16.5b . . . et la bague externe d'étanchéité pour les retirer de la barre anti-roulis

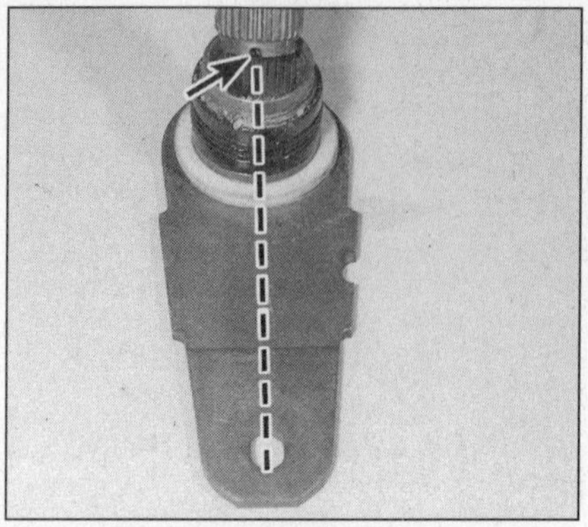

16.9a En cas d'installation d'une barre anti-roulis neuve, aligner la découpe (flèche) sur l'orifice du boulon de retenue du support

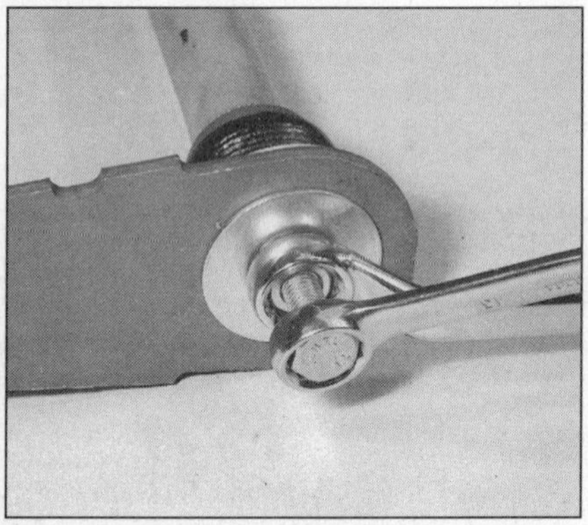

16.9b A l'aide d'un dispositif à écrou et boulon, amener le support de retenue à son emplacement sur la barre anti-roulis

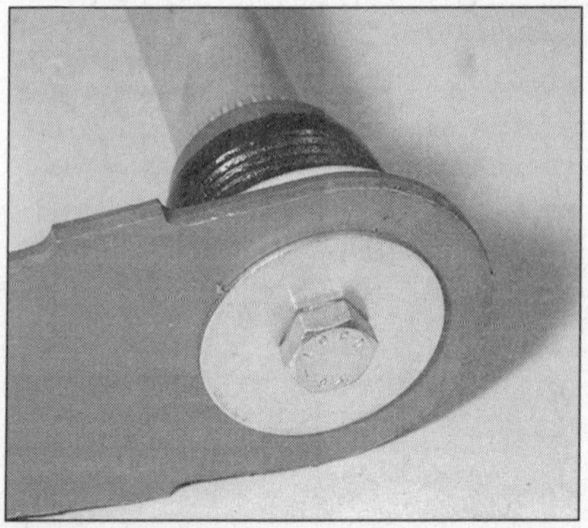

16.10 Immobiliser en position le support gauche à l'aide d'un boulon court de 8 mm et d'une rondelle avant de remonter la barre anti-roulis sur le véhicule

16.11a Remonter l'ensemble barre anti-roulis et support sur le véhicule . . .

du système ABR. Pour de plus amples informations, consulter les sections correspondantes du Chapitre 9.

27 Remonter l'amortisseur arrière, comme indiqué à la Section 13 puis vérifier et, le cas échéant, régler la garde au sol du véhicule, comme indiqué à la Section 18.

Tous modéles

28 Si le flexible ou la durit de frein était débranché, purger le circuit hydraulique comme indiqué au Chapitre 9.

16 Barre anti-roulis de la suspension arrière - dépose et repose

Dépose

1 Bloquer les roues avant avec des cales puis soulever au cric l'arrière du véhicule et le soutenir sur des chandelles. Déposer les deux roues arrière.

2 Desserrer puis retirer le boulon qui immobilise le support de retenue de la barre anti-roulis sur la biellette pendante droite puis dévisser le bouchon en matière plastique au centre du support. Se procurer un boulon de 12 x 1,5 mm d'au moins 70 mm de longueur puis en lubrifier le filetage avant de le visser dans le support. Il peut ainsi servir de boulon de levage pour extraire le support de sa position. Dès que le support est écarté des cannelures de la barre anti-roulis, le déposer de la biellette pendante avec ses bagues d'étanchéité. Mettre au rebut ces bagues et les remplacer par des neuves lors de la repose.

3 Desserrer puis retirer le boulon qui immobilise le support de retenue de la barre anti-roulis sur la biellette pendante gauche puis dévisser le bouchon en matière plastique au centre de ce support.

4 L'ensemble barre anti-roulis et support de retenue droit peut alors être retiré sur le côté gauche en utilisant un marteau à coulisse qui vient se visser dans l'orifice fileté de 8 mm qui se trouve à l'extrémité de la barre anti-roulis. Il est possible d'improviser en vissant un boulon long muni d'une rondelle plate dans cette barre et en plaçant les mâchoires d'une clé contre cette rondelle. Il suffit alors de frapper un coup net sur cette clé à l'aide d'un marteau pour libérer la barre de torsion. En variante, il est possible d'extraire cette barre en utilisant un marteau et un jet de taille appropriée en métal souple. Mettre ce jet contre l'extrémité droite visible de la barre.

5 Retirer les rondelles d'étanchéité à l'extrémité gauche de la barre **(voir illustrations)**.

6 Si vous le souhaitez, vous pouvez séparer la barre anti-roulis et le support de retenue gauche à l'aide du boulon de levage (voir paragraphe 2). Avant d'effectuer cette séparation, tracer des repères d'alignement sur la barre et le support.

7 Examiner la barre anti-roulis et les supports de retenue pour s'assurer qu'il n'y a pas d'usure ou d'endommagement. Remplacer d'office les bagues d'étanchéité.

Repose

8 S'assurer que les cannelures de la barre anti-roulis ou du ou des supports de retenue sont propres et sèches puis y passer de la graisse spéciale (Mobil Temp G9, disponible chez les concessionnaires Citroën) sur ces cannelures et sur les bagues d'étanchéité neuves. Si vous ne disposez pas d'une telle graisse, il est possible d'employer une graisse de qualité à base de bisulfure de molybdène.

9 Si le support de retenue gauche et la barre anti-roulis ont été séparés, remonter ce support sur la barre en alignant les repères effectués lors de la dépose. En cas d'installation d'une barre neuve ou d'un support neuf, aligner l'orifice du boulon de retenue du support sur

16.11b . . . puis remettre en place le boulon du support de retenue et le serrer au couple spécifié

16.13a Mettre les rondelles neuves d'étanchéité sur le support de retenue droit puis remonter ce support sur la barre anti-roulis

16.13b A l'aide d'un dispositif à écrou et boulon, amener le support droit en position tout en utilisant un calibre d'épaisseur pour mesurer le jeu entre ce support et la biellette pendante

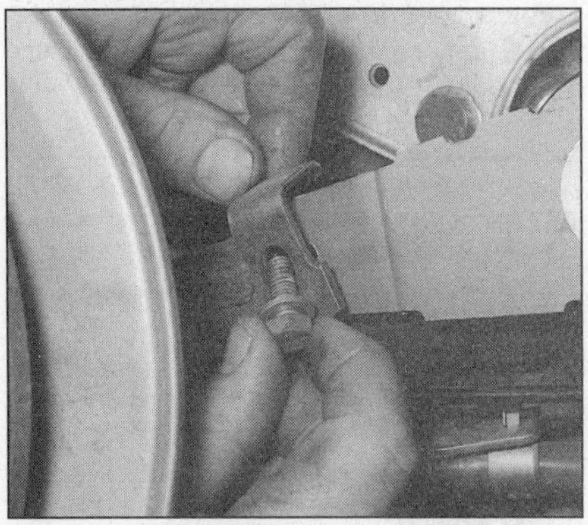

16.14a Remettre en place le support du câble de frein à main sur la biellette pendante puis introduire le boulon du support de retenue . . .

16.14b . . . et le serrer au couple spécifié

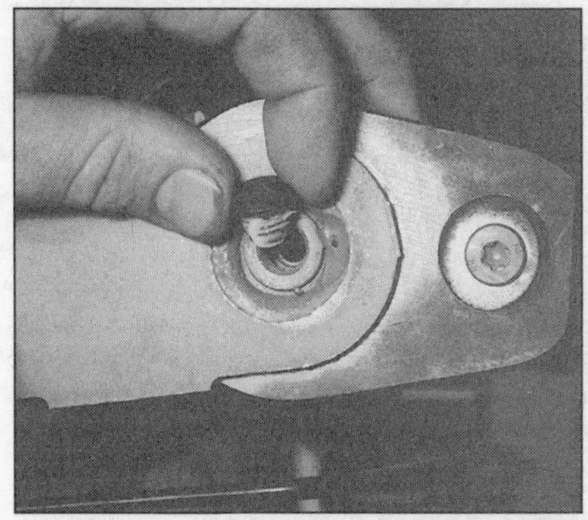

16.15 Enduire de produit d'étanchéité le filetage des bouchons en matière plastique puis remettre ces derniers en position sur le support de retenue

le cran qui se trouve à l'extrémité de la barre anti-roulis. Tapoter sur ce support à l'aide d'un maillet à panne souple pour l'amener en position sur les cannelures. Si ce support a un emmanchement serré au niveau des cannelures de la barre anti-roulis, visser un long boulon de 8 mm ainsi qu'un écrou et une rondelle à l'extrémité de la barre anti-roulis. Pour amener le support en position, il suffit alors de visser cet écrou **(voir illustrations)**.

10 Visser un boulon court de 8 mm et une rondelle à l'extrémité gauche de la barre anti-roulis puis bien le serrer **(voir illustration)**. Cela permet de maintenir une mise en prise correcte de la barre et de son support lors de la procédure de repose.

11 Faire glisser les bagues neuves d'étanchéité sur la barre anti-roulis puis faire coulisser la barre pour l'amener en position à partir du côté gauche du véhicule. Mettre en place le boulon du support de retenue, sans oublier de placer le support du câble du frein à main sous ce boulon. Le serrer au couple spécifié **(voir illustrations)**.

12 Mettre en place les bagues neuves d'étanchéité sur le support de retenue droit.

13 Introduire le support de retenue droit à l'emplacement prévu, dans la biellette pendante en alignant l'orifice de son boulon de retenue sur celui de la biellette puis le mettre en prise sur les cannelures de la barre anti-roulis. Utiliser un maillet à panne souple pour enfoncer le support en position, jusqu'à ce que le jeu entre l'intérieur du support et la biellette pendante soit égal à 1,0 mm. Pour vérifier cette valeur, utiliser un calibre d'épaisseur de taille appropriée. Si ce support présente un ajustement serré au niveau des cannelures de la barre anti-roulis, visser un long boulon de 8 mm, un écrou et une rondelle à l'extrémité de cette barre. Pour amener le support en position, il suffit alors de visser cet écrou **(voir illustrations)**.

14 Dès que le support occupe sa position correcte, remettre en place son boulon de retenue mais ne pas oublier de mettre le support du câble du frein à main sous ce boulon. Serrer ensuite ce dernier au couple spécifié **(voir illustrations)**.

15 Dévisser le ou les boulons à la ou aux extrémités de la barre anti-roulis puis essuyer le filetage des orifices du support de retenue. Enduire de produit d'étanchéité les filets des bouchons en matière plastique puis les remettre en place sur les supports **(voir illustrations)**.

16 Remonter les roues puis ramener le véhicule au sol et serrer les boulons de ces roues au couple spécifié.

17 Ensemble essieu arrière - dépose et repose

Dépose

1 Déposer l'ensemble siège arrière, comme indiqué au Chapitre 11.

2 Bien bloquer les roues avant avec des cales puis soulever au cric l'arrière du véhicule et le soutenir sur des chandelles. Déposer les deux roues arrière puis retirer la roue de secours de son logement qui se trouve sous l'arrière du véhicule. Décrocher le porte-roue.

3 Déposer le système d'échappement et le ou les écrans thermiques, comme indiqué au Chapitre 4.

4 En consultant la Section 17 du Chapitre 9 pour de plus amples renseignements, déposer le couvercle du levier du frein à main puis desserrer au maximum l'écrou de réglage.

5 Sur les modèles équipés de freins arrière à tambour, débrancher les deux câbles au niveau du levier du frein à main puis, en travaillant sous le véhicule, remonter tout le long de chaque câble pour les libérer des différents colliers de retenue qui immobilisent ces éléments sur la caisse du véhicule.

6 Sur les modèles équipés de freins arrière à disque, libérer les extrémités du câble interne du frein à main au niveau du levier du frein à main à étrier puis tapoter à l'aide d'un marteau de taille appropriée et d'un pointeau sur ce câble externe pour l'extraire de l'étrier. Le cas échéant, débrancher les capteurs de roues du système ABR au niveau des connecteurs électriques puis les dégager au niveau des différents colliers de retenue.
7 Remonter tout le long des durits de freins, entre l'étrier et la contre-plaque et leurs raccords qui se trouvent juste devant l'ensemble essieu arrière. Desserrer les écrous de raccordement puis débrancher les durits. Obturer les extrémités de ces dernières pour minimiser les pertes de liquide et empêcher toute entrée de poussière dans le circuit hydraulique. Ensuite, retirer les colliers de retenue qui immobilisent la partie arrière de la durit sur la caisse du véhicule.
8 A titre de vérification finale, s'assurer que tous les composants ont bien été débranchés et amenés à une position qui ne gênera pas la procédure de dépose. Mettre en position un cric rouleur sous la partie centrale de l'ensemble essieu arrière. Faire monter ce cric jusqu'à ce qu'il soutienne le poids de l'essieu.
9 Déposer les panneaux de garniture latéraux inférieurs du coffre à bagages, comme indiqué au Chapitre 11, puis replier la moquette de ce coffre pour accéder aux écrous de retenue de l'essieu arrière. Desserrer puis retirer les deux écrous de retenue et leurs rondelles sur chaque ensemble de fixation avant. Retirer également l'écrou unique et la rondelle qui immobilisent chaque ensemble de fixation arrière sur le véhicule.
10 Abaisser avec précaution le cric et l'ensemble essieu pour le retirer de sa position et le déposer en le faisant passer sous le véhicule.
11 Examiner les fixations de l'essieu arrière pour s'assurer que les silentblocs en caoutchouc ne sont pas abîmés ou détériorés. Il convient de noter qu'il faut changer simultanément les quatre silentblocs et ne pas se contenter d'en remplacer un seul.

Repose

12 La repose se fait dans l'ordre inverse des opérations de dépose, en tenant compte des points suivants:

(a) *Soulever l'ensemble essieu arrière pour l'amener en position puis serrer aux couples spécifiés les différents supports silentblocs.*
(b) *S'assurer que les durits de freins, les câbles du frein à main et le câblage (suivant les cas) suivent les tracés prévus et sont immobilisés à l'aide de toutes les attaches nécessaires prévues.*
(c) *Bien serrer les écrous de raccordement des durits de freins.*
(d) *Régler le câble du frein à main, comme indiqué au Chapitre 9.*
(e) *Une fois cette intervention terminée, ramener le véhicule au sol et purger le système hydraulique du circuit de freinage, comme indiqué au Chapitre 9.*
(f) *Vérifier et, le cas échéant, régler la garde au sol du véhicule, comme indiqué à la Section 18.*

18 Garde au sol du véhicule - vérification et réglage

Vérification

1 Garer le véhicule vide sur un terrain plat après avoir gonflé les pneus à la pression correcte. Le réservoir carburant doit contenir environ 5 litres de gazole. Faire avancer puis reculer le véhicule pour éliminer les contraintes au niveau des composants de la suspension.
2 La garde au sol à l'avant du véhicule se mesure entre le centre du pivot du bras inférieur de la suspension avant et le sol. La garde au sol à l'arrière se mesure entre le bord inférieur du tronçon de la traverse tubulaire qui présente une coupe de 58 mm et le sol **(voir illustration)**.
3 Effectuer trois mesures sur le côté droit du véhicule. Retenir la valeur moyenne de ces trois valeurs pour obtenir la garde au sol correcte à droite. Recommencer cette procédure sur le côté gauche pour déterminer la garde au sol correcte à gauche. Noter que la différence maximale autorisée entre la gauche et la droite est égale à 10 mm. Ajouter la valeur moyenne du côté gauche à la valeur moyenne du côté droit. Diviser le résultat par 2. Cela donne la garde au sol correcte du véhicule.
4 Comparer ce résultat aux valeurs des Spécifications, au début de ce Chapitre.
5 Si la garde au sol à l'arrière diffère de la valeur spécifiée, procéder à son ajustement, comme indiqué aux paragraphes suivants.
6 Si la garde au sol à l'avant diffère sensiblement de la valeur spécifiée, il est fort probable qu'un des composants de la suspension est usé ou endommagé. Aucun ajustement n'est possible. Examiner chaque composant de la suspension avant pour identifier toute usure ou endommagement. Il peut s'agir d'une usure des coussinets.

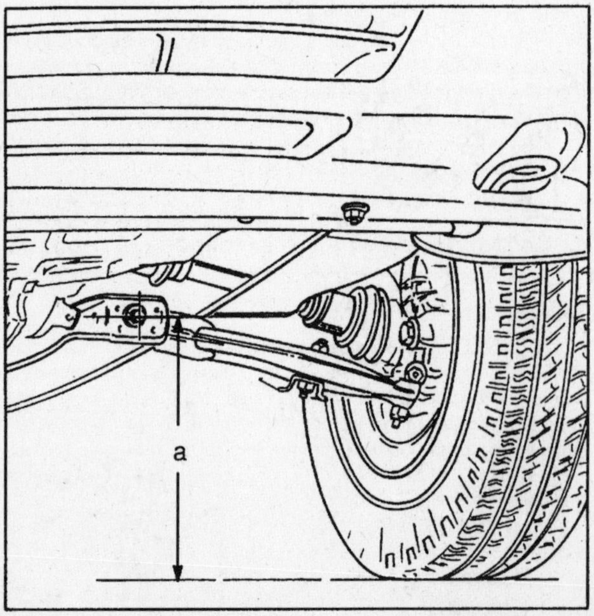

Essieu avant

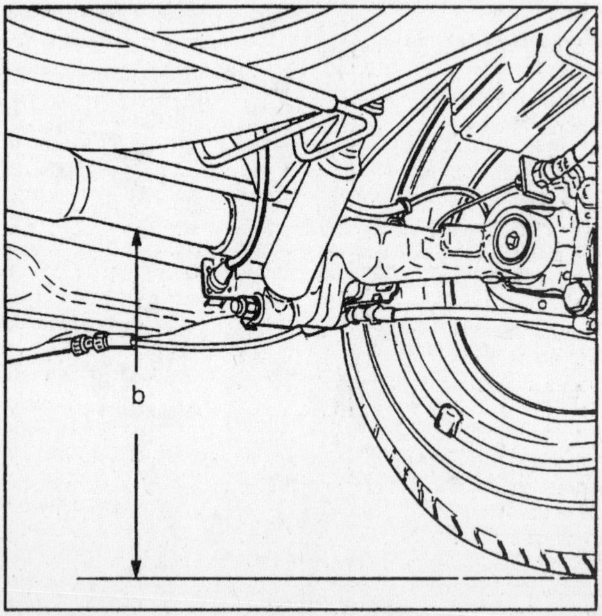

Essieu arrière

18.2 Points de mesure de la garde au sol à l'avant et à l'arrière

19.2a Dégager le bloc central . . .

19.2b . . . puis desserrer et retirer l'écrou de retenue du volant

19.4a L'ergot d'annulation de l'indicateur est immobilisé au pied du volant par un jonc d'arrêt

19.4b Serrer au couple spécifié l'écrou de retenue du volant

Remplacer ces composants, suivant besoin. Si aucun endommagement n'est visible, il convient d'amener le véhicule à un concessionnaire Citroën qui procédera à un examen plus détaillé.

Réglage (essieu arrière)

7 Mesurer tout d'abord la garde au sol pour déterminer l'amplitude de l'ajustement qui s'avère nécessaire. La garde au sol à l'arrière peut se régler par multiples de 3 mm en faisant tourner les barres de torsion arrière. Lorsqu'un ajustement est nécessaire, déterminer l'amplitude de déplacement des cannelures de la barre de torsion en notant qu'une cannelure correspond à environ 3 mm de garde au sol. Par exemple, s'il faut ajuster de 10 mm la garde au sol, il faut déplacer la barre de torsion de trois cannelures. Si la différence entre la garde au sol à gauche et la garde au sol à droite est excessive, il faut compenser cette situation dans le cadre de la procédure de réglage.

8 Bloquer les roues avant avec des cales puis soulever au cric l'arrière du véhicule et le soutenir sur des chandelles. Déposer les deux roues arrière.

9 Travailler d'abord sur le côté gauche. Déposer la barre de torsion arrière, comme indiqué à la Section 14.

10 Noter qu'un changement de 2 mm entre les orifices des boulons de fixation des amortisseurs arrière correspond à un changement de 3 mm de la garde au sol, c'est-à-dire au déplacement de la barre de torsion d'une cannelure. Soulever ou abaisser la biellette pendante sur la valeur requise. Noter qu'un accroissement de la distance entre les orifices des boulons fait monter la garde au sol alors qu'une réduction de cette distance la fait baisser. Par exemple, pour abaisser de 9 mm la garde au sol, il faut diminuer de 6 mm la distance entre les orifices des boulons de fixation de l'amortisseur, en remontant la biellette pendante.

11 Faire tourner la barre de torsion sur le nombre requis de cannelures, et dans le sens correct, puis remettre en prise cette barre sur les cannelures de la biellette pendante. La barre doit s'engager librement sur les cannelures de la biellette pendante sur les 8 à 10 premiers millimètres avant d'être amenée en position en utilisant un marteau et un jet de taille appropriée en métal souple.

12 Remonter le support de retenue de la barre anti-roulis, comme indiqué à la Section 14.

13 Déposer la barre de torsion avant, comme indiqué à la Section 14 puis recommencer sur le côté droit la procédure décrite aux paragraphes 10 et 11. Immobiliser la barre en position, comme indiqué à la Section 14.

14 Remonter les roues puis ramener le véhicule au sol et serrer les boulons des roues au couple spécifié.

15 Ensuite, secouer le véhicule pour que les composants de la suspension qui ont été déposés reprennent leur position. Resserrer les boulons de fixation de l'amortisseur aux couples spécifiés.

16 Revérifier les gardes au sol du véhicule, comme indiqué précédemment dans cette Section et, le cas échéant, recommencer la procédure de réglage. Il convient de noter qu'après un ajustement, il faudra probablement régler le faisceau des projecteurs. Consulter le Chapitre 12 pour de plus amples informations.

19 Volant - dépose et repose

Dépose

1 Amener les roues avant en position ligne droite puis débloquer l'antivol de la direction en introduisant la clé de contact.

2 Dégager, avec précaution, le bloc central du volant puis desserrer et retirer l'écrou de retenue du volant **(voir illustrations)**.

3 Tracer un repère indiquant la position du volant par rapport à l'arbre de la colonne de direction puis soulever le volant pour le désolidariser des cannelures de la colonne. S'il y a un emmanchement serré, frapper sur le volant, vers le haut et vers le centre avec la paume des mains, ou secouer ce volant sur un côté puis sur l'autre tout en exerçant une traction vers le haut pour l'écarter des cannelures de la colonne.

Repose

4 La repose se fait dans l'ordre inverse des opérations de dépose, en notant les points suivants:

(a) *Vérifier que l'ergot d'annulation de l'indicateur qui se trouve au dos du volant est en bon état. Le cas échéant, le remplacer. Il est immobilisé par un jonc d'arrêt **(voir illustration)**.*

(b) *Avant de procéder à la repose, s'assurer que la tige du contacteur de l'indicateur est bien centrée. Si ce n'est pas le cas, cela risque de provoquer la rupture de la languette du contacteur par l'ergot du volant lors de la repose de ce dernier.*

(c) *Lors de la repose, aligner les repères effectués lors de la dépose puis serrer l'écrou de retenue au couple spécifié **(voir illustration)**.*

20.4a Desserrer les cinq vis de retenue des deux moitiés de l'habillage de la colonne de direction (flèches) . . .

20.4b . . . puis déposer l'habillage inférieur . . .

20.4c . . . et l'habillage supérieur

20 Colonne de direction - dépose, examen et repose

Dépose

1 Débrancher la cosse négative de la batterie.
2 Déposer le volant, comme indiqué à la Section 19.
3 Dégager les attaches du panneau en les faisant tourner d'un quart de tour puis déposer le panneau inférieur du tableau de bord, du côté conducteur.
4 Desserrer puis retirer les cinq vis qui immobilisent l'une sur l'autre les deux moitiés de l'habillage de la colonne de direction. Déposer ensuite l'habillage supérieur et l'habillage inférieur **(voir illustrations)**.
5 Desserrer les colliers de retenue de la garniture en feutre qui se trouve sous le tableau de bord puis replier cette garniture. Débrancher la conduite de chauffage puis déposer cette dernière pour accéder aux supports de la colonne de direction.
6 Basculer au maximum vers l'avant la colonne de direction puis débrancher les connecteurs électriques au niveau des interrupteurs de cette colonne. Débrancher également les trois connecteurs électriques du contact/antivol **(voir illustration)**. Dégager les câblages au niveau des différents colliers de retenue.

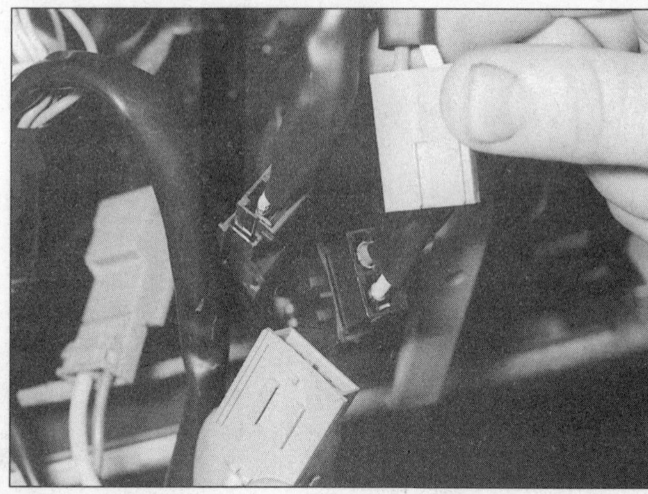
20.6 Débranchement des connecteurs électriques du contact/antivol

7 Tracer des repères d'alignement entre le joint cardan au pied de la colonne de direction et l'arbre intermédiaire puis desserrer et retirer le boulon de serrage de ce joint cardan.
8 Desserrer puis retirer les quatre écrous de fixation de la colonne de direction. Dégager ensuite cette colonne de ses supports. Récupérer les entretoises de fixation de la colonne au niveau des ergots inférieurs de fixation **(voir illustration)**. Dégager le joint cardan au niveau de l'arbre intermédiaire puis déposer du véhicule l'ensemble colonne de direction.
9 Pour déposer l'arbre intermédiaire, bien serrer le frein à main puis soulever au cric l'avant du véhicule et le soutenir sur des chandelles. Dégager la gaine en caoutchouc au niveau du plancher puis la faire

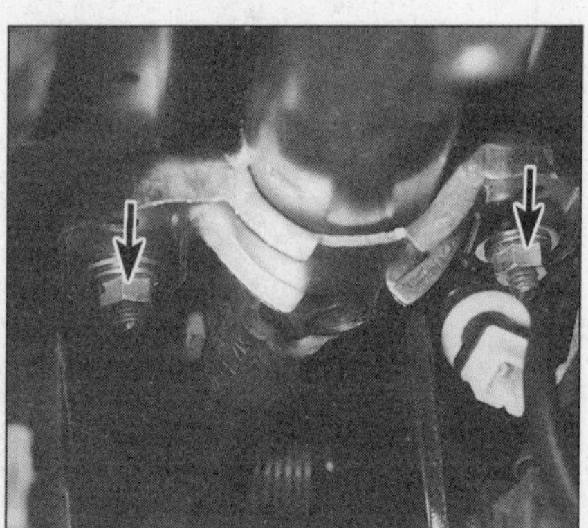
20.8 Ecrous de fixation (flèches) de la colonne de direction

20.9a Depuis l'intérieur du véhicule, faire glisser la gaine pour la retirer de l'arbre intermédiaire . . .

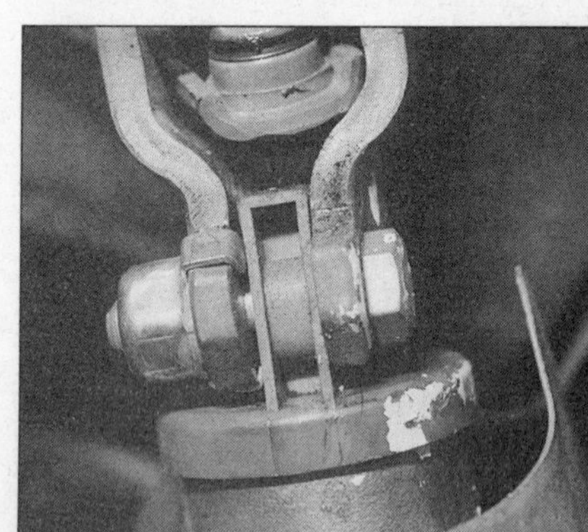
20.9b . . . puis desserrer et retirer le boulon de serrage du joint cardan et désolidariser l'arbre du mécanisme de direction

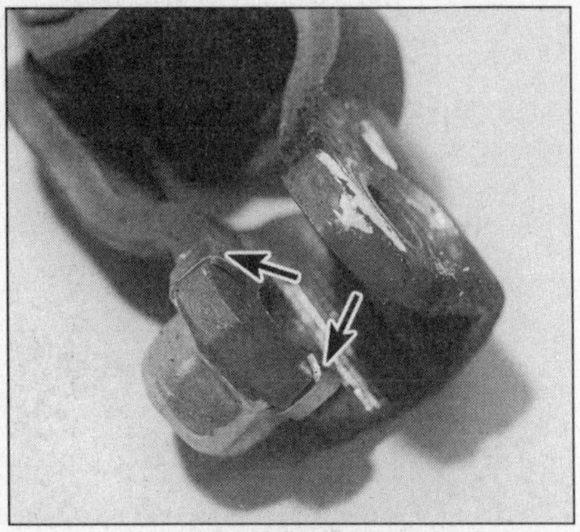

20.12 S'assurer que la cage de l'écrou du boulon de serrage du joint cardan est bien immobilisée en position par ses languettes de retenue (flèches)

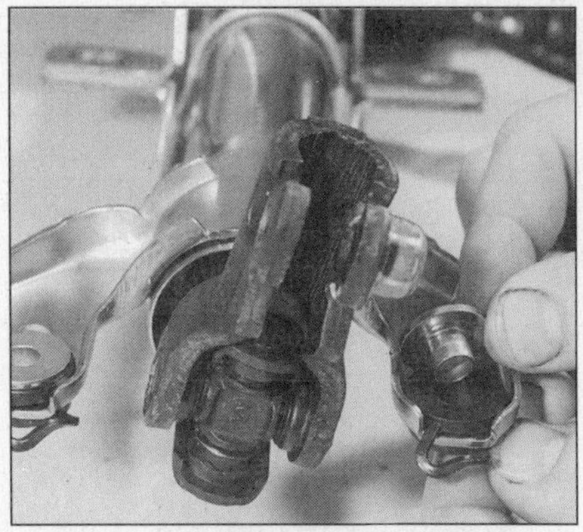

20.15a S'assurer que les fixations en caoutchouc et les entretoises occupent une position correcte sur les bords inférieurs de la colonne . . .

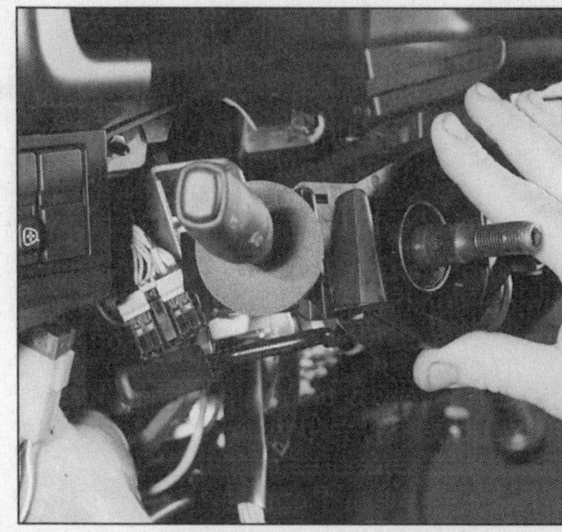

20.15b . . . puis remonter la colonne de direction du véhicule

20.16 Ajuster la position de l'arbre de direction, comme ndiqué dans le texte, avant de resserrer le boulon de serrage du joint cardan

glisser vers l'extrémité de l'arbre pour la retirer. Tracer des repères d'alignement entre le joint cardan au pied de l'arbre intermédiaire et le mécanisme de la direction puis desserrer et retirer le boulon de serrage de ce joint cardan **(voir illustrations)**. Désolidariser l'arbre des cannelures du pignon puis le retirer du véhicule.

Examen

10 La colonne de direction comporte un dispositif télescopique de sécurité. En cas de choc frontal, l'arbre s'écrase pour protéger le conducteur contre toute blessure provoquée par le volant. Avant de remettre en place la colonne de la direction, examiner cette dernière ainsi que ses supports pour s'assurer qu'il n'y a pas d'endommagement et de déformation. Procéder aux remplacements nécessaires.

11 Vérifier l'arbre de la direction pour s'assurer qu'il n'y a pas de jeu au niveau des bagues. S'assurer également que les joints cardan ne sont pas endommagés ou n'ont pas de points durs au niveau des roulements. Si les joints de cardan ou les bagues de l'arbre de la colonne de direction sont abîmés ou usés, remplacer l'ensemble colonne. Examiner les supports de fixation en caoutchouc au pied de la colonne pour s'assurer qu'ils ne sont pas endommagés ou détériorés. Procéder aux remplacements nécessaires.

12 Il faut remplacer d'office les écrous de la colonne de direction ainsi que les écrous des boulons de serrage de l'arbre intermédiaire qui ont été retirés. Chaque écrou est retenu par une cage métallique. Déplier les languettes de retenue de cette cage pour en retirer l'écrou usagé et le remplacer par un neuf. Remettre en place la cage puis l'immobiliser en position en repliant les languettes de retenue **(voir illustration)**.

Repose

13 Si l'arbre intermédiaire a été déposé, lors de la repose, il faut aligner les repères effectués avant la dépose puis mettre en prise le joint cardan sur les cannelures du pignon d'entraînement du mécanisme de la direction. Remettre en place le boulon de serrage de cet arbre puis le serrer au couple spécifié. Faire glisser la gaine en caoutchouc vers le bas, le long de l'arbre intermédiaire pour l'amener au niveau du plancher.

14 Manipuler l'ensemble colonne de direction pour l'amener en position puis, après avoir aligné les repères effectués avant la dépose, mettre en prise le joint cardan sur les cannelures de l'arbre intermédiaire.

15 Positionner la colonne sur ses ergots de fixation puis remettre en place les écrous de fixation de la colonne, sans oublier les entretoises des ergots de fixation inférieurs. Serrer ces écrous au couple spécifié **(voir illustrations)**.

16 Mettre en position le joint cardan de la colonne sur l'arbre intermédiaire. La partie supérieure de l'arbre de la direction doit présenter une saillie de 58 mm au-dessus de la colonne de direction **(voir illustration)**. Dès obtention de la position correcte, remettre en place le boulon de serrage et le serrer au couple spécifié.

17 Vérifier que le câblage suit le trajet correct prévu et est immobilisé par tous les colliers de retenue nécessaires. Rebrancher les connecteurs électriques sur les contacteurs et le contact/antivol.

18 Rebrancher la conduite de chauffage. S'assurer qu'elle repose correctement à chaque extrémité. Refixer la garniture sous le tableau de bord.

19 Mettre en position l'habillage supérieur et l'habillage inférieur autour de la colonne de direction puis remettre en place les vis de retenue et bien les serrer.

20 Remettre en position le panneau inférieur du tableau de bord et l'immobiliser en position en faisant tourner d'un quart de tour ses attaches.

21 Remettre en place le volant, comme indiqué à la Section 18.

22 Libérer le levier d'inclinaison de la colonne et vérifier que cette dernière se déplace librement. Rebloquer ce levier et vérifier que la colonne est bien immobilisée. Si un réglage s'avère nécessaire, travailler au niveau de l'ouverture de l'habillage inférieur, desserrer le contre-écrou du levier puis desserrer l'écrou de réglage jusqu'à ce que la colonne se déplace librement après avoir débloqué le levier. Bien immobiliser ensuite cette colonne en rebloquant le levier. Il convient de noter que sur certains modèles, l'agencement comportant un contre-écrou et un écrou de réglage est remplacé par un simple écrou à auto-freinage. Le cas échéant, immobiliser l'écrou de réglage pendant le serrage du contre-écrou. Vérifier le fonctionnement du levier et, si besoin est, recommencer la procédure de réglage.

21.5 Vis de retenue (flèche) du combiné contact et antivol de direction

21 Contact et antivol de direction - dépose et repose

Dépose

1 Débrancher la cosse négative de la batterie.
2 Depuis l'intérieur du véhicule, dégager les attaches du tableau de bord en les faisant tourner d'un quart de tour. Déposer le panneau inférieur du tableau de bord, du côté conducteur.
3 Desserrer puis retirer les cinq vis qui immobilisent l'une sur l'autre les deux moitiés de l'habillage de la colonne de direction. Déposer l'habillage inférieur.
4 Faire basculer au maximum vers l'avant la colonne de direction puis remonter le long du câblage à partir du contact/antivol pour débrancher ses trois connecteurs électriques au niveau du faisceau principal.
5 Desserrer puis retirer la vis de retenue et la rondelle sur le côté de l'antivol **(voir illustration)**.
6 Introduire la clé de contact pour l'amener au niveau du repère qui se trouve entre les lettres "A" et "S" du barillet. A l'aide d'un petit tournevis à lame plate, appuyer sur l'ergot de retenue de l'antivol pour déposer cet ensemble de la colonne de direction **(voir illustrations)**.

Repose

7 La repose se fait dans l'ordre inverse des opérations de dépose. S'assurer que l'ensemble antivol est bien immobilisé en position par son ergot de retenue. Avant de remonter l'habillage de la colonne de direction, retirer la clé de contact et vérifier que l'antivol de la direction fonctionne correctement.

22 Ensemble mécanisme de direction - dépose, révision and repose

Dépose

1 Bloquer les roues arrière par des cales. Bien serrer le frein à main puis soulever au cric l'avant du véhicule et le soutenir sur des chandelles. Déposer les deux roues avant.
2 Desserrer puis retirer les écrous qui immobilisent les rotules des barres d'accouplement du mécanisme de direction sur les moyeux pivotants puis désolidariser les tiges coniques de ces rotules en utilisant un séparateur universel.
3 A l'aide d'un marteau et d'un pointeau, de peinture blanche ou d'un produit similaire, tracer un repère indiquant le rapport exact entre le joint cardan de l'arbre intermédiaire et le pignon d'entraînement du mécanisme de direction. Desserrer puis retirer le collier de serrage qui immobilise ce joint sur ce pignon puis désolidariser l'arbre intermédiaire au niveau du mécanisme de direction **(voir illustration)**.
4 Desserrer les deux vis inférieures de retenue puis décrocher l'écran thermique et le retirer en le faisant passer par le haut de l'ensemble mécanisme de direction.

Mécanisme de direction manuelle

5 Desserrer les boulons de fixation du mécanisme de direction. Récupérer les écrous. Retirer les boulons de fixation et récupérer les entretoises au niveau des ouvertures du faux-châssis **(voir illustrations)**.
6 Manipuler l'ensemble mécanisme de direction pour le déposer en le faisant passer sous le passage de roue droite. Il convient de noter que sur certains modèles à conduite à gauche équipés de la transmission mécanique, il faut parfois débrancher les trois biellettes de raccordement de la tringlerie de changement de vitesse au niveau de leurs rotules sur la transmission afin d'obtenir le dégagement nécessaire pour retirer le mécanisme de direction.

Mécanisme de direction assistée

7 Utiliser des colliers spéciaux de flexibles de freins pour obturer les deux flexibles d'alimentation et de retour à proximité du réservoir de liquide de la direction assistée. Cela permettra de minimiser les pertes de liquide lors des opérations ultérieures.
8 Tracer des repères sur les raccords pour être certain de les remonter aux bons emplacements. Dévisser ensuite les écrous de raccordement des durits d'alimentation et de retour au niveau de l'ensemble mécanisme de direction. S'attendre à un épanchement de liquide. Pour cela, placer un récipient de taille appropriée sous ces

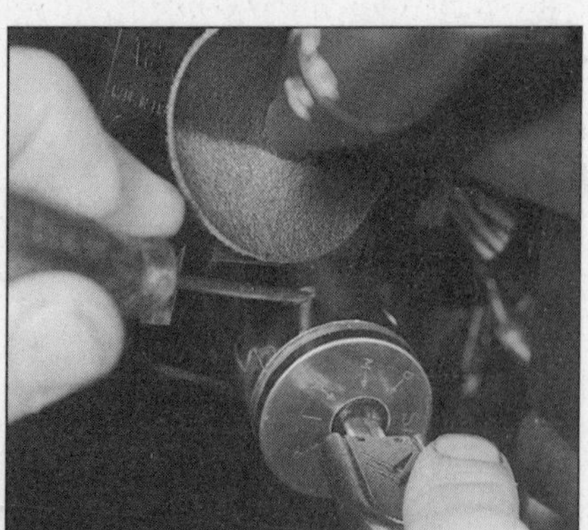

21.6a Introduire la clé de contact, l'amener à la position indiquée dans le texte puis appuyer sur l'ergot de retenue de l'antivol . . .

21.6b . . . et retirer de la colonne de direction l'ensemble antivol

22.3 Boulon de serrage (flèche) du joint cardan de l'arbre intermédiaire, vu de dessous

22.5a Desserrer puis retirer les deux boulons de retenue du mécanisme de direction (vus de dessous, à l'avant du véhicule) . . .

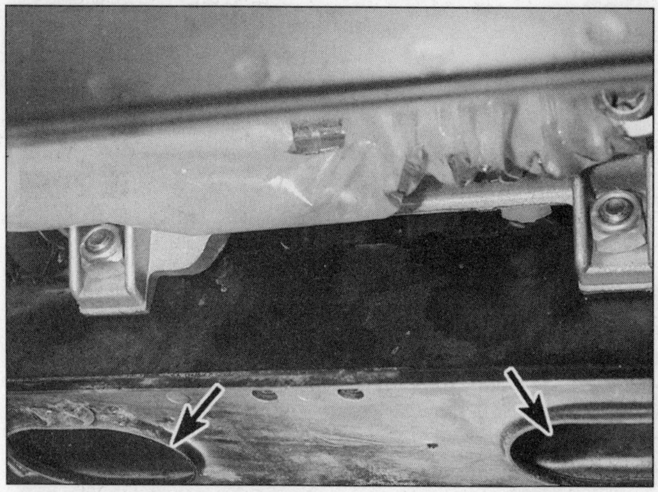

22.5b . . . et récupérer les écrous au dos du mécanisme de direction et les entretoises au niveau des ouvertures du faux-châssis (flèches)

durits avant de desserrer ces écrous. Débrancher les deux durits et en obturer les extrémités ainsi que les orifices du mécanisme de direction pour éviter les fuites excessives de liquide et l'entrée de poussière dans le circuit hydraulique.

9 Décrocher les durits de la direction assistée au niveau des différents colliers de retenue. Ecarter ces durits du mécanisme de direction afin qu'elles ne gênent pas la procédure de dépose.

10 Déposer le mécanisme de direction, comme indiqué aux paragraphes 5 et 6 ci-dessus.

Révision

11 Examiner l'ensemble mécanisme de direction pour s'assurer qu'il n'est pas usé ou endommagé. Vérifier que la crémaillère se déplace librement sur toute sa course, sans points durs et sans jeu excessif entre le pignon et la crémaillère de ce mécanisme. Il est possible de réviser les composants de l'ensemble mécanisme de direction mais il vaut mieux confier cette tâche à un concessionnaire Citroën. Les seuls composants qu'un bricoleur peut facilement remplacer sont les gaines du mécanisme de direction, les rotules des barres d'accouplement et les barres d'accouplement proprement dites. Les Sections 27, 26 et 23 décrivent, respectivement, les procédures de remplacement des barres d'accouplement, des rotules de barres d'accouplement et des gaines du mécanisme de direction.

12 Sur les modèles équipés de la direction assistée, examiner chaque raccord de liquide du mécanisme de direction pour s'assurer qu'il n'y a pas de fuite. Vérifier également que tous les écrous de raccordement sont bien serrés. Enfin, examiner le vérin hydraulique de ce mécanisme pour s'assurer qu'il n'y a pas de fuite de liquide ou d'endommagement. Procéder aux remplacements nécessaires.

Repose

13 Noter qu'il faut remplacer d'office tous les écrous à auto-serrage (ceux dont le filetage est déjà enduit de produit de freinage) qui ont été retirés lors de la dépose. Il s'agit des écrous des rotules des barres d'accouplement, des écrous des boulons de fixation du mécanisme de direction et de l'écrou du boulon de serrage de l'arbre intermédiaire. Ce dernier écrou est retenu par une cage métallique. Déplier les languettes de retenue de cette cage puis retirer l'écrou usagé et le remplacer par un neuf. Remonter la cage sur l'arbre et l'immobiliser en position en repliant les languettes de retenue **(voir illustration 20.12)**.

14 Manipuler l'ensemble mécanisme de direction pour l'amener en position, par le côté droit du véhicule.

15 Mettre en position les entretoises dans les ouvertures du faux-châssis puis introduire les boulons de fixation. Mettre en place les écrous neufs sur le mécanisme de direction puis serrer les boulons de fixation au couple spécifié. Le cas échéant, mettre en prise les biellettes de raccordement de la tringlerie de changement de vitesse sur leurs rotules respectives.

16 Fixer l'écran thermique à la partie supérieure du mécanisme de direction puis bien serrer ses deux vis de retenue.

17 Après avoir aligné les repères effectués avant la dépose, mettre en prise le joint cardan de l'arbre intermédiaire sur les cannelures du pignon du mécanisme de direction. Remettre en place le boulon de serrage avec un écrou neuf et le serrer au couple spécifié.

18 Mettre en prise les rotules des biellettes de raccordement dans les moyeux pivotants puis mettre en place un écrou neuf de retenue sur chacune d'entre elles. Resserrer ces écrous au couple spécifié.

19 Sur les modèles équipés de la direction assistée, essuyer les raccords des durits d'alimentation et de retour puis remettre chacune de ces durits sur sa position correcte, sur le mécanisme de direction. Serrer les écrous de raccordement aux couples spécifiés. S'assurer que chaque durit suit le trajet correct prévu et est bien immobilisée par tous les colliers de retenue nécessaires.

20 Sur tous les modèles, remonter les roues puis ramener le véhicule au sol. Resserrer les boulons de ces roues au couple spécifié.

21 Le cas échéant, déposer les colliers de serrage des flexibles de la direction assistée puis compléter le plein de liquide hydraulique et purger le circuit hydraulique, comme indiqué à la Section 24.

22 Une fois cette intervention terminée, vérifier et, le cas échéant, régler le parallélisme des roues avant, comme indiqué à la Section 28.

23 Gaines en caoutchouc du mécanisme de direction - remplacement

Mécanisme de direction manuelle

1 Déposer la rotule de la barre d'accouplement, comme indiqué à la Section 26.

2 Tracer un repère pour identifier la position correcte de montage de cette gaine sur la barre d'accouplement puis desserrer le collier de retenue et faire glisser la gaine pour la retirer du logement du mécanisme de direction et de l'extrémité barre d'accouplement.

3 Nettoyer soigneusement la barre d'accouplement et le logement du mécanisme de direction avec du papier abrasif fin pour enlever la corrosion, les bavures ou les arêtes vives qui risqueraient d'endommager les lèvres d'étanchéité de la gaine neuve lors de sa mise en place. Racler la graisse de la gaine usagée pour la mettre sur la rotule interne de la barre d'accouplement.

4 Faire glisser, avec précaution, la gaine neuve pour l'amener à l'extrémité de la barre d'accouplement et bien la positionner sur le logement du mécanisme de direction. Aligner le bord extérieur de cette

25.3 Desserrer l'écrou de retenue (flèche) puis débrancher la durit d'alimentation au niveau de la pompe de la direction assistée. Le collier de retenue du flexible d'alimentation liquide est également identifié par une flèche.

25.5a Les orifices de la poulie d'entraînement permettent d'accéder aux deux boulons avant de retenue de la pompe de direction assistée

gaine sur le repère effectué sur la barre d'accouplement avant la dépose. Immobiliser cette gaine en position à l'aide de colliers neufs de retenue.

5 Remettre en place la rotule de la barre d'accouplement, comme indiqué à la Section 26.

Mécanisme de direction assistée

6 Sur un ensemble mécanisme de direction assistée, seule la gaine la plus proche du pignon d'entraînement peut être remplacée. Il s'agit de la gaine droite sur les modèles à conduite à droite et la gaine gauche sur les modèles à conduite à gauche. Pour cela, utiliser la procédure décrite aux paragraphes 1 à 5 ci-dessus.

7 Le remplacement de l'autre gaine doit être confié à un concessionnaire Citroën étant donné qu'il n'est pas possible de faire passer cette gaine sur l'ergot de la crémaillère où vient se fixer le vérin hydraulique. Par conséquent, il faut démonter le mécanisme de direction et retirer du logement la crémaillère pour pouvoir remplacer cette gaine.

8 La seule opération qu'un bricoleur puisse réaliser à cette extrémité de l'ensemble est le remplacement du couvercle pare-poussière de la rotule interne de la barre d'accouplement. Ce couvercle peut être remplacé après avoir déposé la rotule de la barre d'accouplement, comme indiqué à la Section 26. Lors de la repose, s'assurer que ce couvercle occupe un emplacement correct sur la barre d'accouplement et la crémaillère de direction puis remettre en place la rotule.

24 Direction assistée - purge

1 Cette procédure ne s'avère nécessaire que si une partie du circuit hydraulique a été débranchée.

2 Tout en consultant le Chapitre 1, déposer le bouchon de remplissage du réservoir de liquide puis compléter le plein jusqu'au repère maximum, en utilisant uniquement le liquide préconisé.

3 Après avoir arrêté le moteur, déplacer lentement le volant d'une butée à l'autre, à plusieurs reprises, pour chasser l'air coincé puis compléter le plein du réservoir de liquide. Recommencer cette procédure jusqu'à ce que le niveau de liquide dans le réservoir ne descende plus.

4 Mettre le moteur en route puis déplacer lentement le volant d'une butée à l'autre, à plusieurs reprises, pour purger l'air résiduel du circuit. Recommencer cette procédure jusqu'à ce qu'il n'y ait plus de bulles dans le réservoir de liquide.

5 Si, pendant cette rotation du volant, il y a un bruit anormal en provenance des canalisations de liquide, cela indique que le circuit contient toujours de l'air. Le vérifier en amenant les roues en position ligne droit et en coupant le moteur. Si le niveau de liquide dans le réservoir s'élève, cela confirme bien la présence d'air dans le circuit. Dans ce cas-là, il convient de poursuivre la purge.

6 Dès que la totalité de l'air a été éliminée du circuit hydraulique de la direction assistée, couper le moteur et laisser le système refroidir. Dès qu'il est froid, vérifier que le niveau de liquide atteint le repère maximum dans le réservoir du liquide de la direction assistée. Compléter le plein suivant besoin.

25 Pompe de direction assistée - dépose et repose

Dépose

1 Supprimer la tension sur la courroie d'entraînement, comme indiqué au Chapitre 1, puis décrocher cette courroie au niveau de la poulie de la pompe. Cette pompe se monte directement au-dessus ou au-dessous de l'alternateur, en fonction du type de moteur et du niveau d'équipement du véhicule.

2 A l'aide de colliers spéciaux, obturer les deux flexibles d'alimentation et de retour à proximité du réservoir de liquide de la direction assistée. Cela permettra de minimiser les pertes de liquide lors des opérations ultérieures.

3 Desserrer l'écrou de retenue puis décrocher le collier de retenue du flexible de la direction au dos de la pompe **(voir illustration)**.

4 Desserrer le collier de retenue puis débrancher le flexible d'alimentation en liquide au dos de la pompe. Si le collier Citroën d'origine est toujours en place, le découper et le mettre au rebut. Lors de la repose, le remplacer par un collier standard pour flexible de type à vis sans fin. Desserrer l'écrou de raccordement puis débrancher la durit d'alimentation de la pompe, avec son joint torique. S'attendre à un épanchement de liquide lors du débranchement de la durit et du flexible. Pour minimiser les pertes de fluide et empêcher toute entrée de poussière dans le circuit, obturer l'extrémité du flexible et de la durit et les raccords de la pompe.

5 Desserrer puis retirer les trois boulons qui immobilisent la pompe de direction assistée en position. Déposer cette pompe du compartiment moteur **(voir illustrations)**.

Repose

6 Manipuler la pompe pour l'amener en position puis remettre en place ses boulons de fixation et bien les serrer.

7 Mettre en place un joint torique neuf sur le raccord de la durit d'alimentation puis rebrancher cette dernière sur la pompe et bien serrer l'écrou de raccordement. Rebrancher la durit d'alimentation sur

25.5b Boulons de fixation supérieur de la pompe de pompe de direction assistée (vus du dessus)

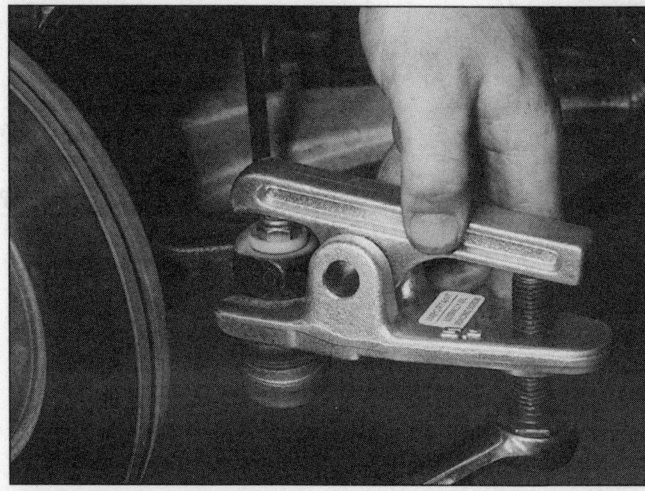

26.4 Utilisation d'un séparateur universel pour désolidariser la tige de la rotule du moyeu pivotant

la pompe puis bien en serrer son collier de retenue. Retirer les colliers spéciaux utilisés pour obturer les flexibles de freins afin de minimiser les pertes de liquide.

8 Remettre en place le collier de retenue du flexible de liquide au dos de la pompe et bien en serrer l'écrou de retenue.

9 Remonter la courroie d'entraînement sur la poulie de la pompe et la tendre, comme indiqué au Chapitre 1.

10 Une fois cette intervention terminée, purger le circuit hydraulique, comme indiqué à la Section 24.

26 Rotule de barre d'accouplement - dépose et repose

Dépose

1 Serrer le frein à main puis lever au cric l'avant du véhicule et le soutenir sur des chandelles. Déposer la roue avant concernée.

2 En cas de réutilisation de la rotule, prendre une règle et une pointe à tracer, ou un dispositif similaire, pour tracer des repères indiquant sa position par rapport à la barre d'accouplement.

3 Tout en immobilisant la barre d'accouplement, desserrer d'un quart de tour le contre-écrou de la rotule. Ne pas écarter le contre-écrou de cette position car il constituera une référence très commode lors de la repose.

4 Desserrer puis retirer l'écrou qui immobilise la rotule de la barre d'accouplement sur le moyeu pivotant puis extraire la tige conique de cette rotule à l'aide d'un séparateur universel de rotule **(voir illustration)**. Mettre l'écrou au rebut et le remplacer par un neuf lors de la repose.

5 Tout en comptant le nombre **exact** de tours qu'il faut faire, dévisser la rotule à l'extrémité de la barre d'accouplement.

6 Compter le nombre de filets visibles entre l'extrémité de la rotule et le contre-écrou. Noter ce chiffre. En cas d'installation d'une rotule neuve, dévisser le contre-écrou de la rotule usagée.

7 Nettoyer avec soin la rotule et le filetage. Remplacer la rotule si elle a un déplacement irrégulier, si elle est trop dure, si elle est trop usée ou si elle présente des dégâts, quels qu'ils soient. Vérifier soigneusement le cône de l'ergot et le filetage. Si la gaine de la rotule est endommagée, il convient de remplacer la totalité de l'ensemble rotule car cette gaine ne se vend pas séparément.

Repose

8 En cas d'installation d'une rotule neuve, visser le contre-écrou sur son filetage et l'amener à une position permettant de voir le même nombre de filets qu'avant la dépose.

9 Visser la rotule sur la barre d'accouplement sur le même nombre de tours qui a été noté lors de la dépose. Cela devrait amener cette rotule à un quart de tour du contre-écrou et les repères effectués (le cas échéant) lors de la dépose, devraient être alignés.

10 Remonter la tige de la rotule sur le moyeu pivotant puis mettre en place un écrou neuf de retenue et le serrer au couple spécifié.

11 Remonter la roue puis ramener le véhicule au sol et serrer les boulons de cette roue au couple spécifié.

12 Vérifier et, le cas échéant, ajuster le pincement des roues avant, comme indiqué à la Section 28 puis bien serrer le contre-écrou de la rotule.

27 Barre d'accouplement - dépose et repose

Dépose

1 Déposer la rotule de la barre d'accouplement, comme indiqué à la Section 26.

2 Après avoir consulté la Section 23 qui fournit des renseignements complémentaires, desserrer les colliers de retenue et faire glisser la gaine du mécanisme de direction pour la retirer par l'extrémité de la barre d'accouplement ou retirer le couvercle pare-poussière de la rotule de la barre d'accouplement et le faire glisser pour le retirer de cette barre (suivant les cas).

3 Desserrer la rotule interne de la barre d'accouplement au niveau de l'extrémité crémaillère tout en empêchant la crémaillère de tourner en immobilisant la rondelle frein de la rotule avec une pince. Faire très attention de ne pas laisser de traces à la surface de la crémaillère ou de la rotule.

4 Déposer l'ensemble barre d'accouplement. Mettre au rebut la rondelle frein et la remplacer par une neuve lors de la repose.

5 Examiner la rotule interne de la barre d'accouplement pour s'assurer qu'elle ne présente pas de mou ou de points durs. Vérifier également que cette barre est droite et intacte. Le cas échéant, remplacer la barre d'accouplement. Il est en outre recommandé de remplacer la gaine du mécanisme de direction et le couvercle pare-poussière.

Repose

6 Positionner une nouvelle rondelle frein à l'extrémité de la crémaillère de la direction. Verser quelques gouttes de liquide de freinage sur le filetage de la rotule interne de la barre d'accouplement.

7 Visser la rotule dans la crémaillère de la direction puis la serrer au couple spécifié tout en immobilisant la rondelle frein à l'aide d'une pince. Dans ce cas-là également, faire très attention de ne pas endommager ou de laisser des traces à la surface de la rotule de la barre d'accouplement ou de la crémaillère de la direction.

8 Si une gaine a été retirée, faire glisser avec précaution la gaine neuve pour l'amener en position sur le logement du mécanisme de la

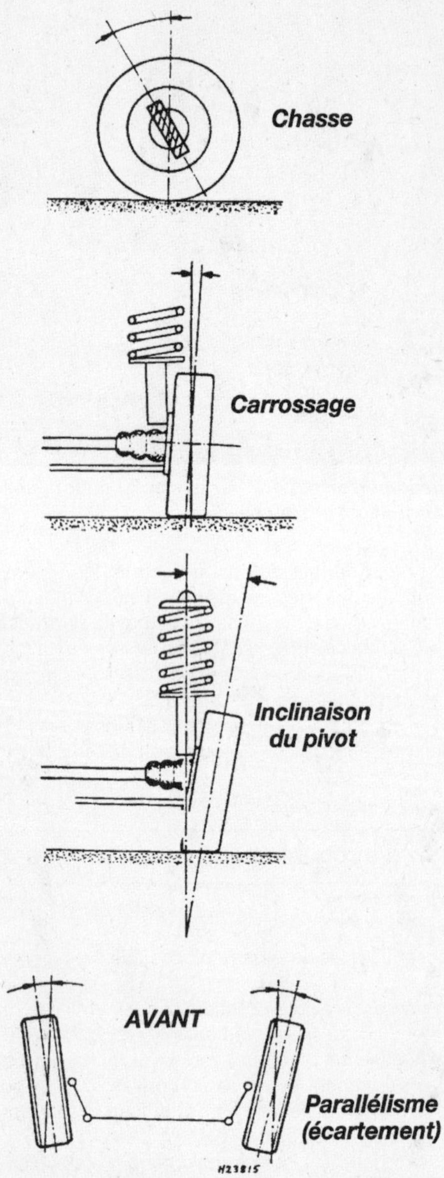

28.1 Mesures du parallélisme des roues avant et de la géométrie du train avant

direction. Tourner le volant d'une butée à l'autre pour vérifier que la gaine est correctement positionnée sur la barre d'accouplement puis l'immobiliser en position avec des colliers neufs de retenue.

9 Si un couvercle pare-poussière a été retiré, faire coulisser avec précaution le couvercle neuf pour l'amener en position dans ses rainures sur le collier de la crémaillère de direction et sur la barre d'accouplement.

10 Remettre en place la rotule de la barre d'accouplement, comme indiqué à la Section 26.

28 Parallélisme des roues et géométrie du train avant - généralités

Parallélisme des roues et géométrie du train avant - généralités

1 La géométrie de la direction et de la suspension d'un véhicule repose sur quatre facteurs essentiels - tous les angles sont exprimés en degrés (le pincement est également exprimé sous la forme d'une mesure) et l'axe d'inclinaison de la direction se définit comme une ligne imaginaire passant par l'axe central de la jambe de suspension et se prolonge, le cas échéant, jusqu'au sol **(voir illustration)**.

2 **Le carrossage** est l'angle d'inclinaison de chaque roue par rapport à un trait vertical passant au centre de chaque roue et le point de contact du pneu lorsqu'on regarde le véhicule depuis l'avant. Le carrossage est positif si les roues sont inclinées vers l'extérieur en haut de la verticale. Il est négatif si elles sont inclinées vers l'intérieur.

3 Le carrossage n'est pas réglable et est donné à titre de référence uniquement. Il peut être vérifié à l'aide d'un calibre spécial. Si le chiffre diffère sensiblement de celui qui est spécifié, il faut confier le véhicule à un professionnel qui effectuera des vérifications plus poussées étant donné que cette anomalie ne peut être provoquée que par l'usure ou l'endommagement de composants de la carrosserie ou de la suspension.

4 **La chasse** est l'angle formé entre l'axe de la direction et un trait vertical passant au centre de chaque roue et le point de contact du pneu lorsqu'on regarde le véhicule depuis le côté. La chasse est positive si l'axe de la direction présente une inclinaison qui lui fait toucher le sol avant la verticale. Elle est négative lorsqu'il touche le sol après la verticale.

5 La chasse n'est pas réglable et est donnée à titre de référence uniquement. Elle se vérifie à l'aide d'un calibre spécial. Si le chiffre obtenu diffère sensiblement de celui qui est spécifié, il faut confier le véhicule à un professionnel qui effectuera des vérifications plus poussées étant donné que cette anomalie ne peut être provoquée que par l'usure ou l'endommagement de composants de la carrosserie ou de la suspension.

6 **Inclinaison de l'axe de la direction** - on l'appelle également **inclinaison du pivot**. Il s'agit de l'angle formé entre l'axe de la direction et un trait vertical imaginaire passant par le centre de chaque roue et le point de contact des pneus lorsqu'on regarde le véhicule depuis l'avant ou l'arrière.

7 Cette inclinaison n'est pas réglable et est donnée à titre de référence uniquement.

8 **Le pincement** est la différence (vue du dessus), entre des traits imaginaires passant par le centre des roues et l'axe central du véhicule. Si les roues pointent vers l'intérieur, si les deux roues avant sont dirigées l'une vers l'autre, il y a pincement. Si au contraire les deux roues avant semblent s'écarter l'une de l'autre, il y a "écartement".

9 Le réglage du pincement ou de l'écartement des roues avant s'obtient en vissant ou dévissant les rotules au niveau de leur barre d'accouplement afin de modifier la longueur réelle des ensembles barre d'accouplement.

10 Le pincement ou l'écartement des roues arrière n'est pas réglable et est donné à titre de référence uniquement. Il peut être vérifié mais si le chiffre obtenu est sensiblement différent de celui des Spécifications, il faut confier le véhicule à un professionnel qui se chargera d'une vérification poussée étant donné que cette anomalie ne peut être provoquée que par l'usure ou l'endommagement des composants de la carrosserie ou de la suspension.

Vérification - généralités

11 Etant donné que pour vérifier le parallélisme des roues il faut se procurer un équipement spécial de mesure et étant donné qu'il faut savoir se servir de cet équipement, il vaut mieux confier les vérifications et les ajustements de ces réglages à un concessionnaire Citroën ou à un expert en ce domaine. Il convient de noter que la plupart des ateliers d'installation de pneus disposent d'un matériel sophistiqué de vérification.

12 Pour obtenir une vérification **précise**, le véhicule **doit** être à son poids en ordre de marche, c'est-à-dire qu'il doit être vide, que le réservoir de gazole doit être plein et que la garde au sol du véhicule doit être correcte (voir Section 18).

13 Avant de commencer une intervention, il faut toujours vérifier en premier lieu que la taille et le type des pneus correspondent bien aux Spécifications. Ensuite, il faut vérifier la pression de gonflage des pneus ainsi que leur usure, le faux-rond des roues, l'état des

28.21 Réglage du parallélisme des roues avant

roulements de moyeux, le jeu du volant et l'état des composants de la suspension avant (voir Chapitre 1). Remédier à toutes les anomalies ainsi identifiées.

14 Garer le véhicule sur un sol horizontal. Amener les roues avant en position ligne droit puis secouer l'avant et l'arrière du véhicule pour que tous les composants de la suspension reprennent bien leur position correcte. Desserrer le frein à main puis faire rouler le véhicule vers l'arrière sur 1 mètre puis vers l'avant afin d'éliminer les contraintes éventuelles au niveau des composants de la direction et de la suspension.

Pincement - vérification et réglage

Pincement des roues avant

15 Ce pincement se vérifie en mesurant la distance entre le rebord intérieur de la partie avant et le rebord intérieur de la partie arrière des jantes d'un même essieu.

16 Préparer le véhicule comme indiqué aux paragraphes 12 à 14 ci-dessus.

17 Si la procédure de mesure est utilisée, mesurer avec soin la distance entre le rebord de la partie avant et le rebord de la partie arrière des jantes d'un même essieu. Soustraire la valeur mesurée à l'arrière de la valeur mesurée à l'avant et vérifier que le résultat respecte la plage des Spécifications.

18 Si un ajustement s'avère nécessaire, serrer le frein à main puis soulever au cric l'avant du véhicule et bien le soutenir sur des chandelles. Amener le volant contre sa butée gauche et noter le nombre de filets visibles à l'extrémité de la barre d'accouplement droite. Amener maintenant le volant contre sa butée droite et noter le nombre de filets visibles sur le côté gauche. Si le nombre de filets visibles est identique sur les deux côtés, les ajustements ultérieurs devront avoir la même amplitude sur les deux côtés. Si un côté a un nombre plus important de filets visibles que sur l'autre, il faudra en tenir compte lors de l'ajustement. Il convient de noter qu'il est vital, après un ajustement, qu'il y ait un nombre identique de filets visibles à l'extrémité de chaque barre d'accouplement.

19 Pour commencer, nettoyer le filetage des barres d'accouplement. S'il est corrodé, passer un liquide pénétrant avant de commencer le réglage. Desserrer les colliers externes des gaines en caoutchouc (le cas échéant), replier les gaines puis passer de la graisse. Les deux gaines doivent être parfaitement dégagées et ne doivent pas subir de torsion ou de contrainte lors de la rotation de leurs barres d'accouplement correspondantes.

20 Utiliser une règle et une pointe à tracer ou un dispositif similaire pour tracer un repère indiquant le rapport entre chaque barre et sa rotule. Ensuite, en immobilisant l'une après l'autre chaque barre d'accouplement, dévisser au maximum son contre-écrou.

21 Modifier la longueur des barres d'accouplement en tenant compte des remarques du paragraphe 18, en les vissant ou les dévissant au niveau de leurs rotules. Pour cela, les faire tourner en plaçant une clé ouverte sur les méplats prévus à cet effet. Le raccourcissement des barres (c'est-à-dire lorsqu'on les visse sur leurs rotules) entraîne une réduction du pincement ou un accroissement de l'écartement **(voir illustration)**.

22 Dès que le pincement obtenu est correct, immobiliser les barres d'accouplement et serrer à fond les contre-écrous des rotules. Vérifier que ces rotules reposent correctement dans leurs douilles. Compter le nombre de filets visibles pour vérifier la longueur des deux barres d'accouplement. Si ce nombre n'est pas identique, c'est que l'ajustement n'est pas égal sur les deux côtés et cela posera des problèmes de frottement des pneus dans les virages. En outre, les branches du volant ne seront plus horizontales lorsque les roues seront en position droit devant.

23 Si les barres d'accouplement ont la même longueur, vérifier que le pincement a été correctement ajusté. Pour cela, ramener le véhicule au sol et revérifier cette valeur. Procéder aux ajustements nécessaires. Si ce réglage est correct, serrer à fond les contre-écrous des rotules des barres d'accouplement. S'assurer que les gaines en caoutchouc sont correctement positionnées et ne sont pas soumises à des torsions ou des contraintes. Les immobiliser en position avec des colliers de retenue neufs (le cas échéant).

Pincement des roues arrière

24 La procédure de vérification du pincement des roues arrière est identique à celle des roues avant, qui est donnée au paragraphe 17.

Notes

Chapitre 11
Carrosserie et aménagements intérieurs

Table des matières

1 Généralités

La carrosserie se compose de plusieurs sections en acier. Elle est proposée en versions berline à trois ou cinq portes. La plupart des composants sont soudés les uns aux autres mais certains font appel à des adhésifs structurels. Les ailes avant sont boulonnées.

Le capot, les portes et certains autres panneaux vulnérables sont en métal zingué et bénéficient d'une protection supplémentaire grâce à une couche d'apprêt anti-gravillons passée avant traitement.

Cette voiture fait énormément appel aux matières plastiques, essentiellement à l'intérieur mais également pour différents composants extérieurs. Les pare-chocs avant et arrière, la calandre et le hayon sont en matériau synthétique moulé par injection qui est à la fois robuste et léger. Différents composants en matière plastique comme, par exemple, les garnitures de passages de roues viennent se fixer à la partie inférieure du véhicule pour améliorer la résistance de la carrosserie à la corrosion.

2 Entretien - carrosserie et châssis

L'état général de la carrosserie d'un véhicule est le point crucial qui va décider de sa valeur. L'entretien est facile mais doit être régulier. La négligence, en particulier à la suite d'un dommage mineur, peut rapidement aggraver la détérioration et entraîner des factures de réparation élevées. Il est également important de surveiller les parties qui ne sont pas directement visibles, comme le dessous, l'intérieur des passages de roues et la partie inférieure du compartiment moteur.

La routine d'entretien élémentaire de la carrosserie est le lavage - de préférence avec beaucoup d'eau et à l'aide d'un tuyau. Ceci éliminera toutes les particules solides qui ont pu se fixer sur le véhicule. En enlevant les particules au jet, il faut faire très attention à ce qu'elles n'égratignent pas la peinture de finition et donc orienter le jet en conséquence. Effectuer la même opération sur le dessous de caisse et les passages de roues, pour évacuer les dépôts de boue qui risquent d'attirer l'humidité et favoriseront la formation de rouille. Paradoxalement, le meilleur temps pour nettoyer le dessous de caisse et les passages de roues est un temps pluvieux, lorsque la boue est bien humide et molle. Par temps très pluvieux, le dessous de caisse se débarrasse généralement des dépôts importants et c'est le moment idéal pour en vérifier l'état.

A l'exception des véhicules qui disposent d'un dessous de caisse recouvert d'une couche de cire protectrice, il est judicieux de nettoyer régulièrement l'ensemble du dessous de caisse à la vapeur, y compris le compartiment moteur, afin de pouvoir effectuer une inspection minutieuse visant à déterminer quels sont les réparations et remplacements mineurs nécessaires. Le lavage à la vapeur, proposé par de nombreux garages, est indispensable pour enlever les dépôts de graisse, dont la couche est parfois épaisse en certains endroits. Si l'équipement de lavage à la vapeur n'est pas disponible, il existe un ou deux excellents solvants pour graisse qui peuvent être appliqués à l'aide d'une brosse. Il suffit ensuite d'éliminer la saleté au jet d'eau. Ne pas utiliser ces méthodes sur des véhicules dont le dessous de caisse est recouvert d'une couche de cire protectrice, car la couche risque de se dissoudre. Examiner ces véhicules une fois par an, de préférence juste avant l'hiver, au moment où le dessous de caisse devrait être nettoyé et où tout dommage affectant la couche de cire devrait être réparé. L'idéal serait d'appliquer une nouvelle couche complète. Ce type de protection à base de cire est également indiqué sous forme d'injection pour les panneaux de portes, les bas de caisse, les corps creux, etc., afin d'assurer une garantie supplémentaire contre la rouille, surtout lorsque cette protection n'est pas fournie d'origine par le constructeur.

Après le lavage des parties peintes, les essuyer avec une peau de chamois pour obtenir une finition parfaite et sans traces. Une couche de cire formera une protection supplémentaire contre les polluants chimiques de l'air. Si la peinture est ternie ou oxydée, utiliser une combinaison de produits nettoyants/lustrants pour lui redonner son éclat. Cela demande un petit effort, mais cette perte d'éclat est généralement due à un lavage irrégulier. La peinture métallisée nécessite l'utilisation d'un produit nettoyant/lustrant non-abrasif pour éviter d'endommager la finition. Toujours vérifier que les orifices et tuyaux d'évacuation des portes et de la prise d'air de ventilation sont parfaitement dégagés, pour que l'eau puisse s'écouler librement. Traiter les parties brillantes comme les parties peintes. Un nettoyant spécial pour vitres peut empêcher la formation d'une pellicule de graisse sur le pare-brise et les vitres. Ne jamais utiliser de la cire, ou du produit d'entretien pour chromes sur les vitres.

3 Entretien - revêtements intérieurs et moquettes

Brosser ou aspirer régulièrement les tapis et la moquette pour enlever les gravillons. S'ils sont très tachés, les sortir du véhicule pour les brosser ou les nettoyer à l'éponge, et s'assurer qu'ils sont bien secs avant de les reposer. Nettoyer les sièges et les panneaux de garniture intérieure à l'aide d'un chiffon humide. S'ils sont souillés (surtout visible sur des revêtements de couleur claire), utiliser un peu de détergent liquide et une petite brosse souple pour extraire la saleté du revêtement. De même, ne pas oublier de nettoyer le revêtement du toit. Ne pas utiliser trop de solvant liquide sur les surfaces intérieures du véhicule. Une humidité excessive pourrait s'infiltrer dans les coutures et les garnitures matelassées et être à l'origine de taches, d'odeurs nauséabondes et même de moisissure. Si l'intérieur du véhicule est mouillé accidentellement, il est conseillé de faire un effort pour le sécher correctement, surtout quand les tapis sont concernés. *Ne jamais employer un chauffage au mazout ou électrique à l'intérieur du véhicule pour accélérer le séchage.*

4 Dommages mineurs de carrosserie - réparation

Réparation d'éraflures mineures sur la carrosserie

Si l'éraflure est très superficielle et n'atteint pas le métal de la carrosserie, la réparation est très simple. Frotter légèrement la surface éraflée avec un rénovateur de peinture, ou une pâte de coupe très fine, pour enlever la peinture écaillée de l'éraflure et pour éliminer la couche de cire de la carrosserie environnante. Rincer la surface à l'eau claire.

Appliquer une retouche de peinture sur l'éraflure à l'aide d'un pinceau fin ; continuer à appliquer de fines couches de peinture jusqu'à ce que la peinture recouvrant l'éraflure soit au même niveau que celle de la carrosserie environnante. Laisser durcir la peinture fraîche pendant au moins deux semaines puis l'intégrer à la carrosserie alentours en frottant la surface éraflée avec un rénovateur de peinture ou une pâte de coupe très fine. Enfin, appliquer la cire.

Lorsque l'éraflure a atteint le métal de la carrosserie, entraînant la formation de rouille, une technique de réparation différente s'impose. Enlever toute piqûre de rouille du fond de l'éraflure avec un canif, puis appliquer de l'anti-rouille pour parer à toute corrosion ultérieure. A l'aide d'un applicateur en caoutchouc ou en nylon, remplir l'éraflure de mastic. Si nécessaire, ce mastic peut être mélangé à un diluant cellulosique pour obtenir une pâte très fine, idéale pour retoucher les éraflures étroites. Avant que le mastic ne durcisse dans les éraflures, enrouler une bande de tissu en coton autour d'un doigt. Plonger le doigt dans le diluant cellulosique, puis le passer rapidement sur la couche de mastic pour qu'elle se creuse légèrement. On peut à présent repeindre l'éraflure, comme décrit plus haut dans cette Section.

Réparation de bosses ou déformations dans la carrosserie

En cas de déformation profonde de la carrosserie, la première opération consiste à sortir la bosse pour que la carrosserie reprenne à peu près sa forme initiale. Il est insensé de vouloir lui redonner exactement sa forme initiale, car le métal de la partie endommagée se sera détendu suite à l'impact et ne pourra retrouver entièrement son contour initial. Il vaut mieux rectifier la déformation jusqu'à 3 mm sous le niveau de la carrosserie avoisinante. Dans les cas où la déformation est très étroite, ne pas du tout essayer de l'éliminer. Si le dessous de la déformation est accessible, on peut l'effacer en la martelant légèrement par l'arrière, à l'aide d'un maillet en bois ou en plastique. En même temps, maintenir fermement un morceau de bois adapté contre l'extérieur du panneau pour amortir l'impact des coups de marteau et éviter ainsi de "gonfler" une grande partie de la carrosserie.

Si la déformation se situe dans une partie avec doublure de panneau ou qui est inaccessible pour une autre raison, une méthode différente s'impose. Percer plusieurs petits orifices dans le métal de la surface - en particulier dans la partie la plus profonde. Puis, visser de longues vis auto-taraudeuses dans ces orifices, pour qu'elles puissent bien s'introduire dans le métal. A présent, la déformation peut s'éliminer en tirant sur les têtes de ces vis avec une pince.

L'étape suivante de cette réparation consiste à enlever la peinture de la surface endommagée et de la carrosserie intacte, sur un rayon d'environ 2,5 cm tout autour. Effectuer cette opération à l'aide d'une perceuse électrique munie d'une brosse métallique ou d'un disque abrasif, bien que cela puisse se faire de façon aussi efficace à la main, à l'aide de feuilles de papier émeri. Pour achever la préparation au rebouchage, rayer la surface du métal à nu avec un tournevis ou la queue d'une lime, ou bien percer de petits orifices dans la partie touchée, ce qui fournira une excellente "niche" pour le mastic.

Pour compléter la réparation, consulter la Section consacrée au rebouchage et à la mise en peinture.

Réparation de perforations de rouille ou de déchirures dans la carrosserie

Enlever toute la peinture de la zone touchée et sur un rayon d'environ 2,5 cm tout autour, à l'aide d'une perceuse électrique munie d'un disque abrasif ou d'une brosse métallique. A défaut, utiliser plusieurs feuilles de toile émeri tout aussi efficace. Une fois la peinture enlevée, évaluer l'importance de la corrosion et décider, soit le remplacement de l'ensemble du panneau (si possible), soit la réparation de la surface touchée. Les panneaux de carrosserie neufs ne sont pas aussi chers qu'on le pense, et il est parfois plus rapide et plus satisfaisant de remplacer un panneau que de tenter de combattre la rouille sur des surfaces importantes.

Déposer toutes les garnitures de la surface en question, à l'exception de celles qui guideront la reconstitution de la carrosserie endommagée (par exemple les blocs optiques des projecteurs). Puis, à l'aide de cisailles à tôle ou d'une lame de scie, enlever les particules métalliques écaillées ou profondément rouillées. Marteler les bords de l'orifice vers l'intérieur, afin d'obtenir un léger creux pouvant accueillir le mastic.

Passer la surface touchée à la brosse métallique pour éliminer la poussière de rouille de la partie métallique restante. Enduire la surface concernée de peinture anti-corrosion. Si l'arrière de cette zone est accessible, opérer de même.

Avant le masticage, boucher l'orifice, à l'aide d'une plaque en aluminium ou en plastique ou d'un ruban d'aluminium.

Une plaque en aluminium ou en matière plastique ou en fibres de verre est probablement le meilleur matériau à utiliser pour un orifice important. Couper un morceau dont la taille et la forme sont identiques à l'orifice à boucher, puis le positionner de sorte que ses bords affleurent la carrosserie environnante. Appliquer plusieurs points de mastic sur son pourtour pour la fixer.

Utiliser un ruban d'aluminium pour les orifices plus petits ou étroits. En dérouler une longueur, lui donner la taille et la forme requises, puis décoller la pellicule au verso (le cas échéant) et coller ce ruban sur l'orifice. Superposer plusieurs bandes si une seule épaisseur est insuffisante. Maroufler les coins du ruban avec le manche d'un tournevis ou un outil similaire, pour s'assurer que le ruban adhère solidement au métal qu'il recouvre.

Réparations de carrosserie - masticage et mise en peinture

Avant de lire cette Section, consulter les Sections traitant des déformations, des éraflures profondes, des perforations de rouille ou des déchirures de tôle.

De nombreux types de mastics sont disponibles, mais en général, les trousses spéciales contenant une boîte de mastic et un tube de durcisseur à la résine sont les plus adaptés à ce type de réparation. Une grande spatule flexible en plastique ou en nylon est indispensable pour donner à la surface du mastic une finition lisse et des contours précis.

Mélanger un peu de mastic sur un morceau de carton propre - doser soigneusement le durcisseur (suivre les recommandations du fabricant indiquées sur l'emballage), sinon le mastic durcira trop vite ou trop lentement. A l'aide d'une spatule, étaler le mastic sur la surface préparée pour obtenir des contours corrects et une surface de mastic bien plane. Dès que son contour s'approche de la normale, arrêter de travailler le mastic - sinon il risque de coller et de s'accrocher à la spatule. Appliquer plusieurs fines couches de mastic à vingt minutes d'intervalle chacune, jusqu'à ce que le niveau du mastic dépasse légèrement de la carrosserie environnante.

Après durcissement du mastic, enlever l'excédent à l'aide d'une râpe ou d'une lime. A partir de ce stade, utiliser de la toile abrasive à grain de plus en plus fin, en commençant par une toile de 40 pour terminer par une toile de 400. Ne jamais utiliser la toile sans support. Elle doit envelopper une cale de caoutchouc, de liège ou de bois - sinon la surface du mastic ne sera pas bien plane. Pendant le lissage du mastic, plonger régulièrement la cale entourée de toile dans de l'eau. Cela donnera au mastic une finition très lisse.

A ce stade, la "bosse" doit être entourée d'un anneau de métal nu, lui même encerclé par une couche de peinture sans bords abrupts. Rincer à l'eau claire la zone à réparer, jusqu'à complète disparition de la poussière engendrée par l'opération de ponçage.

Enduire toute la surface à réparer d'une fine couche d'apprêt - ceci dévoilera les imperfections de la surface du mastic. Reboucher ces imperfections avec du mastic, puis lisser à nouveau la surface avec de la toile abrasive. Le mastic peut être mélangé à un diluant cellulosique pour former une pâte très fine, idéale pour boucher les petits trous. Répéter ces opérations jusqu'à ce que la surface du mastic soit satisfaisante et que les bords de la peinture soient lisses. Nettoyer à l'eau claire la surface à réparer et bien laisser sécher.

La zone à réparer est à présent prête pour la mise en peinture finale. Procéder à cette mise en peinture dans un environnement chaud, sec, à l'abri du vent et de la poussière. Il est possible de réunir artificiellement ces conditions en travaillant dans un vaste local couvert. Cependant, si l'on est obligé de travailler à l'extérieur, il est primordial de bien choisir sa journée. Pour tous les travaux effectués à l'intérieur, humidifier légèrement le sol, ce qui permettra à la poussière de se déposer au lieu de rester en suspension. Si la zone à réparer se limite à un seul panneau de carrosserie, couvrir les panneaux environnants. Cela réduira les différences de ton dans la peinture. Cacher également les garnitures de carrosserie (comme, par exemple, les bandes chromées, les poignées de portes). Utiliser du ruban à maroufler et plusieurs épaisseurs de papier journal pour les opérations de masquage.

Avant de commencer la mise en peinture, bien agiter l'aérosol, puis pulvériser sur une surface d'essai (une vieille boîte métallique ou un objet similaire) jusqu'à maîtrise complète de la technique. Couvrir la surface à réparer d'une épaisse couche d'apprêt. Obtenir l'épaisseur voulue en appliquant plusieurs fines couches plutôt qu'une seule couche épaisse. A l'aide d'une toile de 400, poncer la couche d'apprêt jusqu'à ce qu'elle soit bien lisse. Pendant cette opération, arroser généreusement la zone de travail et rincer régulièrement à l'eau la toile abrasive. Laisser sécher avant de continuer la mise en peinture.

Appliquer la dernière couche pour obtenir l'épaisseur voulue en superposant plusieurs couches fines. Commencer à pulvériser au centre de la surface à réparer, puis, d'un mouvement circulaire, se diriger vers les bords extérieurs jusqu'à couvrir l'ensemble de la zone à réparer dans un rayon d'environ 5 cm de la peinture d'origine. Enlever les caches dans les 10 à 15 minutes suivant l'application de la dernière couche de peinture.

Laisser durcir la peinture pendant au moins deux semaines puis, à l'aide d'un rénovateur de peinture ou d'une pâte de coupe très fine, intégrer les bords de la nouvelle couche à la peinture existante. Enfin, appliquer la cire.

Cette série de photographies illustre les réparations de l'accroc et des dégâts de peinture ci-dessus. En général, les opérations de réparation d'un trou seront similaires. Lorsque les différences sont importantes, la procédure sera clairement décrite et illustrée séparément.

Commencer par enlever toute garniture aux environs de l'accroc et marteler celui-ci lorsqu'il est possible de l'atteindre. Ceci permettra de réduire l'apport de matière. Après avoir martelé le grand accroc ci-dessus, la surface endommagée est rendue légèrement concave.

Enlever ensuite la peinture de la surface endommagée au papier de verre à gros grain ou à l'aide d'une brosse métallique ou d'un plateau abrasif monté sur une foreuse. Utiliser du papier abrasif fin pour amincir le bord de la peinture en bon état.

Lorsqu'il y a des trous ou d'autres dégâts, couper la tôle avant de continuer. La partie endommagée et toute trace de rouille doivent être traitées au produit Turtle Wax Hi-Tech Rust Eater qui empêchera également toute propagation de la rouille.

Dans le cas d'un accroc ou d'un trou assez grand, mélanger de la résine Holts Body Plus avec le durcisseur, conformément aux instructions du fabricant, et l'appliquer autour du bord de la réparation. Presser une natte de fibres de verre sur la surface réparée et laisser durcir pendant 20 à 30 minutes.

Placer à nouveau un mélange de résine Holts Body Plus et de durcisseur sur la natte et laisser durcir. Recommencer ces opérations pour obtenir deux ou trois couches de natte en vérifiant que la dernière couche ne dépasse pas la surface de la carrosserie. Appliquer de la pâte Holts Body Plus Filler comme illustré à l'opération 5B.

Pour un accroc moyen, mélanger de la pâte Holts Body Plus Filler avec du durcisseur, conformément aux instructions du fabricant, et l'appliquer avec une palette souple. Placer des couches d'apprêt minces à des intervalles de 20 minutes, jusqu'à ce que la surface supérieure dépasse légèrement celle de la carrosserie.

Pour les creux peu profonds et les rayures, utiliser de la pâte Holts No Mix Filler provenant directement du tube. L'appliquer en couches minces, comme indiqué, à l'aide de la spatule fournie. Ce produit durcit en quelques minutes lorsqu'il est appliqué à l'extérieur et peut alors être utilisé comme du mastic.

Utiliser un rabot ou une lime pour la mise en forme initiale. Utiliser ensuite des papiers de ponçage à l'eau de plus en plus fins, en les enveloppant autour d'un bloc de ponçage et en utilisant beaucoup d'eau, jusqu'à ce que la surface du mastic devienne parfaitement lisse. Amincir les bords pour les noyer dans la peinture avoisinante.

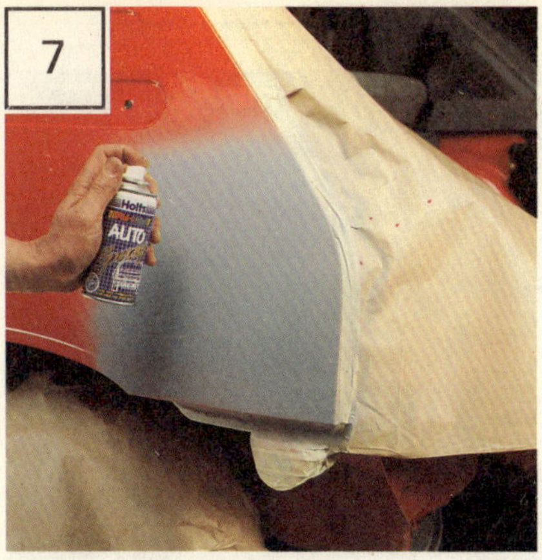

Protéger les surfaces avoisinantes à une distance d'au moins 3 cm de la surface réparée avant de la recouvrir d'apprêt Holts Dupli-Color.

Corriger toute imperfection de la surface avec un peu de mastic Holts Body Plus appliqué au couteau. Poncer ensuite la surface au papier à l'eau très fin – qualité 400 de préférence – et avec beaucoup d'eau jusqu'à ce que la surface soit vraiment lisse.

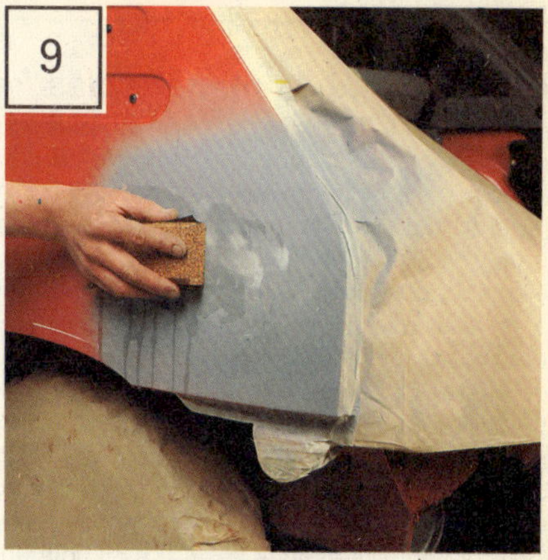

Combler prudemment toute imperfection encore visible au mastic appliqué au couteau avant d'appliquer la dernière couche d'apprêt. Lisser ensuite la surface au produit Holts Body Plus Rubbing Compound pour obtenir une surface vraiment unie.

Protéger les surfaces avoisinantes pour éviter toute projection de peinture avant d'appliquer la peinture de finition en plusieurs couches minces. Bien agiter la bombe aérosol Holts Dupli-Color. Commencer au centre de la réparation et progresser vers l'extérieur en couches horizontales.

Si la couleur exacte n'est pas disponible prête à l'emploi, les centres professionnels Holts peuvent remplir une bombe parfaitement harmonisée.

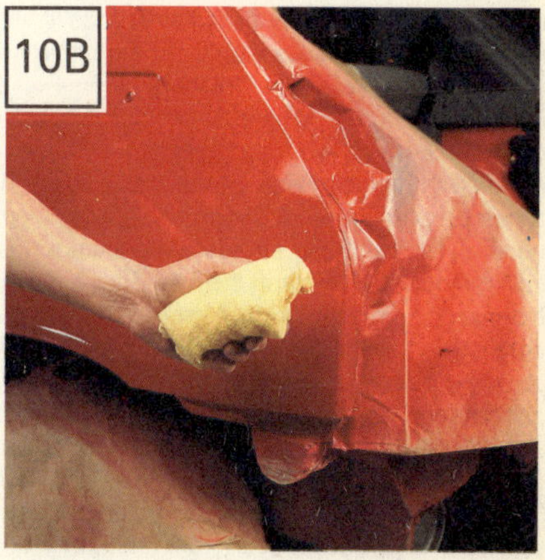

Pour déterminer si une laque de finition est nécessaire, frotter une partie de carrosserie non réparée avec un linge propre recouvert de cire.

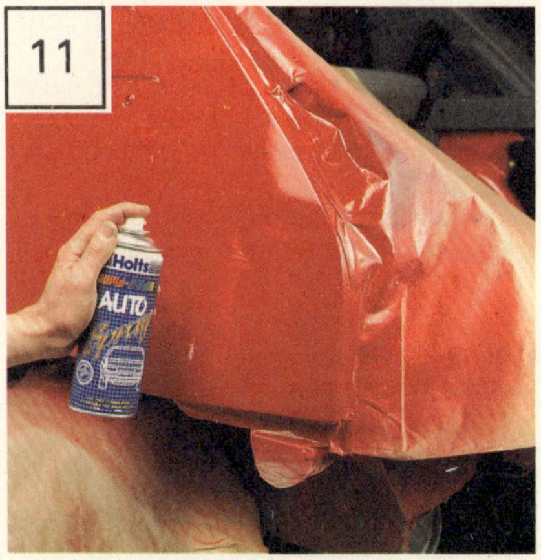

Si aucune trace de peinture n'apparaît sur le linge, pulvériser de la laque transparente Holts Dupli-Color sur la surface réparée pour obtenir le brillant nécessaire.

Le durcissement total de la peinture demande environ deux semaines. Elle pourra alors être lustrée au produit Turtle Wax Minute Cut avant de la polir à la cire Turtle Wax Extra.

Lors de toute réparation de carrosserie, se souvenir que la qualité de la finition est proportionnelle au temps et aux efforts consacrés.

Composants en matière plastique

Avec l'utilisation de plus en plus répandue d'éléments de carrosserie en plastique (par exemple les pare-chocs, les béquets et, parfois, certains panneaux principaux), il est recommandé de confier la réparation d'un dommage particulièrement grave sur ce type de pièces à un spécialiste en la matière ou de procéder au remplacement des éléments complets. La réparation d'un tel dommage par un bricoleur n'est pas vraiment envisageable, en raison du coût de l'équipement et des matériaux requis pour exécuter ces travaux. La technique de base consiste à creuser une rainure le long de la ligne de fissure du plastique, à l'aide d'une perceuse électrique munie d'une fraise rotative. Souder la partie endommagée à l'aide d'un pistolet à air chaud pour chauffer et faire fondre une baguette d'apport en plastique dans la rainure. Enlever tout excédent de plastique et poncer la surface pour obtenir une finition lisse. Il est important d'utiliser une baguette d'apport en plastique adéquate en raison des différents types de plastique utilisés en carrosserie (exemple: polycarbonate, ABS, polypropylène).

Un bricoleur amateur pourra réparer des dommages de moindre gravité (usure par frottements, fissures mineures, etc.), à l'aide d'un mastic en résine époxyde à deux composants. Après avoir mélangé les deux ingrédients en quantité égale, appliquer ce matériau tout comme le mastic pour tôles métalliques. Le mastic est généralement prêt pour le ponçage et la peinture en vingt à trente minutes.

Si le propriétaire remplace lui-même un élément, ou s'il le répare à l'aide de résine époxyde, le problème consiste à trouver une peinture compatible avec le type de plastique utilisé. Autrefois, l'utilisation de peinture universelle était impossible à cause de l'éventail complexe de types de plastiques qui composaient les éléments de carrosserie. En général, les peintures standard n'adhèrent pas bien au plastique ou au caoutchouc. Cependant, il est aujourd'hui possible de se procurer une trousse de finition pour éléments de carrosserie en plastique, qui consiste en un traitement préliminaire à l'apprêt, une couche d'apprêt et une couche de finition de couleur. Des instructions complètes accompagnent généralement cette trousse. En principe, la méthode à suivre est la suivante. Il faut commencer par appliquer une couche préliminaire sur l'élément concerné et la laisser sécher pendant environ 30 minutes. Ensuite, appliquer la couche d'apprêt et la laisser sécher pendant une heure avant de finir par l'application de la couche spéciale de couleur. Il en résultera un élément enduit de la bonne couleur, avec une peinture qui suivra les mouvements du plastique ou du caoutchouc, propriété que ne possède généralement pas la peinture standard.

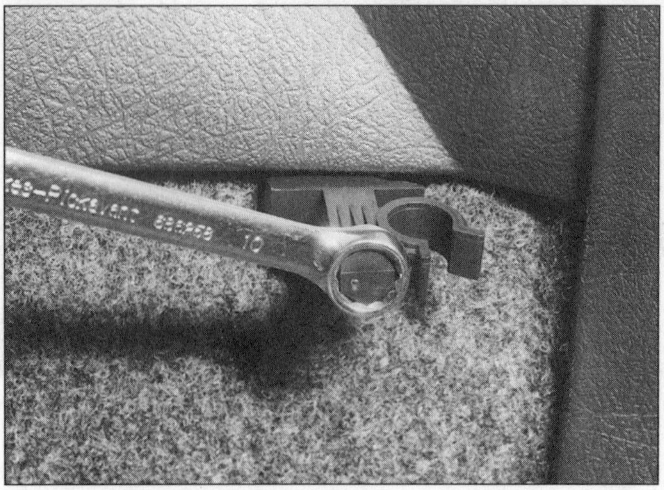

7.2 Dévisser le collier de serrage de la manivelle de son ergot de fixation dans le coffre à bagages

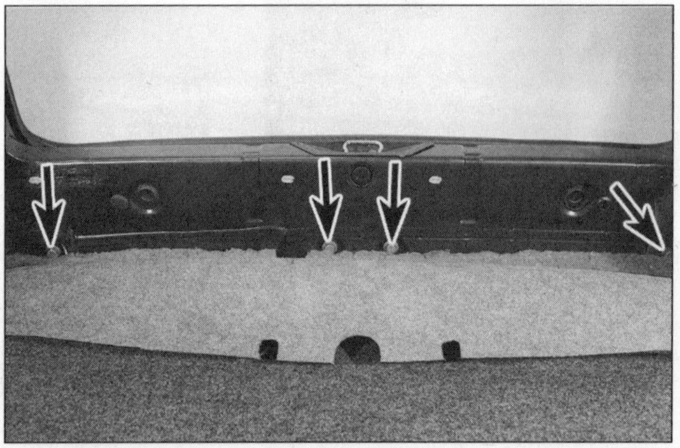

7.3 Replier la moquette du coffre pour accéder aux boulons de retenue du pare-chocs arrière (flèches)

5 Dommages majeurs de carrosserie - réparation

Lorsque la carrosserie a subi des dommages importants ou s'il faut remplacer des surfaces étendues à la suite de négligence, il convient de souder en position des panneaux neufs complets et il vaut mieux confier ces opérations à des professionnels. Si ces dégâts sont provoqués par des impacts, il faudra en outre vérifier l'alignement complet de la carrosserie et seul un concessionnaire Citroën disposant de gabarits et marbres spéciaux est en mesure d'effectuer avec précision ce contrôle. Si le défaut d'alignement de la carrosserie n'est pas réparé, cela présente un danger important car la tenue de route sera mauvaise. En outre, la direction, la suspension et parfois même la transmission subiront des contraintes irrégulières provoquant une usure anormale voire même une défaillance totale au niveau de certains éléments comme, par exemple, les pneus.

6 Pare-chocs avant - dépose et repose

Dépose

1 Serrer le frein à main puis soulever au cric l'avant du véhicule et le soutenir sur des chandelles.

2 Déposer les projecteurs droit et gauche, comme indiqué au Chapitre 12.

3 Depuis l'ouverture des projecteurs, desserrer puis retirer les quatre boulons (deux de chaque côté) qui immobilisent les extrémités supérieures du pare-chocs sur le véhicule.

4 Desserrer puis retirer les cinq boulons qui immobilisent le bord inférieur du pare-chocs sur le véhicule.

5 Travailler sous le véhicule pour desserrer les deux boulons (un à chaque extrémité) qui immobilisent les extrémités inférieures du pare-chocs sur le véhicule. Le cas échéant, débrancher les connecteurs électriques des phares anti-brouillard.

6 Dégager l'extrémité gauche et l'extrémité droite du pare-chocs puis tirer sur ce dernier, vers l'avant, pour l'écarter du véhicule.

Repose

7 La repose se fait dans l'ordre inverse des opérations de dépose. Vérifier que les boulons de fixation du pare-chocs sont bien serrés.

7 Pare-chocs arrière - dépose et repose

Dépose

1 Retirer les panneaux de garniture arrière du coffre à bagages, comme indiqué à la Section 26 (le cas échéant).

2 Sur les modèles à cinq portes, retirer la manivelle, puis dévisser le collier de serrage de la manivelle dans le coin arrière droit du coffre **(voir illustration)**. Retirer l'écrou de retenue et le collier de serrage au même emplacement, sur le côté gauche.

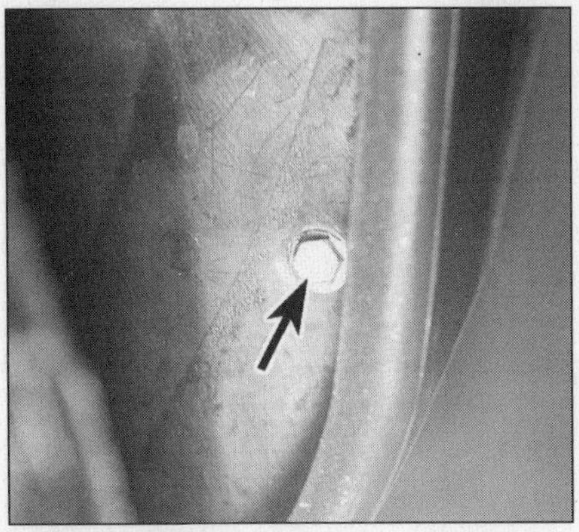

7.5 **Desserrer puis retirer les boulons qui immobilisent le pare-chocs arrière sur la garniture des passages de roues (flèche) . . .**

7.6a **. . . et sur la carrosserie . . .**

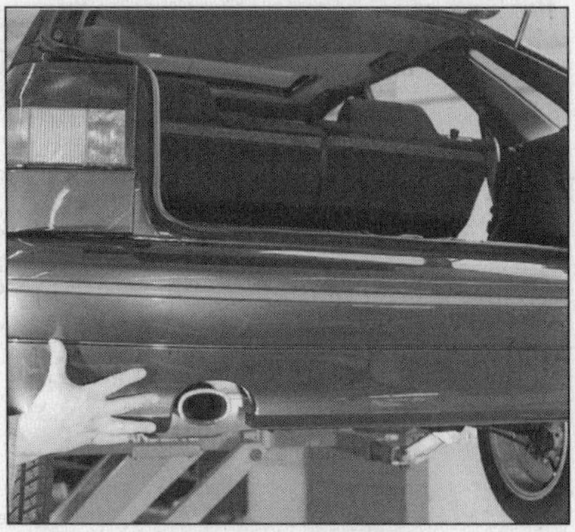

7.6b **. . . puis déposer le pare-chocs en le faisant passer par l'arrière du véhicule**

8.2a **Desserrer puis retirer les boulons de retenue du capot sur les charnières . . .**

8.2b **. . . ensuite, avec l'aide d'un assistant, soulever le capot pour le retirer**

3 Desserrer les colliers de retenue puis replier la moquette du coffre avant de desserrer et de retirer les quatre boulons de retenue du pare-chocs **(voir illustration)**.

4 Bloquer les roues avant avec des cales puis soulever au cric l'arrière du véhicule et le soutenir sur des chandelles.

5 Travailler sous le véhicule pour desserrer les deux boulons (un de chaque côté) qui immobilisent l'extrémité du pare-chocs sur la garniture des passages de roues **(voir illustration)**.

6 Desserrer les deux boulons qui immobilisent le pare-chocs sur le faux-châssis puis dégager l'extrémité gauche et l'extrémité droite du pare-chocs pour les écarter de leurs supports. Tirer sur le pare-chocs, vers l'arrière, pour l'écarter du véhicule **(voir illustrations)**.

Repose

7 La repose se fait dans l'ordre inverse des opérations de dépose. S'assurer que toutes les attaches desserrées sont bien resserrées.

8 Capot - dépose, repose et réglage

Dépose

1 Soulever le capot et demander à un assistant de le soutenir. A l'aide d'un crayon ou d'un feutre, tracer un repère autour de chaque charnière pour faciliter la repose.

2 Débrancher, depuis son clapet anti-retour sur le côté droit, la durit d'alimentation du lave-glace de pare-brise. Desserrer les boulons de retenue du capot et, avec l'aide de l'assistant, soulever avec précaution ce capot pour l'écarter du véhicule. Conserver ce capot à l'écart et en lieu sûr **(voir illustrations)**.

3 Examiner les charnières du capot pour s'assurer qu'il n'y a pas de traces d'usure et de jeu au niveau de leurs pivots. Procéder aux remplacements nécessaires. Chaque charnière est immobilisée sur la carrosserie par deux boulons pivotants. Lors de la repose, enduire de graisse polyvalente la tige de ces boulons puis bien les serrer.

Repose et réglage

4 Avec l'aide d'un assistant, mettre en position le capot puis introduire les boulons de retenue, sans les serrer. Aligner chaque charnière sur les repères effectués lors de la dépose. Resserrer à fond les boulons de retenue puis rebrancher la durit d'alimentation du lave-glace de pare-brise.

5 Refermer le capot et vérifier l'alignement au niveau des panneaux adjacents de la carrosserie. Le cas échéant, desserrer les boulons des charnières pour optimiser l'alignement du capot. Dès que le capot est correctement centré, resserrer au couple spécifié les boulons des deux charnières.

6 Dès que le capot est bien centré, vérifier qu'il s'ouvre et se ferme de manière satisfaisante. Si un réglage s'avère nécessaire, desserrer les boulons de retenue de la serrure du capot afin d'amener la serrure à l'emplacement requis. Dès que la serrure fonctionne correctement, bien en serrer les boulons de retenue.

9.5 Retrait des boulons de retenue du levier d'ouverture du capot

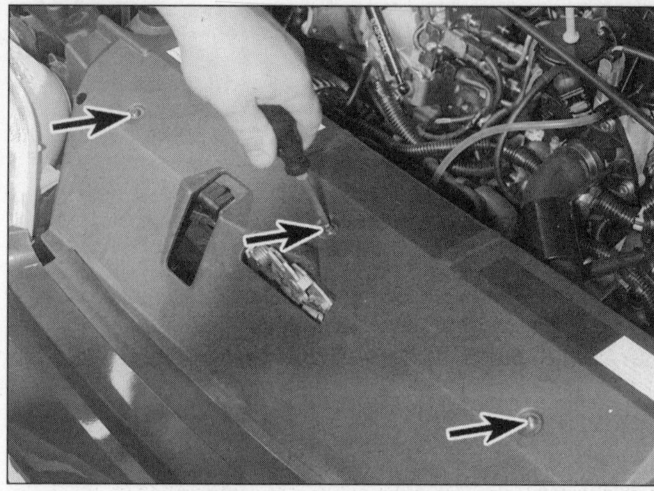

10.1 Desserrer les trois vis de retenue puis déposer le couvercle en matière plastique pour accéder à la serrure du capot

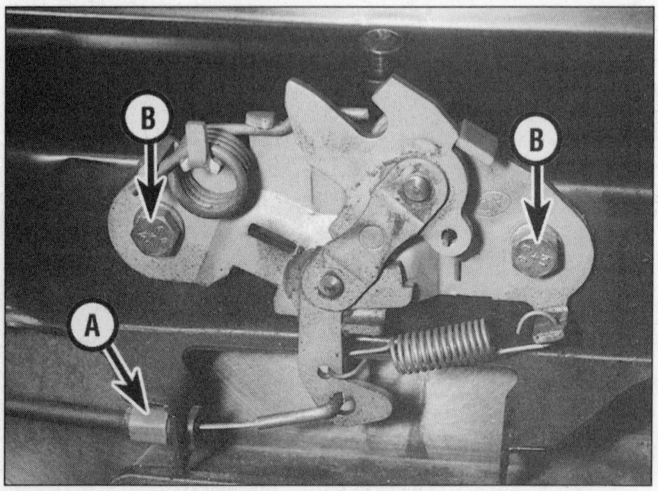

10.2 Débrancher le câble d'ouverture (A) puis desserrer les boulons de retenue (B) avant de déposer la serrure du capot

9 Câble d'ouverture du capot - dépose et repose

Dépose

1 Ouvrir le capot puis desserrer les trois vis de retenue et déplacer le couvercle en matière plastique pour accéder à la serrure du capot.

2 Débrancher le câble externe d'ouverture du capot au niveau du support de la serrure puis débrancher le câble interne au niveau du levier de la serrure.

3 Remonter le long du câble et en noter le trajet. Le dégager de ses différents colliers de retenue et serre-câbles. Attacher une ficelle à l'extrémité du câble.

4 Travailler depuis l'intérieur du véhicule pour desserrer les attaches du tableau de bord en les faisant tourner d'un quart de tour. Déposer ensuite le panneau inférieur du tableau de bord, du côté conducteur.

5 Desserrer et retirer les deux boulons de retenue puis débrancher le levier d'ouverture du capot au niveau de son support de retenue et retirer le câble **(voir illustration)**. Dès que le câble est débranché, détacher la ficelle mais la laisser à l'intérieur du véhicule. Elle servira à amener le câble neuf en position.

Repose

6 Fixer l'extrémité interne de la ficelle sur l'extrémité du câble puis utiliser cette ficelle pour faire passer le câble d'ouverture du capot dans le compartiment moteur. Ensuite, détacher cette ficelle.

7 Amener le levier d'ouverture du capot en position et bien en serrer les boulons de retenue.

8 S'assurer que le câble suit le trajet correct et est immobilisé par les différents colliers de retenue. Brancher l'extrémité du câble interne sur le levier de la serrure puis immobiliser le câble externe en position au niveau du support de la serrure.

9 Actionner le levier d'ouverture du capot pour s'assurer que la serrure fonctionne normalement sans résistance excessive. Vérifier que la fermeture et l'ouverture du capot se font de manière satisfaisante. Si un ajustement s'avère nécessaire, desserrer les boulons de retenue de la serrure du capot et modifier la position de la serrure. Dès que la serrure fonctionne correctement, bien en serrer les boulons de retenue puis remettre en place le couvercle sur la serrure.

10 Remettre en position le panneau inférieur du tableau de bord puis l'immobiliser en faisant tourner ses attaches d'un quart de tour.

10 Serrure du capot - dépose et repose

Dépose

1 Ouvrir le capot puis desserrer les trois vis de retenue et déplacer le couvercle en matière plastique pour accéder à la serrure du capot **(voir illustration)**. Pour faciliter la repose, tracer un repère autour de la serrure, sur la carrosserie.

2 Débrancher le câble externe d'ouverture du capot au niveau du support de la serrure puis débrancher le câble interne au niveau de la serrure **(voir illustration)**.

3 Desserrer les deux boulons de retenue puis déposer du véhicule l'ensemble serrure.

Repose

4 Remettre en place la serrure sur le véhicule. L'aligner sur les repères effectués lors de la dépose. Bien serrer ses boulons de retenue.

5 Brancher l'extrémité du câble interne sur le levier de la serrure puis brancher le câble externe en position sur le support de la serrure.

6 Vérifier que l'ouverture et la fermeture du capot se font de matière satisfaisante. Si un ajustement s'avère nécessaire, desserrer les boulons de retenue de la serrure du capot et modifier la position de la serrure. Dès que la serrure fonctionne correctement, bien en serrer les boulons de retenue puis remettre en place le couvercle sur la serrure.

11 Porte - dépose, repose et réglage

Dépose

1 Ouvrir la porte pour accéder au connecteur électrique qui se

11.2 Sur les connecteurs électriques circulaires, dévisser la bague de freinage jusqu'à ce que sa languette vienne se placer entre les ergots du connecteur (flèche) puis tirer sur le connecteur pour l'écarter de la porte

11.3 Desserrer les boulons de retenue de la biellette d'ouverture . . .

11.4 . . . puis desserrer les axes sans tête de charnières (flèche) et soulever la porte pour la déposer

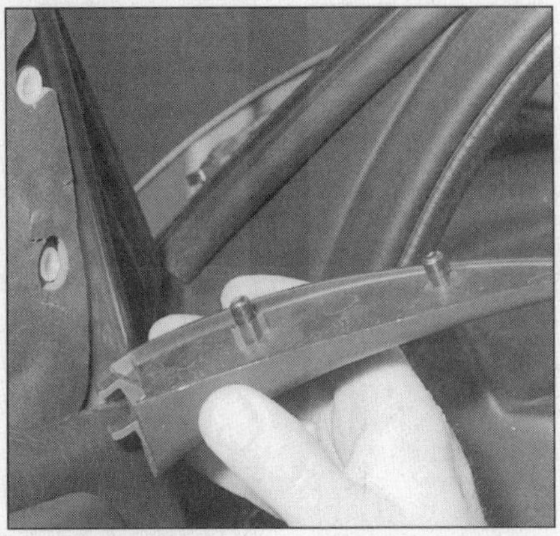

12.1 Extraire de la porte le panneau intérieur de garniture du rétroviseur extérieur

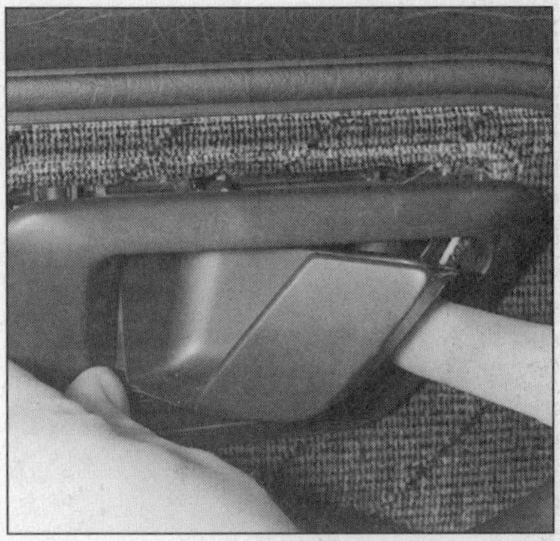

12.2 Soulever la poignée intérieure de la porte et extraire l'enjoliveur du panneau de la porte

trouve sur le bord avant de la porte.

2 Si ce connecteur est circulaire, dévisser sa bague de freinage jusqu'à ce que sa languette vienne se placer entre les ergots du connecteur. Débrancher alors le connecteur de la porte **(voir illustration)**. Si ce connecteur est rectangulaire, tirer sur le collier de freinage pour le libérer puis débrancher le connecteur de la porte.

3 Desserrer les deux boulons qui immobilisent la biellette d'ouverture sur le montant **(voir illustration)**. Sur les modèles dont les boulons ne sont pas accessibles, utiliser un marteau et un pointeau de taille appropriée pour extraire l'axe de galet de cette biellette.

4 Desserrer les deux boulons sans tête des axes de charnières puis, à l'aide d'un assistant, soulever la porte pour l'écarter des axes de charnières et la déposer du véhicule **(voir illustration)**.

5 Examiner les charnières pour s'assurer qu'elles ne sont pas usées ou endommagées. Procéder aux remplacements nécessaires. Ces charnières sont soudées à la porte et au montant et si leur remplacement s'avère nécessaire, il convient de confier cette tâche à un concessionnaire Citroën.

Repose

6 Enduire de graisse polyvalente les axes de charnières puis, à l'aide d'un assistant, remettre en place la porte sur le véhicule. Dès que la porte occupe sa position correcte, bien serrer les boulons sans tête des charnières.

7 Aligner la biellette d'ouverture sur le montant de la porte et bien en serrer les boulons de retenue. Si l'axe de galet de cette biellette a été déposé, il convient d'aligner cette dernière sur son support de retenue puis de l'immobiliser en position en tapotant sur l'axe de galet.

8 Rebrancher le connecteur électrique et l'immobiliser en position en serrant sa bague de retenue ou en l'enfonçant dans son collier de retenue (suivant les cas).

Réglage

9 Un bricoleur n'est pas en mesure de régler la position de la porte. Cependant, de petits ajustements sont possibles en repliant légèrement l'axe de galet en se servant d'un outil Citroën spécial. Il vaut mieux confier cette tâche à un concessionnaire Citroën.

12 Panneau intérieur de garniture de porte - dépose et repose

Dépose

Porte avant

1 Ouvrir la porte et extraire, avec précaution, le panneau intérieur de garniture du rétroviseur extérieur **(voir illustration)**.

2 Soulever la poignée intérieure de la porte et, en procédant avec soin, extraire l'enjoliveur du panneau de la porte et le retirer **(voir illustration)**.

3 Sur les modèles équipés de vitres manuelles, extraire la poignée de son axe puis déposer l'enjoliveur du lève-vitre.

4 Sur les modèles équipés de vitres électriques, extraire avec

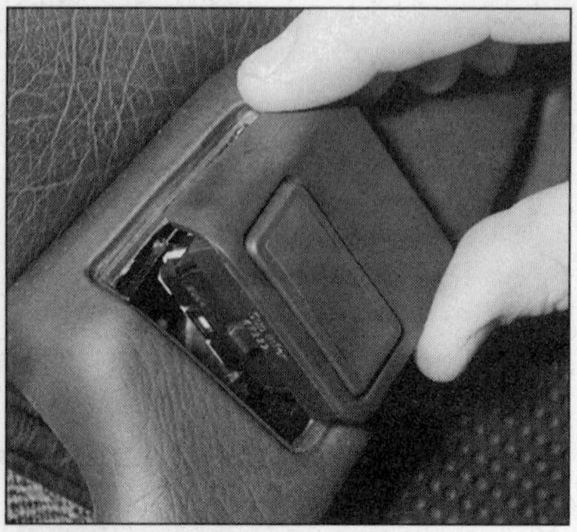

12.4 Sur les modèles équipés de vitres électriques, extraire de l'accoudoir le contacteur

12.5 Appuyer sur la languette de retenue et faire coulisser le bouton à l'intérieur de la serrure pour le retirer de sa biellette

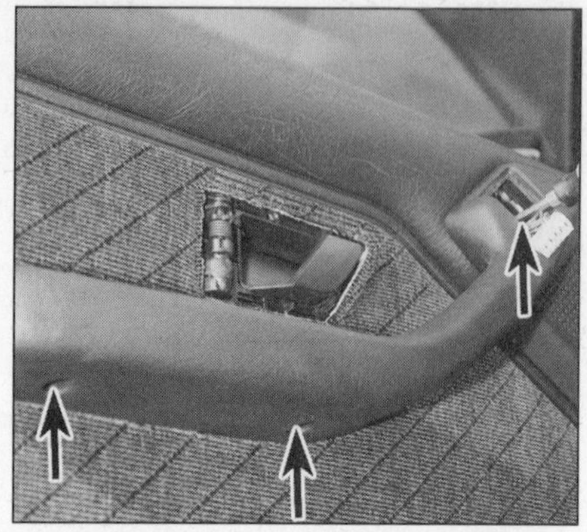

12.6 Desserrer les vis de retenue (flèches) puis déposer de la porte l'accoudoir

12.8 Dépose du panneau de garniture intérieur de la porte avant

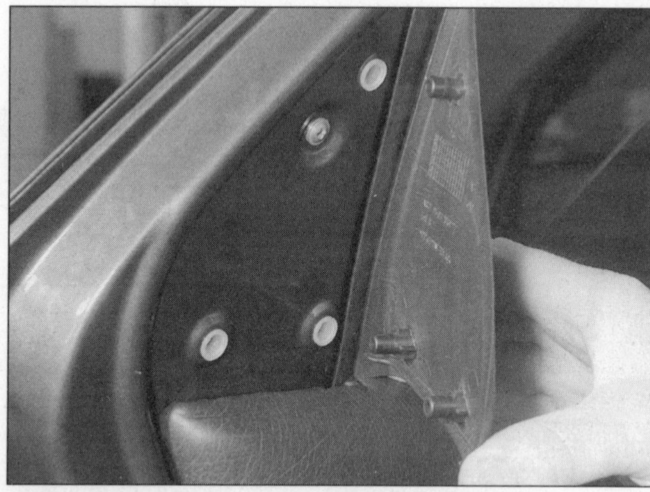

12.10 Dépose du petit panneau intérieur de garniture de la porte arrière

précaution le contacteur du lève-vitre, au niveau de l'accoudoir en faisant très attention de ne pas rayer ce contacteur ou l'accoudoir. Débrancher le connecteur électrique puis déposer le contacteur **(voir illustration)**.

5 Soulever le bouton de commande intérieur de la serrure de la porte, à l'aide d'un petit tournevis à lame plate, appuyer sur la languette de retenue puis faire coulisser le bouton pour le déposer **(voir illustration)**.

6 Desserrer puis déposer les vis de retenue de l'accoudoir puis déposer ce dernier de la porte **(voir illustration)**.

7 Déposer l'enceinte haut-parleur, comme indiqué au Chapitre 12.

8 Dégager les ergots du panneau intérieur de garniture de porte, en glissant avec précaution un tournevis à lame plate de taille appropriée entre ce panneau et la porte. Procéder ainsi tout autour de ce panneau. Lorsque tous les ergots ont été dégagés, faire glisser le panneau vers le haut puis l'écarter de la porte **(voir illustration)**.

Porte arrière

9 Soulever la poignée intérieure de la porte et, en procédant avec soin, extraire l'enjoliveur du panneau de la porte et le retirer.

10 Procéder avec précaution pour extraire le petit panneau intérieur de garniture au dos de la porte **(voir illustration)**.

11 Tirer sur la poignée d'ouverture de la vitre pour l'écarter de son axe. Déposer cette poignée avec son collier de garniture **(voir illustration)**.

12 Soulever le bouton de commande intérieur de la serrure de la porte, à l'aide d'un petit tournevis à lame plate, appuyer sur la languette de retenue puis faire coulisser le bouton pour le déposer **(voir illustration 12.5)**.

13 Desserrer puis déposer les vis de retenue de l'accoudoir puis déposer ce dernier de la porte **(voir illustration)**.

14 Extraire la grille de l'enceinte haut-parleur puis desserrer et retirer les deux vis de retenue qui immobilisent le panneau de garniture sur la porte **(voir illustration)**.

15 Dégager les ergots du panneau intérieur de garniture de porte, en glissant avec précaution un tournevis à lame plate de taille appropriée entre ce panneau et la porte. Procéder ainsi tout autour de ce panneau. Lorsque tous les ergots ont été dégagés, faire glisser le panneau vers le haut puis l'écarter de la porte **(voir illustration)**.

Repose

16 La repose du panneau intérieur de garniture se fait dans l'ordre inverse des opérations de dépose, en notant les points suivants:

- *(a) Avant de procéder à la repose, vérifier que les ergots de retenue de ce panneau ne sont pas cassés. Procéder aux remplacements nécessaires.*
- *(b) Avant de remettre en place le bouton de commande à l'intérieur de la serrure de la porte, verrouiller tout d'abord cette porte pour s'assurer que sa biellette occupe la position la plus basse. Mettre en place la languette de centrage du bouton dans le plus bas des deux trous puis enfoncer fermement ce bouton sur la biellette jusqu'à ce qu'il soit bien embroché. La languette de retenue doit apparaître dans l'orifice supérieur **(voir illustration)**.*

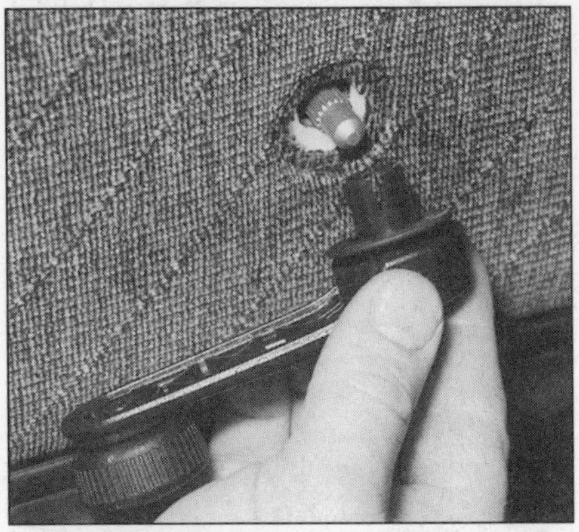

12.11 Tirer sur la poignée d'ouverture de la vitre et sur le collier de garniture pour les écarter de l'axe du lève-vitre

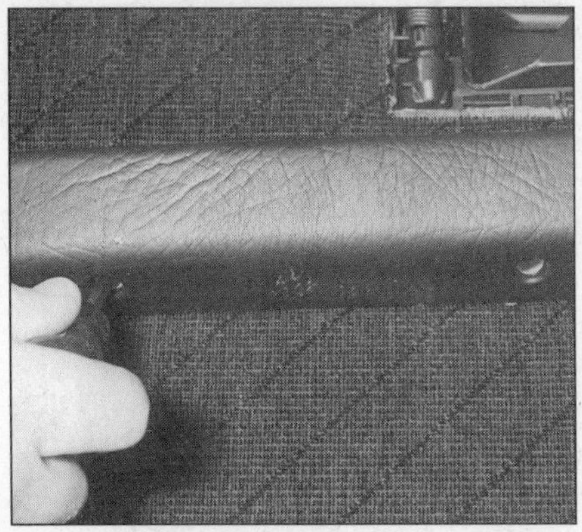

12.13 Desserrer les deux vis de retenue puis déposer l'accoudoir de la porte arrière

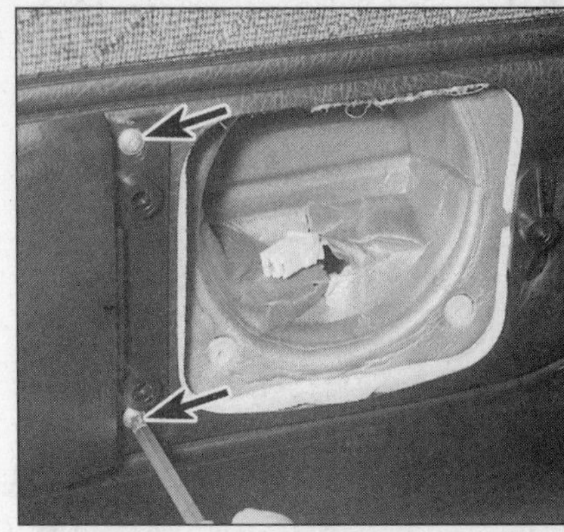

12.14 Desserrer les deux vis de retenue (flèches) qui se trouvent derrière la grille de l'enceinte haut-parleur

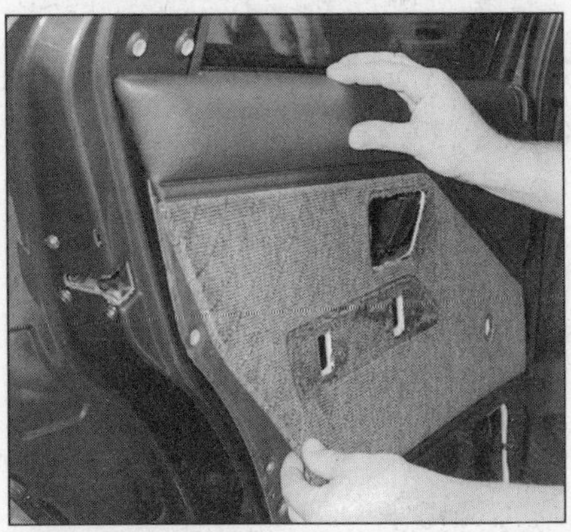

12.15 Dégager le panneau intérieur de garniture puis le retirer de la porte arrière

12.16 Remise en place du bouton de commande d'une serrure de porte. Noter la languette de centrage (flèche) qui pénètre dans le plus bas des deux trous de ce bouton

13.5a Sur les modèles à cinq portes, desserrer l'écrou de retenue depuis l'intérieur de la porte . . .

13 Composants de poignée et de serrure de porte - dépose et repose

Dépose

1 Déposer le panneau intérieur de garniture de porte, comme indiqué à la Section 12, puis procéder en respectant les consignes des en-têtes correspondants.

Poignée intérieure de porte

2 Ecarter cette poignée de la porte puis la désolidariser de sa biellette.

Poignée extérieure de porte

3 Pour accéder au dos de la poignée, décoller avec précaution le panneau isolant en caoutchouc qui se trouve au dos de la porte.

4 Desserrer les trois vis qui immobilisent l'ensemble serrure sur la porte puis abaisser légèrement cet ensemble pour le désolidariser de la poignée.

5 Sur les modèles à cinq portes, travailler au niveau de l'ouverture de la porte pour desserrer puis retirer l'écrou de retenue. Ensuite, libérer la poignée de l'ensemble serrure et la retirer de la porte **(voir illustrations)**.

6 Sur les modèles à trois portes, desserrer puis retirer les deux boulons qui immobilisent la poignée sur l'extérieur de la porte puis écarter cette poignée de l'ensemble serrure et la déposer de la porte.

Cylindre de serrure de porte avant

7 Décoller avec précaution le panneau isolant en caoutchouc au dos de la porte pour accéder au dos du cylindre de la serrure.

8 Desserrer les trois vis qui immobilisent l'ensemble serrure sur la porte puis abaisser légèrement cet ensemble pour améliorer l'accès au cylindre de la serrure.

9 A l'aide d'une pince, faire glisser l'élément de retenue du cylindre de la serrure puis retirer ce cylindre par l'extérieur de la porte et le

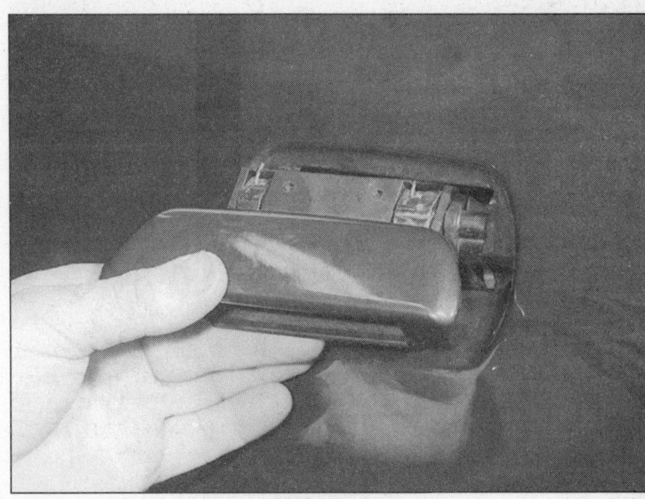

13.5b . . . puis déposer la poignée extérieure

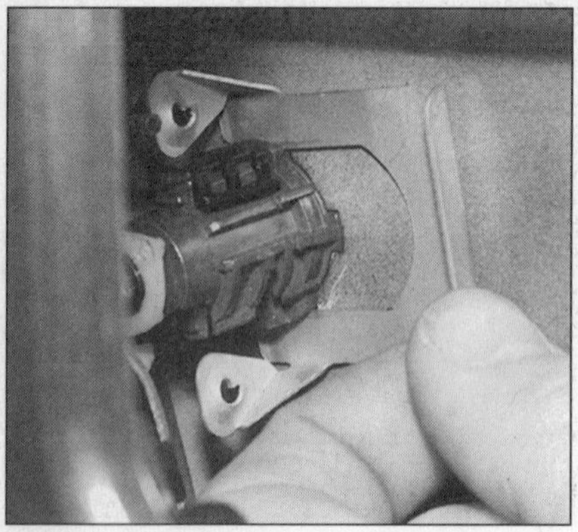
13.9a Faire glisser le clip de retenue . . .

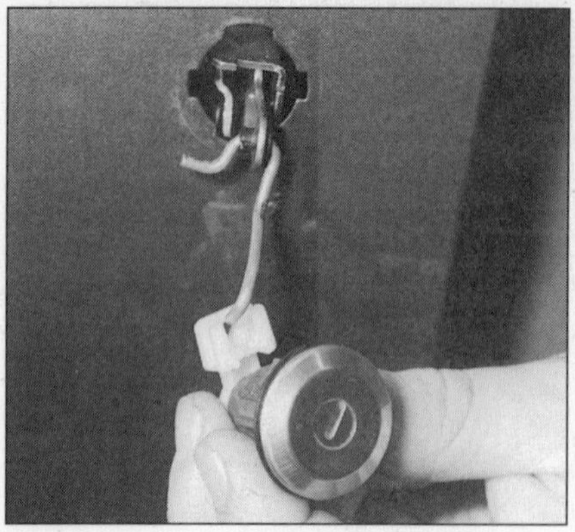
13.9b . . . puis retirer le cylindre de la serrure et le désolidariser de sa biellette

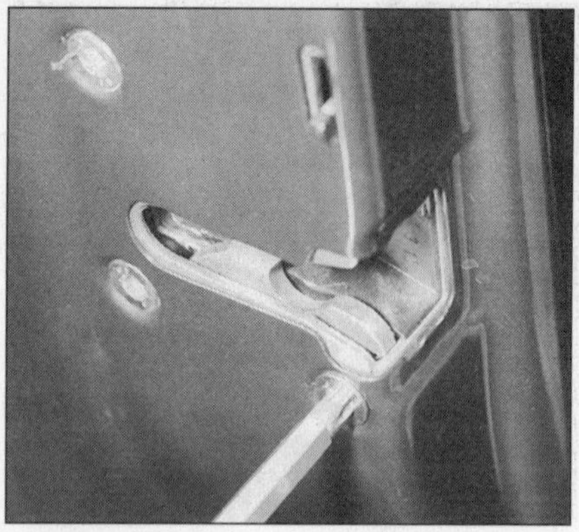
13.15a Desserrer les trois vis de retenue . . .

désolidariser de sa biellette **(voir illustrations)**.

Serrure de porte avant

10 Déposer la poignée intérieure de la serrure, comme indiqué au paragraphe 2.

11 Déposer le cylindre de la serrure, comme indiqué aux paragraphes 7 à 9.

12 Manipuler l'ensemble serrure et biellette pour le faire passer par l'ouverture de la porte. Sur les modèles équipés du système de condamnation centrale des portes, lors de la dépose de la serrure, il convient de débrancher le connecteur électrique au niveau du moteur de la servocommande.

Serrure de porte arrière

13 Déposer la poignée intérieure de la porte, comme indiqué aux paragraphes 1 et 2.

14 Décoller avec précaution le panneau isolant en caoutchouc au dos de la porte pour accéder au dos du cylindre de la serrure.

15 Desserrer puis retirer les trois vis de retenue de la serrure puis manipuler l'ensemble serrure et biellette pour le faire sortir par l'ouverture de la porte. Sur les modèles équipés du système de condamnation centrale des portes, lors de la dépose de la serrure, il convient de débrancher le connecteur électrique au niveau du moteur de la servocommande **(voir illustrations)**.

Repose

16 La repose se fait dans l'ordre inverse des opérations de dépose, en notant les points suivants:

(a) *S'assurer que toutes les biellettes sont bien immobilisées en position par leurs colliers de retenue.*

(b) *Enduire de graisse tous les points de pivotement des serrures et des biellettes.*

(c) *Avant d'installer le panneau intérieur de garniture, vérifier soigneusement le bon fonctionnement des poignées de serrure de chaque porte et, le cas échéant, le bon fonctionnement du système de condamnation centrale des portes. S'assurer également que le panneau isolant en caoutchouc est bien positionné.*

14 Vitre et lève-vitre de porte - dépose et repose

Dépose

1 Déposer le panneau intérieur de garniture de porte, comme indiqué à la Section 12.

2 Décoller avec précaution le panneau isolant en caoutchouc au bord de la porte puis déposer ce panneau avant de poursuivre comme indiqué aux alinéas concernés **(voir illustration)**.

Vitre de porte avant

3 Relever au maximum la vitre. Desserrer puis retirer les boulons supérieurs et intérieurs de retenue et de guidage de la vitre. Déposer le guide à l'avant de la porte **(voir illustrations)**.

4 Remettre provisoirement en place la poignée et rebrancher (le cas échéant) le contacteur pour refermer à moitié la vitre.

5 Travailler depuis l'intérieur de la porte pour desserrer le clip qui immobilise la vitre sur la cheville du lève-vitre, en le faisant tourner de

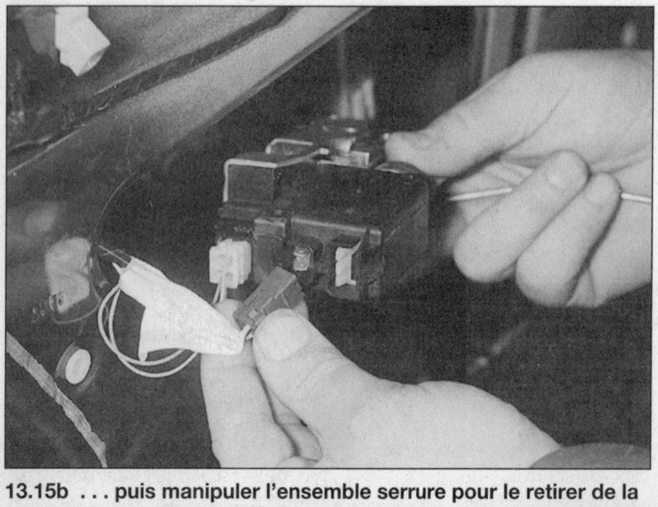
13.15b . . . puis manipuler l'ensemble serrure pour le retirer de la porte et (le cas échéant), débrancher le connecteur électrique au niveau de la servocommande

14.2 Retrait du panneau isolant en caoutchouc de la porte avant

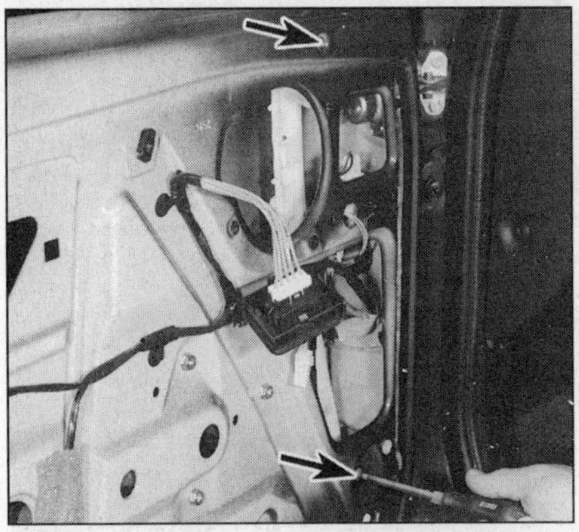

14.3a Desserrage des deux boulons de retenue (flèches) . . .

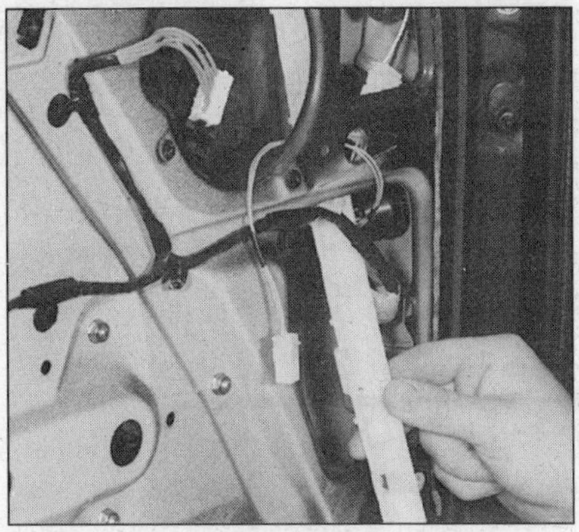

14.3b . . . et retrait du guide-vitre de la porte

14.5 Retirer le clip de retenue, comme indiqué dans le texte, puis libérer la vitre au niveau de la cheville du lève-vitre

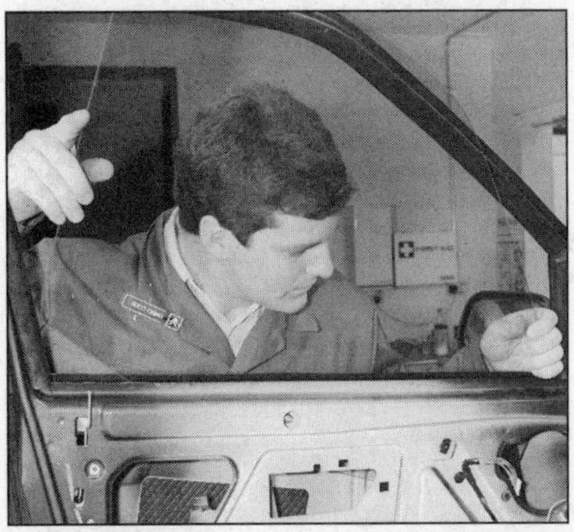

14.6 Retrait de la vitre de la porte avant

14.7a Desserrer la vis de retenue . . .

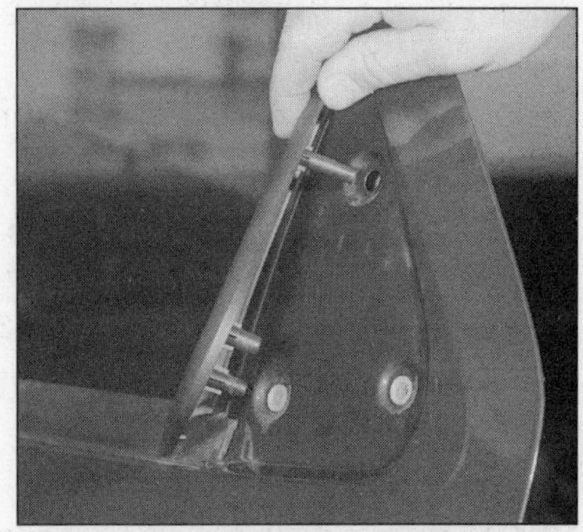

14.7b . . . puis déposer le panneau de garniture extérieur de la porte arrière

45°. Faire ensuite glisser ce clip pour le retirer et libérer la vitre du mécanisme du lève-vitre **(voir illustration)**.

6 Abaisser au maximum la vitre puis libérer le guide supérieur de cette vitre, au dos du bourrelet d'étanchéité puis manipuler avec précaution cette vitre pour la retirer par le haut de la porte **(voir illustration)**.

Vitre de porte arrière

7 Desserrer la vis de retenue depuis l'intérieur puis déposer le petit panneau extérieur de garniture de la porte **(voir illustrations)**.

8 Remettre provisoirement en place la poignée puis ouvrir la vitre.

9 En travaillant tout autour du bourrelet d'étanchéité, dégager avec précaution ce bourrelet de la porte puis le déposer du véhicule **(voir illustration)**.

10 Désolidariser la vitre du mécanisme du lève-vitre, comme indiqué ci-dessus au paragraphe 5 puis manipuler avec précaution cette vitre pour la retirer par le haut de la porte **(voir illustrations)**.

Lève-vitre

11 Déposer la vitre, comme indiqué ci-dessus.

12 Desserrer puis retirer les cinq écrous de retenue du lève-vitre puis manipuler avec précaution l'ensemble lève-vitre pour le faire sortir par

14.9 Travailler tout autour du bourrelet d'étanchéité pour décoller ce bourrelet de la porte et le retirer

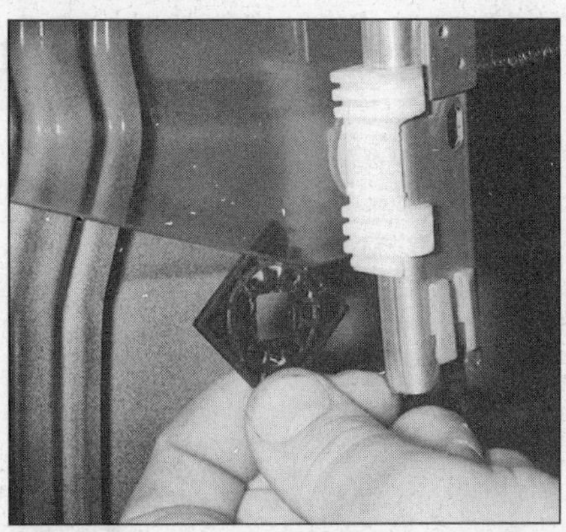

14.10a Retirer le clip de retenue puis désolidariser la vitre du lève-vitre . . .

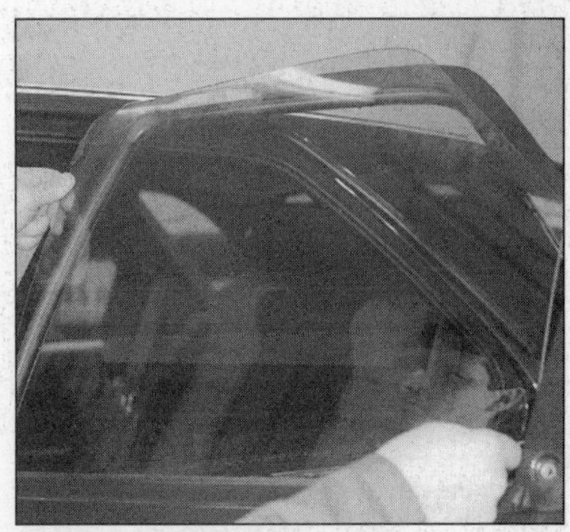

14.10b . . . et la retirer en la faisant passer par le haut de la porte

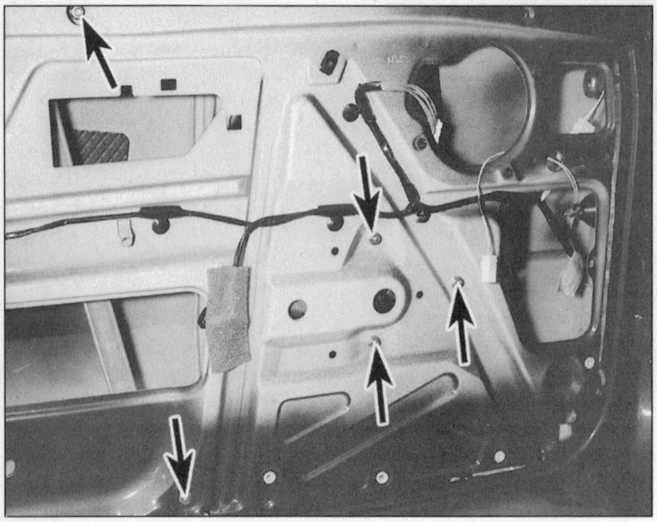

14.12a Desserrer les cinq écrous de retenue du lève-vitre (flèches) . . .

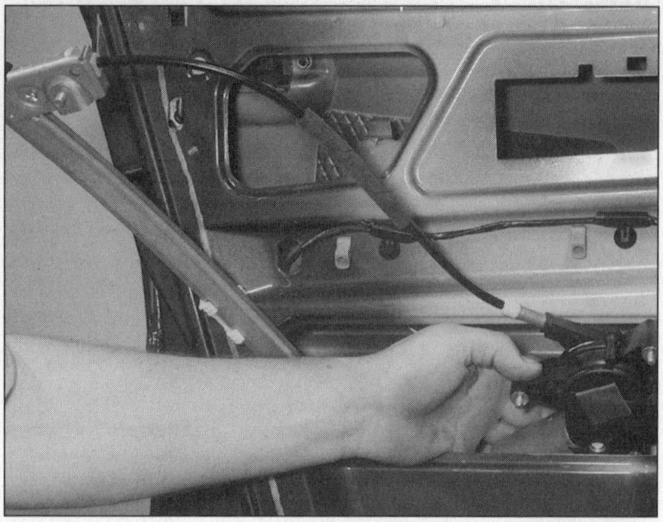

14.12b . . . puis retirer l'ensemble lève-vitre en le faisant passer par la plus grosse des ouvertures du panneau de porte

14.12c Sur les modèles équipés de vitres électriques, débrancher le connecteur électrique du moteur, lors de la dépose du lève-vitre

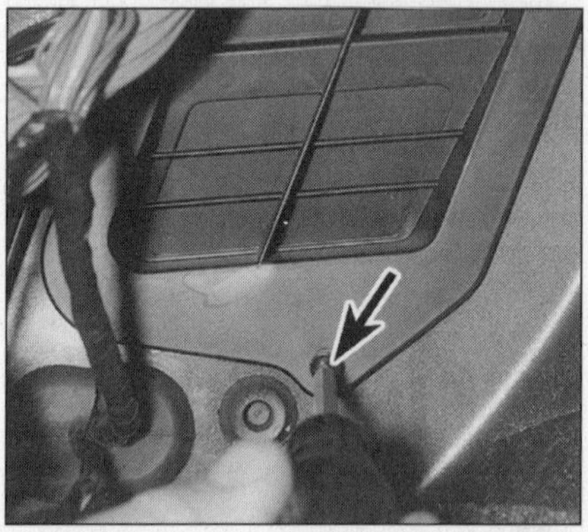

15.2a Desserrer la vis de retenue (flèche) puis déposer la grille . . .

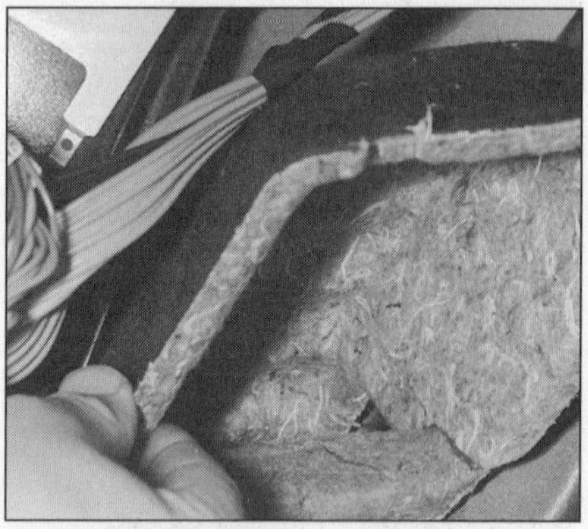

15.2b . . . et la conduite de ventilation de chaque côté du coffre à bagages

la grosse ouverture du panneau de la porte. Sur les modèles équipés de vitres électriques, il convient de débrancher le connecteur électrique, dès qu'il est accessible, au niveau du moteur du lève-vitre **(voir illustrations)**.

Repose

Vitre de porte avant

13 Manipuler la vitre pour la ramener en position, par le haut de la porte.

14 Abaisser la vitre au pied de la porte puis fixer le guide supérieur et le dos du bourrelet d'étanchéité.

15 Faire monter la vitre et la positionner sur la cheville du mécanisme du lève-vitre. Faire glisser le clip de retenue sur cette cheville puis l'immobiliser en position en le faisant tourner de 45°.

16 Remonter au maximum la vitre puis remettre en place le guide avant de cette vitre et bien en serrer les vis de retenue.

17 Vérifier que la vitre s'ouvre et se ferme sans à-coups et sans points durs puis remettre en place le panneau isolant en caoutchouc de la porte.

18 S'assurer que ce panneau isolant est bien collé à la porte puis remettre en place le panneau intérieur de garniture, comme indiqué à la Section 12.

Vitre de porte arrière

19 Manipuler cette vitre pour la ramener en position, par le haut de la porte. La positionner sur la cheville du mécanisme du lève-vitre. Faire glisser le clip de retenue sur la cheville du lève-vitre et l'immobiliser en position en le faisant tourner de 45°.

20 Enfoncer le bord avant du bourrelet d'étanchéité sur le guide supérieur de la vitre puis progresser tout autour de ce bourrelet pour le remettre en position dans la porte. Remettre en place le panneau extérieur de garniture et bien en serrer la vis de retenue.

21 Vérifier que la vitre s'ouvre et se ferme sans à-coups et sans points durs puis remettre en place le panneau isolant en caoutchouc de la porte.

22 S'assurer que ce panneau isolant est bien collé à la porte puis remettre en place le panneau intérieur de garniture, comme indiqué à la Section 12.

Lève-vitre

23 Rebrancher le connecteur électrique (le cas échéant) puis manipuler l'ensemble lève-vitre pour le ramener en position dans la porte. Remettre en place les cinq écrous de retenue et bien les serrer.

24 Remettre en place la vitre, comme indiqué ci-dessus.

15 Hayon et béquilles - dépose et repose

Dépose

Hayon

1 Déposer les feux arrière gauche et droit, comme indiqué au Chapitre 12.

2 Desserrer la vis de retenue puis déposer les grilles et conduites de ventilation qui se trouvent sur les côtés gauche et droit du coffre à

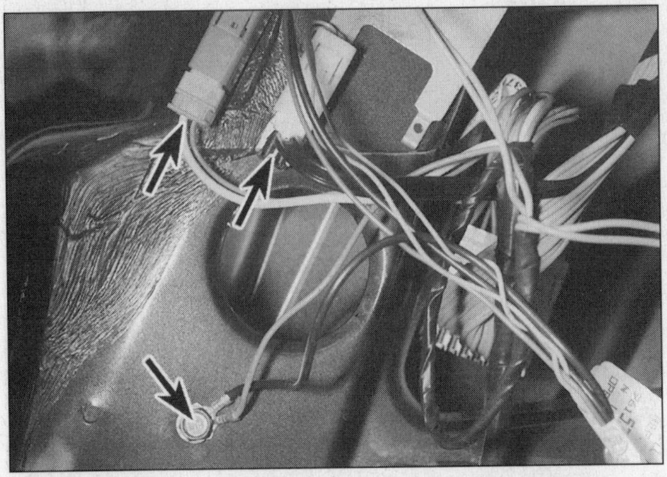

15.3a Débrancher les connecteurs électriques du hayon et la connexion du conducteur de mise à la masse (flèches) (côté gauche illustré) . . .

bagages **(voir illustrations)**.

3 Débrancher les connecteurs électriques du hayon, qui se trouvent sur les côtés droit et gauche, au niveau du faisceau de câblage principal puis dévisser le boulon de fixation du conducteur de mise à la masse sur la carrosserie. Retirer les connecteurs électriques à l'arrière de la carrosserie puis remonter le long de chaque faisceau pour les débrancher sous la partie extérieure du bourrelet d'étanchéité du hayon et au niveau des différents colliers de retenue prévus **(voir illustrations)**.

4 Desserrer la durit d'alimentation du lave-glace, qui se trouve sous la partie supérieure du bourrelet d'étanchéité du hayon puis la débrancher au niveau de son clapet anti-retour **(voir illustration)**.

5 Demander à un assistant de soutenir le hayon puis soulever les pinces de serrage avant de désolidariser les béquilles au niveau de leurs fixations à rotules du hayon. Extraire avec précaution les colliers de retenue des axes de charnières puis tapoter sur ces deux axes pour les déposer. Retirer le hayon du véhicule **(voir illustrations)**.

6 Examiner les axes de charnières pour s'assurer qu'ils ne sont usés ou endommagés. Procéder aux remplacements nécessaires.

Béquilles

7 Maintenir le hayon en position ouverte avec un morceau de bois robuste ou en se faisant aider par un assistant.

8 Soulever la pince de serrage puis désolidariser la béquille de son support à rotule sur le hayon. A l'aide d'un tournevis à lame plate, extraire le collier de retenue puis écarter avec précaution la béquille de sa rotule et la déposer du véhicule **(voir illustrations)**.

Repose

Hayon

9 La repose se fait dans l'ordre inverse des opérations de dépose, en notant les points suivants:

(a) *Avant d'effectuer la repose, enduire de graisse polyvalente les axes des charnières.*

(b) *S'assurer que les axes des charnières sont bien immobilisés par leurs colliers de retenue et que les béquilles sont bien maintenues en position par leurs pinces de serrage.*

(c) *S'assurer que la durit d'alimentation du lave-glace et les faisceaux de câblage retrouvent leur position correcte derrière le bourrelet d'étanchéité du hayon.*

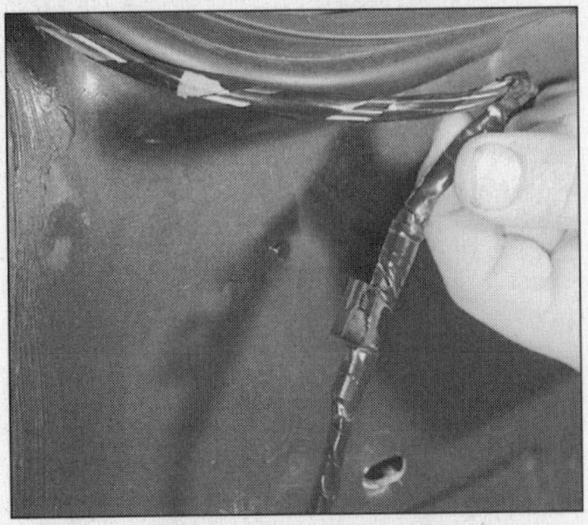

15.3b . . . puis retirer les faisceaux de câblage par l'arrière du véhicule et les débrancher sous le bourrelet d'étanchéité du hayon

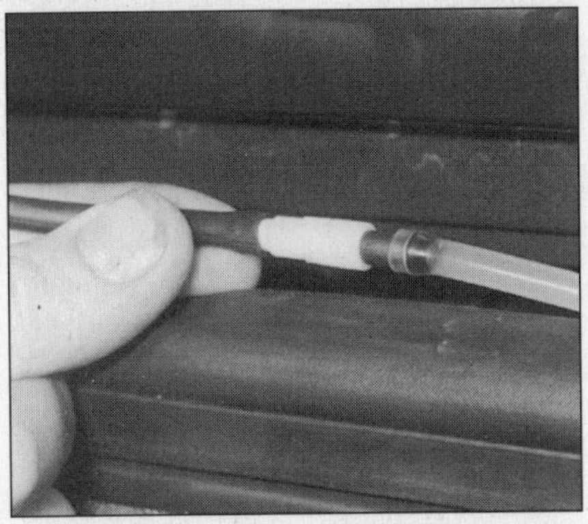

15.4 Desserrer la durit du lave-glace du hayon sous le bourrelet d'étanchéité puis la débrancher au niveau de son clapet anti-retour

15.5a Déposer les pinces de serrage . . .

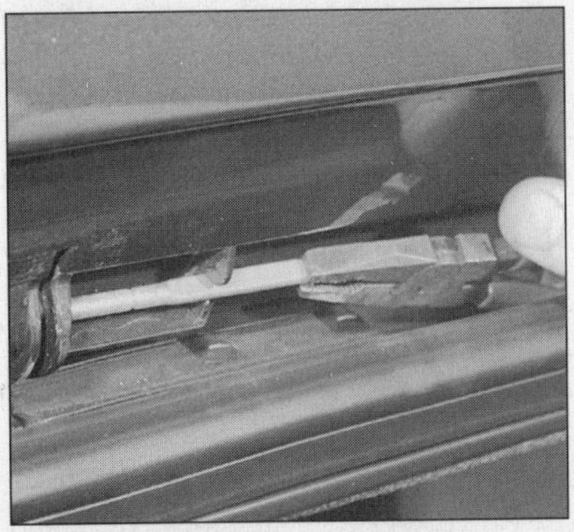

15.5b . . . puis retirer les axes de charnières du hayon

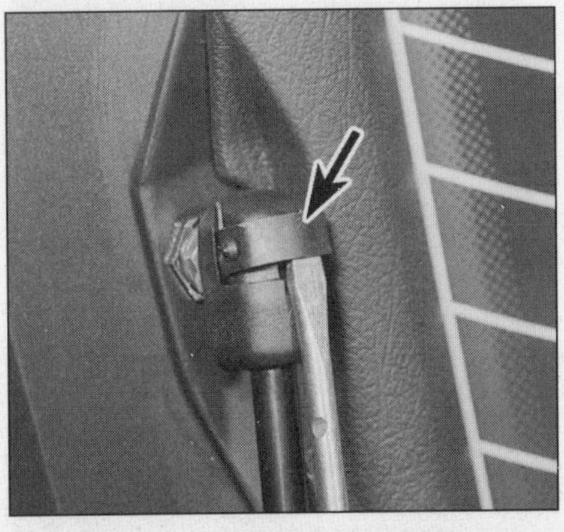

15.8a Soulever la pince de serrage (flèche) puis désolidariser la béquille de son support sur le hayon . . .

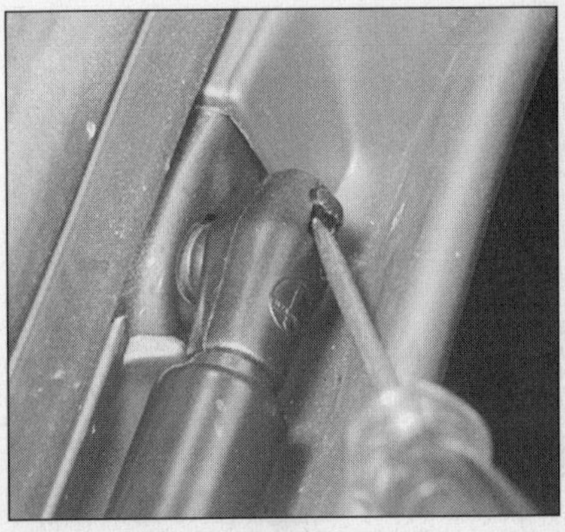

15.8b . . . puis extraire le collier de retenue et écarter la béquille de la carrosserie

16.1a Desserrer les deux boulons de retenue . . .

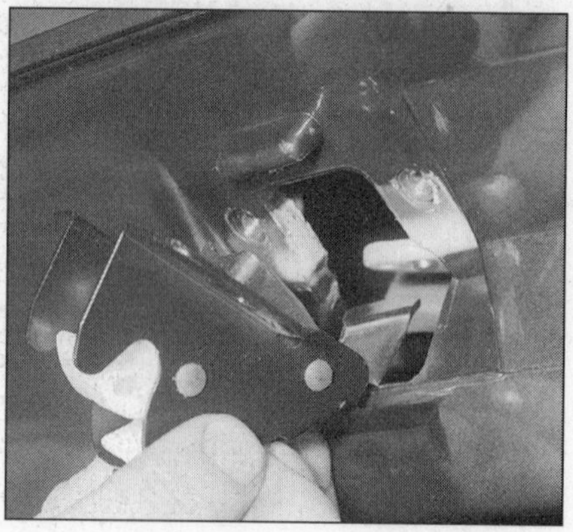

16.1b . . . puis déposer la serrure au pied du hayon

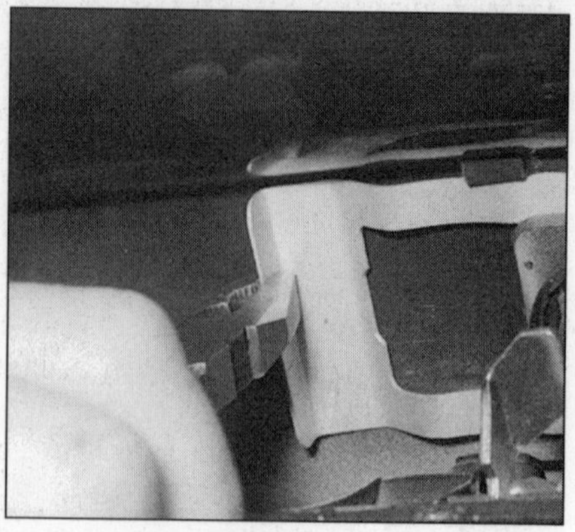

16.3a Faire glisser le collier de retenue . . .

16.3b . . . puis retirer du hayon l'ensemble cylindre et poignée de serrure

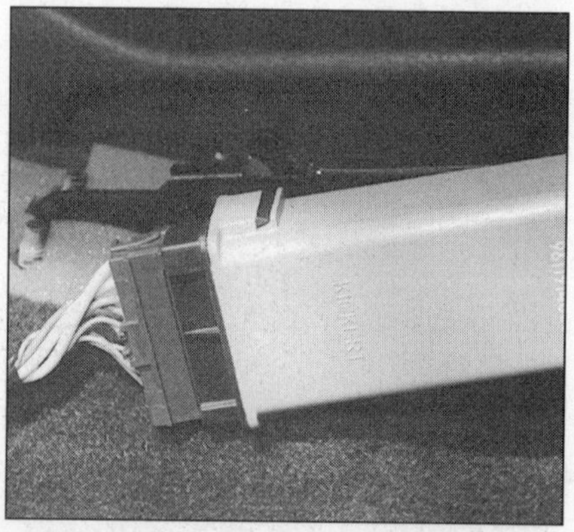

17.2 La commande électronique du système de condamnation centrale des portes se trouve sur un des ergots du levier du frein à main

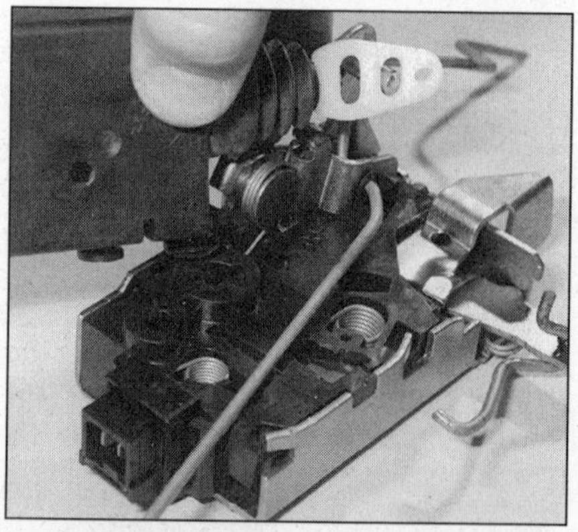

17.5 Sur un ensemble serrure, dépose d'une servocommande du système de condamnation centrale des portes

Béquilles

10 La repose se fait dans l'ordre inverse des opérations de dépose, en s'assurant que chaque béquille est bien immobilisée par sa pince de serrage et le collier de retenue.

16 Composants de la serrure du hayon - dépose et repose

Dépose

Serrure du hayon

1 Ouvrir le hayon puis desserrer les deux boulons de retenue avant de déposer la serrure **(voir illustrations)**.

Cylindre de serrure du hayon

2 Déposer le moteur de l'essuie-glace du hayon, comme indiqué au Chapitre 12.

3 A l'aide d'une pince, faire glisser le collier de retenue de la serrure pour le retirer puis déposer du hayon le cylindre de la serrure et la poignée **(voir illustrations)**.

Repose

4 La repose se fait dans l'ordre inverse des opérations de dépose.

17 Composants du système de condamnation centrale des portes - dépose et repose

Groupe électronique de commande

1 Ouvrir le cendrier arrière puis appuyer sur la languette de retenue pour déposer le cendrier du panneau de garniture du levier du frein à main. Desserrer puis retirer l'écrou de retenue arrière et les deux vis de retenue avant puis manipuler le panneau pour l'écarter du levier du frein à main.

2 Desserrer l'écrou de fixation du groupe de commande sur l'ergot de montage du levier du frein à main puis débrancher le connecteur électrique et déposer ce groupe du véhicule **(voir illustration)**.

3 La repose se fait dans l'ordre inverse des opérations de dépose.

Servocommande de serrure de porte

4 Déposer la serrure de la porte concernée, comme indiqué à la Section 13.

5 La servocommande vient se fixer par une baïonnette sur l'ensemble serrure. Pour la retirer, il suffit de la tourner légèrement pour la libérer de son support sur la serrure et pour la désolidariser de la cheville de la serrure **(voir illustration)**.

6 Lors de la repose, s'assurer que la servocommande est bien fixée en position et vient correctement se mettre en prise sur la cheville de la serrure.

Servocommande de serrure de hayon

7 Déposer le moteur d'essuie-glace du hayon, comme indiqué au Chapitre 12.

8 Desserrer les deux vis de retenue puis déposer la servocommande du support du moteur d'essuie-glace **(voir illustration)**.

9 La repose se fait dans l'ordre inverse des opérations de dépose.

Récepteur à distance

10 Extraire avec précaution le plafonnier de la console supérieure puis en débrancher le connecteur électrique. Retirer les deux vis de retenue de la console puis abaisser cette dernière avant de la

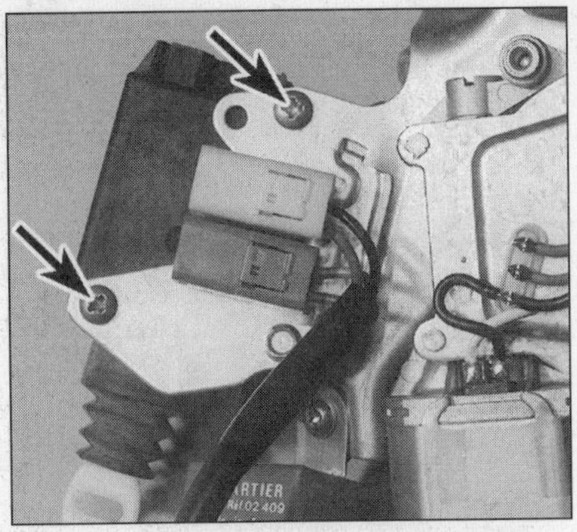

17.8 Le moteur de la servocommande de la serrure du hayon est retenu par deux vis

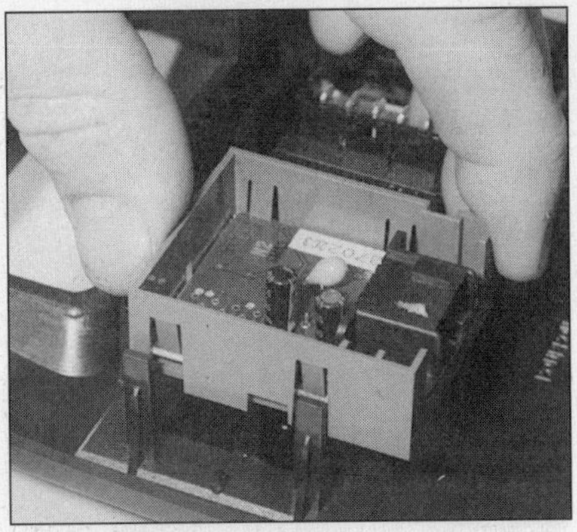

17.11 Dépose du récepteur du système de condamnation centrale des portes au niveau de la console du toit

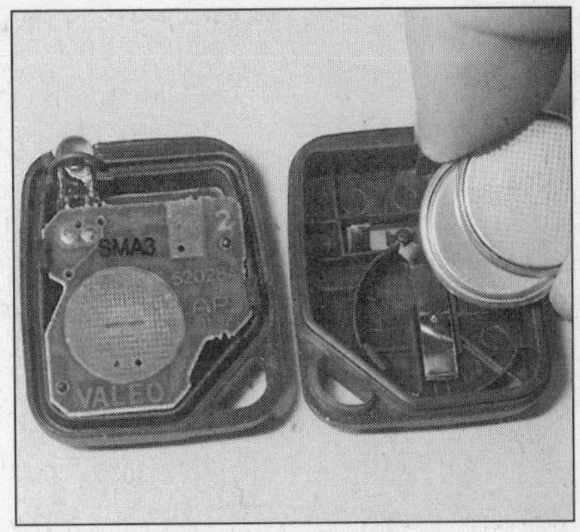

17.13 Séparer les deux moitiés de l'émetteur puis retirer les piles

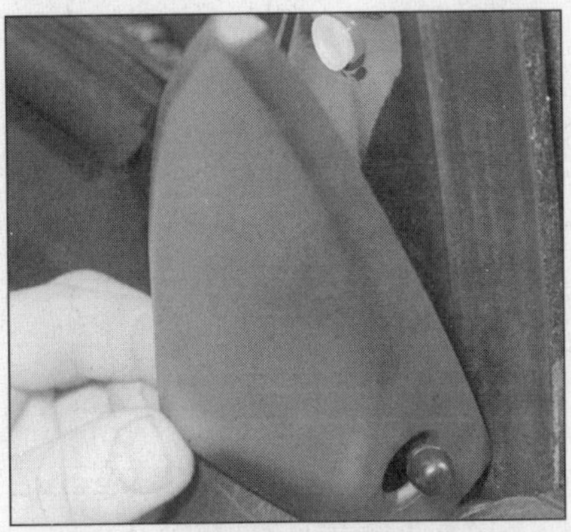

19.1 Sur les rétroviseurs manuels, extraire le panneau intérieur de garniture . . .

19.2a . . . puis desserrer et retirer les deux vis de retenue . . .

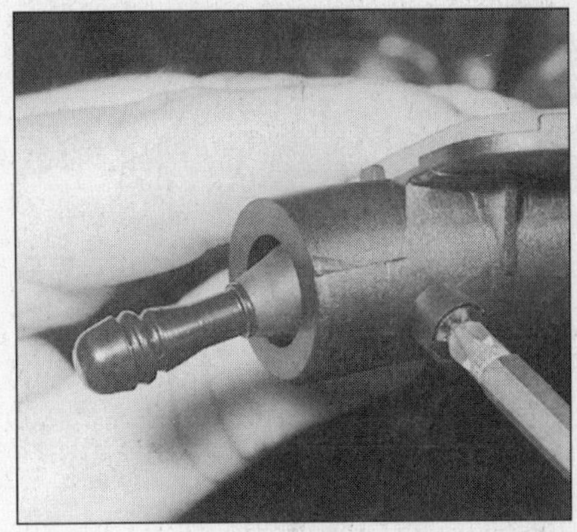

19.2b . . . ainsi que la vis sans tête du levier de réglage . . .

19.2c . . . avant de déposer la plaque de retenue du levier de réglage

débrancher de ses connecteurs électriques.

11 Desserrer les colliers de retenue puis déposer le récepteur en le faisant passer au-dessus de la console **(voir illustration)**.

12 La repose se fait dans l'ordre inverse des opérations de dépose.

Piles de l'émetteur

13 A l'aide d'un petit tournevis, séparer avec précaution les deux moitiés de l'émetteur puis en retirer les deux piles en notant dans quel sens elles sont installées **(voir illustration)**.

14 Mettre en place les deux piles. S'assurer qu'elles sont montées dans le bon sens puis refixer les deux moitiés de l'émetteur l'une sur l'autre. Pour éviter toute confusion, les bornes des piles et de l'émetteur portent les références "+" ou "-".

18 Remplacement de composants de vitre électrique - généralités

Contacteur de vitre

1 Consulter le Chapitre 12.

Moteurs de lève-vitres

2 Le moteur électrique d'un lève-vitre fait partie intégrante du mécanisme du lève-vitre et ne peut pas se remplacer séparément. Consulter la Section 14 qui fournit des détails sur la dépose et la repose du lève-vitre.

19 Rétroviseur extérieur et composants connexes - dépose et repose

Dépose

Rétroviseur manuel

1 Extraire avec précaution le panneau intérieur de garniture du rétroviseur **(voir illustration)**.

2 Desserrer les deux vis de retenue puis desserrer et déposer la vis sans tête du levier de réglage. Faire glisser la plaque de retenue pour l'écarter du levier de réglage du rétroviseur **(voir illustrations)**.

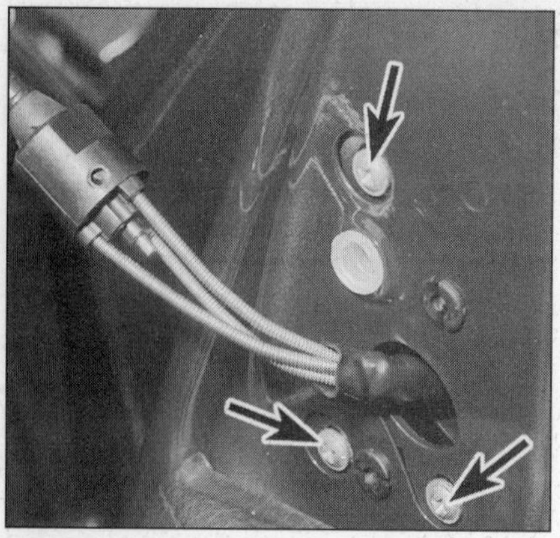
19.3 Desserrer les trois vis de retenue (flèches) puis déposer de la porte l'ensemble rétroviseur

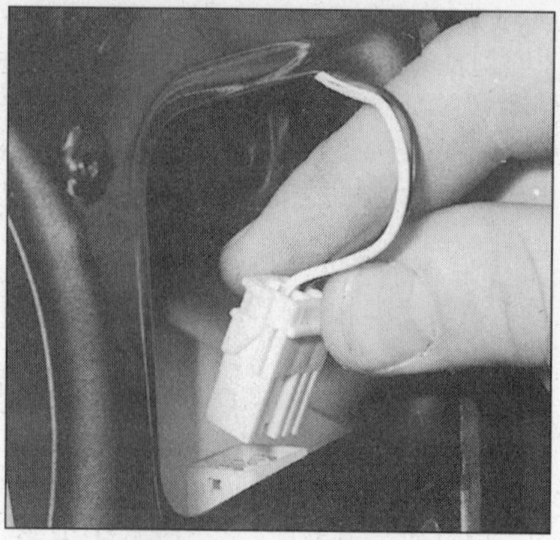
19.5 Sur les rétroviseurs électriques, déposer le panneau intérieur de garniture de la porte pour accéder au connecteur électrique du rétroviseur

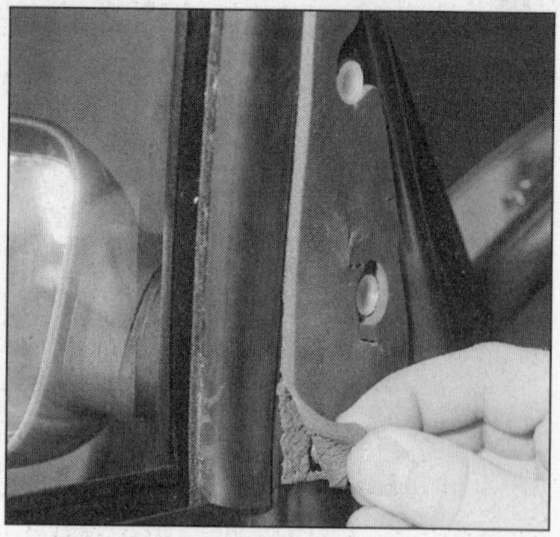
19.6a Replier la mousse caoutchoutée isolante . . .

3 Déposer la mousse caoutchoutée isolante puis desserrer et retirer les trois vis de retenue. Enfin, déposer de la porte l'ensemble rétroviseur **(voir illustration)**.

Rétroviseur électrique

4 Déposer le panneau intérieur de garniture, comme indiqué à la Section 12.

5 Décoller avec précaution le panneau isolant en caoutchouc sur le bord avant de la porte pour accéder au connecteur électrique du rétroviseur. Débrancher ce connecteur au niveau du faisceau de câblage principal **(voir illustration)**.

6 Déposer la mousse caoutchoutée isolante puis desserrer et retirer les trois vis de retenue. Enfin, déposer de la porte l'ensemble rétroviseur **(voir illustrations)**.

Vitre du rétroviseur

7 Cette vitre est collée à l'ensemble rétroviseur. Toute tentative de retrait cassera probablement cette vitre. Par conséquent, il ne faut pas chercher à retirer cette vitre, sauf pour la remplacer.

8 Pour faciliter la dépose, réchauffer doucement la vitre avec un sèche-cheveux puis extraire avec précaution la vitre de son emplacement.

Contacteur de rétroviseur (rétroviseur électrique)

9 Consulter le Chapitre 12.

Repose

Rétroviseur manuel

10 Mettre en position le rétroviseur puis bien en serrer les trois vis de retenue.

11 Remettre en place la mousse isolante puis faire glisser la plaque de retenue sur le levier de réglage et l'immobiliser en position avec ses deux vis de retenue. Remettre en place la vis sans tête du levier de réglage et vérifier le bon fonctionnement de ce levier.

12 Si tout est correct, remettre en place le panneau intérieur de garniture de la porte.

Rétroviseur électrique

13 Mettre le rétroviseur en position. Faire passer son connecteur électrique par la porte et bien en serrer les vis de retenue.

14 Rebrancher le connecteur électrique du rétroviseur en s'assurant que le faisceau de câblage suit un trajet correct.

15 Remettre en place la mousse isolante et le panneau sur la porte puis remonter le panneau intérieur de garniture, comme indiqué à la Section 12.

Vitre de rétroviseur

16 Avant de mettre en place une vitre neuve, utiliser un solvant pour enlever les résidus d'adhésif sur la plaque de fixation. Retirer le support d'emballage du rétroviseur neuf puis en réchauffer doucement l'adhésif avant d'appliquer fermement la vitre sur sa plaque de fixation.

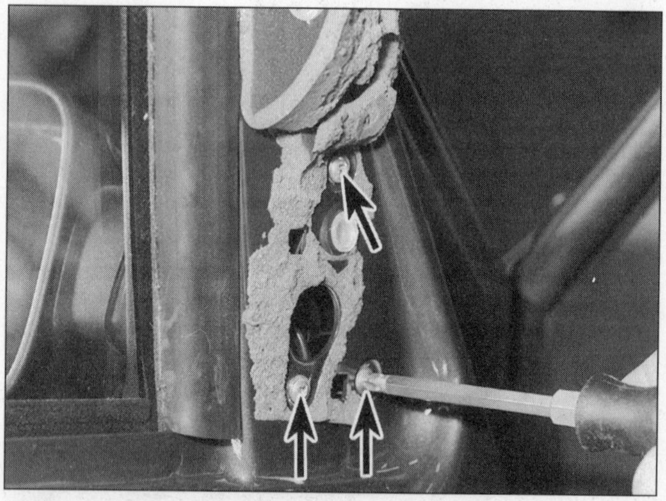
19.6b . . . puis desserrer les trois vis de retenue (flèches) . . .

Contacteur de rétroviseur

17 La repose se fait dans l'ordre inverse des opérations de dépose.

20 Pare-brise, hayon et vitre de custode - généralités

Ces zones vitrées sont immobilisées, avec un ajustement serré, par le bourrelet d'étanchéité dans l'ouverture de la carrosserie et sont fixées en position par un adhésif spécial. La dépose et la repose de ces zones à vitrage fixe sont des tâches difficiles et salissantes qui prennent du temps et que la plupart des bricoleurs ne sont pas en mesure d'assurer. Il est très difficile, à moins d'être très expérimenté, d'obtenir un ajustement bien serré et parfaitement étanche à l'eau. En outre, cette tâche présente d'importants risques de cassure, surtout sur un pare-brise en stratifié. C'est pour cette raison que nous recommandons très fortement aux automobilistes de confier ce type de travail à un installateur de pare-brises spécialisé.

21 Glace de custode (modèle à trois portes) - dépose et repose

A la date de rédaction de ce manuel, nous ne disposions d'aucune information sur la dépose et la repose de la vitre de custode

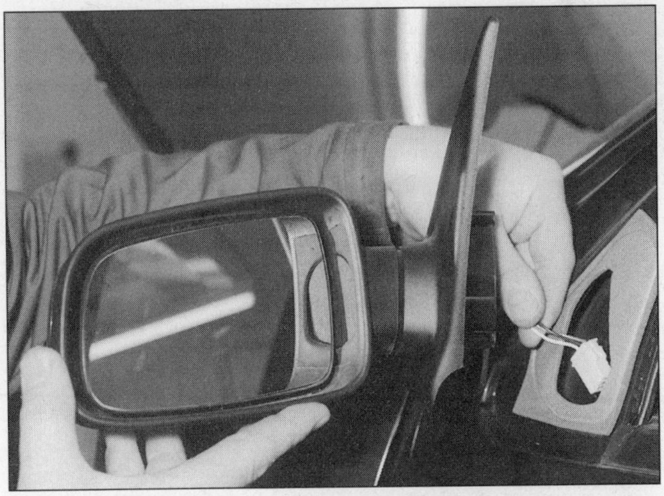

19.6c . . . avant de déposer de la porte l'ensemble rétroviseur

24.1b . . . puis replier ce panneau pour améliorer l'accès aux boulons de fixation du siège avant

des modèles à trois portes. Par conséquent, il vaut mieux confier cette tâche à un concessionnaire Citroën.

22 Toit ouvrant - généralités

La plupart des modèles sont équipés d'origine d'un toit ouvrant manuel ou électrique. Sur les autres, il est proposé en option.

Etant donné que le mécanisme du toit ouvrant est d'une grande complexité, la réparation, le remplacement et le réglage des composants d'un toit ouvrant exigent une expertise considérable. Pour déposer le toit ouvrant, il faut au préalable retirer la garniture du toit. Il s'agit d'une opération à la fois complexe et fastidieuse qu'il ne faut pas prendre à la légère (voir Section 26). Par conséquent, si le toit ouvrant présente des problèmes, il vaut mieux d'adresser à un concessionnaire Citroën.

En ce qui concerne les modèles équipés d'un toit ouvrant électrique, lorsque ce dispositif tombe en panne, il convient au préalable de vérifier son fusible. Si l'anomalie ne peut pas être identifiée et corrigée, il est possible d'ouvrir et de refermer à la main le toit ouvrant en utilisant une clé à six pans creux de taille appropriée pour faire tourner l'axe du moteur électrique. Pour accéder à cet axe, extraire avec précaution l'éclairage de courtoisie au niveau de la console du toit puis desserrer les deux vis de retenue de cette console et abaisser légèrement cet ensemble console pour l'écarter de sa

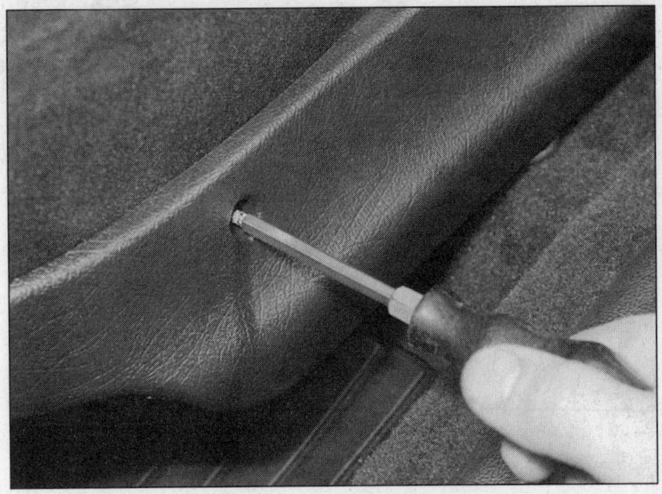

24.1a Desserrer les vis de retenue du panneau de garniture . . .

position. Introduire la clé à six pans creux dans l'axe du moteur électrique. Faire tourner cette clé pour amener le toit ouvrant à la position requise. Une clé de taille appropriée est remise avec le véhicule. Elle se trouve sous le panneau inférieur du tableau de bord, du côté conducteur. Elle est en fait accrochée au boîtier porte-fusibles.

23 Accessoires extérieurs de la carrosserie - dépose et repose

Garnitures de passages de roues et panneaux disposés sous la carrosserie

1 Les différents couvercles en matière plastique qui se trouvent sous le véhicule sont immobilisés en position par tout un assortiment de vis et de clips de retenue. Leur dépose devrait être relativement aisée, après un simple examen. Procéder de façon méthodique, tout autour du panneau pour en retirer les vis de retenue et en desserrer les colliers, jusqu'à ce que le panneau soit totalement dégagé et puisse être retiré en le faisant passer sous le véhicule.

2 Lors de la repose, remplacer les clips de retenue qui se sont cassés lors de la dépose. S'assurer que le panneau est bien immobilisé par les différents clips et vis prévus dans ce but.

Baguettes et badges

3 Les différentes baguettes de la carrosserie ainsi que les badges sont immobilisés en position par du ruban adhésif spécial. Pour déposer une baguette ou un badge, il faut le réchauffer afin d'en ramollir l'adhésif, ce qui facilite son décollage. Etant donné que cette opération présente des risques importants au niveau de la peinture du véhicule, il vaut mieux la confier à un concessionnaire Citroën.

24 Sièges - dépose et repose

Dépose

Siège avant

1 Faire glisser le siège au maximum vers l'arrière puis desserrer les deux boulons Torx qui immobilisent au plancher l'avant des glissières du siège. Le cas échéant, pour améliorer l'accès à ces boulons, desserrer les vis de retenue puis écarter les revêtements de garnitures au pied du siège **(voir illustrations)**.

2 Faire glisser le siège au maximum vers l'avant puis desserrer les deux boulons Torx qui immobilisent au plancher l'arrière des glissières du siège. Déposer le siège du véhicule.

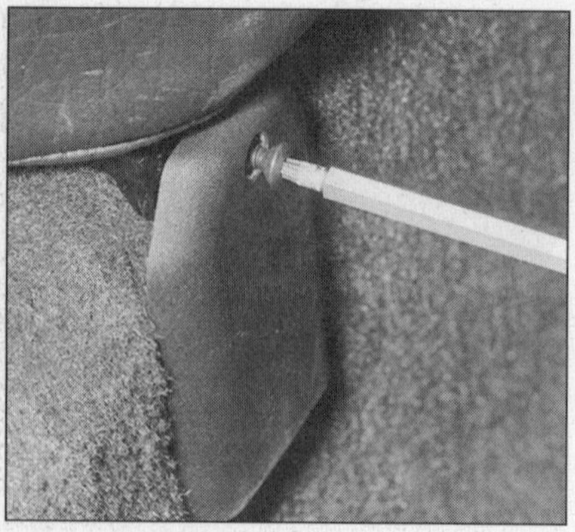

24.3a Desserrer les vis de retenue . . .

24.3b . . . puis retirer les revêtements de garniture pour accéder aux écrous de retenue avant de la banquette arrière

24.4 Sur les modèles équipés d'une banquette arrière coulissante, écarter le panneau de garniture au pied de la banquette pour accéder aux boulons de fixation arrière de cette dernière

24.5 Desserrer puis retirer les boulons de fixation arrière et récupérer les entretoises (flèche) sous les supports de fixation de la banquette

25.13a Boulon de l'enrouleur à inertie d'une ceinture latérale de la banquette arrière et boulon supérieur de fixation de cette ceinture - un modèle à cinq portes est illustré

Ensemble banquette arrière

3 Desserrer les vis de retenue puis déposer les revêtements de garnitures en plastique au niveau des trois points de fixation avant de la banquette. Une fois ces revêtements retirés, desserrer puis enlever les écrous de retenue à l'avant de la banquette **(voir illustrations)**.

4 Sur les modèles équipés d'une banquette arrière coulissante, faire avancer au maximum la banquette puis retirer la tablette arrière et écarter le revêtement de la garniture au pied de la banquette afin d'accéder aux boulons de fixation arrière **(voir illustration)**. Sur les modèles équipés d'une banquette fixe, retirer la tablette arrière puis libérer les attaches de la garniture et replier la moquette pour l'écarter de l'arrière de la banquette afin d'accéder aux boulons de fixation arrière.

5 Desserrer puis retirer les trois boulons de fixation arrière. Récupérer les entretoises qui se trouvent sous les supports de fixation de la banquette **(voir illustration)**.

6 Faire passer les ceintures de sécurité arrière par les ouvertures qui se trouvent entre le dossier et le coussin de la banquette. Manipuler l'ensemble banquette pour le retirer du véhicule.

Repose

7 La repose se fait dans l'ordre inverse des opérations de dépose. Vérifier que les boulons de fixation de la banquette sont bien serrés.

25 Composants des ceintures de sécurité - dépose et repose

Dépose

Ceinture de sécurité avant - modèles à cinq portes

1 Extraire le capuchon enjoliveur au niveau du boulon d'ancrage inférieur de la ceinture puis desserrer et retirer ce boulon et ses rondelles. Ecarter la ceinture de sécurité de son point d'ancrage inférieur.

2 Extraire le capuchon enjoliveur au niveau du boulon de fixation supérieur de la ceinture de sécurité. Desserrer ce boulon puis dégager la ceinture de sécurité.

3 Desserrer les deux vis de retenue au pied du panneau de garniture inférieur du montant de la porte. Extraire avec précaution ce panneau pour l'écarter du montant. Le déposer du véhicule.

4 Tirer sur le bouton du levier de réglage en hauteur de l'ancrage supérieur de la ceinture de sécurité pour le retirer. Desserrer puis retirer la vis de retenue puis détacher le panneau supérieur de garniture au niveau du montant de la porte et le retirer du véhicule.

5 Desserrer puis retirer le ou les boulons de retenue de l'enrouleur à inertie puis déposer du véhicule la ceinture de sécurité.

25.13b Boulon inférieur de fixation d'une ceinture latérale de la banquette arrière

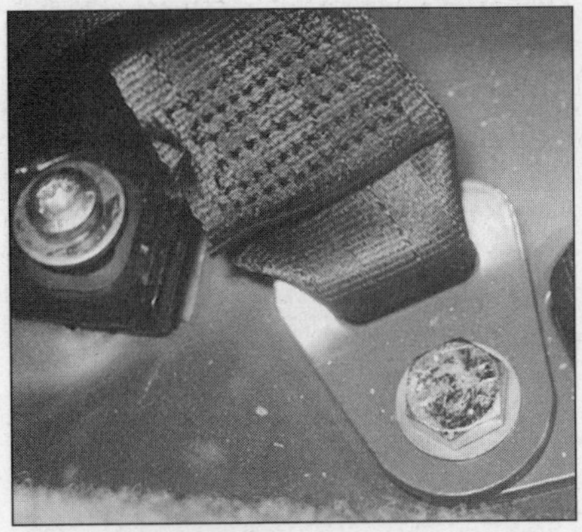

25.15 Boulon de retenue de l'ensemble ceinture de sécurité centrale et boucle de la banquette arrière

26.7 Dépose d'une butée du hayon, à l'arrière du véhicule

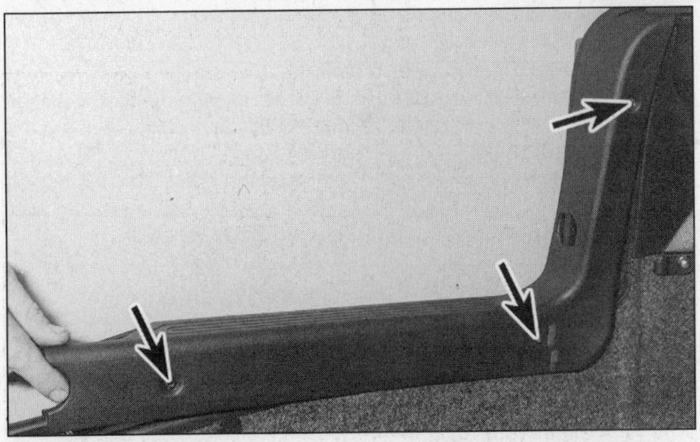

26.8 Dépose d'un panneau de garniture arrière du coffre à bagages (l'emplacement des vis de retenue est identifié par des flèches)

Ceinture de sécurité du siège avant - modèles à trois portes

6 Déposer le panneau supérieur de garniture du montant central de la porte, comme indiqué aux paragraphes 27 à 30 de la Section 26.

7 Percer avec précaution le rivet qui immobilise le guide de la ceinture de sécurité sur le montant de la porte.

8 Desserrer puis retirer le boulon et les rondelles qui immobilisent le rail de fixation inférieur de la ceinture de sécurité au plancher puis écarter ce rail de la ceinture.

9 Desserrer puis retirer le ou les boulons de retenue de l'enrouleur à inertie puis déposer du véhicule la ceinture de sécurité.

Tige de ceinture de sécurité avant - tous les modèles

10 Déposer le siège, comme indiqué à la Section 24.

11 Desserrer puis retirer le boulon qui immobilise cette tige sur le siège. Déposer cette tige.

Ceinture latérale de sécurité de la banquette arrière

12 Déposer les panneaux latéraux de garniture en haut et en bas du coffre à bagages, comme indiqué à la Section 26.

13 Desserrer puis retirer les boulons et rondelles de fixation supérieurs et inférieurs de la ceinture de sécurité, si cela ne l'a pas déjà été fait. Desserrer ensuite le boulon de retenue de l'enrouleur à inertie puis déposer du véhicule la ceinture de sécurité **(voir illustrations)**.

Ceinture centrale de sécurité de la banquette arrière et boucles

14 Sur les modèles équipés d'une banquette arrière coulissante, amener cette banquette sur la position la plus avancée puis détacher le panneau de garniture au pied de la partie arrière de la banquette. Sur les modèles équipés d'une banquette arrière fixe, détacher les attaches de la garniture puis replier la moquette à l'arrière de la banquette.

15 Desserrer puis retirer le boulon et les rondelles qui immobilisent l'ensemble ceinture de sécurité centrale et/ou boucle sur le plancher. Déposer cet ensemble du véhicule **(voir illustration)**.

Repose

16 La repose se fait dans l'ordre inverse des opérations de dépose. S'assurer que tous les boulons de fixation des ceintures de sécurité sont bien serrés et que tous les panneaux de garniture qui ont été déplacés sont bien immobilisés à leur emplacement à l'aide des clips de retenue prévus à cet effet.

26 Garniture intérieure - dépose et repose

Panneaux intérieurs de garniture

Panneaux de garniture de porte

1 Consulter la Section 12.

Panneaux latéraux de garniture de la banquette arrière - modèles à trois portes

2 Déposer l'ensemble banquette arrière, comme indiqué à la Section 24.

3 Déposer l'enceinte haut-parleur, comme indiqué au Chapitre 12.

4 Desserrer puis retirer les trois vis de retenue. Déposer le panneau en plastique du panneau de garniture.

5 Replier le bourrelet d'étanchéité du bord antérieur du panneau de garniture puis dégager les boutons-pressions de ce panneau en introduisant avec précaution un tournevis à lame plate de taille appropriée entre ce panneau et la carrosserie. Travailler sur toute la périphérie de ce panneau pour enlever tous les boutons-pressions. Ensuite, faire glisser le panneau vers le haut pour l'écarter de la carrosserie.

6 La repose se fait dans l'ordre inverse des opérations de dépose. Avant de remonter le panneau, remplacer tous les clips de retenue cassés.

Panneaux de garniture arrière du coffre à bagages

7 Ouvrir le hayon puis desserrer et retirer les vis de retenue des butées du hayon. Déposer les deux butées du hayon **(voir illustration)**.

8 Desserrer les trois vis de retenue qui immobilisent le panneau de garniture arrière droit ou gauche (suivant les cas) du coffre à bagages sur le plancher. Noter l'emplacement correct de montage des clips du coffre. Déposer ce panneau **(voir illustration)**. Le cas échéant, recommencer cette procédure pour enlever l'autre panneau de garniture.

9 La repose se fait dans l'ordre inverse des opérations de dépose.

Panneau de garniture latéral inférieur du coffre à bagages

10 Faire glisser la banquette arrière au maximum vers l'avant (le cas

26.12 Sur les modèles à cinq portes, dévisser de la carrosserie le clip de fixation de la manivelle

échéant) puis abaisser les dossiers de la banquette.
11 Le cas échéant, déposer la moitié correspondante du panneau de garniture arrière, conformément à la description ci-dessus.
12 Sur les modèles à cinq portes, lors de la dépose du panneau droit, il faut retirer la manivelle puis dévisser le clip de fixation de cette manivelle dans le coin arrière droit du coffre à bagages **(voir illustration)**. Lors de la dépose du panneau gauche, retirer l'écrou et le clip de retenue au même emplacement, mais sur le côté gauche.
13 Faire glisser le clip de retenue qui se trouve juste derrière la partie inférieure du coussin de la banquette, pour l'écarter du panneau de garniture **(voir illustration)**.
14 Desserrer puis retirer les quatre vis de retenue du panneau de garniture. Dégager avec précaution les bords de ce panneau pour les écarter des composants environnants. Déposer ce panneau du véhicule **(voir illustration)**. Lors de la dépose du panneau gauche, il faut également débrancher le connecteur électrique de l'éclairage du coffre à bagages, dès qu'il est accessible.
15 La repose se fait dans l'ordre inverse des opérations de dépose. S'assurer que toutes les attaches sont bien fixées.

Panneau de garniture latéral supérieur du coffre à bagages

16 Déposer le panneau de garniture latéral inférieur correspondant, comme indiqué aux paragraphes 10 à 14 ci-dessus.
17 Sur les modèles à trois portes, extraire le couvercle de garniture du point d'ancrage supérieur de la ceinture de sécurité arrière puis desserrer et retirer les boulons de fixation et la ou les rondelles pour déposer cette ceinture du panneau.
18 Desserrer les deux vis de retenue inférieures du panneau de garniture latéral supérieur.
19 Desserrer puis retirer les quatre vis de retenue et la butée en caoutchouc au niveau de la section arrière du panneau supérieur. Replier le bourrelet d'étanchéité du hayon sur le côté de la section arrière du panneau puis déposer ce panneau. Le cas échéant, débrancher le connecteur électrique de l'éclairage du coffre à bagages, dès qu'il est accessible **(voir illustrations)**.

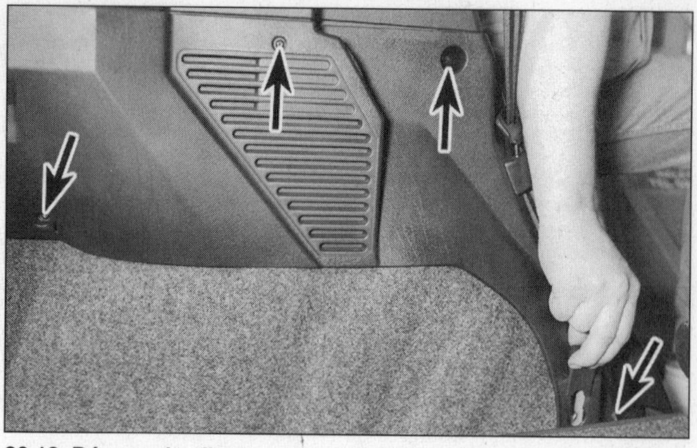

26.13 Dépose du clip de retenue du panneau de garniture latéral du coffre à bagages (l'emplacement des vis de retenue est identifié par des flèches)

20 Desserrer les deux vis de retenue qui se trouvent derrière la section arrière du panneau de garniture puis libérer ce panneau sur le côté de la carrosserie **(voir illustrations)**. Sur les modèles à cinq portes, pour déposer ce panneau du véhicule, il faut desserrer puis retirer le boulon de fixation inférieur de la ceinture de sécurité arrière ainsi que la rondelle, avant de refaire passer la ceinture par la fente du panneau.
21 La repose se fait dans l'ordre inverse des opérations de dépose. S'assurer que le câblage du hayon occupe une position correcte sous le bourrelet d'étanchéité, avant d'enfoncer ce bourrelet sur le véhicule.

Panneau de garniture du montant de pare-brise

22 Décrocher ce panneau au niveau du montant de pare-brise et, le cas échéant, écarter le capteur d'alarme de son clip de fixation à la partie supérieure du panneau.
23 Avant de procéder à la repose, vérifier les clips de retenue du panneau. Remplacer ceux qui sont cassés. Le cas échéant, s'assurer que le fil du capteur d'alarme suit un trajet correct. Remettre en place ce capteur sur son clip de retenue. Refixer le panneau en position en s'assurant que les chevilles au pied de ce panneau pénètrent correctement dans la planche de bord **(voir illustration)**.

Panneau de garniture latéral au niveau des pieds du passager avant et du conducteur

24 Desserrer les deux vis de retenue puis déposer ce panneau sur le côté de la zone des pieds du passager avant ou du conducteur.
25 La repose se fait dans l'ordre inverse des opérations de dépose.

Panneaux de garniture du montant central des portes - modèles à cinq portes

26 Consulter les informations des paragraphes 1 à 4 de la Section 25.

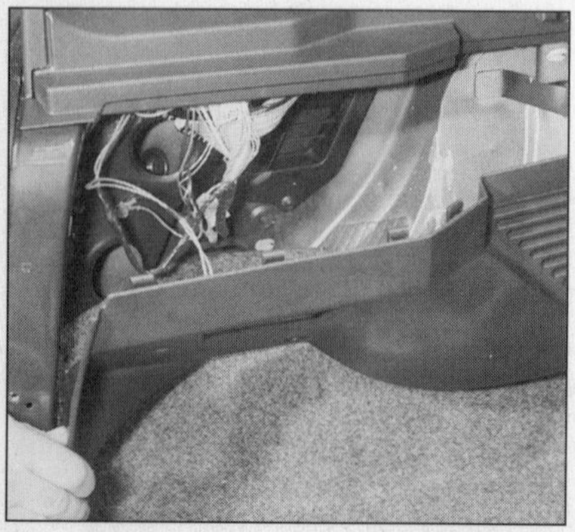

26.14 Dépose d'un panneau latéral de garniture du coffre à bagages

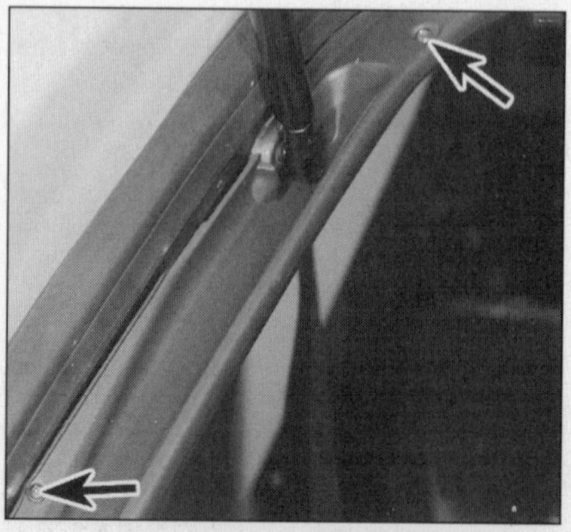

26.19a Desserrer et retirer les deux vis supérieures de retenue (flèches) . . .

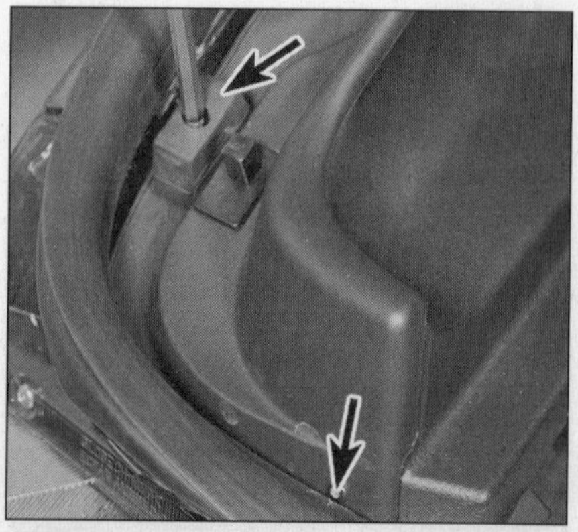

26.19b . . . puis les deux vis inférieures de retenue . . .

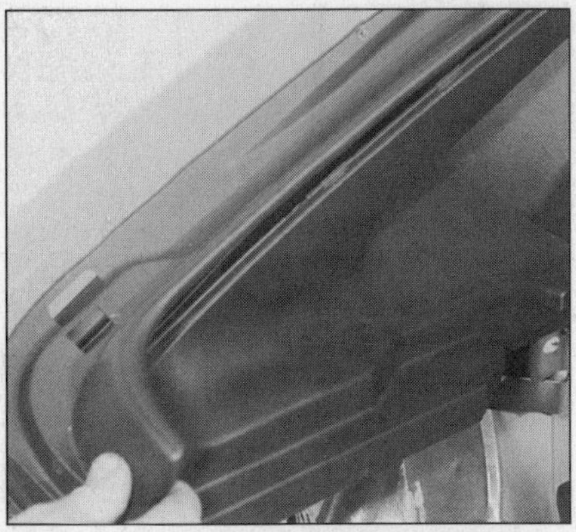
26.19c . . . avant de déposer la section arrière du panneau supérieur de garniture

26.20a Desserrer la vis supérieure de retenue . . .

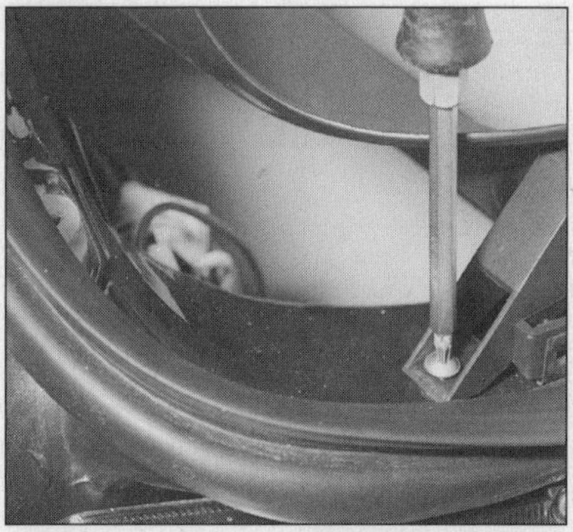
26.20b . . . puis la vis inférieure de retenue . . .

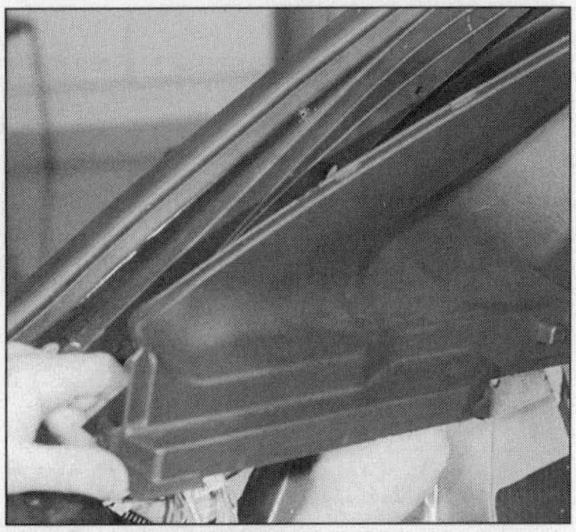
26.20c . . . avant d'écarter le panneau supérieur de garniture du coffre à bagages - un modèle à cinq portes est illustré

26.23 Lors de la repose, s'assurer que les chevilles du panneau de garniture du pare-brise pénètrent correctement dans la planche de bord (vue à travers le pare-brise)

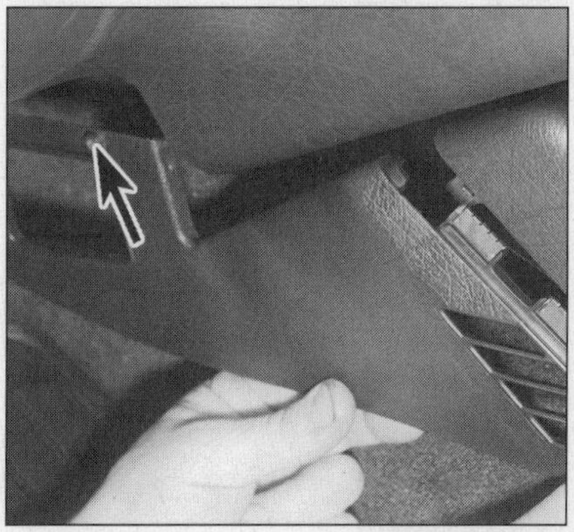
27.2 Dépose du panneau latéral avant gauche de la console centrale. L'emplacement de la vis de retenue est indiqué par une flèche

Panneau de garniture supérieur du montant central des portes - modèles à trois portes

27 Déposer le panneau de garniture latéral de la banquette, comme indiqué aux paragraphes 2 à 5 de cette Section.

28 Extraire le revêtement de la garniture au niveau du boulon d'ancrage supérieur de la ceinture de sécurité puis desserrer et retirer le boulon et sa ou ses rondelles avant de dégager la ceinture de sécurité.

29 Desserrer la vis de retenue au pied du panneau de garniture supérieur.

30 Replier le bourrelet d'étanchéité sur la bordure avant de ce panneau puis écarter avec précaution ce dernier du montant afin de le retirer du véhicule.

31 La repose se fait dans l'ordre inverse des opérations de dépose.

Boîte à gants

32 Retirer les deux clips de retenue puis dégager la garniture inférieure en feutre qui se trouve sous la boîte à gants.

33 Ouvrir la boîte à gants puis desserrer et retirer les quatre vis de retenue de la bordure supérieure et les six vis de retenue de la bordure inférieure. Faire glisser la boîte à gants pour la retirer.

34 La repose se fait dans l'ordre inverse des opérations de dépose. S'assurer que les vis de retenue sont bien fixées.

Moquette

35 La moquette du plancher de l'habitacle est monobloc et est immobilisée au niveau des bordures par des vis ou des clips. En général, les mêmes attaches servent également à fixer les différents panneaux contigus de garniture.

36 La dépose et la repose de la moquette est une opération relativement simple mais qui prend beaucoup de temps étant donné qu'il faut retirer au préalable tous les panneaux contigus de garniture ainsi que différents composants comme les sièges, la console centrale et les points d'ancrage des ceintures de sécurité.

Revêtement du toit

37 Ce revêtement est fixé au toit et ne peut être retiré qu'après avoir enlevé tous les aménagements intérieurs comme, par exemple, les poignées d'accrochage, les pare-soleil, le toit ouvrant (le cas échéant), le pare-brise, les glaces arrière de custode et les panneaux connexes de garniture, et après avoir écarté les bourrelets d'étanchéité des portes, du hayon et du toit ouvrant.

38 Il convient de noter que pour retirer le revêtement du toit, sans l'endommager, il faut posséder une grande expérience et une habileté considérable. Par conséquent, il vaut mieux confier cette tâche à un expert.

27 Console centrale - dépose et repose

Dépose

Modèles de bas de gamme

1 Desserrer les deux vis de retenue puis dégager la console au niveau de la gaine du levier de changement de vitesse. La retirer en la faisant passer au-dessus de ce levier.

Modèles de haut de gamme

2 Desserrer la vis de retenue du panneau latéral avant gauche puis dégager le panneau de la console centrale et le retirer du véhicule **(voir illustration)**. Recommencer cette procédure pour déposer le panneau droit.

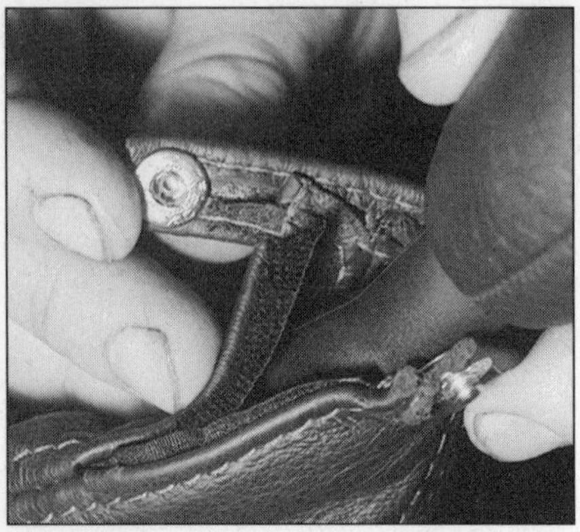

27.3a Sur les modèles dont le levier de changement de vitesse a une gaine en cuir, retirer l'attache du type pression et la bande velcro . . .

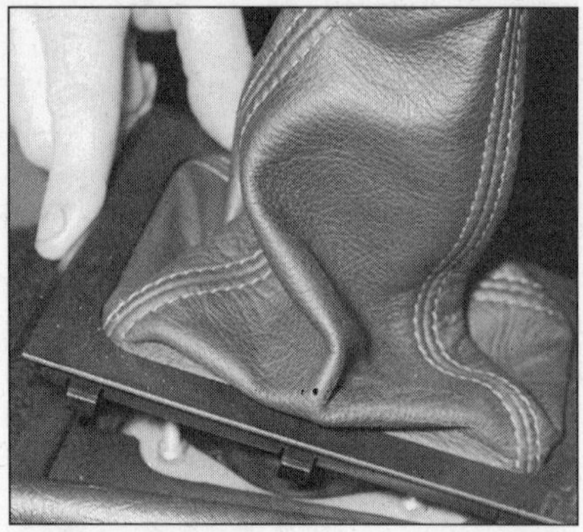

27.3b . . . puis décrocher le panneau de garniture de la console centrale

27.5a Appuyer sur la languette de retenue (flèche) puis extraire le cendrier en le faisant glisser . . .

27.5b . . . afin d'accéder aux vis de retenue avant de la console centrale (flèches)

27.6a Desserrer l'écrou arrière de retenue . . .

27.6b . . . puis faire passer la console centrale au-dessus du levier de changement de vitesse pour la déposer du véhicule

3 Sur les modèles équipés d'une transmission mécanique, extraire avec précaution le panneau de garniture du levier de changement de rapport pour l'écarter de la console centrale. Si le levier a une gaine en cuir, dégager l'attache du type pression et la bande velcro puis déposer cette gaine **(voir illustrations)**. Si la gaine est en caoutchouc, desserrer le pommeau du levier de changement de vitesse puis déposer l'ensemble pommeau et gaine.

4 Sur les modèles équipés d'une transmission automatique, extraire avec précaution le panneau de garniture du levier sélecteur pour le retirer de la console centrale puis replier la gaine sur ce levier. Desserrer puis retirer les quatre vis qui immobilisent la poignée sur l'arbre du levier du sélecteur. Appuyer sur le bouton cranté de cette poignée puis faire tourner cette dernière de 90° dans le sens inverse des aiguilles d'une montre. Soulever l'ensemble et le faire tourner de 90° mais dans le sens des aiguilles d'une montre pour désolidariser le bouton cranté du poussoir du levier du sélecteur. Après avoir déposé cette poignée, en retirer le bouton cranté et le ressort.

5 Appuyer sur la languette de retenue pour extraire le cendrier de la planche de bord centrale puis desserrer et retirer les deux vis de retenue de la console centrale, qui se trouvent derrière le cendrier **(voir illustrations)**.

6 Desserrer puis retirer l'écrou de retenue qui se trouve derrière la console centrale avant de manipuler cette console pour la faire passer au-dessus du levier de changement de vitesse et la retirer du véhicule **(voir illustrations)**.

Repose

Modèles de bas de gamme

7 Ramener la gaine dans le socle de la console puis remettre en place les deux vis de retenue et bien les serrer.

Modèles de haut de gamme

8 Manipuler la console centrale pour la ramener en position en la faisant passer sur le levier de changement de vitesse. S'assurer que les conduites de chauffage se trouvent de part et d'autre de la console et sont correctement positionnées par rapport aux sorties du groupe de chauffage, à l'avant de la console.

9 Remettre en place les deux vis de retenue et l'écrou de retenue arrière et bien les serrer. Faire glisser le cendrier pour le ramener en position dans le panneau central de la planche de bord.

10 Sur les modèles équipés de la transmission mécanique, revisser le levier et la gaine sur le levier de changement de vitesse ou positionner la gaine sur le levier et l'immobiliser en position à l'aide de la bande velcro et de l'attache à pression (suivant les cas). Immobiliser le panneau de garniture de la gaine en position, dans la console centrale.

11 Sur les modèles équipés de la transmission automatique, remettre en place le ressort et le bouton cranté sur la poignée du levier du sélecteur de vitesse puis appuyer sur ce bouton pour l'enfoncer dans la poignée. Tout en maintenant la pression sur ce bouton, faire glisser l'ensemble poignée sur le levier et en exerçant une légère pression vers le bas sur la poignée, faire tourner cette dernière sur 90° dans le sens des aiguilles d'une montre puis de nouveau sur 90° mais dans le sens inverse des aiguilles d'une montre pour mettre en prise le bouton cranté et le poussoir du levier. Relâcher le bouton cranté puis remettre en place les quatre vis de retenue de la poignée et les serrer au couple spécifié (voir Chapitre 7B). Vérifier le fonctionnement du bouton cranté du levier du sélecteur de vitesse puis remettre en position le panneau de garniture, dans la console centrale.

12 Remettre en place les panneaux latéraux qui se trouvent à l'avant de la console puis les immobiliser en position avec leurs vis de retenue.

28.5 Dépose du couvercle inférieur en feutre sous la planche de bord, du côté conducteur

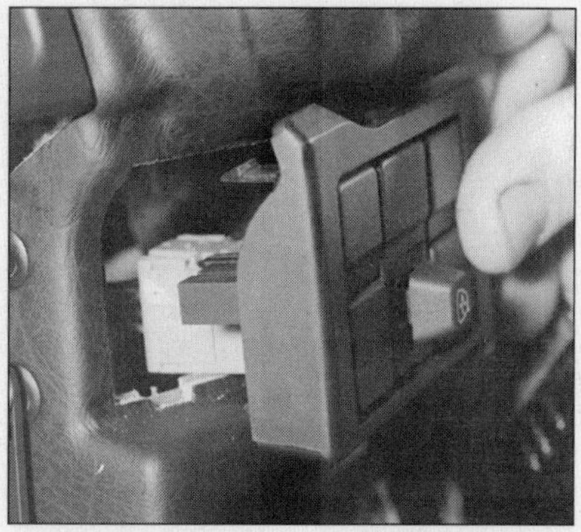

28.6a Décrocher le panneau gauche de contacteur . . .

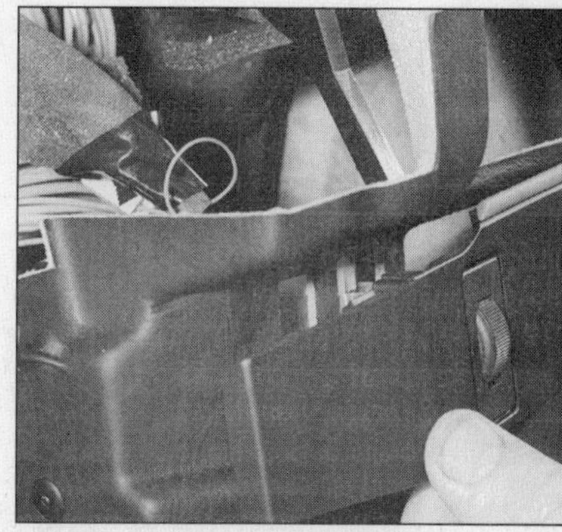

28.6b . . . puis le panneau droit et les déposer de la planche de bord (un modèle à conduite à droite est illustré)

28.7a Sur les modèles équipés d'un radiocassette, desserrer les deux vis de retenue (flèches) . . .

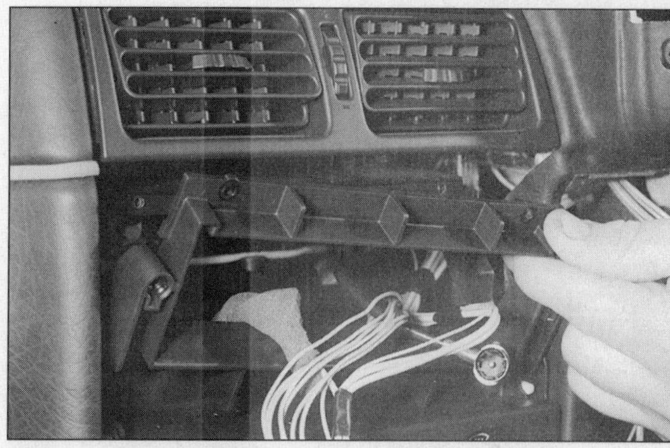

28.7b . . . puis déposer le support de fixation

28 Ensemble planche de bord -dépose et repose

Note: *Étiqueter chaque connecteur électrique lorsqu'il est débranché de son composant connexe. Ces étiquettes seront utiles lors de la repose afin de correctement acheminer le câblage et de bien le faire passer par les différentes ouvertures de la planche de bord.*

Dépose

1 Débrancher la cosse négative de la batterie.

2 Déposer l'ensemble tableau de bord et l'horloge, comme indiqué aux Sections appropriées du Chapitre 12.

3 Déposer l'ensemble colonne de direction, comme indiqué au Chapitre 10.

4 Sur les modèles de haut de gamme, déposer la console centrale, comme indiqué à la Section 27. Sur les modèles de bas de gamme, qui n'ont qu'une petite console centrale, desserrer les vis de retenue puis déposer le couvercle de la conduite de chauffage au centre de l'ensemble planche de bord (le cas échéant).

5 Décrocher les couvercles inférieurs en feutre à gauche et à droite, qui se trouvent sous la planche de bord puis les retirer du véhicule **(voir illustration)**.

6 Extraire avec précaution les panneaux de contacteurs qui se trouvent de part et d'autre du tableau de bord, afin de les extraire de la planche de bord, en faisant très attention de ne pas rayer le panneau ou la planche de bord. Débrancher les connecteurs électriques puis déposer les panneaux **(voir illustrations)**.

7 S'il y a un radiocassette, le déposer comme indiqué au Chapitre 12 puis desserrer les deux vis de retenue et déposer le support de fixation au niveau de l'ouverture de la radio **(voir illustrations)**. S'il n'y a pas de radiocassette, extraire avec précaution le vide-poche au centre de la planche de bord.

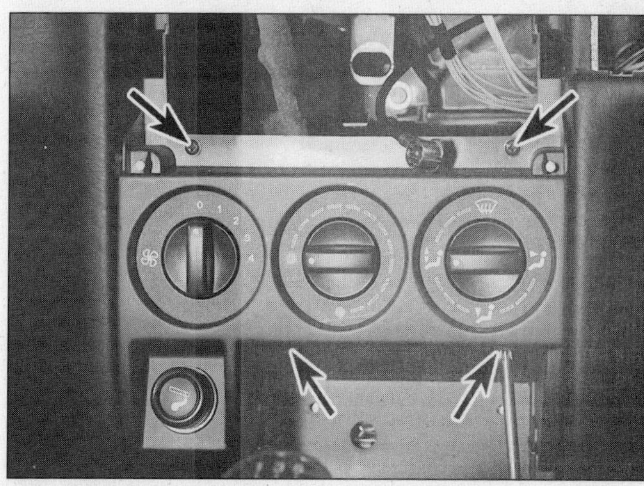

28.8a Desserrer les quatre vis de retenue (flèches) . . .

8 Desserrer les quatre vis de retenue du panneau de la bouche centrale d'aération (il y en a deux au-dessus des commandes de chauffage et deux directement au-dessous) puis décrocher ce panneau et l'écarter de la planche de bord. Débrancher les connecteurs électriques de l'ampoule d'éclairage de l'ensemble allume-cigares et cendrier puis déposer du véhicule l'ensemble panneau de la bouche centrale d'aération **(voir illustrations)**.

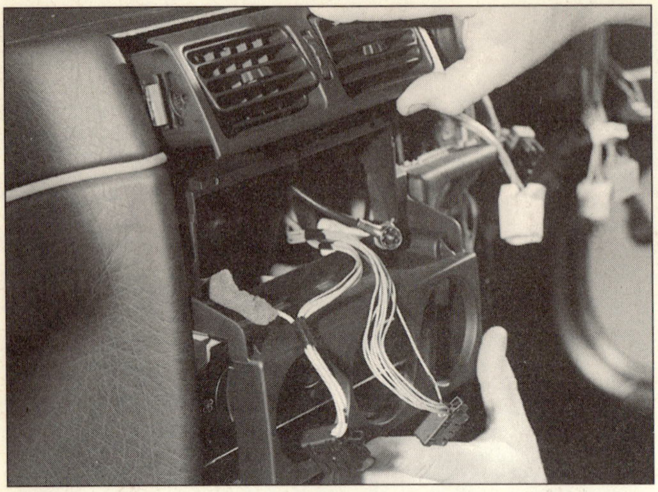

28.8b . . . puis décrocher le panneau de la bouche centrale d'aération pour l'écarter de la planche de bord . . .

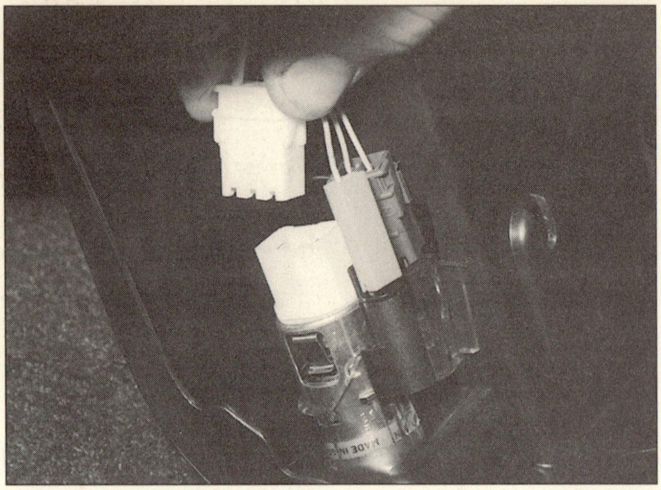

28.8c . . . avant de débrancher les connecteurs électriques de l'allume-cigare et de l'ampoule

28.9a Desserrer les vis de retenue puis écarter le panneau de commande du chauffage de la planche de bord (l'emplacement du clip de retenue est indiqué par une flèche) . . .

28.9b . . . afin d'accéder au boulon de fixation de la planche de bord . . .

28.9c . . . et à la vis de retenue qui se trouve derrière ce panneau

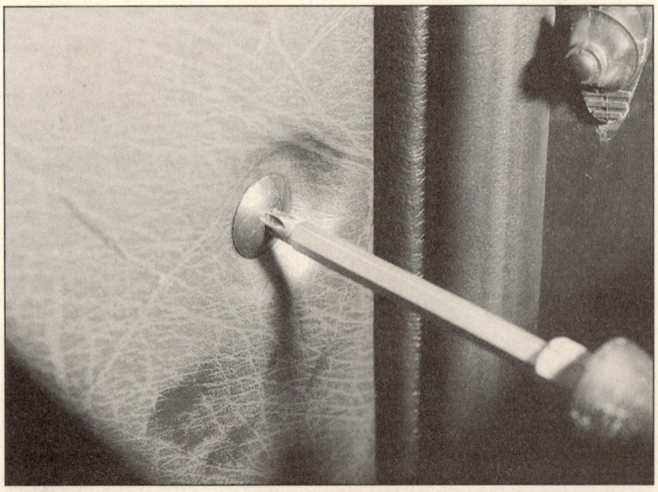

28.10 Dépose d'une vis de retenue à une extrémité de la planche de bord

9 Desserrer les deux vis de retenue du panneau de commande du chauffage puis dégager le clip de retenue du panneau inférieur et manipuler ce dernier pour l'extraire de la partie centrale de la planche de bord. Desserrer puis retirer le boulon de fixation de la planche de bord et la vis de retenue qui se trouvent derrière le panneau de commande du chauffage **(voir illustrations)**.

10 Desserrer puis retirer la vis de retenue à chaque extrémité de la planche de bord **(voir illustration)**.

11 Desserrer les deux écrous de retenue de la planche de bord, qui se trouvent à la bordure inférieure de l'ouverture du tableau de bord **(voir illustration)**.

12 Desserrer la vis de retenue qui se trouve sous le coin interne de la boîte à gants et qui immobilise la planche de bord en position **(voir illustration)**.

13 Sur les modèles à conduite à droite, desserrer puis retirer la vis de retenue au centre de la planche de bord. On y accède par le dessous **(voir illustration)**.

14 Le cas échéant, desserrer l'écrou puis écarter le conducteur de mise à la masse au niveau de l'ergot qui se trouve au pied de la partie centrale de la planche de bord **(voir illustration)**.

15 Déposer le moteur de l'essuie-glace du pare-brise, comme indiqué au Chapitre 12.

16 Après avoir retiré le moteur de l'essuie-glace, desserrer puis retirer les trois vis de retenue et les rondelles qui immobilisent la planche de bord sur la traversée de cloison **(voir illustration)**.

17 Depuis l'intérieur du véhicule, décrocher les panneaux de garniture au niveau des montants avant du toit. Le cas échéant, débrancher les capteurs d'alarme au niveau des clips qui se trouvent sur la partie supérieure de chaque panneau de garniture. Déposer ces panneaux.

18 La planche de bord peut alors être retirée. Il suffit de l'écarter de la traversée de cloison, de la libérer de ses broches de retenue et de la retirer du véhicule en notant le trajet correct que suivent les différents faisceaux de câblage. Refaire passer ce câblage par les ouvertures de la planche de bord **(voir illustration)**.

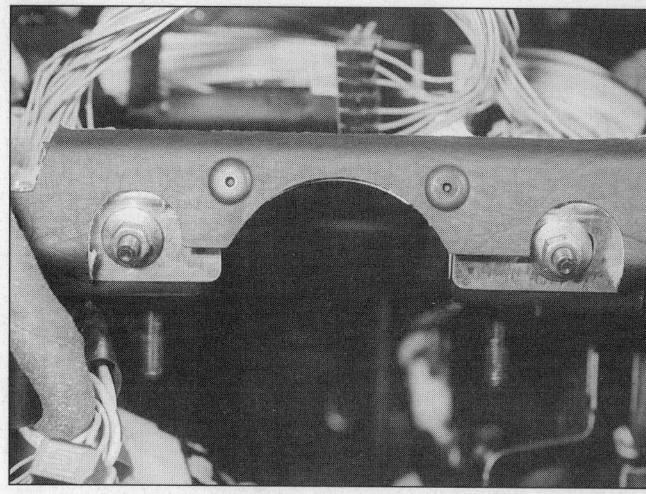

28.11 Ecrous de retenue de la planche de bord sous l'ouverture du tableau de bord

28.12 Dépose de la vis de retenue de la planche de bord sous la boîte à gants

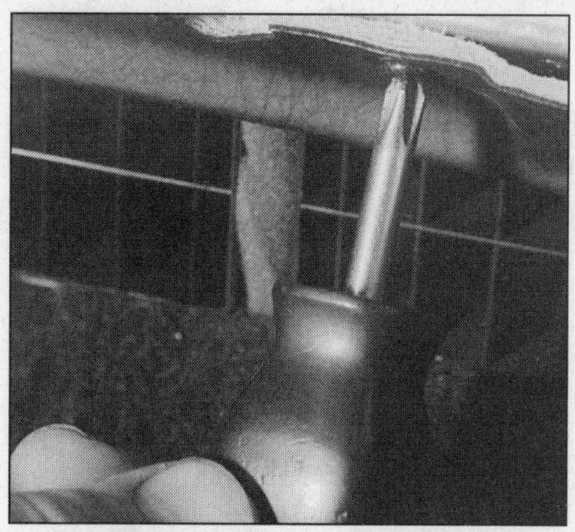

28.13 Sur les modèles à conduite à droite, déposer la vis de retenue sous la partie centrale de la planche de bord

28.14 Desserrer l'écrou de retenue puis écarter la barrette de mise à la masse de son socle au centre de la planche de bord

28.16 Ecrou de retenue immobilisant la partie centrale de la planche de bord sur la traversée de cloison et support du câblage

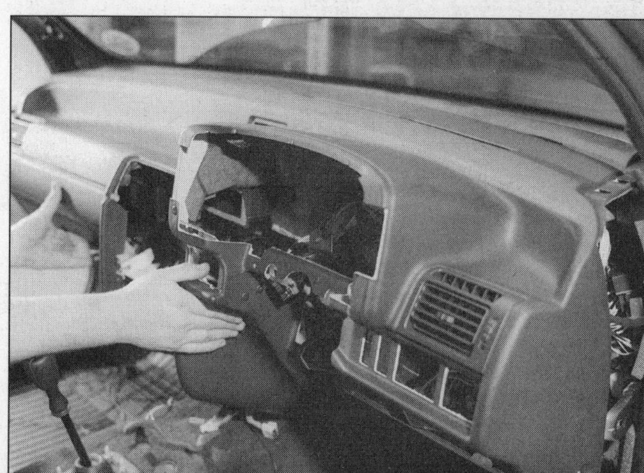

28.18 Dépose de l'ensemble planche de bord

Repose

19 La repose se fait dans l'ordre inverse des opérations de dépose, en notant les points suivants.

(a) *Manipuler la planche de bord pour l'amener en position. Utiliser les étiquettes apposées lors de la dépose pour redonner aux différents fils le trajet correct en les refaisant passer par les ouvertures appropriées de la planche de bord.*

(b) *Immobiliser la planche de bord en position puis remettre en place toutes ses attaches et bien les serrer.*

(c) *Une fois cette intervention terminée, rebrancher la batterie et vérifier que tous les composants et contacteurs électriques fonctionnent correctement.*

Chapitre 12 Equipement électrique

Table des matières

Spécifications

Type de système .... 12 V, mise à la masse du négatif

Fusibles

Boîtier porte-fusibles de la planche de bord

Fusible	Intensité (A)	Circuit(s) protégé(s)
F1	30	Moteur de la soufflante de chauffage, lave-glaces de phares, rétroviseur extérieur électrique, relais de climatisation, minuteur des lave-glaces de phares et sièges chauffants
F2	10	Radiocassette, tableau de bord, stops, lave-glaces et essuie-glaces de pare-brise et de lunette arrière, ronfleur "éclairage allumé"
F3	30	Relais de lunette arrière chauffante, relais de vitres électriques, clignotants et relais du ventilateur de refroidissement
F4	25	Condamnation centrale des portes et alarme antivol
F5	25	Lunette arrière chauffante et rétroviseur extérieur chauffant
F6	10	Feux de détresse
F7	10	Feux de recul, éclairages de la planche de bord et témoins lumineux du tableau de bord

Fusible	Intensité (A)	Circuit(s) protégé(s)
F8	10	Radiocassette, éclairages intérieurs, allume-cigares, éclairage du coffre à bagages, horloge et récepteur à distance du système de condamnation centrale des portes
F9	30	Vitres électriques, toit ouvrant électrique, réglage électrique de siège et baladeuse
F10	20	Avertisseur sonore
F11	5	Feux anti-brouillard arrière
F12	5	Eclairages latéraux avant et arrière droits, éclairage de l'ensemble cendrier et allume-cigares, ronfleur "éclairage allumé" et éclairage des contacteurs
F13	5	Feux latéraux avant et arrière gauches, éclairage de la plaque d'immatriculation

Fusibles du boîtier de raccordement (agencement à deux fusibles)

Fusible	Intensité (A)	Circuit(s) protégé(s)
F1	-	Disponible
F2	-	Disponible
F3	5	Relais du ventilateur de refroidissement
F4	30	Ventilateur de refroidissement

Fusibles du boîtier de raccordement (agencement à quatre fusibles)

Fusible	Intensité (A)	Circuit(s) protégé(s)
F1	15	Phares anti-brouillard
F2	30	Moteur de soufflante de chauffage et commandes de climatisation
F3	30	Ventilateur supplémentaire de refroidissement
F4	30	Ventilateur de refroidissement

Note: *Tous les modèles ne sont pas équipés de tous ces éléments*

Ampoules

	Type	Puissance (W)
Projecteurs:		
Ampoule de projecteur feux de croisement/feux de route	H4	60\55
Projecteur individuel feu de route (le cas échéant)	H1	55
Phares anti-brouillard avant	H3	55
Eclairages latéraux avant	A enfichage	5
Clignotants	A baïonnette	21
Feux latéraux de rappel	A enfichage	5
Eclairages intérieurs	A enfichage	5
Eclairage du coffre à bagages	A enfichage	5
Eclairages du panneau de commande du chauffage	A enfichage	1,2
Témoins lumineux et éclairages du tableau de bord	Intégrés au culot	1,2
Eclairage de l'horloge	Intégré au culot	1,2
Stops/feux arrière	A baïonnette	21/5
Feu anti-brouillard arrière	A baïonnette	21
Feux de recul	A baïonnette	21

1 Généralités et précautions

Avertissement: *Avant d'effectuer une intervention sur l'équipement électrique, soigneusement lire les précautions de la Section "Impératifs de sécurité!" qui se trouve au début de ce manuel et consulter le Chapitre 5.*

Le circuit électrique est du type 12 volts à mise à la masse du négatif. Le courant destiné à l'éclairage et à tous les accessoires électriques est fourni par une batterie au plomb rechargée par un alternateur.

Ce Chapitre décrit les procédures de réparation et d'entretien des différents composants électriques qui ne sont pas associés au moteur. Les informations concernant la batterie, l'alternateur et le démarreur se trouvent au Chapitre 5.

Il convient de noter qu'avant de travailler sur un composant du circuit électrique, il faut tout d'abord débrancher la cosse négative de la batterie pour éviter tout risque de court-circuit et/ou tout incendie.

Attention: *Si le radiocassette du véhicule est protégé par un code de sécurité antivol, comme c'est le cas de l'appareil standard, il convient de consulter les informations des Sections préliminaires de ce manuel avant de débrancher la batterie.*

2 Identification de pannes électriques - généralités

Note: *Consulter les précautions de la section "Impératifs de sécurité!" et la Section 1 de ce Chapitre avant de commencer une intervention. Les essais suivants portent sur les principaux circuits électriques et il ne faut pas s'en servir pour tester les circuits électroniques fragiles (comme par exemple le système ABR), en particulier lorsqu'ils font appel à un module électronique de commande.*

Généralités

1 En général, un circuit électrique se compose d'un composant électrique, des contacteurs, relais, moteurs, fusibles, liaisons fusibles ou disjoncteurs liés à ce composant et des fils et connecteurs qui relient ce composant à la batterie et au circuit. Pour identifier plus facilement l'origine d'un problème au niveau d'un circuit électrique, vous trouverez en fin de Manuel des schémas de câblage.

2 Avant de chercher à diagnostiquer l'origine d'un défaut électrique spécifique, commencer tout d'abord par étudier le schéma de câblage correspondant pour bien comprendre les composants qui font partie du circuit concerné. Si d'autres composants liés à ce circuit fonctionnent correctement, cela permet de réduire le nombre de

possibilités en ce qui concerne l'origine d'un défaut. Si plusieurs composants ou circuits tombent en panne simultanément, il est probable que le problème se situe au niveau d'un fusible ou d'une mise à la masse que partagent ces composants ou circuits.

3 En général, les problèmes électriques sont dûs à des causes simples comme, par exemple, des branchements desserrés ou rouillés, une mise à la masse défectueuse, un fusible grillé, une liaison fusible fondue ou un relais défectueux (la Section 3 fournit des détails sur les essais de relais). Contrôler l'aspect de tous les fusibles, fils et connexions d'un circuit présentant un problème, avant d'en tester les composants. Utiliser les schémas de câblage pour déterminer les connexions qu'il convient de vérifier pour identifier l'origine d'une anomalie.

4 Pour procéder à une recherche des causes de pannes d'un circuit électrique, il faut disposer d'un certain nombre d'outils de base: un voltmètre (une ampoule de 12 volts accompagnée d'une série de conducteurs d'essai peut également s'utiliser dans le cadre de certains essais), un voyant d'essai auto-alimenté (que l'on appelle parfois un vérificateur de continuité), un ohmmètre (pour mesurer une résistance), une batterie et une série de conducteurs d'essai, un fil volant (de préférence équipé d'un disjoncteur ou d'un fusible) pour contourner les fils ou composants électriques douteux. Avant de chercher à localiser un problème avec des instruments d'essai, consulter le schéma de câblage pour déterminer l'emplacement des différents branchements.

5 Pour déterminer l'origine d'une anomalie intermittente au niveau d'un câblage (provoquée généralement par un faux contact ou la présence de saletés sur un branchement, ou par l'endommagement de l'isolation du câblage, il est possible de tester le câblage en tirant ou bougeant ce dernier à la main pour voir si l'anomalie notée se reproduit. Cela devrait permettre d'identifier la section de câblage à l'origine de l'anomalie. Cette méthode d'essai peut s'employer en association avec les différents tests décrits aux alinéas suivants.

6 En dehors des problèmes provoqués par de mauvais branchements, deux types fondamentaux d'anomalies peuvent se produire dans un circuit électrique: un circuit ouvert ou un court-circuit.

7 On dit qu'un circuit est ouvert lorsqu'il y a une cassure quelque part dans ce circuit, ce qui empêche le courant de circuler. Ce type de défaut ne permet pas à un composant de fonctionner mais ne fait pas sauter le fusible de ce circuit.

8 Les courts-circuits se produisent lorsque le courant qui circule dans un circuit arrive à s'échapper en suivant une autre voie, en général à la masse. Ce type d'anomalie est normalement dû à une rupture de l'isolation électrique à la suite de laquelle un fil électrique peut en toucher un autre ou peut toucher un composant mis à la masse comme, par exemple, la carrosserie. Ce type d'anomalie fait en général sauter le fusible de ce circuit.

Localisation d'un circuit ouvert

9 Pour vérifier la présence d'un circuit ouvert, brancher un conducteur d'un voltmètre sur la cosse négative de la batterie ou sur une masse de qualité.

10 Brancher l'autre conducteur sur un connecteur du circuit faisant l'objet des essais, de préférence le plus près possible de la batterie ou du fusible.

11 Mettre le circuit sous tension en n'oubliant pas que certains circuits ne sont excités que lorsque la clé de contact occupe une position spécifique.

12 Si une tension est présente (ce que signale l'éclairage d'une ampoule d'essai ou l'affichage du voltmètre, suivant les cas), cela signifie que la section du circuit entre le connecteur connexe et la batterie ne présente aucun problème.

13 Continuer cette procédure pour vérifier le reste du circuit.

14 Lorsque cet essai identifie une section du circuit où il n'y a pas de tension, cela indique que le problème se situe entre ce point et le point testé précédemment présentant une tension. La plupart des problèmes ont pour origine une connexion cassée, rouillée ou desserrée.

Localisation d'un court-circuit

15 Pour vérifier la présence d'un court-circuit, débrancher tout d'abord la ou les charges du circuit (les charges sont en fait les composants qui consomment du courant électrique sur un circuit comme, par exemple, des ampoules, des moteurs, des résistances chauffantes, etc.).

16 Déposer le fusible afférent de ce circuit puis brancher un voltmètre sur les connexions de ce fusible.

17 Mettre le circuit sous tension en n'oubliant pas que certains circuits ne sont excités que lorsque la clé de contact occupe une position spécifique.

18 Si une tension est présente (ce que signale l'éclairage d'une ampoule d'essai ou l'affichage du voltmètre, suivant les cas), cela signifie qu'il y a un court-circuit.

19 S'il n'y a pas de tension, mais si le fusible grille de nouveau lorsqu'on rebranche la ou les charges, cela indique que cette ou ces charges présentent une anomalie interne.

Localisation d'un défaut de mise à la masse

20 La cosse négative de la batterie est mise à la masse - sur le métal du groupe moteur/transmission et sur la carrosserie - et la plupart des circuits ont un câblage qui permet uniquement de recevoir une alimentation positive avec retour du courant par le biais des éléments métalliques de la carrosserie. Cela signifie que le support d'un composant et la carrosserie font partie de ce circuit. Par conséquent, lorsque des supports sont desserrés ou rouillés, cela peut provoquer toute une série d'anomalies électriques. Cela va d'une panne totale d'un circuit à une panne partielle très embêtante. En particulier, des voyants peuvent s'allumer, mais faiblement (surtout lorsqu'un autre circuit partageant le même point de mise à la masse est opérationnel), des moteurs (comme, par exemple, les moteurs d'essuie-glace ou le moteur du ventilateur de refroidissement du radiateur) peuvent tourner lentement, et le fonctionnement d'un circuit peut avoir un effet dans un autre circuit avec lequel il n'a apparemment aucun rapport. Il convient de noter que sur de nombreux véhicules, des barrettes de mise à la masse relient certains composants, comme par exemple entre un moteur/transmission et la carrosserie, lorsqu'en général il n'y a pas de contact métal sur métal entre des composants du fait, entre autres, de la présence de supports souples en caoutchouc.

21 Pour vérifier si un composant est bien mis à la masse, débrancher la batterie puis brancher un conducteur d'un ohmmètre sur un bon point de mise à la masse. Brancher l'autre conducteur sur le fil ou la connexion de mise à la masse faisant l'objet de ces essais. La résistance affichée doit être nulle. Si ce n'est pas le cas, vérifier le branchement, en procédant comme suit.

22 Si on pense que l'anomalie provient d'une connexion de mise à la masse, débrancher cette connexion puis nettoyer la carrosserie et la borne du fil ou la surface de contact de la connexion de mise à la masse du composant pour obtenir une surface métallique nue. Enlever avec soin toutes les saletés et la corrosion. Ensuite, à l'aide d'un couteau, enlever éventuellement la peinture afin d'obtenir un contact parfait métal sur métal. Lors du remontage, bien serrer les attaches de cette connexion. En cas d'utilisation d'une borne de fil, insérer des rondelles ondulées entre cette borne et la carrosserie afin d'obtenir une connexion à la fois parfaite et bien fixée. Lorsque la connexion est rétablie, pour éviter qu'elle ne rouille de nouveau, y passer une couche de vaseline ou de graisse à base de silicone ou y pulvériser (à intervalles périodiques) un produit du commerce permettant d'assurer l'étanchéité de l'allumage ou y pulvériser un lubrifiant qui repousse l'eau.

3 Fusibles et relais - généralités

Fusibles

1 La plupart des fusibles se trouvent derrière le panneau inférieur du tableau de bord, du côté du conducteur. Sur certains modèles, un petit nombre se trouve dans le boîtier de raccordement, sur le côté gauche du compartiment moteur.

2 Pour accéder au boîtier porte-fusibles principal, desserrer les trois attaches en les faisant tourner sur 90° puis déposer le panneau inférieur du tableau de bord, du côté conducteur. Pour accéder aux

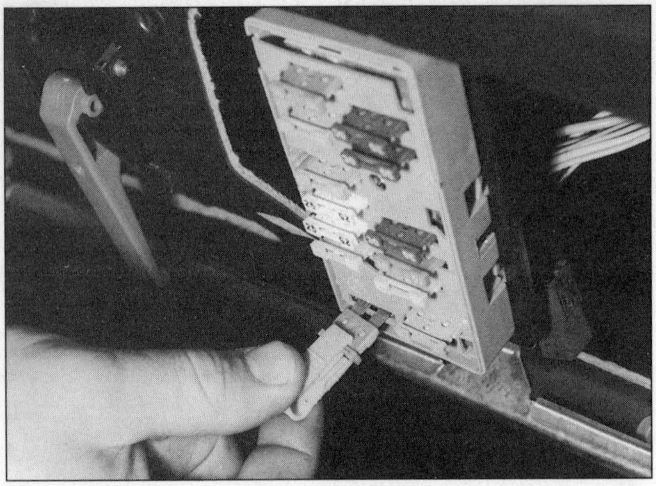

3.3 Utilisation de la petite pince en matière plastique pour retirer un fusible du boîtier porte-fusibles principal

3.7a Relais du boîtier de raccordement du compartiment moteur. Les fusibles se trouvent sous le petit couvercle (flèche)

fusibles du boîtier de raccordement, débloquer le couvercle de ce boîtier puis desserrer le collier de retenue et soulever le petit couvercle qui se trouve à l'intérieur du boîtier **(voir illustration 3.7)**.

3 A côté de chaque fusible du boîtier porte-fusibles se trouve un numéro d'identification. Les Spécifications, au début de ce Chapitre, donnent la liste des circuits protégés par chaque fusible. Une petite pince en matière plastique est également fixée à l'intérieur de ce boîtier. Elle permet de retirer les fusibles et de les mettre en place **(voir illustration)**.

4 Pour déposer un fusible, couper le circuit concerné (ou couper le contact) puis saisir le fusible avec la pince pour le retirer au niveau de ses bornes. Faire glisser le fusible sur le côté pour le retirer de la pince. Le fil à l'intérieur du fusible est clairement visible. Si le fusible a sauté, ce fil est cassé ou a fondu.

5 Toujours remplacer un fusible par un autre de même puissance. Ne jamais utiliser un fusible dont la puissance est différente de celle de l'original et ne pas prendre le fusible d'un autre circuit. Ne jamais remplacer un fusible plus d'une fois avant d'avoir déterminé l'origine de l'anomalie. La puissance de chaque fusible est estampée à la partie supérieure. Pour simplifier l'identification des différents fusibles, il convient de noter qu'ils respectent également un code de couleur.

6 Si le nouveau fusible grille immédiatement, rechercher la cause de cette anomalie avant de le remplacer une nouvelle fois. Dans la plupart des cas, cette anomalie est due à un court-circuit à la masse résultant d'un défaut d'isolement. Si un fusible protège plusieurs circuits, il convient de tenter d'isoler le défaut en mettant sous tension chaque circuit, l'un après l'autre (dans la mesure du possible), jusqu'à ce que le fusible grille de nouveau. Il faut toujours conserver à bord du véhicule un nombre suffisant de fusibles de rechange pour chaque puissance nominale.

Relais

7 La majorité des relais se trouve dans le boîtier de raccordement implanté sur le côté gauche du compartiment moteur ou derrière le panneau inférieur du tableau de bord, du côté conducteur. Dans ce dernier cas, il se situe directement derrière le boîtier porte-fusibles. Les seules exceptions sont le relais du toit ouvrant qui se trouve derrière la console supérieure, le relais du moteur d'essuie-glace du hayon qui se trouve sur le support de ce moteur et le ou les relais du ventilateur de refroidissement qui se trouvent au dos du carénage du ventilateur **(voir illustrations)**. Consulter les Chapitres connexes qui présentent des informations plus complètes. Se référer également aux schémas de câblage afférents pour obtenir des détails sur les branchements.

8 Si un circuit ou système contrôlé par un relais présente une anomalie et si on soupçonne le relais d'en être à l'origine, il convient de faire fonctionner ce circuit ou ce système. Si le relais fonctionne normalement, un déclic devrait se faire entendre lors de son excitation.

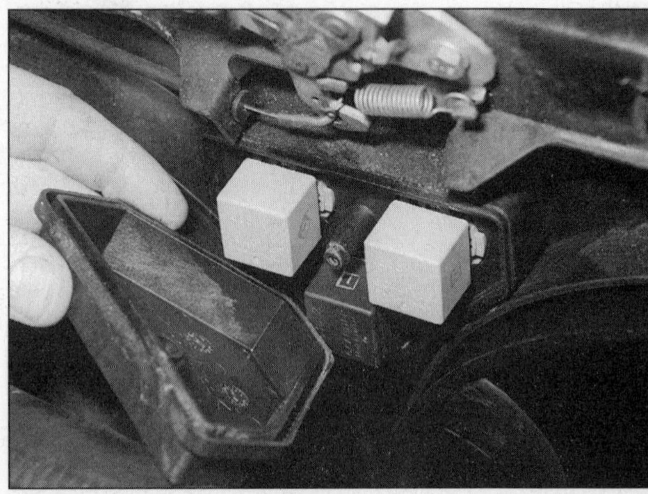

3.7b Le ou les relais du ventilateur de refroidissement se trouvent au dos du carénage du ventilateur

Si c'est le cas, l'anomalie se situe au niveau des composants ou du câblage du circuit ou du système. Si ce relais n'est pas excité, c'est qu'il ne reçoit pas la tension principale ou une tension de commutation ou qu'il présente une anomalie. Il est possible de tester cette anomalie en remplaçant ce relais par un autre en parfait état de marche. Mais il faut être très prudent car certains relais sont identiques sur le plan visuel et au niveau du fonctionnement alors que d'autres semblent identiques mais assurent des fonctions différentes.

9 Avant de remplacer un relais, il faut tout d'abord s'assurer que le contact est coupé. Il suffit tout simplement de tirer sur le relais pour le retirer de sa douille et d'y enfoncer un relais neuf.

4 Contacteurs - dépose et repose

Note: *Débrancher la cosse négative de la batterie avant de déposer un contacteur, quel qu'il soit. Rebrancher cette cosse après avoir remis en place le contacteur.*

Contact/antivol de direction

1 Consulter la Section 21 du Chapitre 10.

Commutateurs de colonne de direction

2 Déposer le volant, comme indiqué au Chapitre 10.

3 Desserrer les attaches du panneau en les faisant tourner d'un

4.5a Desserrer les trois vis de retenue (flèches) . . .

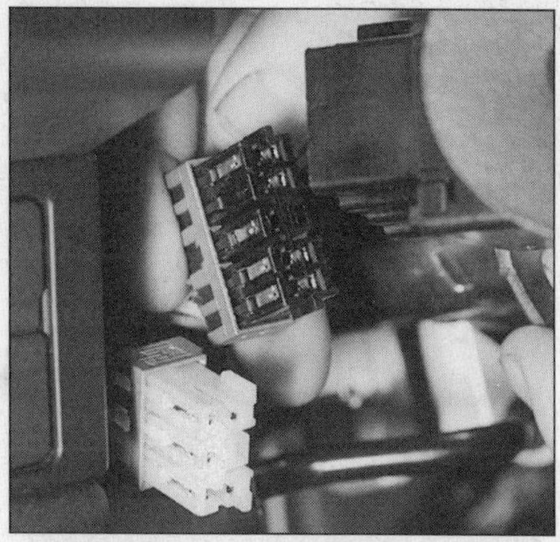

4.5b . . . puis débrancher les connecteurs électriques et faire glisser l'ensemble commutateur pour le déposer

4.6a Desserrer les deux vis de retenue . . .

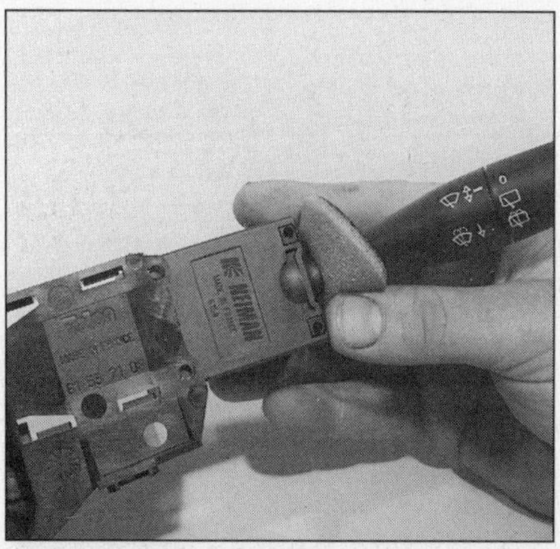

4.6b . . . et faire glisser l'ensemble commutateur concerné pour le retirer du support des commutateurs

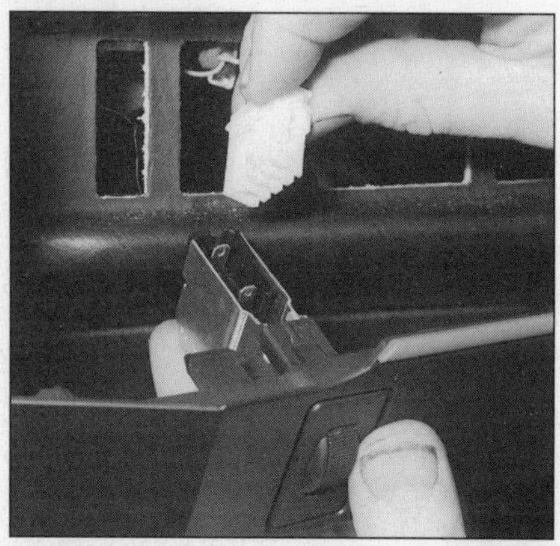

4.9 Dépose du contacteur du rhéostat du tableau de bord

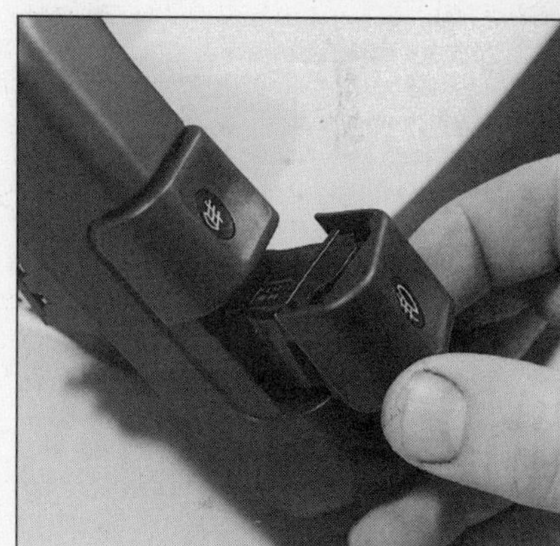

4.14 Dépose d'un contacteur de l'habillage du tableau de bord

quart de tour puis déposer le panneau inférieur du tableau de bord, du côté conducteur.

4 Desserrer puis retirer les cinq vis qui immobilisent l'une sur l'autre les deux moitiés de l'habillage de la colonne puis déposer la partie supérieure et la partie inférieure.

5 Desserrer les trois vis de retenue puis débrancher les connecteurs électriques au dos des commutateurs. Soulever l'ensemble commutateur pour l'écarter de la colonne de direction **(voir illustrations)**.

6 Desserrer les deux vis de retenue puis faire glisser l'ensemble commutateur concerné, pour l'écarter de sa position **(voir illustrations)**.

7 La repose se fait dans l'ordre inverse des opérations de dépose.

Rhéostat du tableau de bord, contacteur de rétroviseur extérieur, contacteur d'alarme et contacteur de climatisation

8 A l'aide d'un tournevis à lame plate de taille appropriée, extraire avec précaution le panneau du contacteur concerné, pour l'écarter du tableau de bord, en faisant très attention de ne pas rayer ce panneau ou le tableau de bord.

9 Débrancher le connecteur électrique du contacteur puis appuyer sur ses languettes de retenue pour faire glisser le contacteur et l'écarter du panneau **(voir illustration)**.

10 Faire glisser le contacteur pour le ramener dans le panneau jusqu'à ce qu'un déclic se fasse entendre. Rebrancher le connecteur électrique puis immobiliser de nouveau le panneau de fixation sur le tableau de bord.

Contacteurs d'habillage du tableau de bord

11 Desserrer les attaches du panneau en les faisant tourner d'un quart de tour puis déposer le panneau inférieur du tableau de bord, du côté conducteur.

12 Desserrer puis retirer les cinq vis qui immobilisent l'une sur l'autre les deux moitiés de l'habillage de la colonne de direction puis déposer la moitié supérieure et la moitié inférieure.

13 Desserrer puis retirer les quatre vis de retenue de l'habillage du tableau de bord puis déposer cet habillage et débrancher les connecteurs électriques des contacteurs, dès qu'ils deviennent accessibles.

14 Appuyer sur les languettes de retenue puis faire glisser le contacteur concerné pour le retirer de l'habillage **(voir illustration)**.

15 La repose se fait dans l'ordre inverse des opérations de dépose.

Contacteurs de lampes de courtoisie

16 Ouvrir la porte puis déplacer la gaine en caoutchouc de la lampe de courtoisie.

17 Desserrer la vis de retenue puis retirer le bloc contacteur au niveau du montant vertical de la porte et en débrancher le conducteur électrique dès qu'il est accessible. Attacher une ficelle au fil pour éviter qu'il ne tombe derrière le montant de la porte.

18 La repose se fait dans l'ordre inverse des opérations de dépose. S'assurer que la gaine en caoutchouc repose correctement sur le contacteur.

Contacteur d'éclairage du coffre à bagages

19 Ouvrir le hayon puis extraire avec précaution le contacteur du

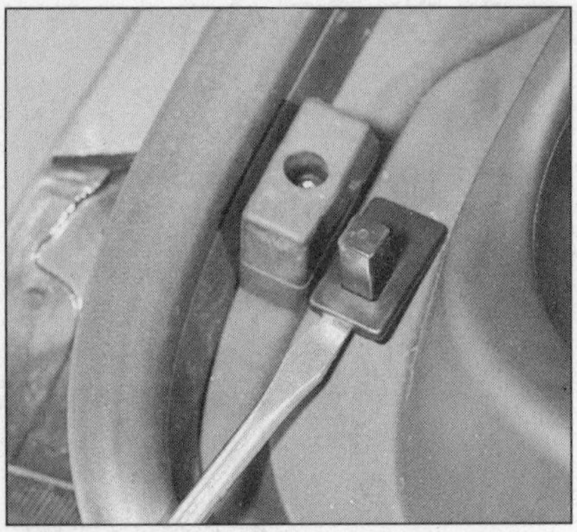

4.19a Extraire du panneau de garniture le contacteur d'éclairage du coffre à bagages . . .

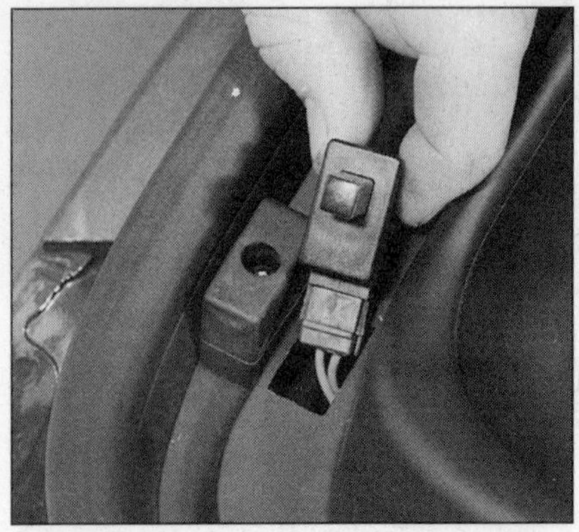

4.19b . . . puis retirer le contacteur et en débrancher le connecteur électrique

4.22 Vis de retenue du contacteur de témoin lumineux du frein à main (flèche)

panneau de garniture gauche et en débrancher le connecteur électrique **(voir illustrations)**. Attacher une ficelle au câblage pour éviter qu'il ne tombe derrière le panneau de garniture.

20 Rebrancher le connecteur électrique et remettre en position le contacteur dans le panneau de garniture.

Contacteur de témoin lumineux de frein à main

21 Ouvrir le cendrier arrière puis appuyer sur la languette de retenue pour retirer ce cendrier du panneau de garniture du levier du frein à main. Desserrer puis retirer l'écrou de retenue arrière et les deux vis de retenue avant puis manipuler le panneau de garniture pour l'écarter du levier du frein à main.

22 Débrancher le connecteur électrique au niveau du contacteur du frein à main puis desserrer la vis de retenue et déposer ce contacteur en le faisant passer sur le côté du levier du frein à main **(voir illustration)**.

23 La repose se fait dans l'ordre inverse des opérations de dépose.

Contacteurs de vitres électriques

24 Extraire avec précaution le contacteur de vitre de l'accoudoir. Faire très attention de ne pas rayer le contacteur ou l'accoudoir. Débrancher le contacteur électrique **(voir illustrations)**.

25 Lors de la repose, brancher le connecteur électrique puis remettre en position le contacteur dans l'accoudoir.

Contacteur de toit ouvrant

26 Extraire avec précaution le contacteur du plafonnier au niveau de la console supérieure puis le débrancher de son connecteur électrique. Retirer les deux vis de retenue de la console puis abaisser ces dernières et en débrancher les connecteurs électriques.

27 Appuyer sur les languettes de retenue puis faire glisser le contacteur du toit ouvrant pour l'écarter de la console **(voir illustration)**.

28 La repose se fait dans l'ordre inverse des opérations de dépose.

5 Ampoules (éclairage extérieur) - remplacement

Généralités

1 Lors du remplacement d'une ampoule, il convient de tenir compte des remarques suivantes:

(a) Débrancher la cosse négative de la batterie avant de commencer une intervention.

(b) Ne pas oublier que si l'éclairage concerné vient juste d'être utilisé, son ampoule risque d'être brûlante.

(c) Vérifier toujours les contacts et le culot de l'ampoule. S'assurer qu'il y a un contact franc métal sur métal entre l'ampoule et le fil de phase et la mise à la masse. Enlever la corrosion ou la poussière avant de mettre en place une ampoule neuve.

(d) Lors de l'installation d'une ampoule à baïonnette (voir Spécifications), s'assurer que le ou les contacts sous tension reposent fermement contre le contact de l'ampoule.

(e) Toujours s'assurer que l'ampoule neuve offre la puissance requise et qu'elle est parfaitement propre avant de l'installer. Cette remarque s'applique en particulier aux ampoules des projecteurs et des phares anti-brouillard (voir ci-dessous).

Projecteur

2 Depuis le compartiment moteur, déplacer le couvercle en plastique du projecteur concerné, au dos de cet ensemble.

3 Débrancher les connecteurs électriques puis rapprocher les

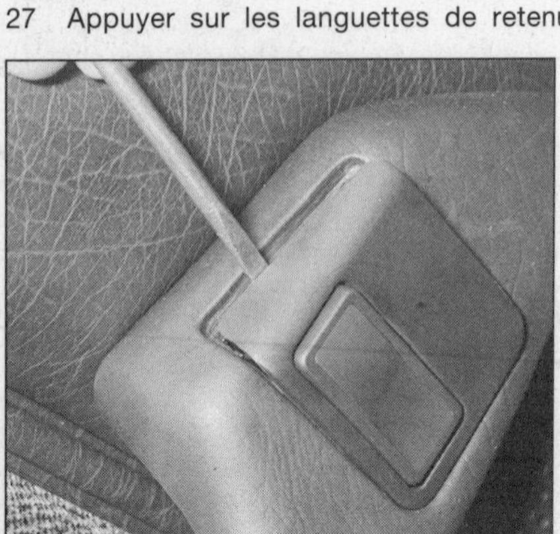

4.24a Extraire avec précaution le contacteur de vitre de l'accoudoir . . .

4.24b . . . puis débrancher le contacteur de son connecteur électrique

4.27 Appuyer sur les languettes de retenue puis faire glisser le contacteur du toit ouvrant pour le retirer

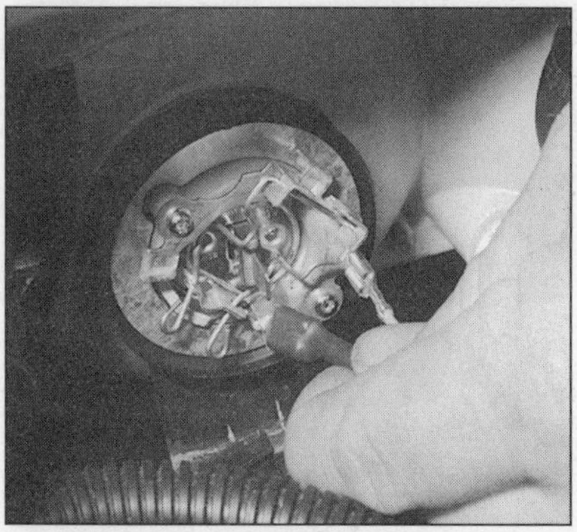

5.3a Débrancher les connecteurs électriques de l'ampoule du projecteur...

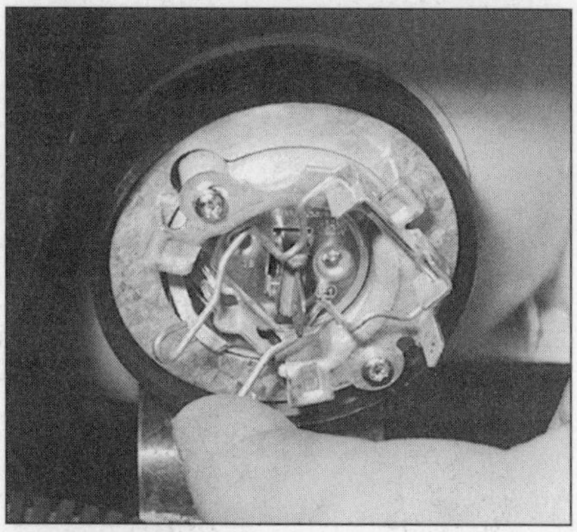

5.3b ... puis dégager le clip de retenue ...

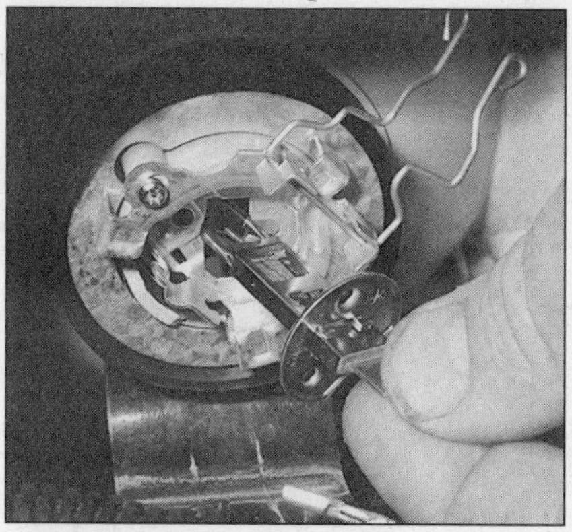

5.4 ... et retirer l'ampoule par l'arrière du projecteur

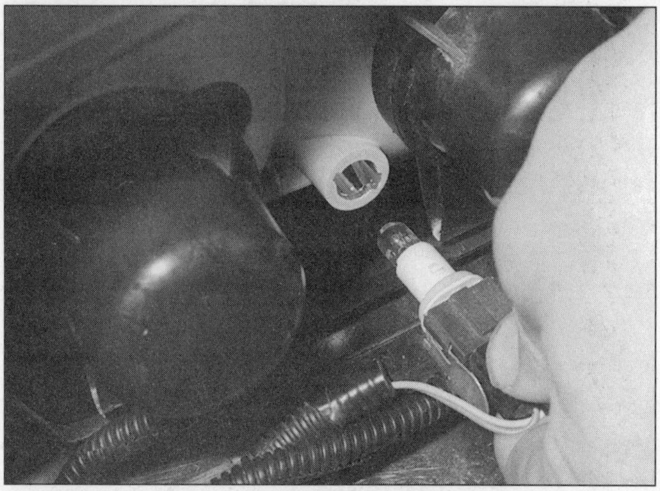

5.8 Dépose du culot du feu latéral avant par l'arrière du projecteur

extrémités du clip de retenue de l'ampoule pour l'écarter par l'arrière du projecteur **(voir illustrations)**.

4 Retirer l'ampoule **(voir illustration)**.

5 Manipuler une ampoule neuve avec un mouchoir en papier ou un chiffon propre pour ne pas toucher la partie vitrée avec les doigts. L'humidité et la graisse de la peau risquent de provoquer un noircissement et la défaillance accélérée de ce type d'ampoule. En cas de contact accidentel avec la partie vitrée, essuyer à l'alcool dénaturé la zone affectée.

6 Mettre en place l'ampoule neuve. S'assurer que des languettes de centrage pénètrent bien dans les découpes prévues à cet effet dans le projecteur. Immobiliser l'ampoule en position à l'aide de son clip de retenue puis rebrancher les connecteurs électriques.

7 Faire glisser le couvercle en plastique pour le ramener en position. S'assurer qu'il repose correctement au dos du projecteur.

Feu latéral avant

8 Depuis l'intérieur du compartiment moteur, tourner le culot de l'ampoule dans le sens inverse des aiguilles d'une montre pour le retirer du projecteur **(voir illustration)**. Il convient de noter que sur certains modèles, il faut déplacer le couvercle en plastique au dos du projecteur pour accéder à ce culot.

9 L'ampoule est du type à enfichage c'est-à-dire que pour la retirer il suffit tout simplement de l'extraire de son culot.

10 La repose se fait dans l'ordre inverse des opérations de dépose. S'assurer que le joint du culot est en bon état.

Clignotant avant

11 Travailler depuis le compartiment moteur. Derrière le clignotant, décrocher le ressort de retenue puis retirer le clignotant en le faisant passer par l'avant du véhicule **(voir illustration)**.

12 Faire tourner le culot dans le sens des aiguilles d'une montre pour l'écarter du clignotant. Déposer ce clignotant **(voir illustration)**.

13 L'ampoule est du type à baïonnette et pour la retirer de son culot il suffit d'appuyer sur l'ampoule et de la faire tourner dans le sens inverse des aiguilles d'une montre.

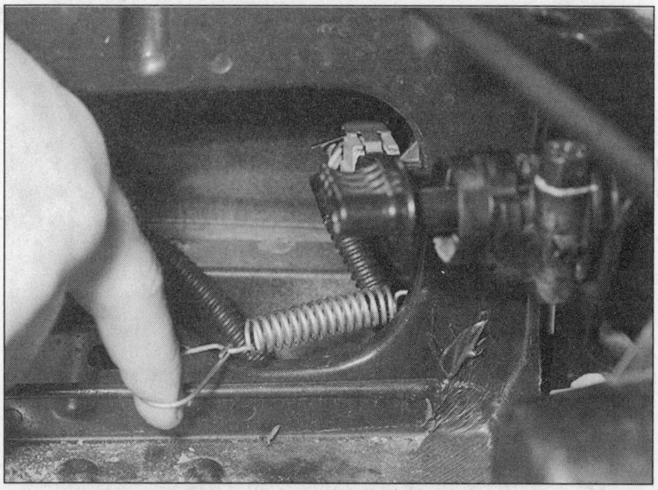

5.11 Décrocher le ressort de retenue depuis l'intérieur du compartiment moteur ...

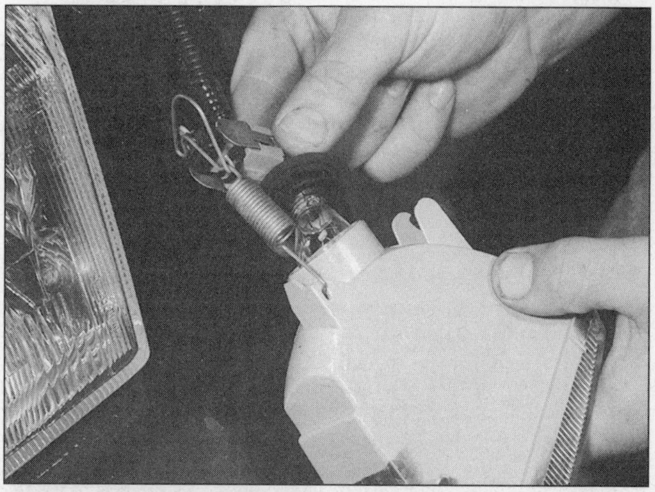

5.12 ... puis retirer le clignotant à l'avant du véhicule et en débrancher le culot

5.15 Enfoncer le feu latéral de rappel vers l'arrière du véhicule pour le libérer de ses clips de retenue . . .

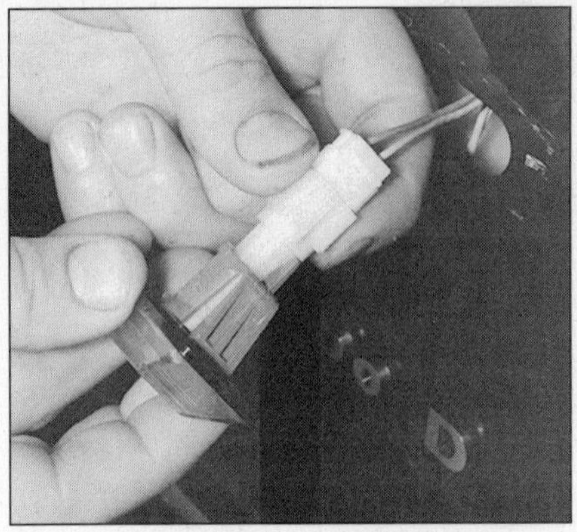

5.16a . . . puis retirer le bloc optique de l'aile et le débrancher de son culot

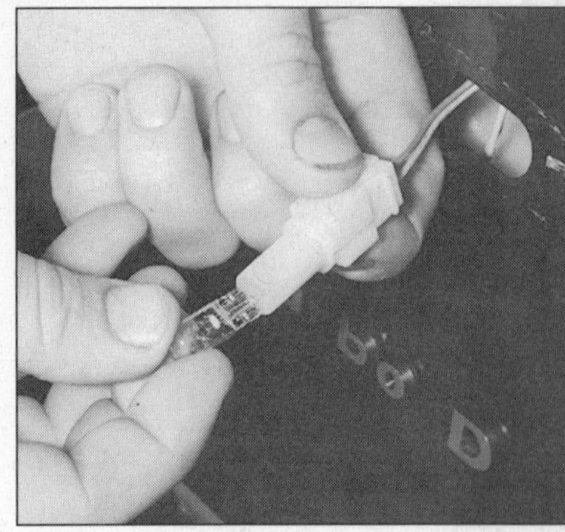

5.16b L'ampoule est du type enfichable et vient tout simplement s'enfoncer dans son culot

5.18 Desserrer les deux vis de retenue puis retirer le bloc optique du phare anti-brouillard

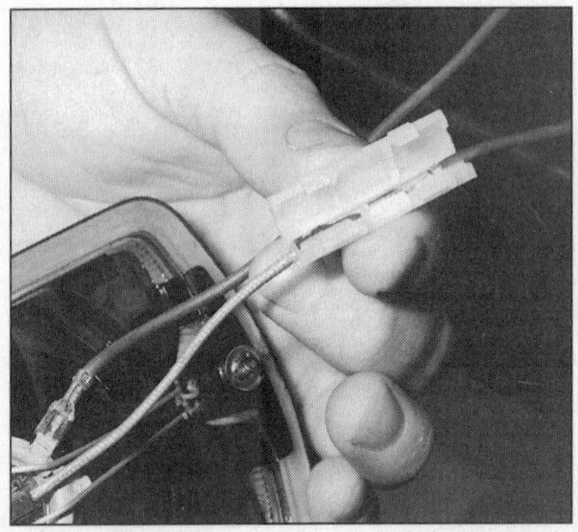

5.19a Dégager le couvercle isolant en matière plastique . . .

5.19b . . . puis débrancher le connecteur électrique et retirer l'ampoule du phare anti-brouillard

14 La repose se fait dans l'ordre inverse des opérations de dépose. S'assurer que le clignotant retrouve son emplacement correct et est bien immobilisé par son ressort.

Feu latéral de rappel

15 Enfoncer ce bloc optique vers l'arrière du véhicule pour le libérer de ses clips de retenue puis le retirer de l'aile **(voir illustration)**.
16 Extraire le culot du bloc optique puis tirer sur l'ampoule enfichable pour l'enlever de son culot **(voir illustrations)**.
17 La repose se fait dans l'ordre inverse des opérations de dépose.

Phare anti-brouillard

18 Desserrer les deux vis de retenue puis retirer le bloc optique par l'avant du phare anti-brouillard **(voir illustration)**.
19 Desserrer le clip de retenue puis retirer l'ampoule par l'arrière du phare anti-brouillard. Dégager le couvercle isolant en matière plastique puis débrancher le connecteur électrique de l'ampoule avant de déposer cette dernière **(voir illustrations)**.
20 Manipuler une ampoule neuve avec un mouchoir en papier ou un chiffon propre pour ne pas toucher la partie vitrée avec les doigts. L'humidité et la graisse de la peau risquent de provoquer un noircissement et la défaillance accélérée de ce type d'ampoule. En cas de contact accidentel avec la partie vitrée, essuyer à l'alcool dénaturé la zone affectée.
21 Brancher l'ampoule neuve sur le fil électrique puis remettre en place le couvercle isolant en matière plastique sur le connecteur.
22 Mettre en place l'ampoule par l'arrière du bloc optique. S'assurer que ses languettes de positionnement pénètrent correctement dans les découpes prévues. Immobiliser l'ampoule en position à l'aide du clip de retenue. S'assurer que l'isolateur des fils vient correctement se placer sous ce clip **(voir illustration)**.
23 Mettre en place le bloc optique du phare anti-brouillard. Faire très attention de ne pas coincer de fils. Bien en serrer les vis de retenue.

Groupe des feux arrière

24 Ouvrir le hayon puis desserrer les deux vis de retenue avant de retirer le bloc optique du groupe des feux arrière. Noter son joint en caoutchouc **(voir illustration)**.
25 Remplacer l'ampoule concernée. Toutes ces ampoules sont du type à baïonnette **(voir illustration)**. Il convient de noter que l'ampoule du stop/du feu arrière a des broches de centrage décalées qui empêchent toute installation incorrecte.

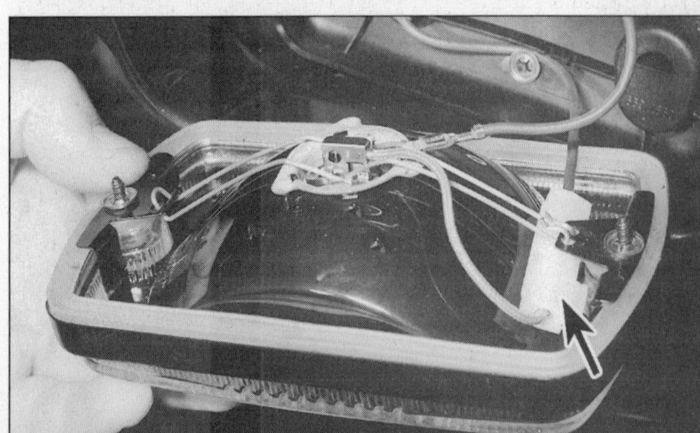

5.22 Avant de remonter le bloc optique du phare anti-brouillard, s'assurer que l'isolateur en matière plastique (flèche) vient correctement se placer sous le clip de retenue

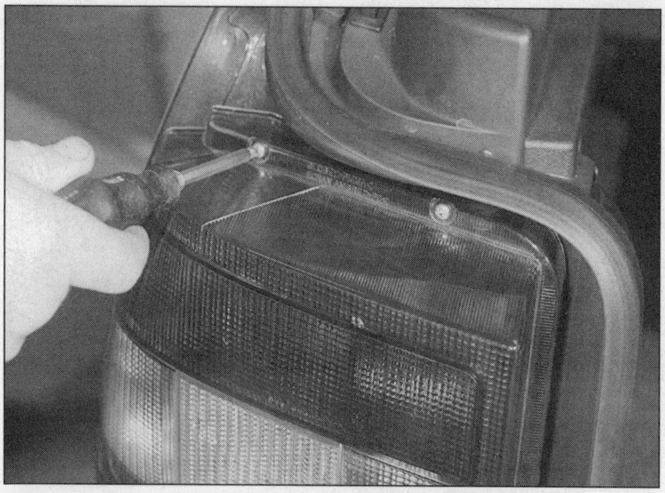

5.24 Le groupe de feux arrière est retenu par deux vis

6.2a Extraire la lampe de courtoisie de sa position . . .

26 La repose se fait dans l'ordre inverse des opérations de dépose. Remplacer le joint en caoutchouc du bloc optique s'il est endommagé.

Ampoule de la plaque d'immatriculation

27 Ouvrir légèrement le hayon pour améliorer l'accès à ce feu puis extraire avec précaution le bloc optique pour accéder à l'ampoule.

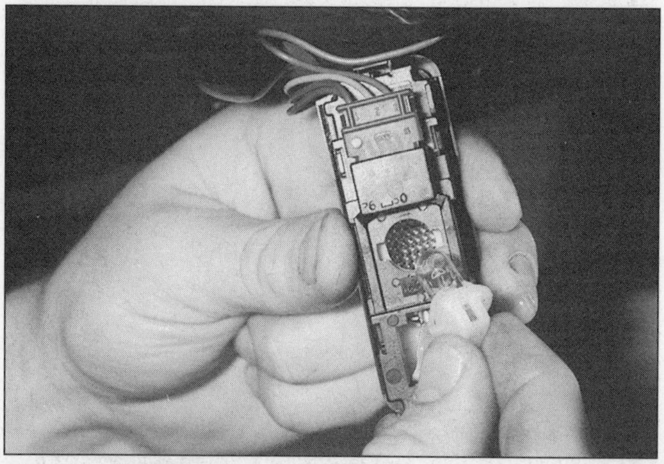

6.2b . . . puis faire tourner le culot dans le sens inverse des aiguilles d'une montre pour le retirer par l'arrière du bloc optique

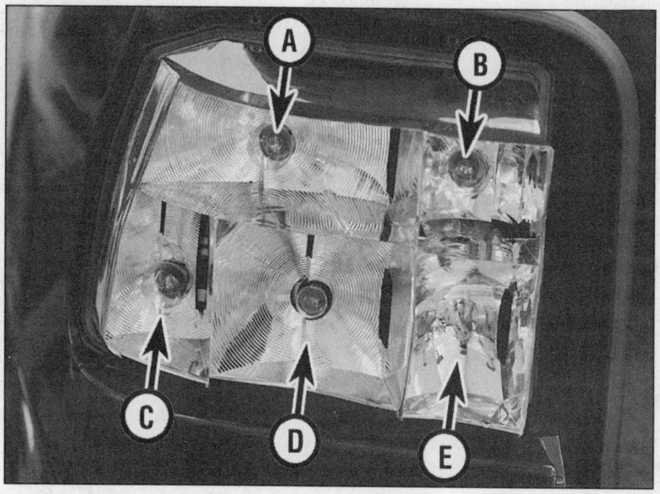

5.25 Ampoules du groupe des feux arrière

A Clignotant
B Feu de recul
C Stop/feu arrière
D Feu latéral
E Feu anti-brouillard (le cas échéant)

28 Cette ampoule est du type enfichable et pour la retirer il suffit tout simplement de la tirer.

29 Enfoncer l'ampoule neuve puis remettre en position le bloc optique.

6 Ampoules (éclairage intérieur) - remplacement

Généralités

1 Consulter le paragraphe 1 de la Section 5.

Lampes de courtoisie

2 Extraire avec précaution le bloc optique de sa position puis faire tourner son culot dans le sens inverse des aiguilles d'une montre pour le retirer par l'arrière du bloc optique **(voir illustrations)**.

3 L'ampoule est du type enfichable, c'est-à-dire qu'il suffit de tirer sur cette ampoule pour la retirer de son culot. Au contraire, pour mettre une ampoule neuve en position il suffit de l'enfoncer.

4 Remettre en place le culot au dos du bloc optique puis immobiliser ce bloc optique en position.

Eclairage du coffre à bagages

5 Consulter les informations des paragraphes 2 à 4 ci-dessus **(voir illustration)**.

6.5 Dépose du culot de l'éclairage du coffre à bagages

6.6a Extraire avec précaution le bloc optique de la baladeuse au niveau de la console du toit . . .

6.6b . . . puis le débrancher de son connecteur électrique

6.7 Aligner le culot sur la flèche (flèche) du bloc optique puis tirer sur ce culot dans le sens de la flèche pour le déposer

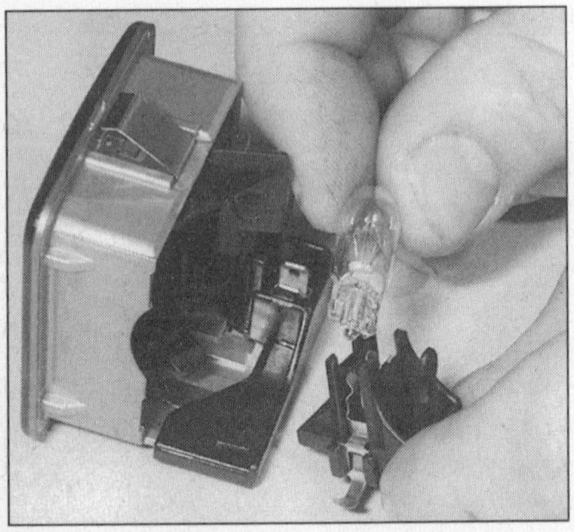

6.8 L'ampoule de la baladeuse est du type enfichable

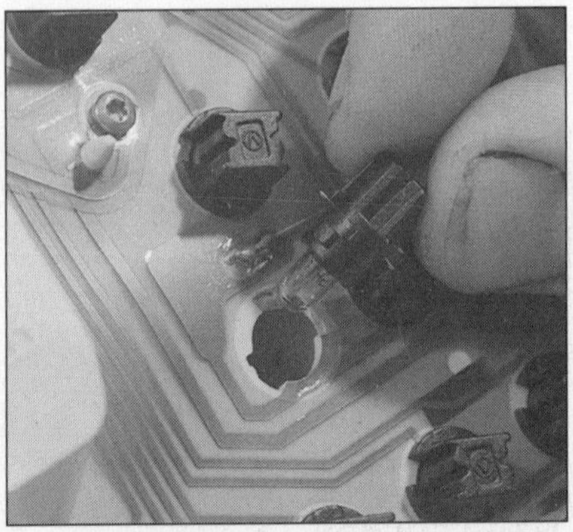

6.11 Dépose d'une ampoule du tableau de bord, par l'arrière

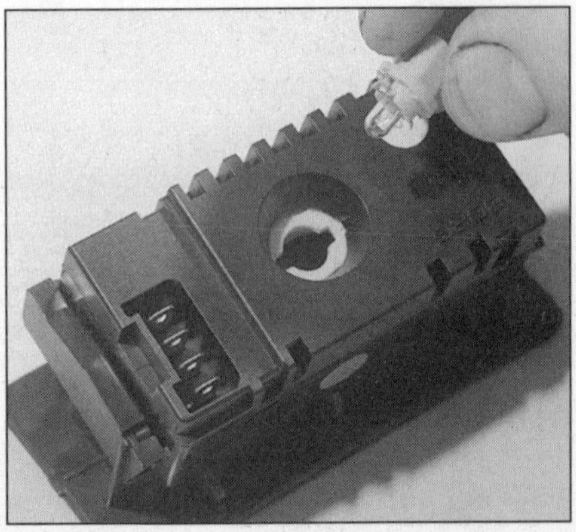

6.19 Dépose de l'ampoule d'éclairage de l'horloge

Baladeuse

6 Extraire avec précaution le bloc optique de la baladeuse au niveau de la garniture du toit puis débrancher son connecteur électrique et déposer le bloc optique **(voir illustrations)**.

7 Faire pivoter le culot pour l'écarter du connecteur électrique puis tirer sur le levier du culot dans le sens indiqué par la flèche moulée sur le bloc optique afin d'écarter le culot de ce bloc **(voir illustration)**.

8 L'ampoule est du type enfichable. Il suffit de tirer sur la vieille ampoule pour la retirer de son culot et d'enfoncer la nouvelle ampoule en position **(voir illustration)**.

9 Faire glisser le culot pour le ramener sur son pivot du bloc optique puis rebrancher le connecteur électrique et ramener le bloc optique en position dans la garniture du toit.

Eclairage du tableau de bord

10 Déposer le tableau de bord, comme indiqué à la Section 9.

11 Faire tourner le culot de l'ampoule concernée, dans le sens inverse des aiguilles d'une montre, pour le retirer par l'arrière du tableau de bord **(voir illustration)**.

12 Toutes les ampoules sont intégrées à leur culot. S'assurer que les ampoules neuves ont la puissance requise, c'est-à-dire la même puissance que celle des ampoules retirée. Cette consigne est tout particulièrement importante en ce qui concerne le témoin lumineux de l'allumage et de recharge de la batterie.

13 Remettre en place le culot par l'arrière du tableau de bord puis remonter ce tableau, comme indiqué à la Section 9.

Ampoules indiquant la position du levier du sélecteur - BVA

14 Déposer la console centrale, comme indiqué au Chapitre 11.

15 Faire tourner dans le sens inverse des aiguilles d'une montre le culot de l'ampoule concernée puis le retirer par l'arrière du tableau de bord.

16 L'ampoule est du type enfichable. Il suffit de tirer sur la vieille ampoule pour la retirer de son culot et d'enfoncer la nouvelle ampoule en position.

17 Remettre en place le culot à l'arrière du tableau de bord puis remonter la console centrale, comme indiqué au Chapitre 11.

Ampoule d'éclairage de l'horloge

18 Déposer l'horloge, comme indiqué à la Section 11.

19 Faire tourner le culot dans le sens inverse des aiguilles d'une montre puis le retirer par l'arrière de l'horloge **(voir illustration)**. L'ampoule fait partie intégrante de son culot.

20 Remettre en place le culot, par l'arrière de l'horloge puis remonter cette dernière, comme indiqué à la Section 11.

Ampoule d'éclairage de l'allume-cigare et du cendrier

21 Déposer la console centrale, comme indiqué au Chapitre 11.

22 S'il y a un radiocassette, le déposer comme indiqué à la Section 21 puis desserrer les deux vis de retenue pour déposer le support de fixation au niveau de l'ouverture qu'occupait la radio. S'il n'y a pas de radiocassette, extraire avec précaution le vide-poche qui se trouve au centre du tableau de bord.

23 Desserrer les quatre vis de retenue du panneau de la bouche centrale d'aération (il y en a deux au-dessus des commandes de chauffage et deux directement au-dessous) puis décrocher ce panneau et l'écarter du tableau de bord **(voir illustration 13.3a)**.

24 Faire glisser le culot de l'ampoule d'éclairage pour l'écarter du panneau puis remplacer l'ampoule **(voir illustration)**. Cette ampoule est du type enfichable. Il suffit de tirer sur la vieille ampoule pour la

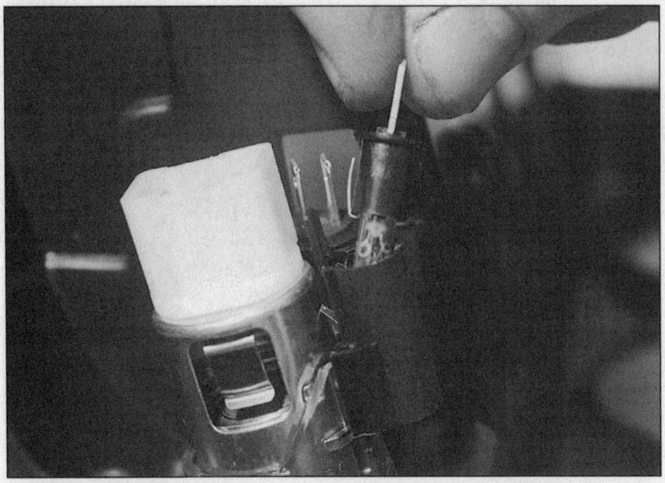

6.24 Dépose de l'ampoule d'éclairage de l'allume-cigare et du cendrier

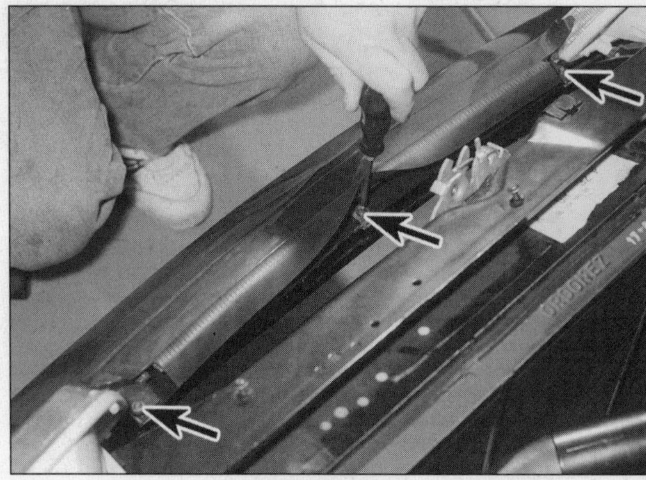

7.1 La calandre du radiateur est retenue par 3 vis (flèches)

7.4 A l'aide d'une pince, extraire le collier de retenue du point supérieur de fixation du phare

7.5a Repousser le phare vers l'avant pour l'écarter de ses pinces de serrage . . .

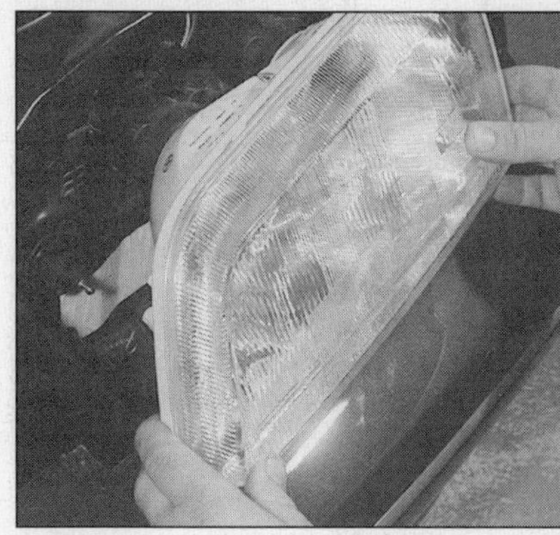

7.5b . . . puis déposer le projecteur du véhicule

retirer de son culot et d'enfoncer la nouvelle ampoule en position.

25 Faire glisser le culot de l'ampoule d'éclairage pour le ramener en position puis remonter le panneau en procédant dans l'ordre inverse des opérations de dépose.

Ampoule d'éclairage du panneau de commande du chauffage

26 Effectuer les opérations décrites au paragraphe 22 ci-dessus.

27 Depuis l'ouverture qu'occupait le radiocassette, faire tourner le culot de l'ampoule concernée, dans le sens inverse des aiguilles d'une montre, pour l'écarter de l'arrière du panneau. L'ampoule est du type enfichable. Il suffit de tirer sur la vieille ampoule pour la retirer de son culot et d'enfoncer la nouvelle ampoule en position.

28 La repose se fait dans l'ordre inverse des opérations de dépose.

Ampoules d'éclairage des contacteurs

29 Chaque contacteur est équipé d'une ampoule d'éclairage. Plusieurs contacteurs comportent également une ampoule qui s'allume lorsque le circuit concerné est opérationnel. Ces ampoules font partie intégrante de l'ensemble contacteur c'est-à-dire qu'elles ne se vendent pas séparément. Par conséquent, lorsqu'une ampoule est défectueuse, il faut en fait remplacer son ensemble contacteur complet.

7 Eclairages extérieurs - dépose et repose

Note: *Avant de déposer un éclairage extérieur, débrancher la cosse négative de la batterie et la rebrancher après avoir remis en place cet éclairage.*

Projecteur

1 Ouvrir le capot puis desserrer et retirer les trois vis de retenue. Déposer le couvercle en matière plastique de la serrure du capot. Desserrer les trois vis de retenue puis déposer la calandre du radiateur **(voir illustration)**.

2 Déposer le clignotant, comme indiqué ci-après.

3 Déposer le ou les couvercles en matière plastique à l'arrière du projecteur puis débrancher les connecteurs électriques de l'ampoule du phare et de l'éclairage latéral et, le cas échéant, au niveau du moteur de réglage des phares.

4 A l'aide d'une pince, extraire le collier de retenue du point supérieur de fixation du phare (le cas échéant) **(voir illustration)**.

5 Repousser le phare vers l'avant pour l'écarter de ses deux pinces de serrage puis déposer le phare du véhicule **(voir illustrations)**.

6 La repose se fait dans l'ordre inverse des opérations de dépose. Une fois cette intervention terminée, vérifier l'alignement des faisceaux lumineux des projecteurs en consultant les informations de la Section 8.

Clignotant avant

7 Ouvrir le capot puis, depuis le compartiment moteur, décrocher le ressort de retenue du clignotant au niveau de la carrosserie.

8 Déposer le clignotant en le faisant passer par l'avant du véhicule. Débrancher son connecteur électrique.

9 La repose se fait dans l'ordre inverse des opérations de dépose.

Feu latéral de rappel

10 Repousser ce feu vers l'arrière du véhicule pour l'écarter de ses pinces de retenue puis le déposer de l'aile et en débrancher le connecteur électrique.

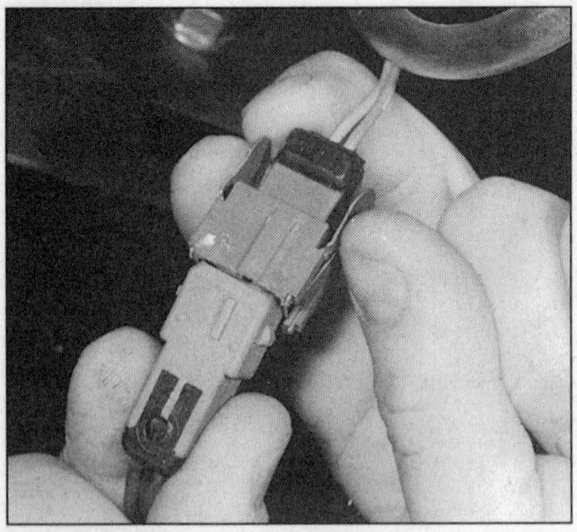
7.13 Débrancher le connecteur électrique . . .

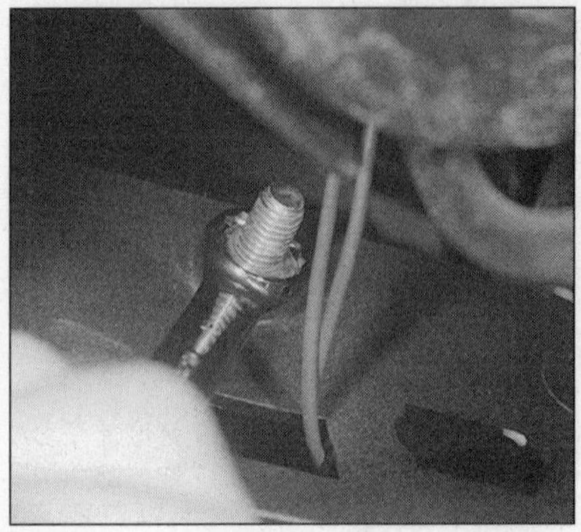
7.14a . . . puis desserrer et retirer l'écrou de retenue . . .

7.14b . . . avant de déposer le phare anti-brouillard en le faisant passer par l'avant du pare-chocs

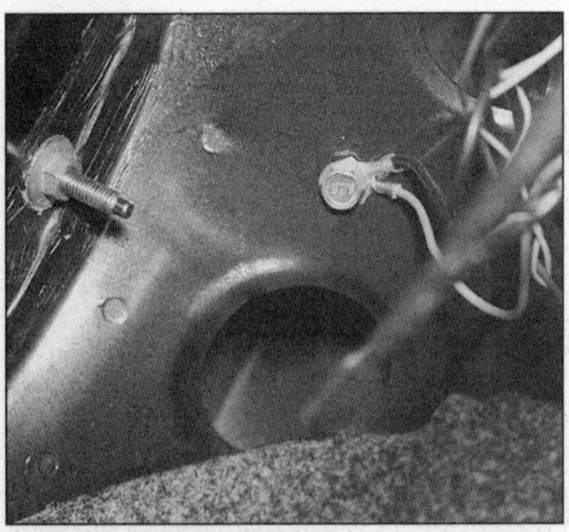
7.17a Desserrer l'écrou de retenue qui se trouve à l'intérieur du coffre à bagages . . .

7.17b . . . puis déposer le groupe des feux arrière en le faisant passer par l'arrière du véhicule ; débrancher son connecteur électrique

9.3a Déposer le panneau inférieur du tableau de bord, du côté conducteur . . .

11 Lors de la repose, rebrancher le connecteur électrique de ce feu puis remettre ce dernier en position sur l'aile.

Phare anti-brouillard avant

12 Soulever au cric l'avant du véhicule et le soutenir sur des chandelles.
13 Remonter le long de ce câblage depuis le dos du phare anti-brouillard afin de le débrancher au niveau de son connecteur électrique **(voir illustration)**.
14 Desserrer puis retirer l'écrou de retenue du phare anti-brouillard. Déposer le phare en le faisant passer par l'avant du pare-chocs **(voir illustrations)**.
15 La repose se fait dans l'ordre inverse des opérations de dépose.

Groupe des feux arrière

16 Déposer le panneau de garniture latérale inférieure du coffre à bagage, comme indiqué à la Section 26 du Chapitre 11.
17 Desserrer puis retirer l'écrou de retenue du groupe des feux arrière en le faisant passer par l'arrière du véhicule et en débrancher le connecteur électrique **(voir illustrations)**.
18 La repose se fait dans l'ordre inverse des opérations de dépose.

Eclairage de la plaque d'immatriculation

19 Ouvrir légèrement le hayon pour améliorer l'accès à cette lampe puis extraire avec précaution son bloc optique et en débrancher le connecteur électrique.
20 Lors de la repose, rebrancher le connecteur électrique puis remettre le bloc optique en position.

8 Réglage de la portée des phares - généralités

1 Le réglage optimal de la portée des phares ne peut se faire qu'avec un appareillage adéquat. Par conséquent, cette tâche devrait être confiée à un concessionnaire Citroën ou à un atelier bien équipé.
2 Il est cependant possible d'ajuster ces phares en utilisant une clé à six pans creux de taille appropriée pour faire tourner les dispositifs de réglage qui se trouvent au-dessus de chaque projecteur. Le dispositif de réglage externe modifie la hauteur du faisceau sur le plan vertical alors que le dispositif de réglage interne modifie le réglage du faisceau sur le plan horizontal. Avant d'effectuer un réglage, s'assurer que le véhicule est vide et ramener les deux dispositifs de réglage (voir ci-dessous) à la position zéro.
3 Chaque projecteur comporte un dispositif de réglage à quatre positions qui permet d'ajuster la portée des phares en fonction de la charge que transporte le véhicule. Des repères d'amplitude de réglage sont incorporés au dispositif de réglage des phares sur le plan vertical. Pour y accéder, soulever le capot. La position 0 correspond à la position normale, les positions 1 et 2 sont conçues pour un véhicule faiblement chargé et la position 3 pour un véhicule très chargé. S'assurer que les deux dispositifs de réglage occupent la même position.

9 Tableau de bord - dépose et repose

Dépose

1 Débrancher la cosse négative de la batterie.

9.3b . . . puis retirer la conduite de chauffage qui se trouve derrière ce panneau

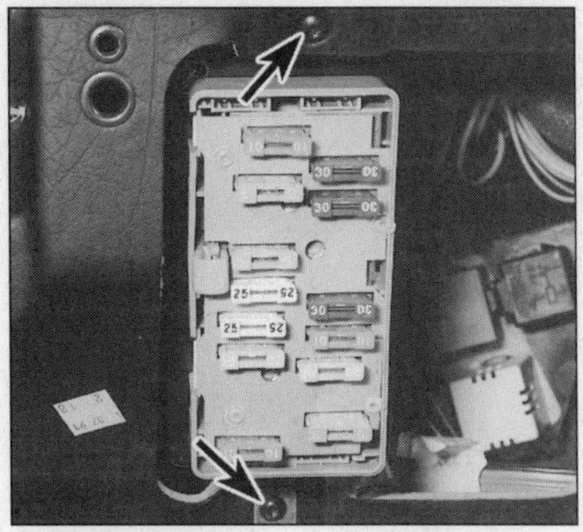

9.5 Vis de retenue du boîtier porte-fusibles (flèches)

9.6 Desserrer les boulons de retenue du levier d'ouverture du capot puis désolidariser ce levier de son support. La vis de retenue de la conduite de chauffage est identifiée par une flèche.

9.7a Desserrer puis retirer les vis de retenue de l'habillage du tableau de bord (flèches) . . .

9.7b . . . puis débrancher les connecteurs électriques des différents contacteurs et déposer l'habillage

2 Déposer le volant, comme indiqué au Chapitre 10.

3 Desserrer les attaches du panneau en les faisant tourner d'un quart de tour puis déposer le panneau inférieur du tableau de bord, du côté conducteur. Débrancher la bouche de chauffage puis la retirer par l'arrière du panneau **(voir illustrations)**.

4 Desserrer puis retirer les cinq vis qui immobilisent l'une sur l'autre les deux moitiés de l'habillage de la colonne de direction puis déposer la moitié supérieure et la moitié inférieure. Débloquer la colonne de direction puis la verrouiller sur sa position la plus basse.

5 Desserrer les deux vis de retenue puis déposer le boîtier porte-fusibles du panneau inférieur **(voir illustration)**.

6 Desserrer puis retirer les deux boulons qui immobilisent le levier d'ouverture du capot sur le panneau inférieur puis déposer de ce panneau l'ensemble levier d'ouverture. Desserrer la vis de retenue de la bouche de chauffage, qui se trouve juste au-dessous du levier d'ouverture du capot puis manipuler cette bouche de chauffage pour la retirer en la faisant passer derrière le panneau inférieur **(voir illustration)**.

7 Desserrer puis retirer les quatre vis de retenue de l'habillage du tableau de bord puis déposer cet habillage. Débrancher les connecteurs électriques des différents contacteurs, au fur et à mesure qu'ils deviennent accessibles **(voir illustrations)**.

8 En travaillant au niveau de l'ouverture du panneau inférieur, atteindre le tableau de bord puis appuyer sur les languettes de retenue pour détacher le câble du compteur de vitesse au dos du tableau de bord.

9 Desserrer les deux vis inférieures de retenue puis écarter l'ensemble tableau de bord du panneau inférieur. Débrancher les connecteurs électriques au dos de ce panneau puis déposer l'ensemble du véhicule **(voir illustrations)**.

9.9a Desserrer les vis de retenue (flèches) . . .

9.9b . . . puis retirer le tableau de bord de la planche de bord . . .

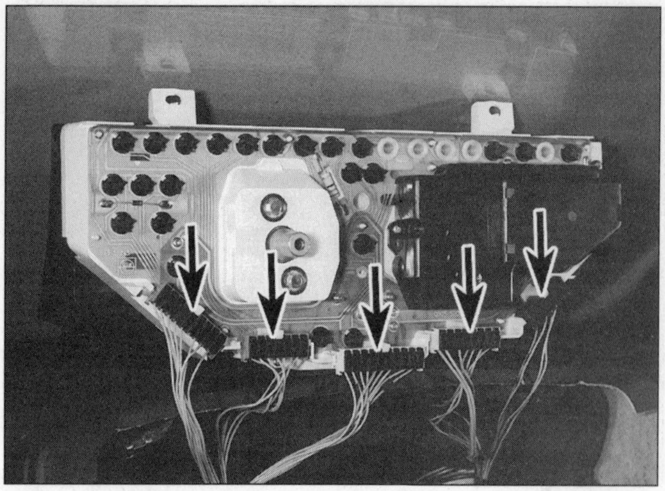

9.9c . . . et débrancher les connecteurs électriques (flèches) au dos de ce panneau

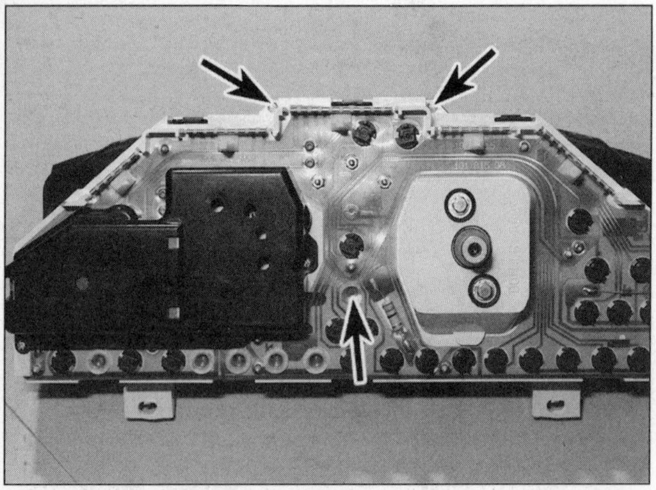

10.2a Desserrer puis retirer les trois vis de retenue du couvercle du tableau de bord (flèches) . . .

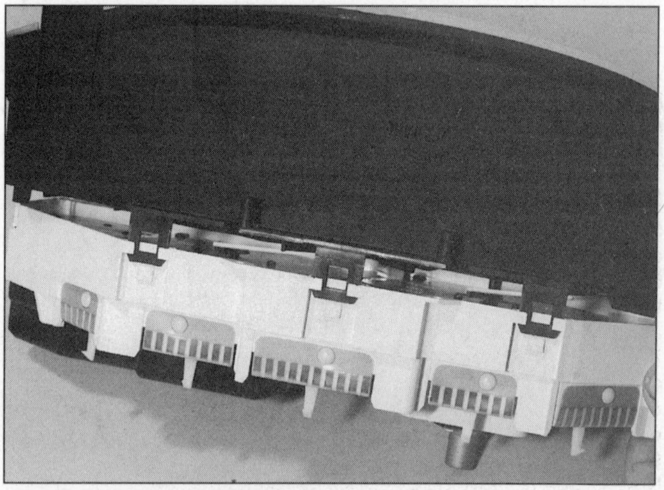

10.2b . . . puis desserrer les clips de retenue et séparer le couvercle du tableau de bord

Repose

10 La repose se fait dans l'ordre inverse des opérations de dépose. Une fois cette intervention terminée, rebrancher la batterie et vérifier que tous les témoins lumineux du tableau de bord fonctionnent correctement, de même que les contacteurs de l'habillage du tableau de bord.

10 Composants du tableau de bord - dépose et repose

Généralités

1 Déposer le tableau de bord, comme indiqué à la Section 9 puis procéder comme indiqué ci-dessous aux alinéas correspondants.

Compteur de vitesse

2 Desserrer puis retirer les trois vis de retenue du couvercle avant, depuis l'arrière du tableau de bord. Desserrer avec précaution les six pinces de retenue qui se trouvent tout autour de l'extérieur du couvercle puis séparer le couvercle du tableau de bord **(voir illustrations)**.

3 Desserrer les deux vis de retenue à l'avant du compteur de vitesse puis desserrer les deux boulons de retenue au dos du tableau de bord. Déposer le compteur de vitesse **(voir illustrations)**.

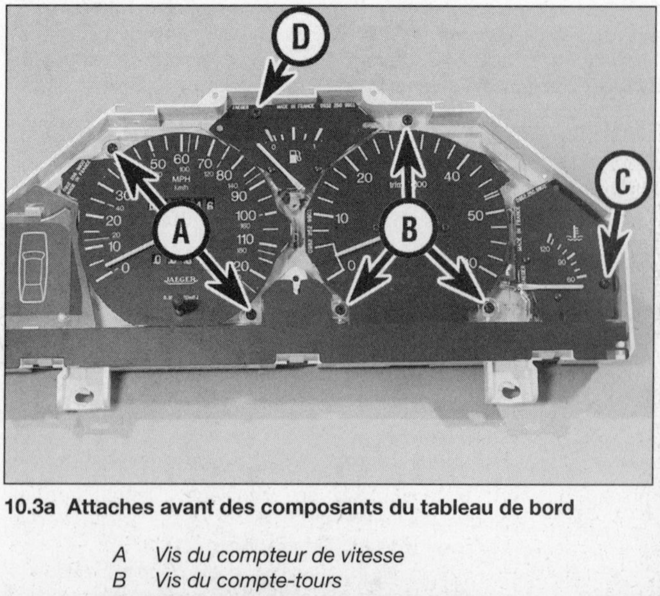

10.3a Attaches avant des composants du tableau de bord

A Vis du compteur de vitesse
B Vis du compte-tours
C Vis de la jauge de température
D Vis de la jauge de carburant

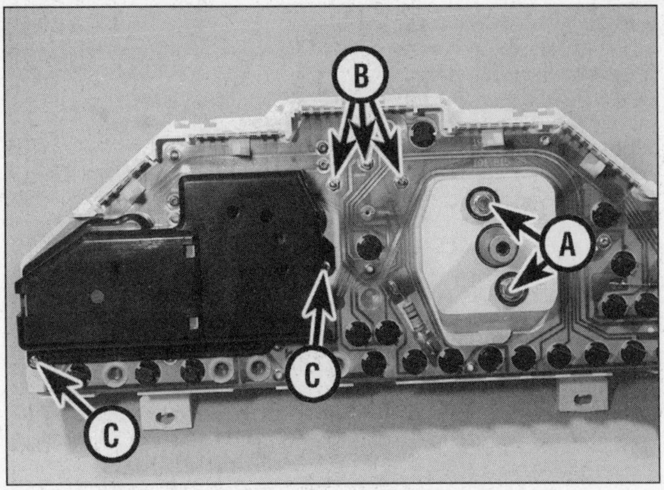

10.3b Attaches arrière des composants du tableau de bord

A *Boulons du compteur de vitesse*
B *Ecrous de la jauge de carburant*
C *Vis du couvercle arrière*

4 La repose se fait dans l'ordre inverse des opérations de dépose. Ne pas trop serrer les attaches du tableau de bord étant donné qu'elles sont en plastique et se fissurent facilement.

Compte-tours

5 Déposer le couvercle avant du tableau de bord, comme indiqué au paragraphe 2.
6 Desserrer les deux vis puis déposer le couvercle au dos du tableau de bord. Débrancher son connecteur électrique dès qu'il est accessible **(voir illustration)**.
7 Desserrer les quatre écrous de retenue puis déposer la carte à circuit imprimé au dos du compteur de vitesse **(voir illustration)**.
8 Desserrer puis retirer les trois vis avant du compteur de vitesse puis déposer ce dernier de son boîtier.
9 La repose se fait dans l'ordre inverse des opérations de dépose. Ne pas trop serrer les attaches du tableau de bord étant donné qu'elles sont en plastique et se fissurent facilement.

Jauge de température

10 Déposer le couvercle avant et le couvercle arrière, comme indiqué aux paragraphes 2 et 6.
11 Desserrer les trois écrous de retenue au dos de la jauge de température et la vis unique à l'avant de cette jauge. Déposer cette

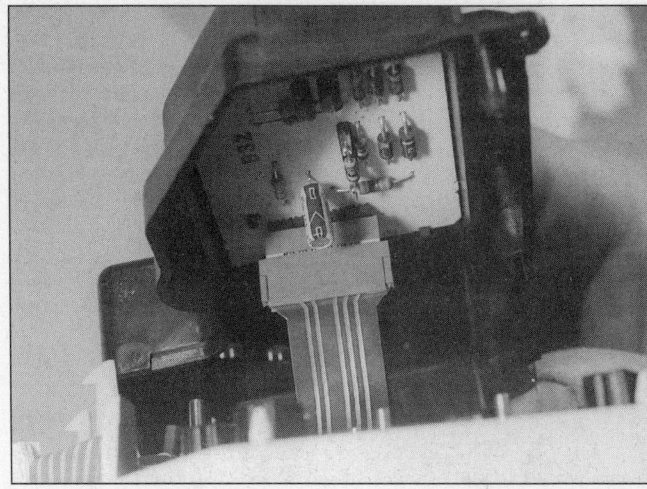

10.6 Connecteur électrique du couvercle arrière du tableau de bord

jauge de son boîtier **(voir illustration)**.
12 La repose se fait dans l'ordre inverse des opérations de dépose. Ne pas trop serrer les attaches du tableau de bord étant donné qu'elles sont en plastique et se fissurent facilement.

Jauge de carburant

13 Déposer le couvercle avant, comme indiqué au paragraphe 2.
14 Desserrer et retirer les trois écrous au dos de cette jauge puis desserrer la vis unique de retenue à l'avant de cette jauge. Déposer cette jauge de son boîtier.
15 La repose se fait dans l'ordre inverse des opérations de dépose. Ne pas trop serrer les attaches du tableau de bord étant donné qu'elles sont en plastique et se fissurent facilement.

Circuit imprimé

16 Déposer tous les instruments du tableau de bord, comme indiqué ci-dessus.
17 Retirer tous les culots au dos des boîtiers, en les faisant tourner dans le sens inverse des aiguilles d'une montre. Desserrer puis retirer toutes les vis de retenue du circuit. Désolidariser le circuit imprimé de ses broches de retenue puis le déposer en le faisant passer par l'arrière du boîtier.
18 La repose se fait dans l'ordre inverse des opérations de dépose. S'assurer que le circuit imprimé vient correctement se mettre en place au niveau de toutes ses broches de retenue.

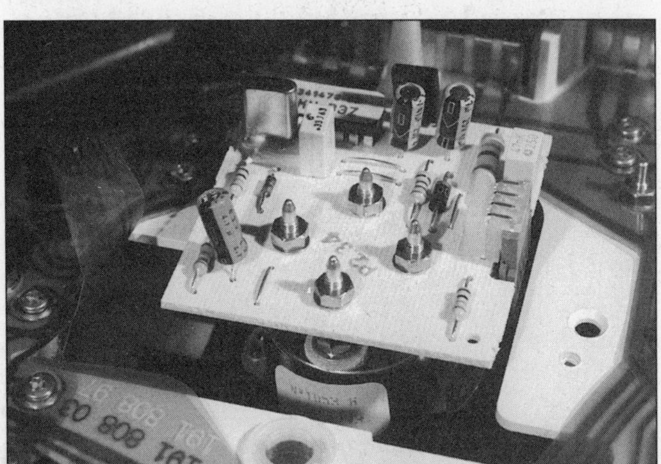

10.7 Ecrous de retenue arrière du compte-tours et carte à circuits imprimés

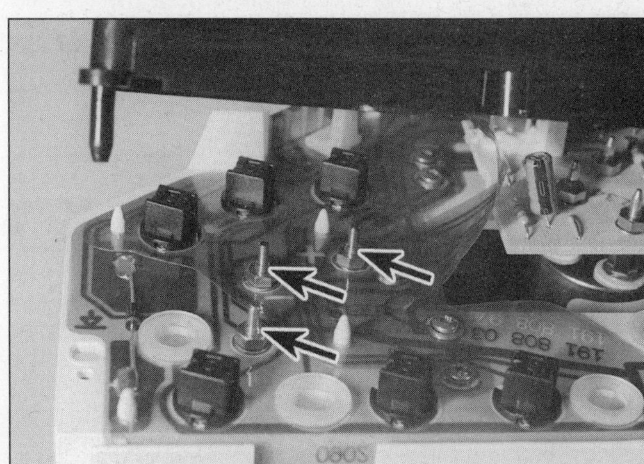

10.11 Ecrous de retenues de la jauge de température (flèches)

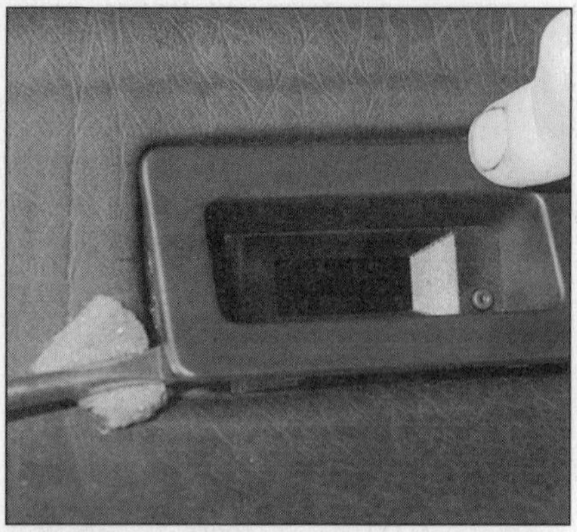

11.2 Extraire, avec précaution, l'horloge de la planche de bord...

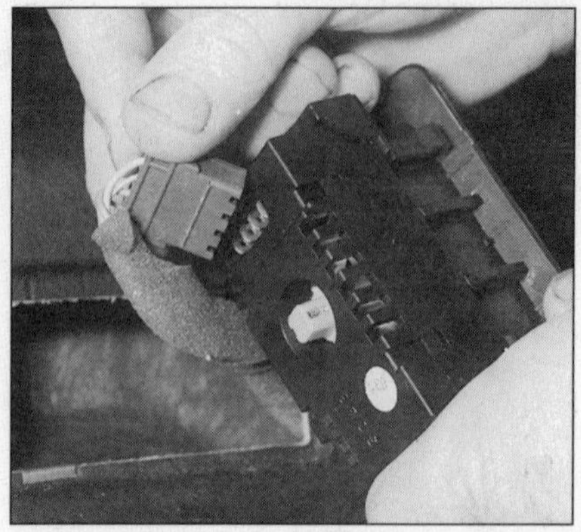

11.3 ... puis en débrancher le connecteur électrique

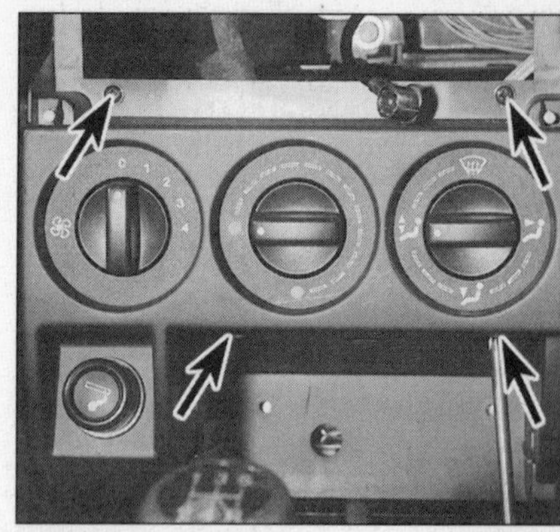

13.3a Desserrer les quatre vis de retenue (flèches) ...

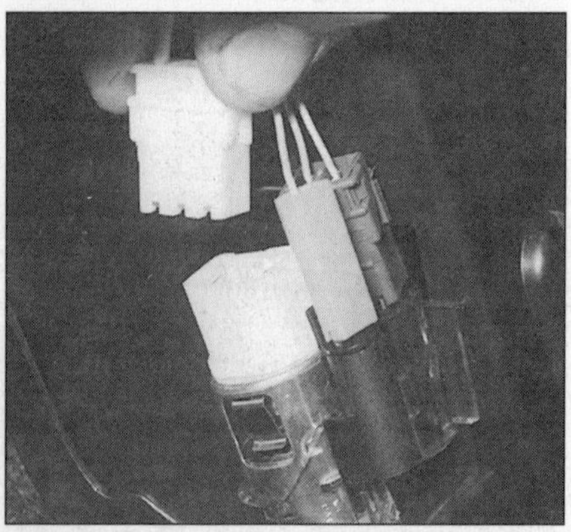

13.3b ... puis retirer le panneau de la bouche centrale d'aération et débrancher le connecteur électrique de l'allume-cigare

13.4a Desserrer les languettes de retenue puis retirer la pièce rapportée métallique ...

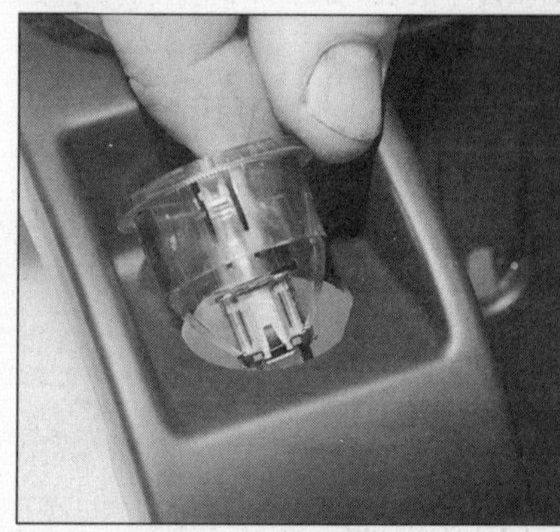

13.4b ... avant d'enlever la section externe en matière plastique de l'allume-cigare

11 Horloge - dépose et repose

Dépose

1 Débrancher la cosse négative de la batterie.

2 A l'aide d'un tournevis à lame plate, extraire avec précaution cette horloge de la planche de bord en faisant très attention de ne pas rayer l'horloge et la planche de bord **(voir illustration)**.

3 Débrancher le connecteur électrique puis déposer l'horloge **(voir illustration)**.

Repose

4 Rebrancher le connecteur électrique puis remettre en position l'horloge sur la planche de bord.

5 Rebrancher la cosse négative de la batterie puis remettre l'horloge à l'heure.

12 Affichage d'ouverture de porte - généralités

Certains modèles décrits dans ce manuel sont équipés d'un affichage qui indique l'ouverture de porte. Cet affichage se trouve sur le tableau de bord. Lorsqu'une porte n'est pas correctement fermée, la représentation correspondante de cette porte s'allume sur cet affichage.

Ce circuit se compose de contacteurs intégrés aux ensembles serrures de portes. Il y a également un panneau qui fait partie du combiné des instruments. Les ampoules de ce panneau peuvent être déposées. Elles sont du même type que les autres ampoules du tableau de bord. Pour les remplacer, procéder comme indiqué à la Section 6. Chaque contacteur fait partie intégrante d'un ensemble serrure de porte.

13 Allume-cigares - dépose et repose

Dépose

1 Déposer la console centrale, comme indiqué au Chapitre 11.

2 S'il y a un radiocassette, le déposer comme indiqué à la Section 21 puis desserrer les deux vis de retenue pour déposer le support de fixation au niveau de l'ouverture qu'occupait la radio. S'il n'y a pas de radiocassette, extraire avec précaution le vide-poche qui se trouve au centre du tableau de bord.

3 Desserrer les quatre vis de retenue du panneau de la bouche centrale d'aération (il y en a deux au-dessus des commandes de chauffage et deux directement au-dessous) puis décrocher ce panneau et l'écarter du tableau de bord. Débrancher le connecteur électrique de l'ampoule d'éclairage de l'allume-cigare et du cendrier. Déposer du véhicule l'ensemble panneau de la bouche centrale de chauffage **(voir illustrations)**.

4 Déposer la résistance chauffante de l'allume-cigare puis desserrer les languettes de retenue et extraire la pièce rapportée métallique avant de déposer la section externe en matière plastique de l'allume-cigare **(voir illustrations)**.

Repose

5 La repose se fait dans l'ordre inverse des opérations de dépose.

14 Circuit d'avertissement "éclairage allumé" - généralités

1 La plupart des véhicules décrits dans ce manuel sont équipés d'un circuit d'avertissement "éclairage allumé". Ce circuit a pour but

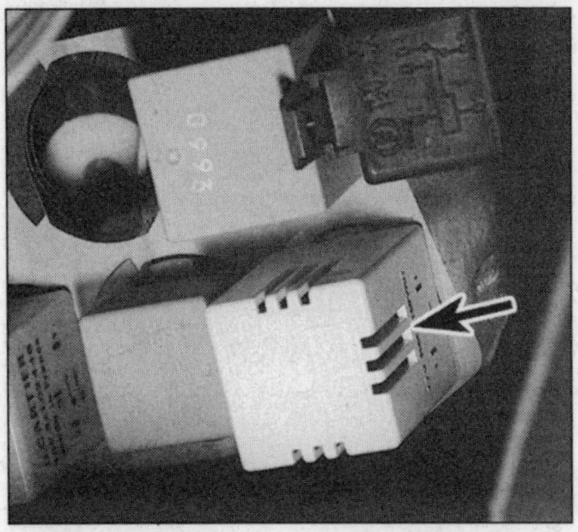

14.2 Le ronfleur d'avertissement "éclairage allumé" (flèche) se trouve derrière le boîtier porte-fusibles principal

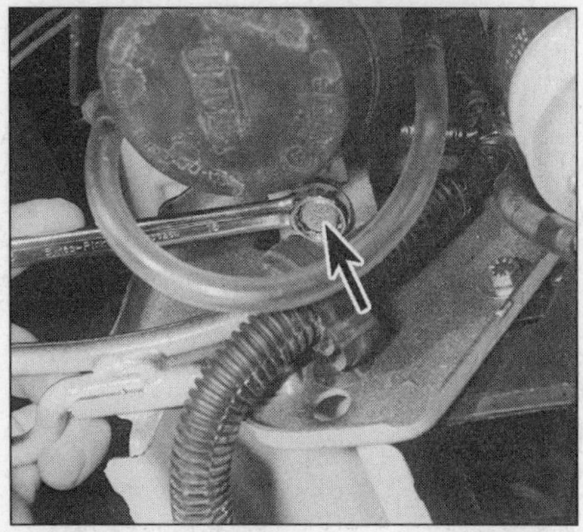

15.3a Desserrer puis retirer l'écrou et le boulon de retenue . . .

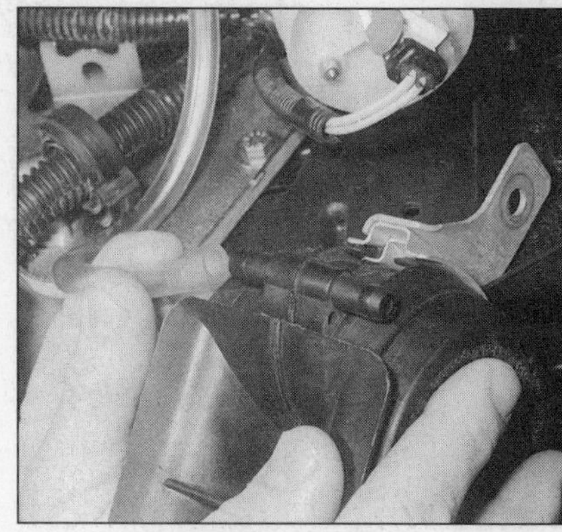

15.3b . . . et déposer l'avertisseur sonore et en débrancher la conduite d'alimentation

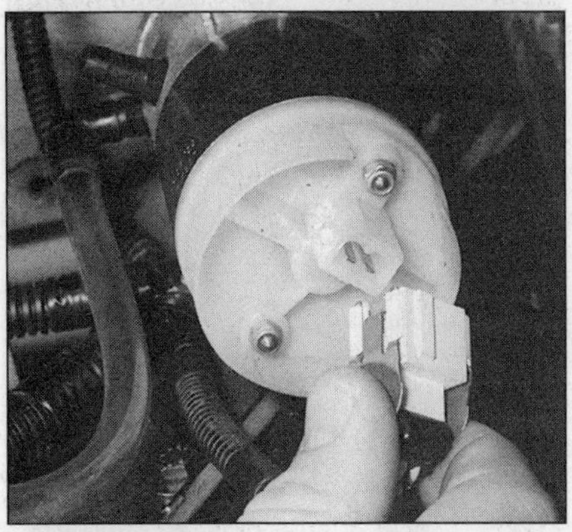

15.4a Débrancher le connecteur électrique . . .

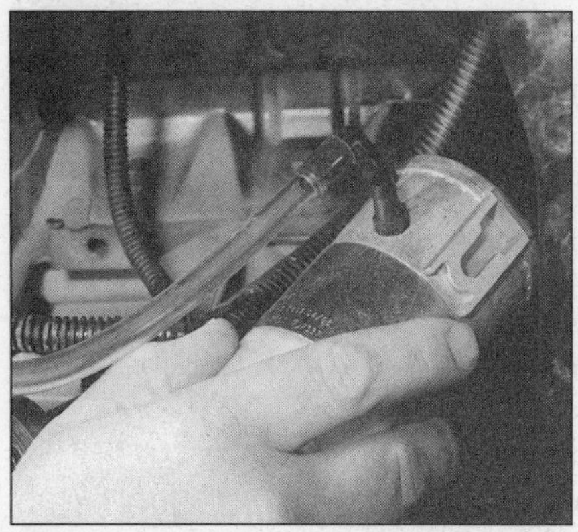

15.4b . . . puis desserrer l'écrou de retenue et déposer le compresseur pneumatique

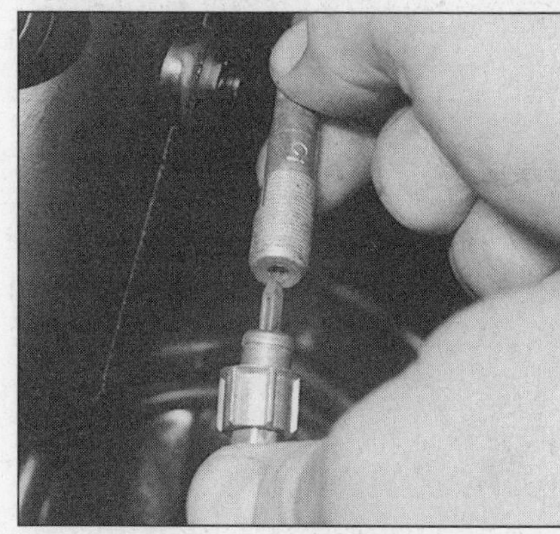

16.4 Desserrer la bague moletée de retenue puis séparer la moitié supérieure du câble du compteur de vitesse de la moitié inférieure

d'informer le conducteur qu'il a laissé cet éclairage allumé après avoir coupé le contact. Une sonnerie se déclenche dès l'ouverture d'une porte. Ce circuit se compose d'un ronfleur qui est relié au contacteur de l'éclairage de courtoisie des portes.

2 Pour accéder à ce ronfleur, desserrer les trois attaches en les faisant tourner de 90° puis déposer le panneau inférieur du tableau de bord, du côté conducteur. Ce ronfleur se trouve dans le panneau des relais, juste derrière le boîtier porte-fusibles. Il vient s'enficher sur le panneau. Il s'identifie très simplement car son couvercle comporte des fentes **(voir illustration)**.

3 Consulter la Section 4 qui décrit la procédure de dépose des contacteurs des éclairages de courtoisie.

15 Avertisseur sonore - dépose et repose

Dépose

1 Soulever au cric l'avant du véhicule et le soutenir sur des chandelles.

Avertisseur sonore électrique

2 Desserrer l'écrou qui immobilise l'avertisseur sur son support de fixation puis abaisser l'avertisseur pour le retirer de sa position. Le débrancher au niveau de son connecteur électrique.

Avertisseur sonore à air

3 Desserrer puis retirer l'écrou et le boulon qui immobilisent le support de fixation de cet avertisseur sur la carrosserie du véhicule. Déposer cet avertisseur et le débrancher de sa conduite d'alimentation en air **(voir illustrations)**.

4 Débrancher le connecteur électrique du compresseur pneumatique puis desserrer l'écrou de retenue avant de déposer le compresseur en le faisant passer sous le véhicule **(voir illustrations)**. Récupérer l'entretoise du boulon de fixation du compresseur.

Repose

5 La repose se fait dans l'ordre inverse des opérations de dépose.

16 Câble du compteur de vitesse - dépose et repose

Généralités

1 Ce câble comporte deux parties. La partie inférieure va de la transmission à un point qui se situe juste au devant de l'extrémité gauche de la traversée de cloison alors que la moitié supérieure part de ce point et aboutit au dos du tableau de bord. Chaque moitié peut se déposer individuellement, en procédant comme suit.

Câble supérieur

Dépose

2 Sur les modèles à conduite à gauche, déposer le tableau de bord, comme indiqué à la Section 9.

3 Sur les modèles à conduite à droite, déposer l'ensemble planche de bord complet (voir Chapitre 11).

4 Depuis le compartiment moteur, desserrer la bague moletée de retenue puis séparer la moitié supérieure du câble de la moitié inférieure **(voir illustration)**. Attacher une ficelle à l'extrémité de la moitié supérieure de ce câble.

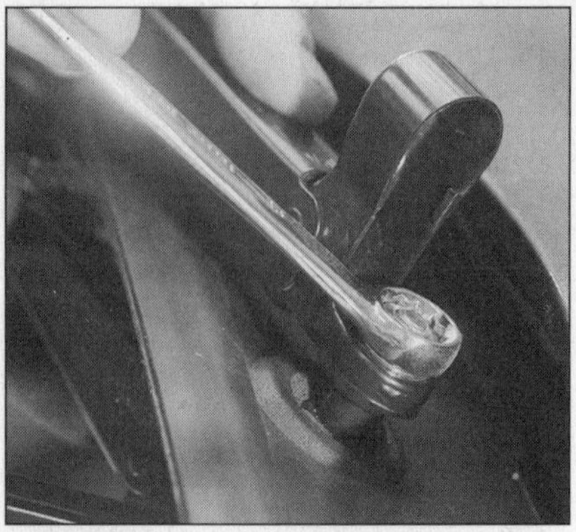

17.3a Soulever le couvercle de l'axe puis desserrer l'écrou de retenue . . .

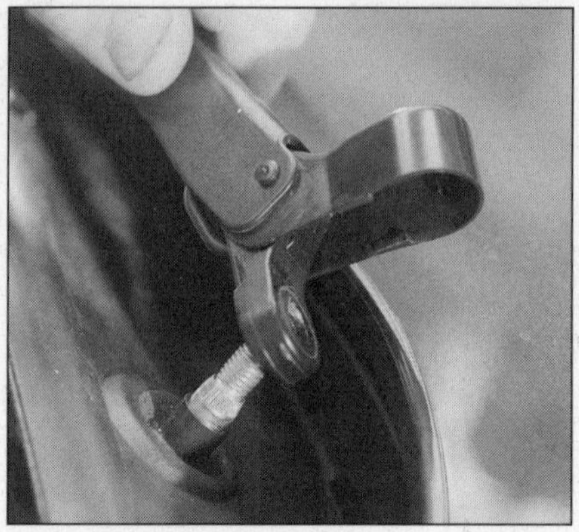

17.3b . . . avant de déposer le bras de l'essuie-glace de son axe

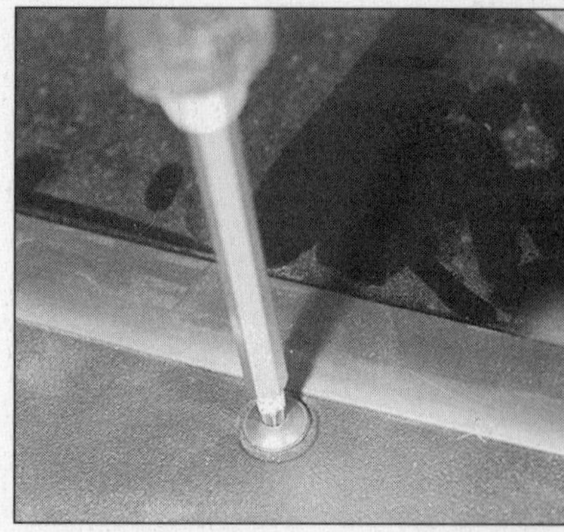

18.3a Desserrer les six vis de retenue . . .

18.3b . . . puis extraire avec précaution le couvercle du moteur de l'essuie-glace du panneau de la bouche d'aération en le faisant passer derrière le bourrelet d'étanchéité du pare-brise

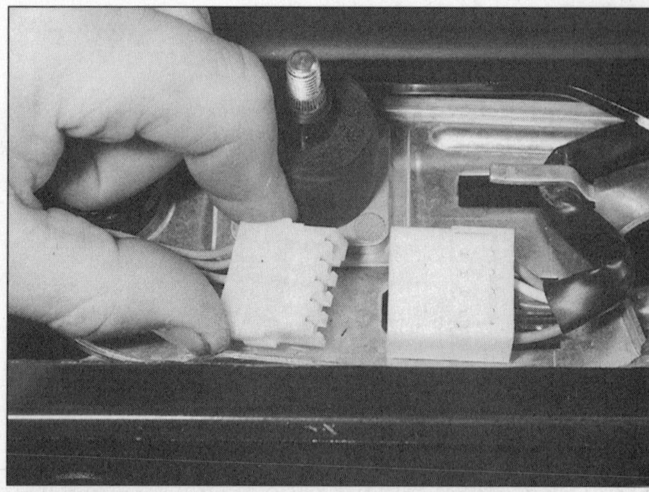

18.4 Débrancher le connecteur électrique du moteur de l'essuie-glace . . .

5 Depuis l'intérieur du véhicule, retirer le câble en le faisant passer par la traversée de cloison. Dès que ce câble est retiré, détacher la ficelle mais la laisser en position dans le véhicule car elle servira à amener le câble neuf en position.

Repose

6 Attacher l'extrémité interne de la ficelle sur l'extrémité du câble neuf puis utiliser cette ficelle pour faire passer le câble du compteur de vitesse dans le compartiment moteur. Dès que ce câble se trouve à l'emplacement prévu, détacher la ficelle.

7 Sur les modèles à conduite à gauche, environ 145 mm de ce câble doivent se trouver dans le compartiment moteur. Ensuite, brancher l'extrémité du câble sur la moitié inférieure du câble puis bien serrer la bague de retenue. Mettre en place le tableau de bord, comme indiqué à la Section 9.

8 Sur les modèles à conduite à droite, environ 100 mm de ce câble doivent se trouver dans le compartiment moteur. Brancher l'extrémité de ce câble sur la moitié inférieure du câble puis bien serrer la bague de retenue. Mettre en place l'ensemble planche de bord, comme indiqué au Chapitre 11.

Câble inférieur

Dépose

9 Serrer le frein à main puis soulever au cric l'avant du véhicule et le soutenir sur des chandelles.

10 Travailler sous le véhicule pour retirer la broche de retenue en caoutchouc afin de détacher le câble au niveau de l'entraînement du compteur de vitesse, sur la transmission.

11 Depuis le compartiment moteur, desserrer la bague moletée de retenue puis détacher la moitié inférieure du câble de la moitié supérieure et déposer ce câble du véhicule.

Repose

12 Examiner les joints toriques à l'embout de la moitié inférieure du câble pour s'assurer qu'ils ne sont pas endommagés ou détériorés. Procéder aux remplacements nécessaires. Enduire d'huile moteur propre les joints toriques pour faciliter l'installation.

13 Fixer la moitié inférieure du câble sur la moitié supérieure puis bien serrer la bague de retenue.

14 Après s'être assuré que le câble suit le trajet prévu, faire glisser son extrémité inférieure pour l'amener en position dans l'entraînement du compteur de vitesse. L'immobiliser en position à l'aide de la broche de retenue en caoutchouc. Ramener le véhicule au sol.

17 Bras d'essuie-glace - dépose et repose

Dépose

1 Actionner le moteur de l'essuie-glace puis le couper pour ramener le bras de l'essuie-glace à sa position de repos.

2 Coller du ruban de marouflage en bordure du balai d'essuie-glace. Cela servira de repère d'alignement lors de la repose.

3 Soulever le couvercle de l'écrou de l'axe du bras de l'essuie-glace puis desserrer et retirer cet écrou. Ecarter le balai de la surface

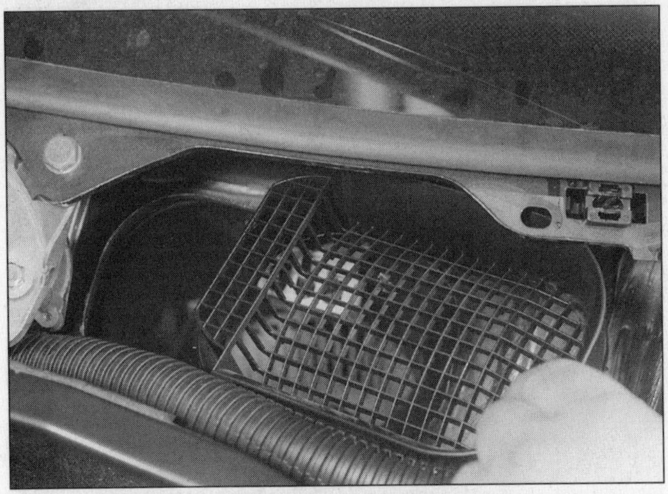

18.5 . . . puis retirer le couvercle en matière plastique de la conduite d'admission du moteur de la soufflante

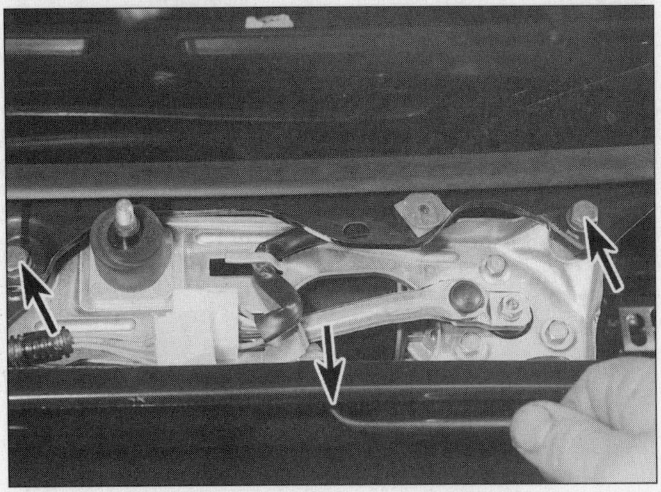

18.6a Desserrer les trois boulons de retenue (flèches) . . .

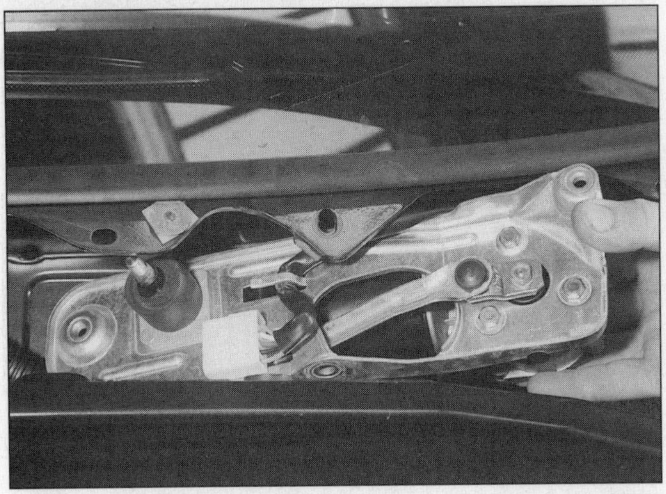

18.6b . . . puis déposer du véhicule le moteur de l'essuie-glace

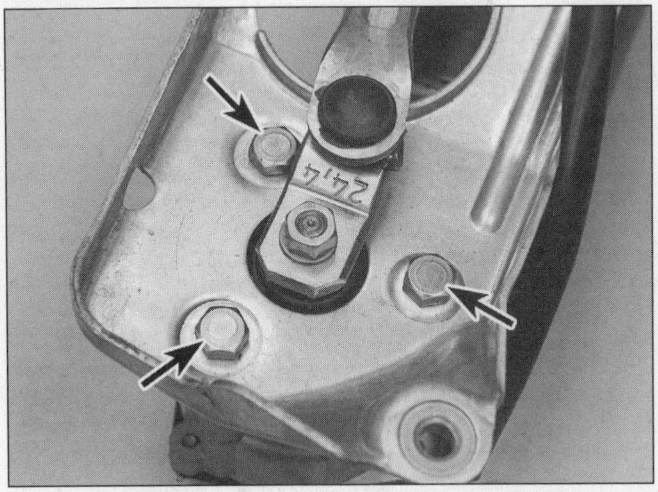

18.7 Boulons de retenue du moteur d'essuie-glace du pare-brise (flèche)

vitrée puis extraire le bras d'essuie-glace de son axe **(voir illustrations)**. Pour cela, il est possible d'utiliser un tournevis à lame plate de taille appropriée.

Repose

4 S'assurer que les cannelures du bras et de l'axe de l'essuie-glace sont propres et sèches puis remonter le bras sur son axe en alignant le balai sur le ruban de marouflage apposé sur la surface vitrée lors de la dépose. Mettre en place l'écrou de cet axe. Bien le serrer puis remettre en position le couvercle de cet écrou.

18 Moteur et biellette d'essuie-glace de pare-brise - dépose et repose

Dépose

1 Débrancher la cosse négative de la batterie.

2 Déposer le bras de l'essuie-glace, comme indiqué à la Section précédente.

3 Ouvrir le capot puis desserrer et retirer les six vis de retenue du couvercle du moteur de l'essuie-glace et du panneau de ventilation. Extraire avec précaution ce couvercle en le faisant passer derrière le bourrelet d'étanchéité du pare-brise puis le libérer au niveau de ses chevilles avant de centrage avant de manipuler le panneau pour l'écarter du véhicule **(voir illustrations)**.

4 Débrancher le connecteur électrique à l'avant du moteur de l'essuie-glace **(voir illustration)**.

5 Retirer le couvercle en matière plastique du passage d'admission du moteur de la soufflante de chauffage **(voir illustration)**.

6 Desserrer les trois boulons de retenue du moteur de l'essuie-glace puis manipuler ce moteur pour l'extraire et le déposer du véhicule **(voir illustrations)**.

7 Le cas échéant, à l'aide d'un tournevis à lame plate de taille appropriée, extraire avec précaution la tringlerie de l'essuie-glace pour la désolidariser de la rotule de l'axe du moteur puis desserrer et retirer les trois boulons de retenue du moteur afin d'écarter ce dernier de sa tringlerie **(voir illustration)**.

Repose

8 Le cas échéant, remonter le moteur et la tringlerie puis bien serrer les boulons de retenue du moteur. Enclencher la tringlerie sur la rotule de l'axe et vérifier qu'elle est bien fixée.

9 Manipuler l'ensemble moteur pour le ramener en position puis remettre en place les trois boulons de retenue et bien les serrer.

10 Rebrancher le connecteur électrique sur le moteur et remettre le couvercle sur le passage d'admission du moteur de la soufflante.

11 Manipuler l'ensemble moteur de la soufflante et couvercle de ventilation pour l'amener en position puis mettre en prise ses chevilles

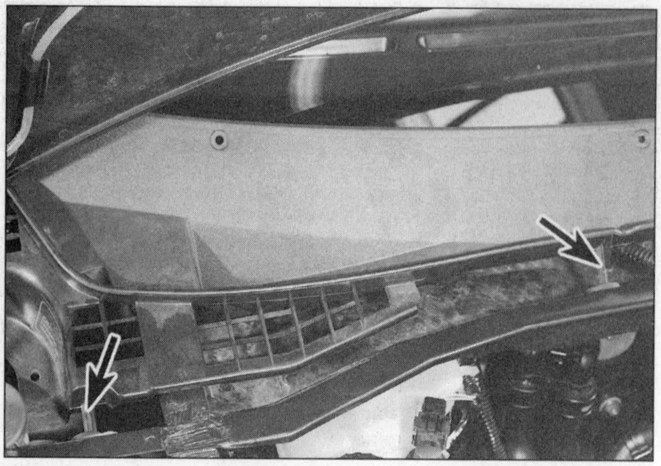

18.11 Lors de la repose, s'assurer que les chevilles de centrage du couvercle du moteur de l'essuie-glace et de la bouche d'aération (flèches) sont correctement positionnées

avant de centrage sur leurs supports en caoutchouc **(voir illustration)**. En commençant par le centre et en se déplaçant vers l'extérieur, faire passer avec précaution le bord supérieur du couvercle derrière le bourrelet d'étanchéité du pare-brise. Dès que le couvercle repose correctement derrière ce bourrelet, l'immobiliser en position à l'aide de ses six vis de retenue.

12 Remettre en place le bras de l'essuie-glace, comme indiqué à la Section 17 puis rebrancher la cosse négative de la batterie.

19 Moteur d'essuie-glace du hayon - dépose et repose

Dépose

1 Déposer le bras de l'essuie-glace, comme indiqué à la Section 17.

2 Dévisser la bague moletée de retenue au niveau de l'axe de l'essuie-glace puis soulever le couvercle de garniture pour le retirer **(voir illustrations)**.

3 Ouvrir le hayon puis desserrer les attaches en les faisant tourner d'un quart de tour. Déposer le couvercle du moteur de l'essuie-glace au centre du hayon **(voir illustration)**.

4 Desserrer les trois boulons de retenue du moteur de l'essuie-glace puis retirer ce moteur du hayon. Débrancher ses connecteurs électriques au fur et à mesure qu'ils deviennent accessibles **(voir illustrations)**.

Repose

5 La repose se fait dans l'ordre inverse des opérations de dépose. S'assurer que le moteur de la servocommande du hayon, dans le cadre du système de condamnation centrale des portes, est correctement en prise sur la broche de verrouillage avant de remettre en place les boulons de retenue du moteur de l'essuie-glace.

19.2a Dévisser la bague moletée de retenue . . .

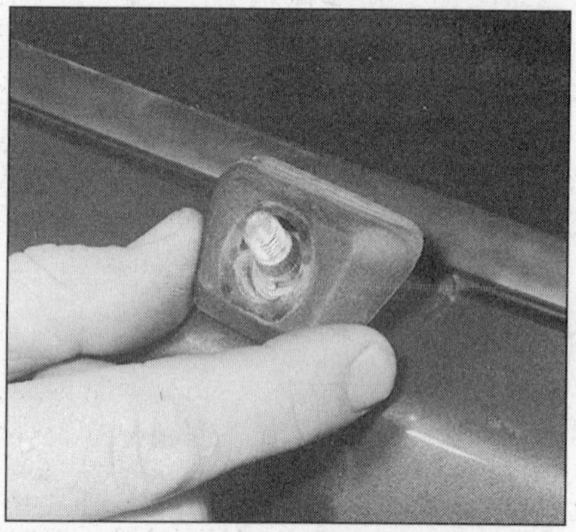

19.2b . . .. puis retirer le couvercle de garniture de l'axe du moteur de l'essuie-glace du hayon

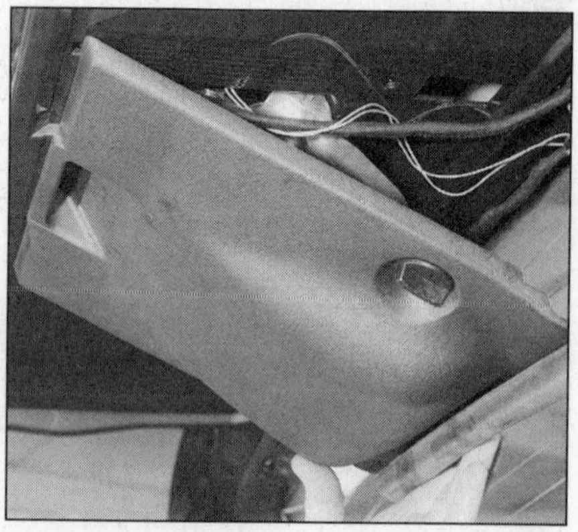

19.3 Dépose du couvercle de garniture à l'arrière du hayon

19.4a Desserrer puis retirer les trois boulons de retenue (flèches) . . .

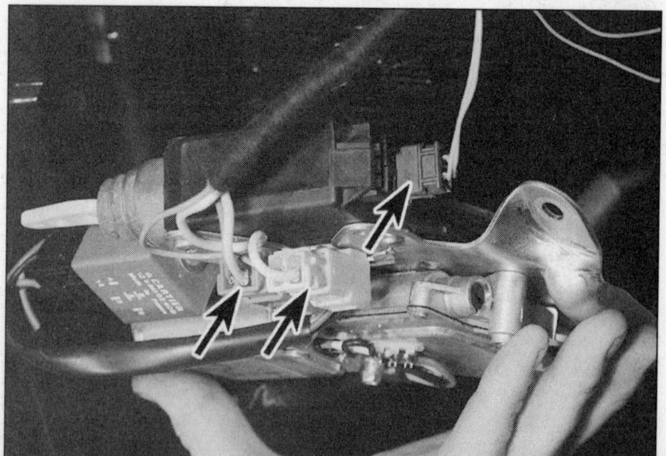

19.4b . . . puis déposer le moteur en débranchant des connecteurs électriques (flèches) dès qu'ils deviennent accessibles

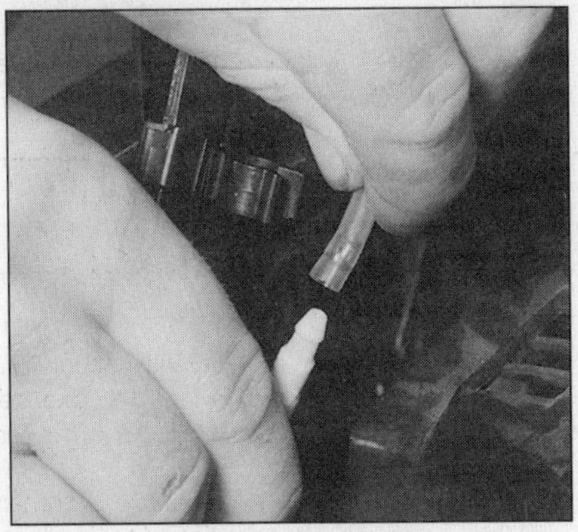

20.2 Débranchement de la durit d'alimentation du lave-glace du pare-brise au niveau de son clapet anti-retour

20.3 Dépose de la garniture du passage de roue droite

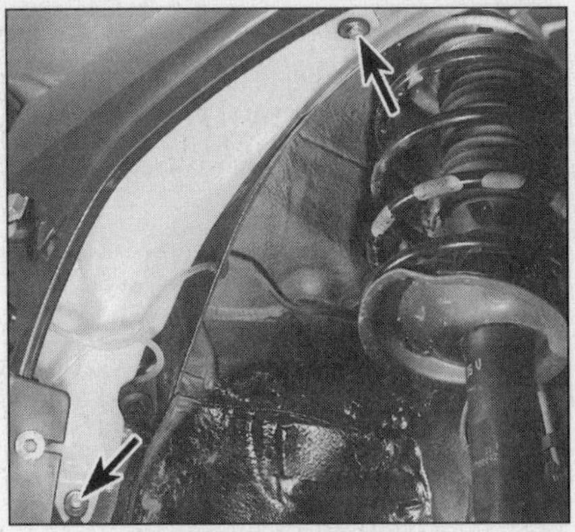

20.6a Desserrer les deux boulons de retenue (flèches) . . .

20.6b . . . puis abaisser le réservoir et le retirer en le faisant passer derrière l'aile

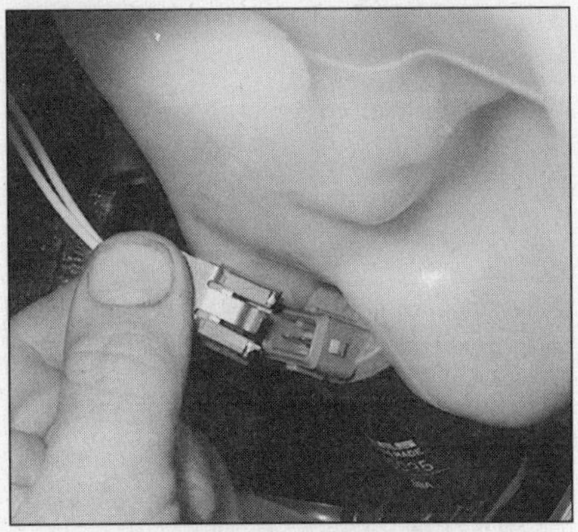

20.10a Débrancher le connecteur électrique . . .

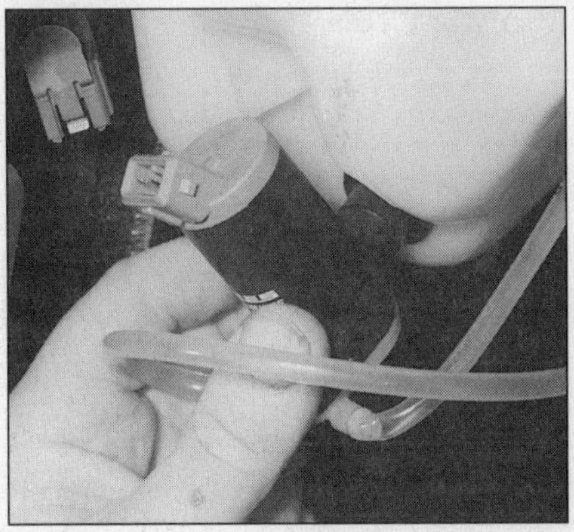

20.10b . . . puis écarter du réservoir la pompe de l'essuie-glace

20 Composants des lave-glaces du pare-brise et du hayon - dépose et repose

Réservoir de lave-glaces

Note: *Pour minimiser les épanchements de liquide, il est recommandé que le réservoir des lave-glaces soit au moins à moitié vide avant la dépose.*

1 Soulever au cric l'avant du véhicule et le soutenir sur des chandelles. Déposer la roue avant droite.

2 Ouvrir le capot puis débrancher la durit d'alimentation du lave-glace du pare-brise au niveau de son clapet anti-retour, qui se trouve sur le côté droit du capot **(voir illustration)**.

3 Desserrer la vis de retenue sur le bord avant de la garniture du passage de roue puis progresser avec précaution tout autour de cette garniture pour en extraire tous les clips de retenue. Déposer du véhicule cette garniture et le couvercle d'accès **(voir illustration)**.

4 Repousser le bloc optique du clignotant avant vers l'arrière du véhicule pour dégager ses clips de retenue puis le retirer de l'aile.

5 Depuis l'arrière de l'aile, débrancher le ou les connecteurs électriques de la ou des pompes de lave-glaces.

6 Desserrer puis retirer les deux boulons de retenue du réservoir puis tirer sur le haut du réservoir, vers l'extérieur, pour le désolidariser de son goulot de remplissage **(voir illustrations)**. Abaisser le réservoir et le retirer en le faisant passer sous l'aile. Débrancher la ou les durits d'alimentation de la ou des pompes du lave-glaces au fur et à mesure qu'elles deviennent accessibles.

7 La repose se fait dans l'ordre inverse des opérations. S'assurer que le réservoir est bien en prise avec son goulot de remplissage.

Pompe(s) de lave-glaces

Note: *Avant de déposer la ou les pompes, vider le contenu du réservoir ou être prêt à faire face à épanchement de liquide.*

8 Soulever au cric l'avant du véhicule et le soutenir sur des chandelles. Déposer la roue avant droite.

9 Déposer la garniture du passage de roue, comme indiqué au paragraphe 3.

10 Débrancher le connecteur électrique de la pompe concernée puis écarter avec précaution cette pompe de son joint d'étanchéité et la manipuler pour la retirer en la faisant passer derrière l'aile **(voir illustrations)**. Le cas échéant, pour améliorer l'accès à la pompe, desserrer les boulons de fixation puis abaisser légèrement le réservoir. Noter que sur les modèles équipés de deux pompes, la pompe supérieure est celle du lave-glace du hayon alors que la pompe inférieure est celle du lave-glace du pare-brise.

11 La repose se fait dans l'ordre inverse des opérations de dépose.

Gicleur du lave-glace de pare-brise

12 Ouvrir le capot puis débrancher le gicleur du lave-glace sous le capot. Le débrancher également de sa durit d'alimentation.

13 Lors de la repose, s'assurer que le gicleur est bien fixé en position. Le cas échéant, en ajuster le jet, comme indiqué au Chapitre 1.

Gicleur de lave-glace de hayon

14 Extraire avec précaution ce gicleur de la partie supérieure du hayon puis le débrancher au niveau de sa durit d'alimentation. Lors de la dépose de ce gicleur, s'assurer que la durit d'alimentation ne retombe pas dans le hayon.

13 Lors de la repose, s'assurer que le gicleur est bien fixé en position. Le cas échéant, en ajuster le jet, comme indiqué au Chapitre 1.

21.2 Retirer les obturateurs en caoutchouc . . .

21.3a . . . puis desserrer les deux vis de retenue du radiocassette

21.3b Faire glisser le radiocassette pour le déposer et débrancher l'antenne et les connecteurs électriques

22.2 Retirer la grille pour accéder à l'enceinte haut-parleur concernée

22.3a Les haut-parleurs avant sont immobilisés par trois vis et un clip de retenue (flèche)

22.3b Les haut-parleurs arrière sont immobilisés par quatre vis de retenue

Clapets anti-retour

16 Si le débit fourni par le gicleur du lave-glace du hayon ou du pare-brise présente des problèmes, vérifier que le clapet anti-retour correspondant n'est pas obturé. Le clapet anti-retour du lave-glace du pare-brise se trouve dans la durit d'alimentation, à côté de la charnière droite du capot. Le clapet anti-retour du lave-glace du hayon se trouve à l'arrière du véhicule. Il vient se fixer sous la partie supérieure du bourrelet d'étanchéité du hayon.

17 Pour déposer un clapet anti-retour, il suffit d'en débrancher les flexibles aux deux extrémités.

18 Lors de la repose, s'assurer que ce clapet est installé dans le bon sens c'est-à-dire qu'il ne permet la circulation de liquide qu'en direction du gicleur de lave-glace.

21 Radiocassette - dépose et repose

Note: *La procédure décrite ci-dessous de dépose et de repose porte uniquement sur les radiocassettes que Citroën monte d'origine sur ses modèles. La procédure de dépose et de repose d'appareils qui ne sont pas standard peut présenter de légères différences.*

Dépose

1 Débrancher la cosse négative de la batterie.

2 Déposer les deux obturateurs en caoutchouc qui se trouvent à l'avant de cet appareil pour accéder aux vis de retenue du radiocassette **(voir illustration)**.

3 Desserrer les vis de retenue puis retirer l'appareil de la planche de bord. Débrancher les connecteurs électriques et l'antenne au dos de cet appareil **(voir illustrations)**.

Repose

4 La repose se fait dans l'ordre inverse des opérations de dépose. Dès que cette procédure est terminée, rebrancher la batterie puis taper le code de sécurité de la radio en utilisant les informations de la Section "Préliminaires" de ce manuel.

22 Enceintes haut-parleurs - dépose et repose

Dépose

1 Retirer avec précaution la grille du haut-parleur au niveau du panneau de garniture intérieure de la porte **(voir illustration)**.

2 Desserrer puis retirer les vis de retenue du haut-parleur et, à l'avant de cette enceinte, retirer le clip de retenue au niveau de la cheville de fixation. Extraire le haut-parleur de la porte. En débrancher le connecteur électrique dès qu'il est accessible **(voir illustrations)**.

Repose

3 La repose se fait dans l'ordre inverse des opérations de dépose.

23 Antenne radio - dépose et repose

Dépose

Antenne

1 Extraire avec précaution le plafonnier de la console supérieure puis en débrancher le connecteur électrique. Retirer les deux vis de retenue de cette console puis abaisser cette dernière et en débrancher

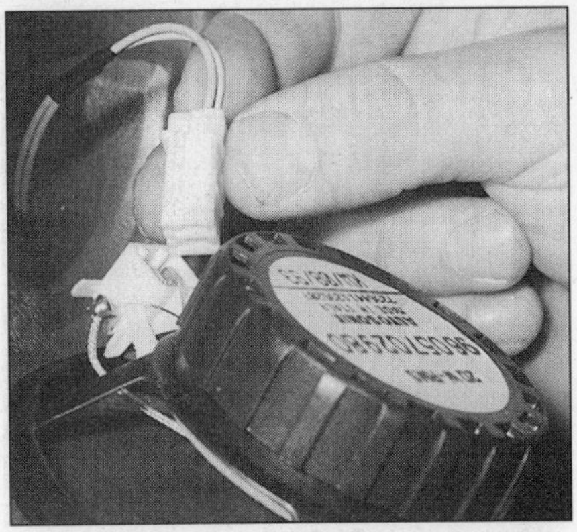

22.3c Déposer le haut-parleur de la porte et en débrancher le connecteur électrique

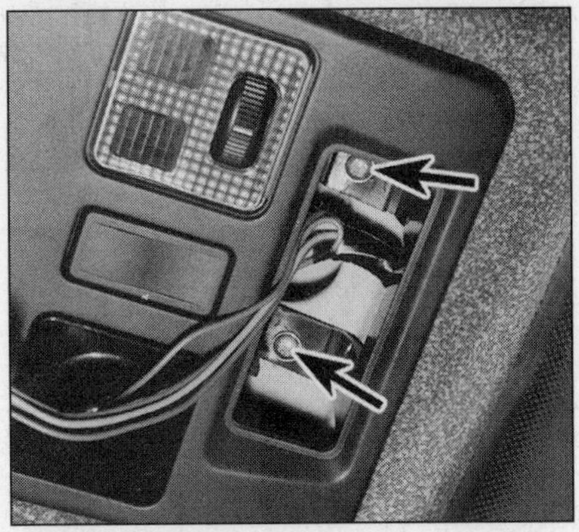

23.1a Desserrer les deux vis de retenue (flèches) . . .

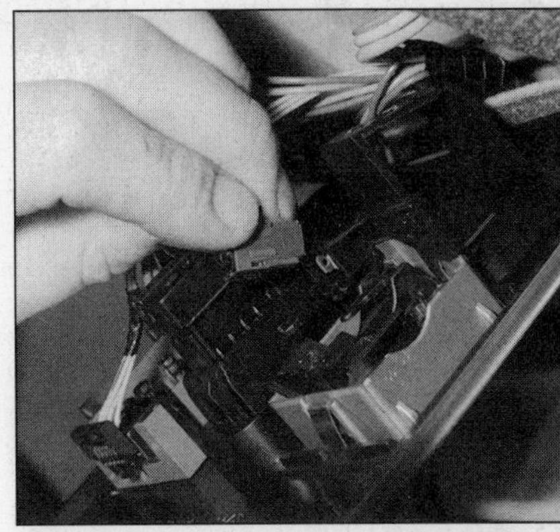

23.1b . . . puis abaisser la console du toit et en débrancher les connecteurs électriques

23.2a Desserrer l'écrou de retenue du conducteur de l'antenne (depuis l'intérieur du véhicule) . . .

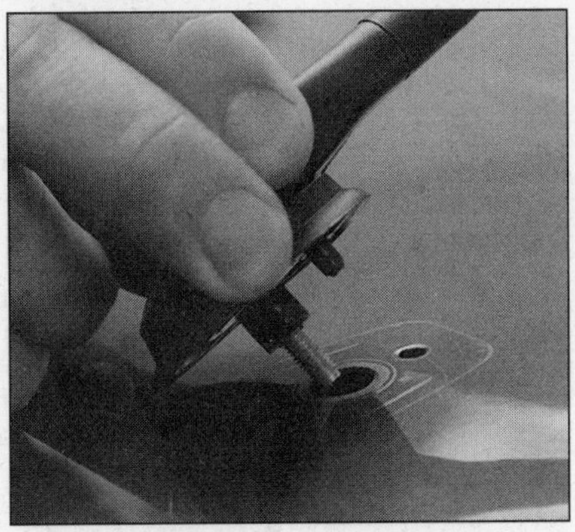

23.2b . . . puis déposer l'antenne au niveau du toit

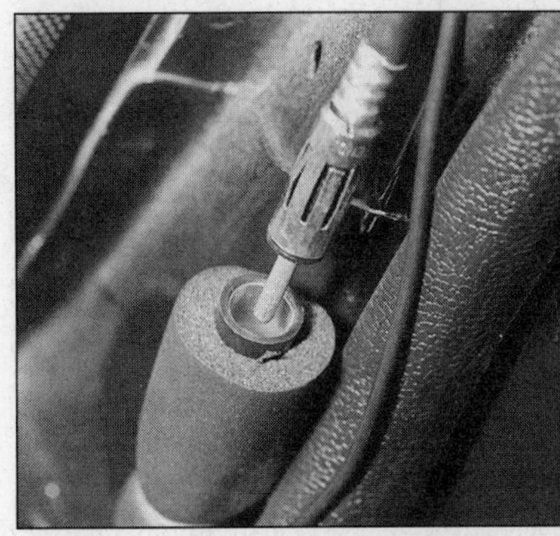

23.4 La connexion entre la section supérieure de l'antenne et la section inférieure se trouve derrière le panneau de garniture du montant du pare-brise

les connecteurs électriques **(voir illustrations)**.

2 Desserrer puis retirer l'écrou au pied de l'antenne. Extraire le collier du conducteur de l'antenne au niveau de son ergot. Cette antenne peut alors être retirée depuis l'extérieur du véhicule, en la soulevant. Il convient de noter le joint en caoutchouc du socle **(voir illustrations)**.

Section supérieure du conducteur de l'antenne

3 Déposer l'antenne, comme indiqué ci-dessus.

4 Décrocher le panneau de garniture au niveau du montant droit du pare-brise afin d'accéder au branchement de l'antenne **(voir illustration)**. Le cas échéant, débrancher les capteurs d'alarme au niveau du clip qui se trouve à la partie supérieure de ce panneau puis déposer ce dernier. Si le branchement de l'antenne ne se trouve pas derrière le panneau de garniture droit, déposer le panneau gauche.

5 Débrancher la section supérieure du conducteur puis y attacher une ficelle. Retirer le conducteur de l'antenne en le faisant passer par l'ouverture de la console supérieure. Détacher la ficelle de son extrémité. Laisser cette ficelle en position car elle servira à ramener le conducteur en position lors de la repose.

Section inférieure du conducteur de l'antenne

6 Pour déposer la section inférieure du conducteur de l'antenne, qui est reliée à la section supérieure au dos du radiocassette, il faut tout d'abord déposer la planche de bord, comme indiqué au Chapitre 11. Il suffit alors de décrocher le conducteur au niveau de ses différents clips de retenue avant de le déposer du véhicule.

Repose

Antenne

7 S'assurer que le joint en caoutchouc est en bon état. Le remettre sur le socle de l'antenne. Remonter l'antenne sur le toit en s'assurant que sa broche de centrage pénètre correctement dans son trou.

8 Depuis l'intérieur du véhicule, mettre en position le collier du conducteur de l'antenne sur l'ergot de cette antenne puis remonter l'écrou de retenue et bien le serrer.

9 Rebrancher les connecteurs électriques sur la console supérieure puis ramener cette console en position dans le revêtement du toit. Mettre en place les deux vis de retenue de la console puis bien les serrer. Rebrancher le plafonnier sur son connecteur électrique puis ramener ce plafonnier en position dans la console.

Section supérieure du conducteur de l'antenne

10 Attacher la ficelle à l'extrémité du conducteur de l'antenne. Utiliser cette ficelle pour ramener le conducteur en position. Détacher cette ficelle puis rebrancher le conducteur sur la section inférieure du câble de l'antenne.

11 Le cas échéant, s'assurer que le fil du capteur d'alarme suit un trajet correct puis refixer ce capteur sur son clip de retenue. Ramener le panneau en position. S'assurer que les chevilles au pied de ce panneau pénètrent correctement dans la planche de bord.

12 Remonter l'antenne comme indiqué ci-dessus.

Section inférieure du conducteur de l'antenne

13 La repose se fait dans l'ordre inverse des opérations de dépose.

24 Système d'alarme et d'antivol - généralités

Note: *Ces informations ne sont valables que pour le système d'alarme et d'antivol que Citroën monte d'origine sur ces véhicules.*

Certains modèles de cette gamme sont équipés d'origine d'un

système d'alarme et d'antivol. L'alarme est automatiquement enclenchée lorsque les serrures des portes sont verrouillées à l'aide de l'émetteur à distance de condamnation centrale des portes. Elle est automatiquement désarmée dès que ces serrures sont déverrouillées à l'aide du même émetteur.

Il convient de noter que si on utilise la clé pour ouvrir ou fermer les portes, l'alarme n'est pas enclenchée ou désarmée (suivant les cas). Si, pour une raison ou une autre, l'émetteur à distance du système de condamnation centrale des portes tombe en panne alors que l'alarme est enclenchée, il est possible de désarmer cette alarme avec la clé. Pour cela, ouvrir la porte avec la clé et s'asseoir dans le véhicule. L'alarme se déclenche dès l'ouverture de la porte. Il suffit de mettre le contact tout en appuyant sur le petit bouton qui se trouve sur le contacteur d'alarme implanté sur la planche de bord. Il faut mettre le contact et appuyer sur ce bouton dans les dix secondes qui suivent l'ouverture de la porte.

Le système d'alarme comporte différents contacteurs implantés sur le capot, sur le hayon et sur chaque porte. Il a également une détection ultrasonique qui repère tout mouvement à l'intérieur du véhicule, par le biais de capteurs fixés en haut de chaque panneau de garniture des montants du pare-brise. Le cas échéant, il est possible de désarmer les dispositifs de détection ultrasonique de ce système tout en conservant dans le mode opérationnel la partie alarme à contacteurs du système. Pour couper la détection ultrasonique, après avoir coupé le contact, appuyer pendant environ une seconde sur le contacteur d'alarme de la planche de bord jusqu'à ce que sa DEL reste allumée en continu. A ce moment-là, lorsque les portes sont verrouillées à l'aide de l'émetteur à distance du système de condamnation centrale des portes et lorsque l'alarme est armée, seule la partie à contacteurs du système d'alarme est opérationnelle. Cette possibilité est utile car elle vous permet de laisser les vitres et le toit ouvrant ouverts tout en maintenant l'alarme enclenchée. Si les vitres et le toit ouvrant restent ouverts alors que le système de détection à capteurs ultrasoniques n'est pas coupé, l'alarme risque de se déclencher par erreur au moindre souffle de vent.

Si le système d'alarme tombe en panne, il convient d'amener le véhicule à un concessionnaire Citroën qui l'examinera.

25 Schémas de câblage - explications

Les schémas de câblage de ce manuel représentent une sélection typique des schémas disponibles. Malheureusement, nous ne disposons pas d'un nombre de pages suffisant pour tous les reproduire.

Pour vous aider à utiliser ces schémas, les paragraphes suivants présentent une explication et il y a également un guide illustré, pour décrire les différentes lettres et leur utilisation en association avec les légendes des schémas de câblage **(voir illustration)**:

(a) ***Gros chiffres*** *- pour identifier les différents composants.*

(b) ***Lettres majuscules imprimées au milieu d'un fil*** *- pour indiquer dans quel faisceau se trouve ce fil.*

(c) ***Petites lettres au niveau de points de raccordement*** *- pour indiquer la couleur du fil proprement dit ou les repères qui se trouvent sur ce fil. Si une lettre est surmontée d'un trait, elle ne précise que la couleur du fil. Si une lettre n'est pas surmontée d'un trait, elle indique en fait la couleur du repère qui se trouve sur le fil.*

(d) ***Blocs de raccordement*** *- le premier numéro et la première lettre à l'intérieur de cette case indiquent la taille et la couleur du bloc de raccordement. La deuxième lettre (le cas échéant) et le dernier numéro donnent l'emplacement exact du fil correspondant de ce bloc de raccordement. La lettre indique dans quelle rangée se trouve le fil et le nombre précise sa position sur cette rangée. Par exemple:*

3 Bl 2 *- indique que le connecteur du fil est de couleur bleue et contient trois voies de câblage ; le fil illustré sur le schéma se trouve dans la deuxième voie de ce connecteur.*

15 V A 2 *- indique que le connecteur du fil est de couleur verte et contient quinze voies. La lettre A précise que le fil illustré sur le schéma se trouve dans la rangée supérieure du connecteur alors que chiffre 2 précise qu'il occupe la deuxième voie de cette rangée.*

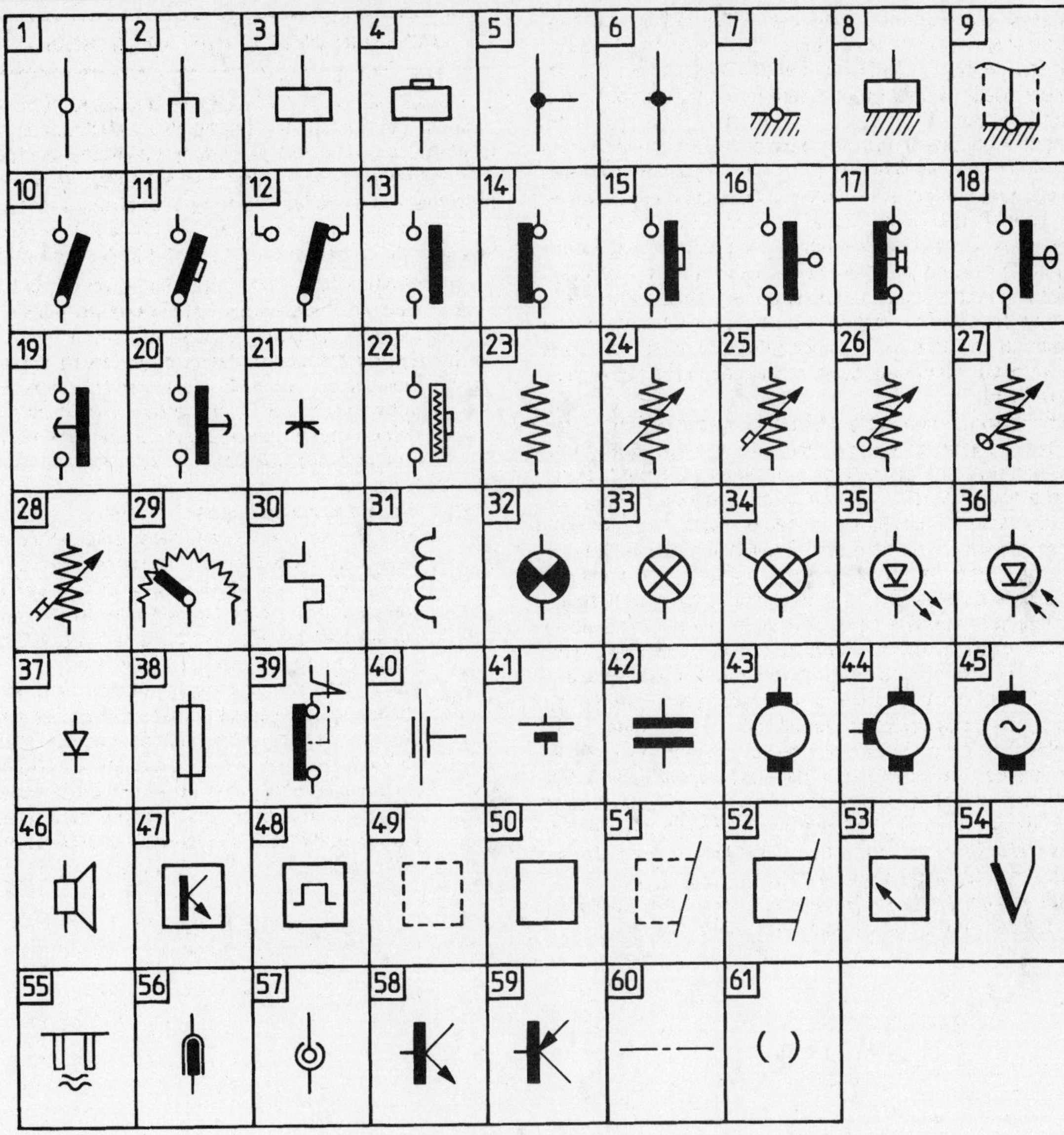

Symboles utilisés dans les schémas de câblage

Réf.	Description
1	Branchement de douille
2	Branchement de broche
3	Branchement (fiche multibroche)
4	Branchement (fiche multibroche avec index)
5	Branchement à ne pas démonter (épissure)
6	Branchement à ne pas démonter (avec autres possibilités de connexion)
7	Mise à la masse (douille)
8	Mise à la masse (broche)
9	Mise à la masse (carrosserie)
10	Contacteur (sans retour automatique)
11	Contacteur manuel
12	Contacteur inverseur
13	Contacteur (normalement fermé)
14	Contacteur (normalement ouvert)
15	Contacteur manuel
16	Contacteur mécanique
17	Contacteur à pression
18	Contacteur thermique
19	Contact (ouverture lent)
20	Contact (fermeture lent)
21	Contact de friction
22	Contacteur et résistance (allume-cigares)
23	Résistance
24	Rhéostat
25	Rhéostat manuel
26	Rhéostat mécanique
27	Rhéostat sensible à température (thermistor)
28	Rhéostat sensible à pression
29	Rhéostat
30	Dérivation (shunt)
31	Enroulement (relais ou solénoïde)
32	Témoin lumineux
33	Ampoule
34	Ampoule à deux filaments
35	Diode électro-luminescente (DEL)
36	Diode photosensible
37	Diode
38	Fusible
39	Interrupteur thermique
40	Blindage
41	Cellule de batterie
42	Condensateur antiparasite
43	Moteur
44	Moteur à deux vitesses
45	Alternateur
46	Avertisseur sonore, haut-parleur
47	Boîtier électronique
48	Minuterie
49	Encadrement (avec circuit)
50	Encadrement (sans circuit)
51	Partie extraite
52	Partie extraite
53	Jauge
54	Thermocouple
55	Electrodes
56	Sonde à oxygène
57	Douille d'alimentation
58	Transistor NPN
59	Transistor PNP
60	Ligne de connexion
61	Sans extrémité

Légende des schémas de câblage

Tous les composants ne se trouvent pas sur tous modèles

Réf.	Description
5	Allume-cigares avant
10	Distributeur d'allumage
15	Alternateur
20	Avertisseur sonore G
21	Avertisseur sonore D
35	Batterie
40	Tableau de bord
45	Bobine d'allumage
50	Boîtier d'alimentation
52	Boîtier de fiches
53	Boîtier, contrôle de température d'eau
55	Boîtier, condamnation centrale
58	Récepteur, condamnation centrale (PLIP)
59	Boîtier, bougies de préchauffage
62	Boîtier, connexion à la masse
100	Bougies d'allumage
101	Bougies de préchauffage
130	Avertisseur, oubli éclairage
140	Ordinateur, ABR
141	Ordinateur, climatisation
142	Ordinateur, injection d'essence
144	Ordinateur, circulation de gaz d'échappement
152	Capteur de régime moteur
155	Capteur ABR, AVG
156	Capteur ABR, AVD
157	Capteur ABR, ARG
158	Capteur ABR, ARD
160	Capteur, PMH
170	Centrale des clignotants
180	Dispositif d'air supplémentaire
183	Commande de soufflante
211	Contacteur multiple G (lampes, clignotants, avertisseur sonore)
212	Contacteur multiple D (essuie-glaces avant et arrière)
215	Contacteur, rétroviseur extérieur
254	Compresseur, avertisseur sonore
255	Embrayage, compresseur de climatisation
270	Antiparasitage, bobine d'allumage
300	Contact
302	Contacteur, éclairage de coffre
305	Contacteur de verrouillage (porte conducteur)
306	Contacteur de verrouillage (porte passager)
307	Contacteur, fermeture de porte ARG
308	Contacteur, fermeture de porte ARD
310	Contacteur de plafonnier AVG
311	Contacteur de plafonnier AVD
312	Contacteur de plafonnier ARG
313	Contacteur de plafonnier ARD
314	Contacteur, feux de recul
315	Contacteur, frein à main
317	Contacteur, niveau de liquide hydraulique
318	Contacteur, papillon des gaz
319	Contacteur, feux stop
322	Manocontact
326	Contacteur, démarreur
330	Contacteur, chauffage après démarrage
340	Débitmètre d'air
350	Démarreur

Réf.	Description
385	Eclairage, cendrier avant
389	Eclairage de coffre
391	Eclairage G, plaque de police
392	Eclairage D, plaque de police
394	Eclairage, commande de climatisation
429	Solénoïde, coupure de ralenti
430	Solénoïde, évacuation de canister
431	Solénoïde, ralenti accéléré
432	Contrôleur de ralenti
434	Solénoïde de canister
437	Solénoïde, circulation de gaz d'échappement
441	Solénoïde, avance à dépression
443	Solénoïde, calage d'injection
480	Feu ARG
481	Feu ARD
482	Projecteur anti-brouillard G
483	Projecteur anti-brouillard D
484	Feu anti-brouillard ARG
485	Feu anti-brouillard ARD
486	Feu code G
487	Feu code D
488	Clignotant AVG
489	Clignotant AVD
490	Clignotant ARG
491	Clignotant ARD
492	Feu de position AVG
493	Feu de position AVD
496	Feu de position ARG
497	Feu de position ARD
498	Feu de recul G
499	Feu de recul D
500	Clignotant latéral G
501	Clignotant latéral D
502	Projecteur G
503	Projecteur D
504	Feu stop G
505	Feu stop D
550	Haut-parleur AVG
551	Haut-parleur AVD
554	Haut-parleur ARG
555	Haut-parleur ARD
570	Injecteur
582	Contacteur, air froid
587	Contacteur, projecteurs anti-brouillard
588	Contacteur, feux anti-brouillard arrière
589	Contacteur, feux de détresse
590	Contacteur, lève-vitre de conducteur
591	Contacteur, lève-vitre de passager (côté conducteur)
592	Contacteur, lève-vitre de passager (côté passager)
597	Contacteur, lunette arrière chauffante
608	Contacteur, réglage des projecteurs
650	Jauge d'essence
660	L'éclairage de lecture de carte
671	Manocontact, pression d'huile moteur
680	Module d'allumage
681	Module de commande de ventilateur d'air
685	Montre à affichage numérique
694	Moteur, essuie-glace de pare-brise

Légende des schémas de câblage (suite)

Tous les composants ne se trouvent pas sur tous modèles

Réf.	Description
695	Moteur, essuie-glace d'hayon
696	Moteur, lève-vitre AVG
697	Moteur, lève-vitre AVD
703	Moteur de verrouillage, porte conducteur
704	Moteur de verrouillage, porte passager
705	Moteur de verrouillage, porte ARG
706	Moteur de verrouillage, porte ARD
708	Moteur de verrouillage, hayon
712	Moteur, contrôle de ralenti
714	Moteur, pompe hydraulique ABR
715	Moteur, réglage de projecteur G
716	Moteur, réglage de projecteur D
720	Moto-ventilateur de moteur (unique ou côté gauche)
721	Moto-ventilateur (côté droit)
742	Plafonnier central
743	Plafonnier arrière
750	Sonde de plaquettes de frein AVG
751	Sonde de plaquettes de frein AVD
755	Pompe à carburant
757	Pompe de lave-glace de pare-brise
758	Pompe de lave-glace de hayon
765	Autoradio
770	Potentiomètre, axe de papillon
772	Potentiomètre, réglage de richesse
775	Manocontact
779	Sonde de température d'eau (Diesel) ou capteur de PMH (essence)
781	Prise diagnostique, ABR
783	Prise diagnostique, injection d'essence
786	Phare G
787	Phare D
790	Soufflante
798	Relais, coupure de calage d'injection
804	Relais, climatisation
805	Relais, coupure de compresseur de climatisation (température)
806	Relais, projecteurs anti-brouillard
807	Relais double, injection
809	Relais, lève-vitres avant
813	Relais, moto-ventilateur (pleine vitesse)
814	Relais, moto-ventilateur (basse vitesse)
815	Relais, moto-ventilateur (changement de vitesse)
819	Relais, feux anti-brouillard
820	Relais, lunette arrière chauffé de vitre arrière
822	Relais, coupure de compresseur de climatisation (injection)
827	Relais, feux de conduite (RU uniquement)
841	Relais, amorçage de lève-vitre
843	Relais, compresseur d'avertisseur sonore
844	Relais principal, ABR
845	Relais, pompe de liquide hydraulique
849	Relais, coupure de chauffage après démarrage
857	Résistance, chauffage de carburateur
858	Résistance, feux de conduite (RU uniquement)
859	Résistance, soufflante
860	Résistance, code
862	Résistance supplémentaire, injecteur
876	Rétroviseur extérieur D
880	Rhéostat
900	Sonde à oxygène
902	Sonde de niveau d'huile moteur
903	Sonde de pression d'air (injection)
904	Sonde de pression d'huile moteur
907	Sonde de température d'air (injection)
909	Sonde de température d'eau (injection)
910	Sonde de température d'eau (boîtier)
912	Sonde de température d'évaporateur (climatisation)
915	Thermocontact, température d'eau
918	Sonde de température d'huile moteur
962	Minuterie, essuie-glace de pare-brise
963	Minuterie, essuie-glace de hayon
970	Thermocontact, témoin de température d'eau
971	Thermocontact, moto-ventilateur
974	Thermocontact, température d'eau
990	Lunette arrière chauffante

Identification des faisceaux

AB	ABR
AV	Avant
CL	Climatisation
CN	Câble négatif
CP	Câble positif
EF	Eclairage de coffre
FR	Feux arrières
HB	Habitacle
MT	Moteur (y compris injection)
MV	Moto-ventilateur
PB	Planche de bord
PC	Porte conducteur
PD	Porte ARD
PG	Porte ARG
PJ	Réglage des projecteurs
PL	Plafonnier
PP	Porte passager
RD	ARD
RG	ARG
RL	Clignotant latéral
TJ	Contacteur, réglage des projecteurs
UD	Usure de plaquettes de frein D
UG	Usure de plaquettes de frein G
VD	Hayon, côté D
VG	Hayon, côté G

Code des couleurs

B	Blanc
Bl	Bleu
G	Gris
Ic	Clair/transparent
J	Jaune
M	Marron
Mv	Mauve
N	Noir
Or	Orange
R	Rouge
Ro	Rose
V	Vert
Vi	Violet

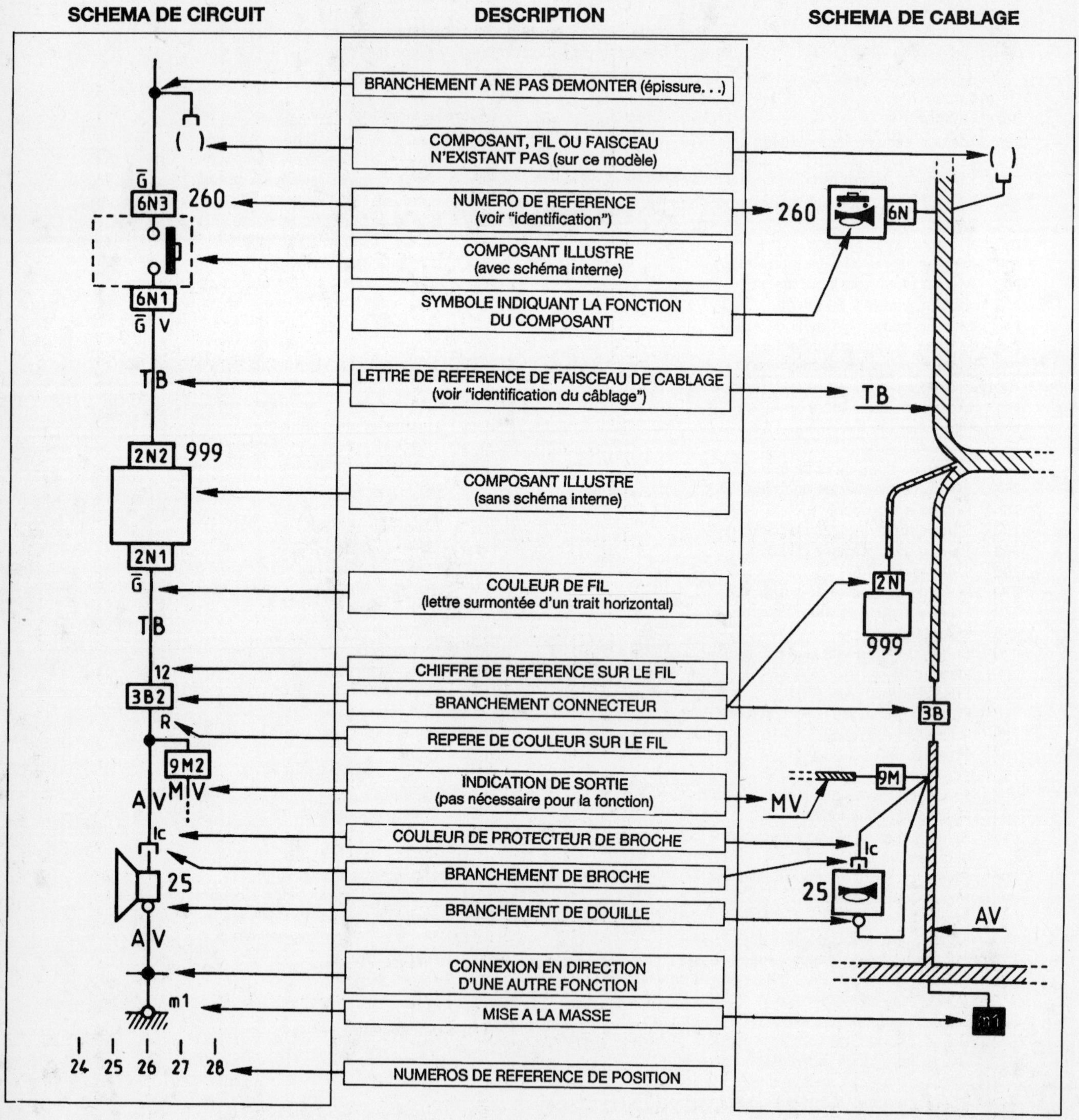

Mode d'emploi des schémas de câblage

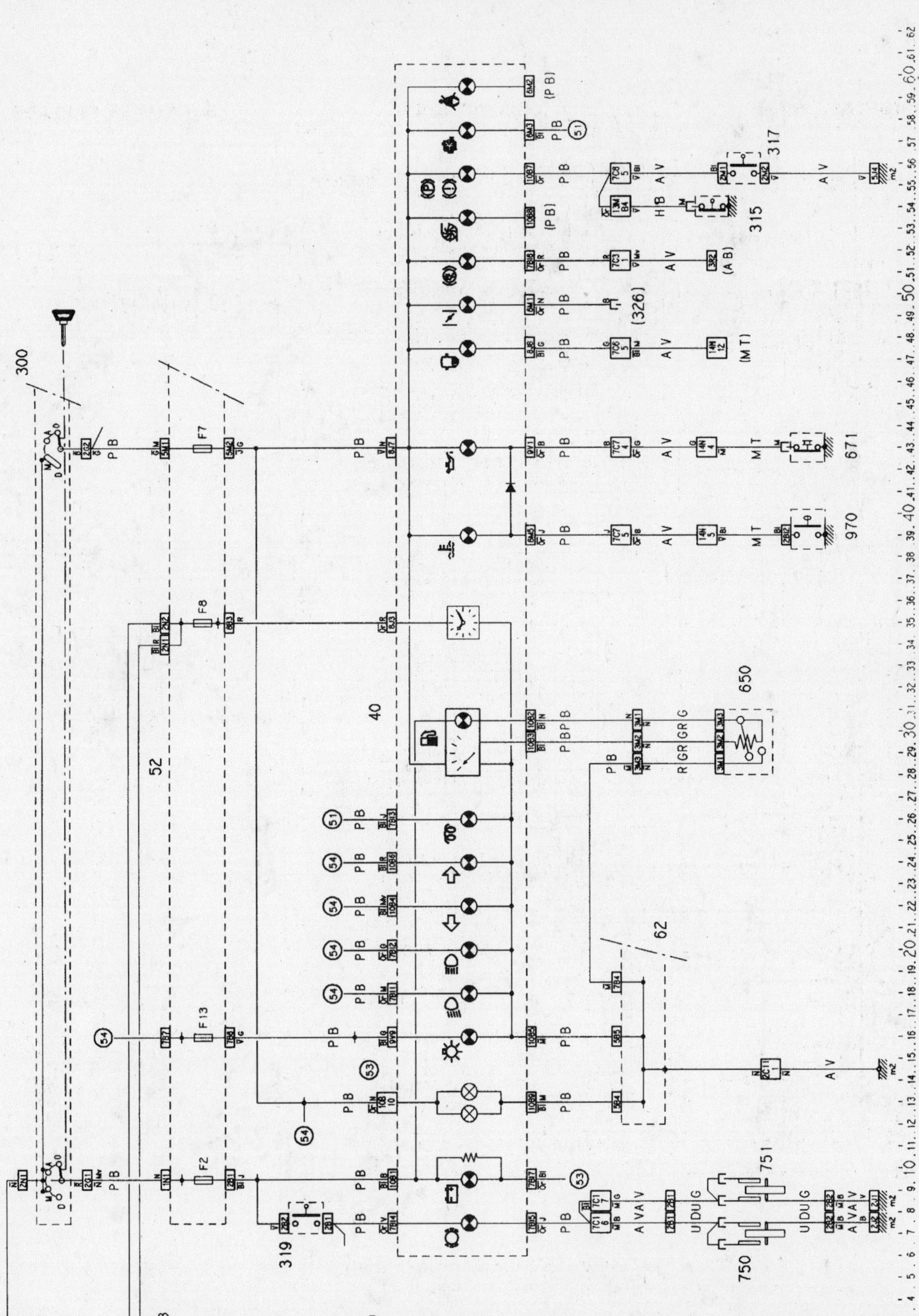

Tableau de bord (modèles bas de gamme)

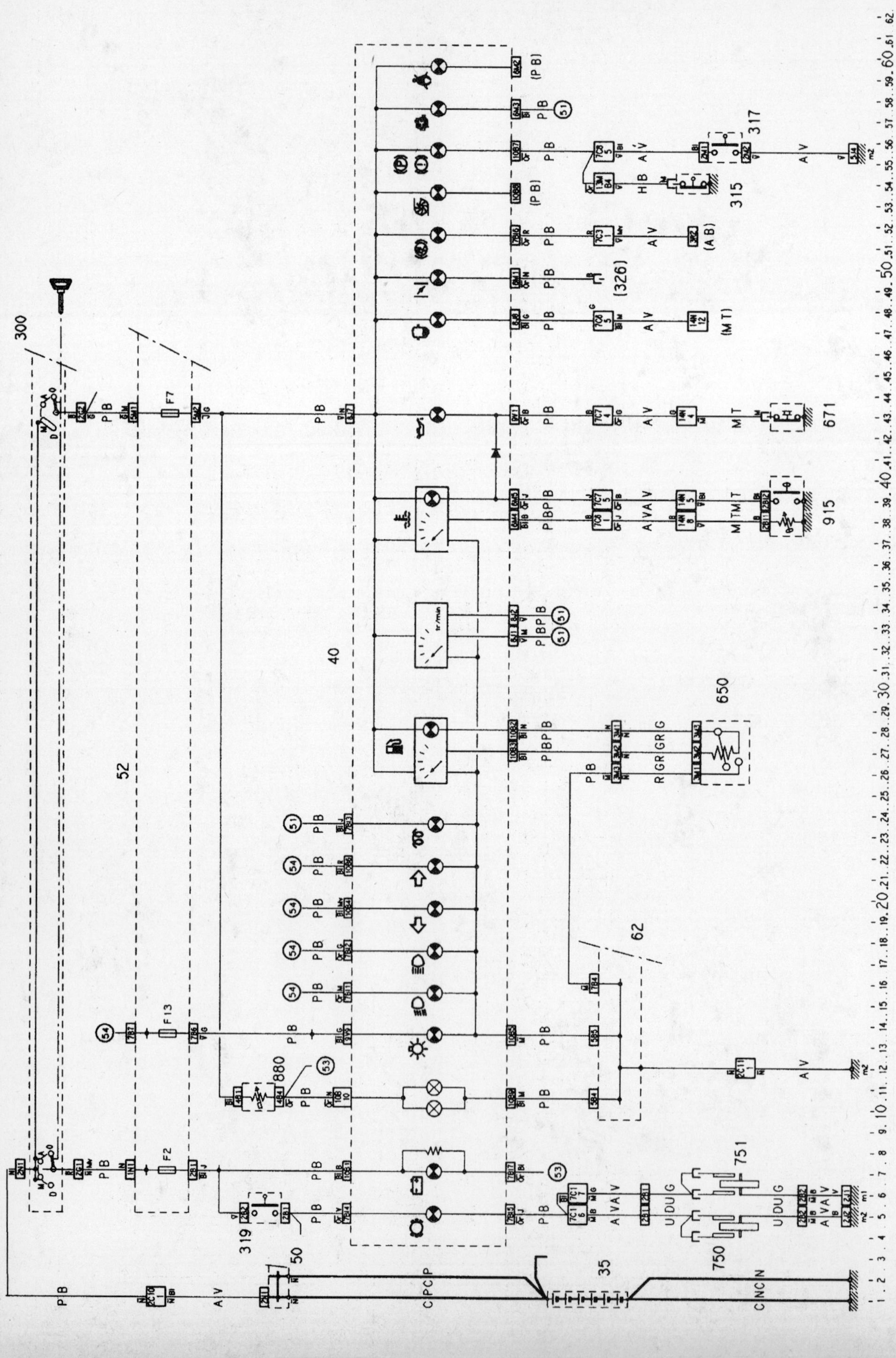

Tableau de bord (modèles bas et moyen de gamme)

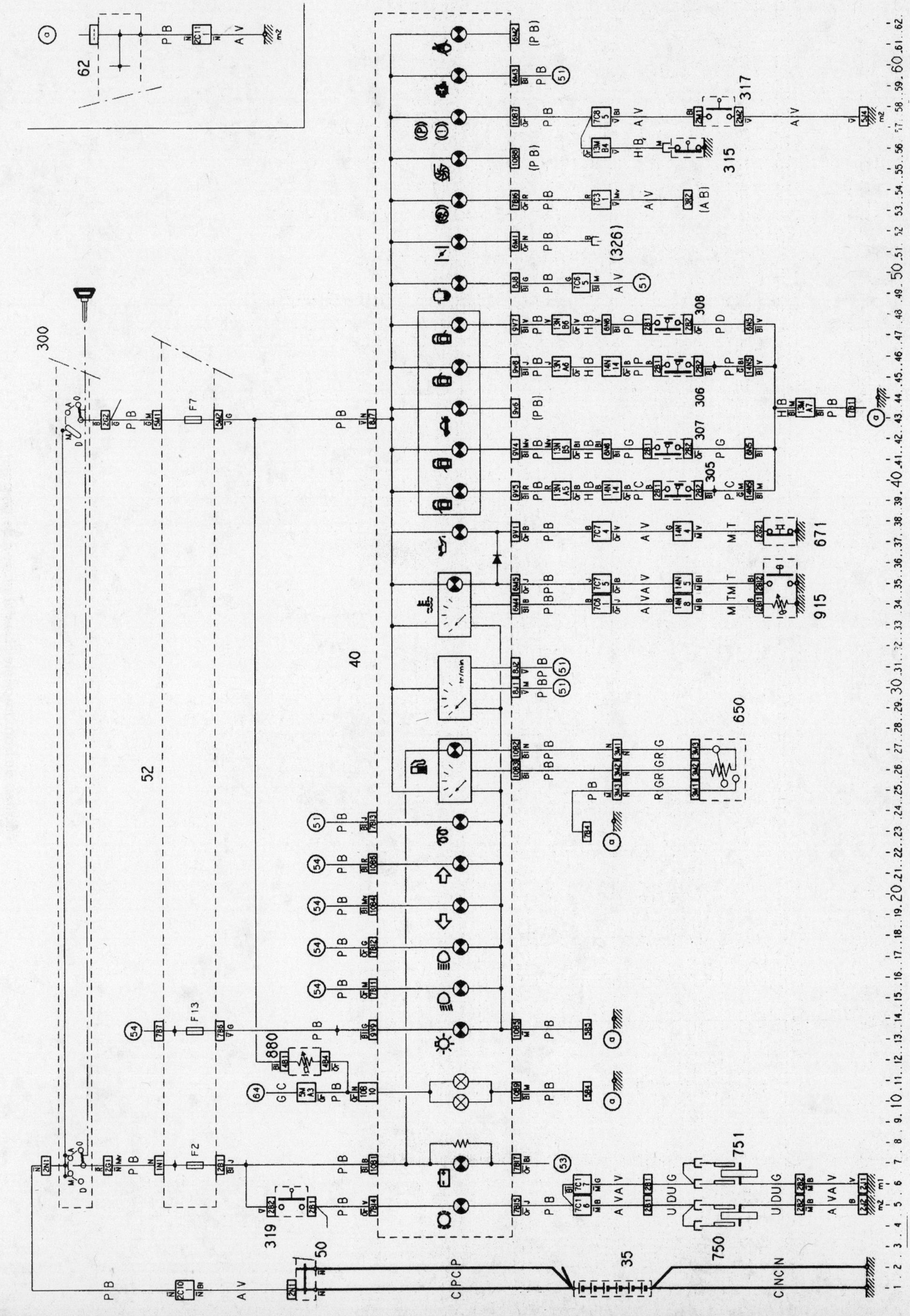

Tableau de bord (modèles moyen et haut de gamme)

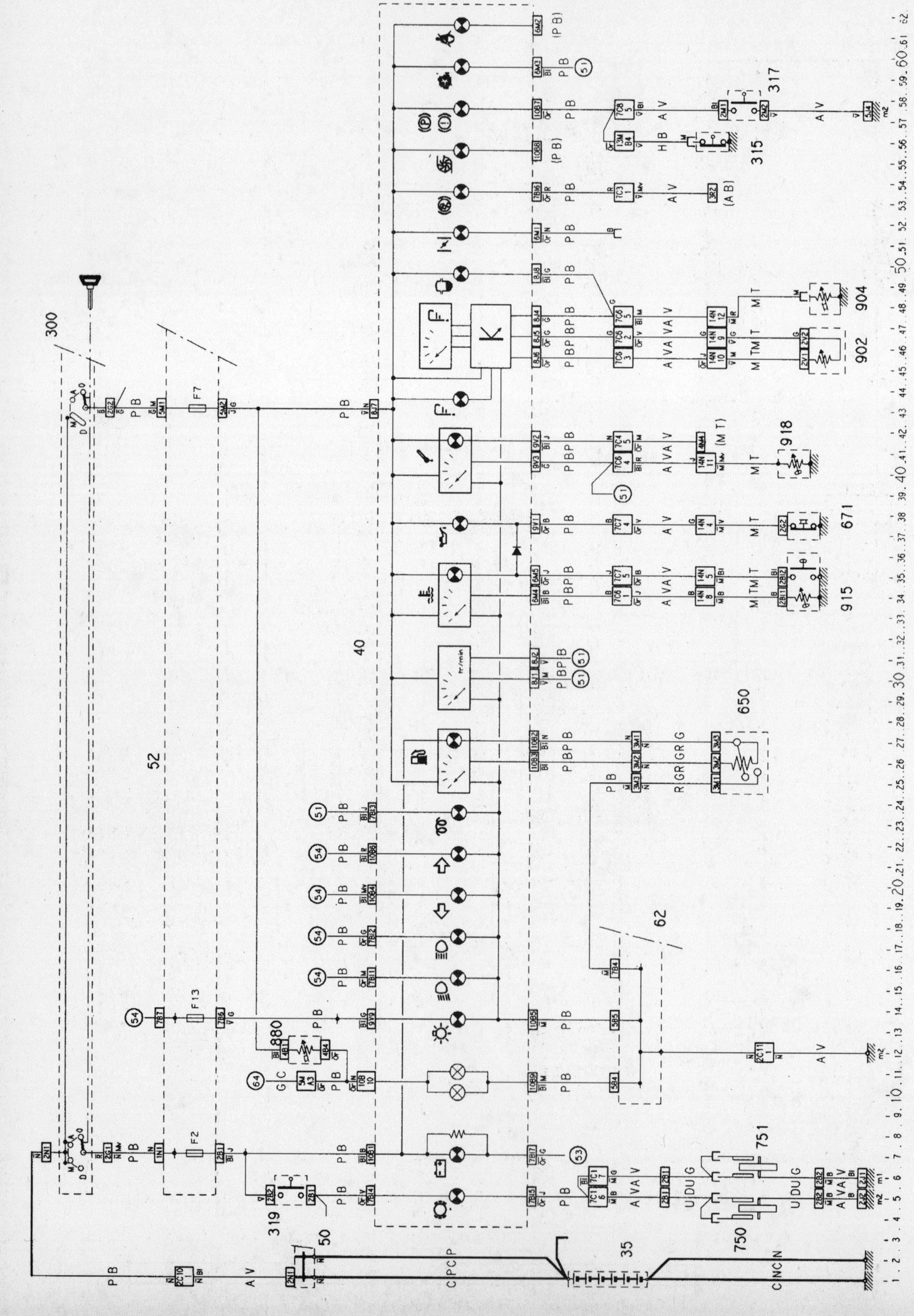

Tableau de bord (modèles haut de gamme)

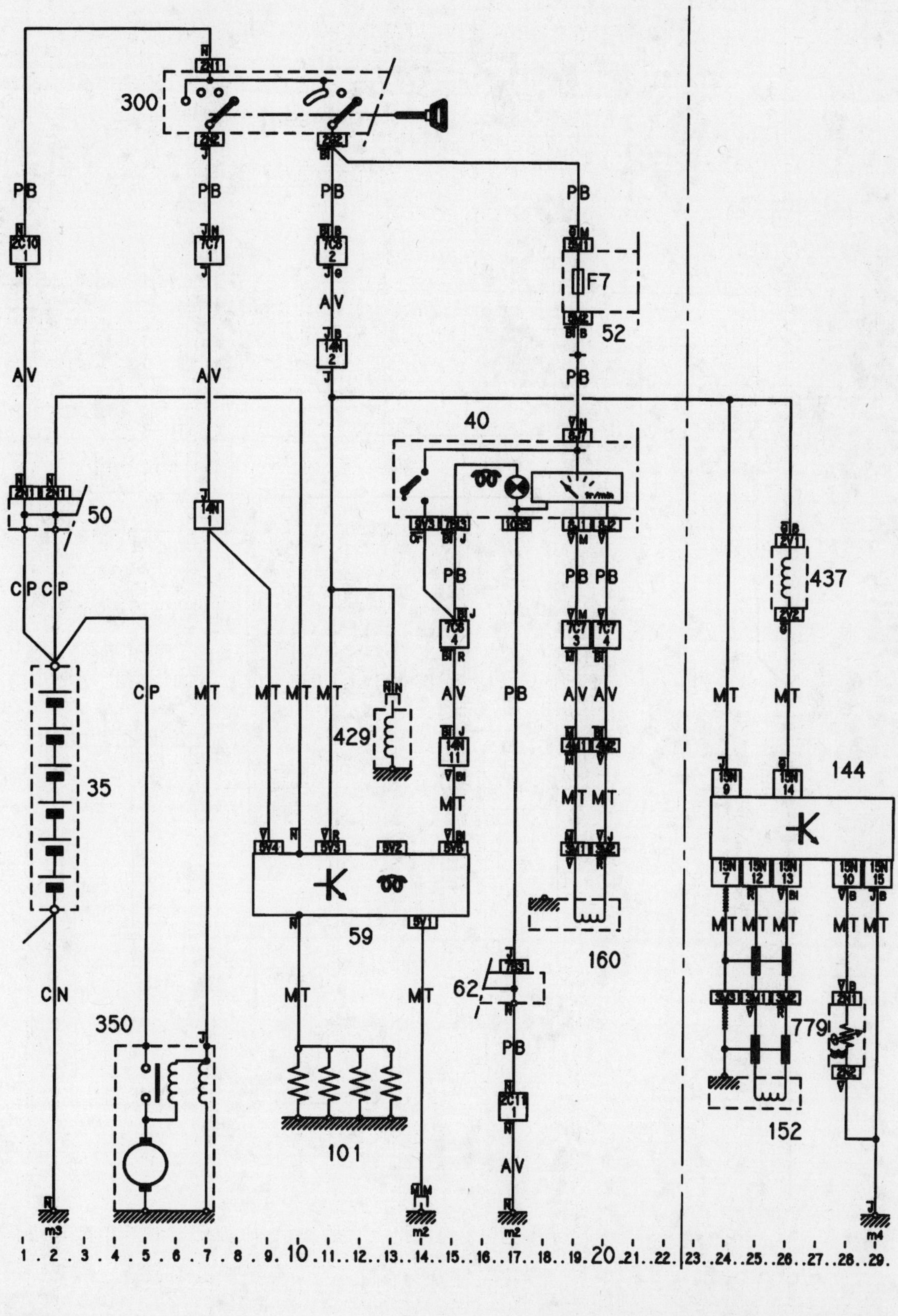

Circuit électrique du moteur (modèles sans Turbo)

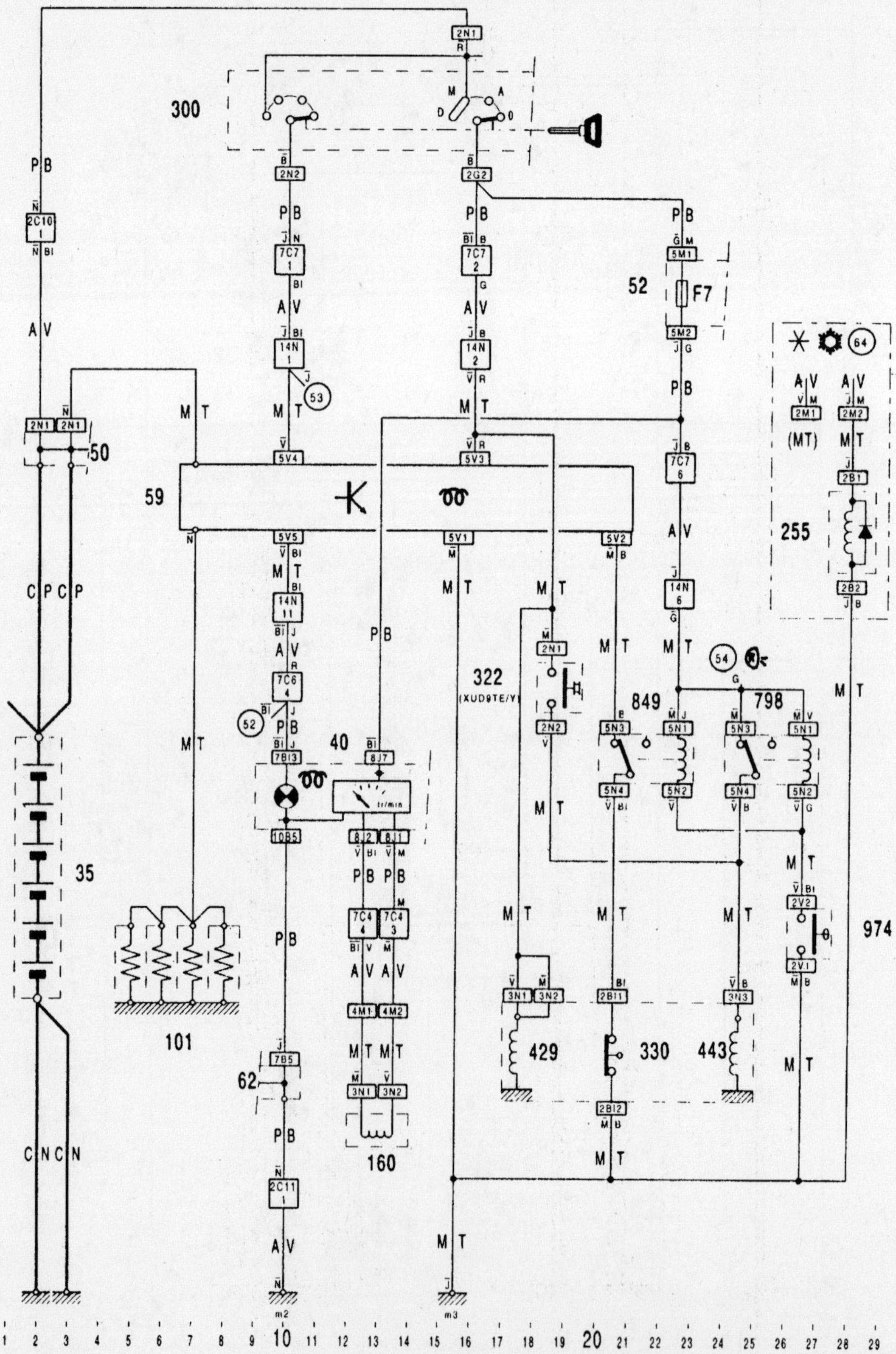

Circuit électrique du moteur (modèles Turbo)

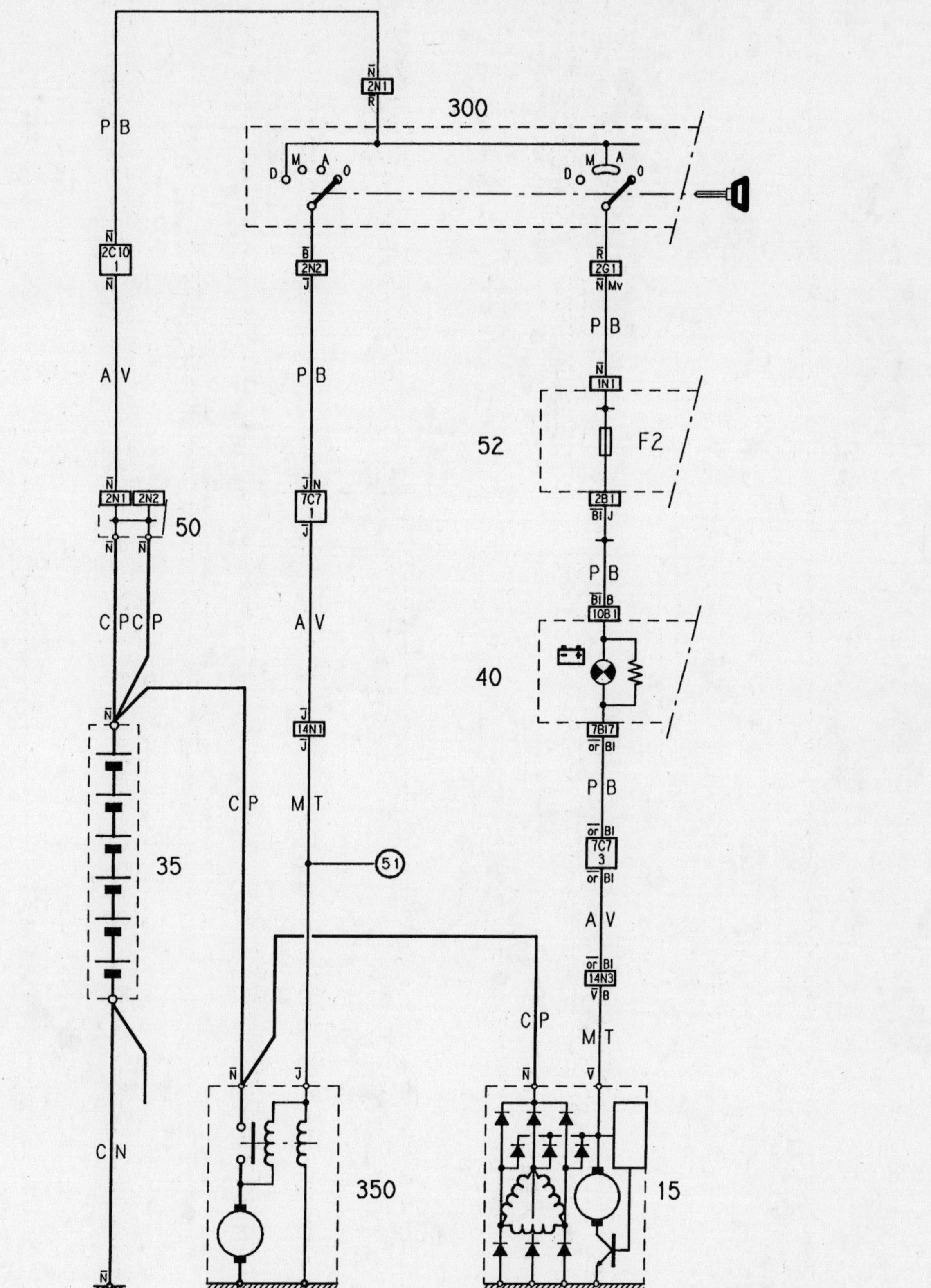

Circuits de charge et de démarrage

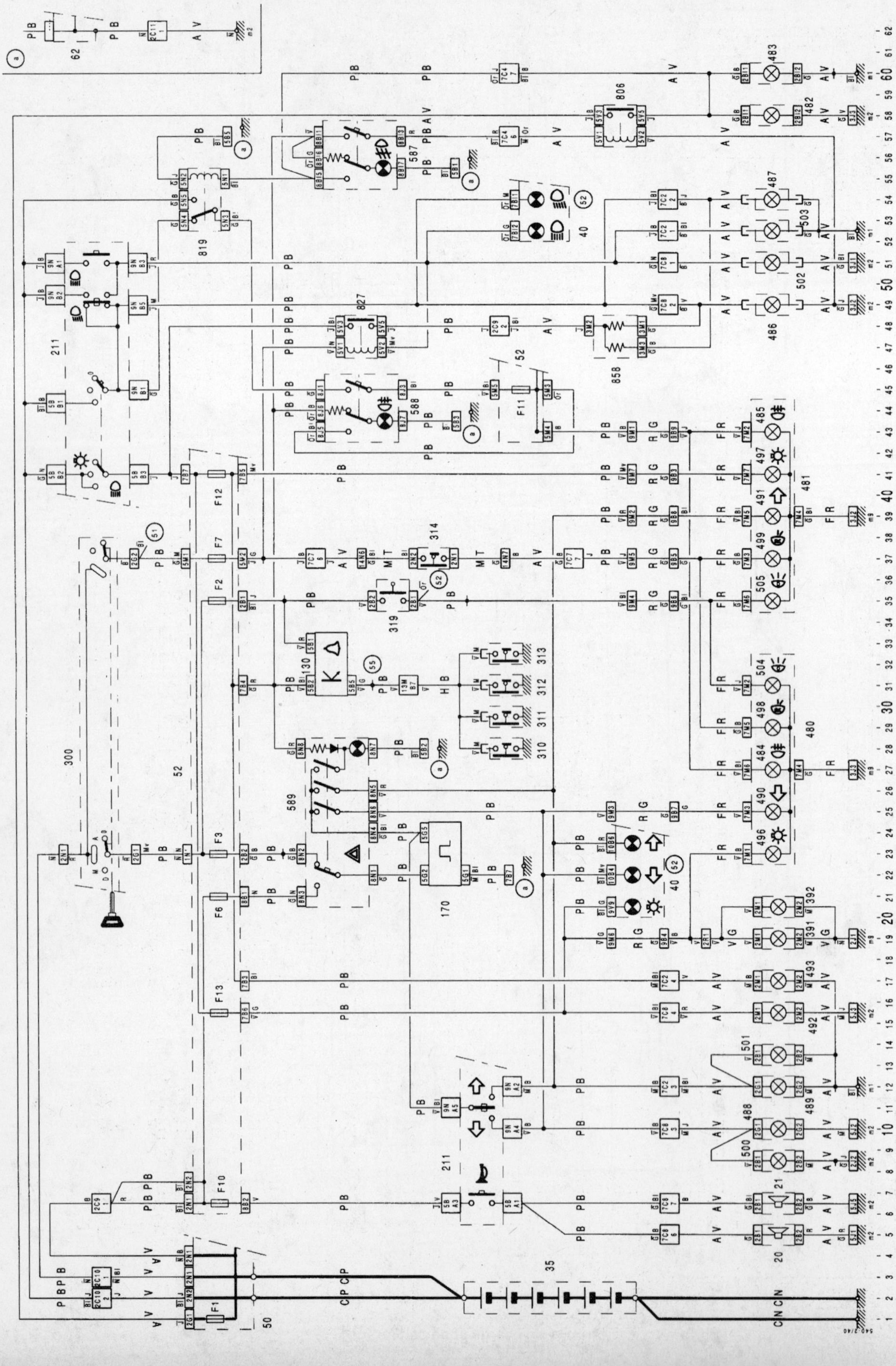

Eclairage exterieur (direction à droite, Royaume-Uni uniquement)

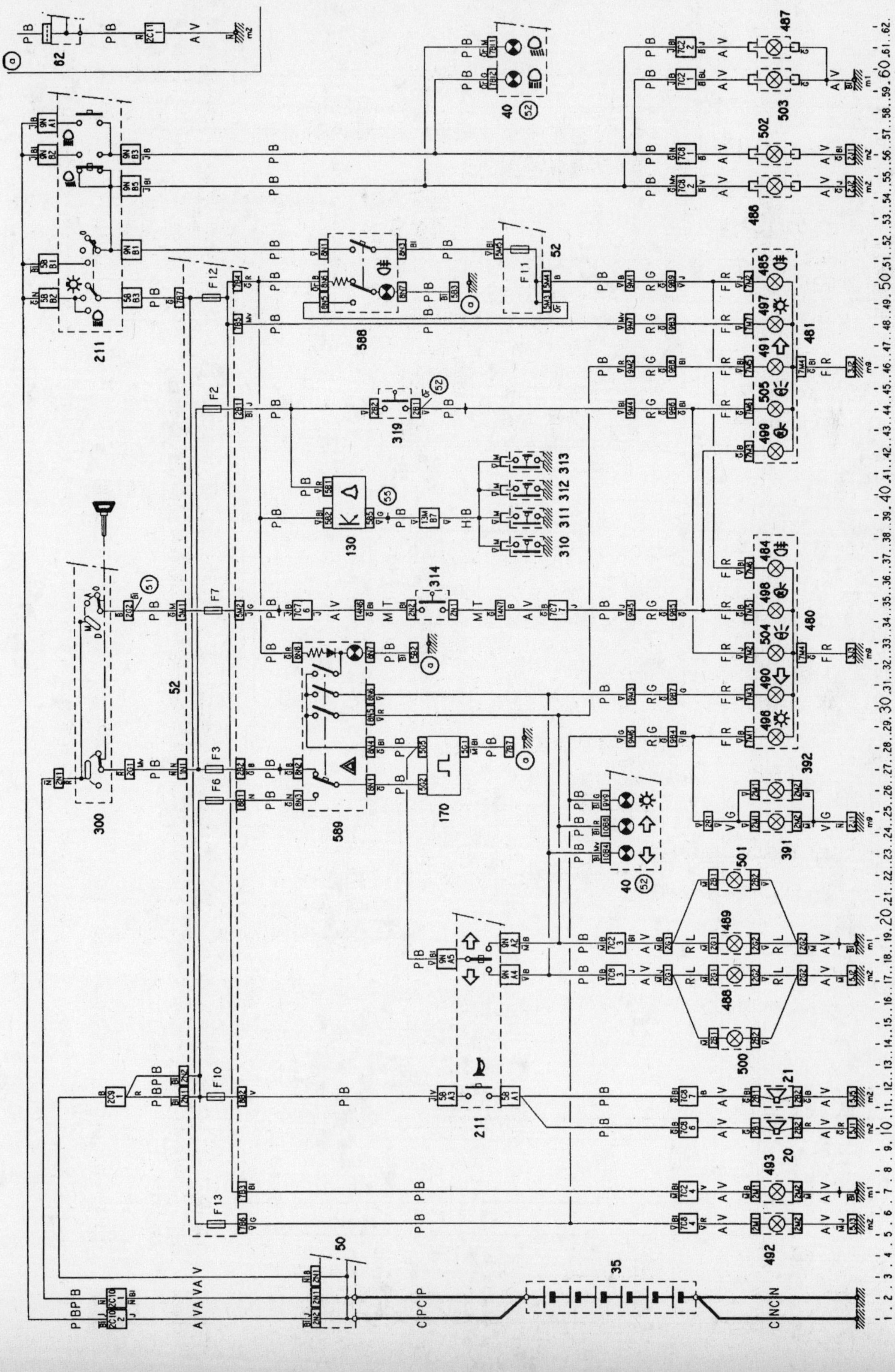

Eclairage exterieur (direction à gauche, modèles bas de gamme)

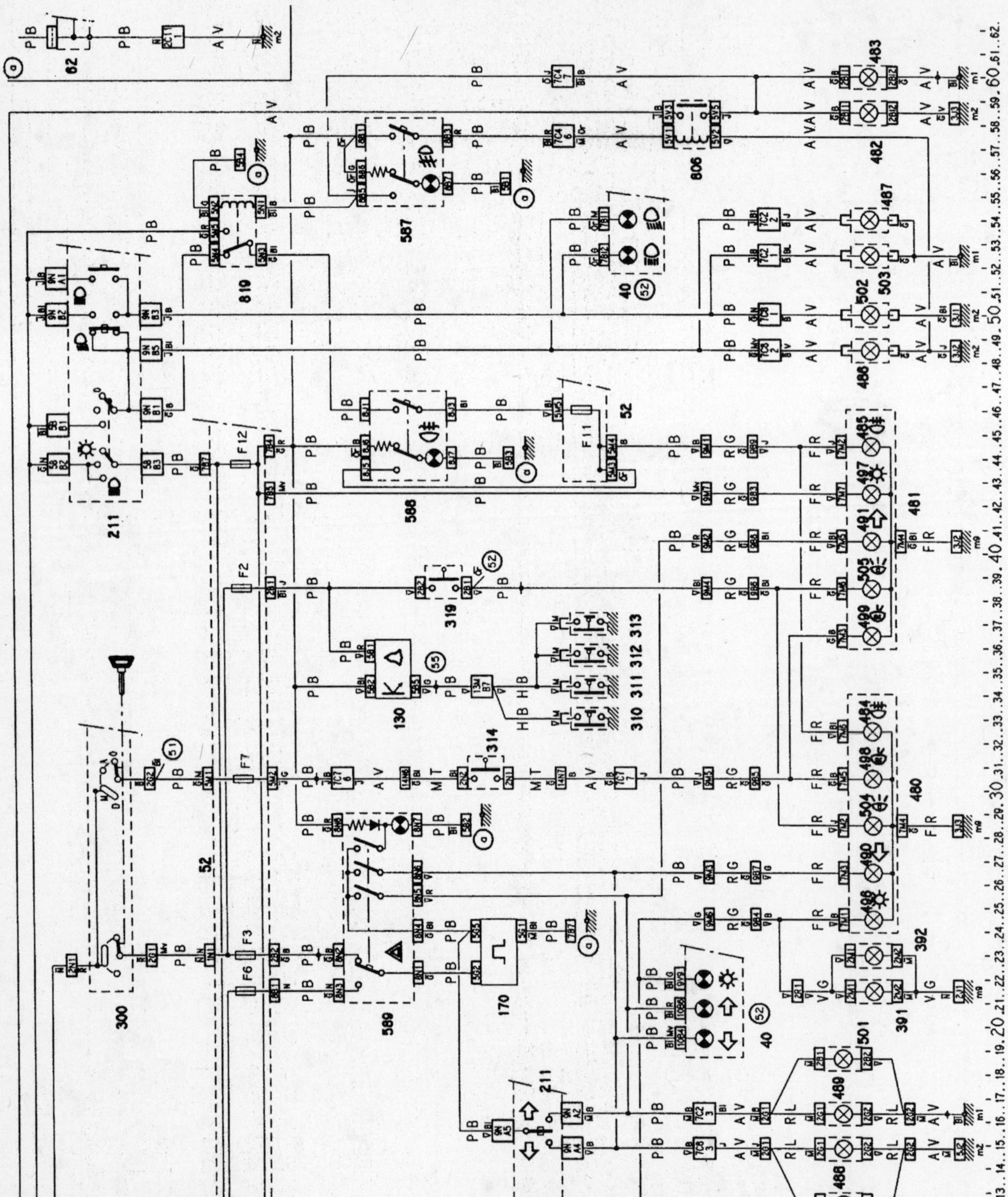

Eclairage exterieur (direction à gauche, modèles haut de gamme)

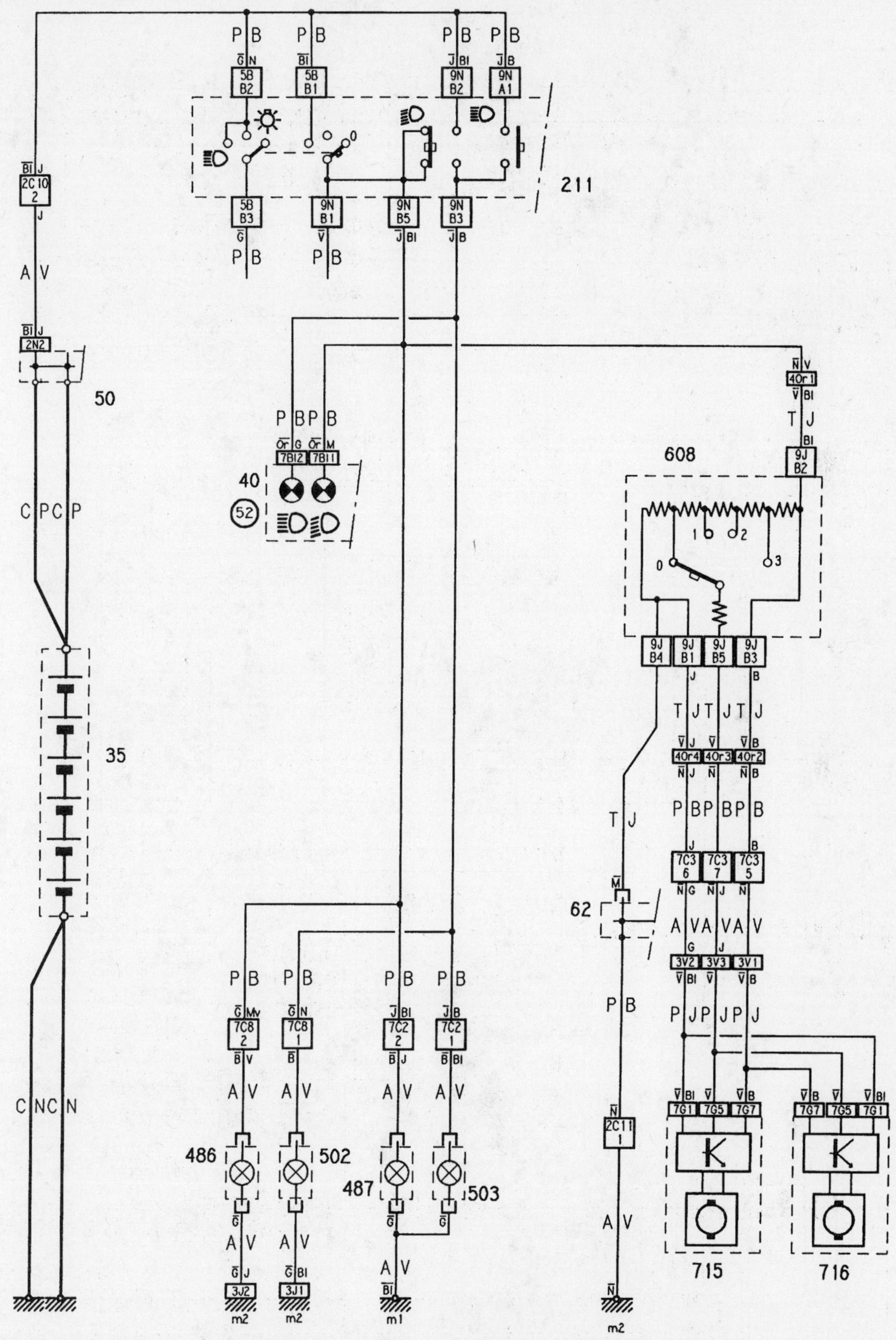

Circuit de réglage des projecteurs

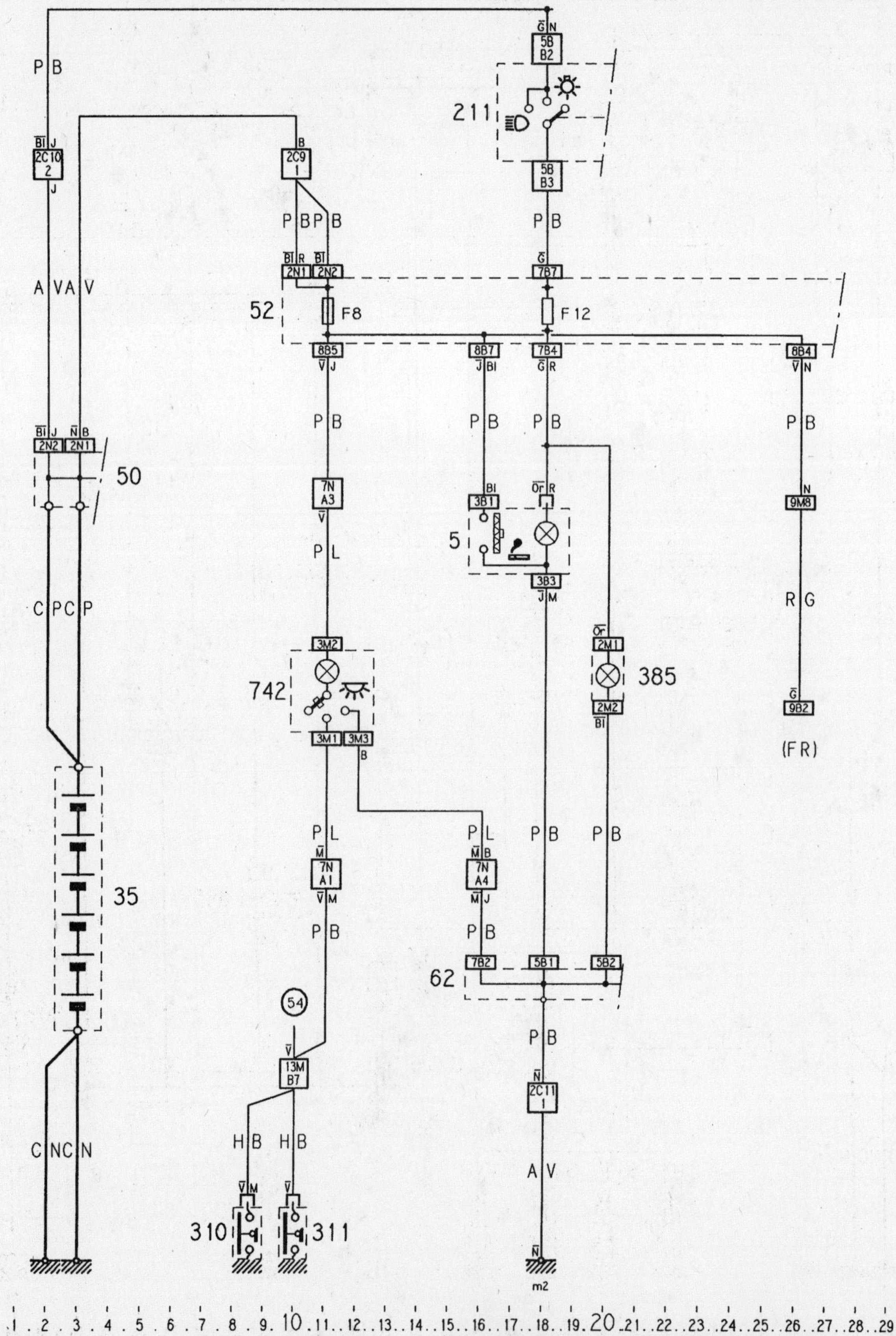

Eclairage intérieur (modèles bas de gamme)

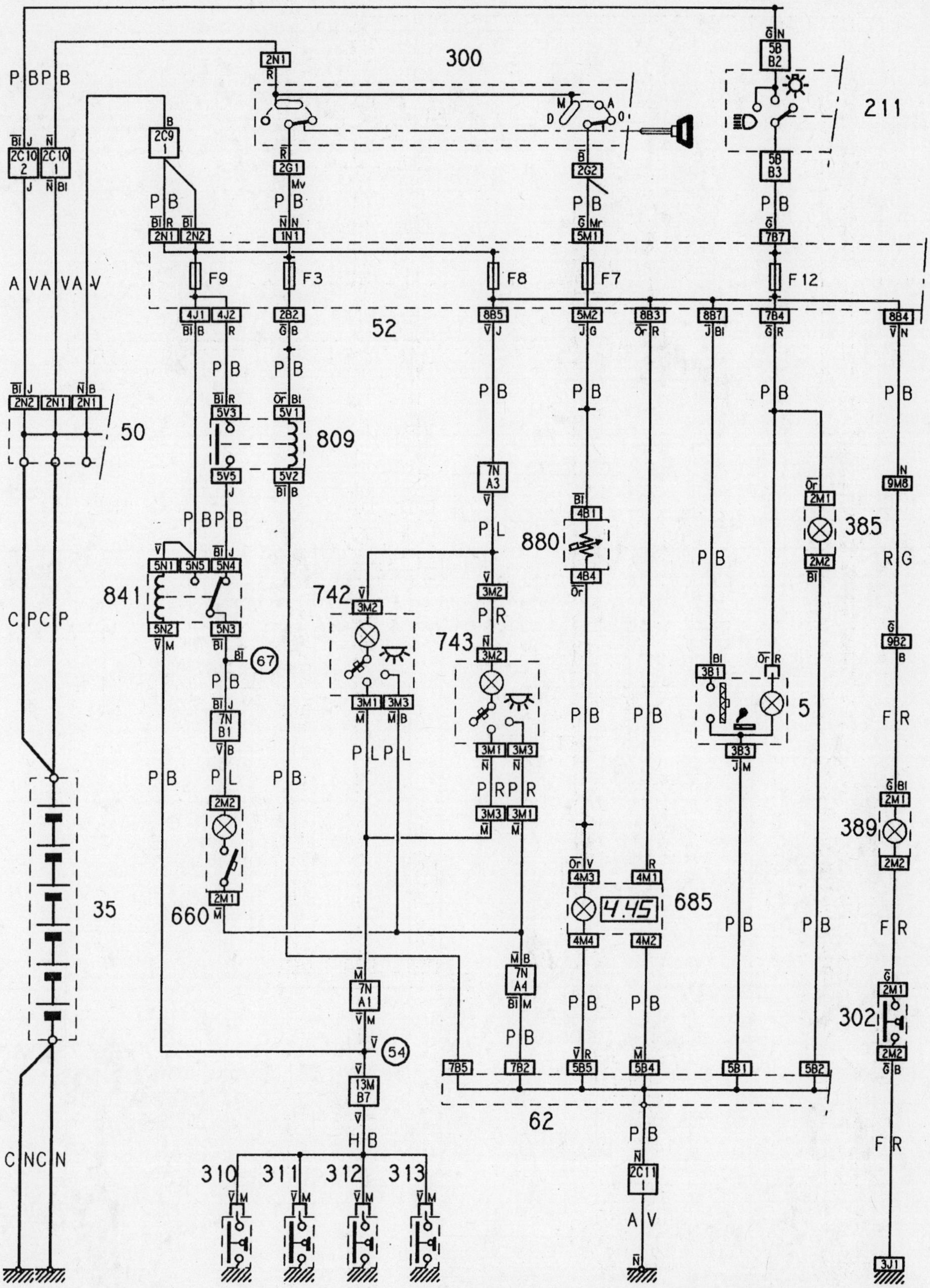

Eclairage intérieur (modèles haut de gamme)

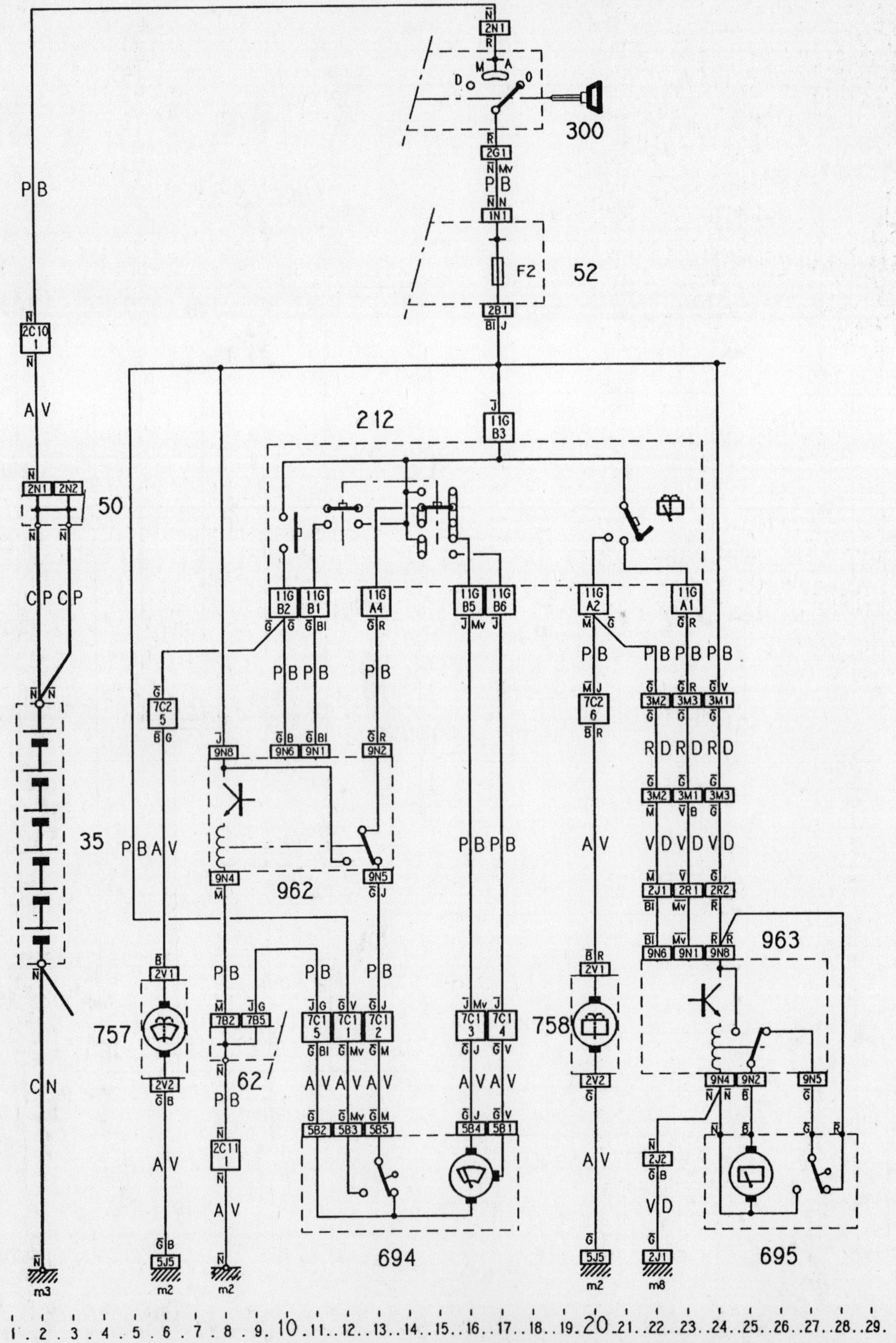

Essuie-glace/lave-glace (direction à gauche)

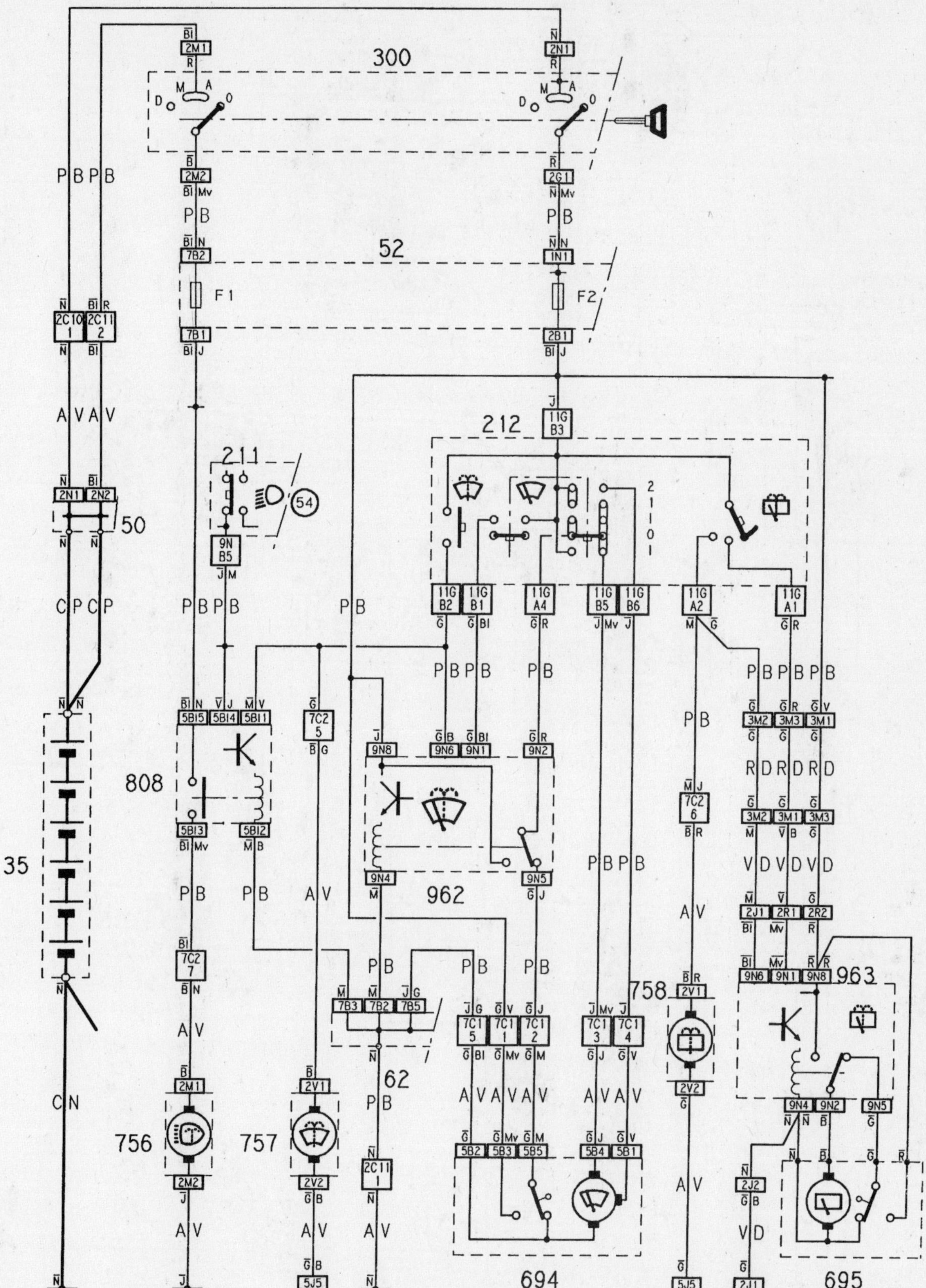

Essuie-glace/lave-glace (direction à droite)

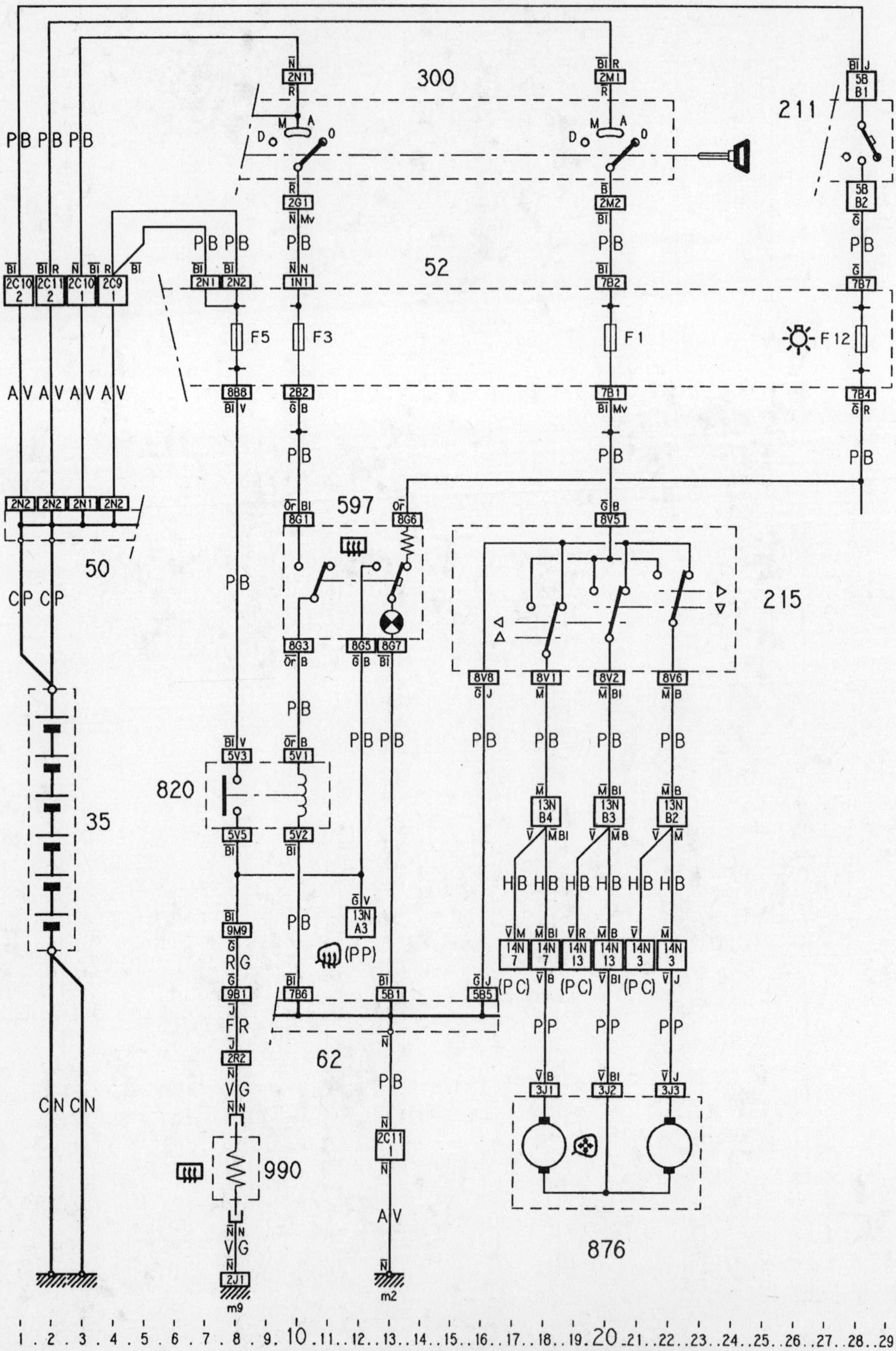

Lunette arrière chauffante, rétroviseurs électriques

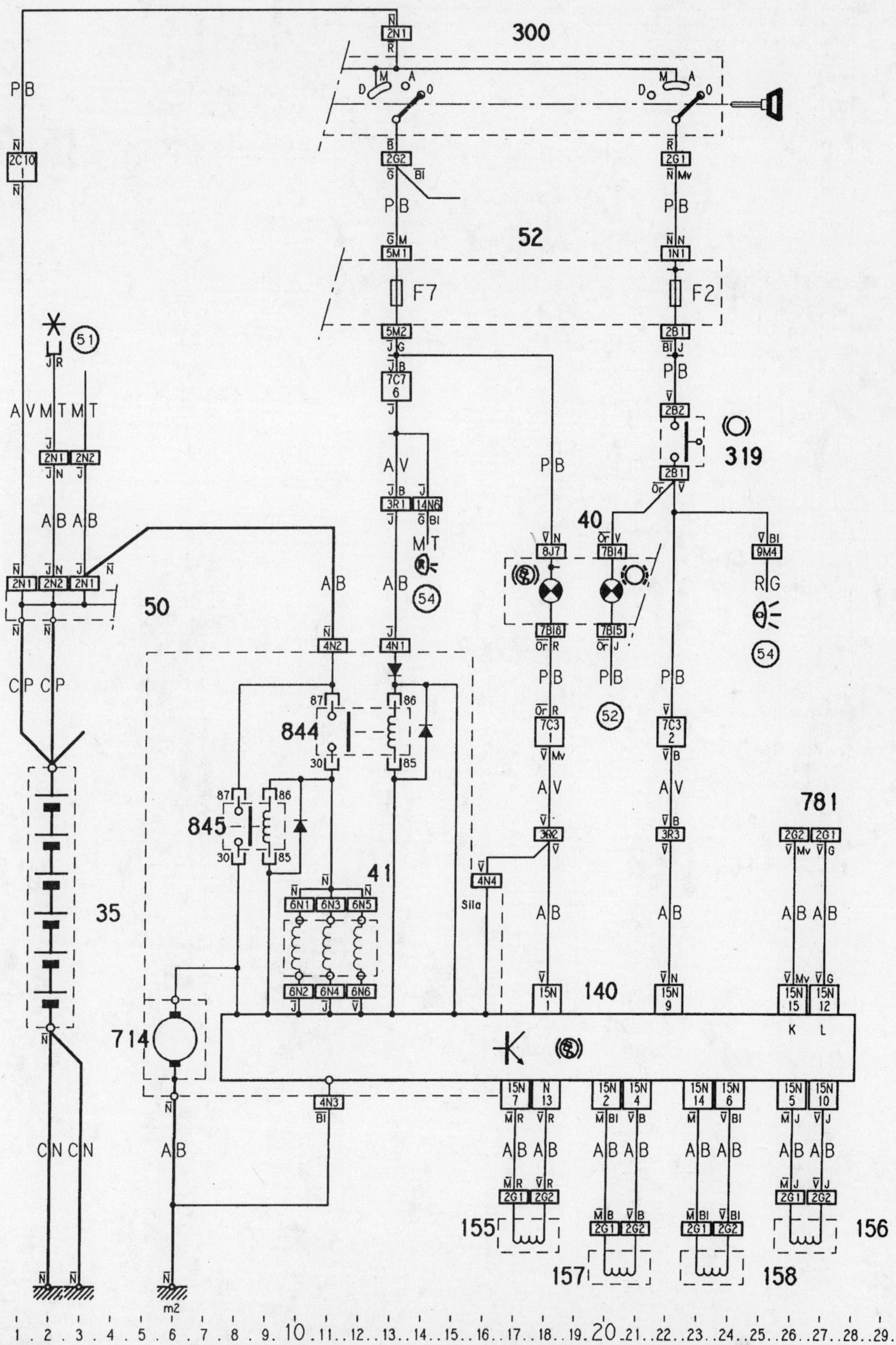

Système d'antiblocage des roues

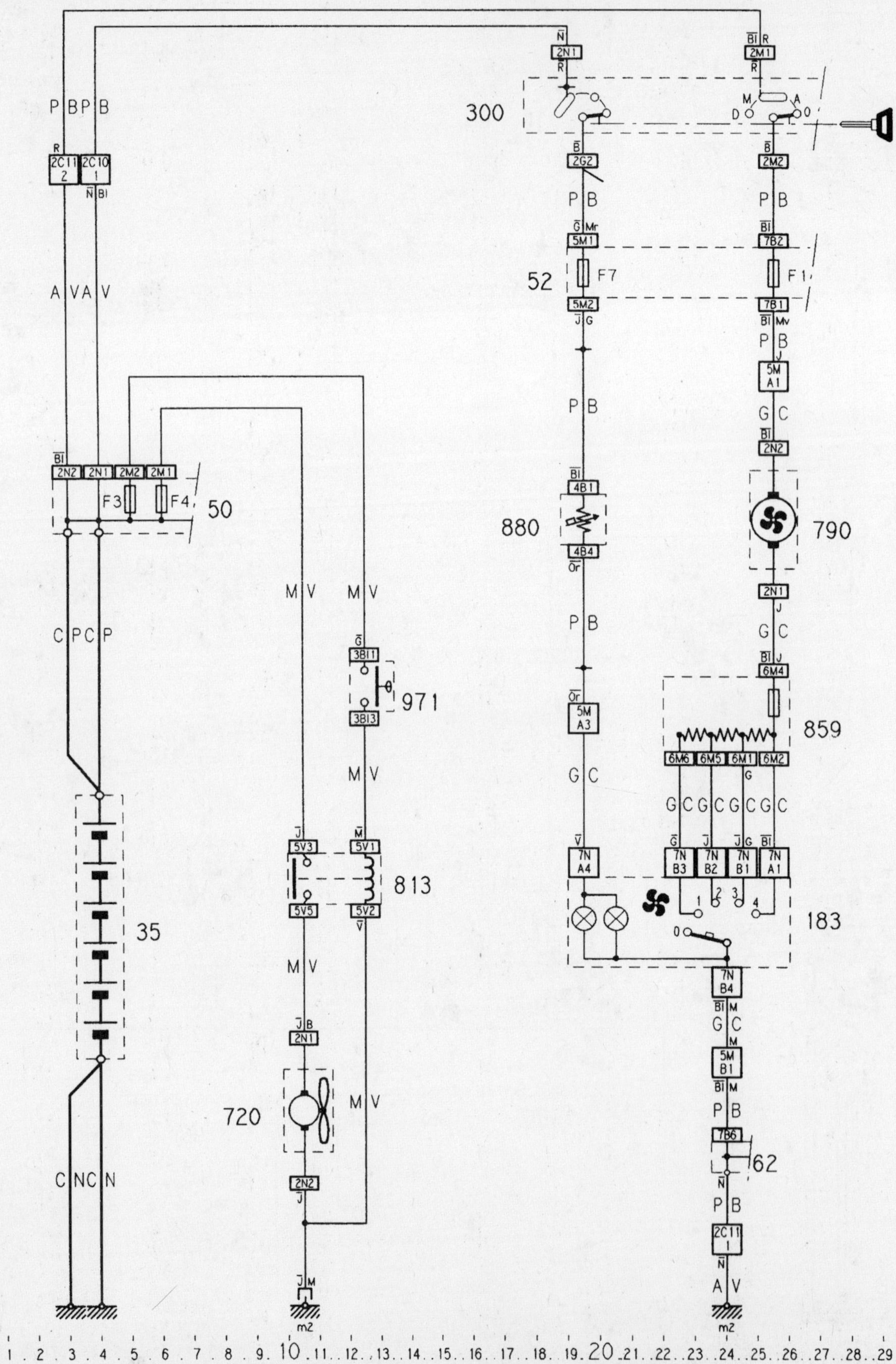

Moto-ventilateur et soufflante (modèles bas de gamme)

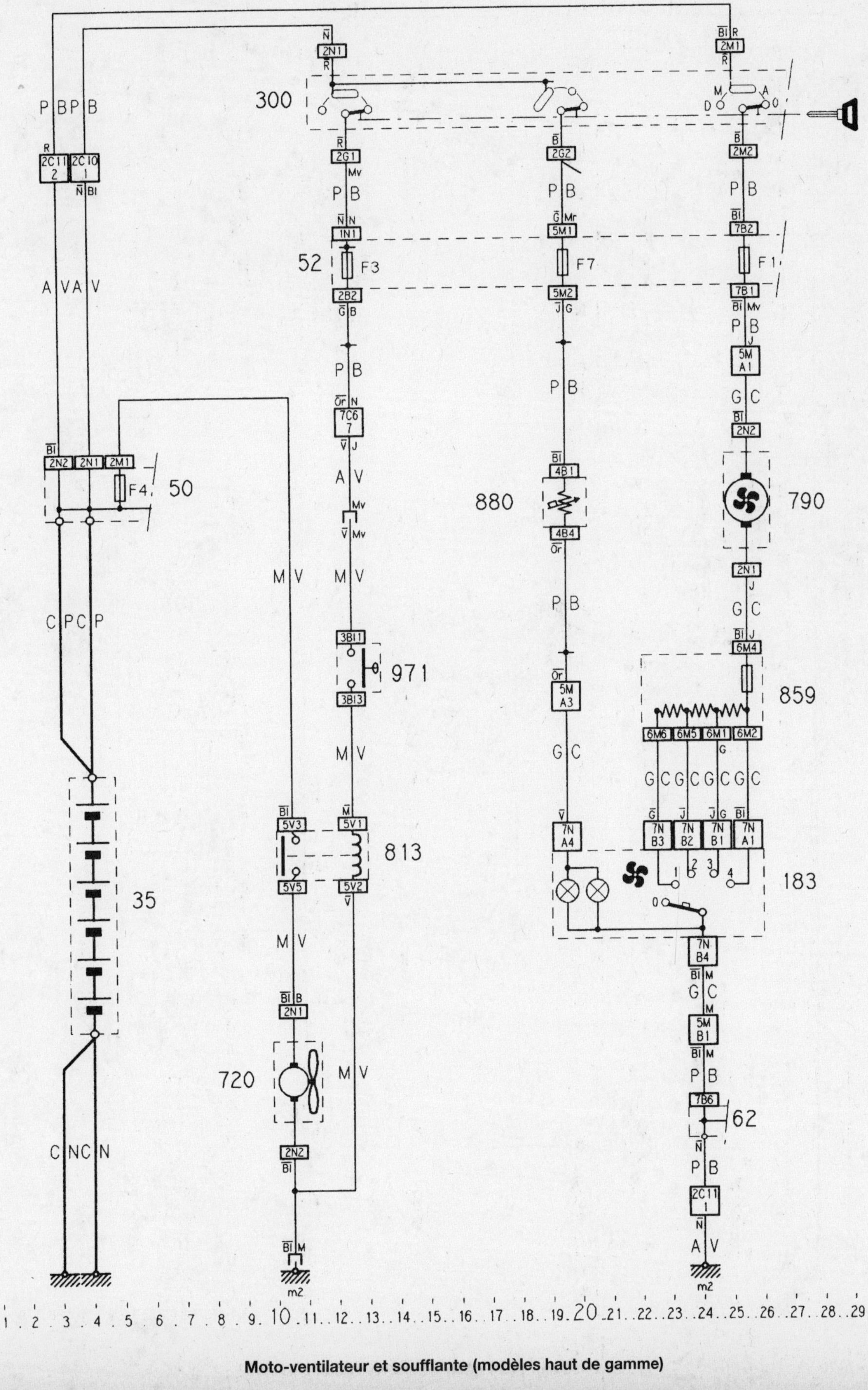

Moto-ventilateur et soufflante (modèles haut de gamme)

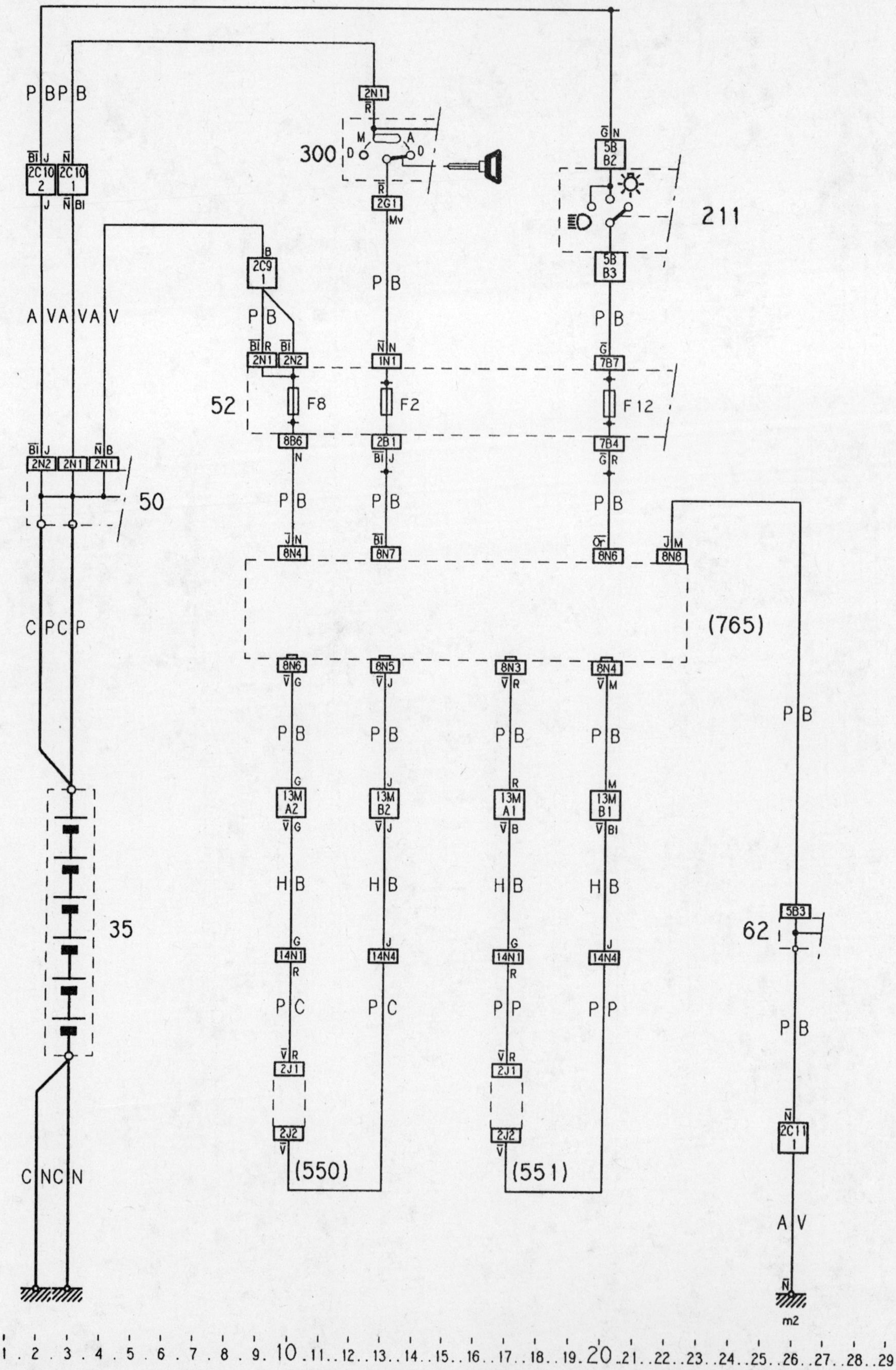

Autoradio (type à deux haut-parleurs)

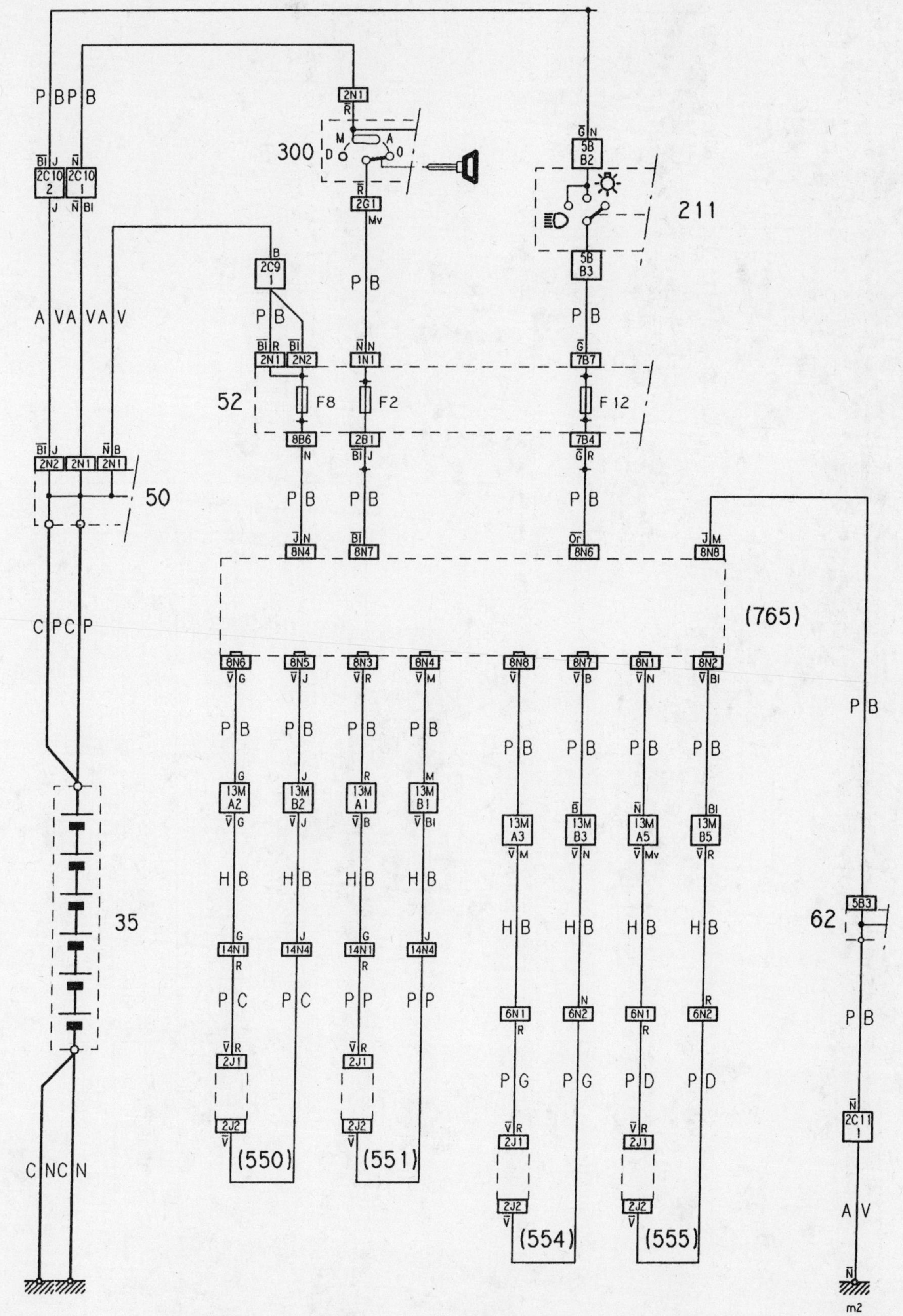

Autoradio (type à quatre haut-parleurs)

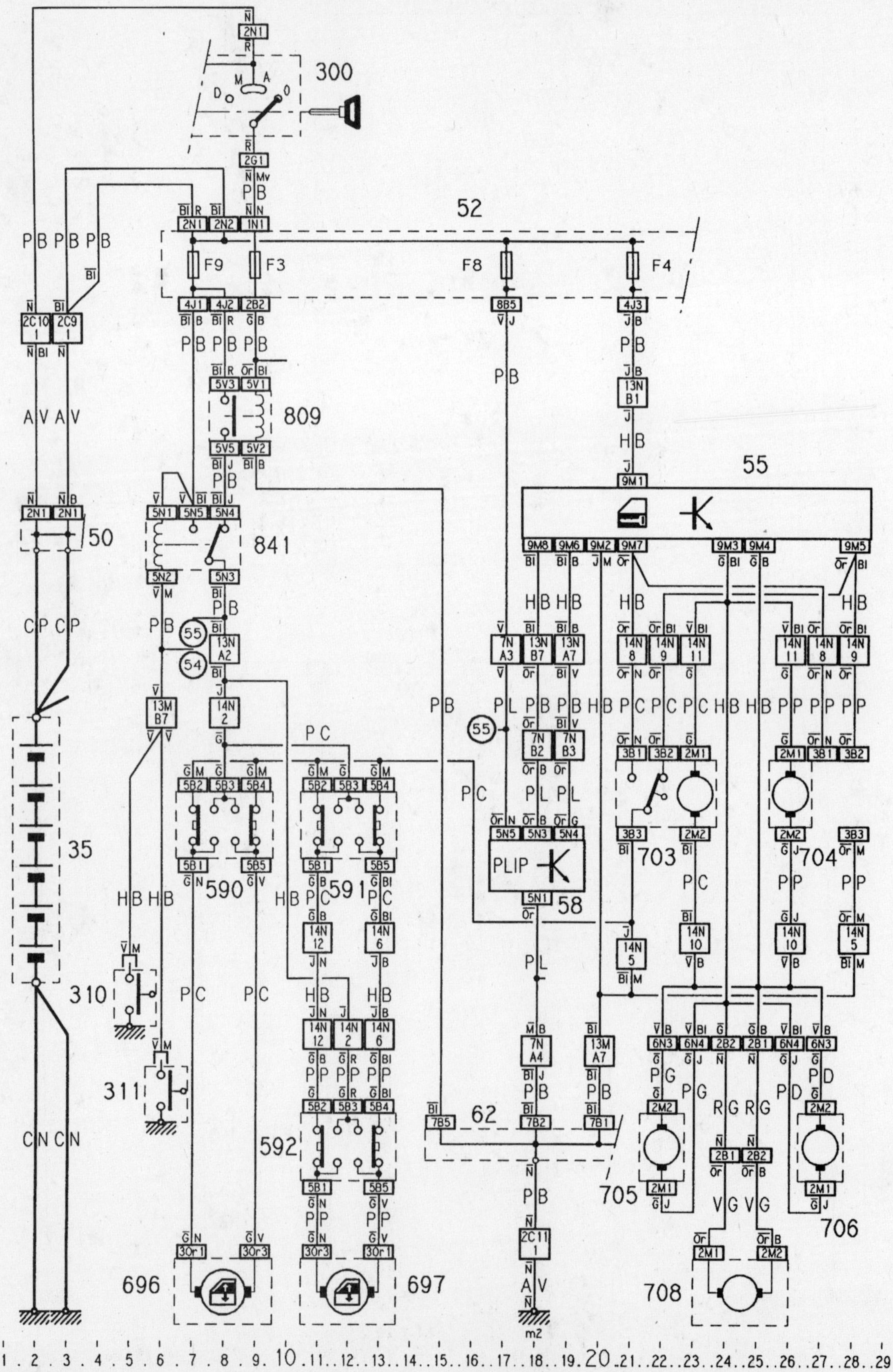

Lève-vitres électriques et condamnation centrale

Index

Note: *Les références ci-dessous sont composées du nombre du chapitre, suivi du nombre du page.*

A

B

C

G

H

I

J

L

M

N

O

P

R

S